BI-LEXIKON
Mykologie Pilzkunde

217 Zeichnungen

30 Tabellen

198 Farbfotos auf 40 Tafeln

16 elektronenoptische Aufnahmen

auf 8 Schwarzweißtafeln

Herausgegeben von

HEINRICH DÖRFELT

VEB BIBLIOGRAPHISCHES INSTITUT LEIPZIG

Autoren
Dr. sc. Uwe Braun, Halle-Neustadt B
Dr. sc. Heinrich Dörfelt, Halle D
Dipl-Biol. Heike Heklau, Halle-Neustadt H
Dr. Gerald Hirsch, Jena-Lobeda Hi
Dr. sc. Jürgen Miersch, Halle M
Dr. Max-Bernhard Schröder, Halle Sch
Dr. Regine Stordeur, Halle Sto
Doz. Dr. sc. Gunhild Straube, Halle-Neustadt Str
Dipl.-Biol. Thomas Voigt, Erlabrunn V

Gutachter: Prof. Dr. sc. Rudolf Schubert, Halle

Grafiker: Annemirl Riehl, Wiederitzsch, und Jens Borleis, Leipzig

Mykologie · Pilzkunde / hrsg. von Heinrich Dörfelt. –
1. Aufl. – Leipzig : Bibliographisches Institut, 1988. –
432, 48 S. : 431 Ill. (z. T. farb.)
(BI-Lexikon)
ISBN 3-323-00187-7
NE: Dörfelt, Heinrich [Hrsg.]; GT

ISBN 3-323-00187-7

1. Auflage

Verlagslizenz-Nr. 433-130/109/88
Printed in the German Democratic Republic
Gesamtherstellung: Karl-Marx-Werk,
Graphischer Großbetrieb, Pößneck V 15/30
Lektorat: Ortrun Hartmann
Bildredaktion: Ingeborg Riemer
Technische Redaktion: Annemarie Franz
Herstellung: Karin Fleischer
Schutzumschlag- und Einbandgestaltung: Rolf Kunze
LSV 1357
Best.-Nr. 578 149 6
02980

Vorwort

Ob die Pilzkunde oder Mykologie als eine eigenständige Disziplin der Biologie, als Teil der Mikrobiologie, der Botanik, der Medizin oder anderer Wissenschaftsdisziplinen aufgefaßt wird, ist ein bedeutungsloses, akademisches Problem. Der Prozeß der immer feineren Aufspaltung naturwissenschaftlicher Arbeitsrichtungen einerseits und die Durchdringung ursprünglich verschiedener Wissenschaften andererseits machen verschiedene Betrachtungsweisen notwendig. Tatsache bleibt, daß sich viele Gemeinsamkeiten in der wissenschaftlichen Methodik bei der Arbeit mit pilzlichen Organismen ergeben, die in der Lebensweise, z. T. auch im Bau der Zellen begründet sind. Da Wissenschaftler ganz verschiedener Arbeitsgebiete, z. B. Phytopathologen, Mediziner, Historiker, Ökologen, Genetiker, Physiologen, Mikrobiologen, Forstwissenschaftler, Systematiker, mit Pilzen konfrontiert werden, ist das Bedürfnis vorhanden, sich an den Berührungspunkten auszutauschen und zu einer allgemein gebräuchlichen Terminologie zu finden. Diese Berührungspunkte, die sich auf die Lebensweise pilzlicher Organismen, auf deren Nutzung, Bekämpfung und Erforschung beziehen, werden unter dem Begriff Mykologie zusammengefaßt. Wie das gesamte mykologische Begriffssystem ist die Bezeichnung Mykologie demnach ein notwendiges Verständigungsmittel, wenn auch die Umgrenzung und Anwendung im Einzelfall problematisch sein kann. Dies wird auch aus der Geschichte vieler mykologischer Fachwörter deutlich. Nahezu gleichzeitig mit dem Terminus Biologie wurde am Ende des 18. Jh. der Begriff Mykologie von Persoon geprägt, hatte sich bereits am Anfang des 19. Jh. durchgesetzt und nimmt seither in der biologischen Terminologie einen festen Platz ein. Die Bedeutung der Pilze für den Menschen ist groß und wird oft unterschätzt. Da manche Pilze als Nahrungsmittel genutzt werden bzw. als Giftpilze von Bedeutung sind, existiert ein beachtenswertes Volkswissen über Pilze. Dieser Zweig der Pilzkunde hat auch unmittelbare Beziehung zur Wirtschaft, z. B. durch die Produktionsbetriebe für Speisepilze, für Pilzbrut usw. Aber die Bedeutung der Pilze für die Menschen ist damit nicht erschöpft. Eine weitaus größere Rolle spielen die Pilze auf anderen Ebenen, z. B. als Krankheitserreger in der Human- und Veterinärmedizin, in der landwirtschaftlichen Pflanzenproduktion und in der Forstwirtschaft. In engem Zusammenhang damit steht die Produktion von Fungiziden. Antibiotika, die größtenteils mit Hilfe von Pilzen gewonnen werden, gehören in der Medizin zu den wichtigsten Medikamenten. Ganze Industriezweige sind mit der Produktion dieser Stoffe beschäftigt. Viele Pilze sind auch in der Nahrungsmittelindustrie von Bedeutung, z. B. die Hefen bei der Herstellung von Backwaren, bei der Produktion von Alkohol, alkoholischen Getränken und Essig. Andere Pilze sind für die Käseherstellung wichtig. Die Bedeutung pilzlicher Leistungen in der Mykorrhiza-Symbiose ist für die Land- und Forstwirtschaft viel größer, als man noch vor wenigen Jahrzehnten angenommen hat. Aus ökologischer Sicht sind Pilze als Destruenten und Konsumenten in vielen Ökosyste-

men des terrestrischen, limnischen und marinen Bereichs von Wichtigkeit.
Pilze können als Schädlinge Werte vernichten, sie können als Krankheitserreger des Menschen verheerende Folgen haben, sie bringen uns andererseits hohe Werte und nützen direkt oder indirekt im täglichen Leben. Das Wissen über Pilze steht noch in keinem guten Verhältnis zu ihrer Bedeutung. Das ist die Ursache, daß in jüngster Zeit diesen Organismen verstärkt Aufmerksamkeit geschenkt wird.
Unser Lexikon soll ein Beitrag sein, die mykologische Terminologie all denen, die sich mit Pilzen befassen, zu erschließen. Wir waren bemüht, ein breites Spektrum von Fachwörtern zu definieren und zu erklären. Der vorgegebene Umfang gebot jedoch eine Auswahl von Begriffen, denn es ist unmöglich, die Termini der gesamten Mykologie in der geschilderten Breite in einem einzigen Band zu behandeln. Der Schwerpunkt wurde daher bei unserer Auswahl auf die Begriffe der Morphologie und der Systematik gelegt. Berücksichtigt sind jedoch auch Fachwörter der Phytopathologie, der medizinischen Mykologie, der technischen Mykologie, der Genetik, Zytologie, Ökologie, Physiologie und Biochemie der Pilze, ferner der Geschichte der Mykologie und der volkstümlichen Pilzkunde, d. h. der Problematik der Gift- und Speisepilze. Lichenisierte Pilze (Flechten) wurden ebenfalls eingeschlossen. Da aber sehr viele spezielle Strukturen und Inhaltsstoffe mit der Lichenisierung (Flechtenbildung) entstanden sind und die Lichenologie (Flechtenkunde) eine eigene von der Mykologie getrennte Entwicklungsgeschichte besitzt, die zahlreiche spezielle Begriffe hervorbrachte, war auch hier Beschränkung auf das Wesentlichste geboten. Ob die Auswahl der Fachwörter befriedigen kann, muß der Benutzer entscheiden. Herausgeber, Autoren und Verlag sind für Hinweise zur Auswahl der Begriffe und darüber hinaus für alle zweckdienlichen Kritiken zum Inhalt stets dankbar.

Herausgeber und Verlag

Bildquellennachweis

Bildautoren der Schwarzweißtafeln

1/1,2 *Xerula melanotricha*, Primordium, mesopilearer Bereich; TEM-Aufnahme Schröder/Dörfelt
2/1 *Xerula pudens*, Primordium, mesopilearer Bereich; TEM-Aufnahme Schröder/Dörfelt
2/2 *Xerula melanotricha*, Primordium, subperiphere Huttrama; TEM-Aufnahme Schröder/Dörfelt
3/1 *Xerula pudens*, Primordium, Stieltrama, TEM-Aufnahme Schröder/Dörfelt
3/2 *Xerula pudens*, Primordium, Hymenophoral-Initialzellen; TEM-Aufnahme Dörfelt/Schröder
4/1,2; 5/1,2; 6/1 Xerula radicata, sporulierender Fruchtkörper in Reinkultur; SEM-Aufnahme Helwin/Dörfelt
6/2 *Oudemansiella mucida*, Sporenabwurf von einem kultivierten Fruchtkörper; SEM-Aufnahme Helwin/Dörfelt
7/1 *Oudemansiella mucida*, Hutoberseite eines Primordiums; SEM-Aufnahme Helwin/Dörfelt
7/2 *Xerula pudens*, Hutoberseite eines jungen, kultivierten Fruchtkörpers; SEM-Aufnahme Helwin/Dörfelt
8/1 *Xerula nigra*, Hutoberseite eines jungen Fruchtkörpers (Naturmaterial); SEM-Aufnahme Helwin/Dörfelt
8/2 *Xerula pudens*, Primordium; lichtmikroskopische Aufnahme eines Semidünnschnittes, Aufnahme Dörfelt/Schröder

Alle TEM-Aufnahmen wurden an der Martin-Luther-Universität Halle–Wittenberg, Sektion Biowissenschaften, Wissenschaftsbereich Genetik, angefertigt; alle SEM-Aufnahmen an der Akademie der Wissenschaften der DDR, Institut für Elektronenmikroskopie und Festkörperphysik Halle/S.

Bildautoren der Farbtafeln

Dr. Wolfgang Böhnert, Dresden: 20/1
Johann Breitenbach, Luzern: 12/3; 18/2; 19/1,4; 45/2
Reinhard Conrad, Gera: 16/1; 18/4; 20/2,3; 21/2,4; 22/4; 23/3; 24/4; 36/1; 37/2; 44/6; 46/2; 48/2,4
Dr. Heinrich Dörfelt, Halle: 9/1; 10/1–5; 11/2,3; 12/1,2,6; 15/3; 16/2,3,5; 17/1,4; 18/1; 20/5,6; 21/3; 22/1–3,6; 23/1,2; 24/1,3; 25/3,4; 26/1,4,6; 27/1–4; 28/3,4; 29/1; 30/1,3–5; 32/3; 35/4; 36/3,5; 39/1; 40/5; 41/2; 44/3,5; 45/1; 46/3–6; 47/1–4; 48/3
Matthias Eckel, Taura: 28/5
Dr. W. Elmer, Bleicherode: 24/5; 30/6; 36/6; 39/2
Dieter Frank, Gera: 10/6, 13/2; 18/5; 20/4; 22/5; 25/1,2; 28/1; 31/4; 45/3
Rolf A. Goethe, Apolda: 28/2; 29/4; 36/2

Herbert Görner, Leipzig: 19/2; 32/2,6; 33/2; 34/5; 39/4; 40/1,6; 42/5; 43/1,3,4; 44/1; 48/1
Wolfgang Klaeber, Berlin: 12/4; 13/1,3,4; 14/1,3–6; 15/1,2; 16/6; 17/2; 18/6; 19/3; 21/1; 23/4; 24/2; 26/3; 28/6; 29/3; 30/2; 31/1,2; 32/1,4,5; 33/1,3,4; 34/1–4; 35/3; 38/2–5; 40/2–4; 41/1,3; 42/2–4; 44/2; 45/4; 46/1
Eberhard Pfister, Erfurt: 15/4; 26/5; 29/2; 41/4
Wolfgang Schulz, Bleicherode: 31/3; 35/2; 37/3; 38/1; 42/1
Bernd Simon, Plossig: 11/1; 14/2; 16/4; 17/3; 18/3; 24/6; 26/2; 34/6; 35/1; 36/4; 37/1,4
Thomas Voigt, Erlabrunn: 9/3,4
Dr. Wolfgang Wiehle, Waren: 9/2; 11/4; 12/5
Dr. J. Wiesner, Jena: 38/6; 39/3; 42/6; 43/2; 44/4

Autoren der Textabbildungen

Die Strichzeichnungen wurden von den Autoren der zugehörigen Texte entworfen. Ausnahmen sind folgende Zeichnungen:
Apophyse, Entwurf H. Dörfelt; Apothecium 1, Entwurf G. Hirsch; Apothecium 2, Entwurf R. Stordeur; Ascus 3, Entwurf H. Dörfelt; Erysiphales 1, Entwurf H. Dörfelt/U. Braun; Gallertflechte, Entwurf H. Dörfelt; Geotropismus, Entwurf H. Dörfelt; Phototropismus, Entwurf H. Dörfelt; Spitzenkörper, Entwurf M.-B. Schröder; Uredinales 1, Entwurf U. Braun/H. Dörfelt; Ustilaginales 1, Entwurf H. Dörfelt/U. Braun; Wachstum 1, Entwurf G. Straube; Wachstum 2, Entwurf H. Dörfelt; Vorsätze, Entwürfe H. Dörfelt.

Hinweise zur Benutzung

1. Die Stichwörter

Als Stichwörter wurden in erster Linie Substantive aufgenommen. Außerdem sind einige Adjektive, Wortgruppen und häufig benutzte Abkürzungen enthalten. Bei der Alphabetisierung wurden Umlaute (ä, ö, ü) unter den Grundlauten (a, o, u) eingeordnet. Vorgestellte Buchstaben oder Zahlen (z. B. T-2-Toxin, β-Lactamasen) wurden bei der Einordnung nicht berücksichtigt. Abkürzungen (z. B. ICBN, ATA) sind entsprechend der realen Buchstabenfolge des Kürzels alphabetisiert.
Die Substantive stehen meist im Nominativ Singular. Sie wurden im Plural aufgenommen, wenn die Pluralformen häufiger als die Singularformen benutzt werden. Bei Wiederholung des Stichwortes im zugehörigen Text ist dieses – unabhängig von Kasus und Numerus – mit dem Anfangsbuchstaben (Wortgruppen mit den Anfangsbuchstaben der zugehörigen Wörter) abgekürzt.
In einigen Fällen, wo die Bildung des Plurals oder des Singulars von den im deutschen Sprachgebrauch üblichen Bildungen abweicht, haben wir diese Formen nach dem Stichwort in Klammern angegeben, z. B. **Sterigma** (Pl. Sterigmata): ...; **Appendix** (Pl. Appendices): ... usw. Wir haben dies grundsätzlich nicht bei den Wörtern, die auf -ium enden oder mit der Silbe -carp abschließen, getan. Bei ersteren (Apothecium, Plasmodium usw.) ist stets die Pluralendung -ien (Apothecien, Plasmodien usw.) in der deutschsprachigen Fachliteratur üblich, bei letzteren haben wir generell die Pluralendung -carpien in den Texten benutzt; hierbei wird die Silbe -carp als eine im deutschen Sprachgebrauch übliche Abkürzung für -carpium aufgefaßt. Wir haben uns zu dieser Lösung entschlossen, weil die Pluralendung -carpe nur selten, bei manchen Wörtern (z. B. Sorocarpien, Sporocarpien) überhaupt nicht, in der Fachliteratur benutzt wird. Sind mehrere Varianten eines Wortes gleichermaßen gebräuchlich, haben wir uns auf eine festgelegt; nur selten haben wir zwei verschiedene angegeben, z. B.: **Septe** (Pl. Septen; auch Septum, Pl. Septa): ...

2. Die Begriffserklärungen (Texte)

Alle Texte beginnen mit dem Stichwort (halbfett). Manchmal folgen in runden Klammern Synonyme oder abweichende Plural- bzw. Singularbildungen. Etymologische Hinweise werden nicht gegeben, Artikel sind weggelassen. Der Doppelpunkt nach dem Stichwort bzw. nach der zugehörigen Klammer ersetzt im ersten Satz des Textes eine konjugierte Hilfsverbform (sind ..., ist ...). Diesem ersten definierenden Satz folgt der weitere Text, der stets in Satzform gebracht wurde. Wissenschaftliche Namen von Organismen oder Organismengruppen sind kursiv gesetzt, nicht aber die eingedeutschten Formen (*Ascomycetes* – der Name einer Klasse, aber Ascomyceten; *Morchella* – der Name einer Gattung, aber Morcheln usw.). Namen für Gruppen, die keine systematischen Kategorien darstellen oder nicht als solche behandelt werden, erscheinen nicht kursiv (Lichenes, Mycelia sterilia, Fungi imperfecti usw.), das gleiche trifft für Namen von Vegetationseinheiten, Namen für Drogen usw. zu. Es machte sich erforderlich, Begriffe aufzunehmen, die im Sprachgebrauch eine breite, nicht ausschließlich biologische oder mykologische Bedeutung haben. Solche Termini wurden bezüglich ihres biologischen, mitunter auch nur ihres mykologischen Inhaltes erklärt. Begriffe wie Bewegung, Fruktifikation, Lebensstrategie, Substrat, Vitamine, Zerstörung u. a. sind nicht allumfassend definiert oder erläutert.

3. Verweise

Die Verweispfeile ↑ haben die Bedeutung von „vergleiche!", „vergleiche auch!". Sie sind gesetzt, um dem Benutzer den behandelten Stoff leichter zugänglich oder besser verständlich zu machen. Sie verweisen auf Stichwörter, die im Lexikon enthalten sind, auf Abbildungen, Tabellen oder Formeln, die zu einem anderen Stichwort (Text) gehören, auf das Vorsatz usw. (z. B.: ... ↑ *Ascomycetes*; ... ↑ Abb. Sporocarpien; ... ↑ Lichenes, Tab.; ↑ Phalloidin, Formel; ... ↑ Abb. Vorsatz). Hinweise auf Ergänzungen eines Textes, die u. U. aus drucktechnischen Gründen nicht unmittelbar beim Text, sondern versetzt oder auf einer anderen Seite erscheinen, sind nicht mit Verweispfeilen versehen. Diese Hinweise (Abb., Tab., Formeln) stehen im Text in runden Klammern, wenn sie unmittelbar zu einem bestimmten Sachverhalt des Textes gehören; sie stehen ohne Klammern am Schluß des Textes, wenn sie zum besseren Verständnis des gesamten Textes gegeben werden. Auf Stichwörter, die im Lexikon enthalten sind, wird in verschiedenem Zusammenhang verwiesen:

a) Verweise von nicht erläuterten Stichwörtern auf andere Stichwörter

In manchen Fällen ist das nicht erläuterte Wort ein Synonym des Stichwortes, auf das verwiesen wird, z. B.: **Schlauchpilze** ↑ *Ascomycetes*; **Aggregationsplasmodium** ↑ Pseudoplasmodium. In den meisten Fällen sind solche Synonyme beim erläuterten Stichwort wiederholt, z. B. **Ascomycetes** (Schlauchpilze): ... In anderen Fällen wird in dem Text zum Stichwort, auf das verwiesen wurde, das nicht erläuterte Stichwort im Zusammenhang erklärt oder auch nur erwähnt. In jedem Falle ist eine Information über das nicht erläuterte Wort zu bekommen, z. B. **Autoklav** ↑ Sterilisation; **Myxoflagellaten** ↑ Myxomycota. In manchen Fällen sind Informationen zu einem nicht erläuterten Stichwort unter zwei oder mehreren anderen Begriffen enthalten, z. B.: **Anaphase** ↑ Mitose, ↑ Meiose; **Fuligo** ↑ *Physarales*, ↑ Plasmodium, ↑ Aethalium.

b) Verweise von Texten auf andere Stichwörter

Im Text wird mitunter darauf aufmerksam gemacht, daß ein Terminus auch als Stichwort im Lexikon enthalten ist, z. B.: Bei der ↑ Typisierung, besonders bei der Wahl eines ↑ Neotypus, ist die Kenntnis ... Es ist natürlich nicht möglich gewesen, auf alle im Lexikon erläuterten Stichwörter zu verweisen, wenn solch ein Wort im Text benutzt wurde. Verweispfeile stehen nur dann, wenn dies für das Verständnis des Textes notwendig erschien.

Taucht im Text ein Fachwort auf, das im Lexikon nicht erklärt ist, aber dessen Bedeutung unter einem Synonym oder im Zusammenhang mit einem anderen (erklärten) Stichwort zu erschließen ist, so wurde der Verweis in runde Klammern gesetzt; z. B.: ... gehören zu den Schlauchpilzen (↑ *Ascomycetes*) und sind ...; ... Die Myxoflagellaten (↑ Myxomycota) dieser Gruppe ... In anderen Fällen ist über einen bestimmten Sachverhalt mehr Information zu erhalten; auch dann erscheint

der Verweis in runden Klammern; z. B.: Dieser Aromastoff wird z. B. bei der Erzeugung von Schmelzkäse zugesetzt (↑ Käseherstellung).
Die Zugehörigkeit von Arten, Gattungen, mitunter auch von anderen Taxa, die im Text erwähnt werden, ist oft in Klammern angegeben. Wenn die angegebene systematische Kategorie höherer Rangstufe als Stichwort im Lexikon enthalten ist, wird dies ebenfalls durch einen Verweispfeil zum Ausdruck gebracht; z. B.: Die Anlockung der Gameten erfolgt bei *Allomyces* (Kl. ↑ *Chytridiomycetes*) durch ... Im Text zu dem Stichwort, auf das durch die Zuordnung verwiesen wird (im Beispiel *Chytridiomycetes*), taucht das Taxon (im Beispiel: *Allomyces*) als Wort nicht zwangsläufig auf, obgleich das oft der Fall ist. Ganz ähnlich verhält es sich, wenn auf Gruppen verwiesen ist, die kein Taxon darstellen, z. B.: ↑ imperfekte Pilze; ↑ Lichenes.

4. Die Abbildungen
Die Abbildungen (Strichzeichnungen) gehören stets zu einem Stichwort. Die Abbildungslegende beginnt mit der Wiederholung des Stichwortes. Gehören zu einem Stichwort mehrere Abbildungen, so sind diese numeriert; z. B.: Ascus 1: ..., Ascus 2: ...
Die Fotos der Farbtafeln sind in den Texten durch Tafelnummer und Figurennummer zitiert, z. B.: Taf. 10/4. Mit der ersten Zahl ist jeweils die Nummer der Tafel, mit der zweiten Zahl die Nummer der Abb. auf der Tafel gekennzeichnet. Hierbei ist die Reihenfolge:

1	2	bzw.	1	2.
3	4		3	4
			5	6

5. Zur inhaltlichen Konzeption
Viele Themen wurden in Gemeinschaft und nach Abstimmung zusammen von mehreren Autoren bearbeitet. Die Kürzel der Autoren sind den Texten beigefügt. Im Prinzip lag folgende Verantwortlichkeit vor:
Cytologie (Sch), Morphologie, Anatomie (D, Hi), Systematik (D, B, Hi), Physiologie (Str), Genetik (Sch), Biochemie (M), Ökologie (D, Hi, H), Nomenklatur (D), Lichenologie (Sto), technische Mykologie (Str), medizinische Mykologie (V), Geschichte (H), Phytopathologie (B).
Manche Termini werden in der Fachliteratur in sehr unterschiedlicher Bedeutung benutzt, und es war erforderlich, zwischen verschiedenen Möglichkeiten zu entscheiden. Hin und wieder werden von der Definition mancher Begriffe abweichende Bedeutungen erwähnt (mitunter im Kleindruck).
Bezüglich der Strukturen, in denen Sporen oder Gameten gebildet werden, haben wir die auf Schussnig, Chadefaud und Grolle aufbauende Terminologie weitgehend berücksichtigt, obgleich sie sich bisher nur in wenigen Lehrbüchern durchgesetzt hat. Wir sind jedoch überzeugt, daß die engere Umgrenzung und die morphologische Definition der Termini Sporangium, Gametangium usw. ebenso notwendig und nützlich sind wie im vergangenen Jahrhundert die Unterscheidung von Samen und Sporen. Unabhängig davon, daß wir im Sinne der o. g. Autoren die Begriffe Sporocyste, Gametocyste usw. definiert haben, kann sich der Benutzer über andere Begriffsumgrenzungen informieren. In einzelnen Fällen der Terminologie der Hüllorgane, der Befruchtungsvorgänge usw. waren wir bei der Anwendung und Vereinheitlichung der divergierenden Definitionen in der Literatur zur Weiterent-

wicklung des Begriffssystems gezwungen. Wir haben dies stets unter Berücksichtigung von Analysen der Entwicklung der Fachsprache und nur mit äußerster Vorsicht getan.
Die geschichtlichen Fragen der Mykologie sind neben einigen Übersichten (↑ Geschichte der Mykologie, ↑ Index of fungi usw.) besonders durch Biographien und Lebenswerke bedeutender Mykologen behandelt. Es wurden hierbei keine lebenden Personen aufgenommen. Aus dem deutschsprachigen Bereich haben wir einige Personen berücksichtigt, deren Bedeutung auf die Entwicklung der Mykologie in Europa beschränkt ist. Das bedeutet keine Überbewertung der deutschsprachigen Autoren, vielmehr soll es den Benutzern des Lexikons entgegenkommen, die bei der Beschäftigung mit der populärwissenschaftlichen Literatur u. U. mit diesen Namen konfrontiert werden.

6. Zur Schreibweise der Fachtermini
Die Orthographie bereitet gegenwärtig große Probleme. Einerseits zeigt sich in der Fachliteratur eine deutliche Bevorzugung der „c"-Schreibweise gegenüber der k/z-Schreibweise, was nicht zuletzt auf den stärkeren Einfluß der im englischen Sprachgebiet üblichen orthographischen Varianten zurückzuführen ist; andererseits findet man verstärkte Bemühungen zur regelgerechten „Eindeutschung", die vor allem bei neu geprägten Fachwörtern zu sehr ungebräuchlichen Formen führt, die dem Trend der Entwicklung unserer Fachsprache entgegenwirken. Bei unseren Analysen der Fachliteratur stießen wir ständig auf Inkonsequenzen und Uneinheitlichkeit. Auch etymologische Rückschlüsse führen nicht zu Eindeutigkeiten, wie schon an einigen der wichtigsten Wörter klar wird; z. B. haben sowohl „Myzel" als auch „Mycena" und „Mykologie" ihren Ursprung im griechischen mykes (Kappe, Hutpilz). Es bleibt subjektiv, was man als „latinisiert" betrachtet oder nicht. Wir haben schließlich Wörter, die in den Bereichen der Allgemeinsprache vorkommen (Mikroskop, sukzessiv usw.) entsprechend den Vorgaben der letzten Duden-Auflage geschrieben und haben versucht, kritische Silben auch in anderen Zusammensetzungen (Mikrosporen, sukzedan usw.) einheitlich zu schreiben. Das führte zu einigen Inkonsequenzen, da wir der im Englischen üblichen c-Schreibweise der Fachwörter aus Gründen des allgemeinen Trends der Entwicklung der Fachsprache den Vorzug gaben. Unser bestes Vorbild in bezug auf die Schreibweise der Fachwörter fanden wir in der letzten Auflage des „Lehrbuches der Botanik" (Strasburger, 1983; vgl. Literaturhinweise, Allgemeine Übersichtswerke). Dieses Werk gehört im gesamten deutschsprachigen Bereich zu den geschätztesten Hochschullehrbüchern der Botanik. Die dort benutzten orthographischen Varianten spiegeln den fachsprachlichen Trend, den wir auf Grund zahlreicher Analysen ermitteln konnten, am besten wider. Bei der Schreibweise einiger Begriffe, die u. U. Kritik auslösen wird, beziehen wir uns ausdrücklich auf dieses anerkannte Hochschullehrbuch. Es sind dies z. B.: Conidien, Cysten (Cystocarp, Cystophor usw.), Vacuole u. a. Autoren und Herausgeber hätten auch die einheitliche Schreibweise von My<u>c</u>o ... und My<u>c</u>e ... bevorzugt, da sowohl die Originalschreibweisen in der biologischen Literatur – z. B. Mycologie bei Persoon und Mycetologie bei Paulet (Ende 18., Anfang 19. Jh.) – die c-Schreibweise ist und auch die gegenwärtige Entwicklung in diese Richtung geht. Auf Wunsch des Verlages und im Interesse eines breiteren Benutzerkreises wurden jedoch einige Änderungen im Sinne der Schreibweise nach Duden vorgenommen, unter anderem Antibiotika, Myko ... und

Myze ... (z. B. Mykologie, Mykotrophie, Mykorrhiza; Myzel, Myzetom), jedoch wurde die eingedeutschte Endung -myceten (von *-mycetes*) in der c-Schreibweise belassen. Inkonsequenzen. wie sie in allen Büchern anzutreffen sind, ließen sich auch bei uns nicht völlig ausschließen.

7. Abkürzungen

In den Texten wurden folgende Abkürzungen benutzt:

Abb.	Abbildung
Abt.	Abteilung
Aqua dest.	destilliertes Wasser
bzw.	beziehungsweise
dgl.	dergleichen
d. h.	das heißt
Gen.	Genus (Gattung)
incl.	inclusive (einschließlich)
Jh.	Jahrhundert
Kl.	Klasse
LD_{50}	Letaldosis; der mittlere Wert, der Dosis, bei der unter bestimmten Versuchsbedingungen 50% der Versuchstiere sterben. Die Art der Applikation (oral, intravenös usw.), die Art der Versuchstiere werden beim LD_{50}-Wert in der Regel mit angegeben. Der Wert wird meist in µg oder mg pro kg Versuchstier angegeben.
mg, µg	Milligramm, Mikrogramm
mm	Millimeter
µm	Mikrometer
o. a.	oder andere (s, n.)
Ord.	Ordnung
Pl.	Plural
Sect.	Sectio (Sektion)
Sg.	Singular
s. l.	sensu lato, im weiteren Sinne
s. str.	sensu stricto, im engeren Sinne
sog.	sogenannte(r, n)
Subgen.	Subgenus (Untergattung)
Tab.	Tabelle
Taf.	Tafel
u. a.	und andere(s, n)
Ukl.	Unterklasse
usw.	und so weiter
u. U.	unter Umständen
u. Z.	unserer Zeitrechnung
v. u. Z.	vor unserer Zeitrechnung
z. T.	zum Teil

Weitere Abkürzungen (Maße, %) sind allgemein verständlich und bedürfen keiner Erläuterung; zum Verweispfeil ↑ s.o. Die Abkürzungen für systematische Kategorien (Ord., Kl., Abt.) sind nur in Klammern bei den Hinweisen zur Zuordnung von Organismen, nicht in den Texten benutzt.

8. Weiterführende Literatur

Am Schluß des Buches befindet sich eine Zusammenstellung weiterführender Literatur.

Wichtiger Hinweis

Die Angaben zur Genießbarkeit von Pilzen, die gelegentlich den Bildern beigefügt oder im Text angebracht wurden, entsprechen dem derzeitigen Wissensstand und wurden mit Sorgfalt geprüft. Es kann jedoch keine Gewähr für die Unschädlichkeit von Pilzen übernommen werden. Auch ist zu beachten, daß Pilze niemals allein nach Bildern bestimmt werden können. Der Verzehr von Pilzen muß stets in eigener Verantwortung und möglichst auf der Grundlage von Artenkenntnis erfolgen. Bei der Aneignung von Kenntnissen über Gift- und Speisepilze können die Beratungsstellen genutzt werden.

A

Aasfliegenpilze: Pilze, deren Fruchtkörper durch Geruchsstoffe aasliebende Tiere, besonders Fliegen, anlokken. Die reife ↑ Gleba bleibt feucht, wird von den Tieren gefressen, so daß die Sporen endozoochor verbreitet werden. Die Anlockung wird häufig durch auffallende Färbung unterstützt, worauf die Bezeichnung „Pilzblumen" für diese Arten Bezug nimmt. Systematisch bilden die A. einen geschlossenen Verwandtschaftskreis von *Basidiomycetes,* die Ordnung ↑ *Phallales.* Die meisten sind tropisch verbreitet; in Europa kommen (neben einigen eingeschleppten Arten) nur wenige Arten vor, z. B. die Stinkmorchel (*Phallus impudicus,* Taf. 48/1), der Rote Gitterling (*Clathrus ruber,* Taf. 48/3), die Hundsrute (*Mutinus caninus,* Taf. 48/2). Die Ausbreitung des in Europa eingeschleppten Tintenfischpilzes (*Clathrus archeri,* Taf. 48/4) konnte detailliert verfolgt werden. D

Absidia: Gattung der Familie *Mucoraceae* (Ord. ↑*Mucorales,* Kl. ↑ *Zygomycetes*). Die Sporocysten stehen in Wirteln an Lufthyphen. Die Hypnozygoten sind ein- oder doppelseitig von unverzweigten, haarartigen, oft gebogenen, aus den Suspensoren auswachsenden Hyphen umgeben. D

Absterbephase ↑ Wachstum

Abteilung: sytematische Kategorie von hoher ↑ Rangstufe. Die wissenschaftlichen Namen der A. pilzlicher Organismen sollen nach Empfehlung des ↑ ICBN mit der Endung *„mycota"* versehen werden. Die wichtigsten, in vielen aktuellen Pilzsystemen anerkannten A. der Pilze sind die ↑ *Myxomycota* (Schleimpilze), die ↑ *Chytridiomycota* (Flagellatenpilze), die ↑ *Oomycota* (Ei- oder Algenpilze) und die ↑ *Eumycota* (Echte Pilze). Mitunter werden die wichtigsten Klassen der *Eumycota* als A. aufgefaßt und als *Zygomycota, Ascomycota* bzw. *Basidiomycota* bezeichnet. ↑ Pilze, ↑ Pilzsystem D

Abundanz: Häufigkeit, die Anzahl von Organismen oder bei Pilzen auch von Fruchtkörpern in Bezug auf eine Flächeneinheit bzw. auf einen Vegetationstyp. Die Erfassung der A. geschieht bei pilzökologischen Arbeiten nach verschiedenen Methoden, z. B. durch Auszählen oder Wiegen der Fruchtkörper. D

Abwasserpilz: scheidenbildendes, häufig in Abwasser vorkommendes Bakterium *(Sphaerotilus natans),* das umgangssprachlich als ↑ Pilz bezeichnet wird. Str

Abwasserreinigung ↑ biologische Abwasserreinigung

Acanthohyphidien ↑ Hyphidium

Acarospora: zur Ordnung ↑ *Lecanorales* gehörende Flechtengattung mit protococcoiden Grünalgen als ↑ Phycobionten. Die Arten zeichnen sich durch krustige, areolierte, am Rande mitunter lappige (↑ Krustenflechten), berindete Lager von gelber, grünlichgelber bis braunschwarzer Farbe aus. Die lecanorinen ↑ Apothecien sind meist eingesenkt, ihr ↑ Gehäuse ist hell, nur bei wenigen Arten dunkel. In den Asci werden viele (24 bis mehrere Hundert) kleine, runde bis ellipsoide, einzellige und farblose Sporen gebildet. Von den etwa 70 *A.*-Arten wachsen die meisten epilithisch, nur wenige terrestrisch oder auf Holz. Einige Arten leben vor allem im Jugendstadium parasitisch auf anderen Flechten, wie *Diploschistes* und

Caloplaca. Mit *A. epithallina* (parasitierend auf *A. hilaris*) wurde der erste Adelphoparasit (↑ Parasitismus) unter den Flechten bekannt. In der Untergattung *Xanthothallia* wurden sechs parasitische Arten beschrieben. Die Gattung *A.* ist weltweit verbreitet. Sto

Acervulus: ein ↑ Conidioma ↑ imperfekter Pilze, besonders von Phytoparasiten. Der A. besteht aus einem in das Wirtsgewebe eingesenkten, untertassenförmigen, scharf umgrenzten kompakten Myzelpolster, auf dem die Conidiophore palisadenförmig angeordnet sind. Das Gebilde wird anfangs von der Epidermis des Wirtes bedeckt, die später bei Conidienreife aufreißt. Pilze, die A. bilden, sind zur Form-Ordnung *Melanconiales* zusammengefaßt. Es werden ↑ Aleuriosporen, ↑ Blastosporen oder ↑ Phialosporen in den A. gebildet.

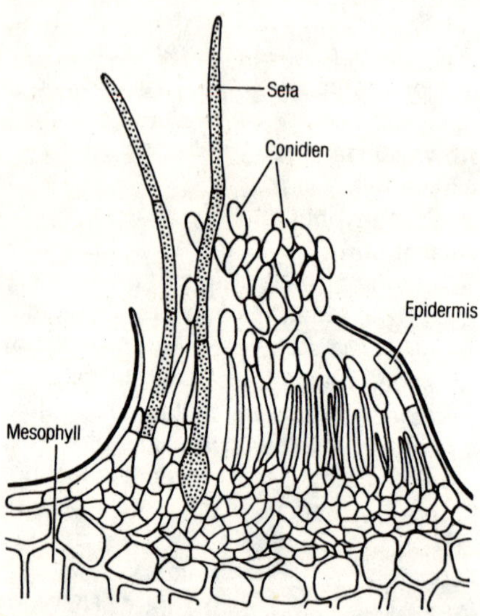

Acervulus von Colletotrichum auf dem Blatt einer Wirtspflanze

Gelegentlich werden auch die Uredien und Telien der ↑ *Uredinales,* selten auch die Brandlager der ↑ *Ustilaginales* als A. bezeichnet. Abb. Hi/D

Acharius, Erik: schwedischer Arzt und Lichenologe (1757–1819). A. studierte von 1773 bis 1777 in Uppsala und war Schüler von ↑ Linnaeus. Seine medizinischen Examina legte er in Lund ab, wo er 1782 zum Dr. med. promovierte. Ab 1785 war er als Stadtarzt in Landskrona und ab 1789 als Provinzialarzt in Oestergöthland tätig. 1803 wurde A. zum Professor ernannt. Hauptgegenstand seiner Forschung waren die Erfassung, Beschreibung und Klassifizierung der Flechten. Von besonderer Bedeutung sind die „Lichenographia universalis" (1810) und die „Synopsis methodica lichenum" (1814). H

Achlya: Gattung der Ordnung ↑ *Saprolegniales* (Kl. ↑ *Oomycetes*). Im Gegensatz zu der ähnlichen Gattung ↑ *Saprolegnia* ist bei der ungeschlechtlichen Vermehrung das erste Schwärmstadium sehr kurz. Die primären Zoosporen bleiben durch Plasmabrücken verbunden und encystieren sich an der Sporocystenöffnung. Es entsteht dort ein Ballen von Cysten, die dann die seitlich begeißelten sekundären Zoosporen entlassen. Auch bei *A.* können diese sekundären Zoosporen mehrfach ihre Geißeln verlieren und sich encystieren (↑ *Saprolegnia*). Die *A.*-Arten sind meist Saprophyten, einige können Fischkrankheiten erregen. Manche Arten sind diözisch und dienen als physiologische Versuchsobjekte, z.B. *A. bisexualis*. D

acidophile Pilze: ökologischer Begriff für säureliebende Arten. A. P. kommen ausschließlich oder bevorzugt auf Substraten mit einem *p*H-Wert unter 6,5 vor. ↑ bodenvage Pilze, ↑ basiphile Pilze. D

Acrasiales: eine Ordnung der ↑ *Acrasiomycetes* (zelluläre Schleimpilze). Unter Ausschluß der ↑ *Dictyosteliales* (↑ *Myxomycota*) bestehen die *A.* nur aus wenigen Arten, deren ↑ Pseudoplasmodien bei Reife Sporenketten,

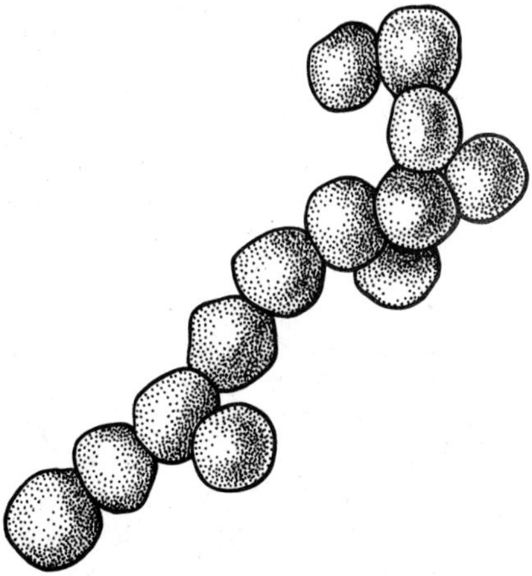

Acrasiales: Sporenkette von Acrasis

keine komplexen ↑ Sorocarpien bilden (Abb.). Begeißelte Stadien fehlen.

Der Name *A.* wird jedoch in manchen Systemen auch für alle *Acrasiomycetes* benutzt, mitunter sogar unter Einschluß der ↑ *Protosteliales.* D

Acrasiomycetes: zelluläre Schleimpilze, eine Klasse der ↑ *Myxomycota* (Schleimpilze), die nur ca. 20 Arten umfaßt. Die *A.* sind durch fehlendes Flagellatenstadium, durch frei bewegliche ↑ Myxamoeben in der vegetativen Phase ihrer Entwicklung und durch die Bildung von ↑ Pseudoplasmodien (Aggregationsplasmodien) vor der reproduktiven Phase gekennzeichnet. Die Myxamoeben ernähren sich durch Phagocytose; meist werden Bakterien aufgenommen. Sexualität konnte nur selten nachgewiesen werden. Die meisten Arten sind Bodenpilze. Die A. werden in zwei Ordnungen, in die ↑ *Acrasiales* s. str. und die ↑ *Dictyosteliales* gegliedert.

In manchen Systemen werden die beiden Ordnungen auch zusammengefaßt und gemeinsam als *Acrasiales* s. l. bezeichnet. Andererseits werden die *A.* auch als Abteilung (*Acrasiomycota*) mit nur einer einzigen Klasse bewertet. Unklar ist die Stellung der ↑ *Protosteliales*, die als Bindeglied zwischen den *A.* und den ↑ *Myxomycetes* angesehen werden und mitunter zu den *A.* gestellt werden. D

Acrasiomycota ↑ *Acrasiomycetes*

Actinomyceten ↑ Strahlenpilze

Actinomykose: durch Bakterien (↑ Strahlenpilze) aus der Gattung *Actinomyces* verursachte Infektionskrankheit. Da die Erreger nicht zu den ↑ Pilzen gehören, rechnen wir die A. nicht zu den ↑ Mykosen. V

Adiaspiromykose: ↑ Mykose, die häufig bei kleinen Säugetieren, meist bei Nagern, selten beim Menschen vorkommt und stets den Lungenbereich betrifft. Erreger der A. sind ↑ imperfekte Pilze der Form-Gattung *Emmonsia*, z.B. *E. parva* und *E. crescens*. Eingeatmete Erregerelemente setzen sich im Gewebe fest und entwickeln sich zu 100–700 µm großen kugeligen Adiasporen mit geringer Differenzierung des Cytoplasmas. Die Adiasporen haben Ähnlichkeit mit den Sphaerulen von *Coccidioides immitis* und sind mit einer bis zu 70 µm dicken, doppelt konturierten Wand umgeben. Abwehrreaktionen des betroffenen Gewebes sind meist gering, manchmal kommt es zu granulomatösen Entzündungen, meist verläuft die A. jedoch symptomlos. Die A. wird auch als Haplomykose bezeichnet. Dieser Name beruht auf dem Synonym *Haplosporangium parvum* für den Erreger *Emmonsia parva.* V

Adventivlobulus: bei ↑ Blattflechten häufig auch nur als Lobulus bezeichneter, verspätet angelegter Lagerlappen, der oft mit verschmälerter Basis ansitzt und sich in Form und Größe meist deutlich von den übrigen ↑ Loben unterscheidet. Sto

Aecidium: Sporenlager von Rostpilzen, (↑ *Uredinales*), das vom Haplonten (bei wirtswechselnden Arten auf dem Zwischenwirt) angelegt wird. In den Basalzellen der A. erfolgt die Dikaryotisierung (↑ Befruchtung, ↑ Entwicklungszyklus, ↑ *Uredinales*). Aus den dikaryotischen Basalzellen der A. entstehen Zellketten, deren Einzelzellen zu zweikernigen Aecidiosporen, vergänglichen

Zwischenzellen oder zu Zellen der ↑ Pseudoperidie werden. Je nach Ausbildung der Pseudoperidie unterscheidet man vier Grundtypen von A. im weiteren Sinne; eines davon, die schüsselförmige Ausbildung, ist das A. im engeren Sinne. (↑ Pseudoperidie, 2. Hälfte des Textes). B/D

aero-aquatische Pilze: ökologische Gruppe wasserbewohnender Pilze (↑ aquatische Pilze), die bei submersem Wachstum auf untergetauchten Substraten lediglich vegetatives ↑ Myzel bilden. Erst bei Luftkontakt werden meist schwimmfähige Conidien gebildet (↑ Abb. Conidien, *Helicodendron*). A.-a. P. sind in der Regel ↑ imperfekte Pilze; nur von wenigen wurden ↑ Teleomorphen bekannt. Hi

Aerobiose: Leben in Gegenwart von molekularem Sauerstoff. Aerob lebende Organismen gewinnen ihre Energie durch Atmung; der Sauerstoff dient dabei als Wasserstoffakzeptor. Die meisten Pilze gehören zu den aeroben Organismen (Aerobier). Str

Aethalium: Fruktifikation von Schleimpilzen der Klasse ↑ *Myxomycetes*, die phylogenetisch aus der Verschmelzung von ↑ Sporocarpien entstanden ist. Manche Strukturen der Einzelsporocarpien können in den A. noch nachgewiesen werden. Die A. besitzen gewöhnlich eine derbere Hülle als die Sporocarpien. Sie können bei manchen Arten bis über handtellergroß werden. Bei manchen Schleimpilzen entsteht aus jedem Plasmodium nur ein einziges A., bei anderen entstehen mehrere. Manche A., z. B. die von *Reticularia lycoperdon* (↑ *Liceales*) wirken äußerlich wie angiocarpe ↑ Fruchtkörper von ↑ Basidiomyceten. Bekannte Schleimpilze, die A. bilden, sind z. B. *Fuligo septica* (Taf. 11/1 ↑ *Physarales*), die Lohblüte; *Lycogala epidendron* (↑ Liceales), der Blutmilchpilz; *Reticularia lycoperdon* (↑ *Liceales*), der Bovist-Schleimpilz. D

Aflatoxikose: Pilzvergiftung durch ↑ Mykotoxine (↑ Aflatoxine). Die durch verdorbene Lebensmittel in den tierischen und menschlichen Körper gelangten Gifte verursachen Blutungen, Leberschäden und vor allem Krebs. Besonders Aflatoxin B_1 und Aflatoxin M_1 sind stark kanzerogene Substanzen. An der Wirkungsweise der A. sind ein Epoxid und Cytochrom P-450 beteiligt. M

Aflatoxine: ↑ Mykotoxine von einigen ↑ Stämmen der ↑ imperfekten Pilze *Aspergillus flavus* und *Aspergillus parasiticus*. A. verursachen die ↑ Aflatoxikose

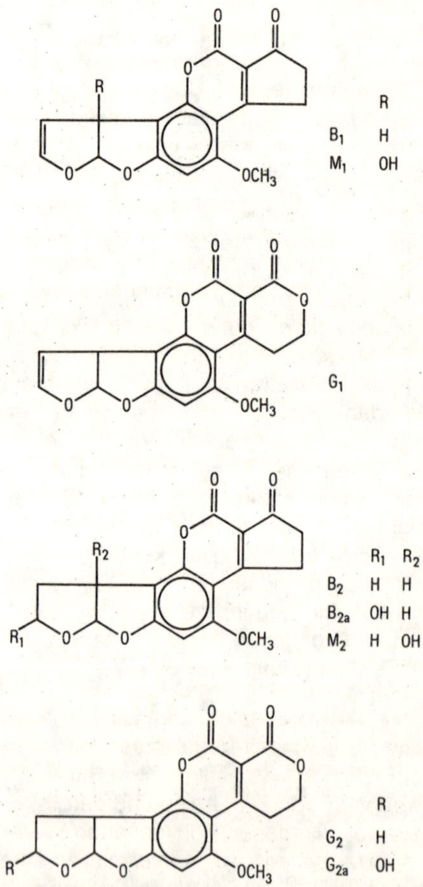

Aflatoxine

und sind die bisher stärksten natürlichen oral krebserzeugenden Verbindungen. Man kennt ca. 20 natürlich vorkommende A. und einige Metabolite. A. sind hitzestabil, empfindlich gegen Alkalien und starke Oxidationsmittel. Sie werden vorzugsweise in verdorbenen Lebens- und Futtermitteln gefunden, z. B. in Erdnüssen, Preßrückständen aus Ölfrüchten und Futtergetreide. A. sind Difuran-Cumarinderivate (s. Strukturformeln).

Die LD_{50}-Werte für eintägige Entenküken bei oraler Aufnahme der Gifte sind folgende: Aflatoxin B_1: 0,36 mg/kg; Aflatoxin B_2: 1,7 mg/kg; Aflatoxin M_1: 0,8 mg/kg; Aflatoxin M_2: 3,1 mg/kg; Aflatoxin G_1: 0,8 mg/kg; Aflatoxin G_2: 2,5 mg/kg; Aflatoxin B_{2a}: ca. 70 mg/kg; Aflatoxin G_{2a}: ca. 32 mg/kg; Aflatoxin B_3 (Parasiticol): 3,6 mg/kg. M

Afrikanische Histoplasmose: Sonderform der ↑ Histoplasmose, welche durch den Pilz *Histoplasma capsulatum var. duboisii* verursacht wird. Es werden der „klassischen“ Histoplasmose ähnliche Krankheitssymptome hervorgerufen. Häufig werden aber Hautaffektionen beobachtet. Eine Abgrenzung beider Krankheitsformen ist nur nach Untersuchung befallenen Gewebes und Erregeranzucht und -identifizierung sicher möglich. Die Krankheit ist vorwiegend auf das tropische Afrika beschränkt, nur ein Fall wurde aus Japan bekannt. In den Endemiegebieten der A. H. trifft man aber auch die „klassische“ Histoplasmose an. V

Agar (Agar-Agar): stark vernetztes, komplex zusammengesetztes Polysaccharid. Hauptbestandteile sind D-Galactose, 3,6-Anhydrogalactose, die entsprechenden Uronsäuren und Sulfat. A. wird vorwiegend in Asien und den USA aus verschiedenen Rotalgenarten (*Gelidium, Acanthopeltis, Ahnfeltia* u. a.) gewonnen. A. dient als Verfestigungsmittel bei der Herstellung von Nährböden zur Kultivierung von Mikroorganismen. Dafür setzt man den Nährlösungen 1,5–3,0% A. zu. A. schmilzt bei 100 °C, erstarrt aber bei Abkühlung erst bei 45 °C. Im Gegensatz zu Gelatine wird A. nur von wenigen Bakterien angegriffen. Taf. 10/1,3,4 Str

Agardiffusionstest: eine mikrobiologische Methode zur Prüfung der Wirkung bestimmter Substanzen auf Mikroorganismen. Beim A. werden Nährböden mit einem Testorganismus beimpft. Danach werden in bestimmtem Abstand Testsubstanzen aufgebracht, z. B. Nährstoffe, Hemmstoffe, ↑ Antibiotika, die in den Nähragar (↑ Agar) diffundieren. Der Grad der positiven oder negativen Wirkung der Substanzen auf den Testorganismus kann durch Messung des Durchmessers der entstehenden Wachstums- oder Hemmzonen festgestellt werden. In der Antibiotikatestung und bei der Bestimmung von Mikroorganismen (↑ Auxanographie) findet der A. breite Anwendung. Str

Agaricales: Ordnung der Klasse ↑ *Basidiomycetes* (Ukl. ↑ *Homobasidiomycetidae*). Die Fruchtkörper sind meist fleischige, häutige oder zähe geotropisch orientierte agaricoide ↑ Pilothecien (zentral gestielte ↑ Blätterpilze), aber es kommen auch secotioide, pleurotoide oder cyphelloide Pilothecien vor. Die Basidien sind keulenförmig, meist vier- oder zweisporig. In der Regel werden ↑ Ballistosporen gebildet. Die Hymenien weisen oft gattungs- und artspezifische Merkmale auf, z. B. typische Cystidenbildungen. Die Fruchtkörper entstehen aus Primordien, wobei typische Streckungsphasen das Wachstum charakterisieren (↑ Abb. Wachstum 2). ↑ Vela kommen vor, aber es gibt auch zahlreiche gymnocarpe Sippen. Die *A.* sind meist bi- oder tetrapolar, selten homothallisch (↑ Fortpflanzungssysteme). Viele Arten der *A.* leben als Saprophyten oder Mykorrhizapilze. Einige sind fakultative Parasiten an Gehölzen, wenige auch obligate Parasiten, z. B. auf Pilzen. Die Familien und Gattungen der *A.* sind in Europa mit sehr vielen Arten vertreten (mehr als 4000). Zur Gliederung der umfangreichen Ordnung werden unter anderem die Velumverhältnisse, die Struktur der ↑ Huthaut, die Farbe des Sporenpulvers, die morphologische

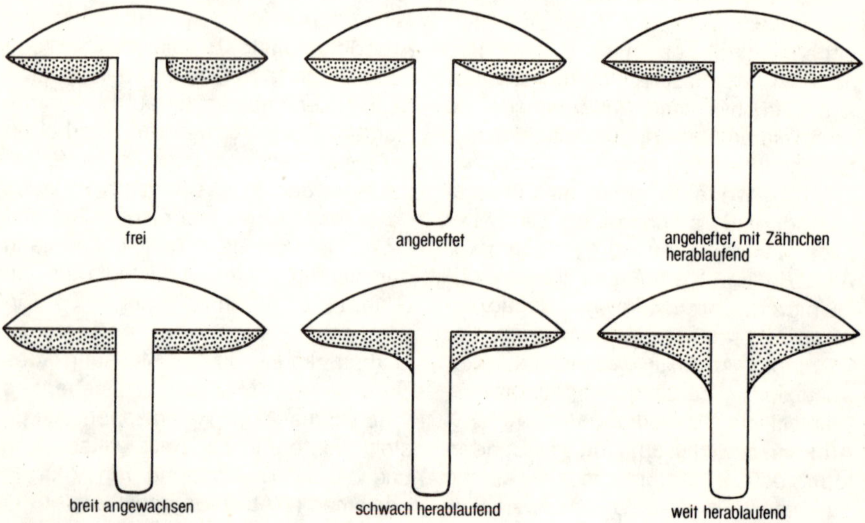

Agaricales 1: Ansatz der Lamellen am Stiel (schematisch)

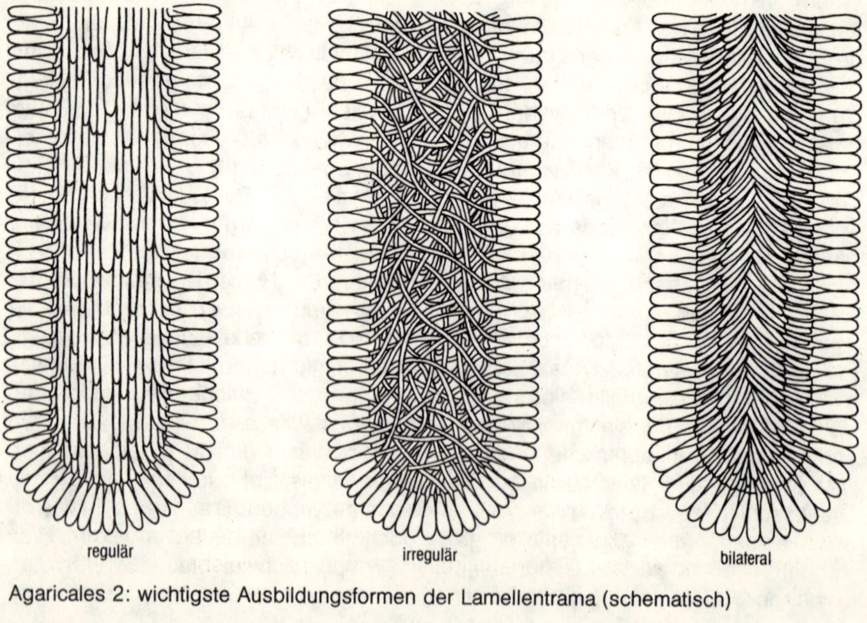

Agaricales 2: wichtigste Ausbildungsformen der Lamellentrama (schematisch)

Struktur und die chemischen Reaktionen der Sporen, der Trama usw., besonders die Ausbildungsformen der Lamellentrama (Abb. 2), die Chemie der Pigmente und anderer Inhaltsstoffe, aber auch viele Merkmale der Fruchtkörpermorphologie, z. B. der Ansatz der Lamellen am Stiel (Abb. 1) herangezogen. Besonders umfangreich sind die Familien ↑ *Tricholomataceae* (mit hellem Sporenpulver, pleurotoiden, cyphelloiden, meist aber agaricoiden Pilothecien), *Cortinariaceae* (mit braunem Sporenpulver, agaricoiden Pilothecien, mit Cortina und regulärer Lamellentrama), *Agaricaceae* (mit hellem oder dunklem Sporenpulver, secotioiden oder agaricoiden Pilothecien mit meist freien Lamellen), *Coprinaceae* (mit secotioiden oder agaricoiden Pilothecien, meist sehr dunklem Sporenpulver und oft freien Lamellen) und viele andere. Taf. 25/3,4; 26 bis 36; 37/1,2 und 47/1,3 D

Agaricus (Egerlinge, Champignons): weltweit verbreitete Gattung der Ordnung ↑ *Agaricales* (Kl. ↑ *Basidiomycetes*). Die Fruchtkörper sind mittelgroße oder große fleischige (selten fast häutige) zentral gestielte Blätterpilze mit weißen, gelben oder braunen Farben, freien Lamellen, Ring und ↑ Velum universale. Letzteres ist nur bei manchen Arten im reifen Zustand nachweisbar. Die Lamellen sind jung fast weiß, rosa oder graurosa, färben sich bald intensiver rosa oder rosabraun und im Alter bei Sporenreife schokoladen- bis schwarzbraun. Das Sporenpulver ist purpurbraun, mitunter fast schwarz.

Die *A.*-Arten sind terrestrische Saprophyten; manche bevorzugen nährstoffreiche Böden. In Europa kommen ca. 70 Arten vor. Die meisten sind eßbar, einige (*A. hortensis, A. bisporus* u. a.) werden als Speisepilze kultiviert. Die ↑ Karbolchampignons (Giftegerlinge, Sect. *Xanthodermatei*) sind ungenießbar. Zu den bekannten und weit verbreiteten Arten in Mitteleuropa gehört *A. campestris,* der Wiesenchampignon (Typusart), *A. arvensis,* der Weiße Anischampignon, *A. augustus,* der Riesenchampignon (Taf. 32/4), *A. silvicola,* der Dünnfleischige Anischampignon (Taf. 32/2), und *A. xanthodermus,* der ↑ Karbolchampignon. ↑ Speisepilze, Tab. D

Agaritin: Hydrazinderivat, das neben anderen in den ↑ Fruchtkörpern von *Agaricus*-Arten (Champignons) gebildet wird. M

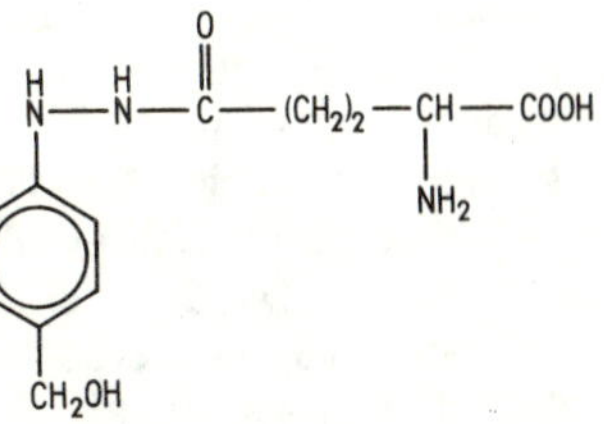

Agaritin

Aggressivität: in der Parasitologie (↑ Parasitismus) die Fähigkeit eines Parasiten, einen ↑ Wirt zu befallen. Der Begriff A. umfaßt den Modus des Angriffes, die Fähigkeit, den Widerstand des Wirtes zu brechen, sich anzusiedeln und den Wirt als Nahrungsquelle für die eigene Entwicklung zu nutzen. B

Agonomycetales ↑ Mycelia sterilia

Agroclavin ↑ Mutterkornalkaloide

Agrocybe (Ackerlinge): Gattung der Ordnung ↑ *Agaricales* (Kl. ↑ *Basidiomycetes*). Die Fruchtkörper sind kleine bis mittelgroße, zentral gestielte Blätterpilze (agaricoide Pilothecien) mit ausgebuchteten oder breit angewachsenen Lamellen und braunem (graubraun, umberbraun, tabakbraun usw.) Sporenpulver, eiförmigen, ellipsoiden ↑ Basidiosporen (mit Keimporus) und mit Schnallen in der Trama. Die ↑ Huthaut ist ein Hymenoderm, Vela kommen vor, sind aber nicht bei allen Arten im reifen Zustand nachweisbar. Die Typusart ist *A. praecox,* der Frühlingsackerling. Er ist in Wäldern, auf Stroh, auch in Gärten allgemein verbreitet. In Europa kommen weitere 15 Arten vor, die ebenfalls saprophytisch wachsen; einige davon sind auf Xerothermrasen spezialisiert. Taf. 32/3 D

Albugo: ca. 30 Arten umfassende Gattung der Ordnung ↑ *Peronosporales* (Kl. ↑ *Oomycetes*). Die *A.*-Arten sind Parasiten auf Blütenpflanzen. Sie erregen den Weißen Rost (Weißrost), z. B. *A. candida* auf Kreuzblütlern, wie Kohl, Meerrettich, Hirtentäschel usw., *A. tragopogonis,* die Typusart, auf verschiedenen Korbblütlern. Das coenocytische Myzel wächst interzellulär und bildet zahlreiche kleine, kopfige ↑ Haustorien. Die Sporocysten sind kugelig, ellipsoid oder eiförmig. Sie werden in basipetalen Ketten an zylindrischen bis kegeligen Trägern (Sporocystophoren) gebildet und erinnern an die ↑ Conidien mancher ↑ *Eumycota* (↑ Cystoconidien). Sie fallen ab, werden vom Wind verbreitet und keimen an einem Keimporus stets mit zweigeißeligen, nierenförmigen Zoosporen. ↑ Oogonien werden in den Interzellularen des Wirtes gebildet. Die ↑ Hypnozygoten („Oosporen") sind etwa kugelig und keimen mit einer Sporocyste, in der sich ebenfalls Zoosporen entwickeln. Die meisten *A.*-Arten sind heterothallisch. Gemeinsamer Befall von *A. candida* und *Peronospora parasitica* auf Kreuzblütlern, z. B. am Hirtentäschel, ist nicht selten. Man kann die beiden Arten auf Grund der Sporocystophore und der ↑ Haustorien gut unterscheiden. B/D

Alectoria: Flechtengattung der Ordnung ↑ *Lecanorales* (↑ Lichenes). Die Thalli sind meist von brauner, grüner oder gelber Farbe, bart- oder mähnenförmig, selten strauchig. Am Substrat sind sie mit einer Haftscheibe befestigt. Die Thallusabschnitte sind rund oder etwas abgeflacht und radiär gebaut. Die Rinde besteht aus verklebten Hyphen. Das lockere Mark führt im Gegensatz zu ↑ *Usnea* keinen Zentralstrang. Als Phycobionten treten Grünalgen auf. Häufig werden ↑ Pseudocyphellen gebildet, oft auch Sorale; gelegentlich kommen Isidien vor. Die lecanorinen ↑ Apothecien sind seitenständig und haben dunkle Scheiben. Durch Verzweigungen und ↑ Anastomosen bilden die ↑ Paraphysen ein relativ festes Geflecht. Die *A.*-Arten sind Rinden-, seltener Gesteins- oder Erdbewohner. ↑ Alectoronsäure kommt bei den meisten Arten vor. Kühle, luftfeuchte Gebiete werden bevorzugt besiedelt. Sto

Alectorialsäure: ↑ Flechtenstoff der Summenformel $C_{22}H_{20}O_{11}$ von noch unbekannter Struktur, der vor allem in *Alectoria nigricans* und *A. implexa* gefunden wurde. A. reagiert mit para-Phenylendiamin und KOH durch gelbe bis rote Verfärbung. Sto

Alectoronsäure: ↑ Flechtenstoff, der häufig in der Familie *Parmeliaceae* vorkommt, chemisch ein ↑ Depsidon vom Orcintypus. Sto

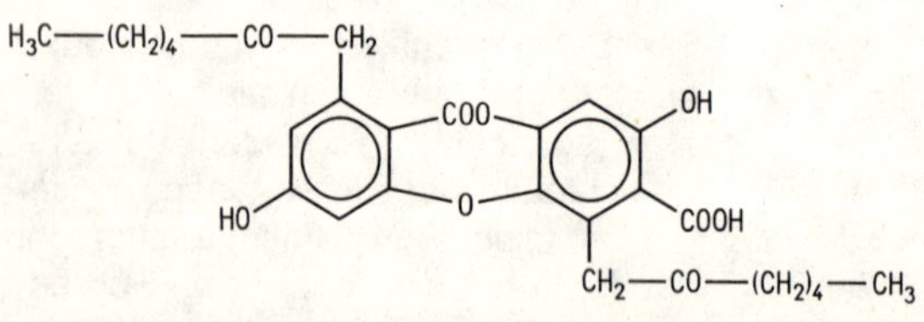

Alectoronsäure

Aleuria: Gattung der Familie ↑ *Pyronemataceae* (Ord. ↑ *Pezizales,* Kl. *Ascomycetes*), die ca. 15 Arten bodenbewohnender Saprophyten umfaßt und weltweit verbreitet ist. Die ↑ Ascocarpien sind kleine bis mittelgroße, selten

auch große ↑ Apothecien mit kräftig orangen oder roten Farben. Die ↑ Ascosporen haben komplizierte, oft reticulate ↑ Ornamente. Außen sind die Apothecien mit farblosen Haaren bedeckt, ↑ Anamorphen sind unbekannt.
Eine häufige Art in Europa ist der Orangerote Becherling, *A. aurantia* (Taf. 14/3) Hi

Aleuriosporen: Conidien, die nach apikaler Anschwellung einer conidiogenen Zelle oder einer Hyphe durch holoblastische ↑ Conidiogenese solitär entstehen. Dickwandige A. werden auch als ↑ Chlamydosporen bezeichnet; beide Begriffe werden jedoch oft in einem weiteren Sinne benutzt. Hi

Algenpilze: eine Bezeichnung für algenähnliche Pilze. Der Name A. wurde als Übersetzung des Namens *Phycomycetes* in die deutschsprachige Literatur gebracht. Die *Phycomycetes* wurden als primitive Pilze angesehen, die eine phylogenetische Entwicklung aller Pilze aus den Algen belegen sollte. Sie haben sich jedoch als heterogene, künstliche Gruppe erwiesen und gehören in aktuellen Systemen zu den ↑ *Zygomycetes,* ↑ *Oomycetes,* ↑ *Chytridiomycetes* usw. Gegenwärtig wird die Bezeichnung A. von manchen Autoren als deutscher Name für die ↑ *Oomycetes* benutzt. D

Algenschicht: in heteromeren Thalli der Flechten (↑ Lichenes) meist zwischen ↑ Rinde und ↑ Mark liegende Schicht, die aus Phycobionten-Zellen mit Pilzhyphen besteht. Da die Phycobionten früher als Gonidien betrachtet wurden, ist auch der Begriff „Gonidienschicht" gebräuchlich. Sto

Alimentäre toxische Aleurie: ↑ Mykotoxikose, verursacht durch ↑ Trichothecene besonders aus *Fusarium*-Arten. Die Gifte gelangen durch infizierte Lebensmittel in den menschlichen Körper. Die A. (ATA) beginnt mit Hautnekrosen, Blutungen, Entzündungen und zeigt im Endstadium eine Schrumpfung des Knochenmarks sowie Abnahme der weißen und roten Blutkörperchen. M

allantoide Sporen: einzellige, zylindrisch-gekrümmte (bohnenförmige, wurstförmige) ↑ Sporen, besonders Conidien und ↑ Ascosporen. Hi

Allel: Eine von zwei oder mehreren alternativen Zustandsformen eines ↑ Gens. Bei diploiden Organismen sind die beiden A. eines bestimmten Gens entweder identisch (homozygot) oder unterschiedlich (heterozygot). Entspricht der ↑ Phänotyp eines heterozygoten Allelpaares (A/a) dem des homozygoten Allelpaares (A/A), so bezeichnet man das A.A als dominant, das A.a als rezessiv. In einem ↑ Dikaryon können zwei A. eines Gens funktionell homozygot bzw. funktionell heterozygot sein. Sch

Allelietest: Funktionstest, der prüft, ob zwei unabhängig voneinander entstandene ↑ Mutationen dieselbe genetische Funktion in einem Organismus verändern oder zwei verschiedene Funktionen. Der A. erlaubt die Zuordnung von Mutationen zu bestimmten ↑ Genen. Kreuzt man zwei Mutantenlinien, so zeigt die F_1-Nachkommenschaft entweder einen Wildtyp-Phänotyp oder den Phänotyp der Mutante. Im ersten Fall sind die zu analysierenden Mutanten nicht-allel, d.h., die Mutationen liegen in beiden Mutantenlinien auf unterschiedlichen Genen. Dadurch ist die F_1-Nachkommenschaft für die beiden betroffenen Gene heteroallel. Die neben den Mutantenallelen vorliegenden Wildtypallele können die Mutationen phänotypisch kompensieren (Pseudowildtyp). Im zweiten Fall sind die Mutationen allel, d. h., in beiden Mutanten ist dasselbe Gen betroffen. Eine phänotypische Kompensation des Defektes ist deshalb nicht möglich. Der A. ist nur bei diploiden Organismen anwendbar und hat deshalb nur bei wenigen Pilzen Bedeutung, z. B. bei einigen diploiden ↑ Hefen. Sch

Allomyces ↑ *Blastocladiales*

Alpenrosenäpfel: Gallbildungen (↑ Cecidium) an Alpenrosen, hervorgerufen durch ↑ *Exobasidium rhododendri* (Ord. ↑ *Exobasidiales*). Die Gallen sind erbsen- bis nußgroß, zuerst grünlichweiß, später rötlich-bräunlich. B

Alternaria: Form-Gattung ↑ imperfekter Pilze (Fam. ↑ *Dematiaceae*) mit enteroblastischer ↑ Conidiogenese. Die ↑ Conidien (Porosporen) sind ↑ dictyospor und pigmentiert. Die Gattung ist weltweit verbreitet und umfaßt etwa 50 Arten von Saprophyten und Phytoparasiten. Letztere rufen z. T. Blattfleckenkrankheiten hervor; einige, z. B. *A. solani* und *A. tenuis*, produzieren hochwirksame Toxine (z. B. Alternariasäure, Tentoxin, Phytoalternarin). Die ↑ Teleomorphen gehören zu *Pleospora* (Ord. ↑ *Dothideales*). Hi

Alternaria-Toxine: ↑ Pilzgifte, ↑ Mykotoxine aus der Deuteromyceten-Gattung *Alternaria*. Chemisch enthalten alle A. eine Dibenzopyron-Einheit und sind antibiotisch, cytotoxisch und teratogen. Beispiele sind das Alternariol, welches als ↑ Antibiotikum auch Cytotoxizität gegen Tumorzellen besitzt, und die in der Struktur nicht bekannten Altertoxine. M

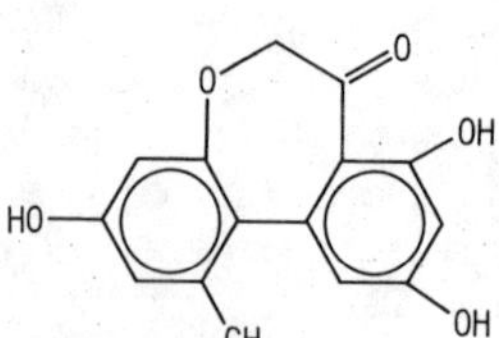

Alternariol

Alternariose: durch ↑ imperfekte Pilze aus der Gattung ↑ *Alternaria* hervorgerufene ↑ Mykose. Der Pilzbefall ist beim Menschen auf Haut und Nägel der Extremitäten beschränkt. Betroffen sind meist abwehrgeschwächte Personen. Traumatische Hautschäden bieten sehr gute Angriffsstellen für die Erreger. Am häufigsten wird *A. tenuis* isoliert. Die Abklärung einer A. wie auch anderer Schimmelpilzmykosen ist nicht einfach, da die betreffenden Pilze in der Umgebung des Menschen sehr häufig sind und deshalb öfter als Kontaminanten mykologischer Kulturen von Patientenmaterialien auftreten. V

Amanita: Gattung der Ordnung ↑ *Agaricales* (Kl. ↑ *Basidiomycetes*), die terrestrische, mykorrhizabildende Pilze umfaßt, deren ↑ Basidiocarpien meist mittelgroße, zentral gestielte Blätterpilze mit freien ↑ Lamellen (↑ Abb. *Agaricales* 2) und bilateraler Lamellentrama sind. Ein ↑ Velum universale kommt stets vor; meist ist zusätzlich ein Velum partiale (Manschette) ausgebildet. Die ↑ Stielbasis ist in der Regel deutlich knollig, das Sporenpulver ist weiß (selten grünlich). Die Gattung wird in zwei Untergattungen gegliedert, in das Subgen. *Amanita* mit inamyloiden Sporen und das Subgen. *Lepidella* mit amyloiden Sporen. In Europa kommen etwa 35 Arten vor, unter ihnen gefährliche ↑ Giftpilze, wie *A. phalloides*, der Grüne Knollenblätterpilz (↑ Knollenblätterpilzgifte, Taf. 31/1). *A. muscaria*, der Fliegenpilz (↑ Fliegenpilzgifte, Taf. 30/5), *A. pantherina*, der Pantherpilz (↑ Pantherpilzgifte, Taf. 30/6). Andere Arten werden als ↑ Speisepilze geschätzt, z. B. *A. rubescens*, der Perlpilz (Taf. 31/2). Die Scheidenstreiflinge bilden eine Section der Untergattung *Amanita* (Sect. *Vaginaria*). Sie haben im reifen Zustand keine Manschette, das Velum universale verbleibt als Volva an der Stielbasis, der Hutrand ist auffallend gerieft. Diese Fruchtkörper (Taf. 31/4) gelten alle als Speisepilze, sind aber roh giftig. ↑ Muscaflavin; Taf. 30/5,6; Taf. 31/1–4 D

Amanitine ↑ Amatoxine

Amatoxine: Knollenblätterpilzgifte, die

aus 8 Aminosäuren bestehende bizyklische Peptide darstellen. Die A. kommen zusammen mit den ↑ Phallotoxinen und ↑ Virotoxinen in Fruchtkörpern von ↑ *Amanita*-Arten vor. 100 g frische Grüne Knollenblätterpilze (*Amanita phalloides* Taf. 31/1) enthalten ca. 10–20 mg A. Die letale Dosis für den Menschen wurde zu ca. 0,1 mg/kg Körpergewicht berechnet, so daß 40–100 g des Frischpilzes ausreichen, einen Menschen zu töten.

Die A. sind langsam wirkende Gifte (↑ Knollenblätterpilzgifte). Sie dringen in die Zellen, vor allem Leberzellen, ein und binden im Kernkörperchen sehr fest an das Enzym RNA-Polymerase II. Dieses Enzym wird dadurch gehemmt; die Folgen sind Hemmung der Ribonukleinsäure-Synthese und Stillstand des Zellstoffwechsels. Die Zellen sterben ab; infolgedessen treten tödliche Organschäden auf. M

Klinisch wichtig sind α-, β- und γ-Amanitin:

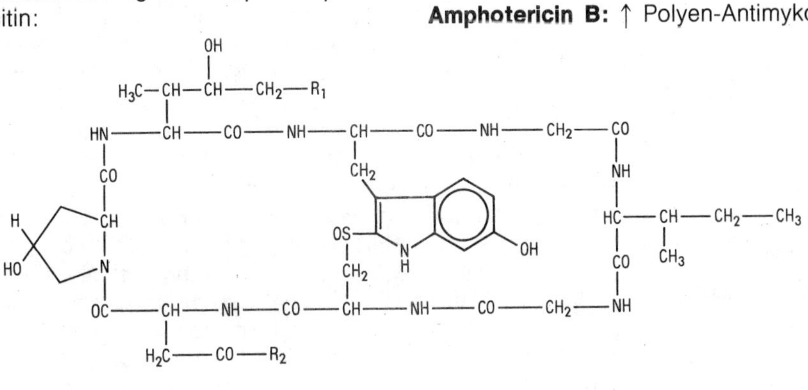

	R_1	R_2	LD_{50}(mg/kg Maus)
α-Amanitin	OH	NH_2	0,35
β-Amanitin	OH	OH	0,4
γ-Amanitin	H	NH_2	0,2

Amatoxine

Ambrosiapilze ↑ *Ceratocystis*

amerospor: eine Formbezeichnung für einzellige ↑ Ascosporen oder ↑ Conidien, deren Längen-Breiten-Verhältnis kleiner als 15:1 ist, deren Achse nicht über 180° gekrümmt ist und bei denen evtl. vorhandene Auswüchse kleiner als ¼ der Sporenlänge sind. Hi

Amerosporae: im ↑ Saccardoschen System ein Name für Pilze mit ↑ amerosporen Conidien oder Ascosporen. Hi

p-Aminophenol ↑ Karbolchampignons

Amphisporen: besonders dickwandige ↑ Uredosporen, die in den ↑ Uredolagern der Rostpilze (Ord. ↑ *Uredinales*) neben normalen dünnwandigen Sporen auftreten. Es wird vermutet, daß es sich dabei um Überwinterungssporen handelt. Bei einigen Arten werden sogar spezielle Amphisporenlager neben den „normalen" Uredolagern gebildet (z. B. bei *Uredinopsis filicina*). B

Amphithecium: ein Teil des ↑ Eigengehäuses von Apothecien lichenisierter Pilze (↑ Parathecium). Mitunter wird auch das Lagergehäuse (↑ Gehäuse) als A. bezeichnet. ↑ Abb. Apothecium 2 D/Sto

Amphotericin B: ↑ Polyen-Antimykotikum, das von Forschern des SQUIBB Institute of Medical Research aus Kulturfiltraten des in Venezuela gefundenen *Streptomyces nodosus* gewonnen und 1955 erstmals beschrieben wurde.

Der Name leitet sich von seinen chemisch amphoteren Eigenschaften ab. Die Substanz kommt in Form eines löslichen Desoxycholatkomplexes zur Anwendung. Es handelt sich um ein gelb gefärbtes, lichtempfindliches Pulver. A. ist ein Breitspektrum-Antimykotikum und wirkt gegen alle klinisch bedeutsamen Pilze. Bei der Anwendung von A. ist mit beträchtlichen Nebenwirkungen beim Patienten, vor allem Nierenschäden, zu rechnen, so daß das Medikament nur bei lebensbedrohlichen ↑ Endomykosen zum Einsatz gebracht wird. Bei lokaler Anwendung auf Haut und Schleimhaut ist es aber gut verträglich. V

Amylasen: stärkespaltende ↑ Enzyme. Sie werden in großtechnischem Maßstab durch die Pilze *Aspergillus oryzae, A. niger, Rhizopus-* oder *Endomycopsis*-Arten produziert und zur Stärkeverzuckerung bei der Herstellung von Traubenzucker und in der Brauerei- und Backwarenindustrie eingesetzt. Außerdem spielen sie eine wichtige Rolle bei der Herstellung ↑ ostasiatischer Nahrungsmittel. Str

Amyloidität: Anfärbbarkeit mit Jodreagenzien. Amyloide Strukturen, z.B. Zellwände, ↑ Ornamente, Sporeninhalte usw., färben sich mit ↑ Lugolscher Lösung (Jodjodkaliumlösung) oder mit ↑ Melzers Reagenz (Lugolsche Lösung mit Chloralhydrat versetzt) blau oder violett. Die A. von Sporen, Sporenornamenten, Ascusspitzen, Hyphen von Fruchtkörpern usw. sind bei manchen Pilzgruppen wichtige taxonomische Merkmale. Der Nachweis von A. bestimmter Strukturen erfolgt in der Regel lichtmikroskopisch; bei Sporenpulver ist er auch makroskopisch möglich. Hi/D

Anaerobiose: Leben in Abwesenheit von molekularem Sauerstoff. ↑ Hefen gehören zu den fakultativen Anaerobiern, die sowohl in Gegenwart als auch bei Abwesenheit von Sauerstoff leben können. Unter anaeroben Bedingungen gewinnen sie ihre Energie durch ↑ Gärung. Str

Anamorphe: Entwicklungsstadium pleomorpher Pilze, das keine Meiosporenbildung zeigt (imperfektes Stadium, Nebenfruchtform). Die Vermehrung erfolgt in der Regel durch ↑ Conidien. Gehören zu einer ↑ Holomorphe mehrere A., so werden diese als Synanamorphen bezeichnet; z. B. sind *Plectosphaerella cucumeris* und *Fusarium tabacinum* Synanamorphen zu *Nectria septomyxa*. Gemäß ↑ ICBN darf eine A. einen eigenen Namen führen (nomen anamorphosis), welcher jedoch nur auf diese anwendbar ist (↑ Holomorphe). Die Bezeichnungen „Form-Ordnung", „Form-Gattung" usw. (↑ Form-Taxa) sind besser durch „Anamorph-Ordnung", „Anamorph-Gattung" usw. zu ersetzen. Hi

Anaphase ↑ Mitose, ↑ Meiose.

anaphasische Chromosomenwanderung: Verlagerung der ↑ Chromosomen (Anaphase I der ↑ Meiose) bzw. der ↑ Chromatiden (Anaphase II der Meiose, Anaphase der ↑ Mitose) zu den Zellpolen bei mehr oder weniger konstant bleibender Länge der ↑ Spindel während der ↑ Kernteilung (Abb.). Bei Organismen mit a.C. treten polwärts gerichtete chromosomale Mikrotubuli (↑ Spindel) auf. Diese sind bei den ↑ *Ascomycetes* und bei den ↑ *Basidiomycetes* mit ihren distalen Enden mit den ↑ Spindelpolkörpern verknüpft. Bei den Oomyceten sind die chromosomalen Mikrotubuli mit der ↑ Kernhülle assoziiert. Außerdem tritt bei einigen Pilzen mit a.C. eine aus kontinuierlichen und polaren Mikrotubuli (↑ Spindel) bestehende Zentralspindel auf. Bei ↑ *Uromyces* (↑ *Uredinales*) wurden auch freie Mikrotubuli (↑ Spindel) nachgewiesen. Während der Anaphase kommt es zu einer Verkürzung der chromosomalen

Mikrotubuli und dadurch zu einer polwärts gerichteten Bewegung der Chromosomen bzw. der Chromatiden. Bei Pilzen mit einer Zentralspindel erfolgt außerdem während der Anaphase eine Streckung der Spindel (bei *Saccharomyces* verlängert sich die Spindel dabei etwa um das 8fache). Die ↑ Spindelstreckung kann sowohl durch ein Wachstum der zentralen kontinuierlichen Mikrotubuli als auch durch Gleitvorgänge (sliding) der polaren Mikrotubuli erklärt werden. Bei den Oomyceten, den Ascomyceten sowie den Basidiomyceten treten keine geordneten Metaphaseplatten (↑ Mitose) auf. Bei vielen Pilzen (z. B. *Saccharomyces*) sind die Chromosomen auf Grund der geringen Chromatinkondensation auch während der Kernteilung nur sehr schwer erkennbar. Bei den ↑ Chytridiomyceten und einigen Zygomyceten sind die chromosomalen Mikrotubuli nicht in der Polregion verankert. Abb. Sch

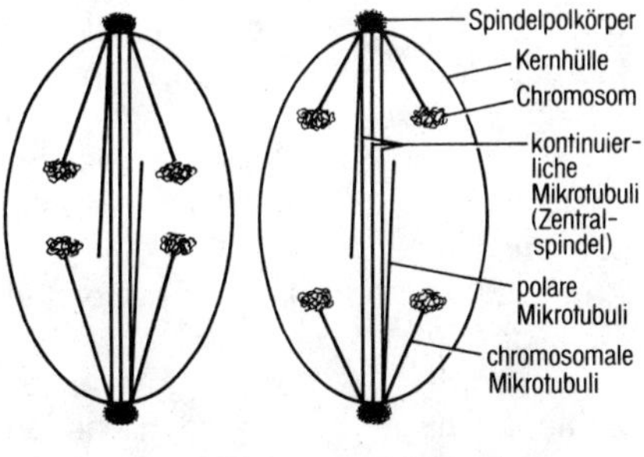

anaphasische Chromosomenwanderung

Anastomosen: 1. sekundäre Verbindungen zwischen Hyphen, die durch Zellwandabbau und Zusammentreten der Protoplasten bei eng aneinanderliegenden ↑ Hyphen, z. B. im ↑ Plectenchym von Fruchtkörpern der Basidiomyceten oder im Thallus von Flechten, entstehen. Sie tragen wesentlich zur Festigkeit der Plectenchyme bei.
2. Verbindungen zwischen den radial verlaufenden Lamellen an der Hutunterseite von ↑ Blätterpilzen. Sie haben als Struktur des ↑ Hymenophors systematische Bedeutung. D/Sto

Ancotil: ↑ 5-Fluorocytosin

Androgametocyste ↑ Gonitocyste

Anellophor: ↑ conidiogene Zelle mit holoblastischer ↑ Conidiogenese. Die ↑ Conidien entwickeln sich basipetal, wobei jede neue auf einem etwas erhöhtem Niveau gebildet wird; dadurch entsteht eine charakteristische Ringelung am conidiogenen Ort (↑ imperfekte Pilz, Abb.). Die auf A. entstehenden Conidien werden Anellosporen genannt. Hi

Anellosporen ↑ Anellophor

Anemochorie: Verbreitung von ↑ Diasporen durch den Wind. Die meisten Sporen der Pilze, aber auch andere Diasporen, wie die Soredien der Flechten, werden vom Wind verbreitet. Die A. wird durch die geringe Masse dieser Verbreitungseinheiten ermöglicht. Mechanismen der Sporenabschleuderung oder des Sporenausstoßes (↑ Hydrochorie) und morphologische Strukturen, z. B. die Stiele der stipitaten ↑ Pilothecien, unterstützen die A. D

angiocarpe Fruchtkörper: ↑ Ascocarpien und ↑ Basidiocarpien, deren Meiosporocysten (Asci oder Basidien) im Inneren bis zur Sporenreife eingeschlossen sind. Die Sporenfreisetzung erfolgt durch präformierte Öffnungen oder spezielle Öffnungsmechanismen (↑ *Geastrales*, ↑ *Nidulariales* u. a.), nicht durch Verwitterung wie bei ↑ cleistocarpen Fruchtkörpern. Unter den ↑ Ascocarpien sind demnach ↑ Perithecien, ↑ Lirellen, ↑ Thyriothecien, aber auch viele ↑ Pseudothecien und manche ↑ Apothecien, unter den ↑ Basidiocarpien viele epigäische ↑ Gasterothecien a. F. ↑ Fruchtkörperentwicklung Hi/D

Anhängsel ↑ Appendix

Anhängselröhrling ↑ *Boletus*, Taf. 43/1

Anisocystogamie ↑ Befruchtung

Anisogamie ↑ Befruchtung

Anlauffarben: Verfärbung von Pilzfruchtkörpern nach Verletzung (Bruch, Schnitt, Druck), wobei Inhaltsstoffe mit der Luft in Berührung kommen und durch Farbänderung reagieren. Der Chemismus der Verfärbung ist in vielen Fällen unbekannt. Besonders häufig ist die ↑ Blaufärbung vieler Röhrlinge, deren Chemismus weitgehend geklärt ist. Die Schwarzfärbung bei manchen Saftlingen (z. B. *Hygrocybe conica, H. nigrescens*) beruht auf einer oxidativen Polymerisation der Aminosäure L-Dopa über Dopachinon zu Melanin. Ähnlich liegen die Verhältnisse beim Schwärzen von Kohletäublingen und vom Strubbelkopfröhrling. Braunfärbungen sind bei Täublingen und beim Kahlen Krempling bekannt. Rot-, Grün- und Gelbverfärbung kommt seltener vor, z. B. das Gilben verschiedener *Agaricus*-Arten, das Röten von *Macrolepiota*-Arten und die Grünverfärbung bei manchen *Leccinum*-Arten. Die A. sind z. T. gute Bestimmungsmerkmale. Taf. 44/3 D

Anreicherungskultur: Methode zur Isolation von Mikroorganismen, z. B. von Bodenpilzen aus der Natur. Man paßt im Kulturgefäß die Umweltbedingungen (Temperatur, Licht, Antibiotika-, Nährstoff-, Sauerstoff-, Salzgehalt, *p*H-Wert usw.) den speziellen Bedürfnissen des gewünschten Pilzes so weit an, daß dieser sich rascher vermehrt als die Begleitorganismen. Durch mehrfache Übertragung auf die gleiche Nährlösung und Verteilen auf einen festen Nährboden derselben Zusammensetzung läßt sich vom angereicherten Organismus leicht eine Reinkultur erhalten. Str

Antamanid: ringförmiges Peptid aus 10 Aminosäuren. Es ist ein ↑ Antitoxin („Gegengift") für ↑ Phallo- sowie ↑ Amatoxine und ist selbst ungiftig. A. wirkt nur bei gleichzeitiger Einnahme mit dem Gift oder bei Einnahme unmittelbar (wenige Minuten) nach der Giftaufnahme. A. blockiert die Bindungsstellen der Gifte in den Leberzellen, kann aber dort bereits gebundenes Toxin nicht mehr verdrängen. M

Antherenbrand: Brandpilzkrankheit (Ord. ↑ *Ustilaginales*), bei der die ↑ Infektion auf die Antheren der Blüten beschränkt ist. Der Befall erfolgt in der Regel durch Blüteninfektion. Die erkrankten Staubgefäße sind oft etwas geschwollen und unterscheiden sich von den gesunden durch bräunlich-violette bis schwärzliche Verfärbungen, hervorgerufen durch die vom Pilz gebildeten Sporenmassen. A. wird z. B. von ↑ *Ustilago violacea* (A. der Nelkengewächse) erzeugt. B

Antherenschimmel: bei Rotklee auftretende Pilzkrankheit, hervorgerufen durch ↑ *Botrytis anthophila* (↑ imperfekte Pilze). Der Befall der Wirte erfolgt im Frühjahr hauptsächlich über erkrankte Samen. Das ↑ Myzel des Pilzes durchwächst die gesamte Pflanze und bildet schließlich seine ↑ Conidienträger an den Blütenanlagen. Verwehte oder durch Insekten verschleppte ↑ Conidien können zur ↑ Infektion weiterer Pflanzen führen. Dabei erfolgt der Befall über die Antheren. B

Antheridium: männliches ↑ Gonitangium der *Bryophyta, Pteridophyta* und *Spermatophyta* (Moose, Farnpflanzen, Samenpflanzen), in dem männliche Gameten (Spermatozoide) gebildet werden (↑ *Gonitocyste*). Der Begriff A. wird jedoch oft für die Androgametocysten (z. B. der *Chytridiomycota*) bzw. die Androgamocysten (z. B. der ↑ *Oomycota* und der ↑ *Ascomycetes*) benutzt. ↑ Abb. Gonitocyste 2 D/Hi

Anthrachinone: in Pilzen, aber auch in Pflanzen, vereinzelt sogar in Insekten vorkommende, weitverbreitete Naturstoffe, die sich vom Anthrachinon (9, 10-Dioxodihydroanthracen) ableiten.

Beispiele für Anthrachinone aus Dermocybe-Arten

	R_1	R_2	R_3	R_4	R_5	R_6
Endocrocin	OH	COOH	H	H	OH	H
Dermolutein	OCH_3	COOH	H	H	OH	H
Dermorubin	OCH_3	COOH	OH	H	OH	H
Emodin	OH	H	H	H	OH	H
Dermoglaucin	OH	H	H	H	OCH_3	OH
Dermocybin	OH	H	H	OH	OCH_3	OH
Physcion	OH	H	H	H	OCH_3	H
Erythroglaucin	OH	H	OH	H	OCH_3	H

Die A. können in ↑ imperfekten Pilzen (*Penicillium*- und *Aspergillus*-Arten, z.B. in *Aspergillus umbrosus*) in sehr hohen Konzentrationen vorkommen und bis zu 70% des Trockengewichtes erreichen. Von den etwa 170 natürlich vorkommenden A. wurden mehr als 50% aus niederen Pilzen und Flechten isoliert. Viele wurden aus den Fruchtkörpern von ↑ *Dermocybe*-Arten (Ord. ↑ *Agaricales*, Kl. ↑ *Basidiomycetes*) gewonnen. Verschiedene A. sind ↑ Pilzgifte. Die meisten sind gelb bis rot, rotbraun oder violett gefärbt. Tab. M/Sto

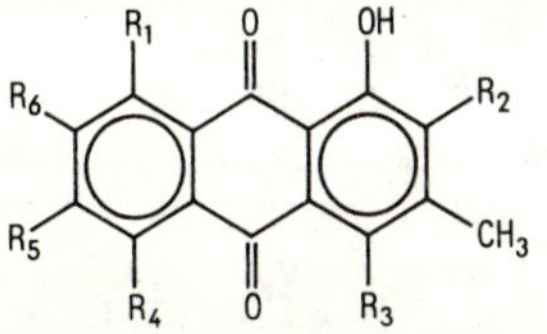

Grundstruktur der Anthrachinone

Anthracoidea: Gattung der Brandpilze (Ord. ↑ *Ustilaginales*), die etwa 60, hauptsächlich nordhemisphärische Arten umfaßt und auf Sauergräsern (*Carex-, Carpha-, Kobresia-, Schoenus-, Trichophorum-, Uncinia*-Arten) parasitiert. Das Myzel wächst in den Wänden der Ovarien (Fruchtknoten), deren Reste bei Reife des Pilzes von dichten, meist schwärzlichen Sporenmassen eingeschlossen sind. Die Keimung dieser Brandsporen erfolgt mit einer zweizelligen Basidie (einem Promyzel). Jede dieser Zellen bildet 1–2 kugelige, eiförmige oder längliche ↑ Sporidien. Von einigen Arten sind ↑ Anamorphen der Form-Gattung *Crotalia* bekannt. Die Infektion der Wirtspflanzen geschieht über die Sporidien (Basidiosporen) oder Conidien. Die *A.*-Arten sind eng spezialisiert. Ihr Wirtsspektrum überschreitet selten die Grenzen der *Carex*-Sektionen. Damit ist ein gutes Beispiel der Coevolution von Wirtspflanzen und Parasiten gegeben. ↑ Abb. *Ustilaginales* 2 B

anthracophile Pilze: vorzugsweise oder ausschließlich auf Brandstellen, Köhlerplätzen, Aschehaufen und ähnlichen Standorten wachsende Arten. Zu manchen Gattungen der Ordnungen ↑ *Agaricales* (z. B. zu *Myxomphalia, Tephrocybe* u. a.) und ↑ *Pezizales* (z. B. zu *Rhizina, Plicaria* u. a.) gehören besonders auffällige anthracophile (auch als carbophil oder pyrophil bezeichnete) Arten. Manche Brandstellenpilze sind jedoch lediglich an anthracophile Moose gebunden (↑ bryophile Pilze). Mitunter kommt es auf Brandstellen zu charakteristischen anthracophilen ↑ Mykocoenosen. Die Ursachen für die Standortwahl der a. P. können verschieden sein, z. B. fehlende Konkurrenz (↑ Lebensstrategie), besondere Nährstoffzusammensetzung des Substrats, Notwendigkeit erhöhter Temperatur während einer bestimmten Lebensphase, z. B. der Sporenkeimung. Hi/D

Anthraknose: auch als Brennfleckenkrankheit bezeichnetes Befallsbild an Blättern, Sprossen oder oft auch Früchten infizierter Wirtspflanzen, hervorgerufen durch parasitische Pilze. A. tritt meist bei krautigen Pflanzen auf. Die angegriffenen oberflächlichen Gewebeteile werden mehr oder weniger zersetzt; Randbereiche der Infektionsherde sinken ein, und tiefer gelegene Gewebeschichten sterben ab. Es entstehen im Resultat dieses Prozesses etwas eingesunkene, nekrotische, braune Flecken. Gelegentlich können krebsartige Wucherungen hinzutreten. A. wird z. B. durch *Gnomonia leptostyla* (Kl. ↑ *Ascomycetes,* A. der Walnuß), *Colletotrichum lindemuthianum* (A. der Bohne) oder *Colletotrichum linicola* (↑ imperfekte Pilze, A. des Flachses) erzeugt. ↑ Abb. Befall B

Antialkoholikerpilz: Pilze, deren Fruchtkörper als Speisepilze genutzt werden können, die aber in Verbindung mit Alkoholgenuß Schädigungen hervorrufen können (↑ Coprin). Ein typischer A. ist der Faltentintling (↑ *Coprinus*). Taf. 37/2 D

Antibiotika: Substanzen biologischer Herkunft, die schon in geringen Konzentrationen das Wachstum von Mikroorganismen hemmen (Bakteriostatika, Fungistatika) oder sie abtöten (Bakterizide, Fungizide). Die A. werden vor allem in der Medizin, aber auch als Futtermittelzusatz, als Pflanzenschutzmittel, zur Lebensmittelkonservierung oder für biochemische Zwecke eingesetzt. Das zuerst entdeckte A. ist ↑ Penicillin. Es wurde 1928 von ↑ Fleming entdeckt und als erstes A. großtechnisch hergestellt. Heute sind nahezu 5000 verschiedene A. bekannt, von denen aber nur etwa 100 auf dem Markt sind. A. produzierende Pilze sind im wesentlichen *Penicillium-, Cephalosporium-* und *Aspergillus*-Arten. Die zu den ↑ *β*-Lactam-A. gehörenden Penicilline und ↑ Cephalosporine beherrschen gegenwärtig den Weltmarkt mit einer Weltjahresproduktion von rund 20000 t bei insgesamt 25000–30000 t A. Bedeutung hat außerdem das ↑ Griseofulvin, während die anderen pilzlichen A. wie ↑ Fusidinsäure, ↑ Helvolinsäure u. a. nur eine untergeordnete Rolle spielen. Die Herstellung der A. erfolgt heute in der Regel in ↑ Submersverfahren, wobei man von der Konserve eines Produktionsstammes ausgeht, der durch Anlegen einer Agarkultur wieder aktiviert und dann über mehrere Stufen in

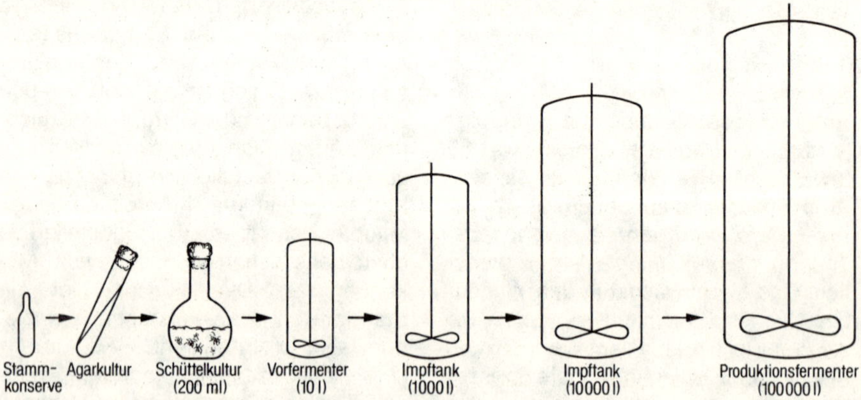

Antibiotika: Impfkette für die Produktion

Flüssigkultur schließlich in den Produktionsfermenter geimpft wird (Abb.). Die ↑ Fermentation und die anschließende ↑ Produktisolierung bis zum fertigen Arzneimittel erfolgen unter sterilen Bedingungen. Str

antifungale Substanzen: Stoffe, die bereits in geringen Konzentrationen die Entwicklung von Pilzen hemmen (z. B. die Sporenkeimung oder die Myzelentwicklung) oder für Pilze giftig sind und diese zum Absterben bringen können. Im ersten Falle spricht man von ↑ Fungistatika, im zweiten von ↑ Fungiziden. Der Begriff a. S. umfaßt beide Stoffgruppen. B

Antimykotika: Substanzen, die in der Human- und Veterinärmedizin zur Behandlung von ↑ Mykosen eingesetzt werden. Es sind oft ↑ Antibiotika, die ausschließlich oder hauptsächlich gegen Pilze wirksam sind, diese selektiv schädigen oder töten, wogegen der befallene Wirtsorganismus weniger stark beeinträchtigt wird. A. stören den Stoffwechsel in den Pilzzellen, was eine Schädigung von Zellwand, cytoplasmatischen Membranen, Nucleinsäure- oder Proteinsynthese nach sich zieht. Die Klassifizierung der A. ist nach folgenden Prinzipien möglich:

1. Chemische Verwandtschaft: Derivate, die eine gleichartige Grundstruktur besitzen, z. B. Imidazol-Ring der ↑ Imidazol-Antimykotika
2. Wirkungstyp: fungistatisch oder fungizid
3. Wirkungsspektrum: Umfang der Pilzarten, auf welche ein A. wirkt
4. Angriffsorte in der Pilzzelle: Art der beeinträchtigten Zellorganellen
5. Art der Applikation am Patienten: lokal (in Salben zur Anwendung auf der Haut, in Aerosolen zur Behandlung der Atemwege) oder systemisch (perorale oder parenterale Gabe, so daß der Wirkstoff über den Blutkreislauf an den Ort der Infektion gelangt). V

Antisporulanzien: Stoffe, die eine Sporenbildung verhindern oder hemmen, ohne den betroffenen Organismus abzutöten. Die auf Pilze wirkenden A. gehören zu den ↑ Fungistatika. ↑ antifungale Substanzen B

antithetischer Generationswechsel ↑ Generationswechsel

Antitoxin: Substanz, die bei Giftapplikation die Wirkung des Giftes aufhebt (ein „Gegengift") M

Apex (Pl. Apices): der Scheitel, das obere Ende, die „Spitze" verschiedener Strukturen, z. B. der ↑ Asci, der ↑ Paraphysen, der ↑ Cystiden, der ↑ Setae. Hi

Apfelschorf: ↑ Schorfkrankheiten

Aphanomyces: Gattung der Ordnung ↑ *Saprolegniales* (Kl. ↑ *Oomycetes*), die durch schmale Hyphen und schmale Sporocysten, in denen die ↑ Gonite einreihig liegen, von anderen Gattungen der *Saprolegniales* zu unterscheiden ist. Mehrere *A.*-Arten sind keratinophil. *A. astraci* erregt die ↑ Krebspest. Andere leben stets saprophytisch. Die *A.*-Arten bilden keine primären Zoosporen mehr (↑ *Saprolegnia*). Die ↑ Diplanie ursprünglicherer Sippen ist reduziert. In den Sporocysten sind die Gonite als Protoplasten organisiert, die sich, wie bei ↑ *Achlya*, an der Öffnung der Sporocyste encystieren und später Zoosporen freisetzen, die dem zweiten Schwärmstadium, den sekundären Zoosporen, von *Saprolegnia* entsprechen, hier aber das erste begeißelte Stadium darstellen. D

Aphanoplasmodium ↑ Plasmodium

Apikalapparat: Öffnungsmechanismus am Scheitel (Apex) der ↑ Asci bei Ascomyceten zur Freisetzung der ↑ Ascosporen, auch Schlauchpforte genannt. Bei den meisten Ascomyceten werden die Ascosporen nach der Reife durch eine definierte Öffnung am Ascusscheitel entlassen; nur in wenigen Verwandtschaftsgruppen existiert kein A.,

d. h., die Asci platzen in nicht vorherbestimmter Weise auf, oder die Ascuswände verschleimen und/oder lösen sich insgesamt auf. Der A., dessen genauer ultrastruktureller Aufbau nur mit elektronenoptischen Mitteln aufzuklären ist, zeigt eine große anatomische Vielfalt und bietet vielerlei Ansatzpunkte für systematische und phylogenetische Schlußfolgerungen (↑ Abb. Ascus 4).
Teile des lichtoptisch sichtbaren A. wurden als Scheitelkappe, Apikalkissen, Apikalring, Reuse, Trichter usw. bezeichnet. Dabei ist nicht klar, wieweit tatsächlich homologe Strukturen mit diesen Begriffen belegt wurden. Viele Abbildungen zeigen teilweise Artefakte. Die A. sind keine statischen Strukturen, sondern zeigen morphologische Veränderungen während der Sporen- und Ascusreifung (↑ Abb. Ascus 4, Bsp. *Dasyscyphus*). Der ↑ *Erysiphales*-Ascus (↑ Abb. Ascus 4) weist noch keinen echten A. auf. Im Scheitelbereich findet sich lediglich eine kappenförmige Wandverdünnung, die aber keine erkennbare Funktion bei der Sporenfreisetzung besitzt. Die Asci öffnen sich durch einen unregelmäßigen Spalt oder zerfallen als Ganzes. Der ↑ *Pezizales*-Ascus (↑ Abb. Ascus 4, Bsp. *Peziza*) wird als operculat bezeichnet, da er sich mittels eines Deckels (Operculum) öffnet, der an einer Stelle mit dem Restascus verbunden bleibt (↑ Abb. Ascus 2). Das Operculum ist am geschlossenen Ascus durch eine ringförmige Wandfurche vorgeprägt. Der oft aufgelagerte ↑ Periascus hat keine Funktion bei der Ascusöffnung und gehört demnach nicht zum A. Der *Xylaria*-Ascus (Abb. Ascus 4) ist durch ein dickes Apikalkissen im obersten Teil gekennzeichnet. Darunter befindet sich ein amyloider, bei manchen Arten zweigeteilter Apikalring, der einen Porus umschließt. Nach Sporenreife öffnet sich der Ascus mit einem Porus, wobei der gesamte Apikalring erhalten bleibt. Bei anderen Vertretern der ↑ *Xylariales* ist der Ascusscheitel etwas eingedellt. Der A. von Vertretern des ↑ Hypocreales (Abb. Ascus 4) zeigt einen auffällig vorgewölbten Scheitel und enthält einen stark lichtbrechenden, inamyloiden Apikalring, der einen engen Porus umschließt, durch den die oft verlängerten bis fadenförmigen Ascosporen sukzedan ausgestoßen werden. Unterhalb des eigentlichen A. ist häufig eine Verdickung des ↑ Endoascus der unitunicaten Wand (↑ Abb. Ascus 3) zu beobachten. Auch innerhalb der *Hypocreales* existiert jedoch eine große Variationsbreite in der Ausbildung des A. Die A. der Vertreter der ↑ *Helotiales* (↑ Abb. Ascus 4) besitzen alle einen zweigeteilten, oft amyloiden Apikalring, der einen zentralen Porus umschließt. Bei *Microglossum* (↑ Abb. Ascus 4) ist außerdem noch eine Art Apikalkissen ausgebildet. Für ↑ *Dasyscyphus* (↑ Abb. Ascus 4) und einige andere Gattungen ist nachgewiesen, daß bei Sporenreife der untere Apikalring verschwindet (↑ Abb. Ascus 4). Die Sporen werden durch den zentralen Porus meist simultan ausgestoßen. Auch die Pilze mit ↑ Archaeasci besitzen eine bemerkenswerte Variabilität ihrer A. (↑ Abb. Ascus 4, *Lecanorales*). Bei der Sporenreife schiebt sich der ↑ Endoascus oft nur etwas aus dem sich schalenartig öffnenden ↑ Exoascus heraus und öffnet sich mit weitem Porus.
Die erläuterten Beispiele sind nur ein kleiner Ausschnitt aus der Vielfalt der tatsächlich existierenden Strukturen des A. ↑ *Ascomycetes,* ↑ Ascus. Hi

Apikalkissen ↑ Apikalapparat

Apikalparaphysen (Periphysoide): sterile Hyphen der Haplophase in den Hymenien verschiedener Ascomyceten, z. B. der ↑ *Hypocreales*. Im Gegensatz zu den ↑ Paraphysen wachsen die A. von der Scheitelregion des ↑ Ascocarps nach unten, den Asci entgegen und enden frei zwischen diesen. ↑ Hamathecium Hi

Apikalring ↑ Apikalapparat

Apiculus: die verschmälerte Basis von ↑ Basidiosporen, mit der diese den Sterigmata ansitzen. Der Begriff ist irritierend (von ↑ Apex) und wird gegenwärtig meist durch Hilarappendix ersetzt. ↑ Anhängsel, ↑ Abb. Basidiosporen D

Apophyse: Anschwellung eines Stieles an der Basis eines Sporenbehälters oder (bei den ↑ Protosteliales) einer Spore. Als A. bezeichnet man z. B. die Ringwulst an der Kapselbasis mancher Moose, an der Basis der Endoperidie mancher Erdsterne (↑ *Geastrales*) oder an der Basis der Sporocysten mancher ↑ *Mucorales*. Abb. Hi/D

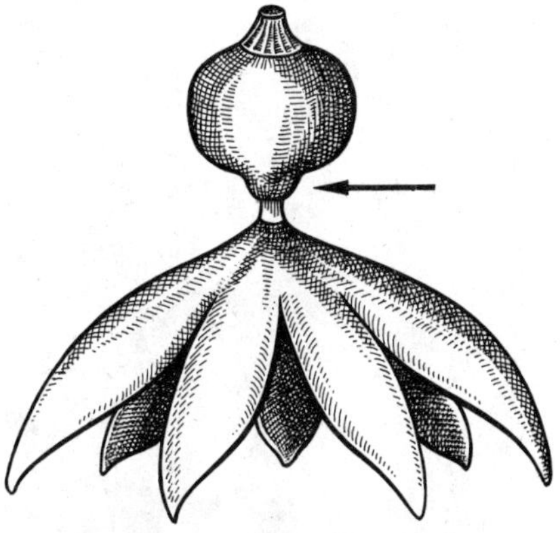

Apophyse an der Endoperidie eines Erdsterns (Geastrum schmidelii)

Apothecium: häufig vorkommender Fruchtkörpertyp von Ascomyceten. Der Grundtyp ist ein schüssel- bis untertassenförmiges Gebilde, dessen ↑ Hymenium zumindest bei Sporenreife offen liegt. Die Entwicklung der A. kann dabei ↑ angiocarp, ↑ hemiangiocarp oder ↑ gymnocarp erfolgen. Ontogenetisch entwickeln sich A. ascohymenial (↑ Ascocarp). Das Hymenium (↑ Zentrum) besteht aus ↑ Asci und ↑ Paraphysen. Ein meist geringmächtiges ↑ Subhymenium trennt das Hymenium vom ↑ Excipulum. Letzteres läßt sich in Entalexcipulum (inneres Excipulum, Medulla) und Ektalexcipulum (äußeres Excipulum, Cortex) untergliedern. Mitunter zeigt der Marginalbereich (Randbereich, Margo) einen abweichenden anatomischen Bau. In manchen Verwandtschaftskreisen (z. B. Familie *Pezizaceae*) ist der anatomische Bau des Excipulums kompliziert; es besteht dann aus zahlreichen Schichten. Dabei sind meist verschiedene Typen von Scheingewebe beteiligt (↑ Texturae). Die Außenseite und der Randbereich der A. können von ↑ Haaren bedeckt sein. Es gibt einige vom Grundtyp (cupulates oder pezizoides A.) abweichende Typen von A. (Abb. 1). Blasenförmige, hohlkugelige (geoporoide) A. vermitteln morphologisch zu den Tuberothecien. Oftmals sind die A. kurz- oder langgestielt. Auch konvexe und sogar faltiggelappte (helvelloide) A. kommen vor. Den höchsten morphologischen Organisationsgrad besitzen die mit wabenförmiger Oberfläche ausgestatteten, gestielten (morchelloiden) Komplex-A. Keulen- oder zungenförmige (glossoide) A. besitzen die Vertreter der Familie ↑ *Geoglossaceae,* bei denen der obere Teil der gestielten A. vom Hymenium überkleidet ist.

Die A. lichenisierter Ascomyceten werden in der mykologischen (nicht in der lichenologischen) Literatur mitunter als Pseudoapothecien bezeichnet. Dies beruht auf der unrichtigen Vorstellung einer stets locularen Fruchtkörperentwicklung der Flechtenapothecien. Dieser terminologische Unterschied ist auch deshalb unannehmbar, da der Begriff A. aus der lichenologischen Literatur stammt (↑ Acharius). Durch die enge Bindung an den ↑ Flechtenthallus zeigen die Flechtenapothecien Merkmale, die den A. nichtlichenisierter Ascomyceten fehlen. Die zentralen Teile (↑ Zentrum) werden in ↑ Hymenium, ↑ Subhymenium und Hypothecium gegliedert. Die sterilen äußeren Teile werden als ↑ Gehäuse bezeichnet. Man unterscheidet Eigengehäuse (Excipulum proprium), und Lagergehäuse (Excipulum thallinum). Das Eigengehäuse entspricht im Prinzip dem Excipulum der Apothecien nichtlichenisierter Ascomyceten; es kann aus einer einzigen Schicht (↑ Parathecium) oder aus zwei (Parathecium und Amphithecium) bestehen. Das Lagergehäuse wird vom Thallus gebildet und enthält Phycobiontenzellen. Eine besondere Form des Lagergehäuses ist phycobiontenfrei und besteht aus Thallusrinde. Man bezeichnet diese Form als Pseudoexcipulum. Man unterscheidet nach dem Vorkommen dieser Strukturen mehrere Typen von A. lichenisierter Ascomyceten (Abb. 2):

1. Biatorine und lecideine A. haben becher- oder ringförmige (cupulare, annulare) Eigengehäuse; sie sind hell bzw.

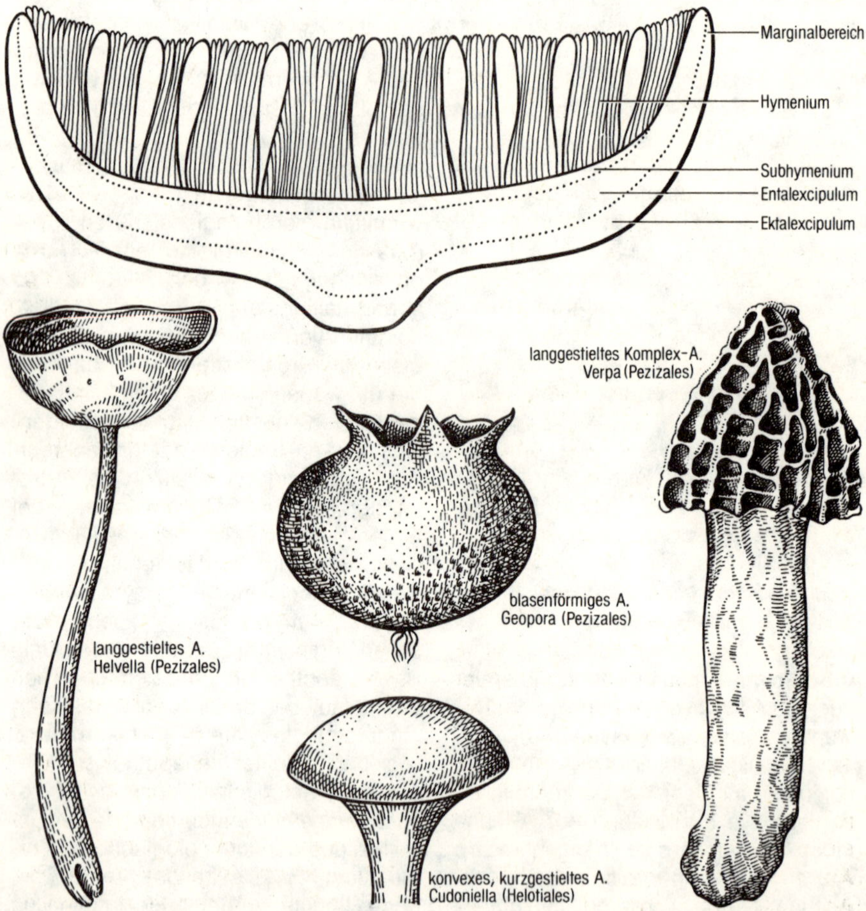

Apothecium 1: besondere Ausbildungsformen. *Oben* schematischer Querschnitt durch ein schalenförmiges Apothecium

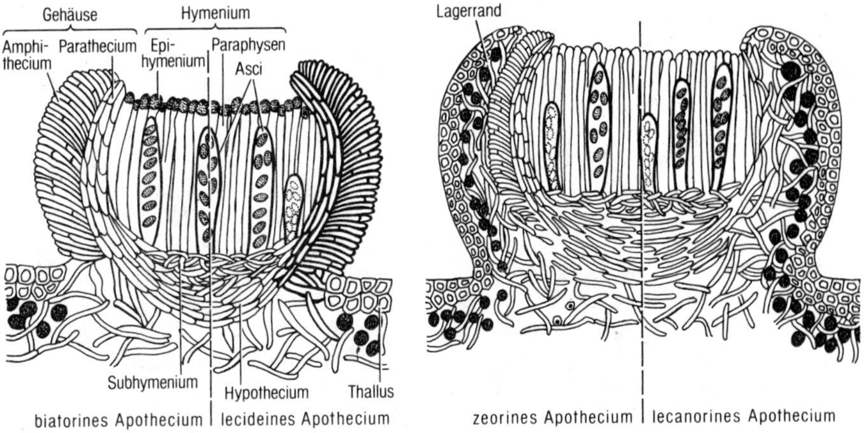

Apothecium 2: die vier Haupttypen der Berandung von Apothecien lichenisierter Ascomycetes (Flechten-Apothecien)

wie die Scheibe gefärbt und als Eigenrand (Margo proprius) sichtbar (biatorin) oder carbonisiert (lecidein) (↑ Gehäuse).
2. Das zeorine A. besitzt neben dem Eigengehäuse auch ein Lagergehäuse.
3. Das lecanorine A. ist nur von einem Lagergehäuse umgeben. Dieses ist von oben als Lagerrand (Margo thallinus) erkennbar.
4. Das superlecideoide A. ist von einem Pseudoexcipulum umrandet. Taf. 12/4–6; 13–15; 16/1–5 Hi/Sto/D

Appendix (Pl. Appendices): Anhängsel, ein Terminus, der in der Mykologie für verschiedene feine Gebilde benutzt wird, die mit derberen Strukturen verwachsen sind, diesen entspringen oder deren Bildungsursprung darstellen, z.B. für die A. der erysiphalen ↑ Cleistothecien der Echten Mehltaupilze (↑ *Erysiphales*), für die wurzelförmigen A. mancher ↑ Basidiocarpien (↑ Pseudorhiza), für die ↑ Hilarappendices der Basidiosporen usw. D

Appendix rhizomorpha ↑ Pseudorhiza

Appressorien: Strukturen, die der Anheftung eines Organismus dienen, in der Mykologie besonders Hafthyphen parasitischer oder epibiontischer Pilze. In der Lichenologie wird der Terminus A. benutzt, wenn eine Hyphe die Phycobiontenzelle umklammert, ohne deren Wand zu zerstören (Umklammerungshyphen). ↑ Impressorien, ↑ Haustorien, ↑ Hyphopodium D/Sto

aquatische Pilze (Wasserpilze): an das Leben im Wasser angepaßte Pilze. Sowohl im limnischen wie im marinen Bereich kommen a. P. vor (↑ marine Pilze). Es ist eine ökologische Gruppe von Pilzen, zu der viele Vertreter der ↑ *Oomycota* und ↑ *Chytridiomycota* gehören. Der Begriff a. P. wird fast ausschließlich für limnische ↑ Hypho- und ↑ Ascomyceten benutzt, die zur Ascosporen- bzw. Conidienbildung im Wasser in der Lage sind (↑ aeroaquatische Pilze). Diese Pilze besiedeln submerse Substrate wie Holz, Blätter usw. Sind Teleomorphen von a. P. bekannt, so gehören sie oft zu den ↑ *Helotiales,* z. B. zu *Hymenoscyphus, Graddonia, Vibrissea.* Meist treten jedoch nur die Anamorphen auf. Auch einige lichenisierte Pilze (↑ Lichenes) kommen als a. P. in limnischen und marinen Ökosystemen vor. Hi/D

Äquatorialebene ↑ Mitose, ↑ Meiose

Archaeascomycetidae *(Lecanoromycetidae)* ↑ *Ascomycetes,* ↑ Lichenes, Tab.

Archaeascus: Ascustyp der meisten Flechten (↑ Lichenes), die in der Unterklasse *Lecanoromycetidae* (↑ *Ascomycetes*) zusammengefaßt werden. Die Wand des A. besteht aus zwei Schichten. Der dünnwandige Exoascus wird außerdem noch von einer dicken Gallerte bedeckt. Der stets dicke Endoascus ist seinerseits zweigeteilt. Seine innere Schicht verdickt sich im Apikalbereich bedeutend und bildet Strukturen aus, darunter amyloide Ringe, die als ↑ Apikalapparat fungieren. Eine Streckung des Endoascus, wie sie bei den bitunicaten ↑ Asci zu beobachten ist, findet beim A. nicht statt.
Der A. besitzt sowohl Merkmale des unitunicaten als auch des bitunicaten Ascus. Er wird deshalb als ursprünglicher Typ angesehen, aus dem sich die anderen Ascustypen entwickelt haben könnten. ↑ Abb. Ascus 2 Hi

Archegonium ↑ Gametangium

Archicarp: der weibliche Kopulationsast bei den ↑ Ascomycetes. Das A. besteht aus Stielzelle(n) und Ascogon(en) mit Empfängnishaar(en). Die Bezeichnung A. beruht auf der ascohymenialen Fruchtkörperentwicklung, wo die Befruchtung des Ascogons die Bildung eines ↑ Ascocarps einleitet. Hi

Archimycetes (Urpilze): unnatürliche Gruppierung von endoparasitischen Pilzen, die gegenwärtig zu den ↑ *Chytridiomycota* (Ord. ↑ *Myxochytridiales*) und ↑ *Myxomycota* (Kl. *Plasmodiophoromycetes*) gestellt werden. Die vegetativen Stadien der *A.* sind plasmodiale Thalli und sind einander ähnlich, jedoch unterscheiden sich die natürlichen Gruppen deutlich durch ihre ↑ Begeißelung. D

Areolen: eckige bis rundliche Felder des Thallus typischer Krustenflechten (↑ Lichenes). Sie entstehen entweder durch Bildung von Rissen oder Spalten in einem ursprünglich homogenen Lager oder durch gedrängtes Wachstum dicht beieinander liegender Initialen. Die untersten Hyphen des Thallus wachsen meist schneller als der Hauptteil und bilden eine flächig ausgebreitete, häufig dunklere Schicht (Hypothallus), auf dem sich die A. bilden. Kleine A. sind meist homöomer gebaut, während größere bereits eine Schichtung mit Anreicherung der ↑ Phycobionten im oberen Teil des Thallus aufweisen und oberseits und seitlich durch eine Epinekralschicht (↑ Rinde) berindet sind. Sto

Armillariella (Hallimasch): etwa 25 Arten umfassende, weltweit verbreitete Gattung der Ordnung ↑ *Agaricales* (Kl. ↑ *Basidiomycetes*). Die hemiangiocarpen Fruchtkörper sind gestielte Blätterpilze, die meist in Büscheln erscheinen. Bei Reife ist ein ↑ Velum universale und ein Velum partiale nachweisbar, oder man findet keine Velumreste (ringlose Arten). Das Sporenpulver ist weiß bis hellgelb oder hellocker, die Lamellen laufen oft kurz am Stiel herab. Die *A.*-Arten leben saprophytisch, symbiontisch, oder es sind fakultative Parasiten. Die Artengruppe von *A. mellea* umfaßt Arten, die als Gehölzparasiten bisweilen gefürchtete Forstschädlinge sind. Es werden ↑ Rhizomorphen gebildet, die den Waldboden durchziehen und auch gesunde Bäume infizieren können. Manche Myzelteile leuchten im durchwachsenen Holz (Biolumineszenz). Die Sippen dieser Gruppe können als Speisepilze verwendet werden. Junge Fruchtkörper sind als Handelspilze zugelassen, jedoch wirken sie roh giftig. Taf. 30/1 D

Aromastoffe: komplizierte Stoffgemische zur Verbesserung des Geschmakkes von Nahrungsmitteln. A. lassen sich auf chemischem Weg nur schwer herstellen; deshalb wurde eine Reihe biotechnologischer Verfahren ausgearbeitet. Ein Beispiel ist die Gewinnung des Roquefort-Aromas aus Kulturen von *Penicillium roquefortii*. Dieser Aromastoff wird z.B. bei der Erzeugung von Schmelzkäse zugesetzt (↑ Käseherstellung). Die biotechnologische Herstellung von A. steht erst am Anfang ihrer Entwicklung. Str

Art (species): wichtigste Basiskategorie der Systematik aller Organismen (↑ Rangstufe). Die Organismen einer A. stimmen in allen wesentlichen, die Verwandtschaft widerspiegelnden Merkmalen untereinander und mit ihren Vorfahren und Nachkommen überein. Arten sind Abstammungsgemeinschaften, die auf einer unteren, allgemein als Basis akzeptierten Ebene deutliche Gemeinsamkeiten aufweisen und gegeneinander klar abgrenzbar sind. Die Namen der A. sind binär. Sie setzen sich aus dem Namen der Gattung, zu der sie gehören, und je einem spezifischen ↑ Epitheton zusammen. Da die Bewertung der Merkmale und die Methodik der Untersuchungen oft beträchtlich schwanken, gibt es auch subjektiv sehr unterschiedliche Artauffassungen und Artkonzeptionen bei vielen Gruppen von Pilzen. Daraus wird bereits ersichtlich, daß die A. wie alle systematischen Kategorien abstrakt, d. h. eine Denkweise ist, während Individuen und Populationen (Fortpflanzungsgemeinschaften) ihre real existierende Basis sind. Die A. sind das wichtigste Verständigungsmittel über unterschiedliche Organismen, die wesentlichste Arbeitseinheit in vielen biologischen Disziplinen, z.B. in der Floristik, Synökologie usw. Sie können in kleinere Einheiten, in infraspezifische Taxa, gegliedert werden. Die wichtigsten sind Unterarten (subspecies), Varietäten (varietas) und Formen (forma). D

Arthoniales: Ordnung lichenisierter Ascomyceten, deren ↑ Ascocarpien sich nicht eindeutig den Entwicklungstypen (ascohymeniale oder ascoloculare Entwicklung) zuordnen lassen. Sie nehmen bezüglich dieses Merkmales eine Zwischenstellung ein. Als Fruchtkörper kommen ↑ Apothecien und ↑ Lirellen vor, die sich überwiegend hemiangiocarp, seltener gymnocarp entwickeln. Sie besitzen keinen Lagerrand, meist auch keinen Eigenrand. Im reifen Fruchtkörper kommen nur ↑ Paraphysoide vor, die eine dichte Hülle oder ein Geflecht aus verzweigten, häufig anastomosierenden Hyphen um die bitunicaten ↑ Asci bilden. Als ↑ Phycobionten wurden einzellige oder fädige Grünalgen (häufig *Trentepohlia*) gefunden. Zu den A. werden die Familien *Arthoniaceae* (↑ Krustenflechten), *Roccellaceae* (↑ Strauch-, seltener Krusten- oder ↑ Blattflechten, ↑ *Roccella*), *Lecanactidaceae* und *Opegraphaceae* (beide einfach strukturierte Krustenflechten auf Gestein oder Rinde) gezählt. Sto

Arthroderma: Gattung der Familie *Gymnoascaceae* (Ord. ↑ *Gymnoascales*, Kl. ↑ *Ascomycetes*). Die Fruchtkörper sind ↑ Cleistothecien. Sie entwickeln sich bevorzugt auf Erde mit Pferdehaaren, sind pigmentiert und erreichen bis zu 900 µm im Durchmesser. Die Anamorphen gehören zur Form-Gattung ↑ *Trichophyton* und sind z. T. als ↑ Dermatophyten von medizinischer Bedeutung. V

Arthrosporen (Arthroconidien, Gliedersporen, Oidien): ↑ Conidien, die durch thallische ↑ Conidiogenese entstehen, wobei an determinierten Stellen eine Hyphe simultan oder sukzedan fragmentiert wird und zu Sporen zerfällt, z. B. bei ↑ *Geotrichum*. ↑ imperfekte Pilze Hi

Arthur, Joseph Charles: amerikanischer Mykologe (1850–1942). Er war Professor der Botanik an der Purdue-Universität (USA) und wurde durch seine Arbeiten über Rostpilze bekannt.

In der „North American Flora", von N. L. Britton herausgegeben, bearbeitete A. die *Uredinales* (1907–1927), edierte „The plant rusts" (1929) und publizierte 1934 das umfassende Werk „Manual of the rusts of the United States and Canada". H

Arzneimittel (Medikamente): Stoffe, die äußerlich oder innerlich zur Verhinderung, Linderung oder Heilung von Krankheiten bei Mensch und Tier angewendet werden. Die Herstellung von A. ist ein Hauptzweig der industriellen Mikrobiologie. Auch mit Hilfe von Pilzen werden A. industriell produziert, z. B. ↑ Antibiotika, ↑ Mutterkornalkaloide, spezielle ↑ Enzyme, ↑ Vitamine und Steroidhormone (↑ Steroide, ↑ Steroid-Transformation). Sie werden von den Produktionsstämmen entweder als Stoffwechselprodukte ins Medium ausgeschieden, sind intra- oder extrazelluläre Enzyme oder werden durch ↑ Biotransformation hergestellt. Die ↑ Fermentation, die Isolierung des Produktes aus der Fermentationslösung, die Reinigung und Konfektionierung erfolgen in der Regel unter sterilen Bedingungen. Str

Ascherson, Ferdinand Moritz: deutscher Arzt und Mykologe (1798–1879). Er beschäftigte sich u. a. mit Giftpilzen („De fungis venenatis" 1828) und (1836) mit den Fruktifikationsorganen der höheren Pilze; insbesondere leistete er einen Beitrag zur Entdeckungsgeschichte der Basidiosporenbildung. H

Asci Plural von ↑ Ascus

Ascobolaceae: Familie der Ordnung ↑ *Pezizales* (Kl. ↑ *Ascomycetes*). Die ↑ Ascocarpien sind kleine, selten mittelgroße ↑ Apothecien oder ↑ Perithecien mit weitem Ostiolum. Die Asci sind meist keulig, stets operculat, oft amyloid. Bemerkenswert ist der positive Phototropismus der Asci, die sich bei Sporenreife strecken, das umgebende Niveau überragen und zum Lichte hin krümmen. Die Ascosporen besitzen oft eine Schleimhülle, viele Arten sind coprophil. Die Familie wird in zwei Tribus gegliedert: **1.** *Ascoboleae* (Gattungen ↑ *Ascobolus*, ↑ *Saccobolus*) mit violett pigmentierten Ascosporen und unbedeutenden Anamorphen; **2.** *Iodophaneae* (Gattungen *Iodophanus, Thecotheus*) mit pigmentlosen Ascosporen und z. T. gut entwickelten Anamorphen (*Oedocephalum*). Die *A.* sind mit der Familie *Pezizaceae* eng verwandt. Die meisten Arten lassen sich gut im Labor kultivieren. Hi

Ascobolus: weltweit verbreitete Gattung der Familie ↑ *Ascobolaceae* (Ord. ↑ *Pezizales*, Kl. ↑ *Ascomycetes*) mit etwa 50 Arten. Die Fruchtkörper sind kleine, kaum 10 mm große (nur der tropische *A. scatigenus* wird einige cm groß), anfangs hell gefärbte, später durch das Sporenpigment dunkelnde gymno- oder hemiangiocarpe Apothecien. Die einzelligen Sporen haben oft „fissurate" ↑ Ornamente (↑ Abb. Ascosporen). Die meisten *A.*-Arten sind coprophil. In Mitteleuropa häufig sind *A. furfuraceus* auf Kuhmist und *A. immersus* auf Mist verschiedener Pflanzenfresser. Einige Arten sind anthracophil, z. B. der häufige *A. carbonarius.* Weitere Substrate wie Holz, Blätter, Humus usw. werden nur von wenigen Arten besiedelt. Als Objekte für genetische und physiologische Untersuchungen sind *A. immersus, A. furfuraceus* und *A. scatigenus* (unter seinem Synonym *A. magnificus*) bekannt geworden. Hi

Ascocarpien (Ascomata): ↑ Fruchtkörper der *Ascomycetes.* Alle A. bestehen aus Hyphen verschiedener Kernphasen, aus haploiden Hyphen und aus den dikaryotischen ascogenen Hyphen. Fast alle Ascomyceten bilden A., nur bei einigen Gattungen der ↑ *Eurotiales* und der ↑ *Gymnoascales* werden die ↑ Asci direkt am Myzel gebildet, auch den ↑ *Ascosphaerales* fehlen

Fruchtkörper. Reife A. werden in Wand und Zentrum gegliedert. Bei ↑ Apothecien und ↑ Tuberothecien ist diese Gliederung problematisch und nicht üblich. Die Ascocarpwand besteht aus lockerem Hyphengeflecht (↑ Protothecien), aus weichfleischigem Pseudoparenchym (manche ↑ Cleistothecien, ↑ Perithecien und ↑ Apothecien), aus hartem, krustigem Pseudoparenchym (manche Perithecien, ↑ Pseudothecien) oder aus kompakten Hyphenschichten (Tuberothecien, manche Apothecien). Das Zentrum enthält die Asci und die mit ihnen assoziierten Elemente des ↑ Hamatheciums (↑ Paraphysen, ↑ Apikalparaphysen, ↑ Pseudoparaphysen, ↑ Periphysen). Die Asci sind entweder unregelmäßig zerstreut oder büschelig, rosettenartig bis hymenial (↑ Hymenium) angeordnet.

Die Größe der A. reicht von etwa 25 µm (kleinste Protothecien und Pseudothecien) bis zu 25 cm (Komplex-Apothecien von *Morchella*, vgl. Tafel 16/5). Besonders bei perithecienbildenden Ascomyceten (↑ *Hypocreales*, ↑ *Sphaeriales*, ↑ *Xylariales*) sind viele A. auf artspezifischen Stromata zusammengefaßt.

Die ontogenetische Entwicklung der A. erfolgt auf zwei verschiedenen Wegen.

1. Die ascohymeniale Fruchtkörperentwicklung wird durch die ↑ Befruchtung des Ascogons initiiert. Haploide Hyphen und ascogene Hyphen bauen gleichzeitig den Fruchtkörper auf. Die Asci wachsen in primär vorhandene Hohlräume oder befinden sich bei gymnocarpen Fruchtkörpern an der Oberfläche der A. Ascohymeniale Fruchtkörpertypen sind ↑ Protothecien, ↑ Cleistothecien, ↑ Perithecien, ↑ Apothecien und ↑ Tuberothecien. Daraus ist ersichtlich (↑ Protothecium, ↑ Cleistothecium), daß nicht zwangsläufig die ascohymeniale Fruchtkörperentwicklung mit der Ausbildung eines Hymeniums gekoppelt ist. Ascohymeniale Fruchtkörperentwicklung ist für die Vertreter der Ordnungen ↑ *Erysiphales*, ↑ *Eurotiales*, ↑ *Helotiales*, ↑ *Hypocreales*, ↑ *Lecanorales*, ↑ *Pezizales*, ↑ *Sphaeriales*, ↑ *Xylariales* und einiger anderer charakteristisch.

2. Die ascoloculare Fruchtkörperentwicklung beginnt mit der rein vegetativen Bildung eines Hyphenknäuels am haploiden Myzel, das zu einem äußerlich voll ausgeformten Fruchtkörper heranwächst, dem sog. Ascostroma. Erst in diesen Ascostromata werden die Archicarpien gebildet. Nach der ↑ Befruchtung (häufig eine Spermatiogamie) wachsen die ascogenen Hyphen bzw. die Asci in sekundär entstehende, lysogene oder schizogene Höhlungen, die sog. Loculi, hinein. Ascoloculare Fruchtkörpertypen sind z. B. ↑ Myriothecien, ↑ Pseudothecien und ↑ Thyriothecien. Ordnungen mit ascolocularer Entwicklung der A. sind z. B. die ↑ *Capnodiales* und die ↑ *Dothideales*.

Dem Unterschied zwischen ascohymenialer und ascolocularer Entwicklung der A. wurde in der Systematik längere Zeit hindurch fundamentale Bedeutung beigemessen. Ihm kommt auf Grund der Aufklärung submikroskopischer und biochemischer Strukturen bei den *Ascomycetes* in der aktuellen Systematik nur noch untergeordnete Bedeutung zu. Taf. 12–16 Hi

Ascochyta: Form-Gattung der *Coelomycetes* (↑ imperfekte Pilze) mit enteroblastischer ↑ Conidiogenese. Die Conidien sind zweizellige, hyaline ↑ Phialosporen. Sie entstehen in ↑ Pycnidien. Die Gattung ist weltweit verbreitet und umfaßt ca. 350 Arten. Viele leben parasitisch und erzeugen Blattfleckenkrankheiten an höheren Pflanzen (↑ Abb. Befall). Die zugehörigen ↑ Teleomorphen gehören zu den ↑ *Dothideales*, z. B. zu *Didymella* und anderen Gattungen der *Mycosphaerellaceae*. Hi

ascogene Hyphen: die aus dem befruchteten ↑ Ascogon der ↑ *Ascomycetes* auswachsenden dikaryotischen Hyphen (↑ Befruchtung). Entstehen aus dem befruchteten Ascogon lediglich isodiametrische Zellen, die keine Hyphenstruktur erkennen lassen, spricht man von ascogenen Zellen. Aus a. H. oder a. Zellen entwickeln sich auf verschiedene Weise die ↑ Asci. ↑ Abb. Ascus 1, ↑ Abb. *Ascomycetes* Hi

ascogene Zelle: 1. jede Zelle der ↑ ascogenen Hyphen, wenn diese eine etwa isodiametrische, keine gestreckte Form aufweisen; **2.** diejenige Zelle einer ascogenen Hyphe, die unmittelbar zum ↑ Ascus wird bzw. ihn hervorbringt. ↑ Ascomycetes D/Hi

Ascogon: Gynogamocyste (↑ Gamocyste) bei den ↑ *Ascomycetes*, eine mehrkernige Zelle, die oft über eine besonders geformte Stielzelle mit dem vegetativen Myzel verbunden ist (↑ Archicarp). Das A. nimmt bei der ↑ Befruchtung die männlichen Kerne auf und wird damit zur ↑ Zygote. Zur Aufnahme der männlichen Kerne ist häufig ein besonderes Empfängnishaar (↑ Trichogyne) ausgebildet. Nach dem Sexualakt lagern sich je ein männlicher und ein weiblicher Kern zu einem Kernpaar (↑ Dikaryon) zusammen. Über ascogene Hyphen kommt es dann zur Bildung von Asci. ↑ Ascus, ↑ Ascomycetes. Hi

ascohymeniale Fruchtkörperentwicklung ↑ Ascocarpien

Ascohymeniales ↑ *Ascomycetes*

Ascolichenes: lichenisierte Ascomyceten. Die A. sind Flechten (↑ Lichenes), deren Mykobionten zu den ↑ *Ascomycetes* gehören. Dies trifft für mehr als 99% der etwa 16000 Flechtenarten zu. In manchen praktischen Systemen, in denen die Flechten als ↑ Taxon geführt werden, gliedert man diese in die „Klassen" A. und ↑ Basidiolichenes. In natürlichen Systemen werden diese Flechten den *Ascomycetes* bzw. ↑ *Basidiomycetes* zugeordnet. Die Fruchtkörper der A. sind den ↑ Ascocarpien nichtlichenisierter Ascomyceten homolog und werden entsprechend zugeordnet. Hauptsächlich kommen ↑ Apothecien, ↑ Perithecien und ↑ Lirellen vor. ↑ Lichenisierung, ↑ Lichenes, ↑ Flechtenthallus Sto

ascoloculare Fruchtkörperentwicklung ↑ Ascocarpien

Ascoloculares ↑ *Ascomycetes*

Ascomata (Sg. Ascoma) ↑ Ascocarpien (Sg. Ascocarp)

Ascomycetes (Schlauchpilze): Klasse der Echten Pilze (Abt. ↑ *Eumycota*), deren Meiosporocysten (↑ Gonitocysten) wegen ihrer oft gestreckten Form als Asci (Schläuche) bezeichnet werden. Die A. umfassen mehr als 30000 Arten. Sie sind Saprophyten, Parasiten oder leben in Symbiose mit Algen oder Cyanobakterien (Blaualgen) als Flechten (↑ Lichenes). Nur wenige Arten bilden Mykorrhiza. In manchen ↑ Pilzsystemen, besonders bei den anglo-amerikanischen Autoren, werden die A. als Unterabteilung der Echten Pilze, als *Ascomycotina*, geführt. Die A. haben einen haplo-dikaryontischen ↑ Entwicklungszyklus (Abb.). Die ↑ Befruchtung ist in der Regel eine Anisocystogamie; seltener kommen andere Formen der Cystogamie (Hyphocystogamie, Spermatiogamie) oder Somatogamie vor. Nach der Befruchtung bilden die aus der Zygote auswachsenden ascogenen Hyphen auf verschiedene Weise die Asci. In den Asci findet die Kernverschmelzung (Karyogamie), Reduktionsteilung (↑ Meiose) und anschließend die Meiosporenbildung statt. Aus den ↑ Ascosporen keimen entweder direkt Hyphen, oder es werden erst Sekundärsporen gebildet, die dann zu Hyphen auswachsen.

Neben diesem teleomorphen Zyklus (↑ Teleomorphe) findet man bei vielen A. noch einen haplontischen anamor-

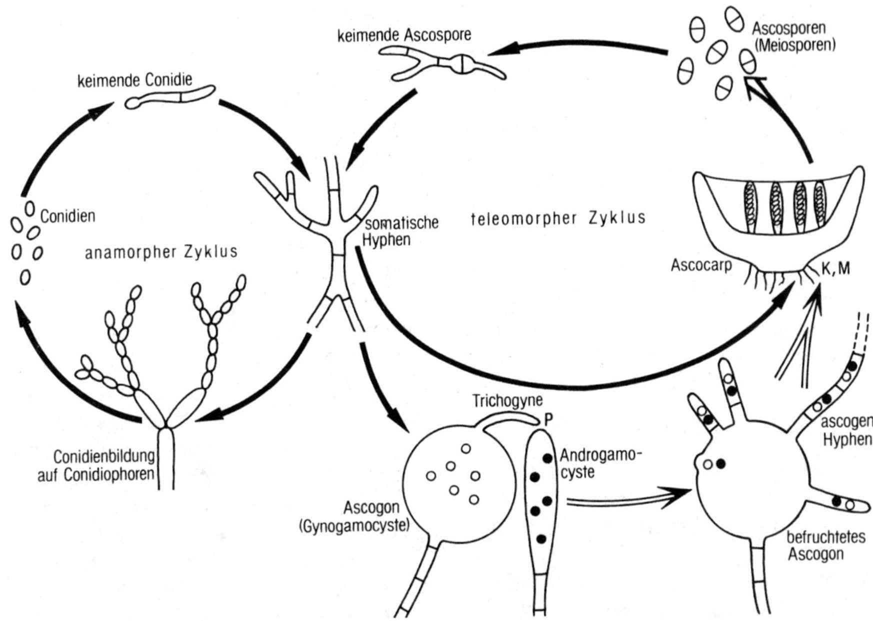

Ascomycetes: Lebenszyklus eines Schlauchpilzes, schematische Darstellung.
P Plasmogamie (Verschmelzung der Protoplasten), K, M Karyogamie (Kernverschmelzung) bzw. Meiose (Reduktionsteilung), beide Vorgänge sind gekoppelt und vollziehen sich in den jungen Asci (Meiosporocysten) im Fruchtkörper

phen Zyklus (↑ Anamorphe), d. h., sie vermehren sich ungeschlechtlich mittels ↑ Conidien. Weitere Merkmale der A. sind septierte Hyphen, wobei jeder Abschnitt ein- oder mehrkernig ist. Die ↑ Septen haben einen einfachen zentralen Porus ohne Porenkappen, wodurch Kerne den Porus passieren können. Hauptbestandteil der Zellwand ist Chitin, wobei der ultrastrukturelle Wandaufbau der A. sich von dem der ↑ *Basidiomycetes* unterscheidet. Die meisten A. bilden Fruchtkörper (↑ Ascocarpien).
Traditionell werden die *A.* nach den von ihnen gebildeten Ascocarpien gegliedert in ↑ *Hemiascomycetes* (ohne Fruchtkörper), ↑ *Plectomycetes* (mit ↑ Proto- oder ↑ Cleistothecien), ↑ *Discomycetes* (mit ↑ Apothecien), ↑ *Pyrenomycetes* (mit ↑ Perithecien) usw. Dieses Gliederungsprinzip widerspiegelt natürliche Verwandtschaften nur in geringem Maße. Auch die Einteilung nach der ↑ Ascocarp-Entwicklung in *Euascomycetidae* (mit ascohymenialer Entwicklung) und *Loculoascomycetidae* (mit ascoloculärer Entwicklung) hat sich als nicht befriedigend erwiesen. Gegenwärtig befindet sich die Großgliederung der A. in einer intensiven Diskussion. Besonders die Feinstruktur der Asci wird verstärkt zur Charakterisierung der Taxa herangezogen. Darauf basierend wird die Klasse der A. in vier Unterklassen gegliedert:
1. *Lecanoromycetidae.* Fast stets lichenisierte Pilze mit ascohymenialer Ascocarp-Entwicklung und ↑ Archaeasci. Repräsentative Ordnungen: ↑ *Lecanorales, Peltigerales, Pertusariales.*
2. *Euascomycetidae (Ascohymeniales).* Lichenisierte und nichtlichenisierte

Pilze mit ascohymenialer Ascocarp-Entwicklung und proto- oder unitunicaten Asci. Repräsentative Ordnungen: ↑ *Ascosphaerales*, ↑ *Cyttariales*, ↑ *Erysiphales*, ↑ *Eurotiales*, ↑ *Gymnoascales*, ↑ *Helotiales*, ↑ *Hypocreales*, ↑ *Pezizales*, ↑ *Sphaeriales*, ↑ *Tuberales*, ↑ *Verrucariales*, ↑ *Xylariales*.

3. *Loculoascomycetidae (Ascoloculares)*. Lichenisierte und nichtlichenisierte Pilze mit ascoloculärer Ascocarp-Entwicklung und proto-, uni- oder meist bitunicaten Asci. Repräsentative Ordnungen: ↑ *Arthoniales*, ↑ *Caliciales*, ↑ *Capnodiales*, ↑ *Dothideales*, ↑ *Rhytismatales*.

4. *Laboulbeniomycetidae*. Nichtlichenisierte, hochgradig wirtsspezifische Parasiten auf Arthropoden, Thallus zellig, Zellenzahl in engen Grenzen konstant. Hyphen fehlen. Entwicklung ascohymenial. Asci proto- oder unitunicat. Einzige Ordnung: ↑ *Laboulbeniales*.

Im Gegensatz zu den bestehenden Unsicherheiten bei der Abgrenzung höherer taxonomischer Einheiten innerhalb der *A.* herrscht über die Umgrenzung zahlreicher Ordnungen, Familien usw. weitgehend Klarheit.

Abb., ↑ Ascocarp, ↑ Ascospore, ↑ Ascus, ↑ imperfekte Pilze, ↑ *Basidiomycetes*, ↑ *Endomycetes*, ↑ *Zygomycetes*, Taf. 12–16 Hi

Ascomycotina ↑ *Ascomycetes*, ↑ Pilzsystem

Ascosphaerales: Ordnung der Klasse ↑ *Ascomycetes*. Die A. entwickeln keine ↑ Ascocarpien. Ein ↑ Archicarp mit Stielzelle, mehrkernigem ↑ Ascogon und ↑ Trichogyne wird gebildet, Androgamocysten (↑ Gamocyste) fehlen. ↑ Befruchtung erfolgt durch Kontakt der Trichogyne mit dem männlichen Myzel (Deuterogamie). Die Entwicklung von ascogenen Hyphen, ↑ Asci und schließlich ↑ Ascosporen erfolgt innerhalb des Ascogons, das damit zum Synascus wird. Zuletzt platzt die ursprüngliche Ascogonwand auf und entläßt die reifen Ascosporen. Die Asci sind prototunicat, ohne ↑ Apikalapparat, und entwickeln sich nach dem Hakentyp. Anamorphen sind nicht bekannt.

Die A. sind eine artenarme Gruppe von Parasiten auf den Larven von Bienen. *Ascosphaera apis* erregt die sogenannte Kalkbrut der Bienen und kann wirtschaftlich als Schädling von Honigbienen bedeutungsvoll sein. Hi

Ascosporen: die ↑ Meiosporen der zur Klasse ↑ *Ascomycetes* zusammengefaßten Pilze. Die A. entstehen endogen durch Gonitogonie (↑ freie Zellbildung) in Meiosporocysten, die als Schläuche oder Asci bezeichnet werden. Sie werden auf unterschiedliche Weise freigesetzt und verbreitet (↑ Anemochorie, ↑ Hydrochorie, ↑ Zoochorie, ↑ simultane Sporenabschleuderung, ↑ sukzedane Sporenabschleuderung, ↑ Ascus, ↑ Trüffel). Jede A. enthält im Normalfall nur einen einzigen haploiden Zellkern. Durch zusätzliche Teilungen während des Reifeprozesses der A. können sie mehrkernig werden. Die ↑ Sporenwand besteht aus mehreren Schichten. Sie kann hyalin oder pigmentiert sein, wobei die Pigmente in der Wand oder in bestimmten Wandauflagerungen (↑ Ornament) lokalisiert sind. Auch hyaline Ornamente kommen vor. Sind diese verlängert und polar angeordnet, werden sie Apiculi genannt. Darüber hinaus können schleimige Auflagerungen in Form von Hüllen, Kappen, Ringen oder Hörnern bzw. Schwänzen vorkommen. Letztere heißen Caudae. Im Innern der A. können ↑ Öltropfen und ↑ de-Bary-Vakuolen differenziert sein.

Nach der äußeren Form unterscheidet man kugelige, ellipsoide, spindelige (fusoide), allantoide, zylindrische, fadenförmige (filiforme, scolecospore) Ascosporen. Ursprünglich sind alle A. einzellig. Vielfach werden aber während der Sporenreifung im Ascus oder erst nach

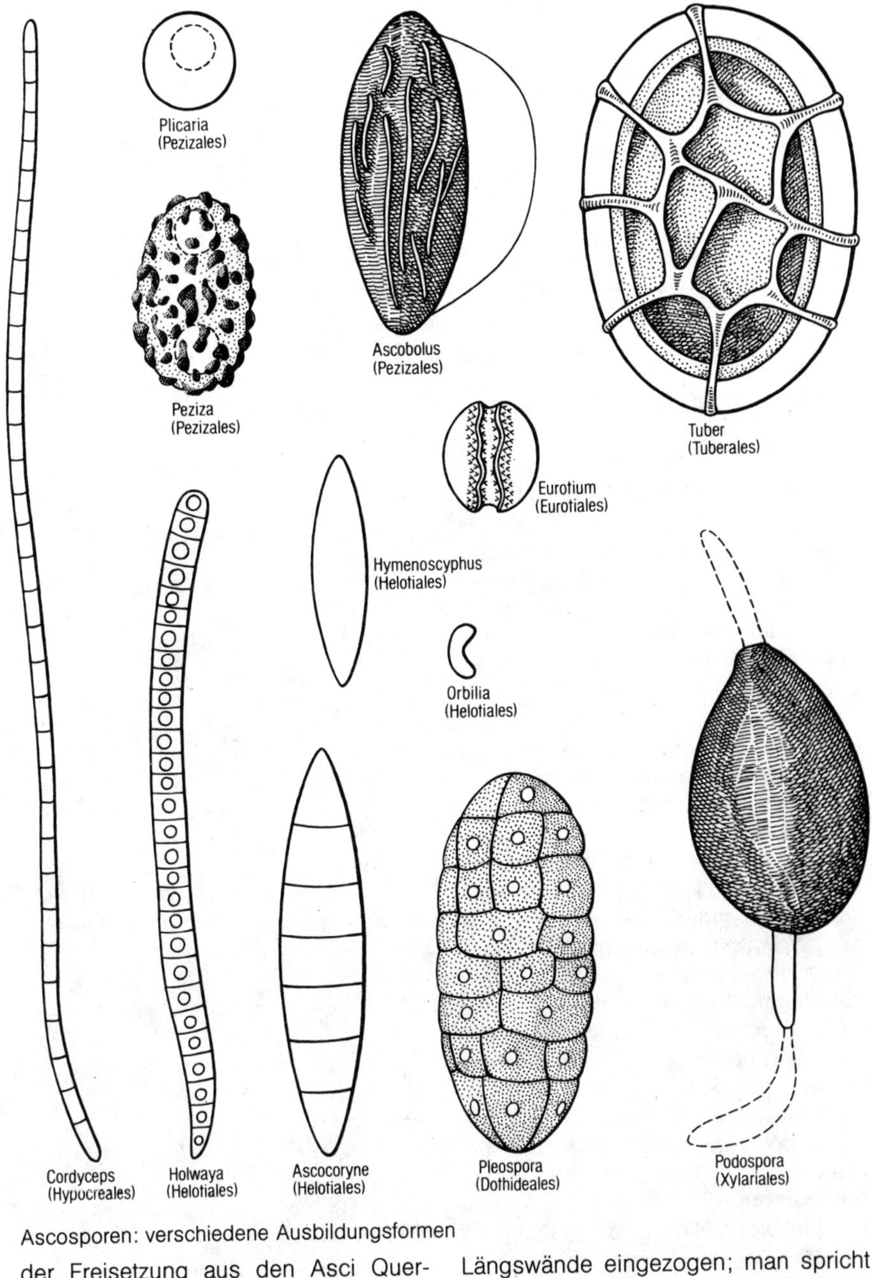

Ascosporen: verschiedene Ausbildungsformen

der Freisetzung aus den Asci Querwände (↑ Septe) ausgebildet und die Sporen dadurch mehrzellig. Bei einigen Gruppen werden darüber hinaus Längswände eingezogen; man spricht dann von muriformen oder ↑ dictyosporen A. Besonders für ↑ Perithecien bildende *Ascomycetes* wurde früher zur

Klassifizierung das auf Form, Septierung und Pigmentierung basierende ↑ Saccardosche System der Sporengruppen angewendet. ↑ Helicospore und ↑ staurospore Typen kommen unter den A. nicht vor. Heute werden andere Kriterien zur Beurteilung der Verwandtschaftsbeziehungen innerhalb der ↑ *Ascomycetes* herangezogen.
A. keimen meist mit einem oder mehreren Keimschläuchen, die zu haploiden Hyphen auswachsen. Mitunter ist der Ort des Austrittes des Keimschlauches durch einen ↑ Keimporus oder eine ↑ Keimspalte präformiert. Bei mehrzelligen Sporen kann jede einzelne Zelle auskeimen. Häufig werden erst ↑ Sekundärsporen gebildet, die entweder durch Knospung oder Zerfall der eigentlichen A. entstehen. In seltenen Fällen (z. B. bei einigen ↑ *Sclerotiniaceae*) werden an den A. ↑ Phialiden gebildet; die entstehenden ↑ Phialosporen wachsen dann ihrerseits zum haploiden Myzel aus.
Sind nicht alle innerhalb eines Ascus gebildeten A. gleichartig, spricht man von Heterosporie. Diese tritt gelegentlich innerhalb verschiedener Ascomyceten-Gruppen auf, relativ häufig bei den ↑ *Helotiales*. Vier kleineren Sporen stehen vier größere gegenüber, die mitunter auch anders geformt sind, z. B. bei ↑ *Sclerotinia trifoliorum*. Auch unterschiedlich gefärbte Sporen kommen vor (Pigment-Heterosporie), z. B. bei *Neurospora* und *Sordaria*; dies beruht auf einem heterokaryotischen Dikaryon vor der Karyogamie und wird in der Pilzgenetik genutzt. Abb., ↑ Gonite, ↑ Freisporanalyse, ↑ Sporen, ↑ Gonitocyste Hi

Ascostroma (Pl.: Ascostromata): der aus haploiden Hyphen aufgebaute Teil eines ↑ Ascocarps mit ascolocularer Fruchtkörperentwicklung. Die Asci werden erst gebildet, nachdem das A. voll entwickelt ist. Mitunter wird der Begriff

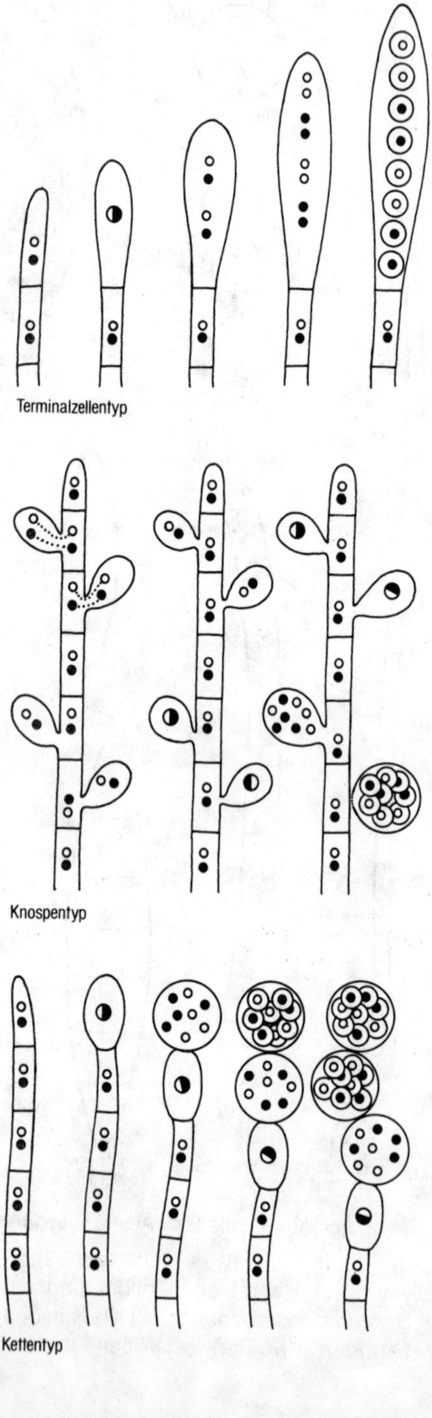

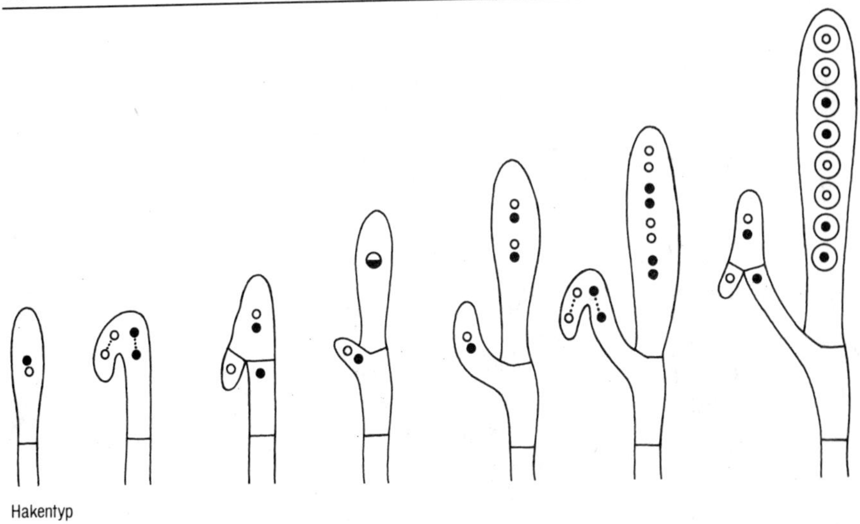

Ascus 1 (S. 44/45): Entstehungsweise der Asci aus den ascogenen Hyphen

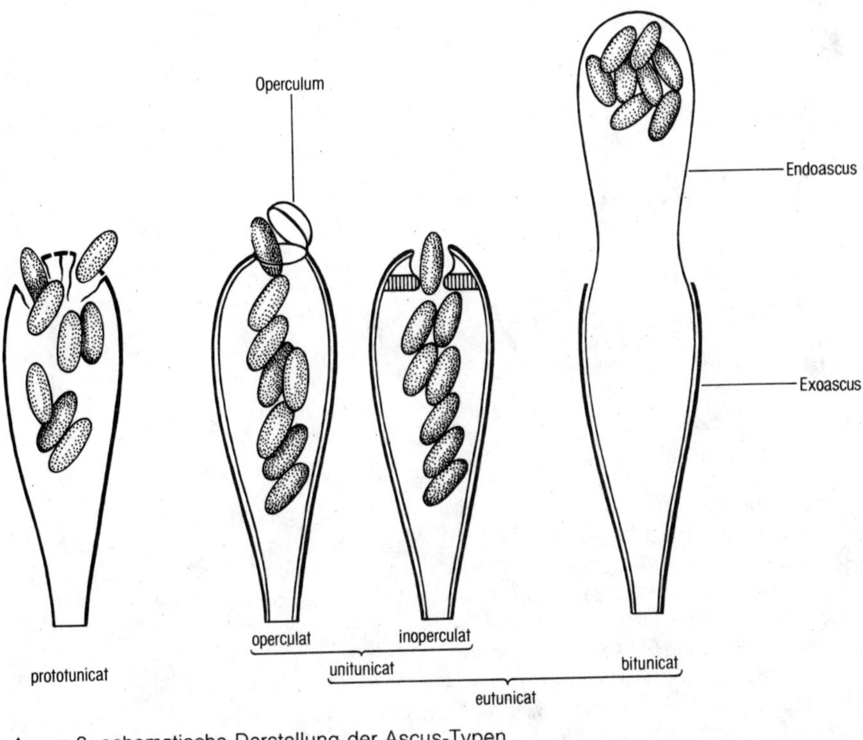

Ascus 3: schematische Darstellung der Ascus-Typen

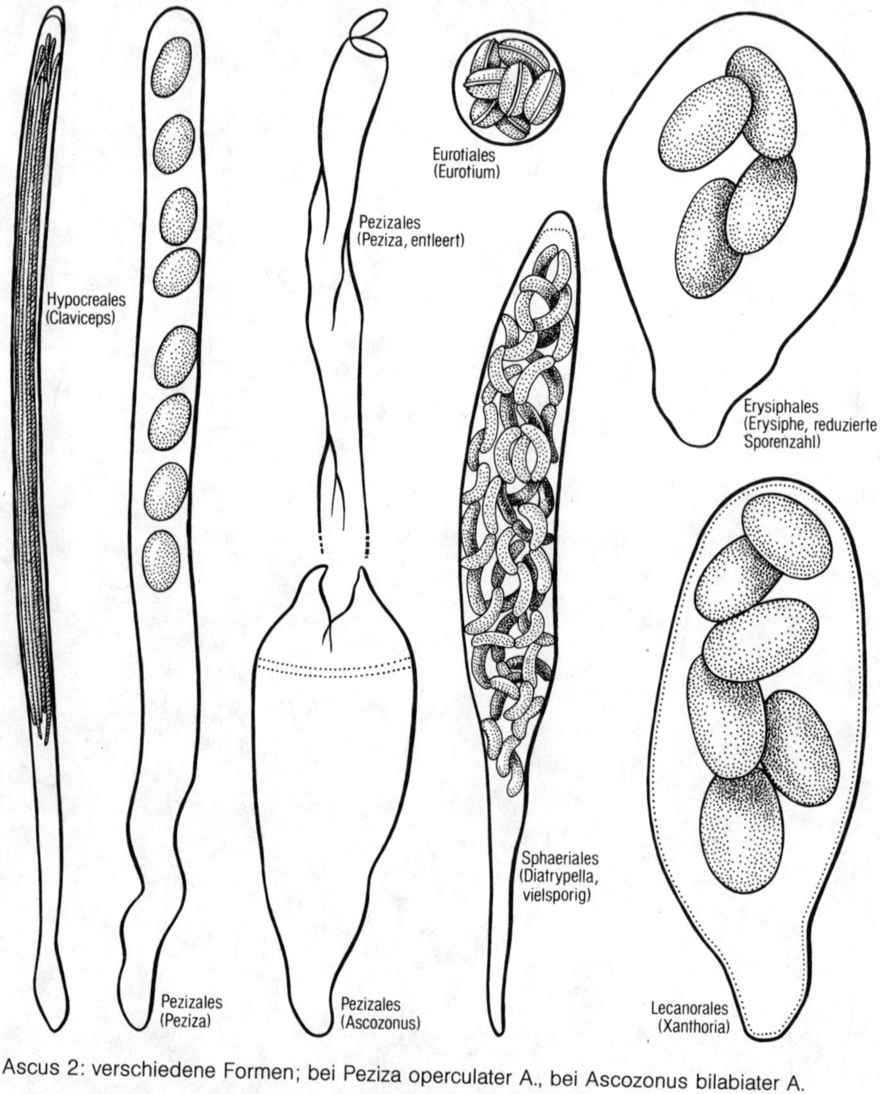

Ascus 2: verschiedene Formen; bei Peziza operculater A., bei Ascozonus bilabiater A.

A. auch für ↑ Stromata benutzt, auf denen sich eine Vielzahl einzelner kleiner Ascocarpien auf ascohymeniale Weise entwickeln (↑ *Hypocreales*, ↑ *Sphaeriales*, ↑ *Xylariales*). D/Hi

Ascus (Schlauch, Pl. Asci): die Meiosporocyste (↑ Gonitocyste) der Schlauchpilze (↑ *Ascomycetes*). Die A. sind zylindrische, keulige oder kugelige Zellen, die sich meist innerhalb von Fruchtkörpern (↑ Ascocarpien) entwikkeln, seltener frei am Myzel. A. sind stets einzellig und enthalten anfangs je ein Kernpaar. Im A. kommt es zur Kernverschmelzung (Karyogamie), der sofort die ↑ Meiose und meist noch eine Mitose folgt, so daß im Normalfall acht haploide Kerne entstehen (↑ Abb. *As-*

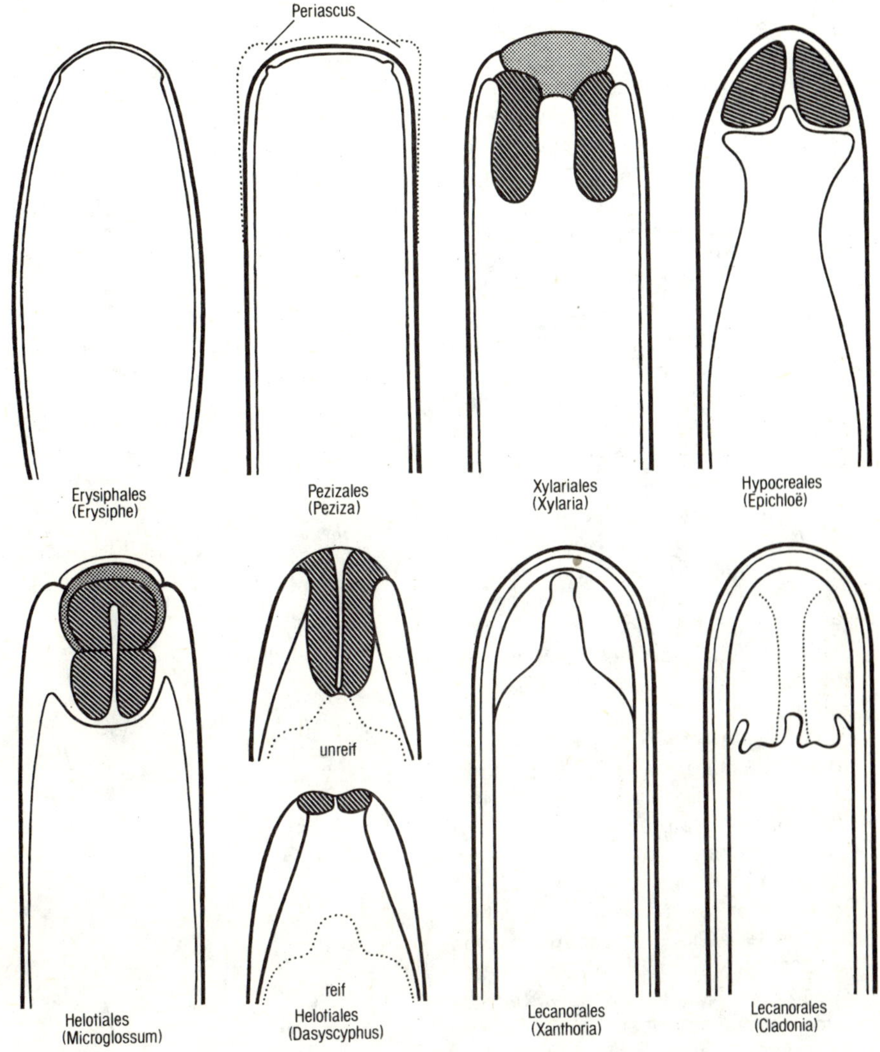

Ascus 4: Apikalstrukturen. Apikalkissen punktiert, Apikalringe schraffiert

comycetes), aus denen sich acht ↑ Ascosporen bilden, die bei Reife auf spezifische Weise (↑ Apikalapparat) aus dem A. entlassen werden. Die A. entstehen aus ascogenen Hyphen, selten jedoch direkt aus dem befruchteten Ascogon.

Man unterscheidet vier verschiedene Typen der Ascusbildung (Abb. 1). Am häufigsten ist der Hakentyp. Die Hakenbildung ist der Schnallenbildung der ↑ *Basidiomycetes* homolog. In wenigen Fällen sind auch an ascogenen Hyphen Schnallen vorhanden. Vom Hakentyp abgeleitet ist der Terminalzellentyp. Er ist für einige Vertreter der ↑ *Pezizales* nachgewiesen. Beim Knospentyp sprossen die A. seitlich aus den ascogenen Hyphen aus. Dieser Typ ist nicht häufig, er kommt bei einigen ↑ *Eurotiales* und ↑ *Tuberales* vor. Beim Kettentyp wandeln sich die ascogenen Hyphen direkt in A. um. Diese vier Grundtypen repräsentieren die tatsächliche Vielfalt der Ascusentstehung nicht vollständig.

Es gibt Fälle, in denen im A. nicht die normale Anzahl von Sporen ausgebildet wird (Abb.2). A. mit reduzierter Sporenzahl kommen in vielen Gruppen, z. B. häufig bei den ↑ *Tuberales* und ↑ *Erysiphales* vor. Hier degenerieren einige der acht Kerne, oder es entfällt die Mitose im Anschluß an die Meiose. Echte Vielsporigkeit ist auf wenige Gruppen beschränkt. Hier kommt es durch zusätzliche mitotische Teilungen zur Vervielfachung der Sporenzahl (16 bis zu einigen Tausend bei manchen *Thelebolaceae*). Unechte Vielsporigkeit tritt durch Fragmentierung der acht Ascosporen (z. B. bei vielen ↑ *Hypocreales*), oder durch Bildung von Sekundärsporen ein.

Für die Systematik der *Ascomycetes* ist der Wandaufbau der A. von Bedeutung. Drei Typen sind zu unterscheiden (Abb. 3). Der prototunicate A. hat eine anatomisch und funktionell einschichtige Wand und keinen Apikalapparat. Die Sporen werden nach Verschleimung oder Auflösung der Ascuswand freigesetzt (Abb. 2). Beim unitunicaten A. sind zwei Wandschichten vorhanden (↑ Exo- und ↑ Endoascus), die sich jedoch funktionell einheitlich verhalten. Zusätzlich kann eine dünne, schleimige oder gelatinöse Schicht, der ↑ Periascus, aufgelagert sein. Ein Apikalapparat ist meist vorhanden (Abb. 2, 4). Auch die Wände der bitunicaten A. bestehen aus Exo- und Endoascus. Während der Exoascus starr bleibt, durchbricht der Endoascus bei Sporenreife den Exoascus und dehnt sich im Extremfall bis auf ein Mehrfaches seiner ursprunglichen Länge („fissitunicater A.“, Abb. 5). Ein Apikalapparat ist stets vorhanden. Die ↑ Archaeasci vereinigen Merkmale der uni- und bitunicaten A. (Abb.2). Archaeasci, uni- und bitunicate A. werden auch als eutunicate A. zusammenge-

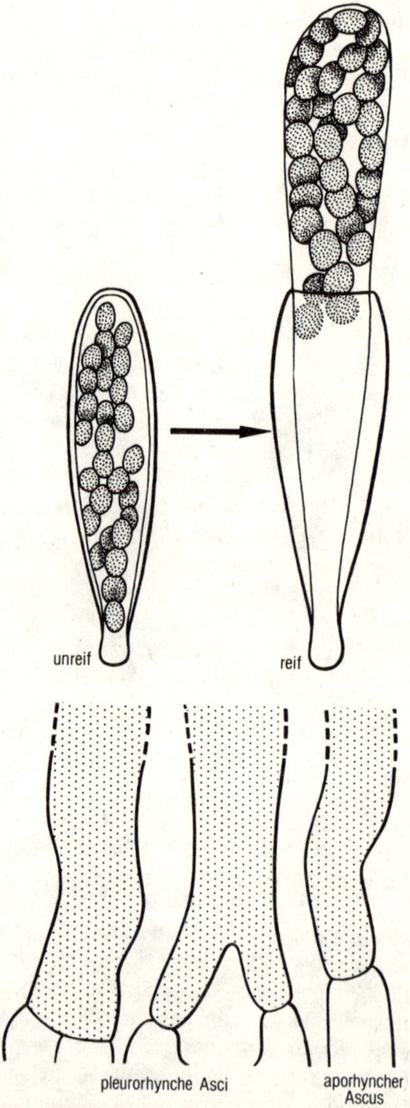

Ascus 5: *oben* bitunicater Ascus, *unten* Basalstrukturen

faßt. Die unitunicaten A. der ↑ *Pezizales* öffnen sich mit einem ↑ Operculum (Deckel) und werden deswegen als operculat bezeichnet (Abb. 2, 3). A. ohne Deckel werden den operculaten A. als inoperculate A. gegenübergestellt. Bei einigen *Thelebolaceae* ist ein Operculum angelegt, der A. öffnet sich aber mit einem Spalt (bilabiater A., Abb. 2).

Die Basis der A. zeigt ebenfalls morphologische Unterschiede. Bei den ↑ *Pezizales* werden A., die nach dem Hakentyp entstanden sind und zwei basale Septen aufweisen, als pleurorhynch bezeichnet und den aporhynchen A., die nur eine basale Septe haben und nach dem Terminalzellentyp entstanden sind, gegenübergestellt (Abb. 5). Bei der Entleerung der A. sind simultane und sukzedane Sporenabschleuderung zu unterscheiden. Hi

Ascusmutterzelle ↑ Proascus

Aspergillom: Typ eines ↑ Myzetoms, bei dem Myzelmassen von ↑ *Aspergillus*-Arten im Bereich der menschlichen Lunge auf Grund pathologischer Prozesse gebildete Hohlräume (Bronchiektasen, Kavernen bei Tuberkulose) besiedeln. Das A. stellt einen pathogenetischen Sonderfall der Aspergillose dar. V

Aspergillose: ↑ Mykose, die durch Pilze aus der ↑ Gattung ↑ *Aspergillus* verursacht wird. Abhängig von der Art des Organbefalls kommt es zur Ausbildung verschiedener Krankheitsbilder. Bei Menschen und Säugetieren werden am häufigsten Bronchien, Lungengewebe, gelegentlich Pleura, bei Vögeln zudem die Luftsäcke befallen. Infektionen im Kopfbereich, welche die Nasennebenhöhlen, den Mittelohrbereich (↑ Otomykosen) und den Gehörgang (Otitis externa) betreffen, sind ebenfalls nicht selten. Von der Besiedelung von Wunden durch *Aspergillus*-Arten wurde mehrmals berichtet, wobei es sich nur um oberflächlichen Befall handelte und keine Invasion tiefer Muskelgewebsbereiche erfolgte.

Sehr heterogen ist die Pathogenese der durch *Aspergillus*-Arten hervorgerufenen Lungenerkrankungen des Menschen.

Nach Inhalation (↑ Inhalationsmykose) größerer Mengen von *Aspergillus*-Conidien (Umgang mit verschimmeltem Heu, Arbeit in Bergwerksstollen, wo das Grubenholz stark mit Pilzen befallen ist, *aspergillus*-besiedelte Zimmerpflanzen in Krankenzimmern) kommt es gelegentlich zur intrabronchialen Pilzbesiedlung und damit zu einer allergischen bronchopulmonalen A. Das auf der Bronchialschleimhaut wuchernde Myzel kann sogar zur Sporulation gelangen. Antigene Bestandteile des Myzels und der ↑ Conidien sensibilisieren den Organismus und rufen im Lungenbereich immunologische Reaktionen (Allergien) der Typen I, III und wahrscheinlich IV, die sich klinisch als Asthma bronchiale und Ausbildung entzündlicher Lungeninfiltrate (Alveolitis) zeigen, hervor. Gelegentlich wird ein fibrotischer Umbau der Lunge eingeleitet. Befinden sich im Lungenbereich Kavernen (z. B. Hohlräume nach Einschmelzung tuberkulotischer Herde), kann es in diesen zum Pilzwachstum kommen, woraus ein ↑ Aspergillom resultiert. Weist ein Organismus eine schlechte Immunitätslage auf, entwickelt sich u. U. eine Pneumonie. Bei dieser Form dringen die ↑ Hyphen des Pilzes aggressiv in das Lungengewebe vor. Es treten Symptome in Form von trockenem blutigem Husten, Fieber, zunehmender Ateminsuffizienz und gelegentlich starkem Gewichtsverlust auf. Die Letalität dieser Pneumonieform ist hoch.

Zu einer Schwächung der Immunität führen z. B. antitumoröse Chemotherapie, Corticosteroidtherapie, Diabetes mellitus und angeborene Immunsystemdefekte. A. vordem gesunder Personen sind äußerst selten. Von allen infektiös bedingten A.-Formen (mit und ohne Allergien) sind rein allergisch bedingte Erkrankungen nach Inhalation von *Aspergillus*-Conidien (es spielen auch viele andere stark sporulierende Pilze und Actinomyceten eine Rolle) abzugrenzen. Diese zeigen sich als exogenes Asthma bronchiale (Ig E-vermittelt, Typ I), Heuschnupfen oder Alveolitis (z. B. als typische ↑ Farmerlunge). Als häufigsten Erreger von A. bestimmte man *A. fumigatus* (90% der Fälle).

Eine geringere Bedeutung haben die ebenfalls fast weltweit verbreiteten Arten *Aspergillus flavus, A. niger, A. nidulans, A. ornatus, A. terreus* und *A. ustus*. Zur Diagnostik von A. nutzt man röntgenologische, mikrobiologische (mikroskopischer und kultureller Erregernachweis) und immunologische (↑ Pilzserologie) Methoden. Für die unterschiedlichen A.-Formen stehen spezielle Therapiemethoden zur Verfügung. Intrabronchiales Pilzwachstum kann durch Inhalation geeigneter ↑ Antimykotika-Zubereitungen (z. B. ↑ Nystatin-Suspension) eliminiert werden. Der *Aspergillus*-Pneumonie begegnet man durch systemische Antimykotika-Gabe. Aspergillome werden operativ entfernt (z. B. Lungenlappenresektion). Die bei A. häufigen allergischen Begleitsymptome kann man durch Corticosteroidgabe zum Abklingen bringen. Infektionen im Kopfbereich werden nach eventueller Ausräumung der befallenen Höhlen ebenfalls mittels lokaler Antimykotika-Therapie bekämpft. V

Aspergillus (Gießkannenschimmel): weltweit, besonders in den Tropen verbreitete Form-Gattung der ↑ imperfekten Pilze (Form-Fam. *Moniliaceae*) mit enteroblastischer ↑ Conidiogenese und einzelligen, hyalinen oder gefärbten, in Ketten auf Phialiden entstehenden, trockenen ↑ Conidien. Es sind etwa 50 A.-Arten bekannt. Die Phialiden stehen, meist unter Vermittlung von Zwischengliedern (Metulae), auf dem ↑ Conidiophor, das apikal zu einem Vesicel angeschwollen ist (↑ Abb. imperfekte Pilze). Bei einigen Arten sind mehrere Conidiophore zu einem ↑ Synnema (Koremium) vereinigt. Die meisten Arten sind terrestrische Saprophyten; einige können als Phytoparasiten leben oder erregen ↑ Mykosen an Mensch und Tieren (↑ Aspergillom, ↑ Aspergillose). Manche ↑ Stämme von *A. flavus* und einigen anderen Arten bilden gefährliche ↑ Mykotoxine (↑ Aflatoxine, *Aspergillus*-Toxine), die Nahrungsmittel und Tierfutter unbrauchbar machen können. Durch die Vielfalt ihrer Stoffwechselprodukte besitzen manche A.-Arten weitreichende Anwendungsmöglichkeiten in der Biotechnologie. Es werden ↑ Antibiotika, Enzyme, organische Säuren usw. hergestellt. Zahlreiche traditionelle ↑ Fermentationen asiatischer Völker (↑ ostasiatische Nahrungsmittel) beruhen auf A.-Arten. Von einigen Arten sind Teleomorphen bekannt, diese gehören zu den Ascomyceten-Gattungen *Emericella, Eurotium* und *Sartorya* (Ord. ↑ *Eurotiales*). ↑ Schimmel Hi

Aspergillussäure: ↑ Mykotoxin, ein Pyrazinon, das von *Aspergillus flavus* (↑ imperfekte Pilze) gebildet wird. A. ist für Warmblüter toxisch (LD_{50} = 4 bis 5 mg/20 g Maus, oral) und besitzt antibiotische Eigenschaften gegen grampositive und gramnegative Bakterien. ↑ Antibiotika M

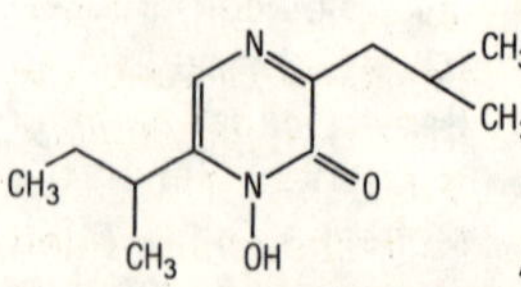

Aspergillussäure

Aspergillus-Toxine: ↑ Mykotoxine, die von *Aspergillus*-Arten gebildet werden.

Sie sind in ihrer chemischen Struktur sehr verschieden. Zu den A. gehören z. B. Chinone (↑ Terreussäure, Fumigatin, Spinulosin), Benzopyrane (↑ Austdiol), Pyrazinone (↑ Aspergillussäure), Terpenoide (Helveolarsäure, Fumigallin) und Naphthochinonlactone (↑ Xanthomegnin). Hierher gehören auch die ↑ Ochratoxine. Die A. verursachen bei Warmblütern gefährliche Vergiftungen, z. B. Nervenschäden und Hämorrhagien. Sie bewirken in der Tierzucht, z. B. bei Kälbern, hohe Ausfälle. Die A. gelangen durch pilzinfizierte Futtermittel, z. B. Mais und Luzerne, in die Tierbestände. M

Aspertoxin ↑ Sterigmatocystine

asterinoides Myzel ↑ *Capnodiales*

Asteroidkörperchen: bei ↑ Endomykosen im Gewebe des ↑ Wirtes auftretende sternförmige Gebilde. Zu diesen Gebilden kommt es, indem sich Antikörper des Wirtes mit Bestandteilen der perifungalen Substanz der im Gewebe liegenden ↑ Sproßzellen der Erreger zu beachtlichen strahlenförmig angeordneten Antigen-Antikörper-Komplexen (↑ Pilzserologie) vereinigen. Die perifungale Substanz besteht z. B. aus überschüssigem, aus der Zellwand der Pilze stammendem Mannan. Das Auffinden von A. in histologischen Gewebeschnitten soll charakteristisch für eine chronisch persistierende ↑ Mykose sein. V

Asthma bronchiale: Atemnot infolge krampfartiger Verengung der Atemwege. Das A. b. tritt anfallsweise auf und kann seine Ursache in einer allergischen Reaktion gegen Pilzsporen haben. Als asthmogene Pilze sind besonders Arten mit reichlicher Bildung von ↑ Conidien bekannt, z. B. ↑ *Aspergillus-*, ↑ *Penicillium-*, ↑ *Fusarium-*, ↑ *Monilia-*, ↑ *Alternaria-* und *Cladosporium*-Arten. ↑ Farmerlunge, ↑ Aspergillose D

Astraeus: Gattung der Ordnung ↑ *Sclerodermatales* (Kl. ↑ *Basidiomycetes* mit angiocarpen, primär hypogäischen ↑ Gasterothecien. Diese Fruchtkörper besitzen wie die ↑ *Geastrum*-Arten eine sternförmig aufreißende Exoperidie. Diese ist stark hygrometrisch, worauf der Name Wetterstern zurückzuführen ist. Die Endoperidie öffnet sich unregelmäßig, eine Columella fehlt, desgleichen ein ↑ Capillitium, lediglich ist Paracapillitium ausgebildet. Die weltweit verbreitete einzige Art, *Astraeus hygrometricus,* ist in Südeuropa ein Massenpilz und wird nach Norden hin auffallend seltener. D

ATA ↑ alimentäre toxische Aleurie, ↑ Epoxytrichothecene

Atempore: kleine, oft nur mikroskopisch erkennbare, mitunter apikal an einer kurzen, kegeligen Warze entstehende, meist rundliche Unterbrechung der Rinde des ↑ Flechtenthallus. Die A. dient dem Gasaustausch. Sto

Atkinson, George Francis: amerikanischer Biologe (1854–1918). Er war Assistent, dann Professor für Entomologie und Zoologie an der Universität von Nordkarolina, ab 1889 Hochschullehrer an verschiedenen Institutionen in Südkarolina und Alabama, ab 1892 Professor für Botanik an der Cornwell-University. Sein Hauptinteresse galt den Kryptogamen, besonders den Pilzen. A. publizierte über Systematik, Nomenklatur und Biologie verschiedener Pilzgruppen, u. a. über *Erysiphales* und *Agaricales*. Für die Taxonomie ist sein Werk „Studies of American fungi" (1900) von Bedeutung, das sich außerdem mit Morphologie, Toxikologie und Chemie der Pilze beschäftigt. Hervorzuheben sind seine Studien zur Fruchtkörperentwicklung bei Blätterpilzen. H

Atromentin: ↑ Terphenylchinon, das in Fruchtkörpern von Basidiomyceten weit verbreitet ist. Zuerst wurde es aus dem Samtfußkrempling (*Paxillus atrotomentosus,* Ord. ↑ *Boletales*) gefunden. ↑ Polyporsäure M

Auflaufkrankheiten: phytopathologischer Begriff für Krankheiten, die an Keimpflanzen auftreten. A. äußern sich in vielfältiger Weise, z. B. als ↑ Fußkrankheiten, ↑ Nekrosen, Wurzelfäule (↑ Fäulen). Ursachen können u. a. Pilze verschiedener systematischer Zugehörigkeit, z. B. aus den Gattungen ↑ *Fusarium*, ↑ *Phytophthora, Pythium, Olpidium*, sein. Die ↑ Infektion erfolgt meist vom Boden aus. B

Aurantioporus: kleine Gattung der Ordnung ↑ *Poriales* (Kl. ↑ *Basidiomycetes*). Die Fruchtkörper sind konsolenförmige, einjährige, fleischige, frisch saftige, trocken harte Porlinge mit monomitischer Trama. Die Hyphen haben ↑ Schnallen. Eine auffallende farbenprächtige Art ist der seltene Safrangelbe Porling, *A. croceus* (Taf. 20/3). D

Auricularia (Ohrlappilze): Gattung der Ordnung ↑ *Auriculariales* (Kl. ↑ *Basidiomycetes*), die gallertige bis lederige, monomitische, effusoreflexe bis pileate Fruchtkörper bildet. Die hymenienführende Oberfläche (↑ Hymenophor) ist glatt bis faltig, so daß bei pileaten Formen oft ein ohrmuschelartiger Eindruck entsteht. In Europa ist *A. mesenterica* weit verbreitet. *A. auricula-judae (Hirneola auricula-judae)*, das Judasohr, ist in Auwäldern und synanthrop besonders an Holunder häufig. Die Fruchtkörper werden als Speisepilze genutzt; in Japan wird diese und eine nahe verwandte Art industriell angebaut. Beim Trocknen werden die Judasohren hart und können zu Pulver verarbeitet werden. Taf. 17/4 D

Auriculariales: Ordnung der Klasse ↑ *Basidiomycetes* (Ukl. *Heterobasidiomycetidae*). Die Fruchtkörper der *A.* sind vielfältig als sehr einfache bis komplexe Crustothecien, als Holothecien oder Pilothecien entwickelt. Einige Arten zeigen sogar gasterale (cleistocarpe) Fruchtkörper. Alle Basidiocarpien sind in frischem Zustand gallertartig, meist aber wesentlich kompakter und fester als die Gallertpilze (↑ *Tremellales*). Die ↑ Trama ist monomitisch. Die *A.* haben ↑ Phragmobasidien, die bei Reife quergeteilt sind. In vielen Fällen sind sie deutlich in Pro- und Metabasidie gegliedert (↑ Probasidie), wobei die Probasidie der Ort der Karyogamie ist, während sich die Meiose vor der Septenbildung in der Metabasidie vollzieht. Zwischen beiden Stadien kann eine Ruhepause liegen. Die Probasidien sind den ↑ Teleutosporen der Rostpilze (↑ *Uredinales*) und den ↑ Brandsporen der Brandpilze (↑ *Ustilaginales*) homolog. Die Septenpori sind einfach (ohne Dolium, ohne Parenthosom), verdickt (mit Dolium) oder als ↑ Dolipori mit kontinuierlicher (nicht perforierter) Porenkappe ausgebildet (↑ Parenthosom). Die *A.* leben saprophytisch, oft auf Holz, z. T. als Schwächeparasiten lebender Gehölze. Einige obligate Parasiten auf Moosen (*Eocronartium, Jola*) und auf Blütenpflanzen (*Helicobasidium, Herpobasidium* u. a.) besitzen einfache Septenpori und vermitteln zu den Rostpilzen. Taf. 17/4 D

Ausbeute: 1. bei einer ↑ Fermentation der erreichte Ertrag an Biomasse (↑ Wachstum) oder die Menge an gebildetem Produkt, z. B. einem ↑ Antibiotikum und dgl. Str

2. der Ertrag an ↑ Fruchtkörpern in Speisepilzkulturen. Bei optimalen Kulturbedingungen kann z. B. die A. beim Zuchtchampignon 17,5 kg/m^2 Kulturfläche, das entspricht etwa 35% des Substratgewichtes (= ca. 100% des Substrat-Trockengewichtes), erreichen. Beim Austernseitling wird eine A. von 100–125% des Substratgewichtes erreicht. Die A. ist bei sterilen Kulturen in der Regel höher als bei halbsterilen Verfahren oder bei Freilandanbau. Beim industriemäßigen Anbau des Shiitake-Pilzes werden in Japan im Freiland 1 bis 2 kg pro 10 kg Frischholz geerntet. D

Austdiol: ↑ 54ykotoxin, ein Benzopyran, das von *Aspergillus ustus* gebildet wird. A. ist ein gastrointestinales Gift. M

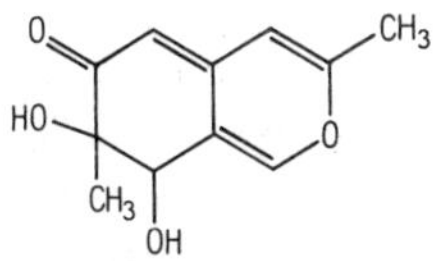

Austdiol

Autogamie: Selbstbefruchtung (↑ Fortpflanzungssysteme). Im haplontischen ↑ Entwicklungszyklus ist A. der asexuellen Vermehrung äquivalent, da keine neuen ↑ Genotypen entstehen können. Der evolutionäre Effekt der A. besteht dabei in der Bewahrung existierender und für die entsprechende Population vorteilhafter Genotypen. Sch

Autoklav ↑ Sterilisation

Autoparasitismus: Bezeichnung für die trophische Abhängigkeit eines Entwicklungsstadiums von einem anderen innerhalb des Lebenszyklus einer Art. Diese Beziehung sollte nicht als ↑ Parasitismus bezeichnet und der Begriff A. vermieden werden. D

autözische Pilze ↑ heterözische Pilze

Auxanographie: Methode zur Untersuchung wachstumsfördernder Wirkungen auf Mikroorganismen. Bei der Bestimmung von ↑ Hefen wird sie beispielsweise zur Prüfung, inwieweit verschiedene Kohlenstoff- und Stickstoffverbindungen genutzt werden können, herangezogen. Bei der A. wird ein verflüssigter ↑ Nährboden mit dem Testorganismus gemischt und in eine ↑ Petrischale gegossen. Nach dem Erstarren werden die Testsubstanzen aufgetragen. Bei positivem Ergebnis bilden sich um die Testsubstanzen Wachstumszonen. Der Durchmesser ist ein Maß für die wachstumsfördernde Wirkung. Str

auxotrophe Mutante: Infolge einer ↑ Mutation erblich verändertes Individuum, das durch den Ausfall eines Genproduktes nicht lebensfähig ist. Bei in vitro kultivierbaren Pilzen sind a. M. auf synthetischen Nährmedien zum Wachstum fähig, wenn das fehlende Genprodukt zugesetzt wird. Mit Hilfe a. M. kann man z. B. bei ↑ *Neurospora crassa* (↑ dihybrider Erbgang) genetische Analysen durchführen. Sch

Aversin ↑ Versicolorine

Averufin ↑ Versicolorine

Azygosporen: zu Sporen umgebildete Gamocysten, die nicht zur Befruchtung gelangten. Die A. sind den Hypnozygoten („Zygosporen") ähnlich, aber haploid. A. kommen bei verschiedenen Zygomyceten häufig vor. D

B

Bäckereipilz (Brotschimmel) ↑ Schimmel, ↑ *Neurospora*

Backhefe: pilzlicher Mikroorganismus (↑ Hefen, ↑ Sproßpilze), der als Triebmittel für Brot und andere Backwaren unentbehrlich ist. B. wird dem Teig zu 2–6% zugesetzt und vergärt die im Teig vorhandenen Zucker zu ↑ Ethanol und Kohlendioxid (↑ Gärung). Das Kohlendioxid bewirkt die Lockerung des Teiges. Beim Backen werden die Hefen abgetötet, und der Alkohol verflüchtigt sich. Die Kohlendioxidblasen bleiben und geben dem Gebäck die charakteristische Struktur. Früher wurde die bei der ↑ Bier- und Branntweinherstellung anfallende Hefe als B. verwendet. Erst im 18. Jh. sind eigene B.-Fabriken entstanden. Heute wird die Weltjahresproduktion auf 1,4 Mill. t geschätzt. B. wird im Zulaufverfahren oder in ↑ kontinuierlichen Verfahren hergestellt. Qualität und Haltbarkeit der B. hängen in starkem Maße von der Anzucht der ↑ Stellhefe ab, die über mehrere Stufen von der ↑ Reinkultur in der Ampulle über Agarkultur und Flüssigkulturen bis zum Impftank erfolgt. Die Produktion der Versandhefe wird in rostfreien Stahltanks mit 50–400 m^3 Inhalt durchgeführt. Es werden ausschließlich Stämme von ↑ *Saccharomyces cerevisiae* verwendet. Als Nährsubstrat dient ↑ Melasse. 1 g käuflicher B. enthält etwa 10^{10} Hefezellen. In zunehmendem Maße kommt auch ↑ Trockenhefe in den Handel. Str

Baeomyces: weltweit verbreitete Gattung der Ordnung ↑ *Lecanorales* mit zweigestaltigem ↑ Flechtenthallus. Als ↑ Phycobionten treten einzellige Grünalgen (*Coccomyxa*-Arten) auf, außerdem sind Blaualgen *(Cyanobacteria)* nachgewiesen. Der horizontale Thallus ist krustig, körnig, schuppig bis effiguriert (↑ Krustenflechten), mitunter sorediös, selten berindet. Die vertikalen Thallusabschnitte sind kurze ↑ Podetien, denen flache bis kugelig gewölbte, biatorine ↑ Apothecien mit hellrosa bis roter oder brauner ↑ Scheibe aufsitzen. In den ↑ Asci (↑ Archaeascus) entwickeln sich acht hyaline, ein- bis mehrzellige Sporen. Die rundlichen ↑ Pycnidien sind oft in Thalluswarzen eingesenkt. Vegetative Vermehrung erfolgt durch ↑ Soredien oder ↑ Schizidien. *B.*-Arten sind meist acidophil und leben terrestrisch, seltener epilithisch oder auf Holz. Sto

Bakanaë-Effekt: auffallende Streckung der Internodien, Blattspreiten und Blattscheiden (besonders bei Reispflanzen) bei gleichzeitiger verminderter Wurzelentwicklung und reduzierter Bestokkung. Der B. wird durch den Befall der betroffenen Pflanzen durch *Gibberella fujikuroi* (Kl. ↑ *Ascomycetes,* Anamorphe: *Fusarium moniliforme*) verursacht. Vom Pilz werden ↑ Gibberelline (Gibberellinsäure) gebildet, die als Wuchsstoffe (Pflanzenhormone) große Bedeutung haben. Der B. bedingt beträchtliche Ertragsverluste im Reisbau Ostasiens. B/D

Ballistosporen: einzeln entstehende, exogen reifende Sporen (z. B. ↑ Conidien, ↑ Meiosporen), die aktiv abgeschleudert werden (↑ Basidiosporen, ↑ Statismosporen). D

Bananenwelke ↑ Panamakrankheit

Bandflechten: Wuchsform von Flechten (↑ Lichenes), die durch bandförmig abgeflachte, aufrecht stehende oder hängende ↑ Flechtenthalli mit dorsiventralem Bau charakterisiert ist. Die B. vermitteln zwischen ↑ Blatt- und ↑ Strauchflechten und werden von manchen Autoren diesen zugeordnet. Typische Vertreter sind in den Gattungen *Ramalina, Roccella* und *Letharia* zu finden. ↑ Abb. Lichenes Sto/D

Barbatolsäure: ↑ Flechtenstoff, eine aromatische Verbindung, die chemisch einen Benzylester der Summenformel $C_{18}H_{14}O_{10}$ darstellt. B. wurde bisher vor allem in *Usnea*- und *Alectoria*-Arten gefunden. Sto

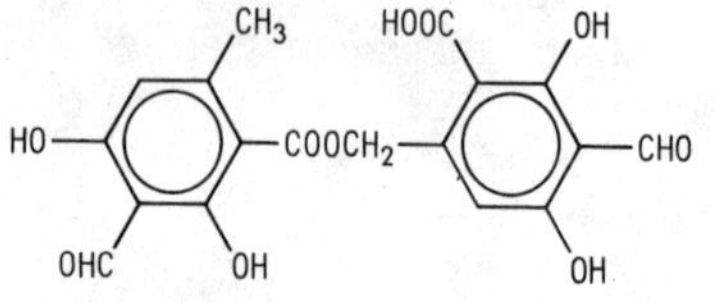

Barbatolsäure

Bartflechte: 1. eine ↑ Mykose (Tinea barbae). ↑ Tinea **2.** morphologische Gruppe von Flechten (↑ Lichenes), ähnlich den ↑ Strauchflechten, aber mit bartartig hängendem oder vom Substrat abstehendem Thallus. Die Thallusabschnitte sind radiär gebaut, kräftig bis fädig dünn, reich verzweigt und oft mit ↑ Fibrillen besetzt. B. wachsen vorwiegend epiphytisch in Gebieten mit hoher Luftfeuchtigkeit. Einige Arten sind mit einer Haftscheibe am Substrat befestigt, andere hängen locker über Baumästen. Die Wuchsform erfordert besondere Strukturen zur Erhöhung der Festigkeit des ↑ Thallus, da einzelne Arten (z. B. *Usnea longissima*) eine Länge von mehreren Metern erreichen können. Die eigentliche B., Gattung ↑ *Usnea,* erhält ihre Festigkeit durch einen ↑ Zentralstrang, während die Gattung ↑ *Alectoria* ihre Thallusabschnitte durch einen äußeren Mantel von dicht verklebten ↑ Hyphen festigt. Sto

Bary, Heinrich Anton de: deutscher Botaniker (1831–1888). Ab 1849 studierte B. in Heidelberg, Marburg und Berlin Medizin. In Berlin hörte er unter anderem Vorlesungen bei A. Braun über Kryptogamen und Pflanzenphysiologie. 1853 wurde er zum Dr. med. promoviert und begann seine Tätigkeit als Privatdozent für Botanik an der medizinischen Fakultät in Tübingen. 1855 ernannte man ihn zum Nachfolger Nägelis in Freiburg, wo er bis 1859 als außerordentlicher Professor und danach bis 1867 als ordentlicher Professor tätig war. Fünf Jahre lang arbeitete B. in Halle, 1872 übernahm er die Professur für Botanik an der neu gegründeten Universität in Straßburg, deren erster Rektor er bis zu seinem Tode war. Die mykologischen Arbeiten B.s beschäftigten sich zunächst mit dem Oomyceten („Phycomyceten") *Achlya prolifera,* mit Brandpilzen und Rostpilzen. Ihm gelang der Nachweis des Pleomorphismus bei den ↑ *Ustilaginales* und des Wirtswechsels der Rostpilze. Auch der Lebensweise der Pilze galt sein Interesse, besonders den Erscheinungsformen des Parasitismus. Der Symbiose-Begriff umfaßt bei B. Mutualismus und Parasitismus. Für Nichtparasiten unter den Pilzen prägte B. den Terminus Saprophyten. Er erkannte außerdem die verwandtschaftlichen Beziehungen der Myxomyceten zu den Protozoen. Seine Arbeit „Über die Fruchtkörperentwicklung der Ascomyceten" ist von fundamentaler Bedeutung (1863). Die Werke „Morphologie und Physiologie der Pilze" (1866) und „Vergleichende Morphologie und Biologie der Pilze" (1884) sind Standardwerke der Mykologie, die Anfänge phylogenetischer Betrachtungsweisen in die Systematik der Pilze bringen (↑ Brefeld). H/D

Basalkörper ↑ Blepharoplast, ↑ Geißel

Basidie: Meiosporocyste („Meiosporangium") der ↑ *Basidiomycetes.* Die B. sind ein- oder sekundär zwei- oder vierzellige Strukturen, in denen sich die Karyogamie und Meiose vollzieht und an denen sich die Meiosporen exogen entwickeln. Im Gegensatz zu den Sporocysten (↑ Gonitocysten) anderer Organismen wachsen die Meiosporen direkt oder an Sterigmata aus den Basidien aus (Taf.5/1, 2; Abb.1). Deshalb wurden die Basidien früher mit ↑ Conidiophoren verglichen, die ebenfalls ↑ Exospo-

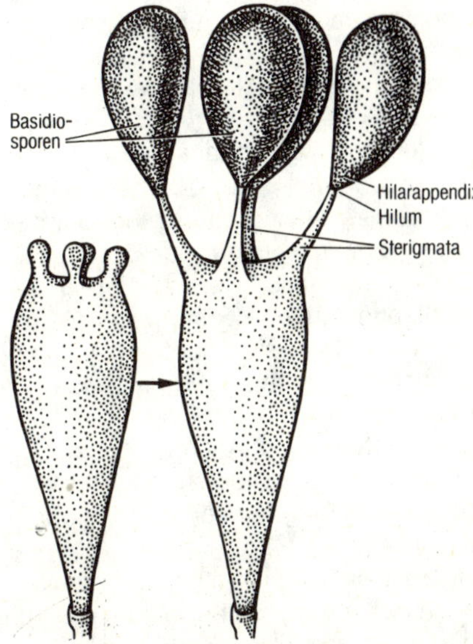

Basidie 1: Holobasidie. Reife Basidie mit Basidiosporen, *links* Entstehung der Sterigmata

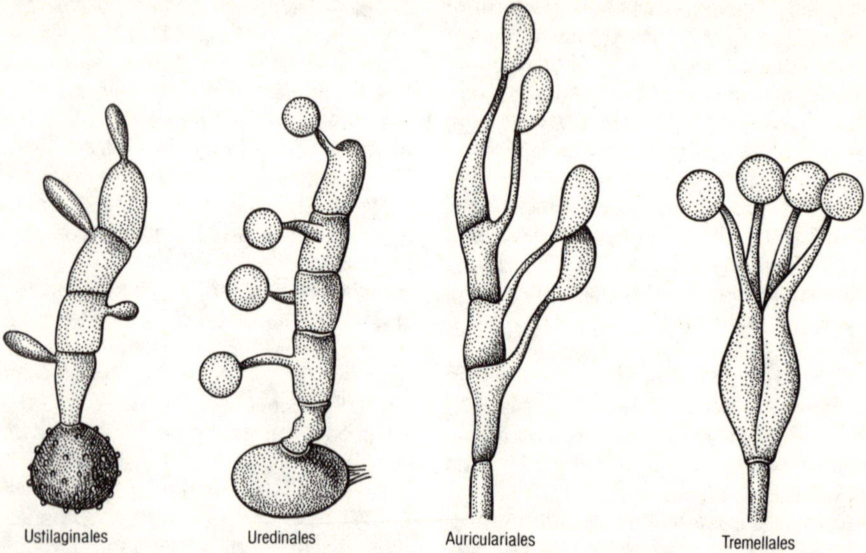

Basidie 2: verschiedene Phragmobasidien. Basidien ohne Sterigmata werden auch als Promyzel bezeichnet (↑ Ustilaginales), wenn sie durch Keimung einer Spore entstehen

ren entwickeln. Man kann die B. jedoch als abgewandelte Gonitocysten betrachten, da die jungen Sporen als Ausstülpungen der B. zu verstehen sind und sich mitunter Reste der Basidienwandung noch an den reifen Basidiosporen nachweisen lassen. Die Homologisierung der B. mit den Asci der *Ascomycetes* ist ein weiteres Indiz für den Gonitocystencharakter der B.

Die B. sind nach verschiedenen Gesichtspunkten zu klassifizieren. Grundsätzlich lassen sich septierte und unseptierte B. unterscheiden. Beide Typen werden nach der Form, der Lage der Septen, dem Ansatz an den Hyphen u.a. Gesichtspunkten weiter klassifiziert (↑ Phragmobasidie, ↑ Holobasidie; Abb. 1, 2).

B., die keine Sterigmata bilden, werden auch als Promyzel bezeichnet. Durch den Vorgang der Karyogamie und Meiose steht aber die Homologie zwischen B. und Promyzel außer Zweifel. Für die Systematik der ↑ *Basidiomycetes* ist nicht nur die Struktur der B., sondern auch der Modus der Freisetzung und Keimung der Basidiosporen von großer Bedeutung. In vielen Fällen werden die ↑ Basidiosporen aktiv von den Sterigmata abgeschleudert (↑ Ballistosporen, ↑ Statismosporen). Die Ansatzstelle der Basidiosporen an den B. wurde daher in den letzten Jahren intensiv untersucht (↑ Abb. *Basidiomycetes* 2, ↑ Hilum) D

Basidiobolose: ↑ Mykose, welche durch *Basidiobolus haptosporus* (Kl. ↑ *Zygomycetes*) hervorgerufen wird und unter der Bevölkerung tropischer Länder nicht selten ist. In bezug auf die systematische Stellung des Erregers kann diese Mykose zu den Zygomykosen gerechnet werden. Die B. ist meist die Folge von Verletzungen (↑ Verletzungsmykosen), wodurch Pilzelemente in Unterhaut- und Muskelgewebe dringen. Nach Invasion in Lymphgefäße resultieren starke Lymphödeme. Auch in Wände von Blutgefäßen einzudringen, ist der Erreger in der Lage. Betroffene Gewebe zeigen schmerzhafte entzündliche Reaktionen, die darüberliegende Haut kann eine Überpigmentierung zeigen. B. bleiben lokal beschränkt; die Möglichkeit einer Erreger-Streuung wird aber nicht ausgeschlossen. Heilungserfolge konnte man nach Langzeittherapie mit Kaliumjodid erzielen. V

Basidiobolus: Gattung der Ordnung ↑ *Entomophthorales* (Kl. ↑ *Zygomycetes*). Das Myzel ist unregelmäßig septiert und neigt dazu, in Segmente zu zerfallen (↑ Hyphenkörper). Die Cystoconidien werden aktiv vom Träger abgeschleudert. Sie ähneln denen von ↑ *Pilobolus,* keimen aber stets mit einer sekundären Cystoconidie oder mit Hyphen; niemals werden im Inneren Sporen gebildet. *B. ranarum* wurde von Froschexkrementen isoliert, andere Arten erregen Mykosen bei Mensch und Tier. ↑ Basidiobolose D

Basidiocarpien (Basidiomata, Sg. Basidioma): die ↑ Fruchtkörper der *Basidiomycetes.* Im Gegensatz zu den Ascocarpien werden B. bei normalem, haplo-dikaryontischem Entwicklungszyklus ausschließlich vom ↑ Dikaryonten gebildet. Nach der Fruchtkörperentwicklung lassen sich vier Grundtypen unterscheiden, die mit den Typen der ↑ Ascocarpien übereinstimmen: ↑ gymnocarpe, ↑ hemiangiocarpe, ↑ angiocarpe und ↑ cleistocarpe Fruchtkörper (↑ Abb. Fruchtkörperentwicklung). In einer auf Morphologie und Wachstumsmodus begründeten Terminologie von Kreisel werden Crustothecien, Holothecien und Pilothecien als hymeniale Fruchtkörper (d.h. gymno- und hemiangiocarpe B.) einer ganzen

Zur Benennung von Basidiocarpien gebräuchliche Bezeichnungen und ihre Überschneidungsbereiche

morphologische Charakteristik der Basidiocarpien		Charakteristik nach typischen Gattungen	gebräuchliche deutsche Bezeichnungen	Fruchtkörper Typ
effus („resupinat")		corticioid porioid irpicoid	krustig (krustiger Porling, krustiger Schichtpilz krustiger Stachelpilz usw.	↑ Crustothecium
pileat s. l.	effusoreflex (halbresupinat)	stereoid trametoid	krustig mit abstehenden Hüten	↑ Crustothecium
pileat s. l.	dimitat	fomitoid	konsolenförmig	↑ Pilothecium
pileat s. l.	pileats. str.	polyporoid catharelloid pleurotoid agaricoid boletoid	hut-stielförmig (Hutpilze)	↑ Pilothecium
pileat s. l.	resupinat	cyphelloid	becherförmig	↑ Pilothecium
clavat		clavarioid ramarioid tremelloid	keulenförmig korallenförmig	↑ Holothecium
gastral		secotioid	gallertartig	Pilothecium
		bovistoid geastroid usw.	bovistartig (Bauchpilze)	↑ Gasterothecium

Reihe von gasteralen Typen (↑ Gasterothecien), d. h. angio- und cleistocarpen B. gegenübergestellt. Andere Klassifizierungsversuche sind stärker von etwas detaillierterer morphologischer Beschreibung geprägt. Man kann Benennungen von Typen nach morphologischen Merkmalen (effuse, resupinate, pileate Fruchtkörper usw.) und solche nach Gattungen (agaricoide, corticioide, pleurotoide Fruchtkörper usw.) finden; meistens werden Synthesen aus beiden Prinzipien benutzt. Die Terminologie, die Gattungsnamen zugrundelegt, kann zu Schwierigkeiten infolge Confusion mit den ebenfalls nach Gattungen benannten Hymenophor-Typen führen (agaricoider Fruchtkörper mit boletoidem Hymenophor usw.). Die für Fruchtkörpertypen häufig benutzten Termini und ihre Überschneidungsbereiche (Tab.) zeigen, daß eine klare Terminologie noch aussteht. Die im Vorsatz benutzten Begriffe sind als Synthese zu verstehen, wobei die Benutzung grober morphologischer Begriffe wie ↑ Crustothecium, ↑ Holothecium, ↑ Pilothecium, ↑ Gasterothecium einer Grobeinteilung der Pflanzen in Bäume, Sträucher, Kräuter usw. vergleichbar ist und keinen Anspruch auf Homologie erhebt. Das gilt auch für die zweite, untergliedernde morphologische Ebene. Die dritte Ebene auf der Basis typischer Gattungen ist beliebig erweiterungsfähig. Die im Vorsatz durch Pfeile angedeuteten morphologischen Beziehungen sind als mehrfach konvergente Entwicklungsrichtungen zu verstehen, die sich in einzelnen Verwandtschaftskreisen nur ausschnittweise vollzogen haben. In früheren Zeiten wurden die Pilze in morphologische Gruppen eingeteilt, die man als natürlich angesehen hat. Bezeichnungen wie ↑ Röhrlinge (*Boletus* s.l.), ↑ Porlinge (*Polyporus* s.l.), ↑ Blätterpilze (*Agaricus* s.l.), Staubpilze (*Lycoperdon* s.l.) u. a. wurden für B. geprägt und waren systematische Begriffe. Da sich all diese Gruppen als unnatürlich erwiesen haben, hat sich der systematische Begriffsinhalt vom morphologischen gelöst. Während die fachsprachlichen Termini (*Boletus, Polyporus, Agaricus, Lycoperdon*) durch Nomenklaturregeln in engerer Umgrenzung als Gattungsnamen benutzbar bleiben, entfällt bei den Volksnamen der systematische Gehalt des Begriffes, der morphologische bleibt. Bemühungen, solche Volksnamen entsprechend neuer systematischer Erkenntnisse neu zu umgrenzen (Hutpilze auch für Krustenpilze im Sinne von ↑ Hymenomyceten; Blätterpilze nicht für *Paxillaceae, Pleurotaceae, Gomphidiaceae* usw.), sind solange zum Scheitern veurteilt, solange der Volksname in einer lebenden Sprache zur Verständigung außerhalb des fachsprachlichen Bereiches üblich und notwendig ist (Hutpilze nur für Pilze mit Hut; Blätterpilze für alle Pilze mit Blättern usw.). D

Basidiolichenes (Basidiomyceten-Flechten): Bezeichnung für lichenisierte Basidiomyceten. Die B. umfassen weniger als 1% der Flechten. Die Pilze gehören zu den ↑ *Poriales,* ↑ *Cantharellales* und ↑ *Agaricales* (↑ *Lichenes,* Tab.). Während man lange Zeit angenommen hatte, daß B. ausschließlich tropisch verbreitet sind, fand man in den letzten Jahrzehnten auch in Mitteleuropa lichenisierte Basidiomyceten (*Omphalina*-Arten, *Lentaria mucida*). Die ↑ Fruchtkörper dieser Flechten sind ↑ Pilothecien oder ↑ Holothecien, ihre Thalli sind krustig. Bei der pantropischen *Dictyonema pavonia* (Ord. ↑ *Poriales*) bilden sich Hymenien an der Unterseite gezonter und gelappter Thalli. D/Sto

Basidiomata (Sg. Basidioma) ↑ Basidiocarpien

Basidiomycetes: Klasse der Abteilung

Tab. 1 Die Gliederung der Basidiomycetes

Klasse *Basidiomycetes* (Ständerpilze)

Unterklasse *Heterobasidiomycetidae* (Phragmobasidiomyceten und ursprüngliche Holobasidiomyceten)

Ordnungsgruppe *Teliomycetanae*
Ordnung[1] *Ustilaginales* (Brandpilze)
Ordnung *Uredinales* (Rostpilze)

Ordnungsgruppe *Phragmobasidianae*
Ordnung *Tremellales* (Gallertpilze)
Ordnung *Auriculariales* (Ohrlappilze)
Ordnung *Tulasnellales*
Ordnung *Septobasidiales*

Ordnungsgruppe *Exobasidianae*
Ordnung *Exobasidiales*
Ordnung *Dacryomycetales* (Gallerttränenartige)

Unterklasse *Homobasidiomycetidae* (abgeleitete Holobasidiomyceten)

Ordnungsgruppe *Aphyllophoranae* (Nichtblätterpilze)
Ordnung *Poriales*
Ordnung *Thelephorales*
Ordnung *Hymenochaetales*
Ordnung *Polyporales*
Ordnung *Schizophyllales* (Spaltblättlinge)
Ordnung *Cantharellales*

Ordnungsgruppe *Agaricanae*
Ordnung *Agaricales* (Blätterpilzartige)
Ordnung *Boletales* (Röhrlingsartige)
Ordnung *Russulales* (Täublingsartige)

Ordnungsgruppe *Gasteromycetanae* (Bauchpilze)
Ordnung *Sclerodermatales* (Kartoffelbovistartige)
Ordnung *Tulostomatales* (Stielbovistartige)
Ordnung *Lycoperdales* (Bovistartige)
Ordnung *Geastrales* (Erdsterne)
Ordnung *Hymenogastrales*
Ordnung *Gautieriales* (Morcheltrüffeln)
Ordnung *Gastrosporiales* (Steppentrüffeln)
Ordnung *Hysterangiales* (Schwanztrüffelartige)
Ordnung *Phallales* (Stinkmorchelartige, Pilzblumen)

[1] Die Namen der Unterklassen und Ordnungen können als Stichworte nachgeschlagen werden.

↑ *Eumycota* (Echte Pilze), deren Meiosporocysten („Meiosporangien" ↑ Gonitocyste) ↑ Basidien sind. Die *B.* werden als die am höchsten entwickelten (am stärksten abgeleiteten) Pilze angesehen. Dies beruht auf der Morphologie der Fruchtkörper (↑ Basidiocarpien), dem ↑ Entwicklungszyklus und den komplizierten Septenpori im Vergleich mit diesen Strukturen bei anderen Pilzen. Die wichtigsten Entwicklungslinien innerhalb der *B.* sind: 1. die Ausbildung von immer komplizierteren und angepaßteren Fruchtkörpern; 2. das immer stärkere Hervortreten der Dikaryophase im Entwicklungszyklus und damit verbunden die Reduktion des Haplonten; 3. Die Ausbildung immer komplexerer Septenpori, die im d/p-Septum (↑ Doliporus) mit perforierten ↑ Parenthosomen ihre höchste Form erreichen. Ursprünglich und wenig kompliziert sind die Befruchtungsvorgänge der *B.* Nur selten kommen spezielle Zellen vor, die ausschließlich der ↑ Befruchtung dienen. Die Spermatisierung mancher Rostpilze (↑ *Uredinales*) ist mit Differenzierung von Empfängnishyphen und Spermatien verbunden; aber diese Strukturen sind weniger kompliziert als z. B. bei den ↑ *Ascomycetes.* Somatogamie, sowohl in Form von Hyphogamie als auch von Sporidiogamie (↑ Befruchtung), ist der verbreitetste Vorgang und kann als ursprüngliches, von hefeartigen Vorfahren erhaltenes Merkmal angesehen werden.
Charakteristisch für die *B.* ist das häufige Vorkommen von ↑ Schnallen, wo-

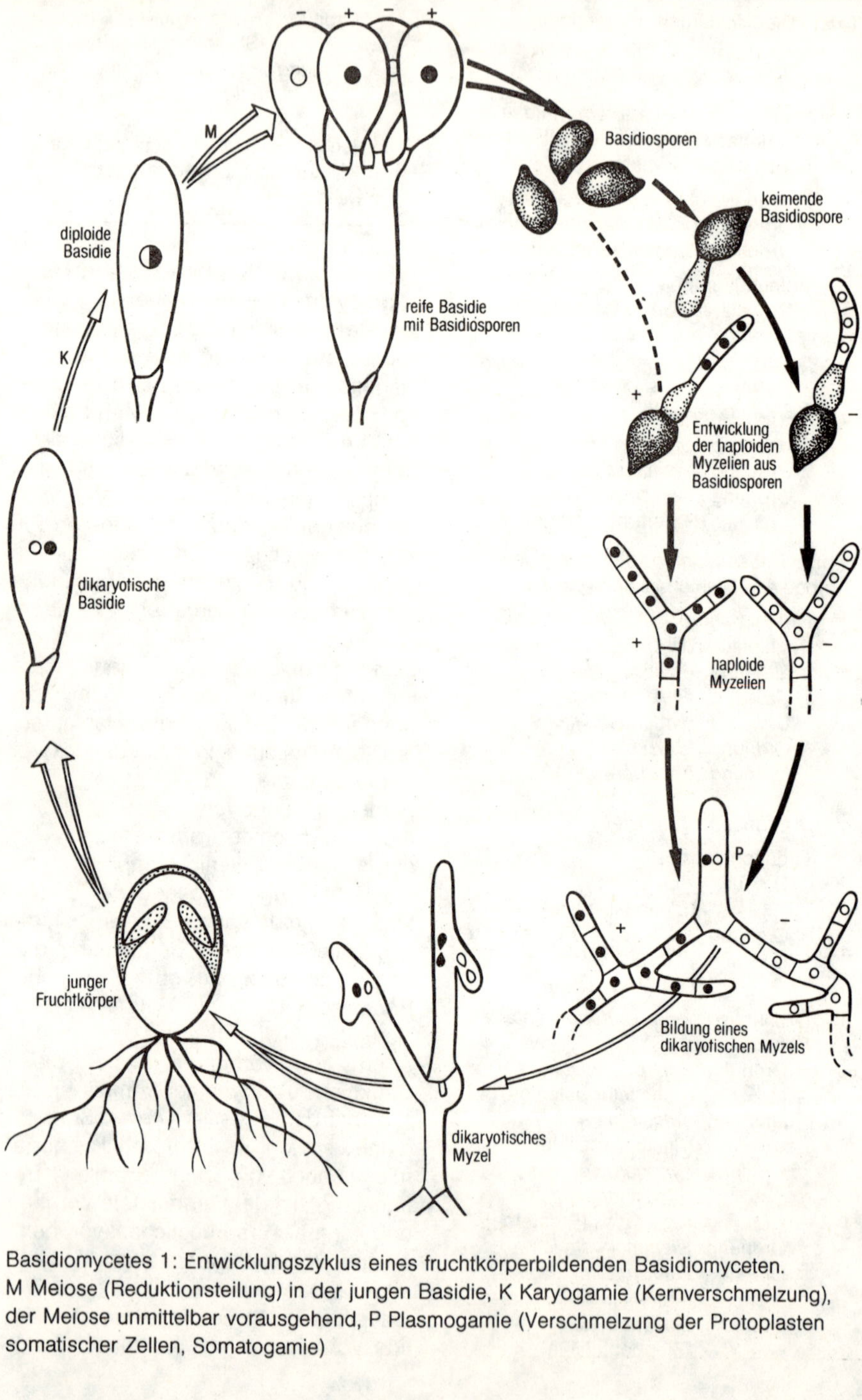

Basidiomycetes 1: Entwicklungszyklus eines fruchtkörperbildenden Basidiomyceten. M Meiose (Reduktionsteilung) in der jungen Basidie, K Karyogamie (Kernverschmelzung), der Meiose unmittelbar vorausgehend, P Plasmogamie (Verschmelzung der Protoplasten somatischer Zellen, Somatogamie)

durch die Septen der Hyphen als komplizierte Strukturen mit mehreren systemträchtigen Merkmalen in Erscheinung treten. Für die Gliederung der *B.* ist die Struktur der ↑ Basidien eines der wichtigsten Merkmale. Eine frühere Einteilung in zwei Unterklassen beruhte auf dem Merkmal der Septierung der Basidien. Die *Phragmobasidiomycetidae* wurden durch septierte, die *Holobasidiomycetidae* durch unseptierte Basidien charakterisiert (↑ Phragmobasidie, ↑ Holobasidie). Die aktuelle Einteilung in die ursprünglicheren ↑ *Heterobasidiomycetidae* und die stärker abgeleiteten ↑ *Homobasidiomycetidae* beruht nicht nur auf dem Merkmal der Septierung der Basidien, sondern auch auf Merkmalen der Septenpori (↑ Doliporus), der Sporenkeimung, der vegetativen Myzelien, der Biochemie usw. Die weitere Gliederung der Unterklassen ist ebenfalls problematisch und geschieht nicht einheitlich. Es erweist sich als vorteilhaft für die Übersichtlichkeit, wenn mehrere Ordnungen zu Überordnungen zusammengefaßt werden. Der Übersicht der Tab. 1 liegt die Zuordnung der in diesem Lexikon behandelten Gruppen zugrunde. Es gibt jedoch zahlreiche Beispiele abweichender Systeme der B. So werden manchmal die Rost- und Brandpilze (↑ *Uredinales,* ↑ *Ustilaginales*) aus den *B.* herausgelöst und als eine oder als zwei Klassen neben die B. gestellt (Tab. 2, ↑ Pilzsystem, Tab.). Diese Behandlung beruht bei manchen Autoren auf der Vorstellung, daß sich alle Pilze von parasitischen Vorfahren ableiten oder/und auf Rotalgen zurückzuführen sind. Jeder aktuelle Systemvorschlag beinhaltet Kompromisse zwischen traditionellen Gliederungen und modernen Erkenntnissen. Mehr Stabilität in den Systemvorstellungen ist erst zu erwarten, wenn weit mehr Sippen nach modernen Gesichtspunkten (elektronenoptisch, bio-

Tab. 2 Moderne Vorstellung zur Basidiomyceten-Großgliederung

Unterabteilung *Basidiomycotina*
- Klasse *Teliomycetes*
  - (*Pucciniales, Septobasidiales,* u. a.)
- Klasse *Ustomycetes* (*Ustilaginales, Tilletiales, Exobasidiales, Cryptobasidiales, Brachybasidiales* u. a.)
- Klasse *Basidiomycetes* s. str.
  - Unterklasse *Heterobasidiomycetidae*
    - *(Auriculariales, Dacrymycetales, Tremellales, Tulasnellales)*
  - Unterklasse *Homobasidiomycetidae*
    - (alle Ordnungen der *„Hymenomycetidae"* und *„Gasteromycetidae"*)

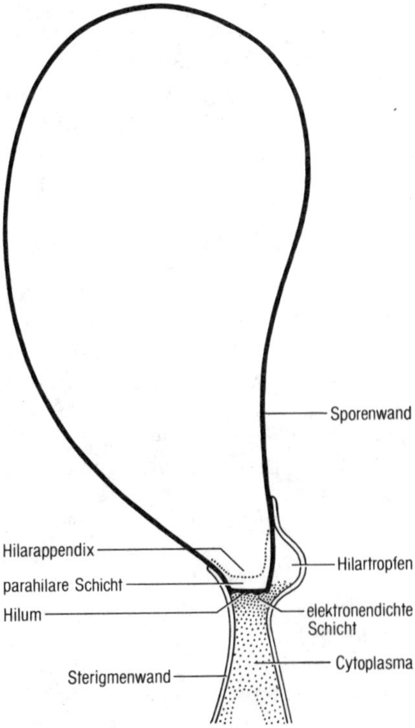

Basidiomycetes 2: Feinstruktur der Sterigmenspitze und des Hilarappendix einer Basidiospore vor der Sporenabschleuderung

chemisch) untersucht wurden, als dies gegenwärtig der Fall ist. Die *B.* haben vielfältige, auch wirtschaftliche Bedeutung. Die ↑ *Uredinales,* ↑ *Ustilaginales,* ↑ *Exobasidiales* umfassen z. B. ausschließlich Phytoparasiten. Sie haben z. T. als Schädlinge von Nutzpflanzen großen Einfluß auf den Erfolg der landwirtschaftlichen Produktion. Von hohem Stellenwert ist auch die ↑ Mykorrhizasymbiose in der Land- und Forstwirtschaft. Die meisten ↑ Gift- und ↑ Speisepilze sind B. Die Zucht von Speisepilzen wird in vielen Ländern in immer größerem Rahmen industriell betrieben. Abb. 1, 2 D

Basidiosporen: die Meiosporen der ↑ *Basidiomycetes.* Sie wachsen entweder direkt durch Sprossung aus der ↑ Basidie aus, oder sie entstehen auf kurzen Stielchen, den ↑ Sterigmata (Taf. 5/1, 2; 6/1). Meist werden die meiotisch entstandenen haploiden Kerne direkt zu den Kernen der B., so bei allen Homobasidien. Mitunter verbleiben die meiotisch entstandenen Kerne aber in der Basidie, und die aussprossenden Basidiosporen, die dann oft ↑ Sporidien genannt werden, erhalten mitotisch entstandene haploide Kerne. Die B. sind meist einkernig oder, durch eine weitere Mitose, zweikernig. Ihre Größe ist sehr unterschiedlich. Die Länge reicht von weniger als 3 µm bis über 50 µm, die Breite von weniger als 1 µm bis über 20 µm.

Die Anheftungsstelle der B. wird als Nabel oder Hilum bezeichnet (↑ Abb. Basidiomycetes 2). Die Sporen besitzen meist ein Anhängsel, Hilarappendix genannt, mit dem sie am Sterigma ansitzen. B. werden aktiv von den Sterigmata abgeschleudert, oder sie fallen passiv ab. Man nennt sie danach Ballistosporen oder Statismosporen. Die Ballistosporen unter den B. sind in der Regel dorsiventral gebaut. Über dem Hilarappendix befindet sich eine

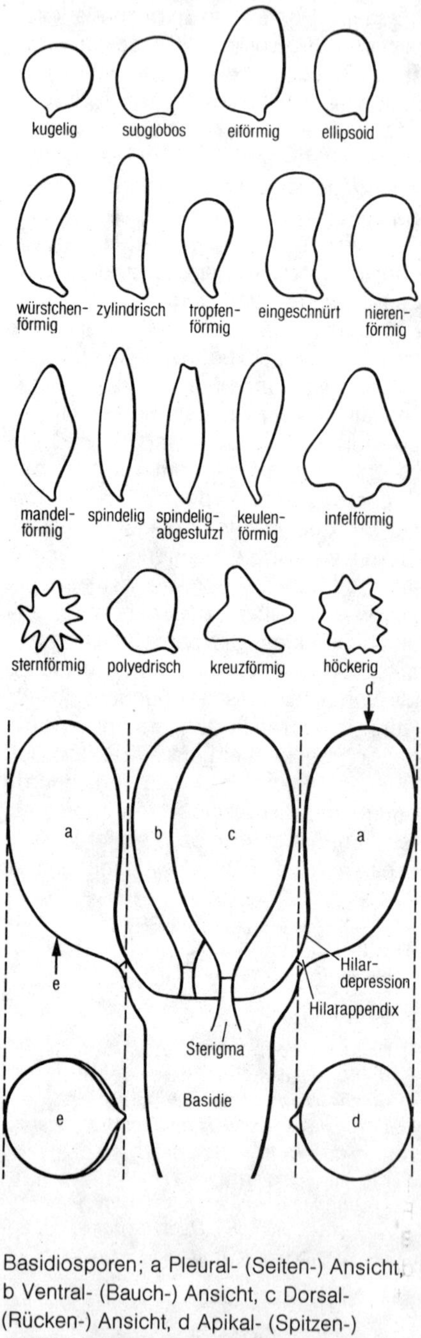

Basidiosporen; a Pleural- (Seiten-) Ansicht, b Ventral- (Bauch-) Ansicht, c Dorsal- (Rücken-) Ansicht, d Apikal- (Spitzen-) Ansicht, e Basal- (Grund-) Ansicht

Hilardepression (Abb.), wo häufig eine ↑ Plage ausgebildet ist. Diese zur Basidienachse gekehrte Seite sollte als Bauchseite bezeichnet werden; eine einheitliche Terminologie der Ansichten dorsiventraler B. existiert nicht, die in der Abb. dargestellte Benennung ist zweckmäßig.

Eine allgemeingültige Terminologie der Sporenformen existiert ebenfalls nicht. In der Literatur häufig wiederkehrende Bezeichnungen sind in der Abb. dargestellt (kugelig, ellipsoid usw.). Die B. können glatt oder ornamentiert sein. Für die Sporenornamente der B. findet man die Bezeichnungen punktiert (feinstwarzig), feinwarzig, warzig, stachelig, gerippt, netzförmig, gratig. Im Prinzip können die für die Ascosporen geprägten Fachworte (↑ Ornamente) auch für die B. benutzt werden. Manche Ornamente sind nur ultrastrukturell durch Scanning-Elektronenmikroskopie zu analysieren (Taf. 6/2).

Basidiosporen keimen entweder mit kurzen Keimschläuchen, an denen sich Conidien entwickeln (repetitive Sporenkeimung), oder mit Hyphen. Die aus B. hervorgehenden Conidien werden oft als Sekundärsporen oder sekundäre B. bezeichnet.

Die Wände der B. sind ein- oder mehrschichtig; auch hierfür hat sich keine einheitliche Terminologie durchgesetzt (↑ Sporenwand). D

basiphile Pilze: ökologischer Begriff für Arten, die ausschließlich oder bevorzugt auf basischen Substraten, d.h. besonders auf Böden mit einem *p*H-Wert über 7, vorkommen. B. P. sind häufig, aber nicht ausschließlich Kalkpilze. ↑ acidophile Pilze, ↑ bodenvage Pilze D

Batsch, August Johann Georg Karl: deutscher Botaniker (1761–1802). B. studierte Naturgeschichte, wurde 1781 Dr. phil. und 1786 Dr. med. In Jena erhielt er 1786 eine außerordentliche Professur für Naturgeschichte, 1787 eine Professur für Medizin und 1792 für Philosophie. B. gründete den Botanischen Garten und die Naturforschende Gesellschaft in Jena. Goethe rühmte „zarte Bestimmtheit und ruhigen Eifer" an B. und zog ihn bei seinen botanischen Studien über die „Metamorphosen" zu Rate. Mit seinem einzigen mykologischen Werk, dem „Elenchus fungorum ..." (1783–1789, 3 Bde.) erwarb sich B. Verdienste in der Mykologie. Über 200 Pilzarten sind in neun Gattungen untergebracht. Die Gattungen sind *Agaricus, Boletus, Clathrus, Clavaria, Hydnum, Lycoperdon, Mucor, Peziza, Phallus.* Die Beschreibungen umfassen kurze Diagnosen, ausführliche Merkmalsanalysen und Fundortangaben. Dem Werk sind 57 kolorierte Tafeln vom Verfasser beigefügt. H

Battarra, Giovanni Antonio: italienischer Geistlicher, Arzt und Mykologe (1714–1789). B. versuchte die pflanzliche Natur der Pilze nachzuweisen und wandte sich gegen mittelalterliche Vorstellungen, wonach Pilze als Naturschauspiele, als Schaumgebilde faulender Bäume usw. aufgefaßt wurden. Besonders befaßte er sich mit dem (von ihm als Wurzel bezeichneten) Myzel der Pilze. Sein Hauptwerk „Fungorum agri Ariminensis historia" (1755), das 50 Tafeln enthält, stellt die systematisch-floristische Bearbeitung der von ihm gefundenen Pilze dar. In der Systematik nimmt er eine isolierte Stellung ein. Er beschrieb viele neue Gattungen, kannte aber die zeitgenössische Fachliteratur nur ungenügend. Die Nomenklatur ist bei B. verworren; er verwendet zwar ab und zu binäre Namen, erkennt den Gattungsnamen aber keine feste Bedeutung zu. H

Battarraea (Stelzenstäublinge): Gattung der Ordnung ↑ *Tulostomatales* (Kl. ↑ *Basidiomycetes* mit jung kugeligen ↑ Gasterothecien, deren Exoperidie als basale ↑ Volva erhalten bleibt, nachdem ein langer, hohler, schuppiger Stiel die Endoperidie mit der ↑ Gleba emporgehoben hat. Die Endoperidie reißt kreisförmig auf und fällt ab, nur ihr basaler Teil bleibt lange erhalten. Das ↑ Capillitium besteht aus Elateren. Die *B.*-Arten sind hauptsächlich in Steppen und Halbwüsten verbreitet, aber, vermutlich synanthrop, auch in vielen Trokkenrasen anzutreffen. *B. phalloides* wurde in der Xerothermvegetation vieler europäischer Länder nachgewiesen. Die bis 50 cm hohe *B. stevenii* (Taf. 47/3) ist wesentlich seltener. D

Bauhin, Caspar: Schweizer Arzt und Botaniker (1560–1624). B. entstammte einer französischen Medizinerfamilie. Er studierte in Basel Medizin, später Botanik in Padua, Montpellier und Paris. 1581 wurde er in Basel zum Dr. med. promoviert, 1589 wurde er Dozent für Anatomie und Botanik, 1614 Professor für praktische Medizin. In seinem Hauptwerk „Pinax theatri botanici" (1623) sind ca. 6000 Pflanzenarten enthalten und mit Diagnosen versehen. Es zeigt Ansätze der Verwendung der Art- und Gattungskategorien im modernen Sinne. Die Pilze ordnete B. den Gruppen *Fungus, Tuber* und *Agaricus* zu und behandelte sie als wurzel-, blüten- und samenlose Pflanzen. H/D

Bauhin, Jean: Schweizer Arzt und Biologe; älterer Bruder des C. ↑ Bauhin (1541–1612). B. begann 1555 das Studium der Philosophie, ab 1558 studierte er in Basel Medizin und Botanik. Seine Ausbildung setzte er bei L. Fuchs in Tübingen, dann in Montpellier fort und promovierte zum Dr. med. B. war als Arzt in Lyon und als Stadtarzt in Genf tätig, ab 1571 wirkte er als Professor für Medizin an der Universität in Basel. Sein wichtigstes Werk, die „Historia plantarum universalis" erschien postum 1650–1651. Im dritten Band der „Historia" werden die Pilze als „Excrementa terrae" klassifiziert und durch 43 Holzschnitte illustriert. Bereits 1619 wurde als Vorläufer dieses Werkes die „Historia plantarum generalis" als Quartband (Buchformat in Viertelbogengröße) herausgebracht. H

Baummoos: Handelsname für ein Gemisch aus epiphytischen Flechten (↑ Lichenes) überwiegend aus *Pseudevernia furfuracea,* aber auch *Ramalina farinacea, R. fraxinea, R. calycaris,* seltener auch *Sticta pulmonaria* oder *Usnea barbata,* die wie ↑ Eichenmoos zur Gewinnung von Duftstoffen für die Parfüm- und Seifenherstellung dienen. Sto

Baumwollblau (Cottonblue, Anilinblau): ein Färbemittel für mikroskopische Untersuchungen, das in der Mykologie breite Anwendung findet. Färbbare Teile werden als cyanophil bezeichnet. B. wird in verschiedenen Lösungsmitteln benutzt (Wasser, Lactophenol, Milchsäure). Gut geeignet ist eine Lösung von 0,05 g B. in 30 g Milchsäure. D

Becherflechten: morphologische Gruppe von Flechten (↑ Lichenes), die becherförmige ↑ Podetien bilden. Diese können sehr vielgestaltig sein, schmal oder breit, solide oder hohl, geschlossen oder offen. Mitunter wachsen aus dem Becherrand weitere kleine Becher aus, die dann in mehreren Etagen übereinander stehen (z. B. bei *Cladonia verticillata*). B. kommen in der Gattung *Cladonia* vor. ↑ Abb. Lichenes Sto/D

Becherlinge ↑ Discomyceten

Befall: die Besiedlung eines ↑ Wirtes durch Parasiten (↑ Parasitismus). In vielen Fällen ruft der B. Krankheiten hervor; die Parasiten werden dann als ↑ Pathogene bezeichnet. Die durchschnittliche Individuenzahl eines Parasiten je Wirtsorganismus (je Organ, je Flächeneinheit des Wirtes, z. B. der Haut usw.) wird als Befallsdichte charakterisiert. Der B. führt zu oft typischen ↑ Symptomen, die besonders dann,

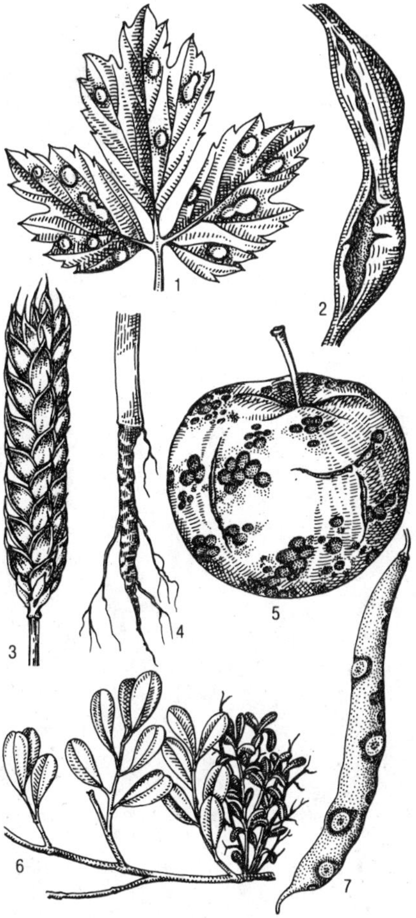

Befall: verschiedene, durch parasitische Pilze verursachte Befallsbilder.
1 Blattfleckenkrankheit (Entyloma microsporum auf Ranunculus repens),
2 Galle (Melanotaenium lamii auf Lamium album), 3 Braunfleckigkeit (Septoria nodorum auf einem Weizenfruchtstand),
4 Schwarzbeinigkeit (verschiedene pilzliche Erreger, Befall basaler Sproßteile), 5 Schorf (Venturia inaequalis an einem Apfel),
6 Hexenbesen (Exobasidium uvae-ursi auf Arctostaphylos uva-ursi), 7 Anthraknose (Colletotrichum lindemuthianum auf der Hülse einer Gartenbohne)

wenn der Parasit unmittelbar den optischen Eindruck eines Schadens bedingt, als Befallsbilder bezeichnet werden. Abb. D/B

Befruchtung: gesetzmäßige (genetisch determinierte) Verschmelzung eukaryotischer Zellen, die mit einer Änderung der ↑ Kernphase verbunden ist. Im Normalfall verschmelzen haploide Zellen (↑ Gameten, ↑ Gamocyten, ↑ Gamocysten) zu einer diploiden Zygote. Die Befruchtung zerfällt normalerweise in zwei Vorgänge, in Plasmogamie (Verschmelzung der Protoplasten) und Karyogamie (Verschmelzung der Kerne). Bei vielen Pilzen gibt es jedoch Abweichungen. Zum Beispiel entstehen nach der B. keine diploiden, sondern dikaryotische Zellen (↑ Kernphase, ↑ Dikaryon). Die Karyogamie erfolgt erst vor der Meiose (↑ Abb. Entwicklungszyklus 2). Diese Tatsache ist Ursache für die unterschiedliche Benutzung des Begriffes B. bei Pilzen mit einer Dikaryophase. Er wird manchmal für die Plasmogamie und Dikaryotisierung, manchmal für die Karyogamie benutzt. Da die dikaryotische Kernphase der diploiden vergleichbar ist, spontane Diploidisierungen auftreten usw., sollte im haplodikaryontischen und im dikaryontischen Zyklus die Plasmogamie mit nachfolgender Dikaryotisierung als B. bezeichnet werden, nicht die Karyogamie, wie dies z.B. oft in der genetischen Literatur geschieht (↑ Abb. Kernphasenwechsel). Eine weitere Komplikation entsteht durch die Befruchtung ohne Differenzierung besonderer Befruchtungszellen. Dieser Vorgang bedingt einige für die Pilze spezifische Befruchtungstypen.
Die Bezeichnung der Befruchtungsvorgänge richtet sich nach den Zellen, die am Sexualakt, an der Zellvereinigung, beteiligt sind. Geschieht diese Verschmelzung zwischen ↑ Gamocyten, spricht man von Hologamie. Verschmelzung von ↑ Gameten heißt Ga-

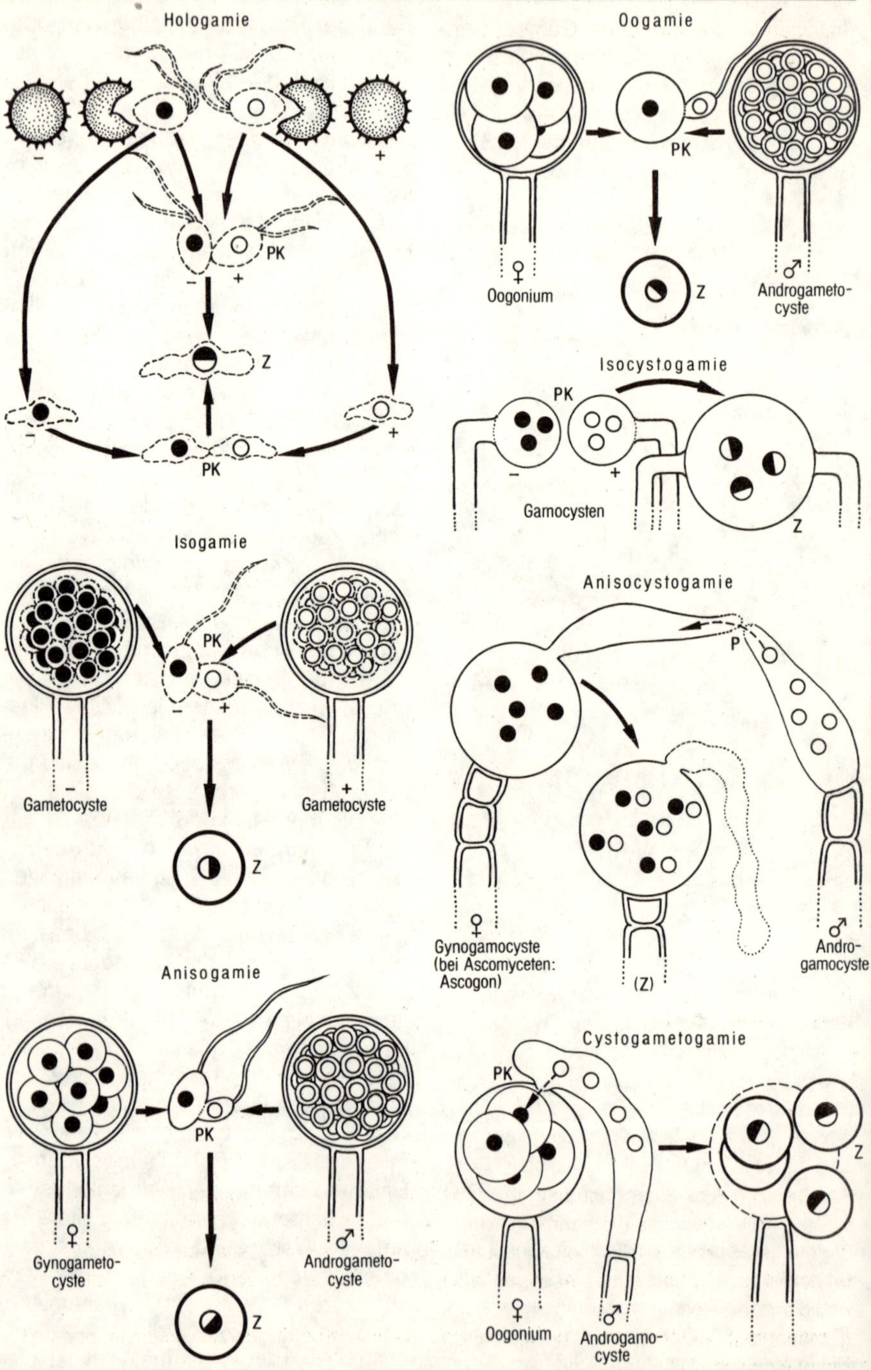
Hologamie
−
+
PK
−
+
Z
−
+
PK
Oogamie
PK
Z
♀
Oogonium
♂
Androgameto-
cyste
Isocystogamie
PK
−
+
Gamocysten
Z
Isogamie
PK
−
+
−
Gametocyste
+
Gametocyste
Z
Anisocystogamie
P
♀
Gynogamocyste
(bei Ascomyceten:
Ascogon)
(Z)
♂
Andro-
gamocyste
Anisogamie
PK
♀
Gynogameto-
cyste
♂
Androgameto-
cyste
Z
Cystogametogamie
PK
Z
♀
Oogonium
♂
Androgamo-
cyste

metogamie, die zwischen Gamocysten Cystogamie, und die Verschmelzung normaler vegetativer (somatischer) Zellen wird als Somatogamie bezeichnet. Ein anderes Einteilungsprinzip ist die Bewegungsform der zur B. befähigten Zellen. Man gliedert die Vorgänge in Planogamie und Aplanogamie. Bei der Planogamie sind begeißelte Zellen (Gameten oder Gamocyten) an der B. beteiligt, bei der Aplanogamie verschmelzen stets unbegeißelte Zellen (Gamocy-

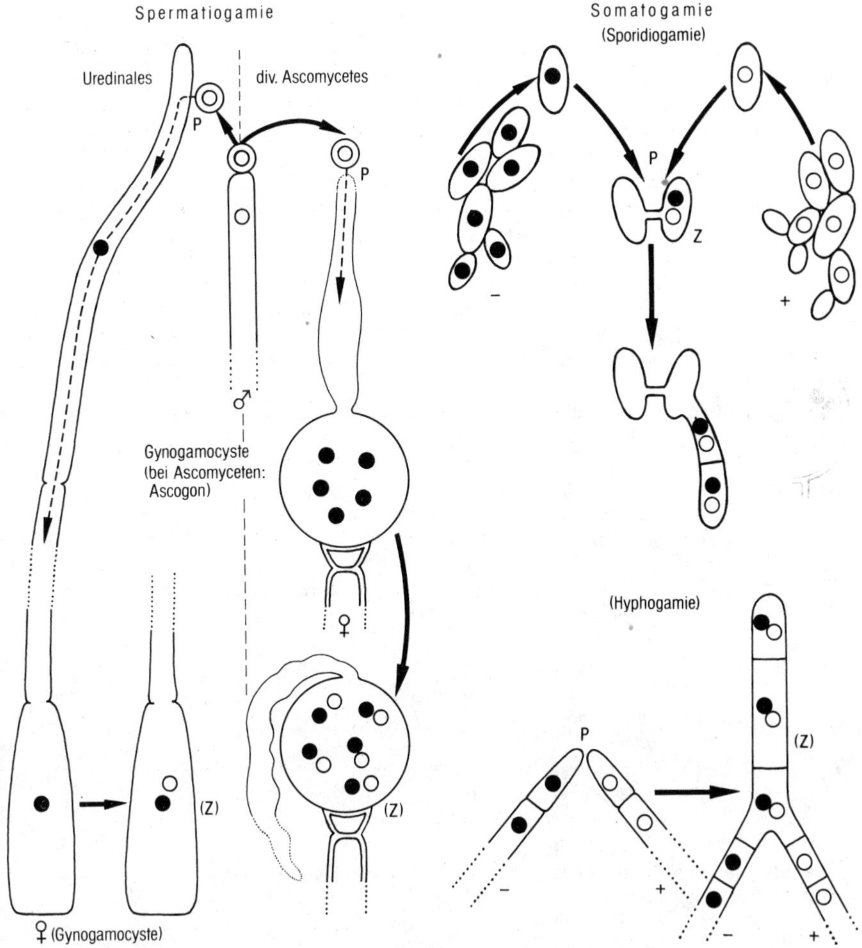

Befruchtung: Sexualvorgänge bei Pilzen. P Plasmogamie (Verschmelzung der Protoplasten), K Karyogamie (Verschmelzung der Kerne), Z Zygote; eingeklammerte Begriffe: Zygote, Gynogamocyste stehen für Strukturen, für die diese allgemeinen Termini ungebräuchlich sind, befruchtetes Ascogon, erste Zelle des dikaryotischen Myzels, Zellen der Aecidienanlage etc.;
♂ männlich, ♀ weiblich, +, − physiologische Polarität, Konträrgeschlechtlichkeit ohne morphologische Differenzierung

sten, Aplanogameten, vegetative Zellen). Die Aplanogamie kann primärer oder sekundärer Natur sein. Sekundäre Aplanogamie läßt sich phylogenetisch auf Planogamie zurückführen. Primäre Aplanogamie hat ihren Ursprung bei primär oder sekundär geißellosen Organismen. Die Typen der B. bei Pilzen (Tab.) lassen sich zweckmäßiger in Holo-, Gameto-, Cysto- und Somatoga-

Typ der Befruchtung (des Sexualaktes) Subtyp	wichtigste Merkmale	Beispiele
Hologamie	Verschmelzung von ↑ Gamocyten	alle ↑ *Myxomycetes* einige ↑ *Acrasiomycetes*
Gametogamie	an der B. sind ↑ Gameten beteiligt, wenigstens in einem Geschlecht	viele ↑ *Chytridiomycetes*, ↑ *Plasmodiophoromycetes*
Isogamie	Verschmelzung morphologisch gleicher Gameten	↑ *Plasmodiophoromycetes* einige ↑ *Chytridiomycetes (Synchytrium endobioticum* u. a.)
Anisogamie	Verschmelzung von morphologisch ungleichen Gameten	einige ↑ *Chytridiomycetes (Allomyces macrogynus* u. a.)
Oogamie	Verschmelzung von Eizelle und Spermatozoid	einige ↑ *Chytridiomycetes* (Gattungen *Gonopodya, Monoblepharis* u. a.)
Cystogametogamie	Verschmelzung von Gameten und Gamocysten	viele ↑ *Oomycetes*, die Eizellen empfangen Kerne aus Androgamocysten
Cystogamie	Verschmelzung von ↑ Gamozysten miteinander, mit Hyphen oder Spermatien, die keine ↑ Gonite sind	viele ↑ *Eumycota* (bes. *Zygomycetes* und *Ascomycetes*)
Isocystogamie	Unmittelbare Verschmelzung morphologisch gleicher Gamocysten	viele ↑ *Zygomycetes*
Anisocystogamie	unmittelbare oder mittelbare (über eine Trichogyne) Verschmelzung morphologisch ungleicher Gamocysten	viele *Ascomycetes*, einige *Chytridiomycetes* (*Rhizophidium couchii* u. a.)
Hyphocystogamie (Deuterogamie)	Verschmelzung von Gamocysten mit Hyphen (unmittelbar oder mittelbar über andere Hyphen oder eine Trichogyne)	bei *Ascomycetes* oder bei *Uredinales* oft fakultativ statt Spermatiogamie
Spermatiogamie (Spermatisierung)	meist mittelbare Verschmelzung von Gamocysten (Ascogon, Basalzellen der Aecidien bei den ↑ *Uredinales*) mit ↑ Spermatien über Trichogyne oder Empfängnishyphen	viele *Ascomycetes*, viele *Uredinales*
Somatogamie	Verschmelzung undifferenzierter vegetativer (somatischer) Zellen	die meisten *Basidiomycetes* viele *Endomycetes*
Hyphogamie	Verschmelzung von Hyphenzellen	die meisten *Basidiomycetes*
Sporidiogamie	Verschmelzung von Sproßzellen	viele *Endomycetes*, viele *Ustilaginales*

mie gliedern, da es zwischen Plano- und Aplanogamie Übergänge gibt, die z.T. auf fakultativen Abbau des lokomotorischen Apparats zurückzuführen sind. Abb.

Die Bezeichnung „Oogoniogamie" bezieht sich auf eine Oogamie, bei der die Oosphaere im Oogonium verbleibt und dort mit einem Spermatozoid verschmilzt. Dieser Begriff bedingt auch den Ausdruck „Oocystogamie" für den Fall, wo mehrere Eizellen in der Oocyste (↑ Gonitocyste) zur Befruchtung gelangen. Um Konfusion mit den Formen der Cystogamie zu vermeiden, sollten diese Begriffe vermieden werden, zumal keine Notwendigkeit besteht, das Verbleiben der Eizelle in der Gonitocyste in der Terminologie der B. zu fixieren. Die Gametogamie ist meist Planogamie. Eine Form sekundärer Aplanogamie ist z.B. die Cystogametogamie der ↑ *Oomycetes*. Hier weisen Zoosporen und Eizellen, beides ↑ Gonite, darauf hin, daß die Androgamocysten durch Unterdrückung der Bildung männlicher Gameten entstanden. Die selten vorkommende Bildung von Aplanogameten beiderlei Geschlechts findet sich bei einigen diplontischen Hefen und bei den ↑ *Spermophthorales*. Hier ist primäre Aplanogamie (wie bei allen Formen der B. bei den *Eumycota*) wahrscheinlich.

Für die Cystogamie sind in der Literatur auch die Begriffe Angiogamie, Gametangiogamie und Zygogamie (letzterer nur bei den *Zygomycetes*) in Umlauf. Die B. kann bei homothallischen Pilzen auf einem einzigen Myzel stattfinden, bei heterothallischen Pilzen sind verschiedene Myzelien erforderlich. Dies beruht auf verschiedenen genetischen Voraussetzungen (↑ Fortpflanzungssysteme).

Es sind Abweichungen von den beschriebenen Typen der B. bekannt. Die große Mannigfaltigkeit der Befruchtungsvorgänge bei Pilzen ist der Übersicht nicht vollständig zu entnehmen. D

Befruchtungszellen: unmittelbar am Sexualakt, an der ↑ Befruchtung, beteiligte Zellen. B. sind ↑ Gameten, ↑ Gamocysten, ↑ Gamocyten oder undifferenzierte, somatische Zellen. D

Begeißelung: das Vorhandensein von Geißeln an Zellen, sowohl an freilebenden Einzelzellen (↑ Schwärmer) als auch an einigen oder allen Zellen von Zellkolonien oder Vielzellern. Der mit dem Geißelapparat verbundene Merkmalskomplex ist von hohem systematischem Wert und wird im Typ der B. (Tab.) zum Ausdruck gebracht. Man berücksichtigt hierbei Anzahl, Insertion, Dynamik und Bau der Geißeln. Neben sehr diffizilen Merkmalen des ultrastrukturellen Baus werden als Grobeinteilung Flimmergeißeln (mit Flimmern

Begeißelungstypen der Schwärmer pilzlicher Organismen

Klasse	Merkmal				
	Insertion der Geißel(n)	Anzahl der Geißeln	Verhältnis der Geißellänge	Verhältnisse von Struktur und Dynamik	äußerer Geißelbau
↑ *Myxomycetes*	akrokont	dikont	heterokont	isomorph/ hetero-dynamisch	Fadengeißeln
↑ *Plasmodiophoromycetes*	akrokont	dikont	heterokont	isomorph/-hetero-dynamisch	Peitschengeißeln
↑ *Oomycetes*	akrokont und/oder pleurokont	dikont	heterokont	heteromorph/ hetero-dynamisch	Flimmergeißel und Peitschengeißel
↑ *Lybyrinthulomycetes*	pleurokont	dikont	heterokont	heteromorph/ hetero-dynamisch	Flimmergeißel und Peitschengeißel
↑ *Hyphochytridiomycetes*	akrokont	monokont	—	—	Flimmergeißel
↑ *Chytridiomycetes*	opisthokont	monokont	—	—	Peitschengeißel

oder Mastigonemen besetzt), Fadengeißeln (von der Basis bis zum Ende etwa gleichdicke, unbeflimmerte Geißeln) und Peitschengeißeln (an der Basis dickere, am Ende dünnere Geißeln) unterschieden. Die Geißeln können am Schwärmer vorn, seitlich oder hinten inseriert sein (akro-, pleuro- oder opistokonte Schwärmer). Bezüglich der Anzahl der Geißeln pro Zelle kommen bei Pilzen ein- oder zweigeißelige (mono- oder dikonte) Schwärmer vor. Zweigeißelige Schwärmer haben bei Pilzen stets verschieden lange Geißeln (heterokonte Schwärmer), die sich in unterschiedlicher Weise bewegen (heterodynamische Geißeln) und entweder gleich- oder verschiedengestaltig (iso- oder heteromorph) gebaut sind. Tab., ↑ Geißel, ↑ Schwärmer, ↑ Gameten, ↑ Befruchtung, ↑ Sporen D

Berkeley, Miles Joseph: englischer Geistlicher und Botaniker (1803–1887). Er studierte am „Christ's College" in Cambridge und wurde 1825 Bakkalaureus der philosophischen Fakultät. Zunächst arbeitete B. als Kurat in Apethorpe, 1833 in Wood Newton und ab 1868 als Vikar in Sibbertoft. Seine Verdienste in der Mykologie betreffen die Biologie und Lebensweise der Pilze, die volkstümliche Pilzkunde und die Terminologie, u.a. geht der Begriff „fungology" (Pilzkunde) auf ihn zurück. Für die Systematik sind seine „Decades of fungi" (1844–1856) von Bedeutung, in denen er Pilze von verschiedenen Erdteilen vorstellte und neue Arten beschrieb, die z.T. bis zur Gegenwart taxonomische Schwierigkeiten verursachen. Seine Arbeiten „Notices of British fungi" (1837–1885) und „Notices of North American fungi" (1872–1876) sind von Wert für die Floristik, während sich B. in seiner „Cryptogamic botany" (1857) besonders der Lebensweise der Pilze zuwandte. H

Betalaine: gelbe, orange oder rote Farbstoffe von Saftlingen (*Hygrocybe*-Arten, Taf. 25/3, 4; 26/1–3), Schnecklingen (*Hygrophorus*-Arten) und Wulstlingen (*Amanita*-Arten) (Ord. ↑ *Agaricales*, Kl. ↑ *Basidiomycetes*). B. kommen auch in Pflanzen des Centrospermae-Verwandtschaftskreises vor (z. B. in Kakteenblüten). Zu den B. gehören die Muscaaurine, in denen die Betalaminsäure mit verschiedenen Aminosäuren kondensiert ist. M

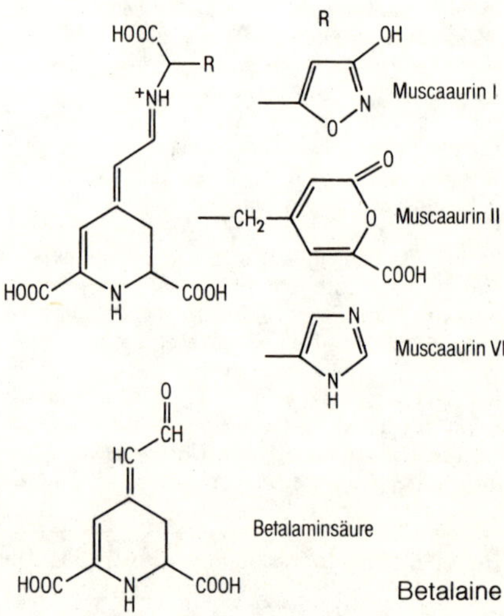

Betalaine

Bewegung: Ortsveränderung. In der Biologie versteht man unter B. aktive Ortsveränderungen gesamter Organismen oder bestimmter Organismenteile. Die B.-Vorgänge, die auch bei Pilzen eine Rolle spielen, lassen sich einteilen in

1. ↑ freie Orts-B., z. B. durch Plasmodien von Myxomyceten und durch Zoosporen verschiedener Pilze (↑ *Chytridiomycota*, ↑ *Oomycota*),
2. Krümmungs-B., z.B. das Hinwachsen zum Licht durch *Phycomyces* u. a. ↑ Tropismen,
3. ballistische B., z. B. das Abschießen der ↑ Sporocysten bei *Pilobolus* (↑ Schleuderbewegung),
4. intrazelluläre B., d.h. Plasmaströmun-

gen innerhalb der Zellen (z. B. Schienenströmung im Sporocystenträger von *Phycomyces*) oder Verlagerung von Zellorganellen (z. B. Kernwanderung in Pilzhyphen bei der Dikaryotisierung).
Für jede aktive Ortsveränderung wird Energie benötigt, die der Organismus aus Stoffwechselprozessen gewinnt. Die B. ist abhängig von inneren und äußeren Faktoren. Als innere Faktoren spielen genetische Konstitution, Entwicklungsstadium, Polarität, periodische Änderungen des physiologischen Zustandes eine Rolle. Äußere Faktoren sind Licht, Temperatur, Hydratur, chemische Faktoren, Schwerkraft, auf die der Pilz mit entsprechenden B. (↑ Tropismen, ↑ Taxien) reagieren kann. Str

Bier: aus Malz, Hopfen, ↑ Hefe und Wasser durch ↑ Gärung hergestelltes Getränk. Schon vor 8000 Jahren verstanden es die Sumerer und Babylonier, aus Getreide bierartige Getränke herzustellen. Heute liegt die Weltjahresproduktion an Bier bei ca. 700 Mill. Hektoliter. Früher wurde die ↑ Gärung durch wilde Hefen und ↑ Schimmelpilze ausgelöst. 1883 wurde erstmals in der Carlsberg-Brauerei in Dänemark eine ↑ untergärige Hefe (*Saccharomyces carlsbergensis*) als ↑ Reinkultur eingesetzt. Je nach Biersorte setzt man heute untergärige oder ↑ obergärige Bierhefen, die verschiedene Rassen von *Saccharomyces cerevisiae* sind, ein. Für spezielle Biere werden auch andere Hefen, z. B. *Deccera bruxellensis* (Porter), *Saccharomyces diastaticus* (Diabetikerbier) genutzt.
Die Hauptetappen der B.-Herstellung sind:

- Malzbereitung: Quellen und Keimen der Gerste, Freisetzung von ↑ Amylasen, Darren (Wasserentzug).
- Herstellung der Würze: Einmaischen (Mischen des Malzschrotes mit Wasser, ↑ Stärkeverzuckerung) und Kochen der Würze unter Zusatz von Hopfen, Abkühlung.
- Gärung: Beimpfung der Würze mit Hefe (↑ Stellhefe) und Haltung bei 5–10 °C (↑ untergärige Hefen) bzw. 12–15 °C (↑ obergärige Hefen) in offenen Gärbecken oder geschlossenen Tanks.
- Lagerung und Reifung.

Oft werden die B. zur Haltbarmachung pasteurisiert (↑ Pasteurisation). Str

Bierwürze-Agar: Nährboden zur Kultivierung von ↑ Hefen und anderen Pilzen, der breite Anwendung gefunden hat. Bierwürze (↑ Bier) wird mit Wasser im Verhältnis 1:1 verdünnt und mit 2% ↑ Agar versetzt. Die Bierwürze enthält vor allem ↑ Malzextrakt, Eiweißstoffe, Maltose und Dextrine. Str

bifazialer Thallus ↑ dorsiventraler Thallus

Bifonazol: ↑ Imidazol-Antimykotikum. Entwickler und Hersteller ist die BAYER AG, BRD. V

bilabiater Ascus ↑ Ascus

Bildungsabweichung: auch als „Mißbildung" bezeichnete abnorme Ausbildung von ↑ Fruchtkörpern. B. kommen in vielen Gruppen fruchtkörperbildender Ascomyceten oder Basidiomyceten vor. Häufig treten auf: Riesenwuchs, Zwergwuchs (Nanismus), Mikrocephalie (Zwerghütigkeit), Stielreduktion, Verwachsung (Verbänderung), „Zwillingsbildung" (Doppelfruchtkörper), Hymenophor-Verbildung (Röhren statt Lamellen usw.), ↑ Prolifikation, horn-, geweih-, strauch-, baumförmige Verbildung von Fruchtkörpern (vor allem in Bergwerken), ↑ Diplostomasie, gasterale Verbildungen (↑ Gasteromyzetation). ↑ Cecidien D

Bindehyphen ↑ Hyphensystem

biologische Abwasserreinigung: Säuberung verschmutzten Wassers durch mikrobiellen Stoffumsatz. Neben Bakterien, Algen und Protozoen sind auch Pilze an der b. A. beteiligt, z. B. ↑ Hefen, aber auch myzelbildende Arten wie *Fusarium aquaeductum, Geotrichum candidum, Trichosporon cutaneum.* Sie wachsen meist als dichte Filme auf der Oberfläche des Packmaterials von Tropfkörpern oder in rotierenden Oberflächenreaktoren und tragen zum Abbau der organischen Substanzen bei. Auch bei der ↑ Metallanreicherung aus Abwässern können Pilze künftig eine Rolle spielen. Str

biologische Schädlingsbekämpfung: Vernichtung oder Reduktion der Populationen von Schaderregern durch biologische Methoden, besonders durch Organismen, die für die Schädlinge pathogen sind. Da mehr als 400 Pilzarten an Insekten und Milben Krankheiten erregen, gibt es auch Bemühungen, Pilze zur b. S. einzusetzen. Zur Herstellung biologischer Pflanzenschutzmittel sind aber nicht nur die Pilze selbst, sondern auch ihre Stoffwechselprodukte von Interesse, die durch Fermentation gewonnen und zur Bekämpfung von Insekten oder auch von Unkräutern verwendet werden können. In der Land- und Forstwirtschaft ist die b. S. im Verhältnis zur chemischen Bekämpfung gegenwärtig noch von untergeordneter Bedeutung. Str/D

Biotransformation: ein- oder wenigstufige Stoffumwandlung, die durch Mikroorganismen oder deren Enzyme katalysiert wird. Die B. ist häufig der chemischen Katalyse überlegen durch ihre Reaktionsspezifität, Regiospezifität, Stereospezifität und die milden Reaktionsbedingungen. Während bei den klassischen ↑ Fermentationen die Produkte das Ergebnis der kompletten Biosynthese-Prozesse sind, werden bei den B. die Vorstufen als Substrate gegeben, die in einer einfachen, spezifischen Reaktion modifiziert werden. Der Prozeß kann mit aktiv wachsenden Kulturen oder mit Conidiosporen in freier oder immobilisierter Form (↑ Immobilisierung) durchgeführt werden. Von größter wirtschaftlicher Bedeutung sind die ↑ Steroid-Transformationen. Die Bildung von Phenylacetylcarbinol aus Benzaldehyd und Acetaldehyd mit *Saccharomyces cerevisiae* im Zuge der Ephedrin-Synthese (Mittel gegen Husten, Asthma, Kreislaufstörungen), die Reduktion von Ketonen zu den entsprechenden Alkoholen durch ↑ *Saccharomyces cerevisiae, Curvularia lunata* u.a., die Herstellung optisch aktiver Prostaglandine durch ↑ *Rhizopus oryzae* oder Hefen, die Umsetzung von Fettsäuren zu Methylketonen durch die Sporen von ↑ *Penicillium roqueforti* und anderer Pilze, Antibiotika-B. mit ↑ *Fusarium* und ↑ *Aspergillus*, B. von Kohlenhydraten durch *Aspergillus*- und *Penicillium*-Arten sowie B. von Sterolen, Terpenoiden und Flavonoiden durch verschiedene Pilze sind nur einige Beispiele für die Einsatzmöglichkeiten von Pilzen für B. Str

biotrophe Parasiten ↑ Parasitismus

Birkenpilz ↑ Leccinum

Birnengitterrost: Erkrankung der Birnen durch die Spermogonien- und Aecidiengeneration von ↑ *Gymnosporangium sabinae* (Ord. ↑ *Uredinales*). Der Krankheitsname leitet sich vom gitterartigen Aufreißen der ↑ Pseudoperidien der blattunterseitigen ↑ Aecidien (Roestelia-Typ) ab. B

Birnenschorf ↑ Schorfkrankheiten

Blasenkrankheit: in der ↑ Phytopathologie ein Name für eine Erkrankung des Teestrauches, die von *Exobasidium vexans* (Ord. ↑ *Exobasidiales*) verursacht wird. Die Schädigung zeigt sich an jungen Blättern, bei denen unterseits blasenförmige Auftreibungen (↑ Cecidien) entstehen. B

Blastocladiales: Ordnung der Klasse ↑ *Chytridiomycetes* (Abt. ↑ *Chytridiomycota*), die meist saprophytische, selten parasitische Boden- und Wasserpilze umfaßt. Die Thalli sind septenlose oder wenig septierte Myzelien mit einer Basalzelle, die mit kernlosen Rhizoiden im Substrat verankert ist. Mitunter, z. B. bei *Blastocladiella*, ist außer Rhizoide und Basalzelle nur eine einzige Gonitocyste vorhanden. Solche Thalli ähneln den monozentrischen Sippen der ↑ *Chytridiales*. Die Entwicklungszyklen sind meist haplo-diplontisch, selten diplontisch (mit oder ohne gametischen Kernphasenwechsel). Die Gameten sind anamorph, selten isomorph. Nach der Kopulation entstehen zweigeißelige Zygoten, die Meiose erfolgt in den Zoosporocysten auf dem Diplonten. Einige Arten der Gattung *Allomyces* sind als Objekte genetischer Studien bekannt geworden. Es kommen polyploide Sippen und fertile Bastarde vor. D

Blastomyces: Gattung ↑ imperfekter Pilze. Der bekannteste Vertreter ist der ↑ dimorphe Pilz *B. dermatitidis*, Erreger der ↑ Nordamerikanischen Blastomykose. Die Teleomorphe, *Ajellomyces dermatitidis*, bildet braune, bis 350 µm große ↑ Cleistothecien. V

Blastomycetes: Pilzklasse, die im wesentlichen mit den ↑ *Endomycetes* übereinstimmt. Der Name B. wird meist als Synonym zu *Endomycetes* geführt. D

Blastomykose ↑ Nordamerikanische B., ↑ Cryptococcose, ↑ Südamerikanische B.

Blastosporen: durch holoblastische ↑ Conidiogenese entstehende ↑ Conidien, die sich durch Sprossung an ↑ conidiogenen Zellen von gleichbleibender Größe einzeln oder in Ketten entwickeln. Sind mehrere ↑ conidiogene Orte an einer conidiogenen Zelle vorhanden, spricht man von Botryoblastosporen. Tritt Kettenbildung auf, entwickeln sich die Conidien akropetal, d. h., die oberste ist jeweils die jüngste. Hi

Blattbeulenkrankheit: Erkrankung der Birnbäume, die von *Taphrina bullata* (Ord. ↑ *Taphrinales*) verursacht wird. Es kommt zu blasigen, oft verfärbten Auftreibungen der Blattoberseiten (↑ Cecidien). Die Meiosporocysten (Asci) bilden blattunterseits zusammenhängende, reifartige Überzüge. Es kommt zu vorzeitigem Blattfall. B

Blattbräune: Krankheitsbild an Pflanzen, verursacht u. a. durch parasitische Pilze, die Blattnekrosen hervorrufen. Befallene Gewebsabschnitte der Blätter verfärben sich braun und sterben vorzeitig ab. Bei der B. der Kirsche, verursacht durch *Gnomonia erythrostoma* (Kl. ↑ *Ascomycetes*), verbleiben die abgestorbenen Blätter bis zur nächsten Vegetationsperiode am Baum. Einige weitere Formen der B. sind ebenfalls von wirtschaftlicher Bedeutung, z. B. die B. der Quitte, verursacht durch *Diplocarpon soraueri* (↑ imperfekte Pilze). B

Blätterpilze: ↑ Basidiomyceten, deren ↑ Fruchtkörper ein lamellenförmiges Hymenophor ausbilden. Als B. werden meist gestielte oder resupinate Pilothecien (↑ Basidiocarpien) bezeichnet, die sich aus Primordien entwickeln, im weiteren Sinne auch porlingsartige, konsolenförmige Fruchtkörper mit Lamellen. Der Begriff B. wird auch als systematische Kategorie, als deutsche Bezeichnung für die ↑ *Agaricales* benutzt. Dies beruht darauf, daß bis ins 20. Jh. hinein die B. sowohl morphologisch als auch systematisch als eine Einheit angesehen wurden. Die Richtigstellungen im System der Pilze führten dazu, daß der systematische Inhalt des Begriffes B. zum morphologischen Inhalt, der im Wort begründet liegt (Blätter = Lamellen), in Widerspruch geriet. Der Begriff ist daher nur als morphologischer Terminus befriedigend zu definieren. D

Blattflechten (Laubflechten): morphologische Gruppe von Flechten (↑ Lichenes) mit blattartig gelapptem Thallus, der durch flache ↑ Loben mit meist dorsiventralem Bau gekennzeichnet ist.

Die Thalli sind auf verschiedene Weise im Substrat verankert, oft kommen ↑ Rhizinen vor. Die B. sind sehr formenreich. Die Variabilität innerhalb der Gattungen und Arten betrifft die Gestalt und Struktur der Loben und zahlreicher Anhangsorgane wie ↑ Cilien, Rhizinen, Haarfilz. ↑ Cyphellen kommen nur bei B. vor. Die Thalli sind beidseitig oder nur oberseits berindet. Manche Arten können relativ groß werden, z. B. erreicht *Lobaria pulmonaria,* die Lungenflechte (Taf. 20/5), bis zu 30 cm Durchmesser. Die B. wachsen in der Regel schneller als ↑ Krustenflechten, ihre Lebensdauer ist jedoch kürzer und erreicht etwa 10–30 Jahre. Viele B. reagieren empfindlich auf Luftbelastung, besonders durch SO_2. Sie werden deshalb mitunter als Bioindikatoren genutzt (↑ *Hypogymnia*). Es kommen Übergänge zwischen B. und anderen morphologischen Flechtengruppen vor. Übergänge zu ↑ Strauchflechten zeigen z. B. Arten der Gattung *Cetraria,* deren Loben durch randliches Einrollen nahezu rund erscheinen können, strauchförmig aufrecht stehen und von der Basis her allmählich absterben. ↑ Abb. Lichenes Sto

Blattfleckenkrankheiten: in der ↑ Phytopathologie eine Bezeichnung für Pflanzenkrankheiten, hervorgerufen durch abiotische oder biotische (Viren, Bakterien, Pilze) Wirkungen, die Fleckenbildungen auf Blättern erzeugen. Pilze vieler Verwandtschaftskreise kommen als Erreger solcher Krankheiten in Betracht. Häufige Blattfleckenbildner sind Ascomyceten und ihre Anamorphen. Das Spektrum der Blattflecken reicht von unscheinbaren, unscharf begrenzten, hellen grünlichen Stellen der Blattoberseite, wie sie z. B. durch zahlreiche falsche Mehltaupilze (↑ *Peronosporales*) erzeugt werden, bis zu scharf begrenzten, nekrotischen Flecken mit verfärbenden Randzonen. Die zentralen Teile der Flecken sterben oft ab und werden braun. In manchen Fällen kann abgestorbenes Gewebe herausfallen, und es entstehen Löcher („Schrotschußeffekt"), z. B. bei der ↑ Schrotschußkrankheit. Das Myzel kann oberflächlich oder im Wirtsgewebe wachsen. Mitunter bilden die Pilze gefärbte Überzüge, z. B. bei der Kalkfleckenkrankheit oder den *Ramularia*-B. B. werden oft nach den Erregern benannt, z. B. *Ascochyta*-B. der Waldrebe (Erreger *Ascochyta clematidina*), *Phyllosticta*-B. des Efeus (Erreger *Phyllosticta hedericola*). Nach der Ausprägung der B. spricht man z. B. von Ring-, Netz-, Streifen- oder Strichflecken usw., nach der Färbung von Schwarz-, Gelb-, Silber-, Bronzeflecken usw. Ist das Gewebe der Wirtspflanze zersetzt, etwas eingesunken und braun bis schwärzlich verfärbt (wie verbrannt), wird die Bezeichnung Brennfleckenkrankheit (↑ Anthraknose) benutzt. ↑ Abb. Befall B

Blattüpfelkrankheit ↑ Sprühfleckenkrankheit

Blaufärbung: Farbänderung der Trama bei vielen Röhrlingen, wobei Inhaltsstoffe beim Verletzen der Fruchtkörper durch Luftzutritt zu blauen Anionen oxidiert werden. Bei manchen blauenden Pilzen sind die chemischen Reaktionen noch nicht bekannt. Gut untersucht ist die B. nach dem Variegatsäuretyp, wobei die ↑ Pulvinsäuren Variegat- und Xerocomsäure bei Arten der Gattungen *Boletus, Leccinum* und *Boletellus* oxidiert werden. Bei einigen Arten der Gattungen *Chamonixia, Leccinum* und bei *Gyroporus cyanescens* wird die B. nach dem Gyrocyanintyp durch Oxidation der Cyclopentadione Chamonixin und Gyrocyanin verursacht. Taf. 44/3 M

Blauschimmel: bläulichgrauer mehlartiger Belag an der Unterseite der Blätter von Tabakpflanzen, hervorgerufen durch Sporocystenträger und Cystoconidien von ↑ *Peronospora tabacina*

(Kl. ↑ *Oomycetes*). Je nach Intensität des Befalls kann B. lokal begrenzt sein oder zum Absterben von Blättern, Trieben oder ganzen Pflanzen führen. Die Krankheit wurde 1959 erstmals in Europa beobachtet; gegenwärtig gehört sie zu den gefürchtetsten Tabakkrankheiten. B

Bleiglanz (Silberglanz, Milchglanz): durch luftgefüllte Zwischenräume zwischen Epidermis und Mesophyll der Blätter mancher Gehölze, z. B. *Prunus*-Arten, entstehender Glanzeffekt. Die Blattschädigung wird von einem Enzym, dem sog. Phytolysin, hervorgerufen, das auf Pilzbefall der Gehölze zurückzuführen ist. Den Effekt auslösende Pilze sind z. B. *Stereum insignitum, Chondrostereum purpureum* (Kl. ↑ *Basidiomycetes*) und *Leucostoma persoonii* (Kl. ↑ *Ascomycetes*). B

Blepharoplast (Kinetosom, Basalkörper): im Protoplasma verankerter basaler Teil der ↑ Geißel. Das Vorkommen von B. kann für die Systematik von Bedeutung sein. Bei den ↑ *Chytridiomycota* wurden z. B. an begeißelten Zellen (Zoosporen, Gameten) neben dem B. der Geißel stets Reste eines zweiten B. nachgewiesen, ein Hinweis dafür, daß diese opisthokonten Pilze von zweigeißeligen Organismen abstammen. D

Blutmilchpilz ↑ *Liceales*, ↑ Aethalium, ↑ Plasmodium

Blutroter Röhrling ↑ *Xerocomus*, Taf. 40/6

Bock, Hieronymus (genannt Tragus): deutscher Theologe und Arzt (1489–1554). Nach dem Studium der Theologie und Medizin war er Lehrer und Aufseher des fürstlichen botanischen Gartens in Zweibrücken (Pfalz). Ab 1532 wirkte er als protestantischer Prediger und Arzt. Bei seinen Wanderungen durch Südwestdeutschland erwarb er gute Pflanzenkenntnis. Von besonderer Bedeutung für die Botanik der Renaissance war sein Kräuterbuch „New Kreutterbuch von underscheidt, würckung und namen der Kreutter, so in Teutschen landen wachsen" (1539). Bezüglich der Pilze erreichte B. keinen Fortschritt; in seiner Arbeit „De stirpium maxime earum quae in Germania nostra nascunter usitatis nomenclaturis" (1552) schätzte er sie, auf den Lehren der Antike fußend, als überflüssige Feuchtigkeit der Erde, der Bäume, des verrottenden Holzes usw. ein. Die Bedeutung seines Werkes liegt im Hinwenden zur Natur und in der Abkehr von der mittelalterlichen Scholastik. ↑ Tabernaemontanus H/D

bodenvage Pilze: ökologischer Begriff für Arten, die bezüglich des Bodens keine erkennbaren Ansprüche stellen. Besonders wird der Begriff für Pilze benutzt, die sowohl auf sauren als auch

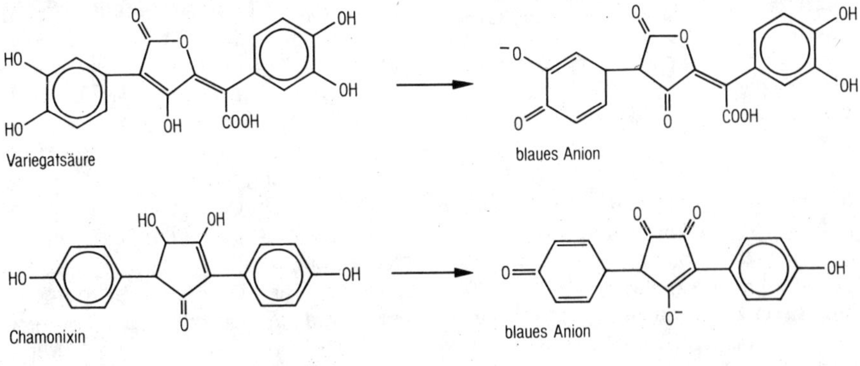

Blaufärbung

auf neutralen und alkalischen Böden zu gedeihen vermögen. ↑ acidophile Pilze, ↑ basiphile Pilze D

Boletales: ↑ Ordnung der Klasse ↑ *Basidiomycetes* (Ukl. ↑ *Homobasidiomycetidae*. Die Fruchtkörper sind meist boletoide Pilothecien (Röhrlinge); es kommen aber auch agaricoide, cantharelloide, pleurotoide und secotioide Pilothecien vor. Die Hymenophoraltrama ist leicht von der Huttrama lösbar und meist bilateral (↑ Abb. *Agaricales*) gebaut. Durch Oxidationsvorgänge kommt es bei Luftzutritt nach Schnitt oder Bruch oft zu charakteristischen ↑ Blauverfärbungen der monomitischen ↑ Trama. Dies beruht auf ↑ Pulvinsäurederivaten (Variegatsäure, Xerocomsäure), die in vielen Gattungen der *B.* vorkommen. Die Basidien sind viersporig, die Basidiosporen oft zylindrisch, spindelförmig, aber es kommen auch ellipsoide Sporen vor. Die meisten *B.* sind Mykorrhizapilze; einige wenige leben saprophytisch oder als obligate Parasiten. Die Hinzufügung der agaricoiden Familien *Paxillaceae* und *Gomphidiaceae* ist biochemisch gut untermauert. Zu beiden Familien mit boletoiden Pilothecien (*Strobilomycetaceae* mit braunen, ornamentierten Sporen, *Boletaceae* mit hellen, glatten Sporen) gehören auch secotioide Pilze.

Spekulativ bleibt die Einbeziehung der *Rhizopogonaceae* (↑ *Rhizopogonales*) und der *Gautieriaceae* (↑ *Gautieria*) als Sippen mit cleistocarpen Gasterothecien. In der Diskussion ist auch die Einbeziehung der *Coniophoraceae* (↑ *Poriales*) mit effusen Crustothecien. Taf. 38/5,6; 39–43; T/44 1–5 D

Boletinus (Hohlfußröhrlinge): Gattung der Ordnung ↑ *Boletales* (Kl. ↑ *Basidiomycetes*), deren Arten mit Lärchen in der nördlichen Hemisphäre ↑ Ektomykorrhiza bilden. Die Gattung ist besonders in Asien entfaltet. Ihre Fruchtkörper, mittelgroße gestielte ↑ Pilothecien, haben große, radial orientierte Röhren als ↑ Hymenophor, stets filzige Hüte, hohle Stiele und ein ↑ Velum, das bei Reife einen deutlichen Ring bildet. Es treten Variegatsäure, Xerocomsäure und Atromentin als Inhaltsstoffe auf. Die häufigste Art in Mitteleuropa ist *B. cavipes* (Taf. 40/1), der auch als Speisepilz Bedeutung hat. Er wurde mit *Larix*-Arten, die forstwirtschaftlich genutzt werden, synanthrop verbreitet. D

Boletol: Bezeichnung für eine Verbindung, die als Ursache für die Blaufärbung von Röhrlingen (manche *Boletus*-Arten u.a. Sippen der ↑ *Boletales*; ↑ Hexenröhrlinge) angesehen wurde. B. wurde als Anthrachinonderivat beschrieben. Die Chemie dieser Farbveränderung hat sich jedoch als Oxidationsprozeß von Pulvinsäure- und Cyclopentadion-Derivaten erwiesen. M

Boletus: weltweit verbreitete, aber besonders in den warmen Regionen der gemäßigten Zone vorkommende Gattung der Ordnung ↑ *Boletales* (Kl. ↑ *Basidiomycetes*), die ca. 60 Arten umfaßt, von denen 25 in Europa vorkommen. Die Fruchtkörper sind mittelgroße bis große, zentral gestielte ↑ Röhrlinge mit meist polsterförmigem Hut und basal verdicktem Stiel. Netzzeichnung der Stiele ist häufig vorhanden. Das Sporenpulver zeigt meist einen Olivton, die Sporen sind glatt, gestreckt, meist spindelförmig. Die Huthaut hat trichodermale, die Röhrentrama bilaterale Struktur, Schnallen fehlen. Vela kommen nicht vor, die Fruchtkörperentwicklung ist vermutlich von Anfang an gymnocarp. Die typischen Inhaltsstoffe der *Boletales* wurden auch in den *B.*-Arten gefunden, z. B. Variegatsäure, Atromentin usw. Einige Arten zeigen intensive ↑ Blaufärbung (↑ Hexenröhrlinge, Taf. 44/1–3). Zu den wertvollen Speisepilzen unter den *B.*-Arten gehören *B. edulis*, der Steinpilz oder Herrenpilz (Typusart, Taf. 42/5, 6), und einige nahe Verwandte, *B. appendiculatus*, der Anhängselröhrling (Taf. 43/1), und *B. fechtneri*, der Sommerröhrling (Taf. 43/3). Der

Satanspilz, *B. satanas,* gilt als schwach giftig. Alle *B.*-Arten bilden Mykorrhiza mit Gehölzen, z.T. kommen eng spezialisierte Ökotypen vor, die (wie bei der Gattung ↑ *Leccinum*) gegenwärtig oft als Arten geführt werden. ↑ Speisepilze, Tab. Taf. 42/5, 6; 43/1–4; 44/1–3 D

Bolton, James: britischer Naturwissenschaftler (um 1750–1799). B., der in der Nähe von Halifax (Yorkshire) lebte, erschloß sich als Autodidakt die Biologie. Er besaß umfangreiche Vogel-, Schmetterlings- und Pflanzensammlungen. B. ist als Autor und Illustrator von Arbeiten über Vögel, Blütenpflanzen, Farne und Pilze bekannt geworden. Für Watsons „History and antiquities of the parish of Halifax" (1775) verfaßte er einen Katalog von Pflanzen der Gegend um Halifax; darunter finden sich auch 55 Pilzarten. Von besonderer Bedeutung für die Mykologie ist sein Werk „A history of fungusses, growing about Halifax" (1788–1791, 4 Bde.). B. beschrieb darin 231 Arten, hauptsächlich Großpilze, von denen viele neu waren bzw. erstmals für Großbritannien mitgeteilt wurden. Das Werk fand große Anerkennung auch außerhalb der Britischen Inseln. Eine deutsche Ausgabe (1795–1820) wurde von C. L. ↑ Willdenow (Bd. 1–3) sowie von Ch. G. und Th. Fr. L. ↑ Nees von Esenbeck (Bd. 4) herausgegeben. H

Botryodiplodia ↑ Lasiodiplodia

Botrytis: Form-Gattung ↑ imperfekter Pilze (Fam. ↑ *Moniliaceae*) mit holoblastischer ↑ Conidiogenese und einzelligen, hyalinen Botryoblastosporen (↑ Blastosporen). Conidiomata fehlen. Die Gattung umfaßt etwa 50 Arten und ist weltweit verbreitet. Sie enthält einige wichtige Phytoparasiten, z. B. *B. cinerea* (↑ Graufäule), *B. allii.* Die Teleomorphen gehören zu verschiedenen Gattungen der Familie ↑ *Sclerotiniaceae* (Kl. ↑ *Ascomycetes*), z. B. zu *Botryotinia.* Hi

Bovichinone: gelbrote Pigmente aus den Fruchtkörpern von Pilzen, z. B. Bovichinon 4 aus dem Kuhpilz (Kuhröhrling, *Suillus bovinus*) und Tridentochinon aus dem Rostroten Lärchenröhrling (Trienter Röhrling, *Suillus tridentinus*). Beide Verbindungen sind biogenetisch verwandt. In ihrer Struktur ähneln die B. den weit verbreiteten Ubichinonen (Ubichinon 50 = Coenzym Q_{10}). M

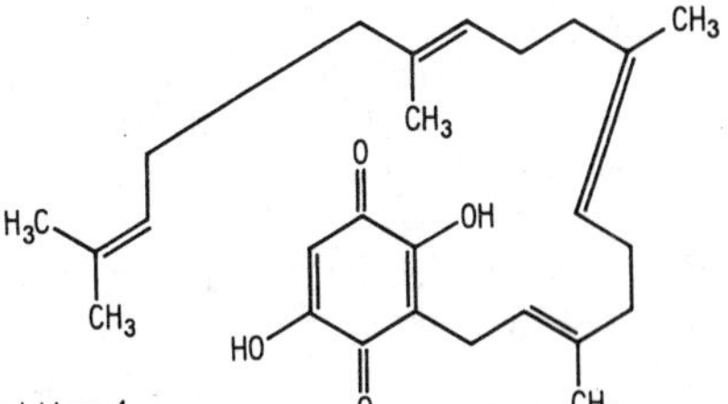

Bovichinon 4

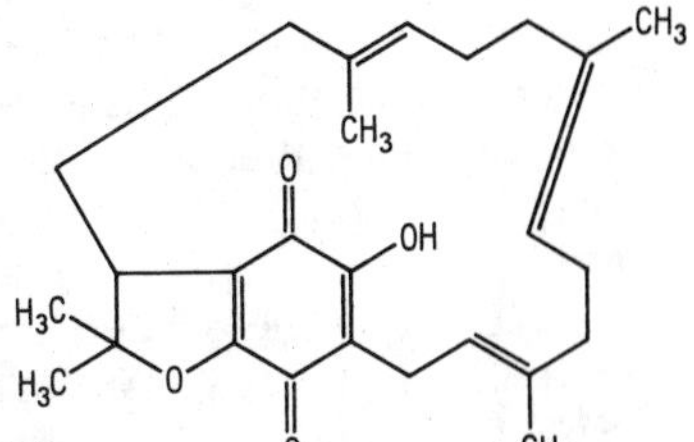

Tridentochinon

Bovichinone

Bovista: Gattung der Ordnung ↑ *Lycoperdales* (Kl. ↑ *Basidiomycetes*), deren Fruchtkörper epigäische, angiocarpe ↑ Gasterothecien sind. Die Exoperidie fällt in der Regel grobschollig ab, die Endoperidie wird pergamentartig und öffnet sich mit einem Porus. An den ↑ Basidien bilden sich die Sporen an langen Sterigmata und sind mitunter bei Reife ↑ pedicellat. Eine Subgleba fehlt völlig oder ist kompakt, das stets gut entwickelte ↑ Capillitium gehört oft zum *Bovista*-Typ, mitunter aber auch zum *Lycoperdon*-Typ.

B. nigrescens, der Schwärzende Bovist, ist eine häufige Art z. B. in mitteleuropäischen Gebirgs- und Hügelländern. Junge Fruchtkörper werden als Speisepilze genutzt. Die meisten Arten der

Gattung kommen gehäuft im Grünland auf Dünen, in Weiderasen und in Steppen vor. D

Brandbeulen: durch Brandpilze (Ord. ↑ *Ustilaginales*) verursachte Auftreibungen (↑ Cecidium) an befallenen Pflanzenteilen. B. kommen z. B. beim Mais, besonders im Bereich der weiblichen Blütenstände bzw. Fruchtstände, vor. Die zunächst fleischigen Gallen, die vom Maisbeulenbrand *(Ustilago maydis)* hervorgerufen werden, reißen später auf, und die dunklen Brandsporen werden in großen Mengen freigesetzt. Taf. 11/3 B

Brandbutten ↑ Steinbrand

Brandkrankheiten: phytopathologischer Begriff für Pflanzenschäden mit verbrennungsähnlichen Symptomen. Ursachen von B. sind neben abiotischen Faktoren auch Parasitenbefall. B. treten als helle, braune bis schwarze Verfärbungen an Pflanzenteilen (Wurzelbrand, Stengelbrand, Blattbrand usw.) in Erscheinung. Zu den B. rechnet man mitunter auch ↑ Anthraknosen, ↑ Schwärzen, Schwarzbeinigkeit usw. Es gibt fließende Begriffsanwendung zwischen B. und Nekrosen. Zu den B. gehören auch die von Brandpilzen (Ord. ↑ *Ustilaginales*) verursachten Schäden. Bei manchen Autoren wird die Bezeichnung B. auf diese beschränkt. Taf. 11/3 B

Brandlager (Brandsori): von Brandpilzen (↑ *Ustilaginales*) verursachte krankhafte Veränderungen von Pflanzenteilen, in denen sich meist sehr dunkle Sporen (Brandsporen) entwickelt haben. Manche B. sind als ↑ Cecidien entwickelt (↑ Brandbeulen), manche sind unauffälliger, z. B. die Brandbutten der ↑ Steinbrände. ↑ Abb. Befall D/B

Brandpilze ↑ *Ustilaginales*

Brandsporen: die am dikaryotischen Myzel der Brandpilze (↑ *Ustilaginales*) entstehenden, in der Regel dunkel pigmentierten Sporen. Sie werden in der Literatur sehr verschieden bezeichnet, z. B. als Teleutosporen, Chlamydosporen, Melanosporen, Ustosporen. Taf. 11/3 D/Br

Braunfäule ↑ Holzzerstörung

Braunfleckenkrankheit: Begriff aus der ↑ Phytopathologie für Pflanzenschädigungen, die zu braunen Flecken an Blättern (↑ Blattfleckenkrankheiten), Sproßachsen, Früchten oder Samen führen. Oft sind die Flecken als ↑ Nekrosen zu klassifizieren; besonders beim Befall von Früchten kann es sich auch um ↑ Anthraknosen handeln. B. werden von verschiedenen Organismen (Viren, Bakterien, Pilzen) verursacht; ein Beispiel ist die B. der Lupine, die von *Pleiochaete setosa* (↑ imperfekte Pilze) hervorgerufen wird. B

Braunfleckigkeit ↑ Spelzenbräune

Braunrost: Rostpilzerkrankung (↑ *Uredinales*) von Getreide und Gräsern, bei der braune ↑ Uredolager ausgebildet werden. Die Erreger werden zu einer einzigen Art (↑ *Puccinia recondita*) gestellt oder in viele Kleinarten zerlegt, z. B. *Puccinia triticina* (B. des Weizens), *P. dispersa* (B. des Roggens) u. a. Diese Pilze sind Hetereuformen (↑ *Uredinales*, Tab.) bezüglich ihres Entwicklungsganges; die Haplonten befallen Pflanzen verschiedener Familien, z. B. Borretschgewächse und Hahnenfußgewächse. Der Wirtswechsel kann aber fakultativ sein; verschiedene Rassen leben als Hemiformen. Die wenig auffallenden Uredolager sind auf den Blattunterseiten zerstreut angeordnet; es entstehen keine streifenförmigen Lager. Die Uredosporen sind kugelig bis breit ellipsoid, stachelig und mit zahlreichen Keimporen versehen. Die schwarzen ↑ Teleutolager bilden sich an Blattspreiten, Blattscheiden und Halmen. Sie bleiben lange von der Epidermis bedeckt. Die keuligen, am Scheitel etwas abgestutzten, dickwandigen Teleutosporen sind zweizellig und kurzstielig.

B. hat in allen Getreideanbaugebieten der Erde wirtschaftliche Bedeutung. B

Brefeld, Julius Oskar: deutscher Botaniker (1839–1925). B. absolvierte eine Apothekerlehre, studierte in Berlin und Heidelberg Pharmazie, legte 1863 das pharmazeutische Staatsexamen ab und promovierte auf dem Gebiet der Chemie. In Halle (bei de ↑ Bary, den er zunächst verehrte, später aber nicht mehr akzeptierte) und in Würzburg begann er mit seinen mykologischen Studien, habilitierte sich 1873 in Berlin, wurde 1878 an die Forstakademie nach Eberswalde als Dozent für Botanik berufen und erhielt 1882 eine Professur für Botanik in Münster. 1898 ging er an die Breslauer Universität und siedelte 1908 nach Berlin über. Die Arbeiten B.s sind in erster Linie der phylogenetischen Pilzsystematik gewidmet. Auf der Grundlage biologischer und ontogenetischer Merkmale versuchte er, homologe Vorgänge und Strukturen aufzuklären und ein phylogenetisches Pilzsystem zu erarbeiten. B. klärte viele Zusammenhänge zwischen Neben- und Hauptfruchtformen (↑ Anamorphe) auf, arbeitete über die Fruchtkörperentwicklung auf der Grundlage verbesserter Kulturmethoden und dgl. Er veröffentlichte seine Erkenntnisse in einer Buchfolge unter dem Titel „Botanische Untersuchungen über Schimmelpilze" und später „Untersuchungen aus dem Gesammtgebiet der Mycologie" (Hefte 1–13, 1872–1888). H/D

Bresadola, Giacomo: italienischer Geistlicher und Mykologe (1847–1929). Ab 1859 besuchte B. die Scuola tecnica in Rovereto, welche die Schüler auf ein späteres Ingenieurstudium vorbereitete. Nach vier Jahren verließ er vorzeitig diese Schule, um in das bischöfliche Priesterseminar in Trento einzutreten. Danach wirkte er in verschiedenen Gemeinden Norditaliens als Pfarrer. Von 1887–1910 war er Administrator des Domkapitels in Trento. Die Universität Padua ernannte ihn 1927 zum Ehrendoktor. Von Bedeutung für die Mykologie sind B.s Werke „Fungi Tridentini novi, vel nondum delineati, descripti et iconibus illustrati" (1881–1900) und die „Iconographia mycologica" (1927–1960, 28 Bde.), wobei 26 Bände bis 1953 herausgebracht wurden; die beiden letzten erschienen als Ergänzungsbände. Die „Iconographia" zeichnet sich durch Detailtreue in den Farbtafeln und Beschreibungen aus. Es ist ein Standardwerk der Systematik fruchtkörperbildender Pilze. H

Brombeerrankenkrankheit: ↑ Rindenfleckenkrankheit, hervorgerufen durch den ↑ imperfekten Pilz *Rhabdospora ramealis.* Es kommt zu nekrotischen Flekken mit rötlicher Umrandung an den Ranken. B

Brotpilz (Brotschimmel) ↑ Schimmel, ↑ *Neurospora*

Brutschrank: elektrisch beheizbarer, isolierter Metallschrank, dessen Innentemperatur durch ein Regelsystem eingestellt und konstant gehalten werden kann (↑ Thermostat). Der B. dient der Kultivierung (dem „Bebrüten") von Mikroorganismen. In Pilzkulturensammlungen z. B. werden B. eingesetzt, um das Anwachsen der Pilze in frisch beimpften Kulturröhrchen zu beschleunigen. Str

bryophile Pilze: vorzugsweise oder ausschließlich bei oder an Moosen wachsende Pilze. Die Art der Bindung b. P. an die Bryophyten (Moospflanzen) ist vielfältig. Es sind saprophytische Lebensweise auf toten Moosteilen, parasitische und symbiontische Verhältnisse bekannt. Beispiele für Pilzgattungen mit vielen bryophilen Vertretern sind *Galerina, Rickenella* (Ord. ↑ *Agaricales,* Kl. ↑ *Basidiomycetes*), *Lamprospora, Neottiella* und *Octospora* (Ord. ↑ *Pezizales,* Kl. ↑ *Ascomycetes*). Diese Erreger von Rhizoidgallen sind

Moosparasiten, ebenso die Gattung *Epibryon* (Ord. ↑ *Dothideales*, Kl. *Ascomycetes*). Ähnlich wie bei der ↑ tolypophagen Mykorrhiza ist auch Parasitismus sekundär chlorophyllfreier Moose auf saprophytischen Pilzen möglich, z. B. bei *Cryptothallus mirabilis*, einem heterotrophen und mykotrophen Lebermoos. Hi/D

Bufotenin: Indolderivat (5-Hydroxy-N-dimethyltryptamin), das in den Hautdrüsen mancher Kröten und in verschiedenen Pflanzen gefunden wurde. Es kommt auch in Fruchtkörpern des Gelben Knollenblätterpilzes *(Amanita citrina)* und des Porphyrbraunen Wulstlings *(Amanita porphyria)* vor. B. wirkt antibakteriell, beim Menschen ruft es Kopfschmerzen, Schwindelgefühl und Halluzinationen hervor. M/D

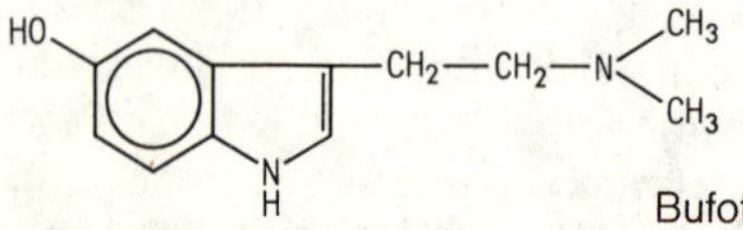

Bufotenin

Bulbillen: kleine, den ↑ Sclerotien ähnliche Gebilde, die nur aus wenigen Zellen bestehen. Die Gestalt der B. ist nicht genau festgelegt. Sie dienen der Vermehrung. ↑ Mycelia sterilia Hi

Buller, Arthur Henry Reginald: englischer Mykologe (1874–1944). B. war Bachelor of science der Universität London. Von 1897–1899 arbeitete er bei dem Pflanzenphysiologen Pfeffer in Leipzig und promovierte zum Dr. phil. Zwischen 1899 und 1901 war er in verschiedenen Laboratorien tätig, u. a. in der biologischen Station in Neapel. Später wirkte er als Lehrer und Demonstrator an der Universität Birmingham. Ab 1904 war er Professor der Botanik an der Universität in Manitoba (Kanada). B. beschäftigte sich mit entwicklungsphysiologischen Fragen bei Pilzen, z. B. mit der „Erzeugung und Freisetzung der Sporen" und mit spontaner Diploidisierung des Myzels von Basidiomyceten. Wesentliche Ergebnisse seiner Untersuchungen sind als „Research on fungi" (1909–1950, 7 Bde.) zusammengefaßt worden. H.

Bulliard, Jean Baptiste Françoise: französischer Botaniker (1752–1793). B. studierte in Clairvaux Medizin und lebte später in Paris. Sein Verdienst in der Mykologie liegt in der Publikation eines Tafelwerkes, „Histoire des champignons de la France" (1791–1812), in dem Pflanzen und Pilze farbig dargestellt sind. B. ist außerdem durch die Herausgabe des „Dictionnaire de botanique" (1783) hervorgetreten. In diesem Wörterbuch ist die botanische Terminologie aus dem Lateinischen ins Französische übersetzt und erläutert worden. B. wollte mit diesem Werk zur Verbreitung der „Linnéschen Methode" beitragen. H

Butterpilz ↑ *Suillus*

Buxbaum, Johann Christian: deutscher Botaniker (1691–1730). B. studierte in Leipzig, Jena und Wittenberg. Als Begleiter des Grafen Romanzow auf dessen Gesandtschaftsposten in Konstantinopel bereiste er Griechenland, Kleinasien und die südöstlichen Küstengebiete des Schwarzen Meeres. Die botanischen Erkenntnisse seiner Reisen sind in den „Centuriae plantarum minus cognitarum circa Byzantinum et in Oriente observatarum" (1728–1740) festgehalten, die Herausgabe der letzten zwei Centurien besorgte Gmelin. B. machte sich auch um die Kenntnis der mitteleuropäischen Flora verdient. 1721 erschien eine Flora der Umgebung von Halle („Enumeratio plantarum accuratior in agro Hallensi"). Er ordnete, auf ↑ Tournefort fußend, die Pilze den Gattungen *Agaricus, Boletus, Coralloides, Fungus, Fungoides, Lycoperdon* und *Tubera* zu. Außerdem erwähnte er Brandpilzbefall. H

C

Caeoma ↑ Pseudoperidie

Calcicole Flechten: lichenisierte Pilze (Flechten, ↑ Lichenes), die nur auf kalkhaltigem Substrat vorkommen. Sto

Caliciales: Ordnung der ↑ *Ascomycetes* (Ukl. *Euascomycetidae*), die nichtlichenisierte und einige lichenicole Pilze, außerdem ↑ Krustenflechten sowie hoch differenzierte ↑ Blatt- und ↑ Strauchflechten umfaßt. Ihr wichtigstes gemeinsames Merkmal ist das ↑ Mazaedium, eine aus Ascosporen, ↑ Paraphysen und ↑ Asci gebildete pulverförmige bis klebrige Masse im obersten Teil des Fruchtkörpers, wodurch die *C.* systematisch eine Sonderstellung einnehmen. In älteren Systemen werden sie als Coniocarpinae (Staubfrüchtige) bezeichnet. ↑ Ascocarpien entwickeln sich ascohymenial; es sind ↑ Apothecien, seltener ↑ Lirellen, die bei den Flechten auf ↑ Podetien oder Pseudopodetien stehen. Die prototunicaten Asci zerfallen vor der Sporenreife; die Ascosporen sind ein- bis mehrzellig (z. T. submuriform). Als ↑ Phycobionten der lichenisierten Arten treten einzellige oder fädige Grünalgen *(Chlorophyceae)* auf; bei einigen Arten kommen ↑ Cephalodien vor. Die *C.* siedeln auf Holz, Rinde, Erdreich oder parasitisch auf Flechten. Sie sind in der temperaten Zone und tropisch-montan verbreitet. Zu den *C.* zählen die Familien *Caliciaceae, Cypheliaceae, Sphaerophoraceae* und *Mycocaliciaceae.* Sto

Calocera (Hörnlinge): Gattung der Ordnung ↑ *Dacryomycetales* (Kl. ↑ *Basidiomycetes*) mit meist gelb gefärbten keulen- bis korallenförmigen, zähen ↑ Basidiocarpien, deren monomitische Trama geschichtet ist. In Europa kommen 5 Arten vor, unter ihnen die auf Nadelholz weit verbreitete Typusart, *C. viscosa,* der Klebrige Hörnling, mit korallenförmig verzweigten ↑ Holothecien. Ebenso häufig ist *C. cornea,* ein Hörnling auf Laubholz, der meist unverzweigte keulenförmige Fruchtkörper aufweist. Taf. 18/1 D

Calonectrin ↑ Epoxytrichothecene

Caloplaca: artenreiche, weltweit verbreitete Gattung der Ordnung ↑ *Lecanorales,* die Flechten mit krustigen, wenig differenzierten Thalli von grauer, gelber bis oranger Farbe umfaßt. Die Befestigung am Substrat geschieht durch Markhyphen. Phycobionten sind einzellige Grünalgen. Als Fruchtkörper werden lecanorine, selten biatorine, sitzende ↑ Apothecien gebildet. Die *C.*-Arten besiedeln Rinde, Holz, Kalk- und Silikatgestein, Moose und Pflanzenreste. Sto

Calvatia: Gattung der Ordnung ↑ *Lycoperdales* (Kl. ↑ *Basidiomycetes*) mit meist großen, epigäischen, cleistocarpen ↑ Gasterothecien, die eine deutliche ↑ Subgleba besitzen. Die bei Reife pulverige Gleba ist von der Subgleba mitunter durch ein Pseudodiaphragma getrennt. Das ↑ Capillitium (*Lycoperdon*-Typ) ist brüchig. Die Exoperidie ist zweischichtig, die Endoperidie öffnet sich durch Zerfall im Bereich der Gleba. Die basalen Teile (Endoperidie und Subgleba) bleiben oft lange erhalten. Die *C.*-Arten können als Speisepilze genutzt werden, solange sie im Innern weiß aussehen. Taf. 44/6, 45/1 D

Candida: Form-Gattung der *Cryptococcaceae* (↑ imperfekte Hefen, ↑ *Torulopsidales*). Die *C.*-Arten bilden Sproßmyzelien, an denen sich reichlich ↑ Blastosporen entwickeln. Fakultativ können sie auch als Einzelzellen leben und sich durch Sprossung rasch vermehren. Außerdem können an den Sproßmyzelien ↑ Chlamydosporen gebildet werden. *C. albicans* ist ein gefürchteter Erreger von ↑ Mykosen (↑ Candidose); auch andere Arten sind in der Medizin von Bedeutung. D

Candidose: ↑ Mykose, welche durch ↑ Sproßpilze der Gattung ↑ *Candida* hervorgerufen wird. C. sind die häufigsten Fälle von ↑ Levurosen und zu über 90% durch *C. albicans* bedingt. V

Candolle, Augustin Pyramus de: Schweizer Botaniker (1778–1841). C. besuchte das Gymnasium in Genf und wurde bereits als Schüler durch Vaucher für die Botanik begeistert. Ab 1796 studierte er in Genf und Paris Rechtswissenschaft und Medizin. In Paris kam er mit Lamarck in Kontakt und bearbeitete den botanischen Teil der „Encyclopédie methodique". 1802 wurde C. Professor honorarius der Akademie in Genf, 1807 Professor der medizinischen Fakultät in Montpellier, 1810 Professor für Botanik und Direktor des botanischen Gartens, ab 1814 wirkte er wieder in Genf, wo er die Einrichtung des botanischen Gartens veranlaßte.
Bereits 1797 trat C. mit einer Arbeit über die Ernährung der Flechten hervor. 1805 erschien die „Flore francaise" von Lamarck und C., deren Inhalt jedoch allein C. zugeschrieben wird. Im 2. Band dieser Flora sind die Kryptogamen gut bearbeitet. Gemäß den Gliederungsprinzipien von ↑ Persoon teilte C. die Pilze in zwei Gruppen. Zur ersten gehören alle Arten, deren Sporenbildung an der Fruchtkörperoberfläche erfolgt (20 Gattungen), die zweite umfaßt die Pilze, deren Sporen innerhalb des Fruchtkörpers gebildet werden (24 Gattungen). In seiner „Théorie élémentaire de la botanique" (1813) legte er die Grundsätze der Klassifikation (von ihm „Taxonomie" genannt), der Artbeschreibung und Terminologie dar. 1818 begann C. sein allgemeines Pflanzensystem unter dem Titel „Regni vegetabilis systema" zu veröffentlichen, davon erschienen zwei Bände. Vom Jahr 1824–1838 ließ er 7 Bände als „Prodromus systematis naturalis regni vegetabilis" drucken. Bis zu seinem Tod setzte C. die Arbeit daran fort; sein Sohn, Alphonse de Candolle, schloß dieses Werk (insgesamt 17 Bände umfassend) 1874 ab. H.

Cantharellales: Ordnung der Klasse ↑ *Basidiomycetes* (Ukl. ↑ *Homobasidiomycetidae*). Die Basidiocarpien sind ↑ Pilothecien oder ↑ Holothecien mit monomitischer, selten dimitischer Trama (↑ Hyphensysteme). Das Hymenophor ist undifferenziert (glatt) oder leisten-, stachel-, selten auch röhrenförmig (catharelloid, hydnoid, polyporoid). Die Hüte der Pilothecien sind oberseits in der Regel ungezont. Vela fehlen. Die meisten Sippen der *C.* sind Saprophyten oder Mykorrhizapilze; einige leben fakultativ parasitisch, wenige sind obligate Parasiten. Die *C.* umfassen etwa 10 Familien, u. a. die *Hydnaceae, Clavariaceae, Cantharellaceae, Fistulinaceae.* Es gibt Versuche der Aufspaltung der *C.* in mehrere kleinere Ordnungen, die jedoch keine allgemeine Anerkennung unter den Mykologen gefunden haben. D

Cantharellus: Gattung der Ordnung ↑ *Cantharellales* (Kl. ↑ *Basidiomycetes*). Die Fruchtkörper sind zentral gestielte, mittelgroße ↑ Pilothecien mit leistenförmigem ↑ Hymenophor („Leistlinge"), monomitischer Trama, hyalinen, keuligen, meist viersporigen Basidien und hyalinen, dünnwandigen, glatten Basidiosporen. Die *C.*-Arten sind Mykorrhizapilze. *C. cibarius,* der Echte Pfifferling (Eierschwamm, Gelbschwämmel), wird als Speisepilz hoch geschätzt. Er war Massenpilz in vielen Forsten, Laub-

und Nadelwäldern, ist aber gegenwärtig stark im Rückgang begriffen. In luftfeuchten Gebieten, besonders im Gebirge, ist *C. tubaeformis,* der Trompetenpfifferling (Trompeterle) weit verbreitet. In Europa kommen weitere fünf, z.T. sehr seltene, Arten vor. D

Capillitium: die Gesamtheit eines Haar- oder Fadensystems im Inneren von Sporenbehältern. In der Mykologie wird der Begriff in erster Linie für die haarigen Strukturen der reifen Gleba von ↑ Gasterothecien benutzt, außerdem für ähnliche Strukturen im Innern der ↑ Sporocarpien von Schleimpilzen (↑ *Myxomycetes*). Das C. der Gasterothecien besteht aus auffallend dickwandigen, meist zu elastischen Fäden differenzierten Hyphen. Man unterscheidet einen *Bovista*-Typ von einem *Lycoperdon*-Typ des C. Der *Bovista*-Typ besteht aus Fadenflocken mit einem derben Hauptstamm, von dem sich immer dünner werdende Fasern abzweigen. Beim *Lycoperdon*-Typ bildet das C. ein zusammenhängendes Geflecht ohne deutlichen Hauptstamm. Sind einzelne Fäden vorhanden, werden diese als Elateren bezeichnet. In manchen Gasterothecien, z.B. bei ↑ *Gastrosporium,* wird kein Capillitium im Bereich der ↑ Gleba ausdifferenziert, aber es bleiben von der Trama zwischen den Glebakammern einige Hyphen erhalten und werden im Rahmen des Autolyseprozesses der Trama nicht abgebaut. Solche Strukturen werden als Paracapillitium bezeichnet. ↑ Abb. Sporocarpien; Taf. 45/1 D

Capnodiales: Ordnung der ↑ *Ascomycetes.* Die *C.* umfassen Pilze mit ascolocularer Entwicklung (↑ Ascocarpien) und dunkel, meist schwärzlich pigmentierten ↑ Pseudothecien, seltener ↑ Thyriothecien. Erfolgt die Bildung der Ascocarpien invers, ist also vom Myzel zur Blattoberfläche gerichtet, spricht man von „Catothecien". Die Fruchtkörper enthalten meist nur einen ↑ Loculus mit wenigen proto- oder bitunicaten ↑ Asci. Die ↑ Ascosporen sind überwiegend vielzellig, oft dictyospor.
Die *C.* sind vorwiegend in den Tropen verbreitete epiphytische (blattbewohnende) Pilze, deren dunkel gefärbte Myzelien die Blätter in auffälliger Weise überziehen. Sie werden deshalb Rußtaupilze genannt. Ihre Lebensweise ist entweder saprophytisch, indem sie sich von Insektenausscheidungen ernähren, oder sie sind (oft hochgradig wirtsspezifische) Parasiten. In letzterem Fall zeigt das Myzel oft charakteristische seitliche Auswüchse, die als ↑ Appressorien (Hyphopodien) oder ↑ Haustorien (Stomatopodien) fungieren. Sind diese vorhanden, spricht man vom sog. „asterinoiden Myzel" (nach der Gattung *Asterina*). Ascocarpien und Myzel sind häufig von ↑ Setae besetzt.
Die Umgrenzung der *C.* ist umstritten. Von manchen Autoren werden sie in die *Dothideales* einbezogen, andere zergliedern sie in mehrere kleine Ordnungen. Sie haben nur geringe praktische Bedeutung, sind jedoch in den Tropen eine allgegenwärtige Erscheinung. Hi

Carbonisierung ↑ Gehäuse

Carlsbergkolben: Metallgefäß bis 10 l Inhalt, das zur Vermehrung der Reinzuchthefen in Brauereien und Backhefe-Betrieben dient. Str

Catahymenium: kontinuierlich verdicktes Hymenium von Basidiomyceten, bei dem die abgesporten ↑ Basidien und gegebenenfalls auch Cystiden durch ↑ Hyphidien überwachsen werden; die sich ständig neu bildenden Basidien sind dadurch nicht in einer Ebene inseriert. An der Wachstumsfront werden oft erst die ↑ Cystiden, danach die Basidien sichtbar. C. kommen vor allem bei corticioiden ↑ Crustothecien vor. D

Catothecium ↑ *Capnodiales*

Caudae ↑ Ascosporen

Caulocystiden ↑ Cystide

Cavernula (Pl. Cavernulae): nur bei der Flechtengattung *Cavernularia* bekannte, deutlich abgesetzte, grubige Aushöhlung auf der Unterseite des ↑ Flechtenthallus, die wie die übrige Thallusunterseite einschichtig berindet ist. Sto

Cecidium: Gallbildung an Pflanzen oder Pilzen, ein Produkt abnormen Wachstums von Pflanzen- oder Pilzteilen, hervorgerufen durch Viren, parasitische (selten auch symbiontische) Bakterien, Pilze, Pflanzen oder Tiere, die von den abnormen Geweben leben. Die pilzlichen Erreger von C. gehören in verschiedene Verwandtschaftskreise. Von Gallbildnern befallen werden nur wenige Pilze; gut bekannt sind die „Zitzengallen" an ↑ *Ganoderma-lipsiense*-Fruchtkörpern, verursacht durch *Agathomyia wankowiczi*, eine Fliege, deren Larven in den Gallen leben. Je nach dem Erreger von C. können diese in Zoocecidien (Tiergallen), Mykocecidien (Pilzgallen), Bakteriocecidien (Bakteriengallen) usw. gegliedert werden. Miktocecidien (Mischgallen) entstehen durch das gemeinsame Auftreten von zwei oder mehreren cecidiogenen Organismen, z. B. die C. an Kreuzblütlern, die von ↑ *Albugo candida* und Kleinarten von ↑ *Peronospora parasitica* verursacht werden. Wenn Gallen sekundär von einem weiteren Gallbildner besiedelt werden, entstehen sog. Epicecidien; z. B. vermag sich ↑ *Peronospora brassicae* auf Gallen von ↑ *Plasmodiophora brassicae* (↑ Kohlhernie) anzusiedeln. Kaptocecidien sind kurzlebige Gallen, deren Gewebe durch die Parasiten rasch aufgebraucht sind. Sie entstehen z. B. durch zahlreiche Brandpilze (↑ *Ustilaginales*) im Blütenbereich von Samenpflanzen. Besteht die Gallbildung aus deformierten Organen der Pflanze, z. B. aus Blättern, Früchten usw., so wird sie organoides C. genannt. Unter histoiden (auch histioiden) C. versteht man solche, die aus der Störung von Gewebeteilen entstanden sind. Man unterscheidet bei letzteren kataplastische C., das sind unregelmäßige Anschwellungen, tumorartige Geschwülste usw., und prosoplastische C. mit auffallend regelmäßiger Strukturierung, die den normalen Strukturen der Pflanze völlig fremd ist. Für einige besonders auffällige C. existieren spezielle Bezeichnungen wie Hexenbesen, Narrentaschen, Galläpfel u. a. Die Steuerung der abnormen Wachstumsprozesse durch phytohormonähnliche Stoffe, die vom Parasiten gebildet werden, ist in einigen Fällen nachgewiesen. Viele Fragen der Cecidiogenese sind jedoch noch unklar. B/D

Cephalodium: begrenzte Teile eines ↑ Flechtenthallus, die einen Zweitphycobionten enthalten. In der Mehrzahl sind die C. blaualgenführende Teile in einem Thallus mit Grünalgen. Als Zweitphycobionten treten dann oft die *Cyanobacteria*-Gattungen *Nostoc, Stigonema, Scytonema* u. a. auf. Einige Gruppen, z. B. die *Stictaceae* und *Peltigeraceae,* bilden nur mit *Nostoc*-Arten C., andere selbst im gleichen Flechtenthallus mit verschiedenen Blaualgengattungen. Die C. sind im einfachsten Falle begrenzte Schichten unterhalb der Grünalgenschicht, z. B. bei *Solorina crocea,* meist aber pustelartige, in Gruppen angeordnete Bereiche, die z. T. auf der Thallusoberseite Anschwellungen verursachen. Externe C. sitzen dem Thallus auf der Oberseite, selten auf der Unterseite, auf und sind als Warzen, Höcker, flache oder kugelige Erhebungen erkennbar. Für den Aufbau der C. werden meist von bereits entwickelten Flechtenthalli die Blaualgen sekundär eingebaut. Bei internen C. geschieht dies von der Unterseite her, bei externen werden auf die Oberseite gelangende Blaualgen genutzt. Besonders gut entwickelt sind C. bei der Flechtengattung *Stereocaulon,* regelmäßig auch bei *Psoroma, Placopsis*; häufig kommen sie bei den *Peltigeraceae, Stictaceae,* vereinzelt bei den *Lecideaceae* und den *Caliciales* vor. Ihnen wird für die zusätzliche Stickstoffversorgung der Flechten Bedeutung beigemessen, da die beteiligten Blaualgen Luftstickstoff binden können. Sto

Cephalosporine: ↑ Antibiotika, die von dem ↑ imperfekten Pilz *Cephalosporium acremonium* und anderen *Cephalosporium*-Arten gebildet werden. C. gehören zur Gruppe der ↑ *β*-Lactam-Antibiotika. Sie greifen bei der bakteriellen Zellwandbildung ein und werden vor allem gegen grampositive, aber auch einige gramnegative Bakterien eingesetzt. Die Weltjahresproduktion liegt bei 1200 t. Durch chemische Abwandlung der beiden Seitenketten am Molekül hat man über 4000 verschiedene C. mit unterschiedlichen Eigenschaften hergestellt. Str

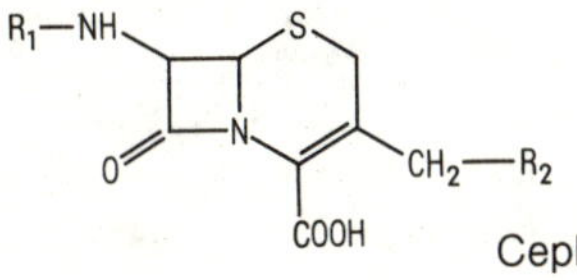

Cephalosporine

Einige Beispiele sind:

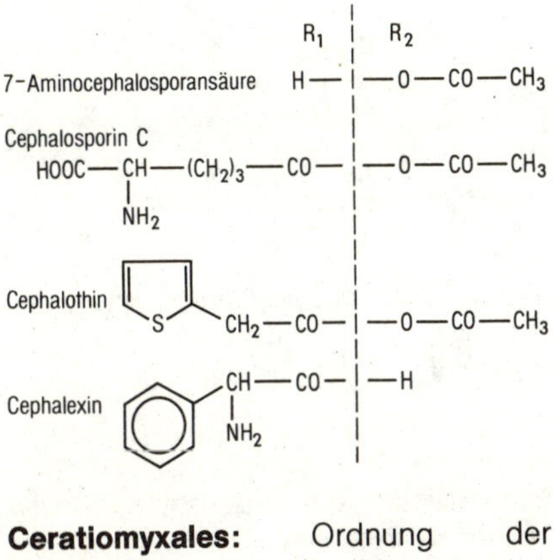

Ceratiomyxales: Ordnung der Schleimpilze (Kl. ↑ *Myxomycetes,* Abt. ↑ *Myxomycota*), deren Vertreter im Gegensatz zu den *Myxogasteromycetidae* (↑ *Myxomycota,* Tab.) ihre Sporen nicht im Inneren von ↑ Sporocarpien, sondern außen an keuligen oder netzförmigen Fruktifikationen, die schleimig bleiben, hervorbringen. Möglicherweise ist jede der einzeln auf einem Stielchen entstehenden Sporen ein reduziertes Sporocarp. Wegen dieses Modus der Sporenbildung werden die *C.* auch als *Exosporeae* bezeichnet und in aktuellen Systemen als separate Unterklasse *(Ceratiomyxomycetidae)* behandelt. Abweichungen von den übrigen Myxomyceten gibt es auch in der Haplophase des Entwicklungszyklus, wo nach der Sporenkeimung ein Oktett-Stadium aus abgerundeten nackten Zellen entsteht. Abb. D

Ceratocystis: Gattung der Ordnung *Microascales* (Kl. ↑ *Ascomycetes*), die einschließlich der oft abgetrennten Gattung *Ophiostoma* etwa 80 Arten umfaßt und vorwiegend in außertropischen Gebieten verbreitet ist. Die zu *C.* gehörigen Pilze bilden schwärzliche ↑ Perithecien mit lang ausgezogenem Rostrum. Ascogene Hyphen und ↑ Asci besitzen keine Zellwände. ↑ Anamorphen sind vielfältig. Innerhalb der Gattung C. gibt es einige wichtige Pflanzenschädlinge, z. B. *C.* (*Ophiostoma, „Graphium"*) *ulmi* (↑ Ulmensterben), *C. fagacearum* (Erreger der Eichenwelke in Nordamerika) u.a. Die *C.*-Arten, die das Splintholz befallen, werden durch Splintkäfer verbreitet und bilden für diese Tiere eine obligatorische Nahrungsquelle. Sie werden deshalb als Ambrosiapilze bezeichnet. Hi

Cercospora: weltweit verbreitete Form-Gattung der ↑ *Dematiaceae* (↑ imperfekte Pilze) mit holoblastischer ↑ Conidiogenese (Sympodioconidien) und scolecosporen, hyalinen ↑ Conidien (Abb. Conidien). Von den mehr als 1000 überwiegend phytoparasitischen Arten sind viele wirtschaftlich bedeutsam (↑ Cercosporiosen). Die Teleomorphen

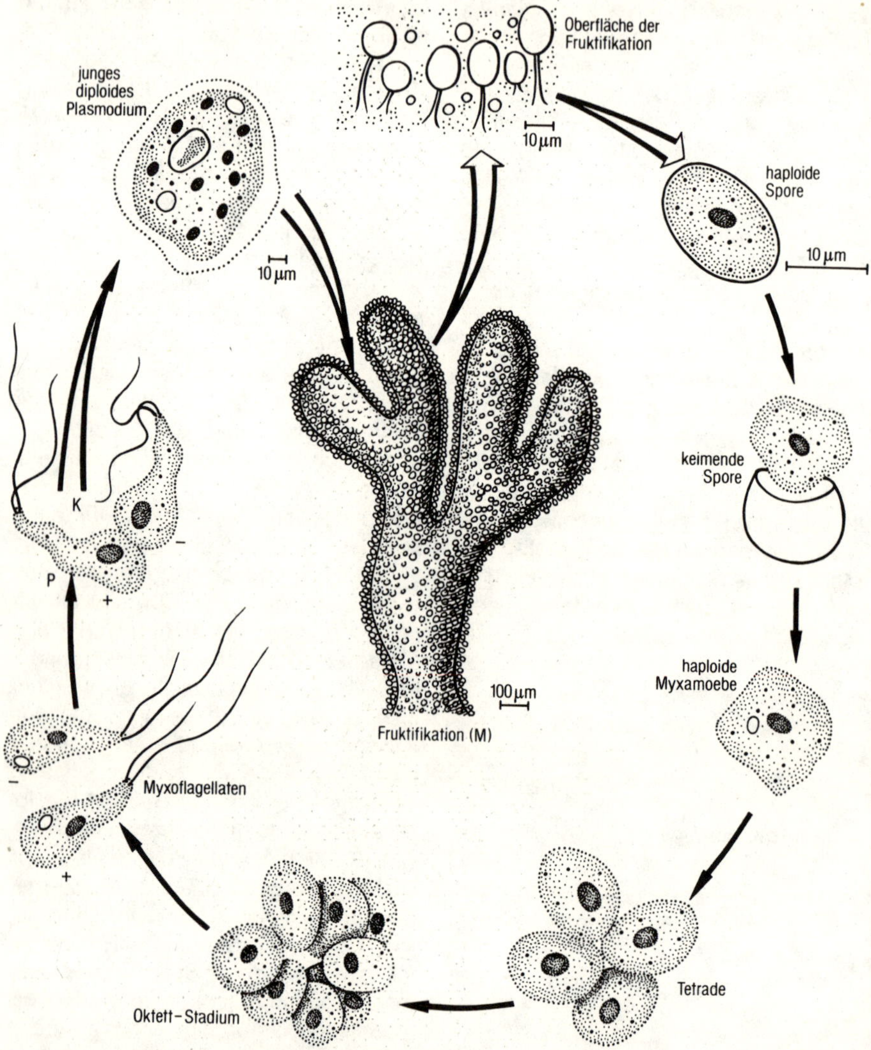

Ceratiomyxales: Entwicklungszyklus von Ceratiomyxa. P Plasmogamie (Verschmelzung der Protoplasten der Myxamoeben), K Karyogamie (Kernverschmelzung) der Plasmogamie unmittelbar folgend, M Meiose (Reduktionsteilung) erfolgt bei der Sporenbildung

gehören zu ↑ *Mycosphaerella* u.a. Gattungen der ↑ *Dothideales*. Hi

Cercosporiosen: Pflanzenkrankheiten, die durch Pilze der Gattung ↑ *Cercospora* erregt werden. C. führen in der Regel zu typischen ↑ Blattfleckenkrankheiten. So wird z.B. die Sigatoka-Krankheit der Banane von *Cercospora musicola* hervorgerufen. Die *Cercospora*-Blattfleckenkrankheit der Zuckerrübe *(Cercospora beticola)* äußert sich in kleinen blaßbräunlichen bis grauen, scharf begrenzten, rötlich bis bräunlich umrandeten Flecken. Froschaugenblattfleckenerkrankungen werden durch *Cercospora nicotinae* an Tabak und *Cercospora sojina* an Sojabohnen verursacht. Ein weiteres Beispiel ist die C. der Luzerne *(Cercospora medicaginis).* B

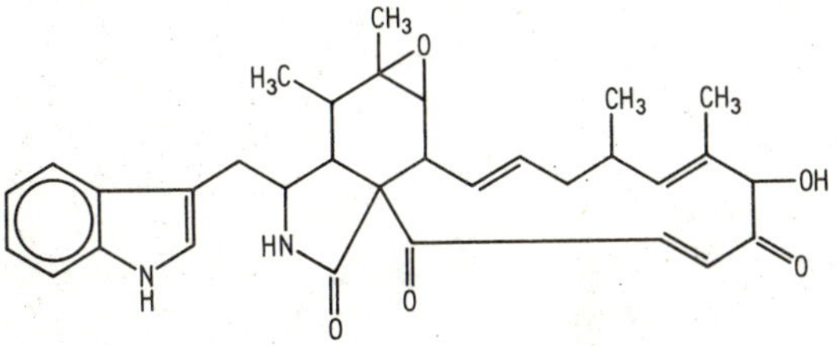

Chaetoglobosin A

Cesalpino, Andrea: italienischer Arzt, Philosoph und Botaniker (1519–1603). C. studierte Philosophie und Medizin an der Universität in Pisa, promovierte 1551 zum Dr. med. und wurde 1555 zum Professor der Medizin und zum Direktor des botanischen Gartens der Universität in Pisa ernannt. 1592 wurde C. als päpstlicher Leibarzt nach Rom berufen, wo er bis zu seinem Tode wirkte. C. bemühte sich um die botanische Systematik und Terminologie. In seinem Hauptwerk „De plantis libri XVI" (1583) beschrieb er mehr als 1500 Pflanzenarten. Er gliederte nach den seit der Antike üblichen Prinzipien die Pflanzen in Bäume, Sträucher und Kräuter, berücksichtigte jedoch bei der weiteren Einteilung auch Merkmale von Blüten und Früchten. Die Pflanzen ohne Samen, die Algen, Farne, Schachtelhalme, Moose, aber auch Pilze, die er mit den Korallen in Verbindung brachte, faßte er zusammen, wobei die Pilze als „Zoophyten" eine Stellung zwischen Pflanzen und Tieren einnehmen. H

Cetraria: zur Ordnung ↑ *Lecanorales* gehörende Gattung lichenisierter Pilze (Fam. *Parmeliaceae*). Es sind ↑ Strauchflechten mit radiären bis heteromeren, blattartig verbreiterten ↑ Loben, die beiderseits mit einer oft zweischichtigen ↑ Rinde umgeben und mit spärlichen ↑ Rhizinen im Substrat verankert sind. Farblich variieren die Thalli von grau über grün bis braun, selten schwärzlich. ↑ Phycobionten sind Grünalgen vom *Trebouxia*-Typ. Die lecanorinen ↑ Apothecien entsprechen in Bau und Entwicklung denen von ↑ *Parmelia* und sind meist randständig. Die einzelligen, farblosen Sporen werden zu 8 in den ↑ Asci entwickelt. ↑ Pycnidien sind meist marginal, eingesenkt in dunkle Lagerwärzchen, zu finden. Oft treten ↑ Pseudocyphellen auf, nicht selten auch randständige ↑ Fibrillen. Auch ↑ Sorale sind häufig vorhanden. C.-Arten wachsen auf verschiedenen, meist sauren, seltener kalkhaltigen Substraten wie Bäumen, Sandböden, Rohhumus und ausnahmsweise auch Gestein. Die Gesamtverbreitung ist vorwiegend arktisch-alpin, in borealen Waldgebieten, in planaren und montanen Waldregionen. Besonders bekannt ist *C. islandica,* das ↑ Isländische Moos, das als Lichen islandicus auch offizinell genutzt wurde. Sto

Chaetoglobosin A: ↑ Mykotoxin der ↑ Cytochalasin-Gruppe, das von *Chaetomium globosum* gebildet wird. C. ist ein Zytotoxin, hemmt die Zellteilung und bewirkt die Bildung von vielkernigen Riesenzellen (LD_{50} = 6,5 mg/kg Maus, subkutan). M

Chaetomium: umfangreiche, ca. 200 Arten umfassende, weltweit verbreitete Gattung der Klasse ↑ *Ascomycetes* mit unklarer Zuordnung (Ord. *Microas-*

cales?). Die ↑ Ascocarpien sind schwärzliche ↑ Perithecien, die von artspezifischen, oft spiralig gebogenen oder verzweigten ↑ Haaren besetzt sind. Die ↑ Ascosporen sind dunkel pigmentiert. Die *C.*-Arten leben saprophytisch, z. T. coprophil; viele sind durch die Bildung extrazellulärer ↑ Enzyme zum Zelluloseabbau fähig und können Schäden an Papier, Stroh, Baumwolle usw. verursachen. Auch die Erregung von Moderfäule durch einige Arten, z. B. durch *C. globosum,* ist wirtschaftlich bedeutsam. Hi

Chalciporus: kleine, in der temperaten Zone der Nordhemisphäre verbreitete Gattung der Ordnung ↑ *Boletales* (Kl. ↑ *Basidiomycetes*). Die Fruchtkörper sind zentral gestielte ↑ Röhrlinge mit roten (rotbraunen, weinroten, rosaroten) Poren, bilateraler Röhrentrama, schnallenlosen Hyphen und ohne ↑ Velum. Zu den häufigen Arten in Mitteleuropa gehört die Typusart, *C. piperatus,* der Pfefferröhrling, der als Würzpilz genutzt werden kann. Taf. 41/1 D

Champagner ↑ Sekt

Champignon: in der französische Sprache eine allgemeine Bezeichnung für Pilze, in der deutschen Sprache ein Name für die Gattung ↑ *Agaricus* (Egerlinge). Taf. 32/2,4 D

Cheilocystiden ↑ Cystide

Chemostat: Apparatur zur ↑ kontinuierlichen Kultur von Mikroorganismen, die durch Substratbegrenzung kontrolliert wird. Str

Chemotaxis: Orientierungsbewegung von freibeweglichen Organismen (↑ Taxien) in einem stofflichen Gradienten. Die C. spielt z. B. bei Myxamoeben, Plasmodien und Zoosporen einiger Pilze eine Rolle. Sie hat z. B. bei den zellulären Schleimpilzen (↑ *Acrasiomycetes*) Bedeutung für die Morphogenese. Das Acrasin (cyclisches Adenosinmonophosphat, cAMP) ist die auslösende Substanz für die Aggregation der Amoeben. Bei den Geschlechtszellen verschiedener Pilze ermöglichen spezifische Lockstoffe (Gamone) das Sichfinden verschiedener Partner. So erfolgt die Anlockung der Mikrogameten durch die Makrogameten bei *Allomyces* (↑ *Chytridiomycetes*) durch ein bizyklisches Sesquiterpen, das Sirenin, das noch bei Konzentrationen von 10^{-10} mol/l wirkt. Sobald die Gameten kopuliert haben, geht die hochspezifische Empfindlichkeit auf Sirenin verloren, und statt dessen tritt – ernährungsphysiologisch sinnvoll – positive C. gegenüber Aminosäuren auf. Str

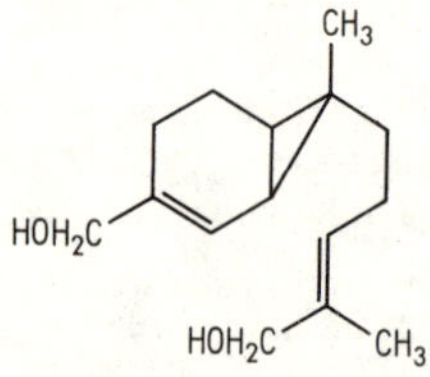

Sirenin

Chemotropismus: gerichtete Wachstumsbewegung (↑ Bewegung, ↑ Tropismen), die durch gasförmige oder im Wasser gelöste chemische Substanzen ausgelöst wird. Die Bewegung kann gegen das Konzentrationsgefälle (positiver C.) oder von der chemischen Substanz weg (negativer C.) erfolgen. Häufig hat eine bestimmte Konzentration optimale Wirkung, so daß bei niedrigen Konzentrationen positiver, bei höheren dagegen negativer C. beobachtet wird. Viele Pilzhyphen reagieren mit positivem C. gegenüber Saccharose, Glukose, Asparagin, Pepton oder Fleischextrakt, Phosphaten und Ammoniumsalzen, mit negativem C. gegenüber Säuren und manchen eigenen Stoffwechselprodukten. C. spielt auch bei der Cystogamie (↑ Befruchtung) der ↑ *Zygomycetes* (z. B. bei *Mucor* oder *Achlya*) eine Rolle. Durch spezifische chemische Substanzen (Gamone), die über die Gasphase wirken, wachsen Hyphen unterschiedlichen Geschlechts

(+ und −) aufeinander zu. Bei parasitischen Pilzen ist C. eine Ursache für das Eindringen in das Wirtsgewebe. Str

Chiastobasidie ↑ Holobasidie

Chinone: in vielen Organismen vorkommende Verbindungen, die alle einen Benzochinonkern enthalten und gefärbt sind. Beispiele für C., die aus Fruchtkörpern von Pilzen isoliert wurden, sind die ↑ Anthrachinone, die auch von imperfekten Pilzen und von Flechten gebildet werden, die Terphenylchinone, z. B. die ↑ Polyporsäure und das Atromentin, die ↑ Bovichinone u. a. (↑ Oosporein, ↑ Terreussäure) M

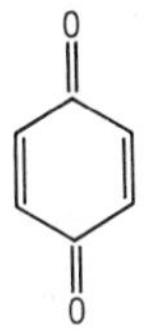

p-Benzochinon

Chlamydosporen: Mitosporen, die durch Wandverdickung mittels einer inneren sekundären Wand mit eingelagertem hydrophobem Material der Überdauerung dienen. Gegenwärtig ist der Begriff meist für terminale oder interkalare Hyphenabschnitte in Gebrauch, die unter Nährstoffeinlagerung anschwellen und durch Wandverdickung der Überdauerung absterbender Myzelteile dienen oder als definierte Sporen aus Hyphen gebildet werden. Der Begriff bezeichnet demnach sowohl ↑ Gemmen als auch manche holoblastischen ↑ Conidien (↑ Aleuriosporen) oder solche unbekannten Ursprungs, sofern diese der Überdauerung dienen und dickwandig sind.

Sofern klarer definierte Termini bei bekannter Entwicklung der Sporen zur Verfügung stehen (↑ Conidien, Tab.), sollte der Begriff C. vermieden werden, weil man ihn früher auch zur Bezeichnung von dickwandigen Arthrosporen, von allen Formen der Aleuriosporen, auch für die Teleutosporen der Brandpilze usw. benutzt hat. Hi/D

Chlorosplenium: eine weit verbreitete, weniger als 10 Arten umfassende Gattung der Familie ↑ *Leotiaceae* (Ord. ↑ *Helotiales*, Kl. ↑ *Ascomycetes*). Die ↑ Ascocarpien sind mittelgroße, zähe, intensiv grün gefärbte ↑ Apothecien. Das Substrat, meist totes Holz, wird vom Myzel ebenfalls intensiv grün durchfärbt und deshalb verschiedentlich für Schmuckgegenstände verwendet. Taf. 12/5 Hi

Chromatin: Gesamtheit des im ↑ Zellkern befindlichen Nucleoproteins. Das C. besteht aus DNA, den mit der DNA assoziierten sauren und basischen Proteinen sowie RNA. Durch eine Verdichtung (Spiralisierung) des C. entstehen die während der Kernteilung sichtbaren Chromosomen. Für einige Gruppen von Pilzen ist es charakteristisch, daß während der ↑ Mitosen das C. homogen erscheint und keine Chromosomen sichtbar werden. Die Kerne schnüren sich bei der Teilung scheinbar ein. Dies hängt mit nur geringer Spiralisierung des C. zusammen. Sch/D

Chromomykose: Erkrankung von Haut- und Unterhautgewebe und gelegentlich auch der Lymphbahnen des Menschen, welche durch sog. Schwärzepilze (*Dematiaceae*, ↑ imperfekte Pilze) verursacht wird. Es handelt sich um Arten aus den Gattungen *Phialophora*, *Cladosporium* und *Chmelia*. C. sind ↑ Verletzungsmykosen und vorwiegend an den Extremitäten lokalisiert. Dem klinischen Erscheinungsbild nach kann man einen knotigen, warzigen, narbigen, flächigen und Tumor-Typ unterscheiden. Sofern die infizierten Zonen geschwürartig aufbrechen, werden sie häufig sekundär durch Bakterien befallen. In Gewebeproben und Wundsekret finden sich dunkelbraun pigmentierte, dickwandige, runde, sich durch Teilung vermehrende Pilzzellen, seltener verzweigtes, septiertes Myzel. C. sind sehr selten und hauptsächlich unter der Bevölkerung warmer Regionen der Erde anzutreffen. Aus Europa wurden Einzelfälle bekannt. V

Chromosom: Organisationsform des ↑ Chromatins in den Zellkernen eukaryotischer Zellen. C. sind aus 10–35 nm dicken Filamenten aufgebaut, die aus DNA und Proteinen bestehen und je nach Kondensationsgrad lockere bis sehr dichte Überstrukturen bilden können. Den höchsten Kondensationsgrad weisen die C. während der ↑ Kernteilung (↑ Mitose, ↑ Meiose) auf. Im Lichtmikroskop sind die C. dann als kurze, dicke Stäbchen sichtbar. Bei den Pilzen trifft dies nur auf relativ wenige Arten zu. Zumeist sind die C. lichtmikroskopisch nur schlecht sichtbar. Ein C. besteht aus zwei Chromatiden (kondensierten DNA-Doppelsträngen), die am Centromer miteinander verknüpft sind. Am Centromer sind während der Kernteilung die ↑ chromosomalen Mikrotubuli assoziiert. C. besitzen cytologische und genetische Kontinuität. Ihre DNA wird semikonservativ vermehrt. Im Verlauf der Mitose werden die beiden Chromatiden eines C. zu unterschiedlichen Zellpolen transportiert. Während der nachfolgenden Interphase (↑ Zellzyklus) erfolgt durch identische ↑ Replikation der DNA der Chromatiden deren Verdoppelung. ↑ Pilzgenetik Sch

Chromosomenkarte: grafische Darstellung eines ↑ Chromosoms, in welcher die ↑ Gene in linearer Anordnung und mit ihren relativen oder absoluten Abständen dargestellt sind. C. lassen sich mit Hilfe unterschiedlicher experimenteller Verfahren erstellen: **1.** Genetische C.: Als Maß für den Abstand zweier Gene wird die Häufigkeit von ↑ Crossing-over-Ereignissen zwischen den beiden Genen verwendet. Dadurch lassen sich jedoch nur relative Genabstände ermitteln (↑ Freisporanalyse, ↑ Tetradenanalyse). **2.** Cytogenetische C.: Durch die mikroskopische Analyse von Mutanten (Deletionskartierung) kann man bei Objekten mit genügend großen Chromosomen die Lage von Genen und deren absolute Abstände ermitteln. Bei Pilzen ist die Erstellung cytogenetischer C. auf Grund der geringen Größe der Chromosomen bzw. ihrer nur schwach ausgeprägten Spiralisierung nur selten möglich. Sch

Chromosomenmutation: spontane oder induzierte Veränderung der Struktur eines ↑ Chromosoms. Es kommt zum Verlust, Gewinn oder Wiedereinsatz von Chromosomensegmenten. ↑ Mutation, ↑ Pilzgenetik ↑ Genmutation, ↑ Genommutation Sch

Chromosomensatz: Grundbestand an unterschiedlichen Chromosomen in einem Zellkern eukaryotischer Organismen. Die Anzahl der Chromosomen des C. wird als Basiszahl (n) bezeichnet. Bei haploiden Kernen entspricht der C. dem gesamten Chromosomenbestand des Kernes. In diploiden Kernen liegen zwei C. vor, d.h., jedes Chromosom des Grundbestandes liegt zweimal vor (homologe Chromosomen). ↑ Kernphase, ↑ Kernphasenwechsel Sch/D

Chroogomphus ↑ *Gomphidiaceae*

Chrysocystiden ↑ Cystide

Chytridiales: Ordnung der Klasse ↑ *Chytridiomycetes* (Abt. ↑ *Chytridiomycota*), die saprophytische oder parasitische Wasser- und Bodenpilze mit kernlosen Rhizoidmyzelien und kernhaltigen ↑ Gonitocysten („Sammelbläschen") umfassen. Nach dem Verhältnis zwischen Rhizoidmyzel und Gonitocysten unterscheidet man monozentrische und polyzentrische Thalli (mit einer bzw. mehreren Gonitocysten). Die parasitischen Arten können epibiontisch (Sporocysten außerhalb der Wirtszelle), endobiontisch (gesamter Thallus in der Wirtszelle) oder interbiontisch

(Rhizoide in mehreren Wirtsorganismen, Gonitocysten dazwischen) leben. Die Zellwände bestehen hauptsächlich aus Chitin. Als Sexualvorgänge sind Isogamie, Anisogamie und Somatogamie bekannt (↑ Befruchtung). Es werden oft Hypnozygoten gebildet, die unter Meiose keimen. Neben haplontischen Entwicklungszyklen sind auch haplo-diplontische bekannt. Die meisten Arten der *C.* parasitieren auf Algen, manche auf Pollen, die auf der Wasseroberfläche treiben. Die *C.* sind ohne praktische Bedeutung.

Von manchen Autoren werden die ↑ *Myxochytridiales* in die *C.* einbezogen. Ihr nackter Thallus wird dann als holocarp bezeichnet (ohne Rhizoide, sich völlig in eine Gonitocyste umbildend), während die Sippen mit Rhizoidmyzel eucarp genannt werden. D

Chytridiomycetes: eine Klasse von Pilzen mit begeißelten Stadien, die früher teils den *„Archimycetes"*, teils den *„Phycomycetes"* zugeordnet wurden. Auf Grund der einheitlichen ↑ Begeißelung werden die C. in allen aktuellen Systemen zusammengefaßt und meist als eine Abteilung, als ↑ *Chytridiomycota* betrachtet oder als Klasse den Echten Pilzen zugeordnet. D

Chytridiomycota: Flagellatenpilze, eine Abteilung von Pilzen, deren Schwärmer eine opisthokonte ↑ Begeißelung aufweisen, deren Thallus relativ einfach gebaut ist und deren Zellwände Chitin enthalten. Soweit Untersuchungen vorliegen, ist bei allen Arten der *C.* der Rest eines zweiten Geißel-Basalkörpers nachgewiesen, was auf zweigeißelige Vorfahren hinweist. Die *C.* werden meist als isolierte Abteilung angesehen (↑ Pilzsystem), mitunter aber auch als ursprüngliche Echte Pilze (↑ *Eumycota*) betrachtet. Die Frage der Verwandtschaft mit dem *Eumycota* ist eine wichtige Grundfrage der Pilzsystematik, da die *Eumycota* auch als primär unbegeißelt betrachtet werden (↑ Vorsatz). Die *C.* umfassen ca. 250 Arten, die alle der Klasse *Chytridiomycetes* zugeordnet werden. Meist werden vier Ordnungen, die ↑ *Chytridiales,* die ↑ *Myxochytridiales,* die ↑ *Blastocladiales* und die ↑ *Monoblepharidales* unterschieden. D

Cilien: feine wimperartige Härchen. Der Begriff wird in der ↑ Lichenologie für einfache oder verzweigte randliche fädige Anhangsorgane des Flechtenthallus benutzt. Die C. dienen nicht der Anheftung und werden von der Thallusrinde aufgebaut. Sto

Cirrus: schnurartiges Gebilde aus ↑ Ascosporen bzw. ↑ Conidien und Schleim oder Gallerte, das aus der Öffnung (↑ Ostiolum) eines ↑ Peritheciums oder ↑ Pycnidiums herausquillt. Hi

Citreoviridin: ↑ Mykotoxin aus dem Pilz ↑ *Penicillium citreoviride,* das z. B. bei Mäusen Paralyse verursacht (LD_{50} = 11 mg/kg Maus, subkutan). C. ist Ursache der Mykotoxikose Cardiac Beriberi, die um 1900 bei der reisessenden Bevölkerung Südostasiens endemisch war, und bewirkt kardiovaskuläre Störungen, Atembeschwerden bis Atemstillstand, Hemmung der mitochondrialen ATP-Synthese. C. kann auch in ↑ *Aspergillus terreus* (bis 2% des Trokkenmyzels) gebildet werden. M

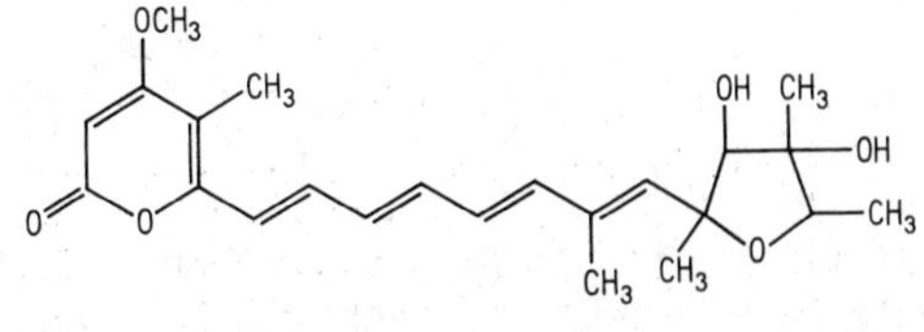

Citreoviridin

Citrinin: ↑ Mykotoxin, eine Benzopyrancarbonsäure, die von ↑ *Penicillium-* und ↑ *Aspergillus*-Arten (↑ imperfekte Pilze) gebildet wird. C. wirkt als Antibiotikum, ist aber toxisch für die Nieren (LD_{50} = 19 mg/kg Kaninchen, intravenös). M

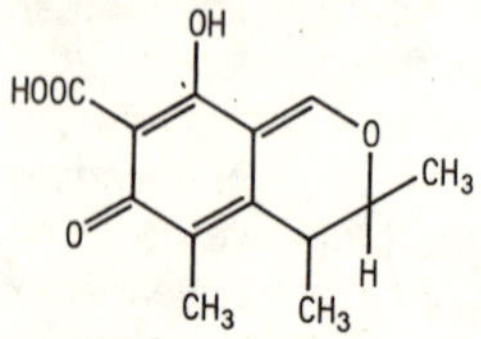

Citrinin

Cladonia: Zur Familie *Cladoniaceae* (Ord. ↑ *Lecanorales*) gehörende Flechtengattung (↑ Lichenes) mit schuppigem bis blättrigem, bleibendem oder vergänglichem ↑ Primärthallus und vertikal wachsenden ↑ Podetien, die typisch becherförmig (↑ Becherflechten), einfach horn-, spieß- bis geweihförmig oder stark buschig verzweigt (↑ Strauchflechten) sein können. Die Podetien sind unberindet oder mit bleibender bzw. sorediös aufgelöster ↑ Rinde umgeben, oft auch mit Schuppen oder ↑ Phyllocladien besetzt. Die ↑ Apothecien sind biatorin, gelblich bis dunkelbraun oder leuchtendrot gefärbt und werden meist endständig bzw. am Becherrand entwickelt. In den ↑ Asci bilden sich 8 einzellige, farblose ↑ Sporen. Die nicht eingesenkten ↑ Pycnidien sind an den Podetien, seltener auch auf der Oberseite primärer Thalluslappen zu finden. *C.*-Arten leben überwiegend terrestrisch (↑ Taf. 1/2) auf sandigen bis torfigen Substraten, aber auch epixyl auf verwittertem Holz oder am Stammfuß alter Bäume. In den Tundrengebieten treten sie mitunter bestandsbildend auf und stellen vor allem im Winter die Hauptnahrung der Rentiere dar. Einige *C.*-Arten haben begrenzte Areale, andere sind nahezu kosmopolitisch verbreitet. Sto

Clathrus: Gattung der Ordnung *Phallales* (Kl. ↑ *Basidiomycetes*), deren Fruchtkörper ein leuchtend rotes grobmaschig-gitterförmiges oder sternförmig-armleuchterartiges ↑ Receptaculum aufweisen, auf dessen (primärer) Innenseite die stinkende Gleba liegt (Taf. 48/3, 4). Gestank und Farbenpracht dienen der Insektenanlockung und der zoochoren Sporenverbreitung. Die meisten *C.*-Arten sind tropisch verbreitet. *C. ruber* (Roter Gitterling) und *C. archeri* (Tintenfischpilz) sind in Mitteleuropa eingeschleppt. ↑ *Phallales*, ↑ Pilzblumen, ↑ Aasfliegenpilze D

Clavaria: Gattung der Ordnung ↑ *Cantharellales* (Kl. ↑ *Basidiomycetes*), die in Europa mit ca. 20 Arten vertreten ist. Die Fruchtkörper sind einzeln stehende, selten büschelige, in der Regel unverzweigte Holothecien (↑ Keulenpilze) mit schmal keuligen Basidien, die eine basale Schnalle aufweisen und meist viersporig sind. Die *C.*-Arten sind terrestrische Saprophyten auf Wiesen, Feldern oder in Wäldern. *C. acuta*, die Weiße Keule (Taf. 19/4) oder die Typusart, *C. vermicularis*, die Wurmförmige Keule, sind in Mitteleuropa weit verbreitet. D

Claviceps: Gattung der Ordnung ↑ *Hypocreales* (Kl. ↑ *Ascomycetes*) mit rund 35 weltweit verbreiteten Arten von Parasiten auf Süßgräsern, selten auch auf Sauergräsern. Die ontogenetische Entwicklung umfaßt eine ↑ Anamorphe *(Sphacelia)*, Sclerotien und die ↑ Teleomorphe, bei der die Perithecien in keulenförmige Stromata, die aus den Sclerotien hervorbrechen, eingeschlossen sind (↑ Abb. Ascus 2). Die in den Grasblüten gebildeten Sclerotien werden Mutterkorn genannt. Sie enthalten bei *C. purpurea*, *C. paspali* u. a. Arten mehrere hochgiftige ↑ Mutterkornalkaloide, die zu gefährlichen Vergiftungen führen (Sankt-Antonius-Feuer, ↑ Ergotismus), wenn sie mit dem Getreide in Nahrungsmittel gelangen. Die Alkaloide werden heute halbsynthetisch hergestellt und als Pharmaka genutzt (Ergotamin) oder als Drogen mißbraucht. Hi

cleistocarpe Fruchtkörper: ↑ Ascocarpien und ↑ Basidiocarpien, deren ↑ Meiosporocysten bzw. Hymenien bis zur Sporenreife im Inneren eingeschlossen sind. Im Gegensatz zu den ↑ angiocarpen Fruchtkörpern sind jedoch keine präformierten Öffnungen oder speziellen Öffnungsmechanismen ausgebildet, sondern die Sporenfreisetzung erfolgt durch Verwitterung bzw. bei zoochorer Sporenverbreitung durch mechanische und/oder chemische Zerstörung der Wandung. Bei den *Ascomycetes* sind die ↑ Cleistothecien und die ↑ Tuberothecien, bei den *Basidiomycetes* einige hypogäische Gasterothecien c. F. (↑ Abb. Fruchtkörperentwicklung) Hi/D

Cleistothecium: Fruchtkörper (↑ Ascocarpien) morphologisch relativ primitiver ↑ *Ascomycetes*. C. sind annähernd kugelig, bilden eine deutliche Ascocarpwand, weisen aber keinerlei definierte Öffnungen auf. Die Sporenfreisetzung erfolgt durch Verwitterung der Ascocarpwand, durch Quellung des Inhalts und schließliches Platzen des Fruchtkörpers oder bei größeren C. (z. B. bei ↑ *Elaphomyces*) durch mechanische oder chemische Zerstörung der Fruchtkörperwandung (z. B. Tierfraß). Ontogenetisch entwickeln sich C. ascohymenial. Die ↑ Asci sind entweder regellos zerstreut (eurotiales C.), oder sie sind in rosettiger oder ↑ hymeniumähnlicher Anordnung vorhanden (↑ erysiphales C.). ↑ Paraphysen fehlen. C. treten in einigen Ordnungen der *Euascomycetidae* auf, vor allem bei ↑ *Erysiphales*, ↑ *Eurotiales* und ↑ *Gymnoascales*. Hi

Clitocybe (Trichterlinge): artenreiche, weltweit verbreitete Gattung der Ordnung ↑ *Agaricales* (Kl. ↑ *Basidiomycetes*). Die Fruchtkörper sind meist mittelgroße, zentral, selten seitlich gestielte ↑ Blätterpilze, deren Hüte oft trichterig vertieft und deren Lamellen herablaufend oder breit angewachsen sind (↑ Abb. *Agaricales* 1). Der Stiel ist berindet, aber nicht knorpelig (wie bei *Collybia*). Die Fruchtkörper entwickeln sich meist gymnocarp, Vela sind nicht nachweisbar. Das Sporenpulver ist meist weiß, selten auch rosa oder gelblich. Die *C.*-Arten sind terrestrische Saprophyten. Von den nahezu 100 europäischen Arten sind viele als Speisepilze verwertbar, z. B. die Typusart, *C. gibba*, der Ockerbraune Trichterling, und *C. geotropa*, der Mönchskopf. Andere (wenigstens 10 Arten) sind giftig und bewirken z. B. Vergiftungen mit dem Muscarin-Syndrom (↑ Rißpilzgifte). Zu den Giftpilzen der Gattung gehören z. B. *C. cerussata*, der Bleiweiße Trichterling, *C. dealbata*, der Feldtrichterling (↑ Giftpilze, Tab).

Die Umgrenzung der Gattung ist problematisch, z. B. bereitet die Abgrenzung gegen ↑ *Collybia, Gerronema, Lepista, Omphalina* u. a. Gattungen der ↑ *Tricholomataceae* bei manchen Arten Schwierigkeiten. D

Clotrimazol: ↑ Imidazol-Antimykotikum, das in den Laboratorien der BAYER AG, BRD, entwickelt und 1969 erstmals beschrieben wurde. Als Medikament wird es unter dem Namen „Canesten“ gehandelt. V

Clusius, Carolus (l'Ecluse, Charles de): niederländischer Botaniker (1526 bis 1609). C. studierte in Gent, Löwen, Marburg und Wittenberg Philosophie und Rechtswissenschaft, von 1551 bis 1554 Medizin in Montpellier, u. a. bei dem Arzt und Botaniker Rondelet. Ausgedehnte Reisen führten ihn dann nach Portugal und Spanien. Von 1573–1576 stand C. als Naturforscher in den Diensten des Kaisers Maximilian II. von Habsburg und war Vorsteher des botanischen Gartens in Wien. Durch den Tod des Kaisers verlor C. seine Anstellung; die finanzielle Hilfe eines ungarischen Gönners, des Grafen Boldizsar Batthyany, ermöglichte C. die Fortsetzung seiner botanischen Studien. Ab

1593 war er Professor der Botanik in Leiden, wo er bis zu seinem Tod wirkte. Sein bedeutendstes mykologisches Werk ist „Fungorum in Pannoniis observatorum brevis historia“ (= „Fungorum historia“); diese Abhandlung über die Pilze der pannonischen Region ist in seinem Werk „Rariorum plantarum historia“ (1601) enthalten.

Die Pilze teilt C., den Einteilungskriterien der Antike folgend, in giftige und eßbare ein. Die meisten beschriebenen Arten sind Hymenomyceten, Gastromyceten und Ascomyceten; 32 der beschriebenen Arten sind auf Holzschnitten abgebildet. Von seinen in Ungarn, Österreich, der rumänischen Provinz von Pannonien und Jugoslawien gesammelten Pilzen ließ C. Zeichnungen anfertigen; jede der dargestellten Arten wurde mit einem ungarischen bzw. slawischen Namen und Anmerkungen zum Standort versehen. Diese Sammlung von Pilz-Aquarellen (Clusius-Codex) galt lange Zeit als verschollen, wurde aber Ende des vorigen Jahrhunderts in der Universitätsbibliothek in Leiden wiedergefunden. H

Coccidioides: Gattung ↑ imperfekter Pilze unsicherer Stellung. Die einzige Art, *C. immitis,* bildet als Bodensaprophyt Myzel aus, das später in eine Vielzahl von ↑ Arthrosporen zerfällt. Eingeatmet können diese Sporen beim Menschen und bei manchen Tieren zur ↑ Coccidioidose, einer bedeutenden ↑ Endomykose, führen. In den Wirtsgeweben tritt der Pilz in Form von ↑ Sphaerulen in Erscheinung. V

Coccidioidose: ↑ Mykose, welche durch den Pilz ↑ *Coccidioides immitis* verursacht wird. Nach Inhalation von Arthrosporen kann sich die Krankheit symptomlos oder akut manifestieren. Es ist eine meist relativ gutartig verlaufende Lungenerkrankung; selten kommt es zur Erregerstreuung in Haut, Unterhaut, Bauchorganen, Knochen oder Zentralnervensystem. Eine generalisierte C. ist durch sehr schwere Krankheitssymptome gekennzeichnet. Die Inkubationszeit der C. beträgt 7–28 Tage. Die leichten pulmonalen Formen ähneln grippalen Infekten. Schwere Pneumonien sind oft von starken pleuritischen Symptomen begleitet. Bei 80% der Betroffenen sind in der Lunge röntgenologische Veränderungen in Form flüchtiger oder massiver Infiltrate zu erkennen.

Es wurden Kavernenbildung und granulomatöse Veränderungen beobachtet. In den Organen bildet der Erreger eine typische Gewebsform, die sog. ↑ Sphärulen, aus. Nach Platzen von Sphärulen können die vielen in ihnen enthaltenen Endosporen über Blut- und Lymphbahnen in andere Organe streuen, wo sie zu neuen Sphärulen auswachsen. Bei der Diagnostik der Erkrankung kann man auf Sphärulen in Eiter, Sputum und Körperflüssigkeiten stoßen. Die C. ist eine Krankheit der Neuen Welt und am häufigsten in den südwestlichen Regionen der USA und in Mexiko anzutreffen. Durch starken Reiseverkehr und Kontamination von Exportprodukten verschleppt, tritt die Krankheit zunehmend häufiger auch außerhalb der traditionellen Endemiegebiete auf. Das trifft auf jeden 5. Fall zu. Der Erreger ist gut an die natürliche Umwelt angepaßt. Das Klima seiner Lebensräume ist semiarid bis arid und durch heiße Sommer und Winter mit wenig Frösten gekennzeichnet. Die Böden, in denen er vorkommt, sind flachgründig, sandig und alkalisch und werden durch die strauchartige Pflanze *Larrea tridentata* angezeigt. Von der Krankheit werden vor allem solche Menschen betroffen, die in engen Kontakt mit verseuchter Erde kommen. Das trifft beispielsweise für Landarbeiter, Viehzüchter, Arbeiter der Erdölgewinnung, Anthropologen und Archäologen zu. Des weiteren infiziert sich öfter La-

borpersonal medizinisch-diagnostischer Institute, das mit Kulturen des Pilzes arbeiten muß.
Infektionen von Haustieren werden ebenfalls beobachtet. Vor allem Pferde und Hunde sind für schwere Verläufe nach Erregerstreuung prädestiniert. In den Endemiegebieten sind nicht selten Ratten stark durchseucht. Jährlich werden unter den Bürgern der USA 25000–100000 Neuerkrankungen registriert. Ob eine Auseinandersetzung mit dem Erreger stattgefunden hat, stellt man mit Hilfe von Hauttests fest. Männer sind häufiger betroffen als Frauen. Zweitinfektionen sind sehr selten, da eine überstandene Erkrankung Immunität hinterläßt. V

Coelomycetes: Gruppe ↑ imperfekter Pilze, deren ↑ Conidien im Inneren von zunächst geschlossenen Conidiomata (↑ Acervulus, ↑ Pycnidium) entstehen. Diese sind durch eine deutliche Linie aus Pilzzellen oder aus Pilz- und Wirtspflanzenzellen begrenzt. Die *C.* sind eine Form-Klasse der ↑ imperfekten Pilze, sie umfassen die ↑ *Melanconiales* und die ↑ *Sphaeropsidales.* Hi

Coenogonitocyste ↑ Gonitocyste

Cohn, Ferdinand: tschechischer Bakteriologe (1828–1898). C. studierte ab 1842 Philosophie und Naturwissenschaften an der Universität in Breslau, ab 1846 in Berlin und promovierte 1847 zum Dr. phil. Am Botanischen Institut der Universität Breslau wirkte C. zunächst als Assistent, wurde 1859 zum außerordentlichen und 1872 zum ordentlichen Professor für Botanik ernannt, außerdem war er Direktor des botanischen Gartens. C. beschäftigte sich mit der Entwicklungsgeschichte niederer Pflanzen und leistete Pionierarbeit auf dem Gebiet der Bakteriologie. Für die Mykologie sind seine Arbeiten zur Enwicklung einiger Zygomyceten, z. B. ↑ *Pilobolus* und ↑ *Entomophthora* von Bedeutung. Seine Erkenntnisse veröffentlichte C. z. T. in der Zeitschrift „Beiträge zur Biologie der Pflanzen" (ab 1872), deren Begründer und Herausgeber er war. H

Coleosporium: Gattung der Rostpilze (Ord. ↑ *Uredinales*), deren Teleutosporen zu einschichtigen, wachsartigen, polsterförmigen, im feuchten Zustand gallertartigen Lagern vereint sind. Die Spermogonien und sämtliche Sporenlager werden subepidermal auf den Wirtspflanzen angelegt. Die ↑ Aecidien sind vom Peridermium-Typ (↑ Pseudoperidie), Aecidiosporen und Uredosporen zeigen grobe Skulpturen und entstehen in Ketten. Die Teleutosporen sind ungestielt, prismatisch und am Scheitel stark verdickt. Sie fungieren als ↑ Basidien, gliedern sich unter ↑ Meiose in 4 Basidienzellen, die jeweils eine Basidiospore abschnüren. Bei den meisten *C.*-Arten handelt es sich um Hetereuformen (↑ *Uredinales*, Tab.) mit Kiefern als Haplontenwirt. Es sind auch einige autözische Arten bekannt, bei denen das Uredostadium fehlen kann (z. B. *C. incompletum* und *C. reichei* auf *Stevia*-Arten in Mexiko). Die Dikaryonten der wirtswechselnden Arten besiedeln eine Vielzahl von Wirtspflanzen. Die heterogene Sammelart *C. tussilaginis* wächst auf zahlreichen

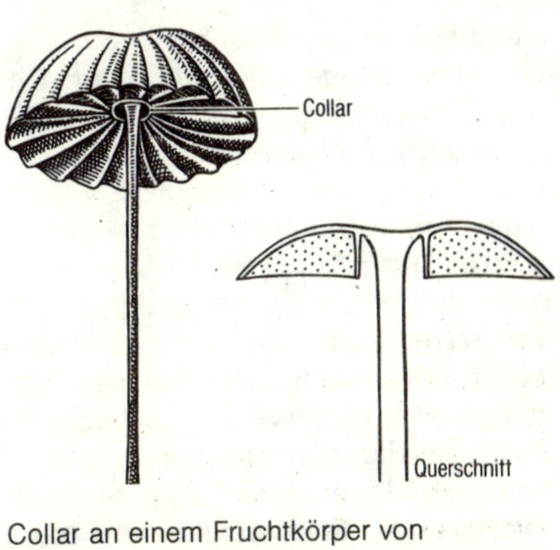

Collar an einem Fruchtkörper von Marasmius rotula (Rädchenschwindling)

Korbblütlern, *C. pulsatillae* ist auf Hahnenfußgewächse spezialisiert, *C. campanulae* auf Glockenblumengewächsen ist der Typus der Gattung. Taf. 11/2 B

Collar: ringförmige, kragenartige Struktur, z. B. an der Endoperidie von *Geastrum striatum* (Ord. ↑ *Geastrales*) oder am Hymenophor mancher ↑ Blätterpilze, z. B. bei *Marasmius rotula*. In beiden Fällen wird vom C. der Stiel kragenartig umhüllt. Abb. D

Collarette: schüsselförmige Bildung am oberen Rand mancher Phialiden (↑ Conidiogenese). Hi

Collema: Gattung der Flechtenfamilie *Collemataceae* (Ord. ↑ *Lecanorales*), zu der ausschließlich ↑ Gallertflechten gehören. Die Arten der Gattung *C.* besitzen ein krustiges bis blättriges bis angenähert strauchiges Lager von sehr einfachem, homöomerem Bau. Als ↑ Phycobiont tritt die fädige Blaualge (*Cyanobacteria*) *Nostoc* auf, deren Gallerte locker von Hyphen durchzogen wird. ↑ Isidien kommen vor, ↑ Sorale fehlen stets. Einige Arten zeigen den Beginn einer Rindenbildung durch sich an der Thallusoberfläche umbiegende Hyphen. Die lecanorinen ↑ Apothecien besitzen ein farbloses ↑ Excipulum, aus dessen Rand sog. Ankerhyphen zur Festigung und Stützung in den gallertigen Thallus hineinwachsen. In den ↑ Asci werden 4–8 in der Regel farblose, zweioder mehrzellige Sporen von manchmal kubischer Gestalt gebildet. Die ↑ Conidien sind kurz und entstehen terminal und lateral an gegliederten ↑ Conidiophoren. *C.*-Arten wachsen sowohl auf Rinde als auch auf Gestein, Moosen und Dedritus, bevorzugen aber kalkreiche Substrate. Verbreitet sind sie in den temperaten und tropischmontanen Regionen. ↑ Abb. Gallertflechten Sto

Colletotrichum: Form-Gattung der Ordnung ↑ *Melanconiales* (↑ imperfekte Pilze) mit enteroblastischer Conidiogenese und hyalinen ↑ amerosporen ↑ Phialosporen. Die weltweit verbreitete Gattung umfaßt rund 12 Arten, zu denen wichtige Phytoparasiten gehören, z. B. *C. gloeosporioides* mit der ↑ Teleomorphe *Glomerella cingulata* (Ord. ↑ *Sphaeriales*), der Erreger der ↑ Anthraknose vieler Kulturpflanzen. ↑ Abb. Acervulus Hi

Collybia (Rüblinge): kosmopolitisch verbreitete, artenreiche Gattung der Ordnung ↑ *Agaricales* (Kl. ↑ *Basidiomycetes*). Die ↑ Fruchtkörper sind kleine bis mittelgroße zentral gestielte ↑ Blätterpilze mit angehefteten oder breit angewachsenen Lamellen und hellem, weißem, selten auch hellgelbem, rosa- oder ockerfarbenem Sporenpulver. ↑ Vela kommen nicht vor; die Fruchtkörper entwickeln sich gymnocarp (↑ Fruchtkörperentwicklung). Die Huthaut besteht aus radiär orientierten plectenchymatisch verflochtenen, reich verzweigten Hyphen. Von den etwa 35 europäischen Arten werden mehrere als Speisepilze genutzt, z. B. *C. dryophila*, der Waldfreundrübling, und *C. butyracea*, der Butterrübling (Kastanienbrauner Rübling, Horngrauer Rübling). Viele sind bitter und ungenießbar, z. B. *C. maculata*, der Gefleckte Rübling; *C. hariolorum*, der Striegelige Rübling, ist giftig. Bei einigen Arten (sect. *Collybia*), die oft auf abgestorbenen Fruchtkörpern von *Russula*-Arten (Täublingen) wachsen, kommen oft Sclerotien vor (Sclerotien-Rüblinge). Manche Arten sind Holzzerstörer, z. B. *C. fusipes*, der Spindelstielige Rübling (Taf. 30/2); die meisten Arten sind terrestrische Saprophyten.

Die Umgrenzung der Gattung geschieht nicht einheitlich. Die Gattungen *Marasmius* (Schwindlinge) und *Xerula* (Wurzelrüblinge) werden auf Grund der hymenodermalen Huthaut abgegrenzt, die Gattung *Oudemansiella* auf Grund der hemiangiocarpen Fruchtkörperentwicklung, die Gattungen ↑ *Citocybe*, *Tephrocybe* und einige andere Gattungen der ↑ *Tricholomataceae* auf Grund habitueller und biochemischer Merkmale. D

Columella: sterile, meist säulchenartige Struktur in einem Sporenbehälter. Die als C. bezeichneten Gebilde sind nicht homolog. Es werden sowohl Mittelsäulchen in Mooskapseln mit Aufbau aus Geweben als auch plectenchymatische Strukturen bei Pilzen und einzellige oder nur aus einem Teil einer Zelle bestehende Strukturen in Sporocysten C. genannt. Bei den Pilzen wird der Begriff hauptsächlich benutzt für: **1.** sterile Mittelsäulchen in Sporocarpien von Myxomyceten, **2.** plectenchymatische aus der zentralen Trama hervorgehende sterile Säulchen in gastralen Fruchtkörpern von Basidiomyceten (↑ Gasterothecien), **3.** in die Sporocysten von Zygomyceten, Oomyceten, Chytridiomyceten u. a. hineinragende sterile Teile, die meist aus dem Sporocystenträger hervorgehen. Bei den ↑ *Lycoperdales* ist auch die Bezeichnung Pseudocolumella für zentrale Teile gebräuchlich, an denen das Capillitium entspringt. Es handelt sich um eine Aufwölbung der Subgleba mit zentralen Glebateilen. ↑ Abb. Geastrales D

Conidangium: gelegentlich benutzte Bezeichnung für ↑ Pycnidium. Entsprechend der Definition der Gonitangien (↑ Gonitocyste) sollte der Terminus Angium nicht für plectenchymatische pilzliche Behälter benutzt werden. Der Begriff C. ist auch auf Grund der klaren Termini ↑ Conidioma und Pycnidium überflüssig. D

Conidien: alle Mitosporen von Pilzen, die nicht in Sporocysten (↑ Gonitocysten) und nicht als interkalare Hyphenabschnitte gebildet werden, ohne Rücksicht auf Genesis und Homologien. C. sind endo- oder exogen angelegte, primär einzellige, mitunter sekundär mehrzellige Keimzellen, die unmittelbar (ohne vorherigen Sexualakt) keimfähig sind. Die „Angioconidien" (↑ Cystoconi-

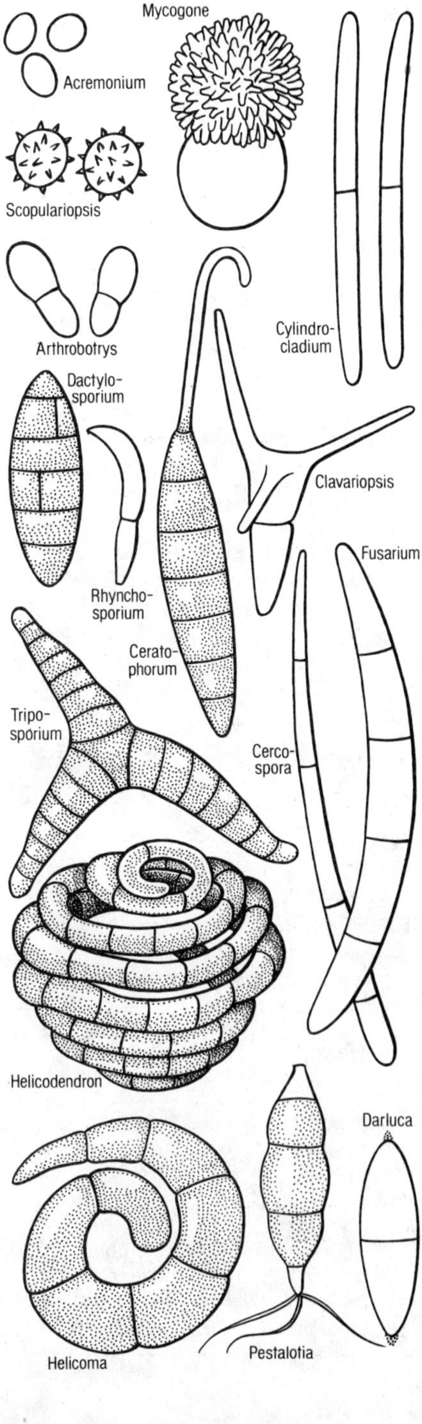

Conidien: verschiedene Ausbildungsformen

dien) der *Oomycetes* und *Zygomycetes* sind keine C., sondern ↑ Sporocysten, die als Diasporen fungieren. Im engeren Sinne versteht man unter C. die Mitosporen der ↑ Anamorphen von ↑ *Basidio-* und ↑ *Ascomycetes* (↑ imperfekte Pilze). C. entstehen direkt aus Hyphen (↑ Arthrosporen), seitlich an Hyphen oder an morphologisch differenzierten Conidienträgern (↑ Conidiophor), die einzeln stehen, in lockeren bis festeren Aggregationen (↑ Sporodochium, ↑ Synnema) verbunden sein können oder die sich im Innern von Fruktifikationen befinden (↑ Conidioma). Die Zelle, die direkt an der Bildung von C. beteiligt ist, heißt ↑ conidiogene Zelle. Sie kann einen oder mehrere ↑ conidiogene Orte haben. Die Art und Weise der Entstehung der C. an oder in der conidiogenen Zelle heißt ↑ Conidiogenese, ihr kommt für die Einschätzung verwandtschaftlicher Beziehungen zwischen verschiedenen imperfekten Pilzen besondere Bedeutung zu.

Die C. imperfekter Ascomyceten zeigen eine große Mannigfaltigkeit (Abb.) Es gibt ein- oder mehrzellige C. von sehr unterschiedlicher Form und Größe. Häufig werden von einem Pilz mehrere verschiedene Typen von C. gebildet (↑ Anamorphe, ↑ Makroconidien, ↑ Mikroconidien). Form, Septierung und Pigmentierung der C. bilden die Basis der Gruppen des ↑ Saccardoschen Systems der imperfekten Pilze. Tab. Hi/D

Übersicht über die wichtigsten Conidientypen

Conidientyp	Art der Conidiogenese
Aleuriosporen	holoblastisch
Anellosporen	holoblastisch
Arthrosporen	holoarthrisch
Blastosporen	holoblastisch
Meristem-Arthrosporen	thallisch
Meristem-Blastosporen	enteroblastisch
Phialosporen	enteroblastisch
Porosporen	enteroblastisch
Sympodiosporen	holoblastisch

Conidienträger ↑ Conidiophor

Conidiobolus: Gattung der Ordnung ↑ *Entomophthorales* (Kl. ↑ *Zygomycetes*), die im Gegensatz zu *Entomophthora* und anderen Gattungen durch eine ausgeprägte Anisocystogamie charakterisiert ist. Der Inhalt der kleineren Gamocyste ergießt sich in die größere. ↑ Befruchtung D

Conidiogenese: Prozeß der Entstehung von ↑ Conidien an oder in ↑ conidiogenen Zellen. Dabei lassen sich mehrere Teilprozesse unterscheiden (Abb. 1): 1. Formierung, 2. Abgrenzung gegen die conidiogene Zelle durch eine oder mehrere ↑ Septen, 3. Reifung der Conidie, 4. Abtrennung (Sezession). Bei thallischer C. (s. unten) erfolgt die Abgrenzung vor der Formierung der Conidie. Während der C. kann in bestimmten Fällen auch die conidiogene Zelle selbst und mitunter sogar das ↑ Conidiophor durch Wachstumspro-

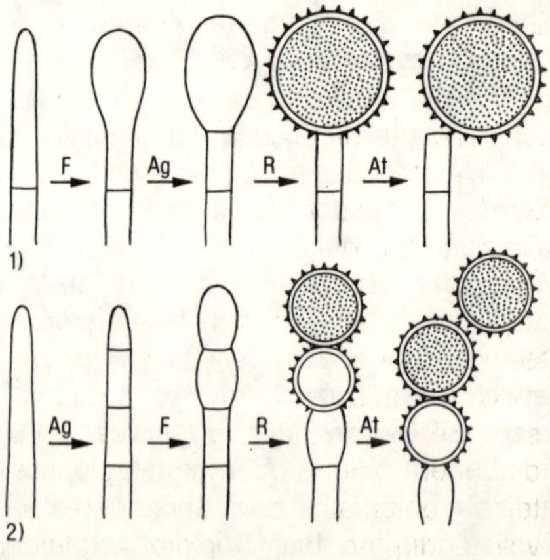

Conidiogenese 1: Teilschritte bei der blastischen (1) und thallischen (2) Conidienbildung. F Formierung, Ag Abgrenzung, R Reifung, At Abtrennung der Conidien

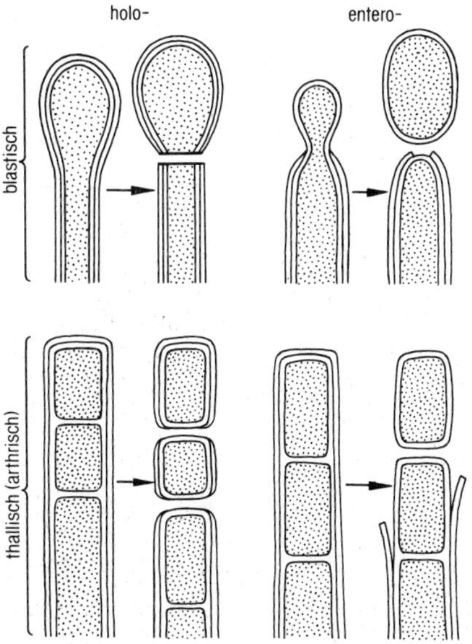

Conidiogenese 2: schematische Darstellung der Grundtypen

zesse charakteristischen Formveränderungen (z. B. Verlängerung, Verzweigung) unterworfen sein (z. B. ↑ Meristem-Blastosporen). Bei der Formierung wird eine Conidieninitiale gebildet, die sich dann nach und nach bis zur Endgröße der Conidien erweitert. Die Abgrenzung erfolgt durch Septenbildung. Während der Reifung kommt es zu Wandverdickung, Pigmentierung, Ausbildung von ↑ Ornamenten usw. Schließlich findet die Abtrennung der Conidie statt, die entweder als schizolytische Sezession (die basale Septe wird gespalten, ein Teil begrenzt die Conidie, der andere den ↑ Apex der conidiogenen Zelle) oder als rhexolytische Sezession (die Zellwand der conidiogenen Zelle reißt ringförmig unmittelbar unterhalb der Septe, welche vollständig an der Conidie verbleibt) ausgebildet ist.

Zwei Grundtypen der C. sind unterscheidbar. Bei der blastischen C. kommt es zu einer auffälligen Vergrößerung der erkennbaren Conidieninitiale, bevor diese durch eine Septe von der conidiogenen Zelle abgegrenzt wird. Die Conidie entwickelt sich also aus einem Teil der conidiogenen Zelle. Bei der thallischen C. findet jegliche Vergrößerung einer erkennbaren Conidieninitiale erst nach deren Abgrenzung durch eine oder mehrere Septen statt, d. h., die Conidie entwickelt sich jeweils aus einer vollständigen Zelle. Ist diese Zelle eine ↑ Hyphe, spricht man auch von arthrischer C. (↑ Arthrosporen).

Ein weiteres Einteilungsprinzip betrifft die Bildung der Conidienwand (Abb. 2). Ist an deren Entstehung die äußere und die innere Wand der conidiogenen Zelle beteiligt, dann ist die C. holoblastisch bzw. holoarthrisch (holothallisch). Wird die äußere Wand der conidiogenen Zelle nicht an der Bildung der Conidienwand beteiligt, ist die C. enteroblastisch bzw. enteroarthrisch (enterothallisch). Bei imperfekten *Ascomycetes* und *Basidiomycetes* kommt enteroarthrische C. selten vor (↑ Endoconidien), enteroblastische C. ist dagegen häufig. Dabei können innere Wandschichten der conidiogenen Zelle an der Bildung der Conidienwand beteiligt sein (z. B. ↑ Porosporen), oder die Wand der Conidien wird vollkommen neu gebildet, z. B. in den ↑ Phialiden (↑ Phialosporen).

Ultrastrukturelle Untersuchungen zur C. haben eine große Mannigfaltigkeit der beobachtbaren Strukturen vor, während und nach der Conidienbildung sowohl bei den Conidien selbst, als auch bei den conidiogenen Zellen und Conidiophoren ergeben. Die Klassifizierung und Verallgemeinerung dieser Befunde wird vermutlich in Zukunft weitere oder neue Muster der Conidienbildung offenlegen. Andererseits deutet sich an, daß einige bisher für grundlegend verschieden gehaltene Typen durch Übergänge verbunden sein können. Hi

conidiogener Ort: die Stelle an einer ↑ conidiogenen Zelle, an der die ↑ Conidie entsteht. Es können ein oder mehrere c. O. pro conidiogene Zelle vorhanden sein. Hi

conidiogene Zelle: jede Zelle, von der endo- oder exogen ↑ Conidien gebildet werden oder die selbst zur Conidie wird. Die c. Z. sitzen entweder ↑ Conidiophoren auf, oder sie sind selbst das Conidiophor bzw. ein Teil davon. Eine klare Unterscheidung ist nicht immer möglich. Bestimmte Typen von c. Z. repräsentieren bestimmte Formen der ↑ Conidiogenese (↑ Anellophor, ↑ Phialide). Hi

Conidioma (Pl. Conidiomata): Fruktifikation der ↑ imperfekten Pilze. Im engeren Sinn versteht man unter C. in Analogie zu den ↑ Ascocarpien (Ascomata) der *Ascomycetes* nur diejenigen Fruktifikationen, bei denen eine deutlich differenzierte Fruchtkörperwand ausgebildet ist. Die Schicht aus ↑ conidiogenen Zellen und/oder ↑ Conidiophoren stellt dann gleichsam das ↑ „Zentrum" dar. C. nach dieser Definition sind die ↑ Acervuli und ↑ Pycnidien, aber auch komplexere stromatische Bildungen sowie apothecienähnliche, Conidien produzierende Fruktifikationen sind als C. zu betrachten. Pilze mit diesen Merkmalen werden als ↑ *Coelomycetes* zusammengefaßt. Im weiteren Sinn werden auch lockere Aggregationen von Conidiophoren als C. bezeichnet (↑ Pionnotes, ↑ Sporodochium, ↑ Synnema). Hi

Conidiophor: Conidienträger, spezialisierte, einfache oder verzweigte Hyphe, die sich morphologisch deutlich von normalen ↑ Hyphen unterscheidet und ↑ conidiogene Zellen trägt bzw. selbst als conidiogene Zelle fungiert. Die Vielfalt der C. bei den ↑ imperfekten Pilzen und ↑ Anamorphen besonders der ↑ *Ascomycetes* ist sehr groß (↑ Abb. imperfekte Pilze). Die C. stehen einzeln, sind in lockeren Verbänden zusammengefaßt (↑ Pionnotes, ↑ Sporodochium, ↑ Synnema) oder in ↑ Conidiomata eingeschlossen. Ihre Morphologie bietet wichtige Kriterien zur Unterscheidung von Form-Gattungen (↑ Form-Taxa), weist jedoch eine gewisse Plastizität auf, was sich besonders bei längerdauernder Kultivierung durch Verlust bestimmter Merkmale zeigt (Degeneration). Hi

Context ↑ Trama

Coprin: N-Hydroxyzyklopropyl-Glutamin, Inhaltstoff aus dem Faltentintling *(Coprinus atramentarius*, Taf. 37/2), der bei Alkoholgenuß nach Minuten bis 24 Std. zu Kreislaufreaktionen (Hitzegefühl, Gesichtsröte, Pulsbeschleunigung, Schwindelgefühl u. a.) führt. C. hemmt den Ethanolabbau. Es entsteht Acetaldehyd, der die Vergiftung hervorruft. C. wirkt wie das gegen Alkoholismus eingesetzte Medikament ↑ Disulfiram. Derartige Wirkungen wurden auch nach dem Genuß vom Keulenfuß-Trichterling *(Clitocybe clavipes)* und einiger weiterer Pilzarten beobachtet. M

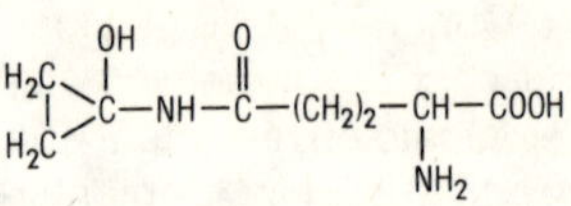

Coprin

Coprinus (Tintlinge): weltweit verbreitete, artenreiche Gattung der Ordnung ↑ *Agaricales* (Kl. ↑ *Basidiomycetes).* Die Fruchtkörper sind zentral gestielte, kleine bis mittelgroße ↑ Blätterpilze mit schwarzem bis schwarzbraunem Sporenpulver, oft faltig-gerieftem Hutrand und meist mit zerfließenden Lamellen. Die *C.*-Arten entwickeln sich hemiangiocarp. Hüllen (↑ Velum) sind im primordialen Zustand stets nachweisbar, bei reifen Fruchtkörpern nicht mehr in jedem Falle. Die Sporen haben einen Keimporus.

Die *C.*-Arten sind Saprophyten von Erde, Mist, Holz und anderen Pflanzenresten. Viele bevorzugen eutrophe

Standorte. Von den nahezu 100 europäischen Arten werden einige als Speisepilze genutzt. *C. comatus,* der Schopftintling (Typusart, Taf. 36/5), wird sogar kultiviert („Spargelpilz"). *C. atramentarius,* der Faltentintling (Taf. 37/2), ist als Antialkoholikerpilz bekannt (↑ Coprin). *C. micaceus,* der Glimmertintling (Taf. 37/1), wächst oft massenhaft an totem Laubholz. Er gehört zu den häufigsten Arten in Mitteleuropa. *C. picaceus,* der Spechttintling (Taf. 36/6), ist eine terrestrische Art in mesophilen Laubwaldgesellschaften. D

coprophile Pilze (fimicole Pilze): Arten, die vorzugsweise oder ausschließlich auf tierischen Exkrementen (Dung, Mist usw.) wachsen. Viele c. P. finden sich z. B. unter den ↑ *Acrasiomycetes,* ↑ *Mucorales,* ↑ *Pezizales,* ↑ *Xylariales,* ↑ *Agaricales* und unter den ↑ imperfekten Pilzen. Für die Coprophilie sind verschiedene Faktoren ausschlaggebend. Bei coprophilen Acrasiomyceten ist es das Vorkommen geeigneter Bakterien, andere c. P. haben im Verlaufe der Evolution spezielle physiologische Fähigkeiten entwickelt, um das reiche Nährstoffangebot nützen und die hohen Konzentrationen ertragen zu können. Die Anpassung an die coprophile Lebensweise kann sehr eng sein. Mitunter sind Darmpassagen für die Sporenkeimung notwendig, und es haben sich Mechanismen entwickelt, die eine endozoochore Sporenverbreitung ermöglichen (↑ *Pilobolus*). Im Substrat vorhandene Stoffe, z. B. der Wuchsstoff Coprogen, können für die Entwicklung c. P. ausschlaggebend sein. Mitunter dürfte das bevorzugte Vorkommen auf Exkrementen auch durch die Konkurrenzverhältnisse beeinflußt sein. Manche c. P. kommen ausschließlich auf Exkrementen vor, andere gehen auf nährstoffreiche Böden über. Von letzteren sind einige gebietsweise im Rahmen der allgemeinen Eutrophierung vieler Landschaften in Ausbreitung begriffen. Man hat für diese Arten auch den Begriff semicoprophile Pilze geprägt; z. B. wachsen *Stropharia semiglobata* und *Panaeolus sphinctrinus* (Ord. ↑ *Agaricales*) in nährstoffarmen alpinen Matten ausschließlich auf Exkrementen, während sie in der eutrophierten Agrarlandschaft als Acker- und Grünlandpilze vorkommen können. D/Hi

Corda, August Karl Joseph: Mykologe aus Böhmen (1809–1849). Mit Unterstützung eines Gönners, des Professors J. ↑ Krombholz, war es ihm möglich, Medizin zu studieren. Nach zwei Jahren brach C. das Studium ab und trat in eine Naturalienhandlung ein. 1835 übernahm er die Kustodenstelle am Böhmischen Nationalmuseum. C. bearbeitete für J. Sturms „Deutschlands Flora" (1837) die Pilze und Lebermoose, außerdem unterstützte er Krombholz bei der Ausarbeitung seines Pilzwerkes. C.s mykologische Untersuchungen sind bedeutend für die Entdeckungsgeschichte der Basidien. 1837 beschrieb er Basidien und Basidiosporen, die er auch illustrierte. Als Lithograph und Zeichner förderte C. die Pilzkunde nicht zuletzt durch seine bildlichen Darstellungen, z. B. in seinen bedeutendsten Werken „Icones fungorum" (1837–1854, 6 Bde.) und „Prachtflora europäischer Schimmelbildungen" (1839). Die „Anleitung zum Studium der Mycologie ..." (1842) enthält neben einer Gattungsübersicht mit wertvollen Illustrationen auch einen beachtenswerten Überblick zur Geschichte der Pilzsystematik. H/D

Cordyceps: Gattung der Ordnung ↑ *Hypocreales* (Kl. ↑ *Ascomycetes*), die weltweit verbreitet, aber besonders in den Tropen reich entfaltet ist und rund 100 Arten umfaßt. Die meisten von ihnen sind Insektenparasiten, einige Pilzparasiten auf Hirschtrüffeln (↑ *Elaphomyces*). Die ↑ Ascocarpien, kleine helle ↑ Perithecien, sind an der Peripherie artspezifisch geformter, meist keulen- oder zungenförmiger Stromata („Kernkeulen") eingesenkt. ↑ Abb. Ascosporen, Taf. 12/3 Hi

Cortex ↑ Rinde

Cortinarius (Schleierlinge): artenreichste Gattung der Ordnung ↑ *Agaricales* (Kl. ↑ *Basidiomycetes*). Die Fruchtkörper sind kleine bis sehr große, zentral gestielte ↑ Blätterpilze (agaricoide Pilothecien) mit einem ↑ Velum partiale, das charakteristischerweise als Cortina ausgebildet ist, selten als häutiger Ring, und einem Velum universale, das an den reifen Fruchtkörpern nur manchmal zu erkennen ist. Das Velum universale kann verschleimen (Schleimfüße), auffällige Zonen bilden (Gürtelfüße), bei manchen (außereuropäischen) Arten sogar eine häutige ↑ Volva. Die Sporen sind ellipsoid, mandel- oder zitronenförmig, selten fast kugelig, stets ornamentiert (punktiert bis grobwarzig, selten fast gratig); am Hilarappendix tritt das Ornament oft zurück, aber mit wenigen Ausnahmen ist kein scharf begrenztes Plage ausgebildet. Die Lamellentrama ist regulär bis subregulär gebaut. Cheilocystiden

Wichtige Merkmale der *Cortinarius*-Untergattungen

Untergattung (Subgenus)	makroskopische Merkmale der Hut- und Stielbeschaffenheit	überwiegende Farbtöne	besondere Mikromerkmale
Cortinarius	Hut und Stiel trocken, filzig bis schuppig	dunkel blauviolett	große Pleuro- und Cheilocystiden (um 100 µm) Sporen manchmal mit Plage
Phlegmacium (Schleimköpfe und Klumpfüße)	nur Hut schmierig, wenn auch dieser trocken, dann Trama mit gelber oder brauner (stets gelbrandiger) Laugenreaktion; Stielbasis keulig bis auffallend knollig	grauweiß, gelb, rot, grün, braun	Cystiden selten, Sporen meist mandel- bis zitronenförmig
Myxacium (Schleimfüße)	Hut und Stiel schleimig (mit Ausnahme einiger kleiner halbkugeliger, ockerfarbener, bitterer Arten), Hut oft auffallend gebuckelt bis fast kegelig, Stiel zur Basis hin oft verjüngt, spindelig, „wurzelnd"	grau, strohgelb ocker, braun, rotbraun, blau, lila, violett	manche Sektionen mit Schnallen
Leprocybe	Hut und Stiel trocken, faserschuppig, filzig, selten glatt bis seidig, Laugenreaktion der Trama schwarzbraun	grau, gelb, graubraun, grün oliv	Huthauthyphen oft dick (bis über 10 µm), Sporen rund, breitellipsoid, ellipsoid
Sericeocybe	Hut und Stiel trocken, seidig bis glimmerig, selten schuppig oder filzig, Stiel zylindrisch bis keulig	ocker, tonbraun, blau, violett	Huthaut mit fast zelligem Hypoderm
Telamonia incl. *Hydrocybe*, (Gürtelfüße und Wasserköpfe)	Hut und Stiel trocken, Hut hygrophan und dünnfleischig oder, wenn dicker dann Laugenreaktion schwarz, Stiele zylindrisch, Velum universale oft sehr ausgeprägt, Stiele oft gestiefelt oder gegürtelt	grau, gelbbraun, braun, ocker, violett	Sporen spindelig, mandelförmig, selten fast rund

kommen häufig, Pleurocystiden nur bei wenigen Arten vor.

Viele weitere Merkmale sind innerhalb der Gattung *C.* sehr unterschiedlich ausgebildet. Die Fruchtkörpergröße reicht von wenigen mm bis 25 cm Durchmesser; die sterilen Oberflächen sind trocken und kahl bis schuppig oder feucht bis schleimig, die Hüte sind hygrophan oder ahygrophan, die Farben reichen von unscheinbar grauweiß, graubraun usw. bis lebhaft gelb, grün, blau, violett usw., die Lamellenschneide von ganzrandig bis flockig oder grob gesägt.

Die Gattung *C.* wird in mehrere Untergattungen gegliedert (Tab.), von denen manche auch schon als Gattungen geführt wurden. Problematisch ist die Stellung von ↑ *Dermocybe,* die meist als selbständige Gattung der *Cortinariaceae* geführt wird. Die meisten *C.*-Arten sind Mykorrhizapilze. Die ↑ Phytobionten sind Gehölze der *Pinales, Fagales, Salicales, Myrtales* und *Rhamnales.* Viele *C.*-Arten können als Speisepilze genutzt werden, z. B. alle mild schmekkenden Arten der Untergattung *Phlegmacium.* Andere sind als gefährliche Giftpilze bekannt, z. B. *C. orellanus, C. speciosissimus,* und *C. orellanoides* aus der Sektion *Orellani* der Untergattung *Leprocybe.* Taf. 34/1–6, ↑ Orellanin D

Cortinarius-Gifte: Mischung von Pilzgiften, die in den Fruchtkörpern von Schleierlingen (*Cortinarius*-Arten, Ord. ↑ *Agaricales,* Kl. *Basidiomycetes*) gebildet werden. Zuerst wurde die nierenschädigende Wirkung durch den Orangefuchsigen Schleierling *(Cortinarius orellanus)* bekannt, der die Verbindungen zu 1% des Trockengewichts enthält (LD_{50} = 8–10 mg/kg Maus). Mit großer Wahrscheinlichkeit ist die nierenschädigende, langsam wirkende Hauptkomponente das ↑ Orellanin, eine niedermolekulare Verbindung von der Struktur eines Bipyridyls. Englische Forscher beschrieben toxische Cortinarine, die ähnlich den ↑ Amatoxinen zyklische Polypeptide darstellen. Die chemischen Strukturen weiterer C. sind bisher nicht geklärt. Die Erkrankung wird erst nach 3–20 Tagen bemerkt. Es treten Müdigkeit, Durst, verminderte Urinproduktion und Schmerzen im Nierenbereich auf. Schwere Vergiftungen führen zu irreversiblen Nierenschädigungen. M

Cornicularia: zur Familie der *Parmeliaceae* (Ord. ↑ *Lecanorales*) gehörende Flechtengattung (↑ Lichenes) mit meist sperrig-strauchigem Lager von glänzendbrauner bis schwarzbrauner Farbe. Die Abschnitte des ↑ Flechtenthallus sind rund, mitunter auch abgeflacht, meist reich verzweigt und knorpelig berindet. Die ↑ Apothecien sind lecanorin, haben braune bis schwarze ↑ Scheiben und werden fast endständig angelegt. Sie weisen oft einen gezähnten Rand auf. In den ↑ Asci entwikkeln sich je 8 einzellige Sporen. Es kommen einzellige, zylindrische bis hantelförmige Pycnosporen vor. *C.*-Arten wachsen epilithisch und terrestrisch, oft auf trockenen Heide- oder Sandböden. Sto

Cortina ↑ Schleier, ↑ Velum

Crabtree-Effekt: die Erscheinung, daß bei hohen Glukose-Konzentrationen bei ↑ Hefen ↑ Gärung auch unter aeroben Bedingungen stattfindet. Die Synthese von bestimmten Enzymen wird durch Glukose und deren Abbauprodukte gehemmt. Str

Crepidotus (Stummelfüßchen): Gattung der Ordnung ↑ *Agaricales* (Kl. ↑ *Basidiomycetes*). Die hellen Fruchtkörper sind meist kleine, selten mittelgroße pleurotoide ↑ Pilothecien ohne oder mit kurzem, lateralem Stiel, an dem die Lamellen abgerundet angewachsen sind oder kurz herablaufen. Die Fruchtkörper erscheinen an Holz, krautigen Pflanzen oder an Pflanzenresten. Vela fehlen. Die Huthaut ist aus liegenden oder etwas aufgerichteten Hyphen aufgebaut. Das Sporenpulver ist, wie auch die reifen Lamellen, hell- bis ockerbraun, die Lamellentrama zeigt regulären bis subregulären Bau. Die Typusart, *C. mollis,* ist in Mitteleuropa an Laubholz weit verbreitet. In Europa ist die Gattung mit etwa 25 Arten vertreten. D

Cronartium: Gattung der Rostpilze (Ord. ↑ *Uredinales*), deren Aecidien (Peridermium-Typ, ↑ Pseudoperidie) an der Rinde von Kiefern gebildet werden. Sie rufen dort die typischen Symptome des Rindenblasenrostes hervor. Die blasen- bis sackartige Pseudoperidie reißt unregelmäßig auf und setzt die Aecidiosporen frei. Die subepidermal angelegten Uredolager besitzen gleichfalls Pseudoperidien, die sich am Scheitel porusartig öffnen. Die Uredosporen entstehen einzeln auf kurzen Stielen. Auch die Teleutolager werden subepidermal angelegt, brechen später hervor und bestehen aus einzelligen, seitlich zu Ketten verklebten Sporen mit blassen Wänden und undeutlichen Keimporen. Die *C.*-Arten sind Hetereuformen (↑ *Uredinales,* Tab.) deren Haplonten auf verschiedenen Kiefernarten wachsen. Die Dikaryontenwirte gehören zu verschiedenen Pflanzenfamilien. *C. flaccidum,* die Typusart, kann sich auf einer Vielzahl von Pflanzenarten entwickeln. Der Dikaryont von *C. ribicola* parasitiert an *Ribes*-Arten (Johannisbeeren). B

Crossing-over: reziproker Austausch zwischen Nichtschwesterchromatiden homologer ↑ Chromosomen, der hauptsächlich während der ↑ Meiose regelmäßig abläuft. Im Ergebnis des C.-o. wird die ursprüngliche Genkoppelung durchbrochen (↑ Abb. Genkonversion). ↑ Pilzgenetik Sch

Crucibulum: Gattung der Ordnung ↑ *Nidulariales* (Kl. ↑ *Basidiomycetes*), die nur eine einzige Art, *C. laeve,* den Tiegelteuerling, umfaßt. Dieser Pilz ähnelt den Arten der Gattung ↑ *Cyathus,* ist aber von diesen durch einfacher gebaute Myzelstränge (Funiculi) an den ↑ Peridiolen und eine einfacher strukturierte Peridie an den kleinen ↑ Gasterothecien verschieden. Durch das auffallende orangegelbe ↑ Epiphragma sind die meist auf morschem Holz wachsenden Tiegelteuerlinge auch makroskopisch von Teuerlingen zu unterscheiden. D

Crustothecien: krustenförmige ↑ Basidiocarpien, die das Substrat flächig überziehen. Zwischen Hymenium und Substrat ist oft nur eine sehr dünne Traмaschicht ausgebildet, die in der Literatur der *Poriales (Aphyllophoranae)* häufig als ↑ Subiculum bezeichnet wird. C. können völlig ausgebreitet sein oder durch einen hutförmigen (konsolenförmigen) Teil mit ausdifferenzierter Oberseite zu den ↑ Pilothecien vermitteln. Man unterscheidet nach dieser Struktur effuse (auch „resupinate") bzw. effusoreflexe (auch „halbresupinate") C. Effusoreflexe C. lassen sich nicht scharf von Pilothecien trennen, deren Hüte seitlich am Substrat ansitzen (fomitoide Pilothecien). Die C. entwickeln sich meist auf Holz und besitzen entweder kein ausdifferenziertes, sondern ein glattes Hymenophor (corticioide C., auf Erde: *Tomentella*-Typ, auf Holz: *Corticium*-Typ) oder ein faltiges (merulioide C.), stacheliges bis zahnförmiges (irpicoide C.) oder derbröhriges (poroide C.) Hymenophor.

Die Bezeichnung C. wurde im ursprünglichen Sinne (Kreisel 1969) auch für pileate Pilze benutzt (↑ Pilothecien), die sich nicht aus Primordien entwickeln. Die Trennung hütiger C. in diesem Sinne von Pilothecien ist dann problematisch, wie sich bei den ↑ *Polyporales* gezeigt hat. Die terminologischen Versuche zur Bezeichnung von Typen der Basidiocarpien dürfen beim derzeitigen Kenntnisstand über die Fruchtkörperentwicklung nicht dogmatisch aufgefaßt werden, sondern sind als Versuche zu bewerten, über deren Tauglichkeit die fachsprachliche Entwicklung der Zukunft entscheiden wird. ↑ Vorsatz, Taf. 22/1 D

Cryptococcaceae ↑ *Torulopsidales*

Cryptococcose: ↑ Mykose, welche durch den ↑ Sproßpilz *Cryptococcus neoformans* (↑ Teleomorphe ist ↑ *Filo-*

basidiella neoformans, Kl. ↑ *Basidiomycetes*) hervorgerufen wird. Die mancherorts auch als Europäische Blastomykose bezeichnete Erkrankung stellt eine der gefährlichsten ↑ Endomykosen des Menschen dar und endet unbehandelt stets tödlich. Der Erreger ist sehr virulent und befällt nicht nur abwehrgeschwächte, sondern auch gesunde Personen. Nach inhalativer Aufnahme (↑ Inhalationsmykose) der widerstandsfähigen Pilzzellen kommt es zu deren Manifestation in der Lunge, wo anfangs scharf begrenzte Infiltrate entstehen. Später entwickelt sich eine subakut verlaufende Meningitis, evtl. auch Encephalitis. Mit fortschreitender Krankheitsdauer können infolge einer Erregerstreuung weitere Organe, z. B. Nieren und Haut, befallen werden. Die Immunantwort des befallenen Organismus ist meist schwach, da die Erregerzellen von einer wenig immunogenen Schleimkapsel umgeben sind. Die Gefährlichkeit der C. besteht in ihrem schleichenden Verlauf mit uncharakteristischen Krankheitssymptomen, weshalb es nicht selten zu Fehldiagnosen kommt. ↑ Sproßzellen von *C. neoformans* findet man im Erdboden und regelmäßig in Taubenkot. Interessant ist die Vermutung, daß die C. wahrscheinlich auch nach Inhalation von ↑ Basidiosporen des auf Getreide und Wildgräsern parasitierenden Dikaryonten hervorgerufen werden kann. Auch das Vorkommen des Erregers im Taubenkot hat seine Ursache in der Aufnahme kontaminierter Getreidekörner durch die Vögel, welche selbst nicht erkranken. Mit der C. liegt der sehr seltene Fall vor, daß verschiedene Entwicklungsformen einer Art sowohl für Mensch und Tier als auch für Pflanzen pathogen sind. Die C. ist über die gesamte Erde verbreitet. Sie kommt in Europa selten, in Nordamerika und Japan etwas häufiger vor. V

Cunninghamella ↑ *Mucorales*

Cutis: Huthaut, die aus liegenden (nicht aufgerichteten oder palisadenartig nebeneinanderstehenden) Hyphenenden aufgebaut ist. Häufig sind die Hyphen der C. radial orientiert, pigmentiert und oft auch etwas wandverdickt. Eine C. kommt bei zahlreichen Gattungen von ↑ Blätterpilzen (↑ *Agaricales*) vor. ↑ Trichoderm, ↑ Hymenoderm, ↑ Palisadoderm, ↑ Kruste D

Cyathus: Gattung der Ordnung ↑ *Nidulariales* (Kl. ↑ *Basidiomycetes*). Die epigäischen, zunächst eiförmigen, später trichterförmig geöffneten, bis ca. 2 cm hohen ↑ Gasterothecien bilden im Inneren zahlreiche ↑ Peridiolen an je einem komplex gebauten Myzelstrang (Funiculus). Diese Fruchtkörper werden wegen der linsenförmigen (münzenähnlichen) Peridiolen als Teuerlinge (Wahrzeichen für Teuerungen) bezeichnet. Die bis 40 µm langen Sporen sind dickwandig und glatt. Taf. 47/4 D

Cyclochlorotin: ↑ Mykotoxin, ein hochtoxisches pentazyklisches Peptid, das von *Penicillium islandicum* (↑ imperfekte Pilze) gebildet wird. C. stört den Glykogenstoffwechsel in der Leber und bewirkt Leberzirrhose (LD_{50} = 0,5 mg/kg Maus, subkutan). M

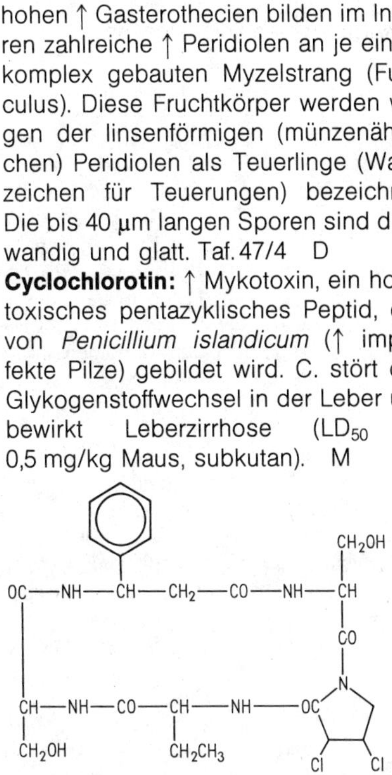

Cyclochlorotin

Cycloheximid: Glutarimid-Antibiotikum, das hemmend auf die Zellen vieler eukaryotischer Organismen wirkt. Es wurde das erste Mal in den Laboratorien der Upjohn Company aus Stäm-

men des Bakteriums *Streptomyces griseus* isoliert. C. findet in der Biologie, vor allem aber in der Mykologie, breite Anwendung. Es ist wirksam gegen einige ↑ Sproßpilze und ↑ imperfekte Pilze, nicht aber gegen ↑ Dermatophyten. Mit C. versetzte ↑ Nährmedien können zur selektiven Anzucht von Dermatophyten genutzt werden.
Vom klinischen Einsatz von C. als ↑ Antimykotikum nahm man wieder Abstand, da es auf Mensch und Tier sehr giftig wirkt. V

Cyclopentadione ↑ Blaufärbung

Cyphellen: nur bei der Flechten-Gattung *Sticta* (Ord. ↑ *Lecanorales*) vorkommende, kreisrunde Erhebungen auf der ↑ Rinde der Thallusunterseite, in deren Mitte eine scharf abgesetzte, grubige Höhlung eingesenkt ist. In dieser Höhlung sind die Hyphen der Rindenschicht aufgelockert, und das weiße ↑ Mark bzw. eine lockere Schicht von kugelig gewordenen Hyphenzellen werden sichtbar. Die C. dienen dem Gasaustausch. Sto

Cystide (Pl. Cystiden; auch Cystidium, Pl. Cystidia): steriler Endabschnitt einer

Cystiden

Name	Charakteristik
Caulocystiden	Cystiden der Stieloberfläche stipitater ↑ Pilothecien
Cheilocystiden	Cystiden der Lamellenschneide (↑ Pleurocystiden)
Chrysocystiden	Cystiden mit amorphem, granulösem, gelblichem Inhalt, der sich mit Ammoniak oder KOH intensiv gelb färbt
Cystidiolen	von Basidien wenig verschiedene Cystiden, aber ohne Sterigmata
Dermatocystiden	Cystiden steriler, hautartiger Oberflächenstrukturen, Überbegriff für Pilo- und Caulocystiden bei Pilothecien
Dendrophysen	bäumchenartig verzweigte Cystiden
Gloeocystiden	dünnwandige Cystiden mit tröpfchenartigen Inhalt
Halocystiden	Cystiden mit apical in der Wand eingelagerter ölig-harziger Kruste
Hymenialcystiden	Cystiden im Hymenium, im Gegensatz zu Dermatocystiden benutzter Begriff
Lagenocystiden	schmale, zylindrische Cystiden, die apical abrupt in einen fädigen inkrustierten Endabschnitt übergehen
Lamprocystiden	dickwandige, stark inkrustierte Cystiden (vorwiegend bei den Aphyllophoranae benutzt, ↑ Metuloide)
Leptocystiden	dünnwandige Cystiden
Lyocystiden	dickwandige Cystiden, deren mittlere Wandbestandteile sich in KOH rasch auflösen
Metuloide	dickwandige, meist auffallend inkrustierte Cystiden (vorwiegend bei den Agaricanae benutzt, ↑ Lamprocystiden)
Pilocystiden	Cystiden der Hutoberseite von ↑ Pilothecien
Pleurocystiden	Cystiden der Lamellenfläche (↑ Cheilocystiden)
Pseudocystiden	Cystiden, die in der Trama entspringen und ins Hymenium ragen; mitunter nur für solche benutzt, die von Safthyphen der Trama entspringen
Septocystiden	Cystiden mit Querwänden
Stephanocystiden	zweizellige, kugelige bis ellipsoide Cystiden mit bläschenartigen Einschlüssen an der Querwand
Skeletocystiden	apical verbreiterte Skeletthyphen, die ins Hymenium ragen (dickwandige Pseudocystiden) und meist inkrustiert sind

Hyphe, in den meisten Fällen einer generativen Hyphe, an einem ↑ Basidiocarp, insbesondere im Hymenium, aber auch an sterilen Oberflächen und in der Trama, wenn dieses Hyphenende eine besondere Form aufweist (meist verdickt ist) und nicht wie eine normale Hyphe gestaltet ist. Die C. sind oft keulig, bauchig, flaschenförmig, apikal kopfförmig („kopfig", „köpfig") usw.; sie können dick- oder dünnwandig sein, Kristalle, Tropfen, Krusten usw. tragen, an ihrer Innenseite inkrustiert sein oder innerhalb der Wand Einlagerungen tragen. Sie können außen oder tiefer in der Trama inseriert sein und die Oberfläche überragen oder in der Trama eingebettet sein. Die C. dienen z. B. der Exkretion, haben Stützfunktion oder speichern bestimmte Stoffe. Die Anwendung des Terminus C. ist unscharf; problematisch ist z. B. die Abgrenzung gegen ↑ Hyphidien. Auch der Begriff ↑ Seta (besonders Hymenialseta) umfaßt größtenteils Strukturen, die von den Cystidendefinitionen nicht ausgeschlossen sind. Haare, Zellen des ↑ Hymenoderms u. a. Oberflächenstrukturen von Basidiocarpien lassen sich ebenfalls nicht sauber gegen C. abgrenzen. Als ↑ Haare bezeichnete Bildungen der Oberfläche von Fruchtkörpern sind besonders lange Hyphenenden, die in allen Übergängen zu typischen C. vorkommen können. So werden besonders lange Cheilocystiden als Marginalhaare bezeichnet. Man verwendet den Cystidenbegriff nicht für die relativ gleichförmigen Strukturen (Hymenodermzellen, Zellen des Palisadoderms, Trichoderms, der Cutis usw.). C. bezeichnen stets etwas vom Normalen Abweichendes. Die zahlreichen Namen für Sonderformen von C. (Tab.), die in der mykologischen Literatur benutzt werden, schließen sich teilweise gegenseitig ein. Eine klare allgemeingültige Klassifizierung fehlt. D

Cystidiolen ↑ Cystide

Cystoconidien: zu Conidien ähnlichen Sporen umgebildete Sporocysten. Sie sind durch Unterdrückung der Sporenbildung entstanden oder stellen einsporige Sporocysten oder sich ablösende Teilsporocysten dar. C. keimen mit Hyphen, fungieren als Keimzellen und werden von der Definition der ↑ Sporen mit eingeschlossen („versporte Sporocysten", „Angioconidien"). C. kommen besonders bei den ↑ *Oomycetes* und ↑ *Zygomycetes* vor. Mitunter ist nur durch Homologieschluß im Vergleich mit verwandten Sippen nachweisbar, daß C. und keine Conidien vorliegen. D

Cystogamie ↑ Befruchtung

Cystogonite ↑ Gonite

Cytochalasin A: ↑ Mykotoxin der ↑ Cytochalasin-Gruppe, das von *Helminthosporium dematioideum* und von *Phoma*-Arten gebildet wird. C. ist ein Cytotoxin, das in Zellkulturen von Mensch und Tier die Zellteilung hemmt und zur Bildung vielkerniger Riesenzellen führt. M

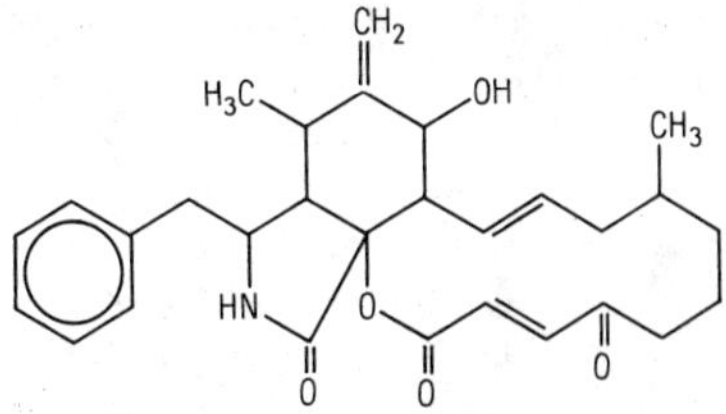

Cytochalasin A

Cytochalasine (Cytochalasin-Gruppe): ca. 20 bis 30 ↑ Mykotoxine, die von den imperfekten Pilzen der Gattungen *Aspergillus, Rosellinia, Nigrosabulum, Helminthosporium, Phoma, Hormiscium, Phomopsis, Metarrhizium, Zygosporium, Chaetomium, Penicillium* und *Diploida* gebildet werden. C. enthalten in ihrer Struktur entweder eine Indol- oder eine Perhydroisoindoleinheit, die mit einem makrozyklischen Ring verbunden sind. C., wie z. B. ↑ Cytochalasin A, ↑ Chaetoglobosin A, ↑ Zygosporine und ↑ Phomine, sind alle Zellgifte. Sie stören die Zellteilung, nicht aber die Kernteilung, hemmen die Zellbewegung und sind z. T. auch für andere Pilze toxisch. M

Cytomykose: Form der ↑ Mykosen, bei welcher sich die Erregerzellen intrazellulär im Wirtsgewebe vermehren. Das ist z. B. bei der ↑ Histoplasmose der Fall. V

Cytoplasma: die lebenden Bestandteile einer Zelle mit Ausnahme des ↑ Zellkerns. Die äußere Begrenzung des C. ist das ↑ Plasmalemma. Das C. wird unterteilt in die cytoplasmatische Matrix (Grundplasma) und die cytoplasmatischen ↑ Organellen. Die cytoplasmatische Matrix stellt ein mehrphasisches, kolloidales System dar und setzt sich zusammen aus langen makromolekularen Ketten, Molekülaggregaten (darunter zahlreiche Enzyme), Reservesubstanzen sowie der wäßrigen Phase, in der die verschiedensten löslichen Stoffe enthalten sind. Sch

cytoplasmatische Organellen ↑ Organell

cytoplasmatische Vererbung: Vererbung von Merkmalen, die nicht von der genetischen Information des ↑ Zellkerns codiert werden (↑ extranucleäre Erbanlagen). Die c. V. folgt nicht den Mendelschen Gesetzen. Sch

Cytoskelett: Netzwerk von Strukturproteinen in den Zellen der ↑ Eukaryoten. Die Bestandteile des C. sind beteiligt an der Formgebung von Zellen, an der Zell-Motilität sowie an der intrazellulären Bewegung und Anordnung von ↑ Organellen und anderen Zellbestandteilen. Bisher sind 4 Hauptkomponenten des C.s bekannt: 1. ↑ Mikrotubuli (Durchmesser ca. 25 nm) sind Bestandteile der ↑ Spindel und somit an Bewegungsvorgängen der ↑ Chromosomen während der ↑ Kernteilung beteiligt. Bei der Teilung pflanzlicher Zellen treten Mikrotubuli im Bereich der wachsenden Zellwand (als Bestandteil des Phragmoplasten) auf. Sehr wahrscheinlich sind Mikrotubuli generell für die intrazelluläre Lokalisation und Lokomotion cytoplasmatischer Organellen verantwortlich. 2. Mikrofilamente (Durchmesser ca. 7 nm) treten insbesondere bei der Entstehung und Bewegung von Zellfortsätzen in Erscheinung. 3. Intermediärfilamente (Durchmesser ca. 10 nm) durchziehen das ↑ Cytoplasma als schmale Bündel oder Einzelfasern und scheinen mit Organellen in Wechselwirkung zu treten. Die funktionelle Aufgabe der Intermediärfilamente ist noch weitestgehend unbekannt. 4. Das mikrotrabekuläre Netzwerk füllt das gesamte Cytoplasma als dreidimensionales Netzwerk aus. In ihm sind die cytoplasmatischen Organellen und fibröse Systeme eingebettet. Möglicherweise stellt es den strukturellen Rahmen für Enzyme und ↑ Ribosomen dar, mit der Aufgabe der Organisation und Steuerung bestimmter Stoffwechselvorgänge und der Synthese von Proteinen. Sch

Cyttariales: Ordnung der Klasse ↑ *Ascomycetes*, die nur eine einzige Gattung *(Cyttaria)* mit ca. 10 Arten umfaßt, die auf der *Fagaceae*-Gattung *Nothofagus* in der temperaten Zone der Südhemisphäre parasitisch leben. Die ↑ Apothecien sind in große, fleischige, eßbare ↑ Stromata eingeschlossen, die Asci sind inoperculat und haben einen weiten Porus. Hi

D

Dacryomyces: (Gallerttränen): Gattung der Ordnung ↑ *Dacryomycetales* (Kl. ↑ *Basidiomycetes*), deren Fruchtkörper gallertartige bis lederige Konsistenz aufweisen. Es sind pustel- bis kreiselförmige Holothecien, die meist in dichten Gruppen auf dem Substrat stehen. Die Basidiosporen sind ↑ Ballistosporen. Sie keimen fakultativ mit ↑ Conidien oder mit Hyphen. In Europa kommen ca. 15 Arten vor, unter ihnen die allgemein verbreitete Typusart, *D. stillatus,* auf Nadelholz, seltener auch auf Laubholz. Die *D.*-Arten sind holzbewohnende Saprophyten. D

Dacryomycetales: Ordnung der Klasse ↑ *Basidiomycetes* (Ukl. ↑ *Heterobasidiomycetidae*). Die meist durch Carotinoide gefärbten Fruchtkörper sind pustelförmige, keulen- bis korallenförmige ↑ Holothecien; selten kommen corticioide ↑ Crustothecien und einfach gebaute ↑ Pilothecien vor. Ähnlich den ↑ *Tremellales* ist die Trama gallertig und monomitisch, die Fruchtkörperentwicklung stets gymnocarp. Bei den *D.* werden stets ↑ Holobasidien gebildet, die durch zwei auffallende Prosterigmata gegabelt sind. Von den Basidiosporen werden oft Conidien („Sekundärsporen“) gebildet; fakultativ keimen sie mit Hyphen aus. Neben den Basidiosporen gibt es auch Conidien, die aktiv abgeschleudert werden. Die Septen der D. haben ↑ Dolipori mit kontinuierlichen (nicht perforierten) ↑ Parenthosomen. Zu den wichtigsten Gattungen der *D.* gehören ↑ *Calocera* (Hörnlinge) und ↑ *Dacryomyces* (Gallerttränen). Taf. 18/1 D

Dampftopf ↑ Sterilisation

Dasyscyphus: artenreiche Gattung der Familie ↑ *Hyaloscyphaceae* (Ord. ↑ *Helotiales,* ↑ Kl. *Ascomycetes*) mit mehr als 100 Arten. Die *D.*-Arten sind saprophytische Pilze mit kleinen, meist gestielten ↑ Apothecien, die außen mit farblosen oder pigmentierten ↑ Haaren besetzt sind. ↑ Abb. Ascus 4 Hi

Dauerkörper ↑ Hyphenkörper, ↑ Gemmen

Dauersporen ↑ Hypnosporen

De Bary ↑ Bary

de-Bary-Vacuolen: bei Benutzung bestimmter Präparationsflüssigkeiten (Baumwollblau-Milchsäure, Lactophenol, KOH) in den ↑ Ascosporen einiger ↑ *Ascomycetes* (z. B. bei ↑ *Pezizales*- und ↑ *Xylariales*-Sippen) stets in der Einzahl auftretende, stark lichtbrechende Gasvacuolen. De-Bary-V. finden sich immer nur bei einem Teil der Sporen eines Präparates. Sie sind als Artefakte zu betrachten. Hi

definierte Nährböden ↑ Nährmedien

Dematiaceae: Form-Familie der ↑ imperfekten Pilze. Als D. werden alle Pilze zusammengefaßt, deren ↑ Conidien und/oder ↑ Conidiophore dunkelbraun bis schwärzlich pigmentiert sind (↑ Saccardosches System) und die keine ↑ Conidiomata bilden. Hi

Dendrohyphidien ↑ Hyphidien

Dendrophysen ↑ Cystide

Depside: ↑ Flechtenstoffe; aromatische Verbindungen, die chemisch Ester monozyklischer Phenolcarbonsäuren (Hydroxybenzoesäuren) untereinander oder mit anderen Hydroxysäuren darstellen. Die meisten D. leiten sich von der ↑ Orsellinsäure, ihren Derivaten und homologen Verbindungen ab und gehören zum Orcintypus. D. vom β-Orcintypus entstehen, wenn in 3-Stellung

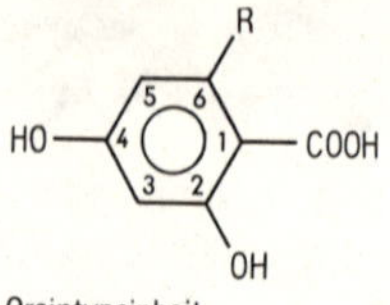

Orcintypeinheit

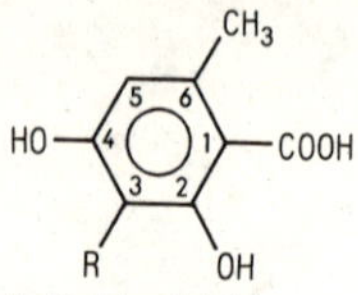

β - Orcintypeinheit

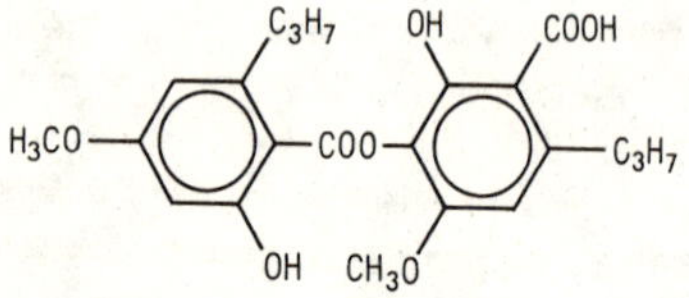

meta - D. vom Orcintypus: Sekikasäure

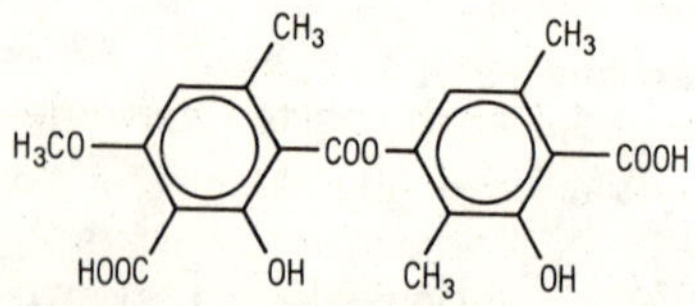

para - D. vom β - Orcintypus: Squamatsäure

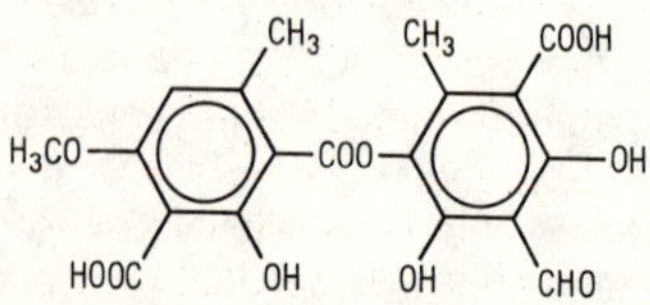

meta - D. vom β - Orcintypus: Thamnolsäure

der Orsellinsäure eine Methyl-, Hydroxymethyl- o.a. C_1-Gruppe als Substituent auftritt.

Nach der Stellung der veresterten phenolischen Hydroxylgruppe zur Carboxylgruppe werden para- und meta-D. unterschieden. Durch Veresterung von 3 Phenolcarbonsäuren können auch Tridepside entstehen. Fast alle diese Verbindungen können als Ausgangsstoffe für die Herstellung des Orseille-Farbstoffes genutzt werden. Ein bekanntes para-D. vom Orcintypus ist die ↑ Lecanorsäure, ein meta-D. die Sekikasäure. Para- bzw. meta-D. vom *β*-Orcintypus sind z. B. Squamatsäure bzw. Thamnolsäure, ein bekanntes Tridepsid ist die ↑ Gyrophorsäure. Sto

Depsidone: ↑ Flechtenstoffe, die chemisch als ↑ Depside mit einer zusätzlichen Sauerstoffbrücke zwischen den aromatischen Ringen charakterisiert werden können und vermutlich durch oxidative Ringbildung aus diesen entstehen. Wie bei den Depsiden werden D. vom Orcin- und vom *β*-Orcintypus unterschieden. Ein D. vom Orcintypus ist z.B. die ↑ Alectoronsäure, ein D. vom *β*-Orcintypus die Stictinsäure. Sto

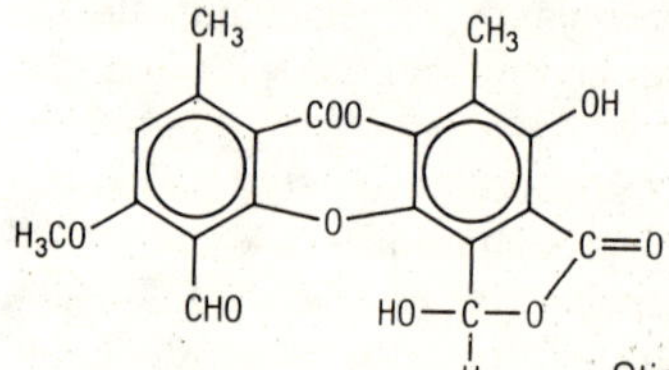

Stictinsäure

Dermateaceae: Familie der Ordnung ↑ *Helotiales* (Kl. ↑ *Ascomycetes*). Das Ektalexcipulum der ↑ Apothecien besteht bei diesen Pilzen aus oft dunkel pigmentierter ↑ Textura globulosa oder Textura angularis. Wichtige Gattungen sind z. B. ↑ *Mollisia* und *Pseudopeziza*. Hi

Dermatocystiden ↑ Cystide

Dermatomykosen: Erkrankungen der Haut und ihrer Anhangsgebilde, die durch den Befall mit ↑ pathogenen Pilzen hervorgerufen werden. Das Erregerspektrum ist sehr umfangreich; ebenso variabel sind die klinischen Erscheinungen. D. können durch ↑ Dermatophyten (↑ Dermatophytosen, ↑ Tinea, ↑ Favus, ↑ Mikrosporie, ↑ Trichophytie, ↑ Epidermophytie), ↑ Sproßpilze (↑ Levurosen, ↑ Candidose, ↑ Pityriasis versicolor, ↑ Weiße Piedra, ↑ Sporobolose), durch Anamorphen der Form-Familie *Dematiaceae* (↑ Tinea nigra durch *Exophiala werneckii*), ↑ *Aspergillus*-Arten (Gehörgangsmykosen, ↑ Otomykosen), ↑ *Alternaria*-Arten und *Scopulariopsis brevicaulis* (Onychomykosen) sowie ↑ *Blastomyces dermatitidis* (↑ Nordamerikanische Blastomykose) verursacht werden. V

Dermatophyten: Pilze, die die Haut und ihre Anhangsgebilde bei Mensch und Tier befallen. Als D. werden jedoch nur die Ascomyceten-Gattungen *Nannizza*, ↑ *Arthroderma* und die ↑ imperfekten Pilze der Form-Gattungen ↑ *Epidermomyces*, ↑ *Trichophyton*, ↑ *Microsporum* und *Keratinomyces* bezeichnet. Auch einige Arten der Form-Gattung *Chrysosporium* zählt man zu den D. Gemeinsame charakteristische Eigenschaft der D. ist ihre Fähigkeit zum Abbau von Keratin. Außerdem sind diese Pilze fast ausnahmslos empfindlich gegenüber ↑ Griseofulvin und resistent gegen ↑ Cycloheximid. Ursprünglich waren die D. Bodensaprophyten. Einige Arten entwickelten sich zu obligaten Parasiten, andere leben fakultativ parasitisch und können auch saprophytisch im Boden leben. Aus ökologischer Sicht lassen sich daher D. in geophile, zoophile und anthropophile Arten einteilen. Geophile D., z.B. *Microsporum gypseum* und *Trichophyton terrestre*, besiedeln im Boden keratinhaltige Substrate. Zoophile D., z.B. *Trichophyton equinum*, befallen bevorzugt Tiere, während anthropophile D. auf den Menschen spezialisiert sind. Typische Vertreter der letztgenannten Gruppe sind *Epidermomyces floccosus, Trichophyton rubrum, T. tonsurans, T. schoenleinii* und *Microsporum audouinii. Trichophyton mentagrophytes* ist eine Art, die sowohl den Menschen als auch mehrere Tier-Arten befallen kann. D. sind sehr widerstandsfähig und können – z. B. in Hautschuppen eingeschlossen – lange Zeit in der Umgebung ihrer Wirte überleben. Ähnliches gilt für ihre ↑ Conidien, die von manchen Arten sehr zahlreich gebildet werden.

In der geographischen Verbreitung der D. gibt es auffallende Unterschiede. Neben kosmopolitischen Arten, wie *Epidermomyces floccosus* und *Trichophyton rubrum*, gibt es solche mit eingeschränkter Verbreitung; z. B. kommt *Microsporum ferrugineum* nur in Asien und Afrika vor, *Trichophyton soudanense* und *Microsporum langeronii* sind auf Afrika beschränkt, *Trichophyton kuryangii* konnte nur in Rwanda und Burundi nachgewiesen werden. Auf Grund der charakteristischen ↑ Myzel- und ↑ Conidienmorphologie ist die Bestimmung von D. in Verbindung mit klinischen und epidemiologischen Daten oft ohne Probleme möglich. V

Dermatophytosen: ↑ Mykosen der Haut, ihrer Anhangsgebilde und in seltenen Fällen subkutaner Gewebe, welche durch ↑ Dermatophyten hervorgerufen werden. Abhängig von der Art des Erregers werden Haut, Haare oder Nägel einzeln oder kombiniert befallen. D. klassifiziert man anhand der klinischen Bilder der Erkrankungen, deren Lokalisation und der Art der Erreger. Deshalb existiert eine Vielzahl von Spezialbegriffen, wie z. B. ↑ Tinea, ↑ Favus und ↑ Mikrosporie. D. sind weit verbreitet. Allein in Mitteleuropa leiden etwa 40% der männlichen und 30% der weiblichen Bevölkerung an ↑ Dermatomykosen im Fußbereich, welche hauptsächlich durch ↑ *Trichophyton*-Arten verursacht werden. In solchen Fällen spricht man von Tinea pedis. Epidemiologisch treten D. als ↑ Anthroponosen, Zooanthroponosen oder Zoonosen auf, und entsprechend der Kontagiosität und ↑ Virulenz der Erreger sind sie mehr oder weniger ansteckend. Die Übertragung von ↑ Wirt zu Wirt erfolgt direkt oder indirekt. Infektionsgefahr besteht auch bei Umgang mit durch geophile Dermatophyten verseuchter Erde. Bei Hautbefall breiten sich die Hyphen der Dermatophyten bevorzugt im Stratum corneum der Epidermis aus, vor allem an Körperstellen mit erhöhter Feuchtigkeit, wie z.B. in den Zwischenzehenräumen. Einige Arten befallen zu-

sätzlich auch Nägel (↑ Onychomykosen) und Haare, deren Struktur durch die keratinolytischen Aktivitäten der Pilzhyphen stark in Mitleidenschaft gezogen wird.
Bei Hautbefall ist im akuten Stadium ein interzelluläres Ödem und in der Nähe des Stratum corneum manchmal Bläschenbildung feststellbar. In die Epidermis wandern Leukozyten ein. Der Befall schreitet an bestimmten Körperregionen bogenförmig, frontartig fort, und sofern die Krankheit nicht chronisch wird, setzen im Zentrum der Herde Abheilungsvorgänge ein. Äußerlich erscheint befallene Haut gerötet, und es treten Brennen und Juckreiz auf. Öfter sind D. nicht von Ekzemen zu unterscheiden. Nur selten befallen Dermatophyten subkutanes Gewebe, wodurch es zur Bildung Majocchischer Granulome kommt. Nach Manifestation einer chronischen Infektion durch *Trichophyton violaceum* wird gelegentlich der Befall lymphatischen Gewebes beobachtet.
Die Tiefe des Hautbefalls ist stark von der Art des Dermatophyten abhängig. Während *Trichophyton mentagrophytes* und *T. rubrum* in der Regel oberflächliche D. verursachen, führt z. B. beim Menschen ein Befall mit *T. verrucosum* oft zu tiefen D. Bei chronischen D. treten gelegentlich großflächige Hautausschläge auf, welche allergischer Natur sind und als ↑ Mykid bezeichnet werden. V

Dermocybe (Hautköpfe): in der nördlich temperaten und der australen Zone verbreitete Gattung der Familie *Cortinariaceae* (Ord. ↑ *Agaricales*, Kl. ↑ *Basidiomycetes*), die der Gattung ↑ *Cortinarius* nahesteht. Die *D.*-Arten gelten alle als Mykorrhizapilze. Die Fruchtkörper sind zentral gestielte, dünnfleischige, meist mittelgroße ↑ Blätterpilze mit feinwarzigen Sporen und rotbraunem Sporenpulver. Durch ↑ Anthrachinone und verwandte Farbstoffe zeigen sie oft lebhaft gelbe, rote oder grüne Farben (Taf. 35/2,4). Bis auf wenige Ausnahmen sind die Fruchtkörper nicht hygrophan. Die ↑ Fruchtkörperentwicklung ist hemiangiocarp, wobei zwei Vela vorkommen. Das Velum partiale ist an jungen Fruchtkörpern stets nachweisbar; es ist in Form einer Cortina ausgebildet. Von den etwa 30 europäischen Arten sind einige sehr häufig, z. B. die Typusart, *D. cinnamomea,* der Zimtfarbene Hautkopf (Taf. 35/2). Alle *D.*-Arten sind nicht zu Speisezwecken geeignet. D

Desinfektion: Entseuchung, Unschädlichmachung von Krankheitskeimen durch Hemmung von Wachstum und Vermehrung. In der Regel wird durch die D.-Mittel keine vollständige ↑ Sterilisation erreicht. In der Fermentationsindustrie werden vor allem Ethylenoxid (für Kunststoffmaterialien wie Petrischalen, Spritzen, Filter), Formaldehyd (Raum-D.), schweflige Säure (D. von Weinfässern, Behandlung von Most und Obstpulpen), Aktivchlor in Form von Chlorkalk, Chloramin oder Hypochloriten (D. von Tanks und Leitungen), oberflächenaktive Verbindungen wie z. B. quarternäre Ammoniumverbindungen (D. von Tanks, Leitungen, Schläuchen usw.) eingesetzt. Häufig werden chemische und thermische Verfahren kombiniert. Str

Deuterogamie ↑ Befruchtung

Deuteromyceten *(Deuteromycetes, Deuteromycotina)*: ↑ imperfekte Pilze, ↑ Pilzsystem

Dextrinoidität (Pseudoamyloidität): Eigenschaft pilzlicher Zellwände, Auflagerungen auf Zellwänden usw., sich bei Behandlung mit Jodreagenzien gelbbraun bis braunrot zu verfärben (↑ Amyloidität). Der chemische Hintergrund der D. ist bisher nicht genau bekannt. Hi

Diacetooxyscirpenol ↑ Epoxytrichothecene

Diaphragma: pergamentartiges Häutchen zwischen der ↑ Gleba und ↑ Subgleba von ↑ Gasterothecien. Ein D. kommt bei der Gattung *Vascellum* vor und ist ein wichtiges Merkmal zur Abgrenzung dieser Gattung von ↑ *Lycoperdon*. D

Diaspore: jede der Ausbreitung von Pflanzen und Pilzen dienende Einheit. D. sind z. B. die Samen der *Spermatophyta* (Samenpflanzen), die Sporen der Bryophyta (Moose), Pteridophyta (Farnpflanzen), aller Abteilungen der Pilze, Algen usw., aber auch vegetativ entstandene Teile, wie die Brutkörper der Moose, die ↑ Soredien und ↑ Isidien der Flechten usw. Der Terminus D. ist als Begriff der Verbreitungsbiologie zu verstehen, mit dem keinerlei Homologie zum Ausdruck gebracht werden soll. D

Diatrype: weit verbreitete Gattung der Ordnung ↑ *Sphaeriales* (Kl. ↑ *Ascomycetes*), die rund 50 Arten umfaßt. Die ↑ Perithecien sind in meist kleine, seltener großflächige ↑ Stromata eingebettet. Alle Arten sind saprophytische Holzzersetzer. Eine häufige Art ist z. B. *D. disciformis*, das Eckenscheibchen, dessen Stromata durch die Rinde abgefallener Buchenäste hervorbrechen. Taf. 12/2 Hi

Dictyosom: Cytoplasmatisches ↑ Organell eukaryotischer Zellen. D. sind Stapel diskusförmig abgeflachter membranumgrenzter Cisternen, die über die gesamte Zelle verteilt oder zu einer komplexen Struktur, dem bereits lichtmikroskopisch nachweisbaren Golgi-Apparat, zusammentreten können. Von den tellerähnlichen Cisternen werden randlich membranumgebene Vesicel abgeschnürt. Auf Grund der unterschiedlichen Weite der Cisternen und der konkav-konvexen Biegung des gesamten Cisternenstapels weisen D. eine morphologisch-funktionelle Polarität auf. Die konvexe Seite der D. wird als Regenerationsseite (forming-face) bezeichnet und steht in enger funktioneller Beziehung zum glatten ↑ Endoplasmatischen Reticulum. Von diesem erfolgt ein Vesiceltransfer zu den D. (transitional vesicles). Die Vesicel verschmelzen auf der Regenerationsseite mit den Cisternen der D. Auf diese Weise wird der Transport der im Endoplasmatischen Reticulum synthetisierten Proteine zu den D. realisiert. In den D. erfolgt meist eine chemische Modifikation dieser Proteine. Das modifizierte Protein gelangt schließlich zur konkaven Sekretionsseite (maturing face) des D. und wird in Sekretionsvesicel (Golgi-Vesicel) eingeschlossen, die sich an der Peripherie der Cisternen abschnüren. Die D. sind außerdem an der Speicherung von Lipiden und an der Regulation des Wasserhaushaltes der Zelle beteiligt. Bei Pilzen wurden D. bisher nur relativ selten sicher nachgewiesen. Abb. Sch/D

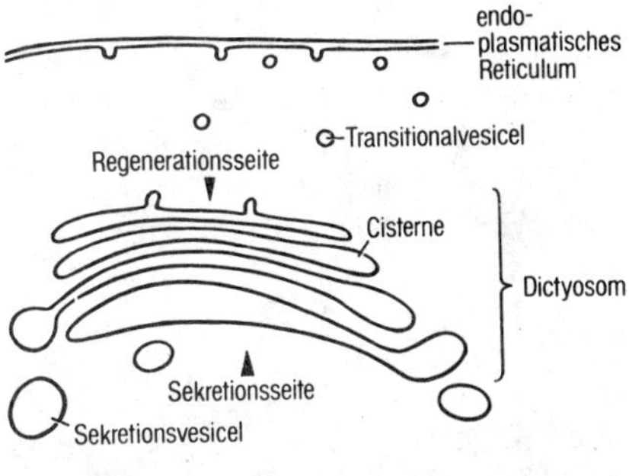

Dictyosom: Feinbau (schematische Darstellung)

dictyospor (muriform): Formbezeichnung für mehrzellige (septierte) ↑ Ascosporen oder ↑ Conidien, bei denen die ↑ Septen in mehr als einer Ebene ausgerichtet und nicht alle parallel sind (meist als Quer- und Längssepten ausgebildet). Hi

Dictyosporae: im ↑ Saccardoschen System ein Name für Pilze mit ↑ dictyosporen Conidien oder Ascosporen. Hi

Dictyosteliales: Ordnung der ↑ *Acrasiomycetes* (zelluläre Schleimpilze, Abt. ↑ *Myxomycota*). Die ↑ Pseudoplasmodien der D. bilden ↑ Fruktifikationen, die deutlich in Zellen gegliedert sind und aus je einem Stiel und einem Köpfchen bestehen. Diese Gebilde werden als ↑ Sorocarpien (mitunter auch als „Sporangien" oder „Fruchtkörper") bezeichnet. Sexualität war lange Zeit umstritten, konnte aber bei einigen Versuchen mit Sicherheit nachgewiesen werden. Sie geht bei manchen Myxamoeben der Pseudoplasmodien-Bildung voraus. Die Sporen, die vom Sorocarp gebildet werden, keimen zu ↑ Myxamoeben aus, begeißelte Stadien fehlen. Die Aggregation der Myxamoeben erfolgt durch ↑ Chemotaxis. Auslösende Substanz ist das Acrasin, ein zyklisches Adenosinmonophosphat (cAMP). Abb. D

didymospor: Formbezeichnung für zweizellige ↑ Ascosporen oder ↑ Conidien, die eine Querwand (↑ Septum) besitzen. Hi

Didymosporae: im ↑ Saccardoschen System ein Name für Pilze mit ↑ didymosporen Conidien oder Ascosporen. Hi

dihybrider Erbgang: Modus der Übertragung zweier unabhängig voneinander vererbter Merkmale während der sexuellen Fortpflanzung. Grundsätzlich

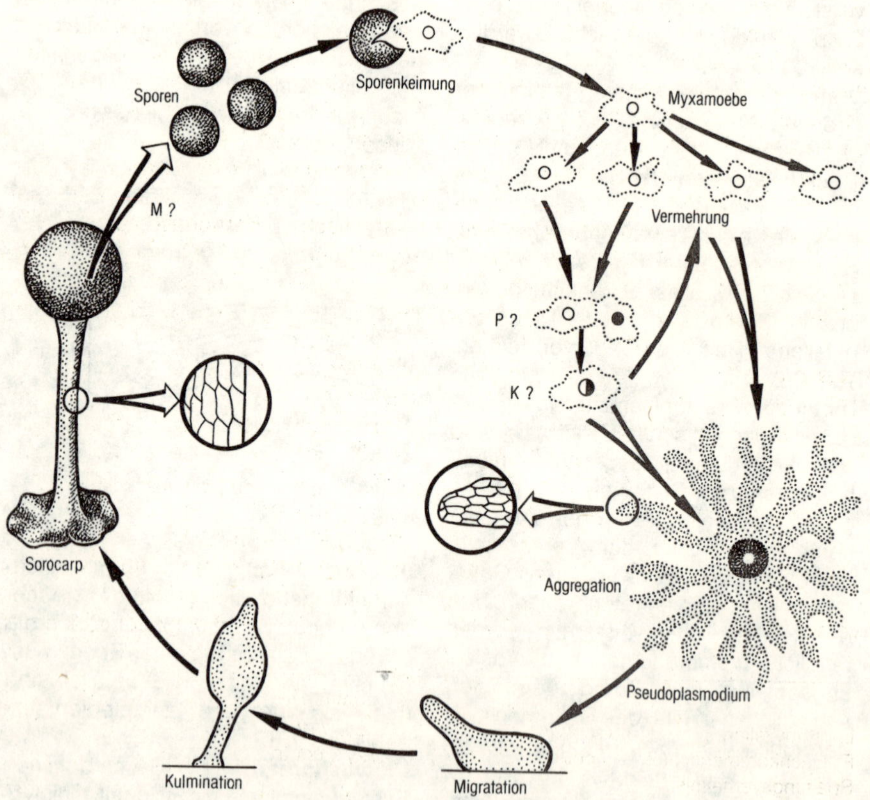

Dictyosteliales: Entwicklungszyklus von Dictyostelium discoideum. Über Plasmogamie (P), Karyogamie (K) und Meiose (M) herrscht noch Unklarheit

ist zu unterscheiden, ob die untersuchten Merkmale am Haplonten oder am Diplonten bzw. Dikaryonten beobachtet werden.
1. Verteilung der Merkmale auf den Haplonten: Nach Kreuzung zweier Stämme, die sich in zwei Merkmalen unterscheiden, kommt es in der F_1-Nachkommenschaft zu einer Verteilung der Merkmalskombinationen im Verhältnis 1:1:1:1. Als Beispiel seien zwei Merkmale von ↑ *Neurospora crassa* (Kl. ↑ *Ascomycetes*) betrachtet: a) die Art des Koloniewachstums (col$^+$, col; ↑ monohybrider Erbgang), b) die Fähigkeit der Myzelien, auf Tryptophan-Mangelmedium zu wachsen (try$^+$ = Tryptophansynthese möglich, try = Tryptophansynthese nicht möglich).
Die beobachtete 1:1:1:1-Spaltung beruht auf der Tatsache, daß jedes ↑ Allel des einen Gens mit jedem Allel des anderen Gens frei (zufällig) rekombiniert werden kann. Dadurch entsteht jede der vier möglichen Kombinationen mit einer statistischen Wahrscheinlichkeit von 25%. Elterntypen und Rekombinanten treten mit gleicher Häufigkeit auf (↑ Rekombination).
2. Komplizierter ist die Merkmalsausprägung beim d. E., wenn der Diplont bzw. Dikaryont betrachtet wird. Kreuzung von z. B. AABB mit aabb ergibt in der F_1-Nachkommenschaft den doppelt heterozygoten Genotyp AaBb; von diesem werden nach Meiose Haplonten bzw. Gameten von der Kombination AB, Ab, aB, ab gebildet. Die Kombination führt zu 16 Möglichkeiten, wobei 9 verschiedene Genotypen auftreten. Die Anzahl der Phänotypen ergibt sich aus der Art der Merkmalsausprägung (intermediärer oder dominanter Erbgang). Diese Verhältnisse sind bei Pflanzen und Tieren besonders gut untersucht worden. ↑ Pilzgenetik Sch

Dihydrosterigmatocystin ↑ Sterigmatocystine

Dihydroxyazobenzen ↑ Karbolchampignons

Dihydroxybiphenyl ↑ Karbolchampignons

Dikaryon ↑ Kernphase

Dikaryont: eine Generation oder ein Abschnitt im ↑ Entwicklungszyklus, charakterisiert durch mitotische Teilungen in der ↑ Dikaryophase. Auch Organismen (ausschließlich Pilze), die einen dikaryontischen ↑ Entwicklungszyklus aufweisen, werden als D. bezeichnet. ↑ Kernphase, ↑ Kernphasenwechsel, ↑ Generationswechsel D/Sch

Dikaryontenwirt ↑ Wirt

Dikaryophase: der Abschnitt im ↑ Entwicklungszyklus von Pilzen, in dem die dikaryotische ↑ Kernphase auftritt, d. h., es kommen Paare konträrer Kerne vor. Der Terminus D. wird auch als Kurzbezeichnung für die dikaryotische Kernphase benutzt. D/Sch

Dillenius, Johann Jacob (Dillen, J. J.): deutscher Botaniker (1684–1747). D. erwarb 1710 in Gießen das Lizentiat der Medizin und promovierte 1719 zum Dr. med. 1721 folgte er einer Einladung William Sherards nach London. In Eltham besaß dessen Bruder, James Sherard, einen botanischen Garten, für den D. einen Index der Pflanzen verfaßte. 1734 erhielt er die Professur für Botanik

	Stamm I	×	Stamm II
Elternmyzelien	col/try$^+$		col$^+$/try
F_1-Nachkommenschaft	col/try$^+$, col$^+$/try	,	col$^+$/try$^+$, col/try
Spaltungsverhältnis	1 : 1	:	1 : 1
	Elterntypen		Rekombinanten

an der Universität Oxford; dieser Lehrstuhl war eine Stiftung des 1728 verstorbenen W. Sherard.

D.'s mykologische Arbeiten sind für die Systematik von Bedeutung. Er wählte morphologische Eigenschaften der Fruchtkörper als Haupteinteilungsmerkmal; z. B. ist für seine Einteilung der Hutpilze die Gestalt des Hymeniums entscheidend. D.s Pilzklassifikation, die 160 Arten in 8 Gattungen umfaßt, wurde in der dritten Ausgabe der „Synopsis methodica stirpium Britannicarum" von J. ↑ Ray gebracht. Bereits 1718 publizierte D. eine Flora von Gießen: „Catalogus plantarum sponte circa Gissam nascentium". Er erwarb sich außerdem Verdienste in der Bryologie und Lichenologie. Die Flechten teilte er in drei Gattungen ein: Usnea, Coralloides und Lichenoides, wobei die Gestalt des Thallus und der Sitz der Apothecien Einteilungskriterien waren. In der „Historia muscorum" (1741), die lange Zeit als Standardwerk in der Bryologie galt, beschrieb er etwa 600 Moosarten. H

dimorphe Pilze: Arten, die in der vegetativen Phase in zwei von den Umweltbedingungen abhängigen Formen auftreten können, meist in einer Hefe- (Sproßzellen-) Phase und in einer Myzel-Phase. Auch wenn Myzel- und Sphaerulen-Stadien vorkommen, spricht man von d. P. Die medizinisch bedeutsamen, pathogenen Pilze *Blastomyces dermatitidis, Coccidioidis immitis, Paracoccidioides brasiliensis, Histoplasma capsulatum* und *Sporothrix schenckii* sind z. B. dimorphe Arten. Man findet sie in den Geweben der Wirte in der Hefe-Phase, also in Form von Sproßzellen; auf toter Materie leben sie in der Myzelphase. Für die Ausbildung der Sproßzellen sind thermische und chemische Faktoren entscheidend. *Paracoccidioides brasiliensis* benötigt dazu mindestens 36 °C und als Nahrung schwefelhaltige Aminosäuren. Änliches ist von *Histoplasma capsulatum* bekannt. Für *Blastomyces dermatitidis* und *Histoplasma capsulatum* wurde gefunden, daß der Wechsel von der Hefe- in die Myzel-Phase mit einem deutlichen Ansteigen des intrazellulären Spiegels an cyclischem Adenosinmonophosphat (cAMP), einem wichtigen Stoffwechselregulator, korreliert. Bei Schaffung entsprechender Bedingungen in künstlicher Kultur können das Hefe-, Sphärulen- oder Myzelstadium eines Pilzes gezielt induziert werden. V

Dimroths Reagens: bei der Flechtenbestimmung für den Nachweis von ↑ Xanthonen verwendete Borverbindung, $B_2O_5(COCH_3)_4$. Sto

Dioskorides, Pedanios: griechischer Arzt aus Anazarbos (um 30–80 u. Z.), der als Militärarzt die Heere des Claudius und Nero begleitete. D. ist Verfasser der bedeutendsten antiken pharmazeutischen Botanik („De materia medica", um 70 u. Z.), die bis zur Renaissance als Standardlehrbuch der Pharmakologie in Gebrauch war. In diesem Werk beschrieb er die Pflanzen Griechenlands, Ägyptens, Norditaliens, Galliens und Spaniens; von vielen sind Synonyme erwähnt und kleine Beschreibungen enthalten. Die Pilze teilt D. in eßbare und giftige ein; so sollten Pilze giftig werden, wenn sie neben verrosteten Nägeln, faulen Lumpen oder Schlangenhöhlen wuchsen, und wenn man Rinde von Weiß- und Schwarzpappeln pulverisiert auf den Boden streute, erhielte man Pilze für das ganze Jahr. H

Diplanie: Ausbildung von zwei verschiedenen Schwärmstadien im Verlaufe der Entwicklung. Bei den ↑ *Saprolegniales* entstehen z. B. in den Sporocysten vieler Arten apikal oder subapikal begeißelte Zoosporen, die sich encystieren und dann zu seitlich begeißelten Schwärmern werden. Im Hinblick auf diese D. wird auch von Monoplanie gesprochen, wenn durch Rückbildung eines Stadiums nur noch eine Form von Schwärmern ausgebildet wird. Die Begriffe D., Monoplanie, diplanetisch, monoplanetisch werden nur bei den ↑ *Oomycetes* benutzt. D

Diplont: eine Generation oder ein Abschnitt im ↑ Entwicklungszyklus, charakterisiert durch mitotische Teilungen in der ↑ Diplophase. Mitunter werden auch Organismen mit diplontischem Entwicklungszyklus als D. bezeichnet. ↑ Kernphase, ↑ Kernphasenwechsel, ↑ Generationswechsel D/Sch

Diplophase: der Abschnitt im ↑ Entwicklungszyklus von Organismen, in dem die diploide ↑ Kernphase auftritt. Der Begriff D. wird auch als Kurzbezeichnung für diploide Kernphase benutzt. D/Sch

Diplostomasie (Doppelmündigkeit): eine Bildungsabweichung von ↑ Gasterothecien, die normalerweise nur eine einzige Öffnung (meist in der Endoperidie) aufweisen. Diplostomatische Fruchtkörper haben zwei Öffnungen, polystomatische mehr als zwei. Sind zwei Mündungen verwachsen, so daß eine Längsspalte statt einer normalen runden Mündung entsteht, spricht man von crenostomatischen Fruchtkörpern. Diplostomasie, Polystomasie und Crenostomasie kommen besonders bei Erdsternen (↑ *Geastrum*-Arten) vor. D. ist auch von ↑ *Tulostoma* bekannt. D

Disciseda: Gattung der Ordnung ↑ *Lycoperdales* (Kl. ↑ *Basidiomycetes*). Die oft als Scheiben- oder Schalenboviste bezeichneten Gasterothecien entwickeln sich hypogäisch, lösen sich bei Reife von dem basalen Teil der Exoperidie, der schalenförmig im Boden verbleibt, und drehen sich dann so, daß der ursprünglich apikale, mit Bodenteilen verwachsene Teil der Exoperidie infolge seines Gewichtes nach unten gerät, während der ursprünglich basale Teil der Endoperidie nach der Drehung oben liegt und einen zentralen Porus aufweist (Abb.) Die Drehbewegung wird durch mechanische Kräfte (Wind, Stoß) bewirkt; der Porus der Endoperidie ist an der Ansatzstelle des Myzels präformiert. Subgleba und Columella fehlen, das Capillitium ist vom *Lycoperdon*-Typ. Die *D.*-Arten sind Xerothermrasen- und Steppenpilze. D

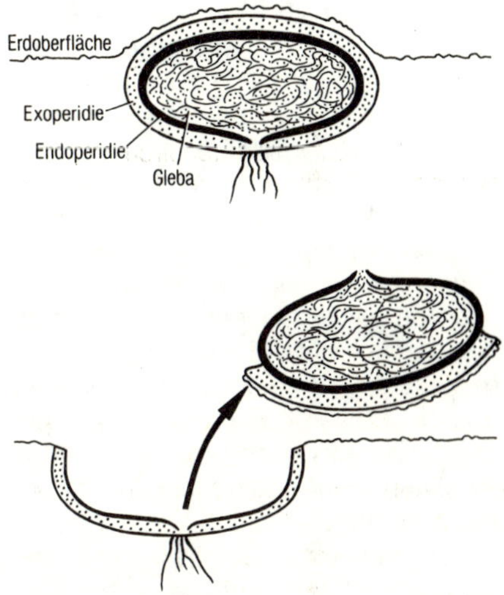

Disciseda: Öffnungsmechanismus der Fruchtkörper

Discolichenes (discocarpe Flechten, scheibenfrüchtige Flechten): lichenisierte Pilze (↑ Lichenes), die als ↑ Ascocarpien ↑ Apothecien bilden. ↑ Discomyceten. Sto

Discomyceten (Scheibenpilze, Becherlinge): eine morphologische Gruppe von Ascomyceten. Als D. werden alle Ascomyceten bezeichnet, deren Fruchtkörper (↑ Ascocarpien) ↑ Apothecien sind und die nicht lichenisiert vorkommen. Früher (z. T. noch gegenwärtig, ↑ Pilzsystem, Tab. 2) wurden die D. als systematische Gruppe, als ↑ Taxon, behandelt. Fast alle ↑ *Cyttariales,* ↑ *Helotiales* und ↑ *Pezizales,* außerdem einige

↑ *Hypocreales* und ↑ *Rhytismatales* sind D. Die D. werden den ↑ Plectomyceten und ↑ Pyrenomyceten gegenübergestellt. Hi

Discus ↑ Scheibe, ↑ Discomyceten

diskontinuierliche Fermentation (statische Kultur, Batch-Kultur): mikrobiologisches Verfahren, bei dem ein ↑ Nährmedium beimpft wird, die Kultur wächst, altert und stirbt (↑ Wachstum). Im Verlaufe der Zeit verändern sich ständig Wachstumsrate, Substratkonzentration, *p*H-Wert usw. Die meisten großtechnischen Verfahren mit Pilzen werden als d.F. durchgeführt, wobei der Abbruch dann erfolgt, wenn die höchste Ausbeute an gewünschtem Produkt erreicht ist. Str

Disposition: potentielle Fähigkeit eines Organismus, unter bestimmten inneren und äußeren Einflüssen – im Rahmen der durch die individuelle Konstitution gegebenen Schwankungsbreite der Empfänglichkeit gegenüber ↑ Pathogenen – zu erkranken. Während die D. eine wechselnde, durch exogene Einflüsse veränderliche Größe ist, stellt die Konstitution einen stabilen, durch die Gesamtheit der erblich bedingten morphologisch-anatomischen und physiologischen Eigenschaften eines Organismus gegebenen Wert dar.
Pathologisch ist die Konstitution also die durch die natürlichen Eigenschaften bedingte Gesundheit und Widerstandskraft gegen pathogene Einwirkungen. B

Dissepimente: die Röhrenwände des polyporoiden Hymenophors, die Bereiche der Hymenophoraltrama zwischen den Hymenien der ↑ Porlinge. D

Disulfiram: ein gegen Alkoholismus eingesetztes Medikament. Zu den disulfiramähnlich wirkenden Pilzinhaltsstoffen zählt ↑ Coprin, das zusammen mit Alkohol Kreislaufreaktionen (Hitzegefühl, Hautrötungen) hervorruft. Von D. und ähnlichen Verbindungen, z. B. Tetramethyldiuramdisulfid (ein Vulkanisationshilfsmittel), war bekannt, daß es die Arbeiter gegen Alkohol sensibilisierte. M

$$(CH_3)_2\text{–N–}\overset{\overset{\displaystyle S}{|}}{C}\text{–S–S–}\overset{\overset{\displaystyle S}{|}}{C}\text{–N–}(CH_3)_2$$

DNA (Desoxyribonucleic acid): Träger der primären genetischen Information im ↑ Zellkern sowie den ↑ extranucleären Erbträgern. DNA ist ein Biopolymer und besteht aus Desoxyribonucleotiden, die sich aus je einem Zuckermolekül (Desoxyribose), einem Phosphorsäuremolekül und einer von vier möglichen Nucleotidbasen (Adenin, Thymin, Cytosin, Guanin) zusammensetzen. Die Desoxyribonucleotide sind über Phosphodiesterbrücken miteinander verknüpft. In den ↑ Chromosomen liegt die DNA als Doppelstrang (Doppelhelix) vor, der gemeinsam mit assoziierten Proteinen komplexe Überstrukturen bildet. Die beiden Einzelstränge sind über Wasserstoffbrückenbindungen der Nucleotidbasen miteinander verbunden. Dabei können sich die Basen Adenin und Thymin sowie Guanin und Cytosin miteinander paaren. Die genetische Information ist in der Reihenfolge der Nucleotidbasen im Einzelstrang verschlüsselt. Die Kontinuität der Erbinformation beruht auf der semikonservativen, identischen Reduplikation (↑ Replikation) der DNA. ↑ Pilzgenetik Sch

Doliporus: ein kompliziert gebauter Porus in den ↑ Septen vieler Basidiomyceten. Ein D. besteht aus einem ↑ Dolium (Tonne), einer den Porus unmittelbar umschließenden Wandverdickung. Das Dolium ist zylindrisch oder tonnenförmig. Bei der Entstehung der Septen bleibt zunächst ein einfacher Porus frei, der durch sekundäre Auflagerung von Wandmaterial verdickt wird und die typische Tonnenform annimmt. Wie das gesamte Septum werden auch die Porenränder lückenlos vom ↑ Plasmalemma überzogen. Das Dolium wird von beiden Seiten (selten auch einseitig) von einer plasmatischen Membranhaube, dem ↑ Parenthosom, überdeckt. Dieses kann von zahlreichen kleinen Poren durchbrochen sein. Mitunter findet man Kontinuität zwischen dem Parenthosom und Cisternen des Endoplasmatischen Reticulums. Letztere sind wahrscheinlich der Ausgangspunkt für die Entstehung des Parenthosoms. Ein weiterer Bestandteil des D. ist eine elektronendichte plasmatische Schicht an den Öffnungen des Doliums (↑ Tabulae regulantes, plugs, occlusions). Parenthosom und die anderen plasmatischen Strukturen des D. erfüllen wahrscheinlich Aufgaben beim Stofftransport in den Hyphen. Der Begriff D. wird von manchen Autoren als Überbegriff für alle Poren benutzt, die eine Verdickung um den Porus aufweisen, unabhängig davon, ob ein Parenthosom vorkommt oder nicht. Die bei den ↑ *Homobasidiomycetidae* regelmäßig und bei den ↑ *Heterobasidiomycetidae* nur gelegentlich auftretende Ausbildungsform mit Dolium und Parenthosom wird dann als d/p-Porus (d/p-Septum; Dolium/Parenthosom-Porus) bezeichnet. Dem Vorkommen und der Struktur der D. wird in der modernen Pilzsystematik große Bedeutung beigemessen. Diese Strukturen sind lichtmikroskopisch nicht nachweisbar; es sind Ultrastrukturen, die nur mit Transmissionselektronenmikroskopie feststellbar sind. Taf. 1/1,2; 2/1; 3/1; Abb. Sch/D

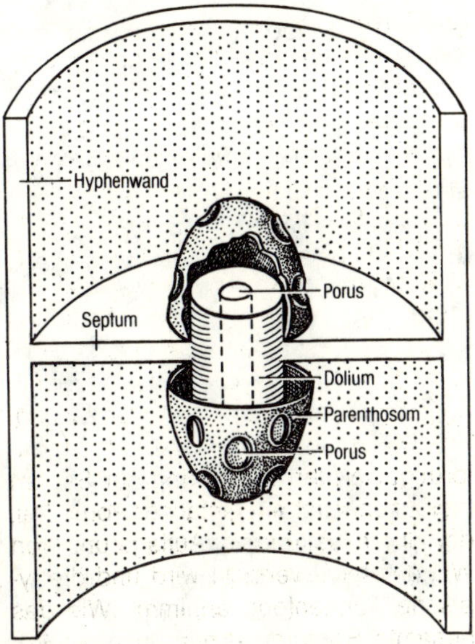

Doliporus (schematische Darstellung)

Dolium: zylinderförmige Verdickung des Septums vieler ↑ *Basidiomycetes,* die den Septenporus unmittelbar umschließt. Ist ein Dolium und ein ↑ Parenthosom ausgebildet, so liegt ein typischer ↑ Doliporus vor. Sch/D

Donk, Marinus Anton: holländischer Mykologe (1908–1972). D. wurde auf Java, ehemals Niederländisch-Indien, geboren. In Holland absolvierte er die höhere Schule und studierte an der Universität in Utrecht Biologie, promovierte 1932 und kehrte nach Niederländisch-Indien zurück, wo er zunächst als Lehrer und später im Herbarium des botanischen Gartens in Buitenzorg (Bogor) auf Java tätig war. Von 1947 bis 1955 leitete er das „Herbarium Bogoriense" und ab 1956 die Mykologische Abteilung des Rijsherbariums in Leiden/Holland. D. publizierte hauptsächlich taxonomische Arbeiten, u. a. über die *Aphyllophorales* und *Heterobasidiomycetes*: „The generic names proposed for *Polyporaceae*" (1960), „Notes on Cyphellaceae" (1959–1962), „A conspectus of the families of *Aphyllophorales*" (1964), „Check list of European Hymenomycetous *Heterobasidiae*" (1966) und „Notes on European Polypores" (1966–1972). D. hat führend an der Entwicklung eines modernen Systems zur Klassifizierung der *Aphyllophorales* mitgearbeitet. H

Donkioporia ↑ *Poria*

dorsiventraler Thallus (bifazialer Thallus): in Ober- und Unterseite gegliederter ↑ Flechtenthallus (↑ Lichenes). Beide Seiten sind voneinander verschieden; oft ist nur die Oberseite berindet, oder die Rinde der Unterseite ist schwächer entwickelt, außerdem können unterschiedliche Sonderbildungen (↑ Flechtenthallus) vorkommen. Der d.T. ist stets heteromer, d. h. deutlich geschichtet. Sto

Dothideales: artenreichste Ordnung der Klasse ↑ *Ascomycetes*. Die meisten Vertreter sind nicht lichenisiert. Die Fruchtkörper, meist schwärzliche ↑ Pseudothecien, seltener ↑ Lirellen, entwickeln sich ascolocular (↑ Ascocarpien). Die ↑ Asci sind meist bitunicat; bei Sporenreife dehnt sich der Endoascus weit aus dem Exoascus heraus (↑ Abb. Ascus 5). Die ↑ Ascosporen sind meist sekundär mehrzellig, oft ↑ dictyospor. Die vielfältigen ↑ Anamorphen gehören hauptsächlich zu den ↑ *Dermatiaceae* oder ↑ *Sphaeropsidales*. Wichtige Gattungen sind ↑ *Mycosphaerella* und ↑ *Venturia*. Hi

Drachendreck ↑ Plasmodium

Drechslera ↑ *Helminthosporium*

Drescherlunge ↑ Farmerlunge

Dublette: Zweitexemplar. In den Herbarien und Pilzsammlungen wird eine D. als ein Teil einer einzigen, zur gleichen Zeit getätigten Aufsammlung angesehen. Von besonderem Wert sind D. von Typen (↑ Typus, ↑ Isotypus), die den Originalbeschreibungen von Arten zugrunde liegen. D. von Herbarexemplaren, von Sporenpräparaten, von Originalzeichnungen und dgl. sind in der Mykologie besonders in der floristischen und systematischen Arbeit als Ersatz für das Original von vielfältiger Bedeutung. D

Dumontinia: eine Gattung der Familie *Sclerotiniaceae* (Ord. ↑ *Helotiales*, Kl. ↑ *Ascomycetes*). Die einzige Art, *D. tuberosa* (Anemonenbecherling), bildet ↑ Sclerotien auf den Rhizomen von *Anemone*-Arten (Buschwindröschen), aus denen zur Blütezeit der Wirtspflanze kleine bis mittelgroße ↑ Apothecien herauswachsen (Taf. 12/4). Hi

Düngerlinge ↑ *Panaeolus*; Taf. 36/3

Duplextrama: zweischichtige ↑ Trama. Vor allem bei manchen ↑ Porlingen ist die Trama durch unterschiedlichen Hyphenverlauf im Plectenchym aus zwei makroskopisch unterscheidbaren Schichten aufgebaut. D

Dürrfleckenkrankheit: phytopathologischer Begriff für Pilzerkrankungen, die zu lokalen ↑ Nekrosen an Blättern führen. Diese Blattflecken sind durch konzentrische Ringe auf den abgestorbenen Flächen gut charakterisiert. Die D. der Kartoffel führt später oft zur ↑ *Alternaria*-Hartfäule (↑ Fäulen) der Knollen. Die D. der Tomate *(Alternaria porri* f. *solani)* erzeugt hingegen in der Folge oft Fruchtfäule. B

Düsterer Röhrling ↑ *Strobilomycetaceae*, Taf. 39/3

E

Eau de Javelle: wäßrige Lösung von Kaliumhypochlorit (KOCl), die mit vielen ↑ Flechtenstoffen charakteristische Farbreaktionen hervorruft und deshalb für die Flechtenbestimmung von Bedeutung ist. Einige Autoren bezeichnen fälschlicherweise auch die häufiger verwendete und etwa gleich reagierende Calciumhypochloritlösung $Ca(OCl)_2$ (Chlorkalk) als E. d. J. Da beide Lösungen nur kurze Zeit haltbar sind, wird neuerdings auch oft die etwas stabilere wäßrige Lösung von Natriumhypochlorit (NaOCl, Eau de Labarraque) verwendet. Sto

Eccrinales: Ordnung der Kl. ↑ *Trichomycetes,* zu der als Kommensalen im Darm von Arthropoden lebende Pilze gehören (↑ Kommensalismus). Die Thalli sind coenocytisch, ihre Basalzellen als Haftorgan (Haftscheibe) entwikkelt. An den Hyphenspitzen werden endogen ein- oder vielkernige Mitosporen gebildet. Die Hypnozygoten entstehen nach autogamer Kernverschmelzung oder nach Somatogamie. Sie keimen wahrscheinlich unter Meiose. D

Echinosteliales: kleine, nur wenige Arten umfassende Ordnung der Schleimpilze (Kl. ↑ *Myxomycetes,* Abt. ↑ *Myxomycota*) mit Proto- oder Aphanoplasmodien. Die ↑ Sporocarpien sind sehr klein, die Sporen farblos oder blaß. Das ↑ Capillitium ist gut entwickelt, rudimentär oder fehlt ganz. Die Peridie der Sporocarpien verschwindet früh, eine ↑ Columella ist stets vorhanden. D

Echte Mehltaupilze ↑ *Erysiphales*

Econazol: ↑ Imidazol-Antimykotikum. Entwickelt wurde E. von Forschern der belgischen Firma Janssen-Pharmaceutica. V

Edelfäule: spezielle Form der ↑ Graufäule bei Weintrauben, hervorgerufen durch den ↑ imperfekten Pilz *Botrytis cinerea.* Durch die E. trocknen die Weinbeeren rosinenartig ein und bekommen einen hohen Zuckergehalt und ein besseres Aroma. Aus edelfaulen Beeren werden besonders hochwertige ↑ Weine hergestellt. Str

Edelpilzkäse: Käsesorten wie Camembert, Brie oder Roquefort, die in Aussehen und Geschmack wesentlich durch den Zusatz von Pilzkulturen geprägt sind (↑ Käseherstellung). Str

Edelreizker ↑ *Lactarius*

effuser Fruchtkörper (effuses Crustothecium): auf dem Substrat flächig entwickeltes Basidiocarp. ↑ Crustothecium, ↑ resupinater Fruchtkörper, ↑ Vorsatz, ↑ Basidiocarpien, Tab. D

effusoreflexer Fruchtkörper (effusoreflexes Crustothecium): Basidiocarp, das auf dem Substrat flächig ausgebreitet ist, aber auch einen abstehenden, pileaten (hutförmigen, konsolenförmigen) Teil ausbildet. ↑ Crustothecium, ↑ Pilothecium, ↑ Vorsatz, ↑ Basidiocarpien, Tab. D

Egerlinge ↑ *Agaricus,* Taf. 32/2,4

Ehrenberg, Christian Gottfried: deutscher Mediziner und Botaniker (1795–1876). E. studierte ab 1815 in Leipzig und Berlin Theologie und Medizin; 1818 wurde er zum Dr. med. promoviert. Expeditionen nach Nordafrika, Vorderasien, ins Ural- und Altaigebirge brachten umfangreiches geologisches, botanisches und zoologisches Sammelgut. Ab 1839 arbeitete E. als ordentlicher Professor für Theorie, Geschichte und Methodik der Medizin. Für die Mykologie ist E.s Werk „De mycetogenesi ..." (1820) von Bedeutung. Unter anderem gelang E. die Beobachtung der Cystogamie („Konjugation") bei *Syzygites megalocarpus.* Er erkannte diese als Sexualvorgang und beschrieb die Entstehung der ↑ Hypnozygoten, die er als schwarze „Fruchtwarzen" bezeichnete. H

Eichenmoos (auch mousse de chêne): Handelsname für die noch heute in Frankreich, Jugoslawien und Nordafrika gesammelte Flechte *Evernia prunastri.* Bereits im Altertum war E. im ganzen Orient ein Handelsartikel. Es wurde z. B. in Ägypten als Zusatz beim Brotbacken verwendet, vor allem aber wegen der Duftstoffe zur Einbalsamierung geschätzt. Im 17. Jh. wurde E. gern zwischen Wäschestücken aufbewahrt oder zerkleinert als wohlriechender Puder verwendet. Wichtiger ist heute die chemische Extraktion der Duftstoffe durch Alkohol, Benzol, Aceton o. a. Lösungsmittel, die meist erst nach einer längeren Lagerung des E. in geruchsreinen, trockenen Räumen erfolgt, wodurch sich der Duft besser entwickelt und die Ausbeute erhöht. Der Extrakt enthält neben zahlreichen Duftstoffen wie Geraniol, Borneol, Citronellol, Vanillin, Kampfer, Cineol vor allem Ester der ↑ Evernsäure, die sich durch besonderen Wohlgeruch auszeichnen. Die Extrakte sind Grundstoffe der Parfümindustrie. Sto

Einzellerprotein: getrocknete Zellen von Mikroorganismen (Bakterien, Hefen, Myzelpilzen oder Algen), die auf Alkanen, niederen Kohlenwasserstoffen (z.B. Methan), niederen Alkoholen (z.B. Methanol oder Ethanol), Industrieabwässern (z.B. Sulfitablauge) oder landwirtschaftlichen Abprodukten (z.B. Melasse, Stroh) kultiviert und als Eiweißquelle in der Tierernährung eingesetzt werden. Die Mikroorganismen haben eine Reihe von Vorteilen gegenüber den konventionellen Eiweißquellen: eine hohe Wachstumsrate, einen hohen Gehalt an hochwertigem Eiweiß (Protein), die Nutzung billiger Rohstoffe mit hoher Effektivität. Die Produktion ist vollständig industrialisierbar und unabhängig von klimatischen Bedingungen. Neben einigen myzelbildenden Pilzen, die besonders in ↑ Feststoff-Fermentationen auf stärke- und zellulosehaltigen Substraten genutzt werden, haben vor allem die ↑ Hefen (↑ Futterhefe) eine zentrale Bedeutung. Str

Ektomykorrhiza (ektotrophe Mykorrhiza): ein Typ der Mykorrhiza, bei dem die Hyphen des Mykobionten die Saugwurzeln des Phytobionten mit einem Myzelmantel umspinnen und in interzelluläre Bereiche der Wurzelrinde eindringen. Hierbei zeigen Hyphen und hypertrophierte Rindenzellen ein charakteristisches mikroskopisches Bild im Wurzelquerschnitt (Hartigsches Netz). Die E. ist für zahlreiche Pflanzen, insbesondere für baumartige *Betulaceae, Fagaceae, Pinaceae, Salicaceae, Rosaceae, Tiliaceae,* charakteristisch. Die Pilzpartner sind selten Ascomyceten, meist Basidiomyceten aus den Ordnungen *Boletales* und *Agaricales.* Das Spektrum der möglichen Partnerschaft ist oft sehr weit; z.B. bildet *Xerocomus badius,* der Maronenröhrling (Taf. 40/5) mit vielen Arten der *Pinaceae* und *Fagaceae* E. Die Fichte, *Picea abies,* kann mit zahlreichen Arten der *Boletales* und *Agaricales* in Mykorrhiza-Gemeinschaft leben. Die Pilze sind jedoch in höherem Maße spezialisiert als die Pflanzen. Zum Beispiel kann der Lärchenröhrling, *Suillus grevillei* (Taf. 42/3), nur mit *Larix*-Arten E. bilden, während die Lärchen mit zahlreichen anderen Pilzen in Mykorrhiza-Gemeinschaft leben können; unter ihnen sind weitere Lärchenspezialisten, wie *Hygrophorus lucorum,* der Lärchenschneckling. Die Partnerwahl wird aus diesem Grunde als systematisches Merkmal in der Pilztaxonomie genutzt. Die Tendenz zur Spezialisierung auf bestimmte Gattungen unter den Pflanzen hat einerseits zur Klärung taxonomischer Probleme geführt, andrerseits kam es zu sehr engen Artauffassungen, z. B. in den Gattungen Boletus und *Leccinum* (Taf. 42/5,6; 43; 44/1–5), die nicht unumstritten sind. Die Lebensnotwendigkeit der E. für die beteiligten Partner wird sehr unterschiedlich eingeschätzt. Beide Partner sind unter Kulturbedingungen allein lebensfähig. In der Natur ist der Grad der Abhängigkeit des Phytobionten von der E. z.T. vom Standort abhängig. An ärmeren Standorten ist die Existenz vieler Bäume nur durch die E. möglich. Mit dieser Erscheinung steht auch die geographische Verbreitung der E. in Verbindung. Es werden ektotrophe Wälder (besonders in der gemäßigten Zone, an den Waldgrenzstandorten, im Gebirge) und anektotrophe Wälder (z. B. tropische Regenwälder mit raschem Stoffumsatz) unterschieden. Bei den Pilzen unterscheidet man obligate und fakultative Mykorrhizapilze. Die Zuordnung erfolgt jedoch in der Hauptsache nach Indizien geländemykologischer Beobachtungen und Untersuchungen und ist noch problematisch. Mit Sicherheit ist aber eine große Zahl von Großpilzen in der Lage, E. zu bilden. In Europa wird die Zahl auf mehr als 1000 Arten geschätzt. ↑ Mykorrhiza, ↑ Endomykorrhiza, ↑ Symbiose, ↑ Mykotrophie, ↑ VA-Mykorrhiza D

Ektomykosen: Pilzinfektionen (↑ Mykosen), zu denen man die ↑ Dermatomykosen, Mykosen des äußeren Gehörganges (↑ Otomykosen) und Hornhautmykosen des Auges rechnet. Eine Sondergruppe stellen diejenigen Dermatomykosen dar, welche durch Pilzmetastasierung von inneren Organen aus entstanden sind (z. B. bei ↑ Nordamerikanischer Blastomykose). Abhängig von der Tiefe des Befalls spricht man von superfiziellen (oberflächlichen) oder profunden (tiefen) Mykoseformen. V

Ektoparasiten ↑ Parasitismus

Ektotroph: ein aus Pflanze und Pilz bestehendes lebendes System, in dem die Partner durch ektotrophe ↑ Mykorrhiza verbunden sind. Die Bezeichnung E. wurde in Anlehnung an den Flechtenbegriff geschaffen. So wie man unter einer Flechte eine als Einzelorganismus erscheinende Gemeinschaft versteht, soll unter E. die Gemeinschaft aus Baum und ektotrophem Mykorrhizapilz verstanden werden. ↑ Ektomykorrhiza D

Ektotrophareal: das Verbreitungsgebiet der Wälder, in denen ektotrophe ↑ Mykorrhiza dominiert. Das E. umfaßt, vereinfacht gesehen, die außertropischen Gebiete, in denen Gehölze vorkommen, und in den Tropen die montanen Wälder. Tropische Regenwälder sind z. B. anektotrophe Wälder. Die Gliederung in ektotrophe und anektotrophe Regionen der Erde stammt von Singer und ist von ihm detailliert dargestellt. D

Elaphomyces (Hirschtrüffeln): Gattung der Klasse ↑ *Ascomycetes,* die früher meist der Ordnung ↑ *Tuberales,* heute meist einer eigenen Ordnung *(Elaphomycetales)* zugewiesen wird, weltweit verbreitet ist und ca. 20 Arten umfaßt. Die hypogäischen Fruchtkörper sind große ↑ Cleistothecien mit gleichmäßig im Inneren verteilten Asci, die nach Sporenreife pulverig zerfallen. Die Hirschtrüffeln bilden ektotrophe Mykorrhiza. Ihre Fruchtkörper werden häufig von großen Säugetieren (Schwarz-, Reh-, Rotwild) ausgewühlt und gefressen (zoochore Sporenverbreitung). Einige parasitische *Cordyceps*-Arten befallen die Fruchtkörper von Hirschtrüffeln (Taf. 12/3). Die Auffassung, daß Hirschtrüffeln bei Tieren oder Menschen aphrodisische Wirkung haben, beruht auf Vorstellungen der ↑ Signaturenlehre. Anamorphen sind bei der Gattung *E.* unbekannt. Hi

Elateren ↑ Capillitium

Elymoclavin ↑ Mutterkornalkaloide

Emerskultur (Emersverfahren): mikrobiologische Methode, bei der sich die Organismen an der Oberfläche des ↑ Nährmediums befinden. Für die Bildung von ↑ Enzymen, ↑ Antibiotika, ↑ Zitronensäure u. a. ist der physiologische Zustand, der mit der Bildung der Myzeldecke erreicht wird, von Bedeutung. Im großtechnischen Maßstab ist die E. sehr aufwendig. Sie wird in flachen Schalen, die oft in mehreren Etagen übereinander in geschlossenen Behältern untergebracht sind, oder in sterilisierbaren Kunststoffsäcken durchgeführt. Zunehmende Bedeutung erlangen in diesem Zusammenhang die ↑ Feststoff-Fermentationen. Viele früher in E. durchgeführte Verfahren sind heute durch die besser handhabbare ↑ Submerskultur abgelöst. Str

Emodin: Hydroxymethylanthrachinon, das von verschiedenen Pflanzen, aber auch von ↑ imperfekten Pilzen der Form-Gattungen ↑ *Penicillium,* ↑ *Aspergillus,* ↑ *Phoma* und ↑ *Cladosporium* gebildet wird. E. ist ein Toxin (LD_{50}=3,7 mg/kg eintägiges Hühnchen). M

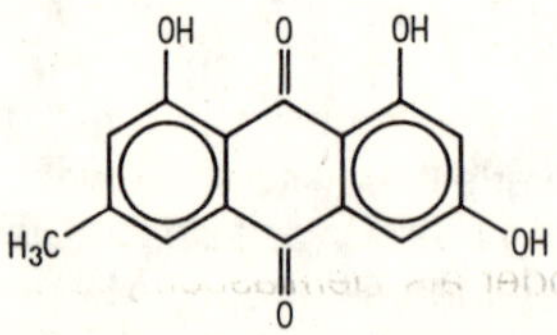

Emodin

Endoascus: bei eutunicaten Asci die innere Ascuswand, die im Falle vieler bitunicater Asci stark dehnbar ist. ↑ Ascus, ↑ Exoascus Hi

endocarpe Fruchtkörper: ↑ Ascocarpien und ↑ Basidiocarpien, deren Meiosporen bis zur Reife im Inneren eingeschlossen bleiben. Der Begriff e. F. wird meist als Synonym zur Bezeichnung für ↑ cleistocarpe Fruchtkörper benutzt, mitunter aber auch als Überbegriff für cleisto- und ↑ angiocarpe Fruchtkörper. D/Hi

Endoconidien: im Inneren von ↑ Hyphen gebildete ↑ Conidien, unter Beteiligung der innersten Wandschicht der Mutterhyphe (enteroarthrische ↑ Conidiogenese). E. kommen besonders bei einigen ↑ Anamorphen von Vertretern der Ordnung *Microascales* (Kl. ↑ *Ascomycetes*) vor. Hi

Endogonales: Ordnung der Klasse ↑ *Zygomycetes* (Abt. ↑ *Eumycota*) deren Hypnozygoten nicht direkt aus den verschmelzenden ↑ Gamocysten entstehen, sondern apikal aus den Kopulationsbrücken herauswachsen. Diese oft gehäuft entstehenden Zygoten der *E.* sind von haploiden Hyphen charakteristisch umhüllt, so daß einfache ↑ Fruchtkörper entstehen. In ähnlicher Weise können auch asexuell entstandene Dauerstadien („Azygosporen", „Chlamydosporen") umhüllt werden. Beides wird mitunter als „Sporocarpium" bezeichnet. Arten der *E.* sind pilzliche Partner der ↑ vesiculär-arbusculären ↑ Mykorrhiza. Sporocysten sind bei den E. selten, sie wurden z. B. bei *Modicella* nachgewiesen. ↑ *Endogone* D

Endogone: Gattung der Ordnung ↑ *Endogonales* (Kl. ↑ *Zygomycetes*), bei der charakteristische Fruchtkörper in Form dicht umhüllter Hypnozygoten gebildet werden, in denen die Meiose stattfindet. Die *E.*-Arten sind, wie auch andere Vertreter der *Endogonales,* z. B. ↑ *Glomus-, Glaziella-, Modicella-, Gigaspora-, Acaulospora*-Arten, als Partner ektotropher, besonders aber endotropher ↑ Mykorrhiza in Form der ↑ vesiculär-arbusculären Mykorrhiza von Bedeutung. D

Endohyphe: im Lumen einer ↑ Hyphe neu entstehende Hyphe, manchmal unter Beteiligung der innersten Zellwandschicht der Mutterhyphe. Hi

endolithische Flechten: alle mehr oder weniger tief in Gesteinen wachsende Flechten (↑ Lichenes). Es handelt sich in der Regel um einfach gebaute, unberindete ↑ Krustenflechten mit homöomerem Thallus. Vorauswachsende ↑ Rhizoidhyphen scheiden Flechtensäuren aus und verändern damit das Substrat auf chemischem Wege (meist durch Chelatbildung) so, daß nachfolgend normale Pilzhyphen, aber auch ↑ Phycobionten in das Gestein eindringen können, wodurch sich nach und nach der gesamte Thallus im Substrat entwickelt. Die Anwesenheit e. F. erkennt man oft nur an einer Substratverfärbung oder an Fruchtkörpern, die sich auf der Oberfläche oder dicht unter dieser entwickeln. Meist sind es ↑ Perithecien, von denen nur das ↑ Ostiolum sichtbar wird. Bekannte und weit verbreitete e. F. sind z. B. Arten der *Verrucariaceae,* die überwiegend in Kalkgestein vorkommen. Sto

Endomembransystem: intrazelluläre Membranen, die die Pilzzellen in ↑ Kompartimente untergliedern. ↑ Organellen Sch

Endomycetales: Ordnung der Klasse ↑ *Endomycetes* (Abt. ↑ *Eumycota,* Echte Pilze), zu der die wichtigsten ↑ Hefen (↑ *Saccharomyces*) gehören. Die *E.* bilden einzelne Sproßzellen, Pseudomyzelien oder ein septiertes Hyphenmyzel. Der ↑ Befruchtungsvorgang ist meist eine Somatogamie (Sporidiogamie, Hyphogamie); mitunter werden aber ↑ Gamocysten ausgebildet. Es kommt bei manchen Vertretern *(Dipodascus, Eremascus)* zu einem Befruchtungsvorgang (Cystogamie), der an manche ↑ Zygomyceten erinnert. Die Zygoten sind jedoch sofort keimfähig, Hypnozygoten fehlen. Bei myzelbildenden Formen treten ↑ Anamorphen auf (Arthrosporen, Gemmen). Die zahlreichen imperfekten Sproßpilze (↑ *Candida, Procandida, Rhodotorula, Torulopsis, Geotrichum* usw.) gehören wahrscheinlich hierher. Die Variabilität der Entwicklungszyklen der *E.* ist groß. Man findet haplontische, haplo-diplontische und diplontische Sippen; sogar tetraploide Hefen sind bekannt. Bei den diplontischen Vertretern entstehen aus der Meiose ↑ Gameten, keine Meiosporen. Es kommt bereits in der Meiogonitocyste zur Kopulation. Diese Arten sind die einzigen Echten Pilze mit diplontischem ↑ Entwicklungszyklus.
Die *E.* leben meist saprophytisch; selten sind sie fakultative Parasiten. Viele sind zur ↑ Gärung befähigt; einige finden daher vielfältige Anwendung in biotechnologischen Verfahren. ↑ Backhefe, ↑ Bier, ↑ obergärige Hefe, ↑ untergärige Hefe, ↑ Wein, ↑ Sekt D

Endomycetes: Klasse der Echten Pilze (↑ *Eumycota*), die durch dauerndes oder zeitweises Wachstum in Form von ↑ Sprossung und durch fehlende Fruchtkörperbildung charakterisiert ist. Die Meiosporen werden im Inneren von Meiosporocysten gebildet. Diese sind mit den ↑ Asci der ↑ *Ascomycetes* vergleichbar und werden in vielen Fällen auch als Asci bezeichnet. Die wichtigste Ordnung der *E.* sind die ↑ *Endomycetales* (inkl. *Saccharomycetales*). Die weitere Umgrenzung der Klasse geschieht bei den Autoren der Pilzsysteme sehr uneinheitlich. Oft werden die *E.* als *Endomycetidae* oder *Hemiascomycetidae* der Klasse *Ascomycetes* zugeordnet oder als *Hemiascomycetes* zu den *Ascomycota* (*-mycotina*) gestellt. Die Abgrenzung gegen die *Ascomycetes* ist unscharf; mitunter werden z. B. die *Ascosphaerales* zu den *E.* gestellt. Die hier als *E.* behandelten Pilze (Tab.) wurden auch schon mit einigen Ordnungen der ↑ *Heterobasidiomycetidae* (z. B. mit den ↑ *Ustilaginales* und ↑ *Exobasidiales* als *E.* (s.l.) vereint. Bei den *E.* sind viele ursprüngliche Merkmale der *Eumycota* erhalten (Sprossung, fehlende Fruchtkörper, Variabilität der Entwicklungszyklen).

Die Gliederung der *Endomycetes*

Klasse *Endomycetes* (Sproßpilze)
  Unterklasse *Endomycetidae*
    Ordnung ↑ *Endomycetales*
      (incl. *Saccharomycetales*)
    Ordnung ↑ *Spermophthorales*
    Ordnung ↑ *Protomycetales*
  Unterklasse *Taphrinomycetidae*
    Ordnung ↑ *Taphrinales*

Es wird angenommen, daß sich aus Endomyceten ähnlichen Vorfahren sowohl die Zygomyceten als auch die Asco- und Basidiomyceten entwickelt haben. Zu den Zygomyceten vermittelt die Cystogamie mancher *E.*, z. B. *Dipodascus,* und deren Zygotenkeimung mittels vielsporiger Sporocysten. Zu den Ascomyceten bestehen Beziehungen durch die Form der Meiosporocysten, zu den Basidiomyceten durch die Sprossung, aber auch durch die (experimentell ermittelte) Möglichkeit127r Aussprossung von Meiosporen bei Vertretern der ↑ *Taphrinales* (Basidienentwicklung). D

Endomykorrhiza (endotrophe Mykorrhiza): ein Typ der ↑ Mykorrhiza, bei dem ein Teil der Hyphen des Mykobionten endotroph in den Zellen der Wurzelrinde des Phytobionten lebt. Pflanzliche Partner der E. sind überwiegend Kräuter, Stauden, Gräser, Halbsträucher, selten auch Bäume. Mitunter sind ganze Verwandtschaftskreise, z. B. die *Ericaceae,* die *Pyrolaceae,* die *Orchidaceae* an E. gebunden. Unter den Pilzen sind in erster Linie Basidiomyceten der Ordnung *Tulasnellales* und ihre Anamorphen, wie *Rhizoctonia* und *Orcheomyces* beteiligt, aber auch Ascomyceten und ihre Anamorphen. Eine besondere Form der E., an der Zygomyceten beteiligt sind, ist die ↑ VA-Mykorrhiza. Die Abhängigkeit der Symbionten von der E. ist sehr unterschiedlich und z. T. noch unbekannt. Für die *Orchidaceae* ist die E. z. B. lebensnotwendig. Bei heterotrophen Orchideen haben sich parasitische Verhältnisse aus der E. entwickelt (↑ tolypophage Mykorrhiza). ↑ Mykorrhiza, ↑ Ektomykorrhiza, Taf. 9/3,4 D

Endomykosen: Pilzinfektionen (↑ Mykosen), die im Hinblick auf ihre Lokalisation im ↑ Wirt die Schleimhäute, innere Organe und tiefe Muskelgewebsbereiche betreffen. Am häufigsten sind die Schleimhäute des Genital-, Respirations- und Intestinaltraktes betroffen, und gelegentlich dringen die Erreger von dort aus in weitere Gewebe und Organe vor. Voraussetzung dafür ist ein Eindringen in Blut- und Lymphwege oder die Perforation kanalikulärer Organe, wie Darm oder Bronchialbaum. E. können nur von solchen Pilzen hervorgerufen werden, welche bei der am Ort der Infektion herrschenden Körpertemperatur zur Vermehrung befähigt sind. Häufig werden E. durch Pilze, die zeitweilig als Saprophyten inmitten der natürlichen Mikrobenflora des Wirtes leben, hervorgerufen. In einem derartigen Fall, für den z. B. die Schwächung der Abwehrkraft des Wirtes eine wichtige Voraussetzung ist, spricht man von endogener Entstehung der E. Infiziert ein Pilz, z. B. ↑ *Coccidioides immitis,* ohne zwischengeschaltetes saprophytisches Stadium einen Organismus, so ist die E. exogen bedingt. E. gehören zu den gefürchteten Infektionskrankheiten, die nicht selten einen schweren Verlauf nehmen. Die Krankheitsbilder sind oft derart uncharakteristisch, daß die Diagnosestellung Schwierigkeiten bereitet. V

Endoparasiten ↑ Parasitismus

Endophyllum: Gattung der Rostpilze (Ord. ↑ *Uredinales*). Spermogonien fehlen oder werden subcuticulär, mitunter subepidermal angelegt. ↑ Aecidien und ↑ Uredolager fehlen. Die subepidermal angelegten Teleutolager sind aecidienähnlich, die Teleutosporen ähneln Aecidiosporen anderer Rostpilze. Sie sind einzellig, entstehen in lockeren Ketten, oft sind Zwischenzellen vorhanden. Die Wände der Teleutosporen sind blaß, ihre Keimpori sind undeutlich ausgebildet. Sie keimen nach einer Ruhepause mit ↑ Basidien aus. Die Entstehung solcher Teleutosporen wird als Umwandlung von Aecidiosporen durch Verlagerung der Karyogamie in dieses Stadium verstanden. Für solche, aus Aecidiosporen hervorgegangene Teleutosporen wurde auch der Begriff Endoteliosporen (oder Endoteleutosporen) vorgeschlagen (abgeleitet von Endoform bzw. endozyklischer Entwicklungsgang, ↑ *Uredinales*). *E.*-Arten kommen auf Wirten verschiedener Pflanzenfamilien vor, z. B. auf *Crassulaceae* (Typusart *E. sempervivi*) und *Euphorbiaceae.* Eine verwandte Gattung mit ebenfalls aecidioiden Teleutosporenlagern ist *Endophylloides,* deren Typusart, *Endophylloides portoricensis,* auf *Mikania*-Arten in Mittel- und Südamerika vorkommt. Bei dieser Gattung sind die Sporen jedoch fest verklebt und bilden eine kompakte Masse. B

Endoplasmatisches Reticulum: cytoplasmatisches Organell eukaryotischer Organismen. Das E. R. durchzieht die Zelle als ein netzartiges, verzweigtes System von membranumgrenzten Cisternen; es tritt in zwei unterschiedlichen Formen auf. Das rauhe E. R. (rER) trägt auf seiner äußeren Oberfläche zahlreiche ↑ Ribosomen; an ihm findet die membrangebundene Proteinsynthese statt. Rauhes E. R. ist vorwiegend flächig ausgebildet. Das glatte E. R. (sER) trägt keine Ribosomen und weist meist eine tubuläre Struktur auf. Zwischen beiden Formen des E. R. bestehen keine qualitativen Unterschiede; sie können kontinuierlich ineinander übergehen. Das E. R. steht in enger struktureller und funktioneller Beziehung zur ↑ Kernmembran, den ↑ Dictyosomen (↑ Golgi-Apparat) und anderen Zellbestandteilen, bei den ↑ *Basidiomycetes* insbesondere zum ↑ Parenthosom. Im E. R. werden Membranlipide, Reservelipide und andere lipophile Substanzen synthetisiert. Über den sog. Membranfluß können die Syntheseprodukte des E. R. in andere Zellkompartimente gelangen. Das E. R. kann der Zelle auch als Ionenspeicher dienen. Taf. 1/1,2 Sch

Endoptychum: nur eine einzige Art *(E. agaricoides)* umfassende Gattung der Ordnung ↑ *Agaricales* (Kl. ↑ *Basidiomycetes*) mit ↑ secotioiden Fruchtkörpern, deren Stiel-Columellae sich nicht strekken. In Europa kommt *E. agaricoides* besonders im Süden vor. Der Anschluß an eine Familie der Blätterpilze ist unsicher; möglicherweise besteht eine Beziehung zu den *Agaricaceae* (Champignonartige). In aktuellen Systemen wird die Gattung meist bei den *Secotiaceae,* einer Familie, zu der man früher alle secotioiden Pilze zählte, belassen. Taf. 47/3, ↑ Vorsatz (*Endoptychum*-Typ der secotioiden Pilothecien) D

Endosporen: endogen, d. h. im Inneren einer Zelle, entstehende ↑ Sporen. Typische E. finden wir bei vielen Bakterien. Unter den Pilzsporen sind alle deutlich als ↑ Gonite erkennbaren Sporen, z. B. ↑ Ascosporen, in Sporocysten gebildeter Mitosporen der ↑ *Zygomycetes* E. Bei den ↑ Conidien sind auf Grund der mitunter sehr komplizierten Conidiogenese endo- und exogene Entstehungsweise der Sporen nicht immer klar unterscheidbar; daher haben sich andere Termini der Klassifizierung durchgesetzt. ↑ Exosporen, ↑ Endoconidien, ↑ Abb. Ascus 2,3 D

Endoteliosporen ↑ Endophyllum

Entalexcipulum: ↑ Apothecium, ↑ Excipulum

enteroblastische Conidiogenese ↑ Conidiogenese

Entoloma (Rötlinge): weltweit verbreitete Gattung der Ordnung ↑ *Agaricales* (Kl. ↑ *Basidiomycetes*). Die Fruchtkörper sind zentral gestielte Blätterpilze ohne Vela und (soweit untersucht) mit stets gymnocarper Primordialentwicklung. Die bei Reife rosafarbenen bis rosabraunen Lamellen erreichen den Stiel, sind angeheftet oder breit angewachsen (↑ Abb. *Agaricales* 1). Charakteristisch ist die Sporenform. Alle Arten haben eckige bis kantige Sporen, das Sporenpulver zeigt stets einen rosa bis rosabräunlichen Farbton. Von den nahezu 150 europäischen Arten werden einige zu Speisezwecken genutzt, andere sind giftig. Die *E.*-Arten leben meist saprophytisch, einige sind fakultative Parasiten, andere wahrscheinlich Mykorrhizapilze. Viele Jahre hindurch wurden die Rötlinge unter dem Namen *Rhodophyllus* geführt, der jedoch nomenklatorisch unkorrekt ist. Die Gattung wird in mehrere Untergattungen

(Claudopus, Eccilia, Entoloma, Leptonia, Nolanea, Pouzaromyces, Inopilus) gegliedert. Dies beruht hauptsächlich auf makroskopischen Merkmalen der Fruchtkörpermorphologie. ↑ Giftpilze, Tab. D

Entomophthora: rund 150 Arten umfassende Gattung der Ordnung *Entomophthorales* von spezialisierten, selten auch polyphagen Insektenparasiten. Das Myzel ist coenocytisch, vermag aber in Segmente (↑ Hyphenkörper) zu zerfallen, aus denen sich nach Absterben des Wirtsorganismus (meist Insekten) wieder Myzel bildet, aus dem dann die ↑ Cystoconidien hervorgehen. Diese werden aktiv abgeschleudert und keimen mit sekundären Cystoconidien oder mit Hyphen. Die Zygoten werden nach Cystogamie oder Somatogamie von Hyphenkörpern gebildet; außerdem können aus vegetativen Teilen des Myzels Dauerkörper entstehen. Bei *E. muscae,* dem Erreger des Fliegenschimmels der Stubenfliege (Taf. 10/5), sind die Cystoconidienträger einfach, bei anderen Arten, z. B. bei *E. americana,* verzweigt. Es gibt Bemühungen, *E.*-Arten zur biologischen Schädlingsbekämpfung zu nutzen. D

Entomophthorales: Ordnung der Klasse ↑ *Zygomycetes* (Abt. ↑ *Eumycota*), die sowohl parasitische Pilze von Menschen, Tieren und Pflanzen, als auch Saprophyten, besonders terrestrische und coprophile Arten, umfaßt. Sporocysten werden nur in wenigen Fällen gebildet. Sie haben sich zu ↑ Cystoconidien umgewandelt und fungieren als Sporen. Nur aus theoretischen Erwägungen (durch Analogieschluß) ist anzunehmen, daß es keine ↑ Conidien sind; strukturanalytisch läßt sich dies nicht beweisen. Die Hyphen zerfallen bei verschiedenen Arten in Segmente (↑ Hyphenkörper), die mit der Körperflüssigkeit der Wirtsorganismen transportiert werden können. Aus den verschmolzenen Isogamocysten wachsen die Zygoten seitlich, selten auch apikal aus und werden zu Hypnozygoten. Bei einigen Vertretern (↑ *Conidiobolus*) sind Anisogamocysten ausgebildet. Repräsentative Gattungen sind ↑ *Entomophthora,* ↑ *Basidiobolus,* ↑ *Conidiobolus.* Der weit verbreitete Fliegenschimmel der Stubenfliege wird von *Entomophthora muscae* erregt. Taf. 10/5, ↑ Basidiobolose D

Entwicklungszyklus: gesetzmäßig ablaufende Individualentwicklung im Hinblick auf ihre ständige Wiederholung, der ontogenetische Zyklus. Der E. von Pilzen beginnt mit einem bestimmten Typ von Keimzellen und schließt sich mit dem gleichen Keimzellentyp. Er be-

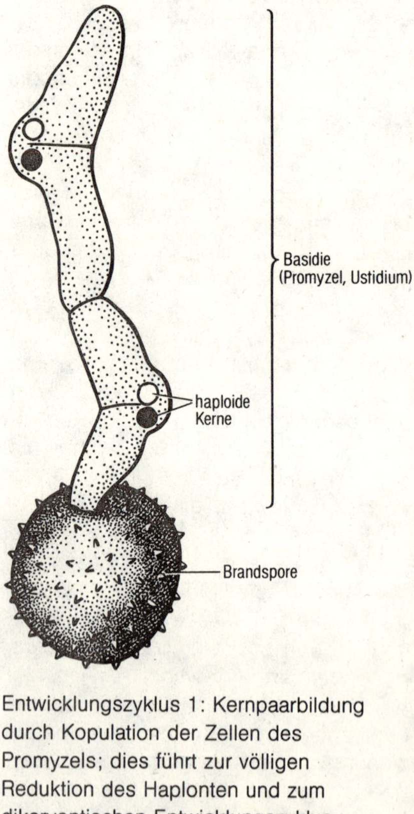

Entwicklungszyklus 1: Kernpaarbildung durch Kopulation der Zellen des Promyzels; dies führt zur völligen Reduktion des Haplonten und zum dikaryontischen Entwicklungszyklus

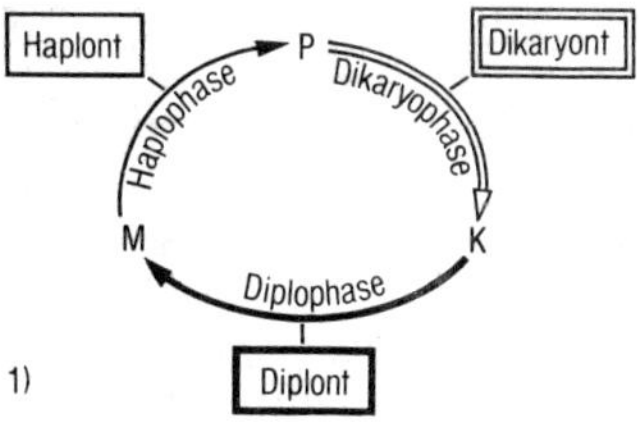

2)

Koppelung von	Zyklus	Kernphasenwechsel
P → K → M	haplontisch	zygotisch
p → K	haplo-diplontisch	intermediär
K → M	haplo-dikaryontisch	(intermediär)
M → P → K	diplontisch	gametisch
K → M → P	dikaryontisch	(gametisch)

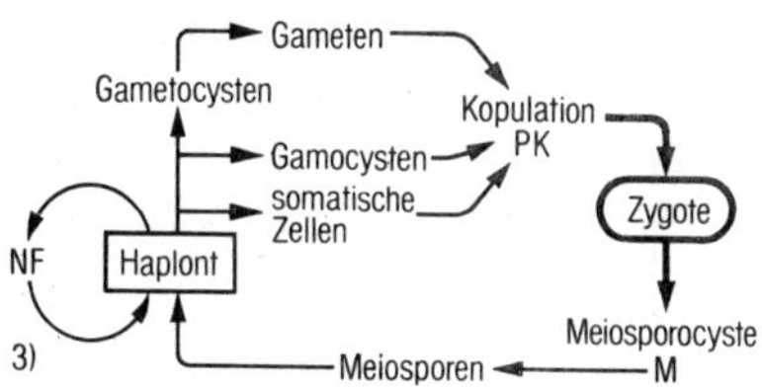

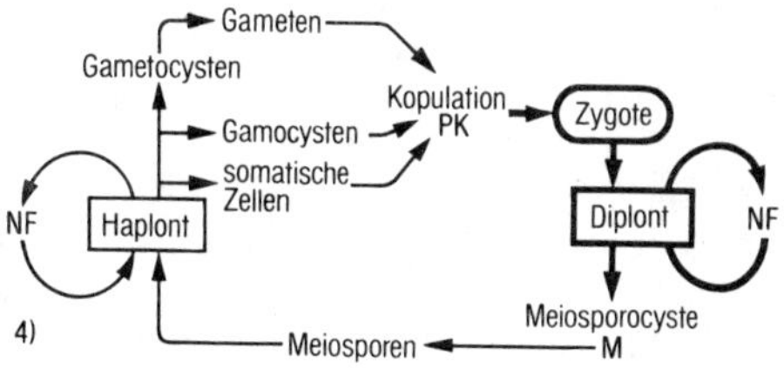

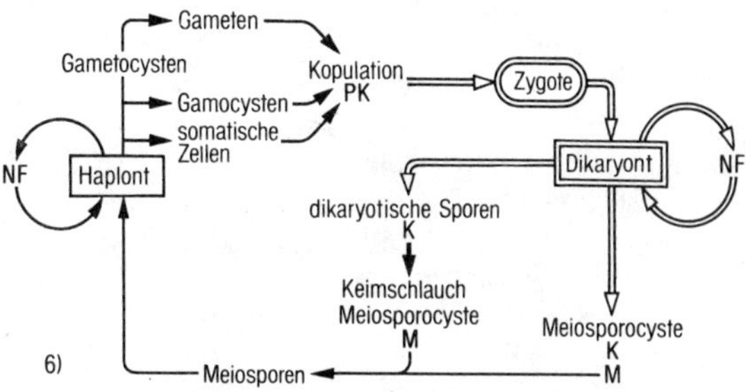

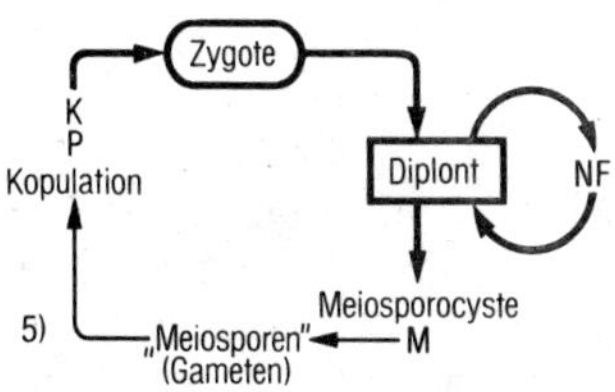

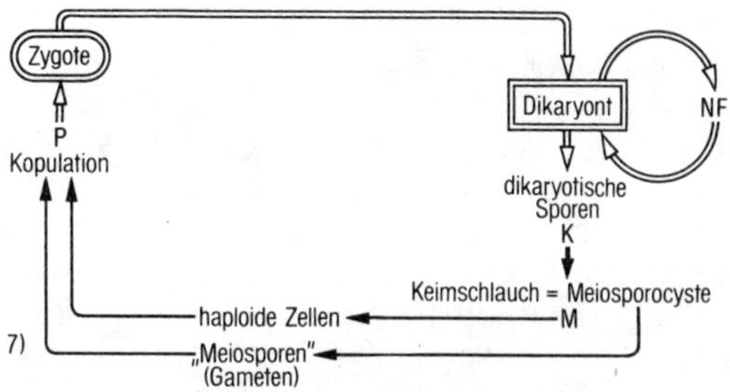

Entwicklungszyklus 2: schematische Darstellung der Typen.
1) Anordnung der Entwicklungsabschnitte (oder Generationen) mit unterschiedlicher Kernphase zwischen den Vorgängen der Befruchtung und Meiose.
2) Gesetzmäßige Koppelung (ohne zwischengeschaltete Mitosen) von Grundvorgängen der Befruchtung und Meiose bei den verschiedenen Typen.
3)-7) Entwicklungszyklen der Pilze: 3) haplontischer, 4) haplodiplontischer, 5) diplontischer, 6) haplo-dikaryontischer, 7) dikaryontischer Entwicklungszyklus.
8) Grundsätzliche Evolutionsrichtung. P Plasmogamie (Verschmelzung der Protoplasten), K Karyogamie (Verschmelzung der Kerne), M Meiose (Reduktionsteilung), NF Nebenfruchtform (Anamorphen). Dünne Linien haploide, dicke Linien diploide, Doppellinien dikaryotische Entwicklungsabschnitte

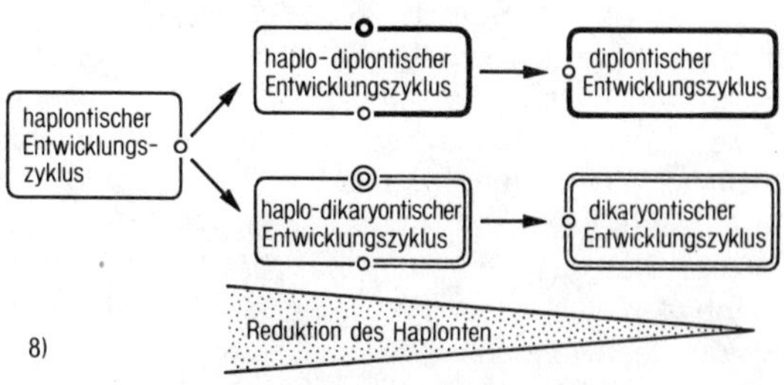

inhaltet zwei, bei Pilzen mit einer Dikaryophase drei ↑ Kernphasen und oft einen ↑ Generationswechsel. Kardinalpunkte des E. sind die Kernphasenwechsel, d.h. die Dikaryotisierung bzw. die Karyogamie im Rahmen der ↑ Befruchtung und die Meiose. Ausgangspunkte des Generationswechsels sind Keimzellen (Meiosporen, freiwerdende Zygoten, aber auch manche Mitosporen), die funktionell und strukturell unterschiedliche Generationen hervorbringen. Kernphasen- und Generationswechsel sind im E. oft, aber nicht zwangsläufig, gekoppelt. Da jeder Kernphasenwechsel ein wichtiger Einschnitt im E. ist, benennt man die Abschnitte der E. und auch die gesamten Zyklen zweckmäßig nach den wichtigsten Kernphasen. Solche E., in denen Mitosen nur in einer einzigen Kernphase vorkommen, werden nach dieser benannt. Man spricht von haplontischen, diplontischen oder dikaryontischen Zyklen. In den meisten Fällen kommt in solchen E. eine zweite Kernphase vor. Haplontische E. haben oft einen zygotischen Kernphasenwechsel, d. h., es kommen diploide Zygoten vor, die sich unter Meiose teilen, z. B. bei den meisten ↑ *Zygomycetes*. Dikaryontische E. sind sehr selten. Sie haben sich phylogenetisch durch Reduktion des Haplonten gebildet, z. B. bei manchen Brandpilzen (↑ *Ustilaginales*). Es erfolgt Somatogamie (↑ Befruchtung) zwischen den Zellen des Promyzels (des ↑ Ustidiums, der ↑ Basidie), die meiotische Kerne enthalten (Abb. 1). Diplontische E. sind bei Pilzen ebenfalls sehr selten. Sie kommen bei einigen Hefen (↑ *Endomycetes*) vor und beinhalten einen gametischen Kernphasenwechsel. Die ↑ Gameten sind hier die Meioseprodukte, die, obgleich den Meiosporen verwandter Arten homolog, nicht als Sporen fungieren und auch nicht so bezeichnet werden dürfen. Haplo-diplontische und haplo-dikaryontische E. sind durch Mitosen in zwei Kernphasen gekennzeichnet. Die Abschnitte der E., die durch Kernphasen gekennzeichnet sind, in denen Mitosen vorkommen, werden als Haplont, Dikaryont und Diplont bezeichnet. Sie sind nicht zwangsläufig mit Generationen identisch, sondern nur dann, wenn Kernphasen- und Generationswechsel synchron verlaufen. Abb. 2, ↑ Generationswechsel, ↑ Kernphasenwechsel, ↑ Befruchtung D

Enzyme (Fermente): biologische Katalysatoren. Sie vermitteln zahlreiche chemische Umwandlungen in allen Lebewesen. Das Eiweiß der Pilzzelle besteht zu 80–90% aus E. Ein Teil der E. wird heute industriell gewonnen und in weiten Bereichen der Volkswirtschaft eingesetzt. Wichtige Enzymproduzenten sind ↑ *Aspergillus-*, ↑ *Penicillium-*, ↑ *Saccharomyces-*, ↑ *Mucor-*, ↑ *Trichoderma*-Arten u. a. Gegenwärtig haben nur wenige intrazelluläre E. kommerzielle Bedeutung (z. B. ↑ Invertase aus Hefen zur Herstellung von Invertzucker oder Glucoseoxidase aus *Aspergillus niger* zur Blutzucker-Bestimmung). Die Hauptmenge der industriellen E. sind extrazelluläre E., d. h., sie werden ins Nährmedium ausgeschieden. Zu den wichtigsten industriellen E. gehören ↑ Amylasen, ↑ Pektinasen, ↑ Zellulasen, Proteasen und ↑ Laktase. Sie werden frei oder an Träger gebunden (↑ Immobilisierung) eingesetzt. Ihr Einsatz erfolgt vorwiegend in der Nahrungsgüter- und Getränkeindustrie sowie zu diagnostischen und therapeutischen Zwecken im medizinischen Bereich. Str

Ephebe: Gattung der Familie ↑ *Lichinaceae*. Es sind ↑ Fadenflechten mit ↑ Phycobionten der Gattung *Stigonema* (*Cyanobacteria*). Der Thallus ist meist sehr klein, fädig bis kleinstrauchig und oft stark verzweigt, von grüner, brauner bis schwarzer Farbe. Die Fruchtkörper sind kleine, aus ↑ Pycnidien hervorgehende end- oder seitenständige ↑ Apothecien mit Lagerrand und meist brauner Scheibe. Es werden pro Ascus 8–16 einzellige, farblose, ovale bis bohnenförmige Sporen gebildet; Pycnosporen sind von zylindrischer Gestalt. Die ↑ Paraphysen zeichnen sich durch kopfige Endzellen aus. Die Gattung *E.* ist in Europa nur mit wenigen Arten vertreten, die überwiegend auf feuchten bis nassen Flächen kalkfreier Gesteine siedeln. Sto

Epibasidie ↑ Prosterigma

Epichloë: weltweit verbreitete, 8 Arten umfassende Gattung der Ordnung ↑ *Hypocreales* (Kl. ↑ *Ascomycetes*). Die *E.*-Arten sind Parasiten auf Süßgräsern, die ↑ Perithecien bilden sich in krustenförmigen ↑ Stromata, welche die Grashalme umwachsen. In Mitteleuropa ist *E. typhina,* der Erstickungspilz („Erstikkungsschimmel") der Gräser, eine allgemein verbreitete Art. ↑ Abb. Ascus 4 Hi

Epicutis ↑ Huthaut

Epidemie (Seuche): örtlich und zeitlich stark gehäuftes Auftreten einer Infektionskrankheit. Unter progressiver E. versteht man in Ausbreitung begriffene E. Plötzlich auftretende, sehr rasch voranschreitende E. werden auch als Explosiv-E. bezeichnet. Lokal begrenzte E. werden Endemie oder lokale E. genannt. Weit verbreitete, u. U. mehrere Kontinente umfassende E. heißen Pandemie. Nach dem Modus des Auftretens unterscheidet man spontane und periodische (zyklische) E. Das epidemische Auftreten von Parasiten hat unterschiedliche Ursachen. Oft liegt es in Störungen ökologischer Gleichgewichte begründet. Monokulturen in Land- und Forstwirtschaft, Intensivtierhaltung in großen Beständen usw. bedürfen einer besonderen Überwachung, um E. zu vermeiden. Epidemisches Auftreten mancher Rost-, Brand- oder Mehltaupilze verursacht u.U. hohe Verluste in der Pflanzenproduktion. D/B

Epidemiologie: Disziplin der Human- und Veterinärmedizin bzw. ↑ Phytopathologie, die sich mit allen Problemen der Epidemien beschäftigt. D

Epidermomyces (Epidermophyton): Form-Gattung ↑ imperfekter Pilze, die nur zwei Arten von Dermatophyten, *E. floccosus* und *E. stockdalae,* umfaßt. Auf Agar-Nährmedien bildet *E. floccosus* grün bis gelbbraun gefärbte, filzigwollige Kolonien, die aus septierten, 2–4 µm dicken Hyphen bestehen, an denen in Büscheln keulige, mehrzellige ↑ Conidien gebildet werden. Im Gegensatz zu ↑ *Microsporum* und ↑ *Trichophyton* sind keine Mikroconidien vorhanden. *E. floccosus* befällt Hornhaut und Nägel des Menschen.

Der Name *Epidermophyton* ist fest im medizinischen Sprachgebrauch für diese Pilze verankert, ist aber illegitim, da der Typus, *Epidermophyton gallinae,* zu *Microsporum* gehört. V

Epidermophytie: durch den ↑ Dermatophyten ↑ *Epidermomyces floccosus* hervorgerufene ↑ Mykose der Haut und Nägel. Der Begriff E. ist nur sinnvoll, wenn der Erreger identifiziert ist. Oft wird er noch zur allgemeinen Benennung einer ↑ Dermatomykose herangezogen, aber dafür ist die Bezeichnung ↑ Tinea besser geeignet. V

Epidermophyton ↑ *Epidermomyces*

Epihymenium: die oberste Schicht des Hymeniums von ↑ Apothecien, wenn diese oberhalb der Ebene der Ascusspitzen aus Paraphysenenden ohne Verzweigungen und Verwebungen, aus Hymenialgallerte und oft auch aus Einlagerungen von Pigmenten und/oder Kristallen besteht und in Farbe und Dichte vom übrigen Hymenium abweicht. Besonders bei den Apothecien vieler Flechten (↑ Lichenes) kommen E. vor. Sie sind nicht immer von ↑ Epithecien zu unterscheiden und werden oft auch als solche bezeichnet. Sto

epilithische Flechten (epipetrische F.): auf Gestein wachsende Flechten (↑ Lichenes). E. F. kommen in fast allen Wuchsformen vor, so bei ↑ Gallertflechten, ↑ Strauch-, ↑ Blatt-, ↑ Band- und in besonderer Vielfalt bei den ↑ Krustenflechten. Auf oder im Gestein verankert sind sie durch einen Nabel, ↑ Rhizinen oder ↑ Rhizoidhyphen, die durch Ausscheidung bestimmter Flechtensäuren das Substrat angreifen und somit das Eindringen ermöglichen. Häufig kommt es dabei zur Chelatbildung, wodurch einige Arten einen nicht geringen Anteil an der Gesteinsverwitterung haben. Durch diese Fähigkeit sind e. F. ausgesprochene Pioniere auf nackten, unbesiedelten Felsen, die auf der Verwitterungsschicht durch abgestorbene Thallusteile allmählich eine dünne Humusauflage bilden, die terrestrischen Flechten, Moosen und auch höheren Pflanzen als Substrat dient. Die engen Beziehungen zwischen Substrat und dem Stoffwechsel der Flechten kommt bei e. F. darin zum Ausdruck, daß zahlreiche Arten an eine bestimmte Gesteinsart (z. B. Kalk oder Silikatgestein) gebunden sind, wobei neben den chemischen Eigenschaften auch die physikalische Beschaffenheit eine Rolle spielt. Spezialisten unter den e. F. bevorzugen sogar Gesteine, die bestimmte Elemente in erhöhtem Maße enthalten; so ist z. B. die rostbraune *Acarospora sinopica* überwiegend nur von eisenhaltigem, teilweise auch von schwermetallhaltigem Gestein bekannt und findet sich deshalb auf entsprechenden Bergwerkshalden. Sto

Epinekralschicht ↑ Rinde

Epiphragma: deckelartige, häutige Struktur, die junge ↑ Gasterothecien mancher Nestpilze (↑ *Nidulariales*) verschließt. Beim Tiegelteuerling (↑ *Crucibulum*) ist das E. stets deutlich ausgebildet; es kommt aber auch bei Teuerlingen (↑ *Cyathus*) vor. D

epiphytische Flechten: auf Pflanzen wachsende Flechten (↑ Lichenes). E. F. kommen besonders an Gehölzen vor, sowohl an Baumstämmen als auch im Geäst. Auf Blättern vorkommende e. F. werden auch als epiphylle Flechten bezeichnet. Epixyle Flechten wachsen an Holz. Sie können sowohl als e. F. an Stämmen und Ästen, als auch an verbautem Holz auftreten. Besonders in Wäldern mit hoher Luftfeuchtigkeit, z. B. in Hochgebirgswäldern nahe der Waldgrenze oder in tropischen Nebelwäldern, ist die Flora der e. F. reich entfaltet. An Baumstämmen kommt es oft zur Zonierung und zur Ausbildung charakteristischer epiphytischer ↑ Flechtengesellschaften. Für die Besiedlung geeigneter Pflanzenteile mit e. F. sind neben der Situation der Luft (Feuchte, SO_2-Belastung usw.) auch die Oberflächenbeschaffenheit, der *p*H-Wert der Oberfläche, das Licht und die Hauptwindrichtung von Bedeutung. D/Sto

Epiphytose (Epiphytotie): eine ↑ Epidemie, von der Pflanzen betroffen sind. B

Epipolythiopiperazindione: Gruppe von etwa 20–30 Mykotoxinen, die von Arten der Gattungen ↑ *Penicillium*, ↑ *Aspergillus*, *Gliocladium*, ↑ *Chaetomium*, ↑ *Helminthosporium* u. a. gebildet werden. Die E. sind durch eine 3,6-Epithio-2,5-diketopiperazin- und eine Indolopyrrolopyrazin-Einheit charakterisiert. Viele Metabolite der E. wurden zuerst als Antibiotika entdeckt. Manche zeigen biologische Aktivität gegen Viren und Pilze, einige sind akut toxisch für Vertebraten, z. B. das ↑ Gliotoxin, andere sind Proteinsynthese-Hemmstoffe für Tumorzellen. Zu den E. gehören auch die Verticilline, Sporidesmine, das Chaetomin und ↑ Hyalodendrin. M

Epithecialalgen: in das ↑ Epithecium von ↑ Apothecien der Flechten (↑ Lichenes) eingebettete Phycobionten-Zellen. Wird zwischen Epithecium und ↑ Epihymenium unterschieden, so ist auch der Terminus Epihymenialalgen gebräuchlich. Die E. stammen vom Thallus der Flechten und gelangen durch spezielle Modi der Fruchtkörperentwicklung in das Epithecium bzw. Epihymenium. Sto

Epithecium: geschlossene Schicht aus verwobenen und verzweigten Enden von Paraphysen an der Oberfläche des ↑ Hymeniums mancher ↑ Apothecien, besonders bei vielen *Helotiales* und bei lichenisierten Pilzen. Das E. ist demnach eine Schicht oberhalb der Ebene der Ascusspitzen. Wird eine solche Schicht neben verwobenen Paraphysenenden auch aus amorphen oder gallertigen Exkreten gebildet, spricht man von einem Pseudoepithecium. ↑ Epihymenium Hi

Epithelium: ↑ Hutoberhaut oder Stieloberfläche von Basidiocarpien aus runden, ellipsoiden oder unregelmäßig isodiametrischen Zellen, die oft in Ketten angeordnet sind, sich aber völlig in Einzelzellen auflösen können. Ein E. ist als umgebildetes Palisadoderm zu verstehen. D

Epitheton (Pl. Epitheta): ein Wort, das als attributive Hinzufügung ein Substantiv näher erläutert. In der medizinischen und biologischen Fachsprache haben E. vielfältige Bedeutung, z. B. zur Bezeichnung bestimmter Krankheitsformen (↑ Tinea). Von besonderer Bedeutung sind die E. in der wissenschaftlichen Nomenklatur. Nach den Regelungen des ↑ ICBN wird z. B. jede Art durch den Gattungsnamen und ein E. benannt. Solche binäre Kombinationen gehen auf die Methode von ↑ Linnaeus zurück. D

Epoxytrichothecene: ↑ Mykotoxine der ↑ Trichothecen-Gruppe. Gemeinsam ist den E. eine spezielle Terpeneinheit. Zu den E. gehört das T-2-Toxin, das von *Fusarium*-Arten und von *Trichoderma lignosum* gebildet wird. Es ist hochtoxisch für Warmblüter, verursacht die

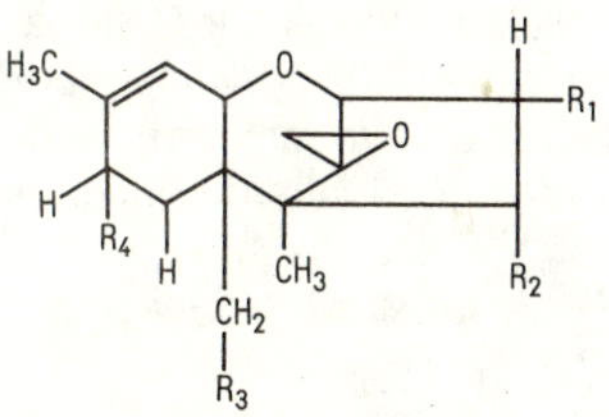

Terpeneinheit der Epoxytrichothecene

	R_1	R_2	R_3	R_4
Trichothecen	H	H	H	H
Trichodermol (Roridin C)	H	OH	H	H
Scirpentriol	OH	OH	OH	H
Trichodermin	H	$O-C(=O)-CH_3$	H	H
Diacetoxyscirpenol	OH	$O-C(=O)-CH_3$	$O-C(=O)-CH_3$	H
HT-2-Toxin	OH	OH	$O-C(=O)-CH_3$	$O-C{=}O$ $\|$ $H_2C-CH(CH_3)_2$
T-2-Toxin	OH	$O-C(=O)-CH_3$	$O-C(=O)-CH_3$	$O-C{=}O$ $\|$ $H_3C-CH(CH_3)_2$
Calonectrin	$O-C(=O)-CH_3$	H	$O-C(=O)-CH_3$	H

↑ alimentäre toxische Aleurie (ATA) und hemmt die Proteinsynthese (LD_{50} = 4 mg/kg Ratte per os). Das HT-2-Toxin wurde in *Fusarium culmorum, F. poae* und *F. sporotrichoides* gefunden. Es verursacht Hautnekrosen, Blutungen und ebenfalls die ATA (LD_{50} = 0,5 µg/Hühnchenembryo). Das Trichodermol wurde aus *Myrothecium roridum* isoliert, Trichodermin aus *Trichoderma lignosum* und *T. viride*. Diese Stoffe sind ebenfalls Proteinsynthesehemmer und wirken antimykotisch (LD_{50} = 500–1 000 mg/kg Maus, subkutan). Das ähnlich wirkende Calonectrin wurde in *Calonectria nivalis,* Scirpentriol in *Fusarium roseum* und *F. equiseti* gefunden. Helveolarsäure (Fumigatin) besitzt auch antibiotische Eigenschaften und wurde aus *Aspergillus*-Arten gewonnen. Diacetooxyscirpenol aus *Fusarium*-Arten und *Gibberella intricans* ist für Geflügel stark giftig (LD_{50} = 0,09 µg/Hühnchenembryo), bewirkt bei Warmblütern Hautnekrosen und ist auch phytotoxisch. M

Erdstern ↑ *Geastrales,* ↑ *Geastrum,* ↑ *Myriostoma*

Erdzungen ↑ *Geoglossaceae*

Ergochrome: saure, meist hellgelbe, toxische Pilz- und Flechteninhaltsstoffe, die chemisch als Grundgerüst ein dimeres 5-Hydroxychromanon enthalten. Wichtige Vertreter sind die Secalonsäuren, im Mutterkornpilz das orangerote Endocrocin und das rote Clavorubin. Secalonsäure A verursacht z. B. Lebernekrose (LD_{50} = < 50 mg/kg Maus, intravenös). M

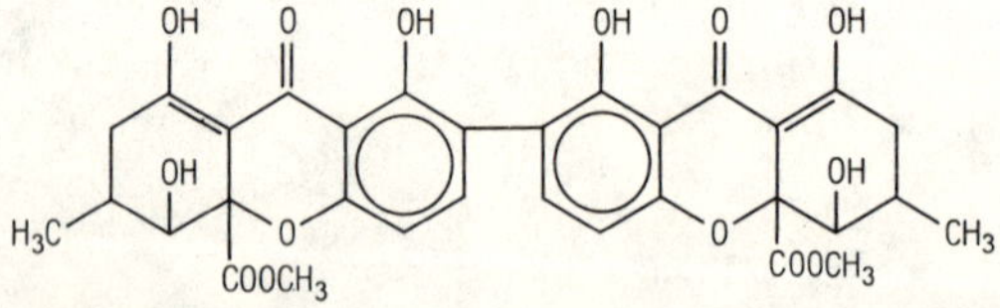

Secalonsäure A

Ergometrin ↑ Mutterkornalkaloide

Ergotismus: Pilzvergiftung (Mykotoxikose), hervorgerufen durch mit Mutterkorn verunreinigtes Mehl (↑ *Claviceps*). E. ist heute sehr selten. Die im Mutterkorn enthaltenen ↑ Mutterkornalkaloide führen beim Menschen zu Durchfall, Erbrechen, Gefäßkrämpfen, Benommenheit bis hin zum Absterben von Extremitätengewebe. M

Erica-Sterben: Bezeichnung in der ↑ Phytopathologie für eine an kultivierten *Erica*-Arten auftretende Krankheit, hervorgerufen durch ↑ *Phytophthora cinnamomi* (Kl. ↑ *Oomycetes*). Der Pilz infiziert die Pflanzen über den Boden und erzeugt zunächst Wurzel- und Wurzelhalsfäule (↑ Fäulen). Später kommt es zu Blattnekrosen (↑ Nekrosen), zum ↑ Zweigsterben und schließlich zum Absterben der Pflanze. B

Erlengrübling ↑ *Gyrodon*

Erlenmeyerkolben ↑ Kulturgefäße

Ertrag ↑ Wachstum, ↑ Ausbeute

Ertragskoeffizient: der Quotient aus dem bei einer ↑ Fermentation gebildeten Ertrag an Biomasse oder an Produkt und der Menge verbrauchten Substrates. Er ist eine wesentliche Kenngröße bei der ökonomischen Bewertung einer Fermentation (↑ Wachstum, ↑ Ausbeute) Str

Erysiphales: Ordnung der Klasse ↑ *Ascomycetes,* die nur eine Familie, die *Erysiphaceae* (Echte Mehltaupilze), umfaßt. Zu den *E.* gehören 19 Gattungen mit etwa 500 Arten obligater Phytoparasiten auf Angiospermen. Das Myzel wächst ektophytisch oder teilweise endophytisch. Äußerlich entwickeltes Myzel und die reichlich vorkommenden ↑ Conidien bilden die typischen Befallsbilder (Mehltau) in Form weißer Überzüge. Die Hyphen sind mit Appressorien fixiert und dringen mit Haustorien

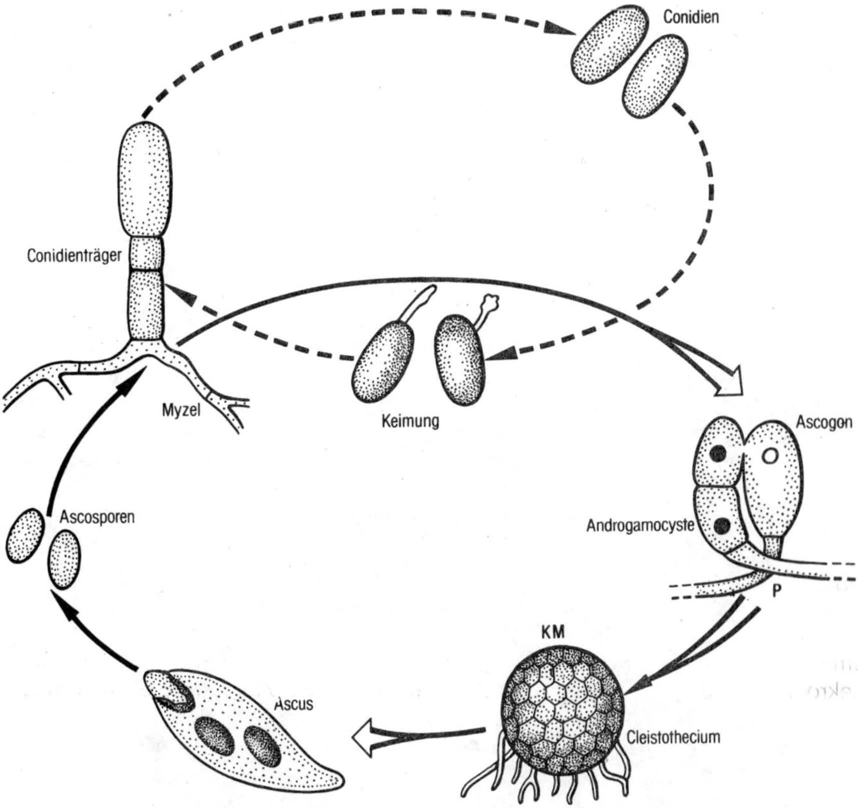

Erysiphales 1: schematische Darstellung des Entwicklungszyklus der Echten Mehltaupilze. P Plasmogamie (Verschmelzung der Protoplasten), K Karyogamie (Kernverschmelzung), M Meiose (Reduktionsteilung). K und M vollziehen sich in den Asci innerhalb der Fruchtkörper

in die Wirtszellen ein. Die relativ großen Conidien sind stets einzellig (Meristem-Arthrosporen), farblos und sofort keimfähig. Die Teleomorphen sind ↑ erysiphale Cleistothecien. Sie sind kugelig bis abgeflacht, selten kreiselförmig, bilden Anhängsel (↑ Appendices) und haben mehrschichtige pigmentierte, selten transparente Fruchtkörperwände. Sie enthalten einen einzigen ↑ Ascus oder mehrere (bis 40) unitunicate Asci mit je 2–8 einzelligen farblosen bis gelblichen Ascosporen. Die Appendices der Cleistothecien spielen z.T. eine Rolle bei der Ablösung und Verbreitung der Ascocarpien, die als Diasporen und als Überdauerungsorgane fungieren können.

Die Infektion der Wirtspflanze geschieht durch Keimhyphen von Ascosporen oder Conidien. Das haploide Myzel bildet reichlich Conidien. Später werden wenig differenzierte ↑ Gamocysten gebildet. ↑ Ascogon und Androgamocyste sind z.T. nicht unterscheidbar; manche Autoren sprechen sogar von Somatogamie. Nach der Befruchtung entstehen sofort Fruchtkörperwände, was die weitere Beobachtung erschwert. Entweder entwickeln sich die Asci über ascogene Hyphen aus dem befruchteten Ascogon, oder dieses entwickelt sich nicht weiter, und es kommt zu sekundären Kernübertragungen. Auch von der Entwicklung ascogener Hyphen aus dem Ascogon ohne Befruchtung wird berichtet. Die unterschiedlichen, z. T. widersprüchlichen Angaben zeigen möglicherweise eine große Vielfalt in der Fruchtkörperentwicklung. Die *Erysiphaceae* werden in zwei Unterfamilien gegliedert. Die *Erysiphoideae* (z. B. ↑ *Erysiphe, Microsphaera,* ↑ *Uncinula,* ↑ *Sphaerotheca, Podosphaera*) haben nur ektophytisches Myzel und Anamorphen der Form-Gattung ↑ *Oi-*

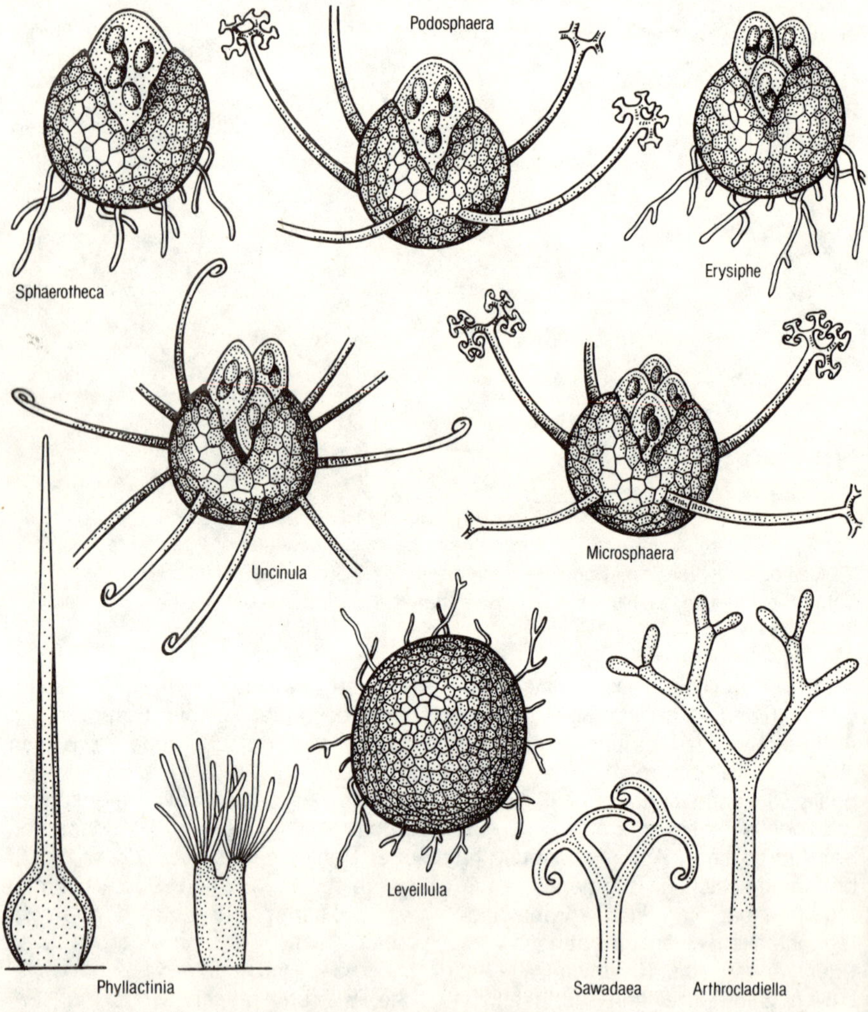

Erysiphales 2: Fruchtkörper (erysiphale Cleistothecien) wichtiger Gattungen. *Unten* Details der Anhängsel

dium. Die *Phyllactinioideae (Phyllactinia, Leveillula, Pleochaete)* bilden teilweise endophytisches Myzel; die Anamorphen gehören zu *Oidiopsis, Ovulariopsis* und *Streptopodium.* Die Gattungsgliederung basiert auf Merkmalen der Anhängsel, der Zahl der Asci pro Fruchtkörper, der Peridienstruktur und der Nebenfruchtformmerkmale. Die ursprünglicheren Gattungen, z. B. *Erysiphe, Blumeria* oder *Sphaerotheca,* besitzen noch myzelartige Anhängsel. Abgeleitete Gattungen haben hingegen kompliziertere Anhängsel, die z. B. apikal dichotom verzweigt *(Microsphaera, Medusosphaera, Arthrocladiella, Podosphaera)* oder umgebogen bis spiralig eingerollt sind *(Uncinula, Uncinuliella, Bulbouncinula, Pleochaeta).*
Zahlreiche Arten der *E.* sind phytopathologisch bedeutsame Erreger von Pflanzenkrankheiten unserer Kulturgewächse. *Blumeria graminis* befällt z. B. verschiedene Getreidearten und zahlreiche Weidegräser. *Uncinula necator* ist die Ursache des Echten Weinrebenmehltaus. *Erysiphe cichoracearum* schmarotzt an vielen Korbblütlern, u. a. an Sonnenblumen, Schwarzwurzel oder Salat. Abb. 1,2 B

erysiphales Cleistothecium: Ascocarp der Echten Mehltaupilze (↑ *Erysiphales*), ein ↑ Cleistothecium mit komplexer Wandstruktur, hymenialer Anordnung der persistenten Asci und einem Öffnungsmechanismus durch Aufplatzen der Fruchtkörperwand. Die e. C. erinnern mit vielen Merkmalen an ↑ Perithecien, von denen sie jedoch durch das Fehlen der Ostioli verschieden sind. Sie weisen wenig Übereinstimmung mit den ursprünglicheren eurotialen Cleistothecien auf. Dieser Umstand führte dazu, daß die e. C. in der Literatur mitunter als Perithecien bezeichnet werden. Viele Formen von e. C. fungieren insgesamt als Diaspore und besitzen charakteristische Anhängsel. B/D

Erysiphe: weltweit verbreitete, rund 100 phytoparasitische Arten umfassende Gattung der Ordnung ↑ *Erysiphales* (Echte Mehltaupilze, Kl. ↑ *Ascomycetes*). Das oberflächliche Myzel ist mit ↑ Appressorien fixiert und ernährt sich über ↑ Haustorien, die in einzelne Zellen des Wirtes eindringen. Die Anamorphen gehören zur Formgattung *Oidium,* wobei die Conidien einzeln (Pseudoidium-Typ) oder in Ketten (Euoidium-Typ) entstehen. Die ↑ Cleistothecien sind kugelig oder etwas abgeflacht, aber nicht dorsiventral gebaut. Die Fruchtkörperwand ist vielschichtig und dunkel; die Appendices, die basal bis apikal inseriert sein können, sind myzelartig, einfach oder verzweigt, meist septiert. Pro Cleistothecium werden 2–30 ↑ Asci gebildet, in denen je 2–8 Ascosporen entstehen.
Die meisten *E.*-Arten sind eng spezialisiert, nur wenige haben ein breites Wirtsspektrum („polyphage" Arten). Viele treten auch als Schädlinge von Kulturpflanzen auf. *E. cruciferarum* wächst z. B. auf Kohl, Raps, Senf u. a. *Brassicaceae. E. heraclei* infiziert u. a. Möhren, Sellerie und Petersilie. Typusart ist die auf Knöterricharten weit verbreitete *E. polygoni.* ↑ Abb. *Erysiphales* 2, ↑ erysiphales Cleistothecium B

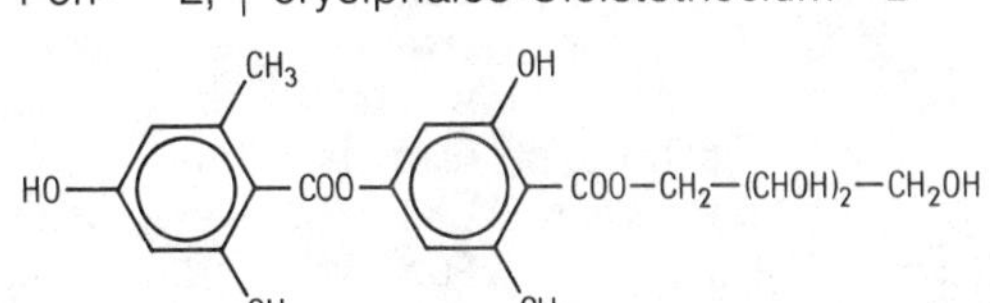

Erythrin

Erythrin: ↑ Flechtenstoff, der chemisch ein para-↑ Depsid vom Orcintypus darstellt und sich durch Veresterung der Carboxylgruppe mit D-Erythrit von der

↑ Lecanorsäure ableitet. E. wurde bisher vor allem aus *Roccella-* und *Dirina-*Arten isoliert und stellt eine Ausgangsverbindung für die Herstellung des ↑ Orseille-Farbstoffes Orcein dar.

E. gibt mit ↑ Eau de Javelle eine rote Färbung, die vor allem bei der Flechtenbestimmung eine Rolle spielt. Sto

Ethanol: zu den Alkanolen gehörende Verbindung, die als Endprodukt bei der alkoholischen ↑ Gärung durch ↑ Hefen entsteht. Nach Erfindung der Destillation im 10. oder 11. Jh. war es möglich, E. aus vergorenen Getränken zu gewinnen. Seit dem 16. Jh. kennt man die direkte Herstellung aus stärkehaltigen Produkten, z. B. Getreide. Brennereihefen sind *Saccharomyces cerevisiae, S. anamensis, Schizosaccharomyces pombe* bei zuckerhaltigen Substraten, *Kluyveromyces fragilis, Torula cremoris* bei Molke und einige andere *Torula-*Arten bei Verwendung von Sulfitablaugen als Substrat. Bei stärkehaltigen Substraten muß zunächst eine Verzuckerung der Stärke (↑ Stärkeverzuckerung)

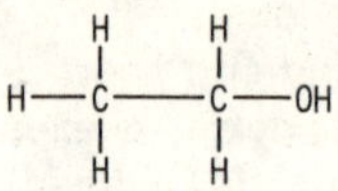

Ethanol

erfolgen durch ↑ Amylasen des keimenden Getreides oder durch Zusatz von Pilzmalz (Amylasen von *Aspergillus oryzae* oder *A. niger*). Die Gärung durch ↑ obergärige Hefen führt schließlich zu einer Maische mit einem Alkoholgehalt von 8–10 Volumen-%. Nach der Gärung wird die Hefe abgetrennt und kann wieder zur Beimpfung verwendet werden. Der Alkohol wird vom Gärgut abdestilliert. Anschließend wird der Rohspiritus in einer wiederholten Destillation (Rektifikation) von ↑ Fuselölen und Beimengungen befreit. Endprodukt ist 96%iges Ethanol. Durch Hintereinanderschalten mehrerer Gärbütten ist kontinuierlicher Betrieb möglich. In neuerer Zeit wird E. auch mit immobilisierten Hefezellen (↑ Immobilisierung) gewonnen. Str

Euascomycetidae ↑ *Ascomycetes*

Eukaryoten (eukaryotische Organismen): einzellige, vielzellige oder coenocytische Lebewesen, deren ↑ Protoplasma ↑ Kompartimente, u. a. einen Zellkern, aufweist. Der Zellkern enthält das genetische Material in Form von ↑ Chromosomen. Im Protoplasma treten neben dem Zellkern noch andere Kompartimente (↑ Organellen) auf, von denen die Mitochondrien (bei allen E. vorkommend) und die Plastiden (nur bei Pflanzen vorkommend) eigenes genetisches Material enthalten, das wie bei den ↑ Prokaryoten organisiert ist. Mitochondrien und Plastiden werden deshalb als im Verlaufe der Evolution eingewanderte Endosymbionten betrachtet. Alle Tiere, Pflanzen und Pilze sind E. ↑ Vorsatz D/Sch

Eumycota (Echte Pilze): Abteilung von ↑ Pilzen, deren phylogenetischer Anschluß unklar ist. Lange Zeit hindurch wurde angenommen, daß sich die *E.* aus algenähnlichen Vorfahren entwikkelt haben. Später wurde der Ursprung bei eingeißeligen Einzellern, die den Chytridiomyceten-Schwärmern entsprechen, gesucht. Gegenwärtig ist die Abstammung von primär unbegeißelten Einzellern oder von Rotalgen in der Diskussion (↑ Vorsatz). Trotz der mitunter geäußerten Auffassung, daß alle hefeähnlichen Pilze Reduktionsstadien seien, muß angenommen werden, daß hefeartige Einzeller ursprünglich sind. Die Neigung zur Sprossung ist bis in die am höchsten entwickelten Gruppen der *E.* erhalten geblieben. Unter (dem bereits allgemein anerkannten) Ausschluß der ↑ *Chytridiomycota* aus den *E.* umfassen diese nur Organismen, die keinerlei begeißelte Stadien bilden; das macht die Abstammung von unbegeißelten Einzellern wahrscheinlich. Bei Berücksichtigung dieser Annahme lassen sich folgende Entwicklungstendenzen der *E.* erkennen: 1. Rückbildung der Sprossung und immer stärkere Betonung der trichalen (myzelialen) Organisation. 2. Ausbildung immer komplexerer Hyphen in der Entwicklungsreihe: sprossende Einzeller → coenocytische Myzelien → septierte Myzelien mit einfachen Septenpori → septierte Myzelien mit komplizierten Septenpori. 3. Ausbildung von immer komplizierter gebauten Fruchtkörpern. 4. Ausbildung und immer stärkere Betonung des ↑ Dikaryonten.

Wichtig zur Charakterisierung der *E.* ist ferner das Vorkommen von Chitinwänden, die fehlende oder geringe Chromosomenkontraktion bei den Mitosen, die pflanzliche (osmotrophe) Nahrungsaufnahme, das Fehlen von Plastiden. Von besonderer Bedeutung ist die Tendenz, ↑ Anamorphen auszubilden, die bei den ↑ *Ascomycetes* am höchsten entwickelt sind. Die Ausbildung von ↑ *Ballistosporen*, sowohl bei Anamorphen als auch bei ↑ *Teleomorphen*, ist, wie auch die Spermatiogamie als höchste Form eines ↑ Befruchtungsvorganges, bei den *E.* eine mehrfach konvergente Entwicklung, eine Strategie, deren Ursprung in den primär unbegeißelten Ausgangsformen gesehen werden kann.

Die E. werden in 4 oder 5 Klassen gegliedert. Man unterscheidet die ↑ *Zygomycetes,* die ↑ *Trichomycetes,* die ↑ *Endomycetes* (z. T. zu den *Ascomycetes* gerechnet), die ↑ *Ascomycetes* und die ↑ *Basidiomycetes.* ↑ Pilzsystem D

Europäische Blastomykose ↑ Cryptococcose

Eurotiales: Ordnung der ↑ Klasse *Ascomycetes.* Alle Vertreter dieser Ordnung sind nicht lichenisiert. Als Ascocarpien werden ↑ Protothecien oder ↑ Cleistothecien entwickelt, selten fehlen sie vollkommen. Ihre ↑ Asci sind kugelig (↑ Abb. Ascus 2) und prototunicat, die Ascosporen stets einzellig, kugelig oder linsenförmig, oft durch ringförmige Grate (Ringkragen) ornamentiert. Vielfach erscheinen sie zweiteilig, wobei die beiden Hälften (Valven) der Sporenwand durch eine Ringfurche getrennt sind (↑ Abb. Ascosporen). Bei den *E.* kommen vielfältige ↑ Anamorphen vor; meist werden ↑ Phialosporen, seltener ↑ Aleuriosporen gebildet. Die bekannten und z. T. wirtschaftlich bedeutungsvollen Form-Gattungen ↑ *Aspergillus* und ↑ *Penicillium* umfassen Anamorphen der *E.* Sie sind z. B. als Produzenten von ↑ Antibiotika und als Erreger von ↑ Mykosen bei Mensch und Tier bekannt. Hi

eurotiales Cleistothecium ↑ Cleistothecium

eutunicater Ascus ↑ Ascus

Evernia: Gattung der Ordnung ↑ *Lecanorales* (↑ Lichenes); sie umfaßt ↑ Strauch- oder ↑ Bandflechten von grauer, gelbgrüner bis bräunlichschwarzer Farbe, die mit einer Haftscheibe am Substrat befestigt sind. Die ↑ Loben sind manchmal etwas eckigkantig radiär, meist jedoch bandartig verflacht, blättrig, mit heteromerem Bau. Oft ist nur die Oberseite berindet. Als ↑ Phycobionten treten protococcoide Grünalgen auf. Die schüsselförmigen oder kurz gestielten lecanorinen ↑ Apothecien mit meist braunen Scheiben entwickeln sich seiten- oder fast endständig. Es werden kleine, einzellige, farblose Ascosporen von ellipsoider Form gebildet. Die ↑ Paraphysen sind dick, septiert und unverzweigt. ↑ Pycnidien mit nadelförmigen Pycnosporen werden randständig ausgebildet. *E.*-Arten kommen in der ganzen nördlich gemäßigten Zone vor. Bevorzugt werden freistehende Bäume, seltener Gestein oder Boden in luftfeuchten Lagen besiedelt. Am bekanntesten ist *E. prunastri,* die als ↑ Eichenmoos in der Parfümindustrie Verwendung findet. Sto

Evernsäure: ↑ Flechtenstoff, eine aromatische Verbindung, die chemisch ein ↑ Depsid vom Orcintypus darstellt. E. kann als Monomethylether der Lecanorsäure aufgefaßt werden. Sie wurde in erster Linie aus Arten der Gattungen *Parmelia, Evernia* und *Ramalina* isoliert. E. kann neben Atranorin und ↑ Usninsäure allergische Hautreaktionen (Kontaktdermatitis) hervorrufen. Sto

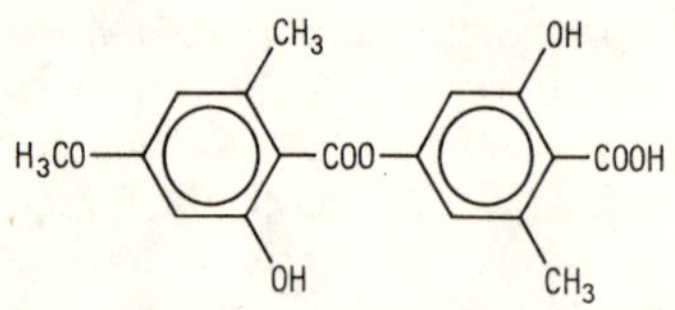

Evernsäure

Excipulum: Ascocarpwand (↑ Zentrum) bei ↑ Apothecien, Bezeichnung für alle sterilen Teile (mit Ausnahme eines evtl. vorhandenen Stieles), die durch das ↑ Subhymenium vom ↑ Hymenium getrennt sind. Das E. ist meist zweischichtig und gliedert sich dann in Entalexcipulum (inneres E., Medulla) und Ektalexcipulum (äußeres E., Cortex). Bei ein- oder vielschichtigen E. versagt diese Gliederung allerdings. Eventuell in frühesten Stadien der ontogenetischen Entwicklung vorhandene äußere Zellschichten, die später nur noch als Flokken o. ä. auf der Apothecienaußenseite bemerkbar sind, werden gelegentlich als Exoexcipulum bezeichnet. ↑ Abb. Apothecium 2 Hi

Exidia (Drüslinge): Gattung der Ordnung ↑ *Tremellales* (Kl. ↑ *Basidiomycetes*). Die meist dunkel gefärbten, gallertartigen Fruchtkörper sind unregelmäßig becher-, schüssel- bis polsterförmig, oft fast hirnartig, oberseits glänzend und mit Hymenium überzogen, unterseits matt, steril. Die *E.*-Arten sind saprophytische Holzzerstörer. In Europa kommen ca. 15 Arten vor, unter ihnen die Typusart, *E. glandulosa,* ein häufiger Pilz auf Eichenholz, der selten anderes Laubholz besiedelt. *E. plana,* die häufigste Art in Mitteleuropa, hat ein weites Substratspektrum und vermag auch auf Nadelholz überzugehen. Taf. 17/3 D

Exkretionskapillaren: die Zellwand durchbrechende feine röhrenförmige, mitunter gegabelte, lichtmikroskopisch nicht nachweisbare Kanäle, durch die Flüssigkeit austritt. E. wurden bei ↑ Fruchtkörpern von Blätterpilzen (↑ *Agaricales*) in oberflächlichen Exkretionszellen nachgewiesen. Sch/D

Exkretionsinfundibulus: trichterartige Einkerbung der Hyphenwand, die der Abgabe von Exkretionsflüssigkeit dient. Sch

Exoascus: bei eutunicaten Asci die äußere Ascuswand. ↑ Endoascus, ↑ Ascus Hi

Exobasidiales: Ordnung der Klasse ↑ *Basidiomycetes* (Ukl. ↑ *Heterobasidiomycetidae*), die fruchtkörperlose parasitische Pilze auf Blütenpflanzen umfaßt. Die *E.* erregen Blattflecken oder ↑ Cecidien, Hexenbesen und ähnliche Deformationen (↑ Abb. Befall). Die Basidien entstehen direkt aus den dikaryotischen Hyphen, werden in Lagern gebildet oder brechen (z. T. gemeinsam mit ↑ Hyphidien) aus den Spaltöffnungen hervor. Die Basidien sind zwei- bis achtsporig, unseptiert (↑ Holobasidie), die Basidiosporen entwickeln sich auf Sterigmata und keimen mit ↑ Conidien (Sekundärsporen) oder mit Hyphen. In Europa ist die Gattung *Exobasidium* mit ca. 25 Arten auf *Ericaceae* vertreten. Einige weitere kleine Gattungen kommen auf *Saxifragaceae, Juglandaceae* und *Lauraceae* vor. D

Exoexcipulum ↑ Excipulum

Exosporeae ↑ *Ceratiomyxales*

Exosporen: exogen (außerhalb einer Zelle) entstehende Sporen. Als typische E. werden die ↑ Basidiosporen angesehen. Zwar ist ihre Entstehung aus der Meiose nicht prinzipiell von der Entstehung der endogenen ↑ Ascosporen verschieden, aber sie reifen nicht im Inneren der Meiosporocyste. Bei den Conidien sind endo- und exogene Entstehungsweise nicht klar zu unterscheiden; deshalb haben sich andere Kriterien der Klassifikation durchgesetzt (↑ Conidiogenese). ↑ Endosporen D

Exsiccate: Trockenstücke, trockene Belege von Organismen. Der Begriff wurde ursprünglich für alle getrockneten Exemplare, insbesondere von Pflanzen und Pilzen, benutzt; gegenwärtig wird er z. T. auf Belege beschränkt, die in Exsiccatenwerken ausgegeben wurden. Diese Sammlungen werden mit mehreren Dubletten, meist gedruckten Etiketten und in Buchform gebunden, unter geographischen oder systematischen Gesichtspunkten von Privatgelehrten oder Institutionen erarbeitet und an Herbarien verkauft oder vertauscht. Ein Beispiel sind die „Fungi Saxonici exsiccati" (Sächsische Pilze), von denen zwischen 1885 und 1919 50 Faszikel mit je 50, insgesamt mit 2500, Sammelnummern von C. W. Krieger ausgegeben wurden. D

extranucleäre Erbanlagen: genetische Informationen, die in den cytoplasmatischen Organellen enthalten sind. Bei den Pilzen betrifft dies nur die e. E. der ↑ Mitochondrien. Die DNA der Mitochondrien enthält z. B. die Information für Proteine, die für die strukturelle und funktionelle Integrität der Hüllmembran der Mitochondrien von Bedeutung sind, und für Enzyme der Atmungskette (Zellatmung). Mit atmungsdefekten Mutanten von *Saccharomyces cerevisiae* wurden grundlegende Erkenntnisse zur Genetik der Mitochondrien erarbeitet. Sch

F

Fadenflechten: auch als Haarflechten bezeichnete morphologische Gruppe von wattigen, rasigen oder kleinstrauchigen Flechten (↑ Lichenes) mit haardünnem, fädigem Lager. Im Gegensatz zu den habituell oft ähnlichen ↑ Bartflechten wird ihre Wuchsform durch die ↑ Phycobionten (fädige *Cyanobacteria* wie *Scytonema, Stigonema, Dichothrix* und die fädige Grünalge *Trentepohlia*) bestimmt. Die Pilzhyphen wachsen auf der Oberfläche oder in der Gallerthülle der Fäden entlang, folgen meist auch deren Verzweigungen und umgeben sie mit einem lockeren Hyphengeflecht oder einem dichten Hyphenmantel, ohne die fädige Struktur zu zerstören. Diese wird auch durch einzelne ↑ Haustorien nicht beeinträchtigt. Bekannte Gattungen sind *Ephebe, Cystocoleus, Lichenothrix, Coenogonium* und *Racodium*. Sto

Fadenstäubchen ↑ *Stemonitales*

fakultative Parasiten ↑ Parasitismus

Fälblinge ↑ *Hebeloma*

Falsche Mehltaupilze ↑ *Peronosporales*

Faltenschirmlinge ↑ *Leucocoprinus*

Faltentintling ↑ *Coprinus*; Taf. 37/2

Familie: systematische Kategorie zwischen ↑ Ordnung und ↑ Gattung (↑ Rangstufe). In vielen Fällen sind in aktuellen Systemen die F. der Pilze klar umgrenzte natürliche Gruppen, oftmals aber auch auf Grund taxonomischer Schwierigkeiten noch relativ künstliche Gruppierungen. In den Übersichtsdarstellungen der Pilze kommt den F. meist geringere Bedeutung zu als bei den Samenpflanzen. Die wesentliche

Darstellungsebene ist im Hinblick auf Übersichten bei Pilzen meist die ↑ Ordnung. Die wissenschaftlichen Namen der Familien tragen nach den Regeln des ↑ ICBN die Endung *-aceae*. D

Färbereagenzien: Substanzen oder Farbstoffe, die in bestimmten Strukturen Reaktionen auslösen, die sich als Farbveränderung bzw. durch Annahme eines Farbstoffes zeigen. Zum Teil dienen sie der besseren Kontrastierung bestimmter Strukturen gegenüber anderen, z. T. zeigen sich durch spezifische Reaktionen Merkmale, die für die Taxonomie oder für die Bestimmung von Bedeutung sein können. ↑ Baumwollblau, ↑ Lugolsche Lösung, ↑ Melzers Reagenz, ↑ Kresylblau, ↑ Sulfovanillin, ↑ Kongorot, ↑ Giemsalösung, ↑ Karminessigsäure, ↑ Dimroths Reagens, ↑ Eau de Javelle, ↑ Steinersche Lösung D

Farmerlunge: allergisch bedingte Krankheit, welche nach massiver Inhalation von ↑ Conidien stark sporulierender Pilze und Bakterien (vor allem Actinomyceten) auftreten kann. Man findet die F. vorrangig bei Beschäftigten landwirtschaftlicher Betriebe, der Lederindustrie (Exposition gegenüber von Pilzen und Actinomyceten befallenem Heu und Getreide bzw. verschimmeltem Leder), Malzarbeitern und Bergleuten (verpilztes Grubenholz). Der F. ähnlich sind auch die Drescher-, Malzarbeiter- und Käsewäscherlunge (↑ Käsewäscher-Krankheit). Durch die inhalierten Partikel wird eine allergische Alveolitis (nichtatopisches allergisches Asthma vom immunologischen Typ III bzw. „pulmonales" Asthma) hervorgerufen.

In diesem Sinne besteht Identität zur Pathogenese von Krankheitsbildern, die unter den Namen Taubenzüchter- oder Vogelhalterlunge bekannt sind (Einwirkung von Vogelfederstäuben). Das Krankheitsbild der F. ist von dem der ↑ Aspergillose der Lunge mit allergischer Komponente und von durch die gleichen Noxen verursachten atopischen, Immunglobulin-E-vermittelten allergischen Reaktionen (Typ I – Asthma bronchiale, Heuschnupfen) abzugrenzen. V

Fäulen: in der Phytopathologie ein Begriff für die mikrobielle Destruktion (Zersetzung, Abbau) pflanzlicher Gewebe, einschließlich pilzlicher Plectenchyme. F. werden vor allem von Bakterien und Pilzen induziert und meist enzymatisch gesteuert. Sie können lebende und tote Gewebe betreffen. Man gliedert die F. nach den betroffenen Pflanzenteilen in Kragen-, Kraut-, Frucht-, Stengel-, Kolben-, Fuß- (basale Teile), Blüten-, Knospen-, Wurzel-, Blattfäule usw. Betrifft der Fäulnisprozeß innere Fruchtteile von Kernobst, benutzt man die Bezeichnung Kern(haus)fäule. Bei Befall von Steinobst durch verschiedene Pilze, vor allem durch *Gloeosporium*-Arten (↑ imperfekte Pilze), kommt es zu braunen Flecken an den Früchten, in deren Umgebung das Fruchtfleisch bitter schmeckt (Bitterfäule). Setzt der Fäulnisprozeß an Verletzungsstellen der ↑ Wirte ein, spricht man von Wundfäule. F. können auch an gelagerten Pflanzenteilen (Knollen, Rüben, Früchte u. ä.) auftreten (Lager- oder Mietenfäule). Nehmen die zersetzten Gewebeteile eine dunkle, schwärzliche Färbung ein, wird auch die Bezeichnung Schwarzfäule benutzt.

Nach dem physiologisch-biochemischen Ablauf und dem morphologisch-anatomischen Erscheinungsbild der Fäulnisprozesse erfolgt eine Einteilung in Naßfäulen (Weichfäulen) und Trokkenfäulen (Hartfäulen). Bei der ersten Form sind die Faulstellen feuchtigkeitsgesättigt; Wasser wird abgesondert; es erfolgt keine Austrocknung oder Verfestigung. Bei Trockenfäule sind hingegen die in Zersetzung befindlichen Gewebeteile trocken und oft verhärtet. ↑ Holzzerstörung B

Favus: eine meist auf die behaarte Kopfhaut beschränkte ↑ Mykose, welche durch *Trichophyton schoenleinii* hervorgerufen wird. Auch *T. violaceum* und *Microsporum gypseum* können ähnliche Krankheitsbilder verursachen. Die genannten Pilzarten gehören zu den ↑ Dermatophyten. Der Begriff F. entstammt der lateinischen Sprache und bedeutet Honigwabe. Damit wird ein Eindruck über das Aussehen der charakteristischen Kopfhautbeläge gegeben, welche durch mehrere nebeneinanderliegende und die Haarbasen umgebende Schildchen zustande kommen. Oft führt die Krankheit zu dauerhafter Kahlköpfigkeit, weil die Haarpapille und ihre Keimzone geschädigt werden; im Volksmund ist sie auch unter dem Namen „Erbgrind" bekannt. Die Schildchen bestehen hauptsächlich aus ↑ Myzel; die darunterliegende Haut atrophiert und reagiert entzündlich. F. befällt vor allem Menschen mit niedrigem Hygieneniveau, schlechtem Ernährungszustand und Abwehrschwäche. Endemiegebiete findet man vor allem in Ländern rund um das Mittelmeer. Das Krankheitsbild des F. muß gegen Lupus vulgaris und Pyodermien abgegrenzt werden. Die Therapie des F. besteht in der Epilation der Haare und nachfolgender antimykotischer Behandlung. V

FB (Fixier- und Beizlösung) ↑ Karminessigsäure

Fenticonazol: ↑ Imidazol-Antimykotikum, das von der italienischen Firma RECORDATI entwickelt wurde. V

Fermentation: Stoffwandlung mit Hilfe von Mikroorganismen. In industriellen Verfahren ist die F. mit anderen Teilprozessen eng verbunden (Abb.). Um die F. durchführen zu können, muß das ↑ Nährmedium vorbereitet und in der Regel sterilisiert werden und das Impfmaterial in Reinzuchtanlagen vermehrt werden (↑ Abb. Antibiotika). Die F. findet

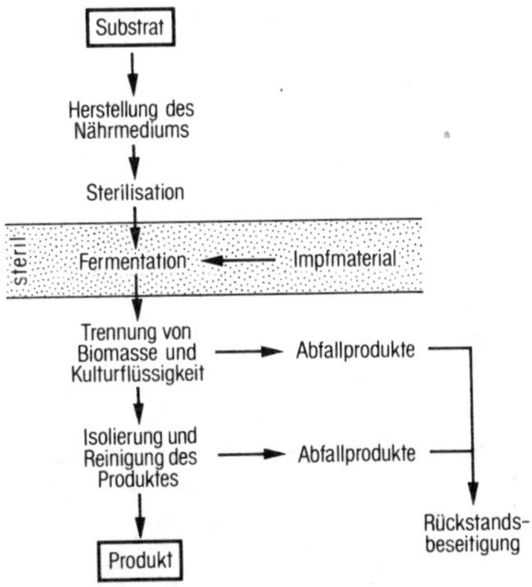

Fermentation: grundsätzlicher Ablauf des Verfahrens

Übersicht über Fermentationen mit Pilzen und pilzliche Fermentationsprodukte im Rahmen industrieller Verfahren

Substrat → Biomasse:
- z. B. ↑ Einzellerprotein, ↑ Backhefe

Substrat → Biomasse und Produkt:
- Gärungsprodukte, z. B. ↑ Ethanol, ↑ Glycerin
- primäre Stoffwechselprodukte, z. B. ↑ organische Säuren, ↑ Vitamine
- ↑ Enzyme
- ↑ Polysaccharide
- sekundäre Stoffwechselprodukte, z. B. ↑ Antibiotika, ↑ Mutterkornalkaloide, ↑ Gibberelline

Produktvorstufe $\xrightarrow{\text{Biomasse}}$ Produkt:
- Stoffumwandlungen, z. B. ↑ Steroid-Transformation

---

in ↑ Fermentern statt. Die Anzucht des Impfmaterials und die F. müssen bei vielen Verfahren unter sterilen Bedingungen ablaufen. Die nachfolgende Aufarbeitungsstrecke kann dann bis auf die Herstellung von ↑ Arzneimitteln meist unsteril weitergeführt werden. Viele pilzliche Fermentationsprodukte

(Tab.) sind von wirtschaftlicher Bedeutung. Str

Fermente ↑ Enzyme

Fermenter (Bioreaktor): ↑ Kulturgefäß zur Anzucht von Mikroorganismen und zur Gewinnung mikrobieller Produkte. Die Ausstattung des F. wird von den Ansprüchen der Mikroorganismen bestimmt: Temperatur meist zwischen 10 und 50 °C, meist Normaldruck, wäßriges Medium oder feste Substrate (↑ Feststoff-Fermentation), ↑ Aerobiose oder ↑ Anaerobiose, sterile oder asterile Verfahren, ↑ Emers- oder ↑ Submersverfahren, Verwendung freier oder immobilisierter Zellen usw. Nach den genannten Kriterien ist eine Vielzahl verschiedener Fermentertypen mit vielfältigen Rühr- und Durchmischungs- sowie Belüftungssystemen entwickelt worden. Die Volumina reichen von wenigen Litern bei Labor-F. bis zu 500000 l bei Industrie-F. Zur automatischen Prozeßkontrolle werden die F. in zunehmendem Maße mit rechnergekoppelten Meß- und Steuereinheiten versehen. ↑ Abb. Kulturgefäße, ↑ Fermentation Str

Fernbachkolben: Glasgefäß mit breitem Boden und kurzem zylinderförmigem Hals. ↑ Kulturgefäße Str

Feststoff-Fermentation: mikrobiologisches Verfahren, bei dem die Mikroben, z. B. Pilze, auf festen Substraten kultiviert werden. Unterhalb 12% Feuchtigkeitsgehalt hört die biologische Aktivität auf; freie Flüssigkeit tritt meist erst oberhalb 80% Feuchtigkeitsgehalt auf. Damit ist mikrobielles Wachstum auf Substraten ohne freie Flüssigkeitsphase möglich. F. spielten bereits früher eine Rolle bei der Herstellung fermentierter ↑ ostasiatischer Nahrungsmittel, bei der Reifung von Käse oder bei der Kompostierung. Gegenwärtig gewinnen F. zunehmend an Bedeutung zur Herstellung von eiweißreicher Biomasse (↑ Einzellerprotein), von ↑ Enzymen, ↑ organischen Säuren, ↑ Mykotoxinen und ↑ Aromastoffen. Als Substrate werden vor allem stärke- und zellulosehaltige Materialien (Getreide, Holz, Stroh usw.) eingesetzt. Str

Fette (Lipide): Naturstoffe aus Estern des Glycerins mit Fettsäuren. Der Bedarf an Naturfetten wird durch die Tier- und Pflanzenproduktion gedeckt, jedoch sind auch Verfahren zur Produktion von F. mit Mikroorganismen ausgearbeitet worden, die in Notzeiten genutzt werden können. Geeignete Produzenten unter den Pilzen sind z. B. die ↑ Hefen *Rhodotorula gracilis* und ↑ *Candida*-Arten, die Lipidgehalte bis zu 70% der Trockenmasse erreichen; manche ↑ imperfekten Pilze (↑ *Fusarium-*, ↑ *Aspergillus-*, ↑ *Penicillium*-Arten) oder ↑ *Phycomyces*-Arten (Kl. ↑ *Zygomycetes*) erreichen 20–50% Fettgehalt im Myzel. Str

Fibrillen: feine faserige Strukturen. In der ↑ Lichenologie wird der Terminus für die dünnen, annähernd gleichlangen Kurzzweige der ↑ Bartflechten benutzt, aber auch für die fädigen bis pfriemlichen, unverzweigten Strukturen am Rande von Apothecien, mitunter auch für die ↑ Cilien des Flechtenthallus. Sto

Fibrosinkörper ↑ *Oidium*

Fichtenporling ↑ *Fomitopsis;* Taf. 21/2

Filobasidiella: Gattung der Klasse ↑ *Basidiomycetes* (Ukl. ↑ *Heterobasidiomycetidae*) mit unklarer Verwandtschaft. Meist wird sie zu den ↑ *Ustilaginales* gerechnet. Sie umfaßt nur *F. neoformans.* Das haploide Sproßstadium *(Cryptococcus neoformans)* ist für den Menschen und manche Tiere pathogen (↑ Cryptococcose), kommt aber auch saprophytisch in Taubenmist und in der Nähe von Vogelnestern vor. Der Dikaryont parasitiert auf Getreide und Wildgräsern, die Basidiosporen entstehen untypisch in Ketten, die Septen der Hyphen besitzen ↑ Doliporen. D

fimicole Pilze: Bewohner tierischer Exkremente. ↑ coprophile Pilze D

Fischer, Eduard: Schweizer Mykologe (1861–1939). F. studierte an der Berner Hochschule Naturwissenschaften, wobei sein Interesse besonders den Pilzen galt. Zur Weiterführung seiner naturwissenschaftlichen Studien ging er nach Straßburg, wo er 1883 als Naturwissenschaftler promovierte. 1885 habilitierte sich F. in Bern, wurde 1893 zum außerordentlichen Professor für Botanik ernannt und übernahm 1897 das botanische Ordinariat und die Direktion des botanischen Gartens. Bereits in Straßburg begann F. unter Anleitung de ↑ Barys mit der Untersuchung zur Biologie der Pilzblumen (↑ *Phallales*), 1885 erschien seine Arbeit „Zur Entwicklungsgeschichte der Fruchtkörper einiger Phalloideen"; weitere Beiträge zu dieser Gruppe folgten. Im Mittelpunkt seiner Forschungsarbeit standen die Rostpilze; zahlreiche Publikationen zur Biologie und Entwicklungsgeschichte der ↑ *Uredinales* wurden erarbeitet. Außerdem beschäftigte sich F. mit Floristik, z.B. in „Beiträge zur Kenntnis der schweizerischen Rostpilze" (1897–1902), „Uredineen der Schweiz" (1904). Zusammen mit E. ↑ Gäumann gab er 1929 die „Biologie der pflanzenbewohnenden Pilze" heraus. Besonders wertvoll sind seine Beiträge für die „... natürlichen Pflanzenfamilien" von H. G. A. Engler (1897–1928). Für dieses Werk bearbeitete F. u.a. die Gasteromyceten-Familien. H

Fistulina: Gattung der Ordnung ↑ *Catharellales* (Kl. ↑ *Basidiomycetes*). Die Fruchtkörper der einzigen Art, *F. hepatica,* Leberpilz oder Ochsenzunge, sind pleurale ↑ Pilothecien, deren ↑ Hymenophor aus isolierten Röhren (hohlen, sich öffnenden Stacheln) besteht. Die Sporen sind hyalin, ellipsoid, glatt; das Sporenpulver ist weiß. Die fleischige, weiche ↑ Trama führt braunroten Saft in ↑ gloeopleren Hyphen (gloeodimitisch), die nicht als Gloeocystiden enden. Der Leberpilz kann als Speisepilz genutzt werden. Er wächst in Mitteleuropa als Saprophyt oder Schwächeparasit ganz überwiegend an Eichen, sehr selten auch an anderen Laubgehölzen (Buche, Ahorn, Eßkastanie). Taf. 20/6 D

Fixier- und Beizlösung (FB) ↑ Karminessigsäure

Flechten ↑ Lichenes

Flechtengesellschaft (Flechtenassoziation): durch ihre Artenzusammensetzung charakterisierte Vegetationseinheit, die ausschließlich oder überwiegend aus lichenisierten Pilzen (Flechten) besteht. Viele Flechten können als Bestandteile der Assoziationen höherer Pflanzen vorkommen. Selbständige F. entwickeln sich auf Sonderstandorten innerhalb dieser Phytocoenosen oder auf Extremstandorten, die von höheren Pflanzen nicht besiedelt werden. Ökologisch können die F. durch ihre enge Substratbindung nach ihren Standorten in drei große Gruppen eingeteilt werden.

1. epi- und endolithische F. (z.B. *Umbilicarietum deustae* Frey 1933, *Rhizocarpetum alpicolae* Frey 1923),
2. terrestrische F. (z. B. *Fulgensietum fulgentis* Gams 1938, *Cladonietum delicatae* Poelt 1951),
3. epiphytische F. (z. B. *Graphidetum scriptae* Ochsner 1928, *Xanthorietum candelariae* Frey 1952).

Durch die Summe aller klimatischen, edaphischen und biotischen Faktoren konnten sich innerhalb der drei Gruppen zahlreiche verschiedene F. herausbilden. Wie in der Pflanzensoziologie werden die F. zu Verbänden, Ordnungen und Klassen zusammengefaßt; z.B. gehört die Assoziation *Rhizocarpetum alpicolae* zum Verband *Rhizocarpion alpicolae,* dieser zusammen mit zwei weiteren Verbänden zur Ordnung *Umbilicarietalia cylindricae.* Diese Ordnung wird zur Klasse der *Rhizocarpetea geographici* gestellt, die epilithische Silikatflechtengesellschaften umfaßt. Sto

Flechtenparasiten: Organismen, die Flechten (↑ Lichenes) parasitisch besiedeln (↑ Parasitismus). Das Zusammenleben von Flechten mit anderen Organismen kann sehr mannigfaltig sein. Zwischen Epiphyten (z. B. Bakterien, Algen, Lebermoose), Parasymbionten und obligaten Parasiten kann man alle Übergänge finden. Besonders interessant und vielfältig sind die Verhältnisse, wenn Flechten als F. auftreten. Es gibt Gelegenheitsparasiten, die konkurrenzschwache Arten überwachsen können. Jugendparasiten beginnen ihre Entwicklung parasitisch auf Wirtsflechten, gelangen dadurch schnell zur Fruktifikation und gehen bei Erreichen eines bestimmten Entwicklungsstadiums zur autotrophen Ernährung über. Holobiotrophe Parasiten unter den Flechten lassen eine fortschreitende Spezialisierung und Reduktion der assimilierenden Lager bis zur Delichenisierung erkennen. Auch die Fruchtkörper können reduziert werden, so daß im Extremfall die Asci des Parasiten in das Hymenium der Fruchtkörper des Wirtes eingeschoben werden. Von den pilzlichen F. gehören etwa 60% zu den Ascomyceten; die restlichen sind imperfekte Pilze. Ein großer Teil von ihnen sind delichenisierte Flechten. Parasitische Flechten haben krustenförmige Thalli. Wir finden sie vor allem in den Gattungen ↑ *Acarospora, Bacidia, Buellia, Caloplaca, Candelariella,* ↑ *Lecanora,* ↑ *Lecidea,* ↑ *Rhizocarpon* und bei den *Caliciales.* Als Wirte treten meist ↑ Krusten-, aber auch ↑ Blatt- und ↑ Strauchflechten auf. Sto

Flechtensäuren ↑ Flechtenstoffe

Flechtenstoffe: in Flechten (↑ Lichenes) entstehende sekundäre Stoffwechselprodukte. Sie werden auch als Flechtensäuren bezeichnet. Es handelt sich um chemische Verbindungen, die zum großen Teil nur von Flechten synthetisiert werden und nicht von einem der beiden beteiligten Partner (↑ Mykobiont, ↑ Phycobiont) allein produziert werden können. In einigen Ausnahmefällen kann der isoliert kultivierte Mykobiont allein einige F. bilden. Nur wenige der für Flechten charakteristischen Verbindungen wurden in nicht lichenisierten Pilzen, in höheren Pflanzen und Tieren gefunden (Anthrachinone, Xanthone u. a.). Die F. werden in drei biosynthetische Hauptgruppen unterteilt:

1. die F. der Acetat-Polymalonat-Gruppe (aliphatische Verbindungen, z. B. Protolichesterinsäure, Roccellsäure, Rangiformsäure u. a. oder zyklische Verbindungen wie Orsellinsäure, Depside, Depsidone, Dibenzofurane, Anthrachinone, Xanthone u. a.).
2. F. der Mevalonsäure-Gruppe (Carotinoide, Sterole, z. B. Ergosterol, Diterpen oder Triterpene, z. B. Zeorin, Leucotylin),
3. F. der Shikimsäure-Gruppe (Terphenylchinone, z. B. Polypor- und Thelephorsäure; beide spielen auch in nichtlichenisierten Pilzen eine große Rolle, Tetronsäuren, z. B. Calycin, Vulpinsäure).

Viele F. sind selbst gefärbt oder ergeben mit verschiedenen Chemikalien (Kalilauge, ↑ Eau de Javelle, para-Phenylendiamin u. a.) typische Farbreaktionen, die vor allem bei der Bestimmung der Flechten genutzt werden. Die Bedeutung der F., die bis zu 25% des Trockengewichtes darstellen können, ist z. T. unklar. Es spielen u. a. Verdunstungsschutz, Verhinderung der Benetzbarkeit von Hyphen, Mineralstoffversorgung, Schutz vor toxischen Verbindungen, Regulierung der Lichtzufuhr, z. B. die Umwandlung ultravioletter Strahlen in photosynthetisch nutzbares Licht durch Atranorin, eine Rolle. Für den Menschen liegt die Bedeutung in der Herstellung von Färbemitteln, im Bereich der Parfümherstellung (↑ Eichenmoos, ↑ Baummoos) und in der Nutzung der antibiotischen, mitunter antimykotischen und der krebshemmenden Wirkung, die möglicherweise in Zukunft eine größere Rolle spielen wird. Die andauernden intensiven Untersuchungen führen alljährlich zur Entdeckung bzw. Aufklärung von 10–15 neuen F. Sto

Flechtenthallus: alle vegetativen Strukturen einer Flechte (↑ Lichenes). Er wird von einem ↑ Mykobionten und einem oder mehreren ↑ Phycobionten aufgebaut. Nur selten gleicht der F. einem der beiden Symbionten. Bei primitiven ↑ Gallertflechten und ↑ Fadenflechten ist der Phycobiont formbestimmend, bei ↑ *Geosiphon* der Mykobiont. In der Regel wird ein spezifischer F. aufgebaut, der keinem der beiden Partner gleicht, wenn diese isoliert kultiviert werden. Die formbestimmenden Strukturen (↑ Rinde, ↑ Mark usw.) werden jedoch vom Mykobionten aufgebaut. Anatomisch wird zwischen homöomerem und heteromerem F. unterschieden.

Ein homöomerer F. ist ungeschichtet; die Phycobiontenzellen sind gleichförmig zwischen den Hyphen eingelagert oder eingebaut (einige ↑ Gallert- und ↑ Krustenflechten).

Ein heteromerer F. ist deutlich geschichtet. In ihm sind die Phycobionten auf eine bestimmte Zone beschränkt (↑ Algenschicht), die wegen der besseren Lichtausnutzung meist im oberen bzw. äußeren Bereich des F. liegt und zwecks Stoffaustausch von Hyphen durchzogen ist. Nach unten schließt sich eine Schicht aus lockerem Hyphengeflecht (↑ Mark oder Medulla) an. Oft ist der F. außen durch eine ↑ Rinde begrenzt. Radiäre Thalli zeigen die Schichten in ringförmiger Anordnung mit innen liegendem Mark; ↑ dorsiventrale Thalli sind oft nur oberseits berindet. Morphologisch werden Wuchsformgruppen, wie ↑ Faden-, ↑ Krusten-, ↑ Blatt-, ↑ Strauch,- ↑ Band-, ↑ Bart- und ↑ Becherflechten, unterschieden. Unabhängig von der Wuchsform auftretende Sonderbildungen des F. sind meist funktionelle Organe. Der Verankerung im oder auf dem Substrat dienen ↑ Rhizoidhyphen, ↑ Rhizinen, Rhizinenstränge oder Haftscheiben (↑ Nabelflechten), die ausschließlich Bildungen des Mykobionten sind. Funktionen des Gasaustausches übernehmen ↑ Atemporen, ↑ Cyphellen oder ↑ Pseudocyphellen. ↑ Cephalodien werden als Organe einer zusätzlichen Stickstoffversorgung angesehen; ein dichter Filz aus kurzen Haaren (Tomentum) dient wahrscheinlich der Oberflächenvergrößerung. Die Bedeutung einer Reihe weiterer Bildungen, wie ↑ Cilien, Papillen, Warzen, ↑ Fibrillen, ist noch nicht völlig geklärt. Weitere Sonderbildungen (↑ Lichenes) dienen der vegetativen Vermehrung des F. Sto

Flechtenvereine ↑ Flechtengesellschaften

Flechtenwüste: Gebiete, in denen keine lichenisierten Pilze (Flechten, ↑ Lichenes) vorkommen. Von F. spricht man besonders im Rahmen der Umweltüberwachung und Bioindikation, wenn auf Grund ungünstiger Lebensbedingungen in Städten oder in der Umgebung von Industriebetrieben keine oder nur wenige toxitolerante Flechten in geringer Stetigkeit anzutreffen sind. Sto

Flecksoral ↑ Soral

Fleischfleckenkrankheit ↑ Rotfleckenkrankheit

Fleming, Alexander: schottischer Arzt und Bakteriologe (1881–1955). Nach dem Medizinstudium an der St. Mary's Hospital Medical School in Paddington wurde F. 1908 Baccalaureus der Naturwissenschaften an der Universität in

London, schlug ab 1909 zunächst die militärärztliche Laufbahn ein und wurde 1921 Assistent der Inokulationsabteilung am Royal College of Surgeons. Von 1928 bis 1948 arbeitete er als Professor für Bakteriologie an der Londoner Universität. F. ist Mitentdecker des Penicillins. 1928 beobachtete er auf einer mit Staphylococcen bewachsenen Petrischale, daß im Umkreis einer Pilzkolonie *(Penicillium notatum)* das Bakterienwachstum gehemmt war. Er schlußfolgerte richtig, daß der Pilz eine für die Bakterien schädliche Substanz abgeben muß. 30 Jahre vorher hatte F. A. Duchesne dieselbe Beobachtung gemacht, die jedoch von der Fachwelt unbeachtet blieb. 1929 wurde der filtrierte „Schimmelsaft" erstmals mit Erfolg bei einer Stirnhöhlenentzündung therapeutisch angewendet. 1941 gelang den Chemikern R. Chain und H. Florey die Isolation und Stabilisierung des Penicillins. H/Str

Fliegenpilz: Giftpilz der Gattung ↑ *Amanita.* Mit dem Namen F. wird gewöhnlich eine einzige Art, *Amanita muscaria,* belegt. Die Fruchtkörper wurden, in gezuckerte Milch gelegt, zum Abtöten von Stubenfliegen benutzt. In die nächste Verwandtschaft des F. gehört eine zweite Art, *Amanita regalis,* der Braune F. oder Königsfliegenpilz, der im Gebirge, hauptsächlich bei Fichten, wächst und ebenso giftig ist. Im Unterschied zu diesem Pilz wird die gewöhnliche, rothütige Art auch als Roter Fliegenpilz bezeichnet. Beide Arten sind Mykorrhizapilze. ↑ Fliegenpilzgifte Taf. 30/5 D

Fliegenpilzgifte: die Isoxazolderivate ↑ Ibotensäure und ↑ Muscimol sowie das Oxazolderivat ↑ Muscazon, die im Fliegenpilz (Amanita muscaria), Königs-Fliegenpilz (Amanita regalis) und im Pantherpilz (Amanita pantherina) zu 0,05–0,1% vorkommen. Daneben sind im Fliegenpilz zu 0,0002% ↑ Muscarin und wahrscheinlich weitere, noch unbekannte Wirkstoffe vorhanden.
Die F. sind psychisch wirksame Toxine. Nach ¼–2 (4) Std. Latenzzeit treten bei einer vergifteten Person Schläfrigkeit, Gehstörungen, Unruhe, Halluzinationen und Rauschzustände auf. Diese können von Schreizuständen, Tanzen und Wutausbrüchen begleitet sein. Das Persönlichkeitsgefühl sowie Zeiteinschätzung gehen verloren. Bei schweren Vergiftungen mit F. tritt tiefe Bewußtlosigkeit, eventuell Atemstillstand und Kreislaufversagen auf. In der Regel klingt die Vergiftung nach 10–15 Std. ab. M

Fliegenschimmel ↑ Schimmel, ↑ *Entomophthorales*

Fliegenschmutzkrankheit (Fliegenschmutzfleckenkrankheit): Erkrankung von Apfelfrüchten, hervorgerufen durch *Leptothyrium pomi* (↑ imperfekte Pilze, ↑ *Sphaeropsidales*), die vorzugsweise in feuchten Spätsommern auftritt. Die befallenen Früchte haben oberflächlich scharf begrenzte dunkle Flecken, die an Fliegenschmutzhäufchen erinnern. Diese Pilzkrankheit tritt meist in Kombination mit der ↑ Rußfleckenkrankheit auf. B

Flugbrand: phytopathologischer Begriff für Getreidebrände (Brandpilze, ↑ *Ustilaginales*), bei denen die Blütenstände befallen sind und die Freisetzung der Brandsporen bereits während oder unmittelbar nach der Blütezeit durch Verstäubung geschieht. Von befallenen Blütenständen („Ähren") bleibt oft nur deren Spindel erhalten. *Ustilago avenae* ruft den Flugbrand des Hafers und anderer Wirtsgattungen hervor. *Ustilago nuda* erregt den sehr häufigen Flugbrand der Gerste, *Ustilago tritici* den Weizenflugbrand. B

5-Fluorocytosin: ↑ Antimykotikum mit Pyrimidinstruktur, das 1957 von Duschinsky und Mitarbeitern bei der Suche nach Cytostatika synthetisiert wurde.

Die Verbindung wirkt primär fungistatisch und entfaltet einen Hemmeffekt auf ↑ Sproß- und einige ↑ imperfekte Pilze, vor allem ↑ *Aspergillus*-Arten. Es ist ein Antimetabolit des Cytosins und wird an seiner Stelle in die Pilzzelle aufgenommen. Nach Desaminierung zu 5-Fluoruracil und anschließender Umwandlung zu 5-Fluoruracil-Ribosid wird es an Stelle des normalen Uracil-Ribosides in die pilzliche Transfer- und ribosomale Ribonucleinsäure eingebaut. Als Folge tritt eine fortschreitende Blokkade der Proteinbiosynthese am Ribosom auf.

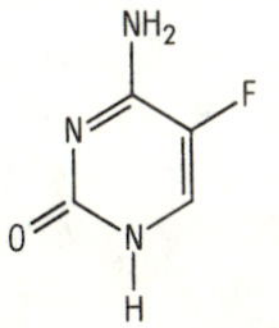

5-Fluorocytosin

Ein gewisser Anteil von Pilzstämmen ist primär resistent gegen den Wirkstoff. Sekundäre Resistenzen können durch eine laufende Therapie induziert werden. 5-F. wird bei ↑ Endo- und ↑ Dermatomykosen appliziert, wobei auf Grund der guten intestinalen Resorption eine orale Einnahme in Tablettenform möglich ist. Es wird unter dem Namen Ancotil gehandelt. V

foliicole Pilze: blattbewohnende Pilze. Man versteht in erster Linie Bewohner toter Blätter von Gehölzen als f. P. Jedoch bringt die Bezeichnung keine klare Trennung zwischen parasitischen und saprophytischen Blattbewohnern. D

Fomes: Gattung der Ordnung ↑ *Poriales* (Kl. ↑ *Basidiomycetes*). Die Fruchtkörper sind große konsolenförmige Porlinge, die bis zu 30 Jahre alt werden können. Die Gattung umfaßt nur eine Art, den Zunderpilz oder Zunderschwamm, *Fomes fomentarius,* einen Saprophyten, der fakultativ auch lebende Gehölze als Schwächeparasit besiedeln kann. Er wächst an verschiedenen Laubhölzern, bevorzugt in Mitteleuropa an Buche und Birke, und erregt intensive Weißfäule. Die trimitische Trama ist braun, derb filzig und hat an der Ansatzstelle des Fruchtkörpers einen deutlichen ↑ Myzelialkern; sie wurde früher zu Zunder verarbeitet und wird in manchen Gegenden noch heute als Werkstoff für Mützen, Taschen, Jakken usw. benutzt. Oberseits sind auf den Konsolen harte Krusten ausgebildet. Im Frühjahr wird reichlich weißes Sporenpulver gebildet. Taf. 21/1 D

Fomitopsis: Gattung der Ordnung ↑ *Poriales* (Kl. ↑ *Basidiomycetes*). Die Fruchtkörper, stets pileate, mehrjährige ↑ Porlinge, besitzen oberseits eine Kruste. Die ↑ Trama ist hell (weiß, hellokker, rosa) und derb mit trimitischem ↑ Hyphensystem. Die hyalinen, dünnwandigen, glatten ↑ Basidiosporen treten als weißes Sporenpulver im Frühjahr in Erscheinung. Die *F.*-Arten erregen Braunfäule. Zu den vier europäischen Arten gehört auch der an Laub- und Nadelholz weit verbreitete Fichtenporling. *Fomitopsis pinicola,* der in alternden Fichtenbeständen mit reichlichem Anfall von totem Holz oft durch massenhaftes Auftreten auffällt. Der als Forstschädling bekannte Wurzelschwamm, *Heterobasidion annosum* (= *F. annosus*) wird auf Grund warziger Sporen und einiger chemischer Merkmale nicht mehr in die Gattung *F.* gestellt. Taf. 21/2 D

Form-Taxon (Pl. Form-Taxa): eine systematische (taxonomische) Gruppe (ein Taxon), die auf Grund solcher morphologischer Kriterien aufgestellt wurde, die bekannterweise keine die natürliche Verwandtschaft widerspiegelnden Merkmale darstellen. F.-T. sind künstliche Taxa solcher Organismengruppen, bei denen bekannt ist, welche Merkmale für eine natürliche Gliederung herangezogen werden müßten.

Man spricht bei ↑ imperfekten Pilzen bzw. im System der ↑ Anamorphen von Form-Klasse, Form-Ordnung, Form-Familie und Form-Gattung, da bekannt ist, daß die natürliche Verwandtschaft durch die ↑ Teleomorphen besser widergespiegelt wird. Statt F.-T. wäre die Bezeichnung Anamorph-Taxon in Übereinstimmung mit der Terminologie des ↑ ICBN klarer. D

Fortpflanzung: alle Vorgänge der Bildung neuer Generationen. Die F. ist bei Pilzen stets mit der Möglichkeit der Vermehrung verbunden, mitunter werden deshalb beide Begriffe als Synonyme benutzt. Die F. kann vegetativ, d. h. durch Abgliederung vegetativer Teile (↑ Soredien, ↑ Isidien), ungeschlechtlich, d. h. durch ↑ Sporen, oder geschlechtlich (sexuell), d. h. durch Keimzellen, die erst nach einem Befruchtungsakt entwicklungsfähig sind, erfolgen. Vegetative und ungeschlechtliche F., die bei Pflanzen stets zu unterscheiden sind, gehen bei Pilzen mit thallischer ↑ Conidiogenese ineinander über und können nicht sicher getrennt werden. ↑ Befruchtung, ↑ Generationswechsel, ↑ Kernphasenwechsel, ↑ Fortpflanzungssysteme D

Fortpflanzungssysteme: Typen der geschlechtlichen Fortpflanzung bei Pilzen. Erfolgt die Befruchtung an einem einzigen ↑ Myzel, d. h., es kann auch in Einsporkultur zur Bildung einer ↑ Zygote kommen, so spricht man von homothallischen Pilzen. Im Gegensatz dazu sind bei den heterothallischen Pilzen zwei genetisch verschiedene Myzelien (↑ Paarungstypen) notwendig. Homo- bzw. Heterothallie kann man mit mikrobiologischen Untersuchungsmethoden feststellen, ohne dabei die genetischen Grundlagen dieser Erscheinungen zu kennen oder zu ermitteln. Mitunter werden die Begriffe Homothallie und Monözie sowie Heterothallie und Diözie in der Literatur als Synonyme verwendet. Durch Inkompatibilität (Unverträglichkeit) der Zellkerne eines Myzels können jedoch auch monözische Pilze heterothallisch sein. Bezüglich der genetischen Grundlagen der F. unterscheidet man zwischen mehreren Gruppen monözischer bzw. diözischer Pilze. Das Myzel monözischer Pilze kann als Kernakzeptor und als Kerndonator wirken, d. h., es kann Zellkerne unterschiedlichen Geschlechts (Paarungstyps) enthalten. Bei vielen Ascomyceten sind die Kerne eines Myzels miteinander verträglich; das Myzel kann sich ohne Partner vermehren (monözisch-kompatibel). Ist dies nur der Fall, wenn das Myzel primär heterokaryotisch ist, so spricht man von einem monözisch-pseudokompatiblen Myzel (z. B. bei ↑ *Ascomycetes* mit viersporigen ↑ Asci und ↑ *Basidiomycetes* mit zweisporigen ↑ Basidien; *Neurospora tetrasperma, Podospora anserina, Agaricus bisporus, Coprinus sassii*). Kann sich das Myzel nur mit einem Partner vermehren, so ist es monözisch inkompatibel. Die bipolare Inkompatibilität wird durch ein ↑ Allelpaar gesteuert und tritt bei einigen *Asco-* und *Basidiomycetes* auf. Tetrapolare Inkompatibilität wird durch zwei Allelpaare gesteuert (z. B. bei den *Ustilaginales* und der Mehrheit der *Basidiomycetes).* Das Myzel diözischer Pilze enthält nur Kerne eines Geschlechts. Es wirkt entweder als Kernakzeptor oder als Kerndonator. Wenn das Myzel männliche oder weibliche ↑ Gonitocysten oder Gamocysten („Geschlechtsorgane") besitzt, handelt es sich um eine morphologische Diözie (z. B. bei *Blastocladiella variabilis, Zoophagus insidians*). Gleiches gilt, wenn Geschlechtszellen fehlen, aber ein Sexualdimorphismus der ↑ Thalli auftritt (z. B. *Polyphagus euglenae*). Sind Geschlechter nicht unterscheidbar, handelt es sich um eine physiologische

Diözie (z. B. bei einigen *Endomycetes* und *Zygomycetes*). Sch

Fragmentation: gelegentlich gebrauchte Bezeichnung für den Zerfall von ↑ Hyphen in Bruchstücke (Fragmente), die identisch sind mit ↑ Arthrosporen und durch holoarthrische ↑ Conidiogenese entstehen. B/Hi

fraktionierte Sterilisation ↑ Sterilisation

Frank, Albert Bernhard: deutscher Botaniker (1839–1900). Er promovierte 1865 zum Dr. phil. und war ab 1878 außerordentlicher Professor an der Universität Leipzig und ab 1881 Professor für Pflanzenphysiologie an der Hochschule für Landwirtschaft in Berlin. Für die Mykologie sind seine Arbeiten zur Mykorrhiza von Bedeutung, die er an verschiedenen Waldbäumen beobachtet und in seinem Artikel „Ueber die auf Wurzelsymbiose beruhende Ernährung gewisser Bäume durch unterirdische Pilze" (1885) beschrieben hat. In dieser Arbeit äußerte F. auf der Basis experimenteller Untersuchungen die Meinung, daß der Pilz an der Wasser- und Nährstoffversorgung des Symbiosepartners beteiligt ist. H

Frauentäubling ↑ *Russula*

freie Ortsbewegung (Lokomotion): aktive Ortsveränderung durch freibewegliche Organismen. F. O. ist z. B. für die meisten Tiere charakteristisch, bei Pilzen ist sie auf die ↑ Schwärmer (Myxoflagellaten, Planogameten, Zoosporen) der ↑ *Myxomycota,* ↑ *Chytridiomycota,* ↑ *Oomycetes,* ↑ *Labyrinthulomycetes* und ↑ *Hyphochytridiomycetes* und auf die Myxamoeben, Plasmodien und Pseudoplasmodien der *Myxomycota* beschränkt. Die Schwärmer bewegen sich durch Geißelschlag. Pilze, die Schwärmer bilden, werden in manchen Systemen als ↑ Mastigomycotina zusammengefaßt. Myxamoeben und Plasmodien kriechen unter ständiger Formveränderung. Dieser Vorgang beruht im wesentlichen auf einer Sol-Gel- und Gel-Sol-Umwandlung. Im Inneren eines relativ festen, gallertartigen Ektoplasmas strömt flüssiges, solartiges Endoplasma. Dies tritt am Vorderende, beim Plasmodium an der Plasmafront aus. Bei den Myxamoeben entstehen sog. Pseudopodien (Scheinfüßchen). Das ausgeflossene Endoplasma verfestigt sich von der Oberfläche her zu Ektoplasma; am Hinterende wird dafür Ektoplasma eingeschmolzen. Vom ausfließenden Plasma werden die Nahrungspartikel (oft Bakterien) umschlossen. Str/D

freie Zellbildung (Gonitogonie): Prozeß der simultanen Entstehung von Zellen innerhalb einer Mutterzelle, z. B. der ↑ Ascosporen im ↑ Ascus oder der Mitosporen in den Sporocysten der ↑ Zygomyceten. Die meiotisch oder mitotisch entstandenen Kerne gruppieren Plasmaportionen um sich, die sich abrunden und mit einer Membran, meist auch mit einer Wand, umgeben. In vielen Fällen verbleibt ein Restplasma in der Mutterzelle, das mitunter bei der Bildung von ↑ Ornamenten der Sporenwände beteiligt ist. ↑ Gonitocyste D/Hi

Freisporanalyse: genetische Methode, bei der nach bestimmten Kreuzungen die Meiosporen mit einheitlichen Merkmalen unabhängig von ihrer Lage in der Meiosporocyste zahlenmäßig analysiert werden. Die F. erlaubt quantitative Aussagen über die während der ↑ Meiose ablaufenden Rekombinationsvorgänge zwischen homologen ↑ Chromosomen und damit über die Lagebeziehung von Genen. Kreuzt man bei ↑ *Neurospora crassa* zwei Stämme mit den Genotypen A ad und a ad^+ (A,a= Paarungstypen; ad= Adeninmangel, ad^+=Adeninsynthese), so treten in der Nachkommenschaft die Elterntypen (A ad, a ad^+) mit einer Häufigkeit von 95,8% auf. Die Rekombinantentypen (A ad^+, a ad) treten mit einer Häufigkeit von 4,2% auf. Daraus lassen sich zwei Schlußfolgerungen ableiten: 1. Beide Gene werden mit großer prozentualer Häufigkeit gekoppelt vererbt; sie liegen deshalb auf demselben Chromosom. 2. Die beiden Gene sind auf der genetischen Chromosomenkarte 4,2 Morgan-Einheiten voneinander entfernt. F. sind technisch nur wenig aufwendig und lassen sich z. B. bei einer Sporenaufschwemmung aus sehr vielen Asci für die Gewinnung statistisch gut abgesicherter Werte nutzen. Bezieht man in die Analyse ein drittes (oder weitere) Gen(e) ein, so kann man außerdem Aussagen über die Reihenfolge von Genen auf einem Chromosom machen. Dies ist insbesondere bei Pilzen von praktischer Bedeutung, da auf Grund der geringen Größe der Chromosomen die Aufstellung cytogenetischer Chromosomenkarten sehr erschwert ist. Bei ↑ *Neurospora crassa* konnte mit Hilfe der F. das gesamte Genom (7 Chromosomen) genetisch kartiert werden. Sch/D

Fries, Elias Magnus: schwedischer Botaniker und Mykologe (1794–1878). F. erhielt bereits durch den Vater Unterricht auf botanischem Gebiet, besuchte die Universität in Lund und promovierte zum Dr. phil. 1814 wurde er Dozent in Lund, 1819 Adjunkt, 1828 Demonstrator für Botanik, 1834 folgte die Berufung nach Uppsala, wo er 1851 eine Professur für Botanik erhielt und Direktor des botanischen Museums wurde. F. war bemüht, alle Pilze in ein übersichtliches System zu bringen. Der Wert seiner Arbeit liegt in der Vollständigkeit und in zahlreichen neuen Gliederungsprinzipien; mikroskopische Studien wurden jedoch vernachlässigt. Das bedeutendste mykologische Werk von F., das „Systema mycologicum …" (1821–1832) wurde lange Zeit hindurch als Startpunkt-Werk der Nomenklatur der meisten Pilzgruppen behandelt. Noch heute sind die von F. im „Systema mycologicum …" benutzten Namen „geschützt" (↑ ICBN). Unter den zahlreichen weiteren Publikationen von F. sind die „Observationes mycologici" (1815 Teil 1, 1818 Teil 2), die „Lichenographia Europaea" (1831), die „Epicrisis systematis mycologici" (1836–1838) und die „Hymenomycetes Europaei" (1874) von besonderer Bedeutung. Drei Söhne von F. schufen ebenfalls bedeutende mykologische Arbeiten: Theodor Magnus Fries (1832–1913, bedeutender Lichenologe), Elias Petrus Fries (1838–1858) und Oscar Robert Fries (1840–1908). H/D

Froschaugenblattflecken ↑ Cercosporiose

Fruchtfäule ↑ Fäulen

Fruchtkörper: von ↑ Plectenchymen aufgebauter Körper von Pilzen, an oder in dem sich die Meiosporocysten und Meiosporen entwickeln oder auch nur Meiosen stattfinden. F. in diesem Sinne gehören stets zur ↑ Teleomorphe im Entwicklungszyklus pleomorpher Pilze. F., die Meiosporen hervorbringen, stehen in der Regel im Dienste deren Ausbreitung. Die F. der ↑ *Ascomycetes* werden ↑ Ascocarpien, die der *Basidiomycetes* ↑ Basidiocarpien genannt. Bei anderen Pilzen (↑ *Zygomycetes*, ↑ *Endomycetes*) kommen nur selten primitive F. vor.

Der Begriff F. wird jedoch in der Pilzliteratur mitunter breiter angewendet und umfaßt dann auch andere ↑ Fruktifikationen, z. B. die ↑ Conidiomata ↑ imperfekter Pilze, die nicht plectenchymatischen ↑ Sporocarpien und Sorocarpien der Schleimpilze (↑ *Myxomycota*, ↑ *Myxomycetes*, ↑ *Acrasiomycetes*) usw. D

Fruchtkörperentwicklung: Ontogenese der ↑ Fruchtkörper von Pilzen. Besonders bei den ↑ Ascocarpien und ↑ Basidiocarpien gibt es Bemühungen, die F. als systematisches Merkmal heranzuziehen. Da bei den Ascocarpien haploide und dikaryotische Hyphen am

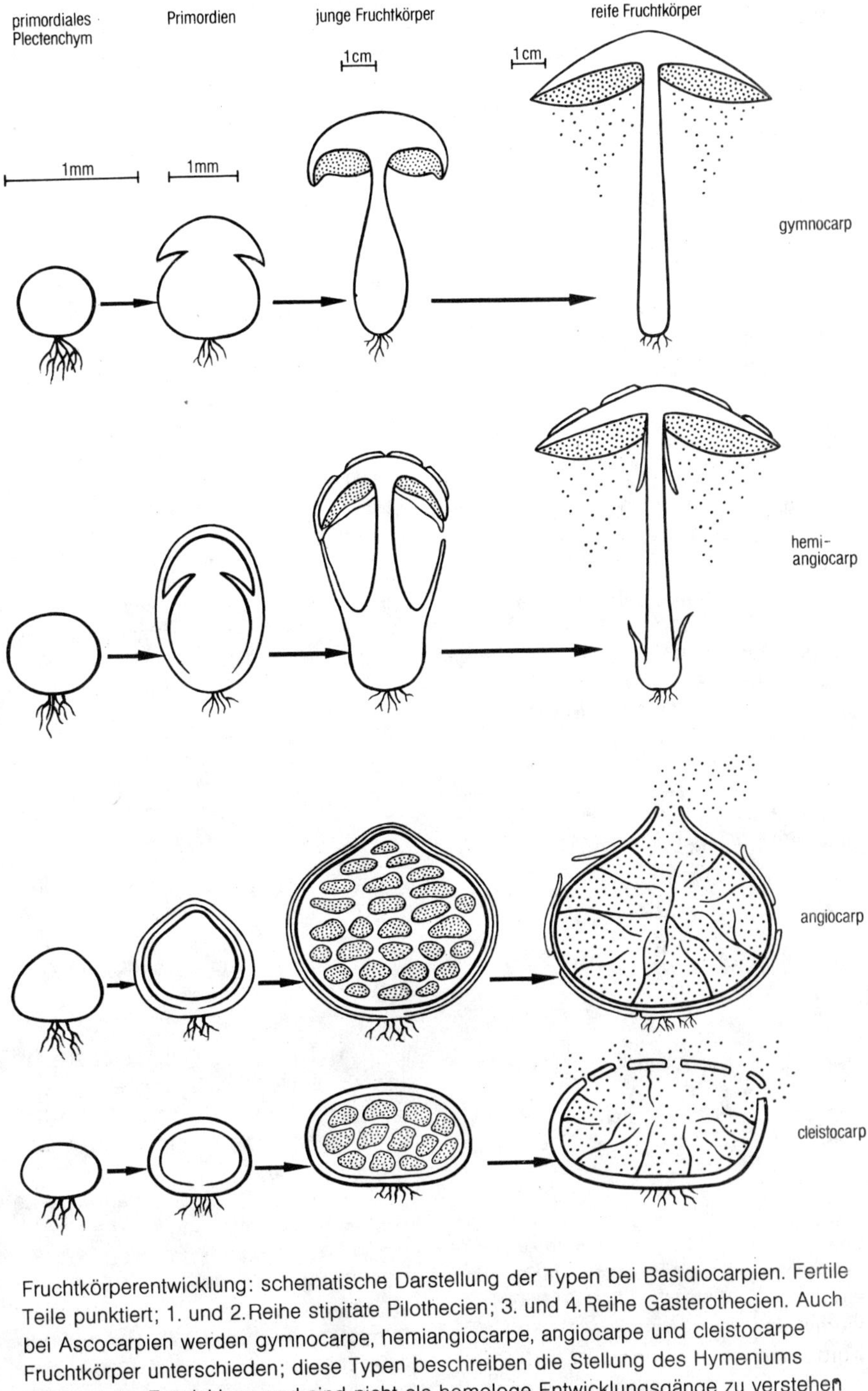

Fruchtkörperentwicklung: schematische Darstellung der Typen bei Basidiocarpien. Fertile Teile punktiert; 1. und 2. Reihe stipitate Pilothecien; 3. und 4. Reihe Gasterothecien. Auch bei Ascocarpien werden gymnocarpe, hemiangiocarpe, angiocarpe und cleistocarpe Fruchtkörper unterschieden; diese Typen beschreiben die Stellung des Hymeniums während der Entwicklung und sind nicht als homologe Entwicklungsgänge zu verstehen

Aufbau der Fruchtkörper beteiligt sind, unterscheidet man bei der F. zeitliche und strukturelle Unterschiede im Verhältnis dieser Hyphentypen. Es werden ascohymeniale und ascoloculare Entwicklungen unterschieden (↑ Ascocarpien).

In bezug auf die Lage der sporenbildenden Zellen am reifen Fruchtkörper und den daraus resultierenden Entwicklungsgängen werden 4 Typen beschrieben, die bei Ascocarpien und Basidiocarpien in gleicher Weise vorkommen. Es handelt sich um die gymnocarpe, hemiangiocarpe, angiocarpe und cleistocarpe F., die zu ebenso benannten Fruchtkörpern führt (Abb., Tab. 1).

Gymnocarpe und hemiangiocarpe Basidiocarpien, die sich aus Primordien bilden, wurden im Hinblick auf ihre Primordialentwicklung detailliert untersucht, besonders viele agaricoide stipitate Pilothecien. Hierbei werden Typen (Tab. 2) unterschieden, die mit den Grundtypen (Tab. 1) terminologisch nicht in Übereinstimmung stehen. Zusätzlich gibt es Benennungen für den „Sukzessionstyp" der Entwicklung (zur Klassifizierung der angio- und cleistocarpen Basidiocarpien ↑ Gasterothecium). ↑ Velum, ↑ Peridie, ↑ angiocarpe Fruchtkörper, ↑ hemiangiocarpe Fruchtkörper, ↑ cleistocarpe Fruchtkörper, ↑ gymnocarpe Fruchtkörper D

Tab. 1 Fruchtkörperentwicklung. Entwicklungstypen und deren Merkmale

Fruchtkörperentwicklung bzw. Fruchtkörpertyp	Lage der sporenbildenden Zellen (Asci, Basidien)	Öffnung des Fruchtkörpers
gymnocarp	von Anfang an frei	entfällt
hemiangiocarp	anfangs durch Hüllen bedeckt, bei Reife frei	Platzen der Hüllen (↑ Velum)
angiocarp	bis zur Reife bedeckt	Pori oder/und komplexere Öffnungsmechanismen
cleistocarp	bis zur Reife bedeckt	Verwittern oder Zerfall der Peridie(n)

Tab. 2 Typen der Basidiocarp-Entwicklung auf der Basis primordialer Merkmale

(Die Typen sind, mit Ausnahme der gymnocarpen Entwicklung, als Subtypen der hemiangiocarpen Entwicklung zu verstehen, ↑ Abb., ↑ Tab. 1)

Typ der Fruchtkörperentwicklung	Lage der primären Hymenien bzw. der Hymenophoralinitialen
gymnocarp	von Anfang an oberflächlich (die gesamte oder einen Teil der Oberfläche bedeckend)
pseudoangiocarp (=„angiocarp" mancher Autoren)	anfangs oberflächlich, sekundär durch Hut- oder/und Stielbildungen umhüllt (Sekundäre Bildung eines Velum partiale)
velangiocarp	von primordialem Grundplectenchym umhüllt
– monovelangiocarp	von einem primordial gebildeten Velum universale umhüllt
– paravelangiocarp	von einem primordialen Velum partiale (Lipsanenchym) umhüllt
– bivelangiocarp	von primordialem Velum partiale und Velum universale umhüllt
metavelangiocarp	von primordialem Velum universale und sekundär von Hüllbildungen von Hut oder/und Stiel umhüllt

Fruchtwarzen: aus mehreren, dicht aneinandergedrängt stehenden ↑ Apo- oder ↑ Perithecien bestehende, meist deutlich abgegrenzte und hervorstehende Lagerpartien von ↑ Krustenflechten, die oft den Eindruck eines einzelnen Fruchtkörpers erwecken. F. sind relativ häufig bei *Pertusaria*-Arten zu finden. Sto

Fruktifikation: 1. allgemeine, unscharf umgrenzte Bezeichnung für kompakte pilzliche Strukturen, die Sporen hervorbringen. F. sind z. B. die Sorocarpien, ↑ Sporocarpien, ↑ Aethalien und ↑ Plasmodiocarpien der ↑ *Myxomycota,* die ↑ *Conidiomata* der ↑ imperfekten Pilze, die ↑ Fruchtkörper der ↑ *Asco-* und ↑ *Basidiomycetes.*

2. Vorgang des Fruktifizierens, d. h. der Bildung von Fruchtkörpern, Sporocarpien usw. In ähnlicher Weise, wie z. B. der Begriff Sporulation für den Vorgang des Sporulierens benutzt wird, ist F. für den Bildungsvorgang von Fruchtkörpern üblich. D

Fuckel, Gottlieb Wilhelm Carl Leopold: deutscher Mykologe (1821–1876). F. stammt aus Reichelsheim in der Wetterau. Von 1836 bis 1852 war er Apotheker. Später besaß er in Oestrich im Rheingau ein Weingut; seit dieser Zeit widmete sich F. besonders der Pilzkunde. Er entdeckte zahlreiche neue Arten und veröffentlichte sie in den „Fungi rhenani exsiccati" (Edit. I, Fasc. I-XXVII; 1863–1875; Edit. II, Fasc. I-XXI, 1871–1875). Weitere wichtige Werke F.s sind : „Enumeratio Fungorum Nassoviae" (1860), „Symbolae mycologicae" (1869/70). Außerdem bearbeitete er die Pilze der zweiten deutschen Nordpolexpedition von 1869/70. H

Fuligo ↑ *Physarales,* ↑ Plasmodium, ↑ Aethalium

Fumigallin: ↑ Mykotoxin, eine terpenoide Verbindung, die von verschiedenen ↑ *Aspergillus*-Arten gebildet wird. F. besitzt antimikrobielle Eigenschaften und wird z. B. gegen Parasiten der Honigbiene eingesetzt. M

Fumigatin ↑ Terreussäure

Funga ↑ Pilzflora

Fungarium: Sammlung getrockneter Pilze. Um zu betonen, daß Pilze mit Pflanzen (d. h. mit Algen, Moosen, Farn- und Samenpflanzen) nicht verwandt sind, bemühen sich manche systematisch orientierten Mykologen, terminologische Schlußfolgerungen zu ziehen und statt ↑ Pilzherbarium, Pilzflora, Pilzvegetation die Termini F., Funga, Myzetation einzuführen. D

Fungicidin ↑ Nystatin

fungicole Pilze: pilzbewohnende Pilze. Mit dieser Bezeichnung werden sowohl Saprophyten, die auf pilzliche Substrate spezialisiert sind, als auch Pilzparasiten belegt. Ein typischer Parasit unter den f. P. ist z. B. der Goldschimmel (Fam. ↑ *Hypomycetaceae,* Kl. ↑ *Ascomycetes*) auf Fruchtkörpern vieler Arten der Ordnung ↑ *Boletales* (Krempling, Röhrlinge). Saprophytisch leben z. B. manche *Collybia*-Arten (Ord. ↑ *Agaricales,* Kl. ↑ *Basidiomycetes*), wie *C. tuberosa,* auf alten Täublingen (Fruchtkörper der ↑ *Russulales*). D

Fungi imperfecti ↑ imperfekte Pilze

Fungistasis: Effekt der Hemmung bestimmter Entwicklungsphasen von Pilzen. Zum großen Teil unbekannte Faktoren bewirken z. B. die F. des Bodens, wobei Sporen, die unter experimentellen Bedingungen keimfähig sind, nicht zur Keimung kommen. Dieser Effekt bewirkt einen steten Vorrat an Sporen im Boden, die nur bei speziellen Bedingungen zur Keimung kommen. D

Fungistatika: pilzhemmende Stoffe. F. wirken auf das Wachstum von Pilzen oder auf andere Entwicklungsphasen hemmend. Viele ↑ Fungizide sind in geringen Konzentrationen F. Auch Antimykotika wirken fungizid oder fungistatisch. D

Fungizide: pilztötende Stoffe, Pflanzenschutzmittel und Schadpilzbekämpfungsmittel, die speziell gegen Pilze eingesetzt werden. Der Begriff F.

stammt aus der ↑ Phytopathologie und wird hauptsächlich für industriell synthetisierte Stoffe benutzt. In der Medizin werden in ihrer Wirkung vergleichbare Stoffe, die jedoch in der Regel von Organismen produziert werden, besonders von Bakterien und Pilzen, als ↑ Antimykotika bezeichnet. Eine scharfe Trennung von F. und Antimykotika ist nicht möglich, desgleichen zwischen F. und ↑ Fungistatika, da es oft nur eine Frage der Konzentration ist, ob ein Stoff fungizid (pilztötend) oder fungistatisch (pilzhemmend) wirkt. F. können in protektive F., locosystemische F. und systemische F. gegliedert werden. Protektive F. wirken auf Sporen und verhindern deren Keimung. Locosystemische F. wirken als Kontaktgifte auf Pilzzellen. Systemische F. werden von den Wirtspflanzen aufgenommen, schädigen aber nur deren pilzliche Parasiten.
Häufig benutzte F. sind z. B. Zinebstaub (auf Thiuram-Basis, z. B. gegen ↑ *Phytophthora*-Befall im Kartoffel-Feldbau), Falisan und Germisan (mit Quecksilbersalzen als Saatgutbeize) oder Spritzcupral, Sulfix, Vitavax und Furidazol gegen verschiedene Pilze. D

Fungologie (fungology): Pilzkunde, ein Begriff, der von einigen Autoren (meist in der englischen Version) im vergangenen Jahrhundert benutzt wurde, gegenwärtig jedoch nicht mehr gebräuchlich ist und weltweit durch ↑ Mykologie (mycology) ersetzt wurde. ↑ Berkeley D

Fungus (Pl. Fungi): lateinische Bezeichnung von Pilz. In der systematischen Literatur vor ↑ Linnaeus wurde F. auch als Gattungsname in unterschiedlicher Umgrenzung benutzt. D

Fusarenon: ↑ Mykotoxin der ↑ Trichothecen-Gruppe mit chemischer Struktur der ↑ Ketotrichothecene aus *Fusarium*-Arten. F. ist cytotoxisch (LD_{50} = 3–4 mg/kg Maus, intraperitoneal). M

Fusariosen: phytopathologischer Begriff für Pilzkrankheiten, die durch Arten der Gattung ↑ *Fusarium* hervorgerufen werden. F. führen zu sehr unterschiedlichen ↑ Symptomen (↑ Welkekrankheiten, ↑ Fäulen, Auswinterung, Deformationen). *Fusarium culmorum, F. moniliforme, F. graminearum* und *F. oxysporum* sind z. B. an der Erzeugung von Keimlingsfäule des Maises beteiligt. Die gleichen Arten können auch Fuß- und Stengelfäule bewirken. *Fusarium culmorum* ist für die Kolbenfäule beim Mais verantwortlich. *Fusarium conglutinans* var. *betae* verursacht eine *Fusarium*-Welke bei Zuckerrüben. Ein wichtiger Auswinterungserreger bei Gräsern und Getreide ist *Fusarium nivale* (↑ Schneeschimmel). B

Fusarium: weltweit verbreitete Form-Gattung der ↑ imperfekten Pilze (Fam. ↑ *Tuberculariaceae*), deren hyaline, vielzellige, meist sichelförmige Conidien (↑ Abb. Conidien) in ↑ Phialiden gebildet werden. Bei vielen Arten kommen außerdem ein- bis zweizellige ↑ Mikroconidien und ↑ Chlamydosporen vor. Die ca. 50 Arten umfassende Gattung enthält neben saprophytischen Vertretern auch einige wirtschaftlich wichtige Pflanzenparasiten, z. B. *F. culmorum* auf Getreide, *F. solani* auf Kartoffeln usw. Die ↑ Teleomorphen gehören, soweit bekannt, zur Ascomyceten-Ordnung ↑ *Hypocreales* (z. B. ↑ *Gibberella,* ↑ *Nectria*). Hi

Fusarium-Toxine: eine Gruppe wirtschaftlich wichtiger ↑ Mykotoxine, die von Fusarium-Arten gebildet werden und in ihrer chemischen Struktur sehr verschieden sind. Chemisch sind es Butenolide, Butene (↑ Moniliformin), makrozyklische Verbindungen (↑ Zearalenon) und ↑ Trichothecene (↑ T-2-Toxin, ↑ Scirpenole, ↑ Fusarenon, ↑ Nivalenol, ↑ Vomitoxin). F. sind für Warmblüter stark giftige Verbindungen. Sie bewirken u. a. Fruchtbarkeitsstörungen bei Schweinen und Rindern, Verringerung der Legeleistung bei Hühnern und sind Proteinsynthese-Hemmstoffe. Strukturen vom Typ des T-2-Toxins verursachen beim Menschen die ↑ alimentäre toxische Aleurie (ATA). M

Fuselöle: bei der alkoholischen ↑ Gärung entstehende Nebenprodukte, die im wesentlichen aus höheren Alkoholen bestehen (60% Amylalkohol, 25% Isobutanol, 10% Propanol, 5% andere Alkohole, Säuren, Ester, Furfurol usw.). Die F. entstehen beim Eiweißstoffwechsel der ↑ Hefen durch Abbau von Aminosäuren. Str

Fusidinsäure: ↑ Antibiotikum, das von den Pilzen *Fusidium coccineum, Mucor ramannianus* (dort als „Ramycin" bezeichnet), *Cephalosporium*-Arten und *Isaria kogana* gebildet wird. Es wird oral gegen grampositive Bakterien, insbesondere gegen penicillinresistente Staphylococcen, eingesetzt. F. ist ein tetracyclisches Triterpen. Str

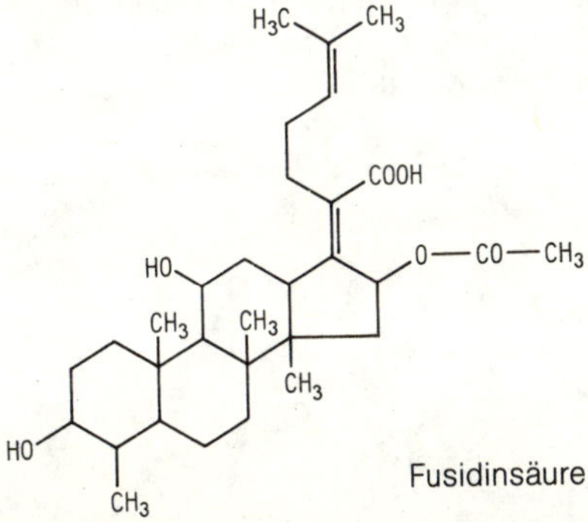

Fusidinsäure

Fußfäule ↑ Fäulen, ↑ Fußkrankheiten

Fußkrankheiten: phytopathologischer Begriff für Krankheiten basaler Pflanzenteile (Sproßbasis, Wurzelhals, Wurzel). Die ↑ Infektion erfolgt meist vom Boden aus. Als Erreger von F. kommen Pilze sehr verschiedener Verwandtschaftskreise in Betracht, z.B. Arten der Gattungen *Cercosporella, Fusarium, Helminthosporium, Ophiobolus, Phytophthora, Pythium* und *Rhizoctonia*. Zu den F. gehören ↑ Fäulen (Wurzelhalsfäule, Stengelfäule, Wurzelfäule usw.). Zum Beispiel können verschiedene Arten der Gattungen *Fusarium* (↑ imperfekte Pilze) und *Phytophthora* (Kl. ↑ *Oomycetes*) Fußfäulen hervorrufen. Als Schwarzbeinigkeit werden F. zusammengefaßt, die zu fleckenartigen oder flächigen, sehr dunklen Verfärbungen der bodennahen Sproßteile führen. Oft sind auch Teile des Wurzelsystems betroffen. Die Schwarzbeinigkeit der Gräser und Getreidearten (Ophiobolose) wird z. B. durch *Ophiobolus graminis* (*Gaeumannomyces graminis*, Kl.↑ *Ascomycetes*) verursacht. Ähnliche Symptome bei Kohlpflanzen werden durch einen Komplex von Bodenpilzen der Gattung *Pythium* (Kl. ↑ *Oomycetes*) und der Anamorph-Gattungen *Alternaria, Phoma* und *Rhizoctonia* erzeugt. Führt der Befall zu stärkeren Schädigungen oder zur Zerstörung der basalen Pflanzenteile, so kommt es häufig zum Abknicken oder Umbrechen der Wirtspflanzen. In solchen Fällen spricht man von Umfallkrankheiten, bei Gräsern wird die Bezeichnung Halmbruchkrankheiten bevorzugt. Ein wichtiger Halmbrucherreger von Getreide und Wildgräsern ist *Cercosporella herpotrichoides* (↑ imperfekte Pilze). Sind die unteren Sproßteile mit dichten weißgrauen Myzelbelägen überzogen, wird die Bezeichnung Weißhosigkeit angewendet. Eine solche Erscheinung wird z. B. von *Rhizoctonia solani* (↑ imperfekte Pilze) an Kartoffelsprossen verursacht. Ist der Pilzbefall auf die Wurzeln beschränkt, spricht man von Wurzelbräune oder Wurzelbrand. Die Wurzelbräune des Spinats, erregt von der ↑ Anamorphe *Colletotrichum spinaciae*, ist dafür ein Beispiel. Wurzelbräune entwickelt sich oft zur Umfallkrankheit weiter. ↑ Abb. Befall B

Fußpilz: volkstümliche Bezeichnung für eine im Fußbereich lokalisierte ↑ Dermatomykose. V

Futterhefe: als Tierfutter nutzbare Biomasse, die aus Hefezellen besteht (↑ Einzellerprotein). Großtechnisch wird F. auf der Basis von Sulfitablaugen hergestellt. *Yarrowia lipolytica, Candida maltosa* u. a. Pilze werden zur Produktion von F. aus Erdölkohlenwasserstoffen verwendet. *Candida boidinii* u. a. ↑ Sproßpilze können Methanol verwerten. F. hat einen hohen Eiweißgehalt (etwa 50% der Trockenmasse) und wird dem Tierfutter als Eiweiß- und Vitaminquelle beigemischt. ↑ Hefen, ↑ Rückstandsbeseitigung Str

G

Gabelbasidie ↑ Holobasidie, ↑ *Dacryomycetales*

Galerina (Häublinge): kosmopolitisch verbreitete, artenreiche Gattung der Ordnung ↑ *Agaricales* (Kl. ↑ *Basidiomycetes*). Die Fruchtkörper sind kleine, zarte ocker- bis rostbraune oder honig- bis bernsteinfarbene, zentral gestielte ↑ Blätterpilze mit jung ovalen, später glockigen bis kegeligen oder halbkugeligen, hygrophanen Hüten. Feucht sind die Hüte stets durchscheinend gerieft. Die ↑ Huthaut ist als Cutis ausgebildet, die ↑ Fruchtkörperentwicklung ist hemiangiocarp, ein ↑ Velum ist manchmal an reifen Fruchtkörpern als Cortina, selten als Ring nachweisbar. In Europa kommen rund 55 Arten vor. Sie leben saprophytisch auf feuchten Substraten, z. B. auf morschem Holz, feuchtem Boden, zwischen Moosen, an toten Moosteilen usw. Einige sind an Torfmoos gebunden; das Myzel lebt in den frisch abgestorbenen basalen Teilen. Zu diesen *Sphagnum*-Ubiquisten gehört der Sumpfhäubling. *G. paludosa,* der in Mooren häufig anzutreffen ist (Taf. 35/1). Einige *G.*-Arten haben sich als ↑ Giftpilze erwiesen, z. B. der Nadelholztäubling, *G. marginata*, der mit dem eßbaren Stockschwämmchen verwechselt werden kann. D

Galle ↑ Cecidium

Gallertflechten: eine morphologische Gruppe von Flechten (↑ Lichenes), deren ↑ Flechtenthallus in feuchtem Zustand gallertig aufgequollen, in trockenem pergamentartig zusammengeschrumpft ist. Verursacht wird diese Eigenschaft durch charakteristische Gallerthüllen der Phycobionten, die ausschließlich zu den *Cyanobacteria* (Blaualgen) gehören. Die Thalli der G. sind fast immer homöomer gebaut; die Hyphen durchwachsen die Gallerthüllen, oft ohne direkten Kontakt zu den Blaualgenzellen. Die G. können manchen ↑ Krusten-, Blatt- oder Strauch-

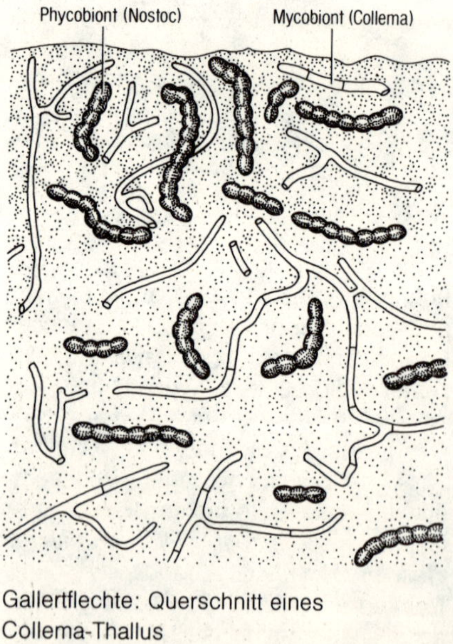

Gallertflechte: Querschnitt eines Collema-Thallus

flechten ähnlich werden, unterscheiden sich aber stets durch die Konsistenz der Thalli. Abb. Sto/D

Gallertpilze ↑ *Tremellales,* ↑ *Tremella,* ↑ *Tremiscus,* ↑ *Exidia,* ↑ *Pseudohydnum*

Gallussäure: 3,4,5-Trihydroxybenzoesäure, eine Phenolcarbonsäure. G. wird in Druckereien und anderen Industriezweigen, z.B. zur Herstellung der Eisengallustinte, benötigt. Die Gewinnung der G. aus pflanzlichen Tanninen mit Hilfe der imperfekten Pilze *Aspergillus niger* oder *Penicillium chrysogenum* gehört zu den ältesten Pilz-↑ Fermentationen. Str

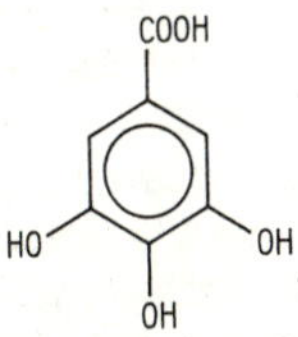

Gallussäure

Gametangium: Behälter mit zellulärer Hülle, in dem aus inneren, zunächst im Gewebeverband eingebundenen, Zellen Gameten entstehen. Weibliche G. heißen Archegonien und bilden je eine Eizelle, männliche heißen Antheridien und bilden Spermatozoide. G. sind für die Bryophyta (Moose) und Pteridophyta (Farnpflanzen im weitesten Sinne) typisch. Diese Gruppen werden auch als *Archegoniatae* zusammengefaßt. Bei den Samenpflanzen sind die G. rückgebildet. Algen und ↑ Pilze sind durch das Fehlen von G. charakterisiert. Allerdings werden oft andere Strukturen mit den Begriffen G., Archegonium oder Antheridium belegt (↑ Abb. Gonitocyste).

Der Begriff Antheridium wird mitunter für Androgamocysten (z.B. bei Ascomyceten) und für Androgametocysten (z.B. bei manchen ↑ Chytridiomyceten) benutzt. Der Terminus Archegonium findet sich z.B. bei den ↑ *Oomycetes* für die Oocysten. Als G. werden z.B. die Gamocysten der *Zygomycetes* bezeichnet. ↑ Gonitocyste D

Gameten: zu einem Sexualakt (Zellverschmelzung) befähigte Zellen (↑ Befruchtungszellen), die im Inneren pflanzlicher oder pilzlicher Zellen (↑ Gonitocysten) durch Gonitogonie entstehen. In der Botanik und Mykologie sind G. demnach stets Gonite, die sich nach einem Sexualakt weiterentwickeln (↑ Gamocyten, ↑ Gamocysten). Sie kommen vor allem bei solchen Pilzgruppen vor, die begeißelte Stadien entwickeln können (↑ *Chytridiomycota,* ↑ *Oomycota*), bei den primär unbegeißelten ↑ *Eumycota* sind sie selten. Man kann begeißelte und unbegeißelte Gameten (Plano- und Aplanogameten), morphologisch gleiche und ungleiche (Iso- und Anisogameten), männliche und weibliche (Andro- und Gynogameten, Spermatozoide und Eizellen) unterscheiden. ↑ Befruchtung D

Gametocyste ↑ Gonitocyste

Gametogamie ↑ Befruchtung

Gametogonite ↑ Gonite

Gametosporen: Bezeichnung für ↑ Gonite, die als Sporen oder Gameten fungieren können. Da die Definitionen für Gameten und Sporen einander ausschließen, ist der Terminus G. unzweckmäßig. Er sollte durch den neutralen Überbegriff Gonite ersetzt werden, im Falle der ↑ *Spermophthorales* bzw. der diplontischen Hefen (↑ *Endomycetales*), wo der Terminus G. benutzt wird, sollte zweckmäßiger von Aplanogoniten gesprochen werden, die als Sporen oder Gameten fungieren können. D

Gamocysten: pflanzliche oder pilzliche Befruchtungszellen, die durch Cytotomie (Zellteilung), nicht durch ↑ Gonitogonie entstehen und morphologisch von vegetativen Zellen des Thallus verschieden sind. G. verschmelzen bei der ↑ Befruchtung miteinander und bilden eine ↑ Zygote. Sie können phylogenetisch durch Unterdrückung der Gametenbildung aus Gametocysten (↑ Gonitocysten) entstanden sein, oder sie haben sich aus vegetativen Zellen entwikkelt. G. kommen bei vielen Pilzen vor.

Sie können einkernig oder mehrkernig sein (Coenogamocysten). Sind in beiden Geschlechtern G. vorhanden, so können sie morphologisch gleich (Isogamocysten) oder verschieden (Anisogamocysten) sein. Anisogamocysten werden als Gyno- und Androgamocysten (weibliche und männliche G.) bezeichnet. Die Gynogamocysten der ↑ *Ascomycetes* heißen Ascogone, die Isogamocysten der ↑ *Zygomycetes* werden oft als „Gametangien", „Angien" oder „Zygangien" benannt. Befruchtungsvorgänge zwischen G. werden als Cystogamie (↑ Befruchtung) bezeichnet.
Der Begriff G. wird in der Protophytologie auch in einer völlig anderen Bedeutung benutzt, nämlich für die cystische Phase (d.h. für unbewegliche Zellen, die von einer Wand umgeben sind) nach einem Sexualakt, meist einer Hologamie, im Entwicklungszyklus zoidischer Protophyten. In diesem Sinne steht der Terminus dem Begriff Gonocyste gegenüber, der im Entwicklungszyklus von pflanzlichen Flagellaten cystische Stadien bezeichnet, die ↑ Gonidien entwickeln. Da G. in diesem Sinne stets Zygoten sind und nur im Hinblick auf den Wechsel vom zoidischen zum cystischen Stadium als G. bezeichnet werden, besteht keine Notwendigkeit, den Begriff G. im definierten Sinne (für cystische Befruchtungszellen) zu verwerfen. D

Gamocyten: sexualisierte (für den Sexualakt stimulierte), zoidische (amoeboide oder begeißelte, wandlose) Zellen, die durch Zellspaltung (Schizotomie) entstanden sind. G. sind für zoidische Einzeller, die zygotischen Kernphasenwechsel aufweisen, charakteristisch. Bei vielen Schleimpilzen (↑ *Myxomycetes*, ↑ *Acrasiomycetes*) findet die ↑ Befruchtung zwischen G., Myxoflagellaten oder Myxamoeben, statt. Der Befruchtungsmodus (Hologamie) dieser Organismen deutet neben anderen Merkmalen auf ihre phylogenetische Verwandtschaft mit den Protozoen (Urtierchen) hin. D

Ganoderma (Lackporlinge): weltweit verbreitete Gattung holzbewohnender Pilze der Ordnung ↑ *Poriales* (Kl. ↑ *Basidiomycetes*). Die Fruchtkörper sind pileate, gestielte oder konsolenförmige, ein- oder mehrjährige Porlinge mit kleinen Poren und trimitischer, brauner Trama. Die hellbraunen Sporen haben ein skulpturiertes Endospor (↑ Sporenwand). *G.*-Arten erregen Weißfäule. Von den 7 europäischen Arten sind *G. lipsiense*, der Flache Lackporling, und *G. lucidum*, der Glänzende Lackporling, allgemein verbreitet. D

Gärung: mikrobieller Abbau von Kohlenhydraten unter anaeroben Bedingungen (↑ Anaerobiose), dient der Energiegewinnung. Der beim Substratabbau gewonnene Wasserstoff wird auf organische Verbindungen übertragen. Die Gärungsprodukte selbst sind für die Mikroorganismenzelle ohne Bedeutung. Zahlreiche ↑ Hefen, insbesondere Stämme von ↑ *Saccharomyces cerevisiae*, sind in der Lage, eine Alkoholgärung durchzuführen. In einer Reihe aufeinanderfolgender enzymatischer Reaktionen (↑ Enzyme) werden Hexosen wie Glukose und Fruktose nach der Summengleichung $C_6H_{12}O_6 \rightarrow 2\,C_2H_5OH + 2\,CO_2$ zu ↑ Ethanol und Kohlendioxid vergoren. Der Wasserstoff wird hier auf Acetaldehyd (Ethanal) übertragen. Die Gärungsprodukte spielen in der Industrie eine wichtige Rolle: Kohlendioxid als Triebmittel in der Backwarenindustrie (↑ Backhefe), ↑ Ethanol zur Herstellung alkoholischer Getränke (↑ Bier, ↑ Wein, ↑ Sekt u. a.), als Lösungsmittel, als Rohstoff zur Essigherstellung und für andere industrielle Zwecke. Durch Zusatz bestimmter Chemikalien zum Gäransatz läßt sich die Alkoholgärung so lenken, daß als Endprodukt ↑ Glycerin entsteht. Str

Gasteromycetation: Vorgang der Ausbildung von ↑ Gasteromyceten. Entwicklung von ↑ Gasterothecien aus gymno- oder hemiangiocarpen Fruchtkörpern bzw. aus Basidien, die auf Myzel entstehen. Unter G. versteht man sowohl den ontogenetischen Vorgang einer Bildungsabweichung als auch den phylogenetischen Vorgang der Entwicklung von Gasteromyceten. D

Gasteromyceten (Bauchpilze): eine morphologisch durch cleistocarpe oder angiocarpe ↑ Fruchtkörper (↑ Gasterothecien) definierte Gruppe von Basidiomyceten, die in vielen Pilzsystemen als natürliche Gruppe, als Taxon hoher Rangstufe behandelt wird, z. B. als *Gasteromycetes* (Kl. der Abt. *Basidiomycota* oder der Unterabt. *Basidiomycotina,* ↑ Pilzsystem), als *Gasteromycetidae* (Ukl. der *Basidiomycetes*) als *Gasteromycetales* (Ordnung der *Basidiomycetes*) usw. Der polyphyletische Ursprung der G. ist jedoch erwiesen. G. müssen als Organisationsstufe, nicht als natürliche Gruppe aufgefaßt werden. Viele G. können aus systematischer Sicht in Verwandtschaftskreise gestellt werden, zu denen auch Pilze mit hemiangiocarpen oder/und gymnocarpen Fruchtkörpern gehören, z.B. die secotioiden Gattungen der G. zu verschiedenen *Agaricales*-Verwandtschaftskreisen, etwa die Gattung *Montagnea* (Taf. 47/3) in die Familie der *Coprinaceae* (Taf. 36/5,6; 37/1,2) usw.; *Elasmomyces, Zelleromyces* u. a. gehören in die Ordnung der ↑ *Russulales, Chamonixia* zu den *Boletaceae* der ↑ *Boletales* usw. Ungeachtet dieser klaren Zugehörigkeiten existieren zahlreiche G.-Verwandtschaftskreise, die keine engen Beziehungen zu anders organisierten Pilzen erkennen lassen. Solche Gruppen stehen isoliert und werden als primär gasteral (angio- oder cleistocarp) angesehen (↑ Vorsatz), oder man betrachtet sie als sekundär gasteral und hält die (agaricoiden, boletoiden usw.) Zwischenglieder für ausgestorben. Aus Gründen der Tradition und der Übersichtlichkeit können solche isolierte Gruppen zusammengefaßt werden, z. B. (↑ *Basidiomycetes,* Tab.) zur Ordnungsgruppe der *Gasteromycetanae.* D

Gasterothecium: ↑ Basidiocarp mit angiocarper oder cleistocarper ↑ Fruchtkörperentwicklung. Die G. sind vielfältig organisiert. Der innere, sporenführende Teil wird als ↑ Gleba bezeichnet. Unter ↑ Subgleba versteht man basale sterile Teile. Mitunter kommen ↑ Columella und ↑ Receptaculum vor; bei den ↑ *Nidulariales* zerfällt die Gleba in isolierte Teile, die ↑ Peridiolen.

Diese inneren Strukturen werden von einer einfachen oder kompliziert geschichteten ↑ Peridie umschlossen. Die Vorstellungen zur Evolution der G. sind widersprüchlich. Die Entwicklungslinien (↑ Vorsatz) tragen hypothetischen Charakter. Der Versuch einer Typologie auf der Basis anatomischer Merkmale der Fruchtkörperentwicklung (Tab.) hat bisher wenig Beachtung gefunden.

Die Typen der Gasterothecien nach Kreisel (1969)

Typ	Charakteristik
Plectothecium	Basidien zerstreut oder nesterweise, ohne Glebakammern, ohne Hymenien, Fruchtkörper cleistocarp
Lysothecium	Hymenien unvollständig in lysogenen Glebakammern
Schizothecium	Hymenien vollkommen, Glebakammern schizogen
Aulaiothecium	Hymenien vollkommen, Glebakammern vom wachsenden Plectenchym zwischen gefalteten, peripher entspringenden Tramawülsten gebildet
Clathrothecium	Hymenien vollkommen, Glebakammern von wachsendem Plectenchym zwischen koralloiden, der Basis entspringenden Tramawülsten gebildet, oft mit Receptaculum

Nach manchen Autoren bestehen G. grundsätzlich aus Gleba und Peridie(n). Subgleba, Receptaculum, Columella usw. werden dann als sterile Glebateile angesehen.

Hypogäische G. verbleiben bis zur Sporenreife unter der Erde. Sie entwikkeln z. T. Geruchsstoffe, so daß eine ähnliche Lebensstrategie im Hinblick auf die Sporenverbreitung entwickelt wurde wie bei hypogäischen Ascocarpien (↑ Tuberothecium). Man kann verschiedene Typen unterscheiden, die am günstigsten nach repräsentativen Gattungen benannt werden (gautierioid – mit vergänglicher Peridie, rhizopogonoid – mit derber Peridie, hysterangioid – mit einfacher oder verzweigter Columella usw.). Epigäische G. entwikkeln sich entweder primär epigäisch, oder erheben sich, wenn hypogäisch entwickelt, bei Sporenreife durch einen spezifischen Mechanismus über die Erdoberfläche. Auch hier lassen sich verschiedene Typen charakterisieren (bovistoid – epigäisch entfaltet, Sporenverbreitung mit Hilfe des Capillitiums, geastroid – durch Aufspalten der Exoperidie erhoben, cyathoid – mit freiwerdenden Peridiolen, clathroid – mit nicht stielförmigem Receptaculum). Als pileate (gestielte) G. werden solche bezeichnet, die ein stielförmiges Receptaculum bilden (phalloid) oder zwischen Endo- und Exoperidie einen Stiel entwickeln (tulostomoid). Taf. 44/6, 45, 46, 47/2 und 4, 48; ↑ Abb. Phallales 1, 2 D

gastrointestinale Reizstoffe: Verbindungen, die im Magen-Darm-Trakt mehr oder weniger starke Schleimhautreizungen verursachen. Die chemische Struktur ist weitgehend unbekannt. Bei scharf schmeckenden Täublingen und Milchlingen (↑ *Russulales*) handelt es sich vielleicht um Terpenoide. Aus dem Wolligen Milchling *(Lactarius vellereus)* wurden die in ihrer Struktur sehr ähnlichen Sesquiterpene Velleral und ↑ Isovelleral isoliert. G. sind aus den giftigen Rötlingsarten, z. B. dem Riesenrötling *(Entoloma sinuatum)* und Ritterlingen, z. B. dem Tigerritterling *(Tricholoma pardinum)* bekannt. Im Karbolchampignon *(Agaricus xanthodermus)* wurden zu 0,1 % ↑ phenolische Verbindungen, wie z. B. ↑ Phenol, geringe Mengen ↑ p-Quinol (Hydrochinon), ↑ Dihydroxyazobenzen, ↑ p-Aminophenol und ↑ Dihydroxybiphenyl gefunden, die für Reizerscheinungen verantwortlich sein können. Sicherlich verursachen auch ↑ Anthrachinone enthaltende Pilze, wie z. B. der Blutrote Hautkopf *(Dermocybe sanguinea)*, gastrointestinale Störungen. Die Symptome sind Unwohlsein, Erbrechen und Durchfälle. M

Gastrosporiales: nur zwei Arten umfassende Ordnung der Klasse ↑ *Basidiomycetes* (Ukl. ↑ *Homobasidiomycetidae*) mit hypogäischen, cleistocarpen ↑ Gasterothecien ohne ↑ Columella und ↑ Capillitium. In der ↑ Gleba sind jedoch Reste der Trama als Paracapillitium erhalten. Die Basidien sind achtsporig, die Sterigmata kurz. Glebakammern und Hymenien sind vorhanden, die Gleba zerfällt bei Reife pulverig. ↑ *Gastrosporium* D

Gastrosporium (Steppentrüffeln): zwei Arten umfassende Gattung hypogäischer Gasteromyceten von Halbwüsten, Steppen und Xerothermrasen. Die runden bis ovalen cleistocarpen Fruchtkörper bilden sich an Myzelsträngen und erreichen eine Größe bis 25 mm Durchmesser. Das eurasische *G. simplex* kommt auch in Mitteleuropa an Grashorsten in Xerothermrasen vor. *G. asiaticum* ist nur aus der Südgobi bekannt. ↑ *Gastrosporiales* *D*

Gattung (genus): grundlegende systematische Kategorie oberhalb der Art (↑ Rangstufe), zu der mindestens eine Art gehört, die aber in der Regel mehrere Arten zusammenfaßt. Die G. ist die wichtigste Einheit, in der natürliche (untereinander verwandte) Arten gruppiert werden. Der Name der G. ist (in Verbindung mit einem spezifischen ↑ Epitheton jeder Art) ein Teil der binären Namen der Arten, die zu dieser G. gehören. Er wird durch den Typus einer Art (der Typusart) festgelegt (↑ Typisierung). Die Umgrenzung vieler G. ist bei den Pilzen problematisch. Im Rahmen des Bemühens, möglichst natürliche Abstammungsgemeinschaften in G. zusammenzufassen, hat sich ein immer enger werdender Gattungsbegriff durchgesetzt. Zur systematischen Gliederung der G. werden oft weitere Kategorien zwischen G. und Art eingebaut. Die wichtigsten dieser infragenerischen Taxa sind Untergattungen (subgen.), Sektionen (sect.) und Untersektionen (subsect.). D

Gäumann, Ernst Albert: Schweizer Mykologe (1893–1963). G. studierte in Bern und promovierte 1917 zum Dr. phil. mit einer Arbeit „Über die Formen der Peronospora parasitica". Nach Studienaufenthalten in Schweden, Nordamerika und Südostasien, wo er von 1919–1922 die pflanzenpathologische Abteilung des Instituts in Buitenzorg (Bogor auf Java) leitete, wirkte er von 1922–1927 als Botaniker an der Eidgenössischen Landwirtschaftlichen Versuchsanstalt in Zürich-Oerlikon. 1925 habilitierte er sich an der Eidgenössischen Technischen Hochschule in Zürich und erhielt Lehraufträge für Phytopathologie, ab 1927 war er als ordentlicher Professor an dieser Einrichtung tätig. G.s Hauptforschungsgebiet war die ↑ Phytopathologie. Er wandte sich vor allem den Rostpilzen zu. Sein fundamentales Werk „Die Rostpilze Mitteleuropas" (1959) enthält eine große Fülle eigener Ergebnisse zu Untersuchungen über das Wirtsspektrum vieler Arten. Mit Fragen der Wirtswahl, der Infektion und der Wirtsimmunität beschäftigte sich G. auch in den Werken „Biologie der pflanzenbewohnenden parasitischen Pilze" (1926, mit E. ↑ Fischer) und „Pflanzliche Infektionslehre" (1946, 1951). Seine Ansichten über Verwandtschaftsbeziehungen zwischen pilzlichen Organismen legte G. in dem Werk „Die Pilze/Grundzüge ihrer Entwicklungsgeschichte und Morphologie" (1964) nieder. H/D

Gautieria (Morcheltrüffeln): Gattung der Klasse ↑ *Basidiomycetes* (Ukl. ↑ *Homobasidiomycetidae*), die in aktuellen Systemen meist auf der Rangstufe einer Familie *(Gautieriaceae)* und Ordnung *(Gautieriales)* geführt werden. Die hypogäischen, cleistocarpen ↑ Gasterothecien bestehen nach Verschwinden der einfachen ↑ Peridie aus einer deutlich kammerigen, knorpeligen Glebakugel. Die ↑ Basidien bilden 2 oder 4 gestreckte und mit Längsrippen versehene Sporen. D

Geastrales: Ordnung der Klasse ↑ *Basidiomycetes* (Ukl. ↑ *Homobasidiomycetidae*, deren angiocarpe, selten cleistocarpe Fruchtkörper (↑ Gasterothecium) eine ↑ Columella, schizogene Glebakammern (Schizothecium) radialer Orientierung und wohlausgebildete ↑ Hymenien aufweisen. Die reife ↑ Gleba zerfällt pulverig, ein ↑ Capillitium ist stets vorhanden. Die ↑ Basidien bilden 4 bis 8 Sporen an kurzen Sterigmata. Die hypogäischen Fruchtkörper der Gattung *Radiigera* öffnen sich durch Zerfall der Peridie; bei den meisten Arten (Gattung ↑ *Geastrum*, ↑ *My-*

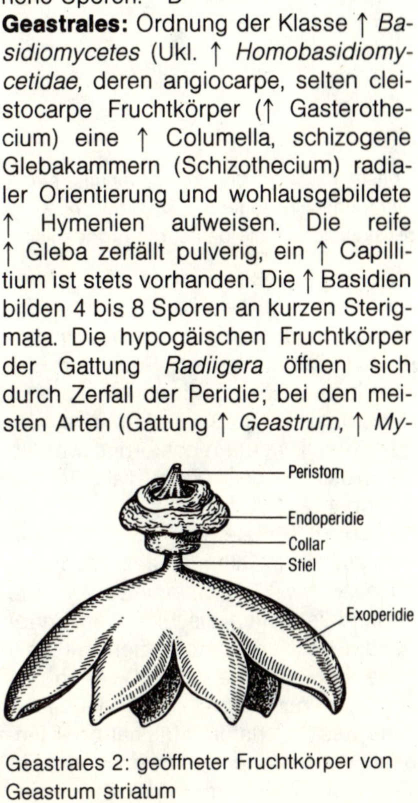

Geastrales 2: geöffneter Fruchtkörper von Geastrum striatum

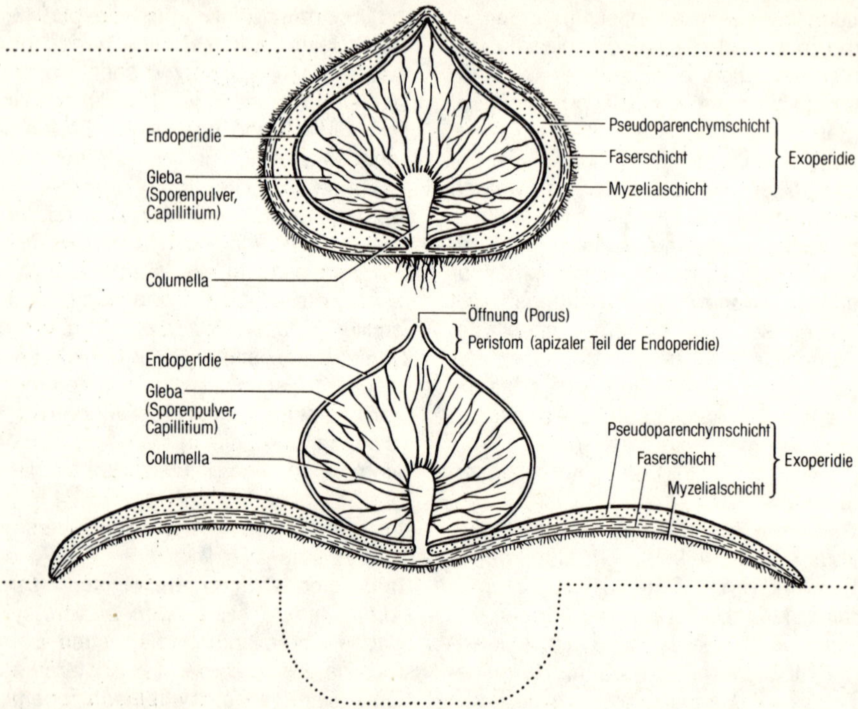

Geastrales 1: Öffnung eines Fruchtkörpers (Längsschnitt).
Oben geschlossener Fruchtkörper; *unten* geöffneter Fruchtkörper (Geastrum triplex); die punktierte Linie deutet die Erdoberfläche an

riostoma) reißt die Exoperidie sternförmig auf und hebt die primär hypogäischen Gasterothecien über die Erdoberfläche. Die Endoperidie besitzt eine oder mehrere präformierte Öffnung(en). Diese Fruchtkörper werden als Erdsterne bezeichnet. Taf. 46/2 bis 6; Abb. 1, 2; ↑ Abb. Apophyse D

Geastrum (Erdsterne): etwa 50 Arten umfassende Gattung der Ordnung ↑ *Geastrales* (Kl. ↑ *Basidiomycetes*). Die Exoperidie, selten die Exo- und Endoperidie der ↑ Gasterothecien reißt bei Reife sternförmig auf. Die G.-Arten lassen sich besonders durch die Merkmale des ↑ Peristoms (sulcat oder fimbriat), der Endoperidie (gestielt oder sitzend) und der Exoperidie (hygrometrisch oder nicht, mit nestartiger Myzelialschicht oder nicht) in mehrere natürliche Gruppen gliedern. Die kleinen hygrometrischen Arten sind meist in Halbwüsten und Steppen verbreitet, die großen, nicht hygrometrischen in Wäldern. Bei *G. melanocephalum*, dem Haarstern (Taf. 46/5), reißen Exo- und Endoperidie auf, so daß die freie ↑ Gleba dem Wind exponiert ist, während bei den anderen Arten die Sporen zunächst durch Wassertropfen aus der Öffnung der Endoperidie gepreßt werden müssen (↑ Abb. Hydrochorie). Das elastische ↑ Capillitium sorgt wieder für die normale Form der Endoperidie. Taf. 46/2–5, ↑ Abb. *Geastrales* 1,2, ↑ Abb. Apophyse D

Gefäßhyphen (Vascularhyphen): wenig oder nicht septierte Hyphen, deren Inhalt von dem normaler Hyphen abweicht. G. sind z. B. die ↑ Laticiferen (Safthyphen) oder die ↑ gloeopleren Hyphen (Ölhyphen). D

Gefäßmykosen: Pilzkrankheiten an Pflanzen, bei denen das Myzel die Leitbündel besiedelt. Meist werden die Tracheen befallen (Tracheomykosen). Die Gefäße werden dabei verstopft oder zerstört. G. rufen vielfältige Symptome hervor, z.B. ↑ Fäule, Welke, ↑ Zweigsterben u. a. Oft werden die ganzen Pflanzen zum Absterben gebracht. ↑ *Verticillium albo-atrum* ruft z.B. G. bei Luzerne, Kartoffel und zahlreichen anderen Kulturpflanzen hervor (*Verticillium*-Welke, ↑ Verticillose). B

Gefriertrocknung ↑ Lyophilisierung

Gehäuse: Gesamtheit der sterilen Strukturen, die das ↑ Zentrum (↑ Hymenium, ↑ Subhymenium) von Ascocarpien lichenisierter Pilze (↑ Lichenes) umgeben, unabhängig von der Herkunft und Differenzierung. Es werden Eigen- und Lagergehäuse unterschieden. Das Eigengehäuse umfaßt die vom Fruchtkörper gebildeten Wandungen (↑ Ascocarpien) von Apothecien, Perithecien, Pseudothecien und Lirellen. Bei Apothecien kann das Eigengehäuse aus ↑ Parathecium und Amphithecium bestehen oder nur aus dem Parathecium. Es besteht stets nur aus Hyphen; ↑ Phycobionten-Zellen fehlen. Bei Ascocarpien mit hymenialer Entwicklung entsteht das Eigengehäuse aus haploiden Hyphen des Archicarps. Das Lagergehäuse wird vom ↑ Flechtenthallus aufgebaut und enthält in der Regel Phycobionten-Zellen. Es ist als Lagerrand zu erkennen, der farblich dem Thallus gleicht. Mitunter werden Stoffe in das G. eingelagert, die Schwarzfärbung und Erhärtung verursachen. Dieser Vorgang wird als Carbonisierung bezeichnet und kann auf umliegendes Thallusgeflecht übergreifen. Eine besondere Form des Lagergehäuses wird als Pseudoexcipulum bezeichnet. Es enthält keine Phycobionten-Zellen und besteht nur aus der Rinde des ↑ Flechtenthallus.

Auf der Grundlage der Struktur des G. werden besonders bei den Apothecien der Flechten verschiedene Typen unterschieden. ↑ Apothecium, 2. Abschnitt, ↑ Abb. Apothecium 2 Sto/D

Geißel: Cytoplasmafortsatz mit koordinierter Beweglichkeit. G. können verschiedenartige Ruder- oder Schraubenbewegungen ausführen. Sie dienen daher als Zug- oder Schub-Organellen (z. B. bei den Zoosporen der ↑ *Chytridiomycetes*). G. sind zu außerordentlich schnellen Bewegungen fähig (Schlagfrequenz zwischen 60 und 1300 Schlägen pro Minute). G. treten bei vielen ↑ Eukaryoten auf (nicht bei Bakterien) und haben stets den gleichen Grundaufbau: Die Verankerung der G. im ↑ Cytoplasma erfolgt über eine Wurzel, die meist noch mit einer plattenartigen Struktur in Verbindung steht. Der Basalkörper (Blepharoplast) ist ein modifiziertes Centriol (↑ Spindelpolkörper) und bildet die Ba-

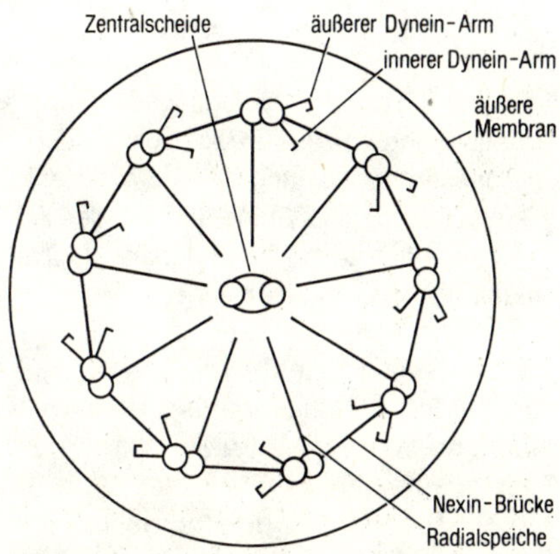

Geißel 1: schematischer Querschnitt (9+2-Muster)

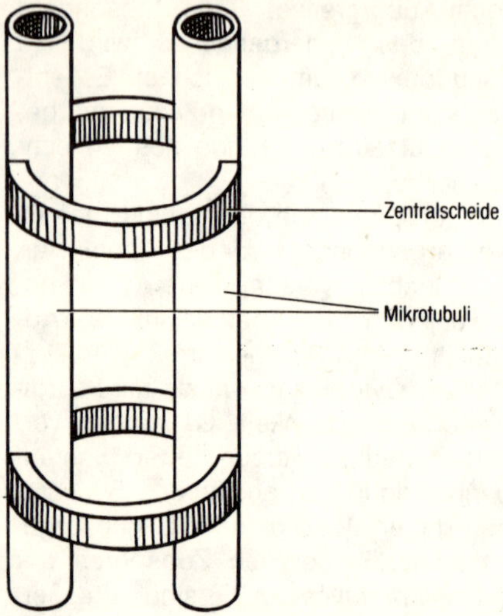

Geißel 2: zentrales Mikrotubuli-Paar mit Zentralscheide

dialspeichen verbinden die Mikrotubuli-Dupletts mit dem zentralen Mikrotubuli-Paar (Abb. 1), welches von einer sog. Zentralscheide umgeben ist (Abb. 2). Die Mikrotubuli-Dupletts sind durch Nexin-Brücken (Abb. 1) untereinander verbunden. Jedes Mikrotubuli-Duplett trägt je einen äußeren und einen inneren Dynein-Arm (↑ Abb. Mikrotubulus 2). Dyneine sind Proteine, die eine hohe ATPase-Aktivität aufweisen. Bei der Bewegung der G. laufen folgende Vorgänge ab: Ein energielieferndes ATP-Molekül lagert sich an einen Dynein-Arm an (Abb. 3). Dadurch verlängert sich der Dynein-Arm und lagert sich an eine andere Bindungsstelle des benachbarten Mikrotubuli-Dupletts an (Abb. 3). Das ATP wird in ADP und einen Phosphatrest gespalten und freigesetzt (Abb. 3).

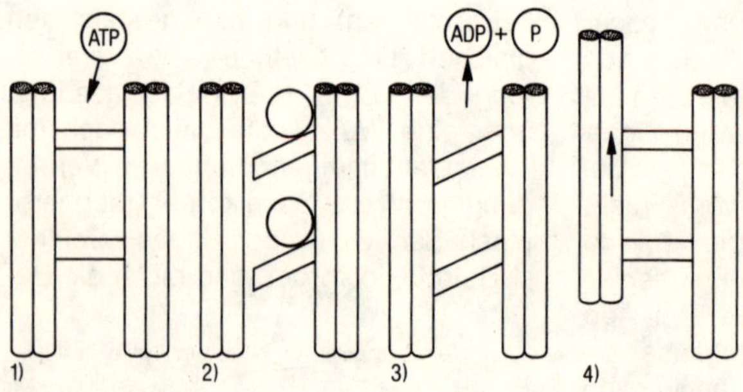

Geißel 3: Modell der Bewegungsvorgänge an den Mikrotubuli-Dupletts der Geißel. 1) Anlagerung eines ATP-Moleküls an den Dynein-Arm, 2) Verlängerung des Dynein-Arms und dessen Verlagerung an eine andere Bindungsstelle des benachbarten Mikrotubuli-Dupletts, 3) Freisetzung des ADP und eines Phosphatrestes, den Spaltprodukten des ATP, 4) durch Verkürzung des Dynein-Arms verschieben sich die beiden Dupletts gegeneinander.

sis der G. Die eigentliche G. setzt sich aus 9 Mikrotubuli-Dupletts (↑ Mikrotubulus) und einem zentralen Mikrotubuli-Paar zusammen (9+2-Muster, Abb. 1). Die 9 Mikrotubuli-Dupletts gehen aus dem Basalkörper hervor. Die beiden zentralen Mikrotubuli entspringen einem gemeinsamen Basisstück. Ra-

Dadurch verkürzt sich der Dynein-Arm wieder, und die beiden Mikrotubuli-Dupletts verschieben sich gegeneinander. Der gesamte Ablauf wiederholt sich mehrmals und verschiebt die Mikrotubuli-Dupletts immer stärker gegeneinander, so daß eine Biegung der G. erfolgt. Sch

Gelbrost (Streifenrost): Rostpilzerkrankung von Gräsern und Getreide, hervorgerufen von ↑ *Puccinia striiformis* (Ord. ↑ *Uredinales*). Der Pilz lebt wahrscheinlich nur als Hemiform (↑ *Uredinales*, Tab.). Spermogonien und Aecidien fehlen oder sind noch unbekannt. Der Name G. leitet sich von der Farbe der zitronengelben bis gelborangen Uredolager ab. Sie erscheinen zunächst einzeln und fließen später zu langen auffallenden Streifen zusammen. Die kugeligen bis länglichen Uredosporen haben farblose, dünne, stachelwarzige Wände; ihr Inhalt ist auffallend orangefarben. Die ebenfalls strichförmigen braunen bis schwarzen Teleutolager bleiben dauernd von der Epidermis bedeckt und werden durch Paraphysen in Kammern geteilt. Die Teleutosporen ähneln denen der ↑ Braunroste. ↑ Mesosporen kommen gelegentlich vor. G. ist in vielen Gebieten eine problematische Getreidekrankheit. B

Gelbschimmel: gefürchteter schimmelartiger Pilzbefall in der Champignonzucht, hervorgerufen durch *Myceliophthora lutea* (↑ imperfekte Pilze). Die ↑ Hyphen des Parasiten umspinnen die Myzelfäden des Champignons und bilden polsterförmige „Schimmelflecken", die zuerst weiß, später dann gelblich bis grünlich sind. Der G. bildet auch zahlreiche ↑ Chlamydosporen. Das ↑ Myzel der Champignons wird oft stark geschädigt, was zu großen Ertragsverlusten führen kann. B

Gemmen: dickwandige, endständige oder intercalare (Myzelgemmen) Hyphenabschnitte von unbestimmter Größe, die als Diasporen oder als Überdauerungseinheiten fungieren. Mitunter werden sie auf kurzen Seitenzweigen (Stielgemmen) gebildet. G. sind nicht immer klar von manchen Sporentypen (↑ Arthrosporen, ↑ Chlamydosporen) zu trennen. Sie kommen in erster Linie bei den ↑ *Zygomycetes* und den ↑ *Saprolegniales* (Kl. ↑ *Oomycetes*) vor. ↑ Sporen Hi/D

Gen: Funktionseinheit des genetischen Materials. Ein G. ist ein Abschnitt eines ↑ Chromosoms, der aus einem codierenden und einem nichtcodierenden (regulativen) Teil besteht. Der codierende Teil wird während der ↑ Transkription in ein RNA-Molekül adäquater Länge übersetzt (mRNA, tRNA oder rRNA). Der nichtcodierende Teil des G. enthält Signal- oder Erkennungssequenzen für Enzyme, die die Aktivität des G. regulieren. Entsprechend ihrer Funktion werden G. in Strukturgene und Kontrollgene unterteilt. Strukturgene bestimmen die Sequenz (und damit die Struktur) von Proteinen oder RNA-Molekülen. Kontrollgene kontrollieren die Aktivität anderer G. Bei Eukaryoten wird die im Ergebnis der Transkription gebildete mRNA modifiziert (RNA-Processing). Dabei werden zusätzliche (nicht vom entsprechenden Gen codierte) Sequenzen terminal mit der mRNA verknüpft und andere (interne) Bereiche der mRNA (Intronen) enzymatisch entfernt (Splicing). Die derart modifizierte mRNA wird während der ↑ Translation in ein Protein übersetzt. ↑ Pilzgenetik Sch

Generationswechsel: gesetzmäßige Folge strukturell und funktionell verschiedener Generationen im ↑ Entwicklungszyklus von Organismen. Unter Generationen sind bei Pilzen die aus einem bestimmten Typ von freigesetzten Keimzellen (Sporen, Zygoten) durch mitotische Teilung entstehenden Individuen einer Art zu verstehen, die ihrerseits wieder Keimzellen des gleichen oder eines anderen Typs bilden. Folgen strukturell und funktionell gleichwertige Generationen aufeinander, so ist dies eine Generationenfolge, kein G. Der G. ist oft, aber nicht stets mit einem ↑ Kernphasenwechsel verbunden. Kernphasenwechsel kann seinerseits ohne G. vorkommen. Ist ein Generationswechsel mit Kernphasenwechsel verbunden und besteht er aus einem diploiden Sporophyten, der Meiosporen entwickelt, und einem haploiden Gametophyten, der Gameten bildet, so ist dies ein antithetischer Generationswechsel. Bei Pilzen kommt G. oft vor, z. B. bei den meisten Schleimpilzen (↑ *Myxomycota*) und Flagellatenpilzen (↑ *Chytridiomycota*). Bei den ↑ *Eumycota* ist er selten. Hier wechselt mitunter eine haploide Sproßzellen-Generation mit einer dikaryotischen Generation, die Myzel bildet, oder es wechseln haploide und diploide Generationen von Sproßzellen einander ab. Wenn im haplo-dikaryontischen Zyklus nach Hypho- oder Cystogamie (↑ Befruchtung) die beiden Hyphentypen zusammen zu einem einzigen Myzel gehören, was bei den meisten *Basidio-* und *Ascomycetes* der Fall ist, kann nicht von G. gesprochen werden. Hier gehören verschiedene Kernphasen zu einer einzigen Generation. Der G. im vollständigen Zyklus der Rostpilze (↑ *Uredinales*) verläuft mit dem Kernphasenwechsel nicht synchron. Die Generation auf dem Zwischenwirt umfaßt nicht nur haploides Myzel und haploide Spermogonien, sondern auch dikaryotische Strukturen, z.B. die Basalzellen der Aecidien, die Aecidienwände (Pseudoperidien) usw. Befruchtung und Kernphasenwechsel sind an diese Generation gebunden. Erst die mitotisch entstehenden dikaryotischen Aecidiosporen und ihre homologen Formen bilden auf dem Hauptwirt die funktionell und strukturell andere Generation. Die Bezeichnungen Haplont, Diplont und Dikaryont sind Namen für Abschnitte im ↑ Entwicklungszyklus, die durch eine bestimmte Kernphase (haploid, diploid, dikaryotisch) charakterisiert sind und die mitotische Teilungen einschließen. Im Zusammenhang mit dem G. werden sie dann für Generationen benutzt, wenn Kernphasen- und G. übereinstimmen, d. h., wenn eine Generation ausschließlich und im Entwicklungszyklus als einzige aus Zellen der bezeichneten Kernphase besteht, was im haplo-diplontischen Zyklus der Pflanzen meist der Fall ist und auch bei Pilzen oft vorkommt. Ist diese Übereinstimmung nicht gegeben, so kann der Haplont, Diplont oder Dikaryont jeweils ein Teil einer Generation sein, oder die Grenzen unterschiedlicher Generationen überschreiten. Zum Beispiel ist der Dikaryont der meisten *Ascomycetes* ein Teil einer einzigen Generation, der im Inneren der Fruchtkörper angesiedelt ist (befruchtetes Ascogon, ascogene Hyphen). Hingegen umfaßt der Dikaryont der Rostpilze im vollständigen Entwicklungszyklus Teile der Zwischenwirt- (Spermogonien-Aecidien-) Generation und die gesamte Hauptwirt-Generation. D

generative Hyphen ↑ Hyphensysteme

Generatorhyphen: die vegetativen Hyphen („Mutterhyphen") der ↑ *Capnodiales,* von denen die Bildung der ↑ Ascocarpien ausgeht. Hi

Genetik ↑ Pilzgenetik

genetischer Code: Festlegung der Aminosäuresequenz bei der Eiweißsynthese (↑ Translation) durch die spezifische Nucleotidsequenz in der ↑ mRNA (↑ Transkription). Je drei benachbarte Nucleotide (Tripletts) codieren dabei für eine Aminosäure (Codon). Der primär in der Reihenfolge der Nucleotidbasen in der ↑ DNA verschlüsselte g. C. wird im Verlauf der Transkription auf die mRNA überschrieben. Der in der mRNA enthaltene g. C. wird im Prozeß der Translation realisiert. Der g. C. hat folgende Eigenschaften: Er ist nicht überlappend, d. h., die Tripletts sind linear angeordnet. Er ist kommalos, d. h., die Triplettfolge ist lückenlos. Er ist degeneriert, d. h., unterschiedliche Tripletts können für die gleiche Aminosäure codieren. Bestimmte Tripletts dienen als Signal für den Start bzw. für das Ende der Translation. ↑ Pilzgenetik Sch

Genkonversion: nicht reziproke ↑ Rekombination. Bei der Analyse geordneter Tetraden (↑ Tretradenanalyse) werden bei monohybriden Spaltungen (↑ Rekombination) zumeist Spaltungsverhältnisse von 4:4 oder 2:2:2:2 beobachtet. Bei ↑ *Neurospora,* ↑ *Ascobolus, Sordaria,* ↑ *Saccharomyces* u.a. Pilzen konnten jedoch mit unterschiedlicher Häufigkeit auch abweichende Spaltungsverhältnisse (6:2, 2:6, 5:3 oder 3:5) nachgewiesen werden. Diese Art· der Allelsegregation wird als G. bezeichnet. Reziproke Rekombination (↑ Crossing-over) und G. sind sehr wahrscheinlich zwei verschiedene Aspekte eines molekularen Mechanismus. Möglicherweise sind Rekombinationsereignisse immer mit G. und mit geringerer Häufigkeit auch mit reziproker Rekombination verbunden. Unabhängig von den evtl. damit gekoppelten Crossing-over-Ereignissen läßt sich die G. durch zwei verschiedene Modelle erklären.

1. Symmetrische Rekombination (Holliday-Modell): Während der meiotischen Paarung der homologen Chromosomen (↑ Meiose) kommt es zu Einzelstrangbrüchen in je einer Nichtschwesterchromatide und zum partiellen Aufwinden der DNA-Doppelhelix. Die beiden freien Einzelstränge können nun an den freigewordenen Einzelstrang der anderen Chromatide binden (Abb.2 A). Handelt es sich bei den rekombinierenden Bereichen um verschiedene Allele eines ↑ Gens, so kommt es zur Bildung von Heteroduplexstrukturen (d. h. von Abschnitten unvollständiger Basenkomplementarität, Abb. 1). Diese Strukturen können durch Reparaturvorgänge beseitigt werden oder postmeiotisch segregieren. Die entsprechenden Konsequenzen für die Allelverteilung in den ↑ Asci sind in Abb. 2 dargestellt.

```
–A–G–[C]–T–T–[A–G]–A–T–A–[G]–G–C–
 |  |         |  |         |  |  |         |  |
–T–C–[T]–A–A–[G–G]–T–A–T–[T]–C–G–
```

Genkonversion 1: Heteroduplexstrukturen

2. Asymmetrische Rekombination (Meselson-Radding-Modell): Ähnlich wie bei der symmetrischen Rekombination kommt es zunächst zur Entstehung von DNA-Einzelstrangbrüchen in je einer der Nichtschwesterchromatiden gepaarter homologer Chromosomen sowie zur nachfolgenden partiellen Aufwindung der DNA-Doppelhelix. Bei der asymmetrischen Rekombination wirkt die eine Nichtschwesterchromatide als Donor; die andere wirkt als Rezipient. Der freie Einzelstrang des Donors bindet an den Rezipienten. Der freie Einzelstrang des Rezipienten wird enzymatisch abgebaut; die dadurch auf dem Donor verbleibende Lücke wird durch eine Reparatur-Synthese wieder geschlossen. Durch diesen Mechanismus entsteht im Gegensatz zur symmetrischen Rekombination nur eine Heteroduplexstruktur (Abb. 2B). Die Konsequenzen für die Allelverteilung in Abhängigkeit davon, ob eine Reparatur oder eine Auflösung dieser Strukturen durch postmeiotische Segregation erfolgt, ist in Abb. 2 dargestellt.

Der genetische Nachweis der G. wird durch den Abstand flankierender Marker zur konvertierenden Region stark beeinflußt. Nach neueren Erkenntnissen ist die G. bei eukaryotischen Organismen weit verbreitet; sie wurde außer bei den o.g. Pilzen auch bei der Fruchtfliege (*Drosophila melanogaster*) nachgewiesen. ↑ Pilzgenetik Sch

Genmutation: erbliche Veränderung in einem einzelnen ↑ Gen, die zur Entstehung eines neuen ↑ Allels führt. Bezüg-

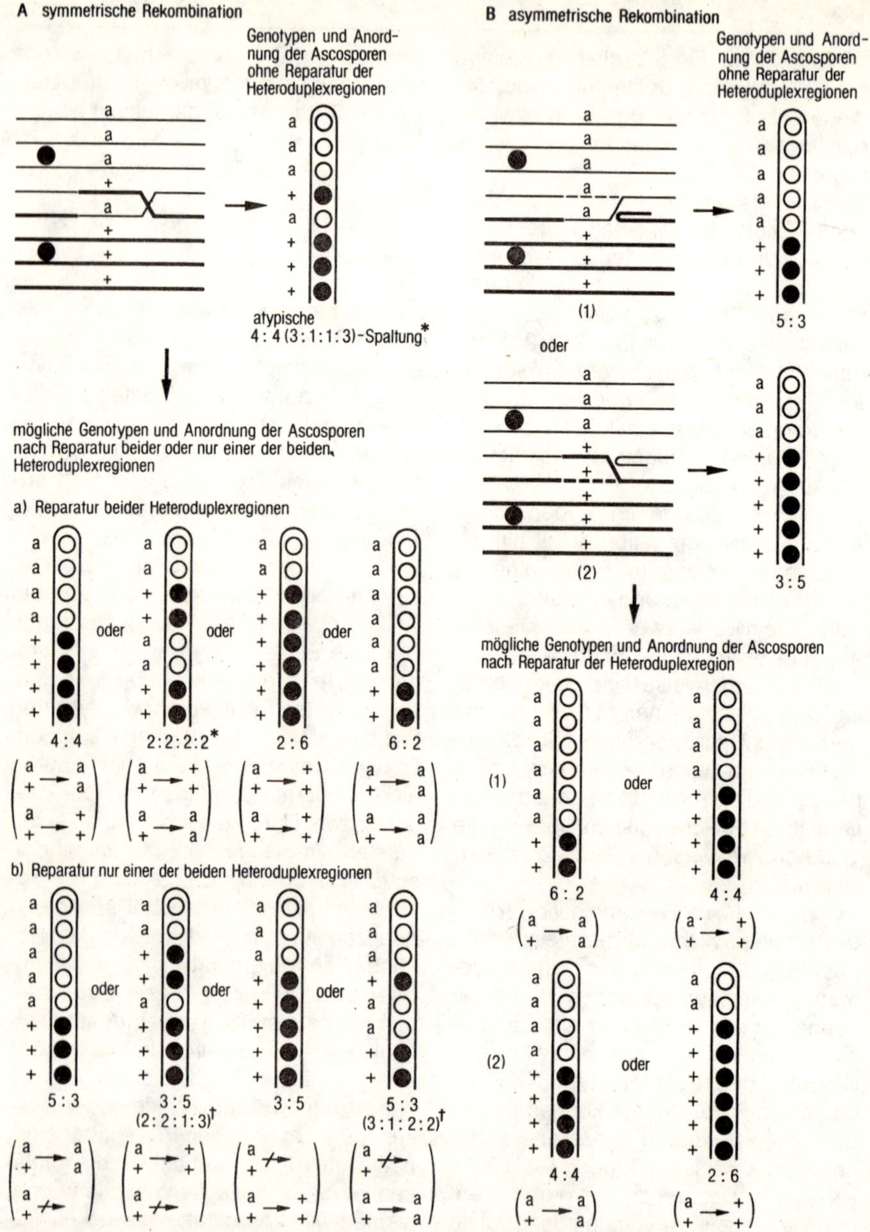

Genkonversion 2: mögliche Genotypen und Anordnung der Ascosporen nach (während der Meiose erfolgter) Genkonversion. A nach dem Modell der symmetrischen Rekombination (Holliday-Modell). B nach dem Modell der asymmetrischen Rekombination (Meselson-Radding-Modell).

a helle Sporenfarbe, + dunkle Sporenfarbe, * sehr selten bei Saccharomyces, † sehr selten bei Saccharomyces; selten bei Ascobolus und Sordaria, → Konversion zu ..., ↛ keine Konversion lich der dabei auftretenden molekularen Abläufe werden G. unterschiedlichen Klassen von Mutationstypen zugeordnet. 1. Basenpaarsubstitutionen: Änderung der DNA-Sequenz durch den Austausch von Nucleotidbasenpaaren (Transversionen, Transitionen). 2. Rasterverschiebung: Als Folge von Mutageneinwirkungen kann es zum Verlust oder zum Einschub von Nucleotidbasen in die DNA kommen. Dies führt zur Verschiebung des Leserasters bei der ↑ Translation und kann Veränderungen in der Aminosäuresequenz des betroffenen Eiweißmoleküls zur Folge haben. 3. Innergenische Segmentmutationen: Veränderungen längerer Segmente eines Gens. Bei einer innergenischen Deletion kommt es zum Verlust von wenigen bis zu mehreren Hundert Nucleotidbasen. Die innergenische Duplikation führt zur Verdoppelung von Gensegmenten. 4. Einbau verlagerbarer (transponibler) DNA-Sequenzen: Bei Pro- und Eukaryoten gibt es verlagerbare genetische Elemente, die ihren Platz im ↑ Genom verändern können. Durch den Einbau transponibler Elemente kann die kontinuierliche Struktur eines Gens zerstört werden, wobei u. a. ↑ auxotrophe Mutanten entstehen können. ↑ Pilzgenetik Sch

Genom: Gesamtheit der Gene des haploiden Chromosomensatzes eines Zellkerns. ↑ Pilzgenetik, ↑ Genommutation Sch

Genommutation: Zahlenmäßige Abweichung im Chromosomenbestand einer Zelle bzw. eines Organismus. Quantitative Änderungen im Genbestand können zu Störungen in der ↑ Meiose oder der ↑ Mitose führen. Die Zellen jeder Organismenart sind durch eine definierte Anzahl von Chromosomen (↑ Chromosomensatz) charakterisiert. Man unterscheidet folgende Typen von G.:

1. Euploidie: Vervielfachung oder Verringerung des gesamten Chromosomensatzes einer Zelle bzw. eines Organismus. Die unterschiedlichen Ploidiegrade werden bezugnehmend auf die Basiszahlen (einfacher Chromosomensatz) folgendermaßen bezeichnet: n = haploid, 2n = diploid, 4n = tetraploid bis 10n = dekaploid. Höhere Ploidiegrade werden numerisch bezeichnet (z. B. 11ploid). Pilze besitzen normalerweise während ihrer vegetativen Lebensphase Zellkerne mit einem haploiden Chromosomensatz (↑ Haplont, ↑ Dikaryont) seltener einen diploiden Chromosomensatz (↑ Diplont). Die Vervielfältigung des Chromosomensatzes wird auch als Polyploidie bezeichnet. Betrifft dies arteigene Genome, spricht man von Auto(poly)ploidie. Die nach Kreuzung unterschiedlicher Arten entstandenen polyploiden Genome werden mit dem Begriff Allo(poly)ploidie gekennzeichnet. Bei Pilzen (z. B. bei *Saccharomyces*) sind triploide oder tetraploide Abweichungen bekannt. Höherploide Formen wurden bisher hauptsächlich bei höheren Pflanzen beobachtet.

2. Aneuploidie: Vervielfältigung oder Verlust einzelner Chromosomen eines Chromosomensatzes. Bezugnehmend auf den diploiden Status wird der Verlust eines Chromosoms als Monosomie (für das entsprechende Chromosom) bezeichnet (2n−1). Trisome Linien enthalten im diploiden Chromosomensatz drei Kopien eines bestimmten Chromosoms (2n+1).

Die Ursachen für die Entstehung von Aneuploidien liegen in Verteilungsstörungen der Chromosomen während der ↑ Kernteilung begründet. Bei *Aspergillus nidulans* läßt sich der Verlust einzelner Chromosomen im Zusammenhang mit der Haploidisierung (↑ parasexueller Zyklus) beobachten. ↑ Pilzgenetik Sch

Genotyp: Bestandteil des ↑ Idiotyps. Der G. umfaßt die Gesamtheit der im

↑ Zellkern einer eukaryotischen Zelle enthaltenen Erbanlagen. ↑ Pilzgenetik Sch

Geoglossaceae (Erdzungen): Familie der Ordnung ↑ *Helotiales* (Kl. ↑ *Ascomycetes*). Die ↑ Ascocarpien sind gestielte, glossoide ↑ Apothecien. Die Ascosporen sind hyalin oder pigmentiert, spindelförmig, zylindrisch oder scolecospor. Die Familie *G.* ist weltweit verbreitet. Die meisten Arten sind bodenbewohnende Saprophyten. ↑ Abb. Ascus 4 Hi

Geosiphon: eine Pilzgattung unklarer Zugehörigkeit (wahrscheinlich ↑ *Zygomycetes*). In sackartigen Ausstülpungen des coenocytischen Myzels leben endosymbiontische Cyanellen *(Nostoc sphaericum, Cyanobacteria)*. Kernphasenwechsel und Sexualität sind nicht bekannt. Die Symbiose von *G.* ist anderer Natur als die der übrigen ↑ Lichenes; dennoch wird sie als Flechte betrachtet. *G.* lebt terrestrisch. D

Geotrichose: durch Sproßpilze der Gattung *Geotrichum* hervorgerufene ↑ Mykose des Menschen. Als fakultativ pathogen (↑ pathogene Pilze) sind *G. candidum,* der sog. Milchschimmel. und *G. capitatum* bekannt. G. stellen häufig Sekundärinfektionen bei Patienten dar, die durch Grundkrankheiten vorbelastet sind. Im Vergleich zu anderen ↑ Levurosen sind echte Fälle von G. selten. Die genannten Pilze besiedeln zeitweilig auch als Saprophyten die Schleimhäute. Die Tendenz, in Gewebe vorzudringen, ist bei *G. candidum* sehr gering, bei *G. capitatum* stärker ausgeprägt. Beide Arten werden gelegentlich aus dem Sputum an Bronchitis oder Pneumonie Erkrankter bzw. aus Fäkalproben Darmkranker isoliert.

In manchen Fällen kann das klinische Bild des ↑ Soor beobachtet werden. *G. candidum* ist auch im Darminhalt von 30% aller gesunden Personen nachweisbar, zumal er regelmäßig milchsäurehaltige Lebensmittel, wie Molkereiprodukte und Sauerkraut, sowie angefaulte Tomaten besiedelt. V

Geotropismus: gerichtete Wachstumsbewegung (↑ Bewegung, ↑ Tropismus), die durch die Schwerkraft ausgelöst wird. Sie kann positiv (der Schwerkraft entgegen, nach unten) oder negativ (nach oben) erfolgen. Bei manchen mehrjährigen konsolenförmigen Fruchtkörpern der *Poriales* kann man z. B. geotropische Orientierung gut nachweisen. Das aus Röhren bestehende (fomitoide) ↑ Hymenophor ist senkrecht, mit den Röhrenöffnungen, den Poren, nach unten ausgerichtet. Ändert sich die Lage des Substrates, z. B. durch Umstürzen eines Baumstammes, der mit solchen Fruchtkörpern besetzt ist, so ändert der Fruchtkörper seine

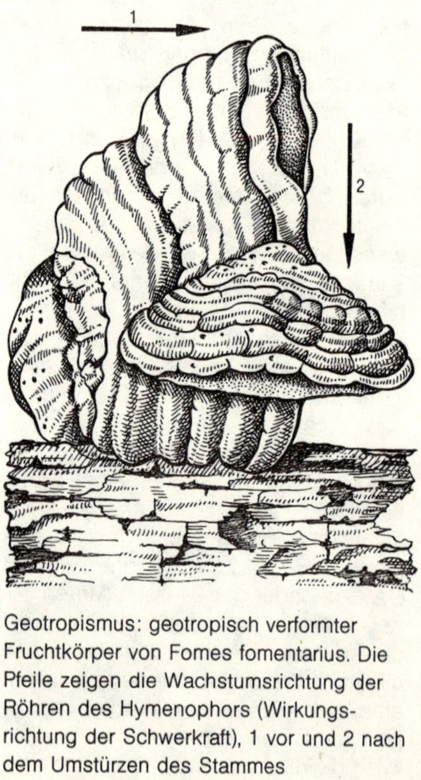

Geotropismus: geotropisch verformter Fruchtkörper von Fomes fomentarius. Die Pfeile zeigen die Wachstumsrichtung der Röhren des Hymenophors (Wirkungsrichtung der Schwerkraft), 1 vor und 2 nach dem Umstürzen des Stammes

Wachstumsrichtung. Neu gebildete Röhren sind wieder senkrecht orientiert. Abb. D

Geruchsstoffe: Substanzen, die charakteristisch riechen. Die Chemie der G. von Pilzen ist in vielen Fällen nicht klar. Untersucht wurden z. B. die G. der Stinkmorchel. Der intensive Aasgeruch (↑ *Phallales,* ↑ *Aasfliegenpilze*) wird u. a. durch Phenylacetaldehyd, Dihydrochalcon, α-Phenylcrotonaldehyd, Phenylessigsäure, Acetaldehyd, Methylmerkaptan und Schwefelwasserstoff verursacht. Der fruchtige Geruch mancher *Inocybe*-Fruchtkörper ist auf Zimtsäure-Methylester, der leuchtgasartige Geruch mancher *Tricholoma-* und *Lepiota*-Fruchtkörper auf Indol zurückzuführen. Die Gerüche vieler Pilzfruchtkörper sind sehr spezifisch und können, auch wenn die Chemie der G. unbekannt ist, als Erkennungszeichen genutzt und zur Bestimmung der Pilze herangezogen werden. Häufig wiederkehrende Gerüche werden durch Vergleiche beschrieben, z. B. Geruch nach Aas, Früchten, Leuchtgas, Bittermandel (Blausäure), Marzipan, Kokosnuß, Mehl, Gurke, Sperma, Rettich, Maggi (↑ Maggipilz), Honig, Ammoniak, Zedernholzöl, Kanadabalsam, ranzigem Öl, verbranntem Öl, verfaulten Kartoffeln, zerdrückten Blattwanzen. D/M

Geschichte der Mykologie: Entwicklungsprozeß der Pilzkunde von ihren vorwissenschaftlichen Anfängen bis zur eigenständigen Wissenschaftsdisziplin in der Gegenwart. Empirische Kenntnisse über Pilze besaßen die Menschen verschiedener Kulturkreise vor dem Entstehen der Wissenschaften. Diese resultieren aus der Verwendung der Pilze als Nahrungsmittel, als Heil- und Giftpflanzen. Von uralter Tradition sind die Pilz-Rituale der Indianer Lateinamerikas. Die Azteken nutzten die halluzinogenen Wirkungen bestimmter Pilzinhaltsstoffe bei ihren religiösen Zeremonien. Die ↑ Pilzsteine aus Guatemala entstammen frühen Kulturperioden der Mayas und wurden als „heilige Pilze“ verehrt. Die wahrscheinlich früheste Erwähnung der Pilze im Schrifttum ist bei dem griechischen Gelehrten Euripides (480–406 v. u. Z.) zu finden. Von ↑ Theophrast stammen die grundlegenden naturwissenschaftlichen Kenntnisse über Pilze in der hellenistischen Zeit, deren Ausstrahlungskraft bis ins 16. Jh. reichte (↑ Clusius, ↑ Steerbeck). Theophrast behandelt die Pilze als Pflanzen, denen wichtige Organe, z. B. Blätter und Früchte, fehlen. Das bis ins 16. Jh. (Clusius) verbreitete Einteilungsprinzip in eßbare und giftige Pilze fußt wahrscheinlich auf ↑ Nikandros. In seinem enzyklopädischen Werk faßt ↑ Plinius die wesentlichen Kenntnisse über Pilze in der Antike zusammen. Er berichtet über Eßbarkeit, Giftigkeit, Vorkommen und die Entstehung der Pilze aus Schlamm und säuernden Säften der Erde. Das Mittelalter hat für die Mykologie keine wesentlichen Fortschritte gebracht. Noch im 16. und 17. Jh. existieren wie in der Antike Auffassungen, wonach Pilze als wunderliche Gebilde und „überflüssige Feuchtigkeit der Erde, der Bäume ...“ angesehen werden (C. ↑ Bauhin, ↑ Bock). In dieser Zeit haben besonders die Kräuterbücher (Bock, ↑ Tabernaemontanus) etwas zur Kenntnis über die Formenvielfalt beigetragen. Das zusammengetragene Material war wenig geordnet. ↑ Tournefort erwarb sich in der Pilzsystematik dieser Zeit große Verdienste. Er schuf mehrere Pilzgattungen, denen er die bekannten Arten zuordnete. Seine Systematik war die Basis für die Pilzsysteme von ↑ Micheli, ↑ Dillenius, ↑ Linnaeus und vieler anderer. Im 18. Jh. standen sich die Auffassungen über die Zugehörigkeit der Pilze 1. zum Pflanzenreich, 2. zum Tierreich oder 3. zum anorganischen Reich gegenüber. Auch zur Entstehung (bzw. Fortpflanzung) der Pilze gab es geteilte Meinungen. Nach der üblichen Ansicht dieser Zeit entstanden Pilze durch eine „faulende Gärung" (Dillenius). Durch Micheli, der 1729 die Pilzsporen als „Samen" proklamierte, wurde das Problem neu aufgeworfen. Michelis Erkenntnis fand erst in der zweiten Hälfte des 18. Jh. Anerkennung, u. a. bei ↑ Gleditsch und ↑ Schaeffer. Die Systematik dieser Zeit wurde besonders durch Linnaeus beeinflußt. In seinem System stellt er die Pilze, auch die Farne, Moose und Algen zur Klasse "Cryptogamia". Wesentlich Neues in der Systematik der Pilze erreichte Linnaeus nicht, jedoch schaffte die konsequente Anwendung seiner binären Nomenklatur eine methodologische Voraussetzung für weitere Fortschritte. Zur Erweiterung der Formenkenntnis trugen in der zweiten Hälfte des 18. Jh. besonders ↑ Batsch, ↑ Bolton, ↑ Bulliard, ↑ Humboldt und ↑ Willdenow bei. Neue Kenntnisse über mikroskopische Strukturen (↑ Hedwig, H. C. H. Hoffmann) bereiteten die neuen Prinzipien der Pilzsystematik von ↑ Persoon vor. Das 19. Jh. wurde durch Persoons „Synopsis methodica fungorum" eröffnet, die als Beginn der modernen Pilzsystematik gilt. Die Erfassung, Beschreibung und Systematisierung von Pilzen wurde u. a. von ↑ Fries, ↑ Corda, ↑ Nees von Esenbeck und von Persoon selbst fortgeführt. Einen weiteren Aufschwung erhielt die Pilzsystematik durch ↑ Léveillé, der 1837 seine Erkenntnisse über die Basidienstruktur publizierte. Seinem Pilzsystem legte er mikroskopische Merkmale zu Grunde, wobei er die fruchtkörperbildenden Pilze in Basidio- und Ascomyceten einteilte. Der Erforschung der Entwicklungsgeschichte der Pilze setzte erst um die Mitte des 19. Jh. ein; erste Schritte wurden in Frankreich unternommen. ↑ Tulasne untersuchte verschiedene Pilzgruppen hinsichtlich ihrer Lebensweise, Morphologie und Sporenbildung. In Deutschland waren u. a. ↑ Ehrenberg, ↑ Brefeld und de ↑ Bary auf diesem Gebiet tätig. De Bary gelang es, den Infektionsmodus der Rost- und Brandpilze aufzuklären. Außerdem befaßte er sich mit der Lebensweise weiterer parasitischer Pilze; sein Werk „Morphologie und Physiologie der Pilze, Flechten und Myxomyceten" (1866) kann als erstes Lehrbuch der Mykologie aufgefaßt werden. Mit der Stammesentwicklung der Pilze, besonders der Basidiomyceten, beschäftigte sich u. a. Brefeld, der z. B. die Blätterpilze von (ausgestorbenen) Bauchpilzen ableitete. Das Aufkommen der phylogenetischen Denkweise kann als fortschrittlich angesehen werden. Noch bis zur Mitte des 19. Jh. war die Frage der Herkunft der Mikroorganismen nicht geklärt. Erst durch ↑ Pasteur konnten die Vorstellungen über Urzeugung endgültig widerlegt werden. Er entdeckte zahlreiche Mikroorganismen und führte den Prozeß der Gärung auf die Lebenstätigkeit der Mikroben zurück. Pasteurs umfangreiche Forschungen bildeten den Anfang der wirtschaftlichen Nutzung mikrobiologischer Prozesse und auch der technischen Mykologie. Die Mikrobiologie als eigenständige Disziplin entstand erst um die Wende des 19. zum 20. Jh.; in ihr wurden verschiedene Richtungen, u. a. Mykologie, Bakteriologie und Virologie, zusammengefaßt. Im 20. Jh. ist in der Mykologie einerseits der Prozeß der Aufspaltung in Spezialdisziplinen, andererseits die Verschmelzung mit anderen Fachgebieten zu verfolgen. Die Entdekkung und Nutzung von Antibiotika aus Pilzen und anderen Organismen eröffnen z. B. neue Möglichkeiten in der Medizin. Relative Eigenständigkeit besitzen die Cytologie der Pilze, die Pilzsystematik, die Physiologie der Pilze, die technische und medizinische Mykologie sowie die Pilzökologie (eingeschlossen Pilzsoziologie) und die Biochemie der Pilze. H/D

Gewölbesoral ↑ Soral

Gibberella: weltweit verbreitete Gattung der Ordnung ↑ *Hypocreales* (Kl. ↑ *Ascomycetes*), die etwa 10 Arten umfaßt. Die Perithecien sind nicht in Stromata eingeschlossen. *G. fujikuroi* ist besonders in Ostasien als Parasit auf Reis problematisch. Die Krankheitssymptome beruhen auf der Überproduktion von ↑ Gibberellinen. Die Anamorphen gehören zur Form-Gattung ↑ *Fusarium,* die in der Phytopathologie von großer Bedeutung ist. ↑ Kolbenfäule, ↑ Bakanaë-Effekt Hi

Gibberelline: Gruppe von Phytohormonen, die von Pflanzen und dem Erreger der Reiskrankheit Bakanaë, dem Pilz *Gibberella fujikuroi* (Anamorphe: *Fusarium moniliforme*) gebildet werden. Gegenwärtig sind mehr als 45 verschiedene G. bekannt. Am bekanntesten ist die Gibberellinsäure (G. A_3).

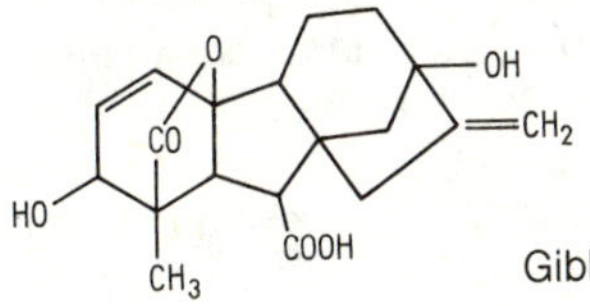

Gibberellinsäure

Die industrielle Herstellung erfolgte zunächst nur im ↑ Emersverfahren. Die Ausbeuten waren gering. Heute führen ↑ Submersverfahren zu wesentlich besseren Ergebnissen; die Ausbeuten liegen bei 1 g/l. Der Weltjahresbedarf liegt bei 5 t Gibberellinsäure, die vor allem im Obst- und Gemüsebau (besserer Fruchtansatz, kernlose Zitrusfrüchte u. a.) und zur Beschleunigung der Keimung bei der Braumalzherstellung eingesetzt wird. Str

Giemsalösung: handelsübliche Farblösung für mikroskopische Zwecke; auch in der Mykologie, u. a. zur Darstellung von Zellkernen, genutzt. D

Gießkannenschimmel ↑ Schimmel, ↑ *Aspergillus*

Giftchampignon ↑ Karbolchampignon

Giftpilze: Pilze, die beim Genuß gesundheitliche Schädigungen hervorrufen. Als G. bezeichnet man gewöhnlich die Fruchtkörper von ↑ Großpilzen, die beim Menschen Vergiftungserscheinungen verursachen. Es gibt jedoch auch giftige Pilze, die als Schimmel auf Lebensmitteln wachsen und dadurch beim Menschen Schädigungen hervorrufen können. Die Wirkung giftiger Pilze ist je nach den Inhaltsstoffen (↑ Pilzgifte) für verschiedene Organismengruppen unterschiedlich. Viele für den Menschen gefährliche G. werden z. B. von Schnecken ohne Schaden gefressen oder können Insektenlarven als Nahrung dienen.

In Europa sind mehr als 100 G. bekannt. Hinzu kommen Arten, die als „roh giftig" (ca. 50) oder als „giftverdächtig" (ca. 30) eingeschätzt werden. Die Kenntnisse beruhen z. T. ausschließlich auf Erfahrungswerten, jedoch sind in vielen Arten auch Giftstoffe biochemisch nachgewiesen. Da die meisten der ca. 6000 Großpilze Europas als ↑ Speisepilze infolge derber Konsistenz, Kleinheit, Kurzlebigkeit usw. nicht in Frage kommen, liegen auch keine Erfahrungen über Giftwirkungen vor. Die wirkliche Zahl der G. dürfte daher höher sein. Von der ↑ Pilzaufklärung wird oft wegen der Ähnlichkeit der Arten vor ganzen Gruppen gewarnt (z. B. vor Fälblingen, Rißpilzen und kleinen hellen Trichterlingen), wenn unter diesen G. bekannt geworden sind.

Die wichtigsten Giftpilze Europas, die schwere, z. T. tödliche Vergiftungen beim Menschen hervorrufen können, sind der folgenden Liste zu entnehmen. Die in Sperrdruck gesetzten Arten sind besonders gefährlich, da durch das Vorkommen von Zellgiften die Gefahr tödlicher Vergiftungen sehr groß ist. Mit + sind Arten versehen, die in Mitteleuropa allgemein verbreitet sind. D

Die wichtigsten Giftpilze

Schlauchpilze *(Ascomycetes)*
Gyromitra esculenta
(Frühjahrslorchel, Taf. 16/1)
Ständerpilze *(Basidiomycetes)*
hellblättrige Blätterpilze
(Weißsporer, Rosasporer usw.)
– ***Wulstlinge*** (Gattung Amanita)
+ *Amanita muscaria* (Fliegenpilz, Taf. 30/5),
+ *A. pantherina* (Pantherpilz, Taf. 30/6),
+ *A. phalloides* (Grüner Knollenblätterpilz, Taf. 31/1), *A. regalis* (Brauner Fliegenpilz), *A. verna* (Weißer Knollenblätterpilz), *A. virosa* (Kegelhütiger Knollenblätterpilz)
– ***Trichterlinge*** (Gattung Clitocybe)
mehrere helle oder rein weiße Arten, die z. T. schwer unterscheidbar sind, erwiesen sich als stark giftig; zu ihnen gehören:
Clitocybe angustissima (Schmalblättriger Trichterling), *C. candicans* (Wachsstieliger Trichterling), + *C. dealbata* (Feldtrichterling), *C. diatreta* (Fleischfalber Trichterling), *C. ericetorum* (Kreiselförmiger Trichterling), *C. festiva* (Alpentrichterling), + *C. fragrans* (Dufttrichterling), *C. fritilliformis* (Bitterer Trichterling), + *C. phyllophila* (Blättertrichterling), *C. pithyophila* (Nadeltrichterling), *C. rivulosa* (Wiesentrichterling)
– ***Rötlinge*** (Gattung *Entoloma*)
Entoloma nidorosum (Alkalischer Rötling), + *E. rhodopolium* (Niedergedrückter Rötling), + *E. sinuatum* (Riesenrötling), *E. vernum* (Frühlingsrötling)
– ***Schirmlinge***
(Gattungen *Lepiota, Macrolepiota*)
Lepiota brunneoincarnata (Fleischbräunlicher Schirmling), *L. helveola* (Fleischfarbener Schirmling), *Macrolepiota venenata* (Giftschirmling)
– ***sonstige***
Mycena rosea (Rosafarbener Helmling), *Omphalotes olearius* (Ölbaumpilz), *Tricholoma pardinum* (Tigerritterling)
dunkelblättrige Blätterpilze (Braunsporer)
– ***Schleierlinge*** (Gattung *Cortinarius*)
Cortinarius gentilis (Goldgelber Schleierling), *C. orellanus* (Orangefuchsiger Schleierling), *C. speciosissimus* (Spitzbuckeliger Schleierling), *C. splendens* (Schöngelber Schleierling)
– ***Häublinge*** (Gattung *Galerina*)
Galerina autumnalis (Überhäuteter H.), + *G. marginata* (Nadelholzhäubling), *G. sulciceps* (Gewächshaushäubling)
– ***Rißpilze*** (Gattung *Inocybe*)
viele Arten sind sehr giftig, darunter die folgenden, weit verbreiteten Rißpilze:
+ *Inocybe asterospora* (Sternsporiger Rißpilz), + *I. fastigiata* (Kegeliger Rißpilz), + *I. geophylla* (Erdblättriger Rißpilz), + *I. lacera* (Struppiger Rißpilz), + *I. napipes* (Rübenstieliger Rißpilz), + *I. patouillardii* (Mairißpilz)

Gitterpilz ↑ *Clathrus,* ↑ *Phallales*; Taf. 48/3

Glashaar: dünnes, glashelles, meist aus nur wenigen ↑ Hyphen zusammengesetztes, haarförmiges Gebilde auf den ↑ Loben einiger *Physcia-* und *Physconia*-Arten (Ord. ↑ *Lecanorales*). ↑ Haare Sto

Gleba: innere, sporenbildende Bereiche cleistocarper und angiocarper Fruchtkörper von ↑ Makromyceten. Der Begriff wird in erster Linie bei ↑ Gasterothecien benutzt, aber auch für innere sporenbildende Bereiche mancher ↑ Ascocarpien (↑ Tuberothecien, ↑ Cleistothecien von ↑ *Elaphomyces*) und sogar für ↑ *Endogone*-Fruchtkörper (Kl. ↑ *Zygomycetes*). Die G. vieler Bauchpilze besteht primär aus Kammern, deren Innenflächen von Hymenien ausgekleidet sind. Nach Autolyseprozessen besteht die reife G. in vielen Fällen nur noch aus Sporenpulver und einem ↑ Capillitium. Taf. 45/1 D

Gleditsch, Johann Gottlieb: deutscher Mediziner und Botaniker (1714–1786). G. studierte von 1728–1735 in Leipzig Philosophie, Mathematik und Medizin. An der Universität in Frankfurt/O. promovierte er 1742 zum Dr. med., hier nahm er seine akademische Lehrtätigkeit auf. 1746 ernannte man G. zum Professor für Anatomie und Botanik am Collegium medicum chirurgicum (Vorläufer der Charité) und zum Direktor des Botanischen Gartens der Königlichen Akademie der Wissenschaften in Berlin. 1768 begann er, Vorlesungen über Forstwirtschaft und spezielle Forstbotanik zu halten. In seinen Publikationen beschäftigte sich G. u. a. mit Medizin, Land- und Forstwirtschaft, Bodenkunde und besonders mit Botanik. 1753 erschien sein „Methodus fungorum exhibens genera, species et varietatas". Das Werk enthält eine Gliederung der Pilze und ist von Bedeutung für die Systematik des 18. Jahrhunderts. H

Glimmertintling ↑ *Coprinus*, Taf. 37/1

Gliotoxin: ↑ Mykotoxin der Gruppe ↑ Epipolythiopiperazindione aus *Penicillium-*, *Aspergillus-* und *Gliocladium*-Arten. G. ist wirksam gegen Bakterien, Pilze, RNA-Viren und ist toxisch gegen Vertebraten (LD_{50} = 45 mg/kg Kaninchen). M

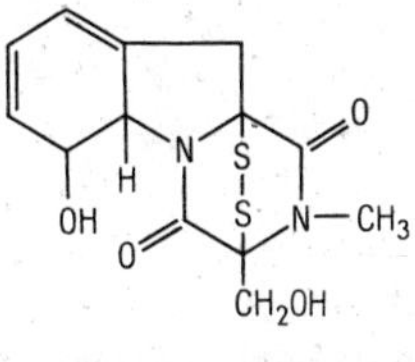

Gliotoxin

Glockendüngerling ↑ *Panaeolus*

Gloeocystiden ↑ Cystide

Gloeophyllum: Gattung der Ordnung ↑ *Poriales* (Kl. *Basidiomycetes*). Die Fruchtkörper sind effusoreflex bis pileat (pleurale ↑ Pilothecien), ein- oder mehrjährig mit derb lamellenförmigen, labyrinthischen oder polyporoidem ↑ Hymenophor, di- oder trimitischer Trama von matt bis leuchtend rostbrauner Farbe. Die Sporen sind hyalin, dünnwandig und glatt. Die *G.*-Arten erregen Braunfäule. Zu den fünf europäischen Arten gehört der häufige Fenchelporling, *G. odoratum*, und der allgemein verbreitete Zaunblättling, die Typusart (Taf. 21/3). D

gloeoplere Hyphen (oleïfere Hyphen, gloeocystidiale Hyphen, Ölhyphen): septenlose oder wenig septierte Hyphen, in deren Plasma zahlreiche Einschlüsse enthalten sind, die lichtmikroskopisch wie Öltropfen wirken. Dieser ölige Inhalt ist mitunter selektiv färbbar. Die g. H. entspringen an generativen Hyphen; sie enden manchmal als Gloeocystiden (↑ Cystide). ↑ Hyphensystem D

Gloeosporen: ↑ Sporen, die von einer Schleimhülle umgeben sind. B

Gloeosporium: häufig gebrauchter Gattungsname für viele sehr unterschiedliche ↑ imperfekte Pilze mit ↑ Acervuli; meist für Arten von ↑ *Colletotrichum* verwendet. Hi

Glomus: Gattung der Ordnung ↑ *Endogonales* (Kl. ↑ *Zygomycetes*), bei der den *Endogone*-Fruchtkörpern ähnliche Fruktifikationen gebildet werden („Fruchtkörper", „Sporocarpien"), die jedoch keine ↑ Zygoten, sondern ↑ Sporen enthalten, die sich am vegetativen Myzel bilden, also Mitosporen sind und meist als ↑ Chlamydosporen oder ↑ Conidien bezeichnet werden. D

Glukonsäure: organische Säure, die von verschiedenen Mikroorganismen durch enzymatische Oxidation von Glukose gebildet werden kann. In technischen Verfahren mit den ↑ imperfekten

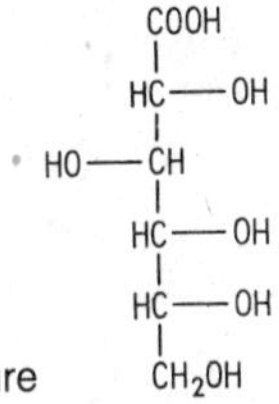

Glukonsäure

Pilzen *Aspergillus niger* oder *Penicillium chrysogenum* wird die Produktion der G. meist mit der Herstellung von Glukoseoxidase (↑ Enzyme) gekoppelt. G. kann auch mit Hilfe von Bakterien produziert werden. Die bakteriellen Verfahren werden heute bevorzugt eingesetzt. G. wird zur Herstellung von Arzneimitteln (z.B. Calciumgluconat) sowie in der Nahrungsgüterwirtschaft als Säuerungsmittel und zur Säuberung von Aluminiumkannen und anderen Anlagen verwendet. Str

Glycerin (Glycerol, Propantriol): der einfachste Alkohol mit 3 OH-Gruppen; $CH_2OH\text{-}CHOH\text{-}CH_2OH$; eine farblose, zähflüssige, süßschmeckende, geruchlose Flüssigkeit, die vielfältig in der Technik, Mikroskopie und Medizin verwendet wird. G. kann durch Sonderformen der alkoholischen ↑ Gärung mit ↑ *Saccharomyces cerevisiae* gewonnen werden. Bei der zweiten Neubergschen Gärungsform wird dem Gäransatz Natriumhydrogensulfit zugesetzt, das mit dem Acetaldehyd (Ethanal) eine Additionsverbindung eingeht. Damit steht Acetaldehyd nicht mehr zur Aufnahme des Wasserstoffs zur Verfügung. Der Wasserstoff wird auf Dihydroxyacetonphosphat übertragen, und es entsteht G. Dieses Verfahren wird als Abfangverfahren bezeichnet. Die dritte Neubergsche Gärungsform läuft ab, wenn dem Gäransatz Alkalien zugesetzt werden, z. B. Natriumhydrogenkarbonat oder Dinatriumhydrogenphosphat. Der Acetaldehyd dismutiert unter alkalischen Bedingungen zu Ethanol und Essigsäure, der Wasserstoff wird wieder auf Dihydroxyacetonphosphat übertragen. Beide Gärungsformen wurden in Deutschland im ersten Weltkrieg zur großtechnischen Herstellung von G. für die Sprengstoffproduktion genutzt. Außer *Saccharomyces cerevisiae* können auch andere ↑ osmophile Pilze, z.B. die Hefen *Saccharomyces rouxii, S. mellis* oder *Zygosaccharomyces acidifaciens* eingesetzt werden. Abb. Str

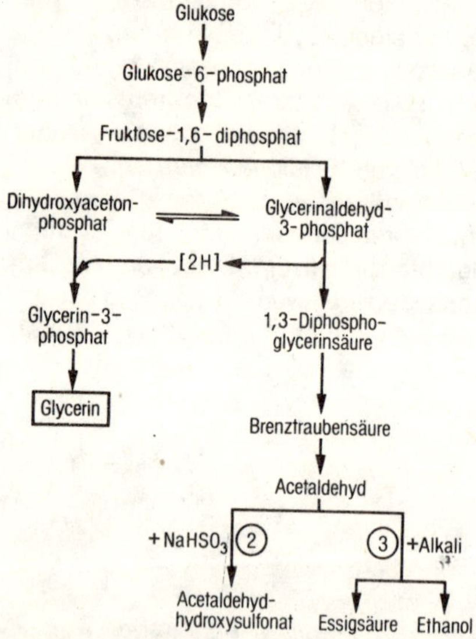

Glycerin: Entstehung durch Umlenkung der alkoholischen Gärung.
2 zweite Neubergsche Gärungsform,
3 dritte Neubergsche Gärungsform

Glykogengranula: mikroskopisch nachweisbare, rosettenförmige Zellbestandteile bei Pilzen. G. sind neben Lipiden die wichtigsten Reservesubstanzen der Pilze und können vorwiegend in älteren, ausdifferenzierten Abschnitten der ↑ Hyphen sowie in ↑ Sporen auftreten. Sch

Goldröhrling ↑ *Suillus,* Taf. 42/3

Goldschimmel ↑ Schimmel

Golgi-Apparat ↑ Dictyosom

Golgi-Vesicel ↑ Dictyosom

Gomphidiaceae: eine kleine Familie der Ordnung ↑ *Boletales* (Kl. ↑ *Basidiomycetes*) mit drei kleinen, früher unter dem Gattungsnamen *Gomphidius* zusammengefaßten Gattungen. Die *G.* sind Mykorrhizapilze. Als Fruchtkörper entstehen zentral gestielte Blätterpilze mit stark herablaufenden Lamellen (↑ Abb. *Agaricales* 1), gestreckten, fast spindeligen Sporen und dunklem Sporenpulver. Mit den übrigen *Boletales* stimmen die *G.* auch bezüglich der Inhaltsstoffe (↑ Pulvinsäurederivate) überein. In Europa kommen die Gattungen

Chroogomphus und *Gomphidius* (mit bzw. ohne amyloide Hyphen der Stielbasis) mit wenigen Arten vor. *Cystogomphus humblotii*, auf der Rangstufe einer Gattung (mit einem aus Sphaercysten aufgebautem Velum), ist eine ungenügend geklärte Art. Zu den bekanntesten Arten gehört *Gomphidius glutinosus*, das Kuhmaul (oder Großer Gelbfuß, Taf. 38/5), ein Fichtenmykorrhizapilz, der auch zu Speisezwecken verwendet werden kann. D

Gomphidius ↑ *Gomphidiaceae*

Gonidien: der Fortpflanzung dienende, eine neue Generation bildende Zellen (Keimzellen), die zu ihrer Entwicklung sofort, ohne vorherigen Sexualakt und ohne Ruheperiode, befähigt sind. Ihrer Herkunft nach sind es ↑ Gonite (z. B. Zoosporen, Autosporen mancher Algen). Der Terminus G. wurde jedoch auch für andere Fortpflanzungseinheiten, z. B. in der Vergangenheit für die Brutkörper der Moose, benutzt. In der Lichenologie ist er z. T. noch bis in die Gegenwart für die Algen im Flechtenthallus in Gebrauch, die man vor der Entdeckung der Dualnatur der Flechten als Fortpflanzungszellen betrachtet hat. Der Terminus G. wird in der aktuellen Literatur kaum noch benutzt. ↑ Abb. Gonite D

Gonidienschicht ↑ Algenschicht

Goniocysten ↑ Phycobiontencysten

Gonitangium: ein Behälter mit zellulärer Hülle, in dem Gonite (Keimzellen) aus inneren, zunächst im Gewebeverband angeordneten Zellen gebildet werden. Die G. werden ↑ Sporangien genannt, wenn sie ↑ Sporen bilden, und ↑ Gametangien, wenn ↑ Gameten entstehen. (↑ Abb. Gonitocyste). ↑ Pilze und Algen sind durch das Fehlen derartiger G. charakterisiert. Allerdings werden oft andere Strukturen, z. B. Einzelzellen, in denen Gonite entstehen, mit den Bezeichnungen Sporangium oder Gametangium belegt. G. sind für die Bryophyta (Moose), Pteridophyta (Farnpflanzen im weitesten Sinne) und Spermatophyta charakteristisch. D

Gonite (Sg. Gonit): Keimzellen, die simultan in pflanzlichen oder pilzlichen Zellen, die man ↑ Gonitocysten nennt, entstehen. Der Vorgang der Bildung der G. heißt Gonitogonie. Sie wird durch Kernteilungen (Mitosen oder/und Meiosen) in der Gonitocyste eingeleitet, wodurch ein intracystischer, plasmodialer Protoplast entsteht, der durch nachfolgende gleichzeitige Plasmazerklüftung (Plasmotomie) in einkernige Individuen zerfällt. Bei coenoblastischen Algen und Pilzen kann die Gonitocyste auch primär mehrkernig sein (Coenogonitocyste). Die Wände der Gonitocyste und mitunter auch ein Restplasma bleiben nach Freisetzung der G. unbenutzt zurück. Begeißelte G. werden als Zoidogonite, unbegeißelte (↑ Begeißelung) als Cystogonite bezeichnet. Gonite, die nur nach einem Sexualakt entwicklungsfähig sind, heißen ↑ Gameten (oder im Gegensatz zu Sporogoniten auch Gametogonite); solche, die direkt entwicklungsfähig sind, heißen Sporogonite oder ↑ Sporen. Der Begriff Spore ist umfassender definiert, wird aber mitunter auf die Sporogonite beschränkt. Manche Zoidogonite ursprünglicher Organismen, z. B. die mancher *Chytridiomycetes*, können fakultativ als Zoosporen oder Gameten fungieren. Abb., ↑ Abb. Gonitocyste 1,2 D

Gonitocyste: unbegeißelte, mit einer Zellwand umgebene Zelle eines ein- oder vielzelligen (haplo-, coeno- oder polyblastischen) pflanzlichen oder pilzlichen Organismus, in der ↑ Gonite (undifferenzierte Keimzellen, Sporen oder Gameten) simultan entstehen. Die G. können nach verschiedenen Gesichtspunkten klassifiziert werden. Nach der Funktion der entstehenden Gonite unterscheidet man Gameto- oder Sporocysten, je nachdem, ob die Gonite als

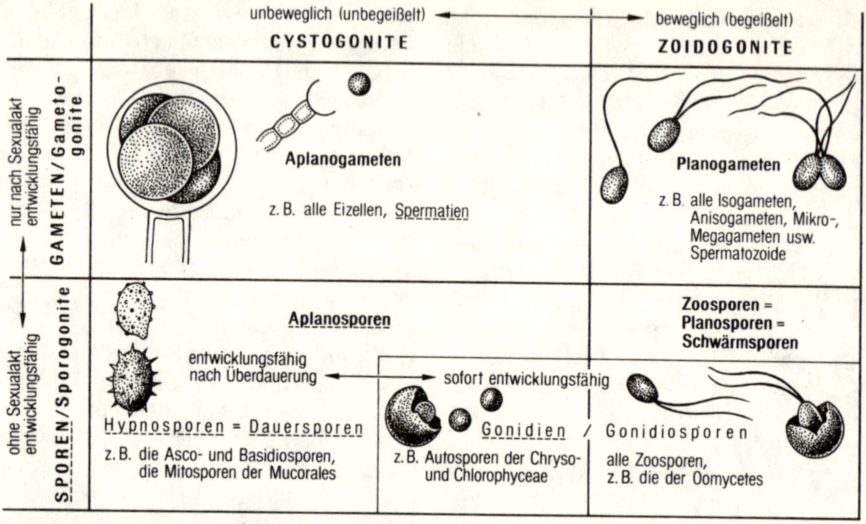

Gonite: Merkmale (alternative Merkmale sind mit Pfeilen versehen) und Namen von Goniten. Die unterstrichelten Namen sind nicht ausschließlich für Gonite in Gebrauch. Sporen auch für andere Keimzellen, z.B. für Conidien (desgleichen Aplanosporen, Hypnosporen, Dauersporen); Gonidien auch für Algenzellen in den Flechtenthalli; Spermatien auch für nicht in Gonitocysten entstehende Zellen (z.B. alle Spermatien der Pilze, Gonite sind hingegen die Spermatien der Rotalgen)

Gameten oder Sporen fungieren. Es können weitere Unterschiede terminologisch zum Ausdruck gebracht werden; z.B. werden Meio- und Mitosporocysten unterschieden, wenn die Sporen durch Meiose oder Mitose entstehen. Die Meiosporocysten der *Asco-* und *Basidiomycetes* sind mit den speziellen Termini Asci und Basidien belegt. Man bezeichnet die G. als Andro- oder Gynogametocysten, wenn morphologisch differenzierte Gameten (Mega- und Mikrogameten) entstehen. Bei manchen Pilzen kommen auch Gynogametocysten vor, die Eizellen bilden (↑ *Chytridiomycota*, ↑ *Oomycota*). Sie heißen Oocysten, wenn mehrere Eizellen entstehen, und Oogonien, wenn nur eine Eizelle (Oosphaere) gebildet wird. Unter Coenogonitocysten versteht man G., die primär mehrkernig sind oder durch Ausdünnung der Kerne einkernig, also G., die an coenoblastischen Organismen gebildet werden. G. können auch nach der Anzahl der entstehenden Gonite bezeichnet werden. Dies ist besonders wichtig, wenn im Extremfall nur ein einziger Gonit pro G. gebildet wird. Man unterscheidet am häufigsten mono- und polygonitische G. Wichtig ist die Abgrenzung der G. von den ↑ Gonitangien der Embryophyta *(Gonitangiatae)*, also der Moose *(Bryophyta)*, Farnpflanzen *(Pteridophyta)* und Samenpflanzen *(Spermatophyta)* (Abb. 1). Die Pilze und Algen (und darüber hinaus alle Protisten oder Protobionten) sind durch das Fehlen von Gonitangien charakterisiert. Bei Pilzen kommt es vor (↑ Befruchtung), daß in einem Geschlecht G. gebildet werden, z. B. ↑ Oocysten oder Oogonien, während im anderen Geschlecht ↑ Gamocysten auftreten.

Die G. der Pilze und Algen werden häufig als „Sporangien“ oder „Gametangien“ bezeichnet, also mit Namen belegt, die auch für die ↑ Gonitangien der *Embryophyta* benutzt werden. Dem liegt zu Grunde, daß G. und Gonitangien terminologisch nicht unterschieden werden. Dies führt aber bei Betrachtung der Homologien zu unüberwindbaren Schwierigkeiten. Zum Beispiel ist jede Sporenmutterzelle eines Farnsporangiums eine tetragonitische Meiosporocyste und den Meiosporocysten der Grünalgen homolog. Sie wäre ein „Sporangium“ im Sporangium. Abb. 1,2 D

Gonitogonie ↑ Gonite

Graphis: Flechtengattung der Ordnung *Graphidales* (↑ Lichenes) mit krustigem Lager und sitzenden bis eingesenkten ↑ Ascocarpien von gestreckter, oft auch verzweigter Gestalt (↑ Lirelle), meist mit sehr dunklem ↑ Gehäuse. In den ↑ Asci entwickeln sich farblose, mehrzellige ↑ Ascosporen. Die ↑ Paraphysen sind einfach, die ↑ Pycnosporen haben eine längliche bis stäbchenförmige Gestalt. Vertreter der Gattung G. sind überwiegend Rindenbewohner der tropischen und subtropischen Gebiete mit nur wenigen Arten in Europa. *G. scripta* wächst endophlöodisch an Bäumen mit glatten Rinden (z. B. *Fagus*) in schattigen und luftfeuchten Lagen. Die langgestreck-

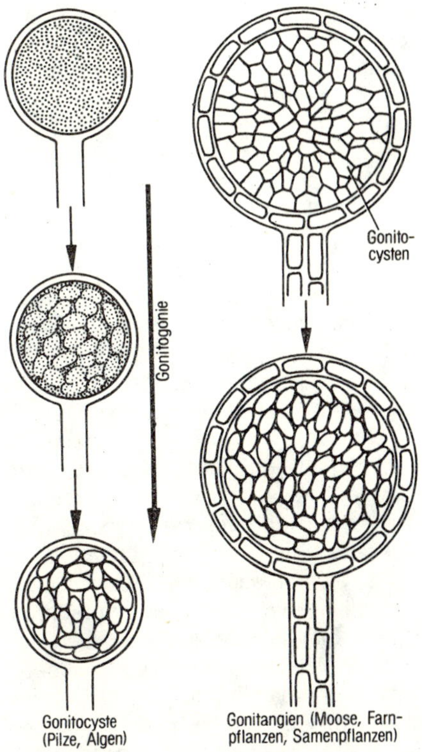

Gonitocyste 1: schematische Darstellung der Gonitocysten und Gonitangien

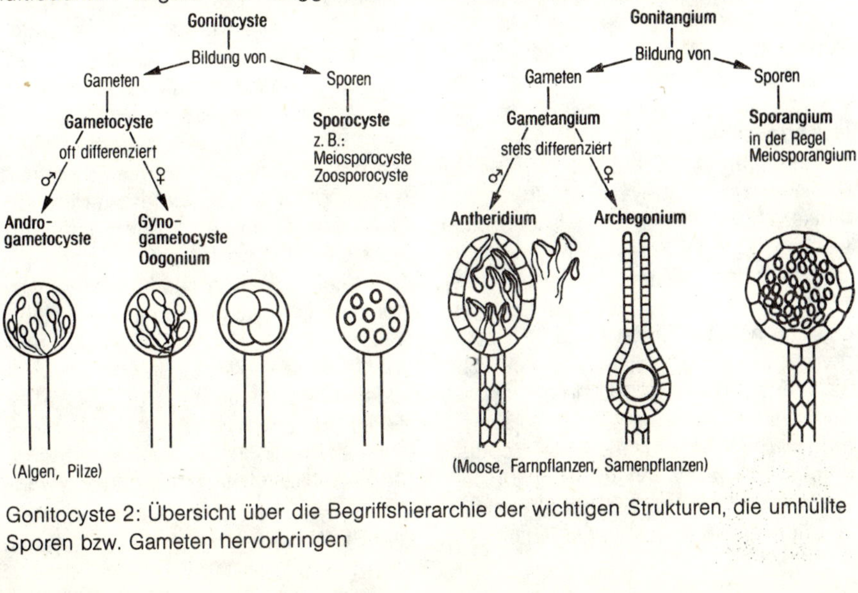

Gonitocyste 2: Übersicht über die Begriffshierarchie der wichtigen Strukturen, die umhüllte Sporen bzw. Gameten hervorbringen

ten, oft verzweigten ↑ Lirellen sind Schriftzeichen ähnlich auf der Rindenoberfläche erkennbar, was dieser Art den Namen Schriftflechte einbrachte. Sto

Graufäule: Fäuleerscheinungen an sehr verschiedenen Pflanzenteilen (Frucht-, Blatt-, Stengel-, Wurzelfäule), hervorgerufen durch Arten der Gattung ↑ *Botrytis,* am häufigsten durch *Botrytis cinerea,* einen fakultativen Schwächeparasiten mit sehr breitem Wirtsspektrum. Die graugefärbten Rasen der Conidienträger mit Conidien von *Botrytis cinerea* werden als Grauschimmel bezeichnet; sie entstehen in der Regel auf den verfaulten Pflanzenteilen. G. wird durch feuchtwarme Witterung begünstigt; sie kann auch bei der Lagerung von Obst und Gemüse beträchtliche Schäden verursachen. Es werden viele Nutzpflanzen, z. B. Erdbeeren, Möhren, Salat, Zwiebeln, aber auch Gehölze, z. B. Apfelbäume und Johannisbeersträucher, vom Erreger der G. infiziert. Auch im Weinbau kann es zu großen Verlusten kommen. Unter bestimmten Bedingungen jedoch sterben durch den Pilzbefall die äußeren Schichten der Weinbeeren ab; durch Wasserverdunstung und Anreicherung von Zucker und anderen Inhaltsstoffen entstehen Beeren, die für Weine besonderer Qualität benutzt werden (↑ Edelfäule). B

Grauschimmel ↑ Graufäule

Greville, Robert Kaye: englischer Botaniker (1794–1866). G. malte bereits in seiner Jugend einheimische Pflanzen. In London und Glasgow studierte er Medizin und erhielt 1824 in Glasgow die Ehrendoktorwürde. G. legte Herbarien und umfangreiche zoologische Sammlungen an. Er widmete sich besonders den Kryptogamen. Von Bedeutung für die Mykologie ist seine „Scottish cryptogamic flora" (1823–1828, 6 Bde.). Das Werk ist durch die naturgetreuen, kolorierten Zeichnungen wertvoll. H

Grevilline: Pilzinhaltsstoffe einiger Schmierröhrlinge (*Suillus*-Arten), die biochemisch wahrscheinlich von der Aminosäure Phenylalanin abzuleiten sind. Man kann die G. auch als Derivate der ↑ Pulvinsäuren auffassen. In den mit Lärche assoziierten *Suillus*-Arten kommen z. B. die Grevilline B, C und D vor und unterscheiden sich durch dieses Muster von den mit Kiefer assoziierten *Suillus*-Arten. M

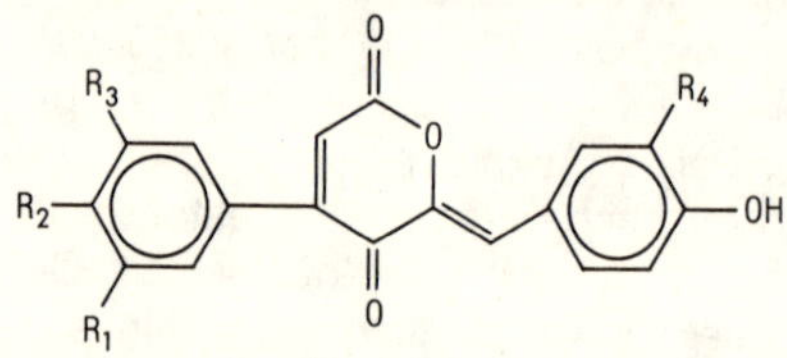

	R_1	R_2	R_3	R_4
Grevillin A	H	OH	H	H
Grevillin B	H	OH	H	OH
Grevillin C	OH	OH	H	OH
Grevillin D	OH	H	OH	OH

Grevilline

Grifola: Gattung der Ordnung ↑ *Poriales* (Kl. ↑ *Basidiomycetes*). Die einzige Art, *G. frondosa,* der Laubporling, hat verzweigte Fruchtkörper mit einem basalen Strunk und blattartig aufgefächerten Enden mit polyporoidem Hymenophor. Die helle Trama ist jung weich und stets monomitisch, alt wird sie etwas zäh und faserig. Junge Fruchtkörper können gegessen werden. Der Laubporling (auch „Klapperschwamm") wächst saprophytisch an Laubholz und erregt Weißfäule. Mitunter werden die Fruchtkörper auf dem Boden gefunden, aber stets neben toten Stämmen oder Stümpfen, in denen das Myzel lebt. Der ebenfalls vielhütige Eichhase wächst aus einem Sclerotium und wird gegenwärtig meist in die Gattung ↑ *Polyporus* (oder *Dendropolyporus*) gestellt (*Polyporus umbellatus* = *G. umbellata*). Taf. 24/4 D

Griseofulvin: fungistatisch wirkendes ↑ Antimykotikum, das bereits 1938/39 als Stoffwechselprodukt aus Kulturen von ↑ *Penicillium griseofulvum* isoliert wurde. Diese Verbindung erwies sich mit dem „curling factor", einem Wirkstoff aus verschiedenen *Penicillium*-Kulturen, identisch. Der Name „curling factor" leitet sich vom verkrüppelnden Effekt auf Keimschläuche und Hyphen bestimmter Pilzarten ab. Seit 1958 wird G. therapeutisch beim Menschen angewandt, nachdem vorher schon große Erfolge bei der Bekämpfung der ↑ Trichophytie der Rinder erzielt worden waren.

G. ist eine hitzestabile, farblose, neutrale Substanz von geringer Wasserlöslichkeit. Es wirkt nur gegen ↑ Dermatophyten aus den Gattungen ↑ *Trichophyton*, ↑ *Epidermomyces* und ↑ *Microsporum*. Als Wirkungsmechanismus nimmt man eine Störung der mRNA-Synthese nach Komplexbildung von G. mit Purin-Basen und eine Beeinflussung der Chitin-Synthese an. Der in Form eines mikronisierten und zu Tabletten gepreßten Pulvers einzunehmende Wirkstoff lagert sich in hoher Konzentration in das Keratin der Epidermis, Nägel und Haare ein und bildet damit eine Barriere gegen Pilzhyphen, die von befallenen Gewebeabschnitten aus nachwachsendes gesundes Gewebe befallen würden.

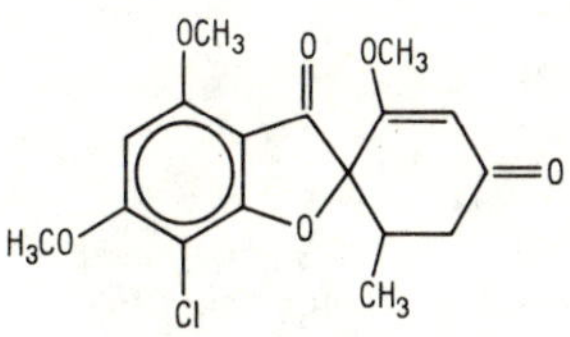

Griseofulvin

Pilzbefallenes Keratin wird allmählich durch nachwachsende G. enthaltende Hornsubstanz ersetzt. Angewendet wird G. vor allem bei Onychomykosen und ↑ Mykosen des behaarten Kopfes, die nachweislich durch ↑ Dermatophyten-Befall bedingt sind. Die Therapie ist langwierig und kann im Falle von Fußnagel-Mykosen mehrere Monate dauern. G. wird von den meisten Patienten gut vertragen. Resistenzentwicklungen von ↑ Dermatophyten gegenüber G. sind relativ selten. V

Großpilze ↑ Makromyceten

Grüner Knollenblätterpilz ↑ *Amanita*, ↑ Knollenblätterpilzgifte, Taf. 31/1

Grünschimmel ↑ Schimmel

Gurkenkrätze: Erkrankung der Gurken, hervorgerufen durch *Cladosporium cucumerinum* (↑ imperfekte Pilze). An den Blättern werden braune, nekrotische Flecken gebildet. Beim Befall der Sproßachse kann es zu ↑ Fäule und ↑ Umfallkrankheit kommen. Typisch ist der Krankheitsverlauf an den Früchten. Es zeigen sich dunkelgrüne Flecken, die später von dunkelolivgrünen Pilzüberzügen bedeckt werden. Bei starkem Befall wird die Fruchtbildung erheblich gestört. Die Hyphen dringen tief in die Früchte ein, erzeugen lokale Gewebezersetzung, so daß Hohlräume unter der Schale entstehen, die mit Flüssigkeit („Wundgummi") gefüllt werden. Sie brechen bald auf, erstarrende Flüssigkeit tritt aus, was zur Entstehung der als Krätze bezeichneten Pustel führt. B

Gymnoascales: Ordnung der Klasse ↑ *Ascomycetes*, deren Vertreter nicht lichenisiert sind und keine ↑ Fruchtkörper oder einfache ↑ Protothecien, selten auch ↑ Cleistothecien bilden. Die ↑ Asci sind prototunicat, die ↑ Ascosporen einzellig und ohne Ringfurche (↑ *Eurotiales*). Die meisten *G.* leben saprophytisch im Boden, einige sind keratinophil und kommen bevorzugt auf Substraten, wie Haare, Hörner, Hufe, Federn usw., vor. Manche rufen besonders durch ihre Anamorphen (↑ *Histoplasma*, ↑ *Microsporum*, ↑ *Trichophyton*) Hauterkrankungen bei Menschen und Tieren hervor. ↑ Dermatomykosen, ↑ Dermatophytosen Hi

gymnocarpe Fruchtkörper: ↑ Ascocarpien und ↑ Basidiocarpien, deren Meiosporocysten (Asci bzw. Basidien) sich an der Oberfläche bilden und während der gesamten Fruchtkörperentwicklung bis zur Sporenreife nicht von der Fruchtkörperwand, von Vela oder ähnlichen Strukturen bedeckt sind. Bei den ↑ *Ascomycetes* sind viele ↑ Apothecien, bei den ↑ *Basidiomycetes* die meisten Crustothecien, Holothecien, aber auch viele Pilothecien gymnocarpe Fruchtkörper. ↑ angiocarpe, ↑ cleistocarpe, ↑ hemiangiocarpe Fruchtkörper: ↑ Abb. Fruchtkörperentwicklung D/Hi

Gymnosporangium: Gattung der Rostpilze (Ord. ↑ *Uredinales*), die Aecidien vom Roestelia-Typ (selten vom Aecidium-Typ) und charakteristische gallertpilzartigeTeleutolageraufweist(Taf.11/4). Uredolager fehlen meist vollkommen. Die Teleutosporen haben auffallend lange Stiele (bis über 1 cm), wodurch die aufquellenden, polster-, kamm- bis hornförmigen Teleutolager zustande kommen. Diese Gebilde tragen außen die pigmentierten zweizelligen Sporen und sind innen ausschließlich aus hyalinen Sporenstielen aufgebaut. Ein- oder mehrzellige Teleutosporen sind seltene Ausnahmen. Jede Zelle enthält einen Keimporus; selten kommen mehrere vor. Die Basidien bilden sich teilweise schon am Teleutolager, so daß von diesem abfallende Teleutosporen oder/und Basidiosporen abgesondert werden. Die *G.*-Arten überwintern mit dem dikaryotischen Myzel. Die europäischen Arten wechseln von *Rosaceae (Pomoideae)* auf Wacholderarten, so auch die Typusart *G. sabinae*. Der Entwicklungsgang (↑ *Uredinales,* Tab.) entspricht in der Regel einer Heteropsisform. B/D

Gynogametocyste ↑ Gonitocyste

Gyrodon: eine kleine, nur 8 Arten umfassende, aber weltweit verbreitete Gattung der Ordnung ↑ *Boletales* (Kl. ↑ *Basidiomycetes*), zu der in Europa nur *G. lividus,* der Erlengrübling, gehört (Taf. 40/2). Dieser Pilz bildet mit *Alnus*-Arten Mykorrhiza. Die Fruchtkörper sind zentral oder exzentrisch gestielte ↑ Röhrlinge mit herablaufendem Hymenophor und blauender Trama (↑ Anlauffarben, ↑ Blaufärbung). Sie entwickeln sich gymnocarp. D

Gyromitra: Gattung der Familie *Helvellaceae* (Lorcheln, Scheibenlorcheln, Ord. ↑ *Pezizales,* Kl. ↑ *Ascomycetes*), die ca. 25 boden- und holzbewohnende Saprophyten umfaßt und mit Ausnahme der Tropen weltweit verbreitet ist. Die ↑ Ascocarpien sind mittelgroße bis große cupulate oder helvelloide ↑ Apothecien, die ellipsoide bis spindelige, stets mit mehreren Öltropfen versehene Ascosporen bilden. Anamorphen fehlen. *G. esculenta*, die Frühjahrslorchel, und einige andere Arten sind für Menschen giftig; weitere bekannte Arten sind z. B. *G. fastigiata, G. infula, G. gigas.* ↑ *Gyromitrin,* ↑ *Helvella,* Taf. 15/2–4, 16/1 Hi

Gyromitrin: Hauptkomponente des Giftes aus der Frühjahrslorchel (auch Giftlorchel). Neben G. kommen Pentyliden-, Hexyliden- und 3-methylbutyliden-Gyromitrin in diesem Pilz vor. ↑ Lorchelgifte M

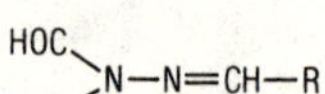

	R
Gyromitrin	CH_3
Pentyliden-Gyromitrin	$(CH_2)_3-CH_3$
Hexyliden-Gyromitrin	$(CH_2)_4-CH_3$
3-Methylbutyliden-Gyromitrin	$CH_2-CH(CH_3)-CH_3$

Gyromitrin

Gyrophorsäure: ↑ Flechtenstoff von relativ weiter Verbreitung (z. B. in den Gattungen *Umbilicaria, Parmelia, Lasallia, Lecanora, Acarospora* usw.). G. ist ein Tridepsid vom Orcintypus, leitet sich

von der ↑ Orsellinsäure ab und kann über diese zu ↑ Orcin abgebaut werden. Dadurch stellt G. eine Ausgangsverbindung für die Herstellung des Orseillefarbstoffes dar.
G. reagiert mit ↑ Eau de Javelle durch eine intensiv rote Verfärbung. Sto

gelblichen Poren. Vela fehlen, die Stiele haben keine Netzornamente. Die Röhrentrama ist bilateral (↑ Abb. *Agaricales* 2), Schnallen fehlen, Mykorrhizabildung ist für die *G.*-Arten nicht erwiesen. In Europa sind *G. castaneus,* der Hasenröhrling, mit weißbleibender ↑ Trama und *G. cyanescens,* der Kornblumenröhrling (Taf. 39/4), dessen Trama sich im Schnitt rasch und intensiv blau verfärbt, in Laubwaldgebieten verbreitet. Beide Arten sind als ↑ Speisepilze geschätzt. D

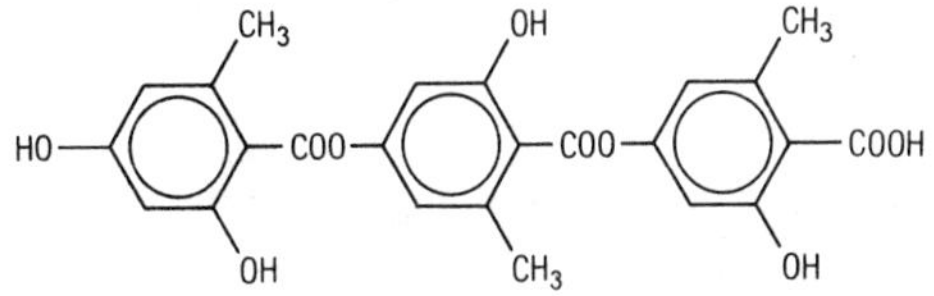

Gyrophorsäure

Gyroporus: Gattung der Ordnung ↑ *Boletales* (Kl. ↑ *Basidiomycetes*). Die ↑ Fruchtkörper sind mittelgroße bis große gestielte ↑ Pilothecien mit boletoidem ↑ Hymenophor (Röhrlinge), samtiger Huthaut, weißen, im Alter z. T.

H

Haare: bei den Pilzen alle an sterilen Oberflächen eines Fruchtkörpers inserierten oder herausragenden, langgestreckten Hyphenauswüchse oder Hyphenenden. Mitunter werden auch Bildungen im Bereich der ↑ Hymenien als H. bezeichnet; z. B. werden besonders lange Cheilocystiden mancher Blätterpilze Marginalhaare genannt (↑ Cystide). Auch die H. der sterilen Oberflächen sind morphologisch sehr verschiedene Bildungen. Sie können unseptiert oder mehrzellig, dick- oder dünnwandig, pigmentiert oder hyalin, spitz oder stumpf, einfach oder verzweigt, eingesenkt oder oberflächlich inseriert sein. Selten kommen auch sternförmig verzweigte H. vor. Kristallauflagerungen können vorkommen. Sie sind artcharakteristisch oder unspezifisch. Dünnwandige, hyaline, gebogene, apikal stumpfe H. werden wegen ihrer Ähnlichkeit mit Hyphen des Myzels „hyphoid" genannt. Auffallend dickwandige, starre, meist zugespitzte H. werden als Setae bezeichnet. Die Ausbildungsform der H. besitzt taxonomische Relevanz, besonders bei einigen Ordnungen der ↑ *Ascomycetes* (↑ *Helotiales,* ↑ *Pezizales*) und *Basidiomycetes* (↑ *Agaricales,* ↑ *Hymenochaetales,* ↑ *Poriales*). Taf. 7/2, 8/1 Hi

Haarflechte ↑ Fadenflechten

Hahn, Gotthold: deutscher Mykologe (1841–1913). H. absolvierte in Jena ein landwirtschaftliches Studium und arbeitete als Landwirt, übersiedelte 1874 nach Gera, wo er als Privatgelehrter wirkte und den botanischen Garten der Stadt leitete. Er erwarb sich für die populäre Pilzkunde besondere Verdienste. Seine „Anleitung zur Kenntnis der wichtigsten Pilze Deutschlands und der angrenzenden Länder" erschien in mehreren Auflagen und enthält farbige Pilzdarstellungen. H

Hakentyp ↑ Ascus

Haller, Albrecht von: Schweizer Naturwissenschaftler und Dichter (1708 bis 1777). H. studierte Philosophie und Naturwissenschaften, u. a. 1723 in Tübingen, 1725 in Leiden. Ab 1729 unterhielt er in Bern eine Arztpraxis und betrieb botanische sowie anatomische Studien. Von 1736–1753 war er ordentlicher Professor für Botanik, Anatomie und Physiologie an der Universität in Göttingen. 1753 kehrte er nach Bern zurück, wo er staatliche Ämter bekleidete. H. war vor allem Tierphysiologe, erwarb sich aber auch Verdienste in der Botanik. Als Zeitgenosse von ↑ Linnaeus vertrat er nicht dessen starre systematische Prinzipien, sondern stellte den Entwicklungsgedanken stärker in den Mittelpunkt seiner Betrachtungen. Die Werke „Enumeratio methodica stirpium Helvetiae indigenarum" (1742) und „Historia stirpium indigenarum Helvetiae" (1768) behandeln neben den Pflanzen auch die Pilze der Schweiz, wobei H. die Blätterpilze nach der Farbe der Lamellen einteilte, ein taxonomisches Merkmal, das bereits von ↑ Scopoli und ↑ Batsch verwandt wurde und heute noch Bedeutung hat. H

Hallimasch ↑ *Armillariella;* Taf. 30/1

Halluzinogene: Stoffe, die auf das Zentralnervensystem wirken und Rauschzustände hervorrufen. Es gibt eine ganze Reihe Pilzinhaltsstoffe mit halluzinogener Wirkung, wie das Mescalin, ↑ Amanitin, ↑ Psilocin oder ↑ Mutterkornalkaloide, deren Entdeckungsgeschichte weit in die Vergangenheit zurückreicht (↑ Geschichte der Mykologie). Ein Teil dieser Stoffe, die auch als Pharmazeutika Bedeutung haben, wird heute auf biotechnologischem Wege hergestellt, z. B. Psilocin und Psilocybin mit Hilfe von ↑ *Psilocybe*-Arten, die ähnlich wie bei der Champignonzucht oder aber in ↑ Submersverfahren kultiviert werden. Die H. können neben Glücksgefühl und Halluzinationen auch Benommenheit, Schwindel, Unruhe, Angst und völlige Bewußtlosigkeit verursachen. Str/M

Halmbrand: durch den Brandpilz ↑ *Ustilago hypodytes* s.l. verursachte Krankheit von Gräsern. Die Lager der Brandsporen sind flächenhaft auf den Halmen und Blattscheiden ausgebildet. Das Myzel durchzieht die gesamte Pflanze und kann Wachstumshemmungen, Sterilität oder auch Förderung der Halmstreckung bewirken. B

Halmbruchkrankheiten ↑ Fußkrankheiten

Hamathecium: alle Arten von Zellen (Hyphen) der ↑ Haplophase, die sich zwischen den Asci oder anderswo im ↑ Zentrum des ↑ Ascocarps befinden. ↑ Apikalparaphysen, ↑ Paraphysen, ↑ Paraphysoide, ↑ Periphysen, ↑ Pseudoparaphysen Hi

Hämolyse ↑ Hämolytische Gifte

Hämolytische Gifte (Hämolysine): Verbindungen, die rote Blutkörperchen zerstören (Hämolyse). Bekannt sind hitze- und säurestabiles Phallolysin aus dem Grünen Knollenblätterpilz *(Amanita phalloides)*. Auch Inhaltsstoffe aus dem Kahlen Krempling *(Paxillus involutus)* können eine Lyse der Blutkörperchen beim Menschen auslösen, sind aber nicht hitzebeständig. M

Hamycin: dem ↑ Amphotericin B ähnliches ↑ Polyen-Antimykotikum, das aus Kulturen von *Streptomyces pimprina* isoliert wird. Man wendet es nur lokal auf der Haut oder oral zur Behandlung intestinaler ↑ Mykosen an. Für eine parenterale Gabe zur Behandlung von ↑ Endomykosen ist es nicht geeignet, da starke Nebenwirkungen auf Nieren und Knochenmark beobachtet wurden. V

Handelspilze ↑ Speisepilze

Hansen, Emil Christian: dänischer Naturwissenschaftler (1842–1909). H. war zunächst Lehrer, ab 1871 Privatassistent des Zoologen Steenstrup in Kopenhagen und arbeitete ab 1877 als Biochemiker. 1878 promovierte H. zum Dr. phil. und war von 1879–1909 im Laboratorium der Carlsberg-Brauereien in Kopenhagen tätig. H. beschäftigte sich hauptsächlich mit der Entwicklungsgeschichte von Hefepilzen und führte neue mikrobiologische Methoden ein. Hervorzuheben ist außerdem seine Arbeit über die koprophilen Pilze Dänemarks („Fungi fimicoli Danici", 1876–1877). H

Haplomykose ↑ Adiaspiromykose

Haplont: eine Generation oder ein Abschnitt im ↑ Entwicklungszyklus, charakterisiert durch mitotische Teilungen in der Haplophase. Mitunter werden auch Organismen mit haplontischem ↑ Entwicklungszyklus als H. bezeichnet. ↑ Kernphase, ↑ Kernphasenwechsel, ↑ Generationswechsel • D/Sch

Haplontenwirt ↑ Wirt

Haplophase: der Abschnitt im ↑ Entwicklungszyklus von Organismen, in dem die haploide ↑ Kernphase auftritt. Der Begriff H. wird auch als Kurzbezeichnung für haploide Kernphase benutzt. D/Sch

Hapteren: Haftfäden, z.B. an Schachtelhalmsporen. In der Lichenologie werden bei der vegetativen Vermehrung durch Thallusbruchstücke die Hyphen, die aus den gelösten Thallusteilen auswachsen und als Haftorgane fungieren, H. genannt. Außerdem benutzt man diesen Begriff für die dünnen, fädigen Haftorgane, die bei einigen ↑ Strauchflechten aufrecht wachsende Thalli miteinander verbinden. Sto

Harpellales: Ordnung der Kl. ↑ *Trichomycetes,* zu der als Kommensalen im Darm von Insekten lebende Pilze gehören (↑ Kommensalismus). Die sexuelle Fortpflanzung erfolgt durch Somatogamie (↑ Befruchtung), wobei Kopulationsbrücken zwischen benachbarten Hyphen gebildet werden, und anschließender Bildung von ↑ Hypnozygoten („Zygosporen"), die wahrscheinlich unter Meiose keimen. Die Mitosporen sind Conidien (möglicherweise ↑ Angioconidien), die sich seitlich an Hyphen entwickeln und je einen fädigen Anhang besitzen. D

Häublinge ↑ *Galerina,* Taf. 35/1

Hauptfruchtform ↑ Teleomorphe

Hauptwirt ↑ Wirt

Hausschwamm: weitverbreiteter, in Gebäuden vorkommender, holzzerstörender Pilz, der eine rasch voranschreitende Braunfäule erregt (*Serpula lacrymans,* Fam. *Coniophoraceae,* Ord. ↑ *Poriales*). Das im Holz lebende Myzel baut sehr derbe, bis 3 cm dicke Myzelstränge auf, die sogar Mauerwerk durchdringen können. Sie erschließen dem Pilz, von feuchtem Substrat ausgehend, auch trockenes Holz. Das abgebaute Holz wird rotbraun, zerfällt würfelig und wird schließlich pulverig (↑ Holzzerstörung). Die Fruchtkörper entwickeln sich direkt an befallenem Holz oder an Myzelsträngen, die das Mauerwerk durchdringen. Sie sind zunächst als lockerer Myzelfilz ausgebildet, der zentral bald ein Hymenium anlegt. Reife Fruchtkörper besitzen einen flockigen, wolleartigen Rand und in der Mitte zunächst glatte, bald aber faltige und schließlich netzig bis kurz röhrenförmige, braunrötliche hymenientragende Teile. Es sind sehr unregelmäßige Crustothecien, die auch kleine Konsolen bilden können, deren Oberseite wie der wollig-filzige Rand aufgebaut ist. Die Fruchtkörper wachsen schnell und bilden Exkretionströpfchen. Die reichlich entwickelten Basidiosporen können beim Menschen Allergien erregen. Die vom Pilz an die Luft abgegebenen Stoffe können Unwohlsein auslösen, so daß der ständige Aufenthalt in Räumen, in denen Hausschwamm auftritt, gesundheitsschädlich sein kann. Die Bekämpfung des Hausschwamms ist problematisch. Die angewandten Methoden richten sich nach der Art der Schädigung; in vielen Fällen ist die Auswechselung des verbauten Holzes unumgänglich. D

Haustorien: in eine organismische Struktur eingesenkte Saugorgane. Als H. werden Bildungen unterschiedlicher Homologie bezeichnet, in der Mykologie besonders saugende Hyphenabschnitte oder Hyphen parasitischer und symbiontischer Pilze. Bei den Flechten findet man in der Entwicklungsreihe ↑ Appressorium → ↑ Impressorium → ↑ Haustorium eine Progression, wobei die H. die Zellwand der Phycobionten vollkommen durchbrechen und in den Protoplasten eindringen. H. spielen bei parasitischen Pilzen mit Myzelien, z. B. bei den ↑ *Erysiphales* und ↑ *Uredinales*, aber auch bei der ↑ Mykorrhiza eine wichtige Rolle.

Von manchen Autoren werden Appressorien und Impressorien nicht von H. unterschieden, da Übergänge zwischen ihnen vorkommen. In solchen Fällen ist der Begriff H. in weiterem Sinne benutzt. D/Sto

Hautköpfe ↑ *Dermocybe;* Taf. 39/2,4

Hautpilze ↑ Dermatophyten

Hebeloma (Fälblinge): artenreiche, weltweit im ↑ Ektotrophareal verbreitete Gattung der Familie *Cortinariaceae* (Ord. ↑ *Agaricales*, Kl. ↑ *Basidiomycetes*). Die meisten Arten bilden ektotrophe ↑ Mykorrhiza. Als Fruchtkörper werden mittelgroße bis große, zentral gestielte ↑ Blätterpilze ausgebildet, die charakteristische, fahlgelbe bis braune Farben, graubraunes bis rotbraunes Sporenpulver und als Huthaut eine manchmal verschleimende Cutis aufweisen. In der monomitischen ↑ Trama führen die Hyphen Schnallen. Die ↑ Fruchtkörperentwicklung ist hemiangiocarp; an reifen Fruchtkörpern ist jedoch nur manchmal ein ↑ Velum nachweisbar, das meist als Cortina ausgebildet ist. Von den rund 50 europäischen Arten ist *H. radicosum*, der Wurzelnde Fälbling (Taf. 35/3), durch seine Größe, Schuppen und ↑ Pseudorhiza eine der auffallendsten Arten, die eine eigene Untergattung (subgen. *Myxocybe*) verkörpert. D

Hedwig, Johannes: deutscher Arzt und Botaniker (1730–1799). H. studierte in Leipzig Medizin und ließ sich in Chemnitz (heute Karl-Marx-Stadt) als Arzt nieder. 1781 übersiedelte er nach Leipzig, wo er später zum Professor der Medizin ernannt wurde. H. ist vor allem durch seine mikroskopische Erforschung der Laubmoose bekannt geworden; er gilt als Entdecker der Archegonien und Antheridien (↑ Gonitocyste). Zur Aufklärung pilzlicher Strukturen hat H. ebenfalls beigetragen; von ihm stammen die ersten genauen Darstellungen der Asci sowie Abbildungen und Beschreibungen einiger Discomyceten. H.

Hefeextrakt: durch wäßrigen Auszug von autolysierter ↑ Bierhefe und anschließender Eindampfung gewonnenes Pulver. H. ist reich an niedermolekularen Eiweißkörpern, Aminosäuren und Vitaminen, besonders der Vitamin-B-Gruppe. Er wird in der Mikrobiologie häufig in komplexen ↑ Nährmedien verwendet. Str

Hefen (Hefepilze): Pilze, die im vegetativen Entwicklungsabschnitt als Sproßzellen oder Sproßmyzelien (Pseudomyzelien) leben. Die meisten H. gehören systematisch zu den ↑ *Endomycetes*. Es werden jedoch auch die Sproßzellen-Stadien anderer Pilze, z. B. mancher *Basidiomycetes*, als H. oder Hefestadien bezeichnet. Physiologisch sind die H. dadurch charakterisiert, daß viele unter anaeroben Bedingungen durch Gärung Energie gewinnen. Schon sehr früh in der Menschheitsgeschichte benutzte man H. zur Herstellung alkoholischer Getränke und als Triebmittel für Brot, aber erst ↑ Pasteur wies nach, daß die Gärung eine physiologische Leistung von H. ist. In der Industrie werden H. vielfältig eingesetzt, z. B. zur Herstellung von ↑ Ethanol und alkoholischen Getränken, wie ↑ Bier, ↑ Wein oder ↑ Sekt, als ↑ Backhefe und ↑ Futterhefe oder bei mikrobiellen Stoffumwandlungen, der Herstellung von ↑ Polysacchariden (↑ Pullulan) oder in der ↑ biologischen Abwasserreinigung. Str/D

Heißluftsterilisation ↑ Sterilisation

helicospor: Formbezeichnung für septierte oder unseptierte ↑ Conidien, deren Achse mindestens 180° gebogen ist, meist aber mehrere volle Windungen aufweist (schneckenförmig), wobei evtl. vorhandene Auswüchse ¼ der Länge des Sporenkörpers nicht überschreiten. ↑ Abb. Conidien Hi

Helicosporae: im ↑ Saccardoschen System ein Name für ↑ imperfekte Pilze mit ↑ helicosporen ↑ Conidien. Hi

Helminthosporiosen: Begriff der ↑ Phytopathologie für Krankheiten, die durch Arten der Form-Gattung ↑ *Helminthosporium* verursacht werden. H. führen zu unterschiedlichen Befallsbildern. Oft werden ↑ Blattfleckenkrankheiten, Wurzelbrand oder Halmbruchkrankheiten (↑ Fußkrankheiten) hervorgerufen. Zum Beispiel verursacht *Helminthosporium sativum* Blattflecken, Halmbruch und Wurzelbrand an Getreide und Wildgräsern. *Helminthosporium papaveris* (H. des Mohns) führt zu Wurzelbrand und Blattdürre. B

Helminthosporium: weltweit verbreitete, ca. 40 Arten umfassende Gattung ↑ imperfekter Pilze (Form-Fam. *Dematiaceae*) mit enteroblastischer ↑ Conidiogenese und mehrzelligen, dunkel pigmentierten ↑ Porosporen. ↑ Conidiomata fehlen. Es sind holzbewohnende Saprophyten oder Pflanzenparasiten, die vor allem auf Getreide von wirtschaftlicher Bedeutung sind. Die Phytoparasiten werden auch als Form-Gattung *Drechslera* von *H.* abgetrennt. Als Teleomorphen sind verschiedene Gattungen der *Dothideales* bekannt *(Cochliobolus, Pseudocochliobolus, Pyrenophora).* Hi

Helmsoral ↑ Soral

Helotiales: Ordnung der Klasse ↑ *Ascomycetes*. Ihre Fruchtkörper sind gestielte oder sitzende Apothecien, das ↑ Hymenium besteht aus ↑ Paraphysen und ↑ Asci, bei manchen Arten ist ein ↑ Epithecium vorhanden. Die Asci sind inoperculat, öffnen sich mit einem Porus (↑ Apikalapparat) und haben häufig amyloide Apikalringe (↑ Abb. Ascus 4). Die ↑ Ascosporen sind ein- oder mehrzellig, aber niemals dictyospor. Androgamocysten fehlen, die Befruchtung erfolgt in der Regel durch ↑ Spermatien. Anamorphen werden in vielfältiger Weise gebildet. Der größte Teil der Arten lebt saprophytisch; wenige Gattungen (z. B. ↑ *Pseudopeziza*) enthalten wirtsspezifische Pflanzenparasiten. Wichtige Familien der H. sind die ↑ *Dermateaceae*, ↑ *Geoglossaceae*, ↑ *Hyaloscyphaceae*, ↑ *Leotiaceae* und die ↑ *Sclerotiniaceae*. Hi

Helotium ↑ *Hymenoscyphus*

Helvella: eine hauptsächlich in der nördlichen temperaten Zone verbreitete Gattung der Ordnung ↑ *Pezizales* (Kl. ↑ *Ascomycetes*). Einige der ca. 40 Arten kommen in Südamerika vor. Zur Gattung *H.* werden die saprophytischen, bodenbewohnenden Lorcheln und Rippenbecherlinge mit cupulaten oder helvelloiden ↑ Apothecien, großen Ascosporen mit einem Öltropfen und inamyloiden Asci zusammengefaßt. Anamorphen fehlen. Bekannte Arten sind z. B. *Helvella crispa* (Herbstlorchel), *H. lacunosa* (Grubenlorchel), *H. acetabulum* (Rippenbecherling), *H. leucomelaena* (Schwarzweiße Lorchel), *H. macropus* (Pokalbecherling). Die Arten mit großen Fruchtkörpern werden als Speisepilze genutzt. Taf. 14/5, 6 Hi

Helvellasäure: Bezeichnung für einen

Stoff, der chemisch nicht isoliert werden konnte. Möglicherweise wurden mit dem Terminus H. nur Artefakte der Analyse belegt. Die Existenz wird in Zweifel gezogen. H. wurde aus der Frühjahrslorchel *(Gyromitra esculenta)* beschrieben. M/D

helvelloides Apothecium ↑ Apothecium

Helvolinsäure: ↑ Antibiotikum, das aus verschiedenen Pilzen, z. B. aus *Aspergillus fumigatus* und *Cephalosporium caerulens,* gewonnen wird. H. ist ein tetrazyklisches Triterpen mit einer ähnlichen Struktur wie ↑ Fusidinsäure. Sie wirkt gegen grampositive Bakterien. Str

hemiangiocarpe Fruchtkörper: ↑ Ascocarpien und ↑ Basidiocarpien, deren Meiosporocysten (Asci oder Basidien) bzw. Hymenien anfangs im Inneren eingeschlossen sind, die sich aber schon vor der Sporenreife öffnen. Die umhüllenden, sich öffnenden Strukturen sind Fruchtkörperwände oder Vela. Die Meiosporen, die dann an oberflächlichen Strukturen (oft am ↑ Hymenophor) zur Reife kommen, sind häufig ↑ Ballistosporen. Von den Ascocarpien sind viele ↑ Apothecien, von den Basidiocarpien viele Pilothecien h. F. ↑ Fruchtkörperentwicklung D/Hi

Hemiascomycetes *(Hemiascomycetidae)*: Name einer Klasse (oder Unterklasse) von Pilzen, die den Asci ähnliche Meiosporocysten (selten auch Meiogametocysten) bilden. Es handelt sich um die Sippen der ↑ *Endomycetes,* die in manchen ↑ Pilzsystemen in die nähere Verwandtschaft der (übrigen) *Ascomycetes* gestellt werden. Hi/D

Hennig, Bruno: deutscher Lehrer und Mykologe (1893–1972). H. studierte 1913 und von 1918–1920 in Berlin Naturwissenschaften und war als Lehrer tätig. Der Schwerpunkt seiner mykologischen Arbeit lag auf populärwissenschaftlichem Gebiet. H. übernahm die Neubearbeitung eines von E. ↑ Michael begründeten populären Pilzwerkes (Michael, Hennig: „Handbuch für Pilzfreunde"). H

Hennings, Paul: deutscher Mykologe (1841–1908). H. wirkte von 1874–1880 am botanischen Garten in Kiel und war dann Assistent bei Eichler, dem Direktor des botanischen Gartens und des botanischen Museums in Berlin-Dahlem. Vorwiegend beschäftigte sich H. mit dem Ordnen und Bestimmen von herbarisiertem Pilzmaterial, das aus vielen Ländern in Berlin eintraf. Während dieser Zeit wurde die Berliner Pilzsammlung, die bereits Sammelgut von Klotzsch, Winter, Lindau und anderen enthielt, zu einer der umfangreichsten der Welt. H. beschrieb viele neue Arten von Großpilzen. Seine Beschreibungen sind jedoch infolge fehlender Merkmale der Frischpilze oft unbefriedigend. H

herbaecole Pilze: Bewohner von krautigen Pflanzen bzw. deren Resten. In erster Linie versteht man Besiedler toter Pflanzenteile als h. P. Diese Bezeichnung trennt jedoch nicht zwischen Parasiten und Saprophyten. In vielen Fällen sind manche Entwicklungsstadien parasitisch (z. B. die Anamorphen), während andere (z. B. die Teleomorphen) saprophytisch sein können. D

Herrenpilz ↑ *Boletus,* Taf. 42/5,6

Heterobasidiomycetidae: Unterklasse der Klasse ↑ *Basidiomycetes* (Abt. ↑ *Eumycota*), die entweder durch Phragmobasidien oder Holobasidien mit nicht festgelegtem Typ der Basidiosporenkeimung gekennzeichnet ist. Die Basidiosporen der H. mit Holobasidien keimen oft mit Sekundärsporen bzw. ↑ Conidien oder Sproßzellen (letztere werden als Sporidien bezeichnet), fakultativ kommt auch Keimung mit Hyphen vor. Sproßstadien sind bei den *H.* häufig, Die *H.* haben einfache Septenpori ohne Dolium und Parenthosom, oder sie besitzen Dolipori mit Parenthosomen aus Röhrenelementen oder mit kontinuierlichen (nicht perforierten) Parenthosomen; selten kommen auch reguläre d/p-Septen vor, deren Parenthosomen Pori aufweisen. Fruchtkörper fehlen oder sind einfach gebaute Holothecien; selten kommen komplexere Formen vor, z. B. pleurale Pilothecien. Die Trama ist oft gallertartig, gelatinös. Die *H.* werden den ↑ *Homobasidiomycetidae* gegenübergestellt, die stets Holobasidien bilden, deren Sporen regelmäßig mit Hyphen keimen und bei denen d/p-Septen vorkommen, deren Parenthosomen mit wenigen Ausnahmen Pori besitzen (Taf. 1/1,2). Zu den *H.* werden die ↑ *Auriculariales,* die ↑ *Dacryomycetales,* die ↑ *Exobasidiales,* die ↑ *Septobasidiales,* die ↑ *Tremellales,* die ↑ *Tulasnellales,* die ↑ *Uredinales* und die ↑ *Ustilaginales* gerechnet (↑ *Basidiomycetes,* Tab.). In manchen ↑ Pilzsystemen werden die Rost- und Brandpilze als *Teliomycetes* oder als *Teliomycetes* und *Ustomycetes* aus den H. ausgegliedert. Die übrige Umgrenzung ist aber etwa die gleiche. Taf. 11/2–4, 17, 18/1 D

Heterocyste: bei fädigen Blaualgen *(Cyanobacteria)* auftretende hyalin-gelbliche Zellen, die sich von den normalen blaugrünen Zellen durch Fehlen der Phycobiline, durch oft dickere Zellwand und größere Ausmaße unterscheiden. Die H. sind Zentren der Stickstoffixierung. Sie sind auch bei einigen an der Lichenisierung beteiligten Blaualgen im Flechtenthallus vorhanden. ↑ Abb. Gallertflechten D/Sto

Heterokaryon (Pl. Heterokaryonen): Kerne unterschiedlicher genetischer Konstitution (heteroallel für bestimmte Gene) innerhalb einer Zelle bzw. eines vergleichbaren Systems. H. entstehen z. B. bei *Aspergillus nidulans* nach der Fusion zweier haploider, genetisch unterschiedlicher Myzelien. Der Begriff H. wird im Gegensatz zu Homokaryon (homoallel für alle Gene) in der Genetik benutzt und nicht auf innerartliche Paarungstypen, auch nicht für homokaryotische Dikaryonen angewendet. Sch/D

Heterosporie ↑ Isosporie

heterözische Pilze: wirtswechselnde Pilze. Der vollständige Entwicklungszyklus der Rostpilze (↑ *Uredinales*) ist mit einem Wirtswechsel verbunden. Da dieser Vorgang bei manchen Arten entfallen kann, unterscheidet man autözische Pilze (alle Entwicklungsphasen werden auf einem Wirt durchlaufen) und h. P. (die Entwicklungsphasen werden teils auf dem Zwischenwirt, teils auf dem Hauptwirt durchlaufen). Heterözie und Autözie sind nicht mit Mon- und Diözie identisch. ↑ Fortpflanzungssysteme D/B

Hexenbesen ↑ Cecidium

Hexenbutter ↑ Plasmodium

Hexenei: geschlossener, ausgereifter Fruchtkörper der ↑ *Phallales.* Diese ↑ Gasterothecien öffnen sich plötzlich durch Streckung der ↑ Receptacula. Wenn das Innere mit der Außenluft in Verbindung kommt, entsteht der üble

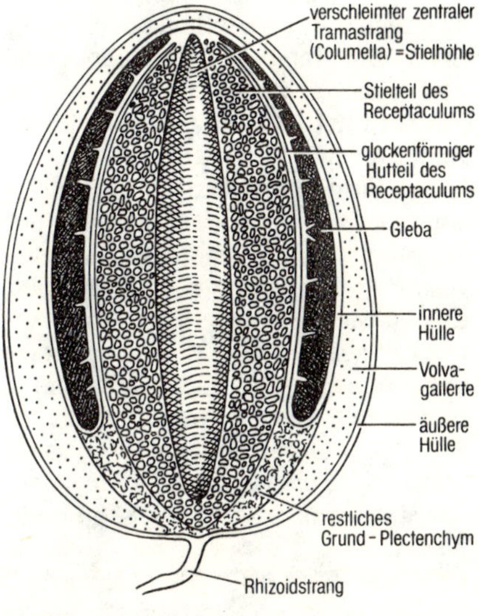

Hexenei der Stinkmorchel (Phallus impudicus)

Geruch dieser Pilze (↑ Aasfliegenpilze). Streckungsvorgang und Geruch sind Ursachen für die Bezeichnung H. Abb.; Taf. 48/2 D

Hexenröhrlinge: eine Gruppe von ↑ *Boletus*-Arten (Sektion *Luridi*), die durch rote Poren und intensive ↑ Blaufärbung der Trama bei Luftzutritt (Schnitt, Bruch, Druck) charakterisiert sind. Der Flockenstielige H., *B. erythropus* (Taf. 44/1), und der Glattstielige H., *B. queletii* (Taf. 44/3), gelten als gute Speisepilze. Der Netzstielige H., *B. luridus* (Taf. 44/2), ist roh giftig und für manche Personen auch zubereitet unbekömmlich. Der schwach giftige Satanspilz, *B. satanas,* gehört ebenfalls in die Verwandtschaft der H. ↑ Pulvinsäuren. D

Hilarappendix (Pl. Hilarappendices): der zum ↑ Hilum hin verschmälerte, basale, oft anhängselartige Teil der ↑ Basidiosporen, mit dem diese den ↑ Sterigmata aufsitzen (auch ↑ Apiculus genannt). Taf. 6/2, ↑ Abb. Basidiomycetes 2, ↑ Basidie 1 D

Hilum (Nabel): Abbruchstelle von Basidiosporen, die Nahtstelle, die Anheftungsstelle zwischen Basidiospore und Sterigma; Taf. 6. ↑ Hilarappendix, ↑ Abb. *Basidiomycetes* 2 D

Hirschtrüffel ↑ *Elaphomyces*

Histoplasma: Form-Gattung ↑ imperfekter Pilze (Form-Ord. ↑ *Moniliales*), von der zwei Arten, *H. capsulatum* und *H. farciminosum,* anerkannt werden. Beide sind ↑ dimorphe Pilze von medizinischer Bedeutung. In der Myzelphase werden ↑ Aleuriosporen gebildet; diese ↑ Conidien sind bei *H. capsulatum* typisch stachelig. Die *H.*-Arten sind für Mensch und Tier pathogen und verursachen ↑ Endomykosen (↑ Histoplasmose, ↑ Afrikanische Histoplasmose).

Von *H. capsulatum* ist die Teleomorphe bekannt (*Emmonsiella capsulata,* Kl. ↑ *Ascomycetes,* Ord. ↑ *Gymnoascales*). Es werden bis 250 µm große weiß bis beige gefärbte ↑ Cleistothecien mit achtsporigen Asci gebildet. V/D

Histoplasmose: ↑ Mykose, die in ihrer klassischen Form durch den Pilz *Histoplasma capsulatum* var. *capsulatum* verursacht wird. Eingeatmete hochinfektiöse ↑ Conidien des Pilzes führen bei 5–10% der exponierten Personen zum Lungenbefall. Ähnlich der Tuberkulose beginnt die Krankheit oft mit einem Primärkomplex. Die anschließend entstehenden Läsionen bieten röntgenologisch wenig aussagefähige Bilder. Regionäre Lymphknoten sind vielfach mit befallen. Gewebeschnitte lassen erkennen, daß der Erreger in Zellen eindringt (↑ Cytomykose). Eine Ausheilung der Lungenherde erfolgt meist ohne Therapie unter Fibrose und nachfolgender Verkalkung.

Generalisierung einer H. mit multiplem Organbefall wird lebensbedrohlich, kommt aber selten vor. Leichte Verlaufsformen überwiegen. Fälle von H. wurden von allen Kontinenten, außer Antarktika, bekannt; aber besonders häufig ist die Krankheit unter der Bevölkerung der USA und der Länder Mittel- und Südamerikas. In den USA findet man den Pilz bevorzugt in den Böden nahe der großen Ströme Mississippi, Missouri und Ohio. Der Pilz ist dort besonders reichlich vorhanden, wo der Erdboden mit Exkrementen von Vögeln, wie Staren, Tauben und Hühnern, verunreinigt ist. Fledermauskot fand man vielfach als besonders stark mit Pilzelementen kontaminiert, zumal Fledermäuse regelmäßig an H. mit Darmbefall leiden. Daneben sind zahlreiche andere Säugetierarten, wie Ratten, Katzen, Pferde, Hunde, Faultiere, Gürteltiere usw., zum Teil latent mit dem Pilz durchseucht. Mit Hilfe von Hauttests konnte bestätigt werden, daß etwa 40 Millionen Menschen der derzeitigen USA-Bevölkerung Kontakt mit dem Pilz hatten und zumindest immunologisch reagierten. Die H. wird nicht direkt von Mensch zu Mensch oder Tier zu Mensch übertragen, ist also nicht ansteckend. Männer und Frauen werden gleich häufig betroffen, für chronische Lungen-H. sind erwachsene männliche Personen besonders empfänglich; generalisierte Formen betreffen häufiger Kinder. V

Hohlfußröhrling ↑ *Boletinus*; Taf. 40/1

Hollós, Ladislaus (Lászlo): ungarischer Botaniker (1859–1940). Er war Hochschullehrer und Botaniker in Kecskemét; mit seinen Werken „Gasteromyceten Ungarns" (1940, autorisierte Übersetzung) und „Fungi hypogaei hungariae" (1911) wurde er als Mykologe, besonders als Gasteromyceten-Systematiker, bekannt. H

Holmskjold, Theodor (bis 1781 Holm): dänischer Arzt und Administrator (1732–1794). Er studierte Medizin, arbeitete ab 1760 als Arzt, ab 1762 als Professor für Medizin, Naturgeschichte und Botanik in Sorø. In seinem Werk „Beata ruris otia fungis danicis" (2 Bde. 1790–1799) beschrieb er als erster *Cordyceps militaris* als parasitisch auf Insektenlarven oder -puppen lebenden entomogenen Pilz und widerlegte damit phantastische Spekulationen, wonach der Pilz ein tierisches Verwandlungsprodukt darstellte. H.s Arbeit „Coryphai Clavarias Ramariasque" (1797) gibt einen Überblick über verschiedene Clavaria-Arten. H

Holobasidie: nicht in Zellen gegliederte ↑ Basidie. Die meiotischen Kerne, die nach Karyogamie und Meiose in der H. entstehen, wandern in aussprossende oder auf Sterigmata entstehende ↑ Basidiosporen ein, ohne daß es zur Septierung der Meiosporocyste (Basidie) kommt. Als H. bezeichnet man sowohl ungegliederte Basidien, deren Sporen stets mit Hyphen keimen (↑ Homobasidien), als auch solche, deren Sporen keinen festgelegten Keimtypus aufweisen und die mit Conidien (Sekundärsporen) auszukeimen vermögen. Die Ausbildungsformen der H. sind sehr vielfältig. Einige häufig wiederkehrende Typen (Tab.) werden mit speziellen Namen versehen. Taf. 4/2; 5/1,2; 6/1, ↑ Phragmobasidie D

Ausbildungsformen von Holobasidien

Bezeichnung	Merkmal
chiastische Basidie Chiastobasidie	keulig, Normalform der Basidie
stichische Basidie Stichobasidie	zylindrisch, schmal
dichotome Basidie	zweisporige Basidie, etwa von der Mitte an (in der oberen Hälfte) gegabelt
Urnenbasidie	basal aufgetrieben, etwa ab der Mitte zylindrisch
Uteriforme Basidie	zentral eingeschnürt, breit
subuteriforme Basidie	breit zylindrisch, in der Mitte nur schwach eingeschnürt
Repetobasidie	nach dem Absporen basal durch die Reste der ursprünglichen Basidie sich mehrfach erneuernd, dadurch basal mit unregelmäßigen ineinandergeschachtelten Hüllen
biradicate Basidie	seitlich aus einer Hyphe ausgewachsene dadurch scheinbar an zwei Hyphen inserierte Basidie
Pleurobasidie	apikal an einer Hyphe entstehend, deren Längsachse im Ansatzbereich jedoch senkrecht zur Längsachse der Basidie orientiert ist (wie ein Pfeifenkopf mit Stielansatz)
Tulasnella-Basidie	keulig mit basal stark aufgetriebenen ↑ Sterigmata

holoblastische Conidiogenese ↑ Conidiogenese

Hologamie ↑ Befruchtung

Holomorphe: Gesamtheit der Entwicklungsstadien eines ↑ pleomorphen Pilzes. In der Regel schließt die H. eine ↑ Teleomorphe und eine oder mehrere ↑ Anamorphen ein. Ist die Fähigkeit zur Sexualität und Meiosporenbildung, d. h. zur Bildung der Teleomorphe, verloren gegangen, kann die Bezeichnung Ana-Holomorphe benutzt werden. Der Name für einen pleomorphen Pilz mit all seinen Entwicklungsstadien (nomen holomorphosis) richtet sich nach dem gültigen Namen für die Teleomorphe. Hi

Holothecien: ↑ Basidiocarpien, die nicht krustig und nicht hutförmig gebaut sind, sondern eine polsterartige, keulen- oder korallenförmige Gestalt haben und meist an ihrer gesamten Oberfläche, mitunter aber auch nur an Teilen der Oberfläche das ↑ Hymenium tragen. Die unmittelbar das Hymenium tragende plectenchymatische Struktur (das ↑ Hymenophor) ist nicht auffallend differenziert (glattes bzw. fehlendes Hymenophor), allenfalls unscheinbar faltig, runzelig oder etwas warzig. H. können klein und polsterförmig sein (dacryomycetoide H.), groblappig bis faltig (tremelloide H., Taf. 16/6), korallenförmig (ramarioide H., Taf. 20/1) oder keulenförmig (clavarioide H., Taf. 19/3,4). ↑ Vorsatz D

Holotypus: Pilzmaterial, in der Regel ein Herbarexemplar, das der Originalbeschreibung einer Art oder eines infraspezifischen Taxons (↑ Rangstufe), z. B. einer Unterart oder einer Varietät, zugrunde liegt und das vom Autor als nomenklatorischer Typus festgelegt wurde. Die Anwendung des Namens ist durch den H. automatisch fixiert. Ist kein H. bei der Neubeschreibung einer ↑ Sippe bestimmt worden oder nachträglich zu ermitteln oder besteht eine als H. bezeichnete Probe aus verschiedenen Elementen, z. B. aus Exemplaren von zwei Arten, so ist nach den Regeln des ↑ ICBN eine ↑ Typisierung (die Festlegung eines ↑ Typus) erforderlich. D

Holzkeule ↑ *Xylaria*

Holzparasiten: Pilze, deren Lebensgrundlage das Holz lebender Gehölze ist. Meist handelt es sich um fakultative Perthophyten (↑ Parasitismus). ↑ Saprophyten, ↑ Holzzerstörung D

Holzzerstörung: mikrobieller Holzabbau, insbesondere durch holzzerstörende Pilze und Bakterien. Nach dem Modus des Abbaus werden verschiedene Typen unterschieden. Braunfäule (auch Rotfäule oder Destruktionsfäule) ist eine H., bei der hauptsächlich die Zellulose abgebaut wird. Die verbleibenden Lignine geben dem zersetzten, würfelig zerfallenden Holz rotbraune Farbtöne. Bekannte Braunfäuleerreger unter den holzzerstörenden Pilzen sind *Serpula*-Arten, unter ihnen *S. lacrymans* (Hausschwamm), *Tyromyces*-Arten (Saftporlinge), *Piptoporus betulinus* (Birkenporling), *Daedalea quercina* (Eichenwirrling), *Fomitopsis pinicola* (Rotrandiger Porling), *Phaeolus schweinitzii* (Kiefernbraunporling), *Fistulina hepatica* (Ochsenzunge, Leberpilz), *Lentinus lepideus* (Schuppiger Sägeblättling) und viele andere (Taf. 20/6; 21/2; 23/4; 24/1). Die Weißfäule (Korrosionsfäule) ist durch den Abbau von Lignin und Zellulose gekennzeichnet. Die verbleibenden Reste des Holzes sind aufgehellt, oft werden sie völlig weiß. Die Längsfaserigkeit bleibt erhalten; das Holz wird oft feucht. Zu den Weißfäuleerregern gehören *Ganoderma*-Arten (Lackporlinge), *Trametes*-Arten (Trameten), *Polyporus*-Arten (gestielte Porlinge), *Hymenochaete*-Arten (Borstenscheiben), *Inonotus*-Arten (Schillerporlinge), *Phellinus*-Arten (Feuerschwämme), *Fomes fomentarius* (Zunderschwamm) und viele andere (Taf. 21/1; 22/4,5; 23/1–3; 24). Bei der Waben- oder Lochfäule, einer besonderen Form der Weißfäule, kommt es durch lokal verschieden intensiven Ligninabbau zu Löchern im Holz, die anfangs durch Zellulosestoffe weiß ausgefüllt, später hohl sind. Unter Moderfäule versteht man einen Typ der H., bei dem im Wasser oder auf feuchtem Boden liegendes Holz besonders durch ↑ imperfekte Pilze abgebaut wird. Hierbei kommt es zur Aufhellung, Erweichung und zur Zerstörung der Faserstruktur des Holzes. Bei der Herstellung von ↑ Mykoholz wird die H. durch Pilze industriell genutzt. D

Homobasidie: nicht in Zellen gegliederte Basidie (keine ↑ Phragmo-, sondern eine ↑ Holobasidie), deren Basidiosporen, die in der Regel in Zwei- oder Vierzahl auf Sterigmata entstehen, stets mit Hyphen auskeimen und auch nicht fakultativ ↑ Conidien (Sekundärsporen) entwickeln können. Die H. sind in Verbindung mit d/p-Septen (↑ Doliporus) das wesentlichste Merkmal der Unterklasse *Homobasidiomycetidae,* die den ↑ *Heterobasidiomycetidae* mit variableren und ursprünglicheren Merkmalen gegenübergestellt werden. Taf. 4/2; 5/1,2; 6/1 D

Homobasidiomycetidae: Unterklasse der ↑ *Basidiomycetes,* die durch die Kombination folgender Merkmale festgelegt ist:

1. Homobasidien (abgeleitete Holobasidien);
2. Keimung der Basidiosporen mit Hyphen, auch fakultativ kommt keine Bildung von Sekundärsporen vor;
3. Die Septenpori sind wohlausgebildete d/p-Pori (↑ Doliporus), deren Parenthosomen Pori aufweisen (Ausnahme sind die ↑ *Hymenochaetales* mit kontinuierlichen Parenthosomen).

Zu den H. gehören die bekanntesten Ordnungen der *Basidiomycetes.* D

Homokaryon ↑ Heterokaryon

Hormocyste: von einigen Blaualgen *(Cyanobacteria)* gebildetes Überdauerungs- oder Vermehrungsorgan. Eine H. besteht aus einer derben Gallerthülle und im Inneren aus mehrzelligen, kurzen beweglichen Fäden bzw. Fadenabschnitten, den Hormogonien. Letztere treten auch frei als Vermehrungseinheiten auf. Wenn Blaualgen, die H. bilden, an Lichenisierungen beteiligt sind, können die H. auch mit Pilzhyphen durchsetzt sein. Sie dienen in solchen Fällen der vegetativen Vermehrung der Flechten und werden mit dem Terminus „Hormocystangien" belegt. H. mit Pilzhyphen sind nur bei der Flechtengattung *Lempholemma* bekannt. Sto/D

Hühner-Favus: durch *Trichophyton gallinae* verursachte ↑ Dermatophytose bei Hühnern. Selten werden durch den Pilz andere Tiere oder Menschen befallen. Dem ↑ Favus ähnliche Hautveränderungen werden vor allem am Kamm, in der Augenregion, am Schnabelansatz und an den Kehllappen hervorgerufen. Obwohl der Pilz wie alle ↑ Dermatophyten keratinolytische Aktivitäten entfaltet, werden die keratinhaltigen Federn nicht angegriffen. V

Humaria: Gattung der Familie *Humariaceae* (Ord. ↑ *Pezizales,* Kl. ↑ *Ascomycetes*), die nur wenige Arten umfaßt. Die ↑ Apothecien sind hellfarbig, enthalten keine Carotinoide, das ↑ Excipulum ist mit spitzen braunen Haaren besetzt. Die Gattung *H.* wurde früher anders umgrenzt und umfaßte zahlreiche Arten, die gegenwärtig in andere Gattungen der *Pezizales* gestellt werden. Hi

Humboldt, Alexander von: deutscher Naturwissenschaftler (1769–1859). H. studierte 1787/88 an der Universität in Frankfurt/O. Finanz- und Wirtschaftskunde, 1789/90 wandte er sich in Göttingen naturwissenschaftlichen und sprachlichen Studien zu. An der Handelsakademie in Hamburg setzte H. seine gesellschaftswissenschaftlichen Studien fort und vervollkommnete 1791/92 seine mineralogisch-geologischen Kenntnisse an der Bergakademie in Freiberg. 1792 wurde er Assessor im preußischen Bergdienst, dann Oberbergmeister, 1794 Bergrat und 1795 Oberbergrat. Nach seinem Ausscheiden aus dem preußischen Dienst unternahm H. von 1799–1804 seine große Amerika-Reise, u. a. nach Venezuela, Kuba, Kolumbien, Peru und Mexiko. 1829 führte ihn eine zweite ausgedehnte Expedition durch Rußland und Sibirien bis an die chinesische Grenze. Unter seinen zahlreichen naturwissenschaftlichen Schriften ist „Florae Fribergensis specimen" (1793) für die Mykologie von Bedeutung. Es werden unter anderem 258 Pilz- und Flechtenarten der Bergwerksanlagen beschrieben; die Gattungen *Ceratophora, Gymnodermia, Aphotismus* wurden von H. neu aufgestellt. H

Humus: Gesamtheit der toten organischen Substanz des Bodens. Ausgangsstoffe für die Humifizierung sind schwer abbaubare Substanzen wie Lignin, Fette, Wachse, Kohlenhydrate, Eiweiße. An der Bildung von H. sind neben Bodenpilzen auch Bakterien, Protozoen und Würmer beteiligt. Die Ausgangsstoffe werden in die dunkel gefärbten Huminstoffe umgewandelt. Dem Boden aufliegende Pflanzenteile wie Blätter, Zweige, Fruchtschalen usw., die in Humus umgewandelt werden, bezeichnet man als Rohhumus. Der H. des Bodens ist ein wichtiger Faktor für viele Pilze, besonders für terrestrische Saprophyten; der Rohhumus ist für zahlreiche Spezialisten unter den Pilzen, z. B. für blatt-, holz-, moos-, fruchtbewohnende Saprophyten, die Lebensgrundlage. Str/D

Huthaut: die Oberhaut, eine plectenchymatische oder pseudoparenchymatische Deckschicht der Hüte von ↑ Pilothecien. Der Begriff H. ist nur bei agaricoiden, boletoiden und diesen ähnlichen Pilothecien gebräuchlich, weil dort hautartige Strukturen vorkommen (*Agaricanae* der ↑ *Basidiomycetes*). Bei den pileaten Porlingen, Schichtpilzen usw. (*Aphyllophoranae* der ↑ *Basidiomycetes*) wird meist von Cortex (↑ Rinde), ↑ Tomentum und ↑ Kruste (dafür auch „Cutis") gesprochen. Die H. kann nach ihrer Struktur in ↑ Cutis, ↑ Palisadoderm, ↑ Trichoderm, ↑ Epithelium und ↑ Hymenoderm eingeteilt werden. Diese Formen sind durch Übergänge miteinander verbunden und nicht scharf zu trennen. Mehrschichtige H. wird in Epicutis (obere Schicht) und Subcutis (untere Schicht) gegliedert. Die Bezeichnung Hypoderm wird häufig als Synonym für Subcutis benutzt; es gibt jedoch auch Autoren, die zellig wirkende (pseudoparenchymatische) Unterhautstrukturen als Hypoderm, hyphige als Subcutis bezeichnen. Schließlich werden für geschichtete Hautstrukturen der Pilzhüte die Bezeichnungen Epi-, Sub- und Hypostratum benutzt. Unter einer der oben genannten H.-Typen liegende differenzierte Schichten werden auch als Subhymenoderm, Subtrichoderm usw. bezeichnet. Eine allgemein anerkannte Terminologie existiert nicht. Verschleimende Deckschichten führen oft die Bezeichnung Ixocutis oder Ixotrichoderm usw. Bei vielen agaricoiden Pilothecien sind im primordialen Stadium Hut- und Stieloberfläche gleich gestaltet, besonders bei gymnocarper Fruchtkörperentwicklung. Am Stiel wird jedoch während der Streckungsphase (↑ Wachstum) die Stielrinde gebildet, und die ursprünglichen Deckschichten verschwinden. D

Hutpilze: Pilze, deren ↑ Fruchtkörper eine abgesetzte, apikale Struktur, einen „Hut" besitzen, an oder in dem in der

Regel die Meiosporen gebildet werden. Im engeren Sinne sind H. Basidiomyceten, deren ↑ Basidiocarpien in Hut und Stiel (Pileus und Stipes) gegliedert sind (↑ Pilothecien).

Der Begriff H. wird auch als deutsche Bezeichnung für die früher als *Hymenomycetidae* (↑ *Basidiomycetes*) geführten Pilze benutzt. Diese erst in jüngster Zeit eingeführte Verwendung des Begriffes sollte vermieden werden, da der volkstümliche Gebrauch hierzu im Widerspruch steht. Zu den Hymenomyceten gehören auch krustige Fruchtkörper, und der Terminus H. wird gerade zur Abgrenzung gegen solche Formen benutzt. D

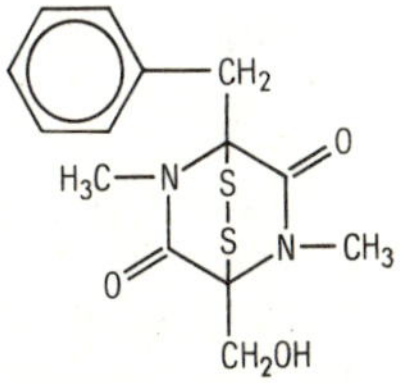

Hyalodendrin

Hyalodendrin: ↑ Mykotoxin der Gruppe ↑ Epipolythiopiperazindione aus *Hyalodendron*-Arten. H. ist wirksam gegen phytopathogene Pilze und toxisch für Vertebraten (LD_{50} = 75 mg/kg Maus, intraperitoneal). M

Hyalodictyae ↑ Saccardosches System

Hyalodidymae ↑ Saccardosches System

Hyalophragmae ↑ Saccardosches System

Hyaloscyphaceae: Familie der Ordnung ↑ *Helotiales* (Kl. ↑ *Ascomycetes*) mit gestielten oder sitzenden, cupulaten, kleinen ↑ Apothecien, deren Außenseite mit gattungs- oder artspezifischen ↑ Haaren besetzt ist. Das Ektalexcipulum ist aus ↑ Textura prismatica aufgebaut. Repräsentative Gattungen sind z. B. ↑ *Dasyscyphus* und ↑ *Lachnellula*. Hi

Hyalosporae ↑ Saccardosches System

Hydnum: kleine Gattung der Ordnung ↑ *Cantharellales* (Kl. ↑ *Basidiomycetes*). Die ↑ Basidiocarpien sind zentral gestielte ↑ Pilothecien mit monomitischer, heller ↑ Trama und stachelförmigem ↑ Hymenophor. Die *H.*-Arten wachsen terrestrisch und sind vermutlich Mykorrhizapilze. *H. repandum*, der Semmelstoppelpilz (Taf. 18/6), ist ein weit verbreiteter Speisepilz. *H. albidum*, der Weiße Stoppelpilz, hat in Kalkbuchenwäldern einen deutlichen Verbreitungsschwerpunkt. Früher wurde die Gattung *H.* wesentlich weiter gefaßt. Man hielt die Pilze mit stachelförmigem Hymenophor für eine natürliche Gruppe. Die Pilze mit hydnoiden ↑ Pilothecien gehören heute zu mehreren Gattungen: zu *Hydnellum, Bankera,* ↑ *Sarcodon* u.a. D

Hydrochinon ↑ Karbolchampignon

Hydrochorie: Verbreitung von ↑ Diasporen durch Wasserbewegung. H. kommt bei allen ↑ aero-aquatischen, ↑ aquatischen und ↑ marinen Pilzen vor. Die ↑ Sporen dieser Arten sind mitunter morphologisch an die H. angepaßt, sie können z.B. schraubig gewunden (helicospor) oder sternförmig (staurospor) sein. Bei zahlreichen angiocarpen Fruchtkörpern von Basidiomyceten (↑ Gasteromyceten) ist die H. mit ↑ Anemochorie gekoppelt. Der Sporenausstoß geschieht durch auffallende Regentropfen, während der Wind für Weiterverbreitung sorgt. Abb. D/Hi

Hydrotropismus: Krümmungsbewegung (↑ Tropismen), die durch Feuchtigkeit ausgelöst wird. Vegetative Pilzhyphen reagieren in der Regel positiv, während reproduktive Teile oft negativen H. zeigen. Bei parasitischen Pilzen (z.B. bei ↑ *Puccinia* und *Cladosporium*-Arten) ist positiver H. mitunter von Bedeutung für das Finden der Spaltöffnungen der Wirtspflanzen, durch die diese Pilze mit ihren Keimschläuchen (Infektionshyphen) in die Wirtspflanzen eindringen. Str

Hygrocybe (Saftlinge): artenreiche, kosmopolitisch verbreitete Gattung der Ordnung *Agaricales* (Fam. *Hygrophora-*

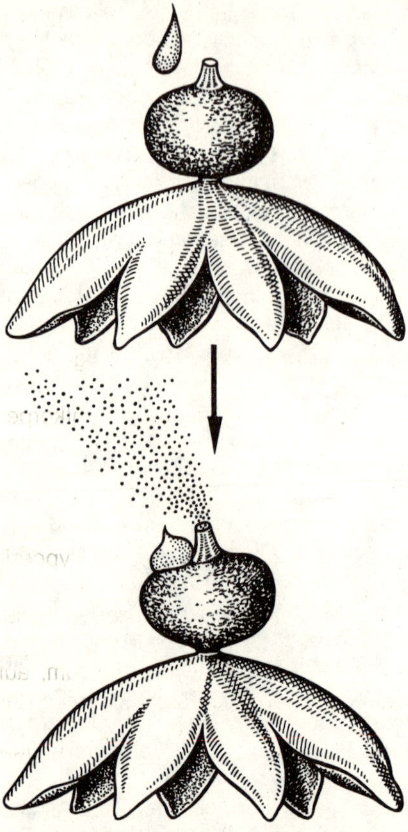

Hydrochorie: Sporenausstoß durch einen auffallenden Regentropfen auf einen Erdstern

ceae, Kl. ↑ *Basidiomycetes*). Die meist gymnocarpen Fruchtkörper sind oft intensiv pigmentiert. Es herrschen rote und gelbe Farbtöne vor. Die Konsistenz der zentral gestielten Blätterpilze ist brüchig, die Trama ist meist hyalin (lichtdurchlässig), worauf die Bezeichnung Glasköpfe deutet. Von den mehr als 50 europäischen Arten sind viele als Saprophyten nährstoffarmer Biotope im Rückgang begriffen. Zahlreiche *H.*-Arten wachsen im Grünland, z. B. auf Wiesen, alpinen Matten, im Xerothermrasen usw. Einige sind spezialisiert, z. B. ist *H. conicoides,* der Dünensaftling, eine charakteristische Art von Weiß- und Graudünen. Andere haben ein weiteres Habitatspektrum: z. B. wächst *H. acutoconica,* der Safrangelbe Saftling (Taf. 25/4) auf vielen Wiesen, Xerothermrasen und in lichten Wäldern. ↑ Betalaine; Taf. 25/3,4; 26/1,3 D

Hygrophoraceae: Familie der Ordnung ↑ *Agaricales,* deren Fruchtkörper oft gymnocarpe, stets gestielte ↑ Blätterpilze mit meist dicken, entfernt stehenden ↑ Lamellen sind (Dickblättler, Wachsblättler). Das Sporenpulver ist stets hell, meist weiß. Repräsentative Gattungen sind *Camarophyllus* (Ellerlinge), ↑ *Hygrocybe,* ↑ *Hygrophorus, Hygrotrama.* D

Hygrophoropsis (Falsche Pfifferlinge): Gattung der Ordnung ↑ *Boletales* (Kl. ↑ *Basidiomycetes*). Die Basidiocarpien sind kleine bis mittelgroße gestielte Pilothecien mit agaricoidem Hymenophor (↑ Blätterpilze), herablaufenden, oft gabeligen Lamellen und regulärer Lamellentrama (↑ Abb. *Agaricales* 2). Die Verwandtschaft mit anderen Sippen der *Boletales* kommt unter anderem durch das Vorkommen von ↑ Pulvinsäuren (Xerocomsäure, Variegatsäure) zum Ausdruck. Die *H.*-Arten kommen auf humusreichen Waldböden vor und leben vermutlich stets saprophytisch. Die ↑ Basidiocarpien können zu Speisezwecken genutzt werden. D

Hygrophorus (Schnecklinge): hauptsächlich holarktisch verbreitete, artenreiche Gattung der Ordnung ↑ *Agaricales* (Kl. ↑ *Basidiomycetes*). Die Fruchtkörper sind zentral gestielte ↑ Blätterpilze mit breit angewachsenen bis herablaufenden Lamellen (↑ Abb. *Agaricales* 1), mit bilateraler Lamellentrama (↑ Abb. *Agaricales* 2) und mit relativ langen, zwei- bis viersporigen Basidien. Die Konsistenz der Fruchtkörper ist weich und biegsam, die Hüte sind oft schleimig, aber es gibt auch trockene

Arten. Mitunter ist ein ↑ Velum nachweisbar. Die *H.*-Arten sind (oft wenig spezialisierte) Mykorrhizapilze. Einige werden als Speisepilze geschätzt, z. B. *H. marzuolus,* der Märzschneckling, der bereits im Frühjahr seine Fruchtkörper bildet, und *H. hypothejus,* der Frostschneckling (Taf. 26/2), der im Spätherbst noch fruktifiziert. ↑ Betalaine D

Hymenialalgen: die autotrophen ↑ Phycobionten der Flechtensymbiose, die meist in großen Mengen im ↑ Hymenium der ↑ Ascocarpien vorkommen und gemeinsam mit den ↑ Ascosporen verbreitet werden, wodurch die Entstehung neuer Flechtenthalli gewährleistet wird. Die ↑ Phycobionten gelangen bereits bei der Entwicklung der Fruchtkörper in deren Inneres und nehmen in der physiologisch anderen Umgebung meist eine von den übrigen Thallusphycobionten deutlich abweichende Gestalt an; in der Regel sind sie kleiner und oft von kugeliger oder stäbchenförmiger Gestalt. Das Auftreten von H. stellt eine hohe Anpassung an die symbiontische Lebensweise der Flechten dar und tritt nur in wenigen Gattungen (z. B. *Endocarpon, Staurothele, Thelenidia*) auf. Sto

Hymenium (Fruchthaut, Fruchtschicht): eine makroskopisch als zarte Haut erscheinende Schicht, die aus palisadenartig dicht gedrängten, senkrecht zur Oberfläche orientierten Meiosporocysten von Ascomyceten oder Basidiomyceten (Asci oder Basidien) besteht. Die sporenbildenden Zellen sind alle etwa auf gleicher Höhe inseriert. Oft liegen zwischen ihnen sterile Endabschnitte von Hyphen (↑ Paraphysen, ↑ Hyphidien, ↑ Cystiden). Ein H. kommt an Fruchtkörpern (↑ Ascocarpien, ↑ Basidiocarpien) vor. ↑ Catahymenium, ↑ Hymenophor, ↑ Thecium, ↑ Hymenomyceten. D/Hi

Hymenochaete (Borstenscheiblinge): Gattung der Ordnung ↑ *Hymenochaetales* (Kl. *Basidiomycetes*). Die Fruchtkörper sind meist effuse bis effusoreflexe ↑ Crustothecien mit glattem oder hökkerigem ↑ Hymenophor, stets mit derbwandigen Setae. In Europa kommen 7 Arten vor. *H. cruenta* (Taf.22/3) wächst an Tannenholz und ist in Mitteleuropa in ihrem Bestand gefährdet. Die Typusart, *H. rubiginosa,* bevorzugt Eichenholz und ist im Laubwaldareal weit verbreitet. Die H.-Arten sind Saprophyten. D

Hymenochaetales: Ordnung der Klasse ↑ *Basidiomycetes* (Ukl. *Homobasidiomycetidae*). Die Fruchtkörper sind effuse bis effusoreflexe ↑ Crustothecien, fomitoide oder seitlich gestielte, selten auch zentral gestielte ↑ Pilothecien mit glattem, warzigem, stachligem oder röhrigem (polyporoidem) Hymenophor, brauner (mit KOH schwarzer), meist dimitischer Trama. Setae kommen häufig vor (im Tomentum, in der Trama, im Hymenium, auf dem Substrat). Die Parenthosomen der ↑ Dolipori sind kontinuierlich (nicht perforiert). Die meisten Arten der H. sind Holzzerstörer und erregen Weißfäule, einige sind Bodenpilze. ↑ *Hymenochaete,* ↑ *Inonotus,* ↑ *Phellinus,* Taf. 22/3–5; 23/1–3 D

Hymenoderm (auch Hymeniderm): eine Huthaut, die aus palisadenartig nebeneinanderstehenden dicht gedrängten keuligen oder fast runden sterilen Zellen (Hymenodermzellen) aufgebaut ist. Ein H. wirkt wie ein Hymenium, besteht aber nicht aus Meiosporocysten (Basidien). Manche Autoren fassen das H. als ein im Verlauf der Evolution steril gewordenes Hymenium auf. Viele Pilzgattungen sind durch das Vorkommen von H. charakterisiert (z. B. ↑ *Marasmius,* ↑ *Xerula,* ↑ *Bolbitius,* ↑ *Pluteus* und viele andere). D

Hymenogastrales: Ordnung der Klasse ↑ *Basidiomycetes* (Ukl. ↑ *Homobasidiomycetidae*), die hypogäische, knollenartige, cleistocarpe ↑ Gasterothecien als Fruchtkörper bilden. Die Gleba besteht aus Kammern mit Hymenien; sie ist bei Reife breiig. Die Basidien sind 2- bis 8sporig, die Sterigmata meist kurz. ↑ Columellae fehlen. Repräsentative Gattungen sind ↑ *Rhizopogon, Hymenogaster, Hydnangium*. Die *Rhizopogonaceae* werden von manchen Autoren auch als *Rhizopogonales* auf der Rangstufe einer Ordnung geführt. D

Hymenomyceten: Pilze, deren Fruchtkörper ein ↑ Hymenium aufweisen. Der Begriff H. wurde zunächst für alle Pilze, die bei Reife ein oberflächliches Hymenium ausbilden, benutzt, sowohl für Asco- als auch für Basidiomyceten (so bei Nees von Esenbeck und Corda, ↑ Geschichte der Mykologie). Später wurde er auf Basidiomyceten beschränkt und von den Hymenien bildenden Ascomyceten gelöst. In diesem Sinne wird er in manchen ↑ Pilzsystemen noch gegenwärtig benutzt, meist als Unterklasse der ↑ *Basidiomycetes*, als *Hymenomycetidae*. Die zugehörigen Pilze entwickeln gymnocarpe oder hemiangiocarpe ↑ Fruchtkörper und werden denen mit cleisto- oder angiocarper Entwicklung, den Bauchpilzen (↑ Gasteromyceten) und fruchtkörperlosen Basidiomyceten gegenübergestellt. Da auch Gasteromyceten meist Hymenien bilden und da sich gezeigt hat, daß manche Gasteromyceten mit manchen H. eng verwandt sind, wird der Begriff H. in den neuesten ↑ Pilzsystemen nicht mehr als Taxon benutzt. Die H. sind demnach eine morphologisch definierte Gruppe. Es sind Basidiomyceten, die nach gymno- oder hemiangiocarper Entwicklung der Fruchtkörper oberflächliche Hymenien aufweisen. D

Hymenophor: Hymenienträger, eine Struktur an ↑ Basidiocarpien, an deren Oberfläche das Hymenium ausgebildet ist. Der Begriff wird jedoch nicht für innere hymenienführende Fruchtkörperteile benutzt (↑ Hymenomyceten, ↑ gymnocarpe, ↑ hemiangiocarpe ↑ Fruchtkörper). Manche Autoren benutzen den Begriff nur dann, wenn differenzierte Oberflächen (Röhren, Lamellen etc.) ausgebildet sind, also eine differenzierte Trägerstruktur. Da es aber von glatten hymenienführenden Oberflächen zu differenzierten Hymenophoren alle Übergänge gibt, die auch die phylogenetische Hymenophordifferenzierung widerspiegeln, herrscht keine Einheitlichkeit in der Begriffsanwendung. Viele Autoren sprechen von „glatten Hymenophoren"; andere lehnen dies ab und bezeichnen die entsprechenden Verhältnisse (z. B. bei stereoiden Fruchtkörpern) als hymenophorlos. Der Ausbildung des H. wurde früher in der Systematik der Basidiomyceten hoher Wert beigemessen. In aktuellen Systemen sind die Merkmale des H. weniger grundsätzlich, aber dennoch wichtig. Hierbei spielt sowohl die Morphologie des H. als auch dessen Anatomie (Bau der ↑ Hymenophoraltrama, z. B. der Lamellentrama, ↑ Abb. *Agaricales* 2, Bau des ↑ Subhymeniums usw.) eine Rolle. Tab. D

Hymenophoraltrama: Trama des ↑ Hymenophors, in erster Linie die Plectenchyme zwischen den Hymenien differenzierter Hymenophore. Das ↑ Subhymenium wird manchmal als Teil der H., manchmal bewußt nicht als solches angesehen. Da die Trennung unscharf bleibt, sollte man stets die subhymenialen Strukturen als Teil der H. betrachten. Die H. polyporoider Hymenophore bildet die ↑ Dissepimente. Die H. boletoider (mitunter auch polyporoider) Hymenophore wird als Röhrentrama, die agaricoider Hymenophore als Lamellentrama bezeichnet. Besonders bei den ↑ *Boletales*, ↑ *Agaricales* und ↑ *Russulales* ist die H. von systemati-

Typen des Hymenophors von ↑ Basidiocarpien

Ausbildungsform	Erläuterung
glatt, (stereoid, peniophoroid, clavarioid)	von Hymenium werden glatte, morphologisch von sterilen Partien nicht unterscheidbare Teile der Oberfläche des Fruchtkörpers (z. B. der Hutunterseite – stereoid) oder der gesamte krustige Fruchtkörper (peniophoroid) bzw. ein ↑ Holothecium (clavarioid) überzogen; Beispiele: *Stereum hirsutum, Peniophora incarnata, Clavaria fragilis*
faltig (merulioid)	runzelige Auffaltungen und dazwischenliegende Vertiefungen und glatte Partien tragen das Hymenium; Beispiel: *Merulius tremellosus*
höckerig, warzig (thelephoroid)	höckerartige oder warzenförmige Auffaltungen und dazwischenliegende Vertiefungen und glatte Partien tragen das Hymenium; Beispiel: *Thelephora terrestris*
leistenförmig (catharelloid)	leistenartige, mitunter fast lamellenförmige Aufwölbungen mit reichlichen Anastomosen und die dazwischenliegenden Vertiefungen werden vom Hymenium überzogen; Beispiel: *Cantharellus tubaeformis*
lamellenförmig (agaricoid)	das Hymenium befindet sich oberflächlich an Lamellen, diese sind weichfleischig, die Lamellentrama ist monomitisch; Beispiel: *Agaricus campestris*
derbblättrig (lenzitoid)	wie das agaricoide Hymenophor, aber aus derber, nicht monomitischer Hymenophoraltrama bestehend; das lenzitoide Hymenophor ist vom poroiden abgeleitet; Beispiel: *Lenzites betulinus*
röhrenförmig (boletoid)	das Hymenium kleidet die Innenseite von Röhren aus, deren Querschnitt rund, eckig, aber stets nahezu isodiametrisch ist, die Hymenophoraltrama ist monomitisch und stets von der Huttrama leicht lösbar; Beispiel: *Boletus edulis*
derbröhrig (polyporoid)	wie das boletoide Hymenophor, aber aus derberer, meist nicht monomitischer und nicht lösbarer Röhrentrama gebildet; Beispiel: *Polyporus ciliatus*
radial derbröhrig (trametoid)	ein polyporoides Hymenophor, bei dem die Röhrenquerschnitte ellipsoid (nicht isodiametrisch) und radial zum Hutrand (Fruchtkörperrand) hin orientiert sind; Beispiel: *Trametes gibbosa*
labyrinthisch (daedaleoid)	ein polyporoides Hymenophor, mit unregelmäßigem (labyrinthischen) Röhrenquerschnitten; Beispiel: *Daedalea quercina*
zahnförmig (irpicoid)	unregelmäßige Zähnchen und dazwischenliegende Vertiefungen werden vom Hymenium überzogen; das irpicoide Hymenophor entwickelte sich durch Aufreißen von Röhrenwänden aus dem polyporoidem Hymenophor oder durch weitere Auffaltung aus dem merulioidem Hymenophor; Beispiel: *Irpex lacteus*
stachelförmig (hydnoid)	isolierte Stacheln und die dazwischenliegenden Partien werden vom Hymenium überzogen; Beispiel: *Hydnum repandum*
hohlstachelförmig (fistulinoid)	das Hymenium kleidet die Innenseite isolierter Röhren aus, die sich aus apical aufreißenden hohlen Stacheln bilden; Beispiel: *Fistulina hepatica*

scher Bedeutung. Man unterscheidet im Vertikalschnitt der Fruchtkörper (sekantale Schnitte der Hüte, das ergibt Längsschnitte der Röhren bzw. Querschnitte der Lamellen) etwa längsparallelen Hyphenverlauf (reguläre H.), nahezu längsparallelen, aber etwas verflochtenen Hyphenverlauf (subreguläre H.), unregelmäßig verflochtene Hyphen (irreguläre H.) und etwa gleichförmig schrägen Hyphenverlauf von der Mitte zur hymenienführenden Oberfläche (bilaterale H.). Manche Autoren unterscheiden terminologisch Besonderheiten, z. B. das Vorkommen von ↑ Sphaerocysten oder Bindehyphen, ↑ inflaten Hyphen usw., oder sie untergliedern die bilaterale H. in verschiedene Typen. ↑ Abb. *Agaricales* 2 D

Hymenoscyphus: weltweit verbreitete Gattung der Familie ↑ *Leotiaceae* (Synonym: *Helotium*, Ord. ↑ *Helotiales*, Kl. ↑ *Ascomycetes*) mit mehr als 100 Arten. Die ↑ Ascocarpien sind kleine, stets gestielte, unbehaarte ↑ Apothecien, deren Ektalexcipulum aus dünnwandiger ↑ Textura porrecta aufgebaut ist. Die Hyphen stehen in flachem Winkel zur Oberfläche. Die Ascosporen weisen höchstens eine ↑ Septe auf. Einige Anamorphen von *H.*-Arten leben als ↑ aquatische Pilze. Hi

Hyphe: Pilzfaden, Basisstruktur der Geflechte (↑ Myzel) und ↑ Fruchtkörper von Pilzen. H. bilden ein verzweigtes Röhrensystem; ihr Durchmesser beträgt 0,5 bis 100 µm. Bei vielen Pilzen sind die H. durch Querwände (↑ Septen) in ↑ Kompartimente (Zellen) unterteilt. Septen treten in drei Haupttypen auf: 1. Nichtperforierte Septen, 2. einfach perforierte Septen mit einem zentralen, irisblendenartigen Porus, 3. dolipore Septen mit einer komplizierten Porenstruktur (↑ Doliporus), die für Organellen (im Gegensatz zum 2. Typ) nicht passierbar ist. H. besitzen außer den Plastiden alle für eukaryotische Zellen typischen Organellen. Bei unseptierten H. treten zahlreiche ↑ Zellkerne auf (Coenocytisches Myzel). Die Hyphensegmente zwischen den Septen enthalten ein, zwei oder mehr Zellkerne. Weiterhin treten im ↑ Cytoplasma der H. ↑ Mitochondrien, ↑ Endoplasmatisches Reticulum, ↑ Ribosomen, ↑ Vacuolen und Reservestoffe (Lipide, Glykogengranula) auf. ↑ Dictyosomen sind bisher nur bei den ↑ Oomyceten sicher nachgewiesen. Lipide und Glykogen treten zumeist in ausdifferenzierten Hyphensegmenten, in Nahrungsspeicherstrukturen oder in ↑ Sporen auf. Das Cytoplasma der H. wird nach außen durch eine Membran, das ↑ Plasmalemma, abgegrenzt. Die äußere Form der H. sowie deren Stabilität wird im wesentlichen durch die Wand bestimmt. Deren chemische Zusammensetzung ist als taxonomisches Kriterium von Bedeutung. Bei den meisten Pilzen ist Chitin (Makromolekül aus N-Acetylglucosamin-Bausteinen in 1,4-Stellung) die Hauptkomponente der Hyphenwand. Bei manchen Gruppen (↑ Oomyceten, ↑ Hyphochytridiomyceten) enthält die Hyphenwand anstelle von Chitin Zellulose. Das Wachstum der Hyphen erfolgt in der Regel apikal. Wahrscheinlich ist der durch die zunehmende Vacuolisierung erzeugte Turgor (Zelldruck) eine wesentliche Kraft für das Hyphenwachstum. Der apikale Bereich wachsender H. ist durch die hier auftretenden zahlreichen Vesicel deutlich abgrenzbar (Abb. ↑ Spitzenkörper). Diese Vesicel stammen vom Endoplasmatischen Reticulum oder von Dictyosomen ab und enthalten Zellwandmaterial. An der Hyphenspitze verschmelzen sie mit dem Plasmalemma, wobei sich ihr Inhalt in die Region der Hyphenwand entleert. Die Differenzierung der H. erfolgt mit zunehmender Entfernung von der Spitze. Sichtbar wird dies durch die Septierung der H., die Bildung von Vacuolen sowie das Auftreten von Reservestoffen (z. B. Glykogen). Die Differenzierung führt in Abhängigkeit von der Funktion der H. zu zahlreichen unterschiedlichen Strukturen (z. B. Haustorien der parasitischen Pilze). In älteren Abschnitten kann es sekundär zur Ausbildung von Verzweigungen kommen. Bei septierten Pilzen treten seitliche Verzweigungen meist direkt hinter einem Septum (z. B. bei Basidiomyceten im Schnallenbereich) auf. Dabei wird die Hyphenwand lokal verdünnt bzw. abgebaut; in dieser Region bläht sich der Protoplast der H. nach außen und bildet eine neue Spitze aus. Aggregation und Verflechtung von H. führen bei ↑ Ascomyceten und ↑ Basidiomyceten, selten auch bei einigen ↑ Zygomyceten, zur Ausbildung von Flechtgeweben (Plectenchym) und Scheingeweben (Pseudoparenchym); diese sind die wesentlichen Strukturen der ↑ Fruchtkörper, ↑ Sclerotien, ↑ Stromata und ↑ Rhizomorphen. Sch/D

Hyphenkörper: Segmente eines ursprünglich coenocytischen oder unregelmäßig septierten Myzels. Die H. entstehen durch Septierung und dienen der Vermehrung bzw. Ausbreitung. Sie kommen bei den parasitischen Zygomyceten vor. Zum Beispiel werden die H. von ↑ *Entomophthora* durch die Körperflüssigkeit des noch lebenden Wirtes transportiert, so daß systemische Ausbreitung des Pilzes im Wirt ermöglicht wird. Nach Absterben des Wirtes werden vom vegetativen Myzel H. gebildet, die der Überdauerung des Pilzes dienen. Sie werden als Dauerkörper bezeichnet und sind mit ↑ Gemmen vergleichbar. D

Hyphensystem: gesetzmäßige Anordnung von Hyphentypen beim Aufbau der Trama von Fruchtkörpern. Der Begriff H. wurde für ↑ Basidiocarpien geprägt und wird nur bei diesen verwendet. Folgende Hyphentypen können an den H. der Trama beteiligt sein:

1. generative Hyphen: meist dünnwandige, oft schnallentragende, verzweigte und Anastomosen bildende Hyphen, die potentiell auch die Basidien entwikkeln können (↑ inflate Hyphen);
2. Skeletthyphen: an generativen Hyphen entspringende, sehr dickwandige,

Typ des Hyphensystems	beteiligte Hyphentypen
monomitisch	nur generative Hyphen
dimitisch	generative Hyphen und Skeletthyphen
trimitisch	generative Hyphen, Skeletthyphen und Bindehyphen
amphimitisch	generative Hyphen und Bindehyphen
pseudodimitisch (= scleromitisch)	normale generative Hyphen und wandverdickte generative Hyphen
gloeodimitisch	generative Hyphen und gloeoplere Hyphen
sarcodimitisch	normale generative Hyphen und etwas wandverdickte inflate (aufgetriebene) generative Hyphen

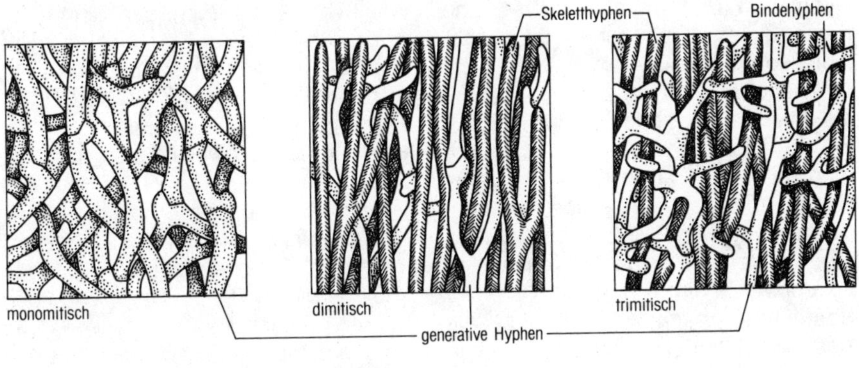

Hyphensystem: die wichtigsten Typen

wenig verzweigte, in der Regel schnallenlose und wenig septierte Hyphen, die derben Fruchtkörpern ihre Festigkeit verleihen;
3. Bindehyphen: abnorm reich verzweigte, knorrige Hyphen, die andere Hyphenformen umwachsen und miteinander verbinden können; den generativen Hyphen entspringend;
4. gloeoplere Hyphen: wenig septierte oder unseptierte, an generativen Hyphen entspringende Hyphen mit öligen Einschlüssen.
Da mitunter sehr spezielle Hyphentypen auftreten können, ist es manchmal notwendig, diese detailliert zu beschreiben. Die Bezeichnung der Hyphensysteme (Tab.) darf nicht dogmatisch geschehen. Es gilt zu beachten, daß die Hyphentypen in den einzelnen Verwandtschaftskreisen konvergent entstanden sind. Abb. D

Hyphenwand: Stützstruktur außerhalb des ↑ Plasmalemmas einer Pilzhyphe. Die H. besteht bei den meisten Pilzen zum überwiegenden Teil aus Chitin, selten ist Zellulose beteiligt. Daneben treten andere Polysaccharide, Proteine, Lipide und Melanine auf. Neben der Stützfunktion bildet die H. auch einen Schutz der Pilzhyphen gegen mechanische Verletzungen. Die H. vieler Pilze ist deutlich geschichtet (Taf. 2/2 ↑ Conidiogenese). Sch/D

Hyphidium (Pl. Hyphidien, auch Hyphidia): steriles Hyphenende im Hymenium von ↑ Basidiocarpien, das nicht auffallend verdickt ist, also hyphenartig erscheint. Die H. bedingen das kontinuierliche Dickenwachstum mancher Hymenien, wobei abgesporte Basidien, Cystiden usw. überwachsen werden (↑ Catahymenium). H. können nicht immer klar von ↑ Cystiden unterschieden werden.
Besondere Typen von H. sind die Acanthohyphidien (mit zahlreichen kurzen Stacheln), die Dendrohyphidien (bäumchenartig verzweigt) und die Dichohyphidien (dichotom verzweigt). D

Hyphochytridiomycetes: eine nur ca. 20 Arten umfassende Klasse von Pilzen unklarer Zugehörigkeit. Die *H.* wurden lange Zeit zu den ↑ *Chytridiomycetes* gestellt, denen sie im Bau des Thallus ähneln, von denen sie sich aber durch den Typ der ↑ Begeißelung ihrer Schwärmer unterscheiden. Möglicherweise gibt es verwandtschaftliche Beziehungen zu den *Oomycetes* und ↑ *Labyrinthulomycetes,* mit denen sie gelegentlich in der Abteilung ↑ *Oomycota* vereinigt werden (↑ Pilzsystem). Die H. leben meist aquatisch, wurden aber auch aus dem Boden, von Pilzfruchtkörpern und von Pollen isoliert. Die meisten Arten leben parasitisch auf (oder in) Algen verschiedener Verwandtschaftskreise *(Chlorophyceae, Phaeophyceae, Xanthophyceae)* oder parasitieren auf Pilzen (besonders auf Oomyceten), andere sind Saprophyten. Der Thallus ist coenocytisch und wird bei manchen Arten vollständig zu einer Sporocyste (holocarpe Thalli), oder er besitzt ein Rhizoidmyzel und entwickelt eine oder mehrere Sporocysten (eucarpe Thalli), selten kommt auch ein Myzel vor. Die holocarpen Formen sind Endoparasiten. Die Zoosporen der H. sind birnenförmig und besitzen eine akrokonte Flimmergeißel. Der Begeißelungstyp ist mit dem der Spermatozoide der Kieselalgen vergleichbar. Sexualität und Kernphasenwechsel sind nicht nachgewiesen. Abb. D

Hyphogamie ↑ Befruchtung

Hypholoma (Schwefelköpfe): weltweit verbreitete Gattung der Familie *Strophariaceae* (Ord. ↑ *Agaricales*, Kl. ↑ *Basidiomycetes*). Die Fruchtkörper sind meist mittelgroße, zentral gestielte ↑ Blätterpilze mit überwiegend gelben und gelbbraunen bis roten Farben und braunem bis fast schwarzem Sporenpulver. Die für viele *Strophariaceae* typi-

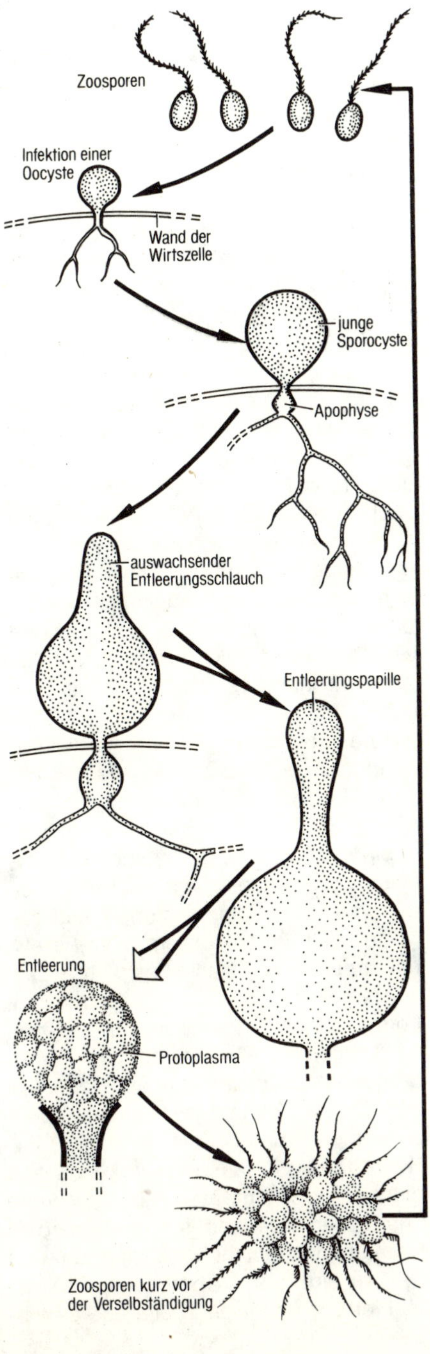

schen Chrysocystiden (↑ Cystide) kommen vor. Die ↑ Fruchtkörperentwicklung ist hemiangiocarp. Ein Velum (meist eine Cortina) ist an jungen Fruchtkörpern nachzuweisen. Die *H.*-Arten wachsen saprophytisch auf Pflanzenresten, im Torf, Holz oder Boden. Mehrere Arten sind an Moore gebunden. Einige der 15 europäischen Arten sind sehr häufig, z. B. der Grünblättrige oder Bittere Schwefelkopf, *H. fasciculare,* oder der als Speisepilz geschätzte Rauchblättrige Schwefelkopf, *H. capnoides.* Beide Arten kommen büschelig an Holz vor. Taf. 36/1 D

Hyphomyceten: ↑ imperfekte Pilze, die nicht zu den ↑ *Coelomycetes* gehören. Sie werden als Form-Klasse *Hyphomycetes* bzw. Form-Unterklasse *Hyphomycetidae* im System der Anamorphen bzw. der imperfekten Pilze *(Deuteromycota, Deuteromycotina, Deuteromycetes)* behandelt und in die Form-Ordnungen *Agonomycetales* (↑ Mycelia sterilia) und ↑ *Moniliales* unterteilt. Es sind imperfekte Pilze, die keine ↑ Conidiomata bilden. Hi

Hyphopodium: Hyphenfüßchen, eine Struktur (Hyphe oder Hyphenabschnitt), die der Anheftung von Hyphen (Myzel) an das Substrat dient. Der Begriff H. ist ein morphologischer Begriff für Bildungen, die funktionell in der Regel ↑ Appressorien sind. Aus den H. parasitischer Pilze entstehen oft ↑ Haustorien. D

Hyphosphäre: Bereich des Substrats, der von Hyphen durchwachsen und beeinflußt wird, die unmittelbare Umgebung von ↑ Hyphen; die Bereiche der Wechselbeziehungen von Hyphen und Substrat. H. kann totes Substrat (Boden, Holz, ↑ Agar) als auch lebendes Wirtsgewebe (↑ Parasitismus) sein. D/B

Hyphochytridiomycetes: Entwicklungszyklus von Rhizidiomyces apophysatus; die Wirtszelle ist die Oocyste eines Oomyceten

Hypnosporen (Dauersporen): für die Überdauerung ungünstiger Umweltbedingungen geeignete ↑ Sporen. H. sind z.B. die ↑ Chlamydosporen vieler Pilze, die ↑ Teleutosporen der ↑ *Uredinales,* die ↑ *Brandsporen* der ↑ *Ustilaginales* u.a. Alle als ↑ Wintersporen bezeichneten Formen, die in den gemäßigten Zonen der Überwinterung dienen, sind H. In der Literatur werden mitunter auch ↑ Hypnozygoten („Zygosporen", „Oosporen") als H. bezeichnet; jedoch sollte der Sporenbegriff nicht für Zygoten benutzt werden. D

Hypnozygote: Dauerzygote, die sich nach der Verschmelzung der Protoplasten (Plasmogamie) und meist auch der Kerne (Karyogamie) von ↑ Gameten, ↑ Gamocyten oder ↑ Gamocysten bei manchen Algen und Pilzen bildet. Sie ist durch eine derbe, oft skulpturierte und pigmentierte Wand charakterisiert und zur Überdauerung ungünstiger Lebensbedingungen geeignet. Unter den Pilzen werden H. z.B. bei den ↑ *Zygomycetes* gebildet. ↑ Abb. *Mucorales* D

Hypobasidie: der basale (mitunter stielchenähnliche) Teil einer ↑ Phragmobasidie. B

Hypocreaceae: Familie der Ordnung ↑ *Hypocreales* (Kl. ↑ *Ascomycetes*). Die *H.* bilden gelb oder orange gefärbte ↑ Stromata. Es sind meist Saprophyten an Holz oder anderer toter organischer Substanz, einige Arten sind coprophil. Nahe verwandt und manchmal in die H. einbezogen sind die stromalosen Vertreter der Gattung ↑ *Nectria* und einige verwandte Gattungen, die auch als Familie *Nectriaceae* abgegrenzt werden. Hi

Hypocreales: Ordnung der Klasse ↑ *Ascomycetes,* die nicht lichenisierte Pilze mit hellfarbigen, niemals schwärzlichen, oft weichfleischigen ↑ Perithecien umfaßt, die sich auf einem ↑ Subiculum oder ↑ Stroma bilden. Die ↑ Asci sind oft mit inamyloidem Apikalring versehen (↑ Abb. Ascus 4). Ein ↑ Hamathecium fehlt oder ist in Form von ↑ Apikalparaphysen ausgebildet. ↑ Anamorphen sind reichlich und vielfältig entwikkelt, überwiegend werden ↑ Phialosporen gebildet. Wichtige Familien sind die ↑ *Hypocreaceae* und die ↑ *Hypomycetaceae.* Hi

Hypoderm ↑ Huthaut

Hypogymnia: Flechtengattung der Familie *Parmeliaceae* (Ord. ↑ *Lecanorales*). *H.*-Arten sind ↑ Blattflechten mit rhizinenfreier Unterseite des Thallus. Die heteromer gebauten ↑ Loben sind unterseits oft etwas aufgeblasen. Häufig treten typische Lippensorale auf. In anderen Merkmalen stimmt H. weitgehend mit der Gattung ↑ *Parmelia* überein, mit der sie bis vor wenigen Jahren vereinigt wurde. Die *H.*-Arten sind vorwiegend Epiphyten an Bäumen, siedeln aber auch an bearbeitetem Holz, an Steinen und Moosen. *H. physodes* gilt als relativ toxitolerant und wird als Testobjekt für Luftverunreinigung (besonders mit SO_2) verwendet. Sto

Hypomycetaceae: Familie der Ordnung ↑ *Hypocreales* (Kl. ↑ *Ascomycetes*). Als Fruchtkörper werden rötliche oder grünliche ↑ Perithecien auf gleichfarbigen Myzelmatten gebildet (↑ Subiculum). Die Ascosporen sind überwiegend spindelig. Die meisten *H.* sind Parasiten auf Fruchtkörpern von Pilzen, besonders von Basidiomyceten. Die ↑ Anamorphen gehören z. B. zu den Form-Gattungen *Verticillium* und *Cladobotryum.* Eine häufige, auf Fruchtkörpern der ↑ *Boletales* vorkommende Art ist *Apiocrea chrysosperma,* der Goldschimmel. Hi

Hypothallus: 1. aus einem ↑ Plasmodium von Schleimpilzen (Kl. ↑ *Myxomycetes*) hervorgehendes zartes, pergamentartiges Häutchen, auf dem entweder ein einziges ↑ Sporocarpium oder mehrere, mitunter auch alle aus einem

Plasmodium hervorgehenden Sporocarpien entwickelt sind. Ein H. kommt nicht bei allen Myxomyceten vor. D
2. bei einigen Flechten (↑ Lichenes) auf der Unterseite des ↑ Flechtenthallus vorhandenes dichtes Geflecht aus pigmentierten Hyphen, z. B. bei einigen *Pannariaceae*. Der Begriff H. wird in der Lichenologie auch als Synonym zu ↑ Prothallus benutzt. Sto

Hypothecium ↑ Subhymenium

Hypoxylon: weltweit verbreitete Gattung der Familie *Xylariaceae* (Kugelpilze, Ord. ↑ *Xylariales*, Kl. ↑ *Ascomycetes*), die ca. 120 Arten holzbewohnender Saprophyten oder Schwächeparasiten umfaßt. In den meist großen, auffälligen, rötlichen oder schwärzlichen ↑ Stromata (Sammelfruchtkörper) werden (oft zahlreiche) Perithecien ausgebildet. Hi

Hysterangiales: Ordnung der Klasse ↑ *Basidiomycetes* (Ukl. ↑ *Homobasidiomycetidae*). Die Fruchtkörper sind hypogäische, selten epigäische (nur *Phallogaster*), cleistocarpe, selten angiocarpe (nur *Phallogaster*) ↑ Gasterothecien. Die ↑ Gleba ist knorpelig, gelatinös und bei Reife breiig; die Kammern sind von echtem Hymenium ausgekleidet. Von manchen Autoren werden die *H.* als ursprüngliche Sippen ohne ↑ Receptaculum zu den ↑ *Phallales* gestellt. Repräsentative Gattungen sind ↑ *Hysterangium* und *Phallogaster*. D

Hysterangium (Schwanztrüffeln): Gattung der Ordnung ↑ *Hysterangiales* (Kl. ↑ *Basidiomycetes*) mit hypogäischen, nahezu kugeligen, außen hellen ↑ Gasterothecien von etwa 1–4 cm Durchmesser, die sich oft an einem auffallenden Myzelstrang entwickeln. Diese Fruchtkörper besitzen eine einfache oder verzweigte, gelatinöse ↑ Columella und gestreckte, z. T. bis über 20 µm lange Sporen. Die Peridie ist stets gut ausgebildet und erreicht bei manchen Arten über 0,5 mm Durchmesser. *H.*-Arten wachsen in Wäldern. Zu den häufigsten gehört *H. coriaceum*, die in Laub- und Nadelwäldern anzutreffen ist. D

Hysteriales ↑ Lirelle

Hysterothecium ↑ Lirelle

I

Ibotensäure: einer der toxischen Wirkstoffe des Fliegenpilz- und Pantherpilzgiftes. Neben I. sind in diesen Pilzen auch das Muscimol (= Pantherin) und das Muscazon als Giftstoffe enthalten. M

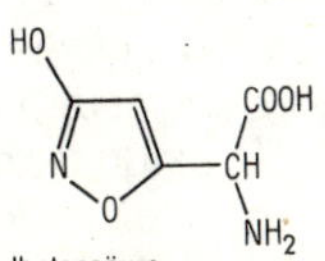

Ibotensäure

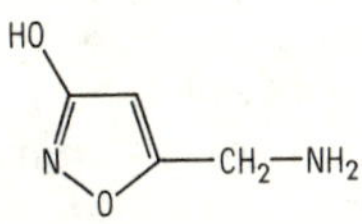

Muscimol (Pantherin)

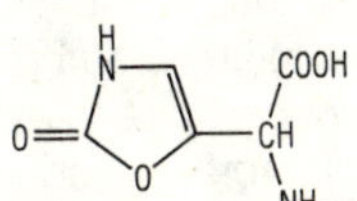

Muscazon

ICBN: eine Kurzbezeichnung für den Internationalen Code der Botanischen Nomenklatur (International Code of Botanical Nomenclature). Der ICBN wird von der „International Association for Plant Taxonomy“ herausgegeben. Es handelt sich um ein Werk, in dem die Grundsätze und Regeln der Benennung von Pflanzen verankert sind und das die Listen „konservierter“ Namen (nomina conservanda) enthält. Die Pilze werden entsprechend internationaler Übereinkunft nomenklatorisch als Pflanzen behandelt, d. h., die Benennung der Pilze wird durch den ICBN geregelt. An mehreren Stellen ist im ICBN auf spezielle Probleme der Nomenklatur bei Pilzen eingegangen, z. B. im Artikel 13.1.e auf den Startpunkt der Pilznomenklatur und auf die Sonderstellung ausgewählter Werke von E. M. ↑ Fries (Systema Mycologicum) und CH. H. ↑ Persoon (Synopsis Methodica Fungorum), im Artikel 33.5. auf die Gültigkeit der von E.M.Fries publizierten infragenerischen Taxa („Tribus“ ↑ Rangstufe), im Artikel 59 auf die Nomenklatur von Pilzen mit pleomorphem Entwicklungszyklus (↑ Anamorphe, ↑ Teleomorphe, ↑ Holomorphe). D

Idiophase: Produktbildungsphase einer ↑ Fermentation, wenn die Produkte erst nach einer Wachstumsphase (Trophophase) gebildet werden. Str

Idiotyp: Gesamtheit der Erbanlagen einer eukaryotischen Zelle. Der I. setzt sich zusammen aus dem ↑ Genotyp (Erbanlagen im ↑ Zellkern), dem Chondrom (Erbanlagen in den ↑ Mitochondrien) sowie bei Pflanzen dem Plastom (Erbanlagen in den Plastiden). Der I. legt die Reaktionsnorm eines Organismus innerhalb bestimmter Umweltbedingungen fest (↑ Modifikabilität). ↑ Pilzgenetik Sch

Imidazol-Antimykotika: gegen Pilze und manche grampositive Bakterien wirksame Hemmstoffe, an deren chemischem Aufbau ein Imidazol-Ring beteiligt ist. I. wirken fungistatisch, in sehr hohen Konzentrationen auch fungizid. Es sind sog. Breitspektrum-Antimykotika, die gegen viele ↑ Sproßpilze, ↑ Zygomyceten und ↑ Ascomyceten einschließlich deren ↑ Anamorphen wirken.

Der Wirkung von I. liegen verschiedene Mechanismen zugrunde. Sie schädigen

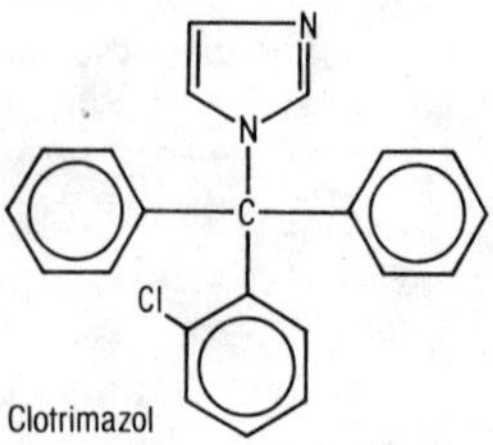

Clotrimazol

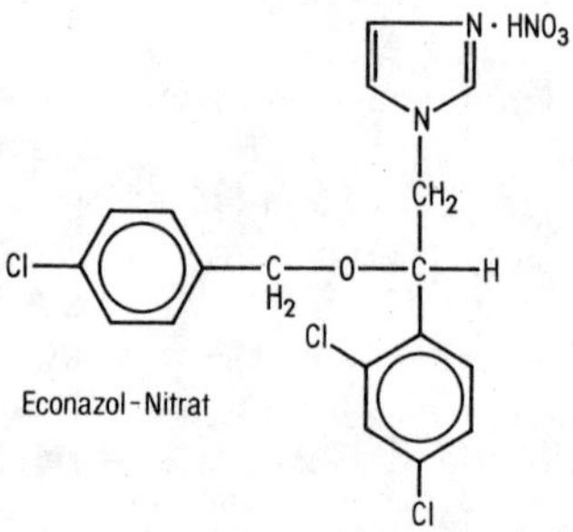

Econazol-Nitrat

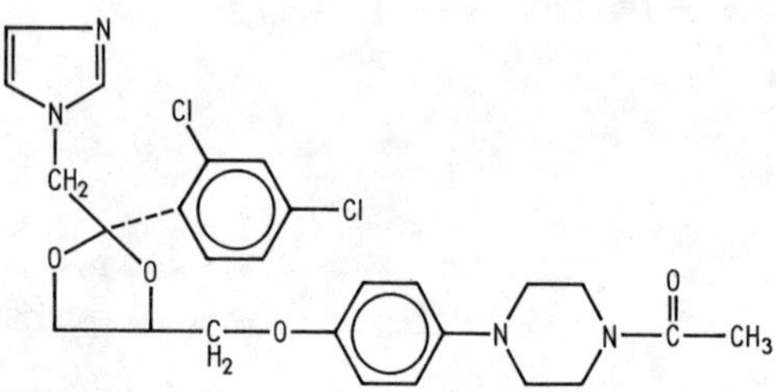

Ketoconazol

Imidazol-Antimykotika

die Zellmembran der empfindlichen Mikroorganismen durch Störung der Sterol-, bei Pilzen vor allem der Ergosterol-Synthese. Für mehrere Verbindungen wurde bei erhöhten Konzentrationen ein von der Ergosterol-Synthese-Blokkade unabhängiger zerstörender Effekt auf zelluläre und subzelluläre Membranen der Pilzzellen nachgewiesen. Auf Grund der Zellmembranschäden kommt es zum rapiden Austritt von Kalium-, Natrium- und Phosphat-Ionen. Auch Proteine, einschließlich wichtiger Enzyme, und Adenosintriphosphat treten aus den Zellen aus. Irreversible Schäden erleiden die ↑ Mitochondrien, die eine kugelige Form annehmen und deren Membranstrukturen, z. B. die Cristae mitochondriales, zerstört werden. Weitere I.-Wirkungen betreffen bestimmte Enzyme. Fungistatische Konzentrationen hemmen die Cytochrom-C-Peroxidase und aktivieren die Katalase. Fungizide Konzentrationen bewirken eine vollkommene Hemmung beider Enzymaktivitäten. Bei gleichzeitig hoher NADH-Oxidase-Aktivität werden tödliche Mengen an Peroxiden produziert. Da I. für den Menschen relativ gering toxisch sind, können sie bei ernsten Infektionen hoch dosiert und über längere Zeiträume verabreicht werden. Abhängig von Schwere und Lokalisation der ↑ Mykosen wendet man die verschiedenen I. in Form von Infusionslösungen, Tabletten, Salben oder Pudern an. V

Immobilisierung: Fixieren (unbeweglich machen) von Mikroorganismen oder ↑ Enzymen zum Zwecke ihrer wiederholten Nutzung als Biokatalysatoren. Die immobilisierten (festgelegten) Biokatalysatoren sind leicht von der Reaktionslösung abzutrennen. Die wichtigsten Verfahren der I. sind Geleinschluß, Adsorption (an Ionenaustauscher, Aktivkohle, Zellulose, Glas u. a.), Vernetzung durch bi- oder polyfunktionelle Verbindungen (wie Glutaraldehyd oder Toluoldiisocyanat), chemische Bindung (z. B. über Glutaraldehyd oder Carbodiimid an polymere Träger), Einkapselung. Auch eine gemeinsame I. von Zellen und Enzymen ist möglich (z. B. Laktase aus ↑ *Aspergillus oryzae* gemeinsam mit ↑ *Saccharomyces cerevisiae* zur Herstellung von ↑ Ethanol aus Molke). Die I. von Enzymen hat bereits industrielle Bedeutung. Verfahren zur I. von Hefen und myzelbildenden Pilzen sind in Entwicklung. Str

imperfekte Hefen (asporogene Hefen): sprossende Einzeller oder ↑ sproßmyzelbildende Arten (↑ Hefen), deren Teleomorphen nicht mehr gebildet werden oder die noch unbekannt sind. Es sind ↑ Anamorphen, die zu den *Endomycetes,* teilweise wahrscheinlich auch zu den *Basidiomycetes* (Ukl. ↑ *Heterobasidiomycetidae*), gehören. Die Mehrzahl kann in die Form-Ordnung ↑ *Torulopsidales* (Anamorph-Ordnung der *Endomycetes*) eingegliedert werden. D

imperfekte Pilze (Fungi imperfecti): Echte Pilze (↑ *Eumycota*), in deren Entwicklungszyklus ein Sexualvorgang (↑ Befruchtung) fehlt. I. P. vermehren sich durch mitotisch gebildete Sporen (↑ Conidien) und/oder durch vegetative Fortpflanzungseinheiten (↑ Bulbillen, ↑ Sclerotien); mitunter sind nur myzeliale Phasen bekannt (↑ Mycelia sterilia).

In der hier gegebenen Definition umfassen die i. P. sowohl imperfekte Vertreter der ↑ *Zygomycetes* und ↑ *Endomycetes* als auch der ↑ *Ascomycetes* und ↑ *Basidiomycetes.* Die Zuordnung eines i. P. zu einer dieser Gruppen kann anhand vegetativer Merkmale des ↑ Thallus (Natur der ↑ Hyphen, Vorkommen und Ultrastruktur der ↑ Septen, Aufbau der ↑ Zellwand u. a.) fast immer sicher vorgenommen werden. Die weitaus meisten i. P. sind imperfekte *Ascomycetes,* die Begriffe *Fungi imperfecti* und besonders *Deuteromycetes* werden deshalb häufig nur für diese Gruppe verwendet. Auch die nachfolgenden Angaben beziehen sich im wesentlichen auf imperfekte *Ascomycetes.*

Die i. P. sind kein natürliches Taxon. Sie sind ↑ Anamorphen und werden in Form-Ordnungen, Form-Familien usw. gruppiert. Ihr anamorpher, asexueller Lebenszyklus ist als Reduktionsform

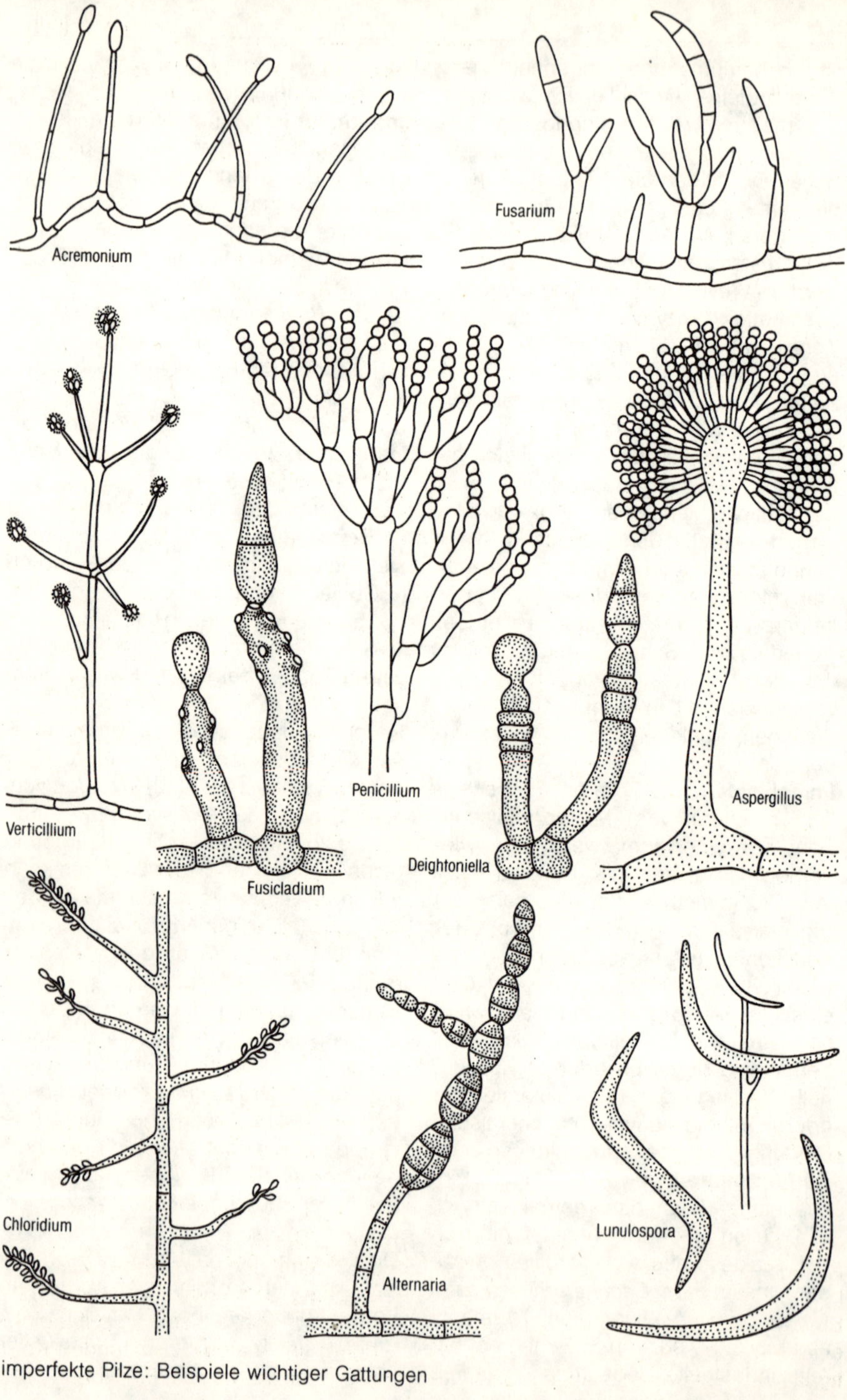

imperfekte Pilze: Beispiele wichtiger Gattungen

Gliederung der imperfekten Pilze (Deuteromycetes)

Form-Klasse ↑ *Hyphomycetes*
  Form-Ordnung *Agonomycetales* (↑ Mycelia sterilia)
    Form-Familie *Agonomycetaceae*
  Form-Ordnung ↑ *Moniliales*
    Form-Familie ↑ *Moniliaceae*
    Form-Familie ↑ *Dematiaceae*
    Form-Familie ↑ *Stilbellaceae*
    Form-Familie ↑ *Tuberculariaceae*
Form-Klasse ↑ *Coelomycetes*
  Form-Ordnung ↑ *Melanconiales*
    Form-Familie *Melanconiaceae*
  Form-Ordnung ↑ *Sphaeropsidales*
    Form-Familie *Sphaeropsidaceae*

durch Verlust der ↑ Teleomorphen zu interpretieren. Es gibt keine klare Trennung zu perfekten Ascomyceten, da viele Arten zwar die Teleomorphe in Form von ↑ Ascocarpien unter bestimmten Kulturbedingungen zu bilden in der Lage sind, aber kaum oder gar nicht unter natürlichen Bedingungen, hier also i. P. sind. In vielen größeren Form-Gattungen (z. B. ↑ *Aspergillus*, ↑ *Fusarium*, ↑ *Penicillium* usw.) sind sowohl Arten bekannt, die Teleomorphen bilden können, als auch solche, die dazu nicht (mehr) in der Lage sind oder bei denen sie noch nicht entdeckt wurde. Die Funktion der nicht vorhandenen Sexualität wird bei vielen Arten durch einen ↑ parasexuellen Zyklus übernommen.
Die traditionelle Gliederung der i. P. (Tab.) beruht vorwiegend auf morphologischen Merkmalen der ↑ Conidiophore (Abb.) und ↑ Conidiomata sowie auf der Pigmentierung und spiegelt keine natürlichen Verwandtschaften wider. Gegenwärtig versucht man, ein „natürlicheres" System der i. P., vor allem auf der Grundlage vergleichender Betrachtungen zur ↑ Conidiogenese, zu entwerfen. Hi

imperfektes Stadium ↑ Anamorphe

Impfung (Inoculation): Übertragung von Mikroorganismen oder Teilen von ihnen auf ein Substrat, z. B. ein Nährmedium. In der Medizin und selten auch in der Phytopathologie benutzt man den Begriff I. auch bei Übertragung auf lebende Organismen (für eine künstliche ↑ Infektion). Die Übertragung erfolgt bei Laborarbeiten mit Impfgeräten (Impföse, -nadel, -lanzette aus Platin oder Chromnickeldraht, Abb.) oder durch Übertragen von Flüssigkeit mit Organismen(teilen) mittels Pipette usw. In

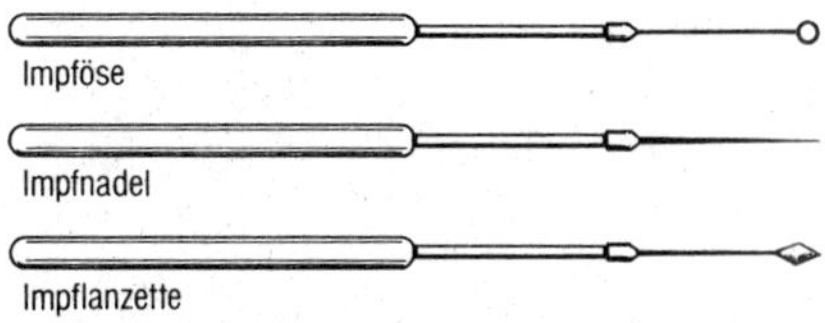

Impfung: Geräte

der Technik wird das Impfmaterial stufenweise in kleinen Impftanks angezogen und schließlich zur I. in den Produktionsfermenter gepumpt (↑ Abb. Antibiotika). Zur Beimpfung von Holz oder Kultursubstrat (z. B. für die Champignonzucht) benutzt man myzeldurchwachsene Substratteile. Str/D

Impressorium: Saughyphe, die – dem Haustorium ähnlich – in die Zellwand eines Wirtes oder Symbionten eindringt, diese jedoch nicht völlig durchstößt. Die inneren Wandschichten werden durch Ausscheidung verdünnt und durchlässig gestaltet, mitunter auch eingedellt, aber nicht durchbrochen. Besonders in der lichenologischen Terminologie wird die Reihenfolge ↑ Appressorium → Impressorium → ↑ Haustorium als Entwicklungslinie betrachtet. D/Sto

Index of fungi (Index der Pilze): Zusammenstellung von Pilznamen (seit 1971 werden auch lichenisierte Pilze mit einbezogen). In Analogie zum „Index Kewensis", der für die Blütenpflanzen geschaffen wurde, führte S. P. Wiltshire, damaliger Direktor des Commonwealth Mycological Institute in Kew (England), 1940 den halbjährlich erscheinenden I. o. f. (mit kumulativen Indices alle 10 Jahre) ein. Der Index bildet mit der Namenliste von ↑ Petrak und dem „Sylloge fungorum ..." von ↑ Saccardo eine Einheit, indem er diese Sammlungen von Pilznamen fortsetzt. Die Petrak-Liste, die alle Pilz-Taxa aus der Literatur zwischen 1920 und 1935 enthält und in „Just's Botanischer Jahresbericht" veröffentlicht wurde, führte Petrak selbst fort (Namen von 1936–1939). 1950 wurde dieser Nachtrag als Teil des I.o.f. publiziert. Zwischen 1950 und 1953 erfolgte der Nachdruck der bis dahin schwer zugänglichen Petrak-Liste ebenfalls als Teil des I. o. f. Neben den Namen der Pilze bringt der Index auch die Autorennamen und das Literaturzitat der Originalbeschreibungen. Außer Neubeschreibungen von Gattungen, Arten und infraspezifischen Taxa sind Neukombinationen (comb. nov., stat. nov. etc.), neue Namen für früher publizierte Taxa (nom. nov.) und Indices, z.B. der Wirtspflanzen, enthalten. Mit den Werken von Saccardo und Petrak (incl. sämtlicher Nachträge) stellt der I. o. f. eine vollständige Namensliste der Pilze seit der Einführung der binären Nomenklatur dar. D/H

Indusium (Schleier): grobnetziges, zwischen Hut- und Stielteil eines ↑ Receptaculums von ↑ Gasterothecien der ↑ *Phallales* inseriertes und weit herabhängendes Gebilde. Das I. ist als Teil des Receptaculums zu verstehen. Bei der Stinkmorchel, *Phallus impudicus,* kommt fakultativ ein I. vor, bei anderen Arten der *Phallaceae,* z.B. bei der tropischen *Dictyophora indusiata,* ist es eine regelmäßige Bildung. Stinkmorcheln und verwandte Sippen mit I. werden als „Schleierdamen" bezeichnet. D

Infektion: Eindringen parasitischer Mikroorganismen in einen größeren Wirtsorganismus („Makroorganismus"); Beginn der parasitischen Lebensweise (↑ Parasitismus) von Mikroorganismen bzw. des Befalls des Wirtes; Beginn einer Parasitose, häufig der erste Schritt einer Pathogenese. Meist folgt der I. eine Inkubationszeit, bevor erste ↑ Symptome der Parasitose auftreten. Der Zeitabschnitt zwischen Beginn und Abschluß des Eindringens, d.h. bis zum Einstellen stabiler parasitischer Verhältnisse, wird als Infektionszeit bezeichnet. Pilze realisieren eine I. durch keimende Sporen (Meiosporen, Conidien usw.), durch Zoosporen, begeißelte oder mit Hyphen keimende Zygoten, oft auch durch Hyphen, Sproßzellen usw. Nach dem Ort der I. kann man Klassifizierungen vornehmen und z. B. Blatt-, Blüten-, Frucht-, Stengel-, Wurzelinfektionen oder Haut-, Schleimhaut-, Magen-, Darm-, Wundinfektionen unterscheiden. Die Termini Primär- und Sekundärinfektion werden in verschiedener Bedeutung benutzt. Aus der Sicht des Wirtes für Erst- und Zweitinfektion mit dem gleichen Parasiten, aus der Sicht des Entwicklungszyklus des Parasiten für I. durch verschiedene infektiöse Stadien (z. B. Primärinfektion durch Aecidiosporen, Sekundärinfektion durch Uredosporen usw. ↑ *Uredinales*).

Der Terminus I. wird in der Medizin und in der Phytopathologie für Infektionskrankheit bzw. im Sinne von „infiziert sein" benutzt. Bezeichnungen wie Lokalinfektion, schwere, leichte, chronische I., Mischinfektion usw., aber auch die Bezeichnung befallener Orte (Blatt-, Wurzel-, Magen-, Darm-, Schleimhautinfektion usw.) werden in diesem Sinne gebraucht. Ähnlich verhält es sich mit den Termini Lokal- und Systeminfektion für eine lokal begrenzte oder eine im gesamten Organismus verbreitete (systematische oder systemische) Infektionskrankheit. Unter systematischer I. wird also systematischer Befall verstanden (↑ Systemmykose). Auch das Partizip „infiziert" wird nicht nur im Sinne des parasitischen Verhältnisses (von Parasiten befallen) angewendet, sondern auch für das

Vorhandensein potentieller Parasiten, die zu Infektionen in der Lage sind, z. B. im Zusammenhang mit „infizierten“ Böden, infiziertem Wasser usw. Dieser Sprachgebrauch (Infektion – auch für Infektionskrankheit; infiziert – auch für verseucht, mit infektiösen Keimen durchsetzt) ist auch in der wissenschaftlichen Literatur weit verbreitet, sollte aber vermieden werden. D/B

Infektionshyphe: bei myzelbildenden, parasitischen Pilzen eine zur ↑ Infektion befähigte Hyphe. Eine I. ist oft die unmittelbar aus einer Spore oder Zygote auswachsende Hyphe, bei fakultativ parasitischen Pilzen (↑ Parasitismus) kann u. U. jede Hyphe als I. fungieren. D

inflate Hyphen: zwischen den Septen aufgetriebene Hyphen. Sie wirken an den Septen wie eingeschnürt; die Abschnitte (Zellen) erscheinen wurstförmig oder auch spindelig. I. H. kommen bei den ↑ *Agaricales* häufig vor, besonders in der Huttrama. D

Inhalationsmykose: Pilzerkrankung des Menschen und höherer Wirbeltiere, welche die Folge inhalativer Aufnahme infektiöser Pilzelemente über die Atemwege ist. Typische I. sind z. B. ↑ Aspergillosen, ↑ Mucormykosen, ↑ Coccidioidose und ↑ Histoplasmose. Die Erkrankungen bleiben entweder auf die Atmungsorgane beschränkt, oder es kommt zusätzlich zu einer invasiven Streuung in andere Organe. V

Inkubation: parasitologischer Begriff für die Phase zwischen der ↑ Infektion und dem Auftreten erster ↑ Symptome als Reaktion auf den Befall; die Zeit des „Einnistens“ des Parasiten. Es ist die symptomlose Phase im parasitischen bzw. pathologischen Geschehen. Wenn besonders auf die Dauer dieses Abschnittes Bezug genommen wird, spricht man von Inkubationszeit oder von Latenzzeit. B

Inocybe (Rißpilze): weltweit verbreitete Gattung der Ordnung ↑ *Agaricales* (Kl. *Basidiomycetes*). Die Fruchtkörper sind zentral gestielte, oft kegelhütige, meist mittelgroße Blätterpilze mit hemiangiocarper ↑ Fruchtkörperentwicklung, braunem Sporenpulver und regulärer Lamellentrama (↑ Abb. *Agaricales* 2). An jungen Fruchtkörpern ist meist ein ↑ Velum partiale in Form einer Cortina erkennbar. Die Gattung *I.* gehört zur Familie der *Cortinariaceae*. Die meisten Arten sind Mykorrhizapilze, einige wahrscheinlich fakultativ; andere sind Saprophyten, einige besiedeln Holz. Unter den mehr als 150 europäischen Arten sind gefährliche Giftpilze, z. B. *I. patouillardii,* der Mairißpilz (↑ Rißpilzgifte; ↑ Giftpilze, Tab.).
Die Gattung *I.* wird in zwei gut trennbare, natürliche Untergattungen gegliedert. Das Subgenus *Inocybium* ist durch ellipsoide bis eiförmige Sporen, das Subgenus *Inocybe* durch knotige, höckerige bis sternförmige Sporen charakterisiert. D

Inokulationsmykose: Pilzerkrankung tierischer Organismen, welche nach verletzungsbedingtem Eindringen von Erregerelementen durch die Haut- und Schleimhautbarriere auftritt (↑ Verletzungsmykosen). V

inoperculater Ascus ↑ Ascus

Inonotus (Schillerporlinge): Gattung der Ordnung ↑ *Hymenochaetales* (Kl. ↑ *Basidiomycetes*). Die Fruchtkörper sind einjährige effuse, effusoreflexe oder pileate ungestielte ↑ Porlinge, die an Holz erscheinen, meist rasch wachsen und monomitische oder pseudodimitische Trama besitzen. Schnallen fehlen. In Europa kommen ca. 15 Arten vor, einige sind häufig, z. B. *I. hispidus,* der Zottige Schillerporling, an Straßenbäumen, Parkbäumen, Obstbäumen usw. *I. obliquus,* der Schiefe Schillerporling, wächst an lebenden Bäumen, besonders Birken, und bildet seine Fruchtkörper, nachdem die Wirtsbäume abgestorben sind. Vorher entwickelt er eine ↑ Anamorphe in Form faust- bis kopfgroßer schwarzer, unregelmäßiger Knollen, an denen ↑ Chla-

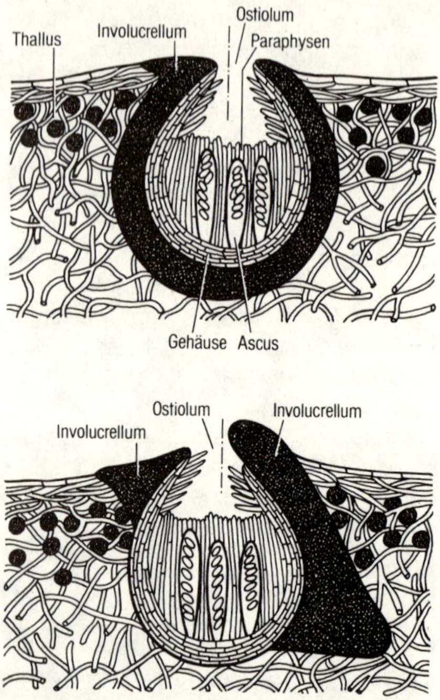

Involucrellum: verschiedene Typen. *Oben* kapselförmig, *links* mit, *rechts* ohne Schild. *Unten links* schildförmiges, *rechts* seitliches Involucrellum (basal verbreitert, apikal vorstehend).

mydosporen entstehen (Taf. 22/5). *I. rheades,* der Fuchsrote Schillerporling (Taf. 22/4), ist in Mitteleuropa nur selten in subkontinental beeinflußten Gebieten an Laubholz, besonders an Pappeln, zu finden. D

Invertase: ↑ Enzym, das den Rohr- oder Rübenzucker Saccharose in Glukose und Fruktose zerlegt. Der entstandene Invertzucker hat eine höhere Süßkraft und wird z. B. für Limonaden, Kunsthonig oder Bonbonfüllungen verwendet. Die I. wird im technischen Maßstab aus ↑ Backhefe und Bierhefe (↑ *Saccharomyces cerevisiae*) gewonnen. Str

Involucrellum: bei ↑ Perithecien einiger Flechten (↑ Lichenes) auftretende charakteristische Schwärzung, die durch Carbonisierung der das ↑ Gehäuse umgebenden Thallusschichten, teilweise auch des Gehäuses selbst, entsteht. Das I. kann ein Perithecium vollständig wie eine Kapsel umschließen oder nur seitlich ausgebildet, dabei basal verbreitert, apikal vorstehend oder stärker reduziert sein. Im Extremfall wird das ↑ Ostiolum nur als Schild umgeben. Abb. Sto

Involucrum (Hülle): durch Verflechtung und Verklebung von Hyphen gebildete Struktur, welche die eigentliche Oberfläche mancher Pseudorhizae, z. B. bei *Xerula melanotricha,* selten auch bei *X. pudens,* einhüllt. ↑ Pseudorhiza D

ionomidotische Reaktion: Austritt eines dunklen Pigments aus Präparaten von ↑ *Helotiales*- ↑ Apothecien in einer verdünnten KOH-Lösung, ein wichtiges taxonomisches Merkmal, z. B. bei der Familie ↑ *Sclerotiniaceae.* Hi

Ipomeanin: ↑ Mykotoxin aus Süßkartoffeln (Batate, *Ipomoa batates*), die mit *Fusarium solani* oder *Ceratocystis fimbriata* infiziert sind.
I. ist chemisch ein Furanosesquiterpen und bewirkt hauptsächlich Lungen- und Leberschäden. M

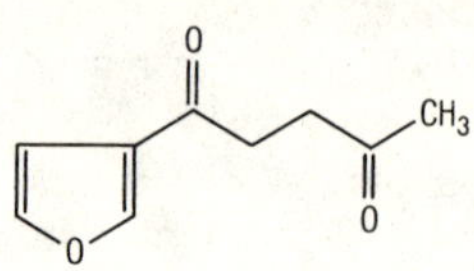

Ipomeanin

Ischnoderma (Harzporlinge): Gattung der Ordnung ↑ *Poriales* (Kl. ↑ *Basidiomycetes*). Die Fruchtkörper sind fomitoide Pilothecien (ungestielte, pileate Porlinge) mit hellbrauner ↑ Trama, die wenigstens im ↑ Hymenophor dimitisch ist. Die weichfleischigen Fruchtkörper wachsen rasch, die Pilze erregen intensive Weißfäule (↑ Holzzerstörung). In Europa kommt *I. benzoinum* (besonders an Nadelholz) und die Typusart, *I. resinosum* (Taf. 20/5; besonders an Buchenholz), vor. D

Isidium: der vegetativen Fortpflanzung der Flechten (↑ Lichenes) dienende Thallusbildungen. Es sind kleine, kugelig-keulige, stift- oder fingerförmige, fädige bis korralloid verzweigte Gebilde, die in ihrem Bau ganz dem übrigen Thallus entsprechen. Sie sind berindet, in der Regel solid mit meist deutlicher Phycobiontenschicht zwischen ↑ Rinde und ↑ Mark. I. werden nicht aktiv vom Thallus abgestoßen, sondern passiv durch mechanische Einwirkungen abgebrochen und verbreitet. Das geschieht besonders bei einigen ↑ Krustenflechten sehr leicht, da im unteren Teil oft schon Einschnürungen vorhanden sind. Mitunter bilden sich I. sehr zahlreich an Bruchstellen oder anderen Thallusverletzungen, z. B. Regenerationsisidien bei einigen ↑ *Peltigera*-Arten. Manchmal sind I. in ihrem oberen Teil sorediös aufgelöst; in anderen Fällen hinterlassen sie nach ihrem Abbrechen deutliche ↑ Atemporen; nicht selten sind sie Träger von ↑ Pycnidien. Die genaue Abgrenzung der I. zu anderen Thallusbildungen, wie ↑ Lobuli und ↑ Fibrillen, ist nicht immer einfach. Die bei einigen ↑ Gallert- oder ↑ Blattflechten als I. bezeichneten Bildungen bleiben oft mit dem Lager verbunden und dienen wohl eher einer Oberflächenvergrößerung als der vegetativen Vermehrung. Bei ↑ Bartflechten bilden sich isidienähnliche Strukturen oft aus ↑ Soralen, bleiben kurz oder entwickeln sich zu Fibrillen weiter. Abb. Sto

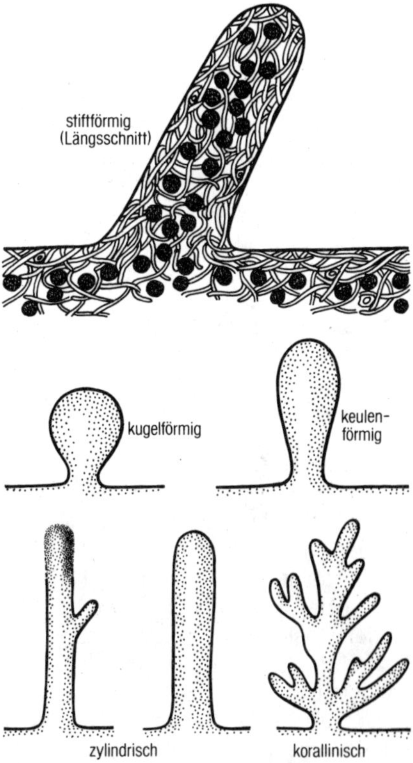

Isidium: verschiedene Ausbildungsformen, *unten links* mit sorediösem Apex

Isländisches Moos *(Cetraria islandica)*: bekannteste ↑ *Cetraria*-Art, die in Europa von den Tieflagen bis weit über die Waldgrenze (arktisch bis submediterran-montan) auf sauren, moorigen und nährstoffarmen Sand- und Heideböden an meist lichtreichen Standorten weit verbreitet ist. Die Art zeigt eine bipolare Verbreitung mit verbindenden Vorkommen in den tropischen Gebirgen. In den nordischen Ländern wurde I. M. in Hungersnöten trotz des bitteren Geschmacks (Fumarprotocetrarsäure) mit Mehl vermischt zu Brot verbacken oder in Milch eingeweicht gegessen; heute dient es nur noch als Viehfutter (Rentiere, Kühe). Offizinell wird I. M. unter der Bezeichnung Lichen islandicus als Bestandteil von Hustentees verwendet. Sto

Isogamie ↑ Befruchtung

Isosporie (Homosporie): Ausbildung morphologisch gleicher Sporen an einem Organismus bzw. an den Organismen einer Art. Isosporen können genotypisch verschieden sein, z. B. geschlechtlich differenziert (Plus- oder Minussporen). Der Terminus I. wird besonders dann benutzt, wenn in einem Verwandtschaftskreis bestimmter Umgrenzung auch Heterosporie (morphologisch differenzierte Sporen) vorkommt. D

Isosyntypus ↑ Syntypus

Isotypus: eine ↑ Dublette des ↑ Holotypus, d.h. ein Teil des Originalmaterials, das der Beschreibung einer ↑ Sippe, z.B. einer Art, zugrunde liegt (vgl. ↑ Typisierung). D

Isocystogamie ↑ Befruchtung

Itaconsäure: von einigen Stämmen der ↑ imperfekten Pilze *Aspergillus terreus* und *A. itaconicus* im Submersverfahren gebildete organische Säure. I. wird als Antioxidans und zur Herstellung von Weichmachern und Detergentien verwendet. Str

$CH_2 - C = CH_2$
$\quad|\qquad\quad|$
$COOH \quad COOH$ Itaconsäure

Ixocutis ↑ Huthaut

J

Jačevskij, Arthur Louis Arthurovič: russischer Phytopathologe (1863–1932). J. erhielt seine Ausbildung in Rußland und in der Schweiz, promovierte 1887 an der Moskauer Universität und war in Petersburg Direktor des Instituts für Pathologie und Mykologie, außerdem Professor für Phytopathologie am Forstinstitut. Seine Publikationen über Pflanzenparasiten, vor allem über Rost- und Mehltaupilze, sind für die Mykologie, besonders für die Systematik phytoparasitischer Pilze, von Bedeutung. H

Jochpilze ↑ *Zygomycetes*

Junghuhn, Franz Wilhelm: deutscher Botaniker (1809–1864). J. stammt aus Mansfeld, wo sein Vater als Chirurg tätig war. 1825 kam er nach Halle, um sich auf das Medizinstudium vorzubereiten, das er 1827 an der Halleschen Universität begann und 1830 in Berlin fortsetzte. Später diente er als Kompaniechirurg, legte 1834 in Leiden/Niederl. das medizinische Examen ab und wurde Militärarzt. Im selben Jahr besuchte er ↑ Persoon in Paris, der ihn bestärkte, nach Südostasien zu gehen. Als Militärarzt reiste J. nach Niederländisch-Indien (Indonesien) und war auf Java an vielen Orten tätig. In seiner freien Zeit beschäftigte er sich mit Botanik, Mykologie und Geologie. 1845 wurde er aus dem Militärdienst entlassen. Von 1848 bis 1855 war J. in Europa mit der Auswertung seiner asiatischen Studien beschäftigt, ging danach nach Java zurück, wo er später an einem Leberleiden starb. J.s wissenschaftliche Verdienste liegen in der Erforschung der Geographie und besonders der Flora von Java. 1852 erschien „Java, seine Gestalt, Pflanzendecke und innere Bauart“ (3 Bde.).

Mit Mykologie beschäftigte er sich seit seiner Jugendzeit. Die „Observationes mycologicae in species fungorum tam nova tam male cognitas“ erschienen 1830 in der Zeitschrift Linnaea. Die Arbeit enthält die Beschreibung neuer Arten und Varietäten aus dem hercynischen Gebiet. Sein mykologisches Hauptwerk „Praemissa in floram cryptogamicam Javae insulae“ erschien 1841. H

K

Kahlköpfe ↑ *Stropharia*

Kahmhefen: ↑ Hefen, die auf nährstoffhaltigen Flüssigkeiten (Wein, Fruchtsäfte u.a.) eine Haut (Kahmhaut) bilden. Die K. gären nicht oder nur schwach. Der bekannteste Vertreter ist ↑ *Candida vini* (= *Candida mycoderma*). Str

Kälberflechte: ↑ Dermatophytose bei Rindern. Der Erreger ist *Trichophyton verrucosum* (↑ Trichophytie). Zur seuchenhaften Ausbreitung der Krankheit kommt es bei zu dichter Tierhaltung unter unhygienischen Stallbedingungen. Unter den heutigen Verhältnissen der industriemäßigen Tierproduktion tritt die K. nur noch selten auf. V

Kalkbrut der Honigbienen ↑ Ascosphaerales

Kallenbach, Franz: deutscher Mykologe (1893–1944). Er studierte Naturwissenschaften an der Hochschule in Darmstadt und arbeitete danach als Lehrer. Von Bedeutung für die Pilzkunde ist seine Bearbeitung der Röhrlinge (1926–1942) für „Die Pilze Mitteleuropas". K. machte sich besonders um die volkstümliche Pilzkunde verdient; außerdem war er wesentlich an der Redaktion der „Zeitschrift für Pilzkunde" beteiligt. H

Kaltsterilisation: Keimfreimachung bei Raumtemperatur (↑ Sterilisation). Sie erfolgt durch Sterilfiltration, durch Bestrahlung oder durch Behandlung mit chemischen Substanzen. K. wird vor allem bei hitzeempfindlichen Materialien, z.B. Kunststoffen oder Vitamin- und Enzymlösungen, angewandt. Str

Karbolchampignons (Giftchampignons, Giftegerlinge): Gruppe von ↑ *Agaricus*-Arten (Ord. ↑ *Agaricales*, Kl. ↑ *Basidiomycetes*) aus der Verwandtschaft von *Agaricus xanthodermus*. Die K. riechen frisch oder/und beim Kochen nach Karbol (Apothekengeruch) und können Übelkeit erregen. Sie enthalten phenolische Verbindungen (Phenol, p-Quinol, p-Aminophenol, Dihydroxybiphenyl und Dihydroxyazobenzen), die als gastrointestinale Reizstoffe wirken. Die K. sind durch intensives Gilben an Druckstellen und besonders durch Gilben der Trama der Stielbasis an der Luft zu erkennen. M/D

	R
Phenol	H
p-Quinol (Hydrochinon)	OH
p-Aminophenol	NH_2
Dihydroxybiphenyl	$HO-C_6H_4$

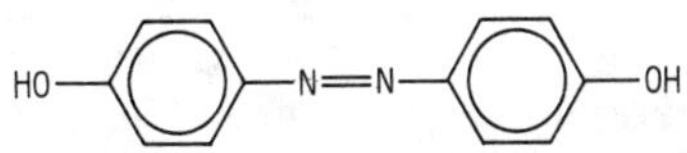

Dihydroxyazobenzen

Karminessigsäure: Färbemittel für mikroskopische Untersuchungen (1 g Karmin, 45 ml Eisessig, 55 ml Aqua dest.). Mit K. läßt sich in manchen ↑ Basidien eine karminophile (siderophile) Granulation nachweisen, die als taxonomisch wichtiges Merkmal angesehen wird. Hierfür wird ein Fruchtkörperfragment mit Hymenium in eine FB-Lösung (Fixier- und Beizlösung) übertragen. Sie besteht aus Eisen(III)chlorid (10%ig in 50%iger Essigsäure), Kupferacetat (10%ig in Aqua dest.). Thoriumnitrat (1%ig in 50%iger Essigsäure), Zirkonylchlorid, (1%ig in 50%iger Essigsäure), Pikrinsäure (gesättigte wäßrige Lösung), Formalin (gesättigte wäßrige Lösung), Bleiacetat (1%ig in 50%iger Essigsäure) im Verhältnis 5:5:5:5:5:5:1 (sehr giftig!). In dieser Lösung verbleibt das Fragment 1 min, wird dann in K. etwa 1 min vorsichtig gekocht, in 50%iger Essigsäure entfärbt (differenziert), in Chloralhydrat (20 g in 10 ml Wasser) aufgehellt und untersucht. Siderophile Basidien (bei *Lyophyllum, Tephrocybe* u. a.) zeigen dann eine dunkle Granulation, die auf einer Eiweißreaktion beruht. D

Karsten, Petter (Peter) Adolf: finnischer Lehrer und Mykologe (1834–1917). K. war von 1862 bis 1864 Lehrer am Gymnasium in Vasa und hielt zwischen 1864 und 1908 an der Landwirtschaftsschule in Mustiala Vorlesungen über Botanik, später wirkte er in Forssa. Durch K.s mykologische Arbeiten wurde die Pilzflora Finnlands auch über die Landesgrenzen hinaus bekannt. Einige wichtige Werke sind: „Synopsis Pezizarum et Ascobolarum Fenniae" (1861), „Mycologia fennica enumerata" (1871 bis 1879, 4 Bde.) und „Finlands Basidsvampar" (1899). Das letztgenannte Werk enthält 155 Gattungen der Basidiomyceten; jede Art ist kurz beschrieben und mit Angaben zur Verbreitung versehen. H

Kartoffelbovist ↑ *Scleroderma*

Kartoffelkrebs ↑ *Myxochytridiales*

Karyogamie ↑ Befruchtung

Käseherstellung: biotechnologische Verfahren zur Gewinnung von Käse aus Milch. Auf der Welt sind etwa 400 Käsearten bekannt. Neben den Milchsäurebakterien kommt auch verschiedenen Pilzen, insbesondere bei der Reifung einiger Käsesorten, eine große Bedeutung zu, z. B. bei Weichkäsen mit Edelpilzwachstum auf der Oberfläche, wie Camembert und Brie. Neben verschiedenen Hefen und *Geotrichum candidum* werden hierbei vor allem Kulturen von *Penicillium candidum* und *Penicillium camemberti* zugesetzt. Für Käse mit Innenschimmelpilzflora (z. B. Roquefort) ist das blaugrüne *Penicillium roqueforti* charakteristisch. Damit der für das Pilzwachstum notwendige Sauerstoff ins Innere gelangt, wird die Käsemasse bei Reifungsbeginn mit Stahlnadeln durchstochen. Die Pilzstämme werden meist gemeinsam mit den bakteriellen Säuerungskulturen als Reinkulturen bereits der Kesselmilch zugesetzt. Str

Käsewäscher-Krankheit: allergische Erkrankung, die bei der Arbeit mit feucht gelagertem Käse auftritt. Sie wird durch ↑ *Penicillium*-Sporen verursacht. Symptome sind Atemnot, Husten und Fieber. ↑ Farmerlunge D

Kefir: Aus dem Kaukasus stammendes Getränk. Kuh-, Ziegen- oder Schafsmilch setzt man sog. Kefirkörner zu, die aus koaguliertem Eiweiß mit verschiedenen Milchsäure-Bakterien und Milchzucker (Laktose) vergärenden ↑ Hefen wie ↑ *Saccharomyces fragilis* und *Torulopsis*-Arten bestehen. Neben der Milchsäuregärung findet eine alkoholische ↑ Gärung statt. Der Alkoholgehalt von K. liegt bei 0,25–0,5 Volumenprozent. Str

Keimporus (Keimpore): definiertes, oft polares, etwa kreisförmiges Areal einer Sporenwand, das eine Wandverdünnung aufweist, wodurch der Keimschlauch austritt. Polare K. finden sich bei vielen ↑ *Agaricales,* bei ↑ *Ascomycetes* dagegen nur in wenigen Gruppen. Die verschiedenen Sporenformen der ↑ *Uredinales* besitzen meist apolare K. Hi

Keimspalte: gestreckte Wandverdünnung in den ↑ Ascosporen einiger ↑ *Sphaeriales* und vieler ↑ *Xylariales,* die bei ellipsoiden Sporen fast immer etwa parallel zur Längsachse der Spore verläuft. ↑ Keimporus. Hi

Kernkeule ↑ *Cordyceps;* Taf. 12/3

Kernphase: Zustand des Zellkernes

(der Zellkerne) im Hinblick auf das Verhältnis der Chromosomen zum arttypischen ↑ Chromosomensatz in einer Zelle oder in den Zellen einer bestimmten Struktur bzw. eines Entwicklungsabschnittes. Der Kern ist haploid, wenn

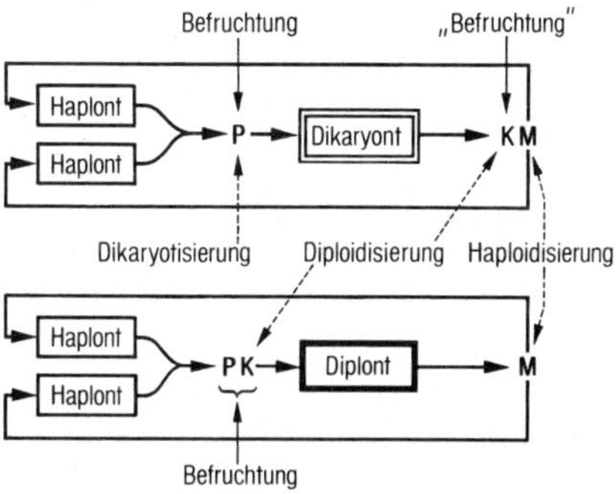

Kernphasenwechsel (Dikaryotisierung, Diploidisierung, Haploidisierung) und Befruchtung im haplo-dikaryontischen und haplo-diplontischen Entwicklungszyklus von Pilzen.
P Plasmogamie (Verschmelzung der Protoplasten), K Karyogamie (Verschmelzung der Kerne), M Meiose (Reduktionsteilung)

nur ein einziger Chromosomensatz vorhanden ist; er ist diploid, wenn zwei Chromosomensätze vorliegen. Neben diesen beiden, normalerweise vorkommenden K. gibt es verschiedene Ploidiestufen, die cytotaxonomisch, genetisch und züchtungsbiologisch von großem Interesse sind. Für die Pilze ist eine weitere Kernphase, die dikaryotische, von Bedeutung. Sie entsteht, wenn bei der ↑ Befruchtung die Karyogamie (Kernverschmelzung) der Plasmogamie nicht unmittelbar folgt, sondern wenn sich die beiden konträren Kerne zu einem Kernpaar, einem Dikaryon, zusammenlagern. Die beiden haploiden Kerne teilen sich nur gemeinsam (konjugierte Mitosen). Der Vorgang der Kernpaarbildung wird als Dikaryotisierung bezeichnet. ↑ Kernphasenwechsel, ↑ Entwicklungszyklus, ↑ Befruchtung D

Kernphasenwechsel: Ablösung einer ↑ Kernphase durch eine andere im Verlaufe des ↑ Entwicklungszyklus. Bei der ↑ Befruchtung wird aus Zellen der haploiden Kernphase die dikaryotische Kernphase eingestellt, wenn die konträren Kerne in Kontakt treten, aber nicht verschmelzen (Kernpaarbildung, Dikaryotisierung); nach Karyogamie (Kernverschmelzung) entsteht aus der haploiden oder dikaryotischen Kernphase die diploide (Diploidisierung). Die diploide Kernphase geht durch ↑ Meiose in die haploide über. Außer diesen im Entwicklungszyklus festgelegten Formen des K. gibt es auch spontane Haploidisierung in der diploiden und dikaryotischen Kernphase und spontane Diploidisierung in der haploiden und dikaryotischen Kernphase. Abb. ↑ parasexueller Zyklus. D

Kernpilze ↑ Pyrenomyceten

Kernteilung: cytologischer Mechanismus, der die äquivalente Verteilung des ↑ Chromosomensatzes eines ↑ Zellkerns auf zwei Tochterkerne realisiert. Der K. schließt sich meist eine ↑ Zellteilung an. Während der K. erfolgt die Aufteilung des Chromosomensatzes durch zwei unterschiedliche Mechanismen (↑ anaphasische Chromosomenwanderung, ↑ Spindelstreckung), die in artspezifisch unterschiedlichem Maße zusammenwirken. Bei allen eukaryotischen Organismen läuft die K. nach gleichen Prinzipien ab (↑ Mitose, ↑ Meiose). Im Vergleich zu den höheren Pflanzen und Tieren gibt es jedoch bei den Pilzen eine Reihe von Besonderheiten. So bleibt während der gesamten K. die Kernhülle weitestgehend intakt. Bei den ↑ *Hyphochytridiomycetes*, einigen ↑ *Chytridiomycetes* sowie einigen *Homobasidiomycetidae* (↑ *Basidiomycetes*) treten in den Polregionen des Zellkerns fensterähnliche Öffnungen auf. Bei einigen *Basidiomycetes* bilden sich während des Eintritts der ↑ Spindelpolkörper Öffnungen in der Kernhülle aus. Insbesondere bei den *Basidiomycetes* wird die Kernhülle während einzelner Phasen der K. durchlässig bzw. partiell aufgelöst. Bezüglich der Struktur der Chromosomen während der K. unterscheiden sich die Pilze ebenfalls sehr deutlich von den höheren Pflanzen und Tieren. Der Kondensationsgrad der Chromosomen erhöht sich während der K. zumeist nicht wesentlich, so daß nur bei wenigen Pilzen die einzelnen Chromosomen mikroskopisch unterscheidbar sind. Geordnete Metaphaseplatten (↑ Mitose) treten nur bei den *Chytridiomycetes,* den *Hyphochytridiomycetes* sowie evtl. bei einigen ↑ *Zygomycetes* auf. Typisch für die Pilze ist auch die Mannigfaltigkeit der bei den einzelnen Arten auftretenden Spindelpolkörper (↑ Mitose, Tab.) Sch

Ketoconazol: ↑ Imidazol-Antimykotikum. Entwickler und Hersteller ist die belgische Firma JANSSEN Pharmaceutica. V

Ketotrichothecene: ↑ Mykotoxine der ↑ Trichothecen-Gruppe, denen eine spezielle Terpeneinheit gemeinsam ist. K. wurden in erster Linie aus ↑ *Fusarium*-Arten (↑ imperfekte Pilze) isoliert. Es sind ↑ Proteinsynthese-Hemmstoffe, die für Mensch und Tier toxisch wirken. Zu den K. gehören u.a. das ↑ Trichothecin, das ↑ Vomitoxin, das ↑ Fusarenon und das ↑ Nivalenol. M

Verbindung	R_1	R_2	R_3	R_4
Nivalenol	OH	OH	OH	OH
Desoxynivalenol = Vomitoxin	OH	H	OH	OH
Fusarenon	OH	$O-C(=O)-CH_3$	OH	OH
Trichothecin	H	$O-C(=O)-CH=CH-CH_3$	H	H

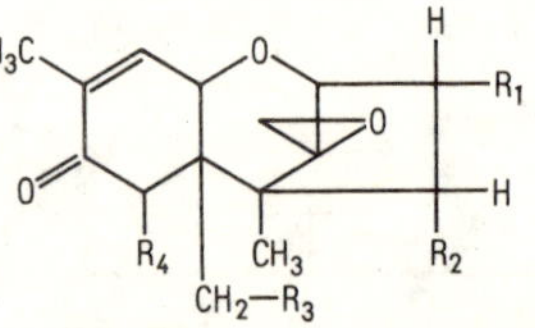

Terpeneinheit der Ketotrichothecene

Kettentyp ↑ Ascus

Keulenpilze: Basidiomyceten, deren Fruchtkörper eine keulige Form aufweisen; es sind unverzweigte oder wenig verzweigte ↑ Holothecien. Makroskopisch sind manche ↑ Ascocarpien von solchen Holothecien schwer zu unterscheiden, werden jedoch als glossoide ↑ Apothecien bezeichnet (Erdzungen). Taf. 19/3,4 D

Kinetosom ↑ Blepharoplast, ↑ Geißel

Klasse: systematische Kategorie von hoher ↑ Rangstufe. Jede K. gehört nach den Regeln des ↑ ICBN zu einer ↑ Abteilung und umfaßt eine oder mehrere ↑ Ordnung(en). Sie kann zudem in Unterklassen gegliedert werden. Die wissenschaftlichen Namen der Klassen der ↑ Pilze tragen die Endungen *-mycetes,* die Unterklassen *-mycetidae.* Die in den meisten aktuellen Systemen anerkannten Klassen pilzlicher Organismen sind in der Tab. 1 zum Stichwort ↑ Pilzsystem zusammengestellt. D

Klebahn, Heinrich: deutscher Mykologe und Phytopathologe (1859–1942). 1884 promovierte K. zum Dr. phil. in Jena. Von 1885 bis 1894 war er in Bremen Hochschullehrer für Sprachen. Nach seiner Tätigkeit im Hamburger botanischen Garten wirkte er von 1905 bis 1930 am Landwirtschaftlichen Institut in Bromberg. Ab 1921 arbeitete er außerdem 13 Jahre als Lehrer an der Hamburger Universität. K. erwarb sich in der Pilzkunde besonders durch experimentelle und systematische Arbeiten bei Rostpilzen, die er u. a. für die „Kryptogamenflora der Mark Brandenburg" bearbeitete, Verdienste. 1904 veröffentlichte er „Die wirtswechselnden Rostpilze". Eine Arbeit über die „Haupt- und Nebenfruchtformen der Ascomyceten" erschien 1918. H

Kleekrebs: von *Sclerotinia trifoliorum* (Kl. ↑ *Ascomycetes*) hervorgerufene Pflanzenkrankheit, von der besonders Kleearten betroffen sind. K. ist u. a. eine Ursache für das sog. Auswintern in Kleebeständen. Im Frühjahr findet man Gruppen abgestorbener Pflanzen; in ihren Randbereichen tritt Kümmerwuchs auf. Am Wurzelhals toter Pflanzen sind kleine schwarze ↑ Sclerotien des Pilzes zu finden, die jahrelang lebensfähig sein können. Im Spätsommer oder Herbst entwickeln sich aus den abgefallenen, im Boden überdauernden ↑ Sclerotien die kleinen hellbraunen ↑ Apothecien von etwa 4–8 mm Durchmesser. Ascosporen oder Myzel, das aus den Sclerotien auswächst, leiten die Infektion im Herbst ein. Primäreffekte bei Blattinfektion sind kleine braune Flecken; manchmal sind befallene Pflanzen mit dichten, watteartigen Myzelüberzügen bedeckt. B/D

Kleienflechte: eine ↑ Dermatomykose (↑ Pityriasis versicolor) des Menschen. Bei dieser Krankheit tritt kleinlamellöse Schuppung der Epidermis auf, die den Eindruck erweckt, als sei die Haut mit Kleie bestreut. V

Klotzsch, Johann Friedrich: deutscher Botaniker (1805–1860). Nach einer Apothekerlehre in Düben betrieb K. in Berlin pharmazeutische und medizinische Studien. Während seines Aufenthaltes von 1830 bis 1832 in England arbeitete er im Herbarium von Kew. Nach Berlin zurückgekehrt, erhielt er 1834 die Berufung an das Königliche Herbar, wo er erster Assistent von Chamisso war. In dieser Zeit promovierte er zum Dr. phil.; 1836 ernannte man ihn zum zweiten und 1838 zum ersten Custos. Bekannt wurde K. durch die Herausgabe des Exsiccatenwerkes „Herbarium vivum mycologicum sistens fungorum per totam germaniam crescentium collectionem perfectam" (1832), das 1842 von ↑ Rabenhorst übernommen und erweitert wurde. H

Knauth, Bernhard: deutscher Lehrer und Mykologe (1858–1936). K. war von 1882 bis 1923 Oberlehrer in Dresden. Seine Pilzaquarelle (etwa 1000 Originale) mit Fundortangaben und weitere Veröffentlichungen sind für die pilzfloristische Arbeit in Sachsen von Bedeutung: u. a. „Die höheren Pilze des Großen Gartens zu Dresden" (1923) und „Die höheren Pilze Sachsens" (1932). H

Kniep, Hans: deutscher Botaniker (1881–1930). K. studierte in Kiel Medizin und promovierte 1904 zum Dr. phil. Er wirkte in Jena, Genf und war Assistent bei W. Pfeffer in Leipzig. 1907 habilitierte er sich in Freiburg. In Straßburg wurde er 1911 zum Extraordinarius und 1914 in Würzburg zum Ordinarius für Botanik ernannt; ab 1924 arbeitete er in Berlin. K. untersuchte u. a. den Entwicklungsgang der Holobasidiomyceten und stellte die Übereinstimmungen zwischen den Haken der ascogenen Hyphen (↑ Ascus) und den ↑ Schnallen des dikaryotischen Basidiomyceten-Myzels dar. H

Knoblauchschwindlinge: eine Gruppe von ↑ *Marasmius*-Arten, deren Fruchtkörper und Myzel gerieben intensiv nach Knoblauch duften. Am bekanntesten ist *Marasmius scorodonius* (Mousseron, Knoblauchschwindling, Echter Knoblauchschwindling oder Küchenschwindling), der als Würzpilz sehr geschätzt wird. Auch *M. alliaceus,* der Große Knoblauchschwindling, wird als Würzpilz genutzt, besonders in Form von Pilzpulver. D

Knollenblätterpilze: volkstümliche Bezeichnung für einige Arten der Blätterpilzgattung ↑ *Amanita.* Der Name umfaßt keine natürliche Gruppe dieser Gattung, sondern nur einige Arten, die auffallende Stielknollen besitzen und nicht andere Volksnamen (wie Fliegenpilz oder Pantherpilz) führen. In erster Linie wird der Name für folgende Arten benutzt: *Amanita phalloides,* Grüner K. (Taf. 31/1); *Amanita virosa,* Spitzhütiger K.; *A. verna,* Frühlingsknollenblätterpilz; *A. gemmata,* Narzissengelber K., *A. porphyria,* Porphyrbrauner K.; *A. citrina,* Gelber K. D

Knollenblätterpilzgifte: Zyklische Peptide aus 7 Aminosäuren (↑ Phallotoxine, ↑ Virotoxine) oder 8 Aminosäuren (↑ Amatoxine). Die gefürchteten tödlichen K. kommen im Grünen Knollenblätterpilz (*Amanita phalloides,* Taf.), im Frühlingsknollenblätterpilz *(A. verna),* im Spitzkegeligen Knollenblätterpilz *(A. virosa),* in kleinen Giftschirmlingen (*Lepiota* spec.) und Häublingen (*Galerina* spec.) vor (↑ Giftpilze).

Für die Vergiftung durch K. sind hauptsächlich die ↑ Amatoxine verantwortlich. ↑ Phallo- und ↑ Virotoxine scheinen von untergeordneter Bedeutung zu sein. Alle K. sind Zellgifte, die vorrangig die Leberzelle schädigen. Erste Symptome einer Vergiftung (Phalloides-Vergiftung) sind Brechdurchfälle, die nach einer Latenzzeit von (4) 6–24 Stunden auftreten können. Die 2–4 Tage andauernden Brechdurchfälle mit Bauchkoliken und blutigen oder wäßrigen Durchfällen bewirken großen Wasserverlust. Die Folgen sind Blutdruckabfall, Pulsanstieg, Austrocknung, Wadenkrämpfe und Schock. Danach sind Leberschäden (Anstieg des Blut-Transaminase-Spiegels, Gelbverfärbung der Haut und Schleimhäute) und Blutgerinnungsstörungen nachweisbar. Infolge Leberversagens tritt zunehmende Benommenheit (Coma hepaticum), zwischen dem 4. und 7. Tag der Tod ein. M

Knospenkrankheit (Knospensterben): Pilzkrankheit der Stechfichte, hervorgerufen durch *Cucurbitaria piceae* (Kl. ↑ *Ascomycetes,* Anamorphe: *Megaloseptoria mirabilis*). Der Pilz verursacht das Vertrocknen der Knospen im Sommer, so daß im kommenden Jahr kein Austrieb erfolgen kann. B

Knospentyp ↑ Ascus

Kochsches Plattengußverfahren: mikrobiologische Methode, die zur Bestimmung von Keimgehalten und zur Gewinnung von ↑ Reinkulturen geeignet ist. Dazu wird von der organismenhaltigen Probe eine Verdünnungsreihe in verflüssigtem Nährboden hergestellt und in sterile ↑ Petrischalen ausgegossen. Jeder Einzelorganismus wächst zu einer sichtbaren ↑ Kolonie aus. Bei genügend starker Verdünnung kann man die einzelnen Kolonien zählen oder isolieren und als Reinkultur weiterzüchten. Str

Kohletäubling ↑ *Russula,* Taf. 37/3

Kohlhernie: Erkrankung von verschiedenen Kreuzblütlern, verursacht durch *Plasmodiophora brassicae* (Kl. ↑ *Plasmodiophoromycetes*). Die Infektion erfolgt vom Boden aus an den Wurzeln. Es werden zunächst von haploiden Schwärmern Wurzelhaare befallen und in schneller Folge weitere Schwärmer (Zoosporen) gebildet. Nach dem Befall durch diploide endoparasitische plasmodiale Stadien des Parasiten in der Wurzel reagiert der Wirt durch Tumorbildungen (oft im oberen Wurzelbereich – Kropfkrankheit, ↑ Cecidium), die zur Schwächung und oft zum Absterben der Wirtspflanzen führen. Es entstehen Dauersporen, die nach Verwittern der befallenen Pflanzenteile in den Boden gelangen und mit Schwärmern keimen. Die Dauerstadien können sehr lange Perioden überstehen. ↑ Abb. *Plasmodiophoromycetes* D/B

Kolbenfäule: Maiskrankheit, die besonders in den USA, aber auch in anderen Maisanbaugebieten zu beträchtlichen Ernteverlusten führt. Die Krankheit wird durch *Gibberella*-Arten (Kl. ↑ *Ascomycetes*) verursacht. *G. fujikuroi* (Anamorphe: *Fusarium moniliforme*), die auch als Erreger einer schweren Reiskrankheit bekannt ist (↑ Bakanaë-Effekt), verursacht die rote K., *G. zeae* (Anamorphe: *Fusarium graminearum*) die rosarote K. D

Kolonie: mikrobiologischer Begriff für eine organismische Einheit, die aus einem Keim (einer Zelle, Spore oder einem Hyphenabschitt) hervorgegangen ist. Unter K. versteht man die makroskopisch sichtbare Zellanhäufung, Myzelbildung usw., die durch Ausbringung verdünnter Mikrobensuspensionen oder durch ↑ Impfung oder anderweitiges Ausbringen von Keimen auf einen festen Nährboden durch Vermehrung bzw. Wachstum entstanden sind. Form, Farbe und Struktur der K. sind u.U. für die Bestimmung der Mikroorganismen wichtig. ↑ Hefen bilden meist schleimige, glänzende, myzelbildende Pilze oft trockene, fädige K. Str/D

Kommensalismus: eine Lebensweise, bei der Organismen (Kommensalen) von der Nahrung anderer mitleben, ohne Schaden zu verursachen. In der Mykologie versteht man unter Kommensalen saprophytisch lebende Pilze, z. B. im Darm von Tieren. Der Partner der Kommensalen wird, besonders wenn er größer als diese ist, wie bei parasitischen Verhältnissen als ↑ Wirt bezeichnet. Diese Lebensweise ist in vielen Fällen von einer ↑ Symbiose oder von ↑ Parasitismus schwer zu trennen. Sie wird auch als Parabiose bezeichnet. Der ↑ Symbiose-Begriff umfaßte ursprünglich auch den K. D

Kompartimente: von Membranen umgrenzte Reaktionsräume, wie der Zellkern und die cytoplasmatischen ↑ Organellen. K. ermöglichen den räumlich getrennten Ablauf von Teilprozessen des Zellstoffwechsels, z. B. der Zellatmung in den ↑ Mitochondrien, der Photosynthese bei den Pflanzen in den Chloroplasten, der biochemischen Modifikation von Proteinen im ↑ Endoplasmatischen Reticulum oder in ↑ Dictyosomen, den Abbau oder die Lagerung von Stoffwechselabprodukten in den Vacuolen. Für alle eukaryotischen Organismen, zu denen alle Gruppen von ↑ Pilzen gehören, ist der Zellkern (Nucleus) ein sehr wesentliches K., das den Hauptteil der genetischen Information der Zellen enthält. Manche K. eukaryotischer Organismen, z. B. die Plastiden pflanzlicher Zellen und die Mitochondrien aller ↑ Eukaryoten, werden als endosymbiontisch aufgenommene ↑ Prokaryoten angesehen, andere entstanden durch Kompartimentierung des ↑ Protoplasmas. Sch/D

Kompost: humusreiche Erde, die durch ↑ aerobe mikrobielle Verrottung aus Garten- und Siedlungsabfällen, Klärschlamm u. ä. gewonnen werden kann. Wie bei der Bildung von ↑ Humus im Boden sind Bakterien und Pilze gemeinsam am Abbau der organischen Substanz und an der Bildung von Huminstoffen beteiligt. Str

Kongorot: Färbemittel für mikroskopische Untersuchungen. Es werden 3 g kristalliner Farbstoff in 100 ml Aqua dest. gelöst, gefiltert und mit etwas Ammoniak (ca. 2 ml 25%iger Lösung) versetzt. Die Färbung ist für viele Strukturen geeignet; die Lösung kann als Routineuntersuchungslösung genutzt werden. Bei Hyphenanalysen (↑ Hyphensysteme) können z. B. generative Hyphen zwischen pigmentierten Skeletthyphen gut sichtbar gemacht werden. D

Konstitution ↑ Disposition

kontinuierliche Fermentation: mikrobiologisches Verfahren der dynamischen Kultur. Bei der k. F. fließt dem ↑ Kulturgefäß ständig frische Nährlösung zu und Zellsuspension ab. Die k. F. wird im Chemostaten oder im Turbidostaten durchgeführt. Im Chemostaten wird das Kulturvolumen V konstant gehalten. In dieses V strömt mit konstanter Geschwindigkeit (Zuflußrate F) ↑ Nährmedium ein. Die in der Zeiteinheit zugeflossene ist gleich der abgeflossenen Flüssigkeitsmenge. Der Quotient aus Zuflußrate und Kulturvolumen wird als Verdünnungsrate D (= dilution rate) bezeichnet (D = F/V). Würden die Organismen im Kulturgefäß nicht wachsen, würden sie ausgewaschen. In der k. F. stellt sich ein Fließgleichgewicht (steady state) ein, d. h. Zuwachs ($\frac{dx}{dt} = \mu \cdot x$) und Auswaschung ($\frac{dx}{dt} = -D \cdot x$) halten sich die Waage, die Wachstumsrate μ ist gleich der Verdünnungsrate D. In der für die k. F. gültigen Gleichung $\frac{dx}{dt} = \mu \cdot x - D \cdot x$ ist dann $\frac{dx}{dt} = 0$, die Biomassekonzentration x bleibt konstant. Die Stabilität des Fließgleichgewichtes im Chemostaten beruht auf der Begrenzung der Wachstumsrate durch ein Substrat (z. B. die Kohlenstoffquelle), d. h., die Organismen im Fermenter können nur in dem Maße wachsen, wie das entsprechende Substrat zuläuft. Im Turbidostaten dagegen sind alle ↑ Nährstoffe im Überschuß vorhanden. Der Zufluß frischer Nährlösung wird über die Konstanthaltung der Organismendichte (Trübung) reguliert. Der Turbidostat ist mit wesentlich höherem Aufwand zu betreiben als der Chemostat und deshalb kaum in Gebrauch. Der Vorteil der k. F. gegenüber der ↑ diskontinuierlichen Fermentation ist, daß ständig gleichbleibende Bedingungen vorliegen. Sie ist damit leichter automatisierbar und steuerbar, und der gesamte Prozeß von der Nährlösungsbereitung bis zur Produktisolierung kann kontinuierlich erfolgen. Im großtechnischen Maßstab wird die k. F. vor allem bei der Produktion von Biomasse (z. B. ↑ Einzellerprotein) und der Herstellung von Gärungsprodukten eingesetzt. Str

Köpfchenschimmel ↑ Schimmel, ↑ *Mucorales*

Kopfsoral ↑ Soral

Korallenpilze: Basidiomyceten, deren Fruchtkörper korallenartig verzweigt sind. Solche ↑ Basidiocarpien werden als ramarioide ↑ Holothecien bezeichnet (↑ Vorsatz). Sie kommen besonders unter den ↑ *Cantharellales* vor, aber auch bei den ↑ *Dacryomycetales* (↑ Calocera). Von manchen Autoren werden jedoch die Sippen der *Dacryomycetales* mit ramarioiden Holothecien bewußt nicht als K. bezeichnet, um diesen Begriff systematisch einzuengen und nicht ausschließlich morphologisch zu definieren. Taf. 20/1 D

Koremium ↑ Synnema

Korkwurzelkrankheiten: Begriff aus der ↑ Phytopathologie für Wurzelkrankheiten, die neben Symptomen wie Wurzelbräune, Wurzelfäule, Vermorschung usw. charakteristische Bildungen von Korkschichten und/oder rissigen Korkleisten aufweisen. Es kommt zu fortschreitender Wurzelzerstörung und oft zum Absterben der gesamten Pflanze. Ursachen von K. können abiotischer oder biotischer Natur sein, unter anderem auch parasitische Pilze. Die K. der Tomate wird z. B. von *Pyrenochaeta lycopersici* (Kl. ↑ *Ascomycetes*) verursacht. B

Kräuselkrankheiten: Begriff aus der Phytopathologie für anormale Blattdeformationen (Kräuselung). K. können durch Viren, Insekten oder Pilze hervor-

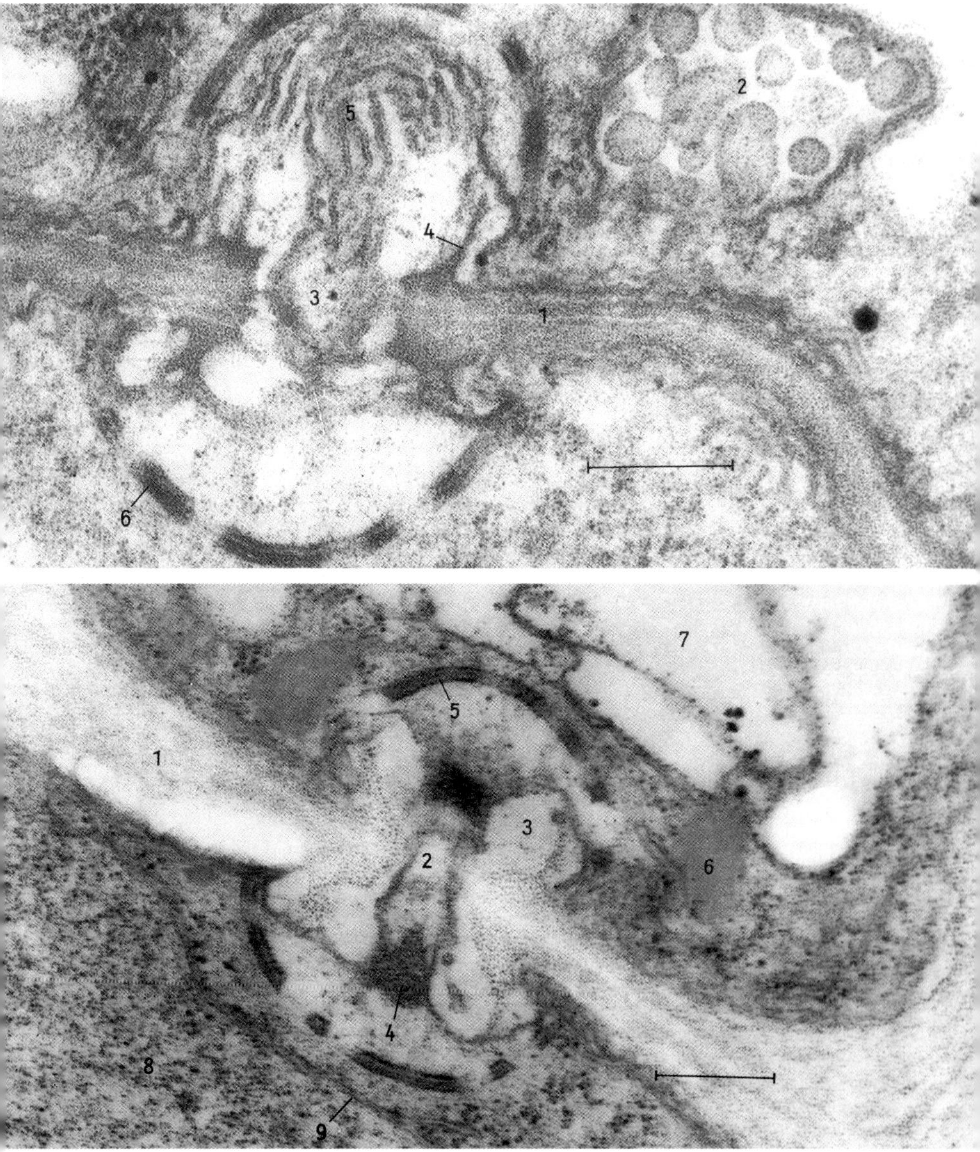

Feinstruktur der Zellen von Ständerpilzen *(Basidiomycetes)*
oben: Querwand (Septum) in einem Pilzfaden (Hyphe) mit einem sich entwickelnden Tonnenporus (Doliporus)
1 Septum, 2 Lomasom, 3 Porus, 4 im Aufbau befindliches Dolium, 5 Endoplasmatisches Reticulum innerhalb des Parenthosoms. 6 Parenthosom; Maßstab 0,25 μm
unten: Querwand in einem Pilzfaden mit ausdifferenziertem Tonnenporus
1 Septum, 2 Porus, 3 Dolium, 4 Tabula regulantes, 5 Parenthosom, 6 Lipidtröpfchen, 7 Vacuole, 8 Ribosomen im Cytoplasma, 9 Endoplasmatisches Reticulum; Maßstab 0,25 μm

Tafel 2

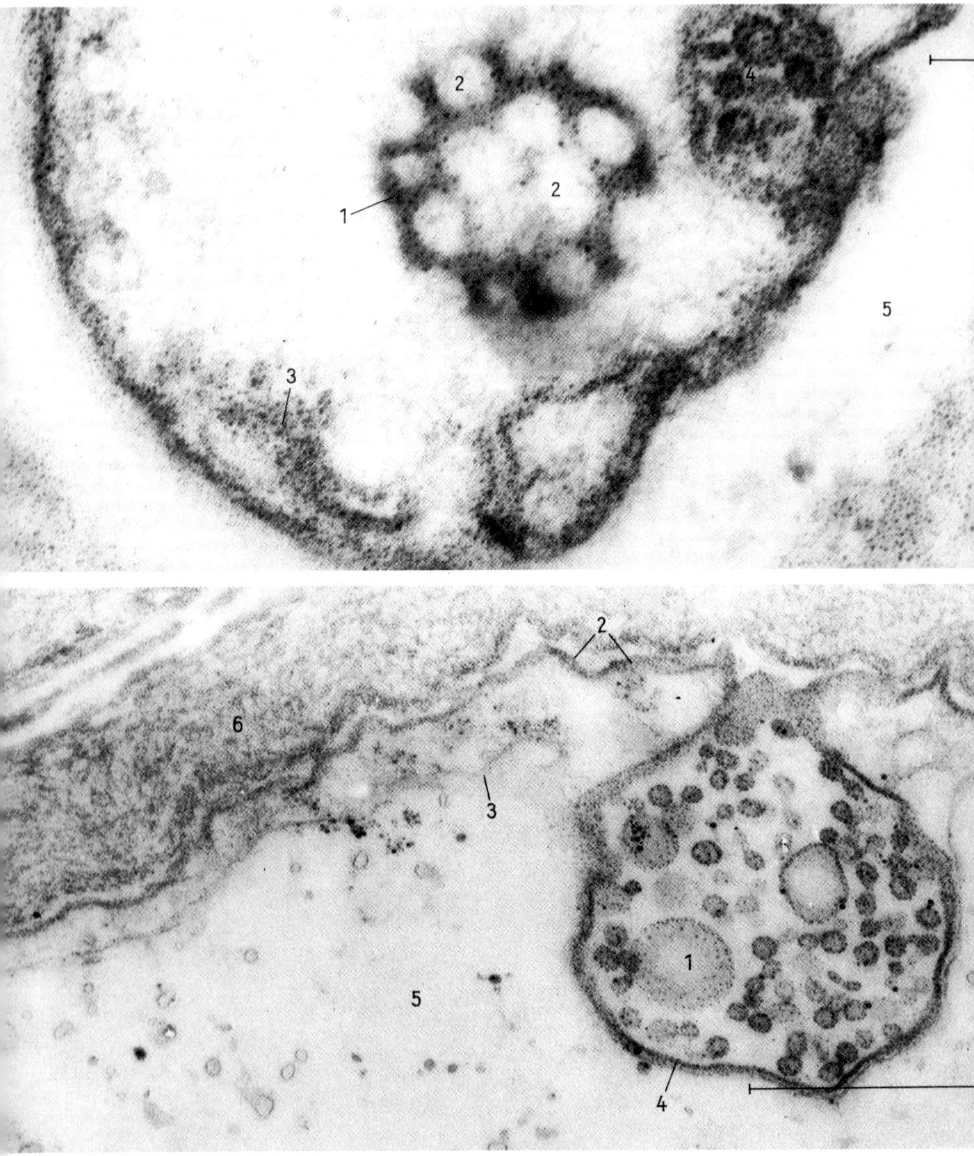

Feinstruktur der Zellen von Ständerpilzen *(Basidiomycetes)*
oben: peripherer (tangentialer) Schnitt einer Porenkappe (Parenthosom) aus dem Längsschnitt eines Pilzfadens (Hyphe)
1 Membran des Parenthosoms, 2 Pori der Parenthosom-Membran, 3 Ribosomen im Cytoplasma, 4 Lomasom, 5 Septum; Maßstab 0,1 µm
unten: Teil eines Hyphenquerschnitts
1 Vesicel im Inneren eines Lomasoms, 2 Plasmalemma, 3 Tonoplast, 4 Tonoplast und die Membran des Lomasoms, 5 Vacuole, 6 mehrschichtige Hyphenwand; Maßstab ca. 0,5 µm

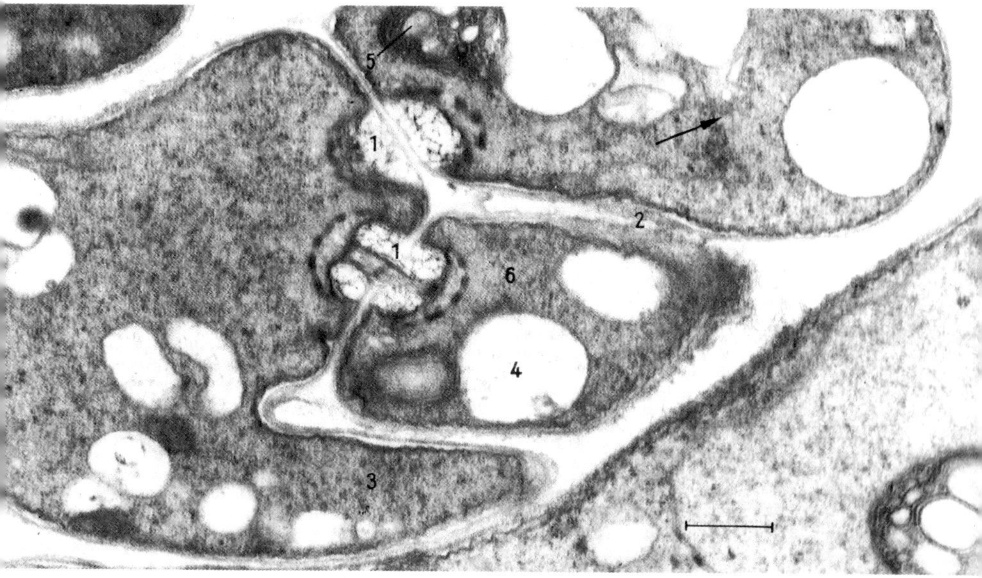

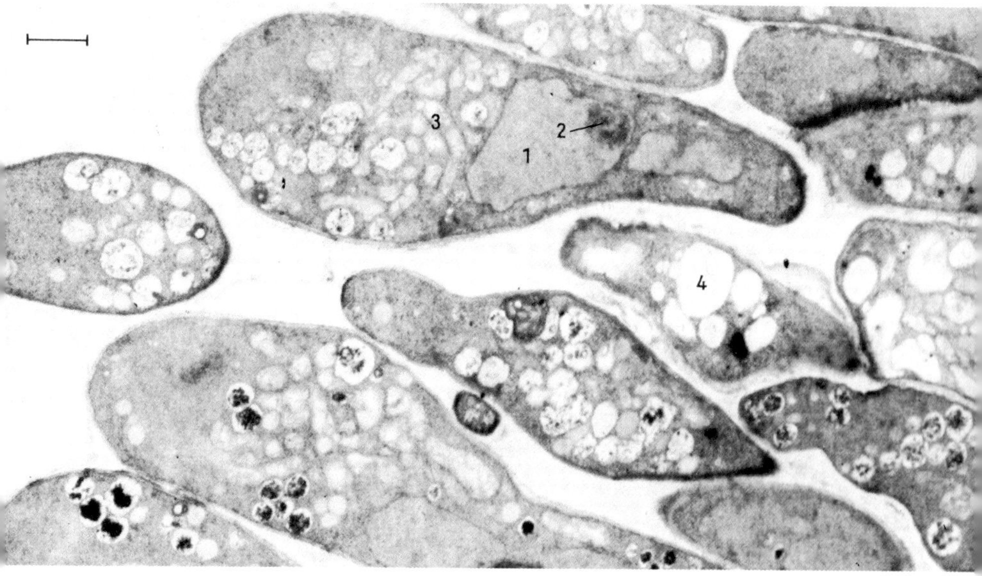

Feinstruktur der Zellen von Ständerpilzen *(Basidiomycetes)*
oben: Schnalle im Hyphenlängsschnitt eines Fruchtkörper-Primordiums
1 Dolipori in verschiedenen Schnittebenen, 2 außerhalb der Bildebene besteht hier cytoplasmatische Kontinuität zwischen Hyphenspitze und Schnalle, 3 seitliche Verzweigung, 4 Vacuole, 5 Lomasom, 6 Schnalle; Pfeil zeigt Wachstumsrichtung an; Maßstab ca. 0,5 µm
unten: Teile von Hyphenlängsschnitten der Hymenophoral-Initialen
1 Nucleus, 2 Nucleolus, 3 Mitochondrien, 4 Vacuole; Maßstab ca. 1 µm

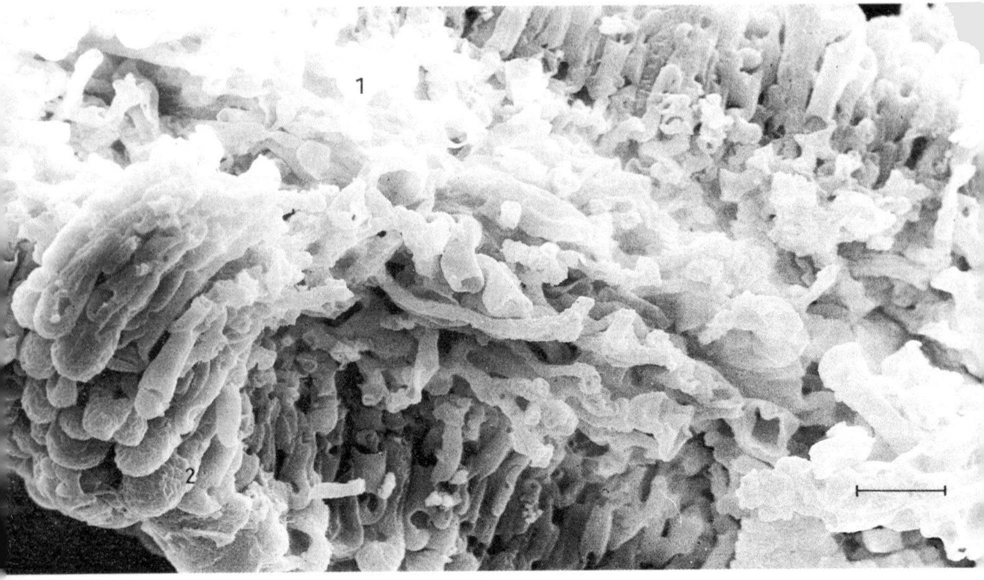

Aufbau der Lamellen von Blätterpilzen *(Basidiomycetes)*
oben: Bruchstück einer Lamelle
1 Lamellentrama, 2 Hymenium; Maßstab ca. 20 µm
unten: Aufsicht auf die Lamellenfläche (auf das Hymenium)
1 reife, abgefallene Sporen, 2 Basidien vor der Sporulation, 3 Basidien mit Sporen, 4 Basidien nach der Sporulation (mit gestreckten Sterigmata); Maßstab ca. 20 µm

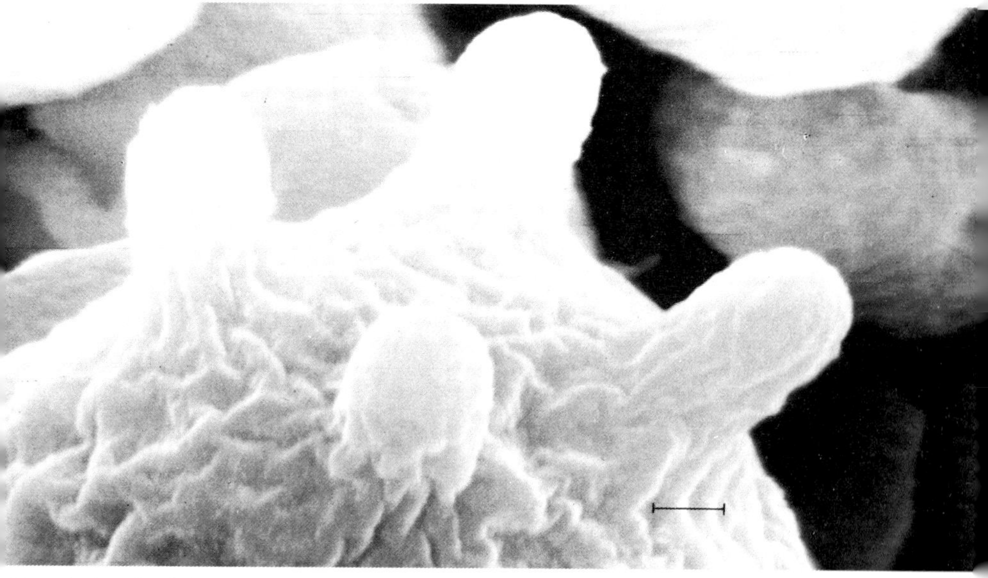

Sporulation der Ständerpilze *(Basidiomycetes)*
oben: Aufsicht auf die Lamellenfläche, Details des Hymeniums
1 reife, abgefallene Basidiosporen, 2 Basidie vor der Bildung der Sterigmata,
3 Basidie während der Bildung der Sterigmata, 4 Basidie mit jungen Sporen, 5 junge Spore, Hilartröpfchen rechts dahinter; Maßstab 10 µm
unten: Basidie im Zustand der Bildung der Sterigmata; Maßstab ca. 1 µm

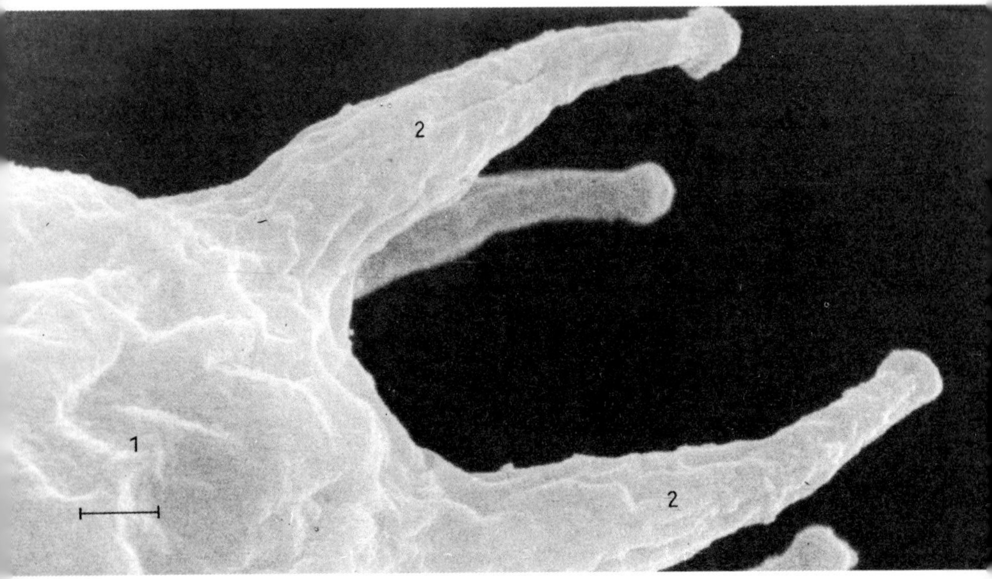

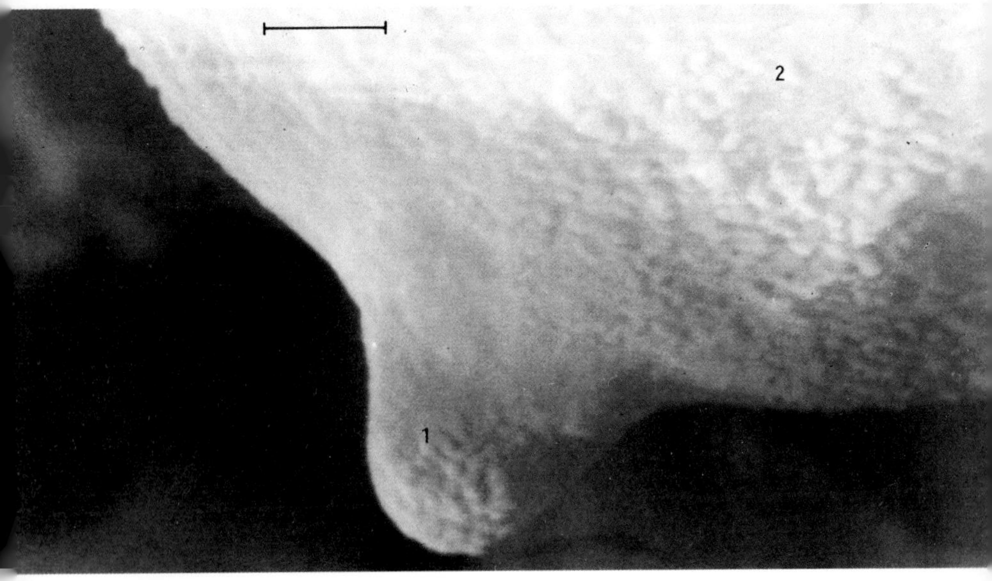

Sporulation der Ständerpilze *(Basidiomycetes)*
oben: Basidie nach der Sporulation, mit gestreckten Sterigmata
1 Oberfläche der Basidie, 2 Sterigmata; Maßstab 1 µm
unten: basaler Teil einer Basidiospore
1 Hilarappendix („Apiculus"), 2 Sporenoberfläche mit artspezifischer Warzenstruktur; Maßstab ca. 1 µm

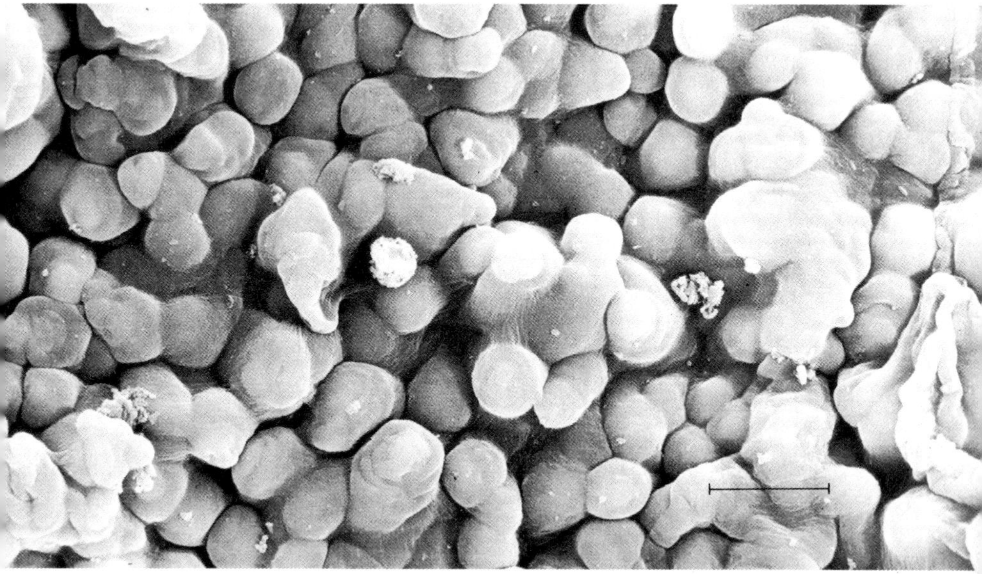

Oberflächenstrukturen von Fruchtkörpern der Ständerpilze *(Basidiomycetes)*
oben: Hutoberseite des Primordiums eines Blätterpilzes, Hyphenspitzen der trichodermalen Oberfläche vor der Ausbildung der bei dieser Art (*Oudemansiella mucida*) verschleimenden Huthaut; Reste des verschleimten Velum universale sind als unregelmäßige Auflage (besonders rechts im Bild) zu erkennen; Maßstab 10 µm
unten: Haare (derbwandige Makrosetae) vom Hutrand eines Blätterpilzes; Maßstab 20 µm

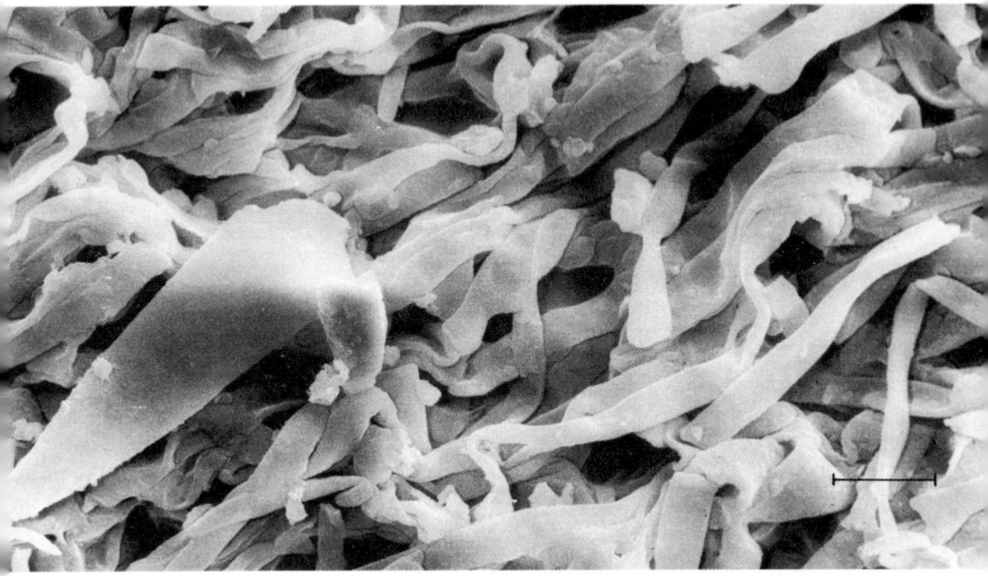

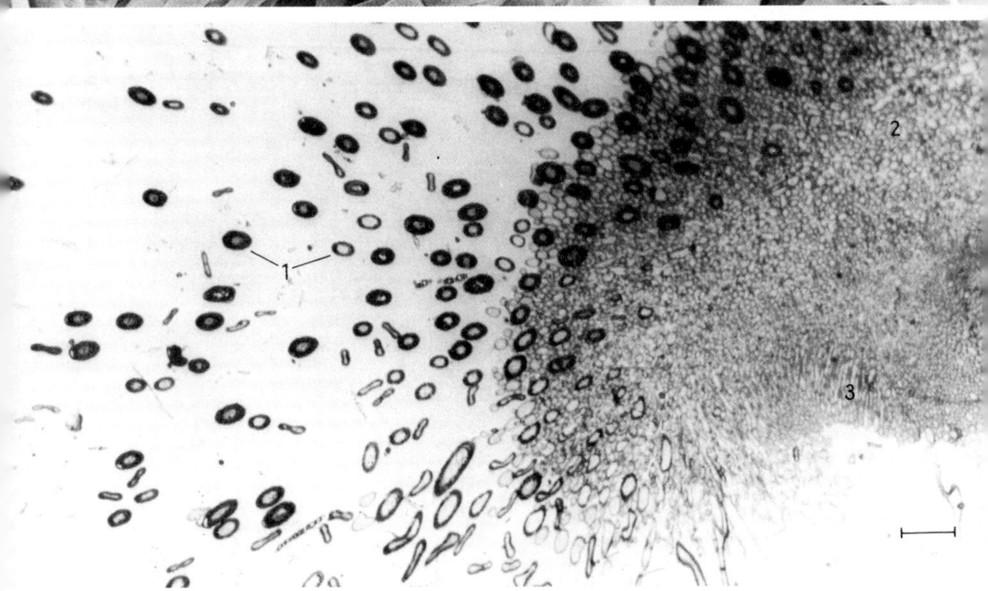

Oberflächenstrukturen von Fruchtkörpern der Ständerpilze *(Basidiomycetes)*

oben: Haarkleid aus dünnwandigen Hyphen von der samtigen Hutoberseite eines Blätterpilzes; Maßstab 20 µm

unten: sekantaler Hutschnitt eines Blätterpilz-Primordiums, fixiert während der Phase der beginnenden Stielstreckung und der frühen Hymenophor-Entwicklung; am Hutrand sind wenig differenzierte, wachsende Hyphen erkennbar

1 angeschnittene Makrosetae der Hutoberseite, 2 Trama des primordialen Hutes, 3 Hutunterseite mit primären Hymenophor-Gruben und -Hügeln; die spätere Lamellenstruktur ist noch nicht vorhanden; Maßstab 50 µm

Tafel 9

1 Herbarmaterial von *Dactylosporina steffenii* aus der Sammlung Anchieta (PACA), Argentinien. Herbarbelege, wichtige Grundlagen zur Pilzbestimmung, für systematische, pilzgeographische und floristische Studien

2 Flechten, in vielen Lebensräumen dominierende Symbiosen, die oft charakteristische Assoziationen (Flechtengesellschaften) bilden

3, 4 Orchideenaufzucht mit Mykorrhizapilzen

Orchis mascula mit einem Pilz aus *Orchis mascula* **(3)** und *Orchis morio* mit einem Pilz aus *Listera ovata* **(4)**

Tafel 10

1–4 Pilzkulturen, Grundlagen für Studien zur Cytologie, Physiologie, Genetik, Biochemie und Entwicklungsbiologie der Pilze, Basis aller biotechnologischen Arbeiten mit Pilzen. Fruktifizierende Kulturen von *Polyporus brumalis* **(1)**, *Xerula pudens* **(3)** und *Xerula melanotricha* **(4)** auf Malzagar und von *Xerula americana* **(2)** auf Holz

5 *Entomophthora muscae* (Fliegenschimmel) auf einer bereits abgestorbenen Stubenfliege an einer (lange ungeputzten) Fensterscheibe

6 Sporocarpien des Schleimpilzes *Trichia varia*

Tafel 11

1 Plasmodiocarpium des Schleimpilzes *Fuligo septica* (Lohblüte)

2 Uredolager des Rostpilzes *Coleosporium tussilaginis* auf der Blattunterseite der Pestwurz *(Petasites hybridus)*

3 *Ustilago maydis* (Maisbeulenbrand), Erreger von Deformationen an Maiskolben, an denen sich massenhaft schwarze Brandsporen entwickeln

4 keulige bis bandförmige Teleutolager des Rostpilzes *Gymnosporangium clavariiforme* auf Wacholder *(Juniperus communis)*

Tafel 12

Tafel 12
1 Steppenpilze; *Poronia punctata* auf Pferdemist und *Geastrum corollinum* (Zitzenerdstern) in einer zentralasiatischen Bergsteppe
2 *Diatrype disciformis,* (Eggenscheibchen) auf einem Buchenast
3 *Cordyceps capitata* (Kopfige Kernkeule) auf unterirdischen Hirschtrüffeln *(Elaphomyces spec.)*
4 *Dumontinia tuberosa* (Anemonenbecherling), ein Frühjahrspilz im Laubwald
5 *Chlorosplenium aeruginosum* auf morschem Buchenholz
6 eine Ascomyceten-Gesellschaft (Mykocoenose) auf einem Wildlagerplatz im Fichtenforst nach der Schneeschmelze; es dominiert *Inermisia aggregata*

Tafel 13
1 *Sarcoscypha coccinea* (Zinnoberroter Kelchbecherling), ein auffallender Becherling an Laubholz, der meist nach der Schneeschmelze im Vorfrühling erscheint
2 *Scutellinia scutellata* (Schildborstling) auf morschem, nassem Holz
3 *Bulgaria inquinans* (Schmutzbecherling) an Eichenholz
4 *Leotia lubrica* (Gelbes Gallertkäppchen) auf humosem, feuchtem Waldboden

Tafel 14

1, 2 *Peziza vesiculosa* (Blasiger Becherling); anfangs fast kugelige, später tief schüsselförmige, mitunter büschelige Apothecien
3 *Aleuria aurantia* (Orangeroter Becherling), im Herbst fruktifizierender, terrestrischer Waldpilz, der auch in Parks, Gärten und an anderen siedlungsnahen Standorten auftreten kann
4 *Otidea alutacea* (Ledergelber Öhrling); exzentrische, tief eingeschnittene Apothecien im Laubwald
5 *Helvella spadicea* (*Helvella leucopus*, Weißstielige Lorchel), eine seltene, wärmeliebende Art
6 *Helvella bulbosa* (Langfußbecherling); gestielte, trinkkelchähnliche Apothecien

Tafel 15

1 *Discina perlata* (Scheibenbecherling); ausgebreitete Apothecien an morschem Holz
2, 4 *Gyromitra fastigiata* (Laubwaldlorchel), ein Frühjahrspilz naturnaher Laubwälder
3 *Gyromitra infula* (Bischofsmütze), eine auffallende meist spitzlappige Lorchel, besonders in Gebirgswäldern

Tafel 16

1 *Gyromitra esculenta* (Frühjahrslorchel, Giftlorchel), häufiger, meist bei Kiefern wachsender Frühjahrspilz

2 *Verpa digitaliformis* (Fingerhutverpel); morchelartige Apothecien mit glockigem Hut

3, 4 *Morchella gigas* (Käppchenmorchel), mancherorts ein häufiger Speisepilz in Wäldern, Gebüschen, Parks und Gärten

5 *Morchella esculenta* (Speisemorchel) und *Helvella acetabulum* (Hochgerippter Becherling), Speisepilze in buschigem Xerothermrasen über Muschelkalk

6 *Tremella mesenterica* (Gelber Zitterling), einer der häufigsten Gallertpilze Mitteleuropas

Tafel 17

1 *Tremiscus helvelloides* (Gallerttrichter), in Kalkgebieten verbreiteter Gallertpilz

2 *Pseudohydnum gelatinosum* (Zitterzahn), nadelholzbewohnender Gallertpilz mit stachelförmigem Hymenophor

3 *Exidia plana* (Warziger Drüsling), häufiger Gallertpilz auf Laubholz

4 *Hirneola auricula-judae* (Judasohr), holzbewohnender Auwaldpilz, besonders auf Holunder, aber auch auf anderen Laubhölzern (im Foto an Buche)

Tafel 18

1 *Calocera cornea* (Pfriemlicher Hörnling) auf einem Buchenast in der Initialphase der Holzzerstörung

2 *Peniophora eriksonii,* effuse Crustothecien auf toten Erlenästen

3 *Merulius tremellosus* (Gallertfältling, Gallertfleischiger Fältling), häufiger Laubholzsaprophyt

4 *Hericium coralloides* (Ästiger Stachelbart) an einem toten Buchenstamm

5 *Hericium erinaceus* (Igelstachelbart) an einem lebenden Eichenstamm

6 *Hydnum repandum* (Semmelstoppelpilz), einer der häufigsten Stachelpilze mesophiler Wälder, ein Speisepilz

Tafel 19

1 *Sarcodon versipellis,* seltener fichtenbegleitender Stacheling

2 *Sarcodon imbricatus* (Habichtspilz), ein seltener werdender Stachelpilz; Speisepilz

3 *Macrotyphula fistulosa* (Hohe Röhrenkeule), saprophytischer Keulenpilz auf Rohhumus

4 *Clavaria falcata* (*Clavaria acuta,* Weiße Keule), terrestrischer Keulenpilz in Wäldern und auf Rasen

Tafel 20

Tafel 20

1 *Ramaria stricta* (Steife Koralle), weit verbreiteter Korallenpilz an Laubholzresten
2 *Spongiporus tephroleucus* (*Tyromyces lacteus*, Weißer Saftporling), häufiger Saprophyt an Stümpfen und Fallholz
3 *Aurantioporus croceus* (Safrangelber Weichporling), Seltenheit, ein schützenswerter Pilz, an Eichenstämmen
4 *Spongipellis spumeus* (Saftporling), seltener Laubholzzerstörer
5 *Ischnoderma resinosum* (Laubholz-Harzporling) an einem toten Buchenstamm, an dem auch die auffallende *Lobaria pulmonaria* (Lungenflechte) wächst
6 *Fistulina hepatica* (Leberpilz, Ochsenzunge) am Fuße eines Eichenstammes

Tafel 21

1–4 allgemein verbreitete, häufige holzzerstörende Pilze
1, 2 Saprophyten und Schwächeparasiten besonders an Stämmen
1 *Fomes fomentarius* (Zunderpilz), **2** *Fomitopsis pinicola* (Fichtenporling)
3, 4 Saprophyten, besonders an Fallholz und Stümpfen
3 *Pycnoporus cinnabarinus* (Zinnoberschwamm), **4** *Gloeophyllum sepiarium* (Zaunblättling)

Tafel 22

1 *Donkioporia expansa* an einem Eichenholzkübel
2 *Laetiporus sulphurus* (Schwefelporling) an einem lebenden Eichenstamm; jung eßbar
3 *Hymenochaete cruenta* (Blutroter Borstenscheibling) an einem liegenden (gewendeten) Tannenstamm; im Rückgang begriffene Art
4 *Inonotus rheades* (Fuchsroter Schillerporling), Hymenophor des seltenen Pilzes
5 *Inonotus obliquus* (Schiefer Schillerporling); die auffallende parasitische Anamorphe (Chlamydosporenform) an einem Birkenstamm
6 *Trichaptum abietinum* (Gewöhnlicher Lederporling) an einem toten Kiefernstamm

Tafel 23

1 *Phellinus torulosus* am Fuße einer alten, lebenden Eiche, eine südeuropäische, in Mitteleuropa seltene Art
2 *Phellinus laricis* an einem lebenden Lärchenstamm in Zentralasien
3 *Phellinus laevigatus,* eine seltene Art mit stets effusen Fruchtkörpern
4 *Phaeolus schweinizii* (Braunporling), häufiger Nadelholzzerstörer, adulter Fruchtkörper auf erdnahem Substrat

Tafel 24

1 *Phaeolus schweinizii* (Braunporling), juvenile Fruchtkörper in der Stammhöhle einer Molikaföhre *(Pinus peuce)* an der Waldgrenze im Hochgebirge (Südosteuropa)
2 *Polyporus ciliatus* (Maiporling), häufiger Laubholzsaprophyt
3 *Polyporus rhizophilus* (Steppenporling) an einem Federgras-Horst in einer Steppe
4 *Grifola frondosa* (Klapperschwamm, Laubporling), Saprophyt an Laubholz (oft an Wurzelholz von Eichen und Buchen) in feuchten Wäldern
5 *Pleurotus ostreatus* (Austernseitling), ein häufiger Laubholzbewohner, der auch als Speisepilz kultiviert wird
6 *Pleurotus cornucopiae* (Rillstieliger Seitling) an totem Ulmenholz in einem Auwald

Tafel 25

1 *Schizophyllum commune* (Spaltblättling), häufiger, saprophytischer Holzzerstörer verschiedener Laubgehölze, oft massenhaft an Fallholz auf Kahlschlägen
2 *Lentinellus cochleatus* (Aniszähling), saprophytischer Laub- und Nadelholzbewohner
3 *Hygrocybe cantharellus* (Trichterförmiger Saftling) im Erlenbruchwald
4 *Hygrocybe acutoconica* (Safrangelber Saftling) auf einer Mähwiese

Tafel 26

1 *Hygrocybe coccineocrenata* (Schuppiger Saftling) in einem Hochgebirgs-Quellsumpf
2 *Hygrophorus hypothejus* (Frostschneckling), häufiger Mykorrhizapilz der Waldkiefer
3 *Hygrocybe miniata* (Mennigeroter Saftling), häufig auf sauren Böden, auch außerhalb von Wäldern
4 *Oudemansiella mucida* (Buchenringrübling) auf Buchenästen
5 *Megacollybia platyphylla* (Breitblättriger Rübling), häufiger Holzzerstörer, dessen Fruchtkörper oft an Rhizomorphen auf dem Boden erscheinen
6 *Laccaria laccata* (Rötlicher Lacktrichterling), eine dunkle Varietät am Waldrand eines Lärchenwaldes *(Larix sibirica)* in Zentralasien

Tafel 27

1 *Xerula radicata* (Gewöhnlicher Wurzelrübling) im Mischwald der Halbinsel Krim
2 *Xerula pudens* (Braunhaariger Wurzelrübling) auf totem Wurzelholz einer Eiche
3 *Gerronema chrysophyllum* an einem morschen Lärchenstumpf in Zentralasien
4 *Leucopaxillus giganteus* (Riesen-Krempentrichterling) in einem Lärchenwald; die oft massenhaft und in Hexenringen auftretenden Fruchtkörper sind eßbar

Tafel 28

1 *Marasmius oreades* (Nelkenschwindling), häufiger Wiesenpilz
2 *Lepista nebularis* (Nebelkappe); massenhaftes Aufkommen von Fruchtkörpern im Herbst
3 *Marasmius bulliardii* (Käsepilzchen), häufiger Schwindling auf Blättern
4 *Mycena adonis* (Adonishelmling), im Torfpolster einer moorigen Wiese zwischen Fichten
5 *Mycena alcalina* (Salpeterhelmling) im Nadelwald, häufiger rasiger bis büscheliger Pilz, meist auf Stümpfen
6 *Tricholoma ustale* (Brandiger Ritterling), Buchen-Mykorrhizapilz

Tafel 29

1 *Tricholoma aurantium* (Orangeroter Ritterling) in einem Fichtenforst über Muschelkalk
2 *Tricholoma orirubens* (Rötender Ritterling), ein Laubwaldpilz, der Kalkbuchenwälder bevorzugt
3 *Tricholoma equestre* (Grünling), Mykorrhizapilz von Waldkiefern, selten von Fichten; beliebter Speisepilz
4 *Tricholomopsis rutilans* (Roter Holzritterling), nadelholzbewohnender Saprophyt, selten auf humosem Boden unter Kiefern und Fichten

Tafel 30

1 *Armillariella mellea* s.l. (Hallimasch), eine der vielen Kleinarten, die als Gehölzparasiten und Speisepilze von wirtschaftlicher Bedeutung sind
2 *Collybia fusipes* (Spindeliger Rübling), Holzzerstörer, hauptsächlich an totem Eichenholz
3 *Lepiota bettinae,* ein tropischer Pilz, in Europa nur in Gewächshäusern
4 *Macrolepiota procera* (Parasol, Riesenschirmpilz) auf einer Graudüne
5, 6 *bekannte und weitverbreitete Giftpilze der Gattung Amanita*
5 *Amanita muscaria* (Fliegenpilz)
6 *Amanita pantherina* (Pantherpilz)

Tafel 31

1 *Amanita phalloides* (Grüner Knollenblätterpilz), gefährlicher Giftpilz, der alljährlich Todesopfer fordert
2 *Amanita rubescens* (Perlpilz, Rötender Wulstling), begehrter Speisepilz
3 *Amanita echinocephala* (Stachelschuppiger Wulstling) in einem Buchenwald; Seltenheit
4 *Amanita battarrae* (*Amanita submembranacea,* Verfärbender Scheidenstreifling), fichtenbegleitender, im Gebirge häufiger Mykorrhizapilz, der selten bei Buchen vorkommt

Tafel 32

1 *Leucocoprinus birnbaumii* (Gelber Faltenschirmling), eine tropische Art, in Europa nur in Gewächshäusern

2 *Agaricus silvicola* (Dünnfleischiger Anischampignon); Speisepilz

3 *Agrocybe semiorbicularis* (Halbkugeliger Ackerling) in einem Steppenrasen

4 *Agaricus augustus* (Riesenegerling), junge Fruchtkörper; geschätzter Speisepilz

5, 6 *Pholiota squarrosa* (Sparriger Schüppling), Saprophyt, der auch am Fuße lebender Stämme vorkommt, Nadel- und Laubholzbewohner; Speisepilz

Tafel 33

1–3 weit verbreitete Pholiota-Arten (Schüpplinge). **1** *Pholiota adiposa* (Schleimiger Schüppling), an Laubgehölzen, selten an Nadelgehölzen wachsende Art, **2** *Pholiota flammans* (Feuerschüppling), an Nadelholz (Fichte, Kiefer) besonders in luftfeuchten Gebieten wachsende Art, **3** *Pholiota aurivella* (Hochthronender Schüppling), eine häufige Art vieler Laubgehölze; Speisepilz

4 *Kuehneromyces mutabilis* (Stockschwämmchen), allgemein verbreiteter Holzzerstörer, besonders an Laubholz; begehrter Speisepilz, der auch kultiviert werden kann

Tafel 34

1–6 *Cortinarius*-Arten (Schleierlinge) verschiedener Untergattungen

1, 6 *Subgenus Sericeocybe;* **1** *Cortinarius camphoratus* (Bocksdickfuß), bei Laub- und Nadelgehölzen, über Kalk, **6** *Cortinarius pholideus* (Schuppiger Dickfuß), im Laubwald auf sauren Böden

3 *Subgenus Myxacium, Cortinarius trivialis* (Natternstieliger Schleimfuß), häufiger Laub- und Nadelwaldbewohner

4 *Subgenus Telamonia, Cortinarius hemitrichus* (Weißflockiger Gürtelfuß) unter Birken und Kiefern in einem Dünenwald

5, 2 *Subgenus Phlagmacium;* **5** *Cortinarius varius* (Ziegelgelber Schleimkopf, Messingschleimkopf), **2** *Cortinarius multiformis* (Sägeblättriger Klumpfuß)

Tafel 35

1 *Galerina paludosa* (Sumpfhäubling), Begleiter von Torfmoosen (*Sphagnum*-Arten)

2, 4 *Dermocybe*-Arten (Hautköpfe), Mykorrhizapilze der Familie *Cortinariaceae*; **2** *Dermocybe cinnamomea* (Zimtfarbener Hautkopf); **4** *Dermocybe phoenicea* (Roter Hautkopf)

3 *Hebeloma radicosum* (Wurzelfälbling, Marzipanpilz), auf unterirdischem Holz

Tafel 36

1 *Hypholoma capnoides* (Rauchblättriger Schwefelkopf, Graublättriger S., Milder S.), häufig an Fichtenholz, auch an Tanne, Kiefer, Lärche u. a. Nadelgehölzen; Speisepilz

2 *Stropharia aeruginosa* (Grünspanträuschling); häufiger Speisepilz

3 *Panaeolus fimiputris* (*Anellaria semiovata*, Ringdüngerling), ein semicoprophiler Pilz

4 *Psathyrella piluliformis* (*Psathyrella hydrophila*, Weißstieliges Stockschwämmchen), rasige Fruchtkörper an totem Laubholz

5, 6 terrestrische *Coprinus*-Arten (Tintlinge); **5** *Coprinus comatus* (Schopftintlinge, Spargelpilz), eine Art eutropher, meist waldfreier Standorte, **6** *Coprinus picaceus* (Spechttintling), ein Laubwaldpilz

Tafel 37

1, 2 häufige *Coprinus*-Arten (Tintlinge); **1** *Coprinus micaceus* (Glimmertintling), büschelig auf Laubholz wachsend, **2** *Coprinus atramentarius* (Faltentintling), terrestrischer Pilz eutrophierter Standorte

3, 4 häufige *Russula*-Arten (Täublinge); **3** *Russula nigricans* (Kohletäubling, Dickblättriger Täubling), **4** *Russula ocholeuca* (Ockerweißer Täubling, Zitronentäubling)

Tafel 38

1, 2 häufige *Russula*-Arten (Täublinge); **1** *Russula foetens* (Stinktäubling), **2** *Russula emetica* (Speitäubling); zwei scharfschmeckende Arten

3, 4 häufige *Lactarius*-Arten (Milchlinge); **3** *Lactarius helvus* (Bruchreizker, Maggipilz)

4 *Lactarius rufus* (Rotbrauner Milchling); zwei acidophile Arten

5 *Gomphidius glutinosus* (Großer Schmierling, Großer Gelbfuß, Kuhmaul), Fichten-Mykorrhizapilz in mesophilen Wäldern; Speisepilz

6 *Strobilomyces floccopus* (Strubbelkopf), Mykorrhizapilz, besonders von Buchen in Küsten- und Hügelländern

Tafel 39

1, 2 *Paxillus*-Arten (Kremplinge), Blätterpilze der *Boletales*-Verwandtschaft

1 *Paxillus involutus* (Kahler Krempling), Mykorrhizapilz mit weiter Amplitude

2 *Paxillus atrotomentosus* (Samtfußkrempling), saprophytischer Nadelholzbewohner

3, 4 seltene, nur gebietsweise häufige Röhrlinge, Mykorrhizapilze, **3** *Porphyrellus porphyrosporus* (Düsterer Röhrling), bei Fichten, Tannen, Buchen

4 *Gyroporus cyanescens* (Kornblumenröhrling), bei Buchen u. a. Gehölzen; Speisepilz

Tafel 40

1–6 bekannte und weit verbreitete Röhrlinge, Speisepilze
1 *Boletinus cavipes* (Hohlfußröhrling), stets bei Lärchen
2 *Gyrodon lividus* (Erlengrübling), stets bei Erlen
3 *Xerocomus fragilipes* (Herbstrotfüßchen), meist bei Buchen
4 *Xerocomus subtomentosus* (Ziegenlippe), bei vielen Gehölzen, meist bei Fichten
5 *Xerocomus badius* (Maronenröhrling), häufig bei Kiefern, Fichten, auch bei Buchen u. a.
6 *Xerocomus rubellus* (Blutroter Röhrling), bei Eichen u. a. Gehölzen in Auwäldern und siedlungsnahen Standorten (Gärten, Parks, Gebüsche)

Tafel 41

1–4 Röhrlinge verschiedener Waldtypen; Mykorrhizapilze, Speisepilze
1 *Chalciporus piperatus* (Pfefferröhrling), bei vielen Gehölzen, Würzpilz
2 *Suillus plorans* (Zirbenröhrling), bei Zirbelkiefern *(Pinus cembra)* der Alpen und Karpaten (Foto: in den Südkarpaten)
3 *Suillus bovinus* (Kuhpilz) und **4** *Suillus variegatus* (Sandpilz), beide stets bei zweinadeligen Kiefern

Tafel 42

Tafel 42

1–3 Mykorrhizapilze von Lärchen. **1, 2** *Suillus viscidus* (*Suillus aeruginascens,* Grauer Lärchenröhrling), **3** *Suillus grevillei* (*Suillus flavus,* Goldröhrling, Gelber Lärchenröhrling); geschätzter Speisepilz

4 *Suillus flavidus* (Moorröhrling), in Mooren bei Kiefern, vom Aussterben bedrohte Art

5, 6 *Boletus edulis* (Steinpilz, Herrenpilz), Mykorrhizapilz von Laub- und Nadelgehölzen; mit eng verwandten Kleinarten geschätzter Speisepilz

Tafel 43

1–4 verschiedene Röhrlinge (Dickröhrlinge, *Boletus*-Arten), die in Mitteleuropa seltener werden; **1** *Boletus appendiculatus* (Anhängselröhrling), seltene Art thermophiler Wälder, Mykorrhizapilz von Eichen (selten auch Buchen); Speisepilz, **2** *Boletus impolitus* (Fahler Röhrling), wärmeliebender Mykorrhizapilz von Eichen (selten auch Buchen); Speisepilz, **3** *Boletus fechtneri* (Sommerröhrling), kalk- und wärmeliebender Laubholz-Mykorrhizapilz, besonders von Eichen; Speisepilz, **4** *Boletus calopus* (Dickfußröhrling, Schönfußröhrling), acidophiler Mykorrhizapilz, besonders von Fichten; in Gebirgsfichtenforsten früher ein Massenpilz; ungenießbar

Tafel 44

1–3 rotporige *Boletus*-Arten (Hexenröhrlinge, Hexenpilze), Mykorrhizapilze und Speisepilze; **1** *Boletus erythropus* (Schusterpilz, Flockenstieliger Hexenröhrling), in bodensauren Wäldern, **2** *Boletus luridus* (Netzstieliger Hexenröhrling), kalkliebender Laubwaldpilz, **3** *Boletus queletii* (Glattstieliger Hexenröhrling), seltener, schützenswerter Pilz sommerwarmer Laubwälder

4, 5 *Leccinum*-Arten (Rauhstielröhrlinge), Mykorrhizapilze und Speisepilze; **4** *Leccinum rufum (Leccinum aurantiacum*, Espenrotkappe), bei Zitterpappeln, **5** *Leccinum versipelle (Leccinum testaceoscabrum*, Birkenrotkappe), bei Birken

6 *Calvatia excipuliformis* (*Lycoperden saccatum*, Sackstäubling, Beutelstäubling)

Tafel 45

1 *Langermannia gigantea (Calvatia maxima,* Riesenbovist), Auwaldpilz, auf eutrophen, waldfreien Standorten, auffallend häufiger werdende Art

2 *Lycoperdon perlatum* (Flaschenstäubling, Flaschenbovist), häufige Art in vielen Waldtypen

3, 4 *Lycoperdon pyriforme* (Birnenstäubling), holzbewohnender, häufiger Pilz; **3** junge Fruchtkörper, **4** vergesellschaftet mit *Gymnopilus spectabilis* (Beringter Flämmling)

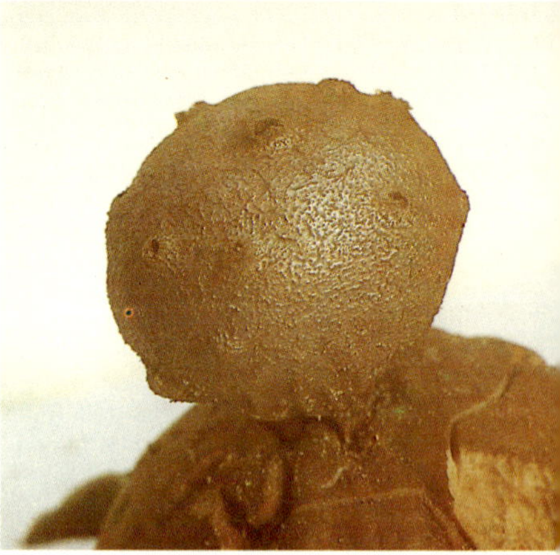

Tafel 46

1 *Lycoperdon foetidum* (Stinkstäubling), terrestrischer Saprophyt auf humosen Böden
2–6 verschiedene Fruchtkörper von Erdsternen *(Geastrales);*
2 *Geastrum pectinatum* (Kammerdstern), meist in Nadel-, selten in Laubwäldern
3 *Geastrum quadrifidum* (Kleiner Nesterdstern) während der Öffnung
4 *Geastrum fimbriatum* (*Geastrum sessile*, Gewimperter Erdstern) während der Öffnung
5 *Geastrum melanocephalum* (Haarerdstern) mit freiliegender Gleba
6 *Myriostoma coliforme* (Sieberdstern), seltene Art mit mehreren Öffnungen

Tafel 47

1, 3 secotioide Pilze, zwischen Hutpilzen und Bauchpilzen vermittelnde Formen
1 *Endoptychum agaricoides*, eine Art ohne Stielstreckung, Fund von einem Kartoffelacker in Südosteuropa
3 *Montagnea arenaria*, eine Art der *Coprinaceae* mit Stielstreckung, Fund aus der Wüste Gobi
2 *Battarraea stevenii* (Großer Stelzenstäubling), eine Art der *Tulostomatales* (dem Stielbovist ähnlicher Pilz), Fund aus der Wüste Gobi
4 *Cyathus striatus* (Gestreifter Teuerling), häufige Art in Wäldern, meist auf Holz

Tafel 48

1–4 einige Fruchtkörper der *Phallales* (stinkmorchelartige Pilze)

1, 2 in Mitteleuropa heimische *Phallaceae*; **1** *Phallus impudicus* (Stinkmorchel), **2** *Mutinus caninus* (Hundsrute)

3, 4 in Mitteleuropa eingeschleppte *Clathraceae;* **3** *Clathrus ruber* (Roter Gitterling),

4 *Clathrus archeri* (Tintenfischpilz); Lockfarben und Aasgeruch dienen der endozoochoren Sporenverbreitung gerufen werden. Pilzlich bedingt ist z.B. die K. des Pfirsichs, hervorgerufen durch *Taphrina deformans* (Kl. ↑ *Endomycetes*). *Taphrina tosquinetii* erregt die weit verbreitete K. von Erlen. ↑ *Taphrinales* B

Krebs: Krankheiten, die in Form von Gewebewucherungen auftreten. In der ↑ Phytopathologie wird der Terminus für krankhafte, entartete Wucherungen sehr verschiedener Ursachen benutzt; z. B. können Viren, Bakterien, Pilze oder tierische Schädlinge K. bewirken. Die Krebswucherungen sind stets ↑ Cecidien, jedoch werden nur unregelmäßige und meist großflächige Cecidien als K. bezeichnet. Krebserreger unter den Pilzen gehören in verschiedene Verwandtschaftskreise und sind z. B. unter den *Myxomycota* (Kl. ↑ *Plasmodiophoromycetes*), den ↑ *Chytridiomycota* und ↑ *Eumycota* zu finden. Nach dem Bildungsort der Wucherungen an den Pflanzen werden Wurzel-, Stengel-, Knollen-, Zweigkrebs usw. unterschieden. Beispiele sind der Kartoffelkrebs, erregt von *Synchytrium endobioticum* (Abt. ↑ *Chytridiomycota*) oder der Zweigkrebs der Platane, verursacht von *Apiognomonia errabunda* (Kl. ↑ *Ascomycetes*, Anamorphe: *Gloeosporium nervisequum*). B

Krebspest: ↑ Mykose des Edelkrebses (*Astacus astacus*), die durch den Oomyceten *Aphanomyces astaci* (Ord. ↑ *Saprolegniales*) hervorgerufen wird. In Anlehnung an die systematische Stellung des Erregers wird diese Krankheit zu den Saprolegniosen gerechnet. Um 1860 breitete sich die Krankheit von Frankreich aus seuchenartig über die Bestände des Edelkrebses in europäischen Gewässern aus, so daß gegenwärtig nur noch einige Restbestände in isoliert gelegenen Gewässern existieren. Andere einheimische und eingebürgerte Krebsarten, z. B. der Amerikanische Flußkrebs (*Orconectus limosus*), sind gegen die K. resistent. V

Kresylblau (Brillantkresylblau): Farbstoff, der für mikroskopische Untersuchungen benutzt wird. K. ist kristallin erhältlich; man benutzt es in gesättigter, wäßriger Lösung. Es ist zur Färbung mancher ↑ Basidiosporen und Hyphenwände geeignet. D

Kristallcystiden ↑ Cystide

Krombholz, Julius Vincenz Edler von: tschechischer Mediziner und Mykologe (1782–1843). K. promovierte 1811 in Erfurt zum Dr. med. 1814 erwarb er das Prager Doktordiplom und war ab 1820 Professor für Arzneikunde. 1828 erhielt er die Professur für spezielle Pathologie und Therapie. Für die Mykologie ist sein Tafelwerk „Naturgetreue Abbildungen und Beschreibungen der eßbaren, schädlichen und verdächtigen Schwämme“ von Bedeutung. Es erschien in 10 Folioheften ab 1831; die letzten Hefte wurden postum herausgegeben. K. war auch an der Problematik der Pilzgifte interessiert. Er experimentierte mit Tieren, um die Wirkung von Giftpilzen festzustellen. H

Kronenrost: durch Rostpilze (Ord. ↑ *Uredinales*) verursachte Krankheit von zahlreichen Gräsern, einschließlich der Getreidearten. Es handelt sich bei den Erregern um ↑ *Puccinia*-Arten, deren Teleutosporen am Scheitel hornartige Auswüchse aufweisen, so daß sie im mikroskopischen Bild apikal wie kleine Krönchen aussehen. Die Arten wurden früher als *Puccinia coronata* zusammengefaßt und gehören heute zu *P. coronata* s. str., *P. gibberosa*, *P. rangiferina* u. a. Es handelt sich, soweit bekannt, um Hetereuformen (↑ *Uredinales*, Tab.). B

Kruste: 1. eine harte, oft brüchige, mitunter erhitzt zähe Auflage auf sterilen Oberflächen von ↑ Fruchtkörpern, ↑ Sclerotien, ↑ Rhizomorphen usw. Die als K. bezeichneten Strukturen sind entweder Ausscheidungen, z. B. harzähnlicher Natur, oder es handelt sich um wandverdickte, inkrustierte und dadurch erhärtete Hyphen-(Plectenchym-, Pseudoparenchym-)Schichten. Im letzteren Falle gibt es fließende Übergänge von einer K. zu einer ↑ Rinde (Cortex). **2.** eine in der mykologischen Umgangssprache übliche Bezeichnung für ↑ effuse Fruchtkörper (krustige Fruchtkörper, ↑ Crustothecien). D

Krustenflechten: morphologische Gruppe von Flechten (↑ Lichenes) mit mehr oder weniger kompaktem, meist in ↑ Areolen unterteiltem ↑ Thallus, der im einfachsten Falle durch Rhizoidhyphen mit der ganzen Unterseite dem Substrat angeheftet oder in dieses eingesenkt ist und in der Regel nicht ohne Beschädigung abgelöst werden kann. K. bilden krustige, granulierte, schorfige oder firnisartige Überzüge auf Gestein (epilithisch), Rinde (epiphlöodisch), Erde (epigäisch), Moosen (epibry) und Pflanzenresten (dentritisch) oder leben sogar auf Blättern höherer, langlebiger Pflanzen (epiphyll). Im Substrat wachsen meist einfach gebaute K. (im Gestein endolithisch, in Rinde von Bäumen endophlöodisch), deren Anwesenheit oft nur an einer Substratverfärbung oder an hervorbrechenden Fruchtkörpern erkennbar wird. Oft kommt ein ↑ Prothallus vor, ein dünnes noch algenfreies Geflecht vorauswachsender Hyphen am Thallusrand oder zwischen den Lagerareolen. Bei den endolithischen Formen scheidet der ↑ Mykobiont Säuren aus, die das Gestein auflösen und so das Eindringen von Rhizoidhyphen und nachfolgend normaler Thallushyphen und ↑ Phycobionten ermöglicht. Neben den typisch krustigen Vertretern kommen zahlreiche Übergangsformen zu ↑ Blatt- und ↑ Strauchflechten vor. Wuchsformen, bei der meist randliche Thallusareolen zu blattartigen Schuppen oder ↑ Loben umgebildet sind, die dem Substrat fest anliegen, werden als effiguriert bezeichnet. Besteht das gesamte Lager aus radiär angeordneten, flachen, fest ansitzenden Loben, spricht man von placoider Wuchsform. Eine Sonderbildung dieser ist die squamulöse Wuchsform, bei der die Einzelschuppen oder Loben randlich nicht mehr fest mit dem Substrat verbunden, sondern aufgerichtet sind. Überdecken sich squamulöse Loben gegenseitig dachziegelartig, werden sie als imbricat bezeichnet. Bei der typisch peltaten Wuchsform sind die Einzelschuppen vergrößert und mit einer Haftscheibe (Nabel) angeheftet. Übergänge zwischen K. und ↑ Strauchflechten bilden Arten mit aufgerichteten Loben, die zusätzlich aufgeblasen sein können und als pulvinate Thalli bezeichnet werden. Zwischen all diesen Wuchsformen der K. gibt es zahlreiche Übergänge, meist sogar innerhalb einer Gattung. Ökologisch gibt es unter den K. eine Breite von submers vorkommenden, über Feuchtigkeit und Schatten liebende bis zu extrem Licht- und Trockenheit liebenden Arten. Ihre Wachstumsgeschwindigkeit ist meist sehr gering und liegt oft bei unter 1 mm Zuwachs pro Jahr. Dafür erreichen K. in der Regel ein hohes Alter von mehreren Hundert bis über 1000, in der Arktis bis zu 4500 Jahren. Die meist ziemlich konstant bleibenden Zuwachsraten ermöglichen eine recht genaue Altersbestimmung (Lichenometrie), die auch für das Substrat angewendet wird. Obwohl die Zuverlässigkeit dieser Methode umstritten ist, wurde sie z. B. bei Altersbestimmungen von Gletschermoränen sowie der Steinriesen der Osterinsel angewendet. ↑ Abb. Lichenes Sto

Kugelpilz ↑ *Hypoxylon*

Kugelsoral ↑ Soral

Kühn, Julius Gotthelf: deutscher Naturwissenschaftler (1825–1910). K. war von 1841 bis 1855 als Landwirt tätig, studierte dann in Bonn und übernahm 1862 den neubegründeten Lehrstuhl für Landwirtschaft an der Universität in Halle. K. war Forscher und vor allem Praktiker. In seinem Werk „Die Krankheiten der Kulturgewächse, ihre Ursachen und Verhütung“ (1858), das sich ausschließlich mit den durch pilzliche Erreger hervorgerufenen Pflanzenkrankheiten beschäftigt, wertete er die damaligen Kenntnisse über phytoparasitische Pilze für die Praxis aus. H.

Kuhpilz ↑ *Suillus,* Taf. 41/3

Kulturgefäße: der Kultivierung von Mikroorganismen dienende Behältnisse. Ihre Form (Abb.) richtet sich nach dem Verwendungszweck. Für feste Nährböden eignen sich Reagenzglas und Kulturröhrchen, Petrischale, Roux-Flasche und Erlenmeyerkolben. Penicillinkolben und Fernbachkolben sind vor allem für die ↑ Emerskultur auf flüssigen Medien gedacht, während Standrundkolben, Erlenmeyerkolben und ↑ Fermenter bevorzugt für die ↑ Submerskultur eingesetzt werden. Str

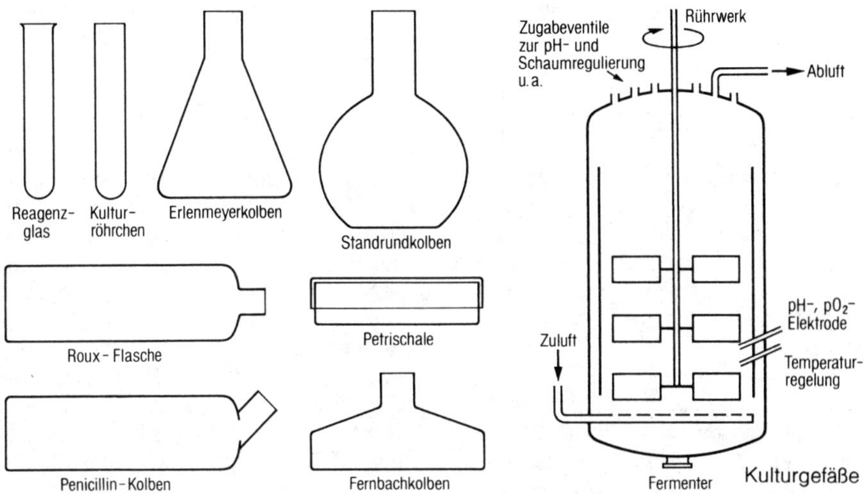

Kulturgefäße

Kulmination ↑ Sorocarpien

Kulturensammlung: Sammlung von Reinkulturen lebender Mikroorganismen (↑ Stamm) für wissenschaftliche und industrielle Zwecke (Stammsammlung). Für die Stammhaltung gibt es verschiedene Möglichkeiten: z.B. aktive Schrägagarkultur, Schrägagarkultur unter flüssigem Paraffin, Suspension in destilliertem Wasser, Trocknung in steriler Erde, Sand oder Silicagel. Lyophilisation und Aufbewahrung über flüssigem Stickstoff haben sich bei den größeren K. durchgesetzt. Die bekannteste K. für Pilze ist das Centraalbureau voor Schimmelcultures (CBS) in Baarn, Niederlande. Str

Kulturröhrchen: kleines, röhrenförmiges Glasgefäß von 1–3 cm Durchmesser zum Kultivieren und Aufbewahren von Mikroorganismen. Str

Kumys: durch Vergärung von Stutenmilch hergestelltes Getränk. Neben Milchsäuregärung durch Bakterien findet eine alkoholische Gärung durch ↑ Hefen statt. Der Alkoholgehalt von K. liegt bei über 3 Volumenprozent. Das Getränk ist in Osteuropa und Asien weit verbreitet. Es gilt als Nationalgetränk der Kirgisen. Str

Kwas: bierähnliches Getränk der Russen. K. wird aus Gerstenmalz, Roggenmalz und Roggenmehl hergestellt, die mit ↑ Hefen vergoren werden. Str

L

Laboulbeniales: Ordnung der Klasse ↑ *Ascomycetes.* Die *L.* sind Ektoparasiten an Arthropoden, überwiegend an Insekten. Der Bau des höchstens 3 mm großen ↑ Thallus weicht ganz erheblich von den Myzelien anderer *Ascomycetes* ab. Hyphen fehlen; eine Fußzelle verankert den Pilz im Chitinskelett des Wirtes. Der Thallus besteht aus einer nahezu konstanten Zahl von Zellen. Es werden mikroskopisch kleine ↑ Perithecien gebildet. Die Entwicklung dieser ↑ Ascocarpien verläuft ascohymenial. Das Ascogon wird durch ↑ Spermatien befruchtet; die ↑ Asci sind prototunicat, stehen rosettig, ein ↑ Hamathecium fehlt. Die ↑ Ascosporen sind zweizellig, ↑ Anamorphen fehlen, einige Arten sind heterothallisch, wenige auch sexuell dimorph.

Die L. umfassen mehr als 1700 Arten und sind über die ganze Erde verbreitet. Die Schadwirkung der Pilze ist gering, ihre Fußzellen durchdringen kaum die Chitinhülle des Wirtes. Alle Arten sind hochgradig wirtsspezifisch. Hi

Labyrinthulomycetes (Hydromyxomycetes): Netzschleimpilze, eine nur ca. 20 Arten umfassende Klasse von Pilzen unklarer Zugehörigkeit. Die *L.* werden in manchen Systemen mit den Schleimpilzen (↑ *Myxomycota*) in Verbindung gebracht. Oft werden sie auch zu den ↑ *Oomycota* gestellt, weil sie mit diesen in der ↑ Begeißelung Übereinstimmung aufweisen.

Der Thallus der *L.* besteht aus spindelförmigen, einkernigen Zellen (Spindelzellen), die durch Schleimfasern miteinander verbunden sind. Diese Schleimfasern sind verzweigt und bilden ein Netzwerk, an oder in dem die Zellen entlangkriechen. Das Netzwerk von Schleimspuren wird auch als „Netzplasmodium“ oder „Filoplasmodium“ bezeichnet. Die Vermehrung der Zellen erfolgt durch Schizotomie (Längsteilung); außerdem können heterokonte Zoosporen (↑ Begeißelung) in Sporocysten gebildet werden, die aus einzelnen Zellen hervorgehen. Mehrere zusammengelagerte Zellen können sich auch mit einer Peridie umgeben und Aplanosporen bilden, die wieder zu Spindelzellen heranwachsen. Die *L.* sind Saprophyten oder Parasiten auf Algen und Wasserpflanzen im marinen Bereich. Auf *Zostera marina* (Seegras) sind durch den Befall von *Labyrinthula macrocystis* epidemische Krankheitserscheinungen bekannt. D

Lachnellula: in der temperaten Zone circumpolar verbreitete Gattung der Familie *Hyaloscyphaceae* (Ord. ↑ *Helotiales,* Kl. ↑ *Ascomycetes*), die ca. 35 Arten umfaßt. Die ↑ Apothecien sind klein, meist gestielt, haben eine auffallend orangefarbene ↑ Scheibe und außen weiße oder gefärbte ↑ Haare. Die Arten leben überwiegend saprophytisch an Koniferenholz; *L. willkommii* lebt parasitisch und erregt den Lärchenkrebs. Hi

Lackmus: ein in Flechten (↑ Lichenes), vor allem *Roccella-*, aber auch *Pertusaria-* und *Umbilicaria-*Arten vorkommender Farbstoff, dessen Hauptbestandteile das dunkelrotbraune Azolitmin ($C_7H_7O_4N$), ein Indophenol, sowie Derivate des ↑ Orcins sind. L. wird auf Grund seiner Eigenschaft, entsprechend dem Säuregehalt seine Farbe zu ändern, in der Chemie als Nachweis für Säuren und Basen verwendet, und zwar als Tinktur oder Papier im *p*H-Bereich 5,0–8,0 (Farbumschlag von Rot nach Blau). Früher wurde L. als Lebensmittelfarbstoff, zum Bläuen der Wäsche und trotz des Farbumschlages und wechselnder Qualität des Ausgangsmaterials auch zum Färben von Textilien benutzt, später jedoch durch die Anilinfarbstoffe fast völlig verdrängt. Eine gewisse Bedeutung hat L. noch als Beimengung zu Teerfarben, denen er besondere Farbtiefe verleiht. Sto

β-Lactam-Antibiotika: ↑ Antibiotika, die den viergliedrigen β-Lactam-Ring enthalten, der für ihre Wirkung das entscheidende Strukturelement ist. Die aus verschiedenen *Penicillium*- und *Cephalosporium*-Arten gewonnenen Penicilline und Cephalosporine sind die wichtigsten β-L.:

β-Lactamasen: bakterielle Enzyme, die den β-Lactam-Ring der ↑ β-Lactam-Antibiotika aufbrechen und sie damit unwirksam machen können. Bekannt ist vor allem die Penicillinase, die von

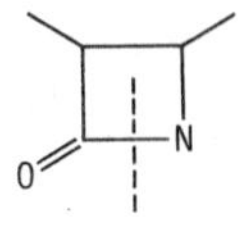

β-Lactamasen

vielen Bakterien gebildet wird und so zur Restistenz dieser Bakterien gegenüber ↑ Penicillin führt. Auch eine Cephalosporinase wurde schon beschrieben, die ↑ Cephalosporine sind insgesamt aber stabiler gegen β-L. als die Penicilline. Inzwischen gibt es auch die Möglichkeit, β-L.-Hemmer gleichzeitig mit dem β-Lactam-Antibiotikum zu ge-

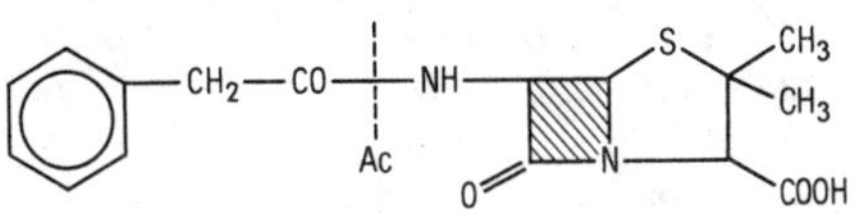

Penicillin G

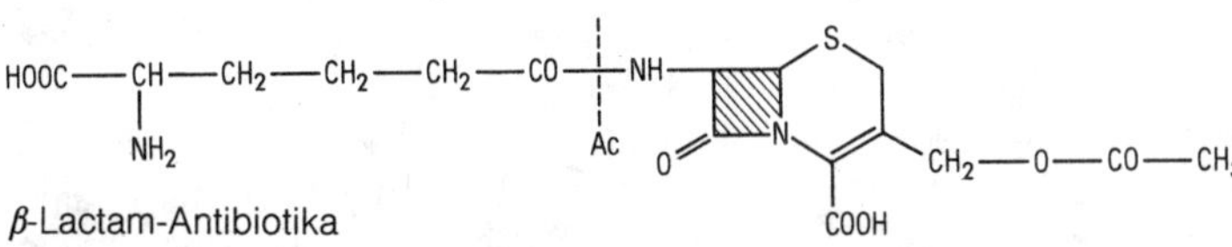

Cephalosporin A

β-Lactam-Antibiotika

Durch Acylasen (Ac) kann man die Seitenketten abspalten, so daß man die 6-Aminopenicillansäure bzw. die 7-Aminocephalosporansäure erhält, die Ausgangsstoffe für neue, halbsynthetische Penicilline und Cephalosporine mit neuen Eigenschaften sind. Beim Cephalosporin ist auch die zweite Seitenkette variierbar. β-L. verhindern die Quervernetzung der Mureinketten über die Peptidketten beim Aufbau der bakteriellen Zellwand. Sie schädigen nur wachsende Bakterienzellen, die neue Zellwände aufbauen müssen. Neuerdings wurden β-L. auch bei Streptomyceten (fädige Bakterien) gefunden, z. B. das Cefoxitin oder die Clavulansäure. Str

ben und so das Antibiotikum vor der Zerstörung zu schützen. Str

Lactarius (Milchlinge): artenreiche, weltweit im ↑ Ektotroph-Areal verbreitete Gattung von Mykorrhizapilzen der Ordnung ↑ *Russulales* (Kl. ↑ *Basidiomycetes*). Die Fruchtkörper sind zentral gestielte, meist mittelgroße ↑ Blätterpilze mit brüchiger ↑ Trama (↑ Sphaerocysten). Die Fruchtkörper entwickeln sich gymnocarp (im primordialen Zustand z. T. pseudoangiocarp). Sie führen Milchsaft, der bei Verletzung aus den Laticiferen der Trama austritt. Dieser Saft ist wäßrig, milchweiß, rot, orange oder verfärbt sich an der Luft von weiß in gelb, violett, rot, rosa, graugrün oder graubraun. Das Sporenpulver ist weiß bis ockerfarben. Die Sporen besitzen, wie alle *Russulales*-Sporen, ein amyloides Ornament. In Europa kommen etwa 80 Arten vor. Milde Fruchtkörper gelten (mit Ausnahme des Maggipilzes, *L. helvus,* Taf. 38/3) als Speisepilze, die scharf schmeckenden sind ungenießbar oder bedürfen einer gesonderten Zubereitung (z. B. der Rotbraune Milchling, *L. rufus,* Taf. 38/4). Einige der milden Arten sind besonders wertvolle Speisepilze, z. B. *L. deliciosus,* der Edelreizker, und verwandte rotmilchende Arten, oder *L. volemus,* der Brätling. D

Lacteocystiden ↑ Cystide

Laetiporus: Gattung der Ordnung ↑ *Poriales* (Kl. ↑ *Basidiomycetes*). Die Fruchtkörper sind anfangs weichfleischige, später bröckelige, große, pileate, meist dachziegelig mehrhüte Porlinge von auffallend gelber bis rotgelber Farbe. Die Trama ist amphimitisch. Die einzige Art, *L. sulphureus,* der Schwefelporling, wächst saprophytisch oder parasitisch an sehr vielen Gehölzen und erregt Braunfäule. Junge Fruchtkörper können als Speisepilze verwendet werden. Taf. 22/3 D

Lagenidiales: kleine Ordnung der Klasse ↑ *Oomycetes* (Abt. ↑ *Oomycota*) mit einfachen, z. T. einzelligen, wenig verzweigten fädigen Thalli, die sich insgesamt zu ↑ Gonitocysten umwandeln können oder solche abgliedern. Die *L.* leben endoparasitisch in Algen, aquatischen Pilzen oder ↑ Protozoen. D

Lager: für verschiedene Strukturen pilzlicher Organismen benutzter Begriff. Als Lager bezeichnet man:

1. vielzellige oder coenocytische Vegetationskörper von Pflanzen und Pilzen, die nicht in Sproß und Wurzel gegliedert sind (↑ Thallus, ↑ Flechtenthallus),
2. das Sporodochium ↑ imperfekter Pilze,
3. den ↑ Acervulus ↑ imperfekter Pilze einschließlich der Uredien und Telien der ↑ *Uredinales (Pucciniales),*
4. manche in Brandsporen aufgelöste, den Wirtspflanzen aufsitzende Teile der Brandpilze, besonders wenn der Befall flächig auf Blättern oder Stengeln sichtbar wird. (↑ *Ustilaginales*) D

Lagerfäule ↑ Fäulen

lag-Phase ↑ Wachstum

Laktase (*β*-Galactosidase): ein ↑ Enzym, das den Milchzucker Laktose in Glukose und Galaktose spaltet. Die industrielle Produktion erfolgt mit den ↑ Hefen ↑ *Saccharomyces fragilis* oder *Torula cremoris.* Sie wird eingesetzt in Molkereien (Molkeverwertung, Herstellung von Vollmilchkonzentraten) oder in Medikamenten gegen Milchunverträglichkeit. Str

Lamellen (Blätter): in der Mykologie eine weit verbreitete Ausbildungsform des ↑ Hymenophors von ↑ Basidiocarpien. Die L. sind etwa radiär orientierte, hymenientragende, plectenchymatische flache (blattartige) Strukturen, die an der Hutunterseite von ↑ Pilothecien vorkommen. Pilze mit lamellenförmigem Hymenophor werden als ↑ Blätterpilze bezeichnet. Viele Merkmale der L. sind für die Systematik und Bestimmung von Bedeutung, z. B. der Ansatz der L. am Fruchtkörperstiel (↑ *Agaricales,* Abb. 2), die Struktur der Lamellentrama (↑ *Agaricales,* Abb. 1, ↑ Hymenophoraltrama), die Cystidenverhältnisse (↑ Cystide, Cheilo- und Pleurocystiden), die Farben der L., die bei Fruchtkörperreife vom Pigment der Sporen beeinträchtigt werden, die Ausbildung von ↑ Anastomosen und andere Merkmale. D

Lamellentrama ↑ Hymenophoraltrama, ↑ Abb. *Agaricales* 2

Langermannia (Riesenbovist): nur eine einzige Art, *L. gigantea,* umfassende Gattung der Ordnung ↑ *Lycoperdales* (Kl. ↑ *Basidiomycetes*). Die großen, kugeligen, epigäischen ↑ Gasterothecien sind cleistocarp. Exo- und Endoperidie zerfallen vom Scheitel her; bei Reife lösen sich die Fruchtkörper vom Myzel und können als wollig kompakte Kugeln, die aus reifer ↑ Gleba mit reichlich entwickeltem ↑ Capillitium vom Lycoperdon-Typ bestehen, vom Wind verweht werden (Taf. 45/1). Die basale ↑ Subgleba ist schwer von der Gleba zu unterscheiden; eine Columella fehlt. *L. gigantea* kommt in Auwäldern und anderen feuchten, nährstoffreichen Laubwaldtypen vor. Sekundär ist der Pilz auf stickstoffreichen, feuchten waldfreien Standorten, z. B. auf Rieselfeldern, weit verbreitet. Junge Fruchtkörper werden als Speisepilze genutzt; sie können bis über 1 m Durchmesser erreichen. D

Lärchenkrebs ↑ *Lachnellula*

Lärchenröhrlinge ↑ Suillus, Taf. 42/1–3

Lasiodiplodia: Form-Gattung ↑ imperfekter Pilze (Ord. ↑ *Sphaeropsidales*) mit holoblastischer Conidiogenese und zweizelligen, pigmentierten ↑ Aleuriosporen in stromatischen, nicht näher definierten ↑ Conidiomata. Zu L. gehört nur eine tropische Art, *L. theobromae* (= *Botryodiplodia t.*), die auf Kakaopflanzen parasitiert. Die Teleomorphe ist *Botryosphaeria* (↑ *Dothideales*). Hi

Laticiferen (Lactiferen, Safthyphen): weitlumige Hyphen, die Milchsaft (z. B. bei den Milchlingen, ↑ *Lactarius*) oder farblosen Saft enthalten. D

Laubflechte ↑ Blattflechten

Laubporling ↑ *Grifola*, Taf. 24/4

Lebensstrategie: genetisch determiniertes Verhaltensmuster, das sich in der Evolution durch natürliche Selektion herausgebildet hat. Dieses Prinzip führte auch zur Ausbildung von Pilzgruppen, denen vier prinzipielle Lebensstrategien entsprechen: L. der ↑ Wettbewerbsstarken, L. der ↑ Streßtoleranten, L. der ↑ Ruderalen und die L. der ↑ Wettbewerbsflüchter. H

Leberpilz ↑ *Fistulina*, Taf. 20/6

Lecanora: weltweit verbreitete, artenreiche Gattung der Ordnung ↑ *Lecanorales*. Es sind überwiegend ↑ Krustenflechten, deren Thallus häutig bis schuppig, krustig-areoliert, effiguriert bis placoid, seltener auch kleinblättrig genabelt bis kleinstrauchig koralloid sein kann. Er ist manchmal mit Rhizinensträngen im Substrat verankert und von sehr unterschiedlicher Färbung. Die ↑ Apothecien sitzen dem Thallus auf oder sind etwas eingesenkt. Es werden ziemlich große, einzellige, farblose ↑ Ascosporen von mehr oder weniger ellipsoider Form gebildet. Die ↑ Pycnosporen sind polymorph, oft fädig oder gebogen. *L.*-Arten sind meist Gesteins- oder Erdbewohner; einige besiedeln Rinde, bearbeitetes Holz oder leben als ↑ Flechtenparasiten. Sto

Lecanorales: umfangreiche Ordnung der Klasse ↑ *Ascomycetes* (Ukl. *Lecanoromycetidae*), die mit wenigen Ausnahmen lichenisierte Pilze mit ascohymenialer Fruchtkörperentwicklung umfaßt. Die ↑ Ascocarpien sind ↑ Apothecien. Wie bei allen *Lecanoromycetidae* enthalten sie Archaeasci als Meiosporocysten. Die Wuchsformen der Thalli sind vielfältig. Es kommen nahezu alle morphologischen Flechtentypen vor, besonders ↑ Blatt-, ↑ Strauch- und ↑ Krustenflechten. Ein durchgängiges Merkmal ist die starke Beteiligung des Thallus am Aufbau der Apothecienberandung. Die L. werden gewöhnlich in 6 Unterordnungen gegliedert, in die *Lecanorinae* mit 15, die *Peltigerinae* mit 3, die *Pertusarinae* mit 2 und die *Teloschistinae, Licheninae* und *Physciinae* mit je einer Familie. Sto/D

Lecanoromycetidae: ↑ *Ascomycetes*, ↑ Lichenes, Tab.

Lecanorsäure: sekundärer ↑ Flechtenstoff von weiter Verbreitung, ein ↑ Depsid vom Orcintypus. L. leitet sich von der ↑ Orsellinsäure ab und stellt somit ein Ausgangsprodukt für den ↑ Orseille-Farbstoff dar. Sie wurde 1913 als erste Flechtensäure synthetisiert, was der Flechtenchemie neue Impulse gab. L. bildet mit Eau de Javelle eine intensiv rote Verbindung. Diese Reaktion ist vor allem bei der Flechtenbestimmung von Bedeutung. Sto

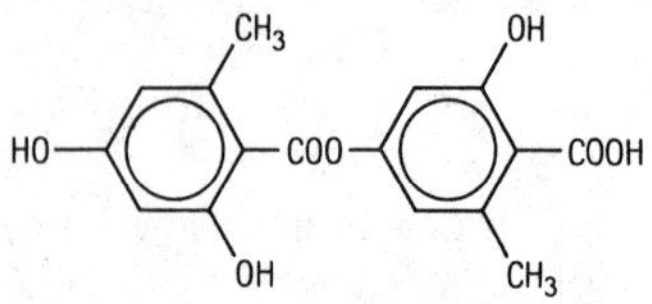

Lecanorsäure

Leccinum (Rauhstielröhrlinge): Gattung der Ordnung ↑ *Boletales* (Kl. ↑ *Basidiomycetes*), die viele bekannte ↑ Ektomykorrhiza bildende Arten umfaßt. Die ↑ Basidiocarpien sind mittelgroße bis große stipitate Pilothecien mit boletoidem ↑ Hymenophor (Röhrlinge), stets konvexer Hutoberseite und festen, rauhschuppigen Stielen. Die Basidiosporen sind spindelig und glatt, das Sporenpulver hat braune Farbtöne, die weiße Trama zeigt im Schnitt z. T. artcharakteristische Anlauffarben (rosa, rot, blau, grün, schwarz). Zur Gattung *L.* gehören bekannte Speisepilze, z. B. *L. aurantiacum,* die Espenrotkappe (Taf. 44/4), und verwandte Arten, *L. versipelle,* die Birkenrotkappe (Taf. 44/5), *L. scabrum,* der Birkenpilz. D

Lecidea: namengebende Gattung der mit ca. 3000 Vertretern artenreichsten Flechtenfamilie *Lecideaceae*. Der Thallus der *L.*-Arten ist krustig, weiß, grau bis gelbgrünlich, unberindet, glatt bis warzig, nicht selten mit ↑ Isidien oder ↑ Soralen besetzt. Als ↑ Phycobionten treten protococcoide Grünalgen auf. Einige Arten bilden ↑ Cephalodien. Die ↑ Apothecien sind meist schwarz, seltener rotbraun, mit ausgeprägtem Eigenrand, der hell bis rötlich oder braun (biatorin) oder durch Verkohlung des ↑ Excipulums meist typisch schwarz (lecidein) ist. Die Sporen, zu 8 bis vielen in den ↑ Asci, sind farblos, einzellig und meist dickwandig. Die ↑ Pycnosporen sind fädig, gerade bis gebogen. *L.*-Arten sind oft etwas nitrophil und kommen in nahezu allen Vegetationszonen der Erde vor. Sto

Lectotypus: Pilzmaterial, in der Regel ein herbarisierter Pilz, eine Aufsammlung und dgl., das als nomenklatorischer Typus dient und das aus dem Originalmaterial, welches der Neubeschreibung einer Art oder eines infraspezifischen Taxons zu Grunde liegt, ausgewählt wurde, weil kein ↑ Holotypus bezeichnet wurde oder dieser nicht verfügbar ist. Als L. kann unter Umständen, die im Internationalen Code der Botanischen Nomenklatur (↑ ICBN) festgehalten sind, auch ein anderes Element des ↑ Protologs, z. B. eine zitierte Abbildung (Iconotypus), dienen, jedoch ist einem Exemplar (eine Herbarprobe, eine Wirtspflanze mit dem parasitischen Pilz u. dgl.) stets der Vorzug bei der Auswahl eines L. zu geben. Die Wahl eines L. (die Lectotypisierung) erfordert die Kenntnis der gesamten Sachlage, die mit der Originalbeschreibung im Zusammenhang steht. Besonders bei der ↑ Typisierung von Namen aus frühen Beschreibungen des 18. und 19. Jh. erfordert die Wahl eines L. mitunter detaillierte historische Studien. D

Leotiaceae: Familie der Ordnung ↑ *Helotiales* (Kl. ↑ *Ascomycetes*), die auch als *Helotiaceae* geführt wird. Die ↑ Ascocarpien sind kleine bis mittelgroße, cupulate oder kappenförmige ↑ Apothecien. Das haarlose Excipulum besteht aus parallelen Hyphen und ist bei manchen Gattungen gelatinisiert; repräsentative Gattungen sind ↑ *Chlorosplenium* (Taf. 12/5) und ↑ *Hymenoscyphus.* Hi

Lepiota (Schirmlinge): weltweit verbreitete Gattung terrestrischer Saprophyten aus der Ordnung ↑ *Agaricales* (Kl. ↑ *Basidiomycetes*). Die Fruchtkörper sind kleine bis mittelgroße, zentral gestielte Blätterpilze mit hemiangiocarper Fruchtkörperentwicklung, wobei primordial 2 Vela angelegt sind (bivelangiocarpe Entwicklung). Die freien Lamellen (↑ Abb. *Agaricales* 1) und das Sporenpulver sind in der Regel weiß, die Huthaut ist ein Trichoderm. Die Gattung *L.* ist in den Tropen breit entfaltet. Einige Arten, z. B. *L. bettinae* (Taf. 30/3), kommen in Europa nur in Gewächshäusern vor. Von den etwa 55 europäischen Arten sind einige giftig, z. B. *L. helveola*, der Fleischfarbene Schirmling. ↑ *Macrolepiota*, ↑ Giftpilze, Tab. D

Lepraria: Form-Gattung, in der imperfekte Flechten zusammengefaßt werden, die nur undifferenzierte, häutige bis wattige oder pulverige bis körnige Überzüge auf dem Substrat, meist auf Gestein und an Baumstämmen, bilden. Die Vermehrung der *L.*-Arten erfolgt vegetativ durch ↑ Soredien. ↑ Fruchtkörper und ↑ Pycnidien werden nicht gebildet. ↑ Lichenes Sto

Leptomitales: kleine, nur ca. 20 Arten umfassende Ordnung der Klasse ↑ *Oomycetes* (Abt. ↑ *Oomycota*), die den ↑ *Saprolegniales* nahesteht, deren Myzel aber durch Einschnürungen, die mit Pfropfen verstopft sind, gegliedert ist. Die Hypnozygoten verbleiben im Oogonium und sind zunächst von deren Restplasma (↑ Periplasma) umgeben; dieses Merkmal vermittelt zu den ↑ *Peronosporales*. D

Leucocoprinus (Faltenschirmlinge): Gattung der Ordnung ↑ *Agaricales* (Kl. ↑ *Basidiomycetes*). Die ↑ Basidiocarpien sind kleine bis mittelgroße zentral gestielte ↑ Blätterpilze mit meist auffallend gerieftem Hutrand und jung ovalem, dem Stiel anliegendem Hut. Durch diese Form sind sie äußerlich vielen ↑ *Coprinus*-Arten ähnlich, haben aber stets helles Sporenpulver. Die Gattung ist überwiegend tropisch verbreitet. Von den rund 10 europäischen Arten kommen einige nur in Gewächshäusern vor und sind eingeschleppt. Zu diesen gehört *L. birnbaumii*, der Gelbe Faltenschirmling, der in Gewächshäusern, Blumentöpfen, Wintergärten, Lagerhallen usw. weit verbreitet ist. Taf. 32/1 D

Léveillé, Joseph Henri: französischer Arzt und Mykologe (1796–1870). L. beschäftigte sich mit der Anatomie und Systematik von Pilzen. Auf Grund der Publikation seiner „Recherches sur l' hymenium de champignons“ (1837), die für die Aufklärung der Basidien-Struktur von Bedeutung sind, wird L. die Entdeckung der Basidien zugeschrieben. In seiner Arbeit „Mémoire sur le genere Sclerotium“ (1843) bezeichnete er Sclerotien als Myzel-Strukturen und liquidierte deshalb die „Gattung“ *Sclerotium*. In den „Considérationes mycologiques, suivies d' une nouvelle classification de champignons“ (1846) schuf L. ein Pilzsystem, dem mikroskopische Kriterien zugrunde liegen und die Fruchtkörper bildenden Pilze in Basidio- und Ascomyceten eingeteilt werden. H

Levurosen: ↑ Mykosen, welche durch ↑ Sproßpilze verursacht werden. Abhängig von der Art des Erregers, den befallenen Organen im Wirtsorganismus und dessen Abwehrlage, werden die verschiedensten Krankheitsbilder, wie ↑ Dermatomykosen (↑ Pityriasis versicolor, ↑ Weiße Piedra, ↑ Onychomykosen) und ↑ Endomykosen, in unterschiedlich schwerem Grad hervorgerufen. Bezug nehmend auf die Art der Erreger, zählt man zu den L. die ↑ Candidose, ↑ Torulopsidose, ↑ Sporobolose, ↑ Cryptococcose, ↑ Trichosporose und ↑ Geotrichose. Man stuft gegenwärtig zwischen 15 und 20 Arten als

Anamorphe (imperfektes Stadium)	Teleomorphe (perfektes Stadium)
Malossezia furfur	—
Candida albicans	—
Candida tropicalis	—
Candida pseudotropicalis	*Kluyveromyces fragilis*
Candida parapsilosis	—
Candida krusei	*Pichia fermentans*
Candida lipolytica	*Yarrowia lipolytica*
Candida zeylanoides	—
Candida brumptii	—
Candida guilliermondii	*Pichia guilliermondii*
Candida intermedia	—
Candida lusitaniae	—
Torulopsis glabrata	—
Torulopsis famata	—
Rhodotorula rubra	—
Sporobolomyces salmonicolor	*Aessosporon salmonicolor*
Trichosporon (Geotrichum) capitatum	—
Trichosporon cutaneum	—
Cryptococcus neoformans	*Filobasidiella neoformans*

fakultativ pathogen für den Menschen ein (Tab.).
Der mit Abstand am häufigsten in Patientenmaterial gefundene und am meisten pathogene Sproßpilz ist *Candida albicans.* Dieser Pilz ist an den Warmblüterorganismus gut angepaßt und kann wie einige andere fakultativ pathogene Pilze auch noch bei Temperaturen um 37°C wachsen. Die Art wies man aber auch in der Luft, im Erdboden, an Pflanzen, in See- und Süßwasser nach. Bei vielen Menschen und Tieren werden Sproßpilze als harmlose Saprophyten auf Häuten und Schleimhäuten gefunden. Bei Abwehrschwäche des Wirtes, bedingt durch Krankheiten, wie Diabetes mellitus, natürlichen und induzierten Immunsystemdefekten (z. B. Leukämien, AIDS [= Erworbenes Immunschwäche-Syndrom], Cytostatika- und Corticosteroid-Therapie) können Sproßpilze zu gefährlichen Erregern werden und invasiv in gesunde Gewebe vordringen. In diesem Sinne bezeichnet man sie als opportunistische Mikroorganismen. Auch eine durch antibakterielle Chemotherapie hervorgerufene Schädigung der natürlichen Bakterienflora der Schleimhäute, welche einen Antagonismus gegenüber Sproßpilzen entfaltet, bereitet öfter den Boden für ein verstärktes Ausbreiten. Besonders anfällig für eine parasitische Sproßpilz-Besiedelung ist der weibliche Genitaltrakt, vor allem, wenn durch hormonelle Umschwünge (z. B. bei Schwangerschaft) Änderungen im Milieu der Scheide auftreten, das Kohlenhydrat-Angebot in den Sekreten größer wird oder die Milchsäurebakterien-Flora zurückweicht. Günstige Entwicklungsbedingungen finden bestimmte Sproßpilze auch auf den Schleimhäuten von Säuglingen, deren Immunsystem, vor allem das T-Zell-gebundene, noch nicht voll aktiv ist. Schließlich wurden auch Fälle von ↑ Candidosen von Heroinsüchtigen beschrieben, die sich Pilzzellen durch unsteriles Rauschgift bzw. Spritzen oder Kanülen inokulierten. Pathogene Sproßpilze dringen unter Ausbildung von ↑ Pseudomyzel bei gleichzeitiger Ausscheidung lytischer Enzyme in Gewebe ein und führen zu Entzündungen, Nekrosen und Abszessen. Sind vorwiegend nur runde Sproßzellen zu finden, deutet das auf eine oberflächliche saprophytische Besiedelung hin. L. sind weltweit verbreitet. Die Zahl nachgewiesener Fälle nimmt ständig zu, einerseits durch die Verstärkung prädisponierender Faktoren, wie z. B. Immunsuppression, und zum anderen durch intensivere und modernere mikrobiologische und pathologische Diagnostik. Sproßpilzbedingte Organmykosen, vor allem wenn sie Lunge, Ge-

hirn oder Niere betreffen, gehören auch heute noch zu den gefürchtetsten Infektionskrankheiten, obwohl durch die Schaffung eines breiten Angebotes an ↑ Antimykotika die Behandlungs- und Heilungsmöglichkeiten aussichtsreicher geworden sind. V

Liceales: Ordnung der Schleimpilze (Kl. ↑ *Myxomycetes,* Abt. ↑ *Myxomycota*). Neben ↑ Sporocarpien werden oft ↑ Aethalien gebildet. Die Sporen sind hell gefärbt (oft milchkaffeebraun), Kalkinkrustationen und Capillitium fehlen. Wichtige Gattungen sind *Licea, Lycogala,* (z. B. *L. epidendron,* der Blutmilchpilz), *Reticularia, Tubiferà.* D

Lichenes (Flechten): in enger Lebensgemeinschaft mit autotrophen Blaualgen (*Cyanobacteria*) oder eukaryotischen Algen, besonders Grünalgen (*Chlorophyceae*) lebende Pilze. Die lichenisierten (zu Flechten gewordenen) Pilze der Symbiose werden als ↑ Mykobionten, die autotrophen Partner als ↑ Phycobionten bezeichnet. Die Mykobionten der L. gehören zu über 99% zu den ↑ *Ascomycetes* (↑ *Ascolichenes*), einige wenige sind ↑ *Basidiomycetes* (↑ *Basidiolichenes*). Eine Art mit endosymbiontischen Blaualgen gehört wahrscheinlich zu den ↑ *Zygomycetes* (↑ *Geosiphon*). Rund 20% aller bekannten Pilzarten sind lichenisiert.

Die L. galten bis ins 19. Jh. als einheitliche Organismen; ihre Zellen wurden als ↑ Gonidien betrachtet. 1866 erkannte de ↑ Bary die Dualnatur der Gallertflechten, 1868 formulierte ↑ Schwendener erstmals die Tatsache des symbiontischen Lebens für alle Flechten.

Die L. sind demnach ökologisch, physiologisch und morphologisch definierte Lebensgemeinschaften, die systematisch keine Einheit bilden. Da die Lichenisierung für die Pilze in der Natur obligat ist und die Zuordnung der Algen (↑ Phycobionten, Tab.) keine Schwierigkeiten bereitet, werden die Flechten systematisch als lichenisierte Pilze im Pilzsystem eingeordnet (Tab.). Der Name einer Flechte gilt nach den Regeln des ↑ ICBN als Name für den Flechtenpilz.

In der Flechtensymbiose sind die Leistungen beider Partner nicht summiert, sondern es entstand eine physiologische Einheit.

Folgende Charakteristika lassen sich erkennen:

1. enger physischer Kontakt zwischen den Partnern
2. einseitiger und wechselseitiger Stofftransport
3. Bildung eines einheitlichen, oft kompliziert strukturierten Vegetationskörpers
4. Bildung spezifischer ↑ Flechtenstoffe, von denen nur wenige ein Partner allein synthetisieren kann
5. Bildung von Diasporen, die beide Partner gemeinsam verbreiten.

Der Kontakt zwischen Phyco- und Mykobionten kann sehr unterschiedlicher Natur sein. Man kennt relativ loses Beieinanderleben von Phycobiontenzellen und Pilzhyphen in Gallertausscheidungen (↑ Gallertflechten, Abb.), Einschluß der Phycobiontenzellen durch Umklammerungshyphen (Stoffaustausch mittels ↑ Appressorien), Bildung von ↑ Impressorien und ↑ Haustorien. Das Wesen der Flechtensymbiosen reicht von mutualistischer Partnerschaft bis zu parasitischen Verhältnissen (↑ Symbiose, ↑ Parasitismus), wobei der Phycobiont im allgemeinen stärker benachteiligt ist. Die von den Partnern gebildeten vegetativen Strukturen werden als ↑ Flechtenthallus bezeichnet. Morphologisch können verschiedene Typen unterschieden werden:

↑ Fadenflechten, ↑ Krustenflechten, ↑ Blattflechten, ↑ Nabelflechten, ↑ Strauchflechten, ↑ Bandflechten, ↑ Bartflechten, ↑ Becherflechten.

Übersicht über die wichtigsten Ordnungen Echter Pilze, die (teilweise) Flechten bilden

Klasse **Ascomycetes**	Asci Archaeasci	proto tunikat	uni	bi	Fruchtkörperentw. hymenial	locular	Ordnung enthält Flechten	lichenicole Pilze	andere Pilze	lichenisiert sind	repräsentative, lichenisierte Gattungen
Lecanoromycetidae											
Gyalectales	×				?		×			alle Arten	Gyalecta
Lecanorales	×				×		×	×	×	fast alle Arten	Cladonia
(Peltigerales)	×				×		×			alle Arten	Peltigera
(Pertusariales)	×				?		×			alle Arten	Pertusaria
(Teloschistales)	×				×		×	×		fast alle Arten	Xanthoria
Euascomycetidae											
Caliciales		×			×		×	×	×	die meisten Arten	Coniocybe
Graphidales			×		×		×	×		fast alle Arten	Graphis
Helotiales			×		×		×		×	wenige Arten	Orbilia
Ostropales			×		×		×	×	×	wenige Arten	Conotrema
Pyrenulales				×	×		×	×	×	die meisten Arten	Porina
Verrucariales				×	×		×	×	×	die meisten Arten	Dermatocarpon
Loculoascomycetidae											
? Arthoniales				×	?	?	×	×	×	die meisten Arten	Arthonia
Dothideales				×		×	×	×	×	wenige Arten	Arthopyrenia
? Opegraphales				×	?	?	×	×	×	die meisten Arten	Opegrapha

Klasse **Basidiomycetes**	Basidien	Fruchtköper der lichenisierten Arten	Ordnung enthält Flechten	andere Pilze	lichenisiert sind	repräsentative lichenisierte Sippen
Poriales	Homobasidien	Crustothecien pleurale Piloth.	×	×	wenige Arten	Dictyonema pavonia
Cantharellales	Homobasidien	Holothecien	×	×	wenige Arten	Lentaria mucida
Agaricales	Homobasidien	stipitate Pilothecien	×	×	wenige Arten	Omphalina div. sp.

Zwischen diesen Typen gibt es Übergänge, z. B. besitzen Becherflechten blattartige Abschnitte; Band-, Bart- und Becherflechten werden mitunter zu den Strauchflechten s.l. gezählt, Nabelflechten zu den Blattflechten usw. Die ↑ Gallertflechten sind in erster Linie auf Grund ihrer Konsistenz definiert. Sie können den Krusten-, Strauch- und Blattflechten, aber auch anderen Wuchsformen ähnliche Thalli aufbauen, besitzen aber stets eine durch die Schleimkapseln der Phycobionten bedingte gallertartige Konsistenz.

Zur ↑ Befruchtung (meist eine Spermatiogamie) und Meiosporenbildung ist nur der ↑ Mykobiont befähigt; mitunter entfällt jegliche Sexualität und Teleomorphenbildung (imperfekte Flechten). Die Fruchtkörper gleichen im Prinzip denen nichtlichenisierter Pilze (↑ Ascocarpien). Die Meiosporen der Flechtenpilze keimen mit Hyphen, und es muß jeweils eine Neusynthese von Flechten

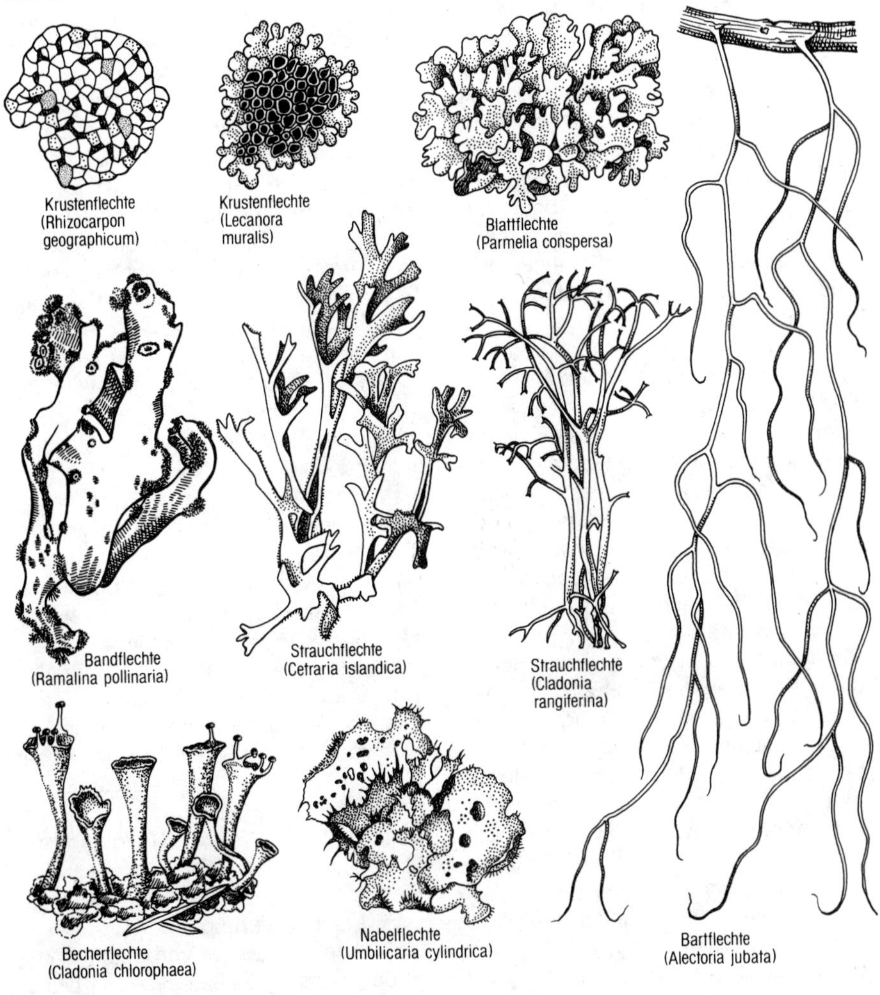

Lichenes: die wichtigsten Wuchsformen der Flechten

erfolgen. Dies wird bei den Arten erleichtert, bei denen Phycobiontenzellen zusammen mit den Pilzsporen verbreitet werden (↑ Hymenialalgen). Diasporen, die beide Partner gemeinsam verbreiten, sind ↑ Soredien, ↑ Isidien, ↑ Schizidien, von Pilzhyphen durchwachsene ↑ Hormocysten von Blaualgen (*Cyanobacteria*) oder Bruchstücke des Flechtenthallus. Im Zusammenhang mit dem Fortpflanzungsmodus haben sich Artenpaare eng verwandter Flechten differenziert, von denen sich die eine nur durch vegetative Diasporen (meist Soredien), die zweite hauptsächlich durch Meiosporen des Mykobionten und Neusynthese fortpflanzt. Die fruchtkörperlose „Sekundärart" ist meist weiter verbreitet. Ein systematisches Problem sind auch „Artenpaare", bei denen ein Flechtenpilz mit verschiedenen Phycobionten (meist einer Grün- und einer Blaualge) morphologisch unterscheidbare Flechten bildet. Die darauf basierenden Flechtennamen sind als Synonyme zu betrachten.

Die Lebensräume der Flechten reichen von Wüsten bis in submerse Bereiche. Am artenreichsten sind Gebiete mit hoher Luftfeuchte. Von besonderer Bedeutung ist die Besiedelung von Extremstandorten. Im Gesteinsgeröll und an Felsstandorten der Hochgebirge z. B. sind die Flechten auffallende Pioniere der Vegetation. Auf Grund der Empfindlichkeit gegen viele Schadstoffe sind manche Arten als Bioindikatoren geeignet. Manche sind auch von wirtschaftlicher Bedeutung (↑ Isländisches Moos, ↑ Baummoos, ↑ Eichenmoos, ↑ Orseille). Abb. D/Sto/Hi

lichenicole Pilze: auf Flechten wachsende Pilze. L. P. sind meist Flechtenparasiten. Saprophytische Verhältnisse liegen selten vor, mitunter nur in der letzten Entwicklungsphase der l. P. D

Lichenisierung: Flechtenbildung, Vorgang der Entstehung von Flechten (↑ Lichenes). Der Prozeß der L. kann sowohl phylogenetisch als auch ontogenetisch verstanden werden. Da die Flechtensymbiose für die pilzlichen Partner (↑ Mykobiont) in der Regel obligate Lebensweise ist, versteht man unter L. aus phylogenetischer Sicht die evolutionären Vorgänge, die zur Herausbildung der Flechten geführt haben. Aus ontogenetischer Sicht wird der Vorgang der Flechtensynthese aus Pilz und autotrophem Partner als L. bezeichnet. Dieser Vorgang kann auch unter experimentellen Bedingungen geschehen, wobei sich gezeigt hat, daß die Synthese eines charakteristischen Flechtenthallus nur unter komplizierten Umständen gelingt. In der Natur spielt die vegetative Fortpflanzung der Flechten eine sehr große Rolle. Es ist nicht bekannt, in welchem Verhältnis vegetativ vermehrte zu neu synthetisierten Flechten stehen, wenn beide Fortpflanzungsmodi möglich sind. Es gibt Flechten, die keine Fruchtkörper mehr ausbilden, die sich also ausschließlich vegetativ vermehren. D

Lichenologie (Flechtenkunde): Wissenschaftszweig der Biologie, der sich mit den Flechten (↑ Lichenes) beschäftigt. Unter L. wird die Gesamtheit der wissenschaftlichen Arbeitsrichtungen verstanden, die Flechten in den Mittelpunkt ihrer Betrachtungen stellen, z.B. die Systematik, Floristik, Ökologie der Flechten, aber auch die Entwicklungs- und Fortpflanzungsbiologie, die Morphologie, Anatomie und Physiologie der Flechten, die Flechtengeographie, die Biochemie der Flechten usw. Traditionell wird die L. von der ↑ Mykologie abgegrenzt; es ist jedoch berechtigt, sie als Teilgebiet der Mykologie zu betrachten, da alle Flechten als lichenisierte Pilze zu verstehen sind. ↑ Lichenisierung D

Lichinaceae: weltweit verbreitete Familie der Ordnung ↑ *Lecanorales* (↑ Lichenes) mit zahlreichen Gattungen (z. B.

↑ *Ephebe* und *Lichina*). Es sind unscheinbare braune bis schwarze, zuweilen auch rote ↑ Faden- oder ↑ Gallertflechten, deren Thalli krustig, fädig bis kleinstrauchig oder blättrig gestaltet sind. Als ↑ Phycobionten treten *Cyanobacteria* auf. Der Verlauf und die Differenzierung der Pilzhyphen im Thallus sind artspezifische Merkmale. ↑ Sorale und ↑ Isidien fehlen. Als Fruchtkörper sind vor allem lecanorine, biatorine und zeorine ↑ Apothecien ausgebildet; seltener werden ↑ Pycnoascocarpien oder ↑ Thallinocarpien entwickelt. Die Gattung *Lempholemma* kann sich durch ↑ Hormocysten mit Pilzhyphen vermehren. In den Asci entwickeln sich viele einzellige, farblose Sporen. ↑ Pycnidien können einfach oder gekammert sein. Die L. siedeln auf Rinde, Erde, Gestein oder Moosen, z. T. sind sie auch an extremen Standorten, wie in Wüsten oder in den Brandungszonen der Meere, zu finden. Sto

lignicole Pilze (xylophage Pilze): holzbewohnende (holzzerstörende) Pilze. Viele von ihnen sind Saprophyten, manche fakultative Parasiten (wahrscheinlich Perthophyten) oder obligate Parasiten (↑ Parasitismus, ↑ Saproparasiten, ↑ Holzzerstörung). Die oft benutzte Bezeichnung „xylophage Pilze" sollte vermieden werden, weil die Ernährungsweise osmotroph (nicht phagotroph) ist. D

Lindau, Gustav: deutscher Botaniker (1866–1923). Er studierte in Heidelberg und Berlin Naturwissenschaften. In Berlin war er u. a. Student bei ↑ Schwendener. 1888 promovierte L. mit einer Arbeit über Flechtenapothecien in Berlin. 1890 wurde er Direktor des Botanischen Gartens in Münster und Assistent bei ↑ Brefeld. Ab 1892 war er in Berlin Assistent am Botanischen Garten und ab 1899 Kustos am Botanischen Museum. L. habilitierte sich 1894, arbeitete danach an der Berliner Universität als Privatdozent und wurde 1902 zum Professor ernannt. Seine Hauptverdienste betreffen die Kryptogamenforschung. L. publizierte zahlreiche Abhandlungen über Flechten und Pilze. In Zusammenarbeit mit P. ↑ Sydow gab er das Werk „Thesaurus litteraturae mycologicae et lichenologicae" (1908–1917, 5 Bde.) heraus. Von Bedeutung sind außerdem die Bestimmungsbücher „Kryptogamenflora für Anfänger" (1911–1914, 6 Bde.) und die Bearbeitung wichtiger Pilzgruppen in den „... Natürlichen Pflanzenfamilien" von Engler und Prantl. H

Lindner, Paul: deutscher Mikrobiologe (1861–1945). Er besuchte ab 1879 die Berliner Bauakademie und studierte ab 1881 Naturwissenschaften, vor allem Botanik in Breslau (Wrocław), Leipzig und Berlin. 1887 übernahm er die Leitung der Abteilung für Reinkulturen an der Versuchs- und Lehrbrauerei in Berlin, wo er 1888 promovierte. 1897 wurde er zum Professor ernannt. L. beschäftigte sich vorwiegend mit der Biologie von Gärungspilzen, u. a. mit *Saccharomyces* und *Endomyces*; außerdem führte er neue, einfache Untersuchungs- und Kulturmethoden in die Mikrobiologie ein und wies auf die Bedeutung der Mikrophotographie hin. Für die Kryptogamenflora der Mark Brandenburg bearbeitete L. die Hefepilze. H

Link, Heinrich Friedrich: deutscher Botaniker (1767–1851). Er studierte Medizin und Naturwissenschaften in Göttingen, wo er 1788 zum Dr. med. promovierte. Ab 1792 arbeitete er als Professor für Botanik in Rostock, ab 1811 in Breslau, erhielt 1815 das Ordinariat für Botanik an der Berliner Universität und war gleichzeitig mit der Leitung des botanischen Gartens beauftragt. L. befaßte sich neben der Systematik, Anatomie und Physiologie höherer Pflanzen auch mit mikroskopischen Untersuchungen an Pilzen und Flechten. Er untersuchte die Zellstruktur der Pilzhyphen („Grundlehren der Anatomie und Physiologie der Pflanzen", 1804) und beobachtete Hyphen in der Wurzelrinde von Orchideen („Observationes in ordines plantarum naturales", 1809 bis 1816). H

Linnaeus, Carolus (ab 1761 Linné, Carl von): schwedischer Arzt und Botaniker (1707–1778). L. war der Sohn eines Predigers. Er studierte 1727 Medizin in Leiden, ab 1728 an der Universität in Uppsala. 1730 war er als Demonstrator für Botanik tätig. Im staatlichen Auftrag unternahm L. 1732 eine Reise nach Lappland. Von 1735–1737 lebte er in Holland, erwarb 1735 den Doktorgrad in der Medizin an der Universität Harderwijk und bereiste England sowie Frankreich. Von 1738–1741 unterhielt L. in Stockholm eine ärztliche Praxis, war Admiralitätsarzt und Dozent im Bergkollegium. 1741 wurde er zum Professor für Theoretische Medizin und zum Direktor des Botanischen Gartens der Universität Uppsala ernannt, wo er bis zu seinem Tod wirkte. L. gilt als Begründer der modernen Systematik in der Biologie. Er beeinflußte die Pilzkunde, indem es ihm gelang, die bis dahin schwankende Nomenklatur zu konsolidieren. In den Systemen („Systema naturae" 1735; „Species plantarum" 1753) gliederte L. sein „regnum vegetabilis" in 24 Pflanzenklassen. Die Pilze gehören mit den Farnen, Moosen und Algen zur Klasse „Cryptogamia". Die erste Auflage der „Species plantarum" (1753) gilt als Startpunkt der botanischen ↑ Nomenklatur, da erstmals die binäre Benennung der Pflanzen konsequent eingehalten wird. In diesem Werk bringt L. folgende Pilzgattungen: *Agaricus, Boletus, Clathrus, Clavaria, Elvela, Hydnum, Lycoperdon, Mucor, Peziza, Phallus* sowie *Byssus* und *Tremella,* die unter den Algen stehen. Mit dieser Behandlung der Pilze fußt L. auf ↑ Tournefort, ↑ Dillenius, ↑ Micheli und ↑ Vaillant, erreichte aber selbst keinen Fortschritt in der Systematik, sondern verwischte manche bekannten Details wieder. H

Lipasen: ↑ Enzyme, die Fette in Fettsäuren und Glycerin spalten. Sie werden im industriellen Maßstab mit Hilfe von ↑ *Aspergillus niger* und ↑ *Rhizopus*-Arten hergestellt. Sie dienen als Verdauungshilfen; außerdem werden sie zur Geschmacksbildung bei der Herstellung von Käse, Margarine, Schokolade oder Speiseeis eingesetzt. Str

Lippensoral ↑ Soral

Lipsanenchym: der Teil des ↑ Plectenchyms von Primordien der ↑ Basidiocarpien, der sich zum ↑ Velum partiale differenziert. D

Lirelle (Pl. Lirellen; auch Lirella, Pl. Lirellae): langgestrecktes kleines ↑ Ascocarp mit meist kohlig schwarzen Wänden und präformiertem Längsspalt. Im Innern befindet sich ein ↑ Hymenium mit unitunicaten Asci und ↑ Pseudoparaphysen. Die ontogenetische Entwicklung der L. erfolgt ascohymenial, bei der Ordnung ↑ *Rhytismatales* vielleicht ascolocular. Die meisten Ascomyceten, die L. bilden, wurden oft in der heute nicht mehr anerkannten Ordnung *Hysteriales* zusammengefaßt. Statt L. wurde deshalb auch die Bezeichnung Hysterothecium verwendet. Abb. Hi

Lloyd, Curtis Gates: amerikanischer Industrieller und Mykologe (1859–1926). L. war in Cincinnati (USA) Großunternehmer in der pharmazeutischen Industrie und beschäftigte sich mit Mykologie. Die Universität Cincinnati verlieh ihm den Titel eines Ehrendoktors der Naturwissenschaften. Die mykologischen Publikationen L.s erschienen in Zeitschriftenform als „Mycological notes" (1898–1926) und „Puff ball letters" bzw. „Letters" (1904–1919). Hervorzuheben sind seine Monographien, z. B. „The Geastrae" (1902), „The Nidulariaceae" (1906), „The Tylostomeae" (1906),

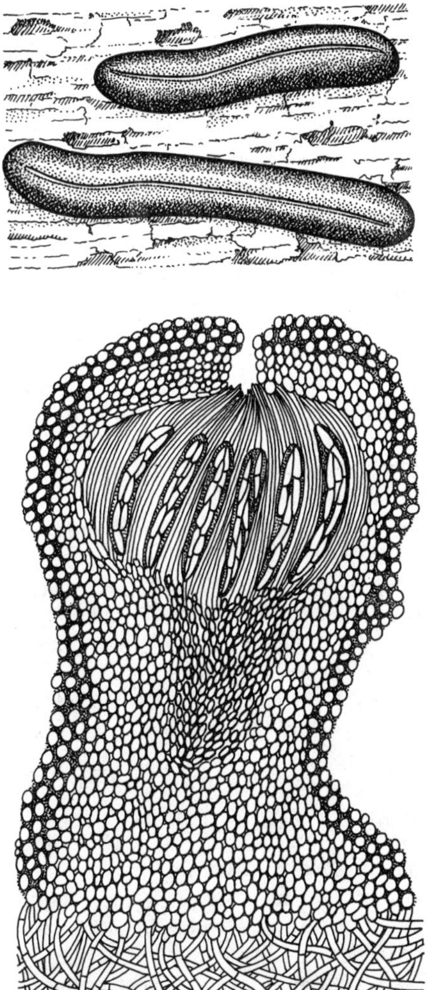

Lirelle: *oben* Lirellen auf dem Substrat (Glonium), *unten* Querschnitt einer Lirelle

„Synopsis of the Stipitate Polyporoids" (1912), „Synopsis of the Stipitate Stereums" (1913). Besonders wertvoll sind auch seine Arbeiten zur Synonymie vieler Taxa, die oft mit Typenstudien in aller Welt verbunden waren. H.

Lobomykose: durch den Pilz *Loboa loboi* verursachte ↑ Mykose, welche vor allem unter der Bevölkerung südamerikanischer Länder anzutreffen ist. Die systematische Stellung des Erregers ist unklar, da bisher eine Anzucht auf künstlichen ↑ Nährmedien noch nicht gelang. Der Antigenbestand (↑ Pilz-Serologie) des Erregers gleicht teilweise dem von *Paracoccidioides brasiliensis*, dem Erreger der ↑ Südamerikanischen Blastomykose. Die L. entwickelt sich sehr langsam in Haut und Unterhautgewebe, wobei die ↑ Sproßzellen des Erregers granulomatöse Entzündungen induzieren. In deren Folge kommt es zu keloid- bis blumenkohlförmigen Wucherungen. Diese Krankheitserscheinungen sind relativ schmerzarm. Auf Grund der Nichtkultivierbarkeit des Erregers wird die Diagnose der Krankheit auf der Basis klinischer und histologischer Befunde gestellt. V

Lobulus (Pl. Lobuli): kleines Thallusläppchen des Flechtenthallus (↑ Lichenes), das meist sekundär an ↑ Apothecien oder randständig an ↑ Loben, selten auch flächenständig auf großen Loben gebildet wird. Sto

Lobus (Pl. Loben, auch Lobi): Thalluslappen, flacher Thallusabschnitt von Flechten (↑ Lichenes), der bei vielen Wuchsformen vorkommt und meist randlich, aber auch zentral angelegt wird (polyphylle Flechten). Von manchen Autoren werden auch die radiären Thallusabschnitte der ↑ Strauch- und ↑ Bartflechten als L. bezeichnet. Sto

Lochfäule ↑ Holzzerstörung

Loculoascomycetidae ↑ *Ascomycetes*

Loculus (Pl. Loculi): sekundäre, auf lysogenem Wege entstehende Höhlung in ↑ Ascocarpien mit ascolocularer Entwicklung. Die Asci wachsen in die L. hinein. Pro Fruchtkörper wird entweder ein einziger L. gebildet, oder es sind mehrere vorhanden. Hi

Löffelkrankheit (Ohrläppchenkrankheit, Klumpenblätterkrankheit): Gallbildung (↑ Cecidium) an Azaleen, hervorgerufen durch ↑ *Exobasidium japoni-*

cum (Ord. ↑ *Exobasidiales*). Die befallenen Pflanzenteile sind vergrößert und deformiert. B

log-Phase: ↑ Wachstum

Lohblüte ↑ *Physarales,* ↑ Plasmodium, ↑ Aethalium

Lohwag, Heinrich: deutscher Lehrer und Mykologe (1884–1945). L. studierte in Wien Naturwissenschaften und promovierte 1908 zum Dr. phil. Zwischen 1908 und 1912 war er als Lehrer an verschiedenen Orten tätig, u. a. in Brüx (Böhmen), Wien und Trient. Von 1912–1918 arbeitete er als Professor am Staatsgymnasium in Reichenberg und ab 1918 als Lehrer am Akademischen Gymnasium in Wien. L.s mykologisches Interesse galt besonders der Anatomie von Fruchtkörpern. Für das von Linsbauer begründete „Handbuch der Pilzanatomie" bearbeitete L. die „Anatomie der Asco- und Basidiomyceten". Diese Arbeit erschien 1941 als Band VI, Abteilung II/Teil 3c des Handbuches. H

Lokalinfektion ↑ Infektion

Lokomotion ↑ freie Ortsbewegung

Lomasom: Ausstülpung des ↑ Plasmalemmas bei Pilzzellen. L. enthalten multivesiculäre Strukturen variabler Form. Sie sind wahrscheinlich beteiligt an sekretorischen Prozessen im Zusammenhang mit der Zellwandbildung bzw. mit lokalen Zellwandauflösungen. ↑ Taf. 2/2 Sch

Lophodermium: Gattung der Ordnung ↑ *Rhytismatales* (Kl. ↑ *Ascomycetes*), die ca. 50 Arten der temperaten Zonen umfaßt. Die Fruchtkörper (↑ Ascocarpien) sind kleine Lirellen. Die meisten *L.*-Arten sind Saprophyten, einige, z. B. *L. pinastri,* erregen Schüttekrankheiten bei Nadelgehölzen. Hi

Lorchelgifte: ↑ Gyromitrin, einige Derivate und das Abbauprodukt Monomethylhydrazin. Gyromitrin wurde bisher nur in der Frühjahrslorchel (↑ *Gyromitra esculenta*) nachgewiesen. 1 kg Frischpilze enthalten ungefähr 1–1,5 g Gyromitrin. Für Kinder schätzt man die tödliche Dosis auf 10–30 mg und für Erwachsene auf 20–50 mg Gift bezogen auf 1 kg Körpergewicht.

Das wasserlösliche und bei Zimmertemperatur flüchtige Toxin verursacht nach einer Latenzzeit von 6–8–24 Std. Brechdurchfälle, Reizung der Bindehäute, Hautausschläge und Gelbsucht. Bei schweren Vergiftungen stehen Nervensystemsymptome wie Sehstörungen, Benommenheit, Krämpfe, Reflexanomalien, Bewußtlosigkeit im Vordergrund. Schädigungen der Leber- und Nierenfunktion sowie des Nervensystems können ab drittem Tag der Erkrankung zum Tode führen. M

Lorcheln: deutsche Bezeichnung für solche Arten der Familie *Helvellaceae* (Ord. ↑ *Pezizales,* Kl. ↑ *Ascomycetes*), die gestielte, helvelloide (hirnartig gewundene, mit dem Hymenium nach außen orientierte) Apothecien ausbilden. Die L. gehören zu den Gattungen ↑ *Gyromitra* und ↑ *Helvella.* Taf. 14/5,6; 15/2–4 Hi

Luftsterilisation: Keimfreimachung der Zu- und Abluft bei ↑ Fermentationen. Die Luft wird durch Trockenschichtfilter (Watte, Zellstoff, Glaswolle, Glassinter, Zelluloseazetat- oder Zellulosenitrat-Membranfilter usw.) oder durch Flüssigkeitsfilter (Schwefelsäure, Lauge, Kaliumpermanganat oder Ölfilter) geleitet. In technischen Fermentationsanlagen haben sich Glaswolle-Filter durchgesetzt, die ein- bis zweimal im Jahr gewechselt werden müssen. Die Filter werden durch überhitzten Dampf sterilisiert (↑ Sterilisation). Str

Lugolsche Lösung: eine Jodjodkali-Lösung (1,5 g Jod, 5 g Kaliumjodid, 100 ml Aqua dest.) zur Prüfung der Amyloidität. Amyloide Strukturen färben sich graublau bis violett, pseudoamyloide (dextrinoide) purpur bis braun, inamyloide reagieren nicht. Besonders bei starker Pigmentierung der zu untersuchenden Strukturen empfiehlt es sich, statt L. L. ↑ Melzers Reagens zu benutzen. L. L. ist für makroskopische und mikroskopische Untersuchungen geeignet. Zum Beispiel kann Sporenpulver makroskopisch auf Amyloidität geprüft werden; in den meisten Fällen muß die Reaktion jedoch mikroskopisch geprüft werden (Amyloidität bestimmter Hyphen oder Sporenornamente usw.). D

Lycogala ↑ *Liceales,* ↑ Aethalium, ↑ Plasmodium

Lycoperdales: umfangreiche Ordnung der Klasse ↑ *Basidiomycetes* (Ukl. ↑ *Homobasidiomycetidae*). Die Fruchtkörper sind epigäische, selten auch hypogäische, angiocarpe oder cleistocarpe ↑ Gasterothecien (Schizothecien), deren Glebakammern mit Hymenium ausgekleidet und deutlich radial orientiert sind. Die ↑ Basidien bilden je 4 Sporen auf langen Sterigmata, die mitunter an den Sporen haften bleiben (pedicellate Sporen). Die Gleba zerfällt bei Reife pulverig. Unsicher ist die Stellung der *Arachniaceae,* bei denen ↑ Peridiolen gebildet werden. Ein ↑ Capillitium kommt meist vor, selten ist es rückgebildet, bei einigen Arten liegt es in Form von Elateren vor. Repräsentative Gattungen sind ↑ *Bovista,* ↑ *Calvatia,* ↑ *Disciseda,* ↑ *Langermannia,* ↑ *Lycoperdon* und ↑ *Mycenastrum.* Taf. 44/6, 45/1–4, 46/1 D

Lycoperdon: artenreiche Gattung der Ordnung ↑ *Lycoperdales* (Kl. ↑ *Basidiomycetes*) mit kleinen bis mittelgroßen angiocarpen ↑ Gasterothecien. Die Exoperidie ist zweischichtig, die Endoperidie öffnet sich mit einem Porus. Ein ↑ Capillitium ist stets gut entwickelt (Lycoperdon-Typ), ebenfalls eine schwammig-kammerige ↑ Subgleba. Meist sind die Fruchtkörper deutlich in einen Stiel- und einen Kopfteil gegliedert. Der Sporenausstoß aus dem Porus der Endoperidie erfolgt durch auffallende Regentropfen, das elastische Capillitium sorgt für die ursprüngliche Form der Endoperidie. Die Exoperidie zeigt oft artspezifische Stachel- oder Perlenmuster. Taf. 45/2–4, Taf. 46/1 D

Lyophilisierung (Lyophilisation): Gefriertrocknung, Trocknung einer gefrorenen Probe im Hochvakuum. Die L. kann zur Konservierung von Mikroorganismen eingesetzt werden. Als günstig hat sich der Zusatz von Schutzkolloiden, wie Magermilch, Serum, Gelatine u. a., erwiesen. Die lyophilisierten Kulturen sind in evakuierten, zugeschmolzenen Ampullen jahrelang haltbar (↑ Kulturensammlung). Str

Lysergsäure: Grundbaustein der ↑ Mutterkornalkaloide.
Das D-Lysergsäurediethylamid (LSD) wird halbsynthetisch gewonnen und zur Therapie von Psychosen eingesetzt. Es ist auch als Rauschgift bekannt. Str

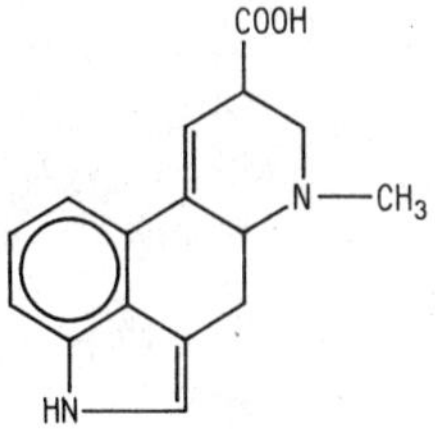

Lysergsäure

M

Macrolepiota (Riesenschirmlinge, Schirmpilze): weltweit verbreitete Gattung terrestrischer Saprophyten aus der Ordnung ↑ *Agaricales* (Kl. ↑ *Basidiomycetes*). Die Fruchtkörper sind mittelgroße bis große, zentral gestielte Blätterpilze, mit frei beweglichem Ring, großen, meist über 10 µm bis zu 25 µm langen Sporen, weißem, und selten schwachpigmentiertem Sporenpulver, freien, hellen Lamellen und schuppiger Hutoberseite. Die Huthaut ist primär (vor dem schuppigen Aufreißen) ein Palisadoderm. In Europa kommen nur etwa 10 Arten vor; die meisten sind eßbar. Die Hüte von *M. procera,* dem Parasol (Taf. 30/4), werden als Pilzschnitzel geschätzt, *M. venenata,* der Giftschirmpilz, wächst meist in Gewächshäusern und Gärten. Er kann mit *M. rhacodes,* dem eßbaren Safranschirmpilz, verwechselt werden und rief bereits mehrfach Vergiftungen hervor. D

Macrotyphula: Gattung der Ordnung ↑ *Cantharellales* (Kl. ↑ *Basidiomycetes*). Die ↑ Basidiocarpien sind lange dünne ↑ Holothecien (↑ Keulenpilze) mit großen Basidien und hyalinen, dünnwandigen, glatten, zylindrisch-ellipsoiden oder spindelförmigen Basidiosporen. In Europa kommen nur vier saprophytische Arten vor. Die Typusart, *M. fistulosa,* die Hohe Röhrenkeule (Taf. 19/3), ist auf feuchtem Rohhumus weit verbreitet. D

Madurafuß (Maduramykose): Form der ↑ Verletzungsmykosen, welche im Fußbereich lokalisiert ist. Die ersten Fälle wurden von der Insel Madura (Indonesien) und aus Ballary (Madras/Indien) beschrieben. Durch Barfußlaufen dringen pilzkontaminierte Holzsplitter oder Dornen in subkutanes Gewebe ein, wodurch eine chronisch werdende ↑ Mykose verursacht wird. Befallenes Gewebe schwillt stark an, es beginnen entzündliche, eitrig-granulierende und mehrfach nach außen fistelnde Prozesse. Auch Bänder und Knochen werden dabei nicht verschont. Die Folge sind deformierte Klumpfüße. V

Maggipilz: Volksname für ↑ *Lactarius helvus*. Die Fruchtkörper dieses Pilzes haben wäßrige Milch; beim Eintrocknen riechen sie intensiv nach Maggi (Liebstöckel). Der M. hat roh einen milden Geschmack. Er ist schwach giftig und kann nur in geringen Mengen als Würzpilz verwendet werden. Taf. 38/3 D

Maisbeulenbrand: eine Krankheit des Maises, die durch den Brandpilz ↑ *Ustilago maydis hervorgerufen wird.* (Ord. ↑ *Ustilaginales*). Die Brandlager (Taf. 11/3) befinden sich an verschiedenen Pflanzenteilen, ganz überwiegend im Bereich der Früchte, wo charakteristische Brandbeulen entstehen, die anfangs von Resten des Wirtsgewebes und verquollenen Hyphen hautartig überzogen sind. Die 7–12 µm großen, runden, dunklen und feinwarzigen Brandsporen keimen nach einer Ruhepause aus, bilden das vierzellige ↑ Promyzel und spindelförmige Sporidien. B

Maisquellwasser (Cornsteep-liquor): Nebenprodukt der Stärke- und Zuckergewinnung aus Mais. Mais wird durch eine wäßrige, sulfithaltige Lösung extrahiert. Dabei gehen viele Mineralien und Stickstoff-Verbindungen in Lösung. M. wird als Stickstoffquelle in vielen technischen ↑ Fermentationen mit Pilzen eingesetzt. Str

Makroconidien: der größere Typ von ↑ Conidien bei Pilzen, die zwei in der Größe deutlich unterschiedliche Typen von Conidien hervorbringen. ↑ Mikroconidien Hi

Makromyceten (Großpilze): Pilze, die große ↑ Fruchtkörper bilden. Die Umgrenzung der M. geschieht willkürlich. Die Grenze zwischen Makro- und Mikromyceten ist vor allem bei den Ascomyceten fließend. Nach einem Vorschlag von Kreisel sollten nur Pilze, deren Fruchtkörper mindestens 4 mm Durchmesser erreichen, als M. bezeichnet werden. Gewöhnlich werden auch Ascomyceten, die zwar kleine Fruchtkörper, aber große Stromata (Sammelfruchtkörper) bilden, als M. bezeichnet. Den M. werden die Mikromyceten (Kleinpilze) gegenübergestellt. Letztere bilden keine oder nur kleine Fruchtkörper. Beide Begriffe gehören in die mykologische „Umgangssprache" und sind nicht exakt definierbar. D

Malformine: Gruppe toxischer ringförmiger Pentapeptide, die von Pilzen der Aspergillus-niger-Verwandtschaft gebildet werden. Sie besitzen antibiotische Aktivität, bewirken Mißbildungen bei Pflanzen und sind auch für Menschen und Tiere giftig. Malformin A greift z. B. Leber, Niere und den Gastrointestinaltrakt an, außerdem ist Phyto- und Cytotoxizität belegt. (LD_{50} = 3 mg/kg Maus, intraperitoneal) M

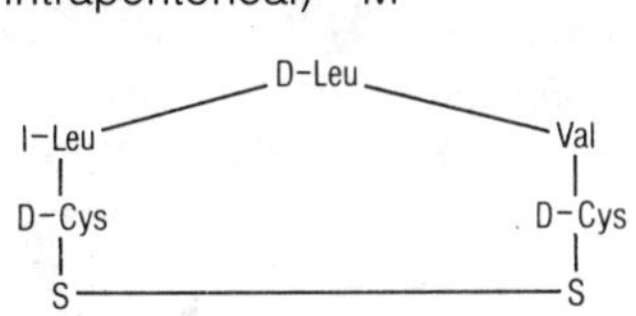

Malformin A

Malpighi, Marcello: italienischer Arzt und Naturwissenschaftler (1628–1694). M. studierte an der Universität in Bologna Medizin und promovierte 1653 zum Dr. med. 1656 wurde er in Bologna zum Professor der Medizin ernannt; außerdem wirkte er in Pisa, Messina und von 1691–1694 als Leibarzt des Papstes in Rom. M. führte mikroskopisch-anatomische Untersuchungen an tierischen und pflanzlichen Organismen durch. Er erkannte, daß es sich bei „Schimmel" um Pilze handelt, die er mit relativ großer Genauigkeit in seinem Werk „Anatome plantarum" (1672 bis 1679, 2 Bde.) beschrieb. Außerdem befaßte sich M. („Opera omnia" 1686 bis 1687, 2 Bde.) mit phytopathologischen Studien; besonders bearbeitete er Gallen und Tumore. Einige durch pilzliche Erreger verursachte Erscheinungen werden hierbei klar beschrieben und abgebildet. H

Malz-Agar: zur Kultivierung sehr vieler Pilze geeignetes ↑ Nährmedium. Er enthält 4% ↑ Malzextrakt oder Biomalz, 0,5% Pepton und 2% ↑ Agar. Der *p*H-Wert liegt bei 5,5–6,0. Das Pepton kann auch weggelassen werden. Str

Malzextrakt: durch wäßrigen Auszug aus Gerstenmalz und anschließendes Eindampfen gewonnene Nährflüssigkeit („Biomalz"). Er hat einen hohen Gehalt an verschiedenen Kohlenhydraten, vor allem Maltose, und wird komplexen ↑ Nährmedien zur Züchtung von Mikroorganismen, besonders von Pilzen, zugesetzt (↑ Malz-Agar). Str

Manschettensoral ↑ Soral

Marasmius (Schwindlinge): weltweit verbreitete Gattung saprophytischer Pilze aus der Ordnung ↑ *Agaricales* (Kl. ↑ *Basidiomycetes*). Die Fruchtkörper sind meist kleine, selten mittelgroße, zentral gestielte Blätterpilze, die bei Trockenheit am Standort einschrumpfen und bei Feuchtigkeit wieder aufleben können. Sie weisen eine hymenodermale Huthaut, helle, mitunter reduzierte Lamellen und weißes Sporenpulver auf. Manche bilden ein ↑ Collar. Die *M.*-Arten sind Saprophyten des Bodens oder von Sonderstandorten

(Pflanzenreste, oft an Holz). In Europa kommen rund 30 Arten vor. *M. scorodonius,* der Küchen- oder Knoblauchschwindling, auch Mousseron genannt, wird als Würzpilz geschätzt, *M. oreades,* der Nelkenschwindling, als Suppenpilz. Manche Arten sind Substratspezialisten, z. B. wächst *M. epidryas* nur auf *Dryas-octopetala*-Blättern im Gebirge.

Die Gattung *M.* wurde früher weiter gefaßt. Einige kleine Gattungen, z. B. *Micromphale* (Stinkschwindlinge), wurden auf Grund von Huthaut- und Trama-Merkmalen abgetrennt. Die Abgrenzung der Gattung gegen ↑ *Collybia* (Rüblinge) ist ebenfalls problematisch. Taf. 28/3 D

Marginalhaare: randliche ↑ Haare, z. B. am Rand von ↑ Apothecien oder an Lamellenschneide von ↑ Blätterpilzen (↑ Cystide). Auch am Hutrand von ↑ Pilothecien vorkommende Haarbildungen oder ↑ Setae werden mitunter als M. bezeichnet. D

marine Pilze: ökologische Gruppe von Pilzen, die im Meer leben. Zu den m. P. gehören hefeartige Vertreter der ↑ *Endomycetes,* die als Plankton frei im Meerwasser flotieren. Daneben existieren viele ↑ *Ascomycetes* (besonders ↑ Pyrenomyceten) und ↑ imperfekte Pilze als Saprophyten auf Treibholz, abgestorbenen Algen usw. oder als Parasiten auf marinen Lebewesen. Einige Flechten (↑ Lichenes) besiedeln Felsen in der Brandungszone. Auch die Vertreter zweier Gattungen der ↑ *Basidiomycetes* (*Nia* und *Digitatispora*) haben sich an das Leben im Meer angepaßt. Zu den m. P. werden auch Arten gerechnet, die im Brackwasser, in Salzmarschen, in den sandigen Spülsäumen der Strände und in Mangroven vorkommen. ↑ aquatische Pilze. Hi

Mark: phycobiontenfreie, meist aus lokkerem Hyphengeflecht (↑ Plectenchym) bestehende Zone ↑ heteromerer oder radiärer ↑ Flechtenthalli. Das M. besteht meist aus langgliedrigen Hyphenzellen und befindet sich in der Regel unterhalb der Phycobiontenschicht oder bildet bei radiären Thalli die innerste Schicht. Die Hauptfunktionen bestehen aber in der Stoffspeicherung und im Gasaustausch. Zu diesem Zweck sind berindete Thalli nicht selten mit ↑ Atemporen, ↑ Cyphellen oder ↑ Pseudocyphellen versehen. Das M. nimmt bei den meisten Flechten den größeren Teil des Gesamtvolumens ein. Sto

Maronenröhrling ↑ *Xerocomus*

Mastigomycotina: Name für Pilze, die ↑ Schwärmer ausbilden können, z. B. Zoosporen (↑ Sporen) oder/und Planogameten (↑ Gameten). Als M. werden in manchen ↑ Pilzsystemen die *Oomycetes,* ↑ *Chytridiomycetes,* ↑ *Hyphochytridiomycetes,* mitunter auch die ↑ *Labyrinthulomycetes* zusammengefaßt und als Unterabteilung in die ↑ *Eumycota* einbezogen. Da die zusammengefaßten Pilze gerade in den wesentlichen Merkmalen der ↑ Begeißelung sehr verschieden sind, sind die *M.* eine unnatürliche Gruppe. D

mating type ↑ Paarungstyp

Mattioli, Pietro Andrea: italienischer Arzt (1500–1577). M. studierte Medizin und promovierte in Padua. Bis 1527 praktizierte er unter dem Pontifikat Leos X. in Rom, war ab 1552 Arzt des Erzherzogs Ferdinand in Prag und später Leibarzt des Kaisers Maximilian II. Neben medizinischen Schriften verfaßte er den für die Botanik wertvollen Dioskoridis-Kommentar („Commentarii in sex libros Pedacii Dioscoridis …"), der 1544 in italienischer, 1554 in lateinischer Sprache erschien. Dieses Werk enthält u. a. Abbildungen von Pilzen; z. B. sind *Laricifomes officinalis* an Lärche (bei M., als *Agaricum*) und eine Gruppe von Blätterpilzen um einen Baumstumpf dargestellt worden. M. beabsichtigte mit dieser Schrift neben der Beschreibung neuer Arten auch die Bewahrung botanischer und pharmazeutischer Erkenntnisse der Antike. H

Mäuse-Favus: durch *Trichophyton mentagrophytes* var. *quinckeanum* hervorgerufene Pilzkrankheit (↑ Dermatophytose) bei kleinen Nagetieren. Am häufigsten wird die Maus *(Mus musculus)* befallen. Infizierte Mäuse stellen ein Reservoir für sekundäre Ansteckung anderer Wild- und Haustiere sowie des Menschen dar. Das klinische Bild der Erkrankung ist dem des ↑ Favus ähnlich. Beim Menschen beginnt die Infektion mit der Bildung entzündlich geröteter Pusteln an den Extremitäten oder am Kopf, später entwickeln sich schildchenförmige Krusten. V

Mazaedium: staubartig pulverige, zuweilen klebrige Masse aus Sporen und Resten von Asci und Paraphysen auf der Oberfläche mancher Apothecien, typischerweise bei den Flechten der Ordnung ↑ *Caliciales* (Kl. ↑ *Ascomycetes*), die deshalb auch als *Coniocarpinae* (staubfrüchtige Flechten) bezeichnet wurden. Das Wachstum der ↑ Paraphysen ist bei diesen Apothecien nicht begrenzt; an der Basis werden ständig Zellen nachgebildet, während der obere Teil aufgelöst wird. Die Ascuswände lösen sich gallertig auf oder zerfallen bereits, wenn die Sporen noch nicht völlig ausgereift sind; endgültige Gestalt, Farbe und Struktur erhalten sie im M. Sto

Medulla: 1.: das Entalexcipulum von Apothecien (↑ Excipulum). **2.** das ↑ Mark bzw. die Markschicht des Flechtenthallus. Sto/Hi

Mehlkrankheit: Erkrankung der Zwiebeln, hervorgerufen durch *Sclerotium cepivorum*. Die Wurzeln der befallenen Pflanzen sterben ab, und die Reste sind meist vom weißlichen Myzelgeflecht des Pilzes überzogen. Der mehlartige Pilzbelag ist auch an den Zwiebeln und den basalen Blatteilen zu finden. Die infizierten Pflanzen welken und sterben ab. An den Pflanzenresten kommt es später zur Bildung der ↑ Sclerotien, die im Boden überdauern und im nächsten Jahr neue ↑ Infektionen verursachen können. B

Mehltaupilze ↑ *Erysiphales* (Echte Mehltaupilze), ↑ *Peronosporales* (Falsche Mehltaupilze)

Meiose (Reduktionsteilung): ein aus zwei ↑ Kernteilungen bestehender Vorgang, der die Reduktion des diploiden ↑ Chromosomensatzes des Mutterkernes auf den haploiden Chromosomensatz der (meist vier) entstehenden Tochterkerne zur Folge hat. Weitere Effekte der M. sind die zufällige Verteilung väterlicher und mütterlicher Chromosomen während der ersten meiotischen Teilung sowie der Austausch von Chromatidenstücken zwischen Nichtschwesterchromatiden durch Crossing-over. Der allgemeine Ablauf der M. ist bei allen ↑ Eukaryoten prinzipiell gleich. Man unterteilt die M. in folgende Abschnitte:

1. Prophase I: Leptotän – Chromosomen sind als lange fädige, ungepaarte Strukturen sichtbar. Zygotän – Beginn der Paarung der homologen Chromosomen. Pachytän – Die homologen Chromosomen sind vollständig gepaart. Durch Crossing-over kommt es zur ↑ Rekombination zwischen homologen Chromosomen. Diplotän – Die Homologenpaarung wird wieder gelöst; die homologen Chromosomen sind lediglich durch die im Ergebnis des Crossing-over gebildeten Chiasmata verbunden.

2. Diakinese: Es erfolgt eine weitere Verkürzung der Chromosomen.

3. Prometaphase I: Die ↑ Spindel wird gebildet, und die Centromere der Chromosomen assoziieren mit der Spindel.

4. Metaphase I: Die Chromosomen ordnen sich in der Äquatorialebene der Spindel an.

5. Anaphase I: Die homologen Chromosomen werden voneinander getrennt und zu den beiden Spindelpolen verlagert (↑ anaphasische Chromosomenwanderung, ↑ Spindelstreckung).
6. Telophase I: Die homologen Chromosomen sind an den Spindelpolen angelangt. Jeder Pol enthält die Hälfte des Chromosomensatzes der Meiocysten.
7. Interkinese: In diesem Stadium erfolgt bei Arten mit sukzedaner Sporenbildung die Bildung einer Zellwand zwischen den Tochterkernen.
8. Zweite meiotische Teilung: Dieser Abschnitt entspricht einer mitotischen Teilung (↑ Mitose) und wird in die Stadien Prophase II, Metaphase II, Anaphase II und Telophase II unterteilt. Im Ergebnis der zweiten meiotischen Teilung entstehen 4 haploide Zellen bzw. Zellkerne. Bei Arten mit sukzedaner Sporenbildung erfolgt die Bildung von zwei Zellwänden; bei Arten mit simultaner Sporenbildung die Bildung von vier Zellwänden. Bei Pilzen ist der Ablauf der M. prinzipiell gleich dem anderer Eukaryoten. Unterschiede bestehen im Verhalten der Kernhülle (↑ Mitose), im geringeren Kondensationsgrad der Chromosomen sowie in der Art des Chromosomentransportes während der Anaphase. Abb. Sch

Meiosporocyste ↑ Gonitocyste

meiotischer Effekt: Erscheinung der Erhöhung der spontanen Mutationsrate nach der ↑ Meiose im Verhältnis zur Mutationsrate nach der ↑ Mitose. Wahrscheinlich hängt der m. E., der bei verschiedenen Pilzen vorkommt, mit

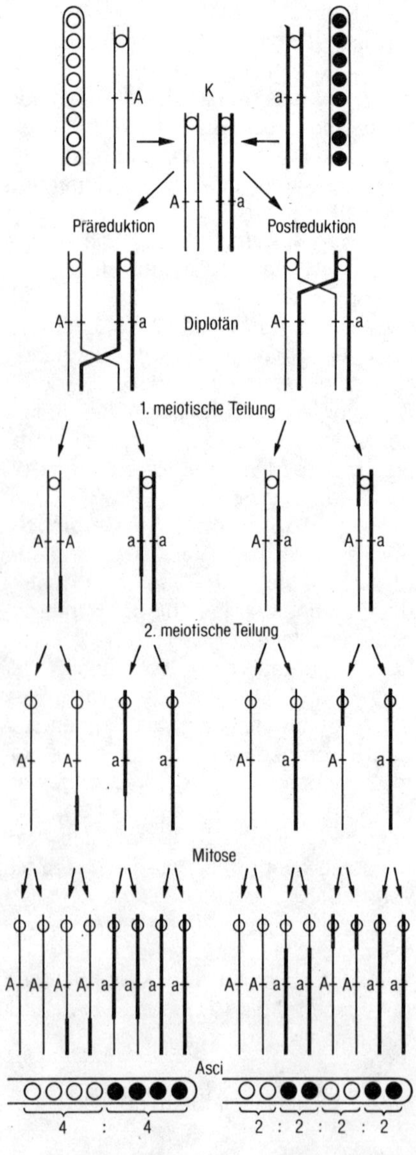

Meiose: Verteilung eines Merkmals (z.B. Sporenpigmentierung bei Sordaria fimicola) in der 1. und 2. meiotischen Teilung. *Von oben nach unten* Sporen in den Asci der Ausgangsformen und Lokalisation des Merkmals auf den Chromosomen der Haplonten, die aus den Ascosporen entstehen. Möglichkeiten der Verteilung des Merkmals. Lage der Ascosporen nach Prä- bzw. Postreduktion des Merkmals. A pigmentlos, a pigmentiert, K Karyogamie im jungen Ascus, der aus einer heterozygotischen ascogenen Hyphe entstand

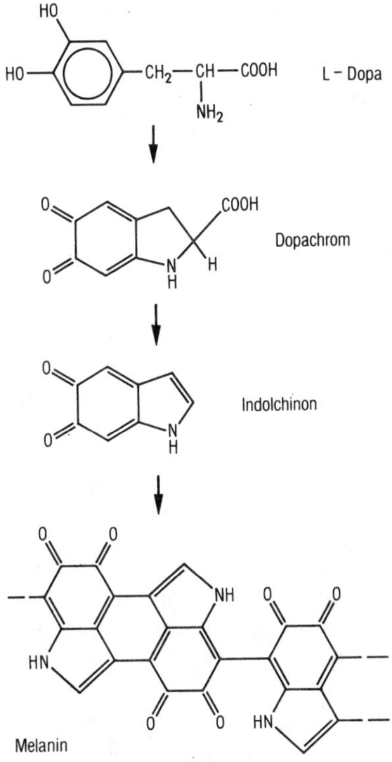

Melanine

der Entstehung von Chromosomenaberrationen nach der meiotischen Rekombination zusammen. Sch

Melampsora: Gattung der Rostpilze (Ord. ↑ *Uredinales*, Kl. ↑ *Basidiomycetes*). Die Aecidien sind vom Caeoma-Typ (↑ *Uredinales*, Tab.), mitunter kommen aber sterile Randzellen vor, die möglicherweise Reste einer Pseudoperidie sind. Den ↑ Uredien fehlen Pseudoperidien; Paraphysen sind häufig vorhanden. Die ↑ Telien bestehen aus festen, dauernd bedeckten, einschichtigen, palisadenartig angeordneten, einzelligen Teleutosporen, die fest miteinander zu Krusten verklebt sind. Die Keimung erfolgt extern. Die Arten der Gattung *M.* sind aut- oder heterözisch, Eu- oder Opsis-Formen. Zwischen- und Hauptwirte gehören zu sehr verschiedenen Pflanzenfamilien (z. B. Zwischenwirte zu den *Pinaceae, Grossulariaceae, Liliaceae;* Hauptwirte zu den *Euphorbiaceae, Linaceae, Salicaceae*). ↑ Abb. *Uredinales* 2 B

Melanconiales: eine Form-Ordnung der ↑ imperfekten Pilze. Als *M.* werden imperfekte Ascomyceten zusammengefaßt, deren ↑ Conidien in ↑ Acervuli gebildet werden. Hi

Melanine: Schwarze Pigmente in ↑ Fruchtkörpern von Pilzen, z. B. des Strubelkopfröhrlings *(Strobilomyces floccopus)* oder des Kegeligen Saftlings *(Hygrocybe conica)*. Teilweise entstehen sie erst bei Fruchtkörperverletzung aus der Aminosäure L-Dopa durch Oxidationsvorgänge. Beim Strubelkopfröhrling ist die Bildung des roten Dopachroms bei Fruchtkörperverletzung zu beobachten. M

Melanose: Erkrankung verschiedener *Citrus*-Arten, hervorgerufen durch *Diaporthe citri* (Kl. ↑ *Ascomycetes*, Anamorphe: *Phomopsis citri*). An Blättern und Früchten bilden sich dunkle, etwas eingesunkene Flecken, die später rauh werden und dunkelbraun bis schwarzbraun gefärbt sind. B

Melasse: Abfallprodukt aus der Zuckerproduktion. Rübenzucker-M. enthält 30–50% Saccharose und wird als Substrat für viele technische ↑ Fermentationen (z. B. Herstellung von ↑ Backhefe) eingesetzt. Str

Melzers Reagens: für die mikroskopische und makroskopische Untersuchung benötigtes Reagens. M. R. ist eine Jod-Jodkali-Lösung, die mit Chloralhydrat versetzt wird (100 ml Aqua dest., 2,5 g Jod, 4,5 g Kaliumjodid, 100 ml Chloralhydrat-Lösung aus ca. $\frac{2}{3}$ Chloralhydrat und $\frac{1}{3}$ Aqua dest.); es muß stets lichtgeschützt (in dunkler Flasche) aufbewahrt und alljährlich neu angesetzt werden. Vereinfacht kann man M. R. herstellen, indem man ↑ Lugolsche Lösung mit etwas Chloralhydrat versetzt. M.R. wirkt wie ↑ Lugolsche Lösung zum Nachweis von Amyloidität. Amyloide Strukturen werden in M. R. graublau bis violett, dextrinoide (pseudoamyloide) verfärben sich braun bis purpurbraun, inamyloide reagieren nicht. D

Membran: Bestandteil aller Zellen. M. unterteilen die eukaryotischen Zellen in ↑ Kompartimente. Sie regulieren die Aufnahme oder Abgabe von Substanzen (↑ Plasmalemma) und ermöglichen den räumlich getrennten Ablauf von Teilprozessen des Zellstoffwechsels. M. sind immer in sich geschlossen und treten somit als Vesicel auf, deren Geometrie der entsprechenden Funktion angepaßt ist. M. sind physiologisch und auch strukturell asymmetrisch. Sie bestehen aus Lipiden (Phospholipiden) und Proteinen, deren relativer Anteil bei unterschiedlichen Typen variabel ist. Die heutigen Vorstellungen über den Aufbau biologischer M. basieren auf dem „Fluid-Mosaik-Modell" (Abb.). Danach ist das strukturelle Gerüst einer M. eine Lipiddoppelschicht, in der M-Proteine freibeweglich eingelagert sind. Die Lipiddoppelschicht der M. stellt eine nicht-wäßrige Barriere zwischen zwei wäßrigen Kompartimenten dar. Der Austausch von wasserlöslichen Molekülen und anorganischen Ionen wird durch die Proteine bzw. durch Diffusion realisiert. Die Dicke der M. liegt zwischen 5 nm (↑ Tonoplast) und 10 nm (Plasmalemma). Sch

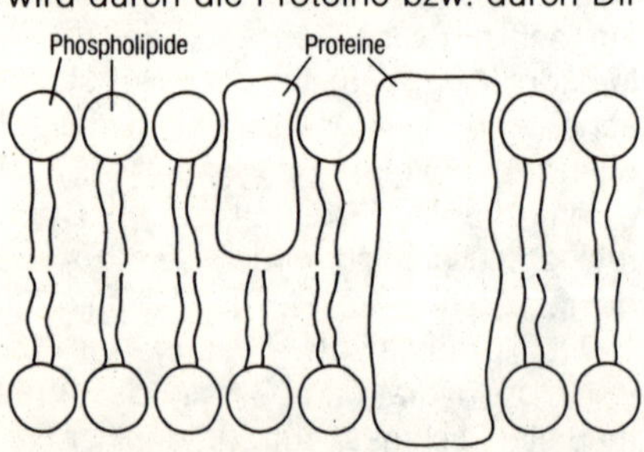

Membran (schematischer Querschnitt). Phospholipide bilden eine Doppelschicht, in die freibewegliche Proteine eingelagert sind

Meristem-Arthrosporen: ↑ Conidien mit thallischer ↑ Conidiogenese, wobei die ↑ conidiogene Zelle im oberen Teil eine ringförmige meristematische Zone besitzt. Der apikale Teil der so stets weiterwachsenden conidiogenen Zelle wird durch eine Septe abgegrenzt und wandelt sich dann in eine Conidie um. Dieser Vorgang wiederholt sich immer wieder, so daß Conidienketten mit basipetalem Wachstum entstehen. Typische M.-A. kommen in der Form-Gattung ↑ *Oidium* vor. Hi

Meristem-Blastosporen: ↑ Conidien mit enteroblastischer ↑ Conidiogenese. Das ↑ Conidiophor besitzt an der Basis eine meristematische (Wachstums-) Zone und verlängert sich deshalb ständig (basauxisches Conidiophor). Apikal oder lateral werden Conidien gebildet, wobei die unterste, der meristematischen Zone am nächsten befindliche Conidie immer die jüngste ist. Hi

Merulius: kleine Gattung der Ordnung ↑ *Poriales* (Kl. ↑ *Basidiomycetes*), zu der meist nur noch die Typus-Art, *M. tremellosus,* der Gallertfleischige Fältling, gestellt wird. Dieser Pilz bewohnt als Saprophyt Laubholz, wo er Weißfäule erregt. Gelegentlich geht er auf Nadelholz über. Die Fruchtkörper sind effus bis effusoreflex; sie haben gelatinöse, monomitische Trama und ein faltiges Hymenophor, die Hutoberseite ist behaart. Taf. 18/3 D

mesophile Pilze: Arten, die in einem mittleren Wärme- oder Feuchtigkeitsbereich optimale Entwicklungsbedingungen haben. Bezüglich der Feuchtigkeit unterscheidet man hygrophile, mesophile und xerophile Pilze (feuchtigkeitsliebende, den mittleren Bereich bevorzugende und trockenheitsliebende Pilze). Bezüglich der Temperaturansprüche werden ↑ thermophile, mesophile und ↑ psychrophile Arten unterschieden (wärmeliebende, den mittleren Temperaturbereich bevorzugende und niedere Temperaturen liebende Pilze). Bezüglich der Feuchtigkeitsansprüche wird der Terminus „mesophil" besonders aus ökologischer Sicht benutzt. Er richtet sich nach dem Vorkommen der Pilze in Vegetationstypen, die in der Pflanzensoziologie als „mesophil" bezeichnet werden. Pilze sind also dann mesophil, wenn ihr Optimum in mesophilen Vegetationstypen liegt. Bezüglich der Temperaturansprüche wird der Begriff m. P. hauptsächlich in der Physiologie benutzt. Hier handelt es sich um Arten, deren Optimum bei 20–40°C liegt. D/Str

Mesosporen: einzellige Teleutosporen von Rostpilzen (↑ *Uredinales*), wenn normalerweise zweizellige gebildet werden. Zum Beispiel findet man in den Telien mancher *Puccinia*-Arten (die Gattung ↑ *Puccinia* ist durch zweizellige Teleutosporen charakterisiert) oft eine variierende Anzahl von M. B

Metallanreicherung: Methode, bei der mit Hilfe von Mikroorganismen Metallionen konzentriert werden. Auch manche Pilze sind in der Lage, verschiedene Metallionen der Umgebung an der Zelloberfläche oder im Zellinneren anzureichern, z. B. können ↑ *Saccharomyces cerevisiae* und ↑ *Rhizopus arrhizus* Uran aus Abwässern adsorbieren. Es werden bis zu 18% der Zelltrockenmasse erreicht. Auf diese Weise wird eine Metallbeseitigung und -rückgewinnung aus Industrieabwässern möglich. Str

methylotrophe Hefen: ↑ Sproßpilze (↑ Hefen), die in der Lage sind, als einzige Kohlenstoff- und Energiequelle für ihr Wachstum Verbindungen zu nutzen, die keine C-C-Bindung enthalten. Im Zusammenhang mit der Entwicklung von Verfahren zur Produktion von ↑ Einzellerprotein haben methanolnutzende Hefen wie ↑ *Candida boidinii, Hansenula polymorpha, Pichia methanotherma* u. a. besonderes Interesse erlangt. Großtechnische Verfahren sind bisher nicht im Einsatz, weil bakterielle Verfahren effektiver sind. Die bisher bekannten methanolnutzenden Hefen gehören 7 Gattungen an. Sie sind alle fakultativ methylotroph, d. h., sie können auch andere Kohlenstoffverbindungen nutzen. In der Natur kann man sie vor allem von Bäumen und baumlebenden Insekten isolieren, weil diese Standorte reich an Methoxygruppen sind. Str

Methylsterigmatocystin ↑ Sterigmatocystine

Metulae: Zwischenglieder, die am oberen Ende von ↑ Conidiophoren befindlichen Hyphenzweige, welche die ↑ Phialiden tragen, z. B. bei den Form-Gattungen *Aspergillus* und *Penicillium* (↑ Abb. imperfekte Pilze). Hi

Metuloide ↑ Cystide

Michael, Edmund: deutscher Lehrer und Mykologe (1849–1920). M. besuchte 1869 die Ökonomieschule in Münchenreuth (Bayern) und studierte in Leipzig Landwirtschaft. Er arbeitete dann als Lehrer und wurde 1884 Ausbilder an der Landwirtschaftlichen Lehranstalt in Auerbach (Vogtland). M. machte sich besonders um die volkstümliche Pilzkunde verdient, als populäres Pilzwerk gab er den „Führer für Pilzkunde" heraus. B. ↑ Hennig übernahm später die Herausgabe dieses Werkes als „Handbuch für Pilzfreunde". H

Micheli, Pier Antonio: italienischer Botaniker (1679–1737). M. stammt aus Florenz, als Autodidakt erschloß er sich die Botanik und die lateinische Sprache. 1706 wurde er zum Botaniker mit Verantwortung für die öffentlichen Gärten von Florenz ernannt. M. trieb viele mikroskopische Studien. Bei der Suche nach Blüten bei den Pilzen (M. hielt manche Cystiden für Antheren) erkannte er die Pilzsporen (damals als

Samen bezeichnet) als Fortpflanzungseinheiten. Er gilt als Entdecker der Pilzsporen (↑ Porta). M. beschrieb Keimungsexperimente mit Pilzsporen, die in der Entstehung von Fruchtkörpern gipfelten. Seine Darstellungen zeigen, daß er von der Präformationstheorie beeinflußt war. M.s Hauptwerk „Nova plantarum genera juxta Tourneforti methodum disposita" (1729) enthält Beschreibungen von ca. 1900 Arten, vorwiegend von Pilzen, Flechten, Moosen, aber auch von Blütenpflanzen. Die Lichenologie nahm durch M. einen bedeutenden Aufschwung. Apothecien und Soredien, deren Morphologie und Lokalisation wurden neben den Merkmalen des Thallus als Einteilungskriterien genutzt. H/D

Miconazol: ↑ Imidazol-Antimykotikum, welches in den Laboratorien der JANSSEN-Pharmaceutica, Belgien, entwikkelt und 1969 erstmals beschrieben wurde. Es wird unter dem Namen „Daktar" vertrieben. V

Microsporum: Form-Gattung ↑ imperfekter Pilze (Form-Ord. ↑ *Moniliales*), die etwa 14 Arten umfaßt. Die *M.*-Arten sind Dermatophyten. Auf künstlichen Medien zeigen die Kolonien Ähnlichkeiten zu einigen ↑ *Trichophyton*-Arten mit samtigem bis gipsig-puderigem Luftmyzel. Außer Mikroconidien werden typisch spindelige, zwei- bis mehrzellige ↑ Conidien und gelegentlich ↑ Chlamydosporen gebildet. Die meisten *M.*-Arten sind Parasiten von Menschen und verschiedenen Tieren; einige leben saprophytisch, können aber fakultativ parasitisch leben. Soweit ↑ Teleomorphen bekannt wurden, gehören sie zu ↑ Nannizzia (Kl. ↑ *Ascomycetes*). V

Migratation ↑ Sorocarpien

Migula, Emil Friedrich August Walther: deutscher Botaniker (1863–1938). M. promovierte an der Universität Breslau zum Dr. phil. und war ab 1893 außerordentlicher Professor der Botanik an der Technischen Hochschule in Karlsruhe; später wirkte er an der Forstakademie in Eisenach. Im Rahmen von Thomés „Flora von Deutschland, Österreich und der Schweiz" bearbeitete M. die Kryptogamen; außerdem verfaßte er verschiedene Bestimmungsbücher, u. a. „Die Brand- und Rostpilze" (1917), „Die Flechten" (1926). H

Mikroconidien: der kleinere und meist weniger distinkte Typ von ↑ Conidien bei Pilzen, die zwei verschiedene und in der Größe deutlich unterschiedliche Typen von Conidien hervorbringen. Vielfach fungieren M. als ↑ Spermatien (↑ Makroconidien). Hi

Mikromyceten ↑ Makromyceten

Mikrosporie: ↑ Mykose der behaarten Kopfhaut, in seltenen Fällen anderer Hautstellen, die durch verschiedene Arten aus der Gattung ↑ *Microsporum* hervorgerufen wird. Am Kopf entstehen große, runde Befallsherde, die wie mit Asche bestäubt aussehen. Die Haare brechen im Herdbereich einige Millimeter über der Haut ab. Man kennt tiefgehende Befallsformen, die mit Geschwüren und ödematösen Rötungen im Randbereich der Befallsherde einhergehen. Von der M. sind in der Regel nur Kinder bis ins Entwicklungsstadium der Pubertät betroffen. Die Erreger, vor allem *Microsporum audouni,* sind sehr infektiös. In europäischen und amerikanischen Schulen und Kindergärten wurden schon epidemische Ausbrüche verzeichnet. Die Häufigkeit der Erkrankung korreliert mit dem Hygieneniveau der betroffenen Bevölkerungsgruppen. Primäre Infektionsquellen sind in erster Linie Hunde und Katzen. Im Gartenbau tätige Menschen infizieren sich hin und wieder mit *Microsporum gypseum,* einem geophilen ↑ Dermatophyten. V

Mikrotubulus (Pl. Mikrotubuli): Bestandteil des ↑ Cytoskeletts. M. sind gleichförmig hohle Röhren mit einem Außendurchmesser von 25 nm, einem

Innendurchmesser von 20 nm und undefinierter Länge. Sie bestehen aus Protein-Dimeren (α- und β-Tubulin), die in regelmäßiger Anordnung die gewöhnlich 13 parallelen Proteinfilamente bilden, aus denen sich die M. zusammensetzen (Abb. 1). Alle α-β-Dimere sind entlang der Röhrenachse in gleicher Weise orientiert. Dadurch sind M. polare Strukturen. M. polymerisieren spontan (self-assembly), wenn innerhalb der Zelle die lokale Tubulinkonzentration einen kritischen Wert überschreitet. Spindelgifte (z.B. das Alkaloid Colchicin) binden am Tubulin und bewirken eine Desintegration. M. sind wesentliche Strukturelemente der eukaryotischen Zelle. Sie sind beteiligt an der intrazellulären Bewegung von ↑ Organellen und anderen Zellbestandteilen. M. sind Bestandteil der Spindel und realisieren während der Kernteilung die Verlagerung der ↑ Chromosomen bzw. der Chromatiden zu den Zellpolen. Sie sind bei allen Pilzen, die Schwärmer bilden, als Geißelbestandteil an der Lokomotion (↑ freie Ortsbewegung) beteiligt. Als strukturelles Element dienen die M. in wandlosen Zellen der Formerhaltung. Abb. 1,2 Sch

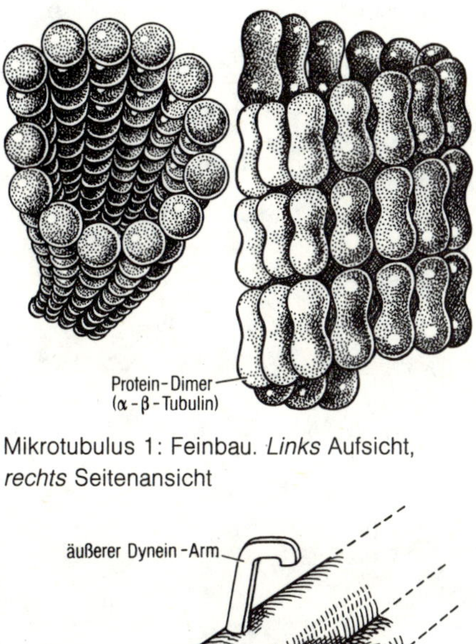

Mikrotubulus 1: Feinbau. *Links* Aufsicht, *rechts* Seitenansicht

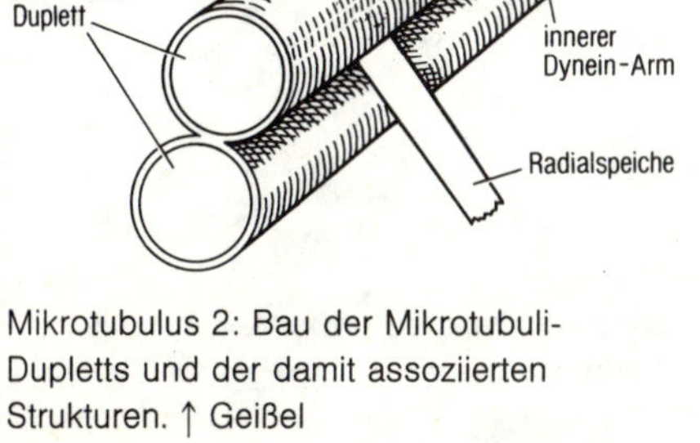

Mikrotubulus 2: Bau der Mikrotubuli-Dupletts und der damit assoziierten Strukturen. ↑ Geißel

Milchlinge ↑ *Lactarius*

Milchsäure: 2-Hydroxypropansäure, eine vielseitig verwendete organische Säure. M. benutzt man z. B. in der Pilzmikroskopie zum Aufweichen trockener Schnitte und als Lösungsmittel von ↑ Baumwollblau. Die industrielle Produktion der M. erfolgt mit Bakterien; aber auch einige Pilze können M. bilden, z. B. *Allomyces*- und *Blastocladiella*-Arten (Kl. ↑ *Chytridiomycetes*), *Saprolegnia*-Arten (Kl. ↑ *Oomycetes*) und *Rhizopus*-Arten (Kl. ↑ *Zygomycetes*). D/Str

Mitochondrion: cytoplasmatisches ↑ Organell der eukaryotischen Zelle. M. sind meist ovoid und um 0,5 × 1–5 μm groß. Mitunter durchziehen sie auch die Zelle als netzförmig-verzweigte Struktur. M. besitzen zwei Hüllmembranen (die äußere und die innere Hüllmembran). Die innere Membran ist in Abhängigkeit von der Stoffwechselaktivität der Zelle mehr oder weniger stark gefaltet. Diese Einfaltungen der Membran können flächig, röhrenartig oder unregelmäßig geformt sein und werden als Cristae mitochondriales bezeichnet. Die beiden Hüllmembranen unterscheiden sich stark in ihrer Zusammensetzung und weisen eine unterschiedliche Durchlässigkeit (Permeabilität) für Substanzen des Zellstoffwechsels auf. Der von der inneren Hüllmembran um-

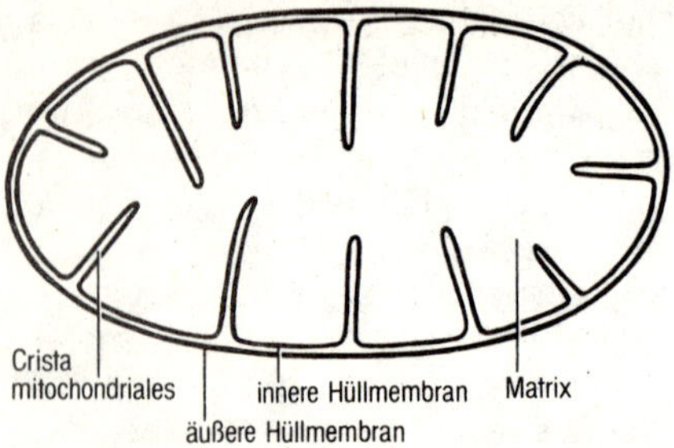

Mitochondrion (schematische Darstellung)

schlossene Raum (Matrix) enthält u. a. spezifische mitochondriale Ribosomen, Enzyme und DNA. Die mitochondriale DNA enthält einen Teil der zur Funktion und Reduplikation der M. notwendigen genetischen Information. M. werden deshalb als semiautonome Organellen bezeichnet. Innerhalb der M. laufen die Prozesse der Zellatmung ab. Darum nennt man die M. auch die „Kraftwerke" der Zelle. Abb., Taf. 3/2 Sch

Mitose: eine ↑ Kernteilung, während der die äquivalente Verteilung der genetischen Information des Zellkerns einer Zelle auf zwei Tochterkerne erfolgt. Der grundlegende Ablauf der M. ist bei allen eukaryotischen Organismen gleich. Hinsichtlich einiger Details gibt es jedoch insbesondere bei den Pilzen Unterschiede (Tab.). Die M. wird in 4 Stadien unterteilt:

1. Prophase: Der Spiralisierungsgrad des ↑ Chromatins steigt an, so daß bei einigen Arten (Tab.) einzelne Chromosomen im mikroskopischen Bild sichtbar werden. Gleichzeitig beginnt die Bildung der ↑ Spindel (Abb. Fig. 1).

2. Metaphase: Bei den *Hyphochytridiomycetes,* den *Chytridiomycota* sowie den *Entomophthorales (Zygomycetes)* ordnen sich die Chromosomen in einer sog. Metaphaseplatte in der Äquatorialebene der Spindel an (Abb. Fig. 2).

3. Anaphase: Je eine Chromatide eines Chromosoms wird zu je einem Pol der Spindel verlagert. Die Chromatidenbewegung wird durch ↑ Spindelstreckung und ↑ anaphasische Chromosomenwanderung realisiert. Beide Prozesse sind artabhängig in unterschiedlichem Maße an der Bewegung der Chromatiden beteiligt (Abb. Fig. 3,4).

4. Telophase: Die Chromatiden sind an den Zellpolen eingetroffen (Abb. Fig. 5).

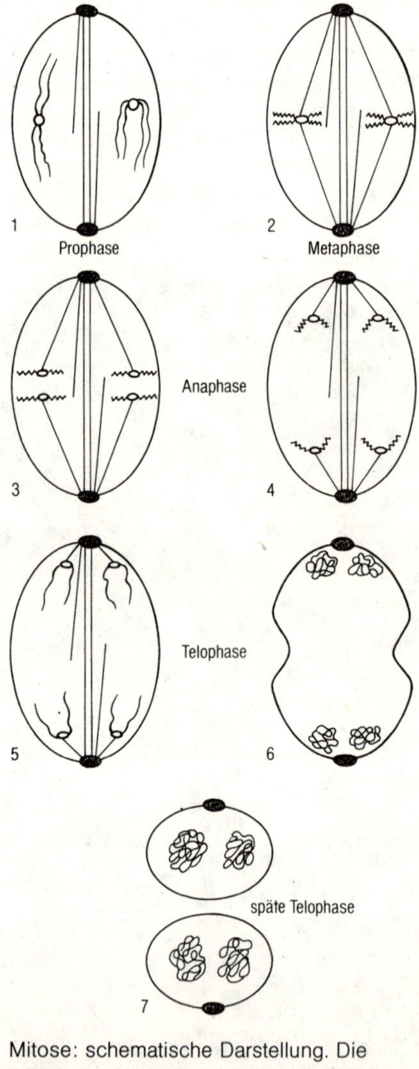

Mitose: schematische Darstellung. Die Ziffern geben die Reihenfolge des Teilungsprozesses an

Es erfolgt nun eine Entspiralisierung des Chromatins. Die Kernhülle schnürt sich, beginnend im äquatorialen Bereich der Spindel, ein (Abb. Fig. 6). Gegen Ende der Telophase ist die Bildung der zwei Tochterkerne abgeschlossen (Abb. Fig. 7).
Die schematische Darstellung der M. (Abb.) trifft bezüglich des Verhaltens der Kernmembran und der Art der ↑ Spindelpolkörper nicht für alle Pilze zu. Im Gegensatz zu den höheren Pflanzen und Tieren bleibt die Kernmembran bei den meisten Pilzen während der M. intakt (Tab.). Bei den *Hyphochytridiomycetes,* den *Chytridiomycota* und einigen *Basidiomycetes* weist die Kernhülle im Bereich der Spindelpole fensterähnliche Öffnungen auf. Insbesondere bei den *Basidiomycetes* wird die Kernhülle während unterschiedlicher Stadien der M. teilweise aufgelöst. Die Form und Anordnung der Spindelpolkörper kann ebenso wie deren räum-

Pilzgruppe	untersuchte Struktur Spindelpolkörper	Zentralspindel	Kernhülle	Metaphaseplatte	Spindelstrekkung	Anaphas. Chromosomenwanderung	Chromosomen
↑ **Oomycetes**							
Saprolegniales	C(– –)	–	i	–	+	+	u
Peronosporales	C(– –)	–	i	–	+	+	u, s
↑ **Hyphochytridiomycetes**	C(v)	–	pF	+	+	+	?
↑ **Chytridiomycetes**							
Chytridiales	C(v)	–	pF	+	+	+	d, s
Blastocladiales	C(v)	–	i	+	+	+	s
↑ **Zygomycetes**							
Mucorales	P	+	i	?	+	+	u
Entomophthorales	R, P	+, –	i, diP	+, ?	+	+	u, s
↑ **Endomycetes**	P	+	i	–	+	+	u, s
↑ **Ascomycetes**							
„Plectomycetidae“	P	+	i	–	+	+	s
„Discomycetidae“	P	–	i	–	+	+	s
„Pyrenomycetidae“	P	+, –	i	–	+	+	s
„Loculoascomycetidae“	P	–	i	–	+	+	s
↑ **Basidiomycetes**							
Heterobasidiomycetidae	K, P, S	+	to, diA, i	–	+, ?	+, ?	u, s
Homobasidiomycetidae	K	+	pF, i diP, diA, diM, to	–	+, ?	+, ?	s

Merkmale der Mitose bei Pilzen.
C: Centriol; (– –): tandemartige Anordnung; (v): orthogonale Anordnung; –: nicht vorhanden; +: vorhanden; i: intakt; to: zeitweise offen; di: aufgelöst während der Prophase (P), Metaphase (M), Anaphase (A); pF: Ausbildung von polaren Fenstern; ?: keine Befunde; R: ringförmig; S: stäbchenförmig; K: kugelförmig; P: scheibchenförmig; u: unsichtbar; d: diffus; s: sichtbar.

liche Beziehung zur Kernmembran stark variieren (Tab.). Sch

Mitosporocyste ↑ Gonitocyste

mitotisches Crossing-over (somatisches Crossing-over): nach der Verschmelzung haploider vegetativer Zellkerne in haploiden oder dikaryotischen ↑ Myzelien ablaufende Vorgänge der ↑ Rekombination während der ↑ Mitose. Folgt dem m. C. eine Haploidisierung, so kommt es zur ↑ Segregation der unterschiedlichen ↑ Allele eines vom Crossing-over betroffenen ↑ Gens (↑ parasexueller Zyklus). Sch

Moderfäule ↑ Holzzerstörung

Modifikabilität: ein Begriff der Genetik, der die Eigenschaft eines Organismus bezeichnet, auf bestimmte Umweltbedingungen mit charakteristischen Veränderungen seiner Entwicklung zu reagieren. Ein Organismus mit einem bestimmten Idiotyp kann je nach den einwirkenden Faktoren unterschiedliche ↑ Phänotypen (Modifikationen) bilden. Man unterscheidet zwei Formen der M.:

1. fluktuierende M., bei der ein Merkmal quantitativ unterschiedlich und stetig abgestuft um einen Mittelwert variiert. Die einzelnen Modifikationen weichen verschieden stark von diesem Mittelwert ab. Je weiter sie abweichen, desto seltener treten sie auf (Binomialverteilung).

2. alternative M. bei der ein Umschlagpunkt für die Merkmalsausprägung existiert. Während einer sensiblen Phase der Ontogenese wird über die alternative Ausprägung der Modifikationen entschieden. ↑ Pilzgenetik, ↑ Variabilität Sch

Mollisia: Gattung der Familie ↑ *Dermateaceae* (Ord. ↑ *Helotiales,* Kl. ↑ *Ascomycetes*), die mehr als 100 saprophytische Arten auf Holz oder anderen Pflanzenresten umfaßt. Die ↑ Ascocarpien sind meist graue, kleine ↑ Apothecien ohne Haare und ohne Subiculum. Hi

Monilia: Form-Gattung ↑ imperfekter Pilze (Form-Fam. *Moniliaceae*) mit holoblastischer ↑ Conidiogenese, wobei einzellige, hyaline ↑ Blastosporen gebildet werden. ↑ Conidiomata fehlen. Die Teleomorphen gehören zu *Monilinia* (Fam. ↑ *Sclerotiniaceae*). Einige Arten sind von wirtschaftlicher Bedeutung, z.B. die Erreger der *M.*-Fäule des Kern- und Steinobstes. Hi

Moniliaceae: Form-Familie der imperfekten Pilze. Als *M.* werden alle Formen der ↑ *Moniliales* (↑ Hyphomyceten) zusammengefaßt, deren ↑ Conidien und ↑ Conidiophore hyalin oder hell gefärbt sind (↑ Saccardosches System). Hi

Monilia-Krankheiten: Erkrankungen zahlreicher Gehölze, verursacht durch verschiedene Arten der Gattung *Monilinia* (↑ *Ascomycetes,* Anamorphen gehören zur Form-Gattung *Monilia*). Die Symptome der M. sind vielfältig; sie reichen von Fruchtfäulen bis zu Zweigsterben. Von wirtschaftlicher Bedeutung sind die M. der Obstgehölze. *Monilinia frutigena* erregt z.B. die Fruchtfäule des Kernobstes, *Monilinia laxa* die Zweig- und Spitzendürre des Steinobstes und *M. linhartiana* die Spitzendürre und Fruchtfäule der Quitte. B

Moniliales: Form-Ordnung der ↑ imperfekten Pilze. Als *M.* werden alle Formen zusammengefaßt, deren ↑ Conidien nicht in ↑ Conidiomata (↑ Acervuli oder ↑ Pycnidien) gebildet werden. Zu den *M.* gehören die Form-Familien ↑ *Dematiaceae,* ↑ *Moniliaceae,* ↑ *Stilbellaceae* und ↑ *Tuberculariaceae.* ↑ Hyphomyceten Hi

Moniliasis ↑ Candidose

Monoblepharidales: Ordnung der Klasse ↑ *Chytridiomycetes* (Abt. ↑ *Chytridiomycota*), die saprophytische Wasserpilze mit haplontischem Entwicklungszyklus umfaßt. Die Myzelien sind reich verzweigt. Im Gegensatz zu den ↑ *Blastocladiales* fehlen Basalzellen. Es kommen ↑ Pseudosepten vor. Zoosporen werden reichlich gebildet. Die Gametocysten sind anisomorph. Es entstehen Androgametocysten und diesen aufsitzend Oogonien mit je einer oder mehreren Eizellen (↑ Oocysten). Nach der Oogamie entwickeln sich Hypnozygoten („Oosporen"), die unter Meiose keimen. D

monohybrider Erbgang: Modus der Übertragung eines Merkmals während der sexuellen Fortpflanzung. Grundsätzlich ist zu unterscheiden, ob das untersuchte Merkmal am ↑ Haplonten oder am ↑ Diplonten bzw. ↑ Dikaryonten beobachtet wird. Da die Diplophase bei Pilzen praktisch nicht von Bedeutung ist, soll hier nur auf die Merkmalsübertragung bei Haplonten eingegangen werden: Kreuzt man zwei haploide Stämme (z. B. von ↑ *Neurospora*), so entstehen nach Cystogamie, Kernverschmelzung und nachfolgender ↑ Meiose, der sich bei *Neurospora* sofort eine Mitose anschließt, 8 haploide ↑ Ascosporen, die linear (in der Reihenfolge ihrer Entstehung) im ↑ Ascus angeordnet sind. Verwendet man zwei Stämme, die sich in der Art ihres Myzelwachstums unterscheiden (z.B. col+ = normales, ausgedehntes Myzelwachstum; col = begrenztes, kolonieähnliches Myzelwachstum), so kann man nach Kultur der aus der Kreuzung hervorgegangenen Ascosporen eine Spaltung von 4 col+ : 4 col beobachten. Bei *Neurospora* kommt es somit zu einer Spaltung des betreffenden Merkmals im Verhältnis 1:1. Sch

Monosporiose: ↑ Mykose des Menschen und anderer warmblütiger Organismen, die durch den Pilz *Pseudallescheria boydii* (Kl. ↑ *Ascomycetes*) hervorgerufen wird. Die ↑ Anamorphe des Pilzes ist unter dem Namen *Monosporium apiospermum* bekannt. In Anlehnung an den jetzt bekannten Namen der ↑ Teleomorphe des Pilzes setzt sich die Krankheitsbezeichnung Pseudallescheriasis durch. *P. boydii* ist ein häufiger Bodenbewohner temperater und tropischer Regionen und einer der wichtigsten Erreger von ↑ Myzetomen. Diese Myzetome sind auch unter den Namen ↑ Madurafuß oder Maduramykose bekannt.

Infektionen viszeraler Organe, vor allem Lunge und Gehirn, kommen ebenfalls vor, sind aber selten und betreffen in erster Linie abwehrgeschwächte Patienten. Des weiteren beobachtete man auch schon den Befall von Mittelohr, Hornhaut des Auges, Ohrspeicheldrüsen, Vorsteherdrüsen, Knochen, Endokard, Hand- und Kniegelenken. In Myzetomen bildet der Erreger weiß bis gelb gefärbte Körnchen von maximal 2 mm Durchmesser und weicher Konsistenz. Dabei handelt es sich um Hyphenkonglomerate, die mit dem Fisteleiter austreten können. Viszerale Formen sind klinisch und histologisch schwer von ↑ Aspergillosen abzugrenzen, nur eine gelungene Erregeranzucht führt zur Klärung. Man nimmt an, daß eine Erregerstreuung in andere Organe über den Blutkreislauf von der Lunge ausgeht. V

monozentrischer Thallus: Vegetationskörper, der aus kernlosen ↑ Rhizoiden und einem einzigen kernhaltigen, bläschenförmigen Abschnitt („Zentrum") besteht, der sich später meist in eine Gonitozyste umwandelt. Dem m. T. wird der polyzentrische Thallus gegenübergestellt, der neben Rhizoiden mehrere kernhaltige Abschnitte hat. Polyzentrische und monozentrische Thalli kommen bei den ↑ *Chytridiomycetes* und bei den ↑ *Hyphochytridiomycetes* vor. ↑ *Chytridiales* D

Montagne, Jean Pierre François Camille: französischer Botaniker (1784 bis 1866). M. fuhr 14 Jahre zur See, diente in der Napoleonischen Armee in Ägypten und trat in das chirurgische Korps ein. Nach Frankreich zurückgekehrt, widmete er sich medizinischen Studien, promovierte zum Dr. med. und schlug die militärärztliche Laufbahn ein. 1830 verließ er die Armee und wirkte bis zu seinem Tode in Paris. 1853 wurde er Mitglied der „Académie des sciences". M. bearbeitete europäische und exotische Kryptogamen, z. B. von Algier, Nordamerika, Brasilien. Die Ergebnisse, u.a. Beschreibungen vieler neuer Arten, veröffentlichte er in Fachzeitschriften, besonders in den „Annales des science naturelles". 1846 publizierte er eine lichenologische Arbeit „Aperçu morphologique de la famille des lichens", worin er 96 Gattungen behandelt. Später widmete er sich den durch Pilze verursachten Krankheiten landwirtschaftlicher Nutzpflanzen. Ein weiteres bedeutendes mykologisches Werk, „Equisse organographique et physiologique sur la class des champignons" erschien 1841. H

Montagnea: nur eine einzige Art *(M. arenaria)* umfassende Gattung der Familie *Coprinaceae* (Ord. ↑ *Agaricales,* Kl. ↑ *Basidiomycetes*) mit ↑ secotioiden Fruchtkörpern, deren Stiel-Columellae sich bei Reife strecken. *M. arenaria* ist in Steppen und Halbwüsten der Erde verbreitet und kommt vereinzelt auch in sekundären Xerothermrasen der Waldregionen und auf Dünen vor. Die Lamellenstruktur der Gleba ist deutlich feststellbar. Taf. 47/1. ↑ Vorsatz (*Montagnea*-Typ der secotioiden Pilothecien) D

Morchel ↑ *Morchella*

Morchella: Gattung der *Morchellaceae* (Ord. ↑ *Pezizales,* Kl. ↑ *Ascomycetes*), die ca. 15 Arten umfaßt und auf allen Kontinenten vorkommt. Die Fruchtkörper werden als Morcheln bezeichnet. Es sind gestielte Komplex- ↑ Apothecien. Alle Arten sind eßbar und haben als ↑ Speisepilze Bedeutung. Bekannte Arten sind z. B. *Morchella esculenta* (Speisemorchel, Taf. 16/5), *M. elata* (Spitzmorchel) und *M. gigas* (Halbfreie Morchel, Taf. 16/3,4). Hi

morchelloides Apothecium ↑ Apothecium

Morphe (Form, Gestalt): in der modernen Terminologie Bezeichnung für ein Entwicklungsstadium ↑ pleomorpher Pilze (↑ Anamorphe, ↑ Holomorphe, ↑ Teleomorphe). Die Terminologie wurde in jüngster Zeit von Hennebert, Weresub, Kendrick und anderen entwickelt, um die bisher gebräuchlichen Begriffe wie perfektes Stadium, imperfektes Stadium, Hauptfruchtform, Nebenfruchtform usw. genauer zu definieren. Der Vorteil besteht u. a. in der Einführung des Begriffes Holomorphe und den damit verbundenen Regelungen im ↑ ICBN zur Benennung pleomorpher Pilze. Hi

Mortierella: Gattung der Familie *Mortierellaceae* (Ord. ↑ *Mucorales,* Kl. ↑ *Zygomycetes*) mit rund 80 hauptsächlich saprophytischen Arten, die als Bodenpilze oder auf Pflanzenresten leben. Einige sind Schädlinge in der Tierzucht und erregen mykotische Fehlgeburten. Die ↑ Sporocystophore sind einfach oder verzweigt, normalerweise apikal zugespitzt, oft auch stark reduziert. Columellae fehlen. Die Hypnozygoten einiger Arten sind von haploiden Hyphen umhüllt (↑ Abb. Mucorales 2). Die Cystogamie vollzieht sich zwischen Iso-. oder Anisogamocysten. D

Mousseron ↑ Marasmius, ↑ Knoblauchschwindlinge

Mucor: kosmopolitisch verbreitete Gattung der *Mucoraceae* (Ord. ↑ *Mucorales,* Kl. ↑ *Zygomycetes*) mit kugeligen Sporocysten („Köpfchenschimmel"), die eine ↑ Columella aufweisen und auf einfachen oder verzweigten ↑ Sporocystophoren ausgebildet werden. Die Hypnozygoten entstehen nach Isocystogamie zwischen den Suspensoren direkt aus den ↑ Gamocysten. Die meisten Arten sind diözisch (↑ Fortpflanzungssysteme); Umhüllungen der Hypnozygoten kommen nicht vor. Viele Arten der *M.* leben als terrestrische oder coprophile Saprophyten, einige sind fakultativ pathogen (↑ Mucormykosen). D

Mucorales: Ordnung der Klasse ↑ *Zygomycetes* (Abt. ↑ *Eumycota*). Die *M.* sind Saprophyten, selten auch fakultative oder obligate Parasiten; einige Arten sind coprophil. Die Hypnozygoten entstehen nach Isocystogamie (Abb. 1, ↑ Befruchtung) aus Coenogamocysten, mitunter auch aus einkernigen ↑ Gamocysten. In einigen Fällen, z. B. bei *Mortierella,* kommt es zur Umhüllung der Hypnozygoten, so daß primitive ↑ Fruchtkörper entstehen (Abb. 2). Sehr vielgestaltig sind die Sporocysten, in denen die Mitosporen gebildet werden. Typische, vielsporige Sporocysten, z. B. bei *Mucor,* stehen endständig an einem Sporocystenträger (↑ Sporocystophor), der apikal als Columella in die Sporocyste hineinragt. In einigen Fällen fehlt die Columella. Mitunter sind die Sporocystenträger verzweigt und entwickeln mehrere endständige Sporocysten; bei anderen Arten, z. B. bei *Absidia,* entstehen die Sporocysten in Wirteln an Lufthyphen. Bei *Thamnidium* wird am Sporocystophor eine große endständige Sporocyste und seitenständig auf verzweigten Ästen werden kleine wenigsporige Sporocysten gebildet, sog. Sporocystiolen („Sporangiolen"), die als Ganzes verbreitet werden. Wieder

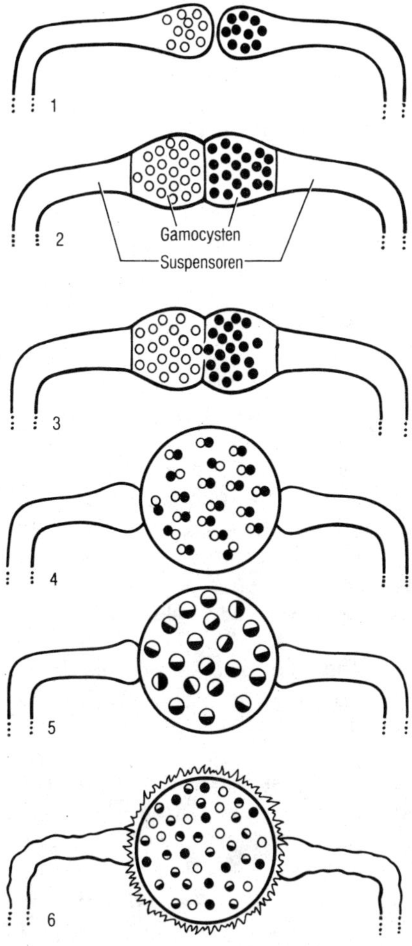

Mucorales 1: Cystogamie, schematische Darstellung. 1 Ausbildung der Gamocysten: aufeinander zuwachsende Hyphenäste, mitotische Kernvermehrung,
2 ausdifferenzierte Gamocysten,
3 Verschmelzung der Gamocysten (Plasmogamie), Bildung der Kernpaare,
4 Zygote mit Kernpaaren,
5 Zygote mit diploiden Kernen nach erfolgter Kernverschmelzung (Karyogamie), der Karyogamie folgt die Reduktionsteilung (Meiose),
6 Zygote mit haploiden Kernen und verdickter Wand (Hypnozygote)

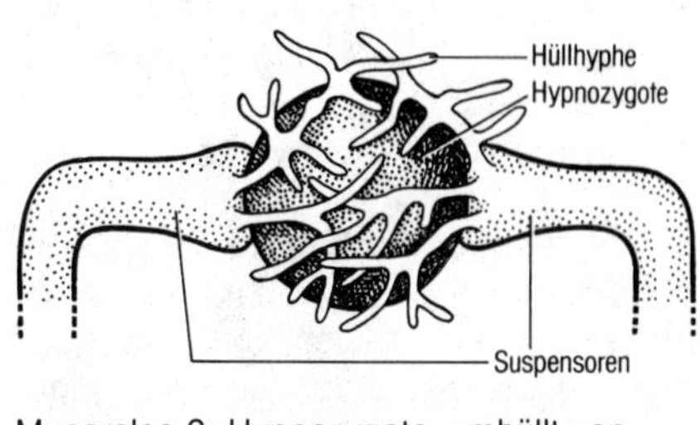

Mucorales 2: Hypnozygote, umhüllt von Hyphen, die den Suspensoren entspringen

andere Arten, z. B. *Syncephalastrum,* bilden am Sporocystophor apikal ein Köpfchen (Vesicel), an dem gestreckte Sporocystiolen entstehen, in denen die Sporen einreihig liegen (sog. Merosporocystiolen, „Merosporangien"), so daß der Eindruck von ↑ Aspergillus-Conidiophoren entsteht. Die Merosporocystiolen lösen sich als Ganzes ab. Vesicel und Sporocystiolen sind einer einzigen Sporocyste von *Mucor* homolog. Ähnlich, aber auf dichotom verzweigten Trägern, entstehen die Mitosporen bei *Piptocephalis.* Durch Reduktion der Sporenanzahl haben sich einsporige Sporocysten entwickelt, z. B. bei *Cunninghamella,* die als Verbreitungseinheiten fungieren und oft als „Conidien" oder „Angioconidien" bezeichnet werden. Phototropische Bewegungen der Sporocystenträger sind z. B. bei ↑ *Pilobolus* und *Phycomyces* (↑ Abb. Phototropismus) bekannt. Die aktive Abschleuderung der Sporocysten von *Pilobolus* und die Drehung und Streckung der Sporocystenträger und Sporocysten von *Phycomyces* waren Gegenstand detaillierter physiologischer Untersuchungen. Wichtige Gattungen der M. sind ↑ *Absidia,* ↑ *Mortierella,* ↑ *Mucor,* ↑ *Pilobolus,* ↑ *Phycomyces,* ↑ *Rhizopus,* ↑ *Saksenaea,* ↑ *Syncephalastrum.* ↑ Mucormykosen D

Mucormykosen: Infektionskrankheiten, die durch Pilze aus den Gattungen ↑ *Mucor, Rhizomucor,* ↑ *Absidia,* ↑ *Rhizopus* und ↑ *Saksenaea* verursacht werden. Man stuft mehr als 12 Arten als fakultativ pathogen ein. M. kommen bei Menschen, Säugetieren, Vögeln, Kriechtieren u.a. selten vor; aber im Bereich der Humanmedizin ist eine steigende Tendenz der Erkrankungsfälle zu verzeichnen. Die Infektionen manifestieren sich als gefährliche ↑ Endomykosen bei vorgeschädigten, mit einer Grundkrankheit behafteten Patienten. Zu diesen prädisponierenden Krankheiten zählen entgleister Diabetes mellitus verbunden mit Ketoazidose, Schäden des Immunsystems, Leukämien und andere Krebsleiden. Aufgenommen werden die Erreger vor allem auf inhalativem Wege (↑ Inhalationsmykose).
In den Organismus gelangte Sporen keimen aus, und es entwickelt sich ein ↑ Myzel mit stark invasiven Tendenzen. Über die Blutbahn streuen die Erreger nicht selten in andere Organe. Das Invasionsvermögen in Blutgefäße ist ausgeprägt, wobei die Gefäße selbst zerstört bzw. durch Pilzthromben verstopft werden können. Hämorrhagische oder ischämische Nekrosen in angrenzenden Gewebsbereichen sind die Folgen.
In bezug auf die Lokalisation der M. unterscheidet man die rhinozerebrale, gastrointestinale und pulmonale Form.
Bei der rhinozerebralen Form werden Bereiche, wie Nase, Nasennebenhöhlen und Augenhöhlen einschließlich der knöchernen Strukturen befallen. Schreitet die Krankheit unbehandelt fort, kommt es zum Befall des Gehirns.
Gastrointestinale M. beobachtete man vor allem bei Menschen mit Urämie, Mangelernährung und lang dauernden Durchfallerkrankungen. Unbehandelt führen fast 90% der M. zum Tode, aber durch frühzeitige Diagnosestellung und hoch dosierte ↑ Amphotericin-B-Therapie konnte die Sterberate in den industrialisierten Ländern auf 15% gesenkt werden. V

multiple Schnallen ↑ Schnallen

muriforme Sporen ↑ dictyospor

Muscaaurine ↑ Betalaine

Muscaflavin: gelber Farbstoff, Isomere der Betalaminsäure (↑ Betalaine) mit einer Dihydroazepinstruktur aus dem Fliegenpilz (*Amanita muscaria*, Taf. 30/5), dem Kaiserling (*Amanita caesarea*), dem Grünen Knollenblätterpilz (*Amanita phalloides*, Taf. 31/1) sowie aus einigen rot und gelb gefärbten Saftlingen (*Hygrocybe*-Arten, Taf. 25/3,4; 26/

1,3) und Schnecklingen (*Hygrophorus*-Arten; Taf. 26/2). M

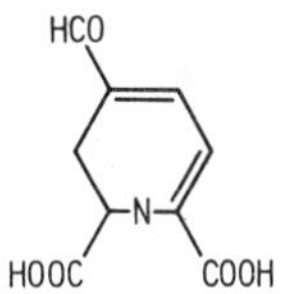

Muscaflavin

Muscarin: toxischer Wirkstoff (↑ Pilzgifte) aus verschiedenen Pilzen. M. kommt z. B. im Fliegenpilz vor. Zusammen mit Muscaridin ist M. die wichtigste Komponente des ↑ Rißpilzgiftes. M

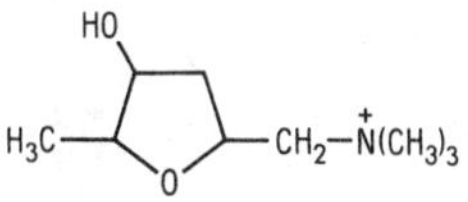

Muscarin

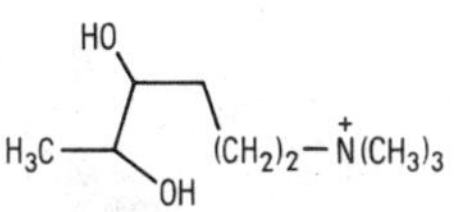

Muscaridin

Muscazon ↑ Ibotensäure

Muscimol: eine decarboxylierte ↑ Ibotensäure M

Mutagen: physikalisches oder chemisches Agens, das als auslösender Faktor eine erbliche Veränderung der genetischen Information (↑ Mutation) einer Zelle oder eines Organismus bewirken kann (z. B. ionisierende Strahlung, UV-Strahlung, Basenanaloga und alkylierende Agenzien). ↑ Pilzgenetik Sch

Mutation: spontane oder induzierte Veränderung der genetischen Information, die als Nucleotidsequenz in der ↑ DNA der Organismen verschlüsselt ist (Änderung der Erbanlagen). Die wichtigsten Formen der M. sind die ↑ Genmutation, die ↑ Chromosomenmutation und die ↑ Genommutation. ↑ Pilzgenetik, ↑ Mutagen Sch/D

Mutinus: Gattung der Ordnung ↑ *Phallales* (Kl. ↑ *Basidiomycetes*), deren Fruchtkörper ein einfaches (unverzweigtes) ↑ Receptaculum aufweisen (Fam. *Phallaceae*). Dieses ist apikal verschmälert und trägt die breiige, stinkende ↑ Gleba. Von den ↑ *Phallus*-Arten und verwandten Gattungen ist M. durch das Fehlen eines hutartigen Abschnittes des Receptaculums zu unterscheiden. *M. caninus*, die Hundsrute (Taf. 48/2), ist in Mitteleuropa autochthon und kommt im mesophilen bis grundwasserfernen Laubwaldtypen vor, sekundär auch in Forsten und Gärten. Einige weitere Arten sind vermutlich eingeschleppt und selten gefunden worden. D

Mutterkorn ↑ *Claviceps*

Mutterkornalkaloide: mehr als 30 Indolalkaloide mit Ergolingerüst aus den ↑ Sclerotien des Mutterkornpilzes (↑ *Claviceps purpurea*), die in Lebensmitteln (Mehlprodukte) Ursache von Vergiftungen (↑ Ergotismus) sein können. Die Pilzsporen infizieren die Narben von Süßgräsern, hauptsächlich die des Roggens. Nach Durchwachsen des Griffels und des Fruchtknotens bildet das Myzel ein hornartiges, schwarzviolettes Sclerotium „Mutterkorn", das die M. bildet.

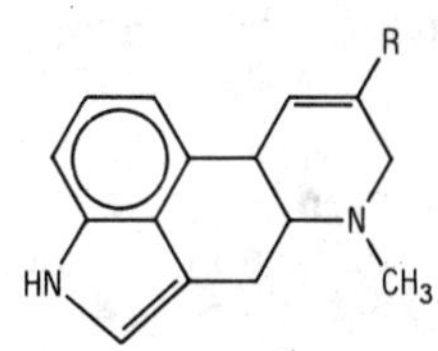

	R
Agroclavin	CH_3
Elymoclavin	CH_2-OH
Ergometrin	$CO-NH-(CH_2)_2-OH$

Mutterkornalkaloide

Wichtige Vertreter der M. sind die Clavinalkaloide Agroclavin und Elymoclavin sowie die Lysergsäureabkömmlinge Ergometrin und Ergotamin. Besonders günstige pharmakologische Eigenschaften besitzen die Peptidalkaloide, die in der Medizin Anwendung finden.

Weiterhin sind im Mutterkorn toxische ↑ Ergochrome enthalten. In der Welt werden jährlich 15–20 t M. produziert. Sie werden in der Gynäkologie und Geburtshilfe, zur Therapie von Gefäßkrankheiten, zur Bekämpfung von Migräne und für weitere therapeutische Zwecke eingesetzt. Bis vor kurzem wurden die M. ausschließlich durch Extraktion der Claviceps-Sclerotien gewonnen, die auf eigens dafür angelegten Roggenfeldern produziert werden. Hierfür werden die Roggenblüten maschinell mit Sporensuspensionen beimpft. Die Sporensuspensionen lassen sich in ↑ Submerskultur auf Malz- und Maisquellwasser-Mineralsalz-Lösungen bei starker Belüftung in 10 Tagen gewinnen. 6–8 Wochen nach der Beimpfung der Roggenblüten können die Sclerotien geerntet werden. Der Ertrag liegt bei 200–500 kg/ha. In den letzten Jahren gelang die Produktion der therapeutisch interessanten Peptidalkaloide auch in saprophytischer Kultur, d. h. unabhängig von Jahreszeit und Klima in ↑ Submerskultur. Außer *Claviceps purpurea* und *Claviceps paspali* können auch *Claviceps litoralis, C. fusiformis* und *C. microcephala* zur Produktion von M. herangezogen werden. M/Str

Mycelia sterilia: ↑ imperfekte Pilze, die keine ↑ Conidien bilden. Die M. s. sind reduzierte ↑ *Ascomycetes* oder ↑ *Basidiomycetes*, von denen entweder nur die myzeliale Phase (↑ Myzel) bekannt ist oder die darüber hinaus vegetative Propagationseinheiten in Form von ↑ Bulbillen oder ↑ Sclerotien bilden. Es werden etwa 200 Arten unterschieden. In manchen Systemen der imperfekten Pilze werden die M. s. als Form-Ordnung (↑ Form-Taxa) *Agonomycetales* klassifiziert. Einige Form-Gattungen (↑ *Rhizoctonia,* ↑ *Sclerotium*) enthalten wichtige Pflanzenparasiten. Hi

Mycenastrum (Sternstäubling): Gattung der Ordnung ↑ *Lycoperdales* (Kl. ↑ *Basidiomycetes*), die nur eine einzige Art, *M. corium*, umfaßt. Dieser ↑ Gasteromycet bildet mittelgroße bis große epigäische Fruchtkörper (↑ Gasterothecium) mit einer vergänglichen einfach gebauten Exoperidie und einer derben, korkigen Endoperidie, die bei Reife sternförmig aufreißt. Das Capillitium besteht aus einfachen bis wenig verzweigten, stacheligen Elateren. *M. corium* wächst auf trockenen bis wechselfeuchten nährstoffreichen Standorten. Gegenwärtig ist diese Art in Ausbreitung begriffen. D

Mycosphaerella: weltweit verbreitete Gattung der Ordnung ↑ *Dothideales* (Kl. ↑ *Ascomycetes*), die mehr als 500 Arten umfaßt. Die ↑ Ascocarpien sind kleine ↑ Pseudothecien mit Porus und ohne Pseudoparaphysen. Vielfältige ↑ Anamorphen kommen vor, die zu den ↑ Hyphomyceten, z. B. zu ↑ *Cercospora*, ↑ *Ramularia* oder zu den ↑ Coelomyceten, z. B. zu ↑ *Ascochyta*, ↑ *Phoma*, ↑ *Septoria* gehören. Die Gattung *M.* enthält zahlreiche wichtige Phytoparasiten. Hi

Mykid: allergisch bedingte Hauterkrankung, die infolge längere Zeit bestehender ↑ Dermatomykosen auftreten kann. Bestimmte Bestandteile der Erregerzellen, wie Polysaccharide der ↑ Zellwand und Proteine, wirken immunologisch sensibilisierend auf den Makroorganismus. M. manifestieren sich ekzem- oder schuppenflechtenartig unabhängig von den Orten des Pilzbefalles. Die Erscheinungen sind mehr oder weniger großflächig und bestehen manchmal aus vielen einzelnen Effloreszenzen. Bekannte M.-Formen sind z. B. das Trichophytid (↑ Trichophytie, ↑ Dermatophytosen) und das Candidid (↑ Candidose, ↑ Levurosen). V

Mykobiont: pilzlicher Partner der Flechtensymbiose (↑ Lichenes). Mehr als 99% der M. sind Ascomyceten, etwa ein Drittel aller Ascomyceten-Arten sind lichenisiert. Von den Basidiomyceten sind nur wenige lichenisierte Arten bekannt (↑ Lichenes, Tab.). Ein Pilz unklarer Zuordnung, *Geosiphon pyriforme* (wahrscheinlich ↑ *Zygomycetes*) bildet mit endosymbiontischen Phycobionten (*Nostoc sphaericum*, *Cyanobacteria*), die als Cyanellen in sackartigen Ausstülpungen leben, eine Symbiose, die auch als Flechte bezeichnet wird. Für die M. ist die Lichenisierung in der Regel obligat. Manche Verwandtschaftskreise von Pilzen haben als Flechtenpartner eine lange phylogenetische Entwicklung hinter sich gebracht, so daß es auch Gruppen hoher systematischer ↑ Rangstufe gibt, die – mit Ausnahme einiger delichenisierter Arten – ausschließlich M. umfassen, z. B. die Unterklasse *Lecanoromycetidae* der ↑ *Ascomycetes*. D/Sto

Mykocecidium ↑ Cecidium

Mykocoenologie ↑ Pilzsoziologie

Mykocoenosen (Pilzgesellschaften): **1.** Vergesellschaftung von Pilzen auf einem Substrat bzw. einem Wirt oder einem Symbionten. Mit dem Begriff sollen coenotische Verhältnisse im ökologischen Sinne zum Ausdruck gebracht werden. Dennoch kann nicht übersehen werden, daß eine M. auch in diesem Sinne eine Taxocoenose (Beschreibung von Vergesellschaftung ausgewählter Taxa) ist und nur aus methodischen Gründen als Ökosystemelement Berechtigung hat. Dies kommt schon darin zum Ausdruck, daß in den M. Bakterien, die auf den gleichen Substraten vorkommen, nicht erfaßt werden, also keine umfassenden coenologischen Beziehungen dargestellt werden können. Für M. im definierten Sinne werden auch die Begriffe Mykosynusie und Mykosynözie verwendet. Es gibt beachtliche Ansätze, die M., die nach den Regeln der Pflanzensoziologie benannt werden, in ein mykocoenologisches (pilzsoziologisches) System zu ordnen. Besonders weit fortgeschritten sind diese Bemühungen bei den holzbewohnenden Pilzen. Sie werden zur mykosoziologischen Klasse Stereo-Trametetea zusammengefaßt. Diese Klasse umfaßt die Ordnungen Tremello-Peniophoretalia (im Geäst) und Trametetalia versicoloris (in unteren Schichten). Jede Ordnung gliedert sich in mehrere Verbände, und jeder Verband faßt mehrere Assoziationen zusammen. Die Pilzassoziationen oder M. Stereo-Schizophylletum, Crepidotetum calolepidis und Stereo-Schizophylletum gehören z. B. zum Verband Stereo-Schizophyllion der Klasse Trametetalia versicoloris. Gut bekannt sind auch die M. auf Brandstellen, die zur Klasse Anthracobietea zusammengefaßt werden. Zu ihr gehört das Geopyxidetum carbonariae, eine der schon lange bekannten und zum Beginn aller pilzsoziologischen Arbeiten beschriebenen Gesellschaften.

2. die Gesamtheit der Pilze einer Biocoenose, die sich aus einem Komplex von Mykosynusien zusammensetzt. In diesem Sinne kann eine M. eine Vielzahl von Vergesellschaftungen (M. im oben unter 1. definierten Sinne) enthalten. Nur im Extremfall, z. B. auf freiliegenden (von der Biocoenose unabhängigen) Exkrementen, ist die M. mit der Mykosynusie identisch (unabhängige M).

Nur im letztgenannten Falle stimmen die beiden M.-Definitonen überein. Im internationalen Gebrauch kann der M.-Begriff nur in diesem Sinne (Pilzvergesellschaftungen auf Extremstandorten bzw. Mikrohabitaten, wie Exkremente, Holz u. a. räumlich scharf begrenzte Substrate) zweifelsfrei angewendet werden. D

Mykocoenotik: Arbeitsrichtung der ↑ Pilzsoziologie, die sich mit der Erfassung von Pilzgesellschaften (Mykocoenosen) beschäftigt. Der M. liegt die Auffassung zugrunde, daß Pilze grundsätzlich keine Elemente der Pflanzengesellschaften sein können, sondern als eigene soziologische Einheiten (als Pilzgesellschaften oder ↑ Mykocoenosen) betrachtet werden müssen. D

Mykofloristik ↑ Pilzfloristik, ↑ ökologische Mykofloristik, ↑ phytocoenologische Mykofloristik

Mykoholz: mit Hilfe von holzzerstörenden Pilzen (z. B. ↑ *Polyporus*-Arten) aufgeschlossenes, besonders weiches Laubholz zur Bleistiftherstellung. Der Aufschluß beruht im wesentlichen auf einem teilweisen Ligninabbau durch Pilzenzyme. Str

Mykologie (Pilzkunde): Wissenschaftszweig der Biologie, der sich mit allen Problemen, die mit Pilzen im Zusammenhang stehen, beschäftigt. Die M. berührt viele Disziplinen der Biologie oder ist als deren Teilgebiet aufzufassen, sofern pilzliche Organismen in die Betrachtungen einbezogen werden. Dies trifft besonders für die Mikrobiologie, Cytologie, Physiologie, Biochemie und Ökologie zu. Sie spielt auch in vielen angewandten Richtungen eine Rolle, z. B. in der Phytopathologie und Medizin. In der Land- und Forstwirtschaft und in vielen Industriezweigen, z. B. bei der Antibiotika- und Alkoholproduktion, reichen mykologische Fragen weit in die Praxis des täglichen Lebens (vgl. hierzu Vorbemerkung zum Lexikon). ↑ Fungologie, ↑ Geschichte der Mykologie, ↑ Myzetologie D

Mykoplasmen: zellwandlose Bakterien, keine ↑ Pilze, die sich wahrscheinlich von gram-positiven Eubakterien ableiten. *Mycoplasma*-Arten leben saprophytisch oder parasitisch, z. B. als Erreger von Lungenkrankheiten. D

Mykorrhiza: ↑ Symbiose zwischen Pilz (Mykobiont) und Gefäßpflanzen (Phytobiont), wobei die Pilzhyphen mit den Wurzeln der Pflanze in Kontakt treten. Die gegenseitigen Vorteile der M. beruhen auf Stoffaustausch, wobei der Pilz Saugwurzelfunktion übernimmt. Besondere Bedeutung kommt der Phosphorversorgung der Pflanze zu. Der Pilz bezieht für seine heterotrophe Lebensweise organische Nährstoffe. Nach der Morphologie und Anatomie des betroffenen Wurzelbereiches gliedert man die M. in ↑ Ektomykorrhiza (ektotrophe Mykorrhiza), ↑ Endomykorrhiza (endotrophe Mykorrhiza) und ↑ VA-Mykorrhiza (vesiculär-arbusculäre M.) In allen Fällen sind Hyphen vorhanden, die den Boden durchziehen und Nährstoffe zu den an die Pflanzenwurzel gebundenen Myzelteilen transportieren. ↑ Mykotrophie D

Mykosen: Infektionskrankheiten, die durch Pilze hervorgerufen werden und Menschen und Tiere betreffen. Die Einteilung der M. erfolgt nach verschiedenen Gesichtspunkten. Sie ist möglich nach der Art der Erreger (z. B. ↑ Zygomykosen durch Arten aus der Klasse ↑ Zygomycetes), der Lokalisation der Erkrankung (z. B. Lungenmykose, ↑ Ekto- oder ↑ Endomykosen), der Entstehungsursache (z. B. ↑ Verletzungsmykose) und dem klinischen Bild (z. B. ↑ Chromomykose mit farblich veränderten Hautregionen). Entsprechend dem Vorkommen der Erreger (z. B. *Candida albicans* oder *Trichophyton rubrum*) sind manche M. weltweit verbreitet, während andere nur in Gebieten auftreten, in denen das Leben potentieller Erreger primär an bestimmte Biotope mit besonderen Boden- und Vegetationsverhältnissen gebunden ist. Das ist z. B. von *Coccidioides immitis*, dem Erreger der ↑ Coccidioidose, bekannt. Die Mehrzahl der Erreger von M. sind nicht derart kontaginös und virulent wie manche pathogene Bakterien oder Viren (z. B. Pestbakterien [*Yersinia pestis*], Keuchhustenbakterien [*Bordetella pertussis*], Pocken- und Influenzaviren), die bei völlig gesunden, aber nichtimmunen Organismen mit großer Wahrscheinlichkeit zu Krankheiten führen. Meist sind sie nur fakultativ pathogen

und wirken besonders dann krankheitsauslösend, wenn der ↑ Wirt eine Abwehrschwäche aufweist. In diesem Sinne bezeichnet man derartige Erreger als Opportunisten.
Verschiedene durch fakultativ pathogene Pilze verursachte M. nehmen seit Jahren an Zahl zu, da auch ein Anstieg in bezug auf die prädisponierenden Faktoren erfolgt. Man beobachtet eine Zunahme der Zahl an Patienten, welche an Krebs, Krankheiten des Immunsystems, Diabetes mellitus usw. leiden. In Verbindung mit diesen Krankheiten steigt auch der Verbrauch an cytostatischen und cytotoxischen Medikamenten, Corticosteroiden und ↑ Antibiotika, wodurch ebenfalls M. Vorschub geleistet wird. Unter solchen Bedingungen kommt es vor allem zur Entstehung der gefürchteten Endomykosen, die nicht selten tödlich enden. Eine weitere Ursache für die Zunahme aufgeklärter Fälle liegt im forcierten Einsatz moderner Untersuchungsmethoden.
Gelegentlich wird der Begriff *M.* auch in der Phytopathologie benutzt. V

Mykostatin: Handelsname für ↑ Nystatin-Reinsubstanz. V

Mykotoxine (Pilzgifte): für Menschen und Tiere giftige Substanzen in Pilzen. M. umfassen sowohl die Giftstoffe in Fruchtkörpern von Großpilzen (↑ Speisepilze, ↑ Giftpilze) als auch die toxischen Ausscheidungsprodukte niederer Pilze. Man kennt heute über 300 M. Sie sind meist unpolar und hitzbeständig. Hierher gehören z. B. die Gifte des Pinselschimmels (*Penicillium* spec.). Die M. gehören zu rund 25 Strukturtypen organischer Verbindungen. Sie können durch pilzinfizierte Nahrungs- und Futtermittel in Mensch und Tier gelangen, wo sie schwere Gesundheitsstörungen verursachen. Hierzu zählen z. B. Schäden an Galle, Leber, Niere, Gehirn; Blutungen, Tot- und Mißgeburten sowie Tumorbildung. M. sind auch teilweise für Pflanzen und Mikroorganismen, nicht aber für den produzierenden Mikroorganismus selbst, giftig. Die Abgrenzung zu den ↑ Antibiotika ist z. T. nicht eindeutig. Wichtige M. sind die ↑ Aflatoxine (aus *Aspergillus flavus* und *A. parasiticus*), das ↑ Citrinin (aus *Penicillium citrinum, Aspergillus terreus*), das ↑ Patulin (aus *Penicillium spec., Aspergillus spec., Byssochlamys nivea*) und viele andere.
Viele M., z. B. die Aflatoxine und das Patulin, werden durch oxidative Enzyme, vor allem Cytochrom-P-450-Monooxygenase in sehr reaktive Epoxide überführt, die die eigentlichen Wirkstoffe in der Zelle darstellen. Diese Epoxide verursachen Schäden am genetischen Material (DNA), wodurch Tumorbildung ausgelöst werden kann. ↑ Pilzgifte M

Mykotrophie: pflanzliche Ernährungsweise mit Hilfe von Pilzen, wobei meist Funktionen, die normalerweise von pflanzlichen Organen erfüllt werden (z. B. die Nahrungsaufnahme durch Saugwurzeln), von symbiontischen Pilzen übernommen werden. Die wichtigste Form der M. ist die Nahrungsaufnahme auf der Basis der Mykorrhiza-Partnerschaft. Ähnliche symbiontische Verhältnisse liegen bei der mykotrophen Lebensweise vieler Moose oder der Bärlapp-Prothallien vor. Die M. kann unter Umständen (vor allem bei nicht ergrünenden pflanzlichen Organismen) auf parasitischen Verhältnissen beruhen. Die Symbiose ist dann stark zugunsten der mykotroph lebenden Pflanzen verschoben (↑ tolypophage Mykorrhiza). D

Myriostoma (Sieberdstern): nur eine einzige Art umfassende Gattung der Ordnung ↑ *Geastrales* (Kl. ↑ *Basidiomycetes*). Die Fruchtkörper (Taf. 46/6) sind von denen der ↑ *Geastrum*-Arten durch zahlreiche Öffnungen in der Endoperidie und deren Ausbildung auf mehreren Stielen verschieden. D

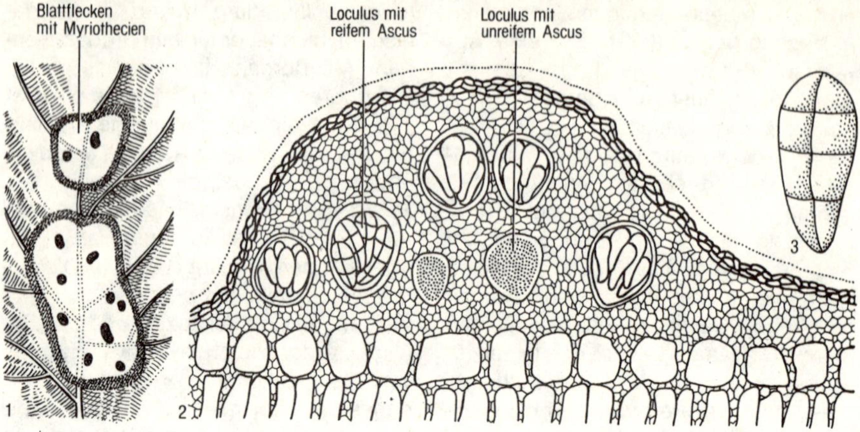

Myriothecium: 1 mehrere Myriothecien von Elsinoë, umrandete Blattflecken bildend, 2 einzelnes Myriothecium im Querschnitt mit nur einem Ascus je Loculus, 3 einzelne Ascospore

Myriothecium: ascolocularer Fruchtkörpertyp (↑ Ascocarpien) von unbestimmter oder polsterförmiger Gestalt. Die M. enthalten zahlreiche ↑ Loculi mit je einem Ascus (Abb.). Mitunter ist eine schwärzliche harte Außenkruste vorhanden. M. sind in einen sterilen Teil und mehrere fertile Teile, die auch Conceptacel genannt werden, gegliedert. Es sind cleistocarpe Fruchtkörper, die sich durch Verwitterung der Außenwand öffnen. Die Ascomyceten, die M. bilden, wurden in manchen Systemen zur Ordnung *Myriangiales* zusammengefaßt, werden aber gegenwärtig meist in die *Dothideales* einbezogen. Hi

Myxamoeben: freibewegliche Zellen der Schleimpilze (↑ *Myxomycota*), die weder Geißeln noch Zellwände besitzen. Die M. bewegen sich amoeboid (↑ freie Ortsbewegung) und ernähren sich durch Phagocytose, wobei Nahrungspartikel, häufig Bakterien, vom ausfließenden Plasma umschlossen werden. D

Myxochytridiales: eine kleine, nur ca. 20 endoparasitische Arten umfassende Ordnung der *Chytridiomycetes* (Abt. ↑ *Chytridiomycota*). Die *M.* bilden in der vegetativen Phase plasmodiale Stadien, sog. Prosori. Jeder Prosorus wandelt sich in mehrere ↑ Gonitocysten um. Die Gonitocysten (oft als „Sporangien“ bezeichnet) eines Organismus werden als Sorus bezeichnet. Die Schwärmer, die aus den Gonitocysten entlassen werden, sind Zoosporen oder Gameten. Die aus einer Isogamie (↑ Befruchtung) hervorgehende Zygote entwickelt sich endoparasitisch zu einer Hypnozygote (oft als „Dauersporangium“ bezeichnet) und keimt unter Meiose mit Zoosporen aus. Der ↑ Entwicklungszyklus ist haplontisch mit zygotischem Kernphasenwechsel. Die *M.* parasitieren in oder auf Algen, höheren Pflanzen, Pilzen oder Tieren. Verschiedene Arten sind von wirtschaftlicher Bedeutung, z.B. *Synchytrium endobioticum*, der Erreger des Kartoffelkrebses. D

Myxoflagellaten ↑ *Myxomycota*

Myxomycetes: artenreichste Klasse der ↑ *Myxomycota* (Schleimpilze). Die *M.* umfassen ca. 1000 Arten. Der Entwicklungszyklus (Abb.) ist haplo-diplontisch, wobei haploide Schwärmer, ↑ Myxamoeben und ein diploides

↑ Plasmodium die vegetative Phase bilden. Die Fruktifikationen sind ↑ Sporocarpien (oft als „Sporangien“ bezeichnet), ↑ Aethalien oder ↑ Plasmodiocarpien. Die exogen entstehenden Sporen der *Ceratiomyxales* werden als reduzierte Sporocarpien aufgefaßt (↑ Abb. Ceratiomyxales), die nur eine Spore enthalten. Die Fruktifikationen der ↑ *Protosteliales* können als primitive Prosporocarpien aufgefaßt werden. Aus den haploiden Sporen der M. entstehen Myxoflagellaten (↑ *Myxomycota*), die sich in ↑ Myxamoeben umwandeln können (und umgekehrt). Kopulation (↑ Abb. Befruchtung) ist zwischen Schwärmern und haploiden Myxamoeben möglich. Die Unterklassen und Ordnungen der *M.* (↑ *Myxomycota*, Tab.) sind durch Merkmale der Plasmodien und Fruktifikationen charakterisiert. D

Myxomycota: Schleimpilze, eine Abteilung von Organismen, die verwandtschaftliche Beziehungen zu den Protozoa (Urtiere), speziell zu den Amoebina (Amoeben) aufweist. Schleimpilze werden mitunter auch als Tiere in zoologischen Lehrbüchern behandelt. Es ist noch zweifelhaft, ob die M. in der hier

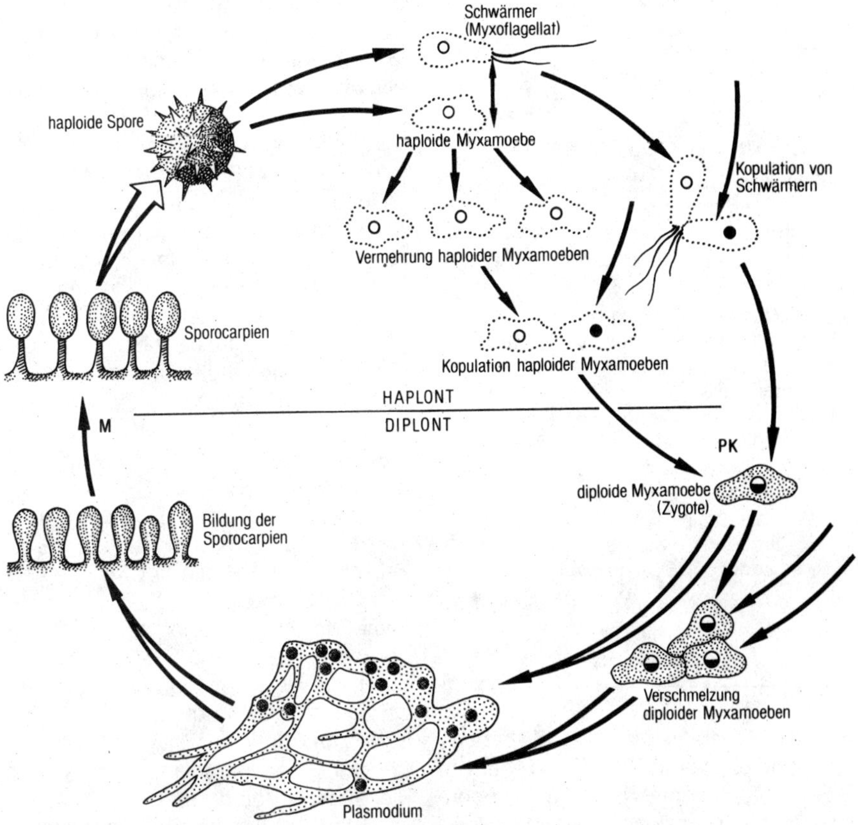

Myxomycetes: Entwicklungszyklus eines Schleimpilzes
P Plasmogamie (Verschmelzung der Protoplasten der Gameten), K Karyogamie (Verschmelzung der Kerne der Gameten), M Meiose (Reduktionsteilung)

dargestellten Umgrenzung ein natürliches Taxon sind. Möglicherweise ist es eine polyphyletische Gruppe. Gemeinsam ist allen Arten der M. die amoeboide bzw. plasmodiale Lebensweise in der vegetativen Phase ihres Lebenszyklus, d. h. die ↑ freie Ortsbewegung und Ernährung durch Phagocytose, und die Bildung von Sporen. Die als Myxoflagellaten bezeichneten ↑ Schwärmer der Schleimpilze besitzen zwei Geißeln am Vorderende; die Geißeln sind verschieden lang und gleichgestaltig (↑ Begeißelung). Von den zahlreichen Gliederungsversuchen ist keiner allgemein anerkannt, so daß sehr uneinheitliche Systeme der M. nebeneinander existieren. Die M. werden in Extremfällen in mehreren Abteilungen oder in einer einzigen Klasse untergebracht. Die folgende Übersicht (Tab.) stellt einen zweckdienlichen Kompromiß dar.

System der Schleimpilze

Abteilung *Myxomycota*
(Schleimpilze in weitem Sinne)
- Klasse ↑ *Acrasiomycetes* (zelluläre Schleimpilze)
  - Ordnung ↑ *Acrasiales*
  - Ordnung ↑ *Dictyosteliales*
- Klasse ↑ *Myxomycetes* (Schleimpilze im engen Sinne)
  - Unterklasse *Protosteliomycetidae*
    - Ordnung ↑ *Protosteliales*
  - Unterklasse *Ceratiomyxomycetidae*
    - Ordnung ↑ *Ceratiomyxales*
  - Unterklasse ↑ *Myxogasteromycetidae*
    - Ordnung ↑ *Echinosteliales*
    - Ordnung ↑ *Liceales*
    - Ordnung ↑ *Trichales*
    - Ordnung ↑ *Physarales*
    - Ordnung ↑ *Stemonitales*
- Klasse ↑ *Plasmodiophoromycetes* (parasitische Schleimpilze)
    - Ordnung Plasmodiophorales

Mitunter werden die Netz-Schleimpilze (↑ *Labyrinthulomycetes*) ebenfalls zu den M. gestellt. Ihr verwandtschaftlicher Anschluß ist unklar. Sie werden auch mit den ↑ *Oomycota* in Verbindung gebracht. D

Myzel (Mycelium, Pl. Myzelien): Pilzgeflecht, aus verzweigten, meist auch vernetzten Pilzfäden (↑ Hyphen) bestehender Vegetationskörper von Pilzen. Der gesamte Organismus filamentöser (hyphenbildender) Pilze besteht entweder nur aus einem M. oder aus M. und von diesem aufgebauten Strukturen wie ↑ Fruchtkörper, ↑ Sclerotien usw. Rhizoidmyzelien (↑ Rhizoide) und Sproß- oder Pseudomyzelien (↑ Sprossung) sind nicht aus Hyphen aufgebaut und daher keine echten M. ↑ Thallus D

Myzelgemmen ↑ Gemmen

Myzelialkern: marmoriert erscheinender, bröckeliger, etwa kugeliger Teil der ↑ Trama in konsolenförmigen ↑ Porlingen, z. B. bei ↑ *Fomes fomentarius* und einigen *Inonotus*-Arten D

Myzelioderm: hautähnliche, das Substrat oder eine Myzelschicht überziehende Struktur, die vom Myzel mancher ↑ *Basidiomycetes* gebildet wird. Ein M. ist z. B. bei manchen Holzzerstörern vorhanden und geht der Bildung der Fruchtkörper voraus. ↑ Abb. Pseudorhiza 2 D

Myzelstränge ↑ Rhizomorphen

Myzetation: (Pilzvegetation): die Gesamtheit der Pilze der Erde oder eines Teilgebietes im Hinblick auf ihre Vergesellschaftung. ↑ Pilzflora, ↑ Mykocoenosen, ↑ Pilzsoziologie D

Myzetologie (Mycitologie): im 18. Jh. geprägter Begriff für Pilzkunde, der durch die Bezeichnung Mykologie (mycology) verdrängt wurde. D

Myzetom: lokal (meist scharf) begrenzte Veränderung in Geweben von Menschen, Tieren oder Pflanzen, die von parasitischen oder symbiontischen Pilzen (oder Pilzen und Bakterien) verursacht wird und oft mit Vergrößerung, in jedem Falle aber mit typischen struk-

turellen Umbildungen der betroffenen Partien verbunden ist. Der Begriff M. wird für unterschiedliche Strukturen benutzt:
1. Medizin: Eine tief in Muskel-, gelegentlich Knochengewebe oder viszeralen Organen (hauptsächlich Lunge) lokalisierte, abgegrenzte ↑ Mykose. Das M. i.e.S. ist eine Form der ↑ Verletzungsmykosen und wird relativ häufig unter der Bevölkerung wärmerer Klimaregionen angetroffen. Zur Infektion kommt es nach Verletzung von Gliedmaßen an pilzkontaminierten Holzsplittern, Pflanzenstacheln usw. Im Entzündungsgebiet entwickelt sich Granulationsgewebe, gefolgt von Abszeßbildung. Im Fisteleiter sind gelegentlich ↑ Pilzdrusen nachweisbar. Erreger von M. sind Pilze aus den Gattungen *Pseudallescheria*, *Cephalosporium*, *Madurella*, *Phialophora* u. a. Manche Bakterien, z. B. aus den Gattungen *Actinomyces* und *Nocardia*, vermögen ebenfalls myzetomartige Bildungen auszulösen. Nach lange dauerndem chronischem Verlauf können M. beachtliche Ausmaße erreichen. Die Immunabwehr reicht nicht aus, den Krankheitsprozeß zum Stehen zu bringen. Auch das ↑ Aspergillom und ↑ Penicilliom der Lunge rechnet man zu den M. i.w.S. Die Bekämpfung kann durch chirurgische Entfernung der M. geschehen.
2. Entomologie: bei pflanzensaft- und blutsaugenden sowie holzfressenden und sich damit einseitig ernährenden Insekten vorkommende Darmanhangsgebilde bzw. seperate Organe, in welchen symbiontische Pilze (meist ↑ Sproßpilze) oder Bakterien leben. Sie liefern den Insekten Wirkstoffe, vor allem Vitamine der B-Gruppe. M. können eine Symbiontenart, eine Symbiontenmischpopulation oder in getrennten Abschnitten verschiedene Mikroorganismen in Reinkultur enthalten. Weit verbreitet sind M. z. B. bei einheimischen Schaumzikaden (Gattung *Aphrophora*), bei denen sie als gelbe bis rote Flecken durch die Abdomenunterseite scheinen. Die Übertragung der Symbionten auf die Nachkommen der Insekten erfolgt bereits im Ovar auf die Eier.
3. Phytopathologie: tumorartige Wucherungen, die durch Pilze verursacht sind. Es wird ein Teil der Mykocecidien (↑ Cecidium) als M. bezeichnet (Kataplastische Mykocecidien). V/D

N

NAB (Nucleus-associated body) ↑ Spindelpolkörper

Nabel ↑ Hilum, ↑ Nabelflechten

Nabelflechten: morphologische Gruppe von Flechten (↑ Lichenes) mit blatt- bis schildförmigen Thalli, die meist nur an einer einzigen Anheftungsstelle (Nabel, Haftscheibe) mit dem Substrat verbunden sind. Die N. besitzen eine oberseits gut entwickelte Rinde; der Thallus ist stets deutlich geschichtet. Unterseits treten oft Höker, ↑ Areolen, netzartige Aderungen, Leisten und Fibrillen auf. N. wachsen überwiegend epilithisch. Repräsentative Gattungen sind *Umbilicaria*, *Dermatocarpon*, *Omphalodium*, *Glypholecia* u. a. N. werden auch zu den ↑ Blattflechten gezählt und sind mit diesen durch Übergangsformen verbunden. Sto

Nadelschütte: Erkrankungen von Nadelgehölzen durch abiotische oder biotische Einwirkungen, die zum vorzeitigen, oft plötzlichen Abfall der Nadeln führen (↑ Blattfallkrankheiten). Pilze unterschiedlicher systematischer Zugehörigkeit können N. verursachen, z. B. *Lophodermium pinastri* (Kl. ↑ *Ascomycetes*), die bekannte N. der Waldkiefer. B

Nährmedien: Kultursubstrate, insbesondere für Mikroorganismen. Die N. enthalten alle lebenswichtigen ↑ Nährstoffe in verwertbarer Form. Läßt sich ein N. aus definierten chemischen Verbindungen zusammensetzen, spricht man von definierten oder synthetischen Nährmedien, z. B. Czapek-Dox-Nährlösung, die pro l 30 g Saccharose, 3 g Natriumnitrat, 0,5 g Magnesiumsulfat, 0,5 g Kaliumchlorid, 0,01 g Eisen-(II)-sulfat, 1 g Dikaliumhydrogenphosphat enthält. Für viele Pilze sind die Nährstoffbedürfnisse noch nicht genügend bekannt. In diesen Fällen und für zahlreiche technische ↑ Fermentationen setzt man komplexe N. ein, die z.B. ↑ Hefeextrakt, ↑ Malzextrakt, Fleischextrakt, ↑ Pepton, ↑ Melasse, ↑ Maisquellwasser, Möhrensaft, Kartoffeln oder Pferdemist u. ä. enthalten. Die N. sind flüssig (Nährlösung) oder fest (Nährboden). Die Verfestigung erfolgt mit ↑ Agar, in Ausnahmefällen mit Gelatine. Str

Nährstoffe: für Wachstum und Entwicklung von Organismen notwendige (lebenswichtige) Stoffe. In den N. für die heterotrophen Pilze müssen die Elemente Kohlenstoff (C), Wasserstoff (H), Sauerstoff (O), Stickstoff (N), Schwefel (S), Phosphor (P), Kalium (K), Magnesium (Mg), Calcium (Ca), Eisen (Fe), die man als Makroelemente zusammenfaßt, in größerer Menge vorhanden sein. Darüber hinaus werden noch Mikro- oder Spurenelemente wie Mangan, Molybdän, Natrium, Cobalt, Nickel, Bor, Kupfer u. a. benötigt. Das Wachstum ist an Wasser gebunden. In ihm sind die N. in Form von organischen Verbindungen oder Mineralsalzen gelöst. Einige Pilze benötigen zusätzlich noch Wachstumsfaktoren wie Aminosäuren, Purine und Pyrimidine, ↑ Vitamine. In den ↑ Nährmedien werden die N. in optimaler Zusammensetzung und Konzentration angeboten. Str

Nannizzia: Gattung der Ordnung ↑ *Gymnoascales* (Kl. ↑ *Ascomycetes*). Die Fruchtkörper sind pigmentierte bis etwa 1 mm große ↑ Cleistothecien, die auf Erdsubstraten mit Keratin von Haaren ausgebildet werden. Alle Merkmale lassen eine enge Verwandtschaft zur Gattung ↑ *Arthroderma* erkennen. Die Anamorphen der *N.*-Arten sind ↑ Dermatophyten der Form-Gattung ↑ *Microsporum*. V

NAO (Nucleus-associated organelle) ↑ Spindelpolkörper

Naphthochinone: zur Gruppe der Chinone gehörende Naturstoffe (↑ Anthrachinone). Die über 120 strukturell verschiedenen N. leiten sich vom 1,4- bzw. α-Naphthochinon ab und sind in der Natur weit verbreitet (bei Bakterien, Pilzen, Flechten, höheren Pflanzen und vereinzelt bei Tieren). Es sind Farbstoffe von gelber, oranger, roter und braunroter Farbe, die teilweise als Mitosegifte wirken können. Die roten Pigmente der ↑ Apothecien einiger *Cladonia*- und *Haematomma*-Arten gehören zu den N. Von Bedeutung ist nur das gelb- bis tiefrote N. Alkannin, das als Beizenfarbstoff und Indikator verwendet wird. Sto

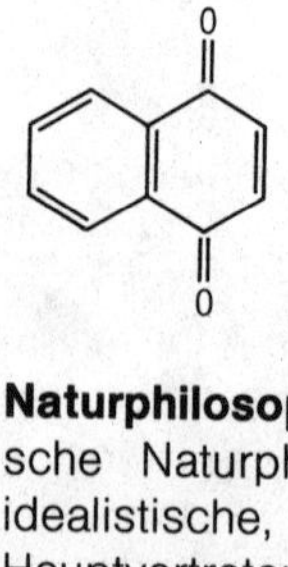

1,4- bzw. α-Naphthochinon

Naturphilosophie (romantische deutsche Naturphilosophie des 19. Jh.): idealistische, spekulative Lehre, deren Hauptvertreter Schelling (1775–1854) und Hegel (1770–1831) waren. In der

Schellingschen N., der organismische Prozesse als Denkmodell zugrundelagen, war das leitende Prinzip die Einheit von Natur und Geist; aus dieser Einheit heraus resultierte auch seine deduktive Methode zum Erkennen der Welt. Schelling leitete u.a. das Anorganische aus dem Organischen ab und versuchte, sein Geistesprinzip auch auf mechanische, chemische und elektromagnetische Vorgänge zu übertragen. Von zeitgenössischen Medizinern und Biologen wurde die N. aufgegriffen, z.B. bezeichnete ↑ Nees von Esenbeck die Pilze und Schwämme seines Systems als durch Urzeugung entstandene „Traumpflanzen“, sie seien „Nachgeburten der Blüten, Pollen und Samen in elementarischer Form“; auch ↑ Fries und ↑ Unger blieben von der N. nicht unbeeinflußt. Wenn auch in die Werke dieser Forscher naturphilosophische Ideen einflossen, so beruhte dennoch ihre mykologische Detailarbeit auf exakten Beobachtungen. In der Mitte des 19.Jh. gewann die induktive und empirische Methode in den Biowissenschaften gegenüber den naturphilosophischen Spekulationen und unbewiesenen Behauptungen wieder die volle Oberhand. H

Nebenfruchtform ↑ Anamorphe Hi

Nebenwirt ↑ Wirt

Nectria: Gattung der Ordnung ↑ *Hypocreales* (Kl.↑ *Ascomycetes*) mit ca. 200 Arten. Zu der weltweit verbreiteten Gattung gehören Pilze mit hellfarbenen, meist rötlichen Perithecien, die bei manchen Arten auf einem ↑ Subiculum stehen. Stromata werden nicht gebildet. Die Ascosporen sind zweizellig, selten mehrzellig, ↑ Anamorphen kommen reichlich vor und gehören oft zur Form-Gattung Fusarium. Die meisten Arten sind Saprophyten, z. B. die häufige *N. cinnabarina* mit ihrer Anamorphe *Tubercularia vulgaris* (Rotpustelpilz). Einige Arten sind Parasiten; z.B. erregt *N. galligena* Tumorbildungen (Krebs) an Apfelbäumen. ↑ Abb. Sporodochium Hi

Nees von Esenbeck, Christian Gottfried Daniel: deutscher Botaniker und Mykologe (1776–1858). N. studierte von 1796–1799 in Jena Medizin, Naturgeschichte und Philosophie und wurde von ↑ Batsch in die Mykologie eingeführt. 1800 promovierte er in Gießen zum Dr.med., war danach Arzt in Frankfurt/Main und Privatgelehrter bei Kitzingen am Main. Seit 1816 war er Mitglied der Kaiserlichen Leopoldinisch-Carolinischen Akademie der Naturforscher (Leopoldina) und wurde 1818 zu deren Präsidenten gewählt. 1817 wurde N. Professor der Botanik in Erlangen, ging 1818 nach Bonn, 1830 nach Breslau. Im Alter engagierte sich N. politisch, wurde 1852 aus seinen staatlichen Ämtern ohne Pension entlassen, blieb jedoch bis zu seinem Tod Präsident der Leopoldina.

Aus mykologischer Sicht ist das „System der Pilze und Schwämme“ (1816/17), eine kompilatorische Übersicht fast aller damals bekannter Pilzgattungen, von Bedeutung. Die systematische Anordnung fußt auf den damals modernen romantisch-naturphilosophischen Spekulationen und bedeutet keinen Fortschritt. N. erzielte jedoch beachtenswerte terminologische Fortschritte. Er vollendete die von ↑ Willdenow begonnene Herausgabe der „Historia fungorum circa Halifax sponte nascentium“ von ↑ Bolton in deutscher Sprache. Hervorzuheben ist seine vierbändige „Naturgeschichte der europäischen Lebermoose“ (1833–1838). H/D

Nekralschicht (Epinekralschicht) ↑ Rinde

Nekrosen: Krankheiten an Pflanzen und Tieren, bei denen es zu lokal begrenzten Absterbeerscheinungen an Geweben kommt. Bei Pflanzen entstehen nekrotische Erkrankungen oft durch Pilze, können jedoch auch von anderen Erregern, z. B. von Viren und Bakterien, verursacht werden. D/B

Nelkenschwindling ↑ *Marasmius*

nematodenfangende Pilze: ökologische Gruppe von Bodenpilzen aus verschiedenen Verwandtschaftskreisen, die Nematoden (Älchen) fangen und für ihre Ernährung nutzbar machen können. Die *Zoopagales* (↑ *Zygomycetes*) leben endoparasitisch in Amoeben, Älchen oder anderen kleinen Bodentieren, oder sie bilden ↑ Myzelien, die klebrige Substanzen ausscheiden und so die Tiere fangen. Komplizierter sind die Fangmechanismen bei ↑ imperfekten Pilzen und einigen ↑ *Basidiomycetes*

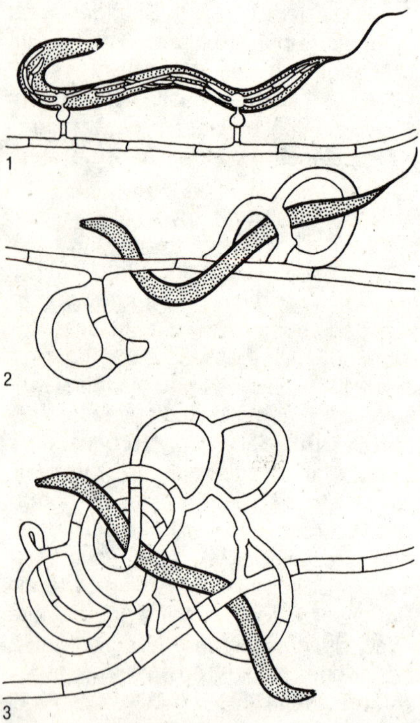

nematodenfangende Pilze: Fangeinrichtungen; 1 gestielte klebrige Knoten bei Monacrosporium, 2 klebrige Schlingen bei Dactylaria, 3 klebriges Fangnetz bei Arthrobotrys

aus der Verwandtschaft von ↑ *Pleurotus*. Hier werden spezielle morphologische Fangvorrichtungen gebildet (Knoten, kontrahierende Schlingen, Netze), die klebrige und wahrscheinlich auch toxische Sekrete ausscheiden. Nach dem Absterben eines gefangenen Tieres wird ein Bulbus gebildet und das Beutetier durch Hyphen besiedelt. Abb. Hi

Neosolaninol: ↑ Mykotoxin der ↑ Trichothecen-Gruppe mit der chemischen Struktur eines ↑ Epoxytrichothecens aus *Fusarium*-Arten. N. ist hochtoxisch für Geflügel (LD_{50} = 0,8 mg/kg Hähnchen), auch phytotoxisch. M

Netzfleckenkrankheit: ↑ Blattfleckenkrankheit der Gerste, hervorgerufen durch *Pyrenophora teres* (Kl. ↑ *Ascomycetes*, Anamorphe: ↑ *Helminthosporium teres*). Die ↑ Symptome der N. treten meist im Juni in Erscheinung. Es entstehen zunächst kleine, aber sehr schnell anwachsende braune Flecken, die von einem unregelmäßigen dunklen Netzmuster durchzogen sind. Auf diesen Flecken werden später die Conidienträger und ↑ Conidien gebildet. Verwehte Conidien gelangen zur Keimung und können beim direkten Kontakt mit gesunden Wirtsblättern zu neuen ↑ Infektionen führen. Die Überwinterung des Pilzes kann an alten Pflanzenresten oder Saatgut erfolgen. B

Neuhoff, Walther: deutscher Lehrer und Mykologe (1891–1971). N. studierte und promovierte in Königsberg (Kaliningrad) und war hier seit 1911 als Volksschullehrer tätig. Nach 1945 wirkte er in Rellingen bei Hamburg. N. beschäftigte sich besonders mit Basidiomyceten. Seine Monographien der Gallertpilze und der Milchlinge im Rahmen der Reihe „Die Pilze Mitteleuropas" sind von besonderem Wert für die Systematik dieser Gruppen. H/D

Neurospora: Gattung der Ordnung

↑ *Xylariales* (Kl. ↑ *Ascomycetes*), die ca. 12 Arten umfaßt. Die *N.*-Arten bilden dunkle, einzeln stehende ↑ Perithecien. Die ↑ Ascosporen sind einzellig, dunkel pigmentiert und mit feinen Längsrippen versehen. *Chrysonilia sitophila*, die Anamorphe von *N. sitophila*, ist als Roter Brotschimmel bekannt. Mehrere Arten der Gattung sind bekannte Objekte der Pilzgenetik und der Pilzphysiologie, z. B. *N. crassa* und *N. tetrasperma*. Hi

Nidulariales (Nestpilze): Ordnung der Klasse ↑ *Basidiomycetes* (Ukl. ↑ *Homobasidiomycetidae*), die ausschließlich Bauchpilze umfaßt. Die Gleba der epigäischen, angiocarpen Gasterothecien zerfällt in ↑ Peridiolen, die als ↑ Diasporen fungieren (Fam. *Nidulariaceae*), oder sie wird als Ganzes abgeschleudert (Fam. *Sphaerobolaceae*). Capillitium ist nicht vorhanden. Repräsentative Gattungen der N. sind ↑ *Cyathus, Crucibulum, Nidularia*. ↑ *Sphaerobolus*. Taf. 47/4 D

Nidurufin ↑ Versicolorine

Nikandros (von Kolophon): griechischer Dichter (um 200–um 135 v. u. Z.). N. war Verfasser von Lehrgedichten mit biologischem Inhalt. In seinem Gedicht „Alexipharmaca", das von Mitteln gegen den Genuß giftiger Speisen handelt, versucht er unter anderem, die eßbaren und giftigen Pilze nach ihrem Standort zu unterscheiden. Es ist eine der frühesten Quellen, in der die Pilze nach ihrem Speisewert systematisiert werden. Dieses Einteilungsprinzip war bis in die Renaissance (↑ Clusius) üblich. H.

Nivalenol: ↑ Mykotoxin der ↑ Trichothecen-Gruppe mit chemischer Struktur der ↑ Ketotrichothecene aus ↑ *Fusarium nivale*. N. wirkt cytotoxisch und ist als Hemmstoff der Protein- und DNS-Synthese bekannt. M

Nordamerikanische Blastomykose: ↑ Mykose, die durch den ↑ imperfekten Pilz *Blastomyces dermatitidis* (Teleomorphe: *Ajellomyces dermatitidis*, ↑ *Ascomycetes*) hervorgerufen wird. Von dieser Krankheit sind verschiedene klinische Verlaufsformen bekannt. Dringt der Erreger in die Haut ein, entwickelt sich zunächst eine Haut-Blastomykose. Am häufigsten sind Partien im Gesicht, an Händen, Füßen und Ellenbogen betroffen. Die Krankheitserscheinungen zeigen sich als warzen- oder knötchenartige Veränderungen, die erregerhaltiges Exsudat entleeren können, wodurch es zur Ausbreitung der Infektion kommt. Es besteht Ähnlichkeit mit bestimmten Formen der Hauttuberkulose.

Eine andere Eintrittspforte des Erregers ist die Lunge, wo uncharakteristische Veränderungen auftreten, die differentialdiagnostisch von anderen Krankheiten, wie Tuberkulose, Lungenkrebs, Lungenabszeß, ↑ Coccidioidose usw., abgegrenzt werden müssen. Sowohl aus dem Haut- als auch dem Lungenbereich kommt es häufig zur Erregerstreuung in andere Organe und Gewebe, z. B. Niere, Milz, Lymphknoten, Unterhaut und Mark der großen Röhrenknochen. Der Befall des Verdauungstraktes wurde nur in Einzelfällen beobachtet, und damit besteht ein wichtiges Unterscheidungsmerkmal zu ↑ Histoplasmose und ↑ Südamerikanischer Blastomykose. In den Geweben findet man den Pilz in seiner Hefephase. Die Sproßzellen ähneln denen von *Cryptococcus neoformans* (↑ Cryptococcose) und *Histoplasma capsulatum*.

Die N. B. ist in Nordamerika verbreitet; seltener tritt sie in Gebieten Südamerikas und Afrikas auf. Die Ökologie von *B. dermatitidis* ist nicht vollständig erforscht, denn die Isolation dieses Pilzes aus der natürlichen Umwelt von Mensch und Tier gelang nur vereinzelt aus dem Erdboden, organischen Abfällen und Vogelkot.

Unter den Tieren sind vor allem Hunde regelmäßig von N. B. betroffen. Beim Menschen fördern Faktoren, wie Unterernährung, schlechte Körperhygiene, Grundkrankheiten und körperlich schwere Arbeit bei gleichzeitiger Exposition gegenüber Erd- und Holzstaub den Ausbruch der Krankheit. Männer sind etwa 10mal häufiger betroffen als Frauen. V

Norsolinsäure ↑ Versicolorine

Nucleolus ↑ Zellkern

Nucleus ↑ Zellkern

Nutriocyte: gelegentliche Bezeichnung für das ↑ Ascogon (bzw. den Synascus) der ↑ *Ascosphaerales*, in dem die ↑ Ascosporen gebildet werden. Hi

Nystatin (Fungicidin): ↑ Polyen-Antimykotikum, das aus Kulturfiltraten von *Streptomyces noursei* (Ord. *Actinomycetales* der Eubakterien) erstmals 1950 isoliert wurde. N. wird als gelbliches mikronisiertes Pulver gehandelt. Es ist in Wasser kaum löslich, aber gut suspensionsfähig. Von Säuren, Laugen, Licht, Sauerstoff und Wärme wird N. leicht inaktiviert. Wie alle Polyen-Antimykotika wirkt N. schädigend auf die Membranen von Pilzzellen. Das Wirkungsspektrum ist groß, fast alle klinisch relevanten Pilze werden erfaßt. Resistenz gegenüber N. ist nur in wenigen Fällen bekannt. Auf Grund seiner Toxizität wird N. nicht systemisch, sondern nur oberflächlich angewendet, ist aber wegen seiner sehr geringen Resorption im Magen-Darm- und Atemtrakt für orale und inhalative Applikation zur Behandlung von Intestinal- und Lungenmykosen geeignet. V

O

Oberflächenverfahren: ↑ Emerskultur

obergärige Hefen: ↑ Stämme von ↑ *Saccharomyces cerevisiae*, die am Ende der ↑ Gärung an die Oberfläche steigen und eine Decke bilden. Sie gären bei 10 – 25 °C. O. H. dienen in Brennereien zur Herstellung von ↑ Ethanol; in Brauereien werden sie für Malzbiere, Weißbier, Ale, Porter u. a. eingesetzt. Auch die ↑ Backhefe gehört zu den o. H. Str.

obligate Parasiten ↑ Parasitismus

Obstbaumkrebs: Erkrankungen der Obstbäume, hervorgerufen durch *Nectria galligena* (Kl. ↑ *Ascomycetes*). Der Pilz verursacht sich ständig ausweitende Wunden („offener Krebs") und geschlossene, bis faustgroße Wucherungen an holzigen Teilen. B

Obstschorf ↑ Schorfkrankheiten

Occlusion ↑ Tabulae regulantes, ↑ Doliporus

Ochracin ↑ Ochratoxine

Ochratoxine: ↑ Mykotoxine aus einigen Stämmen von *Aspergillus ochraceus* und *Penicillium viridicatum*. Chemisch sind die O. aus einer Methylisocumarin- und z. T. einer Phenylalanineinheit zusammengesetzt. Beson-

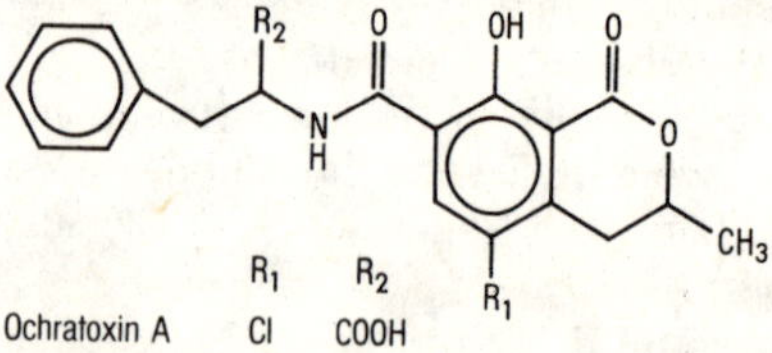

	R_1	R_2
Ochratoxin A	Cl	COOH
Ochratoxin B	H	COOH
Ochratoxin C	Cl	$COOC_2H_5$

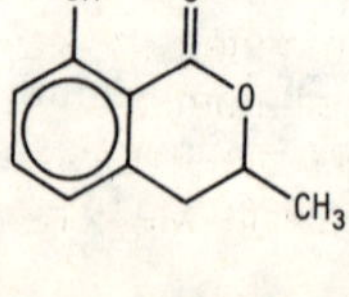

Mellein (Ochracin)

ders toxisch sind Ochratoxin A; sein Methyl- und Ethylester sind die giftigsten Vertreter der O. Sie verursachen Nieren- und Leberschäden. Ochratoxin A ist ein Hemmer des mitochondrialen Transportsystems. Eine teratogene Wirkung wurde bei Mäusen und Ratten festgestellt (LD_{50} = 22 mg/kg per os). Sehr empfindlich gegen O. sind Geflügelarten. M

Ochropsora: Gattung der Rostpilze (Ord. ↑ *Uredinales*). Die ↑ Spermogonien werden subcuticulär angelegt, die Aecidien sind typisch becherförmig. In den Uredolagern kommen randständig Paraphysen vor, die basal verwachsen sind und pseudoperidienartige Strukturen bilden. Die Teleutolager treten in Form wachsartiger, subepidermaler Krusten auf. Die palisadenartig angeordneten Teleutosporen sind zunächst einzellig und stets ungestielt. Sie fungieren als ↑ Basidien; es kommt hier zur Karyogamie, zur Meiose und zur Septierung, wobei vier Zellen entstehen, von denen die Basidiosporen abgeschnürt werden. Die Typusart *O. ariae* wechselt von *Anemone* (Haplontenwirt) auf *Rosaceae* über (*Aruncus, Malus, Pyrus*, am häufigsten jedoch auf *Sorbus*). B

Ochsenzunge ↑ Fistulina

Octospora: vorwiegend außertropisch verbreitete Gattung der Familie ↑ *Pyronemataceae* (Ord. ↑ *Pezizales*, Kl. ↑*Ascomycetes*) mit ca. 50 bryophilen Arten, die kleine rötliche ↑ Apothecien bilden. Hi

Ohrläppchenkrankheit ↑ Löffelkrankheit

Oidien ↑ Arthrosporen

Oidium: Gattung ↑ imperfekter Pilze (Fungi imperfecti) mit *O. monilioides* als Typusart. Der Name *O.* wurde früher für sehr unterschiedliche imperfekte Pilze verwendet. Heute ist *O.* ein nomen conservandum und wird auf die Anamorphen der ↑ *Erysiphales* (Echte Mehltaupilze) beschränkt. Oidium-Stadien besitzen die Gattungen der Unterfamilie *Erysiphoideae* innerhalb der *Erysiphaceae* (z. B. ↑ *Erysiphe*, *Microsphaera*, ↑ *Uncinula*, ↑ *Sphaerotheca*, *Podosphaera* u. a.). Das parasitisch lebende ↑ Myzel wächst oberflächlich, bildet ↑ Appressorien und ↑ Haustorien. Die Conidienträger entstehen als Seitenverzweigungen des Myzels und bestehen aus einer oder mehreren Zellen. Die basale Zelle wird als Fußzelle bezeichnet. Jeweils eine Zelle der Träger, die generative Zelle, behält ihre meristematische Fähigkeit bei und sorgt für die Produktion der ↑ Conidien, die auf Grund dieser Entstehungsweise Meristemarthrosporen genannt werden. Die Reifung der relativ großen Conidien erfolgt einzeln auf den Trägern (Pseudoidium-Typ) oder allmählich zum distalen Ende einer Conidienkette (Euoidium-Typ). Die Fußzellen der Träger können zylindrisch sein, sind manchmal gebogen, spiralig gedreht, keulig oder (bei *Blumeria graminis*) knollig angeschwollen. Die Arten der Gattung *Sawadaea* bilden Mikro- und Makroconidien. In den Conidien der Arten verschiedener Gattungen, z. B. *Sphaerotheca* oder *Podosphaera*, kommen lichtbrechende Zelleinschlüsse vor, die Fibrosinkörper genannt werden. B

Ökologie: Wissenschaftsrichtung der Biologie, die sich mit den Beziehungen der Organismen zur Umwelt beschäftigt. Je nachdem, ob Einzelorganismen, Populationen oder Lebensgemeinschaften im Mittelpunkt der Untersuchungen stehen, spricht man von Aut-, Populations- und Synökologie. Es ist auch üblich, die Ö. nach den untersuchten systematischen Gruppen zu gliedern; man spricht dann von Tier-, Pilz-, Bakterienökologie usw. Wenn in anderen Wissenschaftszweigen der Biologie ökologische Gesichtspunkte stärker in die Betrachtungen einbezogen werden, wird dies häufig durch die Vorsilbe Öko- oder das Adjektiv ökologisch ausgedrückt, z. B. bei der Ökophysiologie (↑ Physiologie), der ökologischen Biochemie, der ökologischen Mikrobiologie usw. Allgemeinsprachlich hat sich der Ökologie-Begriff besonders zur Bezeichnung von Zusammenhängen in den Mensch-Umwelt-Beziehungen entwickelt (ökologisches Gemüse, ökologische Forderungen usw.). D

ökologische Gruppen: Organismensippen, die nach ihrer Gemeinsamkeit im ökologischen Verhalten gruppiert sind. Unter „ökologischen Gruppen" bei Pilzen werden oft nach ihren Substraten geordnete Pilze, wie ↑ terrestrische (terricole), ↑ lignicole (xylophage), ↑ foliicole, ↑ herbaecole, ↑ bryophile, ↑ fimicole (↑ coprophile, semicoprophile), ↑ anthracophile (pyrophile), ↑ fungicole, ↑ lichenicole Pilze, verstanden. Solche Angaben können oftmals nicht die Grundtypen der Ernährungsweise (↑ Parasitismus, ↑ Symbionten, ↑ Saprophyten) beinhalten, die ein ebenfalls wichtiges Kriterium der Bildung ö. G. ist. Schwierig ist z. B. die Trennung von Saprophyten und ↑ Mykorrhizapilzen unter den terrestrischen Arten. Bei foliicolen Pilzen leben mitunter die ↑ Anamorphen parasitisch, während sich die ↑ Teleomorphen saprophytisch entwickeln. Ö. G. können nach ganz verschiedenen Gesichtspunkten gebildet werden. Es kann ein einziger ökologischer Faktor (z. B. xero-, meso-, hygrophile Arten) oder eine Kombination aus zwei oder mehreren Faktoren zur Gruppierung benutzt werden (thermophile Schwächeparasiten und Saprophyten von Eichenholz; kalkliebende Arten mesophiler Buchenwälder usw.). Die Auswahl der Gruppierungskriterien ist vom Zweck der Untersuchung abhängig. Zweckmäßig ist es oft, ö. G. in Verbindung mit geographischen Kriterien zu betrachten oder ökologisch-biogeographische Gruppen zu bilden (z. B. alpin-karpatische, demontane Fichtenholz-Saprophyten, boreal-montane Fichten-Mykorrhizapilze usw.). D

ökologische Mykofloristik: die Erfassung der Pilzflora ökologisch definierter Einheiten, z. B. der Pilzflora bestimmter Pflanzengesellschaften, spezieller Habitate, wie Strohmieten, Brandstellen, Misthaufen. Die ö. M. ist eine ökologische Arbeitsrichtung, die sich der Methodik der ↑ Pilzfloristik bedient und in der Regel aut- und synökologische Ergebnisse (autökologische Aussagen zu den Pilzen, synökologische Aussagen zum Biotop) bzw. Aussagen über ↑ Mykocoenosen ermöglicht. Besonders häufig wird die ö. M. in definierten Pflanzengesellschaften betrieben. Sie wird dann als ↑ phytocoenologische Mykofloristik bezeichnet. D

Oktett-Stadium ↑ *Ceratiomyxales*

Ölhyphen ↑ Hyphensystem, ↑ gloeoplere Hyphen

Olivetol ↑ Olivetorsäure

Olivetorsäure: ↑ Flechtenstoff; stellt chemisch ein ↑ Depsid vom Orcintypus

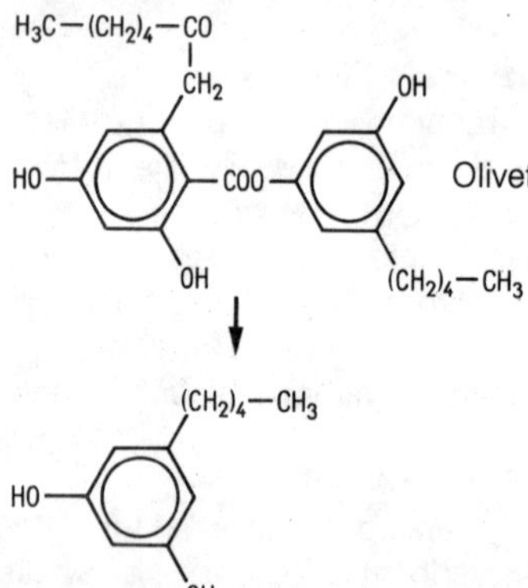

Olivetorsäure

Olivetol

dar. O. wurde z. B. in einem Chemotyp von ↑ *Pseudevernia furfuracea* gefunden. Sie kann zu Olivetol abgebaut werden, das als Ausgangsprodukt für die

Synthese der wirksamen Komponente im Haschisch geeignet ist. Sto

Öltropfen (Guttulae): Bezeichnung für stark lichtbrechende, kugelige Einschlüsse in den ↑ Sporen mancher ↑ imperfekter Pilze, ↑ *Ascomycetes* und ↑ *Basidiomycetes*. Die Lipid- bzw. Fettnatur der Ö. ist erst für wenige Sippen nachgewiesen. Das Vorkommen der Ö. hat in manchen Verwandtschaftskreisen taxonomische Bedeutung. ↑ Abb. Ascosporen Hi

Onychomykosen: Pilzinfektionen der Zehen- oder Fingernägel des Menschen. Bedingt durch die mikroklimatischen Verhältnisse im Fußbereich, werden Zehennägel häufiger befallen als Fingernägel. Öfters sind auch an Nägel grenzende Hautareale mehr oder weniger großflächig infiziert. Als Erreger findet man verschiedene ↑ Dermatophyten, ↑ Sproß- und ↑ Schimmelpilze. Erreger von O. entfalten keratinolytische Aktivitäten und führen deshalb zur Zerstörung der Struktur der Nägel, die sich infolgedessen weiß bis gelb verfärben, Längsstreifung zeigen und brüchig werden. Gelegentlich kommt es zu einer Hyperkeratose. Die Infektion setzt gewöhnlich an den Nagelrändern ein. Behandelt werden die O. mittels erregerbezogener lokaler oder systemischer Anwendung von ↑ Antimykotika. Stark geschädigte und deformierte Nägel werden chirurgisch entfernt. V

Onygena: Gattung der Ordnung ↑ *Gymnoascales* (Kl. ↑ *Ascomycetes*) mit ca. 6 Arten, nordhemisphärisch-temperater Verbreitung. Die *O.*-Arten bilden relativ große, gestielte ↑ Cleistothecien, die auf keratinhaltigen Sonderstandorten wie Hufen, Hörnern, Schneckenhäusern oder Gewöllen wachsen. Hi

Oocyste: eine ↑ Gonitocyste, in der mehrere Eizellen gebildet werden. ↑ Oogonium, ↑ Abb. Befruchtung D

Oogamie ↑ Befruchtung

Oogoniogamie ↑ Befruchtung

Oogonium: eine ↑ Gonitocyste, in der eine einzige Eizelle (eine Oosphaere) gebildet wird. Der Begriff wird in weiterem Sinne für alle Zellen benutzt, in denen Eizellen entstehen. ↑ Oocyste, ↑ Abb. Befruchtung D

Oomycetes: Klasse der Abteilung ↑ *Oomycota*. Die O. sind durch heterokonte Schwärmer mit dorsiventralem Bau charakterisiert. Die ↑ Geißeln sind seitlich oder apikal inseriert. Es kommen je eine Flimmer- und eine Peitschengeißel vor (↑ Begeißelung). Die Schwärmer sind stets Zoosporen. Spermatozoide werden nicht gebildet.

Die *O.* bilden unseptierte oder durch Propfen unecht septierte Myzelien. Soweit der ↑ Entwicklungszyklus untersucht wurde, handelt es sich um ↑ Diplonten mit gametischem Kernphasenwechsel. Die ↑ Befruchtung geschieht durch Eizellen, die in ↑ Oocysten oder Oogonien gebildet werden, und durch Androgamocysten (Cystogametogamie). Im Ergebnis entstehen diploide Hypnozygoten („Oosporen"), die unter Mitose keimen. Bei den ursprünglichen Gruppen ist die ungeschlechtliche Fortpflanzung durch Zoosporen mit ↑ Diplanie verbunden, wobei apikal und pleural begeißelte Schwärmer auftreten. Die Zoosporen entstehen in Sporocysten (↑ Gonitocysten), die sich bei landbewohnenden Arten bis zu ↑ Cystoconidien („Angioconidien") umwandeln können.

Es gibt homo- und heterothallische Arten unter den ↑ *O.* Die heterothallischen können morphologisch verschieden sein (morphologische Diözie, ↑ Fortpflanzungssysteme). Die *O.* werden gewöhnlich in die Ordnungen ↑ *Saprolegniales*, ↑ *Leptomitales*, ↑ *Lagenidiales* und ↑ *Peronosporales* gegliedert. Die verwandtschaftlichen Beziehungen der *O.* sind nicht klar. Sie werden z. T. als

Klasse der Algenabteilung *Chromophyta* (*Chrysophyta)* angesehen, als isolierte Abteilung behandelt oder mit den ↑ *Labyrinthulomycetes* und ↑ *Hyphochytridiomycetes* in einer Abteilung vereint. In vielen ↑ Pilzsystemen werden die *O.* als Klasse der Unterabteilung „*Mastigomycotina*" behandelt. ↑ Algenpilze D

Oomycota: Abteilung wahrscheinlich algenverwandter ↑ Pilze. Die isolierte Stellung der Klasse ↑ *Oomycetes* bewog die Systematiker, diese Pilze auf der Rangstufe einer Abteilung zu führen. Die *Oomycetes* werden in anderen ↑ Pilzsystemen mit den ↑ *Labyrinthulomycetes* und den ↑ *Hyphochytridiomycetes* in Verbindung gebracht und zur Abteilung *O.* zusammengefaßt. ↑ Vorsatz D

Oospore: aus einer befruchteten Eizelle hervorgegangene Zygote, die als Überdauerungs- und Verbreitungseinheit fungiert. Da Zygoten von der Definition der ↑ Sporen ausgeschlossen werden, sollte der Begriff O. vermieden werden. Die Bezeichnung ↑ Hypnozygote bringt Herkunft und Funktion besser zum Ausdruck. D

Oosporeïn: ↑ Mykotoxin, ein Benzochinon aus Arten der Gattungen *Penicillium*, *Oospora*, *Chaetomium*, *Acremonium* und *Beauveria*. O. ist ein Wachstumshemmer, phytotoxisch und

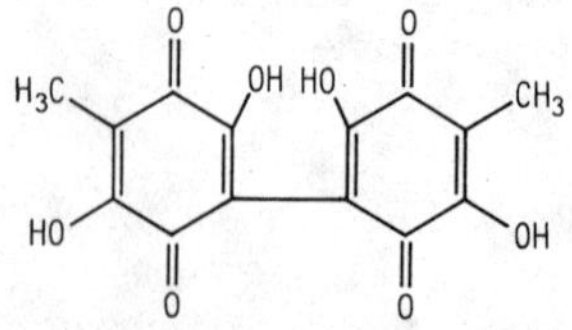

Oosporeïn

besonders gegen Geflügel wirksam (LD_{50} = 6 mg/kg eintägige Küken). M

operculater Ascus ↑ Ascus, ↑ Operculum

Operculum (Pl. Opercula): Deckel eines Behälters. In der Mykologie werden besonders die Deckel einiger ↑ Asci (operculate Asci), aber auch die einiger anderer Gonitocysten als O. bezeichnet. So sind die Asci der ↑ *Pezizales* und die Sporocysten mancher *Blastocladiales* (Abt. ↑ *Chytridiomycota*) operculat. Die O. sind runde Klappen am Apex der Zellen, die durch eine präformierte Dehiszenzlinie zu erkennen sind. Sie öffnen sich bei Reife und entlassen die Gonite (Ascosporen, Zoosporen usw.). ↑ Abb. Ascus 2, 4, ↑ Apikalapparat Hi/D

Orcein ↑ Orseille

Orcin: farblose, aromatische Verbindung; stellt chemisch ein 5-Methylresorcin bzw. 5-Methyl-1,3-dihydroxybenzol dar. O. bildet sich beim Abbau der Orsellinsäuredepside und stellt somit das wichtigste Bindeglied bzw. Ausgangssubstanz für die Herstellung des ↑ Orseille- und ↑ Lackmusfarbstoffes dar.

O. findet außerdem Verwendung als Reagens auf Pentosen und Lignin. Es wurde bereits 1829 von Robiquet als erster ↑ Flechtenstoff aus *Pertusaria dealbata* und *Roccella*-Arten in kristalliner Form isoliert. ↑ Orseille Sto

Ordnung: systematische Kategorie von hoher ↑ Rangstufe zwischen ↑ Klasse und ↑ Familie. Beim gegenwärtigen Stand der Pilzsystematik sind die O. oft die wichtigste (untere) Ebene dataillierter Übersichtsdarstellungen, z. B. in Lehrbüchern. Sie stellen in vielen Fällen gut charakterisierte natürliche Gruppen dar. Nach den Empfehlungen des ↑ ICBN werden die wissenschaftlichen Namen der Ordnungen mit der Endung *-ales* versehen. Die wichtigsten Ordnungen pilzlicher Organismen sind als Stichwörter aufgenommen und über die Klassen (↑ Pilzsystem, Tab. 1) zu erschließen. D

Orellanin: toxische Substanz der ↑ *Cortinarius*-Gifte, die zusammen mit dem ungiftigen Orellin in den Fruchtkörpern von Schleierlingen (*Cortinarius*

spec.) vorkommt. O. gehört zu den Bipyridinen und verursacht Nierenschäden. ↑ *Cortinarius*-Gifte M

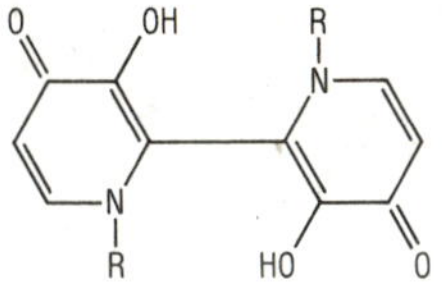

Orellin ↑ Orellanin

Organell (Pl. Organellen): Kompartiment der eukaryotischen Zelle bzw. des Protoplasmas. Neben den Zellkernen kommen membranumgebene Kompartimente im Cytoplasma, die cytoplasmatischen O., vor. Dazu zählen die ↑ Mitochondrien, das ↑ Endoplasmatische Reticulum, ↑ Ribosomen, ↑ Dictyosomen, ↑ Lomasomen, ↑ Vacuolen. Allen Pilzen fehlen die für die grünen Pflanzen typischen Plastiden (Leucoplasten, Chloroplasten usw.). Sch/D

Ornament (Sporenornament): auf die Sporenwand aufgelagerte distinkte Skulpturen. Form und mitunter auch der Chemismus der O. können zur Beurteilung verwandtschaftlicher Beziehungen wichtig sein; z. B. sind die O. der Basidiosporen der ↑ *Russulales* mit Jodreagenzien anfärbbar, die O. der ↑ Ascosporen vieler ↑ *Pezizales* mit Baumwollblau.

Eine allgemein anerkannte Terminologie der Sporenornamente existiert nicht. In Anlehnung an Begriffe aus der Palynologie (Pollenmorphologie) ist folgende Klassifizierung möglich:

granulates O.: Elemente isodiametrisch, sehr fein, nicht zusammenfließend, nur bei starker Vergrößerung lichtmikroskopisch sichtbar.

amoeboides O.: sehr kleine Elemente fließen zu größeren, unregelmäßigen Komplexen zusammen.

verrucates O.: Elemente etwa isodia-

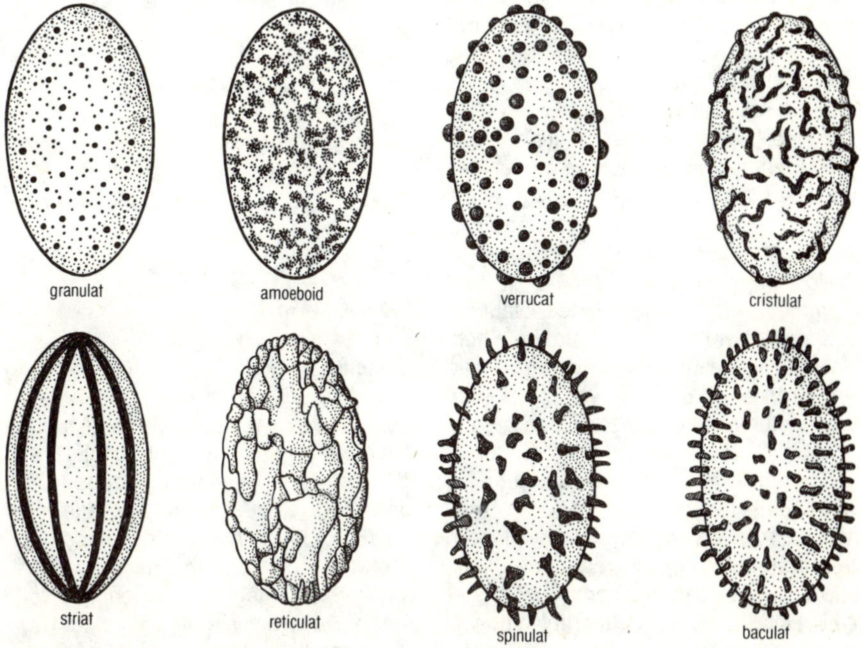

Ornamente verschiedener Ascosporen

metrisch, grob, nicht zusammenfließend, gerundet.
cristulates O.: Elemente langgestreckt, meist gebogen, geschlängelt oder in Aufsicht mehrfach geknickt, jedoch nicht vernetzt.
striates O.: Elemente bestehen aus etwa parallelen, längs oder quer verlaufenden Graten oder Rippen, die nicht untereinander vernetzt sind.
reticulates O.: Elemente verlängert, netzig miteinander verbunden.
spinulates O.: Elemente an der Basis etwa isodiametrisch, konisch zugespitzt.
baculates O.: Elemente an der Basis mehr oder weniger isodiametrisch, zylindrisch und oben stumpf.
Übergänge zwischen den beschriebenen Typen kommen vor, z. B. zwischen verrucatem und cristulatem, zwischen cristulatem und reticulatem, zwischen spinulatem und baculatem O. Selten kommt es auch zu ornamentartigen Bildungen durch Vertiefungen in der Sporenwand, nicht durch Auflagerungen, z. B. bei manchen ↑ *Ascobolus*-Arten. Abb., ↑ Abb. Ascosporen. Hi

Orseille (Archil, Cudbear, Persio, Pourpre Francaise): Handelsname für ein aus Flechten (↑ Lichenes), vor allem verschiedenen Arten der Gattung *Roccella*, aber auch *Pertusaria corallina*, *Umbilicaria pustulata*, *Lecanora*- und *Variolaria*-Arten, gewonnenes bläulichrotes bis violettes Farbstoffgemisch, das im Mittelalter vor allem zum Färben von Wolle und Seide verwendet wurde. Es entstehen warme, tiefe Farbtöne, die jedoch wenig lichtbeständig sind. Heute hat O. nur noch Bedeutung als Lebensmittelfarbstoff und in der Mikroskopie zur Färbung elastischer Fasern in histologischen Präparaten. Die eigentlich färbende Komponente ist das Orcein, das durch Chromatographie in 14 stickstoffhaltige Farbstoffe von rotoranger, roter, rotvioletter, tiefvioletter bis rotbrauner Farbe getrennt werden kann; gelegentlich treten zusätzlich noch 2 gelbbraune stickstofffreie Verbindungen auf. Orcein bildet sich aus in den Flechten enthaltener ↑ Orsellinsäure, ihren ↑ Depsiden und Derivaten, die durch Decarboxylierung zunächst zu farblosem ↑ Orcin abgebaut und durch Einwirkung von Luftsauerstoff und Ammoniak (früher wurde in den Färbereien dazu häufig Urin benutzt) zu Orcein oxidiert werden. Sto

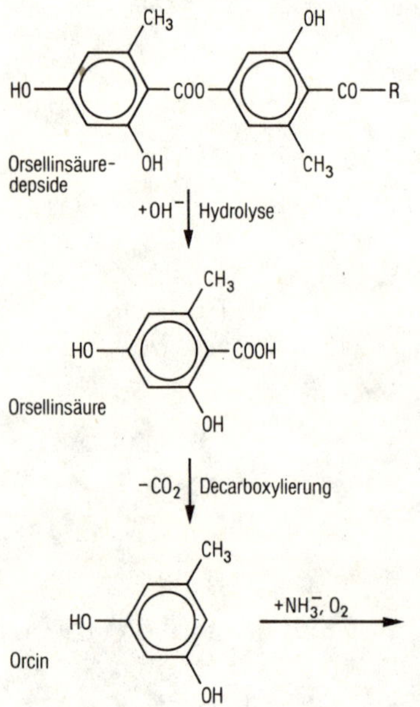

Orseille

Orsellinsäure: in Flechten (↑ Lichenes) weit verbreitete, aromatische Verbindung, die als Ausgangsprodukt zahlreicher weiterer ↑ Flechtenstoffe, wie ↑ Depside, ↑ Depsidone, Depsone, Dibenzofurane u. a., deren Palette sich durch Chlorierung, Methylierung, Hydroxylierung, Oxidation usw. noch wesentlich erweitert, eine wichtige Rolle spielt. Decarboxylierung führt zu ↑ Orcin, das durch Luftoxidation in ammoniakalischem Milieu in Orcein (↑ Orseille) und bei gleichzeitiger Zugabe von Pottasche, Kalk und Gips in ↑ Lackmus überführt werden kann. ↑ Orseille Sto

osmophile Pilze: bevorzugt in konzentrierten Zuckerlösungen mit hohen osmotischen Werten lebende Pilze. Sie leben z.B. in Honig, Sirup, Konfitüre usw. Neben ↑ Hefen wie ↑ *Saccharomyces rouxii, S. bisporus, Hansenula anomala* u. a. können auch ↑ *Aspergillus*- und *Penicillium*-Arten osmophil auftreten. O. P. spielen als Lagerschädlinge von Süßwaren (Schokolade, Pralinen, Marzipan), Süßgetränken und Marmelade eine bedeutende Rolle. Str

ostasiatische Nahrungsmittel: durch Pilzfermentation gewonnene, speziell in Ostasien, vor allem in Japan und China, zubereitete Nahrungsmittel. Dabei werden pflanzliche Erzeugnisse von Pilzen durchwachsen und überzogen, und man erhält mit Eiweiß und verschiedenen Geschmacksstoffen angereicherte Nahrungsmittel. Der zentrale Prozeß ist die Herstellung von Koji, d. h. die Fermentation des Pflanzenmaterials durch verschiedene ↑ *Aspergillus*-Arten (*A. oryzae, A. soyae*). Die bekanntesten Produkte sind Sojasoße (Shoyu), Miso, Natto, Sufu und Tempeh. Sojasoße ist inzwischen auch in anderen Ländern begehrt. Zur Herstellung wird eine Mischung aus Sojabohnen und Weizen mit *Aspergillus soyae* oder *A. oryzae* zum Koji fermentiert. Nach Zugabe von Salz und Wasser folgt eine 8–12 Monate dauernde Gärung mit Bakterien und ↑ Hefen; Milchsäure und ↑ Ethanol reichern sich an. Nach dem Abpressen kann die fertige Sojasoße abgefüllt werden. Der Rückstand wird verfüttert. Miso (Japan) wird aus poliertem Reis und Sojabohnen mit *Aspergillus oryzae* hergestellt. Bei Natto (Japan) werden ganze Sojabohnen mit *Aspergillus oryzae* fermentiert. Sufu (China) ist weich und käseähnlich und entsteht bei der Behandlung von Sojabohnenteig mit verschiedenen Pilzen, vor allem *Actinomucor elegans* und *Mucor*-Arten. Tempeh (Indonesien) gibt es in verschiedenen Varianten. Ein Knetteig aus Sojabohnen, Erdnüssen oder Kokosnüssen wird mit *Rhizopus*-Arten fermentiert. Str

Ostiolum: scheitelständiger, enger Porus der Wandung von ↑ Perithecien und Pycnidien. Die Innenwand unterhalb des O. ist häufig mit ↑ Periphysen ausgekleidet. Das O. sitzt häufig auf einer schnabelartigen Verlängerung der Wand, dem ↑ Rostrum. ↑ Abb. Perithecium, ↑ Abb. Pycnidium. Hi

Ostropales: Ordnung der Unterklasse *Euascomycetidae*, die neben ↑ Krustenflechten auch einige lichenicole und nichtlichenisierte Pilze umfaßt. Als Fruchtkörper treten ↑ Apothecien auf. Die ↑ Asci sind unitunicat mit apikal verdickter Wand; sie enthalten 1 bis 8 farblose oder braune, quer- bis mauerförmig geteilte, amyloide Ascosporen. Sto

Otomykosen: Pilzinfektionen (↑ Mykosen), die im Bereich der Ohren lokalisiert sind. Man unterscheidet Mykosen des äußeren Gehörganges und solche, die den Mittelohrbereich und angrenzende Gebiete betreffen. Als Erreger findet man ↑ Sproßpilze, z. B. *Candida albicans* und *C. parapsilosis*, vor allem aber ↑ imperfekte Pilze der Gattung ↑ *Aspergillus*. Für Mittelohrentzündung ist ein breites Spektrum an ↑ *Aspergillus*-Arten verantwortlich. Am häufigsten wird *A. fumigatus* isoliert. Des weiteren wies man *A. flavus, A. ornatus, A. terreus* und *A. niger* nach. Letztgenannte Art ruft bevorzugt Gehörgangmykosen hervor.

In wenigen Fällen identifizierte man als Erreger ↑ *Mucor*- und ↑ *Alternaria*-Arten. Es gibt in Hinblick auf das Erregerspektrum regionale Unterschiede, die u. a. vom Klima abhängig sind. Pilzinfektionen im Mittelohrbereich sind nicht selten Mischinfektionen mit bakterieller Beteiligung. Gehörgangmykosen wird Vorschub geleistet, wenn der Gehörgang stark verschmutzt ist und sich die Erreger zunächst als Saprophyten ansiedeln können. Danach dringen deren ↑ Hyphen unter Umständen in die Haut und darunter liegende Gewebe vor. Das Wachstum imperfekter Pilze auf den Häuten und Schleimhäuten des Ohrbereiches kann so massiv sein, daß sogar sporulierende Pilzrasen entstehen. V

Oudemans, Corneille Antoine Jean Abraham: niederländischer Arzt und Botaniker (1825–1906). O. studierte in Leiden Medizin und promovierte 1847 zum Dr. med. In Rotterdam ließ er sich als Arzt nieder und wurde außerdem Lektor für Botanik an der klinischen Schule. 1859 ernannte man ihn zum Professor der Botanik am Athenaeum illustre in Amsterdam, ab 1877 war er erster Rektor der neu eingerichteten Amsterdamer Universität und Professor für Botanik und Pharmakognosie. O. war Wegbereiter der modernen Mykologie in den Niederlanden. Eine Reihe von mykologischen Beiträgen, die zwischen 1873 und 1903 erschienen, faßte er in „Catalogue raisonné des champignons des Pays-Bas" (1904) zusammen. 1902 publizierte O. „Prodrome d'une flore mycologique". H

Oxalose: als Folge einer ↑ Aspergillose auftretende Ablagerung von Oxalsäure-Kristallen im befallenen Gewebe des ↑ Wirtes. Zu ausgeprägter Oxalsäure-Ausscheidung ist z. B. *Aspergillus niger* befähigt. V

P

Paarungstyp: Genotypisch kontrollierte Fähigkeit von Organismen einer Art zur Paarung (↑ Fortpflanzungssysteme). Bei einigen Pilzen (z. B. ↑ *Neurospora crassa*) sind nur Stämme unterschiedlichen P. miteinander fertil. P. werden bei verschiedenen Species mit unterschiedlichen Symbolen gekennzeichnet (*Neurospora*: A und a; *Saccharomyces*: a und α; *Schizosaccharomyces*: + und −; *Ustilago*: a_1 und a_2). Sch

Palisadenplectenchym ↑ Plectenchym

Palisadoderm: eine ↑ Huthaut, die aus palisadenartig nebeneinanderstehenden dicht gedrängten keulig verdickten sterilen Zellen aufgebaut ist. Im Gegensatz zum ↑ Hymenoderm sind die Huthautzellen aber nicht in einer Ebene inseriert, so daß ein P. nicht wie ein ↑ Hymenium aus sterilen Zellen wirkt. D

Panaeolus (Düngerlinge): Gattung der Ordnung ↑ *Agaricales* (Kl. *Basidiomycetes*), die saprophytische, mist- oder bodenbewohnende, terrestrische, nitrophile Pilze umfaßt. Die Fruchtkörper sind mittelgroße, zentral gestielte Blätterpilze mit jung ovalem Hut, der zunächst den Stil fast vollkommen einschließt. Die Gattung *P.* gehört zu den *Coprinaceae* (Tintlingsartige Pilze); sie haben dunkles, meist schwarzes Sporenpulver; die Lamellen zerfließen bei Fruchtkörperreife nicht. Die Sporen sind glatt, stets mit Keimporus versehen und reifen ungleichmäßig, so daß die Lamellen reifender Fruchtkörper fleckig aussehen. Die ↑ Fruchtkörperentwicklung ist meist hemiangiocarp, selten gymnocarp. Ein ↑ Velum ist bei reifen Fruchtkörpern manchmal nachweisbar.

In Europa kommen ca. 15 *P.*-Arten vor, unter ihnen *P. sphinctrinus*, der Glokkendüngerling, eine häufige, semicoprophile Art. *P. fimiputris* (*Anellaria semiovata*), der Ringdüngerling (Taf. 36/3), ist in Süd- und Osteuropa allgemein verbreitet, während er in Mitteleuropa seltener wird. Er wächst direkt auf Mist pflanzenfressender Säugetiere. D

Panamakrankheit: durch ↑ *Fusarium oxysporum* (f.sp. *cubense*) hervorgerufene Welkekrankheit der Bananenstauden (Bananenwelke). B

Pannarsäure: ↑ Flechtenstoff, der chemisch zu den Dibenzofuranen gehört und vermutlich durch oxidative Kondensation aus ↑ Orsellinsäure entsteht. P. wurde z. B. aus *Lepraria membranacea* isoliert. Sto

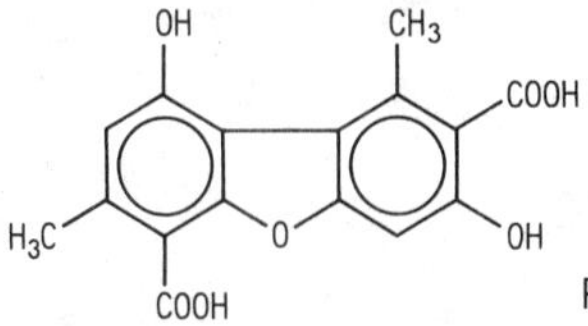

Pannarsäure

Pantherin ↑ Ibotensäure

Pantherpilz ↑ *Amanita*, ↑ Pantherpilzgifte; Taf. 30/6

Pantherpilzgifte: ↑ Ibotensäure, ↑ Muscimol und ↑ Muscazon, die auch die Wirkstoffe der ↑ Fliegenpilzgifte darstellen. Die Gifte aus dem Pantherpilz (*Amanita pantherina*) verursachen im allgemeinen einen schwereren Krankheitsverlauf als die Gifte aus dem Fliegenpilz (↑ Fliegenpilzgifte). Möglicherweise kommen in den Pilzfruchtkörpern des Pantherpilzes weitere, bisher unbekannte Giftstoffe vor. M

Paprikaspalter-Lunge: bei der Bearbeitung von Paprikafrüchten schlechter Qualität auftretende allergische Erkrankung, die durch eingeatmete Sporen von ↑ *Rhizopus* und ↑ *Penicillium*-Arten erregt wird. Die Symptome sind Ermüdungserscheinungen, Appetitlosigkeit, Kopfschmerzen, Gewichtsverlust und Atemnot. ↑ Farmerlunge D

Paracapillitium ↑ Capillitium

Paracelsus ↑ Signaturenlehre

Paracoccidioidose ↑ Südamerikanische Blastomykose

Paraphysen: **1.** sterile Zellen der ↑ Haplophase in den ↑ Hymenien vieler ↑ *Ascomycetes,* besonders der ↑ Discomyceten. Die P. wachsen von unten nach oben, sind also nur unten angeheftet und enden oben frei (↑ Hamathecium). Die P. der meisten Discomyceten bilden eine geschlossene palisadenartige Schicht, in die die ↑ Asci von unten nach oben hineinwachsen. Es wird ihnen deshalb eine Schutzfunktion für die unreifen Asci zugesprochen. Die P. sind meist dünnwandig, fadenförmig-zylindrisch, septiert, unverzweigt oder verzweigt, oben oft keulig erweitert, gerade oder gebogen. Sie enthalten fast immer Pigmente, die für die Färbung der ↑ Apothecien verantwortlich sind. Die Apices (↑ Apex) scheiden vielfach Exkrete aus. Mitunter bilden die Enden ein ↑ Epithecium.

2. Bezeichnung für sterile, keulige, dickwandige Zellen (Hyphenenden) in den Uredien und Telien (Uredo- und Teleutosporenlager) mancher Rostpilze. (↑ *Uredinales*) Hi

Paraphysoide: Elemente des ↑ Hamatheciums bei wenigen Ascomyceten, die dadurch gekennzeichnet sind, daß sich ursprünglich vorhandenes Gewebe im ↑ Zentrum streckt und zu ↑ Paraphysen ähnlichen Zellen entwickelt, die oben und unten angeheftet sind und anastomosieren. Sie sind sehr schmal und nur mit wenigen ↑ Septen versehen, wodurch sie sich von ↑ Pseudoparaphysen unterscheiden lassen. Hi

Paraplectenchym ↑ Plectenchym

parasexueller Zyklus: Entwicklungsgang mancher Pilze, besonders einiger ↑ imperfekter Pilze, z. B. *Aspergillus niger,* bei dem ohne Sexualvorgang (ohne Befruchtung, ohne ↑ Meiosen) genetische ↑ Variabilität im Verlauf der vegetativen Phase entsteht. Damit können auch diese Arten sich an veränderte Umweltbedingungen anpassen. Drei Prozesse sind während des p. Z. an der Entstehung neuer ↑ Genotypen beteiligt:

1. Spontane Diploidisierung. Mit einer Frequenz von ca. 10^{-6} kommt es in Myzelien zu Fusionen jeweils zweier haploider Zellkerne. Haben diese Zellkerne eine unterschiedliche genetische Konstitution, so ist der gebildete diploide Kern heterozygot (heteroallel) für bestimmte Gene (Abb.).

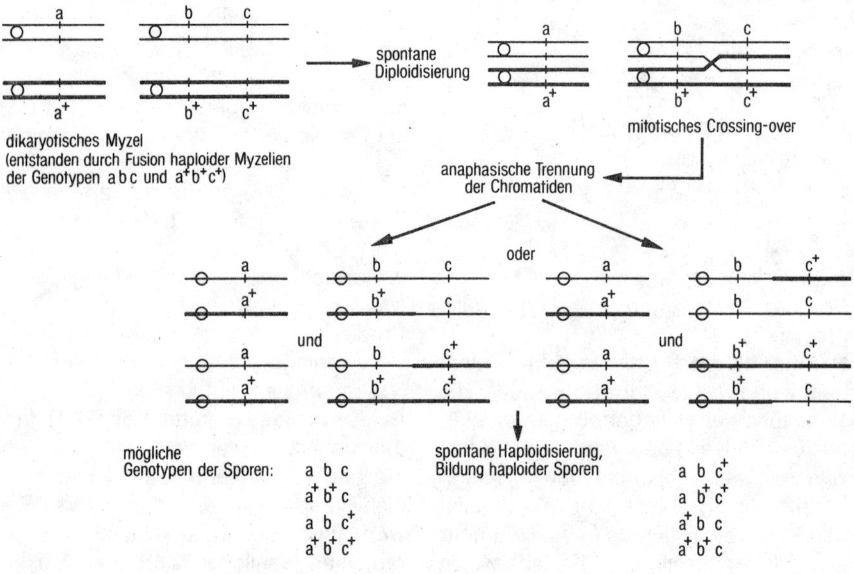

parasexueller Zyklus bei imperfekten Pilzen

2. Mitotisches Crossing-over. Während der ↑ Mitose des diploiden Kernes kann es zu einer intrachromosomalen Rekombination zwischen den Chromatiden homologer ↑ Chromosomen kommen (Abb.). Dadurch entstehen erblich unterschiedliche Kerne.

3. Spontane Haploidisierung. Durch den schrittweisen Verlust von Chromosomen (im Verlaufe einer Reihe von Zellteilungen) entstehen mit einer Frequenz von ca. 10^{-3} aus den spontan diploidisierten Kernen wieder haploide Kerne. An den haploidisierten Myzelien werden haploide Sporen (Mitosporen) gebildet. Die Analyse der aus diesen Sporen auswachsenden Myzelien zeigt, daß im Verlauf des p.Z. im Vergleich zu den Elternmyzelien neue Genotypen entstanden sind (Abb.); (a) durch intrachromosomale Rekombination zwischen den auf homologen Chromosomen liegenden Genen b und c auf Grund mitotischer Crossing-overs; (b) zwischen den Genen a und b bzw. a und c auf Grund der freien Rekombination zwischen Genen, die auf unterschiedlichen Chromosomen liegen. Sch

parasitische Pilze ↑ Parasitismus

Parasitismus: ökologische Strategie bestimmter Organismen (Parasiten), die zeitweilig oder dauernd mit anderen lebenden Organismen (Wirte) direkte räumliche und ernährungsphysiologische Beziehungen eingehen, wobei die

Parasiten zum eigenen, einseitigen Vorteil, auf Kosten des Wirtes, an diesem System teilhaben.
Der jeweilige Grad der parasitischen Wechselbeziehungen kann sehr unterschiedlich sein. Entsprechend gibt es verschiedene Untergliederungsmöglichkeiten des P.:
1. Obligater P. ist die einseitige ökophysiologische Abhängigkeit eines Organismus (Parasit) von einem andersartigen, lebenden, meist größeren Wirt, aus oder durch dessen Körper (= auf dessen Kosten, zu dessen Lasten) lebensnotwendige Bedürfnisse befriedigt werden und der dabei im Normalfall nicht abgetötet wird. Obligate Parasiten können ihren Entwicklungszyklus ohne den Wirt nicht realisieren.
2. Fakultativer P. ist die Fähigkeit eines Organismus, sowohl saprophytisch als auch parasitisch leben zu können. Oft sind solche sonst saprophytischen Organismen, die manchmal auch als Saproparasiten bezeichnet werden, nur unter besonderen ökologischen Bedingungen in der Lage, zum P. überzugehen.
Eine weiter abgestufte Einteilung parasitischer Organismen unterscheidet folgende Gruppen (nach Luttrell):
1. Perthophyten befallen lebende Zellen, aber bringen sie erst zum Absterben, ehe sie zur Nahrungsgewinnung genutzt werden (perthotrophe Ernährung). Für diese Gruppe wird manchmal auch die Bezeichnung Nekroparasiten verwendet.
2. Hemibiotrophe Parasiten befallen lebende Zellen, ernähren sich einige Zeit parasitisch, bis schließlich die Zellen absterben. Die Weiterentwicklung des hemibiotrophen Parasiten bis zur Sporulation bzw. Fruktifikation erfolgt auf Grundlage der toten Substanz.
3. Metabiotrophe Parasiten absolvieren eine bedeutende Phase ihrer Entwicklung parasitisch auf der Grundlage lebender Zellen. Der vollständige Lebenszyklus bis zur Sporulation kann nur auf lebendem Gewebe abgeschlossen werden. Allerdings können sich diese Organismen oft auch gut in Kultur entwickeln, jedoch meist in der Sproßphase (hefeartig), die manchmal auch in der Natur auftritt. Hierher gehören z.B. die Brandpilze (↑ *Ustilaginales*) und die ↑ *Exobasidiales* und ↑ *Taphrinales*.
4. Holobiotrophe Parasiten sind dem Wirt völlig angepaßt und von ihm abhängig. Sie vollziehen ihren gesamten Entwicklungszyklus bis zur Sporulation bzw. Fruktifikation auf dem lebenden Wirt. Eine Entwicklung ohne die lebenden Zellen des Wirtsorganismus (z. B. in Kultur) ist nicht möglich. Hierher gehören z. B. die Rostpilze (↑ *Uredinales*), die Echten und die Falschen Mehltaupilze (↑ *Erysiphales*, ↑ *Peronosporales*) und die ↑ *Laboulbeniales*.
Die Bezeichnung biotroph charakterisiert allgemein die Lebensweise parasitischer Organismen, die sich direkt aus lebenden Zellen ernähren.
Eine Reihe weiterer Bezeichnungen bezieht sich auf bestimmte Teilaspekte des P.:
Blatt-, Blüten-, Frucht-, Wurzelparasiten u. a. rufen lokalisierte Befallsherde nur an den jeweils genannten Wirtsorganen hervor.
Ektoparasiten sind am Wirt äußerlich ansitzend.
Endoparasiten entwickeln sich völlig innerhalb des Wirtes.
Parasitoide sind Organismen, die im Verlauf einer Parasitose den Wirt allmählich abtöten.
Schwächeparasiten befallen nur geschwächte, vorgeschädigte Wirte.
Wundparasiten realisieren die ↑ Infektionen stets nur über Verletzungsstellen der Wirte.
Vom Standpunkt der Schädigung der Wirte aus gesehen, gibt es gleichfalls

eine weite Amplitude. Parasiten können einerseits keine oder nur undeutliche Symptome oder Schäden hervorrufen; andrerseits können sie pathogen (krankheitserregend) wirken und Parasitosen (durch Parasiten verursachte Krankheiten) erregen.
In fast allen größeren Verwandtschaftskreisen der Pilze gibt es Parasiten. Einige Gruppen umfassen ausschließlich parasitische Pilze, z. B. die Ordnungen ↑ *Peronosporales* (Falsche Mehltaupilze), ↑ *Erysiphales* (Echte Mehltaupilze), *Ustilaginales* (Brandpilze), ↑ *Uredinales* (Rostpilze), die Gattungen *Exobasidium* (↑ *Basidiomycetes*), *Taphrina* (↑ *Endomycetes*). Bei vielen Arten sind nur bestimmte Stadien im Entwicklungszyklus parasitisch (s. a. metabiotrophe Parasiten); z. B. leben bei manchen Ascomyceten nur deren Anamorphen parasitisch. Das Wirtsspektrum parasitischer Pilze kann sehr eng (z. B. auf eine einzige Art beschränkt) oder weit sein. Pilzliche Parasiten sind in allen größeren Gruppen lebender Organismen bekannt. ↑ Mykosen ↑ Phytopathologie, ↑ Flechtenparasiten B

Parasol ↑ *Macrolepiota*

Parasymbiose: Bezeichnung in der Lichenologie für eine Flechtenbildung (↑ Lichenisierung), bei der mehr als zwei Partner beteiligt sind. So können z. B. zwei oder drei ↑ Mykobionten mehr oder weniger gleichberechtigt mit einem ↑ Phycobionten zusammenleben, wobei meist ein Pilzpartner in Bezug auf den Aufbau der Thallusstruktur dominiert. Andererseits kann auch ein Mykobiont mit mehreren Phycobionten in Symbiose leben (↑ Cephalodien). Von der P. sind durch geringe Verschiebung des Gleichgewichts leicht Übergänge zum ↑ Parasitismus möglich (↑ Flechtenparasiten). Sto

Parathecium: schmale, plectenchymatische Schicht, die allein oder zusammen mit einer aus ihr hervorgehenden zweiten Schicht, dem Amphithecium, das Eigengehäuse (↑ Gehäuse) von ↑ Apothecien lichenisierter Pilze bildet. Das P. grenzt unmittelbar an das ↑ Hymenium und ↑ Subhymenium, besteht aus überwiegend parallel orientierten, senkrecht zur Fläche der Scheibe ausgerichteten Hyphen, an denen die stärker radial verlaufenden Hyphen des Amphitheciums entspringen. ↑ Abb. Apothecium 2 Sto/D

Paratypus: Pilzmaterial, z. B. ein herbarisierter Pilz, eine Aufsammlung und dergl., das außer dem ↑ Holotypus oder u. U. außer dem ↑ Isotypus (oder den Isotypen) im ↑ Protolog einer Originalbeschreibung, d. h. der Neubeschreibung einer Art oder einer infraspezifischen ↑ Sippe, zitiert wird. Ist kein Holotypus bezeichnet, wird es in der Regel auch keine Paratypen geben, da alle in der Originalbeschreibung zitierten Proben dann ↑ Syntypen sind. In den Fällen jedoch, in denen der Autor zwei oder mehr Belege als Typen bezeichnet hat, sind diese Syntypen, und alle anderen zitierten Proben P. D

Parenthosom: plasmatische Membran, die das ↑ Dolium eines ↑ Doliporus beidseitig (selten auch einseitig) haubenartig überdeckt. In manchen Verwandtschaftskreisen der ↑ *Basidiomycetes* kommen kontinuierliche P. vor (*Hirneola*-Gruppe der ↑ *Auriculariales*, ↑ *Dacryomycetales*, aber auch bei den ↑ *Hymenochaetales*); bei den meisten Gruppen der *Homobasidiomycetidae* sind sie mit Poren versehen (Taf. 1/ 1,2; 2/1), bei manchen ↑ *Tremellales* bestehen sie aus schalen- bis röhrenförmigen Elementen, bei vielen Verwandtschaftskreisen der ↑ *Heterobasidiomycetidae* fehlen sie ganz. Die P. werden vom ↑ Endoplasmatischen Reticulum gebildet. Gegenwärtig kommt der Ausbildung dieser submikroskopischen Struktur immer mehr hohe systematische Bedeutung zu. D/Sch

Parietin (Physcion): ↑ Flechtenstoff, der chemisch zu den ↑ Anthrachinonen zählt und intensiv gelborange gefärbt ist. P. ist das dominierende Pigment bei den *Teloschistaceae* (z. B. *Xanthoria, Fulgensia*), wurde aber auch bei *Stereocaulon* gefunden. Außer bei Flechten konnte P. aus *Aspergillus-* und *Penicillium*-Arten sowie einigen Blütenpflanzen isoliert werden. P. gibt mit KOH eine violette Farbreaktion, die bei der Flechtenbestimmung eine Rolle spielt. Sto

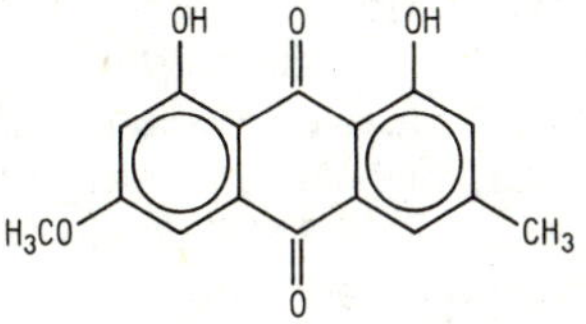

Parietin

Parmelia: artenreiche Gattung der Ordnung ↑ *Lecanorales*, die Flechten (↑ Lichenes) mit blättrigen, selten kleinstrauchigen, heteromer gebauten und beidseitig berindeten Thalli umfaßt. Zahlreiche Anhangsorgane, z. B. ↑ Fibrillen, ↑ Cilien, ↑ Rhizinen, sind für die Gliederung der Gattuhg von Bedeutung. Als ↑ Phycobionten treten Grünalgen auf. Die Fruchtkörper sind lecanorine, meist flächenständige, sitzende oder kurzgestielte ↑ Apothecien. Die ↑ Paraphysen haben Querwände und überragen mit kopfigen Endzellen die achtsporigen Asci. Meist sind sie apikal pigmentiert und/oder mit Kristallen inkrustiert, wodurch die Scheibe eine gelbe bis braune Farbe erhält. ↑ Pycnidien können rand- oder flächenständig, mitunter auch auf Isidien entwickelt sein. ↑ Isidien und ↑ Sorale treten häufig auf. Biochemisch ist die Gattung gut untersucht. Viele ↑ Flechtenstoffe wurden erstmals aus *P.*-Arten isoliert und dienen auch zur Gattungsgliederung. Die *P.*-Arten besiedeln Bäume als Epiphythen; selten leben sie auf Gestein. Sto

Pasmokrankheit: ↑ Blattfleckenkrankheit des Flachses, hervorgerufen durch *Mycosphaerella linorum* (Kl. ↑ *Ascomycetes*, Anamorphe: *Septoria linicola*). Der Pilz erzeugt auf den Blättern gelbbraune Flecken, während beim Befall an den Stengeln kurze dunkle Streifen entstehen. B

Paspalitreme: ↑ Mykotoxine der Gruppe ↑ Tremorgene, die von *Penicillium-* und *Aspergillus*-Arten gebildet werden und auch in *Claviceps-paspali*-Sclerotien gefunden wurden. Ein Beispiel ist Paspalitrem A, das Überempfindlichkeit und Muskelzittern (Tremor) bei Warmblütern verursacht. M

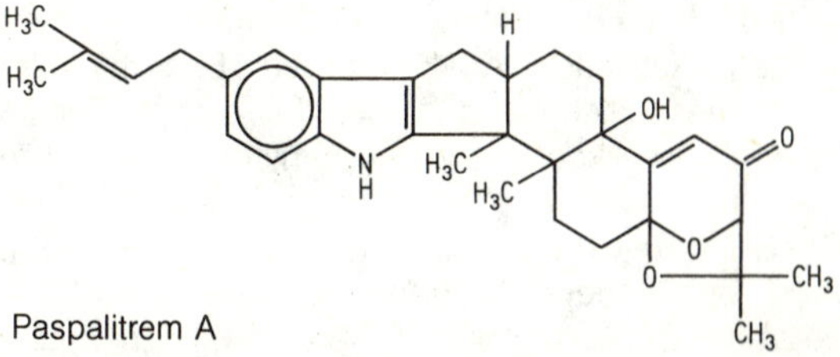

Paspalitrem A

Pasteur, Louis: französischer Chemiker und Mikrobiologe (1822–1895). Nach dem Abitur wurde P. ab 1840 an der Pariser École Normale Superieur zum Lehrer ausgebildet, wobei er sich besonders für Chemie und Physik interessierte. Nach seiner Promotion 1847 und kurzer Lehrertätigkeit in Dijon erhielt er 1849 eine Professur für Chemie an der Universität in Strasbourg. 1854 berief man ihn als Professor für Chemie nach Lille, von 1857–1867 war er Administrator und Direktor des wissenschaftlichen Studiums an der École Normale, von 1867–1874 Professor für Chemie an der Pariser Universität. 1885 gründete P. das Institut für Infektionskrankheiten in Paris.

P.s Verdienste betreffen unter anderem die Stereochemie, die Bakteriologie und die Gärungschemie. Er bewies, daß die Gärung eine physiologische Funktion von Hefen ist. Es gelang ihm, von spezifischen Mikroben der Milchsäure-, Buttersäure- und Essigsäuregärung Reinkulturen anzulegen. Seine Methoden der Isolierung von Gärungserregern waren Voraussetzung für die Entwicklung der gesamten Enzymchemie und Mikrobiologie. P. entwickelte die Methode des kurzzeitigen Erhitzens von Wein auf 50–60°C, wodurch das Wachstum unerwünschter Hefepilze gehemmt wird. Ihm gelangen Fortschritte bei der Immunisierung gegen die Erreger von Hühnercholera, Milzbrand und Tollwut. P.s Forschungen waren praxisbezogen; oftmals erhielt er Aufträge aus der Industrie und Landwirtschaft, die dann Gegenstand seiner wissenschaftlichen Arbeit wurden. Er schuf wesentliche Grundlagen für die gesamte technische und medizinische Mikrobiologie. H

Pasteur-Effekt: Hemmung der ↑ Gärung bei Sauerstoffgegenwart. Unter aeroben Bedingungen (↑ Aerobiose) schaltet die Hefe von Gärung auf Atmung um; bei der Atmung verbraucht sie für den gleichen Energiegewinn viel weniger Glukose als bei der Gärung, und es wird besseres Wachstum ermöglicht:

aerob: $C_6H_{12}O_6 + 6\,O_2 \rightarrow 6\,CO_2 + 6\,H_2O$ + 38 ATP/90 g Zellen.

anaerob: $C_6H_{12}O_6 \rightarrow 2\,C_2H_5OH + 2\,CO_2$ + 2 ATP/10 g Zellen. Str

Pasteurisation: nach ↑ Pasteur benanntes Verfahren zur Abtötung bzw. Hemmung der Lebenstätigkeit von Mikroorganismen durch kurzzeitiges Erhitzen auf Temperaturen unter 100°C: 30 min bei 62–65°C oder 20 sec bei 72–74°C oder 3–5 sec bei 85–87°C. Die P. wird vor allem in der Lebensmittelindustrie als Konservierungsmethode eingesetzt, z. B. für Milch, Fruchtsäfte usw. Str

Pathogene: Krankheitserreger; Viren, pro- oder eukaryotische Organismen, die an anderen Organismen Krankheiten verursachen. Parasiten (↑ Parasitismus) sind oft, aber nicht zwangsläufig P. B

pathogene Pilze: krankheitserregende Pilze. Sie leben als fakultative oder obligate Parasiten (↑ Parasitismus) an oder in lebenden Organismen und erregen als Phytoparasiten pilzliche Krankheiten an Pflanzen oder als Parasiten von Menschen und Tieren. ↑ Mykosen D

Patouillard, Narcisse, Théophile: französischer Pharmazeut und Mykologe (1854–1926). P. studierte an der École de Pharmacie in Paris. Ab 1901 war er Assistent am Muséum National d' Histoire Naturelle in Paris. Bei seinen mykologischen Studien legte P. besonderen Wert auf mikroskopische Details der pilzlichen Fruchtkörper, so in seinem Werk „Les hymenomycètes d'Europe" (1887), das sich mit der Anatomie und Klassifikation höherer Pilze beschäftigt. In weiteren Publikationen stehen u. a. die Pilze außereuropäischer Gebiete im Mittelpunkt. H

Patulin: ↑ Mykotoxin aus Pilzarten der

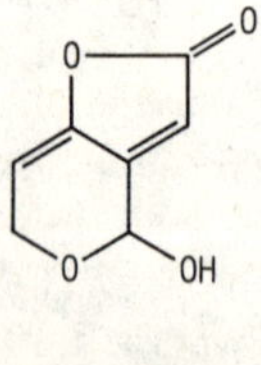

Patulin

Gattungen *Penicillium*, *Aspergillus* (*A. giganteus*, *terreus*, *clavatus*) und *Gymnoascus*. P. ist kanzerogen, wirksam gegen einige Protozoen, Pilze, Viren, Pflanzen, Säugetiere, tierische und menschliche Zellkulturen. Die Verbindung ist ein Kernteilungs-Hemmstoff. Durch infizierte Futtermittel, die P. enthielten, kam es zu Massenvergiftungen bei Rindern. Chemisch ist P. ein Hydroxypyrofuran. M

Paulet, Jean Jacques: französischer Arzt und Mykologe (1740–1826). Für die Mykologie ist sein Werk „Traité de champignons" (1793, 2 Bde.) von Bedeutung. Im ersten Band dieser Arbeit behandelt P. die Geschichte der Pilzkunde von ihren Anfängen im Altertum an; im zweiten Band gibt er eine kompilatorische, aber unkritische Übersicht über die Pilze, die er in 124 Familien einteilt. H

Paxillus (Kremplinge): ca. 15 Arten umfassende, weltweit verbreitete Gattung der Ordnung ↑ *Boletales* (Kl. ↑ *Basidiomycetes*). Die Fruchtkörper sind meist mittelgroße, zentral oder lateral gestielte ↑ Blätterpilze, deren Lamellen am Stiel herablaufen und deren Hutrand jung eingerollt ist. Ein ↑ Velum ist nicht ausgebildet. Mit den übrigen *Boletales* stimmen die *P.*-Arten unter anderem durch wichtige Inhaltsstoffe (Pulvinsäurederivate) überein. Es sind Mykorrhizapilze oder Saprophyten. Von den vier europäischen Arten ist *P. involutus*, der Kahle Krempling (Typusart, Taf. 39/1), besonders bekannt. Er wird mancherorts gegessen, ist aber roh stark giftig und sollte gemieden werden. *P. atrotomentosus*, der Samtfußkrempling (Taf. 39/2), ist ein ungenießbarer Holzzerstörer. D

Peck, Charles Horton: amerikanischer Botaniker (1833–1917). Zunächst wirkte P. als Hochschullehrer am Colligate Institute in Sandlake (USA), war von 1867–1883 am Staatlichen Kabinett für Naturgeschichte in New York tätig und arbeitete von 1883–1915 als „State Botanist" in New York. P. gilt als Wegbereiter der systematischen Mykologie in den USA. In seinen jährlichen „Reports ..." (1867–1915) brachte er u. a. Beschreibungen von neuen Arten und monographierte verschiedene Gattungen von Blätterpilzen; weiterhin publizierte er z. B. „United States species of Lycoperdon" (1879), „Boleti of the United States" (1889) und „The fungi of Alaska" (1904). H

pedicellate Sporen („gestielte" Sporen): ↑ Basidiosporen mancher ↑ Gasteromyceten, an denen das ↑ Sterigma als langes Anhängsel verbleibt, z. B. bei manchen ↑ *Bovista*-Arten. D

Pektinasen: pektinspaltende ↑ Enzyme, die industriell durch ↑ *Aspergillus niger, A. oryzae* und andere Pilze gewonnen werden. Sie werden z. B. zur Klärung von Wein und Fruchtsäften und zur Herstellung von Obst- und Gemüsepräparaten für Baby-Nahrung eingesetzt. Str

Pellets: Myzelkügelchen, die von vielen Pilzen in Submerskultur gebildet werden. Größe und Struktur der P. hängen von der Zusammensetzung des Nährmediums und von der Kulturmethode ab. Es gibt flockige und kompakte P. Bei technischen Verfahren, z. B. bei der Produktion von ↑ Zitronensäure wird die Bildung von P. industriell genutzt. Ein Vorteil liegt in der leichten Abtrennbarkeit der P. aus der Fermentationsflüssigkeit. Str

Peltigera: zur Flechtenfamilie *Peltigeraceae* (Ord. ↑ *Lecanorales*) gehörende Gattung mit großblättrigem, grau- bis blaugrünem bis bräunlichem, heteromer gebautem Thallus, der mit kräftigen ↑ Rhizinen bzw. -strängen im Substrat, meist Erde, verankert ist. Die Oberseite kann glatt und glänzend, fein behaart oder höckerig sein, ist berindet und oft mit ↑ Isidien oder ↑ Soralen besetzt. Die Unterseite ist unberindet, aber oft filzig und zeigt zusammenfließende Netzadern. Die relativ großen ↑ Apothecien entwickeln sich hemiangiocarp, randständig auf vorgezogenen, oft eingebogenen ↑ Loben. Die ↑ Asci (↑ Archaeascus) haben eine amyloide Ring- oder Kappenstruktur und bilden 8 farblose bis bräunliche, vier- bis achtzellige Sporen mit glatter oder warziger Wand. Als ↑ Phycobionten kommen *Coccomyxa* und *Nostoc* vor, letztere manchmal nur als Zweitsymbiont in ↑ Cephalodien. *P.*-Arten sind in Europa arktisch bis temperat verbreitet, aber allgemein stark im Rückgang begriffen. Die bekannteste Art ist *P. canina*, die Hundsflechte. Sto

Penicillin: Antibiotikum, chemisch eine Gruppe von ↑ Antibiotika, die zu den ↑ *β*-Lactam-Antibiotika gehört. P. wird von *Penicillium notatum* und anderen *Penicillium*-Arten, *Aspergillus*- und *Cephalosporium*-Arten gebildet. Für die Produktion werden Mutanten von *Penicillium chrysogenum* verwendet. P. wurde als erstes Antibiotikum 1928 von ↑ Fleming entdeckt und etwa 10 Jahre später von Florey und Chain isoliert. Es war auch das erste großtechnisch produzierte Antibiotikum und wurde bald zur „Königin der Medikamente". Auch heute noch steht es in der Therapie an erster Stelle wegen seiner Wirkungsbreite und guten Verträglichkeit. Die Weltjahresproduktion liegt bei nahezu 20000 t. P. greift in die bakterielle Zellwandsynthese ein und wirkt gegen grampositive (Staphylococcen, Pneumococcen), aber auch gramnegative Bakterien (Gonococcen, Meningococcen.) Es wird als Heilmittel gegen Blutvergiftung, Wundeiterungen, Lungenentzündung, Hirnhautentzündung, Diphtherie, Typhus und andere bakteriell verursachte Infektionen eingesetzt. Anfangs wurden die großen Heilerfolge gemindert durch das Auftreten resistenter pathogener Bakterienstämme. Auch die Säureempfindlichkeit und das enge Wirkungsspektrum begrenzten die Einsatzmöglichkeiten. Das konnte durch die Entwicklung neuer, halbsynthetischer P. überwunden werden. Es sind heute über 20000 verschiedene P. bekannt, die durch Veränderung der Seitenkette synthetisiert wurden. Zu diesem Zweck wird aus Penicillin G die 6-Aminopenicillansäure durch enzymatische Spaltung mit Hilfe trägerfixierter Penicillin-Acylasen aus *Escherichia coli*, anderen Bakterien oder auch Pilzen hergestellt und als Ausgangsprodukt für die Synthese neuer P. eingesetzt. Einige Beispiele sind:

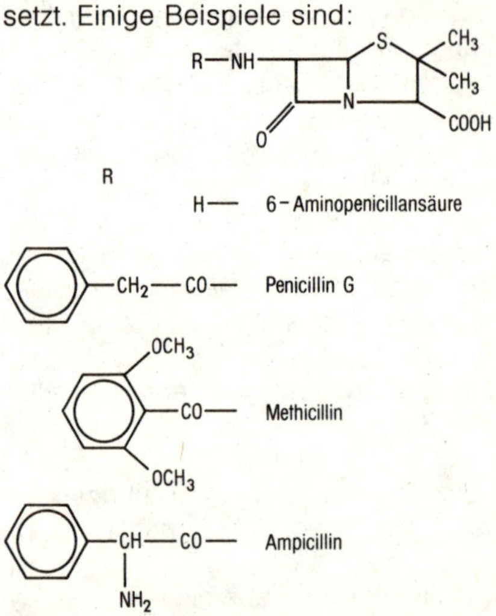

Während das Penicillin G empfindlich gegen Penicillinase (↑ *β*-Lactamasen) und säurelabil ist und nur gegen grampositive Bakterien wirkt, sind Methicillin und Ampicillin penicillinaseresistent; Ampicillin ist darüber hinaus säurestabil und wirksam gegen gramnegative Bakterien.

Die für die P.-Produktion eingesetzten Stämme von ↑ *Penicillium chrysogenum* sind durch zahlreiche genetische und verfahrenstechnische Schritte immer mehr verbessert worden. Die Produktivität wurde von wenigen mg/l auf heute 40–50 g/l gesteigert. Die industrielle ↑ Fermentation wurde ursprünglich mit ↑ Emersverfahren in mit Watte verschlossenen und schräggestellten

Milchflaschen oder in P.-Kolben (Abb. ↑ Kulturgefäße), die in Regalen gestapelt wurden, durchgeführt. Heute erfolgt die Produktion im ↑ Submersverfahren in ↑ Fermentern mit 200000–300000 l Inhalt. Von der ↑ Sporenkonserve bis zur Beimpfung des Produktionsfermenters müssen mehrere Zwischenstufen durchlaufen werden (Abb. ↑ Antibiotika). Trotz vielfacher Versuche ist es bisher nicht gelungen, P. in ↑ kontinuierlichen Verfahren zu produzieren. Str

Penicillinase ↑ β-Lactamasen

Penicillinsäure: ↑ Mykotoxin der Gruppe toxischer Lactone aus ↑ *Penicillium-*, ↑ *Aspergillus*-Arten und *Paecilomyces ehrlichii.* P. ist toxisch gegen viele grampositive Bakterien, Viren, Tumor- und normale tierische Zellen. Das Molekül der P. enthält eine Furanstruktur. M

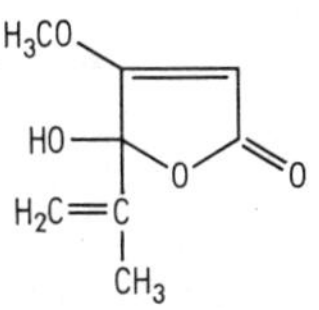

Furan

Penicilliom: ↑ Myzetom im Lungenbereich, welches durch Arten aus der Gattung ↑ *Penicillium* verursacht wird. Die Pathogenese der Erkrankung gleicht weitgehend der des ↑ Aspergilloms. Fälle von P. wurden nur vereinzelt bekannt und im Rahmen von Operationen aufgeklärt. V

Penicillium: Form-Gattung der ↑ imperfekten Pilze (Fam. *Moniliaceae*) mit enteroblastischer ↑ Conidiogenese. Die trockenen, in Ketten auf ↑ Phialiden entstehenden Conidien sind einzellig, hyalin oder schwach pigmentiert, oft grünlich (Grünschimmel). Das pinselartige Aussehen des Conidiophors („Penicillus", Pinselschimmel, ↑ Schimmel) ist durch Zwischenglieder (Rami, Metulae) zwischen Stiel und Phialiden bedingt. Die Gattung ist kosmopolitisch verbreitet, umfaßt ca. 100 Arten; die meisten sind Saprophyten, viele leben im Boden, andere sind fakultative Parasiten. *P.*-Arten produzieren wichtige, hochwirksame ↑ Antibiotika, andere ↑ Mykotoxine. Einige Arten bilden Teleomorphen, die zu den Gattungen *Carpenteles*, *Eupenicillium* und *Talaromyces* (Ord. ↑ *Eurotiales*) gehören. ↑ Penicillin, ↑ Penicillom, ↑ Griseofulvin ↑ Abb. imperfekte Pilze Hi

Peniophora: artenreiche Gattung der Ordnung ↑ *Poriales* (Kl. ↑ *Basidiomycetes*). Die Fruchtkörper sind dünne effuse, selten etwas effusoreflexe ↑ Crustothecien mit glattem bis etwas warzigem ↑ Hymenophor. Weitere Merkmale sind Lampro- und Gloeocystiden (↑ Cystide), keulige Basidien, monomitische Trama, hyaline, dünnwandige glatte ↑ Basidiosporen. In Europa kommen ca. 30 Arten vor, unter ihnen die Typusart, *P. quercina,* und *P. aurantiaca.* Taf. 18/2 D

Penitreme: ↑ Mykotoxine, die von *Penicillium*-Arten gebildet werden und zur Gruppe der ↑ Tremorgene gehören. Penitrem A ist ein Antagonist des Glycinstoffwechsels im Zentralnervensystem und bewirkt Muskelzittern (Tremor). (LD_{50} = 1 mg/kg Maus, intraperitoneal) M

Peptone: Gemische von Peptiden, die durch enzymatische Spaltung von Eiweißen gewonnen werden. Am bekanntesten sind P. aus Kasein, Fleisch oder Gelatine. Sie werden tryptisch, peptisch oder pankreatisch (mit Trypsin, Pepsin bzw. Pankreassaft) gespalten. P. werden zur Herstellung von ↑ Nährmedien benutzt. Str

perfektes Stadium ↑ Teleomorphe

Periascus: äußerste hyaline, sehr dünne Schicht auf der Ascuswand (↑ Ascus) bei manchen ↑ *Ascomycetes*. Der P. ist von schleimiger oder gallertartiger Konsistenz; er löst sich in manchen Reagenzien auf und wird schnell von Bakterien abgebaut, weshalb er licht- und elektronenoptisch schwer nachweisbar ist. Bei einigen ↑ *Peziza*-Arten ist der P. am ↑ Apex verdickt, er ist dann im Lichtmikroskop eindeutig als Ort der ↑ Amyloiditäts-Reaktion bei diesen Pilzen zu identifizieren. Hi

Peridermium ↑ Pseudoperidie

Peridie: die äußere Hülle angiocarper und cleistocarper ↑ Gasterothecien (Bauchpilze). Die P. kann einfach oder mehrschichtig sein. Häufig kann eine äußere P. (Exoperidie) und eine innere P. (Endoperidie) unterschieden werden. Die Exoperidie ist oft mehrschichtig; z. B. kann sie bei der Gattung ↑ *Geastrum*, bei der sie wesentliche Funktionen bei der Fruchtkörperöffnung hat, in Pseudoparenchymschicht, Faserschicht und Myzelialschicht gegliedert sein (↑ Abb. Geastrales 1). Bei den ↑ Phallales ist zwischen Exo- und Endoperidie eine Gallertschicht vorhanden, die als Volvagallertschicht oder als Mesoperidie bezeichnet wird.
Der Begriff P. wird von vielen Autoren breiter angewendet. Man bezeichnet z. B. auch die Hüllen der ↑ Sporocarpien der ↑ *Myxomycetes* als P., ebenso die Fruchtkörperwandung von ↑ Cleistothecien und ↑ Tuberothecien. Für die Hüllen der ↑ Aecidien der Rostpilze (↑ *Uredinales*) hat sich hingegen der Terminus ↑ Pseudoperidie durchgesetzt. ↑ Abb. *Phallales,* ↑ Abb. *Geastrales* D

Peridiolen: Teile der ↑ Gleba von Gasterothecien. Die P. sind linsen- bis diskusförmig, um 1 bis 2 mm im Durchmesser, enthalten je eine Glebakammer und sind von einer sekundären Peridie umschlossen. Sie fungieren als Diasporen. Anfangs sind die P. durch je einen Tramastrang mit der Peridie des Fruchtkörpers verbunden. Diese Stränge verschleimen und dienen den P., die durch Wassertropfen aus den im reifen Zustand trichterförmig geöffneten Fruchtkörpern ausgeschleudert werden, als Haftfäden. Taf. 47/4 D

Peristom: Struktur, die eine Öffnung begrenzt. Der Begriff wird in der Mykologie z. B. für die Bereiche um die Pori der Endoperidie mancher ↑ Gasterothecien benutzt. Das P. vieler Erdsterne (↑ *Geastrum*) und Stielboviste (↑ *Tulostoma*) zeigt z. B. wichtige Bestimmungsmerkmale. ↑ Abb. *Geastrales* 2. Taf. 46/2–4,6 D

Periphysen: dünne, haarartige, unverzweigte und nicht anastomosierende Hyphenenden, die das Innere des Ostiolarkanals (↑ Ostiolum) oder ↑ Rostrums von ↑ Perithecien oder ↑ Pycnidien auskleiden. ↑ Hamathecium, ↑ Abb. Perithecium Hi

Periphysoide: den ↑ Periphysen ähnliche Gebilde, die sich von diesen durch andere Entwicklung unterscheiden und nicht in ↑ Perithecien vorkommen. Sie werden z. B. in den Mündungen mancher lange geschlossen bleibender ↑ Apothecien von Flechten (↑ Lichenes) gebildet und wachsen dann oft aus deren Lagerrand aus, oder sie kleiden die Mündung von ↑ Pycnoascocarpien aus und entwickeln sich aus Resten der ↑ Conidiophoren. In der Ascomyceten-Literatur wird der Begriff P. auch im Sinne von ↑ Apikalparaphysen benutzt. Sto/Hi

Periplasma: das nach einer Gonitogonie (↑ Gonitocyste, ↑ Gonite) in der Zelle verbleibende Restplasma. Es hat oft Bedeutung für die Bildung von Auflagen (↑ Ornament) auf die Gonite. P. kommt z. B. in vielen ↑ Asci der *Ascomycetes* vor oder in den ↑ Oogonien bzw. ↑ Oocysten mancher Oomycetes (↑ *Peronosporales*. ↑ *Leptomitales*). D

Perisporiales: Ordnung in einem früher häufig angewendeten System, die Pilze mit ↑ Ascocarpien umfaßte, in denen die ↑ Asci büschelig angeordnet sind. Die einbezogenen Gruppen (↑ *Erysi-*

phales sowie Teile der ↑ *Capnodiales* und ↑ *Dothideales* aktueller Systeme) sind jedoch nicht näher miteinander verwandt. Hi

Perithecium: meist birnenförmiges bis kugeliges kleines, stecknadelkopfgroßes Ascocarp mit apikaler Öffnung (↑ Ostiolum). Ascomyceten mit P. werden als Pyrenomyceten (Kernpilze) bezeichnet. Die ontogenetische Entwicklung des P. verläuft ascohymenial. Alle P. sind ↑ angiocarpe Fruchtkörper. Im grundsätzlichen Aufbau stimmen sie untereinander überein (Abb.). Im Zentrum sind die ↑ Asci in einem ↑ Hymenium angeordnet; ein ↑ Hamathecium in Form von ↑ Apikalparaphysen oder ↑ Paraphysen ist vorhanden. Die P. der ↑ *Laboulbeniales* weichen durch rosettige Asci und fehlendes Hamathecium ab. Die Ascocarpwand ist immer deutlich ausgebildet, sie ist vielfach (z.B. bei den ↑ *Sphaeriales* und ↑ *Xylariales*) kohlig schwarz und hart, in anderen Verwandtschaftskreisen (z.B. bei vielen ↑ *Hypocreales*) auch weichfleischig. Die Wand kann außen von ↑ Haaren bedeckt sein.

Bau und Größe der P. sind relativ einförmig; lediglich die Ausbildung des Apikalbereiches ist variabel. Das Ostiolum kann z.B. auf einer schnabelförmigen Verlängerung der Ascocarpwand, einem Rostrum, ausgebildet sein. Das Innere kann mit amorpher gallertartiger Substanz gefüllt sein; in diesem Falle treten die reifen ↑ Ascosporen als ↑ Cirrus aus. Vielfach sind wenige bis zahlreiche P. zu einer gemeinsamen Fruktifikation (↑ Stroma) vereinigt, oder sie sitzen einer gemeinsamen Myzelunterlage (↑ Subiculum) auf. Reife ↑ Pseudothecien können P. sehr ähnlich werden, unterscheiden sich jedoch durch ihre ascoloculare Entwicklung (↑ Ascocarpien).

P. kommen vorrangig in den Ordnungen ↑ *Hypocreales*, ↑ *Laboulbeniales*, ↑ *Sphaeriales*, ↑ *Verrucariales* und ↑ *Xylariales* vor. Hi

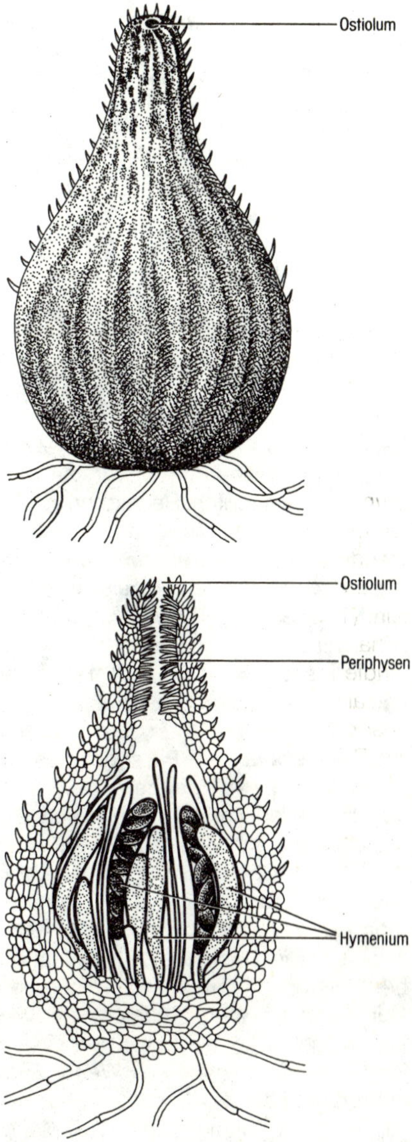

Perithecium von Sordaria, *unten* Längsschnitt

Peronospora: Gattung der Ordnung ↑ *Peronosporales* (Kl. ↑ *Oomycetes*).

Zusammen mit ↑ *Plasmopara* und *Bremia* ist die Gattung *P.* die wichtigste der Familie *Peronospraceae*. Viele Arten sind als Falsche Mehltaupilze bekannt und von wirtschaftlicher Bedeutung. *P. parasitica* befällt Kreuzblütler, *P. destructor* Zwiebeln, *P. farinosa* Zuckerrüben und Spinat usw. Die Sporocysten sind zu Cystoconidien („Angioconidien“) umgebildet, die mit Hyphen auskeimen; nur in wenigen Fällen werden noch Zoosporen gebildet. Die Sporocystophore sind unregelmäßig bäumchenartig verzweigt und brechen aus den Spaltöffnungen der Wirtspflanzen hervor. Das coenocytische Myzel wächst interzellär und dringt mit großen, grob gelappten Haustorien in die Zellen der Wirtspflanze ein. D

Peronosporales: Ordnung der Klasse ↑ *Oomycetes*. Zu den *P.* gehören mehrere Familien. Die *Pythiaceae* sind saprophytische Bodenpilze oder fakultative Parasiten. Zu ihnen gehören wichtige, wirtschaftlich bedeutungsvolle Krankheitserreger, z. B. die Gattung ↑ *Phytophthora*. Die Pilze der Familie *Peronosporaceae* erregen den Falschen Mehltau vieler Pflanzen. Sie sind, wie auch die *Albuginaceae*, die Erreger der Weißen Roste, obligate Phytoparasiten. Die P. sind durch starke Reduzierung der Schwärmstadien gekennzeichnet. Die Sporocysten werden auf besonderen Trägern entwickelt, die den Conidiophoren der Anamorphen von Ascomyceten ähneln. Die Sporocysten fungieren als Diasporen. Wenn Zoosporen gebildet werden, dann stets nur ein einziges Stadium; die ↑ Diplanie der ursprünglichen ↑ *Saprolegniales* wurde zurückgebildet.

Die Befruchtung erfolgt stets durch Androgamocysten und Eizellen. Meist werden ↑ Oogonien, in wenigen Fällen ↑ Oocysten gebildet. In diesen Zellen verbleibt nach der Bildung der Eizellen ein Restplasma (Periplasma), das an der Bildung des Zygotenornamentes beteiligt ist. Die Meiosen finden bei der Bildung der Eizellen bzw. der männlichen Kerne in der Andogamocyste statt. Der Entwicklungszyklus ist, wie für alle *Oomycetes* angenommen wird, diplontisch. D

Persoon, Christiaan Hendrik: deutsch-holländischer Mykologe und Botaniker (1761–1836). P. wurde in Süfafrika geboren. Sein Vater stammte aus Deutschland (Usedom) und stand in holländischen Diensten; die Mutter war Burin. P.s Ausbildung in Europa begann zunächst am akademischen Gymnasium in Lingen an der Ems. In Halle studierte er Theologie, in Leiden und Göttingen Medizin, ohne einen Abschluß anzustreben. 1799 erfolgte die Graduierung zum Dr. phil. durch die Kaiserliche Leopoldinisch-Carolinische Akademie der Naturforscher (Leopoldina). P. lebte noch bis 1803 als Privatgelehrter in Göttingen, danach bis zu seinem Tode in Paris, im Alter unter ärmlichen Bedingungen. Gegen eine Pension von der holländischen Regierung gab er seine umfangreiche Sammlung nach Leiden.

P. schuf mit seiner „Synopsis methodica fungorum“ (1801) eine systematische Übersicht über die Pilze, die neue Maßstäbe setzte und als Beginn der modernen Pilzsystematik angesehen wird. Die „Mycologia Europaea“ (3 Bde., 1822–1828) blieb unvollendet. Von besonderer Bedeutung für die Pilzsystematik sind außerdem die „Observationes mycologicae“ (1796), die „Icones et descriptiones fungorum minus cognitorum“ (1799) und ein „Commentarius ...“ zur von P. besorgten Neuausgabe des Pilz-Tafelwerkes von J. Ch. ↑ Schaeffer (1800). Die „Synopsis ...“ von P. galt jahrzehntelang als „Startpunktwerk“ für die Nomenklatur der Bauchpilze und der Rostpilze (↑ ICBN); noch heute werden die in diesem Werk benutzten Namen für die Pilze dieser Gruppen als „geschützte" Namen behandelt. D/H

Perthophyten ↑ Parasitismus

perthotrophe Pilze (Perthophyten) ↑ Parasitismus

Petrak, Franz: österreichischer Mykologe (1886–1973). P. studierte von 1906–1910 in Wien Naturwissenschaften und promovierte 1913. Nach seiner Tätigkeit als Hochschullehrer wirkte er von 1918–1938 als Privatgelehrter, und von 1938–1951 war er in Wien am Naturhistorischen Museum. Sein „Verzeichnis der neuen Arten, Varietäten, Formen, Namen und wichtigsten Synonyme", das er zwischen 1930 und 1944 in „Just's Botanischer Jahresbericht" veröffentlichte, ist als „Petrak's list" bekanntgeworden. In dieser Liste sind alle Pilz-Taxa, die in der Literatur zwischen 1920 und 1935 neu beschrieben wurden, zusammengestellt. Die „Petrak's list" ist als Fortsetzung des „Sylloge fungorum" von ↑ Saccardo zu verstehen, wurde als ↑ „Index of fungi" nachgedruckt und wird unter dieser Bezeichnung bis zur Gegenwart fortgesetzt. H

Petrischale: nach dem deutschen Bakteriologen R. J. Petri benannte runde Glasschale mit übergreifendem Deckel. Für die Kultur von Pilzen und anderen Mikroorganismen werden meist P. mit einem Durchmesser von 8–15 cm benutzt (↑ Kulturgefäße). Str

petrophile Flechten: gesteinsliebende Flechten (↑ Lichenes). Sie kommen vorzugsweise auf Gestein vor und gehen nur in Ausnahmefällen auf andere Substrate über. Sto

Peziza: artenreiche Gattung der Ordnung ↑ *Pezizales* (Kl. ↑ *Ascomycetes*) mit kosmopolitischer Verbreitung. Die mehr als 120 Arten sind durch kleine bis sehr große, meist cupulate ↑ Apothecien mit oft kompliziertem Bau des ↑ Excipulums gekennzeichnet. Die ↑ Ascosporen sind ellipsoid, die Asci amyloid. Die meisten Arten sind boden- oder holzbewohnende Saprophyten, nur wenige sind anthracophil oder coprophil. Von einigen Arten sind Anamorphen bekannt, die zu Form-Gattungen der ↑ *Moniliaceae*, z.B. zu *Chromelosporium* und *Oedocephalum*, gehören. Taf. 14/1,2 Hi

Pezizales: Ordnung der Klasse ↑ *Ascomycetes*, die durch operculate ↑ Asci (↑ Abb. Ascus 2,4), ascohymeniale Fruchtkörperentwicklung und ↑ Apothecien unterschiedlicher Form und oft ansehnlicher Größe (↑ Abb. Apothecium 1) charakterisiert ist. Die ↑ Ascosporen sind stets einzellig, kugelig, ellipsoid oder spindelig und oft mit Öltropfen versehen (↑ Abb. Ascosporen). Die Befruchtung geschieht durch Anisocystogamie, Spermatiogamie, selten auch durch Somatogamie. ↑ Anamorphen sind von einigen Gattungen bekannt, aber von untergeordneter Bedeutung. Die meisten Arten sind terrestrische oder holzbewohnende Saprophyten; von wenigen Arten ist ↑ Mykorrhiza-Bildung bekannt. Häufig werden Sonderstandorte, wie Brandstellen, Dung usw., besiedelt. Einige Sippen sind an Moose gebunden (↑ *Octospora*, ↑ Bryophilie). Die P. entwickeln die auffälligsten Fruchtkörper unter den Ascomyceten. Die wichtigsten Familien der *P.* sind die ↑ *Ascobolaceae*, *Helvellaceae*, *Morchellaceae*, *Pezizaceae*, ↑ *Pyronemataceae*, ↑ *Sarcoscyphaceae*, ↑ *Sarcosomataceae*; repräsentative Gattungen sind ↑ *Aleuria*, ↑ *Ascobolus*, ↑ *Gyromitra*, ↑ *Helvella*, ↑ *Humaria*, ↑ *Morchella*, ↑ *Octospora*, ↑ *Peziza*, ↑ *Pyronema*, ↑ *Rhizina*, ↑ *Saccobolus*, ↑ *Scutellinia*, ↑ *Thelebolus*, ↑ *Verpa*. Taf. 13/1,2;14;15;16/1–5 Hi

pezizoides Apothecium ↑ Apothecium

Pfefferröhrling ↑ *Chalciporus*

Phacidiales ↑ *Rhytismatales*

Phaeocystiden ↑ Cystide

Phaeodictyae ↑ Saccardosches System

Phaeodidymae ↑ Saccardosches System

Phaeolus (Braunporling): nur die Typusart, *P. schweinizii*, umfassende Gattung der Ordnung ↑ *Poriales* (Kl. ↑ *Basidiomycetes*). Die Fruchtkörper sind pileate, mitunter kurzgestielte, oft sehr große, einjährige, raschwüchsige Porlinge mit monomitischer Trama. Makroskopisch ähneln sie manchen ↑ *Inonotus*-Arten, erregen aber Braunfäule und weisen keine ↑ Setae auf, weswegen die Gattung *P.* nicht zu den ↑ *Hymenochaetales* gestellt wird. *P. schweinizii* wächst als Schwächeparasit oder Saprophyt an Nadelholz, selten an Laubholz (*Betula*, *Prunus*, *Sorbus*). Taf. 23/4, 24/1 D

Phaeophragmae ↑ Saccardosches System

Phaeosporae ↑ Saccardosches System

Phallales: Ordnung der Klasse ↑ *Basidiomycetes* (Ukl. ↑ *Homobasidiomycetidae*) mit anfangs hypogäischen Gasterothecien, deren Peridie durch die Streckung eines ↑ Receptaculums, an dem die im reifen Zustand breiige ↑ Gleba haftet, gesprengt wird. Die Fruchtkörper entstehen an einem derben, mehrschichtigen Myzelstrang (Abb. 2). Nach Sprengung der Peridie entstehen bei Luftzutritt zum Fruchtkörperinneren Geruchsstoffe (oft üble Aasgerüche), durch die Insekten angelockt werden. Zusätzlich sind oft durch Carotinoide leuchtendgelbe oder -rote Lockfarben vorhanden. Auf diese Weise kommt es zu endozoochorer Sporenverbreitung; die Insekten fressen den gesamten Glebabrei mit den Sporen auf. Die ↑ Peridie der P. ist kompliziert gebaut. Zwischen Exo- und Endoperidie liegt eine Gallertschicht (Volvagallertschicht, Mesoperidie). Die P. werden in zwei Familien gegliedert, die *Phallaceae* mit stielartigem Receptaculum (Abb. 1) und die *Clathraceae* mit verzweigtem Receptaculum (Abb. 2). In manchen Systemen werden die

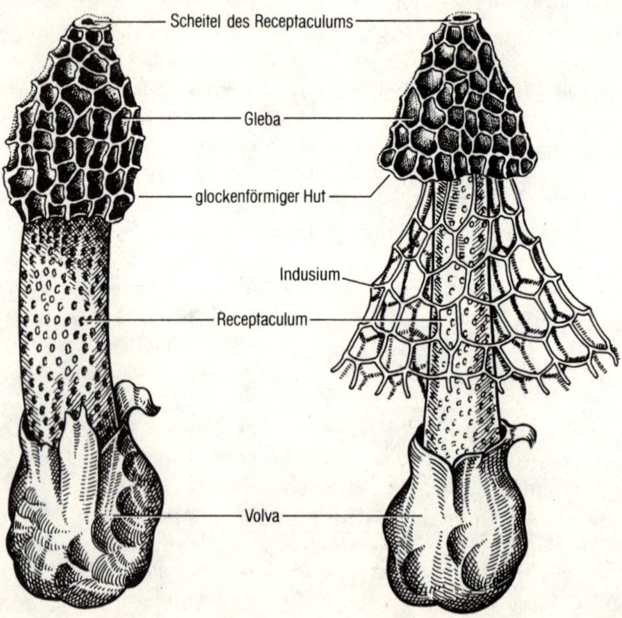

Phallales 1: Fruchtkörper der Phallaceae. *Links* Stinkmorchel (Phallus), *rechts* Schleierdame (Dictyophora)

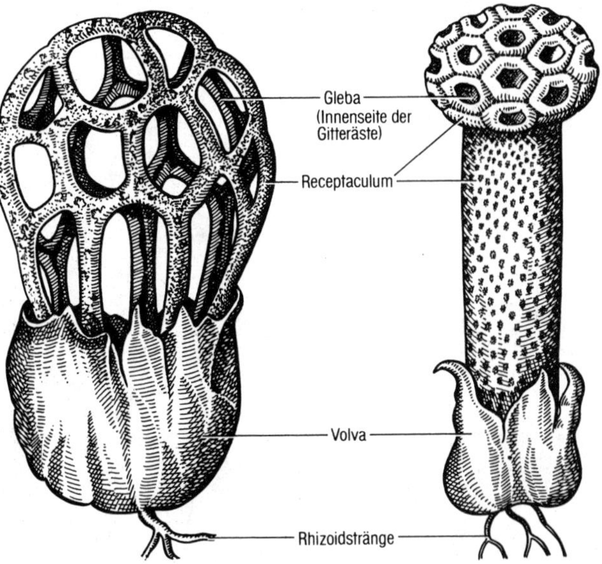

Phallales 2: Fruchtkörper der Clathraceae. *Links* Gitterling (Clathrus), *rechts* Stielgitterling (Lysurus incl. Simblum)

↑ *Hysterangiales* als ursprüngliche Formen zu den P. gestellt. In Europa autochthone Arten gehören in die Gattungen ↑ *Phallus*, ↑ *Mutinus*, und *Colus*, ↑ *Clathrus*. *Clathrus ruber* (Roter Gitterpilz) stammt aus Südeuropa und ist in Mitteleuropa eingeschleppt, *Clathrus archeri* (Tintenfischpilz) wurde vermutlich aus Neuseeland eingeschleppt und ist in Europa (Erstfund 1914) in Ausbreitung begriffen; einige weitere Arten wurden eingeschleppt, konnten sich aber nicht einbürgern. Die P. sind überwiegend südlich, die meisten tropisch verbreitet. ↑ Aasfliegenpilze, ↑ Pilzblumen, Taf. 48 D

Phallisin ↑ Phallotoxine

Phalloidin ↑ Phallotoxine

Phalloin ↑ Phallotoxine

Phallotoxine: aus sieben Aminosäuren bestehende, bizyklische Peptidtoxine, die zusammen mit den ↑ Amatoxinen und ↑ Virotoxinen in den Fruchtkörpern mancher Basidiomyceten vorkommen. In Frischpilzen des Grünen Knollenblätterpilzes (Amanita phalloides, Taf. 31/1) sind ca. 20–60 mg P. pro 100 g Pilzmasse enthalten. P. sind schnellwirksame Gifte mit schweren Vergiftungssymptomen (↑ Knollenblätterpilzgifte). Klinisch besonders bedeutsam ist das Phalloidin. (Formel) M

Phallus (Stinkmorcheln): Gattung der Ordnung ↑ *Phallales* (Kl. ↑ *Basidiomycetes*), deren Fruchtkörper ein einfaches (unverzweigtes) ↑ Receptaculum aufweisen, das apikal in einen glockenhütigen Abschnitt, der außen die stinkende ↑ Gleba trägt, erweitert ist. Zwischen Hut und oberem Stielabschnitt des Receptaculums kann ein ↑ Indusium ausgebildet sein, ebenfalls ein Teil des schwammig porösen Receptaculums. Bei der in Mitteleuropa allgemein in Wäldern verbreiteten Stinkmorchel, *Phallus impudicus* (Taf. 48/1), kann solch ein Schleier fakultativ gebildet werden (forma *subindusiatus* u. a. Namen wurden benutzt), bei manchen außereuropäischen (auch eingeschleppten?) Sippen kommt ein Indusium stets vor. *P.*-Arten und Formen mit Indusium werden mit der Bezeichnung „Schleierdame" belegt. *P. hadriani*, die

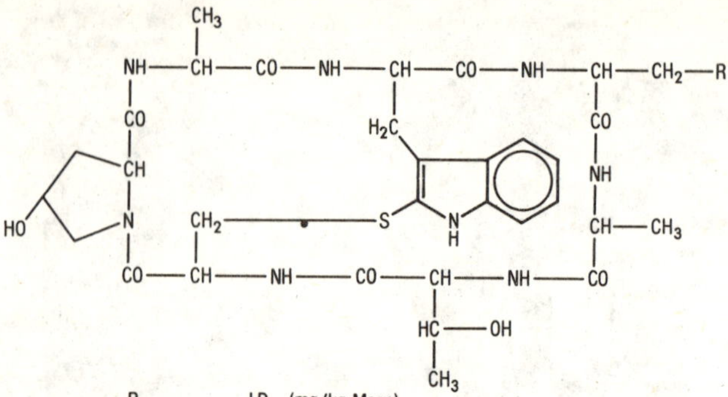

	R	LD_{50} (mg/kg Maus)
Phalloidin	$—C(OH)(CH_3)CH_2OH$	2,0
Phalloin	$—C(OH)(CH_3)CH_3$	1,5
Phallisin	$—C(OH)(CH_2OH)CH_2OH$	2,5

Phallotoxine

Dünenstinkmorchel, kommt in der Dünenvegetation Mittel- und Südeuropas und in Steppengebieten Eurasiens vor. An verschiedenen anthropogenen Standorten wurden ebenfalls Vorkommen dieser Art bekannt (in Gärten, Grünanlagen, auf Deichen usw.). ↑ Abb. Hexenei D

Phaneroplasmodium ↑ Plasmodium

Phänotyp: Summe der Merkmale, die in einem Organismus in Abhängigkeit von seinem ↑ Genotyp ausgeprägt sind. Organismen mit gleichem Genotyp können unterschiedliche P. ausprägen, wenn sie verschiedenen Umweltbedingungen ausgesetzt sind (↑ Modifikabilität). ↑ Pilzgenetik Sch

Phellinus: Gattung der Ordnung ↑ *Hymenochaetales* (Kl. ↑ *Basidiomycetes*). Die Fruchtkörper sind mehrjährige, effuse, effusoreflexe oder pileate Porlinge mit dimitischer brauner Trama. Die *P.*-Arten sind Holzzerstörer und erregen Weißfäule. In Europa kommen 30 Arten vor, mehrere sind häufig und allgemein verbreitet, z. B. *P. igniarius*, der Falsche Zunderschwamm. *P. pini*, *P. chrysoloma* und *P. laricis* (Taf. 23/2), sind eng verwandte Arten, die Nadelholz auch parasitisch besiedeln können. *P. torulosus*, die Typus-Art (Taf. 23/1), ist in Südeuropa weit verbreitet und kennzeichnet in Mitteleuropa submediterran beeinflußte Gebiete. Der effuse *P. laevigatus* (T. 23/3) bevorzugt Birkenholz und gehört zu den seltenen Arten. D

phenolische Verbindungen ↑ Karbolchampignons

Phialiden: ↑ conidiogene Zellen von etwa flaschenförmiger Gestalt, die meist endständig an ↑ Conidiophoren (↑ Abb. imperfekte Pilze: *Fusarium*, *Verticillium*, *Penicillium*), seltener einzeln seitlich an Hyphen (↑ Abb. imperfekte Pilze: *Acremonium*) stehen. Mitunter bilden sie sich direkt aus ↑ Ascosporen und produzieren Sekundärsporen. Nach traditionellen Vorstellungen sind P. apikal „offen" und bilden aus dieser Öffnung heraus in basipetaler Folge ↑ Conidien. Dabei verändert sich, im Gegensatz etwa zum ↑ Anellophor, ihre Form und Größe nicht. Der ↑ conidiogene Ort ist fest fixiert. Die ↑ Conidiogenese verläuft enteroblastisch; an der Wandbildung der Phialosporen sind keine Zellwandschichten der P. beteiligt. Hi

Phialosporen: in oder auf ↑ Phialiden gebildete ↑ Conidien. Je nach dem Bildungsort wird zwischen endogenen (im Bauchteil der Phialide entstehenden) und mesendogenen (im Halsteil der Phialide entstehenden) P. unterschieden. Die P. stehen in basipetalen Ketten oder sammeln sich in schleimigen Köpfchen an der Phialidenmündung. Hi

Pholiota (Schüpplinge): weltweit verbreitete, artenreiche Gattung der Ordnung ↑ *Agaricales* (Kl. ↑ *Basidiomycetes*), die holzzerstörende, selten auch terrestrisch oder fakultativ parasitisch an Gehölzen lebende Pilze der Familie *Strophariaceae* umfaßt. Die ↑ Fruchtkörper sind mittelgroße bis große, oft auffallend schuppige, zentral gestielte ↑ Blätterpilze mit meist deutlichem ↑ Velum und gelben, braunen bis olivgrünlichen Farbtönen. Die für die Strophariaceae typischen Chrysocystiden (↑ Cystide) kommen meist vor. Die glatten Sporen haben einen Keimporus. Hierdurch lassen sich die früher nicht getrennten Gattungen *Gymnopilus* (Flämmlinge, Familie *Cortinariaceae*) und *P.* trennen. Erstere haben rauhe Sporen ohne Keimporus. Zu den mehr als 30 europäischen Arten gehört die Typusart, *P. squarrosa*, der Sparrige Schüppling (Taf. 32/5,6); die Fruchtkörper sind jung eßbar. *P. aurivella*, der Hochthronende Schüppling oder Goldfellschüppling, ist eine auffallende Art, die oft hoch im Geäst lebender Bäume Fruchtkörper bildet (Taf. 33/3).

Die kleine, nur etwa 7 Arten umfassende Gattung *Kuehneromyces* wird nicht von allen Autoren von *P.* getrennt. Die Fruchtkörper sind hygrophan und haben braune Farben. In Europa ist besonders die Typusart, *Kuehneromyces mutabilis*, das Stockschwämmchen, weit verbreitet; besonders wächst es an totem Laubholz, wo es auch problemlos als Speisepilz kultiviert werden kann. Taf. 32/5,6; 33/1–4 D

Phoma: weltweit verbreitete Form-Gattung ↑ imperfekter Pilze (Ord. ↑ *Sphaeropsidales*) mit enteroblastischer ↑ Conidiogenese in ↑ Phialiden. Die ↑ Conidien sind ein- bis zweizellig und hyalin. Die rund 50 Arten der Gattung sind Saprophyten oder Parasiten auf Blättern, Früchten usw. Die ↑ Teleomorphen gehören in verschiedene Gattungen der ↑ *Dothideales*. Hi

Phomine: ↑ Mykotoxine, die zur Gruppe der ↑ Cytochalasine gehören und von *Phoma*-Arten gebildet werden. Sie besitzen cytotoxische Eigenschaften. Ein Beispiel ist das Desoxyphomin. M

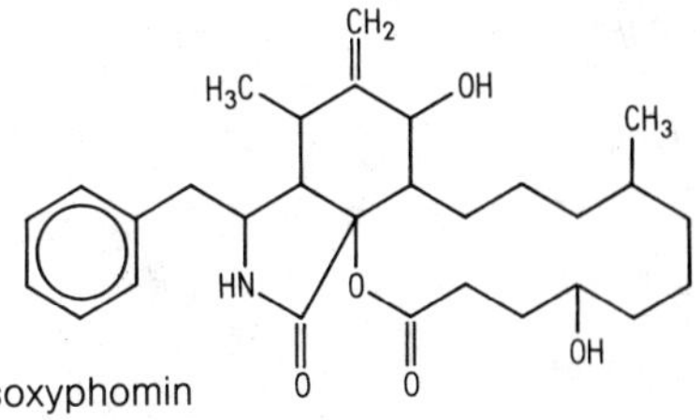

Desoxyphomin

Phototaxis: eine orientierende Richtungsbewegung freibeweglicher Organismen, die vom Lichtreiz abhängt (↑ Taxien, ↑ freie Ortsbewegung). Zum Beispiel reagieren die ↑ Plasmodien der ↑ *Myxomycetes* in der Wachstumsphase auf Lichteinfall negativ, zeigen jedoch eine Umstimmung zu positiver P., wenn sie zur Bildung der ↑ Sporocarpien übergehen. Str/D

Phototropismus: Krümmungsbewegung als Reaktion auf einen gerichteten Lichtreiz. Die Krümmungsbewegung kann zum Licht hin oder in entgegengesetzter Richtung erfolgen (positiver und negativer P.). P. ist bei autotrophen Pflanzen weit verbreitet, kommt aber auch bei Pilzen vor. Gut untersucht ist beispielsweise der positive P. von Sporocystenträgern einiger Zygomyceten

(*Phycomyces*, *Pilobolus*). Die Abschleuderung der Sporocysten erfolgt in Richtung der Lichtquelle. Der Träger richtet sich hierfür so aus, daß die Längsachse des subsporocystialen Vesicels zur Strahlungsrichtung parallel liegt. Abb. Str/D

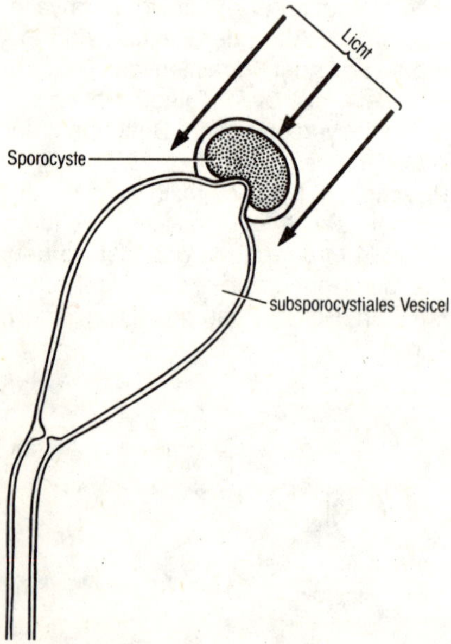

Phototropismus: Ausrichtung des Sporocystenträgers in Richtung des Lichteinfalls

Phragmidium: Gattung der Rostpilze (Ord. ↑ *Uredinales*), die etwa 60 Arten umfaßt und auf Rosengewächsen weit verbreitet ist. Die ↑ Spermogonien bilden sich subepidermal und fließen oft zusammen. Die Aecidien haben keine Pseudoperidie (Caeoma-Typ), bilden aber randständige Paraphysen. Die Aecidiosporen entstehen in kurzen Ketten. Auch die zunächst subepidermalen ↑ Uredolager zeigen oft randständige Paraphysen. Die ↑ Teleutolager bringen auf oft hygrometrischen Stielen ein- bis vielzellige, in der Regel drei- bis vierzellige Teleutosporen (↑ Abb. *Uredinales* 2) hervor. In Mitteleuropa häufig ist z. B. *Ph. potentillae* auf Fingerkräutern. Mehrere Arten, z. B. die Typus-Art der Gattung, *Ph. mucronatum*, und *Ph. tuberculatum* parasitieren auf Rosen. B

Phragmobasidie: septierte Basidie. In den P. folgen der meiotischen Kernteilung Septenbildungen, so daß zwei- oder vierzellige Basidien entstehen. Bei ursprünglichen P. können diese Zellen noch selbständig werden und als Sporen fungieren. Bei manchen Brandpilzen, wo die P. auch als vierzellige Promyzelien bezeichnet werden, können die Zellen miteinander kopulieren (↑ Abb. Entwicklungszyklus 1). In den meisten Fällen entwickeln die Zellen der P. jedoch durch Sprossung oder nach Bildung von Sterigmata (oder Prosterigmata und Sterigmata) Basidiosporen. Die Pilze mit P. gehören alle in die Unterklasse der ↑ *Heterobasidiomycetidae* der ↑ *Basidiomycetes*. Sie können unter diesen als Ordnungsgruppe zusammengefaßt werden (↑ Tab. *Basidiomycetes*). ↑ Abb. Basidie 2 D

phragmospor: Formbezeichnung für mehrzellige ↑ Ascosporen oder ↑ Conidien, die mehr als ein Querseptum besitzen, denen Längssepten jedoch fehlen und deren Achse nicht mehr als 180° gekrümmt ist. Hi

Phragmosporae: im ↑ Saccardoschen System Name für Pilze mit ↑ phragmosporen, ↑ Conidien oder Ascosporen. Hi

***p*H-Wert:** Maßeinheit der Konzentration an Wasserstoffionen (des „Säurecharakters"). Der *p.* des Substrates spielt bei vielen Pilzen eine wichtige Rolle für ihre Entwicklung (↑ acidophile Pilze, ↑ basiphile Pilze, ↑ bodenvage Pilze). Bei technischen Fermentationen ist die Einstellung des optimalen *p.* durch Pufferung mit Phosphaten, Zugabe von Säuren, Laugen oder Calciumcarbonat oft von entscheidender Bedeutung für den Produktionserfolg. Str/D

Phycobiont: der photosynthetisch aktive Partner der Flechtensymbiose (↑ Lichenes). Die Zellen des P. wurden bis ins 20. Jh. ↑ Gonidien genannt, da man sie als Keimzellen der Flechten interpretierte. Sie werden bis in die Gegenwart als Flechtenalgen bezeichnet. Da der Begriff „Alge" gegenwärtig für eukaryotische autotrophe Protophyten benutzt wird und der Begriff P. (von phycos = Alge) auch für die prokaryotischen Blaualgen (*Cyanobacteria*) benutzt wird, kommt auch die Bezeichnung Photobiont in Umlauf und wird sich möglicherweise statt P. in Zukunft durchsetzen.

Gattungen der Phycobionten von Flechten

Abt. *Cyanobacteria (Cyanophyta)*, Kl. *Cyanophyceae*

1. *Anabaena* (Ord. *Hormogonales*), gefunden in der Flechtengattung ↑ *Stereocaulon*°;
2. *Calothrix* (Ord. *Hormogonales*) in *Calotrichopsis, Lichina* und *Porocyphus*;
3. *Chroococcus* (Ord. *Chroococcales*) in *Phylliscum* und *Pyrenopsidium*;
4. *Dichothrix* (Ord. *Hormogonales*) in *Lichina* und *Placynthium*;
5. *Gloeocapsa* (Ord. *Chroococcales*) in *Gonohymenia, Peccania, Phylliscum, Psorotichia, Pyrenopsis,* ↑ *Stereocaulon*°, *Synalissa, Thallinocarpon* und *Thyrea*;
6. *Hyella* (Ord. *Pleurocapsales*) in *Arthopyrenia*;
7. *Hyphomorpha* (Ord. *Hormogonales*) in *Spilonema*;
8. *Microcystis* (Ord. *Chroococcales*) in *Arthopyrenia*;
9. *Nostoc* (Ord. *Hormogonales*) in *Arctomia, Collema, Hydrothyria, Lempholemma, Leptogium, Pannaria,* ↑ *Peltigera, Peltigera*° und ↑ *Stereocaulon*°;
10. *Scytonema* (Ord. *Hormogonales*) in *Coccocarpia, Cora, Dictyonema, Erioderma, Heppia, Koerberia, Lasioloma*°, *Lichenothrix, Lichinodium, Lopadium*°, *Pannaria, Parmeliella, Petractis, Polychidium, Thermutis,* ↑ *Stereocaulon*°, *Vestergrenopsis* und *Zahlbrucknerella*;
11. *Stigonema* (Ord. *Hormogonales*) in *Ephebe, Spilonema* und ↑ *Stereocaulon*°;

Abt. *Chlorophyta*, Kl. *Chlorophyceae*

12. *Asterochloris* (Ord. *Chlorococcales*), gefunden in der Flechtengattung *Varicellaria*;
13. *Cephaleuros* (Ord. *Chaetophorales*) in *Raciborskiella* und *Strigula*;
14. *Chlorella* (Ord. *Chlorococcales*) in *Calicium,* ↑ *Lecidea* und ↑ *Lepraria*;
15. *Chlorococcum* (Ord. *Chlorococcales*) in *Bacidia* und *Conotrema*;
16. *Chlorosarcina* (Ord. *Chaetophorales*) in ↑ *Lecidea*;
17. Coccobotrys* (Ord. *Chaetophorales*) in ↑ *Lecidea* und ↑ *Verrucaria*;
18. *Coccomyxa*+. (Ord. *Chlorococcales*) in ↑ *Baeomyces, Botrydina, Coriscium, Epigloea, Icmadophila, Multiclavula, Omphalina,* ↑ *Peltigera* und *Solorina*;
19. *Dictyochloropsis* (Ord. *Chlorococcales*) in *Bacidia, Catillaria, Catinaria, Chaenothecopsis, Lobaria, Megalospora, Podocarpus, Pseudocyphellaria* und *Sarcogyne*;
20. *Elliptochloris* (Ord. *Chlorococcales*) in *Catolechia*;
21. *Gloeocystis* (Ord. *Chlorococcales*) in *Gloeolecta* und *Gyalecta*;
22. *Gongrosira* (Ord. *Chaetophorales*) in *Catillaria*;
23. *Leptosira* (Ord. *Chaetophorales*) in *Thrombium*;
24. *Myrmecia* (Ord. *Chlorococcales*) in *Bacidia, Biatora, Catillaria, Dermatocarpon, Lobaria, Maronella, Psora, Psoroma, Sarcogyne* und ↑ *Verrucaria*;
25. *Nannochloris* (Ord. *Chaetophorales*) in *Normandina*;
26. *Phycopeltis* (Ord. *Chaetophorales*) in *Arthonia, Mazosia, Opegrapha, Porina und Trichothelium*;
27. *Physolinum* (Ord. *Chaetophorales*) in *Coenogonium*;
28. *Pleurococcus* (*Protococcus*, Ord. *Chaetophorales*) in *Dermatocarpon, Endocarpon,* ↑ *Lecidea, Maronella, Polyblastia, Staurothele, Thelidium*, und ↑ *Verrucaria*;
29. *Prasiola* (Ord. *Ulvales*) in *Mastodia*;

30. *Pseudochlorella* (*Chlorellopsis*, Ord. *Chlorococcales*) in ↑ *Lecidea*;
31. *Pseudopleurococcus* (Ord. *Chaetophorales*) in ↑ *Verrucaria*;
32. *Stichococcus* (Ord. *Ulotrichales*) in *Calicium, Chaenotheca, Coniocybe*, ↑ *Lepraria* und *Staurothele*;
33. *Trebouxia*⁺ (Ord. *Chlorococcales*) in ↑ *Alectoria, Buellia*, ↑ *Caloplaca*, ↑ *Cetraria*, ↑ *Cladonia, Conotrema, Hypogymnia*, ↑ *Lecanora*, ↑ *Lecidea*, ↑ *Parmelia*, ↑ *Physcia*, ↑ *Ramalina*, ↑ *Stereocaulon*, ↑ *Umbilicaria*, ↑ *Usnea* und ↑ *Xanthoria*;
34. *Trentepohlia* (Ord. *Chaetophorales*) in *Arthonia, Chaenotheca, Coenogonium, Cystocoleus, Dirina*, ↑ *Graphis, Gyalecta, Jonaspis, Lecanactis, Opegrapha, Pyrenula, Racodium* und ↑ *Roccella*;
35. *Trochiscia* (Ord. *Chlorococcales*) in *Polyblastia*.

Abt. *Chromophyta*
36. *Heterococcus* (Kl. *Xanthophyceae*, Ord. *Heterotrichales*) in ↑ *Verrucaria*;
37. *Petroderma* (Kl. *Phaeophyceae*, Ord. *Ectocarpales*) in ↑ *Verrucaria*.

* – Phycobionten-Gattungen, die ausschließlich aus Flechten bekannt sind
⁺ – Phycobionten-Gattungen, von denen die meisten Arten nur aus Flechten bekannt sind
° – Flechten-Gattungen, in denen die angegebene Phycobionten-Gattung nur als Zweitsymbiont in Cephalodien auftritt

---

Als P. der Flechtensymbiose wurden bisher rund 30 Gattungen ermittelt, von denen etwa zwei Drittel zu den Grünalgen (*Chlorophyceae*) und ein Drittel zu den Blaualgen (*Cyanobacteria*) gehören. Gelbgrün- und Braunalgen (*Xanthophyceae, Phaeophyceae*) sind nur mit je einem Vertreter in der Flechtengattung ↑ *Verrucaria* nachgewiesen worden (Tab.) Die meisten der P. sind auch als freilebende Organismen bekannt, nur wenige leben überwiegend oder ausschließlich als Flechtensymbionten. In der Regel sind die P. durch das Zusammenleben mit dem ↑ Mykobionten so stark verändert, daß eine exakte Bestimmung und Zuordnung erst nach Reinkultur möglich ist. Fädige oder kolonienbildende Organismen werden z.T. in der Flechte als Einzelzellen angetroffen. Die Größe der Zellen und die Gestalt der Chromatophoren können bei den P. von freilebenden Vertretern der gleichen Art stark abweichen. Die Fortpflanzung des P. erfolgt in der Flechte durch Schizotomie (Teilung) oder durch unbegeißelte Gonite (↑ Gonitocyste), z.B. Autosporen, selten durch Zoosporen. Der sexuelle Zyklus (Befruchtung, Meiose) unterbleibt vollkommen. Sto/D

Phycobiontencysten (Goniocysten): hauptsächlich bei der Flechtengattung (↑ Lichenes) *Moriola*, seltener auch bei *Spheconisca* auftretende Thalluseinheiten von meist kugeliger Gestalt. Sie bilden sich, indem auf Phycobiontenzellen (wohl immer *Cyanobacteria*) auftreffende Pilzhyphen flächig wachsen, durch mehrere Querwände unterteilt werden und schließlich in einer festen Kapsel aus annähernd isodiametrischen Zellen die Phycobiontenzellen umschließen. Die Zellen der kapselbildenden Hyphen sind dabei an den Außenwänden derber entwickelt und viel dunkler gefärbt als seitlich oder innen. Sie bilden sowohl nach außen als auch nach innen normal gestaltete Hyphen aus. Die Innenhyphen können je nach Größe der P. kurz und einfach gestaltet sein oder ein ausgedehntes Netz anastomisierender Hyphen bilden. Nach anfänglicher Förderung des Stoffwechsels der Phycobiontenzellen, die sich zunächst oft stark vergrößern und durch Teilung vermehren, gehen die Innenhyphen zum Parasitismus über und saugen die Phycobiontenzellen vollständig auf. Die P. bleiben am Ende nur als leere Kapseln zurück. Die von den

Kapseln gebildeten Außenhyphen stehen untereinander und mit dem formlosen ↑ Flechtenthallus in Verbindung. P. stellen demnach Thallusgebilde dar, die nach anfänglicher Förderung beider Symbiosepartner der Ernährung des ↑ Mykobionten dienen. Sto

Phycomyces: Gattung der Familie *Mucoraceae* (Ord. ↑ *Mucorales*, Kl. ↑ *Zygomycetes*), die nur drei Arten umfaßt. Die Sporocystophore können bis 20 cm lang werden, die Sporocysten erreichen einen Durchmesser bis 0,5 mm. *P. nitens* ist als Objekt der Reiz- und Bewegungsphysiologie bekannt geworden. D

Phyllocladium: bei ↑ Strauchflechten an aufrechten Thallusabschnitten vorkommende, deutlich abgesetzte blättchenartige Gebilde verschiedener Form und Anordnung. Sie enthalten meist reichlich ↑ Phycobionten und dienen der Assimilation. Bei Flechten mit zweigestaltigem Thallus sitzen sie oft zahlreich an den ↑ Podetien oder Pseudopodetien und übernehmen nicht selten vollständig die Funktion des ↑ Primärthallus. Sto

Physarales: Ordnung der Schleimpilze (Kl. ↑ *Myxomycetes*, Abt. ↑ *Myxomycota*). Die ↑ Sporocarpien entstehen einzeln, oder es werden ↑ Aethalien gebildet; bei einigen Arten kommen ↑ Plasmodiocarpien relativ häufig vor. Charakteristisch sind Kalkinkrustationen (Peridie, Capillitium, Stiel der Sporocarpien). Die Sporen sind dunkel pigmentiert. Wichtige Gattungen sind *Badhamia*, *Fuligo*, *Diderma*, *Didymium*, *Physarum* (↑ Abb. Sporocarpien). *Fuligo septica*, die weitverbreitete Gelbe Lohblüte, bildet bis über handtellergroße, auffallend gelbe ↑ Plasmodien (Taf. 11/1). D

Physcia: eine der insgesamt 12 Gattungen der Flechtenfamilie *Physciaceae* (Ord. ↑ *Lecanorales*). Es sind Flechten mit klein- bis größerblättrigem, rosettigem oder rasigem, graugrünem bis bräunlichem Thallus, der heteromer gebaut, beidseitig berindet und mit ↑ Rhizinen im Substrat verankert ist. Die ↑ Apothecien sind flächenständig und aufsitzend. Sporen werden zu 8 in den ↑ Asci entwickelt; sie sind zweizellig und haben verdickte, graugrüne bis schwarzbraune Wandungen. Die ↑ Pycnosporen sind kurz und stäbchenförmig. Die *P.*-Arten siedeln auf Rinde und Gestein, selten auf Erde. Viele sind weltweit verbreitet. Sto

Physiologie: Wissenschaftsrichtung der Biologie, die sich mit den Funktionsabläufen der Lebewesen auseinandersetzt. Die P. des Stoffwechsels untersucht die chemischen und physikalischen Veränderungen in den Zellen und Organen der Organismen. Die P. des Formwechsels (Entwicklungs-P.) befaßt sich mit den Erscheinungen des Wachstums, der Entwicklung und der Fortpflanzung. Die P. der Bewegungen (Reiz- und Bewegungs-P.) beschäftigt sich mit Orts- und Lageveränderungen. Ein anderes Prinzip der Gliederung richtet sich nach den untersuchten Objekten; man spricht von Pflanzenphysiologie, Tierphysiologie, Bakterienphysiologie, Pilzphysiologie usw. Str

phytocoenologische Mykofloristik: Erfassung des Pilzbestandes von pflanzensoziologischen (phytocoenologischen) Einheiten. Solche Arbeiten werden mit pilzfloristischen Methoden durchgeführt. Voraussetzung sind pflanzensoziologisch definierte Bestände. Im Ergebnis entstehen Pilzlisten, die zur ökologischen Charakterisierung der untersuchten Pflanzenbestände herangezogen werden können, denen aber auch Hinweise für die Autökologie der Pilze und Hinweise auf ↑ Mykocoenosen entnommen werden können. Die Methodik besteht im Sammeln bzw. Isolieren und Kultivieren der Pilze und deren Determination bis zur

Art. In Auswertung solcher Artenlisten werden häufig charakteristische, subcharakteristische und abundante Arten der untersuchten Vegetationstypen (Assoziationen, Ordnungen, Verbände usw.) aufgestellt. Charakteristische Arten haben im untersuchten Vegetationstyp ihren Verbreitungsschwerpunkt, d. h., sie kommen in einem Gebiet (z. B. in Mitteleuropa) ausschließlich oder hauptsächlich in diesem Vegetationstyp vor. Subcharakteristische Arten haben eine weitere Amplitude bezüglich ihrer Bindung an die Vegetation. Sie kommen aber in dem untersuchten Vegetationstyp schwerpunktmäßig vor. Abundante Arten treten in vielen Vegetationstypen der entsprechenden Rangstufe auf. Daraus wird ersichtlich, daß Vegetationseinheiten höherer Rangstufe (Klasse, Verband) mehr charakteristische Arten enthalten müssen als Einheiten niederer Rangstufe. Charakteristische Pilze einzelner Pflanzengesellschaften (Assoziationen) sind selten. D

Phytomedizin ↑ Phytopathologie

Phytoparasit: Organismus, der parasitisch (↑ Parasitismus) auf Pflanzen lebt. Zahlreiche Pilze sind P. (phytoparasitische Pilze, auch phytoparasitäre Pilze). Sie gehören in sehr verschiedene Verwandtschaftskreise. Manche systematischen Gruppen umfassen ausschließlich P., z.B. die ↑ *Plasmodiophoromycetes*, die ↑ *Erysiphales* (Kl. ↑ *Ascomycetes*), die ↑ *Uredinales* und ↑ *Ustilaginales* (Kl. ↑ *Basidiomycetes*). D/B

Phytopathologie: die Lehre von den Pflanzenkrankheiten. Die P. beschäftigt sich mit den Ursachen, Wirkungen und der Bekämpfung von krankheitserregenden Organismen, Viren und abiotischen Noxen. Liegt der Schwerpunkt der Betrachtung bei der Verhütung und Behandlung der Erkrankungen, wird mitunter auch der Begriff Phytomedizin benutzt. B

Phytophthora: Gattung der Ordnung ↑ *Peronosporales* (Kl. ↑ *Oomycetes*) mit rund 40 Arten. Zu ihnen gehören bedeutende Krankheitserreger, z. B. *P. infestans*, ein Parasit auf *Solanaceae*, der Erreger der Kraut- und Knollenfäule der Kartoffel, *P. cactorum*, eine polyphage Art, die Umfallkrankheiten, Wurzel- und Fruchtfäulen erregt, *P. erythroseptica*, der Erreger der Rosafäule der Kartoffeln usw. Die Zoosporen sind, wie bei allen *Peronosporales*, monoplanetisch (↑ Diplanie). Die Sporocysten fungieren als Diasporen; sie keimen mit Zoosporen, in einigen Fällen auch fakultativ mit Hyphen.

P. infestans ist ein weltweit untersuchter Krankheitserreger, dessen Biologie und Bekämpfung Gegenstand vieler Untersuchungsprogramme war und ist. Als Quelle für Resistenzgene gegen *P. infestans* wurde z. B. *Solanum deminum* erschlossen. Die Kartoffelzuchtprogramme sind auf die Züchtung polygener Feldresistenz ausgerichtet. D

Pikrolicheninsäure: ↑ Flechtenstoff, der chemisch ein Depson darstellt und vermutlich durch oxidativen Ringschluß aus einem ↑ Depsid entsteht. P. wurde nur in der Gattung *Pertusaria* gefunden und ist bisher das einzige aus Flechten bekannte Depson. Sto

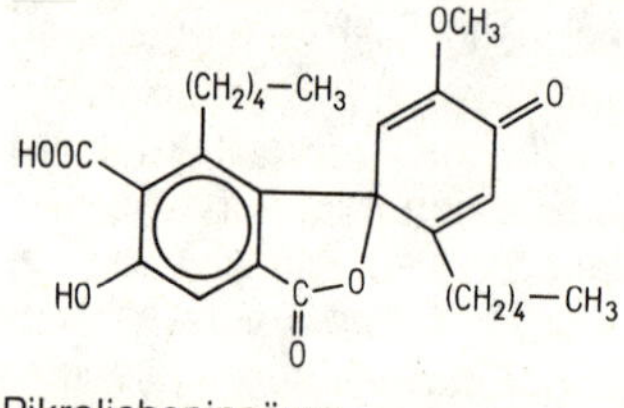

Pikrolicheninsäure

Pilobolus: Gattung der Familie *Pilobolaceae* (Ord. ↑ *Mucorales*, Kl. ↑ *Zygomycetes*), deren apikal am Sporocystophor einzeln entstehende Sporocysten aktiv durch einen Druckmechanismus abgeschleudert werden (Hutschleuderer). Aus Myzelanschwellungen („Trophocysten") entstehen die charakteristischen Sporocystophore mit einem subsporocystialen Bläschen

(Vesicel), an dem sich die dunkel pigmentierten Sporocysten entwickeln (↑ Abb. Phototropismus), die bis 2 m hoch bzw. 2,5 m weit (dem Licht entgegen) abgeschleudert werden. Sie bleiben an umgebenden Gegenständen, z.B. an Pflanzenteilen, kleben. Die Sporen dieser coprophilen Pilze werden erst im Magen der pflanzenfressenden Tiere frei und keimen im Kot. Die Myzelien sind, soweit bekannt, diözisch. Die Hypnozygoten entstehen nach Isocystogamie (↑ Befruchtung), wobei sich die Suspensoren gegenseitig umschlingen. D

Pilocystiden (Pileocystiden) ↑ Cystide

Pilothecien: ↑ Basidiocarpien, die einen Hutteil (Pileus) besitzen oder nur aus einem Hute bzw. aus Hüten (einer Konsole, einem resupinaten Hut usw.) bestehen. P. entwickeln sich in der Regel gymnocarp oder hemiangiocarp (↑ Fruchtkörperentwicklung). Die meisten P. sind mehr oder weniger zentral gestielt (stipitate P.). Nach den Typen des ↑ Hymenophors können sie weiter klassifiziert werden, z.B. in hydnoide P. (Stachelinge, Taf. 19/1,2), cantharelloide P. (Leistlinge), polyporoide P. (zentral gestielte Porlinge, Taf. 24/2,3), agaricoide P. (Blätterpilze, Taf. 26 bis 37), boletoide P. (Röhrlinge, z. B. Taf. 40 bis 43) usw. Die secotioiden P. sind abgeleitete Typen, die sich nicht mehr vor der Sporenreife öffnen und zu den ↑ Gasterothecien vermitteln (*Montagnea*-Typ mit Stielstreckung, *Endoptychum*-Typ ohne solche). Resupinate P. haften mit dem Hutscheitel dem Substrat an, pleurale P. sitzen seitlich an, sind lateral gestielt oder konsolenförmig. Auch sie können weiter untergliedert werden, z.B. in hericioide P. mit stachelförmigem Hymenophor (Taf. 18/4,5), pitoporoide P. mit derbröhrigem Hymenophor und seitlichem Stiel, fomitoide P. mit ebensolchem Hymenophor, aber ohne Stiel (z.B. Taf. 21), pleurotoide mit lamellenförmigem Hymenophor (z. B. Taf. 24/5,6), hirneolide P. mit faltigem Hymenophor (Taf. 17/4) usw.

Im ursprünglichen Sinne (Kreisel 1969) wurde der Terminus P. nur für solche Fruchtkörper benutzt, die sich aus Primordien entwickeln, beim Wachsen keine Gegenstände einschließen usw. Pileate Porlinge waren (mit Ausnahme der ↑ *Polyporales* und ähnlicher Formen) als komplexe Crustothecien aufgefaßt worden. Die Grenze im Bereich der Stachelpilze, *Polyporales* usw., zwischen Crustothecien und Pilothecien in diesem Sinne war problematisch. ↑ Vorsatz, ↑ Crustothecium, ↑ Holothecium D

Pilzallergene: Verbindungen (Stoffe), die in Pilzen vorkommen und als Antigen oder Hapten wirken. P. sind in ihrer chemischen Zusammensetzung meist unbekannt. Durch wiederholte Einwirkung von P. auf den Menschen, z. B. durch Einatmen von Conidien, kann es zur Überempfindlichkeitsreaktion (Allergie) kommen. ↑ Farmerlunge, ↑ Asthma M

Pilzaspekte: das jahreszeitliche Erscheinungsbild der Pilzflora innerhalb eines Vegetationstyps bzw. Landschaftselements. Die P. werden durch die Fruchtkörper von Großpilzen bestimmt. So ist der Frühjahrsaspekt der Pilzflora in Kalkbuchenwäldern (Gesellschaften des Cephalanthero-Fagion) von *Calocybe gambosa* und *Collybia hariolorum* (beide Ord. ↑ *Agaricales*) geprägt, der Sommeraspekt von *Russula* - und *Lactarius*-Arten (z. B. *Russula olivacea*, *R. maculata*, *Lactarius subdulcis*, *L. blennius*; Ord. ↑ *Russulales*) nebst anderen, der Herbst-Aspekt durch *Lepista nebularis*, *Hygrophorus cossus* (beide Ord. ↑ *Agaricales*) und verschiedene Röhrlinge, z. B. *Xerocomus fragilipes* (Ord. ↑ *Boletales*, Taf. 40/3). D

Pilzblumen: durch intensive Farben und meist übler Geruch ausgezeichnete ↑ Gasterothecien der ↑ *Phallales*. Man verwendet den Begriff P. meist nur für die farbenprächtigen Formen, nicht für die Gattungen ↑ *Mutinus*, ↑ *Phallus*

(u. a. *Phallaceae*), für welche die Bezeichnungen Hundsrute und Stinkmorchel gebräuchlich sind. Mitunter werden jedoch die *Phallales*-Arten (*Clathraceae*, *Phallaceae*) generell P. genannt. D

Pilzdrusen: durch Vertreter der ↑ Echten Pilze (↑ *Eumycota*) formierte, weiß bis grau gefärbte, kompakt-körnchenartige Gebilde, die in bestimmten Materialien pilzinfizierter Menschen oder Tiere gefunden werden können. Die P. weisen in dreidimensionaler Richtung eine mehr oder weniger gut ausgebildete radiäre Struktur auf. Als parasitische Pilzformationen treten sie vorrangig bei Abszedierungsvorgängen bronchopulmonaler ↑ Aspergillosen oder bei tiefen ↑ Myzetomen der Extremitäten auf. Man kann sie als makroskopisch sichtbare Gebilde gelegentlich im Sputum oder im Fisteleiter des Myzetoms nachweisen. Den P. können Zellen des befallenen Wirtes, wie z.B. Granulocyten, zahlreich aufgelagert sein, ohne beim Aufbau der P. eine Rolle zu spielen. V

Pilze: primär heterotrophe, selten einzellige, meist vielzellige oder coenocytische Organismen mit echten Zellkernen und Mitochondrien (eukaryotische Organismen), denen stets Plastiden fehlen und die in bestimmten Lebensabschnitten, meist während der gesamten vegetativen Entwicklungsphase, keine freie Ortsbewegung aufweisen. P. sind weiterhin durch das Fehlen von ↑ Gonitangien, durch Sporenvermehrung und -verbreitung und (mit Ausnahme der phagotrophen Schleimpilze) durch pflanzliche (osmotische) Nahrungsaufnahme gekennzeichnet. Die Umgrenzung der P. geschieht uneinheitlich und ist problematisch. Einerseits werden tierische Organismen wie die Schleimpilze, die in die Verwandtschaft der Protozoen (Urtierchen) gehören, als P. bezeichnet, andrerseits werden die mit Algen lebenden Echten Pilze mitunter abgetrennt und als Flechten in eigene systematische Kategorien gestellt. Die P. sind keine monophyletische Gruppe, sondern mehrere Abstammungsgemeinschaften, die durch cytologische Strukturen und durch ihre Lebensweise zusammengefaßt werden können. In der Antike, sogar noch in der Zeit der Renaissance, wurden P. mit bestimmten Tieren, z. B. den Schwämmen (*Porifera*), in Verbindung gebracht. Bis zum Beginn des 20. Jh. wurden auch die Bakterien („Spaltpilze“ = *Schizomycetes*) als P. bezeichnet. Gegenwärtig werden neben einigen kleinen problematischen Splittergruppen die Schleimpilze (↑ *Myxomycota*), die Algenpilze (↑ *Oomycota*), die Flagellatenpilze (↑ *Chytridiomycota*) und die Echten Pilze (↑ *Eumycota*) unter dem Begriff P. zusammengefaßt. Das Kernstück der P. sind die Echten Pilze. Zu ihnen gehören nahezu alle Organismen, die auch allgemeinsprachlich als P. bezeichnet werden. D

Pilzflora: 1. die Gesamtheit der in einem Gebiet oder auf der gesamten Erde vorkommenden Pilzsippen. Die P. wird in Analogie zur Flora in der Botanik meist auf die Arten bezogen. Es werden sowohl politisch als auch geographisch umgrenzte Gebiete zur Bezeichnung der P. genutzt (P. der DDR, P. der Karpaten usw.) als auch ökologisch definierte Einheiten ganz verschiedener Ebenen (P. der Laubwälder, P. der Moore, P. der Warmhäuser, P. des Carici-Fagetum usw.).

2. die Darstellung der Pilzsippen in einer der unter 1. genannten Einheiten. Solche Übersichten erfolgen meist alphabetisch oder nach einem ↑ Pilzsystem. Sie beschränken sich meist auf bestimmte Pilzgruppen (Taxa oder ökologische Gruppen) und enthalten oft Bestimmungsschlüssel. Oft werden auch einfache Pilzlisten als P. bezeichnet.

Um den Unterschied von Pilzen und Pflanzen zu betonen, wird der Begriff P. von manchen Autoren durch den Terminus „Funga" ersetzt. Dies hat sich bisher nicht durchgesetzt. ↑ Myzetation, ↑ Pilzfloristik, ↑ phytocoenologische Pilzfloristik, ↑ ökologische Pilzfloristik D

Pilzfloristik (Mykofloristik): mykologische Arbeitsrichtung, die sich mit der Erfassung der ↑ Pilzflora eines Gebietes beschäftigt. Die Erfassung der Pilzflora ökologisch oder pflanzensoziologisch definierter Einheiten (z.B. Pilzflora von Pflanzengesellschaften, von Mooren, von Kuhmist usw.) liegt bereits im Bereich ökologischer bzw. pilzsoziologischer Arbeiten. ↑ Pilzsoziologie, ↑ ökologische Mykofloristik D

Pilzgalle: 1. durch Pilze verursachte Gallbildung, ein Mykocecidium (↑ Cecidium). **2.** Gallbildung an Pilzen, das sind an Pilzfruchtkörpern auftretende Bildungsabweichungen verschiedener Ursache (↑ Cecidium). D

Pilzgenetik: Teilgebiet der allgemeinen Genetik. Die allgemeine Genetik beschreibt die Gesetzmäßigkeiten, die der Vererbung von Eigenschaften bzw. Merkmalen bei allen Organismen zugrunde liegen. Sie beschäftigt sich mit der stofflichen Grundlage der Vererbung, der Struktur der Erbträger (↑ DNA, ↑ RNA, ↑ Gen, ↑ Chromosom, ↑ Genotyp, ↑ Idiotyp), der Verteilung bzw. der Übertragung der Erbanlagen auf nachfolgende Generationen (↑ monohybrider Erbgang, ↑ dihybrider Erbgang, ↑ Rekombination, ↑ Segregation), der Vermehrung der genetischen Information (↑ Replikation), ihrer Veränderung (↑ Mutation) sowie der Ausprägung (Realisierung) von Erbanlagen (↑ Transkription, ↑ Translation, ↑ Phänotyp, ↑ Modifikabilität). Die P. erforscht die oben genannten Erscheinungen und Prozesse speziell bei den Pilzen. Wichtige Untersuchungsobjekte der P. sind u. a. ↑ *Saccharomyces*-, ↑ *Aspergillus*-, ↑ *Neurospora*- und ↑ *Sordaria*-Arten. Wesentliche Beiträge der P. zur Aufklärung allgemeiner Gesetzmäßigkeiten der Vererbung wurden z. B. auf dem Gebiet der mitochondrialen Genetik (*Saccharomyces*) oder dem Gebiet der Rekombination von Erbanlagen (↑ Genkonversion, ↑ parasexueller Zyklus) erhalten. Sch

Pilzgifte: Inhaltsstoffe von Pilzen, die beim Menschen oder bei Tieren Verdauungsstörungen, Bewußtseinsstörungen oder schwere, u.U. tödliche Vergiftungen verursachen können. Im allgemeinen werden die toxischen Verbindungen aus den Fruchtkörpern von ↑ Basidiomyceten und Ascomyceten als P. bezeichnet. Hierher gehören ↑ Amatoxine, ↑ Phallotoxine, ↑ Virotoxine, ↑ Cortinarius-Gifte, ↑ Rißpilzgifte, ↑ Fliegenpilzgifte, ↑ Pantherpilzgifte, ↑ Halluzinogene, ↑ hämolytische Gifte, ↑ gastrointestinale Reizstoffe. In Europa enthalten mehr als 100 ↑ Großpilzarten Giftstoffe (↑ Giftpilze). Die von einer viel größeren Anzahl niederer Pilze ausgeschiedenen Gifte werden von dem international gebräuchlichen Terminus ↑ Mykotoxine eingeschlossen. M

Pilzherbarium: Sammlung getrockneter Pilze zum Zwecke wissenschaftlicher Studien. Ein P. dient z. B. als Vergleichssammlung für Bestimmungsarbeiten, als Materialsammlung für systematische, pilzfloristische oder pilzgeographische Studien. Die Belege (Sammelnummern) werden z. B. in Kapseln, Plastetüten oder zwischen Papier in Faszikeln aufbewahrt, von einigen Sammlern auch in Kunststoffolie eingeschweißt. Sie sollen stets ausreichend etikettiert sein (Name, Fundort, Standort, Sammeldatum, Sammler, Bestimmer) und bedürfen steter Pflege, vor allem der Vergiftung, um Insektenfraß vorzubeugen. Die großen, international bedeutenden Herbarien (Pflanzensammlungen) haben in vielen Fällen auch bedeutende Pilzsammlungen. Im „Index Herbariorum" werden viele solcher Herbarien in aller Welt nachgewiesen. Neben Anschrift, Angaben zum Personal usw. sind auch die wichtigsten aufbewahrten Pflanzen- und/oder Pilzgruppen in diesem Index genannt. In der systematischen Literatur werden die Herbarien, die im Index Herbariorum erfaßt sind, durch ein dort enthaltenes Kürzel aus 1–5 Versalien zitiert (z. B. HAL = Herbarium der Martin-Luther-Universität Halle, DDR; K = Herbarium des Royal Botanical Garden in Kew, Großbritannien). Solche Sammlungen gehören meist zu Universitäten, Akademien, Museen oder botanischen Gärten. Taf. 9/1 D

Pilzkultur: **1.** die Gesamtheit der Methodik und Tätigkeit, die vom Menschen kontrolliertes Leben von Pilzen ermöglicht (Pilzzucht); **2.** der unter menschlicher Kontrolle wachsende pilzliche Organismus selbst. In beiden Bedeutungsvarianten (das Kultivieren bzw. der kultivierte Organismus) wird der Begriff P. sowohl für Laborkulturen als auch für Freilandkulturen und für landwirtschaftliche bzw. gärtnerische Speisepilzkulturen benutzt. ↑ Kulturensammlung, ↑ Kulturgefäße D

Pilzökologie ↑ Ökologie

Pilzphysiologie ↑ Physiologie

Pilz-Serologie: Gesamtheit immunologischer Methoden zur Aufklärung der am Aufbau von Pilzzellen beteiligten antigenen Strukturkomponenten (1) und zur Aufklärung der bei Mensch und Tier auftretenden ↑ Mykosen (2).

(1) Hierfür werden Bestandteile, wie ↑ Zellwand, Zellinhalt und in Kulturmedien abgegebene Stoffwechselprodukte, in möglichst reinen Fraktionen gewonnen und damit geeignete Versuchstiere inokuliert. Sofern die Zellbestandteile antigene Eigenschaften haben, bildet das Immunsystem der Tiere dagegen spezifische Antikörper (AK). Die AK können mit dem Serum gewonnen werden. Da sie auch in vitro mit den passenden Antigenen (AG) reagieren, nutzt man sie zur AG-Charakterisierung. Dazu stehen z. B. die Methoden der Agglutinations-, Präzipitations-, Komplementbindungs- und Hämagglutinationshemmungsreaktion zur Verfügung.

Auch Immunfluoreszenz und Radio-Immuno-Assay eignen sich gut zur AG-Charakterisierung. Inzwischen wurden für manche pathogene Pilze sehr umfangreiche AG-Schemata aufgestellt. Damit kam es zu einer genaueren Klärung der verwandtschaftlichen Beziehungen zwischen verschiedenen Pilzarten, ähnlich wie es durch Untersuchungen des Ribonucleinsäure- und Desoxyribonucleinsäure-Homologiegrades möglich wurde.

(2) In Abhängigkeit vom artspezifischen AG-Spektrum des Erregers und der Abwehrbereitschaft des Wirtes werden von B-Lymphocyten des Wirtes spezifische AK gebildet, welche mit den genannten Methoden [vgl. (1)] ebenfalls nachweisbar sind, sofern man mit geeigneten AG danach fahndet. Zur Charakterisierung des Verlaufes einer Mykose ist die Untersuchung der Dynamik der AK-Bildung erforderlich. V

Pilzsoziologie: ökologische Arbeitsrichtung, die sich mit der Vergesellschaftung der Pilze beschäftigt. Bisher ist die P., auch Mykocoenologie genannt, im wesentlichen nur mit fruchtkörperbildenden Pilzen betrieben worden. Die Methodik und die theoretischen Ansichten in der P. sind breit gefächert. Sie reichen von der Erfassung der Pilze in pflanzensoziologischen Einheiten (↑ phytocoenologische Mykofloristik) bis zur Einbeziehung der Pilze in pflanzensoziologische Arbeiten und zur Erfassung und Systematisierung von Gesellschaften, die ausschließlich von Pilzen gebildet werden (↑ Mykocoenose, ↑ Mykocoenotik). D

Pilzsteine (mushroom stones): Steinskulpturen von Hutpilzgestalt, die im Hochland von Guatemala gefunden wurden. Die P. wurden von den Mayas der präklassischen Periode (2000 v. u. Z. – 200 u. Z.) und der protoklassischen Periode (200–600) angefertigt und als „heilige Pilze" verehrt. Abb. ↑ Geschichte der Mykologie H/D

Pilzsteine

Pilzsystem: geordnete, übersichtliche Darstellung der ↑ Pilze, die es ermöglicht, auf Grund von Merkmalen oder Merkmalskombinationen jeden Pilz bestimmten Kategorien zuzuordnen. Ursprünglich dienten P. bzw. Pflanzensysteme, welche auch die Pilze umfassen, in erster Linie der Übersicht der Pilze nach ihrem Wert bzw. ihrer Schadwirkung für den Menschen. Später wurden P. aufgestellt, um die hohe Mannigfaltigkeit der Pilze überschaubar zu machen. Seit der 2. Hälfte des 19. Jh. wird versucht, dieses Ziel durch P. auf der Grundlage der natürlichen (phylogenetischen) Verwandtschaftsbeziehungen zu erreichen. Während die Pilze früher in den Systemen als geschlossene Gruppe angesehen und seit der 2. Hälfte des 19. Jh. mitunter als monophyletische Abstammungsgemeinschaft betrachtet wurden, hat sich gegenwärtig die Ansicht der polyphyletischen Herkunft der Pilze weitgehend durchgesetzt (↑ Pilze). Je nach Auffassung der Systematiker werden sie in 2 bis 8 Abteilungen untergebracht. Übereinstimmend werden die Schleimpilze als Organismen angesehen, die in

Tab. 1 Das System der Pilze

Diese Gliederung der Pilze in Klassen liegt den systematischen Beiträgen des Lexikons zugrunde. Zu den Form-Taxa der Anamorphen der *Eumycota* existiert zusätzlich ein künstliches System (↑ imperfekte Pilze, Tabelle).

Abteilung[1] *Myxomycota*
(Schleimpilze in weitem Sinne)
(evtl. sind die drei Klassen auch den *Rhizopoda* zuzuordnen)
- Klasse *Acrasiomycetes*
  (Zelluläre Schleimpilze)
- Klasse *Myxomycetes*
  (Schleimpilze im engen Sinne)
- Klasse *Plasmodiophoromycetes*
  (parasitische Schleimpilze)

Abteilung *Oomycota* (Algenpilze)
(die Zuordnung der ersten beiden Klassen ist fraglich, es sind möglicherweise völlig isolierte Gruppen)
- Klasse *Hyphochytridiomycetes*
  (ohne deutsche Bezeichnung)
- Klasse *Labyrinthulomycetes*
  (Netz-Schleimpilze)
- Klasse *Oomycetes* (Eipilze)

Abteilung *Chytridiomycota*
(Flagellatenpilze)
- Klasse *Chytridiomycetes*
  (Flagellatenpilze)

Abteilung *Eumycota* (Echte Pilze)
- Klasse *Zygomycetes* (Jochpilze)
- Klasse *Trichomycetes* (Fadenpilze)
- Klasse *Endomycetes* (Sproßpilze)
- Klasse *Ascomycetes* (Schlauchpilze)
- Klasse *Basidiomycetes* (Ständerpilze)

[1] Die Namen der Abteilung und Klasse können als Stichworte nachgeschlagen werden.

die Verwandtschaft der Protozoen gehören und nur aus historischen Gründen als mykologische bzw. botanische Objekte behandelt werden. Sie werden meist in einer einzigen Abteilung (↑ *Myxomycota*) untergebracht, mitunter aber auch drei Abteilungen (*Acrasiomycota*, *Myxomycota*, *Plasmodiophoromycota*) zugeordnet. Die übrigen Pilze werden in vielen Systemen in die Abteilungen ↑ *Oomycota* (Algenpilze), ↑ *Chytridiomycota* (Flagellatenpilze) und ↑ *Eumycota* (Echte Pilze) gestellt. Diese Abteilungen sind miteinander nicht näher verwandt als andere Abteilungen eukaryotischer Organismen untereinander (↑ Vorsatz, Tab. 1).
In der Literatur gibt es zahlreiche P., die vom vorgestellten System abweichen.

Tab. 2 System der Pilze

Diese Gliederung liegt vielen Arbeiten im englischsprachigen Bereich zugrunde.

Abteilung *Myxomycota*
- Klasse *Acrasiomycetes*
- Klasse *Hydromyxomycetes* (= *Labyrinthulomycetes*)
- Klasse *Myxomycetes*
- Klasse *Plasmodiophoromycetes*

Abteilung *Eumycota*
- Unterabteilung *Mastigomycotina*
  - Klasse *Chytridiomycetes*
  - Klasse *Oomycetes*
- Unterabteilung *Zygomycotina*
  - Klasse *Zygomycetes*
- Unterabteilung *Ascomycotina*
  - Klasse *Hemiascomycetes*
  - Klasse *Plectomycetes*
  - Klasse *Pyrenomycetes*
  - Klasse *Discomycetes*
  - Klasse *Loculoascomycetes*
- Unterabteilung *Basidiomycotina*
  - Klasse *Hymenomycetes*
  - Klasse *Gasteromycetes*
  - Klasse *Teliomycetes*
- Unterabteilung *Deuteromycotina*
  - Klasse *Hyphomycetes*
  - Klasse *Coelomycetes*

Mißt man der Begeißelung weniger Bedeutung bei, so kann man die Pilze stärker zusammenfassen und die Algen- und Flagellatenpilze zu den Echten Pilzen zählen (Tab. 2). Solche Systeme – es ließen sich zahlreiche weitere Beispiele finden – dienen allein der Übersichtlichkeit und beinhalten bewußt manche unnatürliche Gruppierung, wie die *Mastigomycotina*, die *Gasteromycetes*, *Discomycetes*, *Deuteromycotina*. Man muß jedoch in Kauf nehmen, daß in allen Systemen problematische Zuordnungen aus der Sicht der Vollständigkeit unumgänglich sind. All unsere Systeme beinhalten Kompromisse zwischen gefestigtem und spekulativem Wissen über die Verwandtschaftsverhältnisse der Pilze. Die Diskussionen um die Gliederungsversuche dauern an, wobei sich gegenwärtig ein Trend zu Trennung der Gruppen auf immer höherer Rangstufe abzeichnet, ohne daß dadurch eine bessere Widerspiegelung der natürlichen Verwandtschaftsverhältnisse erreicht wird. Oft werden z. B. die beiden Klassen *Asco-* und *Basidiomycetes* als Abteilungen angesehen und als *Ascomycota* und *Basidiomycota* bezeichnet, obgleich eine gemeinsame phylogenetische Wurzel dieser Gruppen kaum in Zweifel gezogen werden kann. Das natürliche System der Pilze ist ein Ziel der Systematik, dem man sich nur sehr langsam nähert. Fortschritte auf diesem Gebiet erfordern nicht nur qualitativ, sondern wegen der Vielzahl der Pilze auch quantitativ einen hohen Aufwand an Forschungsleistung. D

Pinselschimmel ↑ Schimmel, ↑ *Penicillium*

Pimaricin: ↑ Polyen-Antimykotikum, das 1955 aus Kulturfiltraten von *Streptomyces natalensis* (*Bacteria*) isoliert wurde. In Anlehnung an den Artnamen des Mikroorganismus gab man der Substanz auch den Namen Natamycin.

Ähnlich den anderen Polyen-Antimykotika handelt es sich bei P. um eine licht- und sauerstoffempfindliche Substanz. P. wirkt als Breitspektrum-Antimykotikum auf alle wichtigen für Mensch und Tier ↑ pathogenen Pilze. Wie ↑ Trichomycin entfaltet es auch eine Hemmwirkung gegen die Protozoen-Art *Trichomonas vaginalis*. Die Substanz ist nur auf der Haut und den Schleimhäuten gut verträglich; wegen zu starker Toxizität ist es nicht systemisch anwendbar. V

Pionnotes: kleines ↑ Sporodochium, bei dem die ↑ Conidien eine schleimige oder fettige Schicht bilden, z. B. bei ↑ *Fusarium*. Hi

Piptocephalis ↑ *Mucorales*, ↑ *Syncephalastrum*

Pityriasis versicolor: ↑ Levurose (↑ Dermatomykosen), welche durch den lipophilen ↑ Sproßpilz *Malassezia furfur* hervorgerufen wird. Der Pilzbefall beschränkt sich auf die obersten verhornten Zellschichten der Epidermis (Stratum corneum) und ist nicht selten über verschiedene Körperregionen herdartig und großflächig verteilt. Vorhandene Hautläsionen erscheinen verschiedenfarbig, häufiger minder- als überpigmentiert.

Während die Erkrankung in Mitteleuropa 0,5–1,0% aller Dermatomykosen ausmacht, ist sie in klimatisch wärmeren Gebieten bedeutend häufiger anzutreffen. Die P. v. betrifft sehr häufig Patienten mit Nierentransplantation (Erkrankungshäufigkeit etwa 50%). Oft sind gesunde Personen symptomlose Träger des Pilzes.

Ausgedehnter Befall zieht zwar erhebliche kosmetische Beeinträchtigungen nach sich, stört aber ansonsten das körperliche Wohlbefinden nur wenig. Die Labordiagnostik der P. v. beschränkt sich meist auf eine mikroskopische Untersuchung von Hautschuppen, in denen im positiven Fall runde, ovale, flaschenförmige oder hyphenartige Pilzelemente nebeneinander zu sehen sind. Eine Pilzanzucht ist möglich, sofern mit Olivenöl überschichtete ↑ Nährmedien verwendet werden. Entsprechend den Nomenklaturregeln (↑ ICBN) wird die angezüchtete Kulturphase des Erregers *M. furfur* nicht mehr als *Pityrosporon obriculare* (bzw. *P. ovale*) bezeichnet. Die therapeutische Behandlung der P. v. erfolgt lokal mit ↑ Antimykotika. V

Plage: deutlich umgrenztes Areal der Oberfläche mancher ↑ Basidiosporen im Bereich der Hilardepression (oberhalb des Hilarappendix), das durch unterschiedliche Oberflächenstruktur charakterisiert ist. Bei warzigen Sporen kommt z. B. ein glattes oder schwächer warziges P. vor. D

Plasmalemma: äußere Begrenzung des ↑ Cytoplasmas. Das P. entspricht in seinem Bau dem allgemeinen Prinzip biologischer ↑ Membranen. Es steht mit dem Endomembransystem der Zelle (↑ Endoplasmatisches Reticulum, ↑ Golgi-Apparat) über Vesicelflüsse in enger struktureller und funktioneller Beziehung. Das P. hat eine Dicke von etwa 8 bis 10 nm. Durch Ein- bzw. Ausstülpungen des P. können große Substanzmengen in die Zelle aufgenommen bzw. aus der Zelle abgegeben werden. Außerdem erfolgt ein passiver oder aktiver Transport von anorganischen oder organischen Substanzen durch Diffusion oder proteinvermittelten Transfer durch die Membran. Taf. 2/2 Sch

Plasmodiocarpien: Fruktifikationen von Schleimpilzen der Klasse ↑ *Myxomycetes*. P. entstehen statt ↑ Sporocarpien oder ↑ Aethalien, wenn durch ungünstige Bedingungen deren Bildung verhindert wurde. Die P. enthalten Meiosporen und Hüllen, wie die normalen Fruktifikationen, besitzen aber die Form des ↑ Plasmodiums. Von manchen Arten werden P. relativ häufig gebildet. D

Plasmodiophoromycetes: parasitische Schleimpilze, eine Klasse der Abteilung ↑ *Myxomycota* mit nur einer einzigen Ordnung (*Plasmodiophorales*). Die *P.* sind obligate Endoparasiten auf höheren Pflanzen, Algen oder Pilzen (Oomyceten). Sie durchlaufen, soweit bekannt, einen haplo-diplontischen ↑ Entwicklungszyklus, der mit einem heterophasischen ↑ Generationswechsel verbunden ist. Beide Generationen leben parasitisch und bilden intrazelluläre plasmodiale Stadien. Die Schwärmer sind heterokont (↑ Begeißelung) und fungieren als Zoosporen oder Gameten. Die *P.* umfassen nur etwa 20 Arten. Einige sind von wirtschaftlicher Bedeutung, z. B. *Spongospora subterranea*, der Erreger des Pulverschorfs der Kartoffel, und *Plasmodiophora brassicae*, der Erreger der Kohlhernie, der relativ gut untersucht wurde. Der Entwicklungszyklus dieses Pilzes (Abb.) ist durch ein haploides (im Wurzelhaar) und ein diploides (im gesamten Wurzelbereich) Plasmodium geprägt. Die Tumoren, die in der Regel die Pflanzen zum Absterben bringen, sind eine Reaktion der Pflanze auf den Befall der Wurzel.

Die Stellung der *P.* bei den übrigen Schleimpilzen ist umstritten. Sie werden mitunter als isolierte Abteilung (*Plasmodiophoromycota*) aufgefaßt. Verwandtschaftliche Beziehungen zu den Protozoen (Urtiere) sind durch den Modus der Mitosen u. a. Merkmale erwiesen. D

Plasmodium: amoeboid beweglicher, nackter (zellwandloser), vielkerniger (polyenergider), nicht zellulär gegliederter Organismus, ein Entwicklungsstadium der meisten Schleimpilze (↑ *Myxomycota*). P. entstehen entweder aus einer einzigen ↑ Myxamoebe oder durch Fusion (daher auch Fusionsplasmodium) mehrerer Myxamoeben. Die Ernährung erfolgt bei den P. der ↑ *Myxomycetes* durch Phagocytose, wobei meist Bakterien aufgenommen werden. Sie werden vom ausfließenden Plasma umflossen (↑ freie Ortsbewegung). In Anpassung an die parasitische Lebensweise der ↑ *Plasmodiophoromycetes* leben deren P. durch osmotische Nahrungsaufnahme. Die in der Regel diploiden P. der *Myxomycetes* werden morphologisch in drei Gruppen gegliedert:

1. Protoplasmodien sind mikroskopisch klein, unverzweigt, nicht auffallend pigmentiert. Die Plasmaströmung ist langsam und unregelmäßig. In der Regel wird nur ein einziges Sporocarp gebildet.
2. Aphanoplasmodien sind anfangs wie Protoplasmodien gebaut, werden aber bald größer und verzweigen sich. Sie bleiben hyalin, ohne auffallende Pigmente, jedoch weist das Plasma bereits eine schwache Granulierung auf, strömt schnell und wechselt die Strömungsrichtung rhythmisch. Es werden viele Sporocarpien gebildet.
3. Phaneroplasmodien werden sehr groß (bis 1,5 m^2 Fläche deckend), bilden rasch ein ausgedehntes Netzwerk auffallender schleimiger Plasmastränge mit oft intensiver Pigmentierung. Das Plasma weist reichlich Granula auf, strömt schnell und wechselt die Strömungsrichtung rhythmisch. Je P. werden sehr viele Sporocarpien bzw. mehrere oder nur ein einziges großes ↑ Aethalium gebildet.

Die auffallenden Phaneroplasmodien werden z.T. mit Volksnamen belegt. Unter Hexenbutter versteht man z. B. die großen P. von *Fuligo septica*, der Lohblüte (↑ *Physarales*); als Blutmilchpilz bezeichnet man die zur Aethalienbildung übergehenden P. von *Lycogala epidendron* (↑ *Liceales*). Die Bezeichnung Drachendreck wird für verschiedene P. verwendet.

Ausgereifte P. gehen zur Bildung pilzlicher Fruktifikationen über, wozu sie häufig in exponierte Positionen krie-

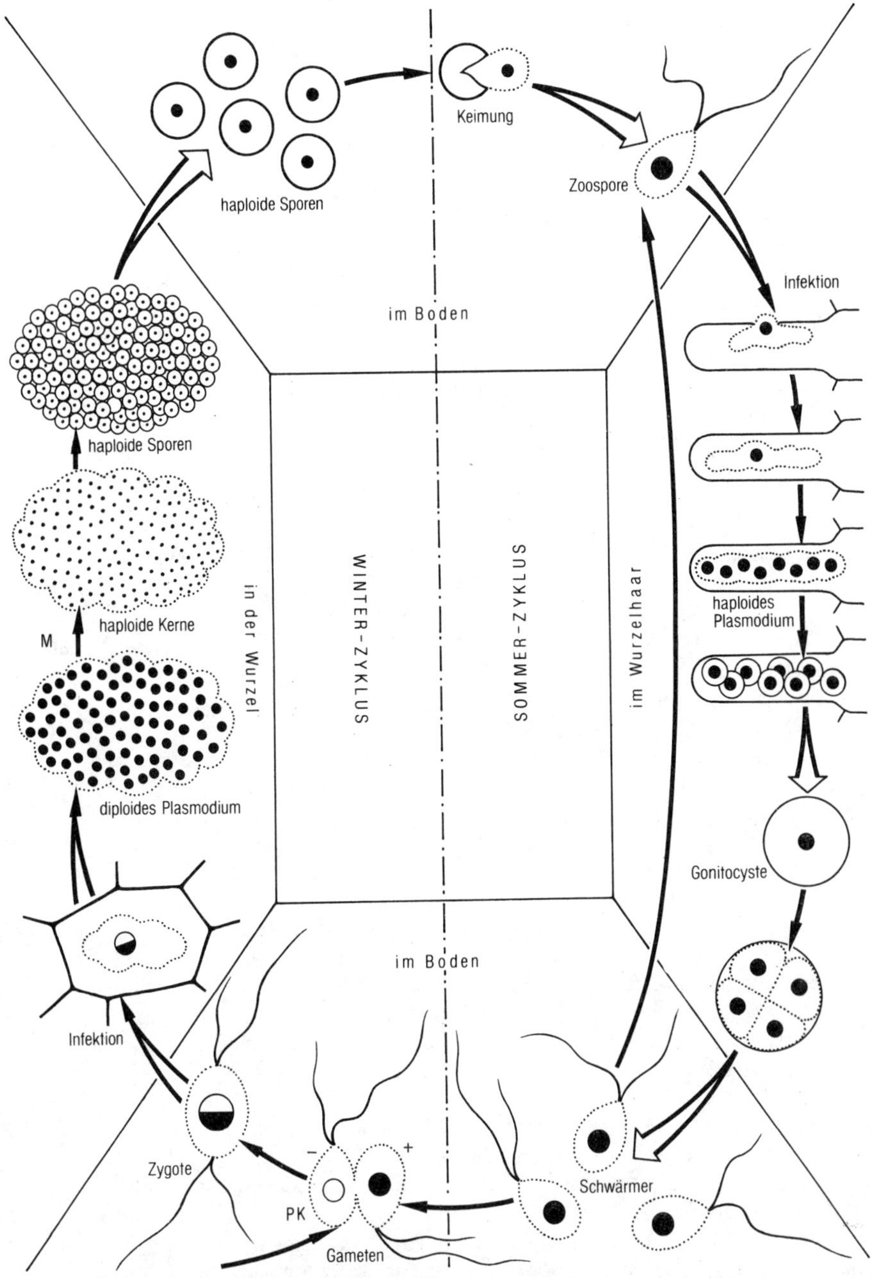

Plasmodiophoromycetes: Entwicklungszyklus von Plasmodiophora brassicae, dem Erreger der Kohlhernie. P Plasmogamie (Verschmelzung der Protoplasten), K Karyogamie (Kernverschmelzung), M Meiose (Reduktionsteilung)

chen (↑ Sporocarpien, ↑ Aethalium, ↑ Plasmodiocarpien, ↑ Abb. *Myxomycetes*).
Der Begriff P. wird mitunter auch als Überbegriff für ↑ Pseudoplasmodium (Aggregationsplasmodium) und Fusionsplasmodium benutzt. Das P. im beschriebenen Sinne ist dann mit dem Fusionsplasmodium identisch. D

Plasmogamie ↑ Befruchtung

Plasmopara: Gattung der Ordnung ↑ *Peronosporales* (Kl. ↑ *Oomycetes*). Die Gattung ist durch monopodiale Verzweigung der Sporocystophore und durch kleine kopfige Haustorien gut von der verwandten und ähnlichen Gattung ↑ *Peronospora* zu unterscheiden. Die Cystoconidien („Angioconidien"), die sich phylogenetisch aus Sporocysten entwickelt haben, stehen einseitswendig an den apikal gekrümmten Trägern. Sie keimen bei einigen Arten stets mit Hyphen; andere sind in der Lage, fakultativ Zoosporen zu bilden. Von besonderer Bedeutung ist *P. viticola*, der Falsche Mehltau des Weinstockes, der im Weinbau als Schädling gefürchtet ist. D

Plasmotomie ↑ Gonite

Plectenchym: Flechtengewebe, das durch Verflechtung von Pilzhyphen entsteht. Nahezu alle großen pilzlichen Strukturen, wie ↑ Fruchtkörper, ↑ Sclerotien, ↑ Conidiomata, ↑ Rhizomorphen, ↑ Flechtenthalli usw., sind plectenchymatisch aufgebaut. Neben der Verflechtung der Pilzhyphen spielen Verklebung, Inkrustierung, Anastomosenbildung und dergleichen eine Rolle beim Aufbau der verschiedenen Formen des P. Unter Pseudoparenchym (auch Paraplectenchym) versteht man ein P., das im mikroskopischen Bild an das Parenchym von Gefäßpflanzen erinnert. Es besteht aus nahezu isodiametrischen Zellen, zwischen denen Interzellularräume völlig fehlen können. Pseudoparenchyme kommen bei Fruchtkörpern häufig vor, haben Schutzfunktionen, Speicherfunktionen oder dienen z. B. der Fruchtkörperöffnung durch Quellung, wie die Pseudoparenchymschicht bei Geastrum (↑ Abb. Geastrales 1). Verlaufen die Hyphen etwa parallel und bilden einen der Festigkeit dienenden Strang wie bei manchen Bart- oder Strauchflechten, spricht man vom Strangplectenchym. Auch die Begriffe Hut-, Stiel-, Rindenplectenchym sind üblich. Sie bezeichnen das P. der Hut- und Stieltrama bzw. der ↑ Rinde (Cortex). Die dichtstehenden, miteinander oft verklebten, zylindrischen Hyphen, die in manchen ↑ Flechtenthalli die ↑ Rinde aufbauen, werden als Palisadenplectenchym bezeichnet. ↑ Trama D/Sto

Plectomyceten: Ascomyceten mit kleinen ↑ cleistocarpen Furchtkörpern (↑ Protothecien, ↑ Cleistothecien, z. T. auch ↑ Pseudothecien). Die P. wurden früher als natürliche Gruppe angesehen und werden noch gegenwärtig in manchen ↑ Pilzsystemen als Taxon geführt, z. B. im System von Webster als Klasse *Plectomycetes* der Unterabteilung *Ascomycotina*. Als P. werden u. a. die ↑ *Gymnoascales*, ↑ *Erysiphales* und ↑ *Eurotiales*, aber auch Teile der ↑ *Dothideales* geführt. Hi

pleomorphe Pilze: Pilze, die im Laufe ihrer Individualentwicklung (↑ Entwicklungszyklus) zwei oder mehrere morphologisch unterschiedliche Stadien mit unterschiedlichen Sporenformen hervorbringen, z. B. ↑ Teleomorphe und ↑ Anamorphe(n) oder nur verschiedene Anamorphen (↑ Holomorphe). ↑ dimorphe Pilze Hi

Pleosporales: ↑ *Dothideales*

Pleurobasidie ↑ Holobasidie

Pleurocystiden ↑ Cystide

pleurorhyncher Ascus ↑ Ascus

Plinius Secundus, Caius: römischer Gelehrter und Enzyklopädiker (23–79 u. Z.). P. entstammt einer Beamtenfamilie aus Como. Er war Offizier und Verwaltungsbeamter, zuletzt Flottenkommandant in Misenum. Bei einem Vesuvausbruch fand er in Stabiä den Tod. Für die Naturwissenschaften ist sein Werk „Naturalis historiae libri XXXVII" (37 Bde.) von Bedeutung. In den Bänden XII–XXVII werden die Pflanzen behandelt. Im Buch XIX, Sektion 3, schreibt P. über die Trüffeln, daß diese Pilze „allenthalben von Erde umgeben sind und sich auf keinerlei Fasern oder auch nur auf Härchen stützen; bei ihrer Bildung schwillt die Erde nicht auf, aber doch kann man nicht annehmen, daß sie Erde sind, denn sie sind von einer Rinde umgeben und hängen nicht mit der Erde zusammen". P. erwähnt in seinem Werk auch die Pilznamen *Fungus*, *Agaricus*, *Suillus* und *Boletus*; die übrigen Angaben zu den Pilzen betreffen deren Herkunft, Eßbarkeit und Giftigkeit. H

Plug: Pfropfen, in der Mykologie besonders für dichte Plasmastrukturen in den Pori von Septen bei Asco- und Basidiomyceten benutzter Begriff. ↑ Doliporus, ↑ Tabulae regulantes D

Pockenkrankheit: zum Komplex der ↑ Wurzeltöterkrankheit gehörende Erkrankung der Kartoffelknollen. In der Folge von Wurzel- und Stengelfäule (↑ Fäulen) werden an den erkrankten Sprossen häufig deformierte Knollen gebildet, die oberflächlich schwarzbraune, abkratzbare Auflagen zeigen. Es handelt sich dabei um die ↑ Sclerotien des Erregers (Teleomorphe: *Thanatephorus cucumeris;* Anamorphe: *Rhizoctonia solani*). B

Podetien: becher-, spieß- oder hornförmige, teils auch verzweigte, solide oder hohle Abschnitte des ↑ Flechtenthallus, die vertikal wachsen und ↑ Fruchtkörper (↑ Apothecien) und ↑ Pycnidien bzw. ↑ Spermogonien tragen. P. sind charakteristisch für Flechten (↑ Lichenes) mit einem ↑ Primärthallus; auf diesem entstehen sie als Thallus verticalis durch negativ geotropes Wachstum. Die P. tragen in vielen Fällen ↑ Phyllocladien und ↑ Soredien. Neuerdings werden nur solche vertikale Thallusabschnitte als P. bezeichnet, die sich aus Geflechten entwickeln, die zur Fruchtkörperbildung stimuliert sind („generative Geflechte", „generative Gewebe"). Sie bilden sich aus den Partien, welche die ↑ Ascogone tragen und werden deshalb auch als „Teile der Fruchtkörper", „Fruchtkörperstiele", angesehen, die sich aus „fruchtbürtigem Geflecht" entwickeln. Vergleichbare Bildungen, die zunächst als vegetative Thallusteile angelegt sind und keine Stimulierung zur Fruchtkörperbildung zeigen, werden den P. als Pseudopodetien gegenübergestellt. D/Sto

Polsterschimmel: auf faulenden Stellen von fleischigen Früchten (Obst) auftretende, ringförmig angeordnete, polsterartige, gelbgraue Überzüge, an denen ↑ Conidien entstehen. Sie werden durch Anamorphen (*Monilia*-Arten) von *Monilinia*-Arten (Kl. ↑ *Ascomycetes*) hervorgerufen. P. steht stets mit Fruchtfäule (↑ Fäulen) in Verbindung. ↑ *Monilia*-Krankheiten B

Polyen-Antimykotika: Verbindungen mit fungizider Wirkung, deren chemisches Grundgerüst eine Polyen-Makrolid-Struktur aufweist, an die glykosidisch ein Zucker (Mykosamin) gebunden ist. Bekannte P. sind Nystatin, Natamycin, Amphotericin B. Sie haben ein breites Wirkungsspektrum. Es werden viele pathogene Sproßpilze und ↑ imperfekte Pilze mit P. bekämpft.

P. wirken, nachdem sie sich an Bestandteile der Pilzzellmembran, vor allem Ergosterol, gebunden haben, permeabilitätsstörend. Dadurch werden aus den Zellen wichtige Inhaltstoffe, wie Kalium- und anorganische Phosphat-Ionen, später Proteine, Nucleotide und phosphorylierte Kohlenhydrate, freigesetzt. Die Folge sind Störungen der Gly-

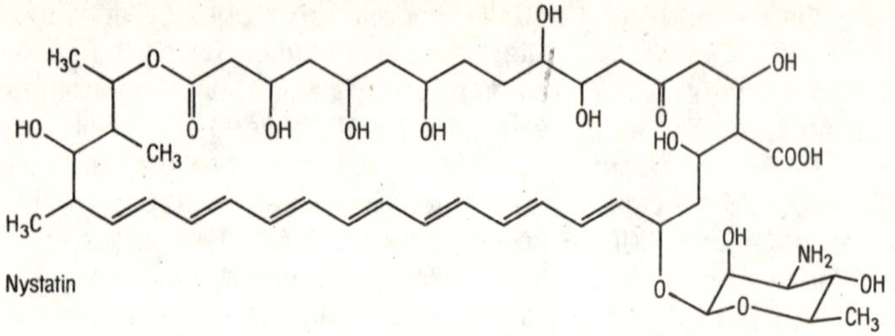

Nystatin

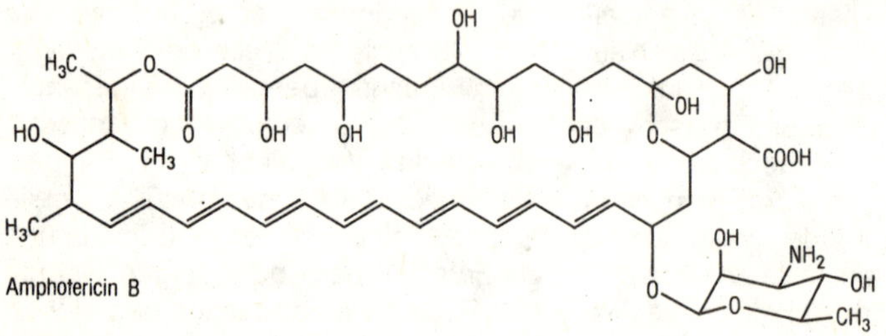

Amphotericin B

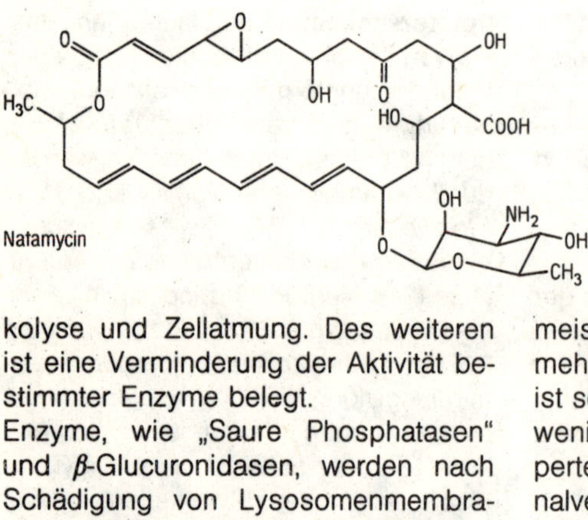

Natamycin

Polyen-Antimykotika

kolyse und Zellatmung. Des weiteren ist eine Verminderung der Aktivität bestimmter Enzyme belegt.
Enzyme, wie „Saure Phosphatasen" und *β*-Glucuronidasen, werden nach Schädigung von Lysosomenmembranen freigesetzt. Der Einsatz von P. ist sehr vielfältig. Der hervorragenden Wirksamkeit steht die starke Toxizität für den Patienten entgegen. Am stärksten toxisch ist ↑ Nystatin, das nicht systemisch angewendet wird. V

polyphylle Flechten: vielblättrige Flechten, ↑ Blattflechten, die besonders in der Mitte des Thallus in viele kleine ↑ Loben aufgeteilt sind. P. F. kommen z.B. in der Gattung ↑ *Parmelia* vor. Sto

Polyporales: Ordnung der Klasse ↑ *Basidiomycetes* (Ukl. ↑ *Homobasidiomycetidae).* Die Fruchtkörper sind meist pleurotoide oder polyporoide, oft mehrhütige ↑ Pilothecien. Die ↑ Trama ist selten monomitisch, meist dimitisch, wenigstens in den basalen Fruchtkörperteilen. Ein ↑ Velum partiale (Marginalvelum) kann vorkommen, meist entwickeln sich die Fruchtkörper jedoch gymnocarp. Die meisten Arten der *P.* sind Holzzerstörer und erregen eine intensive Weißfäule; einige leben an Kräutern oder Gräsern. Die Umgrenzung der Ordnung ist unsicher. Von manchen Autoren werden neben den *Polyporaceae,* mit Gattungen wie ↑ *Polyporus*, *Phyllotopsis*, ↑ *Pleurotus*, *Panus*, *Lentinus*, *Geopetalum* u. a., auch die *Schizophyllaceae* (↑ *Schizophyllales*) zu den *P.* gestellt. Taf. 10/1, 24/2–6 D

Polyporsäure: ↑ Terphenylchinon, das

in einigen Pilzfruchtkörpern in hoher Konzentration vorkommt. So enthält der Zimtfarbene Weichporling (*Hapalopilus nidulans*) 23% P., bezogen auf das Trockengewicht, und ergibt dadurch unter Einwirkung von Ammoniumionen die charakteristische Violettfärbung des Fruchtkörpers. Ein hydroxyliertes Derivat von P. ist das Atromentin. Beide Verbindungen leiten sich biochemisch von der Aminosäure Phenylalanin ab. M

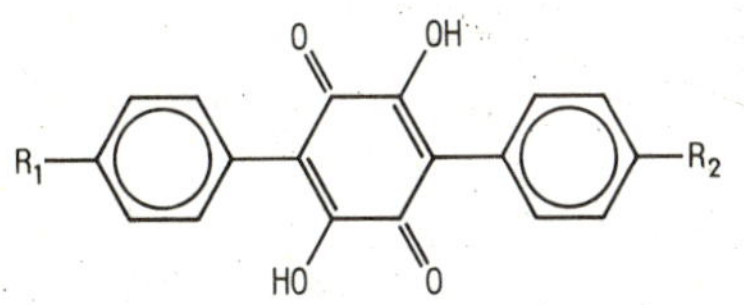

Polyporsäure: R_1/R_2 = H
Atromentin: R_1/R_2 = OH

Polyporus: Gattung der Ordnung ↑ *Polyporales* (Kl. ↑ *Basidiomycetes*). Die Fruchtkörper, gestielte Pilothecien, entwickeln sich kontinuierlich und nicht durch Streckungswachstum aus Primordien (Taf. 10/1). Ihre Trama ist anfangs mono-, später di- oder trimitisch (↑ Hyphensystem), das ↑ Hymenophor ist polyporoid. Die *P.*-Arten sind im wesentlichen Weißfäule verursachende, saprophytische Holzzerstörer; einige können als Schwächeparasiten auftreten, eine einzige Art wächst (wahrscheinlich saprophytisch) an Steppengräsern (Taf. 24/3). Junge Fruchtkörper von *P. squamosus*, dem Schuppigen Porling, können als Speisepilze genutzt werden. Zu den häufigen Arten in vielen Waldtypen gehört *P. brumalis*, der Winterporling, und *P. lepideus*, der Maiporling (Taf. 24/2). D

Polyribosom: Gruppe von ↑ Ribosomen, die während der ↑ Translation gleichzeitig an ein mRNA-Molekül assoziiert sind. ↑ RNA Sch

Polysaccharide: aus Zuckereinheiten aufgebaute polymere Naturstoffe. Von wirtschaftlicher Bedeutung vor allem für die Nahrungsgüterindustrie sind von den P. pilzlicher Herkunft das ↑ Pullulan von *Pullularia pullulans* (↑ imperfekte Pilze) und das aus verzweigten Glukoseketten aufgebaute Scleroglucan von ↑ *Sclerotium*-Arten. Str

Polysporie (Vielsporigkeit) ↑ Ascus

Polystigma: Gattung der Ordnung ↑ *Sphaeriales* (Kl. ↑ *Ascomycetes*), die etwa 5 phytoparasitische Arten umfaßt. *P. rubrum* bildet auffällige rötliche ↑ Stromata auf Blättern von Pflaumenbäumen und Schlehen. Hi

polystomatische Fruchtkörper ↑ Diplostomasie

polyzentrischer Thallus ↑ monozentrischer Thallus

Pombe: bierähnliches Getränk in Ostafrika, das auf der Grundlage von Hirse durch ↑ Gärung hergestellt wird. Str

Poria: eine kleine Gattung der Ordnung ↑ *Poriales* (Kl. ↑ *Basidiomycetes*). Die Fruchtkörper sind effus bis effusoreflex, ein- bis mehrjährig mit polyporoidem Hymenophor und di- bis trimitischer Trama. Die Typusart ist *P. medulla-panis*. Die *P.*-Arten wurden meist als *Perenniporia*-Arten geführt, was jedoch nomenklatorisch unkorrekt ist, da *P.* als Gattungsname ein älteres Synonym ist, das auf dem gleichen Typus beruht. Der Name *P.* wurde früher in viel breiterem Sinne benutzt. Er galt als Name für Pilze mit effusen Fruchtkörpern und polyporoidem ↑ Hymenophor. Später, nachdem zahlreiche gut umgrenzte Gattungen von *Poria* s. l. abgegrenzt waren, blieb der Name für den Rest mit unsicherer Stellung. Ähnlich wie der Begriff „*Polyporaceae*" s.l. für alle ↑ Porlinge wird der Begriff „*Poria*" s.l. für effuse Porlinge in der „mykologischen Umgangssprache" gebraucht. Eine dieser Arten, die lange Zeit als *Poria*-Art geführt wurde, ist *Donkioporia expansa*. Taf. 22/1 D

Poriales: Ordnung der Klasse ↑ *Basi-*

diomycetes (Ukl. ↑ *Homobasidiomycetidae*). Die Fruchtkörper sind effuse oder effusoreflexe ↑ Crustothecien, oft auch fometoide Pilothecien. Sie entstehen nicht aus Primordien; manche können mehrjährig werden. Die Trama ist mono-, di- oder trimitisch, das Hymenophor glatt, lamellenförmig, röhrig, zahn- oder stachelförmig, labyrinthisch. Vela fehlen, Arthrosporen oder Aleuriosporen werden von den Anamorphen häufig gebildet. Große Fruchtkörper der *Poriales* zeigen häufig Zonierungen. Die meisten *P.* sind saprophytische Holzzerstörer. Es kommen sowohl Weiß- als auch Braunfäuleerreger vor. Einige Fruchtkörper können wenigstens jung als Speisepilze genutzt werden. Die Umgrenzung der *P.* ist problematisch. Auch nach Ausgliederung einiger natürlicher Gruppen (↑ *Hymenochaetales*, ↑ *Thelephorales*, ↑ *Schizophyllales*) bleiben sie heterogen. Modernen Vorstellungen zufolge, die aber noch nicht allgemein anerkannt und ungenügend durchgearbeitet sind, zerfallen die *Poriales* in mehrere kleine Gruppen, z. B. die *Atheliales*, *Coriolales, Fomitopsidales, Ganodermatales, Grifolales, Hyphodermatales*, *Lachnocladiales*, *Meruliales*, *Phaeolales*, *Phanerochaetales, Stereales* u. a. Die Mannigfaltigkeit der *P.* in der hier gegebenen Umgrenzung ist noch außerordentlich groß. Sie umfassen die meisten Pilze, die effuse Crustothecien (irpicoide, porioide, corticioide, merulioide Crustothecien) bilden, und die meisten Arten der pileaten Porlinge. Die bekannten Porlingsgattungen, wie ↑ *Fomes,* ↑ *Fomitopsis,* ↑ *Laetiporus,* ↑ *Spongiporus* usw., gehören zu der Familie *Coriolaceae* der *P.* Taf. 18/2,3; 20/2–5; 21/1–4; 22/1,2,6; 23,4; 24/1 D

Porlinge: ↑ Basidiocarpien mit derbröhrigem ↑ Hymenophor. Von ↑ Röhrlingen sind P. durch die derbere, nicht bilaterale und meist nicht leicht von der Huttrama lösbare Hymenophoraltrama zu unterscheiden. P. sind nur morphologisch durch dieses polyporoide (auch „poroide“) Hymenophor zu definieren. Früher galten sie als natürliche Gruppe; sie gehören jedoch in verschiedene Verwandtschaftskreise, z. B. in die Ordnungen ↑ *Poriales*, ↑ *Polyporales*, ↑ *Hymenochaetales*. P. können effuse, effusoreflexe oder pileate Basidiocarpien sein. Taf. 20/2–5; 21/1–4; 22/1,2,4,6; 23/1–4; 24/1–4 D

Poronia: weit verbreitete, nur zwei coprophile Arten umfassende Gattung der Ordnung ↑ *Xylariales* (Kl. ↑ *Ascomycetes*). Die ↑ Perithecien sind in scheibenförmige, gestielte ↑ Stromata eingeschlossen. *P. punctata*, die Porenscheibe, war früher in Mitteleuropa auf Pferdemist häufig, gilt aber seit einiger Zeit in diesem Gebiet als ausgestorben. Taf. 12/1 Hi

Porosporen: durch enteroblastische ↑ Conidiogenese entstehende ↑ Conidien, wobei eine Ausstülpung der inneren Wand der ↑ conidiogenen Zelle durch einen Porus in der äußeren Wand die Conidieninitiale bildet. Die conidiogene Zelle ändert dabei ihre Form und Größe nicht; es können ein oder mehrere ↑ conidiogene Orte vorhanden sein. Hi

Porta, Giambattista della: italienischer Physiker (1539–1615). Nach längeren Reisen wurde P. in Neapel seßhaft und betrieb in erster Linie physikalische, besonders optische Studien, beschrieb Linsenkombinationen, Spiegelungsgesetze usw. Außerdem befaßte er sich mit Naturphilosophie, mit Krytogamen, begründete in Neapel ein Museum und einen botanischen Garten. Seine ↑ Signaturenlehre, die auf der Grundlage der Substanzlehre von Paracelsus entstand, gewann im 17. Jh. zeitweilig in der Biologie, auch bezüglich der Pilze, Einfluß. Sie beinhaltet die Vorstellung kausaler Zusammenhänge zwischen äußerer Gestalt und Eigenschaften, z. B. der Heilwirkung, und wurde von P. als methodische Grundlage seines Pflanzensystems genutzt. In der „Phytognomica" (1588) veröffentlichte P. seine mykologischen Beobachtungen u. a. über Pilzsporen, die aber später, auf Grund der allgemeinen Ablehnung seiner Lehre, in Vergessenheit gerieten. H

Postreduktion ↑ Rekombination

p-Quinol ↑ Karbolchampignons

Präreduktion ↑ Rekombination

Prévost, Isaac Bénédict: Schweizer Gelehrter (1755–1819). P. war ab 1777 Privatgelehrter in Montauban (Frankreich) und ab 1810 Professor für Philosophie an der Faculté de Theologie Protestante. Er beschäftigte sich als Autodidakt mit Mykologie, vor allem mit Phytoparasiten („Mémoire sur la cause immédiate de la carie ou charbon ... " 1807). Unter anderem beschrieb er die Entwicklung der Zoosporen verschiedener ↑ *Peronosporales* und erprobte den Einfluß von Chemikalien, z. B. Kupfersulfat, auf die Entwicklung von Brandpilzen. H

Primärthallus: die erste von zwei oder mehreren voneinander verschiedenen Thallusformen im Verlaufe der Individualentwicklung. Zum Beispiel wird der zuerst gebildete, oft schuppig-blättrige, der Unterlage dicht anliegende ↑ Flechtenthallus (Thallus horizontalis), auf dem sich bei ↑ Strauch- oder ↑ Becherflechten der sekundäre Thallus verticalis entwickelt, als P. bezeichnet. Der P. kann ausdauernd sein, verschwindet aber auch bei zunehmendem Alter vollkommen. Sto

Proascus: dikaryotische Zelle, in der die Karyogamie stattfindet und die sich zum ↑ Ascus entwickelt. Der P. wird auch als Ascusmutterzelle bezeichnet. Der Begriff wird bei der Entwicklung der Asci nach dem Haken- und Terminalzellentyp benutzt. ↑ Abb. Ascus 1 Hi

Probasidie: eine Zelle, die sich in eine Basidie umwandelt, das erste Stadium der Basidie, wenn dieses von dem folgenden Stadium, das (im Gegensatz zur P.) Metabasidie genannt wird, verschieden ist. Typische P. sind kugelig; mitunter haben sie verdickte Wände. Sie kommen vor allem bei ↑ Heterobasidiomyceten (z. B. bei den *Auriculariales*) vor. Vergleichbar mit P. sind die Zellen der Teleutosporen der ↑ *Uredinales* und die Brandsporen der ↑ *Ustilaginales,* die mitunter ebenfalls als P. bezeichnet werden. Auch noch nicht differenzierte Holobasidien werden manchmal P. (auch Basidiolen) genannt. D

Produktionsstamm: ↑ Stämme von Mikroorganismen, die durch Züchtung oder genetische Manipulationen zu hoher Produktbildung befähigt sind. Bei technischen Prozessen werden häufig P. von Pilzen eingesetzt. Ursprüngliche Stämme von ↑ *Penicillium chrysogenum* bildeten z. B. etwa 60 mg/l ↑ Penicillin. Heute werden P. oder Hochleistungsstämme eingesetzt, die bis zu 50 g/l produzieren. Str

Produktisolierung: Abtrennung und Reinigung mikrobieller Produkte durch Aufarbeitungsschritte, die der industriellen ↑ Fermentation folgen. Dazu gehören Methoden zur Abtrennung der Organismen vom Nährmedium (Flokkung, Filtration, Zentrifugation, Flotation), zum Aufschluß von Pilzzellen und -myzelien (Vermahlen, Ultraschall, Einfrieren und Auftauen, Detergentien, Enzyme), zur Anreicherung von Produkten (Verdampfung, Extraktion, Membranfiltration, Gefrierkonzentrierung, Einsatz von Ionenaustauschern und Adsorberharzen, Fällungsreaktionen), zur Reinigung (Kristallisation, Chromatographie) und Trocknung (mit Kontakt-, Konvektions- oder Strahlungstrocknern). Str

Prokaryoten (prokaryotische Organismen): meist einzellige Lebewesen, die keine ↑ Kompartimente, also auch keinen Zellkern, besitzen. Die Zellen der P. enthalten je ein oder mehrere DNA-haltige Bereiche, sog. Nucleoide oder Kernäquivalente. Zu den P. gehören Eubakterien (einschließlich der Cyanobakterien oder Blaualgen) und die Archaebakterien. Die heterotrophen Bakterien wurden früher als Vorfahren der Pilze angesehen (*Schizomycetes* oder Spaltpilze). Es hat sich jedoch gezeigt, daß alle ↑ Eukaryoten (Pflanzen, Tiere, Pilze) eine monophyletische Abstammungsgemeinschaft sind und untereinander näher verwandt sind als mit irgendeiner Gruppe der Prokaryoten. Der Unterschied zwischen Pro- und Eukaryoten ist fundamental, und es gibt keine Übergänge. ↑ Vorsatz D/Sch

Prolifikation: unregelmäßige Ausbildung von ↑ Hymenophor. Besonders bei den Ordnungen ↑ *Agaricales* und ↑ *Russulales* kommt es aus verschiedenen Ursachen (Parasitenbefall, unbekannte Störungen der Primordialentwicklung) zu mißgestalteten Fruchtkörpern, die z. B. nicht geotropisch orientierte Lamellen auf der Hutoberseite oder dachziegelige Hutbildungen bis völlig morchelloide Verbildungen der gesamten Fruchtkörper zeigen. Ähnliche, oft mitgeteilte Bildungsabweichungen sind „Zwillingsbildungen", wobei ein zweiter kleinerer Fruchtkörper auf dem Hut eines Fruchtkörpers wächst. D

Prosterigma (auch Protosterigma, Pl. Prosterigmata, auch Prosterigmen): eine Ausstülpung der Basidie, an der sich ein ↑ Sterigma entwickelt. P. kommen bei einigen ↑ *Heterobasidiomycetidae* vor. Bei mehrzelligen Basidien entsteht pro Zelle ein P. (z. B. bei den ↑ *Tremellales*), an ↑ Holobasidien bilden sich zwei oder vier P. (z. B. bei den ↑ *Tulasnellales*).

Die P. werden von manchen Autoren terminologisch nicht von den Sterigmata getrennt, von anderen als Epibasidien dem basalen Basidienteil, der dann als ↑ Probasidie bezeichnet wird, gegenübergestellt. Phylogenetisch werden P. mitunter als ausgesproßte ↑ Basidiosporen interpretiert, die an der Basidie verbleiben. Die eigentlichen frei werdenden Sporen sind nach dieser Hypothese als ↑ Sekundärsporen zu verstehen. D

Proterosporen: am Anfang der Sporulationszeit mancher Fruchtkörper (z. B. mancher ↑ *Poriales*) gebildete Basidiosporen, die sich von später gebildeten unterscheiden. Zum Beispiel keimen die P. von ↑ *Ganoderma*-Arten sofort, während später gebildete erst als Dauersporen fungieren und spezielle Keimbedingungen benötigen. D

Prothallus (auch Protothallus): der bei zahlreichen ↑ Krustenflechten dem eigentlichen ↑ Flechtenthallus vorauswachsende und diesen kranzförmig umgebende oder die einzelnen ↑ Areolen verbindende Teil des Thallus. Er wird nur vom ↑ Mykobionten gebildet. Der P. wird in dem Maße zum eigentlichen Thallus umgebildet, wie ↑ Phycobionten in ihn eingebracht werden. Die Phycobiontenzellen werden zunächst zur Teilung angeregt, dann durch sog. Schiebehyphen an den Thallusrand und schließlich in den P. verlagert. ↑ Lichenes Sto

Protolichesterinsäure: ↑ Flechtenstoff, häufigste aliphatische Flechtensäure von weiter Verbreitung (z. B in *Roccella*-, *Cetraria*-, *Parmelia*-Arten). Es ist eine optisch aktive Verbindung, deren Antipoden beide aus Flechten bekannt sind. Sto

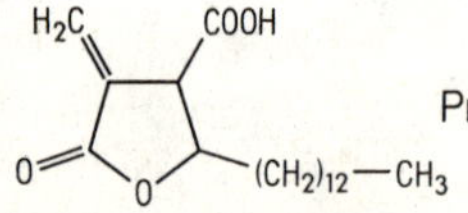

Protolichesterinsäure

Protomycetales: Ordnung der Klasse *Endomycetes* (Abt. *Eumycota*, Echte Pilze), die auf krautigen Pflanzen (*Apiaceae*, *Asteraceae*, Farne) parasitierende Pilze umfaßt, deren vielsporige Sporocysten aus Dauerstadien (Chlamydosporen, Teleutosporen) hervorgehen.

Der Entwicklungszyklus ist unvollständig bekannt, wahrscheinlich (wie bei den *Spermophthorales*) haplo-diplontisch. Als *P.* werden die Gattungen *Protomyces*, *Taphridium* und *Mixia* zusammengefaßt. D

Protoplasma: die lebende Substanz. Bei eukaryotischen Organismen gliedert man das P. in ↑ Zellkerne und ↑ Cytoplasma. Sind solche Organismen zellulär gegliedert, wird der lebende Inhalt einer Zelle als ↑ Protoplast bezeichnet und den nicht lebenden Bestandteilen der Zelle (Zellwand, Zellsaft usw.) gegenübergestellt. In den ↑ Plasmodien liegt keine zelluläre Gliederung des P. vor. Bei diesen Strukturen unterscheidet man häufig, wie bei den Amoeben (↑ Myxamoeben), ein dünnflüssiges inneres und ein festeres äußeres P. (Endo- und Ektoplasma, ↑ freie Ortsbewegung) D

Protoplasmodium ↑ Plasmodium

Protoplast: das ↑ Protoplasma einer einzigen Zelle. Die P. von Befruchtungszellen verschmelzen miteinander in der Plasmogamie (↑ Befruchtung). Die Teilung eines P. wird als Plasmotomie bezeichnet. Der Terminus P. wird auch in der Experimentalbiologie für von der Zellwand entblößte (wandfrei gemachte) Zellen benutzt. D

Protosteliales: Ordnung der Schleimpilze (Kl. ↑ *Myxomycetes*, Abt. ↑ *Myxomycota*). Die *P.* umfassen nur wenige Arten. Begeißelte Zellen (Myxoflagellaten) sind im Entwicklungszyklus von *Cavostelium* nachgewiesen. Die ↑ Plasmodien sind als Protoplasmodien ausgebildet oder fehlen; die Fruktifikationen bestehen aus je einem Stiel, an dem meist nur eine einzige Spore gebildet wird, mitunter entstehen bis zu vier Sporen. Diese Gebilde gehen aus den Plasmodien oder direkt aus ↑ Myxamoeben hervor. Bei den Gattungen *Protostelium* und *Schizoplasmodium* ist ein Gasblasenmechanismus zur aktiven Sporenabschleuderung gefunden worden.

Die Stellung der P. ist unsicher. Sie werden (↑ *Myxomycota*, Tabelle) zu den *Myxomycetes*, mitunter auch zu den ↑ *Acrasiomycetes* gestellt oder als eigene Klasse, als *Protosteliomycetes*, geführt. D

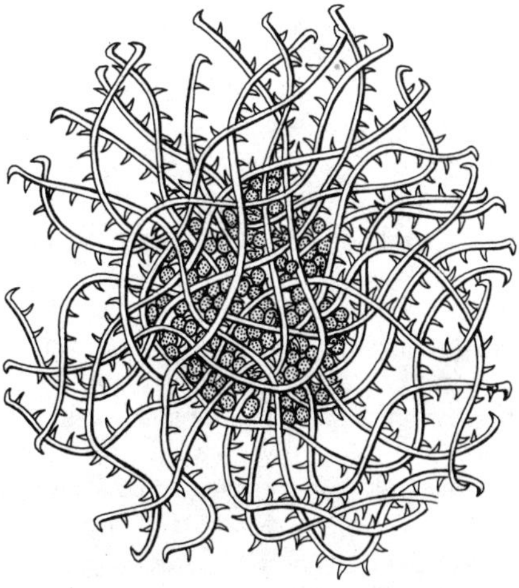

Protothecium von Ctenomyces, im Zentrum mit kugeligen Asci

Protothecium: morphologisch ursprünglicher Fruchtkörpertyp der ↑ *Ascomycetes* (↑ Ascocarpien). Die Funktion der Ascocarpwand wird von lockerem Hyphengeflecht übernommen (Abb.). Im Zentrum befinden sich unregelmäßig verteilte, meist kugelige ↑ Asci. Die ontogenetische Entwicklung verläuft ascohymenial. P. kommen z. B. bei den ↑ *Eurotiales* und ↑ *Gymnoascales* vor. Hi

PR-Toxin: Mykotoxin, eine terpenoide Verbindung, die von *Penicillium roqueforti* gebildet wird. P. stört die RNA-Synthese und führt dadurch zu Leberschäden (LD_{50} = 6 mg/kg Maus, intraperitoneal). Die zur ↑ Käseherstellung verwendeten Stämme von *Penicillium roqueforti* bilden P. nicht bzw. in unbedenklichen Konzentrationen. M

Pruina: bei einigen Flechten (↑ Lichenes) reifartiger Belag auf Fruchtkörpern und/oder ↑ Flechtenthalli, der aus feinkörnigen Ablagerungen von ↑ Flechtenstoffen, oft Kristallen, und Abschuppungen der Oberfläche, meist Resten abgestorbener Zellen, besteht. Sto

Psathyrella: artenreiche Gattung der Ordnung ↑ *Agaricales* (Kl. ↑ *Basidiomycetes*). Die Fruchtkörper sind zentral gestielte, oft zarte und gebrechliche Blätterpilze (hierauf beruht der Name „Zärtlinge"). Sie bilden dunkelbraunes bis schwarzes Sporenpulver. Die Hüte sind halbkugelig, glockig bis kegelig, die Fruchtkörperentwicklung ist hemiangiocarp. An reifen Fruchtkörpern ist ein ↑ Velum oft als Hutsaum erkennbar (hierauf beruht der Name „Saumpilze"). Die Sporen sind mit einigen Ausnahmen glatt; sie haben stets einen Keimporus. Die Gattung *Panaeolus* gehört zu den *Coprinaceae* (Tintlingsartige Pilze). Die Lamellen zerfließen bei Reife nicht und werden bei heranreifenden Fruchtkörpern nicht fleckig (↑ *Panaeolus*). Von den etwa 100 europäischen Arten sind einige sehr häufig, z. B. *P. piluliformis* (*P. hydrophila*), das Weißstielige Stockschwämmchen (Taf. 36/4). D

Pseudoapothecium ↑ Apothecium

Pseudocolumella ↑ Columella

Pseudocyphellen: bei Flechten mit echter ↑ Rinde dem Gasaustausch dienende, unregelmäßige, fleck- bis strichförmige, oft an den Rändern etwas aufgewölbte Auflockerungen oder Durchbrechungen der Rinde. Sie sind mehr oder weniger tief, reichen aber meist bis zu dem weiß erscheinenden ↑ Mark und sind von kurzzelligen Markhyphen erfüllt. P. sind in zahlreichen Flechtengattungen anzutreffen. ↑ Cyphellen Sto

Pseudocystiden ↑ Cystide

Pseudodiaphragma: Grenzschicht aus verdichteten Hyphen zwischen ↑ Gleba und ↑ Subgleba von ↑ Gasterothecien. Im Gegensatz zum ↑ Diaphragma ist diese Struktur nicht pergamentartig; die Oberfläche ist filzig. Sowohl beim Vorkommen eines Diaphragma als auch eines P. ist die Subgleba der Gasterothecien von oben gesehen schüsselartig vertieft. Ein P. kommt z. B. bei manchen Arten der Gattung ↑ *Calvatia* vor. D

Pseudoexcipulum: Berandung des ↑ Apotheciums von Flechten (↑ Lichenes) durch die Thallusrinde. Das P. grenzt unmittelbar an das ↑ Hymenium, ist frei von ↑ Phycobionten und wie ein Eigenrand (↑ Excipulum) gefärbt. Es tritt vor allem bei Flechten mit stark entwikkelter Rinde auf. ↑ Gehäuse Sto

Pseudohydnum: Gattung der Ordnung ↑ *Tremellales* (Kl. ↑ *Basidiomycetes*). Die Fruchtkörper sind pileat, meist seitlich gestielt und besitzen ein stachelförmiges ↑ Hymenophor. Die Trama ist gallertig und monomitisch. Die einzige Art, *P. gelatinosum*, der Zitterzahn, kommt im Gebirge gehäuft vor. Mit Vorliebe wächst der Pilz an morschem Fichtenholz, aber auch totes Holz von Tanne und Kiefer kann als Substrat dienen. An Laubholz (besonders Buche) ist er selten. Taf. 17/2 D

Pseudoparaphysen: Zellen des ↑ Hamatheciums, die in der Apikalregion des ↑ Ascocarps ihren Ursprung haben und zwischen den sich entwickelnden ↑ Asci nach unten wachsen. Schließlich sind sie auch unten angeheftet und können sich in der Folge sogar oben ablösen. Gewöhnlich sind sie regelmäßig septiert, verzweigt und anastomosierend. ↑ Apikalparaphysen, ↑ Paraphysen, ↑ Paraphysoide. Hi

Pseudoparenchym ↑ Plectenchym

Pseudoperidie: äußere Hülle der ↑ Aecidien der Rostpilze (↑ *Uredinales*). Aus den paarkernigen Basalzellen der Aecidien (↑ Abb. *Uredinales*) entstehen Zellketten, aus denen sich die ↑ Aecidiosporen bilden. Die jeweils obersten Zellen der Ketten und die randständigen Zellen unterliegen jedoch einer beson-

deren Entwicklung. Sie werden dickwandig und verkleben mit den benachbarten Zellen. Es kann dadurch eine kontinuierliche Hüllschicht entstehen, die P. genannt wird, da sie der ↑ Peridie von ↑ Gasterothecien ähnlich sein kann, aber dieser nicht homolog ist. Der phylogenetische Ursprung der P. liegt in der Umbildung von Sporen. Durch den Druck der sich entwickelnden Sporenketten reißt die P. später auf, nachdem die Epidermis der Wirtspflanze durchstoßen wurde. Nach der Struktur der P. werden bei den Rostpilzen vier Typen von Aecidien (im weiteren Sinne) unterschieden:
1. P. becherartig, apikal aufreißend (Aecidium-Typ); 2. P. sehr lang, zylindrisch, hornartig, bei Reife seitlich zerschlitzt oder gitterartig durchbrochen (Roestelia-Typ); 3. P. sack- bis blasenartig, später unregelmäßig aufreißend (Peridermium-Typ); 4. P. fehlend oder nur aus Resten bestehend (Caeoma-Typ). Die Bezeichnungen beruhen auf früher benutzten Namen für die Pilzgattungen *Aecidium*, *Roestelia*, *Peridermium* und *Caeoma*. Nach den Regeln der Benennung pleomorpher Pilze (↑ ICBN) können diese Namen, die aus der Zeit stammen, in der man die Zugehörigkeit dieser Stadien zu den Gattungen der Teleomorphen nicht kannte, nach wie vor als Namen für Anamorph-Gattungen (Form-Gattungen) benutzt werden. Dies ist vor allem dann von Bedeutung, wenn man die Zugehörigkeit dieser Stadien zu den Teleomorphen (das sind bei den Rosten die Teleutosporen umfassenden Stadien) nicht kennt. B/D

Pseudoperithecium ↑ Pseudothecium

Pseudopeziza: Gattung der ↑ *Dermateaceae* (Ord. ↑ *Helotiales*, Kl. ↑ *Ascomycetes*), die drei phytoparasitische Arten umfaßt. Die ↑ Ascocarpien sind kleine, hellfarbige ↑ Apothecien, die aus stromatischem Gewebe in Blättern der Wirtspflanze herauswachsen. *P. trifolii* schädigt feldmäßig angebaute Klee- und Luzernearten und kann als Schädling wirtschaftlich bedeutend sein. Hi

Pseudoplasmodium (Aggregationsplasmodium): durch Zusammenlagerung von ↑ Myxamoeben entstehende Struktur, die einem ↑ Plasmodium gleicht, aber aus einkernigen Zellen besteht. P. werden von den zellulären Schleimpilzen (↑ *Acrasiomycetes*) vor der Sporulation gebildet. D

Pseudopodetium ↑ Podetium

Pseudorhiza: wurzelförmige Stielver-

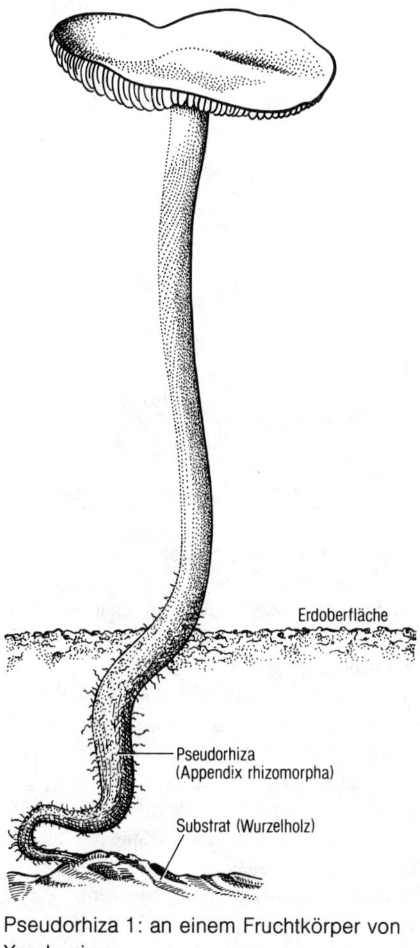

Pseudorhiza 1: an einem Fruchtkörper von Xerula nigra

längerung zwischen der Basis eines Fruchtkörpers und dem Myzel, das meist in einem speziellen Substrat lebt, z. B. in unterirdischem Holz, unterirdischen Früchten oder im festen Kern oberflächlich morschen Holzes (Abb. 1). Anatomisch ist die P. dem Stiel des Fruchtkörpers ähnlich, weist jedoch besonders in Richtung des Substrates oft oberflächlichen Hyphenfilz auf und kann auch andere spezielle Oberflächenstrukturen, z. B. eine Hülle, ein pseudoparenchymatisches Involucrum, besitzen. Die Länge der P. hängt von äußeren Bedingungen ab, z. B. von der Lage des Substrates im Boden und der Konsistenz des Bodens, der durchwachsen werden muß. Entwickeln sich

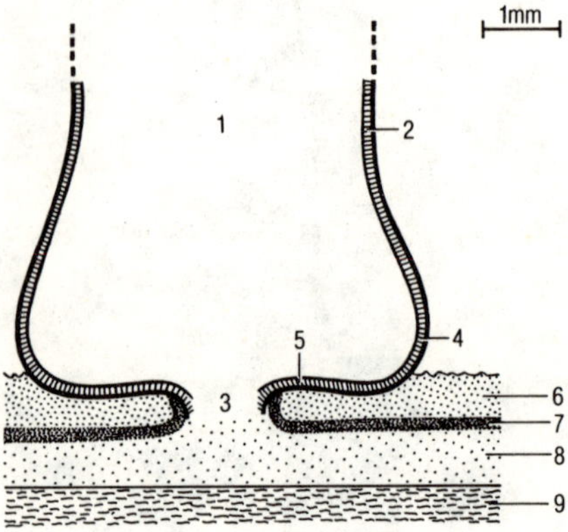

Pseudorhiza 2: Fruchtkörperbasis mit reduzierter Pseudorhiza an einem kultivierten Fruchtkörper von Xerula melanotricha.
Das Plectenchym der Insertionsstelle stellt in Verbindung mit der basalen Involucralzone, die dem Involucrum der Pseudorhiza normaler Fruchtkörper entspricht, eine reduzierte Pseudorhiza dar.
1 Stielplectenchym, 2 Stielrinde,
3 Insertionsstelle des Fruchtkörpers,
4 Übergangszone zwischen Stielrinde und Involucralzone, 5 Involucralzone,
6 sekundäres Myzel, 7 Myzelioderm,
8 primäres dikaryotisches Myzel,
9 Kulturmedium

Fruchtkörper, die normalerweise eine P. besitzen, direkt an der Oberfläche des Substrates, kann die P. reduziert werden und ist makroskopisch nicht oder kaum nachweisbar. Mitunter sind jedoch an der Basis solcher Fruchtkörper Ansätze nachweisbar (Abb. 2). Die P. wird auch als Appendix rhizomorpha bezeichnet. D

Pseudoseptum: einem ↑ Septum ähnliche Bildung, die keine Zellwand, sondern ein meist aus Cellulin aufgebauter Pfropfen ist.

Als P. werden neben solchen „falschen Scheidewänden" auch unvollständige Querwandbildungen mancher coenocytischer Pilze bezeichnet. D

Pseudothecium: ↑ Ascocarp, das sich ascolocular entwickelt. Es bildet einen Loculus, selten mehrere Loculi, in dem (denen) die Asci rosettig (↑ Perisporiales) oder in einem Hymenium angeordnet sind. Das ↑ Hamathecium wird meist aus ↑ Pseudoparaphysen, selten aus ↑ Paraphysen oder ↑ Paraphysoiden gebildet, oder fehlt völlig. P. zeigen eine subglobose Form oder sind birnenförmig; sie verwittern in der Scheitelregion zur Sporenfreisetzung oder besitzen eine präformierte Öffnung, dem Ostiolum der ↑ Perithecien vergleichbar (daher auch Pseudoperithecien genannt). Die morphologische Vielfalt der P. ist groß, mitunter werden auch ↑ Thyriothecien als „thyriale P." in den Begriff eingeschlossen. Abb. Hi

Psilocybe ↑ *Stropharia*

Psilocybin: Tryptaminderivat mit psychotroper Wirkung. P. und Psilocin kommen in den Fruchtkörpern verschiedener Arten der *Strophariaceae,* besonders in *Psilocybe*-Arten, vor und gehören zu den bekanntesten ↑ Halluzinogenen aus Pilzen. (Formel) M/D

psychrophile Pilze: Arten, die bei relativ tiefen Temperaturen ihr Existenzoptimum aufweisen. Aus physiologischer Sicht wird von p. P. gesprochen, wenn das Optimum zwischen 0 und 20°C

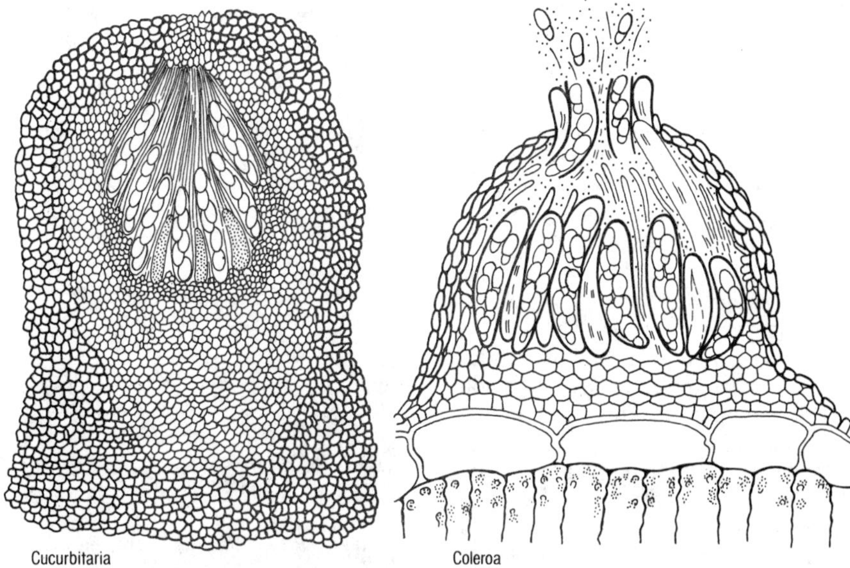

Pseudothecium: Längsschnitte durch verschiedene Typen ausgereifter Pseudothecien

liegt. Manche p.P. sind für die Kühllagerung von Lebensmitteln problematisch, z. B. imperfekte Pilze der Form-Gattungen *Cladosporium* und *Sporotrichum*. ↑ thermophile Pilze, ↑ mesophile Pilze Str/D

Puccinia: rund 3000-4000 Arten umfassende Gattung der Rostpilze (↑ *Uredinales*, auch *Pucciniales*), deren Arten insgesamt eine Vielzahl von Wirtspflanzen unterschiedlicher Familien ein- und zweikeimblättriger Pflanzen befallen. Die meist kugeligen ↑ Spermogonien und die typisch becherförmigen ↑ Aecidien (↑ Pseudoperidie) entstehen zunächst subepidermal. Die Uredolager sind ebenfalls subepidermalen Ursprungs, können Paraphysen enthalten und bilden einzellige, einzeln auf Stielen stehende, meist stachelige Uredosporen, die Keimpori aufweisen. Die meist zweizelligen Teleutosporen (↑ Abb. *Uredinales* 2) entstehen ebenfalls einzeln auf Stielen. Einzelne einzellige ↑ Mesosporen oder dreizellige Teleutosporen können beigemischt sein. Jede Teleutosporenzelle besitzt einen Keimporus; ihre Wände sind meist auffallend pigmentiert, die Oberflächen sind glatt, warzig-stachelig, streifig oder netzig skulpturiert. Bei der Keimung entwickelt sich aus jeder Zelle eine Basidie. Bei den *P.*-Arten sind zahlreiche Modi des Entwicklungsganges realisiert. Es gibt makro-, hemi-, brachy- und mikrozyklische Arten, die entweder einen Wirtswechsel durchlaufen oder

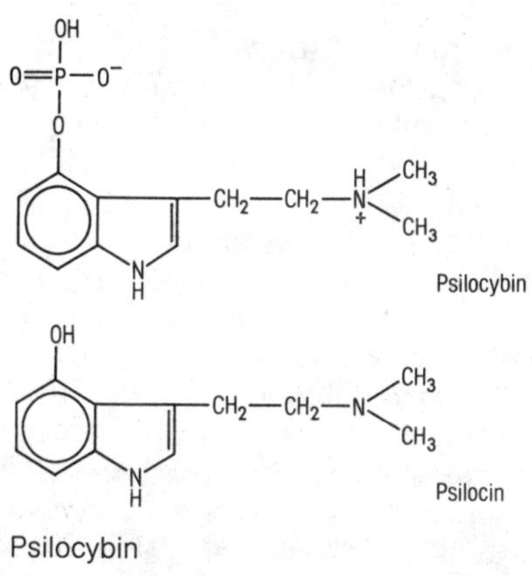

Psilocybin

nicht (↑ *Uredinales*, Entwicklungsgänge). Die Gattung *P.* enthält eine Vielzahl phytopathologisch bedeutsamer Arten. ↑ Schwarz-, ↑ Braun-, ↑ Gelb- und ↑ Kronenrost verursachen z. B. beträchtliche Schäden im Getreideanbau. Andere parasitieren z. B. auf Laucharten, auf Spargel, auf Stachel- und Johannisbeeren. ↑ Abb. *Uredinales* 1,2 B

Pullulan: ↑ Polysaccharid, das mit Hilfe von *Pullularia pullulans* (↑ imperfekte Pilze) hergestellt werden kann. P. ist aus α(1,4)- und α(1,6)-verknüpften Glukose-Einheiten im Verhältnis 2:1 aufgebaut. In geringeren Mengen sind außerdem Galactose und Mannose enthalten. P. findet Verwendung als Dickungsmittel und als Zusatz für energiereduzierte Nahrungsmittel in der Lebensmittelindustrie und als Gleitmittel bei der Kunstfaserherstellung. Str

Pulverschorf ↑ Schorfkrankheiten

Pulvinsäuren: Naturstoffe, die von einigen Arten der Basidiomyceten, besonders von Röhrlingen (Ord. ↑ *Boletales*), und von einigen Flechten (↑ Lichenes, ↑ Flechtenstoffe) gebildet werden.

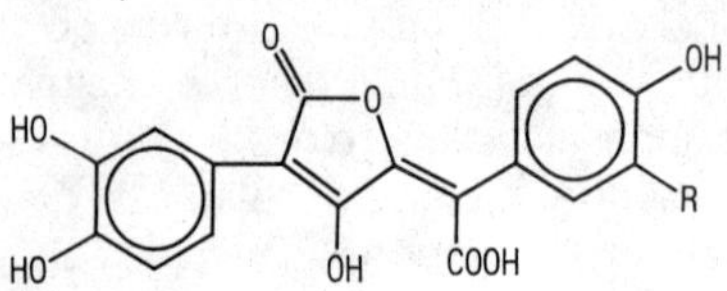

Xerocomsäure: R = H
Variegatsäure: R = OH

Vermutlich leiten sich die P. von der Aminosäure Phenylalanin ab. Häufige P. sind Xerocom- und Variegatsäure und Variegatorubin. Diese Stoffe sind bei den Röhrlingen z. T. für die Blaufärbung der Trama bei Luftzutritt (↑ Hexenröhrlinge) bzw. für die Blaufärbung der Druckstellen verantwortlich. M

Punktsoral ↑ Soral

Pycnidium: Fruktifikation der Anamorphen von Ascomyceten (↑ Conidioma, ↑ imperfekte Pilze) von kugeliger, krug- oder flaschenförmiger Gestalt, stets mit deutlich differenzierter Wandung und präformierter Öffnung (↑ Ostiolum) versehen. Die P. erinnern in ihrer Form an ↑ Perithecien; die innere Oberfläche ist aber völlig mit ↑ Conidiophoren oder ↑ conidiogenen Zellen bedeckt (Abb.). Die P. imperfekter, nicht lichenisierter Ascomyceten sind in das Substrat (z. B. ins Wirtsgewebe) eingesenkt oder stehen oberflächlich. Sie werden zur Form-Ordnung ↑ *Sphaeropsidales* zusammengefaßt. Dazu gehören wichtige Phytoparasiten aus den Gattungen ↑ *Ascochyta*, ↑ *Phoma*, ↑ *Septoria* u. a. Die P. der lichenisierten Ascomyceten sind meist im Flechtenthallus eingesenkt und nur durch die winzigen Ostioli erkennbar, stehen aber mitunter auch oberflächlich auf dem Thallus. Die Conidiophoren oder conidiogenen Zellen werden bei den Flechten auch Fulcren genannt; die Pycnidienwand bezeichnet man als Perifulcrum.

Die Conidien, die in P. entstehen, wer-

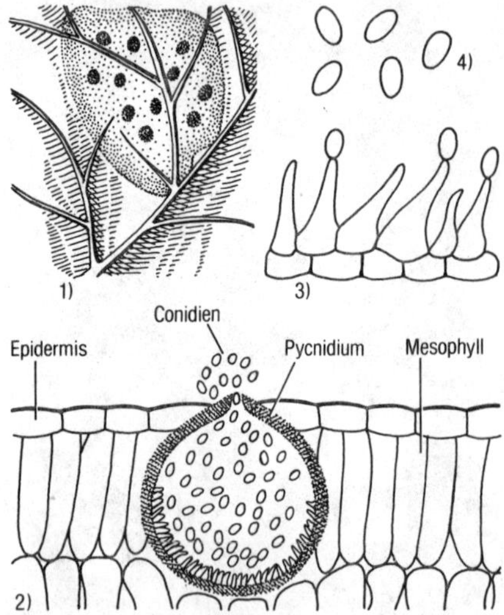

Pycnidium: Phyllosticta. 1) Pycnidien auf einem nekrotischen Blattfleck der Wirtspflanze, 2) Pycnidium im Längsschnitt, 3) Conidiophore mit Conidien (Aleuriosporen), 4) Conidien

den als Pycnosporen bezeichnet. Einige haben obligat oder fakultativ Befruchtungsfunktion. In solchen Fällen werden diese Keimzellen ↑ Spermatien, die beschriebenen Behälter ↑ Spermogonien genannt. Da die Funktion in vielen Fällen unklar ist, schwankt die Benennung beträchtlich.

Bei den Rostpilzen (↑ *Uredinales*) hat sich für die krugförmigen Fruktifikationen des Haplonten die Bezeichnung Spermogonien durchgesetzt, da sich die Keimzellen eindeutig als Spermatien erwiesen haben. Aber es wird bis in die Gegenwart für diese Strukturen, die mit Empfängnishaaren zum Auffangen der Spermatien versehen sind, der Begriff P. (auch Pycnium im Unterschied zu dem P. der Anamorphen von Ascomyceten) noch benutzt. Hi/Sto/D

Pycnoascocarpien: aus ↑ Pycnidien mancher Flechten (↑ Lichenes) hervorgehende ↑ Ascocarpien. P. kommen z.B. bei der Flechtenfamilie *Lichinaceae* relativ häufig vor. Sto

Pycnoporus: Gattung der Ordnung ↑ *Poriales* (Kl. ↑ *Basidiomycetes).* Die stets leuchtendroten Fruchtkörper sind einjährige, pileate, selten effusoreflexe ↑ Porlinge mit trimitischer ↑ Trama. Die generativen Hyphen führen Schnallen. Die hyalinen Sporen sind dünnwandig und glatt, das Sporenpulver ist weiß. In Europa kommt nur der Zinnoberschwamm *P. cinnabarinus* (Typusart) vor; in den Tropen wachsen zwei weitere, engerporige Arten.

P. cinnabarinus besiedelt Laubholz, an dem er Weißfäule erregt. Er wächst saprophytisch und vermag auch an waldfreien Standorten relativ trockenes Holz zu besiedeln, z. B. in den Süßkirschplantagen der Trockengebiete Mitteleuropas auf Kirschholz. Taf. 21/3 D

Pycnosclerotium: pycnidienähnliche, hartwandige Gebilde, die keine Pycnosporen enthalten und als ↑ Sclerotien fungieren. B

Pycnosporen ↑ Pycnidium

pyrenocarpe Flechten (kernfrüchtige Flechten, Pyrenolichenes): lichenisierte ↑ Pyrenomyceten, Flechten, die ↑ Perithecien entwickeln. Sie sind kein natürlicher Verwandtschaftskreis, sondern eine morphologische Gruppe. Sto/D

Pyrenomyceten: Gruppe von Ascomyceten, die durch die Bildung von ↑ Perithecien charakterisiert ist („birnenfrüchtige", „pyrenocarpe" Ascomyceten, Kernpilze). Dazu gehören die Ordnungen ↑ *Hypocreales*, ↑ *Sphaeriales*, ↑ *Xylariales* usw. Die P. sind morphologisch definiert, wurden früher als natürliche Gruppe angesehen und werden noch gegenwärtig in manchen ↑ Pilzsystemen als Taxon geführt, z. B. bei Webster als Kl. *Pyrenomycetes* der *Ascomycotina.* Mitunter werden auch Ascomyceten, die den Perithecien ähnliche ↑ Pseudothecien bilden, zu den P. gezählt. Taf. 12/1–3 Hi/D

Pyronema: Gattung der Familie ↑ *Pyronemataceae* (Ord. ↑ *Pezizales*, Kl. ↑ *Ascomycetes*), die nur zwei auf der Nordhemisphäre verbreitete Arten umfaßt. Die Ascocarpien sind kleine, haarlose, rötliche, zusammenfließende ↑ Apothecien. Sie lassen sich gut kultivieren. *P. domestica* ist ein bekanntes Objekt der ontogenetischen und cytologischen Forschung. Hi

Pyronemataceae: Familie der Ordnung ↑ *Pezizales* (Kl. ↑ *Ascomycetes*). Sie sind durch kleine bis mittelgroße, von Carotinoiden orange bis rot gefärbte ↑ Apothecien und farblose ↑ Ascosporen (oft mit cyanophilen Ornamenten) und ↑ Öltropfen charakterisiert. Das ↑ Excipulum ist außen häufig mit Haaren besetzt. Die *P.* leben saprophytisch im Boden, auf Brandstellen, auf Dung oder in Gemeinschaft mit Moosen. Die ↑ Anamorphen sind unbedeutend; wichtige Gattungen sind z. B. ↑ *Aleuria*, ↑ *Octospora*, ↑ *Pyronema* und ↑ *Scutellinia*. Taf. 14/3 Hi

Q

Quélet, Lucien: französischer Arzt und Mykologe (1832–1899). Q. lebte als Arzt am Rande der Vogesen bei Montbéliard. Für die Pilzfloristik in Frankreich und für die Pilzsystematik sind seine Arbeiten „Les champignons du Jura et des Vosges" (1872–1875), „Enchiridion fungorum" (1886) und „Flore mycologique de la France" (1888) von Bedeutung. Q. war Präsident der ersten mykologischen Organisation, der „Société Mycologique de France", die 1884 gegründet wurde. H

Quellkörper: Struktur unterhalb des Ascocarpscheitels bei den ↑ Pseudothecien der Ordnung *Coronophorales*. Der Q. besteht aus hyalinen Zellen, die bei Sporenreife durch Wasseraufnahme stark quellfähig sind und das Ascocarp unregelmäßig aufsprengen. Hi

R

Rabenhorst, Gottlob Ludwig: deutscher Apotheker und Botaniker (1806–1881). R. entstammte einer Kaufmannsfamilie. Nach einer Apothekerlehre studierte er von 1829 bis 1830 in Berlin und wurde zum „Apotheker 1. Klasse" approbiert. Nach mehrjähriger Tätigkeit als Apotheker in verschiedenen Orten Deutschlands arbeitete R. als Privatgelehrter in Dresden und promovierte 1841 in Jena zum Dr. phil.; 1852 begründete er die Zeitschrift „Hedwigia" als ein Notizblatt für Kryptogamenforschung. R. machte sich um die floristische Durchforschung von Brandenburg und der Niederlausitz verdient. Sein besonderes Interesse galt den Kryptogamen. 1844 bis 1853 entstand „Deutschlands Kryptogamenflora" (2 Bde.), 1859 begann R. mit der Herausgabe von Pilz-Exsiccaten, den „Fungi europaei exsiccati". Kryptogamenflora und Exsiccatenwerk wurden nach R.s Tod von bedeutenden Wissenschaftlern bearbeitet und fortgeführt. H

radiärer Thallus: im Querschnitt runder ↑ Flechtenthallus, der in der Regel eine deutliche Gliederung in Rinde, Algenschicht und Mark (von außen nach innen) aufweist. Er ist für Strauch- und Bartflechten charakteristisch. Auf Grund der Schichtung gehört der r. T. zu den heteromeren Thalli. D/Sto

Radulasporen ↑ Sympodiosporen

Ramalina: Flechtengattung der Ordnung ↑ *Lecanorales*. Es sind ↑ Strauch- bzw. ↑ Bandflechten, die mit einer Haftscheibe am Substrat befestigt sind. Die ↑ Rinde des ↑ Flechtenthallus ist stark entwickelt und meist doppelt strukturiert, außen netzig, darunter aus parallelorientierten Hyphen. Die ↑ Ascocarpien sind lecanorine ↑ Apothecien, die denen von ↑ Parmelia ähneln, jedoch kein cupulares Eigengehäuse (↑ Parathecium) besitzen. Die Ascosporen sind farblos, gerade bis leicht gebogen, zwei-, seltener vierzellig. ↑ Pycnosporen entstehen terminal an langzelligen ↑ Conidiophoren. Einige *R.*-Arten vermehren sich überwiegend vegetativ durch ↑ Soredien. Als ↑ Phycobiont kommt *Trebouxia* (*Chlorophyceae*) vor. *R.*-Arten wachsen an Rinde oder Silikatgestein; sie bevorzugen feuchte, unbelastete Luft. Sto

Ramaria: Gattung der Ordnung ↑ *Cantharellales* (Kl. ↑ *Basidiomycetes*), die in Europa ca. 40 Arten umfaßt. Die Basidiocarpien sind verzweigte Holothecien (↑ Korallenpilze) mit mono-, selten partienweise dimitischer Trama (Hyphenfilz, Rhizomorphen). Cystiden fehlen. Die Basidien sind meist schmal keulig, hyalin, z. T. mit basaler Schnalle, zwei- oder viersporig, die Basidiosporen glatt oder mit cyanophilen Ornamenten versehen, inamyloid. Die Fruchtkörper erscheinen auf totem Holz oder terrestrisch auf humusreichen Böden. Manche Arten können zu Speisezwecken genutzt werden, andere sind schwach giftig. *R. stricta*, die Steife Koralle (Taf. 20/1), wächst an Holzresten in rohhumusreichen Wäldern. *R. botrytis*, die Rötliche Koralle, ist Typusart der Gattung. Sie kommt bevorzugt auf Kalkböden vor. D

Ramularia: Form-Gattung der ↑ imperfekten Pilze (Form-Fam. *Dematiaceae*) mit holoblastischer ↑ Conidiogenese und ein- oder mehrzelligen ↑ Sympodiosporen. Zu *R.* gehören ca. 300 besonders in den temperaten Zonen verbreitete Arten, die alle phytoparasitisch leben, ↑ Blattfleckenkrankheiten verursachen und z. T. von regionaler wirtschaftlicher Bedeutung sind. Die ↑ Teleomorphen gehören zu ↑ *Mycosphaerella* und verwandten Gattungen der Ordnung ↑ *Dothideales*. Hi

Rangstufe: Anordnungsebene in einem hierarchischen System oder einem Stufenleiter-System. In den Systemen der Organismen wird die Anordnung der ↑ Sippen (Taxa) auf einander übergeordneten R. vorgenommen. Für die Pilze gelten nach internationaler Übereinkunft die für Pflanzen im Internationalen Code der Botanischen Nomenklatur (↑ ICBN) festgelegten Rangstufen. Die Hauptrangstufen der Taxa in aufsteigender Reihenfolge sind demnach: ↑ Art (species), ↑ Gattung (genus), ↑ Familie (familia), ↑ Ordnung (ordo), ↑ Klasse (classis), ↑ Abteilung (divisio) und ↑ Reich (regnum). Mit Ausnahme einiger fossiler Pilze kann jede Art einer Gattung zugewiesen werden, jede Gattung einer Familie usw. Ist eine größere Zahl von Rangstufen der Taxa erforderlich, so können zusätzliche Bezeichnungen eingeführt werden. Ein Pilz kann den Taxa folgender Rangstufen (in absteigender Reihenfolge) zugeordnet werden: Reich (regnum), Unterreich (subregnum), Abteilung (divisio), Unterabteilung (subdivisio), Klasse (classis), Unterklasse (subclassis), Ordnung (ordo), Unterordnung (subordo), Familie (familia), Unterfamilie (subfamilia), Tribus (tribus), Untertribus (subtribus), Gattung (genus), Untergattung (subgenus), Sektion (sectio), Untersektion (subsectio), Serie (series), Unterserie (subseries), Art (species), Unterart (subspecies), Varietät (varietas), Untervarietät (subvarietas), Form (forma), Unterform (subforma). Die R. der Taxa sind in der historischen Pilzliteratur mitunter abweichend benannt worden; z. B. wird von E. M. ↑ Fries die Rangstufe „Tribus" zur Gliederung von Gattungen benutzt. Namen von Taxa, deren Rangstufe mit einem falsch verwendeten Fachausdruck bezeichnet sind, werden als ungültig veröffentlicht angesehen, jedoch werden die von Fries als Tribus bezeichneten infragenerischen Taxa als Ausnahme, d. h. als gültig veröffentlicht, behandelt (↑ ICBN, Artikel 33). D

Ray, John: englischer Gelehrter (1628–1705). R. s. Vater war Schmied, seine Mutter, eine heilkräuterkundige Frau, vermittelte ihm die erste Pflanzenkenntnis. R. wurde durch Fürsprache eines Geistlichen 1744 in das Trinty

College in Cambridge aufgenommen. Nach seinem Theologiestudium wurde er hier zum Lektor für alte Sprachen ernannt und später zum Priester geweiht. Infolge politischer Wirren verlor er seine Anstellung. R. folgte der Einladung eines ehemaligen, wohlhabenden Schülers, Willughby, an einer naturwissenschaftlichen Studien dienenden Reise durch Europa teilzunehmen. 1667 wurde R. Mitglied der Royal Society. R. s Interesse galt sowohl der Botanik als auch der Zoologie. Für die Pilzkunde ist sein Werk „Historia plantarum" (1686–1704, 3 Bde.) von Bedeutung. In vier Sektionen werden 93 Pilzarten behandelt. Die ersten beiden Sektionen umfassen die terrestrischen Pilze, die nach Besitz oder dem Fehlen von Lamellen eingeteilt werden. Die dritte Sektion behandelt die Baumpilze, die vierte unterirdische Pilze. R. benutzte primär ökologische Einteilungskriterien, aber er führte auch morphologische ein. Eine Liste von Pilzen ist auch in seiner Arbeit „Synopsis methodica stirpium Britannicarum" von 1690 enthalten. H

Receptaculum: schwammig-kammerige, stark streckungsfähige, pseudoparenchymatische Struktur der ↑ Gasterothecien der ↑ *Phallales*. Durch Streckung des R. wird die reife Gleba nach Aufsprengen der ↑ Peridie emporgehoben und dem Zutritt von Insekten preisgegeben. Das R. kann stielförmig, armleuchterartig oder netzig verzweigt sein; bei ↑ Phallus ist es in Hut- und Stielteil gegliedert, bei manchen *Phallaceae* kommt neben Hut- und Stielteil ein Indusium (Schleier) vor; solche Fruchtkörper werden als „Schleierdamen" bezeichnet. ↑ Abb. *Phallales* 1,2; Taf. 48 D

Rehm, Heinrich Simon Friedrich Felix: deutscher Arzt und Mykologe (1828 bis 1916). R. studierte von 1846–1852 in Erlangen, München, Heidelberg und promovierte 1852 zum Dr. med. 1853/54 setzte er seine medizinischen Studien in Prag und Wien fort und war dann als Arzt an mehreren Orten in Franken tätig. Er befaßte sich mit der Beschreibung und Systematik von Pilzen und Flechten; floristisch arbeitete er in Mittelfranken und den Allgäuer Alpen. Ab 1868 gab er sein bedeutendes Exsiccatenwerk „Ascomycetes exsiccatae" heraus, außerdem publizierte er Beiträge zur Flechten- und Ascomyceten-Flora von Süddeutschland. Für ↑ Rabenhorsts Kryptogamenflora bearbeitete er wichtige Ascomyceten-Gruppen, z. B. alle Discomyceten. H

Reinkultur: Nachkommenschaft eines einzigen Mikroorganismus, meist einer einzigen Zelle, z. B. einer Hefezelle. Nach räumlicher Abtrennung durch ein Verdünnungsverfahren (↑ Verdünnungsausstrich, ↑ Kochsches Plattengußverfahren) oder durch mikroskopische Kontrolle erfolgt die Vermehrung auf oder in geeigneten ↑ Nährmedien. Str

Rekombination: Neukombination verschiedener Chromosomen eines ↑ Chromosomensatzes (interchromosomale R., dihybrider Erbgang) oder Austausch von Chromosomenabschnitten zwischen homologen Chromosomen (intrachromosomale R.). Intrachromosomale R. erfolgt im Diplotän (↑ Meiose). Dabei kann es zwischen den gepaarten homologen Chromosomen zu Austauschvorgängen durch Crossing-over kommen. Im Verlauf der Anaphase I (↑ Meiose) werden die homologen Chromosomen voneinander getrennt und zu unterschiedlichen Zellpolen transportiert. In der Anaphase II erfolgt die Teilung der Centromere und der Transport der beiden Chromatiden eines Chromosoms zu den beiden Zellpolen. Ereignet sich während des Diplotäns zwischen dem Centromer und dem betrachteten ↑ Gen kein Crossing-over, so gelangen im Ergebnis der ersten meiotischen Teilung die beiden Chromatiden mit den mütterlichen Allelen zu dem einen und die Chromatiden mit den väterlichen Allelen zu dem anderen Zellpol. Die Allele bleiben mit ihrem ursprünglichen Centromer gekoppelt und werden präreduziert. Kommt es während der Meiose zu einem Crossing-over zwischen dem Centromer und dem betrachteten Gen, so werden die beiden Centromere präreduziert; die während der ersten meiotischen Teilung zu den Zellpolen gezogenen Chromosomen sind jedoch heteroallel (sie enthalten je ein vom Vater und ein von der Mutter stammendes Allel). Erst während der zweiten meiotischen Teilung werden die verschiedenen Allele voneinander getrennt und damit postreduziert (↑ Abb. Meiose). Bei ↑ *Neurospora crassa* lassen sich z. B. aus der Häufigkeit von ↑ Asci mit Prä- und Postreduktion Aussagen über die Lage eines Gens im Verhältnis zum Centromer ableiten. Präreduktion führt zu einer Spaltung der ↑ Ascosporen innerhalb eines Ascus im Verhältnis 4:4; Postreduktion führt zu einer Spaltung im Verhältnis 2:2:2:2 (↑ Abb. Meiose 1). Aus dem Anteil der Asci mit Postreduktion läßt sich unmittelbar der Prozentsatz rekombinanter Ascosporen errechnen (Asci mit Postreduktion :2). Sch

repetitive Sporenkeimung ↑ Basidiosporen, ↑ *Heterobasidiomycetidae*

Repetobasidie ↑ Holobasidie

Replikation: enzymatisch kontrollierter bzw. realisierter Prozeß der identischen Reduplikation (Autoreduplikation) von ↑ DNA-Molekülen. ↑ Pilzgenetik Sch

Resistenz: Widerstandsfähigkeit der Organismen gegen biotische (↑ Parasitismus, ↑ Pathogene) oder abiotische (Kälte, Frost, Dürre usw.) schädigende Einflüsse, z. B. die Fähigkeit eines ↑ Wirts, den Befall durch Schaderreger zu verhindern, einzuschränken und ein epidemisches Auftreten zu unterdrükken. Die R. beruht auf den morphologischen und physiologischen Eigenschaften der Organismen. Zu unterscheiden ist zwischen der artspezifischen R. und der individuellen R., die durch die Konstitution des Individuums und die jeweiligen Umweltbedingungen geprägt ist. In Abhängigkeit von den jeweils betrachteten schädigenden Faktoren spricht man von Kälte-R., Frost-R., Fungizid-R., Mehltau-R., Nematoden-R. usw. Passive R. ist durch die natürlichen morphologischen und physiologischen Eigenschaften der Organismen gegeben. Sie wird auch als konstitutive, angeborene oder natürliche R. bezeichnet. Bei dieser Form der R. wird vom Wirtsorganismus kein Abwehrmechanismus als Antwort auf einen äußeren Einfluß gebildet. Bei der aktiven R. (induzierte R., erworbene R.) hingegen wird eine Abwehrreaktion, z. B. gegen Schaderreger oder deren Stoffwechselprodukte, ausgelöst, die zur Lokalisierung, Schwächung oder Tolerierung der Parasiten oder Pathogene führt. Beim Grad der R. gibt es Abstufungen von schwach bis hochgradig. B

resupinater Fruchtkörper: ↑ Basidiocarp, das hutförmig ausgebildet und am Hutscheitel mit dem Substrat verwachsen ist; ein resupinates oder cyphelloides ↑ Pilothecium.
Der Begriff resupinat wird jedoch in der Literatur häufig im Sinne von effus benutzt, also für flächig entwickelte ↑ Crustothecien. ↑ Vorsatz D

Rhinosporidiose: ↑ Mykose, die durch den Pilz *Rhinosporidium seeberi* hervorgerufen wird. Es ist eine Krankheit, die vorwiegend auf tropische Länder beschränkt ist und dort neben Menschen auch Huftiere und Wasservögel befällt. Einige Fälle diagnostizierte man auch in Europa. Besonders gefährdet sind Organismen, die häufig in Kontakt mit Fluß- oder Seewasser kommen. *R. seeberi*, ein Pilz von bisher noch nicht geklärter taxonomischer Stellung, wird im befallenen Gewebe in Gestalt von ↑ Sporocysten ähnlichen Gebilden, die bis zu 20000 Endosporen enthalten können, nachgewiesen. Es besteht Ähnlichkeit mit den ↑ Sphaerulen von *Coccidioides immitis*, dem Erreger der ↑ Coccidioidose.

Die Sporocysten können in Geweben verschiedener Körperregionen nachgewiesen werden. Am häufigsten sind die Schleimhäute der Nase, des übrigen Respirationstraktes und des Genitalbereiches, die Augenbindehaut und Tränenkanäle befallen. Es kommt zu polypösen Wucherungen, die beachtliche Ausmaße erreichen können. Die Behandlung der R. besteht in der chirurgischen Entfernung der Wucherungen. V

Rhizina (Wurzellorchel): Gattung der Familie *Helvellaceae* (Ord. ↑ *Pezizales*, Kl. ↑ *Ascomycetes*) mit einer einzigen Art der nördlichen temperaten Zone. *R. undulata* ist die einzige *Pezizales*-Art mit perennierenden ↑ Apothecien. Sie wächst meist auf Brandstellen, kann aber gelegentlich als Schädling in Koniferen-Anpflanzungen auftreten. Hi

Rhizine: der Thallusunterseite von ↑ Blatt- und Strauchflechten entspringende Anhangsorgane, die der Verankerung dienen. Sie bestehen aus mehreren Hyphen, die zu einem lockeren Büschel vereint oder durch Verquellung und Verklebung, mitunter auch durch ↑ Anastomosen, fester verbunden sind. R. sind fädig oder verzweigt, im Querschnitt rund oder abgeflacht. Bei erdbewohnenden oder in Spalten siedelnden Flechten werden mitunter Rhizinenstränge gebildet. Sto

Rhizocarpon: Flechtengattung der Ordnung ↑ *Lecanorales* (↑ Lichenes), die ↑ Krustenflechten von grauer bis graubräunlicher oder gelblicher bis leuchtend grüner Farbe umfaßt. Sie entwikkeln einen schwarzen ↑ Prothallus, der am Rand und zwischen den ↑ Areolen sichtbar wird. Die lecideinen ↑ Apothecien mit dunkler ↑ Scheibe und dunklem Eigengehäuse, das bei wenigen Arten noch von einem ↑ Pseudoexcipulum umgeben ist, sind in den Thallus eingesenkt oder stehen zwischen den Areolen auf dem Prothallus. Das ↑ Hymenium ist oft verschleimt. In den keuligen ↑ Asci entwickeln sich acht, seltener vier oder ein bis zwei farblose, zuweilen auch graugrün bis braunschwarz gefärbte Ascosporen von unregelmäßig ellipsoider Form. Sie sind zwei-, vier- oder vielzellig und besitzen oft eine verschleimte Außenwand. Die ↑ Pycnosporen sind zylindrisch bis nadelförmig, mitunter schwach gekrümmt. Als ↑ Phycobionten treten Grünalgen (*Protococcus*-Arten) auf. *R.*-Arten sind polymorph, oft durch Tierfraß stark verändert. Sie besiedeln kalkfreies Gestein, gehen aber selten auch auf hartes Holz oder schwach kalkhaltiges Gestein über. In der alpinen Stufe gehören die meisten Arten zu den Pionierflechten des Blockschuttes, z. B. *R. geographicum*, die Landkartenflechte. Sto

Rhizoctonia: Form-Gattung der ↑ Mycelia sterilia (↑ imperfekte Pilze) mit schnallenlosen ↑ Myzelien. *R. solani* und andere Arten sind Wurzelparasiten an höheren Pflanzen; einige Vertreter von *R.* sind Bildner endotropher ↑ Mykorrhiza mit Orchideen. Als zugehörige ↑ Teleomorphen sind Vertreter der ↑ *Heterobasidiomycetidae* bekannt geworden. Hi

Rhizoide: wurzelähnliche Gebilde, die nicht die für Wurzeln von Gefäßpflanzen charakteristische anatomische Struktur aufweisen. R. kommen bei Algen, Pilzen, Flechten und Moosen vor. Bei Pilzen und Flechten sind die R. Hyphen, die der Verankerung und/oder der Nahrungsaufnahme dienen. Man verwendet den Begriff, wenn derbe Strukturen, z.B. ↑ Flechtenthalli, im Substrat verankert werden (↑ Rhizoidhyphen). Aus mehreren Hyphen verflochtene, derbe Gebilde werden auch als ↑ Rhizine (bei Flechten) oder ↑ Rhizomorphen bezeichnet. Wurzelähnliche Fruchtkörperverlängerungen heißen ↑ Pseudorhizae oder Appendices rhizomorphae. Hingegen werden die Hyphen eines normalen Myzels nicht als R. bezeichnet. Unter Rhizoidmyzel versteht man im Gegensatz zum Myzel (oder Hyphenmyzel) ein kernloses, nicht zellulär gegliedertes Fadensystem, das von einem kernhaltigen Zentrum des Organismus ausgeht und diesen verankert und ernährt, z.B. bei den ↑ *Chytridiomycetes* und ↑ *Hyphochytridiomycetes* (↑ Abb. *Hyphochytridiomycetes*). D

Rhizoidfilz ↑ Rhizoidhyphen

Rhizoidhyphen: wurzelähnliche Hyphen, vorzugsweise bei gesteinsbewohnenden ↑ Krustenflechten auftretende, der Thallusunterseite entspringende Hyphen, die der Befestigung auf oder in dem Substrat dienen. Häufig scheiden sie Säuren aus, die eine chemische Veränderung des Substrats und somit ein besseres Eindringen der R. ermöglichen. Bei erdbewohnenden und in Spalten siedelnden ↑ Lichenes mit schuppigem Thallus tritt oft ein Rhizoidfilz (auch Rhizinenfilz genannt) auf, zahlreiche, ebenfalls auf der Unterseite entspringende R., die bei einigen Arten in lockeren Strängen ohne gegenseitige Verbindung zusammenstehen. ↑ Rhizoide Sto

Rhizoidmyzel ↑ Rhizoide

Rhizomorphen: Myzelstränge, die eine Schichtung aufweisen. Einfache Myzelstränge bestehen aus etwa parallel verlaufenden, etwas verflochtenen Hyphen eines einzigen Typs. Die Hyphen der R. sind demgegenüber deutlich in äußere und innere differenziert. Die äußeren bilden eine rindenähnliche Schicht, sind meist wandverdickt, oft auch pigmentiert und verklebt (sclerotisiert). Der Begriff R. nimmt auf das wurzelähnliche Aussehen Bezug. Typische R. kommen z. B. beim Hallimasch vor. Sie dienen dem Stofftransport, entweder im Rahmen der Erschließung neuer Substrate oder unmittelbar in Verbindung mit der Fruchtkörperbildung. D

Rhizopogonales ↑ *Hymenogastrales*

Rhizopus: Gattung der Familie *Mucoraceae* (Ord. ↑ *Mucorales*, Kl. ↑ *Zygomycetes*) mit charakteristischen Rhizoiden an den büschelig an ↑ Stolonen wachsenden Sporocystophoren. ↑ Abb. Stolonen, ↑ Mucormykosen D

Rhodophyllus ↑ *Entoloma*

Rhytisma: Gattung der Ordnung ↑ *Rhytismatales* (Kl. ↑ *Ascomycetes*), die ca. 20 Arten umfaßt. Die Fruchtkörper sind kleine, aus stromatischem Gewebe hervorbrechende ↑ Lirellen mit einem oder mehreren Loculi (ascoloculare Fruchtkörperentwicklung, ↑ Ascocarpien). Die *R.*-Arten verursachen auffällige Teerfleckenkrankheiten auf Blättern von Gefäßpflanzen. *R. acerinum*, der Erreger des Runzelschorfes (auch als Teerfleckenkrankheit bezeichnet) des Ahorns ist in Mitteleuropa allgemein verbreitet. Dieser Pilz gilt als Bioindikator gegenüber SO_2-Belastung der Luft. Er verschwindet bei hohen Konzentrationen. Hi

Rhytismatales: Ordnung der Kl. ↑ *Ascomycetes*. Die *R.* umfassen den größten Teil der Pilze, die traditionell als Ordnung *Phacidiales* geführt wurden. Die ↑ Ascocarpien sind meist schwärzlich pigmentierte kleine ↑ Lirellen, die ein ↑ Hymenium aus unitunicaten ↑ Asci und ↑ Paraphysen (↑ Pseudoparaphysen?) enthalten. Die ontogenetische Entwicklung verläuft möglicherweise ascolocular (↑ Ascocarp). ↑ Befruchtung erfolgt durch Parthenogamie (Automixis), Somatogamie oder Spermatiogamie. Als ↑ Anamorphen sind einige Vertreter der ↑ *Sphaeropsidales* bekannt. Die *R.* sind Saprophyten oder Pflanzenparasiten auf Rinde und Blättern. Wichtige Gattungen sind ↑ *Lophodermium* und ↑ *Rhytisma*. Hi

Ribosom: cytoplasmatisches Organell, das aus rRNA (ribosomale Ribonucleinsäure) und aus ribosomalen Proteinen besteht. Die R. sind lichtmikroskopisch nicht wahrnehmbar. Sie kommen bei allen Organismen vor und sind Orte der Eiweißsynthese. Taf. 1/2 Sch

Ricken, Adalbert: deutscher Pfarrer und Mykologe (1851–1921). R. besuchte in Fulda (Hessen) das Priesterseminar. Nach seiner Ordination (1873) wirkte er als Kaplan und Pfarrer an mehreren Orten in Hessen, dann in Weimar und ab 1907 in Lahrbach (Rhön). Bekannt wurde R. durch seine Monographie „Die Blätterpilze ..." (1910–1915, 2 Bde.) und das „Vademecum für Pilzfreunde" (2. Aufl. 1920), das im deutschsprachigen Bereich mehrere Jahrzehnte hindurch meistbenutztes Bestimmungsbuch der Großpilze war. H

Riesenbovist ↑ *Langermannia*

Riesenschirmpilze (Riesenschirmlinge) ↑ *Macrolepiota*, Taf. 30/4

Rinde (Cortex): äußere, derbe Schicht. In der Mykologie und Lichenologie wird der Begriff für verschiedene Strukturen benutzt, z. B. für derbe, äußere ↑ Plectenchyme an Stielen stipitater ↑ Pilothecien (Stielrinde), für verdichtete Hyphen auf der Hutoberseite pileater Porlinge und Schichtpilze (fomitoide und stereoide Pilothecien) und für äußere, nur vom ↑ Mykobionten gebildete Schichten heteromerer ↑ Flechtenthalli. Bei den Flechten entsteht die R. aus einer Schicht plasmareicher Hyphen, die zur Oberfläche hin dichtgedrängte Zellen abgeben. Als Scheinrinde oder Epinekralschicht bezeichnet man eine durch Absterben äußerer Schichten des Flechtenthallus gebildete Schutzschicht. Auch derbe äußere Strukturen von ↑ Ascocarpien und ↑ Stromata (Sammelfruchtkörper) und die äußeren plectenchymatischen, teils verklebten und inkrustierten oder mit Substratteilen verwachsenen Schichten von ↑ Sclerotien, Pseudosclerotien oder sclerotisiertem Substrat werden als Rinde bezeichnet. D/Sto/Hi

Rindenfleckenkrankheiten: phytopathologischer Begriff für Pilzerkrankungen, die zu Fleckenbildungen der Rinde von Gehölzen führen. Diese Flekken sind gewöhnlich verfärbt und oft etwas eingesunken. R. führen häufig zum ↑ Zweigsterben. Ein Beispiel ist die R. der Linden, die wahrscheinlich durch *Cercospora microsora* (↑ imperfekte Pilze) verursacht wird. B

Ring ↑ Velum

Ringdüngerling ↑ *Panaeolus*

Ringfurche (der Sporen) ↑ *Eurotiales*

Ringschäle: Form der ↑ Holzzerstörung, bei der sich das ↑ Myzel in erster Linie vertikal und tangential ausbreitet. Das lockere Frühholz wird am stärksten angegriffen. Es erfolgt ein ringartiger Zerfall des Holzes in einzelne Schalen. B

Ringwulst (der Sporen) ↑ *Eurotiales*

Rißpilze ↑ *Inocybe*

Rißpilzgifte: die stickstoffhaltigen Verbindungen ↑ Muscarin und Muscaridin. Sie kommen im Mairißpilz (*Inocybe patouillardii*) u. a. Rißpilzen vor, wurden aber auch aus anderen Basidiomyceten-Fruchtkörpern isoliert, z. B. aus dem Fliegenpilz (*Amanita muscaria*, Taf. 30/5), aus verschiedenen kleinen weißen Trichterlingen (*Clitocybe* spec.), aus Rettichhelmlingen (*Mycena pura*, *M. rosea*), dem Ölbaumpilz (*Omphalotes olearius*) und dem Narzissengelben Wulstling (*Amanita gemmata*). R. sind Nervengifte. Muscarin führt nach einer Latenzzeit von wenigen Minunten bis 2 Std. zu Schweißausbrüchen, Bauchkoliken und Brechdurchfällen. Verlangsamte Herztätigkeit, asthmaähnliche Atemnot und Pupillenverengung sind weitere Zeichen des angegriffenen parasympathischen Nervensystems. Schwere Vergiftungen können mit Lungenödem und Herzversagen enden. Muscarin besetzt die Rezeptorstellen für Acetylcholin an den Nervenfasersynapsen und kann nicht abgebaut werden. Dadurch kommt es zur Störung des Parasympathicus. M

Ritterlinge ↑ *Tricholoma*

RNA (ribonucleic acid = RNS, Ribonucleinsäure). RNA ist ein aus Ribonucleotiden aufgebautes Biopolymer. Ribonucleotide bestehen aus einem Zukkermolekül (Ribose), einem Phosphorsäuremolekül sowie einer von vier möglichen Nucleotidbasen (Adenin, Guanin, Cytosin, Uracil). Die Ribonucleotide sind untereinander durch Phosphodiesterbrücken verknüpft. RNA ist für verschiedene zelluläre Prozesse von Bedeutung. 1. mRNA (m = messenger, engl. Bote) wird im Ergebnis der ↑ Transkription gebildet und transportiert die genetische Information von der ↑ DNA zum Ort der Eiweißsynthese. 2. tRNA (t = transfer, engl. Übertragung) vermittelt während der ↑ Translation die Verknüpfung von Aminosäuren zu Eiweißmolekülen. 3. rRNA (r = ribosomal) ist ein struktureller Bestandteil der ↑ Ribosomen und damit ebenfalls an der Translation beteiligt. ↑ Pilzgenetik Sch

Roccella: Gattung der Ordnung ↑ *Arthoniales*, die Arten mit strauchigem, oft hängendem ↑ Flechtenthallus umfaßt, der mit einer Haftscheibe am Substrat befestigt ist. Als ↑ Phycobionten kommen Grünalgen (*Trentepohlia*-Arten) vor. Die lecideinen oder lecanorinen ↑ Apothecien sind seitenständig, rund bis länglich und von schwarzer bis brauner Farbe. Die bitunicaten ↑ Asci bilden acht farblose, vier- bis mehrzellige ↑ Sporen. ↑ Pycnosporen sind stäbchenförmig gekrümmt. Ein Teil der Arten fruchtet selten, ist dafür aber oft reichlich mit Kugelsoralen besetzt. *R.*-Arten wachsen überwiegend epilithisch, seltener epiphlöodisch in Küstennähe der Tropen bis in warm gemäßigte Gebiete. Mehrere Arten wurden bereits im Altertum zum Färben von Textilien benutzt (↑ Orseille). Sto

Roestelia ↑ Pseudoperidie

Röhren: in der Mykologie die zylindrischen Teile des boletoiden, polyporoiden und fistulinoiden ↑ Hymenophors von ↑ Basidiocarpien. Die R. tragen an ihrer inneren Oberfläche das ↑ Hymenium. Sie sind miteinander verwachsen oder isoliert. Die isolierten R. des fistulinoiden Hymenophors sind primär als Stacheln angelegt, die sich apikal öffnen. Die verwachsenen R. des boletoiden Hymenophors lassen sich infolge der bilateralen und monomitischen ↑ Hymenophoraltrama leicht in einzelne Röhren zerlegen; beim derberen, polyporoiden Hymenophor ist sowohl die Trennung der Röhren voneinander als auch die Trennung des gesamten Hymenophors von den übrigen Tramapartien nicht oder weniger gut möglich. D

Röhrenfutter: volkstümliche Bezeichnung für röhrenförmiges (boletoides) ↑ Hymenophor bei gestielten ↑ Pilothecien, gelegentlich auch für derbröhriges (polyporoides) Hymenophor. D

Röhrentrama ↑ Hymenophoraltrama

Röhrling: Fruchtkörpertyp (boletoides ↑ Pilothecium) der ↑ *Basidiomycetes* (↑ Basidiocarpien, ↑ Vorsatz). Röhrlinge sind monomitische (↑ *Hyphensystem)*, meist zentral gestielte ↑ Hutpilze mit röhrigem Hymenophor, das sich leicht von der Huttrama lösen läßt. Systematisch gehören R. zu verschiedenen Gruppen der ↑ *Boletales*. Dieses Taxon umfaßt jedoch auch Pilze mit anderen Fruchtkörpertypen, z. B. ↑ Blätterpilze. D

Roquefortine: eine Gruppe von etwa

10 ↑ Mykotoxinen, die von ↑ *Aspergillus*- und ↑ *Penicillium*-Arten gebildet werden. Alle enthalten in ihrem Molekül eine Indoleinheit. Roquefortin A besitzt ein Ergolingerüst (↑ Mutterkornalkaloide), hat aber nur schwache pharmakologische Wirkung. *Penicillium roqueforti* bildet auf verschiedenen Substraten eine Reihe von Mykotoxinen, unter anderem die R. A und B. Bei der Käsereifung werden solche Stoffe nicht oder in geringen Konzentrationen gebildet, so daß auch bei starkem Käseverzehr keine Krankheitserscheinungen beim Menschen auftreten. M

Roridine: in den Pilzen *Myriothecium roridum* und *M. verrucaria* vorkommende ↑ Mykotoxine. R. gehören zu den ↑ Verrucarolestern. Sie sind für Warmblüter hochtoxisch (LD_{50} = 1 mg/kg Maus, intravenös). M

Rostpilze ↑ *Uredinales*

Rostrum: schnabelartige Verlängerung der Fruchtkörperwand mancher ↑ Perithecien, an deren Ende sich das ↑ Ostiolum befindet. Hi/D

Rotbrenner (Roter Brenner): Erkrankung der Weinreben durch *Pseudopeziza tracheiphila* (Kl. ↑ *Ascomycetes*). Die infizierten Blätter zeigen zuerst gelbliche, später rotbraune bis tiefrote Flecken, die dann schließlich verdorren. Es kann auch zum vorzeitigen Blattfall kommen. B

Roter Brotschimmel ↑ *Neurospora*, ↑ Schimmel

Rotfleckenkrankheit (Fleischfleckenkrankheit): phytopathologischer Begriff für Pfanzenkrankheiten, die rötliche Verfärbungen an Blättern (↑ Blattfleckenkrankheiten), Sprossen oder Früchten erzeugen. So ruft z. B. *Polystigma rubrum* (Kl. ↑ *Ascomycetes*) die R. der Pflaume hervor. *Diplocarpon earlianum* (Kl. ↑ *Ascomycetes*) ist der Erreger der R. bei Erdbeeren. B

Rotfüßchen (Rotfußröhrling) ↑ *Xerocomus*

Rotkappe ↑ *Leccinum*

Rötling ↑ *Entoloma*

Rotpustelpilz ↑ *Nectria*

Roux-Flasche: nach dem französischen Chirurgen Ph. J. Roux benanntes Glasgefäß zur Massenkultivierung von Mikroorganismen (↑ Kulturgefäße). Str

Rüblinge ↑ *Collybia*, Taf. 30/2, ↑ *Xerula*

Rubratoxine: ↑ Mykotoxine, die von *Penicillium rubrum* und *P. purpurogenum* gebildet werden. Rubratoxin B schädigt z. B. die Leber- und Nierenzellen bei Hunden (LD_{50} = 83 mg/kg Hühnchen, per os). Weiterhin ist bekannt, daß die R. die Cytochrom–P_{450}– abhängige Monooxygenase der Leberzellen hemmen. M

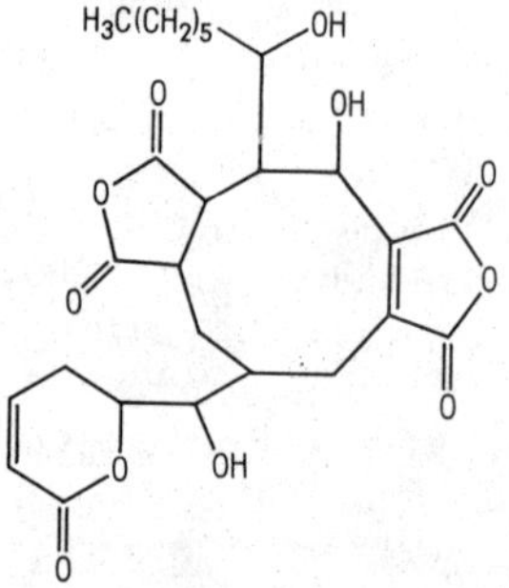

Rubratoxine B

Rückstandsbeseitigung: Beseitigung der Rückstände (Mikroorganismen, Substratreste usw.) einer ↑ Fermentation nach der Abtrennung des Produktes. ↑ Hefen können für Futterzwecke genutzt werden (↑ Futterhefen); auch Treber, Trester und ↑ Schlempen aus den Verfahren der alkoholischen ↑ Gärung werden z. T. weiter verwendet. Myzelien werden auf Deponien gelagert oder getrocknet und verbrannt, mitunter auch in Abwasseranlagen biologisch abgebaut. Str

ruderale Pilze: Arten, die an stark gestörten Standorten mit guter, aber diskontinuierlicher Nährstoffversorgung (kurzlebiges Substrat) leben. Es sind Pilze mit hoher Reproduktionsrate, schnellem Wachstum und einfachen, kurzen Lebenszyklen, die als Erstbesiedler plötzlich verfügbare Substrate (Kompost, Nahrungsmittel u. a.) besiedeln, z.B. ↑ *Mucor*, ↑ *Aspergillus*, ↑ *Penicillium*. ↑ Lebensstrategie H

Rugulosin: ↑ Mykotoxin, das von *Penicillium*-Arten, *Endothia*-Arten, *Sepedonium ampullosporium* und *Myrothecium verrucaria* gebildet wird. R. ist ein Bianthrochinonderivat. Es verursacht Leberschäden und hat antibiotische Wirkung gegen Bakterien, Protozoen und Tumorzellen. M

Runzelschorf: Blattfleckenkrankheit des Ahorns. Es entstehen auffallende teerschwarze, scharf umgrenzte Flekken (Teerfleckenkrankheit), auf denen sich bald eine Runzelung zeigt. Die Flecken sind die Stromata des Erregers, dessen Fruchtkörper sich nach Blattfall öffnen. Es sind ↑ Lirellen. Der Erreger ist ↑ *Rhytisma acerinum* (Anamorphe: *Melasmia acerina*), ein Ascomycet, der bei starker SO_2-Belastung der Luft sich nicht zu entwickeln vermag. Der R. kann daher für die Bioindikation genutzt werden. D/B

Rupp, Heinrich Bernhard: deutscher Arzt und Botaniker (1688–1719). R. betrieb botanische Studien in Leipzig, Halle, Wittenberg, Leiden und Jena. In seiner Lokalflora von Jena („Flora Jenensis", 1718) berücksichtigt er auch die Pilze, zu deren Namen und kurzen Beschreibungen er jeweils Orts- und Häufigkeitsangaben sowie die Zeit ihres Auftretens hinzufügt. H

Rußfleckenkrankheit: durch *Gloeodes pomigena* (↑ imperfekte Pilze) verursachte Erkrankung auf Apfelfrüchten. Der Befall ist durch dunkelbraune bis olivgrüne, rußartige Flecken (gelegentlich mit Pycnidien) charakterisiert. Reichlich werden die ↑ Pycnidien an den Zweigen der befallenen Gehölze gebildet. Die R. tritt oft gemeinsam mit der Fliegenschmutzkrankheit auf. B

Rußtaupilze ↑ *Capnodiales*

Russula (Täublinge): weltweit im ↑ Ektotroph-Areal verbreitete, nahezu 300 Arten umfassende Gattung der Ordnung ↑ *Russulales* (Kl. ↑ *Basidiomycetes*). Die Fruchtkörper sind zentralgestielte, meist mittelgroße Blätterpilze mit brüchiger Trama und meist auch brüchigen Lamellen (↑ Sprödblättler). Die Huthaut, meist eine Cutis, ist oft lebhaft gefärbt, das Sporenpulver weiß bis ockergelb. Die Fruchtkörperentwicklung ist gymnocarp (primordial manchmal pseudoangiocarp), Vela fehlen. Wie alle *Russulales* haben die Sporen ein stets amyloides Ornament, das für die Bestimmung wichtig ist. Die *R.*-Arten sind Mykorrhizapilze. Von den mehr als 150 europäischen Arten sind manche als Speisepilze geschätzt, z.B. *R. vesca*, der Speisetäubling, und *R. cyanoxantha*, der Frauentäubling; andere sind schwach giftig. Die mild schmeckenden Arten gelten als eßbar, die scharfen als ungenießbar. Zu den allgemein bekannten sehr scharfen Arten gehören *R. emetica*, der Kirschrote Speitäubling (Taf. 38/2) und *R. foetens*, der Stinktäubling (Taf. 38/1). Manche Arten treten in forstlichen Monokulturen als Massenpilze auf, z.B. *R. ocholeuca*, der Ockerweiße Täubling oder Zitronentäubling (Taf. 37/4) in Fichtenkulturen. Eine Gruppe von *R.*-Arten (Sect. *Compactae*) ist durch oft milchlingsähnlichen Habitus und besonders derbe Trama ausgezeichnet. Die Typusart dieser Sektion, *R. nigricans*, der Kohletäubling (Taf. 37/3), ist eine der häufigsten europäischen Arten. D

Russulales: Ordnung der Klasse ↑ *Basidiomycetes* (Ukl. ↑ *Homobasidiomycetidae*). Die ↑ Basidiocarpien wachsen hypogäisch oder epigäisch. Es sind ↑ Gasterothecien, secotioide, cantharelloide oder agaricoide Pilothecien, in deren monomitischer Trama (↑ Hyphensystem) meist charakteristische Sphae-

rocysten (kugelige Zellen) vorkommen, worauf die brüchige Konsistenz der Fruchtkörper zurückzuführen ist. Außerdem kommen meist ↑ Gefäßhyphen (↑ Laticiferen, Lactiferen) vor, die z. T. Milchsaft führen. Die Basidien sind keulenförmig, viersporig, die Basidiosporen ellipsoid bis kugelig und mit amyloidem Ornament versehen. Die Gattungen mit secotioiden und gasteralen Fruchtkörpern, die Statismosporen bilden (*Elasmomyces*, *Zelleromyces*, *Martellia*, *Gymnomyces* u. a.), werden zur Familie *Elasmomycetaceae*, die secotioiden und agaricoiden Gattungen mit Ballistosporen (*Russula*, *Lactarius*, *Arcangeliella* u. a.) zur Familie *Russulaceae* zusammengefaßt.
In Mitteleuropa sind nur die Gattungen ↑ *Lactarius* (mit Milchsaft), und ↑ *Russula* (ohne Milchsaft) allgemein verbreitet. Beide bilden agaricoide Pilothecien. *Zelleromyces* und einige andere Gattungen bilden hypogäische Gasterothecien. D

S

Sabouraud–Agar: Nährboden zur Kultivierung von Pilzen. Er enthält 2% Glukose, 0,5% Kaseinpepton, 0,5% Fleischpepton und 2% Agar. Str

Saccardo, Pier Andrea: italienischer Botaniker (1845–1920). S. promovierte 1867 zum Dr. phil., war von 1866–1872 Assistent an der Universität in Padua und von 1869–1879 Professor für Naturwissenschaften. Von 1879–1915 wirkte er als Direktor des Botanischen Gartens und als Professor der Botanik in Padua. Sein bedeutendstes Werk ist der „Sylloge fungorum omnium hucusque cognitorum“ (1882–1931, 25 Bde.), das eine grundlegende Arbeit für die mykologische Taxonomie darstellt. S.s „Sylloge“ umfaßt alle Pilz-Taxa, die aus der Literatur bis 1919 bekannt waren. Alle Arten und Gattungen sind mit kurzen lateinischen Beschreibungen versehen, die weitestgehend den Originalbeschreibungen entsprechen. Die Fortsetzung der Sammlung von Beschreibungen neuer Pilz-Taxa wurde von F. ↑ Petrak vorgenommen. H

Saccardosches System: von P. A. ↑ Saccardo erarbeitete Klassifizierung der ↑ imperfekten Pilze nach Merkmalen ihrer ↑ Conidien (Form, Septierung, Pigmentierung). Die unterschiedenen Sporengruppen werden mit lateini-

Saccardosches System

Conidien (bzw. Ascosporen)		hyalin bzw. hell	dunkel
einzellig (↑ amerospor)	↑ Amerosporae	Hyalosporae	Phaeosporae
zweizellig (↑ didymospor)	↑ Didymosporae	Hyalodidymae	Phaeodidymae
mehrzellig (↑ phragmospor)	↑ Phragmosporae	Hyalophragmae	Phaeophragmae
mauerförmig (muriform, ↑ dictyospor)	↑ Dictyosporae	Hyalodictyae	Phaeodictyae
fadenförmig (↑ scolecospor)	↑ Scolecosporae		
schneckenförmig oder spiralig (↑ helicospor)	↑ Helicosporae		
sternförmig (↑ staurospor)	↑ Staurosporae		

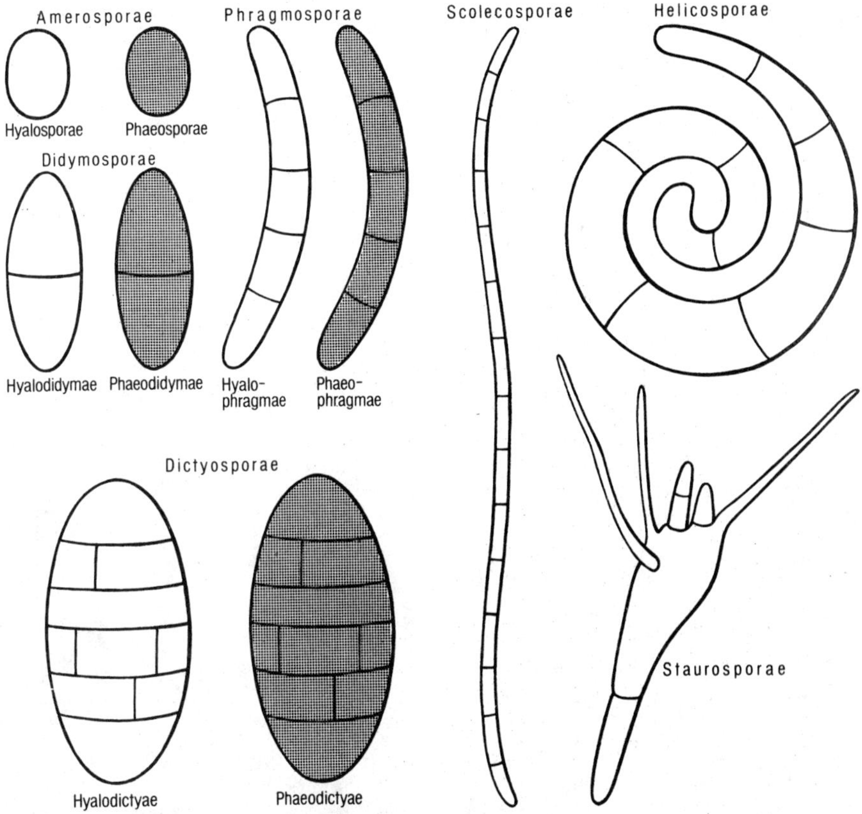

Saccardosches System: Übersicht über die Sporenformen, die dem Saccardoschen System zugrunde liegen

schen Namen belegt (Abb. ,Tab.). Bei ↑ scolecosporen, ↑ helicosporen und ↑ staurosporen Conidien wird auf eine Unterscheidung zwischen pigmentierten und farblosen Typen verzichtet. Das S. S. wurde ebenfalls auf ↑ Pyrenomyceten i. w. S. angewendet, wobei die Formenmannigfaltigkeit der ↑ Ascosporen hinter der der Conidien zurückbleibt; insbesondere sind bei den ↑ *Ascomycetes* helicospore und staurospore Typen selten.

Mit dem S. S. wurde ein künstliches System geschaffen, das nur Merkmale der Conidien berücksichtigt, andererseits ihre Entstehungsweise (↑ Conidiogenese) auf bestimmten Trägern (↑ Conidiophor) oder ↑ conidiogenen Zellen und die Struktur eventuell vorhandener ↑ Conidiomata unberücksichtigt läßt. Die Sporengruppen des S. S. umfassen deshalb nicht notwendigerweise miteinander verwandte Sippen; andererseits können nach heutiger Auffassung nahe verwandte Taxa in unterschiedlichen Gruppen zu finden sein. Ähnliche Einschränkungen müssen für die Anwendung des Systems auf Ascomyceten gemacht werden, da wichtige Merkmale der ↑ Asci, ↑ Ascocarpien usw. unberücksichtigt bleiben. Trotzdem ist das S. S. bis heute der erfolgreichste Versuch einer, wenn auch formalen, so doch praktikablen und leicht nachvollziehbaren Gruppenbildung bei imperfekten Pilzen und Pyrenomyceten. Hi

Saccharomyces: etwa 40 Arten umfassende Gattung der Ordnung ↑ *Endomycetales* (*Saccharomycetales*, Kl. ↑ *Endomycetes*). Zur Gattung gehören wirtschaftlich bedeutungsvolle ↑ Hefen. Es sind im Prinzip einzellige Pilze, die sich durch Sprossung vermehren. Auf festen Medien werden mitunter Sproßmyzelien (Pseudomyzelien) gebildet, die aber leicht in Einzelzellen zerfallen. Die sexuelle Fortpflanzung geschieht durch Kopulation von Sproßzellen (Somatogamie, Sporidiogamie, ↑ Befruchtung). Nach der Karyogamie (Kernverschmelzung) werden oft diploide Sproßzellen von der Zygote gebildet (haplo-diplontische Rassen, ↑ Entwicklungszyklus), die Meiose in diploiden Sproßzellen oder in der Zygote (haplontische Rassen, ↑ Entwicklungszyklus). Die Gonitocysten werden aufgrund der endogenen Gonite in Analogie zu den ↑ *Ascomycetes* als ↑ Asci bezeichnet. Wenn diese Gonite nicht als Sporen, sondern als Gameten fungieren und kopulieren, so entstehen diplontische Rassen.

Die Zellwände bestehen aus Chitin, Glucan und Mannan. Chitin kommt nur in geringen Mengen vor und ist besonders reichlich an den Sproßnarben (↑ Sprossung) zu finden.

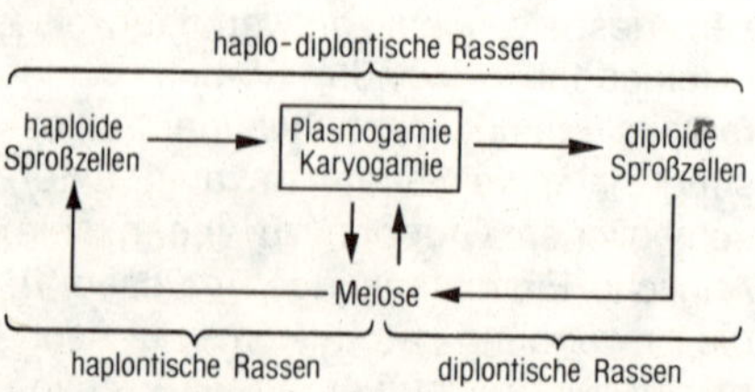

Saccharomyces

Die bekannteste Art ist *S. cerevisiae*, deren Rassen zur Herstellung alkoholischer Getränke (↑ Gärung), wie ↑ Bier, ↑ Wein, und zum Backen (↑ Backhefe) verwendet werden. Der Begriff „Rasse" wird bei diesen Hefen in der technischen Mikrobiologie im Sinne von ↑ Stamm benutzt. *S. cerevisiae* kann man z. B. von reifen Früchten isolieren. Die große biotechnologische Bedeutung hat zu zahlreichen Untersuchungen der Cytologie, Genetik, Physiologie und Ökologie dieses Pilzes geführt. D

Saccobolus: weltweit verbreitete Gattung der ↑ *Ascobolaceae* (Ord. ↑ *Pezizales*, Kl. ↑ *Ascomycetes*), die rund 15 coprophile Arten umfaßt. Die ↑ Apothecien sind denen der verwandten Gattung ↑ *Ascobolus* ähnlich, jedoch sind die Ascosporen zu Sporenballen vereinigt. Hi

Saftlinge ↑ *Hygrocybe*, Taf. 26/1,3

Sake: alkoholisches Getränk aus Japan. Zur Herstellung wird gedämpfter Reis mit Sporen von *Aspergillus oryzae* vermischt und einige Tage stehen gelassen (Herstellung von Koji, ↑ ostasiatische Nahrungsmittel), eine ↑ Gärung mit Sake-Hefe, einem Stamm von *Saccharomyces cerevisiae*, schließt sich an. Der Alkoholgehalt von S. liegt bei etwa 20 Volumenprozent. Str

Saksenaea: Gattung der Familie der *Mucoraceae* (Ord. ↑ *Mucorales*, Kl. ↑ *Zygomycetes*) mit flaschenförmigen Sporocysten. Abb. ↑ Mucormykosen D

Samtfleckenkrankheit: eine ↑ Blattfleckenkrankheit der Tomate, verursacht durch *Cladosporium fulvum* (↑ imperfekte Pilze). Es entstehen auf beiden Blattseiten gelbliche, unscharf umgrenzte Flecken. Darauf bilden sich blattunterseits samtige, grün-braune Überzüge aus ↑ Conidienträgern und ↑ Conidien. B

Sandpilz ↑ *Suillus*, Taf. 41/4

Sankt-Antonius-Feuer ↑ *Claviceps*

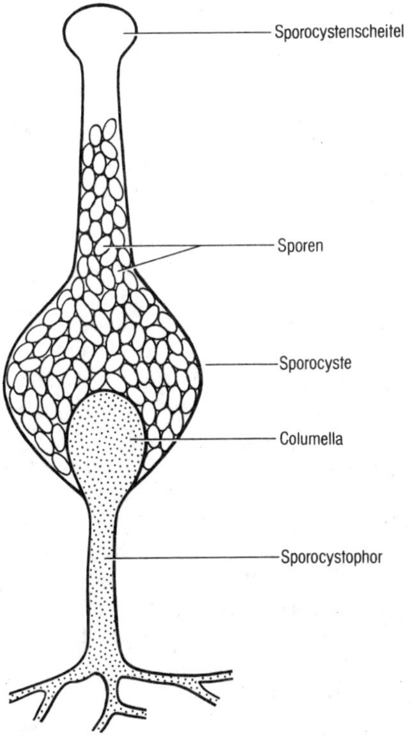

Saksenaea: flaschenförmige Sporocyste mit Mitosporen

Saprolegnia: Gattung der Ordnung ↑ *Saprolegniales* (Kl. ↑ *Oomycetes*). Die *S.*-Arten sind meist Saprophyten, jedoch kommen Erreger bedeutender ↑ Mykosen vor. So befällt *S. parasitica* Fische und ist, wie auch *S. ferax*, ein problematischer Schädling in der Intensivfischzucht. Die Zoosporen werden in endständigen Sporocysten gebildet. Die apikal begeißelten Schwärmer encystieren sich und bilden morphologisch verschiedene sekundäre Zoosporen, die seitlich begeißelt sind. Für diese Entwicklung wurde die Bezeichnung ↑ Diplanie geprägt. Auch der Begriff Dimorphie wird verwendet, der jedoch auch in anderem Sinne gebräuchlich ist (↑ dimorphe Pilze). Die sekundären Zoosporen können wiederholt unter bestimmten Bedingungen die Geißel abwerfen (nicht einziehen!) und sich wieder encystieren („Polyplanie"). Sie reagieren chemotaktisch auf geeignete Substrate. Auf solchen Unterlagen keimen sie nach Geißelabwurf und Encystierung mit einer Hyphe und bilden Myzel („Wasserschimmel"). ↑ Saprolegniose. D

Saprolegniales: Ordnung der Klasse ↑ *Oomycetes* (Abt. ↑ *Oomycota*). Die meisten Arten sind aquatische Pilze des limnischen Bereiches; einige sind für die Fischereiwirtschaft problematische Fischparasiten, aber auch Parasiten anderer Tiere und Phytoparasiten sind bekannt (↑ Saprolegniosen). Das coenocytische Myzel ist oft reichlich entwickelt (Wasserschimmel, ↑ Schimmel). Die Zoosporen entwickeln sich in meist keuligen Sporocysten, die durch ein Septum vom Myzel abgegliedert werden. Oft kommt ↑ Diplanie vor, wobei die Geißeln beim ersten Schwärmstadium apikal, beim zweiten pleural inseriert sind. Diese Entwicklung kann stark modifiziert sein. Die ↑ Befruchtung geschieht durch Cystogametogamie, wobei die Eizellen von männlichen Kernen der Androgamocysten befruchtet werden („Oogametangiogamie"). Die ↑ Hypnozygoten („Oosporen") keimen unter Mitosen; der Entwicklungszyklus ist, wie für alle Oomyceten angenommen wird, diplontisch. Die *S.* können ohne Schwierigkeiten kultiviert werden. Sie wurden physiologisch detailliert untersucht. Zu den wichtigsten Gattungen gehören ↑ *Saprolegnia*, ↑ *Achlya*, ↑ *Aphanomyces*. D

Saprolegniose: ↑ Mykose, die Fische, Lurche und andere an Feuchtbiotope gebundene Tiere befällt und durch Pilze der Ordnung ↑ *Saprolegniales* hervorgerufen wird. Die Erreger, weit verbreitete ↑ aquatische Pilze, gehören hauptsächlich den Gattungen *Saprolegnia*,

Achlya, *Aphanomyces*, *Dictyuchus* und *Leptolegnia* an. Sie leben auch als Saprophyten auf abgestorbenen Wasserorganismen. Nicht nur die Tiere selbst, sondern auch ihre Eier werden häufig befallen und rasch zerstört. Bei manifestem Befall sind z. B. Fischkörper einschließlich der Augen, Flossen und Kiemendeckel teilweise oder vollständig von wollig-gespinstartigem, weißem ↑ Myzel eingehüllt. Wichtige Grundlage für den Befall sind Verletzungen. Von der Haut ausgehend, dringt das Myzel auch in die Muskulatur und manchmal sogar bis in die Knochen vor. Oberflächlich kommt es zu Geschwürbildung und Hautablösungen. Befallene Tiere werden schnell geschwächt und sterben. Die S. stellt ein bedeutendes Problem für die Binnenfischerei auf der Grundlage von Intensivaufzuchten dar. Eine bekannte S. ist z. B. die ↑ Krebspest; sie vernichtete binnen weniger Jahrzehnte fast die gesamten europäischen Vorkommen des früher sehr geschätzten Edelkrebses (*Astacus astacus*). Differentialdiagnostisch ist die S. von anderen Fischmykosen, wie Kiemenbrand und besondere Formen von ↑ Endomykosen, zu unterscheiden. Für diese Krankheitsformen sind andere Pilzarten verantwortlich. V

Saproparasiten: 1. fakultative Parasiten; Organismen, die sowohl saprophytisch als auch parasitisch wachsen können.

2. Arten, die als ↑ Saprophyten an lebenden Organismen vorkommen und diesen Schaden zufügen; z. B. Besiedler toten Kernholzes lebender Bäume, die schließlich abbrechen können. ↑ Parasitismus D

Saprophyten: Organismen, die sich osmotroph von toter organischer Substanz ernähren („fäulnisbewohnende Pflanzen"). Diese Lebensweise findet sich bei vielen heterotrophen Bakterien, Pilzen und Pflanzen. Die saprophytische Lebensweise steht der symbiontischen und parasitischen Lebensweise gegenüber und ist mit beiden manchmal durch Übergangsformen verbunden (↑ Parasitismus, ↑ Symbiose, ↑ Flechtenparasiten, ↑ Mykorrhiza). Tiere mit vergleichbarer Lebensweise werden als saprophag bezeichnet.

Die saprophytischen Pilze sind in vielen Fällen terrestrisch; sehr viele haben sich auf spezielle Substrate spezialisiert und werden bezüglich ihrer Lebensweise mit speziellen Namen belegt (↑ ökologische Gruppen, Tab.). D

Sarcodon: Gattung der Ordnung ↑ *Thelephorales* (Kl. ↑ *Basidiomycetes*). Die Fruchtkörper sind terrestrische ↑ Pilothecien mit monomitischer weicher, brauner Trama und hydnoidem Hymenophor, ↑ inflaten Hyphen ohne Schnallen und braunem Sporenpulver (↑ Stachelpilze). In Europa kommen 15 Arten vor, die vermutlich saprophytisch leben. Die meisten sind gegenwärtig im Rückgang begriffen und werden seltener, auch der früher häufige Habichtspilz, *S. imbricatum*, der als Speisepilz genutzt werden kann. Taf. 19/1,2 D

Sarcoscyphaceae: Familie der Ordnung ↑ *Pezizales* (Kl. ↑ *Ascomycetes*). Die Sippen der *S.* bilden meist mittelgroße gestielte, gelbe bis rötliche, durch Carotine gefärbte ↑ Apothecien. Die ↑ Ascosporen sind oft asymmetrisch, die dickwandigen suboperculaten ↑ Asci haben exzentrische Deckel. Die *S.* umfassen saprophytische, holz-, selten bodenbewohnende Pilze. In Europa kommen nur wenige Arten vor. Taf. 13/1 Hi

Sarcosomataceae: Familie der Ordnung ↑ *Pezizales* (Kl. ↑ *Ascomycetes*) mit kleinen, mittelgroßen oder großen gestielten, selten auch sitzenden, oft zähfleischigen ↑ Apothecien von meist dunkler Farbe. Die ↑ Ascosporen haben oft striate ↑ Ornamente. Hi

Satanspilz ↑ *Boletus*, ↑ Hexenröhrlinge

Satratoxin H ↑ Verrucarolester

Saumpilze ↑ *Psathyrella*

Scale-up (scaling up): Vergrößerung des Maßstabes von Labor- oder halbtechnischen Verfahren bis zu großtechnischen Verfahren. Str

Schadpilze: in Bezug auf aktuelle Wertvorstellungen des Menschen solche ↑ Pilze, die durch ihre Lebensweise Nachteile bedingen. Zu den S. gehören z.B. phytoparasitische Pilze von Kulturpflanzen, Erreger von Mykosen bei Nutztieren oder beim Menschen, Holzzerstörer an Bauholz, an Obstgehölzen usw. D

Schaeffer, Jacob Christian: deutscher Geistlicher und Mykologe (1718–1790). S. studierte in Halle Theologie. 1741 erhielt er eine Predigerstelle in Regensburg. Die Universität Wittenberg verlieh S. 1760 die Magisterwürde, und 1763 promovierte er zum Dr. theol. an der Tübinger Universität. 1779 wurde er Superintendent der evangelischen Gemeinde in Regensburg. S.s erste mykologische Arbeit erschien 1759: „Vorläufige Beobachtungen der Schwämme um Regensburg". Besonders verdient machte sich S. um die bildliche Darstellung und Beschreibung vieler Makromyceten. S.s Hauptwerk „Fungorum qui in Bavaria et Palatinatu circa Ratisbonam nascuntur icones ..." erschien in den Jahren von 1762 bis 1774 (1. Bd. 1762; 2. Bd. 1763; 3. Bd. 1771; 4. Bd. 1774). In diesem Werk sind auf 330 kolorierten Tafeln Abbildungen der in Bayern und in der Pfalz wachsenden Pilze zu finden. H

Schäffer, Julius: deutscher Mykologe (1882–1944). S. besuchte in Markgröningen bei Stuttgart die Lateinschule, studierte in Tübingen und Dresden, absolvierte 1910 das Staatsexamen für den höheren Schuldienst und erhielt die Lehrbefähigung für Naturwissenschaften. S. war 27 Jahre lang in Potsdam als Lehrer tätig. 1939 übersiedelte er nach Oberbayern. Seine mykologischen Arbeiten befassen sich mit der Systematik von Blätterpilzen, besonders mit den Gattungen *Agaricus*, *Cortinarius*, *Melanoleuca*, *Russula*, *Tricholoma*. Von besonderer Bedeutung ist die monographische Bearbeitung der Täublinge (Gattung *Russula*) Mitteleuropas (1933/34, Neubearbeitung postum 1952) im Rahmen der „Pilze Mitteleuropas". Das Werk gehört zu den Grundlagen der modernen Täublingssystematik. H/D

Schäffersche Reaktion: von J. ↑ Schäffer gefundene chemische Reaktion, die für die Pilzbestimmung von Bedeutung ist: Sich überkreuzende Ausstriche von Salpetersäure und Anilin auf der Oberhaut mancher Pilzhüte, z. B. von *Agaricus*-Arten, ergeben im positiven Falle an der Kreuzungsstelle eine Rotfärbung. D

Scheibe (Discus): Oberfläche des Hymeniums bei ↑ Apothecien. Auf dem Begriff S. beruht die Bezeichnung Scheibenpilze (*Discomycetes*) für apothecienbildende Ascomyceten. Hi

Scheibenpilze ↑ Discomyceten

Scheidenstreiflinge ↑ *Amanita*, Taf. 31/4

Scheidewand ↑ Septum, ↑ Pseudoseptum

Scheitelkappe ↑ Apikalapparat

Schillerporling ↑ *Inonotus*

Schimmel: Trivialbezeichnung für makroskopisch erkennbare, meist watteartige Myzelien und/oder sporulierende Conidienträger. Der Brennpunkt des Schimmelbegriffes liegt bei oberflächlich wachsenden, schnellwüchsigen imperfekten Pilzen bzw. bei ebenso lebenden Myzelien von Asco- und Zygomyceten, die meist rasch Anamorphen bilden. Mit wenigen Ausnahmen wird der Schimmelbegriff für Pilze mit schädlicher Wirkung benutzt. Systematisch sind die Pilze, die Schimmel bilden, nicht zu umgrenzen. Sie gehören in verschiedene Gruppen. Allgemeinsprachlich, aber auch in der Fachterminologie, werden zahlreiche Strukturen und Erscheinungen mit dem Schimmelbegriff in Verbindung gebracht (Tab.). Darüber hinaus werden auch viele Phytoparasiten als S. bezeichnet (↑ Blauschimmel, ↑ Grauschimmel, ↑ Schneeschimmel usw.). D/Hi

Schimmelpilzmykosen ↑ Schimmel, Tab.

Schizidien: blättchenartige ↑ Diaspo-

Begriff	Bedeutung
Brotschimmel	allgemeine Bezeichnung für Myzelrasen auf Brot; auch Artbezeichnung (s. u.)
Edelschimmel	Bezeichnung für Pilze, die in der Nahrungsmittelindustrie zur Verbesserung von Nahrungsmitteln eingesetzt werden und in Form von Myzelrasen (mit oder ohne Sporenbildung) sichtbar sind (↑ Käseherstellung)
Fliegenschimmel	Bezeichnung für den Zygomyceten ↑ Entomophthora muscae, diese Art befällt Fliegen, die absterben und durch Cystoconidien und deren Träger weiß überwachsen aussehen
Gießkannenschimmel	Bezeichnung für die Form-Gattung Aspergillus (↑ imperfekte Pilze), deren ↑ Conidiophor und Sporenketten an einen Gießkannenkopf beim Gießen erinnern
Goldschimmel	Bezeichnung für die Myzelrasen und goldgelben ↑ Aleuriosporen des parasitischen Ascomyceten Apiocrea chrysosperma (↑ Hypomycetaceae), der die Fruchtköper vieler Arten der ↑ Boletales befällt (Anamorphe: Sepedonium chrysospermum)
Grünschimmel	Bezeichnung für Myzelrasen, die durch die Sporen der ↑ Anamorphen bald grün oder graugrün werden, auch Bezeichnung für die grünsporigen ↑ Penicillium-Arten.
Köpfchenschimmel	Bezeichnung für Mucor-Arten, im weiteren Sinne für alle ↑ Mucorales (Mucoraceae), die durch kugelige Sporozysten charakterisiert sind.
Pinselschimmel	Bezeichnung für die Form-Gattung Penicillium (↑ imperfekte Pilze), die auf die pinselförmige Aufzweigung der Conidiophore Bezug nimmt.
Rosa, Rosaroter oder Roter Brotschimmel	Bezeichnung für ↑ Neurospora sitophila, die mitunter auch für andere Arten (N. crassa, N. tetrasperma) benutzt wird und auf die Myzelfarbe und das oft besiedelte Substrat Brot Bezug nimmt (auch als Brotpilz oder Bäckereipilz bezeichnet).
Schimmelpilz	Bezeichnung für den Organismus, der die Erscheinung des S. hervorruft. In der wissenschaftlichen Literatur oft für ↑ imperfekte Pilze oder für ↑ Anamorphen, die zu ↑ Teleomorphen mit sehr kleinen Fruchtkörpern gehören (z. B. für *Neurospora* in der genetischen Literatur).
Schimmelpilzmykosen	Bezeichnung für Krankheiten von Menschen und Tieren, die durch Pilze (meist fakultative Parasiten) hervorgerufen werden, die im Bereich dieser Menschen und Tiere allgegenwärtig (als Schimmel) vorhanden sind.
Schwarzschimmel	Bezeichnung für Myzelrasen, die durch dunkle Sporen der Anamorphen bald schwarz erscheinen, auch Artbezeichnung für ↑ Aspergillus niger.
verschimmeln	Vorgang der Überwachsung oder Durchwachsung von Nahrungsmitteln, Vorräten, Gegenständen usw. mit Pilzmyzel, wenn dies mit einer Wertminderung oder ↑ Zerstörung verbunden ist.
Wasserschimmel	Bezeichnung für Pilze, die im Wasser oder auf dessen Oberfläche Myzelfilz (meist an organischen Substanzen) bilden, auch Bezeichnung für die ↑ Saprolegniales

ren von Flechten (↑ Lichenes), die durch oberflächenparallele Abspaltung von oberen Thallusteilen, wie ↑ Loben oder ↑ Areolen, entstehen. Sto

Schizophyllales: eine kleine Ordnung der Klasse ↑ *Basidiomycetes* (Ukl. ↑ *Homobasidiomycetidae*). Die Fruchtkörper sind resupinate, muschelartige oder ungestielte pleurotoide, relativ zähe ↑ Pilothecien mit längsgespaltenen Lamellen bzw. lamellenartigen Tramawülsten. Die Längsspalte trägt ein feines, der Hutoberseite ähnliches ↑ Tomentum. Bei Feuchtigkeit werden die Hymenien durch Aufklaffen dieser Spalte verschlossen. In Europa kommt nur *Schizophyllum commune*, der Spaltblättling, vor, der meist totes Laub- und Nadelholz besiedelt, selten auch auf lebende Bäume übergeht oder an unverholzten Substraten wächst. Er kann auch auf relativ trockenem Holz noch fruktifizieren und tritt bei reichlichem Substratangebot oft als Massenpilz auf. Taf. 25/1, Abb. D

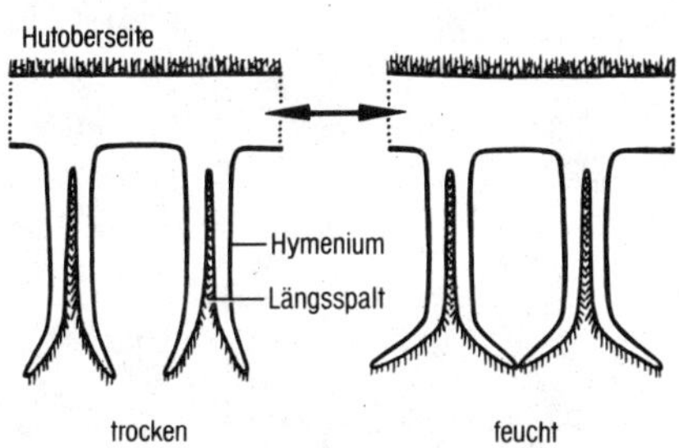

Schizophyllales: hygrometrische Bewegung der Lamellen (schematische Darstellung)

Schizophyllie (Spaltblättrigkeit): auffallende, durch einen Längsspalt charakterisierte Marginalstruktur von ↑ Lamellen („Blättern"). Bei den ↑ *Schizophylales* reichen die Längsspalten bis an die Huttrama. Bei einigen Blätterpilzen der Ordnung ↑ *Agaricales* kommt S. fakultativ vor, z. B. bei *Oudemansiella canarii* und *Xerula radicata* (Taf. 25/1). D

Schlauch ↑ Ascus

Schlauchpforte ↑ Apikalapparat

Schlauchpilze ↑ Ascomycetes

Schlechtendal, Diederich Franz Leonhard von: deutscher Botaniker (1794–1866). S. studierte an der Berliner Universität Medizin und promovierte 1819 zum Dr. med. Bis 1833 wirkte er als Kustos am Königlichen Herbar in Berlin. 1827 erfolgte seine Habilitation, dann war er Privatdozent an der Universität in Berlin und ab 1829 außerordentlicher Professor für Botanik. 1833 übernahm S. eine ordentliche Professur für Botanik an der Philosophischen Fakultät der Universität Halle und die Direktion des Botanischen Gartens. Er war vor allem Pflanzensystematiker; von Bedeutung für die Mykologie ist seine Bearbeitung der Pilze im zweiten Band (1824) der „Flora Berolinensis" (1823/24), in der 741 Pilz- und 163 Flechtenarten aufgeführt sind. Weitere mykologische Beiträge, die in verschiedenen Zeitschriften erschienen, beinhalten vorwiegend Neubeschreibungen von Pilzen aus verschiedenen Gruppen, z.B. von Mehltaupilzen (↑ *Erysiphales*) und Pilzblumen (↑ *Phallales*). S. war Herausgeber botanischer Zeitschriften, u. a. der „Linnaea" (ab 1826) und der „Botanischen Zeitung" (ab 1843). H

Schleier: 1. spinnwebartiges ↑ Velum partiale (Cortina), das besonders bei Fruchtkörpern der Familie *Cortinariaceae* (Ord. *Agaricales;* ↑ *Cortinarius*) vorkommt. **2.** herabhängender, grobmaschiger Teil des Receptaculums mancher Gasterothecien der Ordnung ↑ *Phallales* (Indusium), besonders bei der Gattung *Dictyophora* (↑ Abb. *Phallales* 1). D

Schleierdame ↑ *Phallus*, ↑ Receptaculum, ↑ Indusium

Schleierlinge: volkstümliche Bezeichnung für Blätterpilze der Gattung ↑ *Cortinarius*. Das Velum partiale der Basidiocarpien ist in der Regel als Schleier (Cortina) ausgebildet. Taf. 34 D

Schleimpilze ↑ *Myxomycota*

Schlempe: vom ↑ Ethanol befreite Destillationsrückstände vergorener Maische. ↑ Rückstandsbeseitigung Str

Schleuderbewegung: Vorgang des aktiven Abwerfens von Sporen, Sporocysten oder sporenführenden Fruchtkörperteilen. Der S. liegen verschiedene Mechanismen zugrunde. Sie wird oft durch Wasserabgabe oder Wasseraufnahme ausgelöst. Bei vielen Ascomyceten werden die ↑ Ascosporen durch eine sog. Turgor-Explosionsbewegung einige mm bis cm weit fortgeschleudert. Bei vielen ↑ Basidiomyceten erfolgt die S. durch einen Turgor-Mechanismus im Bereich der Spitze der Sterigmen (↑ Abb. *Basidiomycetes* 2). Bei ↑ *Pilobolus* (Kl. ↑ *Zygomycetes*) sitzt die Sporocyste auf einem Träger, der zu einem stark turgeszent angeschwollenen Bläschen (subsporocystiales Vesicel) erweitert und phototropisch ausgerichtet ist (↑ Abb. Phototropismus). Die Sporocyste wird bis 1 m hoch oder über 2 m weit geschleudert. Bei ↑ *Sphaerobolus* (Kl. ↑ *Basidiomycetes*) öffnen sich die ↑ Gasterothecien sternförmig, und die gesamte ↑ Gleba wird durch das blasenförmige Ausstülpen der Endoperidie abgeschleudert. Alle Sporen, die durch eine S. abgeschossen werden, bezeichnet man als Ballistosporen. Str/D

Schmidel, Casimir Christoph (auch Schmiedel): deutscher Arzt und Botaniker (1718–1792). Er studierte in Gera, Halle und Jena Medizin und Naturwissenschaften, promovierte 1742 zum Dr. med., wirkte als Arzt, später als Professor für Arzneikunde in Beyreuth und lehrte von 1743 bis 1763 in Erlangen Anatomie und Botanik. Ab 1763 war S. wieder als Arzt tätig, zunächst als Leibarzt des Markgrafen von Ansbach; 1771 wurde ihm der Hofratstitel zuerkannt, außerdem ernannte man ihn zum Präsidenten des Medizinalkollegiums. Auf Reisen durch Deutschland, in die Schweiz und nach Frankreich trieb er botanische Studien. Von 1747 an veröffentlichte S. die „Icones plantarum et analysis partium", ein umfassendes Werk naturgetreu kolorierter Kupfertafeln von hoher Qualität. Es umfaßt in erster Linie Lebermoose, Pilze und Blütenpflanzen. Den Tafeln sind ausführliche Beschreibungen beigefügt, die umfassende Literaturkenntnisse des Autors erkennen lassen. H

Schnalle: durch seitliche Ausstülpung an Hyphen des Dikaryonten von Basidiomyceten im Rahmen von Mitosen und Septierung gebildete mikroskopische Struktur. Die S. entstehen durch sehr kurze, seitlich aus der Hyphe unterhalb der Wachstumszone im Bereich eines entstehenden Septums auswachsende Seitenzweige, die einen Kern aufnehmen, der mitotisch entstanden ist, durch Septierung abgetrennt werden (Dreizellstadium) und dann unterhalb der neugebildeten Hyphenquerwand mit der zurückliegenden Zelle fusionieren. Es sind entgegen der Wachstumsrichtung der Hyphe wach-

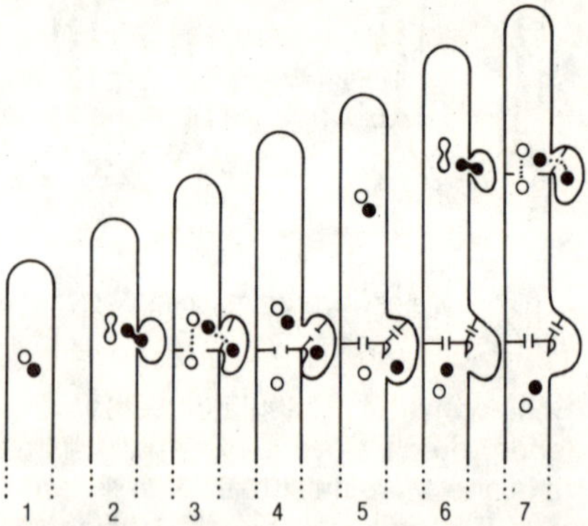

Schnalle: Wachstum dikaryotischer Hyphen von Basidiomyceten mit Schnallenbildung. 1 Hyphenspitze vor der Schnallenbildung, 2 Aussprossung der Schnalle und Kernteilung, 3,5 Übergangsstadien, 4 Dreizellstadium, 6,7 vollendete Schnallenbildung

sende, kurze Seitenverzweigungen, die ein entstehendes Septum umwachsen, wodurch ein Kern zunächst isoliert, dann zurückgeschleust wird. Eine S. kann als eine „Kernschleuse“ verstanden werden, die am fertig ausgebildeten Septum wie ein bogenförmig verlaufender Hyphenabschnitt, eine halbkugelige Ausstülpung oder ein Henkel wirkt (Abb.). S. werden von vielen Basidiomyceten gebildet; bei manchen fehlen sie vollkommen. In den komplex gebauten Fruchtkörpern fehlen sie an manchen Hyphentypen, z. B. an Skeletthyphen (↑ Hyphensystem); mitunter sind in manchen Fruchtkörperteilen Schnallen vorhanden, in anderen nicht. Sie können im Fruchtkörper fehlen, aber im Myzel ausgebildet sein usw. Oft kommt es vor, daß (besonders in Fruchtkörpern) an manchen Hyphen Septen mit S. und Septen ohne S. vorhanden sind. In diesen Fällen werden wahrscheinlich unter der wachsenden Hyphenspitze an den primären Septen S. gebildet, nicht aber an sekundär eingezogenen Septen in bereits stärker differenzierten Hyphenbereichen. An der Basis von ↑ Basidien sind sehr oft S. ausgebildet. Kommt es an einem Septum zu mehr als einer S., spricht man von Wirtelschnallen oder multiplen S. Taf. 3/1 D

Schnallenmyzel: ↑ Myzel von Basidiomyceten, das an den Septen ↑ Schnallen aufweist. D

Schnecklinge ↑ *Hygrophorus*, Taf. 26/2

Schneeschimmel: Erkrankung zahlreicher Getreidearten und Wildgräser, hervorgerufen durch *Monographella nivalis* (Kl. ↑ *Ascomycetes*, Anamorphe: ↑ *Fusarium nivale*). Der Pilz stellt einen der wichtigsten Auswinterungserreger in Getreideanbaugebieten dar. S. führt bereits im Herbst des alten Jahres zu deformierten Keimlingen. Sehr auffällig ist der Befall im Frühjahr nach der Schneeschmelze. Die jungen Pflanzen sind teilweise abgestorben und von Pilzbelägen überzogen. An entwickelten Pflanzenteilen treten später relativ unspezifische Symptome auf (Wurzelfäule, verminderter Wuchs u. a.). B

Schokoladenfleckenkrankheit: phytopathologischer Begriff für ↑ Blattfleckenkrankheiten, die schokoladenbraune Verfärbungen hervorrufen. Ein Beispiel ist die S. der Bohne, verursacht von ↑ *Botrytis fabae.* B

Schopftintling ↑ Coprinus, Taf. 37/1,2

Schorfkrankheiten: Sammelbegriff in der ↑ Phytopathologie für Krankheiten, die oberflächlich rissig-rauhe Wundstellen (Schorfpusteln, Grind, Korkwucherungen usw.) hervorrufen. Diese Wundstellen sind lokal begrenzt und werden meist durch Pilze verursacht. Apfel- und Birnenschorfkrankheiten werden z. B. von *Venturia*-Arten (Kl. ↑ *Ascomycetes*, Anamorphe: *Fusicladium*-Arten) erzeugt. *Phoma apiicola* (↑ imperfekte Pilze) ist der Erreger des Sellerieschorfs. Klappenschorf wird von einigen Arten der Gattung *Pseudopeziza* (Kl. ↑ *Ascomycetes*) bewirkt (z. B. Klappenschorf der Luzerne von *Pseudopeziza medicaginis*). Schwamm- oder Pulverschorf tritt an Kartoffelknollen, -wurzeln und -stolonen auf. Der Erreger ist *Spongospora subterranea* (Kl. ↑ *Plasmodiophoromycetes*). Es entstehen Schorfpusteln mit einem Durchmesser von 2–10 mm, die später aufplatzen und mit einem bräunlichen Pulver gefüllt sind. Das Pulver besteht aus schwammartigen Sporenballen des Erregers. Silberschorf (Silberfleckenkrankheit) kommt ebenfalls an Kartoffelknollen vor und wird von *Spondylocladium atrovirens* (↑ imperfekte Pilze) verursacht. Der Pilz löst die Korkschicht der Knollenschale vom Rindenparenchym und erzeugt luftgefüllte Hohlräume, die den Silberglanzeffekt bewirken. ↑ Abb. Befall B

Schriftflechte ↑ *Graphis*

Schroeter, Joseph: deutscher Arzt und Botaniker (1837–1894). Er studierte ab 1855 Medizin in Breslau (Wrocław), wurde ab 1856 als Militärarzt in Berlin ausgebildet, promovierte 1859 zum Dr. med. und war bis 1892 als Militärarzt in der preußischen Armee tätig. Für die Mykologie ist seine Bearbeitung der Pilze in der „Kryptogamenflora von Schlesien" (1885–1889), die von F. ↑ Cohn herausgegeben wurde, von Bedeutung; außerdem publizierte S. u. a. über die „Brand- und Rostpilze Schlesiens" (1870) und gab 1893 das Exsiccatenwerk „Die Pilze Schlesiens" heraus. H

Schrotschußkrankheit: eine ↑ Blattfleckenkrankheit an Kirschbäumen, die von *Stigmina carpophila* (↑ imperfekte Pilze, Synonym: *Clasterosporium carpophilum*) verursacht wird. Zunächst werden zahlreiche kleine, rundliche, nekrotische Flecken gebildet, aus denen später das abgestorbene Blattgewebe herausfällt („Schrotschußeffekt"). B

Schüpplinge ↑ *Pholiota*, Taf. 32/5,6; 33/1–3

Schüttekrankheiten ↑ Blattschüttekrankheiten

Schwächeparasiten ↑ Parasitismus

Schwärmer: begeißelte, freibewegliche Zelle (↑ freie Ortsbewegung). S. kommen auch bei einigen Pilzgruppen vor, z. B. die Myxoflagellaten der ↑ *Myxomycota*, die Zoosporen (↑ Sporen) oder Planogameten (↑ Gameten) der *Chytridiomycota* usw. S. sind für die Klassifizierung einiger Pilzgruppen von Bedeutung, da der Typ der ↑ Begeißelung Verwandtschaftsverhältnisse gut widerspiegelt. Pilze, die S. bilden, werden in manchen Systemen als *Mastigomycotina* zusammengefaßt. D

Schwarzbeinigkeit ↑ Fußkrankheiten

Schwärze: phytopathologischer Begriff für Pilzerkrankungen, die auf der Oberfläche der infizierten Pflanzenteile schwarze Überzüge (↑ Myzel, ↑ Conidienträger, ↑ Conidien) hervorrufen oder zu schwärzlichen Verfärbungen der Gewebe führen. Zahlreiche Pilze sind als Erreger von S. bekannt. Die S. des Getreides wird z. B. durch *Cladosporium herbarum* (↑ imperfekte Pilze) verursacht. Die Rettichschwärze, erzeugt durch *Aphanomyces raphani* (↑ *Oomycetes*), gehört zum Komplex der ↑ Fußkrankheiten (Schwarzbeinigkeit). Die befallenen Wurzeln sind schwärzlich verfärbt. Die schwarzen Blattflecken der Kleeschwärze gehen auf *Mycosphaerella killiani* (Kl. ↑ *Ascomycetes*, Anamorphe: *Polythrincium trifolii*) zurück. Die Stengelschwärze der Luzerne wird von *Phoma medicaginis* (↑ imperfekte Pilze) hervorgerufen.
Begrifflich kommt es häufig zu Überschneidungen mit den Krankheitstermini ↑ Brandkrankheiten und ↑ Anthraknose. B

Schwarze Piedra: durch *Piedraia hortai* (Kl. ↑ *Ascomycetes*) verursachte ↑ Mykose des menschlichen Kopfhaares. Auf Grund der Lokalisation zählt man die S. P. zu den ↑ Dermatomykosen. Der Pilz befällt nur den Schaft des Haares und dringt dabei etwas in die Cuticula ein. An der Haaroberfläche werden schwarz gefärbte, harte und bis zu 1 mm große Knötchen gebildet. Diese bestehen aus ↑ Hyphen und sind von ↑ plectenchymartiger Struktur. S. P. kommt nur in feuchtwarmen Regionen der Erde vor. V

Schwarzfäule ↑ Fäulen

Schwarzrost: Rostpilzerkrankung (↑ *Uredinales*) zahlreicher Gräser und Getreide, hervorgerufen durch ↑ *Puccinia graminis*. Der Name S. leitet sich von der Farbe der Teleutolager ab. S. ist eine Hetereuform. Die Aecidiengeneration wird auf Berberitze und Mahonien gebildet. Es gibt Rassen, die als Hemiformen leben können. Die Überwinterung erfolgt dann in Form des Paarkernmyzels oder der Uredosporen.

S. hat z. B. in Australien große phytopathologische Bedeutung erlangt, obwohl die Berberitze als Zwischenwirt nicht zur Verfügung steht. Bekämpfungsmaßnahmen der Vergangenheit, bei denen in Getreideanbaugebieten die Sauerdornsträucher entfernt worden waren, führten daher nur zu mäßigen Erfolgen. Die meist zerstreut angeordneten Uredolager sind braun. Die Uredosporen besitzen bräunliche, stachelwarzige Wände und meist 4 (seltener 3 oder 5) am Äquator kreuzweise angeordnete ↑ Keimporen. Die Teleutolager, die oft aus den Uredolagern hervorgehen, bilden an Blättern und besonders Blattscheiden und Halmen oft lange Streifen. Sie sind fast von Beginn an nackt, schwarz, polsterartig und relativ fest. Die Wände der spindelförmigen bis keuligen Teleutosporen sind am Scheitel deutlich verdickt, die Keimporen kaum sichtbar. Die Sporenstiele sind fest und lang, gelblich bis schwach bräunlich. In den Teleutolagern sind neben den typischen zweizelligen Sporen gelegentlich auch ↑ Mesosporen eingestreut. Der S. wird heute meist in zwei Unterarten getrennt (ssp. *graminis* und ssp. *graminicola*), die sich vor allem in der Größe der Uredosporen unterscheiden. Der Getreide-S. gehört zur ersten Unterart. S. ist weltweit verbreitet und hat in allen Getreideanbaugebieten große phytopathologische Bedeutung. B

Schwefelköpfe ↑ *Hypholoma,* Taf. 36/1

Schweinitz, Ludwig David: amerikanischer Theologe und Mykologe (1780–1834). S. wuchs in der Kolonie der Herrnhuter Brüdergemeine in Bethlehem (Nordamerika) auf. Sein Vater war hier Administrator der Brüderunitäts-Besitzungen. 1798 siedelte die Familie nach Deutschland über, da der Vater in die Unitäts-Ältesten-Konferenz berufen wurde. In Niesky (Oberlausitz) absolvierte S. bis 1801 das theologische Seminar und wurde Lehrer an der Nieskyer Unitäts-Knabenanstalt. 1807 ging er im Auftrag der Brüderunität nach Gnadenberg und war ab 1808 Vorsteher der ledigen Brüder in Gnadau. 1812 ging er als Administrator der Unitäts-Besitzungen wieder nach Nordamerika und wirkte ab 1821 als Inspektor der Pensions-Mädchenanstalt in seinem Heimatort Bethlehem (Nordamerika). Während seiner Zeit in Deutschland arbeitete S. über die Pilzflora der Oberlausitz. 1805 erschien der „Conspectus fungorum ...“ von Albertini und S. Die Form der Beteiligung Albertinis, eines Lehrers und Freundes von S., an diesem Standardwerk der Pilzsystematik ist unklar; mit Sicherheit liegen jedoch die wesentlichen mykologischen Verdienste bei S. Das Werk enthält Beschreibungen von 1130 Arten, 127 davon werden als neue Spezies beschrieben, auf 12 Tafeln sind 93 kolorierte Abbildungen beigefügt. S. leistete später Pionierarbeit bei der mykologischen Durchforschung Nordamerikas. 1822 erschien die „Synopsis fungorum Carolinae superioris“ und 1832 die „Synopsis fungorum in America boreali media degentium“. H/D.

Schwendener, Simon: Schweizer Botaniker (1829–1919). S. war zunächst als Lehrer tätig, studierte danach in Genf Naturwissenschaften und promovierte 1856 in Zürich zum Dr. phil. 1857 wurde S. Assistent bei C. Nägeli an der Münchener Universität, wo er sich mit mikroskopischen Studien beschäftigte. Ab 1860 war er Privatdozent für Botanik. Als ordentlicher Professor der Botanik wurde S. 1867 nach Basel, 1877 nach Tübingen und 1878 nach Berlin berufen, wo er bis 1910 tätig war, ab 1887 als Rektor der Universität. S. gilt als Entdecker der Dualnatur aller Flechten, nachdem bereits de ↑ Bary die Algen-Pilz-Symbiose der Gallertflechten erkannt hatte. S. veröffentlichte seine Erkenntnisse in botanischen Fachzeitschriften; hauptsächlich war er auf dem Gebiet der Pflanzenphysiologie tätig. H

Schwindlinge ↑ *Marasmius,* Taf. 28/3

Scirpentriol ↑ Epoxytrichothecene

Scleroderma (Kartoffelboviste): Gattung der Ordnung ↑ *Sclerodermatales* (Kl. ↑ *Basidiomycetes*) mit nahezu kugeligen bis unregelmäßig knolligen, epigäischen ↑ Gasterothecien (Plectothecien), die manchmal durch derbe Myzelstränge scheinbar gestielt sind. Die derbe ↑ Peridie verwittert bzw. zerfällt vom Scheitel her unregelmäßig. Bereits bei jungen Fruchtkörpern ist die ↑ Gleba dunkel und erscheint durch hellere Tramaplatten im Schnitt geadert. Die meisten Arten sind Waldpilze. *S. citrinum* ist ein Massenpilz in vielen mesophilen und feuchten, meist sauren Waldtypen. Auf den Fruchtkörpern erscheinen mitunter die ↑ Pilothecien des parasitischen Röhrlings *Xerocomus parasiticus* (↑ *Boletales*). Die Kartoffelboviste sind giftig. D

Sclerodermatales: Ordnung der Klasse ↑ *Basidiomycetes* (Ukl. ↑ *Homobasidiomycetidae*). Die Fruchtkörper sind cleistocarpe oder angiocarpe, epigäische ↑ Gasterothecien (Plectothecien). Glebakammern und ↑ Hymenien fehlen, die Basidien sind in Gruppen angeordnet, in der Gleba zerstreut. Repräsentative Gattungen der S. sind ↑ *Astraeus, Calostoma, Pisolithus,* ↑ *Scleroderma.* D

Sclerotienbecherling ↑ *Sclerotinia,* ↑ *Dumontinia*

Sclerotinia: eine Gattung der Familie *Sclerotiniaceae* (Ord. ↑ *Helotiales,* Kl. ↑ *Ascomycetes*), die drei ökonomisch bedeutende phytoparasitische Arten umfaßt. Die polyphage *S. minor* ist auf Amerika beschränkt. Die ebenfalls polyphage *S. sclerotiorum* und die auf Klee spezialisierte *S. trifoliorum* sind weiter verbreitet, möglicherweise weltweit. Früher wurden nahezu alle Arten der *Helotiales,* die cupulate ↑ Apothecien und ↑ Sclerotien bilden, die sog. Sclerotienbecherlinge, in die Gattung *S.* gestellt. ↑ *Dumontinia* Hi

Sclerotiniaceae: Familie der Ordnung ↑ *Helotiales* (Kl. ↑ *Ascomycetes*) mit kleinen bis mittelgroßen, meist cupulaten ↑ Apothecien, die aus echten ↑ Sclerotien oder sclerotisiertem pflanzlichem Gewebe (z. B. Rhizome, Blätter, Früchte usw.) herauswachsen. Die meisten Arten sind Phytoparasiten, einige davon an Kulturpflanzen (↑ *Sclerotinia*), vor allem in Form ihrer ↑ Anamorphen (↑ *Botrytis,* ↑ Graufäule). Hi

Sclerotium 1.: relativ komplexe Überdauerungskörper pilzlicher Organismen, die auch mitunter der vegetativen Vermehrung dienen. Die S. bestehen meist aus Plectenchym oder Pseudoparenchym, das von einer derben, pseudoparenchymatischen, oft pigmentierten und inkrustierten derben Hüllschicht umgeben ist. S. entstehen am vegetativen Myzel. Ihre Größe schwankt zwischen weniger als 1 mm (Mikrosclerotien) und ca. 30 cm Durchmesser. Sie werden von Pilzen verschiedener Verwandtschaftskreise gebildet und zeigen eine nahezu runde, ovale oder unregelmäßige Form. Bei manchen Pilzen ist ihre Bildung fakultativ und wird von Umweltbedingungen stimuliert; bei anderen gehören sie obligat in den vollständigen Entwicklungszyklus, z. B. bei ↑ *Claviceps,* wo sie als „Mutterkörner" bezeichnet werden. S. keimen mit Hyphen, oder sie bilden direkt Fruchtkörper, z. B. bei den *Sclerotiniaceae,* bzw. fruchtkörpertragende Stromata, z. B. bei *Claviceps.* Bei den Schleimpilzen (↑ *Myxomycota*) werden auch Überdauerungsformen von ↑ Plasmodien als S. bezeichnet. Wenn bei der Bildung von sclerotienähnlichen Überdauerungsstrukturen Substratteile einbezogen sind, z. B. Erde, spricht man von

Pseudosclerotien. Mitunter entstehen aus Substratteilen sclerotienähnliche Strukturen, die noch deutlich die Substratform, z. B. Beerenfrüchte, Insektenlarven, erkennen lassen. Die inkrustierenden Hyphen wachsen in solchen Fällen im Substrat, ohne dessen spezifische äußere Form wesentlich zu verändern. Man spricht von sclerifizierten Substraten. An sclerifizierten *Polygonatum*-Rhizomen z. B. entwickeln sich die Fruchtkörper von *Stromatinia rapulum*, an sclerifizierten Lepidopteren-Larven die Stromata von *Cordyceps gracilis*, an sclerifizierten Moosbeeren die Apothecien von *Monilinia oxycocci*. D/Hi

2.: umfangreiche Form-Gattung der Mycelia sterilia (↑ imperfekte Pilze) mit ca. 100 Arten. Die *S.*-Arten bilden weder ↑ Teleomorphen noch ↑ Conidien. Sie sind durch Sclerotienbildung charakterisiert. Zur Form-Gattung *S.* gehören wirtschaftlich bedeutungsvolle Schädlinge von Nutzpflanzen, z. B. *S. rolfsii* (Wurzelparasit vieler Kulturpflanzen), *S. cepivorum* (Parasit auf Zwiebeln), *S. tuliparum* (Parasit an Tulpen) usw. Hi

scolecospor (fadenförmig, filiform): Bezeichnung für ein- oder mehrzellige ↑ Ascosporen oder ↑ Conidien, deren Längen-Breiten-Verhältnis größer als 15 und deren Achse höchstens 180° gekrümmt ist. Hi

Scolecosporae: im ↑ Saccardoschen System ein Name für Pilze mit ↑ scolecosporen Conidien oder Ascosporen. Hi

Scopoli, Joannes Antonius: österreichisch-italienischer Arzt, Chemiker und Botaniker (1723–1788). S. erhielt seine Ausbildung in Trient und Innsbruck. Am Medizinischen College in Innsbruck studierte er Medizin, 1743 promovierte er zum Dr. med. und war in verschiedenen Orten Italiens und Österreichs als Arzt tätig. Von 1767 bis 1776 lehrte er als Professor für Mineralogie und Metallurgie in Schemnitz (Banska Štiavnica). Später wirkte er bis zu seinem Tod als Professor für Chemie und Botanik in Pavia (Norditalien). In seiner „Flora carniolica" (1760) gibt er vor allem Beschreibungen der Pflanzen und Pilze von Kärnten und der Steiermark. In der zweiten Auflage dieses Werkes (1772) benutzte S. die binäre Nomenklatur, wodurch die hier neu beschriebenen Arten gültig publiziert sind. Wesentliche Fortschritte in der Pilzsystematik erreichte er nicht. Von Bedeutung ist noch die Beschreibung von 75 Pilzarten aus Bergwerken in „Plantae subterranae"; diese Arbeit ist in S.s „Dissertationes ad scientiam naturalem pertinentes" (1772) erschienen. H

SCP (single cell protein) ↑ Einzellerprotein

Scutellinia: kosmopolitisch verbreitete Gattung der Familie ↑ *Pyronemataceae* (Ord. ↑ *Pezizales*, Kl. ↑ *Ascomycetes*), die rund 50 Arten umfaßt. Die ↑ Ascocarpien sind kleine, selten mittelgroße, durch Carotinoide rot oder orange gefärbte, außen mit auffälligen dunklen Haaren besetzte ↑ Apothecien. Die *S.*-Arten sind saprophytische Pilze auf Erde, Holz, selten auf anderen Substraten. ↑ Anamorphen fehlen. Taf. 13/2 Hi

secotioide Fruchtkörper (secotioide Pilothecien): ↑ angiocarpe oder ↑ cleistocarpe Basidiocarpien, die deutliche Merkmale zentral gestielter Fruchtkörper (zentral gestielter Hutpilze) aufweisen, aber als Gasterothecien ausgebildet sind. Es sind Übergangsformen zwischen ↑ Pilothecien und ↑ Gasterothecien. Die ↑ Gleba läßt teilweise die Struktur eines ↑ Hymenophors erkennen; sie kann z. B. lamellenförmig sein, zerfällt aber bei Reife pulverig. Der Stiel ist als ↑ Columella ausgebildet und wird auch als Stiel-Columella bezeichnet. Bei manchen Formen, z. B. bei ↑ *Montagnea*, streckt sich der Stiel bei Reife, bei anderen, z. B. bei ↑ *Endopty-*

chum, nicht. Die Pilze mit s. F. gehören in verschiedene Verwandtschaftskreise. Sie werden als Formen aufgefäßt, die durch ↑ Gasteromycetation entstanden sind. Die meisten haben klare verwandtschaftliche Beziehungen zu verschiedenen Familien der *Agaricales, Boletales* oder *Russulales.* Taf. 47/ 1,3 D

Secretan, Louis: Schweizer Rechtsanwalt, Staatsmann und Mykologe (1758–1839). Er studierte Rechtswissenschaften und promovierte 1780 in Tübingen zum Dr. jur. 1781 erhielt er in Bern das Patent als Advokat. Von 1798 an diente er in verschiedenen politischen Funktionen, u. a. war er von 1818–1830 Mitglied des Staatsrates des Kantons Waadt. S. leistete Pionierarbeit bei der mykologischen Durchforschung der Schweiz. 1833 erschien seine „Mycographie Suisse" (3 Bde.). In diesem Werk beschrieb er viele neue Arten, benutzte jedoch nicht durchgehend die binäre Nomenklatur (z. B. *Agaricus albus corticus, Boletus testaceus scaber* und viele andere). Die „Mycographie Suisse" gilt deshalb nach Artikel 23.6 des ↑ ICBN als ein Werk, das für die Nomenklatur der Pilze zu verwerfen ist. H

Segregation: Trennung zweier ↑ Allele eines ↑ Gens und deren Verteilung auf unterschiedliche Zellen im Ergebnis der ↑ Meiose (meiotische S.) oder der ↑ Mitose (nach mitotischem Crossingover, mitotische S.). Die S. wird nur phänotypisch erkennbar nach Trennung heterozygoter Allele (Abb.) Als S. bezeichnet man auch die ungleichmäßige Verteilung ↑ extranucleärer Erbanlagen infolge der zufallsgemäßen Verteilung ↑ cytoplasmatischer Organellen während der Mitose oder der Meiose (cytoplasmatische Vererbung). ↑ Pilzgenetik Sch

Sekt (Schaumwein): durch alkoholische ↑ Gärung aus Sektgrundweinen hergestelltes Getränk mit Kohlendioxid. Es werden besondere Heferassen von ↑ *Saccharomyces cerevisiae* verwendet, die an ↑ Ethanol und an schweflige Säure adaptiert wurden, weil die Ausgangsweine bereits 9–12% Ethanol enthalten und mehrfach geschwefelt worden sind. Die Hefe muß noch 20–30 g Zucker/l vergären, ohne daß das CO_2 entweichen kann. Die Gärung erfolgt entweder traditionell in Flaschen oder in Tanks. Der Ursprung der S.-Herstellung wird einem Benediktinermönch zugeschrieben, der Ende des 17. Jh. in der Champagne lebte. Seit 1730 wird S. in der Champagne industriemäßig produziert. Daher kommt die Bezeichnung Champagner, die nur für S. aus diesem Gebiet verwendet werden darf. Str

sekundäres Myzel: vom normalen oder vom ursprünglichen ↑ Myzel abweichendes, durch Pigmentierung, Wachstumsintensität oder durch die ↑ Kernphase verschiedenes Myzel. Man verwendet die Bezeichnung s. M. besonders in folgenden Fällen: **1.** für das dikaryotische Myzel von Basidiomyceten, das durch

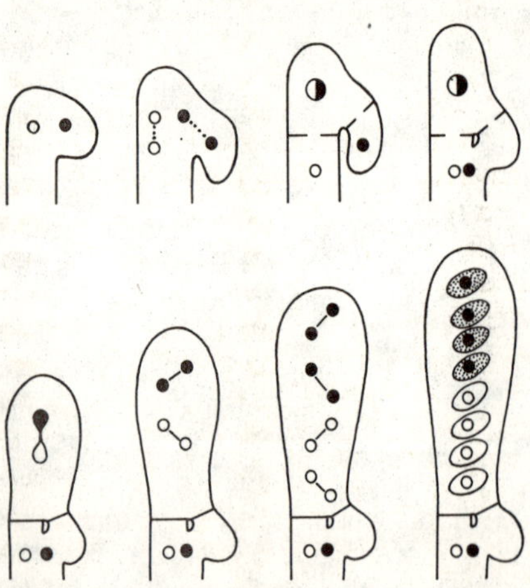

Segregation eines Ascosporen-Farbmakers während der Ascusentwicklung von Sordaria fimicola

Fusion (Somatogamie, Hyphogamie) haploider Myzelien entstand. **2.** für Myzelphasen des dikaryotischen Myzels, die sich durch Pigmentierung und Verzweigung der Hyphen vom ursprünglichen Myzel einer Kultur deutlich unterscheiden. **3.** für auffällig braun pigmentiertes Myzel von Mehltaupilzen (↑ *Erysiphales*), das erst lange Zeit nach der Infektion auf der Wirtspflanze gebildet wird. D/Hi

Sekundärinfektion ↑ Infektion

Sekundärsporen: alle ↑ Sporen, die direkt, z. B. durch ↑ Sprossung, oder unter Zwischenschaltung einer ↑ conidiogenen Zelle, z. B. einer ↑ Phialide, aus einer primär gebildeten Spore, insbesondere einer ↑ Meiospore, gebildet werden; z. B. bei einigen ↑ *Helotiales* (Kl. ↑ *Ascomycetes*) und ↑ *Dacryomycetales* (Kl. ↑ *Basidiomycetes*). Die Keimung einer Spore mittels S. wird auch als repetitive Sporenkeimung bezeichnet. ↑ *Heterobasidiomycetidae*, ↑ Basidiosporen Hi/D

Selektivnährböden: künstliche Substrate, die für spezielle Mikroorganismen bevorzugte Wachstumsbedingungen aufweisen. Sie spielen z. B. in der medizinischen Diagnostik eine große Rolle, werden zur ↑ Anreicherungskultur und bei bodenmikrobiologischen Untersuchungen verwendet. S., die das Wachstum von Pilzen bevorzugen und das mancher Bakterien verhindern, erreicht man durch Zusatz von ↑ Antibiotika. Str/D

Sellerieschorf ↑ Schorfkrankheiten

semicoprophile Pilze ↑ coprophile Pilze

semikontinuierliche Kultur: mikrobielles Verfahren, bei dem im Wachstumsverlauf in regelmäßigen Abständen eine bestimmte Menge Kulturflüssigkeit entnommen und durch frisches Nährmedium ersetzt wird. Str

Septobasidiales: Ordnung der Klasse ↑ *Basidiomycetes* (Ukl. ↑ *Heterobasidiomycetidae*). Die Pilze leben in Gemeinschaft mit Schildläusen und sind überwiegend tropisch verbreitet. Es werden keine bzw. nur primitive Fruchtkörper gebildet. Auf Myzelmatten, die auch als ↑ Subiculum bezeichnet werden, entsteht eine stets monomitische Deckschicht, auf der sich die ↑ Basidien entwickeln. Diese sind zwei- bis vierzellig (↑ Phragmobasidie) und ähneln denen der ↑ *Auriculariales*. Pro- und Metabasidie lassen sich stets unterscheiden, wobei die ↑ Probasidien dickwandige Dauerzellen sind. Bei der Gattung *Uredinella* wurden den Uredosporen der ↑ *Uredinales* vergleichbare dikaryotische Anamorphen gefunden. Nur die Gattung *Septobasidium* kommt auch in Mitteleuropa vor. D

Septoria: weltweit verbreitete, rund 1000 Arten umfassende Form-Gattung ↑ imperfekter Pilze (Form-Ord. ↑ *Sphaeropsidales*) mit holoblastischer ↑ Conidiogenese und hyalinen, ↑ scolecosporen ↑ Conidien (↑ Sympodiosporen). Sämtliche Arten sind Parasiten auf höheren Pflanzen und erregen oft Blattfleckenerkrankungen. Wichtige Arten sind z. B. *S. nodorum* auf Weizen, *S. apii* auf Sellerie. Die ↑ Teleomorphen gehören u. a. zu *Mycosphaerella* (Ord. ↑ *Dothideales*). ↑ Abb. Befall Hi

Septum (Pl. Septa, auch Septe, Pl. Septen): Querwände in Hyphen, Sporen usw. Sie sind ein unmittelbarer Bestandteil der Hyphenwand und dienen als Trennwände, z. B. grenzen sie junge Hyphenabschnitte von alternden oder degenerierten Bereichen ab. Sie entstehen in der Regel später als die Außenwände der Hyphen und werden von außen nach innen fortschreitend aufgebaut, wobei in der Regel ein zentraler Porus, ein Septenporus, freibleibt. Bei den ↑ *Ascomycetes* verjüngen sich die S. im Zentrum der Hyphe und sparen einen einfachen, ca. 0,05 bis 0,5 μm großen Porus aus. Auch bei manchen ↑ *Heterobasidiomycetidae* sind solche einfachen Septenpori ausgebildet. Die meisten Basidiomyceten (alle ↑ *Homobasidiomycetidae*) besitzen einen komplizierten ↑ Doliporus im Zentrum der Septen (Taf. 1/1,2; 2/1), Abb.

In der Botanik und Mykologie wird der Terminus S. gelegentlich auch für andere Scheidewände benutzt, z. B. für solche in Früchten oder in Sporen. Bei mehrzelligen Sporen werden in Beziehung zur Längsachse Längs- und Quersepten unterschieden. ↑ phragmospor Sch/D

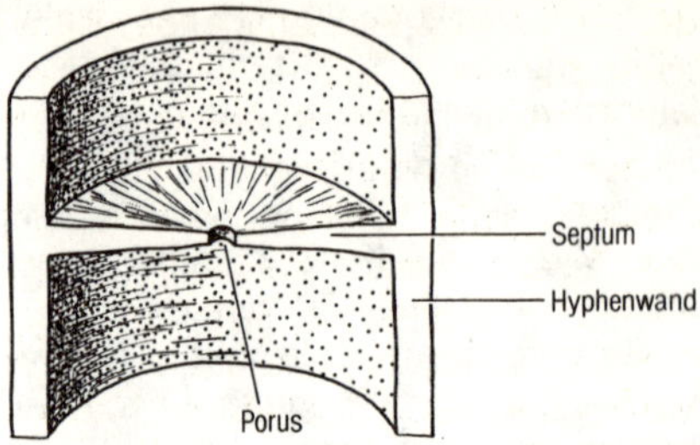

Septum in der Hyphe eines Ascomyceten (schematische Darstellung)

Serpula: Gattung der Ordnung ↑ *Poriales* (Kl. ↑ *Basidiomycetes*). Die Fruchtkörper sind effuse, selten effusoreflexe Crustothecien. Die bekannteste Art ist der ↑ Hausschwamm, *S. lacrymans*. Nahe verwandt ist *S. himantoides*, der Wilde Hausschwamm, der in Mitteleuropa an Nadelholz im Freien vorkommt. D

Setae (Sg. Seta): dickwandige, meist braun gefärbte, starre und apikal verschmälerte, meist spitze Hyphenenden, die als ↑ Haare, ↑ Paraphysen, ↑ Cystiden oder besondere Strukturen der ↑ Trama oder des Myzels in Erscheinung treten. Regelmäßig treten sie bei den ↑ *Hymenochaetales* auf, wo sie mitunter Spinulae genannt werden. S. kommen auch an Fruchtkörpern bzw. Myzelien verschiedener ↑ *Agaricales*, *Boletales*, ↑ *Pezizales*, ↑ *Capnodiales* und bei ↑ imperfekten Pilzen vor. Mit dem Begriff S. werden keine homologen Strukturen erfaßt. Bei den Basidiomyceten sind S. im Hymenium nicht scharf von Cystiden zu trennen, bei Ascocarpien nicht von Paraphysen, an der sterilen Fruchtkörperoberfläche nicht vom Begriff der Haare. Spezielle Ausbildungsformen bzw. Orte des Vorkommens von S. werden mit besonderen Termini belegt (Tab.). D/Hi

Sexualität: Gesamtheit geschlechtlich bedingter Strukturen und Vorgänge. Brennpunkt der S. ist die ↑ Befruchtung. ↑ Fortpflanzung D

siderophile Basidien ↑ Karminessigsäure

Signaturenlehre: ursprünglich aus

Spezielle Bezeichnungen für Setae

Terminus	Bedeutung (Beispiele)
Hymenialsetae	Setae, die in der Ebene der Hymenialelemente inseriert sind (↑ *Hymenochaetales*)
Pseudosetae	Setae, die in der Trama inseriert sind und ins Hymenium ragen (↑ *Hymenochaetales*); von manchen Autoren werden Hymenial- und Pseudosetae nicht unterschieden und beide als Hymenialsetae bezeichnet
Asterosetae	sternförmige bis ankerförmige Setae (Hutfilz von Inonotus hispidus (↑ *Hymenochaetales*)
Tramasetae	Setae, die nicht aus der Trama herausspießen, auch die Spitze ist in der Trama eingebettet (*Inonotus hastifer*, ↑ *Hymenochaetales*)
Makrosetae	besonders große, makroskopisch nachweisbare Setae (Hutoberseite und Stieloberfläche mancher *Xerula*-Arten, ↑ *Agaricales*) Taf. 7/2, 10/4
Substratsetae	Setae, die sich auf der Substratoberfläche bilden und nicht unmittelbar zu einem Fruchtkörper gehören (*Phellinus contiguus*, ↑ *Hymenochaetales*)

der Volksmedizin stammende Denkweise, wonach äußerliche Merkmale von Dingen, insbesondere von Organismen, wie Form oder Farbe, auf deren therapeutische Verwendbarkeit schließen lassen. Paracelsus (1493/94 bis 1541), ein deutscher Arzt, übernahm diese Vorstellungen und baute aus der Verbindung von individueller Naturerfahrung und christlicher Mystik eine Lehre der Heilmittel auf; z. B. benutzte er rote Korallen zur „Reinigung" des Blutes. Unter Berufung auf die paracelsische Lehre gewann im 17. Jh. die Signaturenlehre von ↑ Porta auf die Biologie zeitweilig Einfluß. Nach dieser Lehre, die auch Pilze nicht ausschließt, gab es unmittelbare, kausale Zusammenhänge zwischen äußerer Gestalt und physiologischen Eigenschaften. Porta suchte seine Symbolik bei den Pilzen besonders in den Farben, Wuchsformen und in der Lebensdauer der Fruchtkörper. Die Verfärbung mancher Pilze galt ihm z. B. als Merkmal der Giftigkeit, weil die Mischung verschiedener Säfte durch die Mischung der Farben symbolisiert werden solle. Bleiche Pilze (Fruchtkörper) seien gefährlicher als weiße. Wachstum aus Baumstämmen deutete er als Zeichen der Verwendbarkeit dieser Pilze gegen widernatürliche Auswüchse am Menschen. Da den Pilzen fast alle Teile der gewöhnlichen Pflanzen fehlen (↑ Theophrast), seien sie für viele Körperteile des Menschen schädlich. Porta wandte sich daher gegen die Verwendung der Pilze als Nahrungsmittel. H/D

Silberfleckenkrankheit (Silberschorf) ↑ Schorfkrankheiten

Silberglanz ↑ Bleiglanz

simultane Sporenabschleuderung: gleichzeitiger explosionsartiger Ausstoß aller ↑ Ascosporen eines ↑ Ascus durch die Apikalöffnung (↑ Apikalapparat). Bei den Apothecien der ↑ *Pezizales* und mancher ↑ *Helotiales* kann es durch mechanischen, optischen oder thermischen Reiz zur gleichzeitigen (simultanen) Entleerung zahlreicher Asci kommen, was sich in einer makroskopisch sichtbaren Sporenwolke zeigt. Auch bei manchen Basidiocarpien, vor allem bei pileaten Porlingen, wurde s. S. beobachtet. Hi/D

Sippe: allgemeine Bezeichnung für eine systematische Einheit ohne Festlegung auf eine bestimmte ↑ Rangstufe im System der Organismen. Die S. (oder das ↑ Taxon, Pl. die Taxa) ist demzufolge eine systematisch umgrenzte Gruppe von Organismen, eine systematische oder taxonomische Gruppe. Jeder Pilz, d. h. jedes pilzliche Individuum, gehört zu einer Anzahl von Sippen (Taxa), deren Rangstufen fortlaufend einander übergeordnet sind. Unter diesen ist die Rangstufe der Art die Grundstufe der Systematik. Wird eine Art in kleinere Gruppen gegliedert, so werden diese als infraspezifische (innerartliche) S. bezeichnet. Eine besondere Rolle bei Pilzen spielen die Form-Sippen (Form-Taxa) der ↑ Anamorphen. Es handelt sich um Gruppen von Pilzen mit unvollständigem Entwicklungszyklus (↑ imperfekte Pilze) oder um solche im Zustand der mitotisch-asexuellen Morphen. D

Skeletthyphen ↑ Hyphensystem

Somatogamie ↑ Befruchtung

Sommerröhrling (Sommersteinpilz) ↑ *Boletus*, Taf. 43/3

Sommersporen: Mitosporen, die während der Vegetationsperiode, besonders in den Sommermonaten, in großen Mengen produziert werden, der raschen Ausbreitung dienen und oft für das epidemische Auftreten von Phytoparasiten verantwortlich sind. Der Begriff S. wird in erster Linie für die Uredosporen der Rostpilze (↑ *Uredinales*) verwendet, gelegentlich aber auch auf manche ↑ Conidien von Ascomyceten bezogen. B

Soor: durch fakultativ pathogene ↑ Sproßpilze (↑ Hefen), vor allem durch *Candida albicans*, bedingte Mykose des Menschen (↑ Levurosen). Die Erkrankung betrifft die Schleimhäute der oberen Atemwege, der Speiseröhre, aber auch des weiblichen Genitalbereiches und innerer Organe. Auch bei Geflügel kommt Befall der oberen Verdauungswege vor. Problematisch ist die Erkrankung bei ernährungsgestörten Säuglingen und Kleinkindern. Der Begriff S. ist klinisch geprägt; an den betroffenen Stellen sind grau bis weiß gefärbte Pilzbeläge zu sehen („Schwämmchen"). Da Infektionen auch ohne die typischen Beläge vorkommen, ist die Bezeichnung Levurose besser geeignet. V/D

Soral: mehr oder weniger deutlich abgegrenzter Teil des Thallus, in dem in Aufbrüchen der ↑ Rinde die ↑ Soredien an die Oberfläche gelangen und dort eine pulverige bis grobkörnige Masse bilden. Nach der Form und der Stellung auf dem Thallus lassen sich verschiedene Typen von S. unterscheiden. Die einfachste und häufigste Form sind die Flecksorale, die rundlich, oval oder mehr oder weniger unregelmäßig geformt in flachen Vertiefungen auf der Oberseite oder bei isolateralen und radiären Thalli auf allen Seiten liegen können. Punktsorale sind sehr kleine, runde S.; Spaltensorale entwickeln sich in langgestreckten, spaltenförmigen, mitunter auch verzweigten Thallusaufbrüchen oder Rissen. In ausgeprägter Form treten sie z. B. bei *Parmelia sulcata*, weniger deutlich bei *Alectoria*-Arten auf. Ringförmig um in der Mitte meist hohle Thalluserhebungen ausgebildete S. werden als Manschettensorale bezeichnet; sie treten selten auf und sind fast nur von *Menegazzia* bekannt. Ebenfalls auf der Thallusoberfläche bilden sich Kugelsorale aus, die in typischer Ausbildung von kugelig-runder Gestalt sind. Ganz ähnlich sehen Kopfsorale aus; diese entwickeln sich aber mehr am Thallusrand und greifen auf die Spitze der ↑ Loben über. Gleichfalls endständig, aber auf der Unterseite des Thallus, entwickeln sich Gewölbe- oder Helmsorale, die sich durch die Soredienbildung ganz charakteristisch nach oben aufwölben und die Innenseite des gebildeten Hohlraumes bedecken. Nicht selten treten sie gemeinsam mit Lippensoralen auf, die den Lobenrand oder zumindest die obere Rindenschicht in typischer Form aufbiegen und lippenförmig unter dieser Aufbiegung sitzen. Bortensorale sind langgestreckte, die Thallus- bzw. Lobenränder oft ringsum wie eine Borte einfassende S. Abweichend von diesen S.-Bildungen können z. B. bei einigen *Parmelia*-Arten S. auch an der Spitze von ↑ Isidien entstehen. Bei *Pseudocyphellaria* finden sich z. B. S. in ehemaligen Atemporen, was darauf schließen läßt, daß sie als Rindenaufbrüche im Thallus neben der Funktion der vegetativen Vermehrung auch dem Gasaustausch dienen. Das Auftreten von S. bei Flechten ist meist ein artspezifisches Merkmal; aber nicht selten finden sich auch zwei oder mehrere Typen miteinander kombiniert auf einem einzigen Thallus. Rückbildung von S. konnte im Zusammenhang mit der Ausbildung von Fruchtkörpern beobachtet werden. Sto

Sordaria: Gattung der Ordnung ↑ *Xylariales* (Kl. ↑ *Ascomycetes*), die ca. 10 dungbewohnende Arten umfaßt und kosmopolitisch verbreitet ist. Die Fruchtkörper sind schwarze, stets einzeln stehende ↑ Perithecien (↑ Abb. Perithecium). Die braunen Ascosporen haben Keimpori und Schleimhüllen, ↑ Anamorphen fehlen. Einige *S.*-Arten sind bekannte Objekte genetischer und physiologischer Experimente. Hi

Soredium: kleine, unregelmäßig rundliche bis ovale ↑ Diaspore der ↑ Lichenes, die aus Phyco- und Mykobiontenzellen besteht und direkt zu einem neuen Thallus auswachsen kann und somit der vegetativen Vermehrung dient. S. entstehen in der Grenzzone zwischen ↑ Mark und Phycobiontenschicht, indem sich Markhyphen reichlich verzweigen und dünnwandige, plasmareiche Zellen abschnüren, die den ↑ Phycobionten zu verstärkter Teilung anregen. Kleine Gruppen von Phycobiontenzellen werden mehr oder weniger dicht von den neugebildeten

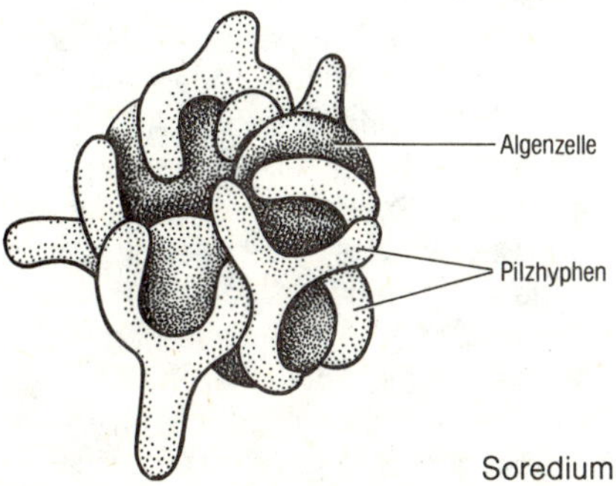

Soredium

Markhyphen umsponnen, wodurch die S. entstehen. Allmählich kommt es zu Thallusaufwölbungen. Meist durchstoßen dann zunächst die Markhyphen die ↑ Rinde, ehe die S. durch die ständige Nachbildung nach oben geschoben werden, an die Oberfläche gelangen und dort entweder diffus verteilt (staubig-sorediös aufgelöste Thallusoberfläche) oder in deutlich begrenzten Soralen vorhanden sind. Die ältesten S. liegen immer oben. Sie lösen allmählich ihre Verbindung zueinander, so daß sie frei liegen und leicht durch Wind oder andere Einflüsse verbreitet werden können. Teilweise werden sie auch aktiv vom Thallus abgestoßen. Abb. Sto

Sorocarpien: ↑ Fruktifikationen der ↑ Acrasiomyceten. S. gehen aus ↑ Pseudoplasmodien hervor. Sie sind entweder sehr einfach gebaute Sporenhäufchen oder -ketten (↑ *Acrasiales*) oder komplexe Gebilde mit sterilen Stielchen (↑ *Dictyosteliales*). Die Zellwände bestehen aus Zellulose. Bei der Bildung der S. führt das Pseudoplasmodium zunächst photo- oder thermotaktische Bewegungen aus (Migratation) und formiert sich dann, indem die größeren Zellen am Vorderende ein Stielchen bilden und die kleineren, sporenbildenden Zellen vom Hinterende an diesem emporkriechen (Kulmination). Bei der Gattung *Dictyostelium* ist dieser Vorgang genau untersucht; es gibt aber zahlreiche Abweichungen. Die S. können auch mehrstielig oder mehrköpfig sein. D

Sorus (Pl. Sori): eine Anhäufung von ↑ Sporen; das Sporenlager. Die Uredo- und Teleutolager der ↑ *Uredinales*, auch die Brandsporenlager der ↑ *Ustilaginales* werden häufig als S. bezeichnet, während vergleichbare Strukturen der Anamorphen von Ascomyceten ↑ Acervuli genannt werden. ↑ Sorocarpien, ↑ Lager D

Sowerby, James: englischer Maler und Naturforscher (1757–1822). S. besuchte die Malerakademie und beschäftigte sich mit Naturwissenschaft. Er war Mitglied der berühmten Linnéschen Gesellschaft und machte sich als Illustrator von wissenschaftlichen Veröffentlichungen verdient. Für die Pilzkunde ist sein Werk „Coloured figures of English fungi" (1797–1815) mit über 400 Tafeln von Bedeutung. Die Abbildungen zeichnen sich durch hohe Genauigkeit aus, während die Beschreibungen oft mangelhaft bleiben. S.s Bemühungen galten auch der praktischen Pilzkunde; z. B. gab er Hinweise für den Schiffbau, um frühzeitiger Zersetzung der Planken durch Pilzbefall vorzubeugen. H

Soziabilität: Modus des Erscheinens von Pilzfruchtkörpern. In der ↑ Pilzsoziologie wird versucht, objektive Kriterien zu finden, die über die Rolle der Pilze in einer Pflanzengesellschaft, Bio-

coenose oder Mykocoenose usw. Auskunft geben. Bei der Erfassung der Pilzfruchtkörper wird daher von manchen Autoren deren S. berücksichtigt. Sie wird in einem Zahlenwert zum Ausdruck gebracht: 1 = einzeln wachsende Fruchtkörper; 2 = in kleinen Gruppen erscheinende Fruchtkörper (2–5 beieinander, vermutlich an einem Myzel); 3 = in mittleren Gruppen erscheinende Fruchtkörper (6–10 beieinander, vermutlich an einem Myzel); 4 = in großen Gruppen oder Büscheln (11–20 Fruchtkörper beieinander, vermutlich an einem Myzel); 5 = in sehr großen Gruppen, z. B. Hexenringen, oder Büscheln (mehr als 20 Fruchtkörper beieinander, vermutlich an einem Myzel).
Da die S. in diesem Sinne wesentlich von artspezifischen Eigenheiten abhängt (Stockschwämmchen stets 4 oder 5; Steinpilz stets 1 oder 2), sind nur geringe Aussagemöglichkeiten durch diese Werte zu erwarten. Manche Pilzsoziologen lehnen daher die Erfassung der S. ab. D

Spaltensoral ↑ Soral

Spargelpilz ↑ *Coprinus*, Taf. 36/5

Spechttintling ↑ *Coprinus*, Taf. 36/6

Spegazzini, Carlo Luigi: italienischer Mykologe (1858–1926). S. studierte in Ivrea, Turin und Venedig; während seines Studiums am Collegio Fascarini in Venedig begeisterte ihn sein Lehrer ↑ Saccardo für die Mykologie. Von 1876–1879 besuchte S. die Schule für Weinbau in Conegliano (Norditalien) und ging 1879 nach Argentinien. In Buenos Aires war er zunächst Assistent an der Naturwissenschaftlichen Fakultät der Universität und von 1897–1912 Professor für Botanik, Phytopathologie und Agrochemie an der Universität in La Plata. Bereits in Italien publizierte S. eine phytopathologische Arbeit über pilzliche Parasiten des Weines und Arbeiten über die Pilze der norditalienischen Region Veneto. Bekannt wurde er vor allem durch seine Arbeiten über die Pilze Südamerikas, z. B. „Fungi argentini novi vel critici" (1899) und „Mycetes argentinenses" (1898–1912). H

Speisepilze: zur menschlichen Ernährung geeignete ↑ Fruchtkörper von Pilzen. S. gehören systematisch zu den ↑ *Basidiomycetes* (Ständerpilze) und ↑ *Ascomycetes* (Schlauchpilze). Manche von ihnen werden seit dem Altertum als Nahrungsmittel geschätzt, ihr Speisewert kommt bereits im Namen zum Ausdruck (z. B. *Morchella esculenta*, Speisemorchel; *Lactarius deliciosus*, Edelreizker); sie werden auch als „Edelpilze" bezeichnet. Bei anderen ist der Speisewert gering; solche Arten werden als Mischpilze (in Mischung mit anderen zu Speisezwecken geeignet) oder Suppenpilze empfohlen. In vielen Ländern werden S. auch in frischem oder konserviertem Zustand gehandelt. Der Handel mit Speisepilzen unterliegt in manchen Ländern gesetzlichen Bestimmungen; z. B. gibt es Listen von Pilzarten, die zum Handel zugelassen sind (Handelspilze). Der Anbau von S. in Gärtnereien und anderen landwirtschaftlichen Produktionsbetrieben hat in den letzten Jahren zugenommen und wird auch als Freizeitbeschäftigung in Kellerräumen und Gärten betrieben (↑ Pilzkulturen). Hierfür sind nur saprophytische S. (Holzzerstörer, Rohhumusbewohner usw.) geeignet. Die Ansicht über den Speisewert mancher Arten hat sich im Laufe der Zeit gewandelt. So wurden in Pilzen, die früher als wertvolle S. galten, Giftstoffe nachgewiesen (z. B. in der Frühjahrs-Lorchel, *Gyromitra esculenta*, Taf. 16/1); andere (z. B. der Kahle Krempling, *Paxillus involutus*, Taf. 39/1) erregen verstärkt Allergien oder erwiesen sich als unverträglich (wie die Nebelkappe, *Lepista nebularis*, Taf. 28/2, und der Butterpilz, *Suillus luteus*), so daß sie nur bedingt als S.

empfohlen werden können. Andererseits sind Arten, die früher als ↑ Giftpilze angesehen wurden, gegenwärtig als S. anerkannt (z. B. der Schusterpilz, *Boletus erythropus*, Taf. 44/1). Der Speisewert zahlreicher Arten wird auch in verschiedenen Ländern sehr unterschiedlich beurteilt, was z. T. auf unterschiedliche Zubereitung zurückzuführen ist. So werden z. B. manche scharfschmeckenden Milchlinge in Osteuropa als Delikatesse bewertet, während sie in Mitteleuropa als ungenießbar angesehen oder als ↑ Giftpilze verworfen werden. Manche S. können nur nach besonderer Behandlung gegessen werden; einige gelten als „roh giftig", nur wenige sind für den Rohgenuß oder nach kurzem Erhitzen (halbroh) zum Genuß geeignet (wie der Brätling, *Lactarius volemus*). Das Wissen über den Wert der S. ist z. T. Volkswissen und beruht auf Erfah-

Die wichtigsten Speisepilze

Gattung **Dickstielröhrlinge** *(Boletus)*

Boletus aereus (Bronceröhrling), *B. appendiculatus* (Anhängselröhrling, Taf. 43/1), + *B. edulis* (S t e i n p i l z, Taf. 42/5,6), + *B. erythropus* (Schusterpilz, Taf. 44/1), *B. fechtneri* (Sommerröhrling, Taf. 43/3), *B. impolitus* (Fahler Röhrling, Taf. 43/2), *B. junquilleus* (Falscher Schwefelröhrling), + *B. pinicola* (Kiefernsteinpilz), *B. pulverulentus* (Schwarzblauender R.), *B. queletii* (Glattstieliger Hexenpilz, Taf. 44/3), *B. regius* (Königsröhrling), + *B. reticulatus* (Sommersteinpilz)

Gattung **Rauhstielröhrlinge** (Leccinum) (alle, z. T. schwer unterscheidbaren Arten sind wertvolle S. Von den ca. 20 europäischen Arten sind die folgenden drei besonders bekannt)
+ *Leccinum rufum* (R o t k a p p e, Taf. 44/4), + *L. scabrum* (B i r k e n p i l z), + *L. versipellis* (B i r k e n r o t k a p p e, Taf. 44/5)

Gattung **Schmierröhrlinge** *(Suillus)*
+ *Suillus aeruginascens* (Grauer Lärchenröhrling, Taf. 42/1,2), *S. amabilis* (Lieblicher Schmierröhrling), + *S. bovinus* (K u h p i l z, Taf. 41/3), *S. collinitus* (Ringloser Butterpilz), *S. flavidus* (Mohrröhrling, Taf. 42/4), + *S. granulatus* (Schmerling), + *S. grevillei* (G o l d r ö h r l i n g, Taf. 42/3), *S. placidus* (Elfenbeinröhrling), *S. plorans* (Zirbenröhrling, Taf. 41/2), *S. sibiricus* (Beringter Zirbenröhrling), *S. tridentinus* (Rostroter Lärchenröhrling), + *S. variegatus* (S a n d p i l z, Taf. 41/4)

Gattung **Filzröhrlinge** *(Xerocomus)*
+ *Xerocomus badius* (M a r o n e n r ö h r l i n g, Taf. 40/5), + *X. chrysenteron* (Rotfußröhrling), + *X. fragilipes* (Herbstrotfüßchen, Taf. 40/3), *X. moravicus* (Mährischer Rotfußröhrling), *X. parasiticus* (Schmarotzerröhrling), *X. rubellus* (Blutroter Röhrling, Taf. 40/6), *X. spadiceus* (Brauner Filzröhrling), + *X. subtomentosus* (Z i e g e n l i p p e, Taf. 40/4)

sonstige Röhrlinge
Boletinus cavipes (Hohlfußröhrling, Taf. 40/1), *Gyrodon lividus* (Erlengrübling, Taf. 40/2), *Gyroporus cyanescens* (Kornblumenröhrling, Taf. 39/4), *G. castaneus* (Hasenröhrling), *Phylloporus rhodoxanthus* (Goldblatt).

Auch von den übrigen Basidiomyceten sind viele Arten als S. sehr geschätzt. Zu ihnen gehören:
+ *Agaricus arvensis* (Schafchampignon), *A. bisporus* (Gartenchampignon, + *A. campestris* (W i e s e n c h a m p i g n o n), *Amanita caesarea* (K a i s e r l i n g), *A. rubescens* (P e r l p i l z, Taf. 31/2), + *Cantharellus cibarius* (P f i f f e r l i n g), + *Lactarius deliciosus* (E d e l r e i z k e r, und verwandte rotmilchende Arten), *L volemus* (B r ä t l i n g), *Rozites caperata* (Z i g e u n e r), + *Russula vesca* (S p e i s e t ä u b l i n g), *Sparassis crispa* (K r a u s e G l u c k e).

Von den Ascomyceten werden ebenfalls mehrere Arten als S. geschätzt, in erster Linie sind dies:
Gyromitra infula (Bischofsmütze, Taf. 15/3), *Morchella gigas* (Halbfreie Morchel, Taf. 16/3,4), + *Morchella elata* (S p i t z m o r c h e l), + *M. esculenta* (S p e i s e m o r c h e l, Taf. 16/5), *Tuber nigrum* (P é r i g o r d - T r ü f f e l), *T. brumale* (W i n t e r t r ü f f e l), *Verpa bohemica* (Böhmische Verpel), *V. conica* (Fingerhutverpel, Taf. 16/2).

rungen. Viele Arten, die als S. oder als ↑ Giftpilze bewertet werden, sind biochemisch nicht untersucht. Einige der wertvollen S. sind im folgenden zusammengestellt (die mit + versehenen Arten sind allgemein verbreitet, die gesperrt gedruckten sind als S. allgemein bekannt und geschätzt).
Manche S. sind infolge ihres massenhaften Auftretens von wirtschaftlicher Bedeutung. Sie können in manchen Gebieten ein wesentlicher Bestandteil der Nahrungsmittel sein, z. B. *Armillariella mellea* (Hallimasch i. w. S., Taf. 30/1), *Pleurotus cornucopiae* (Rillstieliger Seitling, Taf. 24/6), *P. ostreatus* (Austernseitling, Taf. 24/5), andere gelten als besonders wertvolle Würzpilze, z. B. verschiedene Trüffel-(*Tuber*-)Arten oder *Marasmius scorodonius* (Knoblauchschwindling); wieder andere werden nach besonderer Zubereitung als Delikatesse geschätzt, z. B. die Hüte von *Macrolepiota procera* (Riesen-Schirmpilz) als Pilzschnitzel. D

Speisetäubling ↑ *Russula*

Spelzenbräune (Braunspelzigkeit, Schokoladenspelzigkeit, Braunfleckigkeit): phytopathologischer Begriff für eine Erkrankung von Gräsern, verursacht durch *Leptosphaeria nodorum* (Kl. ↑ *Ascomycetes*, Anamorphe: *Septoria nodorum*). Die S. tritt vorzugsweise in feuchten Jahren auf und führt zur Bildung zahlreicher kleiner braunvioletter Flecken an den Spelzen, die sich zur Verbräunung der gesamten Spelzen ausweitet. ↑ Abb. Befall B

Spermatien: männliche Befruchtungszellen, die nicht aktiv beweglich sind wie die ↑ Spermatozoide, sondern nur durch Luft-, Wasser- oder Insektenübertragung an ein Empfängnishaar gelangen können. S. kommen nur bei Rotalgen und Echten Pilzen vor. Während die S. der Rotalgen in Gonitocysten (Spermatocysten, auch Spermatogonien oder „Spermatangien" genannt) entstehen und ↑ Gameten sind, entwickeln sich die S. der Pilze wie Conidien (↑ Conidiogenese). Entweder können die pilzlichen, mitotisch entstehenden Keimzellen fakultativ als Conidien (Aufbau eines neuen Myzels) oder S. fungieren, oder sie sind stets entweder Conidien (Sporen) oder S. Es ist z. B. niemals gelungen, die S. der Rostpilze zum Keimen zu bringen. S. entstehen oft in Pycnidien ähnlichen Behältern, die man Spermogonien nennt. Da die Funktion der entstehenden Zellen (Pycnosporen oder Spermatien) oft unklar ist, schwankt auch die Benennung dieser Behälter (Pycnidien oder Spermogonien). Die Befruchtungsvorgänge, an denen Spermatien beteiligt sind, werden als Spermatiogamie oder Spermatisierung bezeichnet. ↑ Befruchtung, ↑ Gonite, ↑ Uredinales D

Spermatiogamie ↑ Befruchtung

Spermatisierung ↑ Befruchtung

Spermatozoide: männliche, begeißelte ↑ Gameten. Der Begriff S. wird nur dann für männliche Gameten benutzt, wenn im weiblichen Geschlecht unbegeißelte Gameten, d. h. Eizellen, gebildet werden. Bei Pilzen gibt es nur bei einigen ↑ Chytridiomyceten S. D

Spermogonien: kugelige, krug- oder flaschenförmige Gebilde, die in ihrer Entwicklung und Form den ↑ Pycnidien gleichen, aber ↑ Spermatien entwickeln. Da die Funktion der Keimzellen oft unklar ist, schwankt die Bezeichnung der Bildungsstätten zwischen Pycnidium und Spermogonium, z. B. bei vielen Ascomyceten, vor allem bei Flechten. Bei den Rostpilzen (↑ *Uredinales*) haben sich die krugförmigen, mit Empfängnishaaren versehenen Fruktifikationen des Haplonten als S. erwiesen; ihnen kommt nicht nur die Funktion der Spermatienbildung zu, sondern auch die des Auffangens konträrgeschlechtlicher Spermatien. ↑ *Uredinales*, ↑ Befruchtung, ↑ Spermatien D

Spermophthorales: Ordnung der Klasse ↑ *Endomycetes* (Abt. ↑ *Eumycota*, Echte Pilze), die nur wenige Arten fakultativer Phytoparasiten umfaßt. An den coenocytischen haploiden Hyphen werden Sproßzellen abgeschnürt, die erneut Myzelien aufbauen können. Interkalar bilden sich Gonitocysten. Die Gonite können als Gameten fungieren und kopulieren oder als Sporen erneut haploide Myzelien bilden. Aus den Zygoten gehen diploide septierte Hyphen hervor, an denen sich kugelige Meiosporocysten (Asci) entwickeln, die je 8 Sporen enthalten. Die *Spermophthora*-Arten wurden aus Baumwollkapseln isoliert. Zu den S. werden von manchen Autoren auch die mit *Nematospora* verwandten Pilze (*Eremothecium*, *Nematospora*) gestellt. D

Sphaeriales: Ordnung der Klasse ↑ *Ascomycetes*. Die *S.* umfassen Pilze, die einzeln stehende oder in dunkel berindeten ↑ Stromata zusammengefaßte ↑ Perithecien bilden. Die ↑ Asci formieren ein ↑ Hymenium, sind unitunicat und inoperculat, die ↑ Ascosporen farblos bis hellbraun. ↑ Anamorphen sind mannigfaltig. Zu den *S.* gehören zahlreiche saprophytische, aber auch viele phytoparasitische Sippen, z.B. die nahe miteinander verwandten Gattungen ↑ *Polystigma* und *Glomerella* (↑ *Colletotrichum*). In vielen neuen Systemvorschlägen werden die *S.* in mehrere Ordnungen (*Diaporthales*, *Polystigmatales*, *Diatrypales* u. a.) aufgespalten. Hi

Sphaerobolus: Gattung der Ordnung ↑ *Nidulariales* (Kl. ↑ *Basidiomycetes*). In Europa kommt nur *S. stellatus*, der Kugelwerfer, auf morschem Holz vor. Die ↑ Peridie der etwa 2 mm großen, kugeligen ↑ Gasterothecien ist vierschichtig. Myzelialschicht und Pseudoparenchymschicht bilden die Exoperidie, Faserschicht und Palisadenschicht („Collenchymschicht") die Endoperidie. Durch sackartiges Ausstülpen der Endoperidie nach sternförmigem Aufreißen der gesamten Hülle wird die Gleba als kleine Kugel aktiv abgeschleudert (↑ Schleuderbewegung). Bei *S.* kommen in der Gleba zwischen den Basidiosporen ↑ Chlamydosporen vor. D

Sphaerocysten (Sphaerocyten): nahezu kugelige Zellen. S. kommen z. B. im ↑ Velum verschiedener Basidiocarpien vor. Bei den Fruchtkörpern der Ordnung ↑ *Russulales* sind sie neben normalen Hyphen und ↑ Gefäßhyphen nesterweise in der ↑ Trama enthalten, so daß diese (auch in den Stielen) nicht faserig, sondern in jeder Richtung zerbrechbar ist. D

Sphaeropsidales: Form-Ordnung der ↑ imperfekten Pilze, zu der alle Sippen gehören, deren ↑ Conidien in ↑ Pycnidien entstehen. Die *S.* umfassen nur eine einzige Form-Familie, die *Sphaeropsidaceae*. ↑ Abb. Pycnidium Hi

Sphaerotheca: weltweit verbreitete Gattung der Ordnung ↑ *Erysiphales* (Echte Mehltaupilze, Kl. ↑ *Ascomycetes*), die ca. 50 Arten umfaßt. Das farblose, später oft pigmentierte Myzel wächst oberflächlich und ist mit ↑ Appressorien fixiert. ↑ Haustorien werden in den Zellen der Wirtspflanzen gebildet. Die Anamorphen gehören zur Form-Gattung ↑ *Oidium*. Es entstehen farblose, einzellige ↑ Conidien in Ketten. Sie enthalten lichtbrechende Fibrosinkörper. Die nahezu kugeligen Ascocarpien, ↑ erysiphale Cleistothecien, sind nicht dorsiventral gebaut; ihre Wände sind vielschichtig, pigmentiert, undurchsichtig und mit zahlreichen myzelartigen ↑ Appendices versehen. Jeder Fruchtkörper enthält nur einen einzigen Ascus, in dem 4 bis 8 farblose, einzellige, meist ellipsoide Ascosporen gebildet werden. Die meisten *S.*-Arten sind spezialisiert; das Wirtsspektrum überschreitet selten die Grenzen einer Pflanzenfamilie. Viele Arten sind bedeutsame Parasiten von Kulturpflanzen, z. B. *S. pannosa* an Rosen, *S. aphanis* an Erdbeerpflanzen und *S. mors-uvae* an Stachelbeersträuchern. ↑ Abb. *Erysiphales* 2 B

Sphaerulen: nahezu kugelige Gebilde von 20–50 (– 200)µm Durchmesser und einer kompakten Wand, die bis zu 2 µm dick wird. Aus dem wandständigen vielkernigen Cytoplasma entwikkeln sich bei Reife sehr viele (bis zu mehreren Hundert) einkernige Endosporen von 1–5 µm Durchmesser. S. werden von ↑ *Coccidioides immitis*, dem Erreger der ↑ Coccidioidose, im Wirtsgewebe entwickelt. V

Spindel: Bestandteil des ↑ Cytoskeletts eukaryotischer Organismen während der ↑ Kernteilung (↑ Mitose, ↑ Meiose). Wesentliche Strukturelemente der S. sind ↑ Mikrotubuli und Mikrofilamente, bei Pilzen außerdem die ↑ Spindelpolkörper. In Abhängigkeit von der Spindelarchitektur unterscheidet man verschiedene Arten der am Spindelaufbau beteiligten Mikrotubuli. Kontinuierliche Mikrotubuli erstrecken sich von Spindelpol zu Spindelpol. Chromosomale (Kinetochoren-) Mikrotubuli sind mit den ↑ Chromosomen bzw. mit deren Centromeren verknüpft. Die Gesamtheit der Tubuli an einem Centromer bezeichnet man als Chromosomenfaser. Die chromosomalen Mikrotubuli reichen bis in die Polregionen und sind mit ihren distalen Enden mit dem Spindelpolkörper verbunden. Polare Mikrotubuli reichen von einem Pol bis in die gegenüberliegende Halbspindel. In der Ebene des Spindeläquators überlappen die polaren Mikrotubuli beider Pole. Freie Mikrotubuli sind vergleichsweise kurz und haben keine bestimmte Beziehung zu einem Spindelpol oder Chromosom.
Die Architektur der S. variiert während der Kernteilung. Bei den Pilzen erfolgt die Bildung der S. durch Wachstum der Mikrotubuli zwischen 2 Spindelpolkörpern, wobei sich diese voneinander entfernen und entlang der ↑ Kernmembran bis in direkt gegenüberliegende Positionen wandern. Die S. realisiert während der Kernteilung die Aufteilung des Chromosomensatzes auf 2 Pole, wobei ↑ Spindelstreckung und ↑ anaphasische Chromosomenwanderung artspezifisch in unterschiedlichem Maße beteiligt sind. Eine Zentralspindel tritt bei den ↑ *Zygomycetes*, den ↑ *Ascomycetes* und den ↑ *Basidiomycetes* auf. Sch

Spindelpolkörper: Cytoplasmatisches Organell, das während der ↑ Kernteilung als Bestandteil der ↑ Spindel an der Auftrennung des Genoms beteiligt ist. Bei Pilzen treten morphologisch verschiedene Arten von S. auf: **1.** Centriolen: Hauptelemente des Centriols sind mikrotubuläre Strukturen, die in 9 Dreiergruppen um das Zentrum des Organells angeordnet sind (Abb. 1) und einen Hohlzylinder von etwa 400 nm Länge und 150 nm Durchmesser bilden. Centriolen treten zumeist paarweise auf. Die Vermehrung von Centriolen erfolgt nicht (wie früher angenommen wurde) durch Autoreduplikation,

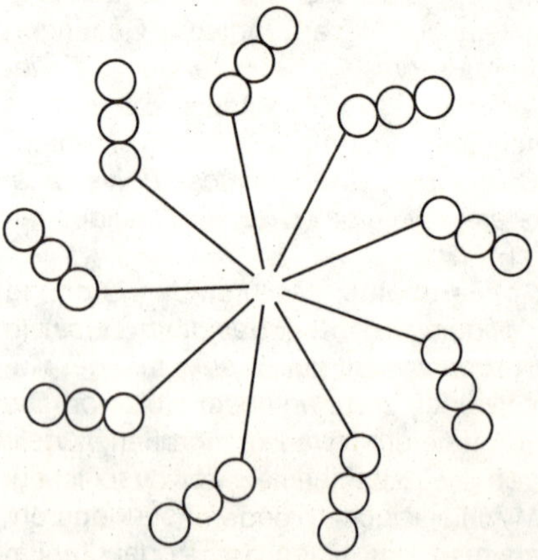

Spindelpolkörper 1: Anordnung der mikrotubulären Strukturen eines Centriols

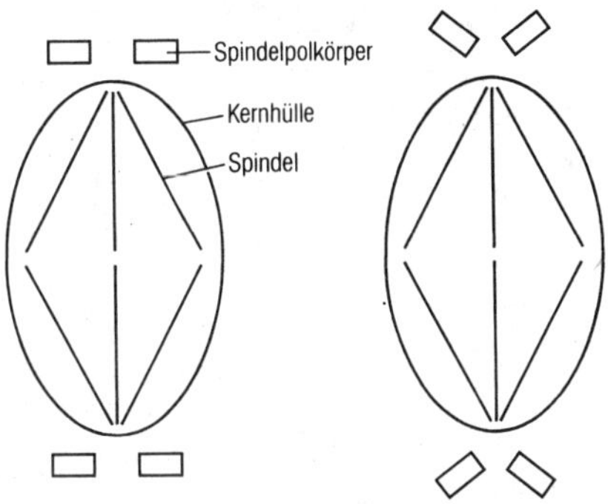

Spindelpolkörper 2: Anordnung der Spindelpolkörper (Centriolen) in Beziehung zur Spindel während der Kernteilung. *Links* bei den Hyphochytridiomycetes, *rechts* bei den Chytridiomycetes

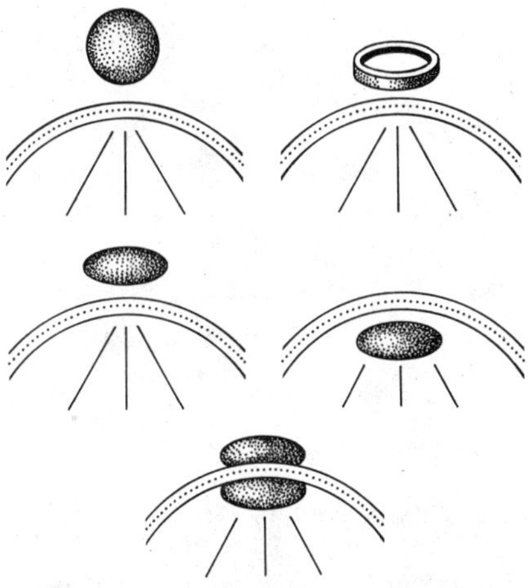

Spindelpolkörper 3: Form und Anordnung in Beziehung zur Kernhülle während der Kernteilung

sondern indem ein Centriol in seiner Nachbarschaft die Bildung eines neuen Centriols induziert. Der das Centriol umgebende Cytoplasmabereich wird als Zentroplasma bezeichnet. Er ist auffallend arm an anderen Strukturelementen des Cytoplasmas. Im Zusammenhang mit der Kernteilung treten Centriolen bei den ↑ *Oomycetes*, den ↑ *Hyphochytridiomycetes* und den ↑ *Chytridiomycetes* auf. Bei den *Oomycetes* sind die Centriolen an jedem Spindelpol paarweise hintereinander angeordnet (Abb. 2); bei den *Hyphochytridiomycetes* und den *Chytridiomycetes* im Winkel von 90° (Abb. 2). **2.** NAO (Nucleus-associated organelle): NAO zeigen eine ähnliche räumliche Beziehung zur Spindel wie die Centriolen. Sie unterscheiden sich jedoch bezüglich ihrer Struktur deutlich von diesen (Abb. 3). NAO erscheinen in der elektronenmikroskopischen Darstellung als elektronendichte, wenig strukturierte Gebilde, die scheibchenförmig (↑ *Zygomycetes*, *Entomophthorales*; ↑ *Basidiomycetes*; ↑ *Ascomycetes*), ringförmig (↑ *Zygomycetes*, *Entomophthorales*), sphärisch (↑ *Zygomycetes*, *Entomophthorales* und *Mucorales*; ↑ *Basidiomycetes*, *Heterobasidiomycetidae*) oder stäbchenförmig (↑ *Basidiomycetes*, *Heterobasidiomycetidae*) sind. Bei den *Asco-* und *Basidiomycetes* sind die chromosomalen ↑ Mikrotubuli während der ↑ anaphasischen Chromosomenwanderung mit den S. verknüpft. Sch

Spindelstreckung: cytologischer Mechanismus, der an der Aufteilung des ↑ Chromosomensatzes einer Zelle während der ↑ Kernteilung beteiligt ist. Bei der S. erfolgt der Transport der Chromatiden (Anaphase der ↑ Mitose oder Anaphase II der ↑ Meiose) bzw. ganzer

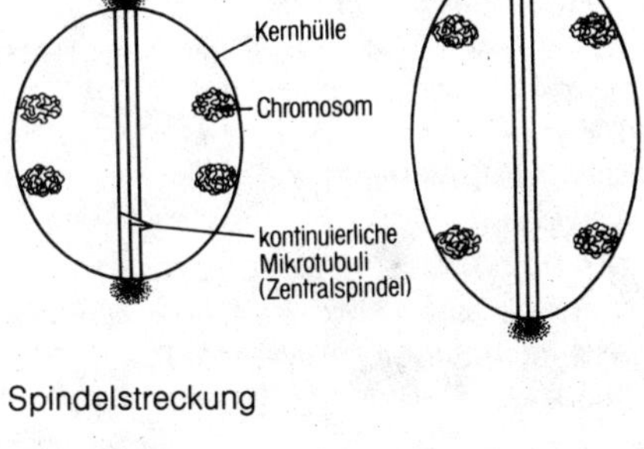

Spindelstreckung

Chromosomen (Anaphase I der Meiose) zu den Zellpolen durch die Verlängerung der zentralen (kontinuierlichen) Mikrotubuli (↑ Spindel) und/oder durch Gleitvorgänge (sliding) der polaren Mikrotubuli. Die Chromosomen sind an der Kernmembran assoziiert und werden durch gleichzeitig mit der Mikrotubuliverlängerung erfolgendes Membranwachstum bewegt (Abb.). S. als alleiniger Mechanismus der Kernteilung wurde bisher nur bei wenigen Pilzen beobachtet (↑ *Zygomycetes*: *Mucor*, *Pilobolus* und *Phycomyces*; ↑ *Basidiomycetes*: *Rhodosporidium*). Bei den meisten Pilzen wirkt die S. mit der ↑ anaphasischen Chromosomenwanderung in unterschiedlich starkem Ausmaß zusammen. Sch

Spinnwebkrankheit (Mehlkrankheit): der Befall von Champignons (*Agaricus*-Arten, Ord. ↑ *Agaricales*, Kl. ↑ *Basidiomycetes*) durch den Ascomyceten *Hypomyces rosellus*. Der Parasit bildet spinnwebartige Myzelrasen, kann in die Fruchtkörper der Wirtspilze eindringen und diese zum Absterben bringen. Die S. kann bei der Kultur von Champignons beträchtliche Verluste verursachen. B/D

Spinulosin ↑ Terreussäure

Spitzendürre: phytopathologischer Begriff für Pflanzenkrankheiten, die zur plötzlichen ↑ Welke und zum Verdorren von Blüten und Blättern in der Triebspitzenregion von Gehölzen führen. Die befallenen Triebe sterben gleichfalls ab (↑ Zweigsterben). Ein Beispiel für S. ist die Erkrankung der Süßkirsche durch den Ascomyceten *Monilinia laxa* (Anamorphe: *Monilia laxa*). Die ↑ Infektion der Triebe erfolgt meist durch die vom Wind verbreiteten ↑ Conidien über die Blüten. B

Spitzenkörper: lichtmikroskopisch nachweisbare, etwa kugelige Struktur in wachsenden Hyphenspitzen von Asco- und Basidiomyceten. Der S. steht mit der Differenzierung in der Spitzenregion der Hyphen und auch mit der Wachstumsrichtung in Beziehung. In Ruhephasen verschwindet er, bei erneutem Wachstum erscheint er wieder. Ultrastrukturell erweist sich der S. als cytoplasmatisches Organell, das mit den Vesiceln der Hyphenspitze (↑ Hyphe) in Verbindung steht. Abb. D/Sch

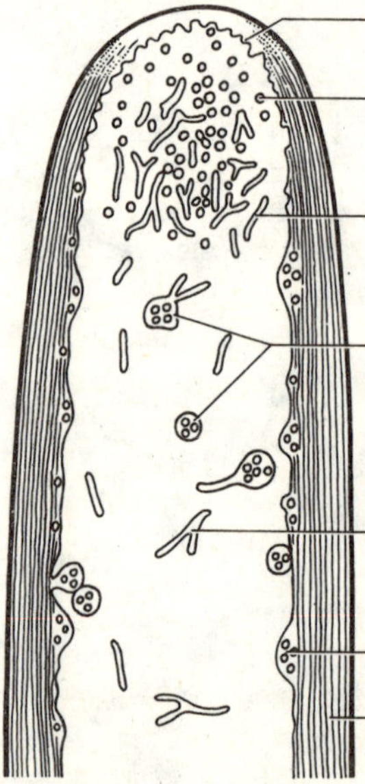

Spitzenkörper in einer wachsenden Hyphe

Spongipellis (Schwammporlinge): Gattung der Ordnung ↑ *Poriales* (Kl. ↑ *Basidiomycetes*) mit einjährigen pileaten Fruchtkörpern (pleurale ↑ Pilothecien), die eine weichfleischige monomitische weiße Trama mit Duplex-Struktur aufweisen. Das Hymenophor ist polyporoid oder irpicoid. In Europa kommen 5 Arten vor, wobei *S. borealis*, eine boreal-montane Art, die hauptsächlich an Fichtenholz wächst, gegenwärtig meist als *Climacocystis borealis* ausgegliedert wird. Weit verbreitet im Laubwaldareal, besonders in Auwäldern, ist *S. spumeus* (Taf. 20/4). D

Spongiporus (Saftporlinge): Gattung

der Ordnung *Poriales* (Kl. ↑ *Basidiomycetes*). Die Fruchtkörper sind effuse, effusoreflexe bis pileate ↑ Porlinge mit monomitischer, jung saftiger, weicher Trama. Es sind Holzzerstörer, meist Saprophyten, seltener Schwächeparasiten, die Braunfäule erregen. Die Sporen sind hyalin, dünnwandig, glatt, das Sporenpulver ist weiß. Die *S.*-Arten gehörten früher in die heterogene Sammelgattung *Tyromyces* (Saftporlinge), die in mehrere kleine Gattungen aufgespalten wurde. Die ehemaligen *Tyromyces*-Arten werden gegenwärtig in den Gattungen *Tyromyces* (s. str.), *S.* (= *Postia*), *Leptoporus*, *Oligoporus*, *Amylocystis*, *Ceriporiopsis* geführt. Die Gliederung ist taxonomisch und nomenklatorisch noch nicht stabilisiert. Zur Gattung *S.* gehören auch häufige Porlinge, z. B. *S. caesius*, der Blaue Saftporling, *S. stypticus*, der Herbe Saftporling, und *S. tephroleucus* (*Tyromyces lacteus*), der Weiße Saftporling. Taf. 20/2 D

Sporangiophor: Sporangienträger, eine Bezeichnung für Hyphen, die pleural oder terminal Zellen entwickeln, in denen sich Sporen bilden. Da diese Zellen (↑ Gonitocysten) den ↑ Sporangien (der Pteridophyten) nicht homolog sind und besser als Sporocysten bezeichnet werden können, sollte auch der Terminus S. durch ↑ Sporocystophor ersetzt werden. D

Sporangium: Behälter mit zellulärer Hülle, in dem ↑ Sporen aus fertilisierten Zellen des inneren (sporogenen) Gewebes entstehen. S. dieser Definition sind für die Embryophyta (Moose, Farnpflanzen, Samenpflanzen) charakteristisch und fehlen den ↑ Pilzen und Algen (↑ Gonitangien). Allerdings werden andere Strukturen der Pilze, besonders Sporocysten, oft mit dem Begriff S. belegt.

Als S. wird in diesen Fällen ganz allgemein jede Struktur verstanden, in der Sporen innerhalb einer Hülle entstehen, z. B. die Sorocarpien der *Acrasiomycetes* (↑ *Dictyosteliales*), die ↑ Sporocarpien der ↑ *Myxomycetes*, die ↑ Sporocysten der ↑ *Chytridiomycota*, ↑ *Oomycota*, ↑ *Zygomycetes*. Auch die Meiosporocysten, wie ↑ Asci und ↑ Basidien, werden mitunter als Meiosporangien bezeichnet. (↑ Abb. Gonitocyste). D

Spore: jede freiwerdende, primär einzellige Vermehrungs- und Verbreitungseinheit (Keimzelle), die ohne Sexualität zu einem neuen Organismus heranwachsen kann und nicht aus einem Sexualakt hervorgegangen ist, unabhängig von Homologie oder Genese. Als S. von Pilzen sind ↑ Conidien und Sporogonite (↑ Gonite) bekannt. Bezüglich der Beweglichkeit unterscheidet man unbewegliche S. (Aplanosporen) und bewegliche S. (Planosporen, Zoosporen). S., die der Überdauerung ungünstiger Bedingungen dienen, werden als ↑ Dauersporen den sofort keimfähigen S. gegenübergestellt (↑ Chlamydosporen); S., die im Inneren einer Zelle entstehen, heißen ↑ Endosporen und werden äußerlich abgeschnürten S., den ↑ Exosporen, gegenübergestellt. Nach der Herkunft der Kerne in den S. können Mito- und Meiosporen unterschieden werden (↑ Mitose, ↑ Meiose). S. unterscheiden sich von freiwerdenden ↑ Befruchtungszellen (↑ Gameten, ↑ Spermatien) dadurch, daß letztere nur nach einem Sexualakt entwicklungsfähig sind.

Es gibt Zellen, die fakultativ als S. oder Befruchtungszellen fungieren können. Man benutzt oft, wenn es sich um begeißelte Zellen handelt, den Terminus Schwärmer als Überbegriff (Zoosporen, Gameten, begeißelte Gamocyten). Der Begriff wird jedoch auch in der Zoologie und für mehrzellige und einzellige monadale Entwicklungsstadien aller Art benutzt. Für unbegeißelte Zellen, die fakultativ als Sporen oder Befruchtungszellen fungieren können, gibt es gar keinen Begriff. Es sei daher das Begriffspaar Planit und Aplanit vorgeschlagen. Planite sind frei bewegliche Keimzellen (Zoosporen, Gameten, Gamocyten; auch amoeboid bewegliche Formen), die mit oder ohne Sexualakt neue Organismen bilden können. Aplanite sind ebensolche, aber unbewegliche Keimzellen (Aplanosporen aller Art, z. B. Conidien, Gonidien, Autosporen usw.,

aber auch Spermatien, unabhängig von der Entstehungsweise). Mit dem Begriff Aplanit können somit Keimzellen von Pilzen belegt werden, die fakultativ als Conidien oder Spermatien fungieren können oder deren Funktion überhaupt unbekannt ist.
Viele Sporendefinitionen verlangen die Einzelligkeit der als S. bezeichneten Einheiten. Mit der Einschränkung „primär einzellig" (s. o.), sollen bei der Freisetzung bereits mehrzellig gewordene S. eingeschlossen bleiben, wenn sich diese (wie mehrzellige Ascosporen, Conidien usw.) klar von einzelligen S. (phylogenetisch oder ontogenetisch) ableiten lassen. Um eine allzu breite Anwendung des Sporenbegriffs zu vermeiden, sollten ↑ Zygoten nicht als S. bezeichnet werden. Sie sind aus einem Sexualakt hervorgegangen und lassen sich klar ausschließen. Die Begriffe Zygote, ↑ Hypnozygote usw. können die Begriffe ↑ „Oospore", ↑ „Zygospore" problemlos ersetzen. ↑ Ascosporen, ↑ Basidiosporen, ↑ Gonite, ↑ Gonitocyste. D

Sporenkonserve: für die Langzeitaufbewahrung präparierte ↑ Sporen. S. können durch ↑ Lyophilisation in Ampullen, die dann zugeschmolzen werden, oder durch Mischung der Sporen mit steriler Erde, Sand, Silicagel oder Aktivkohle oder durch Antrocknen an steriles Filterpapier hergestellt werden. Nach Überführung in frisches Nährmedium erhält man aus der S. wieder eine aktive ↑ Kultur. Str.

Sporenkeimung ↑ Keimung

Sporenverbreitung ↑ Anemochorie, ↑ Hydrochorie, ↑ Zoochorie

Sporidien: Sproßzellen, die als ↑ Sporen oder ↑ Befruchtungszellen fungieren. Zum Beispiel werden die ↑ Basidiosporen der Brandpilze (↑ *Ustilaginales*), die durch Sprossung aus den ↑ Basidien (Promyzelien) entstehen, als S. bezeichnet. Wenn S. miteinander kopulieren, spricht man von Sporidiogamie (↑ Befruchtung). D/B

Sporidiogamie ↑ Befruchtung

Sporobolose: seltene ↑ Mykose, die durch verschiedene ↑ Sproßpilze aus der Gattung *Sporobolomyces* hervorgerufen wird. *S. salmonicolor* wurde u.a. aus der Milch euterkranker Rinder isoliert, beim Menschen aus dem Inhalt von Hautbläschen. *S. roseus* schuldigte man in einem Fall als Erreger eines ↑ Madurafußes an. In einem Fall von ↑ nystatinresistenter ↑ Dermatomykose an einem Finger konnte *S. holsaticus* als Erreger isoliert werden. Trotz allem wird vermutet, daß letztgenannter Pilz meist nicht Ursache der Hauterkrankungen ist, sondern geschädigte Hautbereiche erst sekundär besiedelt. V

Sporocarpien: Sporenbehälter von Schleimpilzen der Klasse ↑ *Myxomycetes*. S. gehen aus ↑ Plasmodien hervor und weisen keine zelluläre Struktur auf. Aus einem Plasmodium entstehen in der Regel sehr viele S. (Taf. 10/6). Diese sind gestielt oder ungestielt und sitzen oft einem Hypothallus auf, einer dünnen hautartigen Ablagerung des Plasmodiums. S. besitzen eine Hülle (↑ Peridie) und enthalten im Inneren die

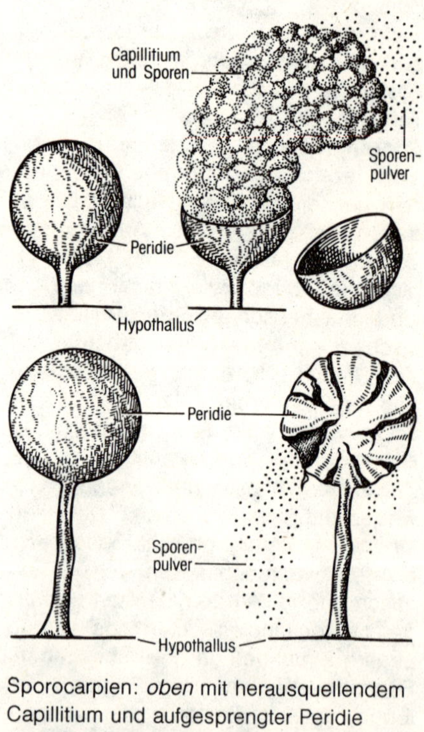

Sporocarpien: *oben* mit herausquellendem Capillitium und aufgesprengter Peridie (Arcyria), *unten* mit aufreißender Peridie (Physarum)

Meiosporen. In den S. mancher Gruppen von Schleimpilzen kommen auch Columella und Capillitium vor; für einige sind Kalkinkrustationen auf der Peridie, im Capillitium oder im Stiel charakteristisch. Die Sporen werden durch Zerfall der Peridie freigegeben; mitunter sind Mechanismen der Sporenfreisetzung ausgebildet, an denen das Capillitium beteiligt ist (Abb.). Die S. sind manchmal (↑ *Echinosteliales*) unter 1 mm, oft um 1 bis 2 mm, selten über 10 mm groß. Die Ordnungen der Schleimpilze (↑ *Myxcomycota,* Tab.), die typische Sporocarpien bilden, werden (auf Grund der Sporenbildung im Inneren) zur Unterklasse der *Myxogasteromycetidae* (Schleim-Bauchpilze) zusammengefaßt.

Der Begriff S. wird in der Literatur nicht einheitlich im hier dargestellten Sinne benutzt. Man findet ihn auch als Überbegriff für alle Fruktifikationen der Schleimpilze (↑ Aethalien, ↑ Plasmodiocarpien), sogar als Bezeichnung für die Fruchtkörper von höheren Pilzen (↑ Ascocarpien, ↑ Basidiocarpien). D

Sporocyste ↑ Gonitocyste

Sporocystophor (Sporocystenträger): Einzelzelle oder Zellgruppen, die Sporocysten (↑ Gonitocysten) hervorbringen. Das S. von ↑ *Phycomyces* ist eine große Zelle, die bis 20 cm Länge erreicht, ca. 100 μm dick ist und phototropische Bewegungen ausführt. Das S. von ↑ Pilobolus (↑ Abb. Phototropismus) bildet sich aus angeschwollenen Hyphensegmenten, besitzt eine basale und eine apikale Anschwellung. Das ebenfalls einzellige Gebilde ist im Hinblick auf Sporocystenabschleuderung und Phototropismus physiologisch detailliert untersucht worden. Andere S. sind verzweigt, z. B. die der *Peronosporales* (Kl. ↑ *Oomycetes*) und die vieler ↑ *Zygomycetes*. Die S. werden oft als „Sporangiophore" (↑ Gonitocyste, Sporangium) oder bei Ähnlichkeit der Sporocysten mit Sporen als „Conidiophore" bezeichnet. ↑ Abb. *Saksenaea* D

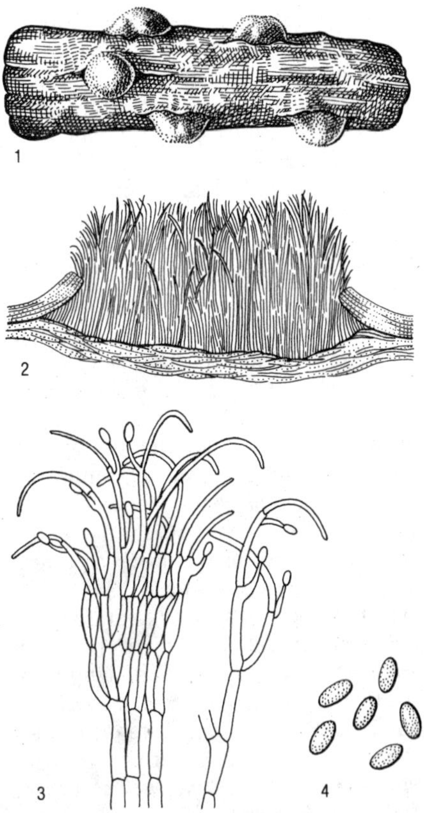

Sporodochium: Tubercularia. 1 mehrere Sporodochien auf einem Ästchen, 2 einzelnes Sporodochium im Längsschnitt, 3 Conidiophore mit Phialosporen, 4 einzelne Conidien (Phialosporen)

Sporodochium: Fruktifikation ↑ imperfekter Pilze, wobei eine polsterförmige Hyphenbasis, die auch fehlen kann, dicht mit palisadenartig gestellten ↑ Conidiophoren bedeckt ist. Eine Wandung existiert nicht. Das S. befindet sich auf der Oberfläche des Substrates. Pilze mit S. werden zur Form-Familie ↑ *Tuberculariaceae* zusammengefaßt, die zur Form-Ordnung ↑ *Moliniales* gehört. Abb. Hi

sporogene Hefen: sporenbildende ↑ Hefen, ↑ Sproßpilze, deren Teleomorphen bekannt sind. Es werden nach der Meiose ↑ Gonite gebildet, die meist als ↑ Sporen, selten (bei diplontischen Formen) als ↑ Gameten fungieren. ↑ *Saccharomyces*, ↑ *Endomycetes*, ↑ imperfekte Hefen D

Sporogonite ↑ Gonite

Sporotrichose: ↑ Mykose, die durch den imperfekten Pilz *Sporothrix schenckii* hervorgerufen wird (↑ Teleomorphe wahrscheinlich mit *Creatocystis stenoceras*, ↑ *Ascomycetes*, identisch). Die S. stellt eine typische ↑ Verletzungsmykose dar, die einen chronischen Verlauf nehmen kann. Anfangs kommt es zu geschwürigen Hautprozessen. Unterhautgewebe, Lymphknoten und -gefäße werden ebenfalls befallen. Später nekrotisieren die eitriggeschwürigen Läsionen. Eine Streuung des Erregers über Blut- und Lymphbahnen kommt gelegentlich vor. Der Erreger kann im befallenen Gewebe in Form runder oder länglicher ↑ Sproßzellen nachgewiesen werden. Auch die Bildung von ↑ Asteroidkörperchen wird regelmäßig beobachtet. Obwohl der Erreger fast weltweit verbreitet ist, tritt die S. meist nur in Lateinamerika und im südlichen Afrika auf. V

Sprödblättler: Bezeichnung für die Gattungen ↑ *Russula* und ↑ *Lactarius*, also für solche ↑ *Russulales*, deren Basidiocarpien zentral gestielte, agaricoide ↑ Blätterpilze sind. Durch die in der ↑ Trama nesterweise eingelagerten runden Zellen (↑ Sphaerocysten) sind diese Fruchtkörper brüchig und spröde. Das trifft auch für die Lamellentrama zu. Bei derbem Streichen über die Lamellen splittern diese spröde ab. Der Begriff S. galt früher als Name für alle *Russulales*, jedoch gehören in diesen Verwandtschaftskreis nicht nur Blätterpilze, sondern auch gastrale Formen. D

Sproßpilze: durch ↑ Sprossung charakterisierte Vertreter der Echten Pilze (↑ Eumycota). Als S. bezeichnet man **1.** eine Klasse der Echten Pilze (↑ *Endomycetes*), zu der dauernd oder zeitweise sprossende Pilze gehören, und **2.** alle Echten Pilze, die in Form von Sproßzellen oder Sproßmyzelien aufgefunden werden. Beides ist nur teilweise identisch, da einige Endomyceten auch Entwicklungsphasen aufweisen, in denen Myzelien (keine Sproßzellen) gebildet werden und weil zahlreiche Vertreter anderer Gruppen (↑ *Ustilaginales*) zeitweise Sproßstadien aufweisen. ↑ Hefen D

Sprossung (Knospung): ein Modus der Zellteilung. Bei der S. wandern nach einer Mitose ein Tochterkern u. a. Organellen in einen „Sproß“, das ist eine Ausstülpung der Mutterzelle, die durch Lockerung der Molekülbindungen der Zellwand ermöglicht wird. Die Sproßzelle wächst zur artspezifischen Größe heran und löst sich von der Mutterzelle, wobei eine Sproßnarbe verbleibt. Sproßnarben sind durch Fluoreszenzmikroskopie nachweisbar. Sie erlauben Aussagen über die mögliche Anzahl von Sproßbildungen. Bleiben die durch S. entstandenen Zellen aneinander haften, so daß myzelähnliche Strukturen entstehen, spricht man von Sproßmyzelien oder Pseudomyzelien. Diese zerfallen leicht in ihre Einzelzellen. Durch S. wachsende Pilze werden als ↑ Sproßpilze bezeichnet. D

Sprühfleckenkrankheit (Blattüpfelkrankheit): eine Erkrankung von Kirschen, die sich durch Blattflecken bemerkbar macht und von *Blumeriella jaapii* (Kl.: ↑ *Ascomycetes*, Anamorphe: *Phloeosporella padi*) verursacht wird. Es kommt zu sehr kleinen, punktförmigen, rötlichen bis dunkelbraunen Flekken. Im Krankheitsverlauf kann es zur Verfärbung der ganzen Blätter und zum vorzeitigen Blattfall kommen. ↑ Blattflekkenkrankheiten B

Stachelpilze (Stachelinge): ↑ Basidiocarpien mit stachel- oder zahnförmigem ↑ Hymenophor bzw. Pilze, die solche Basidiocarpien bilden. S. können effuse, effusoreflexe oder pileate Basidiocarpien sein. Sie kommen in verschiedenen Ordnungen, z.B. bei den ↑ *Cantharellales*, ↑ *Poriales* und ↑ *Thelephorales* vor. Die zu den ↑ *Tremellales* gehörenden Arten mit stacheligem Hymenophor (↑ *Pseudohydnum*) werden von vielen Autoren bewußt nicht als S. bezeichnet. Hierin kommt zum Ausdruck, daß sich der systematische Begriffsinhalt (S. galten früher als natürliche Gruppe) teilweise erhalten hat. Der Begriff ist jedoch nur morphologisch befriedigend zu definieren. Taf. 18/4–6; 19/1,2 D

Stamm: 1. systematische Kategorie (↑ Rangstufe), die in der Vergangenheit mitunter in der botanischen Systematik benutzt wurde, gegenwärtig aber nur in der Zoologie.

2. Bezeichnung für Organismen, in erster Linie für kultivierte Mikroben, die von einem einzigen Isolat, einem einzigen Züchtungsprodukt usw. abstammen und somit als genetisch weitgehend einheitlich angesehen werden können. Da innerhalb der ↑ Arten genetische ↑ Variabilität unterschiedliche physiologische Leistungen verursacht, sind für experimentelle und industrielle Arbeiten mit Mikroorganismen definierte S. erforderlich. Von besonderem Wert für die Industrie sind die z.T. patentierten Produktionsstämme.

In übertragenem Sinne hat sich die Bezeichnung S. auch für frei lebende Mikroorganismen eingebürgert, wenn anzunehmen ist, daß auf der Grundlage der Selektion Populationen bestimmter physiologischer Leistung entstanden sind, z.B. gegen Antibiotika resistente S. von Krankheitserregern. D/Str

Stammsammlung ↑ Kulturensammlung

Stärkeverzuckerung: Abbau von Stärke durch stärkespaltende ↑ Enzyme (↑ Amylasen) zur Herstellung von Glukose oder zur Nutzung stärkehaltiger Substrate mittels Mikroorganismen. Die Amylasen entstehen, wenn man z.B. Getreide keimen läßt (Malzbereitung bei der Herstellung von ↑ Bier), oder sie werden aus Bakterien oder Pilzen gewonnen und bei der S. zugesetzt. Str

stationäre Phase ↑ Wachstum

Statismosporen: nicht aktiv abgeschleuderte, sondern passiv abfallende Sporen. Der Begriff S. wird als Alternativbegriff zu ↑ Ballistosporen benutzt und hauptsächlich dann angewendet, wenn in einer Gruppe von Pilzen (einem Verwandtschaftskreis) Ballistosporen vorkommen und die abweichenden Verhältnisse betont werden sollen. D

staurospor: Bezeichnung für septierte oder unseptierte ↑ Conidien mit nicht über 180° gekrümmter Achse und mit Auswüchsen, die $\frac{1}{4}$ der Länge des Sporenkörpers überschreiten (↑ Abb. Conidien). Die staurosporen Conidien besitzen eine ausgeprägt räumliche Struktur und sehen oft sternförmig aus. Sie kommen hauptsächlich bei ↑ aquatischen Pilzen vor. Hi

Staurosporae: im ↑ Saccardoschen System ein Name für ↑ imperfekte Pilze mit ↑ staurosporen ↑ Conidien. Hi

Steinbrand (Hartbrand): Brandpilzerkrankung (↑ *Ustilaginales)* an Getreide und Wildgräsern, bei der anstelle der Früchte (Karyopsen, „Körner") feste, mit Brandsporen gefüllte Gebilde, sog. Brandbutten, erzeugt werden. Erst nach Zerstörung der festen Hülle werden die Brandsporen frei. ↑ *Tilletia caries* verursacht den S. des Weizens. *T. laevis* ist der Erreger des „Südlichen Weizensteinbrandes" oder Stinkbrandes. Der Name Stinkbrand beruht auf dem Geruch der Sporenmassen nach Heringslake. Eine weitere, an Roggen parasitierende, Art ist *Tilletia secalis.* B

Steinersche Lösung: Reagens zum Nachweis verschiedener ↑ Flechtenstoffe, eine wäßrige Lösung von para-Phenylendiamin, die durch Zusatz von Natriumsulfit haltbar gemacht wird. Sto

Steinpilz ↑ *Boletus*, Taf. 42/5,6

Stellhefe: Impfhefe, mit der in der ↑ Backhefe-Herstellung die Produktionsfermenter beimpft werden. Str

Stelzenstäubling ↑ *Battarraea*

Stemonitales: Ordnung der Schleimpilze (Kl. ↑ *Myxomycetes*, Abt. ↑ *Myxomycota*). Die Sporen der *S.* sind dunkel gefärbt; den ↑ Sporocarpien fehlen Kalkinkrustationen auf der ↑ Peridie oder im ↑ Capillitium, können aber in den Stielen vorkommen. Das Capillitium ist stets gut entwickelt. Wichtige Gattungen sind *Comatricha*, *Lamproderma* und *Stemonitis*. Die *Stemonitis*-Arten bilden oft auffallend gestreckte Sporocarpien mit je einem haarfeinen Stiel, der sich als ↑ Columella fortsetzt (Fadenstäubchen). D

Stengelbrennerkrankheit: Erkrankungen verschiedener Schmetterlingsblütler (Klee, Luzerne, Serradella u. a.), die zu verbrennungsähnlichen ↑ Symptomen an den Sprossen führen (↑ Brandkrankheiten). S. wird durch Arten der Gattung ↑ *Colletotrichum* hervorgerufen (z. B. *Colletotrichum trifolii*). B

Stengelfäule ↑ Fäulen

Stengelschwärze ↑ Schwärze

Sterbeeck, Frans van: flämischer Pfarrer (1630–1693). S. stand mit vielen Botanikern in Verbindung. Zum Beispiel besuchte der berühmte J. ↑ Ray, der sich für seltene Pflanzen in S.s Garten interessierte, den flämischen Geistlichen und anerkannten Pilzkenner. S.s wichtigster Beitrag für die Mykologie ist das „Theatrum fungorum ..." (1675), das sich auf das Werk ↑ Clusius' stützt und besonders den praktischen Wert der Pilze darstellt. Gift- und Speisepilze stehen im Mittelpunkt. Ein Kapitel widmete S. den „Bodenpilzen", worunter er nicht nur hypogäische Makromyceten, sondern auch andere Organismen, z. B. die Wurzelknöllchen der Leguminosen, verstand. Viele Illustrationen stammen aus dem Clusius-Codex, der sich in S. Besitz befand. H/D

Stereocaulon: Flechtengattung der Familie *Stereocaulaceae* (Ord. ↑ *Lecanorales*), die ↑ Strauchflechten mit zweigestaltigem ↑ Flechtenthallus umfaßt. Der ↑ Primärthallus stirbt frühzeitig ab. Die Pseudopodetien (↑ Podetien) sind stiftförmig oder reich verzweigt bis koralloid, besitzen oft einen soliden Markstrang und sind häufig mit weißlichen oder hell- bis dunkelgrauen ↑ Phyllocladien besetzt. Eine ↑ Rinde ist nicht immer vorhanden. Als ↑ Phycobionten kommen Grünalgen (*Trebouxia*-Arten) vor. Die ↑ Apothecien sind biatorin oder durch ein Pseudoexcipulum berandet, stehen terminal oder lateral, sind flach oder kugelig, teilweise säulchenförmig und von brauner bis schwarzer Farbe. Es werden pro ↑ Ascus 6–8 farblose mehrzellige ↑ Sporen gebildet. Viele *S.*-Arten vermehren sich vegetativ durch Thallusbruchstücke oder ↑ Isidien. Außerdem kommen ↑ Pycnidien vor. Oft werden ↑ Cephalodien gebildet, die überwiegend auf den Pseudopodetien sitzen. Die meist acidophilen terrestrischen oder epilithischen *S.*-Arten kommen in allen Klimazonen der Erde, besonders in der Tundra und der alpinen Stufe der Gebirge, vor. Sto

Sterigma (Pl. Sterigmata, auch Sterigmen): stift- bis kegelförmiger Auswuchs einer ↑ Basidie, an dem sich eine ↑ Basidiospore entwickelt. Meist bilden sich an jeder Basidie 2 oder 4 S. Basidien ohne S. werden auch als Promyzel bezeichnet. Manche Basidien entwickeln breite Auswüchse, die als ↑ Prosterigmata bezeichnet werden. An diesen bilden sich apikal die eigentlichen S. ↑ Ballistosporen werden aktiv von den S. abgeschleudert; ↑ Statismosporen fallen passiv ab. Bei manchen Statismosporen bleiben die S. hängen und sind als „Stielchen" sichtbar (pedicellate Sporen, geschwänzte Sporen).

Der Begriff S. wird mitunter auch noch für conidiogene Zellen benutzt (im Sinne von „Sporenträger"), mitunter in der lichenologischen Literatur für die Conidien bzw. Spermatien bildenden Zellen in Pycnidien bzw. Spermogonien, aber auch für andere conidiogene Zellen, z. B. bei *Aspergillus* oder *Penicillium*. Der Terminus sollte in diesem Sinne nicht benutzt werden, da eindeutige Begriffe verfügbar sind. Taf. 5; 6/1 D

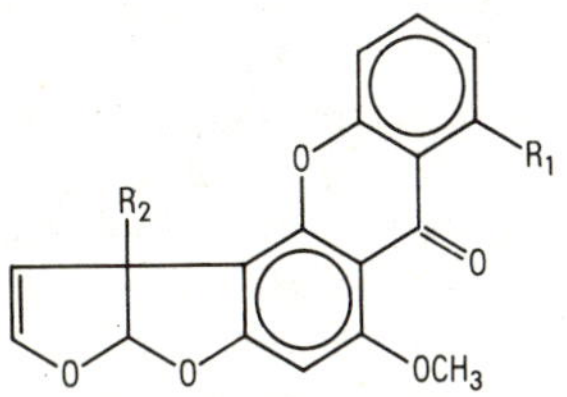

	R_1	R_2
Sterigmatocystin	OH	H
O-Methylsterigmatocystin	OCH_3	H
Aspertoxin	OCH_3	OH

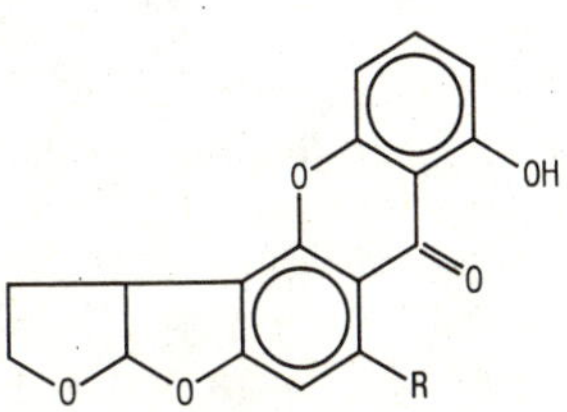

	R
Dihydrosterigmatocystin	OCH_3
Dihydromethylsterigmatocystin	OH

Sterigmatocystine

Sterigmatocystine: Gruppe von ↑ *Mykotoxinen*, die von *Aspergillus*- und *Bipolaris*-Arten (↑ imperfekte Pilze) gebildet werden. Sie enthalten in ihrer chemischen Struktur einen Dihydrodifuran- und einen Xanthoring. S. sind den ↑ Aflatoxinen ähnlich. Die wichtigsten Verbindungen sind das Sterigmatocystin (LD_{50} = 166 mg/kg Ratte per os), welches akute Nieren- und Leberschäden verursacht, sowie das Aspertoxin, das bei Hühnerembryonen u. a. Ödeme und Schnabelmißbildungen hervorruft. S. können in zahlreiche Lebensmittel gelangen, die von toxinbildenden Pilzarten befallen sind. M

Sterilfiltration ↑ Sterilisation, ↑ Kaltsterilisation

Sterilisation: Keimfreimachung. Geräte, Apparaturen, Nährmedien, Luft müssen sehr oft im Labor, aber auch bei technischen ↑ Fermentationen keimfrei gemacht werden. Die S. erfolgt durch Keimabtrennung oder durch Keimschädigung. Keimabtrennung wird durch Filtration (Sterilfiltration) durch bakteriendichte Filter aus z. B. Glassinter (G5-Fritten), Kieselgur, Porzellan, Zellulose-Derivaten oder durch größerporige Filter in dickerer Schicht (z. B. Watte, Zellstoff, Glaswolle, Aktivkohle) erreicht. Die bakteriendichten Filter können sowohl für Flüssigkeiten als auch für Luft, die zweite Variante nur zur Luftsterilisation eingesetzt werden.

Keimschädigung erfolgt vor allem durch thermische Verfahren. Impfgeräte werden durch Abflammen oder Ausglühen sterilisiert. Glas- und Metallgeräte, unempfindliche Pulver und Öle werden durch trockene Hitze im Trockenschrank oder Heißluftsterilisator 2 Stunden bei 160°C oder 1 Stunde bei 180°C behandelt (Heißluftsterilisation). Anlagen und Apparaturen, Nährmedien, nicht mehr benötigte Mikroorganismenkulturen u. a. werden mit feuchter Hitze sterilisiert. Feuchte Hitze ist besser wirksam, weil die Eiweiße der Keime quellen und dann leichter durch Hitze zerstörbar sind. Die vegetativen Zellen von Bakterien und Pilzen werden schon um 60°C innerhalb von 5–10 min abgetötet, Pilzsporen oberhalb 80°C und Bakteriensporen bei 120°C (15 min). Die S. mit feuchter Hitze wird im Dampftopf oder im Autoklaven durchgeführt. Im Dampftopf erfolgt Erhitzung im Wasserdampf bei 100°C. Dabei werden nur vegetative Keime abgetötet. Sollen auch die Sporen abgetötet werden, muß eine fraktionierte Sterilisation (Tyndallisation) durchgeführt werden, d. h. 30 min bei 100°C an 3 aufeinanderfolgenden Tagen. Die Zwischenzeiten dienen dem Auskeimen der Sporen. Im Autoklaven oder auch im Schnellkochtopf wird mit Überdruck gearbeitet. Mit gespanntem Wasserdampf wird 20–30 min bei 120°C (Schnellkochtopf 35 min bei 116°C) sterilisiert. Mit überhitztem Wasserdampf werden auch in der Technik Nährlösungen, ↑ Fermenter, Zu- und Ableitungen usw. sterilisiert.

Keimschädigung erfolgt auch durch Zugabe chemischer Substanzen, z. B. Ethylenoxid, Formaldehyd u. a. (↑ Desinfektion). Eine weitere Möglichkeit ist S. durch Bestrahlung, z. B. mit ultravioletter Strahlung zur Luftentkeimung in Räumen, Röntgenstrahlung oder radioaktiver Strahlung. Str

Steroide: wichtige Gruppe pharmazeutisch aktiver Substanzen, die zur Behandlung von Entzündungen und rheumatischen Erkrankungen, als Ovulationshemmer und in anderen Hormonpräparaten eingesetzt werden. Bereits in den frühen 30er Jahren isolierten Kendall und Reichstein das von den Nebennieren gebildete Hormon Cortison. Wegen der großen Nachfrage begann man, eine chemische Synthese zu entwickeln. Hierfür waren 37 Syntheseschritte nötig, von denen viele nur unter extremen Bedingungen (hohe Drücke, hohe Temperaturen) abliefen. Mit Hilfe einer Hydroxylierung in Position 11 durch die Pilze *Rhizopus* oder *Curvularia*, (↑ Steroid-Transformation) ließ sich die Synthese auf 11 Schritte verkürzen.

Ausgangsstoffe für die Synthese der S. sind Sterole, die als Stigmasterol und Sitosterol aus dem bei der Herstellung von Sojaöl anfallenden Rückstand, als Diosgenin aus den Wurzeln der Gamswurzgewächse (*Dioscorea*) oder als Desoxycholsäure aus Tiergallen gewonnen werden. Gegenwärtig ist man dabei, nach Möglichkeiten für eine effektive mikrobiologische Sterolproduktion, z. B. mit ↑ Hefen, zu suchen. Str

Steroid-Transformation: ↑ Biotransformationen am ↑ Steroid-Molekül (Abb.). Mikroorganismen können eine Vielzahl von Reaktionen am Steroidmolekül durchführen, z. B. Hydroxylierungen (besonders in den Positionen 11 α, 11β, 6β und 17α), Hydrogenierungen und Dehydrogenierungen (z. B. Sättigung der Doppelbindung zwischen den C-Atomen 4 und 5 bzw. Einführung einer

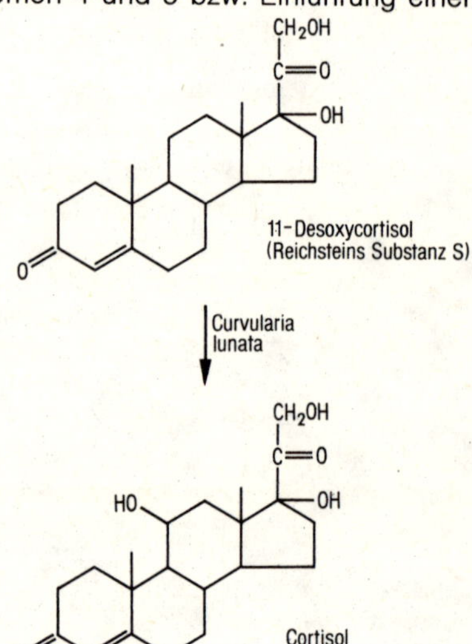

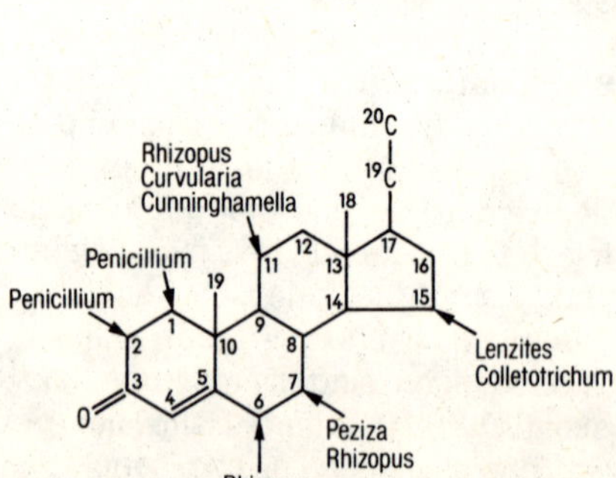

Steroid-Transformation: Beispiele für spezifische Angriffsorte am Steroidmolekül

Doppelbindung zwischen 1 und 2), Seitenkettenabspaltung, Epoxidbildung usw. Hierfür werden verschiedene Pilze eingesetzt (Abb.). Auch *Aspergillus*-, *Fusarium*-, *Saccharomyces*-Arten und Bakterien können für verschiedene spezifische Reaktionen verwendet werden. In der Industrie werden mehrere S.-T. durchgeführt, vor allem die α- und β-Hydroxylierung am C-Atom 11 (z. B. 11-Desoxycortisol zu Cortisol, Abb.) und die 1,2-Dehydrogenierung (z. B. Cortison zu Prednison). Zur S. werden die Mikroorganismen zunächst in Schüttelkulturen und Kleinfermentern stufenweise vermehrt. Die eigentliche ↑ Fermentation findet in Submerstanks von ca. 50000–100000 l statt. Nach einer 12- bis 24stündigen Wachstumsphase werden die umzuwandelnden wasserunlöslichen Substrate als Kristalle oder in organischen Lösungsmitteln gelöst zugegeben. Nach 12 bis 72 Stunden Umsatzdauer erfolgt die Aufarbeitung, z. B. durch Extraktion oder durch Einengung des Kulturfiltrates im Vakuum, bis das Rohsteroid auskristallisiert. Str

Stetigkeit: Häufigkeit (Präsenz) einer Sippe in soziologischen Aufnahmen

Klasse der Stetigkeit	Vorkommen der Sippe in % der Tabellen (Listen, Aufnahmen) mehr als	bis einschließlich
I	0	20
II	20	40
III	40	60
IV	60	80
V	80	100

bzw. in Listen von Dauerflächen oder anderen Probeflächen, die miteinander verglichen werden. In Analogie zur Pflanzensoziologie wird die S. meist in fünf Klassen angegeben. ↑ Pilzsoziologie D

Stichobasidie ↑ Holobasidie

Stielbovist ↑ *Tulostoma*

Stielgemmen ↑ Gemmen

Stilbellaceae: Form-Familie der ↑ imperfekten Pilze. Als *S.* werden alle Pilze zusammengefaßt, deren ↑ Conidiophore zu ↑ Synnemata (Koremien) vereinigt sind. Zum Beispiel gehört *Graphium* zu den *S.* ↑ Abb. Synnema Hi

Stinkbrand ↑ Steinbrand

Stockschwämmchen ↑ *Pholiota*, Taf. 33/4, ↑ *Psathyrella*, Taf. 36/4

Stoffumwandlungen: ↑ Biotransformationen

Stolonen: ↑ Hyphen, die als Ausläufer

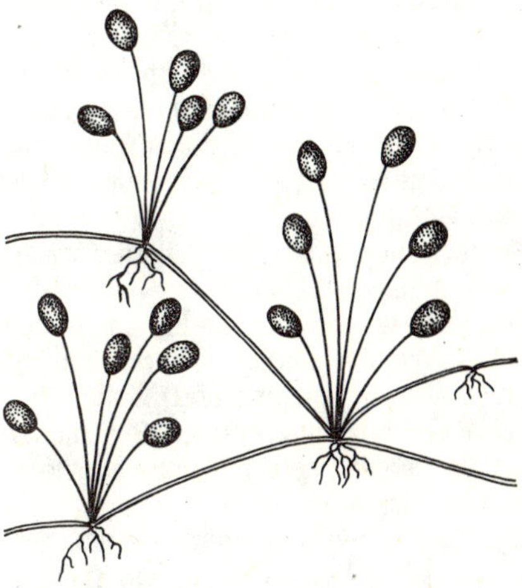

Stolonen bei Rhizopus (Zygomycetes: Mucorales)

fungieren. S. wachsen schnell und bilden Knoten mit Hafthyphen und Conidiophoren. Sie kommen z. B. bei den Gattungen *Rhizopus* und *Absidium* (↑ *Mucorales*) vor. Abb. D

Strahlenpilze: Bakterien der Ordnung *Actinomycetales*, die coenocytische, verzweigte, hyphenartige Fäden bilden. Die Fäden werden z. T. vielzellig und können in Stäbchen zerfallen. Die S. haben keinerlei verwandtschaftliche Beziehungen zu den ↑ Pilzen. ↑ Prokaryoten, ↑ Eukaryoten D

Strangplectenchym ↑ Plectenchym

Strauchflechten: morphologische Gruppe von Flechten (↑ Lichenes) mit strauchförmigem, negativ geotrop wachsendem ↑ Flechtenthallus. Die Thallusabschnitte sind im typischen Falle radiär gebaut, können aber auch abgeflacht sein. Sie sind markerfüllt (solide) oder hohl. Die Basis des Thallus stirbt im Alter häufig ab, während die apikalen Teile weiterwachsen. Die Verzweigungen können unregelmäßig oder regelmäßig (dichotom, trichotom, tetrachotom) sein. Zu den S. rechnet man auch Vertreter mit zweigestaltigem Thallus, einem krustigen bis schuppigblättrigen Primärthallus oder Thallus horizontalis, der mitunter im Alter verkümmert, und einem aufrechten Thallus verticalis, der einfach, hornförmig oder verzweigt sein kann (↑ Podetium, ↑ Becherflechten).

Typische Vertreter der S. finden wir in der Gattung ↑ *Cladonia*. Die meisten S. wachsen terrestrisch, sie können in borealen Wäldern den dominierenden Bodenbewuchs bilden und damit die wichtigsten Primärproduzenten dieser Ökosysteme sein (Rentierflechten). ↑ Abb. Lichenes Sto

Streifenbrände: Brandpilzerkrankungen (↑ *Ustilaginales*) zahlreicher Gräser. Die Brandlager entstehen in ausgedehnten Längsstreifen an Blättern und Halmen. Brandpilze verschiedener Gattungen können solche Symptome hervorrufen. ↑ *Ustilago striiformis* ist z. B. ein S. zahlreicher Wildgräser. *Ustilago echinata* verursacht hingegen den S. des Glanzgrases. ↑ *Urocystis tritici* erzeugt ähnliche Befallsbilder an Weizenpflanzen, und ↑ *Tilletia olida* ist durch die Bildung dunkler, schwielenartiger Längsstreifen an Blättern der Zwenke charakterisiert. B

Streifenkrankheiten: phytopathologischer Begriff für Krankheiten, die in Streifen geordnete Blattverfärbungen verursachen. S. werden oft durch Viren ausgelöst; aber auch zahlreiche Pilze können solche Symptome erzeugen. *Pyrenophora graminea* (Kl. ↑ *Ascomycetes*, Anamorphe: *Helminthosporium gramineum*) bewirkt z. B. zuerst gelbliche, dann bräunliche, zuletzt aufreißende Streifen an Blättern der Gerste. B

streßtolerante Pilze: Arten, die an relativ ungestörten Standorten mit geringer, aber gleichmäßiger Nährstoffversorgung leben. Es handelt sich um Pilze mit relativ langen und komplexen Lebenszyklen, langsamem Wachstum, relativ niedriger Reproduktionsrate und der Fähigkeit, schwer aufschließbare Substrate zu nutzen, z. B. Hygrocybe-, Geoglossum-Arten. ↑ Lebensstrategie H

Strobilomycetaceae: eine kleine Familie der Ordnung ↑ *Boletales*, deren zentral gestielte Pilothecien röhriges oder lamellenförmiges ↑ Hymenophor aufweisen und die durch L-Dopa (eine Aminosäure) und auf dieser aufgebaute Melanine düstere Farben aufweisen. Das Sporenpulver ist braun, die Sporen sind meist ornamentiert. In Europa sind die *S.* nur durch *Strobilomyces floccopus*, den Strubbelkopf (Taf. 38/6), und *Porphyrellus porphyrosporus*, den Düsteren Röhrling (Taf. 39/3) vertreten. In *Porphyrellus porphyrosporus* erkennen manche Autoren zwei Arten. Die Fruchtkörper der europäischen *S.* sind als Speisepilze verwertbar. D

Stroma (Pl. Stromata): plectenchymatische, meist derbe, fruchtkörperähnliche Bildung des vegetativen Myzels, an oder in der mehrere, meist sehr viele, einzelne ↑ Fruchtkörper entstehen (Sammelfruchtkörper). Bei manchen Ascomyceten sind mitunter wenige bis mehrere Tausend (im Extremfall Zehntausende) ↑ Perithecien mittels eines sterilen Plectenchyms aus ↑ Textura angularis miteinander verbunden. Das so aufgebaute S. ist zäh oder hart, außen oft schwärzlich, wobei die Perithecien oberflächlich stehen oder eingesenkt sind. Die Form der Stromata ist gattungs- oder artspezifisch, sie reicht von einfachen flächigen Krusten (z. B. bei ↑ *Diatrype*, Taf. 12/2; ↑ *Hypoxylon*) bis zu hochdifferenzierten, gestielten Strukturen (z. B. bei ↑ *Claviceps*, ↑ *Poronia*, ↑ *Cordyceps* Taf. 12/1,3; ↑ *Xylaria*). Vor der Reifung der ↑ Ascosporen ist die Oberfläche der Stromata oft von ↑ Conidiophoren bzw. ↑ conidiogenen Zellen bedeckt. Bei den ↑ *Cyttariales* sind sitzende ↑ Apothecien auf Stromata vereinigt. Auch bei ↑ imperfekten Pilzen aus der Gruppe der Coelomyceten kommen stromatische Bildungen vor, in denen allerdings keine Fruchtkörper, sondern ↑ Conidiomata vereinigt sind. Hi

Stropharia (Träuschlinge): weltweit (mit Ausnahme der Antarktis) verbreitete Gattung der Ordnung ↑ *Agaricales* (Kl. ↑ *Basidiomycetes*). Die Fruchtkörper sind meist mittelgroße, z. T. große, zentral gestielte ↑ Blätterpilze mit violettbraunem, braunem bis schwarzem Sporenpulver. Es sind saprophytische Erd- oder Holzbewohner. Die Sporen haben Keimpori. Chrysocystiden (↑ Cystide) sind, wie bei allen Gattungen der *Strophariaceae* (Träuschlingsartige Pilze), meist vorhanden. Die Fruchtkörperentwicklung ist hemiangiocarp. Soweit untersucht, kommen primordial zwei Vela vor; das Velum universale ist an reifen Fruchtkörpern oft in Form von Hutflocken nachweisbar, z. B. bei der Typusart *S. aeruginosa* (Taf. 36/2).
Die Gattung *S.* ist eng mit der Gattung *Psilocybe* (Kahlköpfe) verwandt. Beide werden von manchen Autoren vereint. In Amerika sind einige Arten halluzinogene Pilze. Auch in europäischen Sippen wurden ↑ halluzinogene Stoffe nachgewiesen. In Europa kommen etwa 15 *S.*-Arten und ebenso viele *Psilocybe*-Arten vor. Eine kleine Artengruppe, die Grünspanträuschlinge (*S. aeruginosa* und verwandte Arten, Taf. 36/2), sind als Speisepilze bekannt. *S. rugosoannulata*, der Riesenträuschling, wird als Speisepilz kultiviert. D

Strubbelkopf ↑ *Strobilomycetaceae*

Subcutis ↑ Huthaut

Subgleba: innere, sterile Bereiche von ↑ Gasterothecien. Die S. liegt in der Regel unterhalb der ↑ Gleba. Sie besteht, wie die Gleba in unreifem Zustand, aus Kammern; allerdings fehlen Hymenien, und es entstehen keine Sporen. Die Subgleba geht oft nahtlos in die Gleba über (z. B. Gattung ↑ *Lycoperdon*), oder sie ist durch ein Häutchen (↑ Diaphragma) von der Gleba getrennt (z. B. Gattung *Vascellum*). Phylogenetisch dürfte die S. aus der Gleba entstanden sein. Sie wird als sterile Gleba aufgefaßt. Die Kammern der S. sind in der Regel größer als die Glebakammern. D

Subhymenium: das unter einem ↑ Hymenium liegende Plectenchym bei ↑ Fruchtkörpern von Asco- oder Basidiomyceten. Bei ↑ Basidiocarpien spricht man besonders dann von einem S., wenn diese Schicht von noch tiefer gelegenen Schichten deutlich abgegrenzt ist. Bei ↑ Ascocarpien enthält das S. die ascogenen Hyphen und Zellen (Hyphen) des Haplonten (↑ Hamathecium). Am S. sind sowohl die ↑ Asci als auch die ↑ Paraphysen inseriert. Es wird auch als Hypothecium bezeichnet (↑ Thecium). In der lichenologischen Literatur werden jedoch S. und Hypothecium bei den ↑ Apothecien unterschieden. Das Hypothecium (der „Fruchtboden") ist hierbei der Teil, an dem sowohl das Eigengehäuse (↑ Gehäuse, ↑ Excipulum) als auch das Subhymenium ihren Ursprung haben. Bei manchen Flechten können in diesem Hypothecium Phycobionten-Zellen auftreten. D/Hi/Sto

Subiculum: lockere, spinnwebige Myzelmatte, die das Substrat überzieht und auf der die ↑ Ascocarpien verschiedener ↑ *Ascomycetes* gruppiert sind. S. finden sich bei Pilzen mit ↑ Apothecien (z. B. bei einigen ↑ *Hyaloscyphaceae* und ↑ *Dermateaceae*) und ↑ Perithecien (z. B. bei vielen ↑ *Hypomycetaceae*).
Der Begriff S. ist auch für die ↑ Trama effuser Basidiocarpien in Gebrauch, besonders bei solchen Autoren, die den Begriff ↑ Trama auf die Hymenophoraltrama beschränken. Das S. in diesem Sinne ist die Schicht zwischen dem Hymenium/Subhymenium bzw. dem Hymenophor und dem Substrat. Hi/D

Subkultur: Abimpfung von einer bereits vorhandenen ↑ Kultur. Str

Submersverfahren: mikrobiologische Methode bzw. biotechnologisches Verfahren, bei dem die Organismen submers, d. h. untergetaucht, im Medium (Nährlösung) leben. Durch Rühren oder/und Belüften wird eine gleichmäßige Durchmischung von Nährmedium und Organismen erreicht. S. werden bei ↑ diskontinuierlichen und ↑ kontinuierlichen Fermentationen vielfach angewendet, z. B. zur Herstellung von ↑ Einzellerprotein, ↑ Enzymen und verschiedenen Stoffwechselprodukten. Str

suboperculater Ascus: von Le Gal geprägter Terminus für ↑ Asci der ↑ *Sarcoscyphaceae* und ↑ *Sarcosomataceae*, bei denen sich ein dicker, unterbrochener Apikalring (↑ Apikalapparat) unterhalb des ↑ Operculums befinden soll. Der s. A. wäre demnach als Übergangsform zu inoperculaten Asci aufzufassen. Neuere Befunde haben jedoch gezeigt, daß ein solcher Apikalring nicht existiert und daß sich der s. A. nicht prinzipiell von den operculaten Asci der übrigen ↑ *Pezizales* unterscheidet. Hi

Substrat: Substanz, die von einem Pilz besiedelt wird und die ihm als Nahrungsquelle dient. Der Begriff S. wird in der Mykologie hauptsächlich für tote organische Substanzen benutzt, die saprophytischen Pilzen oder Pilzen in saprophytischen Lebensphasen als Nahrungsgrundlage zur Verfügung stehen. Das S. wird von vegetativen Teilen des Pilzes durchwachsen oder oberflächlich besiedelt. Unter Laborbedingungen hergestellte S. bezeichnet man häufig als ↑ Nährmedien oder Nährböden. Bei der Kultur von Speisepilzen, z. B. von Champignons, ist die Zusammensetzung des S. von großer Bedeutung für den Ertrag (↑ Ausbeute). Viele Pilze sind an spezielle S., z. B. Holz, Kot usw., gebunden (ökologische Gruppen). Das S.-Spektrum kann sehr eng (z. B. Wachstum nur auf Kiefernzapfen) oder breit (z. B. Wachstum auf totem Holz vieler Laub- und Nadelgehölze) sein. D/Str

Südamerikanische Blastomykose: ↑ Mykose die durch *Paracoccidioides brasiliensis*, einen imperfekten Pilz, hervorgerufen wird. In Anlehnung an den Erregernamen wird die Krankheit oft auch als Paracoccidioidose bezeichnet. Ähnlich der ↑ Coccidioidose, ↑ Histoplasmose und der ↑ Nordamerikanischen Blastomykose handelt es sich bei der S. B. um eine typische ↑ Endomykose, deren Verlauf meist im Bereich der Mundhöhle beginnt. Es kommt zu geschwürigen und granulomatösen Prozessen im Zahnfleisch, an Mundschleimhaut, Zunge und Tonsillen, später auch im Nasenbereich. Der Erreger hat eine ausgeprägte Affinität zum Lymphsystem und breitet sich über dieses in andere Organe aus. Äußerlich fällt die Krankheit durch granulomatöse Hautläsionen, vor allem im Gesichtsbereich, auf. Unbehandelt kann die Krankheit chronisch werden. Im befallenen Gewebe fällt der Erreger durch multilokulär knospende Sproßzellen auf. Die Krankheit ist in Südamerika verbreitet. Am häufigsten ist die männliche Landbevölkerung in manchen Gebieten Brasiliens und Argentiniens betroffen. Über die Reservoire des Erregers in der Umwelt der betroffenen Bevölkerung ist bisher nichts bekannt. V

Suillus (Schleimröhrlinge): artenreiche, im *Pinaceae*-Areal verbreitete Gattung von Nadelgehölz-Mykorrhizapilzen der Ordnung ↑ *Boletales* (Kl. ↑ *Basidiomycetes*). Die Fruchtkörper sind mittelgroße bis große zentral gestielte ↑ Röhrlinge. Die Hutoberfläche ist feucht schleimig oder unter einer faserigen Schicht gelatinös. Ein Velum (Ring) ist bei manchen Arten im reifen Zustand nachweisbar, andere entwickeln sich gymnocarp. Das Sporenpulver ist olivfarben bis braun, die Sporen sind spindelig gestreckt. Viele *S.*-Arten wurden bezüglich der Inhaltsstoffe untersucht. Es kommen die für die *Boletales* typischen ↑ Pulvinsäurederivate vor. Zu den häufigsten der ca. 20 *S.*-Arten Europas gehören einige Speisepilze, z. B. *S. grevillei*, der Goldröhrling oder Goldgelbe Lärchenröhrling (Taf. 42/3), *S. laricinus*, der Graue Lärchenröhrling (Taf. 42/1,2), *S. bovinus*, der Kuhpilz (Taf. 41/3). *S. variegatus*, der Sandpilz (Taf. 41/4). Der Butterpilz, *S. luteus* (Typusart) ist für manche Personen unverträglich. Einige Arten sind an seltene Koniferen gebunden, z. B. *S. plorans*, der Zirbenröhrling, an die fünfnadelige Zirbelkiefer (Taf. 41/2). ↑ Speisepilze, Tab. D

sukzedane Sporenabschleuderung: bei inoperculaten ↑ *Ascomycetes* auftretende Form der Sporenfreisetzung aus dem ↑ Ascus. Die in diesem Fall meist ↑ scolecosporen Ascosporen werden nacheinander durch den Schlauchporus entlassen. Von „Abschleuderung" kann eigentlich keine Rede sein, da die Freisetzung jeder einzelnen Spore mindestens einige Sekunden dauert. Hi

Sukzession: zeitliche Aufeinanderfolge bestimmter Erscheinungen. In der Mykologie wird der Begriff im Sinne der Pflanzensoziologie für die gesetzmäßige Aufeinanderfolge von Gesellschaften (↑ Mykocoenosen) benutzt. Am besten untersucht ist die S. auf Holzsubstraten und tierischen Exkrementen. Es wird die Aufeinanderfolge von Arten beschrieben, die nur in manchen Fällen zu Gesellschaften zusammengefaßt werden. Bei der Besiedelung von Holzsubstraten unterscheidet man eine Initialphase, Optimalphase und eine Finalphase der Pilzbesiedelung. D

Sulfitablauge: bei der Zellstoffproduktion anfallende Flüssigkeit, die noch etwa die Hälfte des verarbeiteten Holzes in gelöstem Zustand enthält. Der Gesamtzuckergehalt der S. liegt bei 2–4%. Die S. wird als Substrat zur Herstellung von ↑ Futterhefe eingesetzt. Die Hauptmenge der enthaltenen Kohlenhydrate sind Ligninsulfosäuren, die zur Zeit noch nicht genutzt werden können. Str

Sulfovanillin: Reagens für makroskopische und mikroskopische Untersuchungen (1 g Vanillin in 10 ml 75%iger Schwefelsäure). Es dient zur Färbung verschiedener Strukturen, vor allem bei den ↑ *Russulales* (Safthyphen, Gloeocystiden, aber auch Reaktionen der Stieloberfläche usw.). D

Sumpfhäubling ↑ *Galerina*, Taf. 35/1

Suspensor: Traghyphe von Gamocysten der ↑ *Zygomycetes*. Bei der ↑ Befruchtung können sich die S. umschlingen, z. B. bei ↑ *Pilobolus*, oder sich mit ihrem apikalen Ende gegenüberstehen, während die Gamocysten durch ein Septum abgegliedert werden. ↑ Abb. *Mucorales* 1,2 D

Sydow, Hans: deutscher Mykologe (1879–1946). Trotz seines großen Interesses für die Naturwissenschaften wandte sich S. zunächst dem Bankfach zu. Von 1904–1937 war er Beamter der Dresdner Bank in Berlin, ab 1922 als Abteilungsdirektor. Bis zum Tode seines Vaters, Paul ↑ Sydow, sind fast alle mykologischen Arbeiten gemeinsam mit ihm entstanden, u. a. die „Monographia Uredinearum“ (1904–1924). Bekannt wurde S. aber vor allem als Herausgeber mehrerer Exsiccatenwerke, z. B. der „Mycotheca germanica“ und der „Fungi exotici exsiccati“. Er unternahm selbst mehrere Sammelreisen in die südamerikanischen Tropen. H

Sydow, Paul: deutscher Botaniker (1851–1925). S. war Herausgeber von mykologischen Exsiccatenwerken, z. B. „Uredineen“ (1888–1906) und „Ustilagineen“ (1894–1904); außerdem publizierte er gemeinsam mit G. ↑ Lindau den „Thesaurus litteraturae mycologicae et lichenologicae“ (1908–1915), eine bibliographische Zusammenstellung von Fachliteratur. ↑ Sydow, H. H

Symbionten: die an einer ↑ Symbiose beteiligten Organismen. Bei Symbiose zwischen großen Tieren oder Pflanzen mit Mikroben oder anderen sehr kleinen Organismen wird nur der kleinere der beteiligten Partner als S. bezeichnet, z. B. die im ↑ Myzetom von Insekten lebenden Pilze. D

Symbiose: Zusammenleben zwischen Organismen verschiedener Arten, bei dem physiologische und meist auch morphologische Beziehungen zwischen den Partnern bestehen. Ursprünglich bezeichnete man jedes Zusammenleben dieser Art als S., die man in parasitische und mutualistische S. gliederte. Gegenwärtig wird der Begriff S. fast nur noch für das meist lebensnotwendige Zusammenleben zum gegenseitigen Nutzen verwendet und von ↑ Parasitismus und Mutualismus unterschieden. Unter Mutualismus versteht man ein nicht lebensnotwendiges, aber für beide Partner vorteilhaftes Zusammenleben. Zwischen Parasitismus, Symbiose und Mutualismus gibt es alle Formen der Übergänge, so daß keine scharfe Trennung möglich ist. Die Partner einer S. werden oft als ↑ Symbionten bezeichnet. Lebt einer der Symbionten intrazellulär, spricht man von Endosymbiose. An vielen Symbiosen sind Pilze beteiligt, z. B. an den ↑ Flechten, an der ↑ Mykorrhiza, am ↑ Myzetom. ↑ Mykotrophie D

Sympodiosporen: ↑ Conidien mit holoblastischer ↑ Conidiogenese, die an ↑ conidiogenen Zellen gebildet werden, welche ständig weiterwachsen und fortwährend terminal Conidien bilden. Dabei ändert sich an jedem ↑ conidiogenen Ort die Wuchsrichtung der conidiogenen Zelle, so daß diese ein etwa zickzackartiges Aussehen bekommt. (↑ Abb. imperfekte Pilze). Die Conidien stehen oft auf kleinen Zähnchen; an jedem conidiogenen Ort wird nur eine Conidie gebildet. Die Begriffe Radula-Sporen und Terminus-Sporen, die von manchen Autoren im Sinne von S. gebraucht wurden, stimmen nicht im vollen Begriffsumfang mit S. überein. Hi

Symptome: Erkennungszeichen; in der Biologie und Medizin die Merkmale von Erkrankungen, die durch abiotische oder biotische Einwirkungen (↑ Parasitismus, ↑ Pathogene) auf einen Organismus hervorgerufen wurden. S. können z. B. typische morphologische Veränderungen (↑ Befall) oder auch physiologische Störungen sein. Sind mehrere S. für eine Krankheit charakteristisch, so spricht man von einem Symptomkomplex oder Syndrom. ↑ Mykosen B

Synanamorphe ↑ Anamorphe

Synascus ↑ *Ascosphaerales*

Syncephalastrum: Gattung der Familie *Piptocephalidaceae* (Ord. ↑ *Mucorales*, Kl. ↑ *Zygomycetes*) mit charakteristischen Sporocysten, die aus einem zentralen Vesicel (Köpfchen) und daran sternförmig angehefteten zylindrischen Teilsporocysten (Sporocystiolen) bestehen. Die Sporocystiolen enthalten kettenförmig angeordnete Mitosporen (Abb.) und lösen sich als Ganzes vom Vesicel, bevor die Sporen freigesetzt

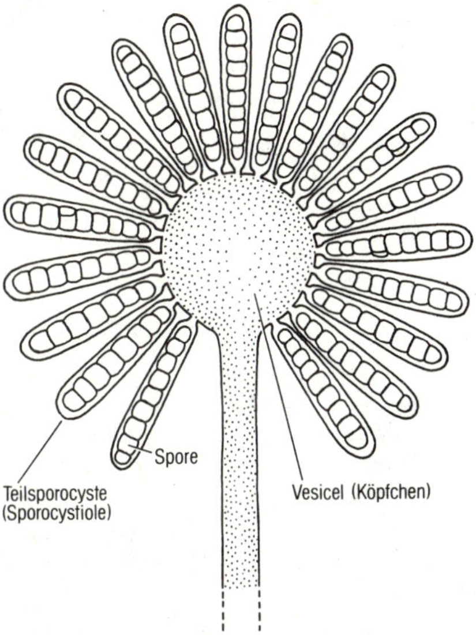

Syncephalastrum: Sporocyste mit Teilsporocysten (Sporocystiolen, Merosporocysten) im Längsschnitt

werden. Aufgrund der reihigen Anordnung der Sporen werden die Sporocystiolen („Sporangiolen") auch Merosporocystiolen („Merosporangien", „Merosporangiolen") genannt. Bei der verwandten Gattung *Piptocephalis* sind die Sporocystophore dichotom verzweigt. D

Synchytrium ↑ *Myxochytridiales*

Synnema (Koremium): Fruktifikation ↑ imperfekter Pilze, bei der zahlreiche aufrecht stehende ↑ Conidiophore zu einem einheitlichen Gebilde miteinander verklebt sind und oben sowie manchmal seitlich ↑ conidiogene Zellen tragen und ↑ Conidien bilden. Die S. sind keine ↑ Conidiomata i. e. S. Pilze mit S. werden zur Form-Familie ↑ *Stilbellaceae* zusammengefaßt. Abb. Hi

Syntypus: jedes der Exemplare (Proben, von Aufsammlungen oder Herbarbelegen), die vom Autor einer Originalbeschreibung (Neubeschreibung einer ↑ Sippe, einer Art oder eines infraspezifischen Taxons) im ↑ Protolog gleichwertig als Typen (↑ Typus) bezeichnet oder nur genannt sind, wenn kein ↑ Holotypus bestimmt wurde. In solchen Fällen ist einer dieser S. als ↑ Lectotypus auszuwählen (↑ Typisierung). Sind von den S. ↑ Dubletten vorhanden, werden diese als Isosyntypen bezeichnet. D

Systematik ↑ Taxonomie

Systemische Infektion (systematische Infektion) ↑ Infektion, ↑ Systemmykose

Systemmykose: Pilzerkrankung (↑ Mykose), bei der die Erreger Teile des Reticulohistiocytären Systems (RHS), wie Lymphknoten, Tonsillen, Milz usw., befallen. Ausgangspunkte der Erregerstreuung über das RHS sind z. B. die Lungen, Haut und Schleimhäute. Erreger, die bevorzugt das RHS befallen,

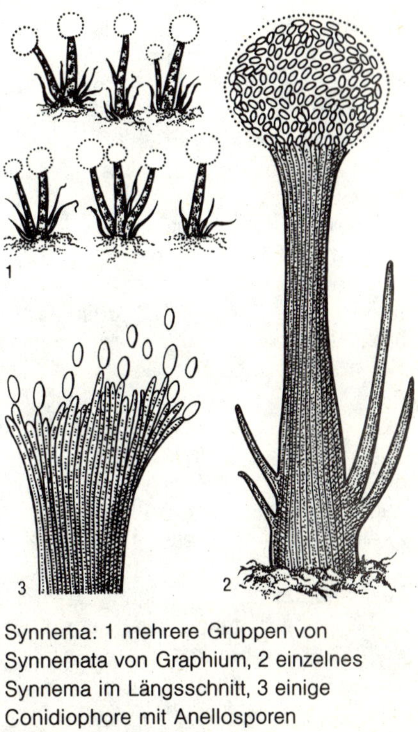

Synnema: 1 mehrere Gruppen von Synnemata von Graphium, 2 einzelnes Synnema im Längsschnitt, 3 einige Conidiophore mit Anellosporen

sind *Histoplasma capsulatum*, *Paracoccidioides brasiliensis* und *Blastomyces dermatitidis*. S. sind selten und betreffen erstrangig abwehrgeschwächte Organismen. Der Name S. wird manchmal auch als Bezeichnung für den teilweisen oder vollständigen Pilzbefall mehrerer viszeraler Organe eines Organismus benutzt. Dafür ist aber der Begriff ↑ Endomykose besser geeignet. V

T

Tabernaemontanus (Jacob Theodor aus Bergzabern): deutscher Arzt und Botaniker (um 1520–1590). T. war Schüler von O. Brunfels (1488–1534) und H. ↑ Bock, wirkte später als Leibarzt in verschiedenen Adelshäusern und war Stadtarzt in Worms. Er gehört zu den Verfassern der berühmten Kräuterbücher der Renaissance. Sein „Neuw Kräutterbuch" (1588–1591) behandelt Blütenpflanzen, Pilze, Moose und Farne; es beinhaltet z. B. Abschnitte über die Hirschtrüffeln, über Baumpilze (Porlinge) und über Gift- und Speisepilze. Aus ihnen wird ersichtlich, daß auch für die Pilze die für die Renaissance charakteristische Abwendung von der Scholastik des Mittelalters und die Hinwendung zur Natur selbst eine Rolle spielt. H/D

Tabula regulantes (occlusion, plug): Bestandteil des ↑ Doliporus (d/p-Komplexes). Beiderseits des ↑ Doliums befindet sich eine elektronendichte Schicht, die wahrscheinlich Funktionen beim Stofftransport über den Doliporus hat und als T. r. bezeichnet wird. Sie geht bei der Wandbildung aus einem elektronendichten Pfropfen hervor, der nach Ausbildung des Doliums in Form zweier Platten an dessen Öffnungen zu erkennen ist. (Taf. 1/2) Sch/D

Taphrinales: nur die Gattung *Taphrina* umfassende Ordnung der Klasse ↑ *Endomycetes* (Abt. *Eumycota*, Echte Pilze), zu der obligate, metabiotrophe Pflanzenparasiten auf Gehölzen gehören. Die *Taphrina*-Arten rufen Mißbildungen hervor (Kräuselkrankheiten, Hexenbesen, Narrentaschen der Pflaumen usw.). Ihr Entwicklungszyklus ist in ein haploides Hefestadium (Sproßstadium) und in eine dikaryotische parasitische Phase gegliedert. Die ↑ Zygoten entstehen durch Kopulation von Sproßzellen (Sporidiogamie); das aus den hantelförmigen Zygoten auswachsende dikaryotische Myzel ist das Infektionsmyzel. Pro Hyphenzelle ist nur ein einziges Kernpaar enthalten. Oberflächlich entwickeln sich am deformierten Wirtspflanzengewebe Prosporocysten. Nach Karyogamie erfolgt aus diesen die Bildung der Meiosporocysten (Asci), in denen meist 8 Meiosporen (Ascosporen) entstehen. Es konnte nachgewiesen werden, daß an der Meiosporocyste u. U. Aussprossungen entstehen. Dieser Vorgang vermittelt zu primitiven Basidien der ↑ *Heterobasidiomycetidae*. Von wirtschaftlicher Bedeutung sind *T. deformans*, der Erreger der ↑ Kräuselkrankheit von Pfirsichblättern, und *T. pruni*, der Erreger der Narrentaschenkrankheit der Pflaumen. Abb. D

Täublinge ↑ *Russula*, Taf. 37/3,4; 38/1,2

Taxien: Orientierungsreaktionen (↑ Bewegung, ↑ freie Ortsbewegung) freibeweglicher Organismen in Abhängigkeit von der Richtung eines Reizes. Bei Pilzen sind vor allem ↑ Phototaxis (Reaktion auf einen Lichtreiz) und ↑ Chemotaxis (Reaktion auf einen chemischen Reiz) verbreitet. Str

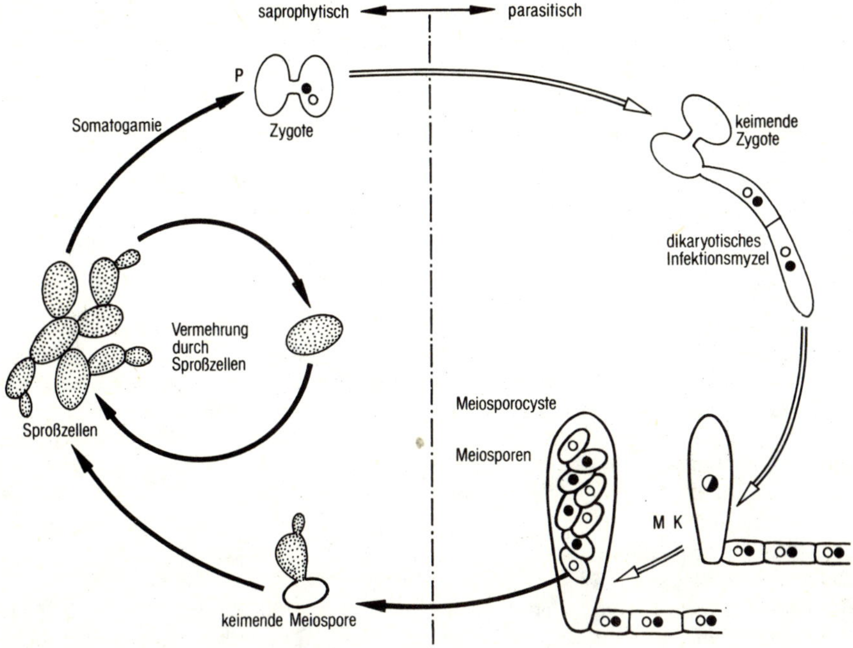

Taphrinales: Entwicklungszyklus von Taphrina deformans
P Plasmogamie (Verschmelzung der Protoplasten), K Karyogamie (Verschmelzung der Zellkerne), M Meiose (Reduktionsteilung)

Taxon (Pl. Taxa): allgemeine Bezeichnung für eine systematische Kategorie (↑ Sippe) unabhängig von der ↑ Rangstufe. Taxa sind z. B. ↑ Arten, ↑ Gattungen, ↑ Familien, ↑ Ordnungen usw. ↑ Form-Taxon. D

Taxonomie (Systematik): Wissenschaftszweig der Biologie, der sich mit der übersichtlichen Anordnung der Organismen beschäftigt. Von manchen Autoren werden Taxonomie und Systematik in etwas unterschiedlichem Sinne gebraucht, wobei unter Systematik die stärker auf Phylogenie begründete Arbeitsrichtung verstanden wird. Dieser Unterschied wird jedoch nicht allgemein nachvollzogen, vielmehr belegt man spezielle Arbeitsmethoden, die in der T. dominieren, oft mit speziellen Wörtern, wie phylogenetische Taxonomie, Chemotaxonomie, numerische Taxonomie usw. ↑ Pilzsystem D

Teepilz: Assoziation aus ↑ Hefen (↑ *Saccharomyces*-Arten) und Bakterien, die gesüßten schwarzen Tee in ein essigsäure- und glukonsäurehaltiges Getränk umwandeln. Str

Teerfleckenkrankheiten ↑ Runzelschorf, ↑ *Rhytisma*

Teleomorphe: dasjenige Entwicklungsstadium pleomorpher Pilze, das die Meiosporenbildung einschließt (perfektes Stadium, Hauptfruchtform). Zu einer T. können eine oder mehrere ↑ Anamorphen gehören. Der für die T. gültige Name eines Pilzes gilt als nomen holomorphosis (Name der ↑ Holomorphe) und schließt die zugehörigen Anamorphen ein, die jedoch auch getrennt benannt werden können. Hi/D

Teleutolager (Telium): Sporenlager von Rostpilzen (Ord. ↑ *Uredinales*), das am dikaryotischen Myzel entsteht und die zunächst dikaryotischen, ein- bis vielzelligen Teleutosporen (Teliosporen, Wintersporen) hervorbringt. In den Teleutosporen findet später die Karyogamie (Verschmelzung des Kernpaares der Zelle(n) zum diploiden Kern) statt. Die T. keimen mit ↑ Basidien aus, in denen die Meiose stattfindet. Sie werden daher auch als ↑ Probasidien bezeichnet. Die T. sind sehr vielgestaltig und zeigen wesentliche Merkmale der Arten und Gattungen. Die T. werden aus nomenklatorischer Sicht als die ↑ Teleomorphen der Rostpilze angesehen (↑ Anamorphe, ↑ Holomorphe). ↑ Abb. Uredinales 2 B/D

Teleutosporen ↑ Teleutolager

Telium ↑ Teleutolager

Terminus-Sporen ↑ Sympodiosporen

Terphenylchinone: Chinone mit weiteren Phenylringen im Molekül. Die T. sind weitverbreitete Naturstoffe, zu denen die Pilzinhaltsstoffe ↑ Polyporsäure, ↑ Atromentin und ↑ Thelephorsäure gehören. Sie können in Fruchtkörpern von Basidiomyceten in beträchtlichen Konzentrationen vorkommen. Gemeinsam ist den erwähnten Inhaltsstoffen die Diphenylchinon-Grundstruktur. M/H

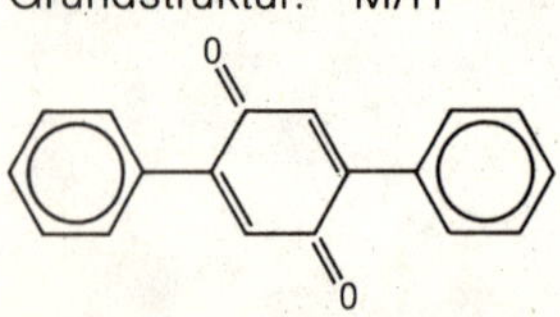

Diphenylchinon, die Grundstruktur der Terphenylchinone

terrestrische Pilze: bodenbewohnende Pilze. Sie leben vom Humus des Bodens, sind Mykorrhizapilze oder besiedeln spezielle, im Boden befindliche Substrate, z. B. Wurzelholz, und können Parasiten, ↑ Symbionten oder ↑ Saprophyten sein. Im engeren Sinne versteht man nur humusbewohnende Saprophyten als t. P. D

Terreussäure: ↑ Mykotoxin aus ↑ *Aspergillus*-Arten, z. B. *A. fumigatus*. T. besitzt wie Fumigatin und Spinulosin eine Chinoneinheit im Molekül. Die Verbindungen sind toxisch für gramnegative Bakterien, z. T. auch für Pilze und Vertebraten (LD_{50} = 80 mg/kg Maus, intravenös). M

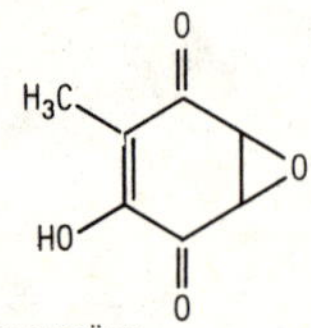

Terreussäure

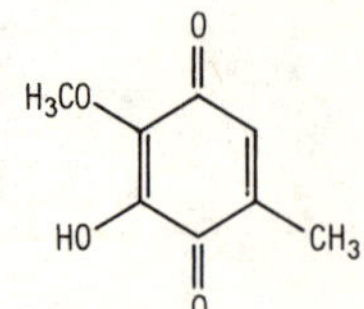

Fumigatin

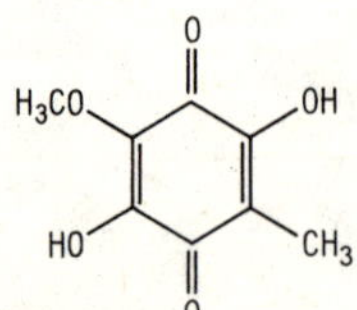

Spinulosin

Tetradenanalyse: genetische Analyse vollständiger Gruppen von Meioseprodukten (Meiosporen, ↑ Meiose). Bei einigen Ascomyceten, z. B. bei ↑ *Neurospora crassa*, bleiben die vier Meioseprodukte (Tetrade) in geordneter Lage, d. h. in der Reihenfolge ihrer Entstehung im ↑ Ascus erhalten. Bei den meisten ↑ Ascomyceten werden diese zumeist durch eine sich unmittelbar anschließende ↑ Mitose noch einmal verdoppelt (↑ Abb. Segregation). Beim monohybriden Erbgang erlaubt die T. Aussagen über den Abstand zwischen Centromer und dem untersuchten ↑ Gen. Beim ↑ dihybriden Erbgang lassen sich Aussagen über den Ort und die Anzahl von ↑ Crossing-over-Ereignissen zwischen homologen Chromosomen treffen (quantitative Aussagen, ↑ Freisporanalyse). Nach der Art der Spaltung der Merkmale unterscheidet man folgende Typen von Asci:

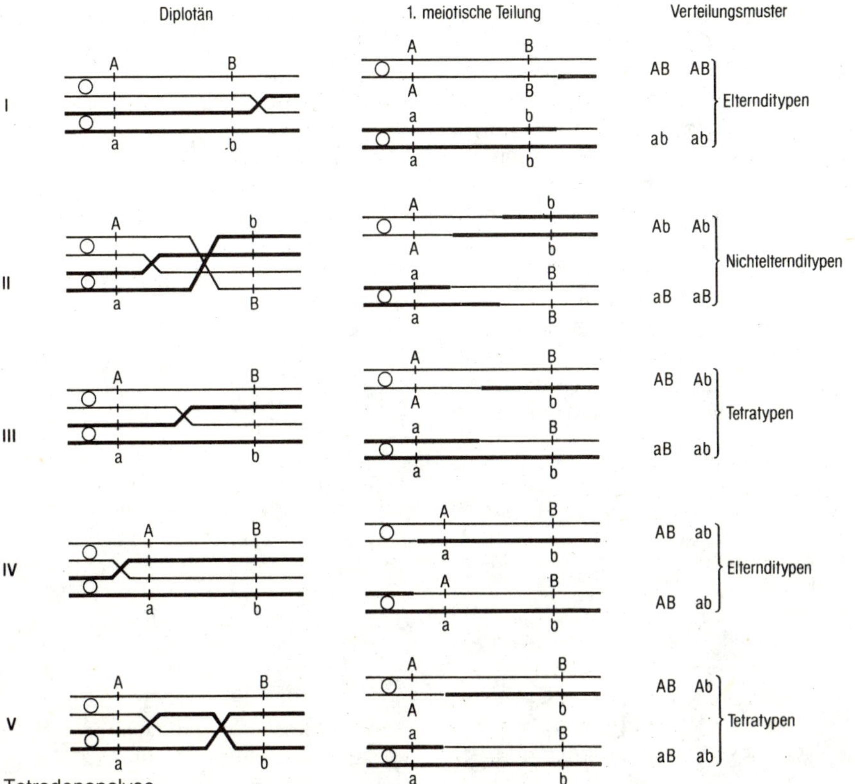

Tetradenanalyse

1. Elterndiltypen: Zwischen zwei betrachteten Allelpaaren (AB und aa; Abb., I, IV) findet kein Crossing-over statt. Die Asci enthalten nur die beiden elterlichen Typen AB und ab.
2. Nichtelterndiltypen: Findet zwischen den homologen Chromosomen ein 4-Strang-Doppelaustausch statt (Abb., II), so entstehen ausschließlich Rekombinante, von denen zwei Typen auftreten (Ab und aB).
3. Tetratypen: Kommt es zwischen den beiden Allelpaaren nur zu einem Crossing-over (Abb., III) oder zu einem 3-Strang-Doppelaustausch (Abb., V), so entstehen neben den Elterntypen (AB und ab) auch die beiden reziproken Rekombinanten (Ab und aB). ↑ Pilzgenetik. Sch

Tetronsäuren: auch als ↑ Pulvinsäurederivate bezeichnete Gruppe von ↑ Flechtenstoffen, die T. bzw. Pulvinsäure als Grundgerüst enthalten.

Tetronsäure

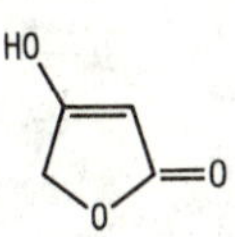

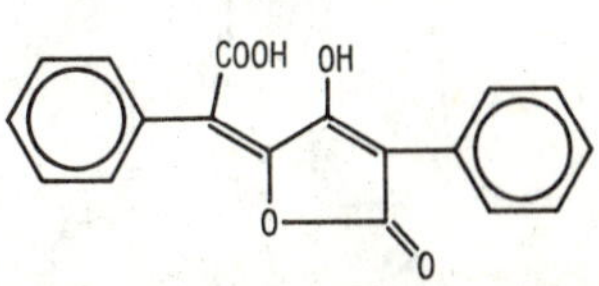

Pulvinsäure

Hierher gehören Verbindungen wie die ↑ Rhizocarpsäure, die die gelbe Färbung der Thalli bei den Gattungen *Candelariella, Acarospora* und *Rhizocarpon* verursacht, die giftige ↑ Vulpinsäure, Leprarsäure, Calycin u. a. Sto

Texturae (Sg. Textura): Scheingewebe-(Pseudoparenchym-) Typen, die besonders bei Ascocarpien der Discomyceten unterschieden werden, neuerdings aber auch in umfassenderem Rahmen zur Bezeichnung von Pseudoparenchymen benutzt werden. Die hier unterschiedenen 8 T. lassen sich in 2 Gruppen gliedern. Die erste umfaßt T. mit vorwiegend gestreckten, hyphigen Zellen, die zweite Typen mit nahezu isodiametrischen Zellen (Abb. obere bzw. untere Serie). Es lassen sich unterscheiden:

Textura intricata: nicht angeschwollene, dünnwandige, nicht parallele Hyphen mit Interzellularen.

Textura epidermoidea: nicht angeschwollene, richtungslose Hyphen, deren Wände mit denen benachbarter Hyphen verbunden sind, so daß eine kompakte Struktur ohne Interzellularen vorliegt.

Textura oblita: dickwandige, englumige, parallele Hyphen mit agglutinierten Wänden.

Textura porrecta: dünnwandige, parallele, locker verbundene Hyphen.

Textura prismatica: quaderförmige, meist etwas verlängerte Zellen, die annähernd parallele Reihen bilden, wobei die Zellwände fest miteinander verbunden sind.

Textura globulosa: Zellen kugelig, locker miteinander verbunden, mit Interzellularen.

Textura angularis: Zellen vieleckig, mit sich berührenden Wänden, ohne Interzellularen.

Textura inflata: zahlreiche kugelige Zellen sind mit aufgeblähten Hyphenabschnitten und rein hyphigen Elementen vermischt; dieser Typ leitet sich von T. intricata ab und kommt bei manchen *Pezizales*-Gattungen häufig vor.

Es kommen Übergänge zwischen den Typen vor, besonders häufig zwischen T. globulosa und T. angularis. Während bei den ↑ *Pezizales* fast nur T. intricata, T. globulosa, T. angularis und T. inflata auftreten, finden sich bei den ↑ *Helotiales* alle Typen außer T. inflata. Abb. Hi

Thallinocarpien: z. T. gallenartige Anschwellungen von ↑ Flechtenthalli, in denen sich Asci entwickeln. T. lassen

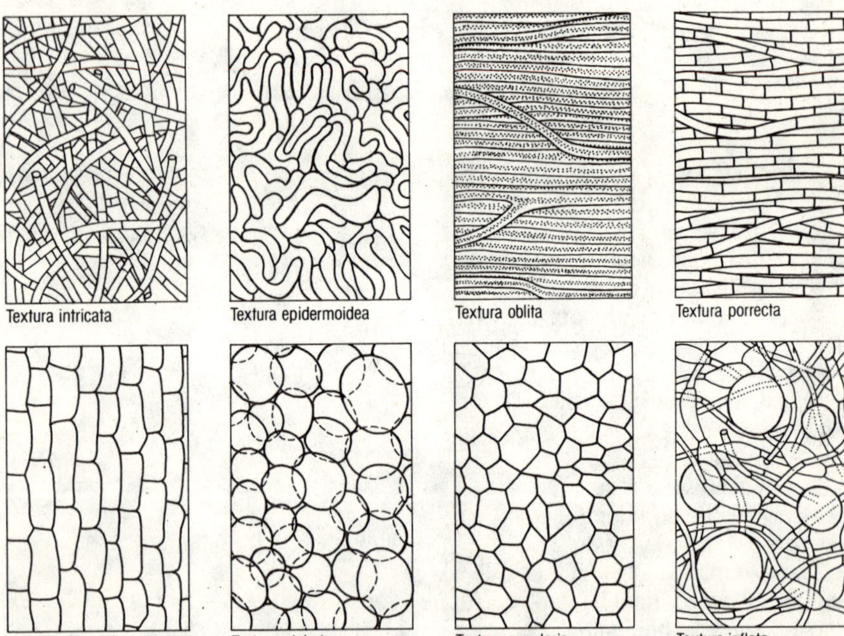

Texturae: verschiedene Ausbildungsformen

sich den Typen der ↑ Ascocarpien nicht zuordnen. Sie sind als Teleomorphen des Flechtenpilzes aufzufassen, die nicht an Fruchtkörper gebunden sind. Sto/D

Thallus (Lager): Vegetationskörper von Pflanzen und Pilzen, der nicht in Wurzel und Sproß gegliedert ist. Als T. werden alle einzelligen, coenocytischen und mehrzelligen Vegetationskörper von Pilzen und Algen bezeichnet, sofern sie nicht, wie einige Phytoflagellaten, zoidisch leben. Bei Moosen wird der Begriff meist auf thallöse Sippen der Lebermoose beschränkt. Bei den Pilzen wird der Begriff T. häufig dann benutzt, wenn kein Myzel vorhanden ist. Alle Pilze und Pflanzen, die einen T. besitzen, werden als Thallophyten bezeichnet und den Pflanzen, die in Wurzel und Sproß gegliedert sind, die damit einen Cormus besitzen, gegenübergestellt. Die Gliederung der Pflanzen (incl. der Pilze) in Thallophyten und Cormophyten hat nur noch historische Bedeutung. Die damit verbundenen Begriffe sind jedoch in der botanischen Allgemeinsprache weit verbreitet. D

Thallus horizontalis ↑ Primärthallus, ↑ Strauchflechten

Thallus verticalis ↑ Primärthallus, ↑ Podetium, ↑ Strauchflechten

Thecium: Gesamtheit der Asci (früher Thecae) eines ↑ Ascocarps. Der Begriff wird bei Ascomyceten (inkl. der Ascolichenes) teils als Synonym für ↑ Hymenium benutzt, teils für die asciführende Schicht zwischen Epithecium und Subhymenium (bzw. ↑ Hypothecium), also nur für einen Teil des Hymeniums. D/Hi

Thelebolus: Gattung der Familie *Thelebolaceae* (Ord. ↑ *Pezizales*, Kl. ↑ *Ascomycetes*), der 7 Arten der nördlich-temperaten Zone angehören. Die ↑ Apothecien besitzen oft nur einen einzigen, vielsporigen, nur undeutlich operculaten ↑ Ascus. *T.* und verwandte Gattungen werden als relativ ursprüngliche Vertreter der ↑ *Pezizales* angesehen. Hi

Thelephora: Gattung der Ordnung ↑ *Thelephorales* (Kl. ↑ *Basidiomycetes*). Die Fruchtkörper sind effusoreflexe Crustothecien oder trichterige bis fächerförmige Pilothecien mit glattem bis warzig-höckerigem Hymenophor. Die pigmentierten subglobosen, unregelmäßig höckerigen Sporen tragen Warzen oder Stacheln. In Europa kommen etwa 10 Arten vor, darunter häufige Arten, wie der Erdwarzenpilz, *T. terrestris*. D

Thelephorales: Ordnung der Klasse ↑ *Basidiomycetes* (Ukl. ↑ *Homobasidiomycetidae*), die durch effuse bis gestielt pileate Fruchtkörper (Crustothecien, Pilothecien) mit glattem (fehlendem), warzigem, höckerigem, stachelförmigem oder röhrigem Hymenophor, stets wandpigmentierten, unregelmäßig hökkerigen Sporen mit meist paarweise geordneten Warzen oder Stacheln. Das Vorkommen von ↑ Thelephorsäure charakterisiert die *T.* biochemisch. Zu den *T.* gehören neben den *Thelephoraceae* auch die Familien *Bankeraceae, Boletopsidaceae* u. a., also einige terrestrische ↑ Stachelpilze und ↑ Porlinge. Sie sind durch die chemischen Merkmale und Sporenmerkmale gut von morphologisch ähnlichen Gattungen der ↑ *Cantharellales* und ↑ *Poriales* zu unterscheiden. ↑ *Sarcodon,* ↑ *Thelephora,* Taf. 19/1,2 D

Thelephorsäure: ↑ Terphenylchinon, Hauptpigment in 2 Familien der ↑ *Poriales,* der *Bankeraceae* und *Thelephoraceae.* T. kann in den Fruchtkörpern von

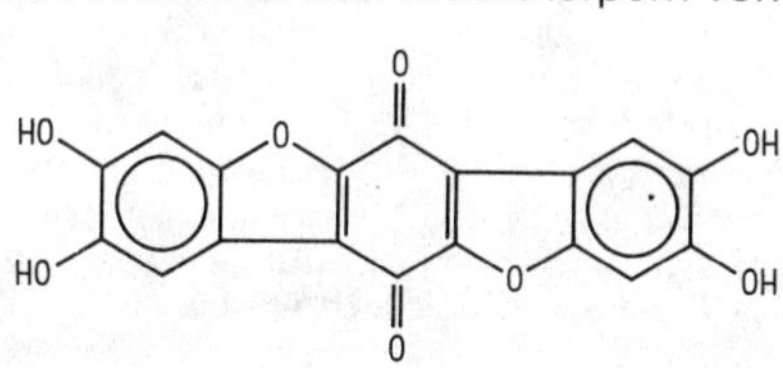

Thelephorsäure

Thelephora-Arten bis zu 1,7% des Trokkengewichtes ausmachen. M

Theophrast von Eresos: griechischer Gelehrter (371–288 v. u. Z.). T. ging 347 v. u. Z. nach Athen, um Platon und Aristoteles zu hören und wurde Nachfolger von Aristoteles als Lehrer der peripatetischen Schule. T. schuf eine botanische Terminologie und durch das Studium der Pflanzenteile die Grundlage einer vergleichenden Morphologie. Er legte in Athen einen Pflanzgarten an. Die Pilze (mykes) charakterisierte er als wurzel-, stengel-, blatt-, frucht- und samenlose Pflanzen. Er ging den Ursachen der Krankheiten von Bäumen und Getreide nach, wobei er Brand, Rost und Mehltau auf übermäßige Feuchtigkeit, auf Nebel oder Trokkenheit zurückführte. Auch Flechten kannte T., z. B. erwähnt er die Lackmusflechte. Die wichtigsten Werke, in denen T. seine Auffassungen niederlegte, sind „Historia plantarum" (I–IX) und „Causae plantarum" (I-VI). H

thermophile Pilze (wärmeliebende Pilze): Arten, die bei relativ hohen Temperaturen optimale Entwicklungsbedingungen haben. In der Ökologie versteht man unter t. P. Arten, die ausschließlich oder bevorzugt in thermophilen Vegetationstypen wachsen, z. B. in Mitteleuropa in Xerothermrasen, Xerothermwäldern usw. Aus physiologischer Sicht werden Arten mit einem Temperaturoptimum von über 40 °C als t. P. bezeichnet.

Bisher nicht durchgesetzt hat sich das Bemühen um eine terminologische Unterscheidung der Inhalte des Atrributes „thermophil". Nach den Vorstellungen mancher Autoren sollte man thermophil auf das physiologische Verhalten beschränken und für das Vorkommen an warmen Standorten die Bezeichnung „thermophytisch" benutzen, da unter Einbeziehung des Konkurrenzgefüges physiologische und ökologische Thermophilie nicht zwangsläufig übereinstimmen müssen. Von wieder anderen Autoren werden jedoch Attribute mit der Endung -phytisch (thermo-, meso-, basi-, acidophytisch usw.) zur Charakterisierung von Standorten, nicht von Organismen benutzt. D/Str

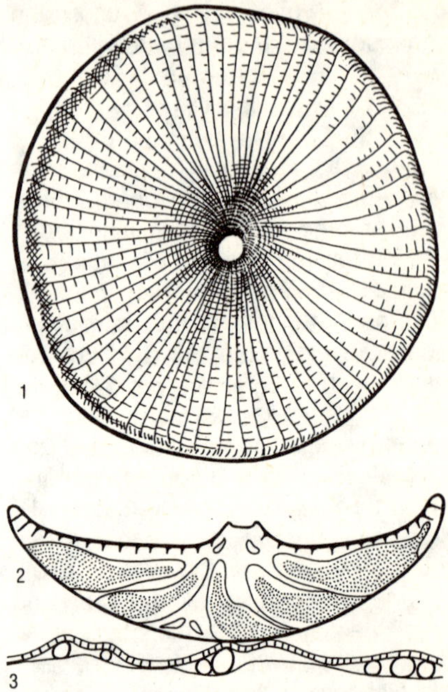

Thyriothecium von Trichothyrium;
1 Aufsicht, 2 Querschnitt mit Wirtsgewebe (3)

Thermostat: Gerät, mit dem durch ein Regelsystem eine konstante Temperatur gehalten werden kann, z. B. ein elektrisch beheiztes Wasserbad mit Umwälzpumpe, bei dem die Wassertemperatur konstant gehalten wird, oder der ↑ Brutschrank. Str

Thümen, Felix Karl Albert Ernst Joachim von: deutscher Mykologe (1839–1892). T. stammt aus Dresden, trat 1857 in preußische Militärdienste und beschäftigte sich später in Schlesien und Brandenburg mit Landwirtschaft. Ab 1876 war er Adjunkt an der chemisch-physiologischen Versuchsanstalt in Klosterneuburg (Niederösterreich). T. ist als Herausgeber verschiedener Exsiccatenwerke bekanntgeworden, u. a. erschienen die „Fungi austriaci exsiccati" und die „Mycotheca universalis". Weiterhin beschäftigte sich T. mit den phytoparasitischen Pilzen an

Kulturpflanzen, vor allem an Wein und Obstgehölzen, und bearbeitete Pilzsammlungen aus Europa, Asien, Südamerika und Afrika. H.

Thyriothecium: Bezeichnung für kleine abgeflachte, rundlich schildförmige ↑ Ascocarpien mit deutlicher radialer Wandstruktur, die sich mittels eines zentralen Porus öffnen. Eine kompakte Basalplatte kann vorhanden sein. Die ontogenetische Entwicklung verläuft ascolocular; es ist stets nur ein ↑ Loculus vorhanden. T. kommen vor allem bei den ↑ *Capnodiales* vor. Abb. Hi

Tikka-Krankheit: Erkrankung von Erdnüssen, verursacht durch *Mycosphaerella berkeleyi* und *M. arachidicola* (Kl. ↑ *Ascomycetes,* Anamorphen: *Cercospora personata* bzw. *C. arachidicola,* ↑ Cercosporiosen). Die T. bedingt Blattflecken auf den Erdnußblättern und führt zu Ertragsverlusten. B

Tillet, Mathieu: französischer Beamter und Botaniker (1714–1791). Er war 1739–1755 Direktor des Münzamtes in Troyes und befaßte sich dann vorwiegend im staatlichen Auftrag mit dem Studium von Pflanzenkrankheiten und Bodenkunde. Mit seinen Untersuchungen zu den Brandkrankheiten an Weizen leistete T. Pionierarbeit auf dem Gebiet der experimentellen Phytopathologie. Er erkannte, daß Steinbrand durch Beizen der Weizensamen mit Laugen, Kalkablöschwasser und Salpeter verhindert werden kann. H

Tilletia: etwa 100 Arten umfassende Gattung der Brandpilze (Ord. ↑ *Ustilaginales*), deren Brandsori in den Ovarien oder an vegetativen Teilen von Gräsern gebildet werden. Das Sporenpulver ist hell- bis dunkelbraun und riecht oft nach Heringslake. An Blättern und Halmen werden meist längliche Brandlager gebildet (↑ Streifenbrand), die manchmal geschwollen sein können. Die ↑ Infektionen führen zur systematischen Ausbreitung des Myzels in den Wirtspflanzen. Die Brandsporen entstehen einzeln (nicht verklebt oder zusammengeballt) und sind meist deutlich skulpturiert. Zwischen den keimfähigen Brandsporen kommen manchmal vereinzelt hellere bis farblose, sterile Sporen vor. Die ↑ Keimung der Brandsporen nach dem *Tilletia*-Typ (↑ *Ustilaginales*) führt zu unseptierten Basidien (↑ Promyzel, ↑ Holobasidie), die terminal (oft einen Kranz) Sporidien bilden. Gewöhnlich kommt es zur Bildung sekundärer Sporidien und zur Sporidiogamie (↑ Befruchtung). Zahlreiche *T.*-Arten verursachen wirtschaftlich bedeutsame Getreidekrankheiten. . Einige rufen ↑ Steinbrand hervor, z. B. *T. caries* (Typusart), *T. laevis* und *T. secalis.* ↑ Zwergsteinbrand B

Tinea: medizinischer Fachbegriff, der in Verbindung mit einem nachgestellten ↑ Epitheton zur klinischen Bezeichnung einer ↑ Dermatophytose dient. Durch den Begriff T. sollen ↑ Dermatomykosen, die nicht von Dermatophyten verursacht werden, ausgeschlossen werden. Formen von T. sind z. B.:

Tinea-Form	von Dermatophytose betroffene Körperteile
Tinea pedis	Füße
Tinea unguium	Nägel
Tinea corporis	unbehaarte Haut
Tinea barbae	Bart
Tinea capitis	Kopfhaut und -haare
Tinea cruris	Leistenregion
Tinea imbricata	Haut an Körperstamm, Extremitäten und Gesicht[1]

[1] entsprechend der unterschiedlichen Wachstumsrhythmik des Erregers *Trichophyton concentricum* (↑ *Trichophyton*) entstehen großflächig konzentrische Befallszonen, die zu ausgeprägter Schuppung neigen. Diese Krankheit ist nur in feuchtheißen Gebieten der Erde verbreitet und kann als ein Sonderfall der Tinea corporis angesehen werden.

Der Schweregrad der T. kann noch genauer charakterisiert werden, wenn man weitere Epitheta, wie superficialis oder profundae, anfügt und damit ausdrückt, daß es sich um einen oberflächlichen bzw. tief in die Haut vorgedrungenen Pilzbefall handelt. Unabhängig vom Begriff T. in Verbindung mit entsprechenden Epitheta existieren noch andere klinische Spezialbezeichnungen für Dermatophytosen. So verwendet man den Begriff ↑ Favus bei Befall der Kopfhaut und -haare durch *Trichophyton schoenleinii* (↑ *Trichophyton*). Dafür wäre aber auch die Bezeichnung Tinea capitis akzeptabel. V

Tinea nigra: ↑ Dermatomykose, die vor allem im Bereich der Handinnenflächen, Fußsohlen und -flanken lokalisiert ist und durch den Pilz *Exophiala werneckii* hervorgerufen wird. Auf Grund der früheren Bezeichnung des Pilzes als *Cladosporium werneckii* ist diese Krankheit auch unter dem Namen Hautcladosporiose bekannt. Diese ↑ Mykose ist in äquatornahen Regionen relativ häufig. Weiße Menschen werden bevorzugt befallen, vor allem im Alter unter 20 Jahren. Frauen sind häufiger betroffen als Männer. Der Pilzbefall beschränkt sich auf die oberen Zellschichten der Epidermis und ist durch dunkel umrandete Flecken, die sich manchmal kleinlamellös schuppen, gekennzeichnet. T. verursacht kaum Beschwerden; Entzündungserscheinungen und Juckreiz treten nur selten auf. V

Tintenfischpilz ↑ *Clathrus,* ↑ *Phallales*

Tintlinge (Tintenpilze) ↑ *Coprinus*

Tode, Heinrich Julius: deutscher Geistlicher und Mykologe (1733–1797). Er war Prediger im mecklenburgischen Pritzier und machte sich mit seiner lokalen Pilzflora „Fungi mecklenburgenses selecti“ (1790–1791, 2 Bde.) um die Systematik der Pilze verdient. H

Tolnaftat: fungizid wirkendes ↑ Antimykotikum, das in den Laboratorien der Nippon Soda Company, Japan, entwickelt und 1962 erstmals beschrieben wurde. Es handelt sich um eine farb- und geruchlose Thiocarbamat-Verbindung von guter Wasserlöslichkeit. Ähnlich dem ↑ Griseofulvin wirkt es auf ↑ Dermatophyten. Man wendet es äußerlich als Salbenzubereitung oder Lösung zur Behandlung von ↑ Dermatomykosen an. V

tolypophage Mykorrhiza: aus der ↑ Mykorrhiza hervorgegangene parasitische Lebensweise von Pflanzen auf Kosten saprophytischer Pilze. Das Leben „saprophytischer“ (chlorophyllfreier) Orchideen ist nur durch volle Nährstoffversorgung der Pflanzen durch die Pilze möglich. Die Pilze übernehmen nicht nur die Saugwurzelfunktion, sondern die Orchideen leben vollständig von den organischen Stoffen der Pilze, da keine Photosynthese stattfindet. Der gesamte Organismus (Pilz und Orchidee) tritt ökologisch als Saprophyt auf. D

Tomentum (Hutfilz): die haarige Bekleidung steriler Oberflächen von ↑ Fruchtkörpern, insbesondere von ↑ Basidiocarpien. Der Begriff wird vor allem für haarige Strukturen der Hutoberseite effusoreflexer ↑ Crustothecien und pleuraler ↑ Pilothecien bei den *Aphyllophoranae* der ↑ *Basidiomycetes* benutzt. D

Tonoplast: Grenzmembran der ↑ Vacuole bzw. innere Grenzschicht des ↑ Cytoplasmas. Der T. entspricht in seinem Aufbau dem biologischer ↑ Membranen. Er hat eine Dicke von etwa 5 nm. Selbst elektronenmikroskopisch ist der T. nur sehr schwer darstellbar. Taf. 2/2 Sch

Torulopsidales: Form-Ordnung ↑ imperfekter Pilze, die nur eine einzige Form-Familie, die *Cryptococcaceae,* umfaßt. Als *T.* werden alle Anamorphen der ↑ *Endomycetes* zusammengefaßt.

Es sind sprossende Einzeller (↑ imperfekte Hefen), Arten mit Sproßmyzelien oder myzelbildende Arten, die in der Regel fakultativ als Sproßpilze leben können. Die meisten sind Hefen oder hefeähnliche Pilze. Bekannte Gattungen sind *Cryptococcus, Torulopsis, Pityrosporum,* ↑ *Candida, Trichosporum, Geotrichum.* Einige erregen gefährliche ↑ Mykosen. ↑ Candidose, ↑ Geotrichose, ↑ Cryptococcose, ↑ Torulopsidose. D

Torulopsidose: ↑ Levurose, die durch ↑ Sproßpilze der Gattung *Torulopsis* hervorgerufen wird. Am häufigsten wird *Torulopsis glabrata* als Erreger nachgewiesen. Dieser Pilz hat eine besondere Affinität zu den menschlichen Harnwegen. Nicht selten findet man ihn nach Behandlung einer *Candida-albicans*-Infektionskrankheit (↑ Candidose).

Neuerdings gibt es systematische Arbeiten, in denen die Gattung *Torulopsis* aufgegeben wird. Die Arten werden in die Gattung ↑ *Candida* gestellt. Damit verliert der ätiologische Begriff T. seine Bedeutung. V

Tournefort, Joseph Pitton de: französischer Botaniker (1656–1708). Er erhielt seine Ausbildung zunächst im Jesuitenkolleg in Aix, studierte später in Montpellier Medizin und wurde im Alter von 27 Jahren als Professor an den „Jardin du Roi“ nach Paris berufen. Er bereiste Spanien, Portugal, Holland und England, 1700 führte ihn eine große Forschungsreise nach Griechenland und Kleinasien. 1702 wurde T. Professor der Medizin am Collége de France. Auf der Grundlage breiter Pflanzenkenntnisse stellte er ein System der Pflanzen auf, in dem der Blütenbau bereits als wichtiges Einteilungsprinzip genutzt wurde. Die Grundeinteilung in Bäume, Sträucher und Kräuter wurde jedoch von T. nicht überwunden. In seinem System sind die Gattungen mit Beschreibungen versehen; die bildliche Darstellung von Blüten- und Fruchtmerkmalen erleichterten die Benutzung seiner weit verbreiteten Werke „Éléments de botanique“ (1694, 3 Bde.) bzw. (in lateinischer Neuauflage) „Institutiones rei herbariae“ (1700). In den Gattungen *Fungus, Fungoides, Boletus, Agaricus, Lycoperdon, Coralloides* und *Tubera* ordnet T. die Pilze ein. H

T-2-Toxin ↑ Epoxytrichothecene

Trama: das „Pilzfleisch“, das ↑ Plectenchym zwischen den Oberflächen von Fruchtkörpern. Bei stipitaten ↑ Pilothecien wird häufig Hut- und Stieltrama unterschieden. Unter Hymenophoraltrama versteht man das Plectenchym der Strukturen, die das Hymenium unmittelbar tragen, d.h. die Trama im Bereich des ↑ Hymenophors. Zur näheren Bezeichnung der Hymenophoraltrama werden mitunter Termini benutzt, die sich auf die Ausbildung des Hymenophors beziehen (Lamellentrama, Röhrentrama usw.). Der Verlauf der Hyphen der Hymenophoraltrama ist mitunter ein wichtiges taxonomisches Merkmal, vor allem bei der Lamellentrama der ↑ *Agaricales* (↑ Abb. *Agaricales* 2). Eine Systematisierung der Hyphentypen, die am Aufbau der T. beteiligt sind, führte zur Postulierung von ↑ Hyphensystemen, die ebenso von systematischer Bedeutung sind wie die Farbe oder die Verfärbung (↑ Blaufärbung) der T.

Von manchen Autoren wird der Terminus T. nur für die Hymenophoraltrama benutzt. Dies betrifft besonders die Literatur über die *Poriales, Polyporales* usw. Die Huttrama wird bei dieser Begriffseinschränkung als Context bezeichnet, bei effusen Fruchtkörpern heißt die T. in solchen Fällen ↑ Subiculum. D

Transel' (Tranzschel, Transzchel), Woldemar: russischer Botaniker (1868 bis 1942). T. war zunächst Assistent am Forstinstitut in Petersburg, 1898 Assistent für systematische Botanik an der Universität Warschau und ab 1900 Kurator der Kryptogamen-Abteilung am Petersburger Botanischen Museum. Später wirkte er als Professor am Institut für angewandte Zoologie und Phytopathologie in Leningrad. T. publizierte u. a. „Beiträge zur Pilzflora Russlands" (1890/91, 3 Teile), „Beiträge zur Biologie der Uredineen" (1905) und „Diagnosen einiger Uredineen" (1907). Seine Werke sind besonders für die Systematik der Rostpilze (↑ *Uredinales*) von Bedeutung. H

Transkription: „Übersetzung" der genetischen Information der ↑ DNA in mRNA. Dabei dient die DNA als Matrize. Die T. wird enzymatisch kontrolliert und realisiert. ↑ Pilzgenetik Sch

Translation: Zelluläre Eiweißsynthese. Die T. beinhaltet die Übersetzung der von der ↑ DNA stammenden und in der mRNA enthaltenen genetischen Information in eine Sequenz von Aminosäuren (Eiweißbausteine). Ort der T. ist das ↑ Ribosom. An der T. sind zahlreiche Enzyme beteiligt. ↑ Pilzgenetik Sch

Tranzschelia: auf Hahnenfuß- und Rosengewächse spezialisierte Gattung der Rostpilze (Ord. ↑ *Uredinales*). Die konischen ↑ Spermogonien werden subcuticulär, die Aecidien, Uredo- und Teleutolager subepidermal angelegt. Die Uredosporen entstehen einzeln auf Stielen; Paraphysen kommen in den Lagern vor. Die Teleutosporen werden auf gebündelten Stielen gebildet, sind zweizellig, in der Mitte stark eingeschnürt und zerfallen leicht. Jede Zelle besitzt einen Keimporus. Sie werden als kurze, zweigliedrige Sporenketten aufgefaßt, da keine gemeinsamen Wandstrukturen vorkommen. Unter den *T.*-Arten gibt es aut- und heterözische Eu- und Opsisformen, aber auch mikrozyklische Arten (↑ *Uredinales,* Tab.). Von wirtschaftlicher Bedeutung sind z. B. *T. pruni-spinosae* und *T. discolor* auf verschiedenen Steinobstgehölzen. *T. anemones* kommt sehr häufig an verschiedenen Hahnenfußgewächsen vor. Auf dem Buschwindröschen entwickeln sich z. B. im Frühjahr die auffallenden Telien blattunterseits. B

Träuschlinge ↑ *Stropharia*

Tremella: artenreiche Gattung der Ordnung ↑ *Tremellales* (Kl. ↑ *Basidiomycetes*). Die Fruchtkörper sind gallertige, kugel- bis linsenförmige, polsterförmige, oft auch unregelmäßig oder hirnartig gelappte ↑ Holothecien mit monomitischer Trama. In Europa kommen etwa 15 Arten vor, die meisten wachsen saprophytisch auf Pflanzenresten, häufig auf Holz, manche parasitisch auf Pilzen. Die Typusart, *T. mesenterica,* der Gelbe Zitterling, ist auf Laubholzresten ein allgemein verbreiteter Pilz. Zu den häufigsten *T.*-Arten gehört auch *T. foliacea,* der Blattartige Zitterling, der zu Speisezwecken genutzt werden kann. *T. encephala* bildet nahezu kugelige, etwas gelappte Fruchtkörper, die einen weißen „Kern" beinhalten (Alabasterkernling). Dieser ist ein deformierter Fruchtkörper von ↑ *Stereum sanguinolentum*, dem Wirt der parasitisch lebenden Art. Taf. 16/6 D

Tremellales (Gallertpilze): Ordnung der Klasse ↑ *Basidiomycetes* (Ukl. ↑ *Heterobasidiomycetidae*). Die *T.* bilden gallertige Fruchtkörper, die trocken knorpelig hart werden. Es sind gelappte, keulige oder pustelförmige Holothecien, aber es kommen auch pileate Formen vor, die z. T. komplizierte ↑ Hymenophore ausbilden (Taf. 17/2). Die ↑ Phragmobasidien sind längs oder schräg zur Längsachse geteilt, nicht oder undeutlich in Pro- und Metabasidie gegliedert, aber bei den meisten Arten (*Tremellaceae,* nicht bei den *Sirobasidiaceae*) ist jede Basidienzelle in ein langes Prosterigma ausgezogen, an dem sich apikal das Sterigma bildet. Die Basidiosporen bilden Conidien („Sekundärsporen", „sekundäre Basidiosporen"), die auch als Ballistosporen abgeschleudert werden können (repetitive Sporenkeimung), oder sie keimen mit Hyphen. Die Septenpori besitzen ein Dolium und sind mit röhrenförmigen plasmati-

schen Strukturen umhüllt, einer besonderen Form von ↑ Parenthosomen, die nur hier vorkommt. Im Dolium befindet sich eine zentrale ↑ Tabula regulantes. Die Konstanz dieser ultrastrukturellen Merkmale innerhalb der *T.* bedarf weiterer Untersuchungen.
Die meisten Arten leben saprophytisch auf Holz, einige parasitisch auf Pilzen, einige terrestrisch. Taf. 16/6, 17/1–3 D

Tremiscus: Gattung der Ordnung ↑ *Tremellales* (Kl. ↑ *Basidiomycetes*). Die rosaroten, fleisch- bis orangeroten Fruchtkörper sind kreisel-, trichter- bis spitztütenförmig, am Rande oft gelappt, einseitig tief eingeschnitten und dann fast hasenohrförmig, sehr unregelmäßig, aber stets basal in einen kurzen Stiel verschmälert. Die monomitische Trama ist gallertartig. Das Hymenium befindet sich an der Außenseite, wo die Oberfläche etwas blasig, rippig oder runzelig werden kann. Die einzige Art, *T. helvelloides,* der Rote Gallerttrichter, wächst auf humosen Kalkböden, selten auf morschem Holz. In Kalkbuchenwäldern Mitteleuropas (Gesellschaften des Cephalanthero-Fagion) und deren Ersatzgesellschaften können sich die Fruchtkörper als Massenpilze entwikkeln. Taf. 17/1 D

Tremorgene: große Gruppe von ↑ Mykotoxinen, die von Arten der Gattungen ↑ *Aspergillus,* ↑ *Penicillium* und ↑ *Claviceps* gebildet werden. Alle T. besitzen in ihrer chemischen Struktur eine Indoleinheit. Sie werden in 4 Gruppen eingeteilt (↑ Penitreme, Fumitremorgine, ↑ Paspalitreme und Tryptoquivaline). T. wirken im Warmblüterorganismus auf das Nervensystem und führen zum Muskelzittern (Tremor). M

Trichaptum *(Hirschioporus)*: Gattung der Ordnung ↑ *Poriales* (Kl. ↑ *Basidiomycetes*) mit einjährigen, effusen, effusoreflexen oder pileaten Fruchtkörpern mit polyporidem, irpicoidem oder lenzitoidem, frisch violettem ↑ Hymenophor. Die generativen Hyphen der di- oder trimitischen ↑ Trama haben Schnallen. In Europa kommen 4 Arten vor, darunter das allgemein verbreitete *T. abietinum,* der Violette Nadelholzporling oder Gewöhnliche Lederporling (Taf. 22/6). D

Trichia ↑ Trichales

Trichiales: Ordnung der Schleimpilze (Kl. ↑ *Myxomycetes,* Abt. ↑ *Myxomycota*). Die ↑ Sporocarpien der T. besitzen stets ein gut ausgebildetes ↑ Capillitium, die Sporen sind hell (oft gelb) gefärbt. Kalkinkrustationen fehlen. Wichtige Gattungen sind *Trichia, Arcyria* (↑ Abb. Sporocarpien) und *Hemitrichia.* Manche Arten sind häufig und weit verbreitet, z. B. *Trichia varia,* deren Sporocarpien oft, wie Insekteneier dicht beieinander liegend, an morschem Holz gebildet werden. (Taf. 10/6) D

Trichoderm: eine ↑ Huthaut, die aus aufgerichteten Hyphenenden besteht, die aber nicht angeschwollen sind und auch nicht in einer Ebene inseriert sind (↑ Hymenoderm, ↑ Palisadoderm). Das T. zeigt fließende Übergänge zur ↑ Cutis. D

Trichoderma: weltweit verbreitete, rund 10 Arten umfassende Formgattung ↑ imperfekter Pilze (Form-Fam. *Moniliaceae*) mit enteroblastischer Conidiogenese in ↑ Phialiden. Es werden einzellige ↑ Conidien gebildet. Die *T.*-Arten sind saprophytische Ubiquisten; sie leben besonders im Boden. Einige können Zellulose abbauen. Wegen seiner starken antagonistischen Potenzen wird versucht, *T. viride* zur biologischen Kontrolle von Parasiten, z. B. von ↑ *Rhizoctonia*-Arten, zu benutzen. Die Teleomorphen gehören zu *Hypocrea* (Ord. ↑ *Hypocreales*). Hi

Trichodermin ↑ Epoxytrichothecene

Trichodermol ↑ Epoxytrichothecene

Trichogyne: Empfängnishaar; eine haarförmige Ausstülpung des Ascogons, die der Aufnahme männlicher (konträrgeschlechtlicher) Kerne dient.

↑ Archicarp, ↑ Abb. *Ascomycetes,* ↑ Abb. Befruchtung Hi

Tricholoma (Ritterlinge): hauptsächlich außertropisch verbreitete, artenreiche Gattung der Ordnung ↑ *Agaricales* (Kl. ↑ *Basidiomycetes*). Die Fruchtkörper sind meist mittelgroße, stets gestielte, terrestrische ↑ Blätterpilze mit weißem Sporenpulver und angehefteten bis breit angewachsenen Lamellen (↑ Abb. *Agaricales* 1). Die Huthaut zeigt immer Hyphenstruktur und ist meist als Cutis ausgebildet, mitunter wird sie schmierig. Vela sind an reifen Fruchtkörpern oft nicht mehr nachweisbar, die primordiale Entwicklung ist aber stets hemiangiocarp. Die hyalinen Sporen sind nicht amyloid, mitunter etwas cyanophil. Die Gliederung der Gattung geschieht nach den Pigmenten und der Huthautstruktur.

Manche der etwa 70 europäischen Arten können als Speisepilze genutzt werden, z. B. *T. equestre,* der Grünling (Typusart, Taf. 29/4), und *T. orirubens,* der Rötende Ritterling (Taf. 29/2); andere sind bitter und ungenießbar, z. B. *T. ustale,* der Brandige Ritterling (Taf. 28/6), oder *T. aurantium,* der Orangerote Ritterling (Taf. 29/1); einige sind giftig, z. B. *T. pardinum,* der Tigerritterling.

Die *T.*-Arten gelten alle als Mykorrhizapilze. Die Gattung wurde früher wesentlich weiter gefaßt. In den letzten Jahrzehnten wurden mehrere kleine natürliche Gruppen, wie die Gattungen *Calocybe, Lepista, Melanoleuca, Porpoloma* und *Tricholomopsis* abgetrennt. D

Tricholomataceae (Ritterlingsartige Pilze): umfangreiche Familie der Ordnung ↑ *Agaricales* (Kl. ↑ *Basidiomycetes*). Zu den *T.* gehören Pilze, deren Fruchtkörper in Form zentral gestielter, lateral gestielter oder resupinater (cyphelloider) ↑ Pilothecien ausgebildet sind. Sie besitzen lamellenförmiges oder reduziertes (glattes) ↑ Hymenophor. Die T. umfassen die meisten weißsporigen ↑ Blätterpilze mit nicht freien Lamellen. In Europa kommen mehr als 60 Gattungen der *T.* vor, u. a. *Tricholoma* (Ritterlinge), *Mycena* (Helmlinge), *Collybia* (Rüblinge), *Armillariella* (Hallimasch), *Clitocybe* (Trichterlinge), *Marasmius* (Schwindlinge), *Xerula* (Wurzelrüblinge). D

Trichomycetes: etwa 60 Arten umfassende Gruppe kommensalistischer oder parasitischer Pilze mit unsicherer sytematischer Stellung. Die *T.* bilden einen einfachen oder verzweigten, fädigen Thallus, der mittels einer Basalzelle im Darm oder an der Cuticula lebender Arthropoden (Gliederfüßer) befestigt ist. Gelegentlich treten amoeboide Stadien auf. Die Zellwände bestehen aus Polygalactosamin und Galactan. Die *T.* pflanzen sich ungeschlechtlich durch endogene Sporen oder ↑ Conidien fort, die möglicherweise alle ↑ Angioconidien sind. Auf sexuellem Wege entstehen nach Cystogamie oder Somatogamie (↑ Befruchtung) Hypnozygoten. Der Entwicklungszyklus ist haplontisch mit zygotischem Kernphasenwechsel.

Die *T.* wurden als Unterklasse *Trichomycetidae* zu den Phycomyceten gestellt, später von manchen Autoren zu den Endomyceten. Gegenwärtig werden sie meist als Klasse der Abteilung ↑ *Eumycota* bewertet. Die meisten Systematiker erkennen mehrere Ordnungen an; die bekanntesten sind die ↑ *Eccrinales* und die ↑ *Harpellales.* D

Trichomycin: ↑ Polyen-Antimykotikum, das 1952 von einer japanischen Forschergruppe aus Kulturfiltraten von *Streptomyces hachijoensis* isoliert wurde. T. besteht aus zwei chemisch ähnlichen Komponenten. In den chemischen und antimykotischen Eigenschaften ähnelt T. den anderen Polyenen. T. wirkt darüber hinaus auch gegen einige grampositive anaerobe Bakterien und gegen *Trichomonas vaginalis* (Protozoa). V

Trichomycosis axillaris ↑ Weiße Piedra

Trichophytie: ↑ Dermatophytose, welche durch Pilze der Form-Gattung ↑ *Trichophyton* verursacht wird. In klimatisch gemäßigten Zonen der Erde isoliert man am häufigsten *T. rubrum* und *T. mentagrophytes.* In Mitteleuropa steht ihre Vorkommenshäufigkeit beim Menschen im Verhältnis von etwa 9:1. In wärmeren Regionen sind T. noch häufiger und werden durch ein größeres Spektrum an *Trichophyton*-Arten hervorgerufen. Besondere wirtschaftliche Probleme bereitete früher die Rindertrichophytie, die auch unter den Namen Kälber- oder Bullenflechte bekannt ist und durch *T. verrucosum* verursacht wird. V

Trichophyton: Gattung ↑ imperfekter Pilze, die rund 20 Arten umfaßt. Zu *T.* gehören wichtige ↑ Dermatophyten, die als Krankheitserreger von Mensch und Tier Bedeutung haben. Auf künstlichen Nährmedien sind die Merkmale der Kolonien sehr variabel. Manche Arten bilden flaumiges Luftmyzel, andere erscheinen staubig-gipsig oder kompakt gummiartig und glänzend. Die Farben des Myzels reichen von weiß über gelb, braun, orange bis violett. Gelegentlich werden auch Farbstoffe in das Nährmedium abgeben. Die Erscheinungsformen des septierten Myzels und der ↑ Conidien sind vielgestaltig. Bei manchen Arten kommen Spiralhyphen vor, z. B. bei *T. mentagrophytes,* bei anderen dichotom zu typischen Kronleuchterformen verzweigte Hyphen, z. B. bei *T. schoenleinii.* Viele Arten bilden seitlich an den Hyphen einzeln oder traubig angeordnete Mikroconidien, außerdem erscheinen gestielte und mehrzellige, schlanke Makroconidien. Mehrere Arten entwickeln interkalar oder endständig sitzende Chlamydosporen, z. B. *T. verrucosum, T. violaceum.* Von einigen fakultativ pathogenen Arten wurden die Teleomorphen gefunden. Sie erwiesen sich als Arten der Gattung ↑ Arthroderma (Kl. ↑ *Ascomycetes*). V

Trichosporose: ↑ Mykose, die durch Sproßpilze aus der Gattung *Trichosporon* hervorgerufen wird. Eine der bekanntesten fakultativ pathogenen Arten aus dieser Gattung ist *T. cutaneum.* Dieser Pilz verursacht gelegentlich das Krankheitsbild der ↑ Weißen Piedra. Als Erreger von ↑ Endomykosen konnte er nur in wenigen Fällen nachgewiesen werden. V

Trichothecene (Trichothecen-Gruppe): große Gruppe von ↑ Mykotoxinen aus einer Anzahl von Pilzen der Gattungen *Myrothecium, Fusarium, Gibberella, Trichoderma, Calonectria, Trichothecium, Cephalosporium, Stachybotrys, Cylindrocarpon* u. a. T. sind chemische Sesquiterpene, die nach ihrer Struktur in mehrere Untergruppen eingeteilt werden: ↑ Epoxytrichothecene, ↑ Ketotrichothecene, ↑ Verrucarolester (makrozyklische Verrucaroldiester mit den ↑ Roridinen; makrozyklische Verrucaroltriester mit den ↑ Verrucarinen). Gemeinsam ist allen T. der Besitz einer Terpeneinheit.

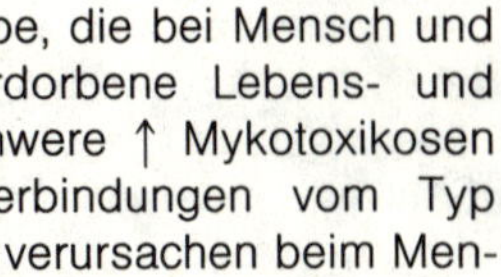

Terpeneinheit der Trichothecene

Die T. sind eine nicht zu unterschätzende Giftgruppe, die bei Mensch und Tier durch verdorbene Lebens- und Futtermittel schwere ↑ Mykotoxikosen hervorrufen. Verbindungen vom Typ des T-2-Toxins verursachen beim Menschen die ↑ alimentäre toxische Aleurie (ATA). Weiterhin besitzen T. biologische Aktivitäten gegen Bakterien, Viren, Pilze, und einige sind toxisch für Pflanzen. Sie sind Hemmstoffe von Protein- und Nucleinsäuresynthese. M

Trichothecin: ↑ Mykotoxin der ↑ Trichothecen-Gruppe (ein ↑ Ketotrichothecen), das von *Fusarium roseum* (↑ imperfekte Pilze) gebildet wird. V ist ein

Proteinsynthese-Hemmstoff (LD_{50} = ca. 300 mg/kg Maus). M

Trockenhefe: getrocknete ↑ Backhefe. Geeignete Preßhefe wird bei 30–40 °C unter Vakuum getrocknet. Sie wird granuliert (1,5–2,0 mm ∅), luftdicht verpackt und ist mehrere Monate haltbar. Die Trocknung ist auch durch ↑ Lyophilisierung möglich. Str

Trockennährböden: als Pulver oder in granulierter Form hergestellte Substrate für Mikroorganismen, die bei sachgemäßer Lagerung mehrere Jahre haltbar sind. T. werden durch Auflösen in destilliertem Wasser und anschließende Sterilisation zu gebrauchsfertigen Nährböden verarbeitet. Für Pilze sind z. B. ↑ Malzextrakt-, Würze- oder ↑ Sabouraud-Nährböden als T. handelsüblich. Str

Trophophase ↑ Idiophase

Tropismen: Krümmungsbewegungen (↑ Bewegung), die durch einen gerichteten Reiz induziert werden. Bei Pilzen sind vor allem ↑ Phototropismus (Lichtreiz), ↑ Chemotropismus (chemischer Reiz), ↑ Hydrotropismus (Reiz durch Feuchtigkeit) und ↑ Geotropismus (Schwerkraftreiz) verbreitet. Str

Trüffeln: unterirdisch wachsende ↑ Fruchtkörper der Ordnungen *Elaphomycetales* (Hirschtrüffeln) und ↑ *Tuberales* (beide Kl. ↑ *Ascomycetes*). Auch manche hypogäische ↑ Gasteromyceten (Kl. ↑ *Basidiomycetes*) werden als T. bezeichnet, so z. B. die Schwanztrüffeln (Gattung *Hysterangium*), die Steppentrüffeln (Gattung *Gastrosporium*), die Wurzeltrüffeln (Gattung *Rhizopogon*), die Morcheltrüffeln (Gattung *Gautieria*). Als „Echte T." gelten einige Arten der Gattung *Tuber* von alters her als Delikatessen. Besonders in Frankreich werden in südlichen Landesteilen T. für kommerzielle Zwecke gesammelt. Dazu bedient man sich speziell abgerichteter Hunde oder Schweine, die durch ihr Geruchsvermögen die unterirdischen Fruchtkörper aufspüren. Es wird auch versucht, das natürliche Trüffelvorkommen durch künstliches Ausbringen von Sporen anzureichern. T. sind auch in anderen Ländern der Mittelmeerregion begehrte Sammelobjekte, z. B. in Italien, Jugoslawien und Griechenland. Die Périgord-T. *(Tuber nigrum)* gilt als eines der teuersten Lebensmittel der Welt. ↑ *Tuber*, ↑ Tuberothecium Hi/D

Tuber: Gattung der Ordnung ↑ *Tuberales* (Kl. ↑ *Ascomycetes*), die rund 60 Arten umfaßt und kosmopolitisch verbreitet ist. Die ↑ Ascocarpien sind hypogäische, haselnuß- bis kopfgroße ↑ Tuberothecien, die nesterweise unregelmäßig verteilte, nahezu kugelige ↑ Asci mit reduzierter Sporenzahl enthalten. Ihre Ascosporen haben auffallende, oft komplizierte ↑ Ornamente. Die *Tuber*-Arten bilden ektotrophe ↑ Mykorrhiza, meist mit Eichen. Unter ihnen befinden sich einige hochbegehrte ↑ Speisepilze (↑ Trüffeln), z. B. *T. nigrum* (Périgord-Trüffel), *T. magnatum* (Weiße Piemont-Trüffel), *T. aestivum* (Sommertrüffel) und *T. brumale* (Wintertrüffel). Hi

Tuberales: Ordnung der Klasse ↑ *Ascomycetes*. Die Fruchtkörper sind hohlkugelige (geoporoide) ↑ Apothecien oder ↑ Tuberothecien. Die ↑ Asci sind in Hymenien oder nesterweise angeordnet, ↑ Anamorphen wurden nicht bekannt. Die *T.* sind wahrscheinlich eine polyphyletische Gruppe, die auf verschiedenen Entwicklungslinien aus den *Pezizales*-Vorfahren entstanden sind. In manchen Systemen werden sie in die ↑ *Pezizales* einbezogen. ↑ *Tuber*, ↑ Trüffeln Hi

Tuberculariaceae: Form-Familie der ↑ imperfekten Pilze. Als T. werden alle Pilze zusammengefaßt, deren ↑ Conidiophore zu ↑ Sporodochien vereinigt sind. Die Typus-Gattung ist *Tubercularia*, zu ihr gehört der bekannte, auf Laubholz weit verbreitete Rotpustelpilz, *Tubercularia vulgaris*, mit der

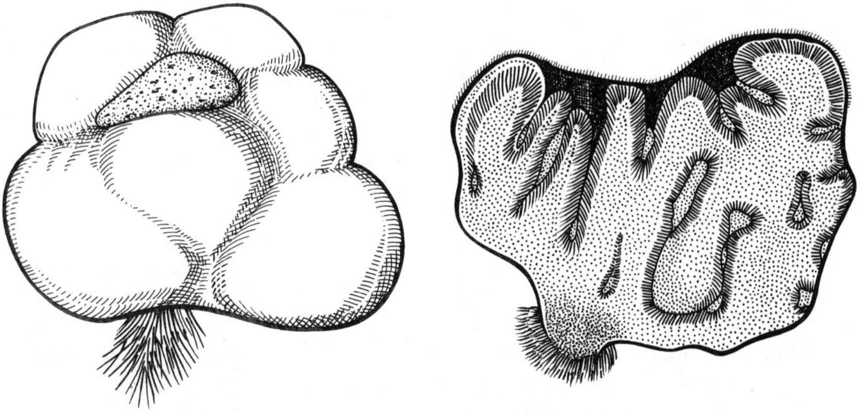

Tuberothecium von Pachyphloeus; *rechts* Querschnitt

Teleomorphe *Nectria cinnabarina*. ↑ Abb. Sporodochium Hi/D

Tuberothecium: erbsen- bis kopfgroßes, kugeliges bis unregelmäßig knolliges, hypogäisches Ascocarp, das von einer Hülle (↑ Peridie) umgeben sein kann und keine definierte Öffnung aufweist (↑ cleistocarpe Fruchtkörper). T. werden von den meisten Arten der Ordnung ↑ *Tuberales* gebildet und im deutschen Sprachbereich als Trüffeln bezeichnet. Die Asci sind entweder in ↑ Hymenien angeordnet, die eine stark aufgefaltete innere Oberfläche überziehen, oder sie sind nester- bis gruppenweise angeordnet, wobei stets auch ↑ Paraphysen vorkommen. Das Innere der T. ist allgemein in Venae externae (helle Adern mit lockerem Hyphengeflecht) und Venae internae (dunklere, kompakte, gefaltete Tramaplatten) gegliedert. Ontogenetisch entwickeln sich die T. ascohymenial, phylogenetisch leiten sie sich von ↑ Apothecien ab. Abb., ↑ *Tuberales*, ↑ Ascocarpien Hi

Tubulin: Grundbaustein der ↑ Mikrotubuli. Je ein α- und ein β-T. bilden ein hantelförmiges Proteindimer. Polymerisieren die Proteindimere, bilden sich zunächst Proteinfilamente, von denen sich (pro Querschnitt) je 13 zu röhrenförmigen Strukturen, den Mikrotubuli, zusammenlagern. ↑ Abb. Mikrotubulus 1 Sch

Tulasne, Louis René: französischer Jurist und Botaniker (1815–1885). Er arbeitete von 1842 bis 1872 als Professor am Musée d'histoire naturelle in Paris. Zusammen mit seinem Bruder Charles T. förderte er das Studium der Entwicklungsgeschichte der Pilze. T. untersuchte verschiedene hypogäische ↑ Asco- und ↑ Gastromyceten hinsichtlich ihrer Lebensweise, Morphologie, Sporenbildung und Fruchtkörperentwicklung. Er verfolgte die Lebensgeschichte des Mutterkorns sowie der Rost- und Brandpilze. T. hat seine Pilz-Studien zusammen mit seinem Bruder in den mit Tafeln versehenen Werken „Selecta fungorum carpologia" (1861–1865, 3 Bde.) und „Fungi hypogaei" (1862) veröffentlicht. H

Tulasnellales: Ordnung der Klasse ↑ *Basidiomycetes* (Ukl. ↑ *Heterobasidiomycetidae*). Die stets monomitischen Fruchtkörper sind effuse Crustothecien. Mitunter werden nur feine myzelartige Überzüge gebildet, an denen sich Basidien entwickeln (arachnoide Fruchtkörper, membranöse Fruchtkörper). Die *T.* bilden ↑ Holobasidien mit auffallenden

↑ Sterigmata, die je aus einem blasig aufgetriebenen basalen Teil, dem ↑ Prosterigma, bestehen, dem das eigentliche pfriemliche Sterigma aufsitzt. Dies wird sehr unterschiedlich interpretiert (u. a. als ausgesproßte Basidiosporen, die an der Basidie verbleiben und dort „Sekundärsporen" bilden). Die Basidiosporen der *T.* bilden ↑ Conidien (↑ Sekundärsporen). Sie sind hyalin und dünnwandig. Die Umgrenzung der *T.* geschieht noch uneinheitlich; es wurden auch die *Peniophoraceae* in diese Ordnung gestellt. Die Kerngruppen der *T.* sind die *Tulasnellaceae* und die *Ceratobasidiaceae*. D

Tulostoma (Stielboviste): artenreiche Gattung der Ordnung ↑ *Tulostomatales* (Kl. ↑ *Basidiomycetes*) mit jung hypogäischen, später gestielten angiocarpen ↑ Gasterothecien. Nach der Streckung des Stiels, der die nahezu kugelige Endoperidie emporhebt, bleibt die Exoperidie z. T. an der Basis der Endoperidie erhalten; bei einigen Arten verbleiben auch Reste als ↑ Volva im Boden. Die Endoperidie hat einen apikalen Porus mit einem kurzzylindrischen, glattrandigen oder mit einem fimbriaten ↑ Peristom. Das Capillitium ist an den Septen oft charakteristisch angeschwollen. Die *T.*-Arten sind hauptsächlich in Halbwüsten, Steppen und Xerothermrasen verbreitet. *T. fimbriatum* und *T. brumale* sind auch in Mitteleuropa häufig. D

Tulostomatales: Ordnung der Klasse ↑ *Basidiomycetes* (Ukl. ↑ *Homobasidiomycetidae*), deren Fruchtkörper (angiocarpe oder cleistocarpe, epigäische ↑ Gasterothecien) stets gestielt sind. Glebakammern und Hymenien fehlen. Ein ↑ Capillitium kommt nicht bei allen Gattungen vor. Die reife Gleba ist pulverig. Die Sterigmata der Basidiosporen sind kurz. Repräsentative Gattungen sind ↑ *Battarraea, Phellorinia, Schizostoma,* ↑ *Tulostoma*. D

Tüpfelkrankheit: Erkrankung von Kartoffelknollen, hervorgerufen von dem ↑ imperfekten Pilz *Oospora pustulans*. Auf der Schale der Knollen zeigen sich pustelartige Wärzchen, die von ringförmigen Vertiefungen umgeben sind. B

Turbidostat: Apparatur zur ↑ kontinuierlichen Kultur von Mikroorganismen, bei der die Regulierung über die Zelldichte (Trübung) erfolgt. Str

Typisierung: Festlegung eines nomenklatorischen ↑ Typus für den Namen eines Taxons, in erster Linie einer Art oder eines infraspezifischen Taxons nach den Regeln des Internationalen Codes der Botanischen Nomenklatur (↑ ICBN). Eine T. (auch Typifizierung genannt) ist erforderlich, wenn bei der Originalbeschreibung kein ↑ Holotypus ausgewiesen wurde oder wenn dieser verlorenging bzw. vernichtet wurde. Grundsätzlich ist die Wahl, die der ursprüngliche Autor getroffen hat, endgültig, wenn sie zum Zeitpunkt der Originalveröffentlichung des Namens klar zum Ausdruck gekommen ist. Besteht das Originalmaterial nur aus einem einzigen Element, z. B. einem herbarisierten Fruchtkörper, einer Wirtspflanze mit nur einem einzigen parasitischen Pilz und dgl., so muß dies stets als Holotypus angenommen werden. Ist kein Holotypus vorhanden oder ging dieser verloren, so muß ein ↑ Lectotypus gewählt werden. Wenn vom ursprünglichen Autor ein Holotypus bezeichnet wurde und dieser verlorengegangen oder vernichtet ist, muß – falls vorhanden – ein ↑ Isotypus als Lectotypus bestimmt werden. Wurde kein Holotypus bezeichnet und sind ↑ Syntypen vorhanden, muß ein Syntypus als Lectotypus gewählt werden. Fehlen Isotypen und Syntypen, so kann ein ↑ Paratypus als Lectotypus gewählt werden. Besteht das Originalmaterial aus mehreren Elementen (z. B. aus 2 Arten), so ist der Lectotypus so auszuwählen, daß der übliche Gebrauch des Namens beibehalten wird. Der ersten Wahl eines Lectotypus müssen spätere Autoren folgen. Ein ↑ Neotypus darf nur dann bezeichnet werden, wenn das gesamte ursprünglich zitierte und das vom Originalautor bis zum Zeitpunkt der Beschreibung gekennzeichnete Originalmaterial verloren oder vernichtet ist. Bei der Wahl eines Neotypus sind besondere Kenntnisse über die Umstände der Originalbeschreibung erforderlich. Der ersten Wahl eines Neotypus müssen sich spätere Autoren anschließen, falls nicht der Holotypus wieder aufgefunden wird oder ein verfügbarer Lectotypus außer acht gelassen wurde. D

Typus: konservierter, meist herbarisierter Pilz, in bestimmten Fällen auch eine Abbildung (Iconotypus) oder Beschreibung, woran der wissenschaftliche Name einer ↑ Sippe (eines Taxons), z. B. einer Art, nach den Regeln des Internationalen Codes der Botanischen Nomenklatur (↑ ICBN) gebunden ist. Wird eine neue Art beschrieben, so muß ein nomenklatorischer T. hinterlegt werden. Für die taxonomische Arbeit (↑ Systematik) sind die T. in vieler Hinsicht von Bedeutung. Wird z. B. eine Art (A) in zwei oder mehrere Arten (A_1 A_2 A_3 ...) aufgegliedert, so gilt der Name der ursprünglichen weit gefaßten Art (A) für diejenige der kleineren, neu umgrenzten Arten, zu der der Typus der ursprünglichen Art (A) gehört. Je nach den Umständen, die mit der Originalbeschreibung (↑ Protolog) und dem Originalmaterial zusammenhängen, können die T. eines Taxons genauer bezeichnet werden. In erster Linie werden die Begriffe ↑ Holotypus, ↑ Isotypus, ↑ Lectotypus, ↑ Paratypus, ↑ Syntypus und ↑ Neotypus benutzt. D

Typuslokalität: Fundort des Originalmaterials, des ↑ Typus, das der Erstbeschreibung einer Art oder einer infraspezifischen ↑ Sippe zugrunde liegt. Bei der ↑ Typisierung, besonders bei der Wahl eines ↑ Neotypus, ist die Kenntnis der T. (auch locus typi oder – inkorrekt – locus „typicus") wichtig, da auf Grund der gegenwärtig an der T. vorkommenden Individuen mitunter auch Rückschlüsse auf das Originalmaterial möglich sind. D

Tyromyces ↑ Spongiporus

U

Ulmensterben (Holländische Ulmenkrankheit): durch ↑ *Ceratocystis ulmi* (↑ *Ascomycetes,* Anamorphe ist *Graphium ulmi*) verursachte Pilzkrankheit der Ulmen. Der Pilz lebt besonders im Splintholz; befallene Bäume zeigen in Teilbereichen Welkeerscheinungen, es kommt zum Absterben einzelner Äste und (oft erst nach Jahren) des ganzen Baumes. Die Ulmensplintkäfer, in deren Fraßgängen der Pilz gedeiht, verbreiten die ↑ Ascosporen und ↑ Conidien des Pilzes. B

Umbilicaria: Gattung acidophiler, gesteinsbewohnender ↑ Nabelflechten (↑ Lichenes) der Ordnung ↑ *Lecanorales.* Die Phycobionten sind Grünalgen. Der meist beiderseits berindete ↑ Flechtenthallus ist grau, braun oder schwärzlich gefärbt. In den ↑ Apothecien entstehen achtsporige Asci mit hyalinen bis bräunlichen einzelligen bis muriformen Ascosporen. Die Gattung *U.* kommt hauptsächlich in der arktischen und gemäßigten Zone der Nordhemisphäre vor. Sto

Uncinula: nahezu weltweit verbreitete Gattung der Echten Mehltaupilze

(Ord. ↑ *Erysiphales,* Kl. ↑ *Ascomycetes*) mit deutlichem Verbreitungsschwerpunkt in Asien. Die Anamorphen gehören zur Form-Gattung *Oidium,* die Conidien stehen einzeln auf den Conidiophoren, selten in kurzen Ketten. Die Anhängsel der Fruchtkörper (↑ erysiphales Cleistothecium) sind apikal hakenförmig gekrümmt, eingerollt, selten spiralig gedreht. Die Arten der Gattung *U.* sind z. T. wirtschaftlich bedeutungsvolle Phytoparasiten von Kulturpflanzen. *U. necator* erregt den Weinrebenmehltau, *U. prunastri* befällt Kirschbäume. B

Unger, Franz: österreichischer Botaniker (1800–1870). Er studierte Jura, Naturwissenschaften und Medizin in Wien und Prag, promovierte 1827 zum Dr. med. und war ab 1830 als Landgerichtsarzt in Tirol tätig. Ab 1835 arbeitete er als Professor für Botanik, Zoologie und als Direktor des Botanischen Gartens in Graz, 1849–1868 als Professor für Pflanzenphysiologie an der Universität in Wien. Für die Phytopathologie ist sein Werk „Die Exantheme der Pflanzen" (1833) von Bedeutung; es wurden u. a. Wirtspflanzen, deren parasitische Pilze sowie Hinweise auf das befallene Organ zusammengestellt. Bei der Interpretation des Verhältnisses von Wirtspflanze und Pilz war U. jedoch den Ideen der Naturphilosophie erlegen; z. B. bezeichnete er Rost, Brand und Mehltau als „Pseudoorganismen", die aus dem Innern der Pflanze, als deren „kranke, verwandelte Substanz ... hervorquellen" würden. U. hielt die „Blattpilze" für eine Folge und nicht für die eigentliche Ursache der Pflanzenkrankheit. In seinen „Beiträgen zur vergleichenden Pathologie" (1840) revidierte er seine Aussagen, indem er diese pathogenen Pilze als selbständige Organismen anerkannte. H

untergärige Hefen: ↑ Stämme von ↑ *Saccharomyces cerevisiae* (früher als gesonderte Arten *S. carlsbergensis* bzw. *S. uvarum* abgetrennt), die bei niedrigen Temperaturen (5–10 °C) gut gären. Am Ende der ↑ Gärung setzen sie sich am Boden des Gärgefäßes ab. 80% des in der Welt produzierten ↑ Biers werden mit u. H. hergestellt. Str.

Unterklasse: systematische Kategorie von hoher ↑ Rangstufe zwischen Klasse und ↑ Ordnung. In vielen Pilzsystemen werden zur primären Untergliederung umfangreicher Klassen U. benutzt (↑ Pilzsystem). Die wissenschaftlichen Namen der U. von Pilzen werden nach einer Empfehlung des ↑ ICBN mit der Endung *-mycetidae* versehen. Zum Beispiel werden in vielen aktuellen Pilzsystemen die ↑ *Basidiomycetes* in die U. *Homobasidiomycetidae* und *Heterobasidiomycetidae* gegliedert. D

Uredinales (*Pucciniales,* Rostpilze): Ordnung der ↑ *Basidiomycetes* (Ukl. ↑ *Heterobasidiomycetidae*). Die *U.*, die obligate Phytoparasiten an Farn- und Samenpflanzen sind, bilden intramatrikal wachsende, septierte Hyphen mit meist einfachem Septenporus. Fruchtkörper werden nicht gebildet, oder es kommen sehr primitive fruchtkörperartige Strukturen vor, die komplexe Teleutosporenlager darstellen. Das ↑ Myzel bleibt oft lokalisiert, kann aber auch die gesamte Wirtspflanze durchziehen (systematisch), was dann oft zu Wachstumsstörungen oder Deformationen führt.

Der vollständige Entwicklungsgang der *U.* ist mit ↑ Kernphasen-, ↑ Generations- und z. T. Wirtswechsel verbunden, wobei in besonderen Sporenlagern (Sori) fünf verschiedene Sporenformen gebildet werden. Haploide, geschlechtlich differenzierte ↑ Basidiosporen keimen mit haploidem Infektionsmyzel, das den Aecidienwirt („Haplontenwirt") befällt (Zwischenwirt bei wirtswechselnden Rosten). Subepidermal werden kugelige oder flaschen- bis linsenförmige ↑ Spermogonien angelegt, die später die Wirtsepidermis durchbrechen. Sie bilden im Inneren Spermatien und besitzen Empfängnishaare zum Auffangen konträrgeschlechtlicher Spermatien. Mitunter werden Flüssigkeitstropfen und Geruchsstoffe gebildet, die Insekten anlocken, welche Spermatien verschleppen und zur ↑ Befruchtung (Spermatiogamie) beitragen. ↑ Hyphogamie zwischen den heterothallischen haploiden Myzelien kommt ebenfalls vor. Neben den Spermogonien bildet der Haplont subepidermal Aecidienanlagen, die knäuelig zusammengelagertes Hyphengeflecht darstellen. Die geschlechtlich differenzierten Kerne wandern durch die Septenpori bis in die großen, palisadenförmig zusammenstehenden Basalzellen der Aecidienanlagen. Hier kommt es zur Dikaryotisierung und danach zur Ausbildung der Aecidien. Durch stete mitotische Teilungen des Kernpaares der Basalzellen werden Ketten dikaryotischer Aecidiosporen gebildet. Die Endsporen der Ketten bleiben oft steril und werden umgebildet. Sie werden dickwandiger, deformiert und verschleimen mit den Endzellen benachbarter Ketten. Die so entstehenden Hüllen werden ↑ Pseudoperidien genannt. Je nach Ausbildungsform können verschiedene Typen unterschieden werden.

Die Aecidiosporen bilden dikaryotisches Infektionsmyzel, das den gleichen oder bei wirtswechselnden Arten einen anderen Wirt (Hauptwirt) befällt, lokalisiert bleibt oder die gesamte Wirtspflanze durchdringt. Danach werden bald neue Sori gebildet, die man als Uredolager bezeichnet (Form-Gattung *Uredo*). Auf kurzen Stielchen entstehen meist einzeln die Uredosporen (↑ Sommersporen). Bei einigen ursprünglichen Gattungen, z. B. *Chrysomyxa und Coleosporium,* werden sie noch in Ketten gebildet. Diese Sporen sind stets einzellig, meist skulpturiert und mit ↑ Keimporen versehen. Sie tragen zur schnellen Verbreitung bei und sind häufig Ursache für epidemischen Rostpilzbefall in Monokulturen. Aus den Uredolagern können Teleutolager (Te-

Die Entwicklungsgänge der Rostpilze

	0	I	II	III	IV	besondere Merkmale
Euform (makrozyklisch)	×	×	×	×	×	
Auteuform	×	×	×	×	×	nicht wirtswechselnd
Hetereuform	×	×	×	×	×	wirtswechselnd
Opsisform (demizyklisch)	×	×	–	×	×	
Autopsisform	×	×	–	×	×	nicht wirtswechselnd
Heteropsisform	×	×	–	×	×	wirtswechselnd
Kataform	–	×	×	×	×	
Brachyform (brachyzyklisch)	×	–	×	×	×	
Mikroform (mikrozyklisch)	(×)	–	–	×	×	Keimung nach Überdauerung
Leptoform	(×)	–	–	×	×	Keimung vor Überdauerung
Hypoform	×	–	–	×	×[1]	
Endoform (endozyklisch)	×	×	–	–	×	
Hemiform (hemizyklisch)	–	–	×	×	–	

(0 = Spermogonien, I = Aecidien, II = Uredolager, III = Teleutolager, IV = Basidien, Basidiosporen; × = Sporengeneration vorhanden, – = Sporengeneration fehlend).

[1] Die Unterscheidung einer Hypoform wird nur noch von wenigen Autoren anerkannt.

lien) entstehen, die auch als neue Lager an den Wirtspflanzen angelegt werden. Sie bringen Teleutosporen (↑ Wintersporen) hervor. Uredo- und Teleutolager können Pseudoperidien und Paraphysen bilden oder nackt sein. Die Teleutosporen sind sehr vielgestaltig (ein- bis mehrzellig, einzeln entstehend,

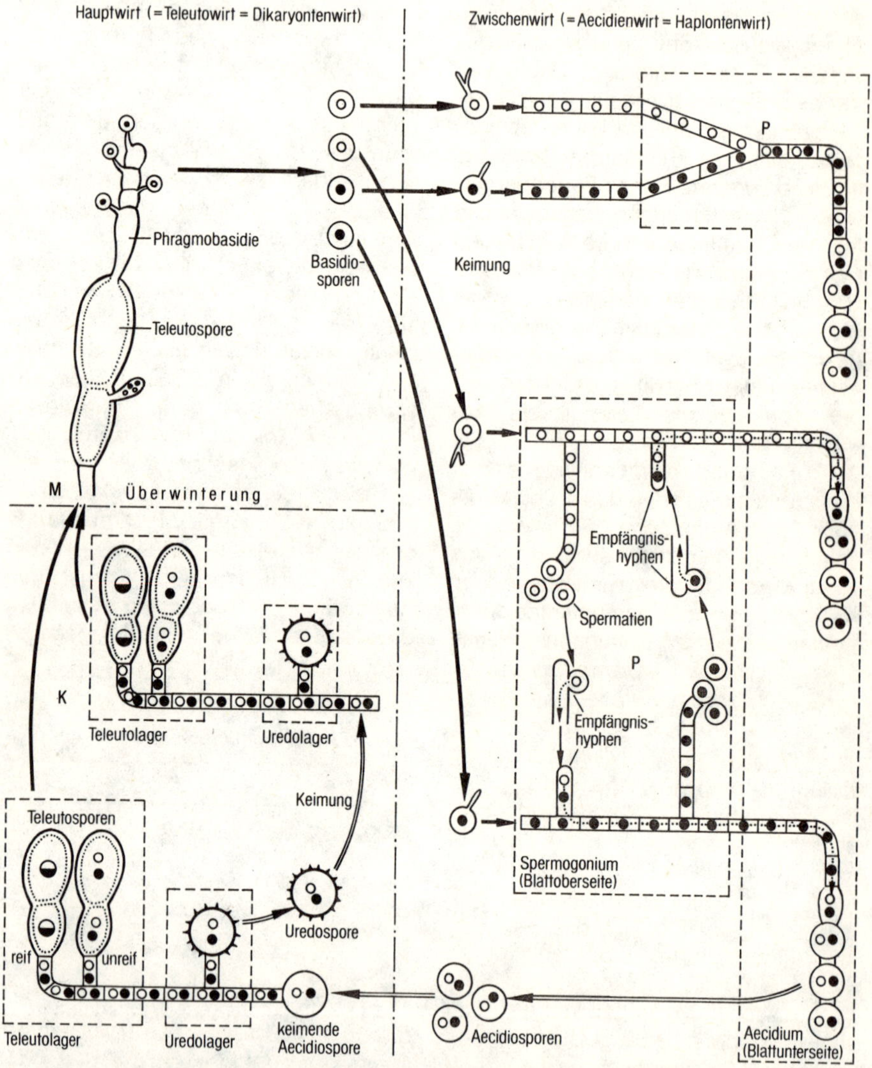

Uredinales 1: Entwicklungszyklus der Rostpilze.
P Plasmogamie (Verschmelzung der Protoplasten) von haploiden Hyphen (*oben rechts* Somatogamie) oder von Spermatien und Empfängnishyphen (*Mitte rechts* Spermatiogamie), K Karyogamie (Kernverschmelzung) in den Teleutosporen, M Meiose (Reduktionsteilung) beim Auskeimen der Teleutosporen

in Ketten oder Köpfen, ein Keimporus pro Zelle oder mehrere usw.). Die Teleutosporen, die ↑ Probasidien darstellen, sind zunächst paarkernig, nach Karyogamie diploid, und bei der Keimung erfolgt die ↑ Meiose. Die Keimung erfolgt sofort oder erst nach einer Ruhephase (z. B. Überwinterung). Die Teleutosporen keimen mit meist vierzelligen ↑ Phragmobasidien und bilden an sterigmenähnlichen Fortsätzen haploide ↑ Basidiosporen. Eine Besonderheit stellen die in krustigen Lagern angeordneten Teleutosporen der Gattungen *Coleosporium* und *Ochropsora* dar, die funktionell Basidien darstellen. Sie teilen sich in 4 Zellen, die Sterigmen und Basidiosporen bilden. Vom vollständigen Entwicklungszyklus der Rostpilze gibt es zahlreiche Reduktionsformen (Tab.).

Die Gliederung der Ordnung erfolgt hauptsächlich auf der Basis der Merkmale der Teleutosporen. Ein allgemein anerkanntes System existiert nicht. Meist werden 2 Familien, *Melampsoraceae* und *Pucciniaceae* unterschieden. Zu den wichtigsten Gattungen gehören ↑ *Coleosporium,* ↑ *Melampsora,* ↑ *Ochropsora,* ↑ *Gymnosporangium,* ↑ *Phragmidium,* ↑ *Puccinia,* ↑ *Tranzschelia,* ↑ *Uromyces,* ↑ *Endophyllum.* Zahlreiche Rostpilze sind Krankheitserreger an Nutzpflanzen und von großer wirtschaftlicher Bedeutung, z. B. ↑ Braun-, ↑ Gelb-, ↑ Schwarz-, ↑ Kronenrost. Es kann zu großen Ernteverlusten kommen. Taf. 11/2; Abb. 1,2 B

Uredolager (Uredium): Sporenlager der Rostpilze (Ord. ↑ *Uredinales*), das vom dikaryotischen Myzel gebildet wird und die Uredosporen erzeugt (↑ Abb. *Uredinales* 1, 2). Die Uredosporen sind meist kugelig oder ellipsoid bis eiförmig; die Wand besitzt Keimpori und ist meist stachelig bis warzig. Normalerweise keimen die Uredosporen sofort und sind für die rasche Ausbreitung des Pilzes verantwortlich. Manchmal werden aber dickwandige Sporen im Uredium gebildet, die man als Amphisporen be-

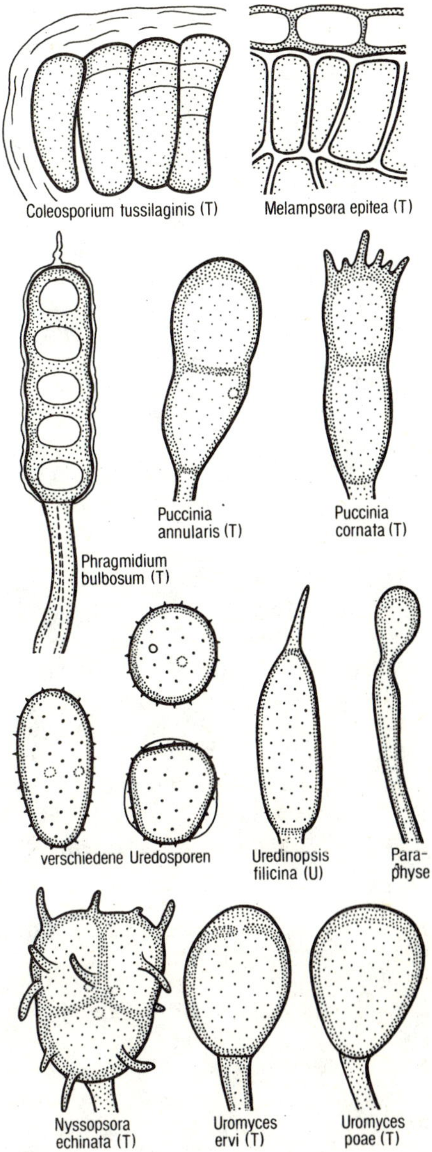

Uredinales 2: Strukturen von Teleuto- und Uredolagern; Teleutosporen (T), Uredosporen (U)

zeichnet. In einzelnen Fällen gibt es Lager, in denen nur Amphisporen entstehen (Amphisporenlager). ↑ *Uredinales*

Die Uredien sind Anamorphen, die auch zur Form-Gattung *Uredo* zusammengefaßt werden können. Diese Behandlung ist besonders dann von Bedeutung, wenn die zugehörigen Telien unbekannt sind. Taf. 11/2 B/D

Uredosporen ↑ Uredolager, ↑ *Uredinales*

Urnenbasidie ↑ Holobasidie

Urocystis: Gattung der Brandpilze (Ord. ↑ *Ustilaginales*, Kl. ↑ *Basidiomycetes*). Die Brandsori werden an verschiedenen Teilen der Wirtspflanzen gebildet, meist an Blättern, aber auch an Sproßachsen und im Infloreszenz-Bereich; selten werden sogar Wurzeln befallen. Die Sporen sind charakteristisch zusammengeballt. Jeder Sporenballen enthält eine oder mehrere dunkle, fertile Sporen, die von helleren, meist kleineren, sterilen Zellen („Sporen") umgeben sind. Die Keimung erfolgt nach dem Tilletia-Typ (↑ *Ustilaginales*). Die Gattung *U.* umfaßt rund 130 Arten, die Pflanzen aus sehr vielen Familien befallen. Einige Arten sind Krankheitserreger von Kulturpflanzen; z. B. erregt *U. occulta* (Typusart der Gattung) Streifenbrand am Roggen, *U. tritici* verursacht sehr ähnliche Symptome am Weizen. ↑ Abb. *Ustilaginales* 2 B

Uromyces: Gattung der Rostpilze (Ord. ↑ *Uredinales*), die sich von der Gattung ↑ *Puccinia*, mit der sie in vielen Merkmalen übereinstimmt, durch die stets einzelligen Teleutosporen unterscheidet. Es kommen nahezu alle Entwicklungsgänge von Hetereuformen bis zu Mikroformen vor (↑ *Uredinales*, Tab.). Manche *U.*-Arten verursachen wirtschaftlich bedeutungsvolle Pflanzenkrankheiten, z. B. ist *U. pisi* der Erreger des Erbsenrostes, *U. betae* verursacht den Rost der Zuckerrüben. Die auf Wolfsmilch (*Euphorbia*-Arten) häufig vorkommenden Aecidien und Spermogonien gehören zu wirtswechselnden *U.*-Arten des *U.-pisi*-Verwandtschaftskreises. Die Dikaryontenwirte sind verschiedene Schmetterlingsblütler, z. B. *Astragalus-*, *Anthyllis-*, *Oxytropis-*, *Hedysarum-* und *Lathyrus*-Arten. D/B

Usnea: Flechtengattung der Ordnung ↑ *Lecanorales* (↑ Lichenes), deren Thallus bart- oder mähnenförmig, selten auch strauchig ausgebildet und oft mit einer Haftscheibe oder mit ↑ Rhizinen befestigt ist. Zu den *U.*-Arten gehören auffallende, z. T. meterlange ↑ Bartflechten (z. B. *U. longissima*). Sie treten in luftfeuchten Wäldern auf. Die langen, dünnen Thallusabschnitte sind radiär gebaut und werden in Primäräste, Sekundäräste und ↑ Fibrillen unterteilt. Ihre Festigkeit erhalten sie durch einen ↑ Zentralstrang, der konzentrisch von Außenmark, Phycobiontenschicht und Rinde umgeben ist. ↑ Sorale treten oft auf. Die Fruchtkörper sind lecanorine ↑ Apothecien, die oft von Fibrillen umgeben sind, die aus dem Lagerrand (↑ Gehäuse) auswachsen. Die *U.*-Arten sind in Mitteleuropa im Rückgang begriffen. Das wird auf Abnahme der Luftfeuchtigkeit und auf Luftverschmutzung zurückgeführt. Sto

Usninsäure: ↑ Flechtenstoff, aromatische, gelb gefärbte Verbindung, die in der oberen ↑ Rinde zahlreicher Arten phylogenetisch oft weit voneinander entfernter Familien gebildet wird. U. zählt

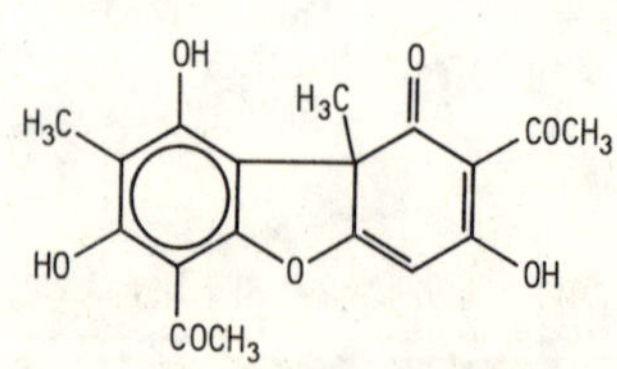

Usninsäure

zu den am besten bekannten Flechtenstoffen. Sie tritt in 2 Strukturisomeren auf, die beide optische Isomere bilden. U. hat eine stark antibiotische Wirkung und wird deshalb als Bestandteil mancher Salben verwendet. Andererseits kann U. bei empfindlichen Personen allergische Reaktionen sowie krankhafte Photosensibilisierung der Haut hervorrufen, wie z.B. die Kontaktdermatitis der Holzfäller in Kanada. Sto

Ustidium (Pl. Ustidia): die ↑ Basidie der Brandpilze (Ord. ↑ *Ustilaginales,* Kl. ↑ *Basidiomycetes*), die auch als Promyzel oder als Keimhyphe der Brandsporen bezeichnet wird. Das U. entwickelt seitlich oder apikal Sproßzellen (Sporidien), die anderen Basidiosporen nicht homolog sind, die da meiotischen Kerne nicht hineinwandern, sondern in den Zellen des U. verbleiben und sich dort mitotisch teilen. D

Ustilaginales: Brandpilze, eine Ordnung der Klasse ↑ *Basidiomycetes* (Ukl. ↑ *Heterobasidiomycetidae*). Die *U.* sind fruchtkörperlose, metabiotrophe, obligate Phytoparasiten (↑ Parasitismus). Die ↑ Septen der Hyphen besitzen keine Porenkappen. Die *U.* umfassen rund 1000 Arten in etwa 50 Gattungen; die Zahl der Wirtspflanzen liegt bei 4000.

Das dikaryotische Myzel der Brandpilze lebt meist interzellulär in den Geweben der Wirtspflanzen, die wahrscheinlich alle zu den Samenpflanzen *(Spermatophyta)* gehören (lediglich *Ustilago isoeteis* bildet eine Ausnahme; der Status dieser nur vom Typus bekannten Art ist jedoch zweifelhaft). Im Laufe der weiteren Entwicklung zerfällt dieses Myzel unter Bildung einzelliger, meist dickwandiger und dunkel pigmentierter Sporen, die als Brandsporen bezeich-

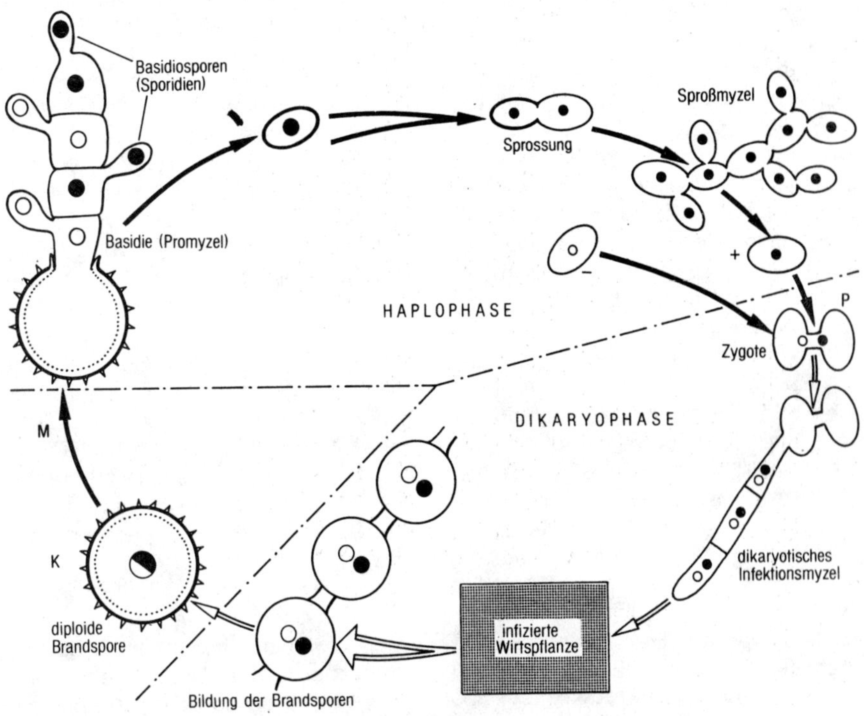

Ustilaginales 1: Entwicklungszyklus der Brandpilze, schematische Darstellung. P Plasmogamie (Verschmelzung der Protoplasten), K Karyogamie (Kernverschmelzung) in der Brandspore, M Meiose (Reduktionsteilung) beim Keimen der Brandspore

net werden. Diese Sporen verursachen die meist schwarze Färbung der befallenen Pflanzenteile. Ihre Wände bestehen häufig aus 3 Schichten (Exospor: glatt oder netzig bis warzig skulpturiert; Epispor: oft sehr dick, gelblich bis dunkelbraun; Endospor: dünn, durchscheinend). Funktionell haben die Brandsporen viele Gemeinsamkeiten mit den Teleutosporen der Rostpilze. Sie sichern die Überwinterung der Pilze in den gemäßigten Zonen (Wintersporen) oder sind sofort nach der Reife keimfähig. Sie stellen ↑ Probasidien dar, in denen die ↑ Karyogamie stattfindet und die mit gestreckten, ungeteilten oder quergeteilten Promyzelien (Basidien) auskeimen. Bei der Keimung reißt die Spore unregelmäßig auf, oder es sind ↑ Keimporen vorhanden. Zunächst entsteht ein dünner Schlauch, in den der diploide Kern einwandert und sich unter Reduktionsteilung in vier haploide Kerne umwandelt. Zwischen den Kernen bilden sich Querwände, oder die Unterteilung unterbleibt. Jede Zelle schnürt ohne das Vorhandensein von ↑ Sterigmen ↑ Basidiosporen ab, die ↑ Sporidien genannt werden, da nicht sicher ist, ob das Promyzel der Brandpilze tatsächlich einer Basidie der übrigen *Basidiomycetes* entspricht. Die Promyzelkerne geben Tochterkerne in die Sporidien ab. Unter günstigen Verhältnissen sind erneute Tochterkern- und Sporidienbildungen möglich. Die Sporidien bilden meist ein haploides Sproßzellenstadium, das saprophytisch lebt, selten auch infektiös ist. Die Kopulation erfolgt zwischen den stets geschlechtlich differenzierten Sporidien oder zwischen einzelnen Sproßzellen (Sporidiogamie, ↑ Befruchtung). Es entsteht eine dikaryotische Zygote, die mit einer dikaryotischen Infektionshyphe auskeimt. Der ↑ Entwicklungszyklus ist demnach haplo-dikaryontisch und mit einem heterophasischen Generationswechsel verbunden (Abb. 1). Von diesem Grundschema gibt es verschiedene Abweichungen. So können z. B. Sporidien auch mit Zellen des Promyzels verschmelzen. Die Sporidienbildung kann unterbleiben, die Zellen des Promyzels keimen dann mit Hyphen aus, zwischen denen Hyphogamie (↑ Befruchtung) erfolgt. Es kommt auch vor, daß Promyzelzellen miteinander kopulieren und auf diese Weise die Dikaryophase eingeleitet wird (↑ Abb. Entwicklungszyklus 1). Es kommt dadurch zu dikaryontischen Entwicklungszyklen. Schließlich wurde beobachtet, daß Brandsporen dikaryotische Keimhyphen entwickeln können, so daß Karyogamie und Meiose entfallen. Bei den *Tilletiaceae* ist die Reduktion des Haplonten meist weiter fortgeschritten als bei den *Ustilaginaceae*. Die Reduktionsteilung erfolgt während der Keimung der Brandsporen; die haploiden Kerne wandern in das schlauchartige Promyzel (Holobasidie), an dem apikal 4, 8 oder mehr Sporidien gebildet werden, die oft miteinander kopulieren und das Paarkernstadium einleiten. Auch hier kann die Sporidienbildung völlig entfallen. Die Haplophase ist bei den *Tilletiaceae* stark reduziert. Es entstehen echte Myzelien, kein Sproßmyzel. Einige Brandpilzgattungen bilden ↑ Anamorphen. Die Einteilung der Ordnung *U.* erfolgt meist in zwei Familien, die sich durch die Merkmale der Promyzelien unterscheiden. Die Vertreter der *Ustilaginaceae* besitzen vierzellige Promyzelien, während die Arten der *Tilletiaceae* unseptierte Basidien bilden. Die Sporidien entstehen bei der ersten Familie seitlich und terminal, bei den *Tilletiaceae* hingegen nur am Ende des Promyzels. Einige Autoren lehnen jedoch diese Aufgliederung in zwei Familien ab und vereinigen alle Brandpilze in der Familie *Ustilaginaceae*. Für dieses Vorgehen spricht die Tatsache, daß

es Brände mit intermediären Keimungstypen gibt. Für sie wurde auch die eigene Familie *Yeniaceae* vorgeschlagen, die durch die Bildung rudimentärer Promyzelien ausgezeichnet ist, welche fortschreitend 1 bis 4 meist septierte „Basidiosporophore" hervorbringen. Diese Gebilde produzieren wieder „Pseudopromyzelien" oder Sporidien.
Graphiola phoenicis, als Vertreter der Familie *Graphiolaceae,* parasitiert an Palmenarten. Diese Art wurde früher meist zu den *U.* gestellt. Neuere Untersuchungen haben jedoch gezeigt, daß dieser Pilz nicht zu den *U.* gerechnet werden kann. Es ist ein Basidiomycet, der in einer eigenen Ordnung *(Graphiolales)* untergebracht werden sollte.
Die verwandtschaftlichen Beziehungen der *U.* sind noch weitgehend unklar. Die Einordnung am Anfang der Basidiomyceten, mögliche Relationen zu den Endomyceten und die Verwandtschaft mit den *Uredinales* sind umstritten. Die Klärung solcher Fragen wird durch die starke, parasitismusbedingte Reduktion erschwert.
Die Abgrenzung der Gattungen und Arten der *U.* erfolgt auf der Grundlage der Sorus- und Brandsporenmerkmale unter Beachtung der Familienzugehörigkeit. Der ontogenetischen Entwicklung und der Feinstruktur zusammengesetzter Sporenkomplexe (Sporenballen) kommt heute wachsende Bedeutung zu. So wurde z.B. in den letzten Jahren Klarheit in die Systematik der ovarienbewohnenden Cyperaceen-Brandpilze (↑ *Anthracoidea*) gebracht. Ähnlich ist die Situation bei dem wasser- und sumpfpflanzenbewohnenden Gattungskomplex um *Burrillia, Doassansia* und *Tracya.* Heute werden weitere verwandte Gattungen beigefügt (*Doassansiopsis, Nannfeldtiomyces, Narasimhania, Pseudodoassansia*). *Ustacystis* wurde von *Urocystis* abgetrennt, da die

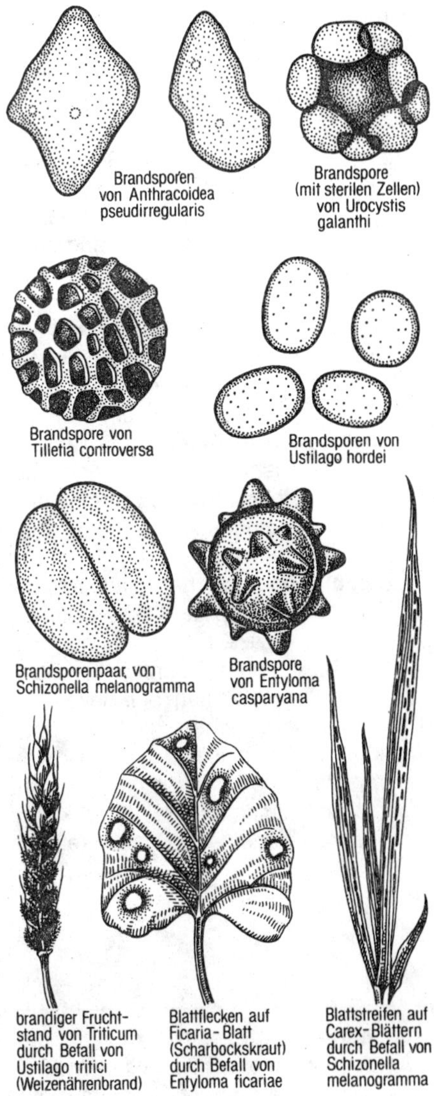

Ustilaginales 2: Sporentypen und Befallsbilder bei einigen Brandpilzen

Keimung der Brandsporen dem *Ustilago*-Typ entspricht. (Abb. 2)
↑ *Ustilago,* ↑ *Urocystis* und ↑ *Tilletia* sind artenreiche Brandpilzgattungen, die eine Vielzahl von wirtschaftlich bedeutsamen Krankheitserregern enthal-

ten. ↑ Flugbrand wird z. B. von verschiedenen *Ustilago*-Arten hervorgerufen (*U. tritici, U. nuda* u. a.). *Tilletia*-Arten sind für ↑ Steinbrandkrankheiten verantwortlich (z. B. *T. caries* oder *T. laevis*). ↑ Zwergsteinbrand einiger Getreidearten wird durch *Tilletia controversa* verursacht. Ein weiteres Beispiel für einen wirtschaftlich bedeutsamen Brand stellt *Urocystis occulta* dar, ein ↑ Streifenbrand des Roggens.

In den letzten Jahrzehnten wurden verschiedene saprophytische Basidiomyceten gefunden und beschrieben (z. B. *Filobasidium, Rhodosporidium* oder *Tilletiaria*), deren Lebenszyklen denen der Brandpilze sehr ähnlich sind. Die Frage, ob es hier echte verwandtschaftliche Anknüpfungspunkte gibt, ist gleichfalls ungeklärt. B

Ustilago: ca. 350 Arten umfassende Gattung der Brandpilze (Ord. ↑ *Ustilaginales*). Die infizierten Bereiche der Wirte, z. B. Antheren, Fruchtknoten, Blätter, Halme usw., reißen bei Reife des Pilzes auf und geben die pulverige, dunkle Sporenmasse frei. Die Brandsporen sind klein, glatt oder skulpturiert, einzeln (nicht zu Ballen verklebt) und keimen mit einer ↑ Basidie (einem septierten Promyzel) aus, die Sporidien oder manchmal Keimschläuche hervorbringt. Die Abgrenzung der Gattung *U.* gegen andere Brandpilzgattungen, wie *Sorosporium, Sporisorium* oder *Sphacelotheca,* ist unscharf. Die Befallsbilder der *U.*-Arten sind oft sehr spezifische Krankheitssymptome. Zum Beispiel befällt *U. violacea* die Antheren von Nelkengewächsen. *U. marginalis* bildet längliche Brandlager entlang der Blattränder von Knötericharten. Auf den gleichen Wirten ruft *U. pustulata* pustelartige Brandlager auf der Blattfläche hervor. Einige Arten verursachen bedeutende Krankheiten von Kulturpflanzen. ↑ Maisbeulenbrand, ↑ Flugbrand, ↑ Abb. Entwicklungszyklus 1 B

Ustomycetes: meist zu den ↑ *Heterobasidiomycetidae* gestellte Pilze, die in manchen Systemen als ↑ Klasse zusammengefaßt werden. Die *U.* umfassen in derartigen Systemvorschlägen die Brandpilze und verwandte Gruppen, schließen aber die *Teliomycetes* (meist mit den ↑ *Uredinales* und ↑ *Septobasidiales*) aus. Das Kernstück der *U.* sind dann die ↑ *Ustilaginales* s. str., *Tilletiales* (↑ *Ustilaginales*) und die ↑ *Exobasidiales*. ↑ Pilzsystem D

V

Vacuole: ↑ Cytoplasmatisches Organell der eukaryotischen Zelle. V. sind durch eine Membran (↑ Tonoplast) gegen das ↑ Cytoplasma abgegrenzt und enthalten den sog. „Zellsaft". V. dienen der Zelle als Reservoir für End- bzw. Zwischenprodukte des Zellstoffwechsels. Bei Pilzen treten große V. zumeist in alternden Hyphenabschnitten auf. Taf. 2/2, 3/2 Sch

Vacuom: Gesamtheit der ↑ Vacuolen einer Zelle. Sch

Vaillant, Sébastian: französischer Botaniker (1669–1722). V. war Schüler J. P. ↑ Tourneforts und wurde 1708 dessen Nachfolger als Direktor des Botanischen Gartens in Paris. Er arbeitete u. a. über die Sexualität der Pflanzen. Seine Arbeit „De sexu plantarum" (1718) gehört zu den Werken, die C. ↑ Linnaeus anregten, sein Sexualsystem der Pflanzen aufzustellen. Für die Mykologie ist V.s Flora „Botanicon Parisiense" von Bedeutung, die postum 1727 von H. Boer-

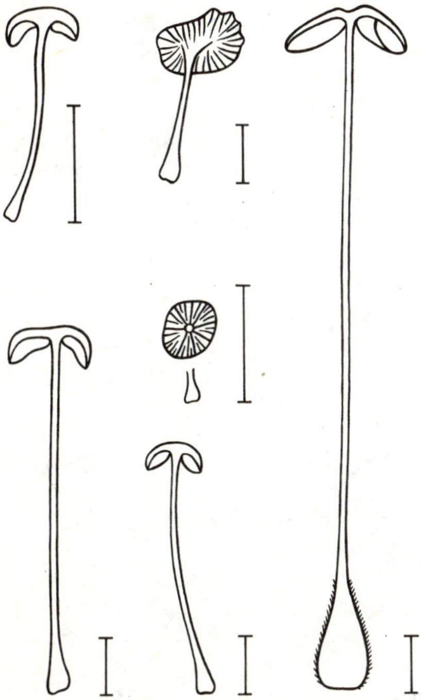

Variabilität: sporulierende kultivierte Xerula-radicata-Fruchtkörper von einem Myzel, das von einem Fruchtkörper mit 15 cm Hutdurchmesser gewonnen wurde. Der kleinste Fruchtkörper besitzt einen Hutdurchmesser von weniger als 5 mm. Maßstab 1 cm

haave herausgegeben wurde. V. nahm, auf Tournefort fußend, auch Pilzgattungen (*Agaricus, Boletus, Fungoides, Fungus, Lycoperdon, Tubera*) auf. Systematisch bringt V.s Arbeit keinen wesentlichen Fortschritt. Die Gattungen wurden alphabetisch geordnet; morphologische Merkmale (z. B. Beschaffenheit des Stieles, Vorkommen eines Anulus bei Blätterpilzen) werden zu Unterscheidung und Gliederung benutzt. H

VA-Mykorrhiza (vesiculär-arbusculäre Mykorrhiza): am häufigsten vorkommender Typ der ↑ Mykorrhiza, besondere Form der ↑ Endomykorrhiza. Charakteristisch ist ausgedehntes Myzelwachstum in der Rindenschicht der Wurzel sowie die Bildung von Vesiceln (dickwandige Pilzzellen im Wurzelgewebe) und Arbusceln (bäumchenförmig verzweigte feine Hyphen innerhalb von Wurzelzellen). VA-M. wird nur von relativ wenigen Pilzen der Familie *Endogonaceae* (Kl. ↑ *Zygomycetes*) gebildet; die Zahl der möglichen Pflanzenpartner ist jedoch sehr groß. Unter ihnen befinden sich viele Kulturpflanzen, deren Wachstum durch zusätzliche Phosphatzuführung optimiert wird. Die VA-M. ist daher von großer wirtschaftlicher Bedeutung. Hi/D

Variabilität: Veränderlichkeit der Ausbildung von Merkmalen bei einem einzigen Organismus, innerhalb einer Population oder einer ↑ Sippe. In der Systematik der Pilze spielt die V. der Fruchtkörper eine besondere Rolle, da mitunter durch große Variationsbreite unterschiedliche Sippen vorgetäuscht werden. Modifikative V. (↑ Modifikabilität) ist allein durch die Umwelt bedingt. Sie läßt sich z. B. durch Kulturen mit genetisch einheitlichem Material unter verschiedenen Bedingungen ermitteln (Abb.). Genetische V. ist im Genom verankert. D

Velum (Pl. Vela): Hüllbildung an ↑ Basidiocarpien, die vor der Sporenreife den gesamten Fruchtkörper oder nur die Hymenien führenden Teile einhüllt. Fruchtkörper mit einem oder mehreren V. sind ↑ hemiangiocarpe Fruchtkörper. Es lassen sich 2 Typen des V. unterscheiden: 1. das Velum universale, 2. das Velum partiale. Das V. universale hüllt den gesamten Fruchtkörper im jungen Zustand ein. Beim reifen Fruchtkörper (in der Regel stipitate ↑ Pilothecien) ist es manchmal kaum nachweisbar; mitunter sind Reste in Form einer ↑ Volva oder in Form von Hutflocken (wie beim Fliegenpilz) erkennbar. Das

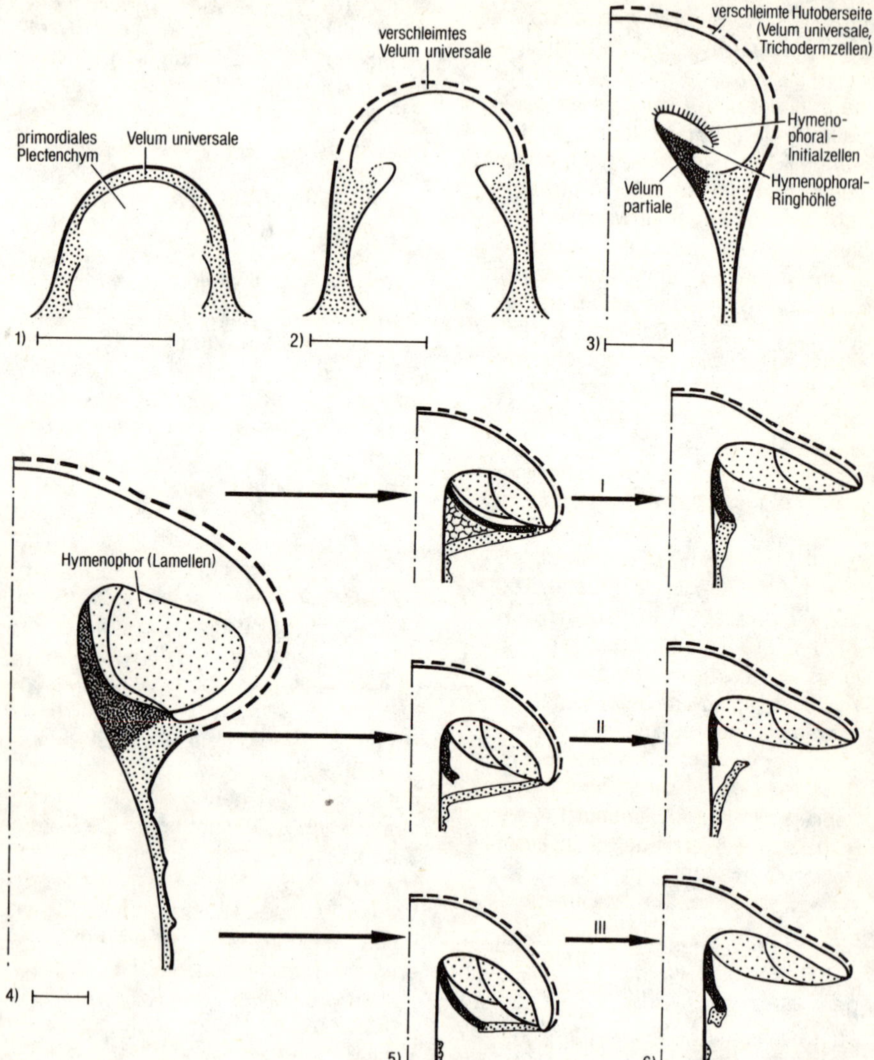

Velum 1: Beteiligung der Vela (Velum universale, Velum partiale) an der Ringbildung des Buchenringrüblings (Oudemansiella mucida). Die Ziffern 1) bis 6) zeigen die Reihenfolge der Ringbildung an.
I normaler Ring, II stielartiger Ring, III hängender Ring. Maßstab 100 μm

Velum partiale bedeckt am jungen Fruchtkörper in der Regel nur das ↑ Hymenophor. Es hat verschiedenen Ursprung. Zum Beispiel kann es dem primordialen Plectenchym zwischen Hymenophor und Stiel entstammen und ist dann als Anulus (Manschette) am reifen Fruchtkörper erkennbar. Diese

Form des V. partiale wird auch V. apicale genannt. Das Velum partiale kann auch als Marginalvelum (Velum marginale) ausgebildet sein. Es ist dann als verlängerte Huthautbildung zu verstehen, die bis zum Stiel reicht, dort nicht verwachsen ist, so daß ein beweglicher Ring entsteht, oder verwachsen ist. Das V. marginale wird am ausgereiften Fruchtkörper oft als Ring bezeichnet. Eine dritte Form des Velum partiale ist die Cortina (der ↑ Schleier). Es ist eine Hüllbildung, die am aufschirmenden Fruchtkörper als spinnwebartige Struktur zwischen Hutrand und Stiel zu erkennen ist.

Bei hemiangiocarpen Basidiocarpien kann ein Velum universale oder/und ein Velum partiale auftreten. Mitunter sind aber Hüllen nur im primordialen Zustand nachweisbar (↑ Fruchtkörperentwicklung, Tab.). In solchen Fällen stimmt die Terminologie, die aus der embryologischen Forschung stammt (hemivelangiocarp usw.), nicht mit der allgemein gebräuchlichen überein, da die Begriffe des V. partiale und V. universale nur für makroskopisch feststellbare Strukturen benutzt werden. Abb. 1,2. ↑ Abb. Fruchtkörperentwicklung, ↑ Lipsanenchym D

Venae externae ↑ Tuberothecium

Venae internae ↑ Tuberothecium

Venturia: Gattung der Ordnung ↑ *Dothideales* (Kl. ↑ *Ascomycetes*), die rund 50 Arten umfaßt und wahrscheinlich weltweit verbreitet ist. Die ↑ Ascocarpien sind kleine ↑ Pseudothecien mit Porus und ↑ Pseudoparaphysen. Die Ascosporen sind zweizellig, die Anamorphen gehören zu *Fusicladium* (↑ Abb. imperfekte Pilze) und *Spilocaea* (Fam. ↑ *Dematiaceae*). Die Gattung *V.* enthält einige Parasiten an Nutzpflanzen, besonders an Obstgehölzen. Von diesen ist *V. inaequalis*, der Erreger des Apfelschorfes (↑ Abb. Befall), die bedeutungsvollste Art. Hi

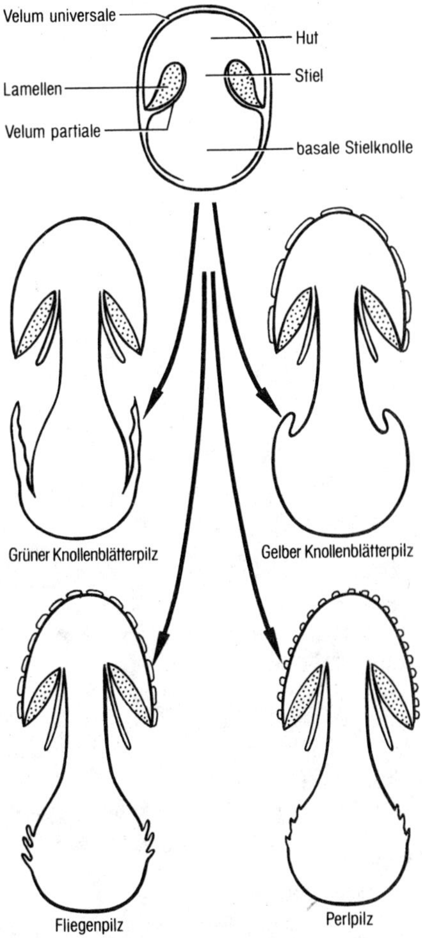

Velum 2: Entwicklung des Velum universale bei verschiedenen Amanita-Arten (Wulstlingen)

Verdünnungsausstrich: gezielte Führung des Impfgerätes bei der Beimpfung von festen Nährmedien (z. B. einer Agarplatte), die zur Ausdünnung der Mikroben bezüglich der beimpften Fläche führt. Der V. dient der Vereinzelung von Mikroorganismen zur Gewinnung von Reinkulturen. ↑ Impfung, Abb. Str

Verfärbung ↑ Blaufärbung, ↑ Anlauffarben

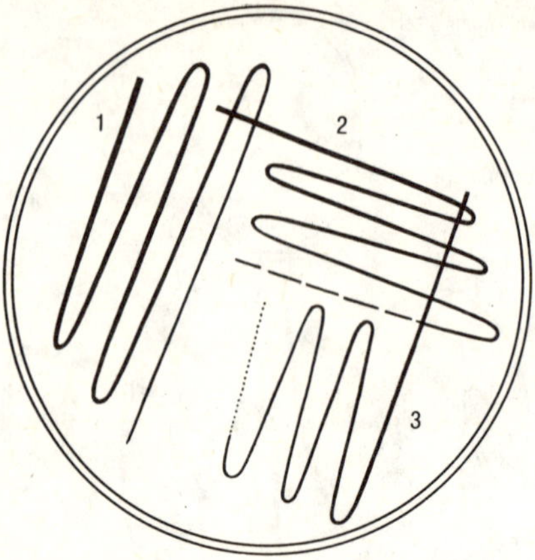

Verdünnungsausstrich; die Ziffern zeigen die Strichführung an

Verletzungsmykosen: durch pathogene Pilze an Mensch und Tier verursachte Krankheiten (↑ Mykosen), bei denen die Erreger nach Verletzung der Haut des Wirtes eindringen. Intakte Haut ist für viele der in Frage kommenden Pilze eine unüberwindbare Barriere. Zu den V. rechnet man z. B. die ↑ Chromomykose, die ↑ Monosporiose und den ↑ Madurafuß. Die klinischen Bilder dieser Mykosen sind variabel. Häufig kommt es zur Entstehung eines ↑ Myzetoms. V

Vermehrung ↑ Fortpflanzung

Vermehrungspilze: Begriff aus der Phytopathologie für zahlreiche krankheitserregende Pilze, die an Stecklingen, in Saatbeeten, Vermehrungsbeeten usw. ↑ Infektionen vom Boden aus hervorrufen. Zu den V. gehören z.B. Arten der Form-Gattungen *Phoma,* ↑ *Rhizoctonia, Fusarium* (↑ imperfekte Pilze) und der Oomyceten-Gattung *Pythium.* Als Krankheiten entstehen ↑ Fußkrankheiten, ↑ Fäulen, Wurzelbrand u.dgl. B

Verpa: Gattung der Ordnung ↑ *Pezizales* (Kl. ↑ *Ascomycetes*), die zwei Arten der nördlich-temperaten Zone umfaßt. Die *V.*-Arten bilden gestielte morchelloide ↑ Apothecien (Verpeln), die im zeitigen Frühjahr erscheinen; sie sind Speisepilze. Taf. 16/2 Hi

Verpel ↑ *Verpa*

Verrucaria: Gattung der Ordnung ↑ *Verrucariales* (Kl. ↑ *Ascomycetes*), zu der ausschließlich ↑ Krustenflechten gehören. *V.*-Arten besiedeln neben Erde und Rinde sowohl saures wie auch kalkhaltiges Gestein als epilithische, hemiendolithische und endolithische Flechten. Einige leben im Wasser oder an langzeitig feuchten Standorten (Ufer, Brandungszone u. a.), andere an extrem besonnten Stellen mit großen Temperatur- und Feuchtigkeitsschwankungen. Endolithische *V.*-Arten bilden oft unregelmäßig angeschwollene Endzellen der Hyphen, die mit Öltropfen gefüllt sind (Ölhyphen). Die Ascosporen sind einzellig und farblos. ↑ *Verrucariales* Sto

Verrucariales: Ordnung der Unterklasse *Euascomycetidae,* die nur die Familie *Verrucariaceae* mit 6 Gattungen (*Dermatocarpon, Endocarpon, Polyblastia, Staurothele, Thelidium* und ↑ *Verrucaria*) umfaßt. Es sind durchweg ↑ pyrenocarpe Flechten mit endolithischem oder epilithisch krustigem, schuppig bis blättrig genabeltem oder seltener kleinstrauchigem Thallus von einfachem bis heteromerem Bau. Als ↑ Ascocarpien entstehen eingesenkte oder aufsitzende ↑ Perithecien mit dicker Eigenwand und oft mit einem ↑ Involucrellum. In den bitunicaten ↑ Asci entwickeln sich bis zu acht farblose oder braune, einzellige oder quer- bis mauerförmig geteilte Sporen. Im geschlossenen, dichtgedrängten ↑ Hymenium fehlen ↑ Paraphysen, jedoch reichen die ↑ Periphysen von Mündungskanal und inneren Perithecienwänden bis zum Hymenium hinab. ↑ Conidien werden in gekammerten ↑ Pycnidien von kurzzelligen ↑ Conidiophoren gebildet. Als ↑ Phycobionten treten *Coccobotrys, Myrmecia, Protococcus, Pseudo-*

pleurococcus sowie die bisher nur bei den ↑ *V.* festgestellten Algen *Heterococcus* und *Petroderma* auf. Die *V.* sind von der arktischen bis zur temperaten Zone der Erde verbreitet. Sto

Verrucarine: ↑ *Mykotoxine,* die in den Pilzen *Myriothecium verrucaria* und *M. roridum* gebildet werden. Sie gehören zu den ↑ Verrucarolestern und sind für Warmblüter toxisch. Verrucarin A ist z. B. ein Proteinsynthese-Hemmstoff. Es verursucht u. a. Hautschäden, Gewichtsverlust und Leucocytose (LD_{50} = 1,5 mg/kg Maus, intravenös). M

Verrucarolester: ↑ Mykotoxine der ↑ Trichothecen-Gruppe. Gemeinsam ist ihnen eine Terpeneinheit. Zu den V. gehören z. B. die ↑ Verrucarine, ↑ Roridine aus *Myriothecium*-Arten (↑ imperfekte Pilze). Satratoxin H wird von *Stachybotrys atra* (↑ imperfekte Pilze) gebildet. M

Beispiele für Verrucarolester:

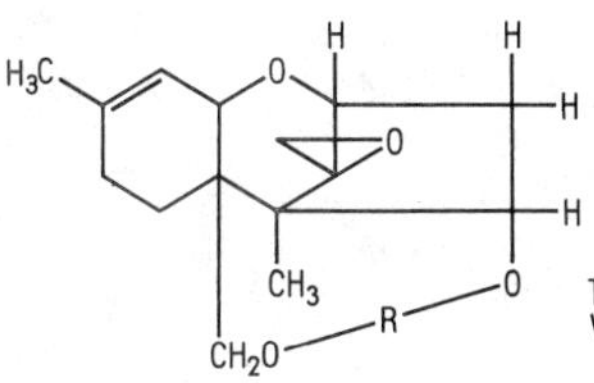

Terpeneinheit der Verrucarolester

Beispiele für Verrucarolester:

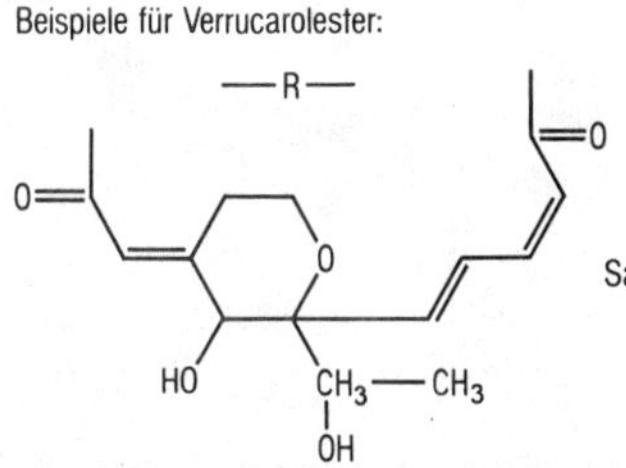

Satratoxin H

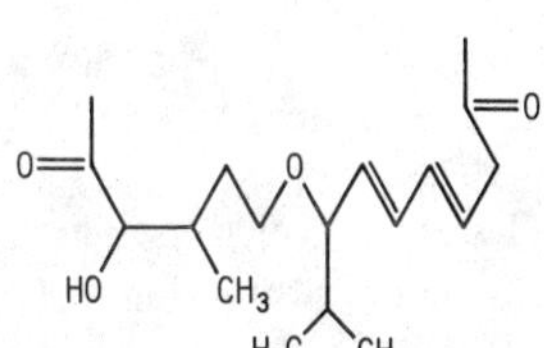

Roridin A

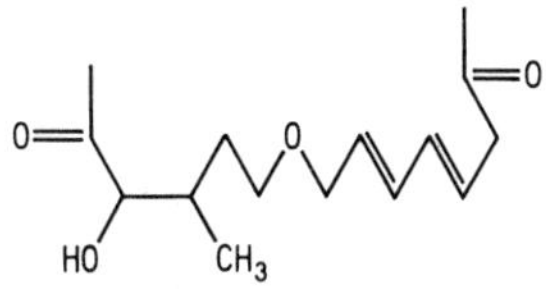

Verrucarin A

Versicolorine: ↑ Mykotoxine, die von ↑ *Aspergillus*-Arten, besonders von *A. nidulans, A. flavus, A. parasiticus* und *A. versicolor,* gebildet werden. In ihrer chemischen Struktur ist ein Di- bzw. Tetrahydrofuranring und eine Anthrachinoneinheit enthalten. Die V. können durch pilzbefallene Lebensmittel in den

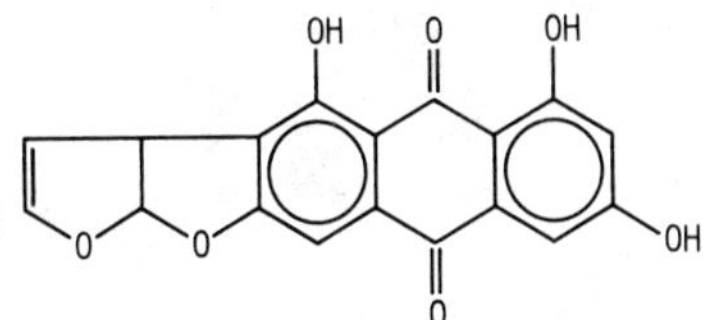

Versicolorin A

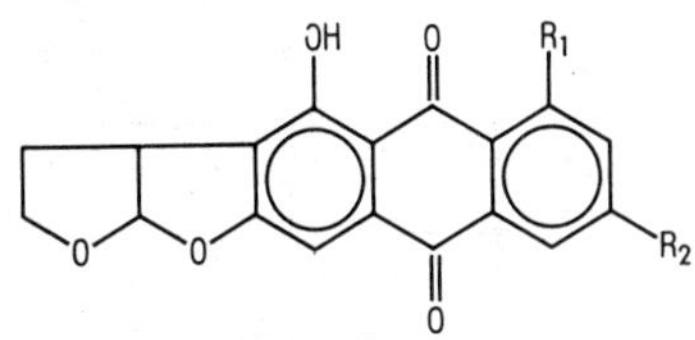

	R_1	R_2
Versicolorin B	OH	OH
Aversin	OCH_3	OCH_3

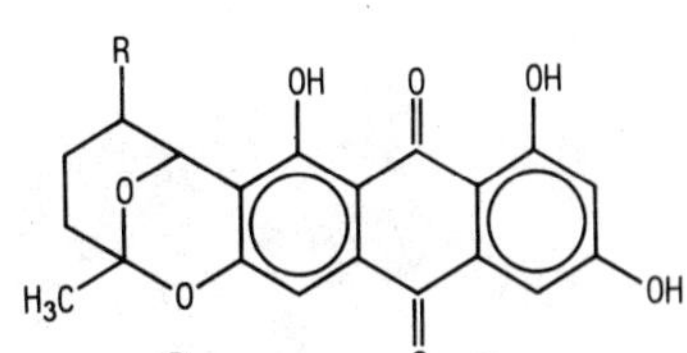

	R
Nidurufin	OH
Averufin	H

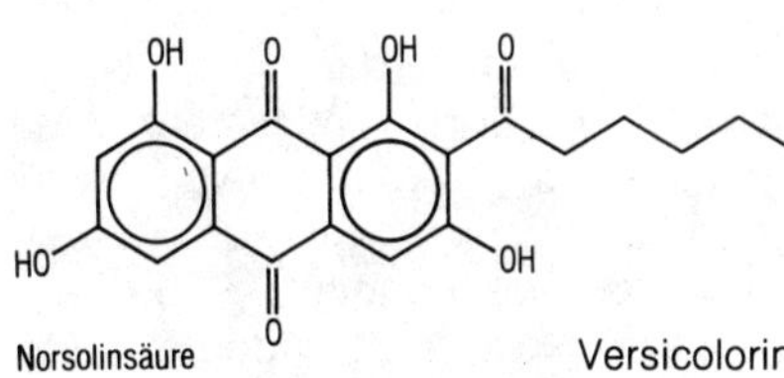

Norsolinsäure

Organismus gelangen und besonders bei Vertebraten toxisch wirken. Die wichtigsten V. sind Versicolorin A, B, Aversin, Averufin, Nidurufin, Norsolinsäure. M

Verticillium: Form-Gattung der ↑ *Moniliaceae* (↑ imperfekte Pilze) mit enteroblastischer ↑ Conidiogenese in Phialiden. Die ↑ Conidien sind farblos, ein- bis zweizellig und zu schleimigen Köpfchen zusammengelagert. Die ↑ Conidiophore sind charakteristisch quirlig (verticillat) verzweigt (↑ Abb. imperfekte Pilze), Conidiomata fehlen. Die Gattung umfaßt etwa 40 Arten, ist kosmopolitisch verbreitet; die Teleomorphen gehören, soweit bekannt, zu den ↑ *Hypocreales*. Die meisten Arten leben saprophytisch, einige sind Parasiten auf höheren Pflanzen, z. B. *V. albo-atrum, V. dahliae* oder auf Pilzen, z.B. *V. fungicola* auf dem Kulturchampignon. Hi

der Wirte aus (↑ Gefäßmykose) und stört die Wasserversorgung. B

vesiculär-arbusculäre Mykorrhiza ↑ VA-Mykorrhiza

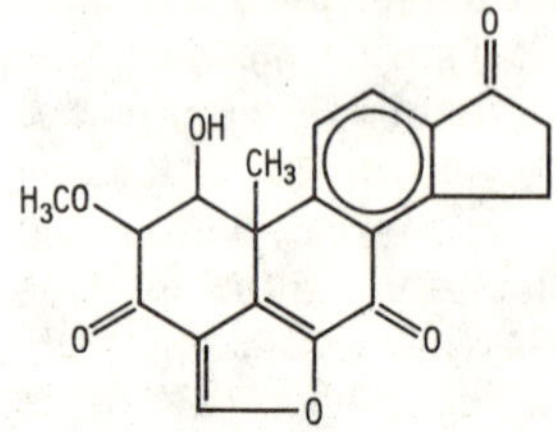

Viridin

Viridin: ↑ Mykotoxin, das von *Gliocladium viride* (↑ imperfekte Pilze) gebildet wird. V. ist ein Antimykotikum, z. B. wird die Conidienkeimung bei ↑ *Botrytis allii* durch 0,005 µg/ml verhindert. V. gehört zu den Steroiden. M

Virotoxine: ↑ Knollenblätterpilzgifte, die aus einem 7 Aminosäuren enthaltenden monozyklischen Peptidring beste-

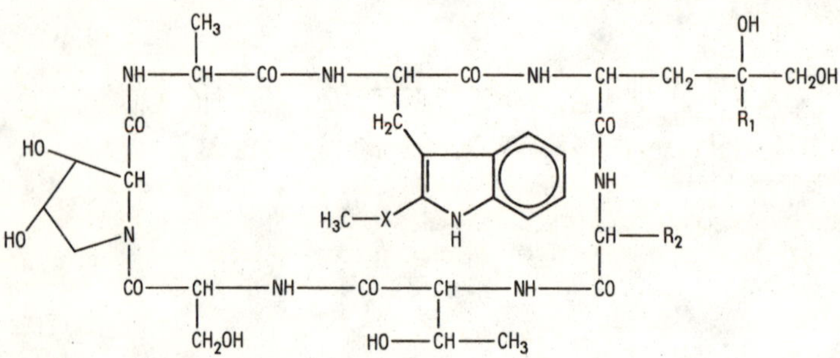

	X	R_1	R_2
(Ala)Viroidin	SO_2	CH_3	CH_3
Viroisin	SO_2	CH_2OH	$CH(CH_3)_2$
Desoxyviroisin	SO	CH_2OH	$CH(CH_3)_2$
Viroidin	SO_2	CH_3	$CH(CH_3)_2$
Desoxyviroidin	SO	CH_3	$CH(CH_3)_2$

Virotoxine

Verticillosen: Pflanzenkrankheiten, die durch *Verticillium*-Arten (↑ imperfekte Pilze) verursacht werden. V. treten z. B. als ↑ Nekrosen oder Welkekrankheiten in Erscheinung. Der Bodenpilz *Verticillium albo-atrum* erzeugt z. B. Welkeerscheinungen bei Kartoffeln, Rüben u. a. Das Myzel breitet sich in den Gefäßen

hen. Sie kommen im Fruchtkörper des Spitzkegeligen Wulstlings *(Amanita virosa)*, zusammen mit den ↑ Phallotoxinen ↑ Phalloidin, Phallacidin und den ↑ Amatoxinen α-Amanitin sowie Amaninamid, vor. Bisher sind 5 V. bekannt, von denen die Hauptkomponenten Viroidin und Viroisin sind.

Der zelluläre Angriff der V. ist sehr ähnlich der Phalloidinwirkung. V. und Phalloidin zeigen eine Wechselwirkung mit dem Protein F-Actin, das nach neueren Erkenntnissen in jeder Zelle am Membranaufbau beteiligt ist. F-Actin ist auch bedeutsam für die Muskelbewegung. Es kommt zu Störungen der Zellfunktionen. M

Virulenz: die „Giftigkeit" eines ↑ Pathogens gegenüber dem ↑ Wirt; die Fähigkeit des Pathogens, den Wirt zu befallen (↑ Infektion) und sich zu dessen Schaden zu entwickeln. Die V. ist einerseits durch die spezifischen pathogenen Eigenschaften des Erregers bedingt und wird andrerseits durch den Grad der ↑ Resistenz des Wirtsorganismus eingeschränkt. Sie beruht auf dem Fehlen von Resistenzgenen beim Wirt oder auf dem Besitz von Virulenzgenen, die in der Lage sind, die Resistenz des Wirtes zu überwinden. Maßstäbe der V. sind u. a. die Intensität der Erkrankung, die Vermehrungsrate des Erregers und die Dauer der Inkubationszeit. Die V. kann durch Umweltbedingungen modifiziert werden. B

Vitamine: Bestandteile von Coenzymen und deshalb lebensnotwendige Stoffe. Einige Pilze benötigen V. als Wachstumsfaktoren, viele können ihre V. selbst synthetisieren. Manche Pilze produzieren mehr V., als sie für ihr eigenes Wachstum benötigen. Sie finden in der Technik Anwendung zur biotechnologischen Produktion von V., die als Futter- und Nahrungsmittelzusatz, natürlicher Lebensmittelfarbstoff oder in pharmazeutischen Präparaten verwendet werden. Praktische Bedeutung haben die Herstellung des *β*-Carotins als Vorstufe für V. A mit Stämmen von *Blakeslea trispora* und die Produktion von Riboflavin (V. B_2) mit Hilfe von *Ashbya gossypii* und *Eremothecium ashbyi* erlangt. Ergosterol (Provitamin D_2) kann mit Hefen produziert werden, z. B. mit *Candida tropicalis* bei Wachstum auf n-Alkanen. Str

Vittadini, Carlo: italienischer Physiker und Botaniker (1800–1865). V. war mit der Pilzflora Italiens beschäftigt, beschrieb häufige Gift- und Speisepilze und schuf bedeutende Monographien. 1828 erschien sein „Tentamen mycologicum seu Amanitarum illustratio", 1831 die „Monographia Tuberacearum", 1842 die „Monographia Lycoperdineorum". Diese Werke gehören zu den Arbeiten, die im 19. Jh. – auf den Übersichtswerken von ↑ Persoon und ↑ Fries basierend – eine bis in die Gegenwart andauernde Periode detaillierter systematischer Bearbeitungen kleiner, natürlicher Gruppen einleiten. H/D

Volva: häutige bis scheidenartige Hülle der Basis mancher ↑ Basidiocarpien. Die V. geht stets aus einer Gesamthülle juveniler Stadien des Fruchtkörpers hervor, wobei an ihrer Bildung die gesamte Hülle oder Teile von ihr beteiligt sind. Sowohl die aus einem ↑ Velum universale hemiangiocarper ↑ Pilothecien als auch die aus einer Peridie von ↑ Gasterothecien entstehenden scheidenartigen Basalstrukturen werden als V. bezeichnet. Der Begriff wird in erster Linie bei den Fruchtkörpern der ↑ *Phallales,* bei einigen ↑ *Tulostomatales* (↑ *Battarraea*) und bei manchen ↑ *Amanita*-Arten sowie bei den Scheidlingen (Gattung *Volvariella,* Ord. ↑ *Agaricales*) benutzt. Taf. 31/1 D

Vomitoxin: ↑ Mykotoxin der ↑ Trichothecen-Gruppe, ein Ketotrichothecen, das von *Fusarium roseum* gebildet wird. V. gelangt durch infizierte Nahrungsmittel in den Menschen und wirkt toxisch. Der Grenzwert liegt bei 0,3 mg/kg Nahrungsmittel, z. B. Mais. M

Vuillement, Jean Paul: französischer Mykologe (1861–1933). Er studierte an der Universität in Nancy Medizin und promovierte 1884 zum Dr. med. Von

1895–1932 war er Professor für Naturgeschichte an der medizinischen Fakultät in Nancy. V. beschäftigte sich hauptsächlich mit der Systematik der Pilze, mit medizinischer Mykologie und Phytopathologie. Wichtige Publikationen sind u. a. „Les conidiospores" (1911), „Les champignons essai de classification" (1912) und „Les champignons parasites et les mycoses de l'homme" (1931). H

Vulpinsäure: ↑ Flechtenstoff; aromatische Verbindung, die chemisch zu den ↑ Tetronsäuren bzw. Pulvinsäurederivaten gehört. V. kommt vor allem in *Letharia vulpina*, der Wolfsflechte, aber auch in *Alectoria tortuosa, Cetraria pinastri* u.a. Arten vor und stellt ein starkes Gift dar, das auf das Zentralnervensystem wirkt, die Atmung stark erhöht

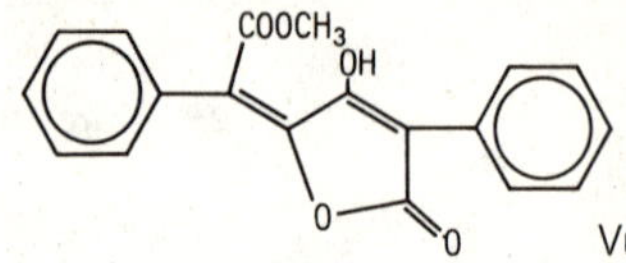

Vulpinsäure

und schließlich durch Atemlähmung zum Tode führt. *Letharia vulpina* wurde früher zum Vergiften von Wölfen benutzt. Sto

W

Wachsblättler: Name für ↑ Blätterpilze der Familie *Hygrophoraceae* (Ord. ↑ *Agaricales*). Die Bezeichnung nimmt auf die Konsistenz der ↑ Lamellen Bezug. Diese sind meist dick und weniger biegsam als bei anderen Blätterpilzen, z. B. den meisten *Tricholomataceae, Agaricaceae, Cortinariaceae* usw. ↑ *Hygrocybe,* ↑ *Hygrophorus,* Taf.25/3,4; 26/1–3 D

Wachstum: irreversible Zunahme der lebenden Substanz. Wird ein Nährmedium beimpft und die Zunahme der Zellmasse oder Zellzahl (bei ↑ Hefen) verfolgt, so lassen sich in Abhängigkeit von der Kultivierungsdauer verschiedene Wachstumsphasen erkennen, die eine Wachstumskurve ergeben (z.B. für eine Hefekultur, Abb. 1). Die erste Phase umfaßt den Zeitabschnitt zwischen ↑ Impfung und dem Erreichen der maximalen Wachstumsrate; sie wird Anlauf- oder lag-Phase genannt. In ihr stellt sich der Organismus durch Enzymsynthesen auf die neuen Wachstumsbedingungen ein. Daran schließt sich die exponentielle oder log-Phase an. Sie ist charakterisiert durch eine konstante Wachstumsrate μ, die sich nach Monod durch die Gleichung

$$\frac{dx}{dt} = \mu \cdot x \text{ (x = Trockenmasse, t = Zeit)}$$

errechnen läßt. Durch abnehmende Substratkonzentration, hohe Populationsdichte, Sauerstoffmangel oder Anhäufung toxischer Stoffwechselprodukte wird die nachfolgende stationäre Phase eingeleitet. Die in der stationären Phase erreichte Biomasse wird als Ertrag ($E = X_{max} - X_o$) oder Ausbeute

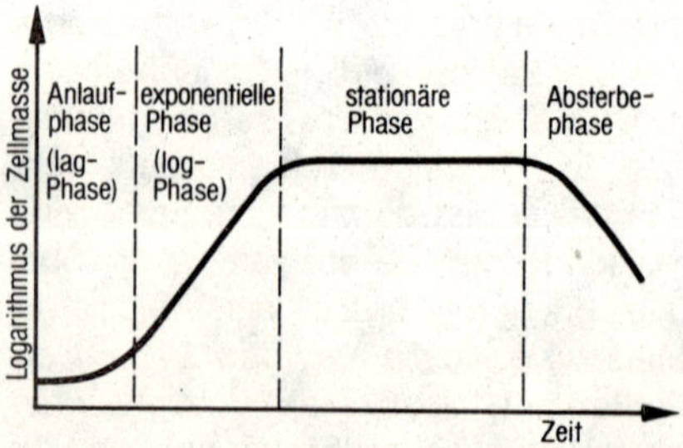

Wachstum 1: Wachstumskurve einer Kultur im flüssigen Medium

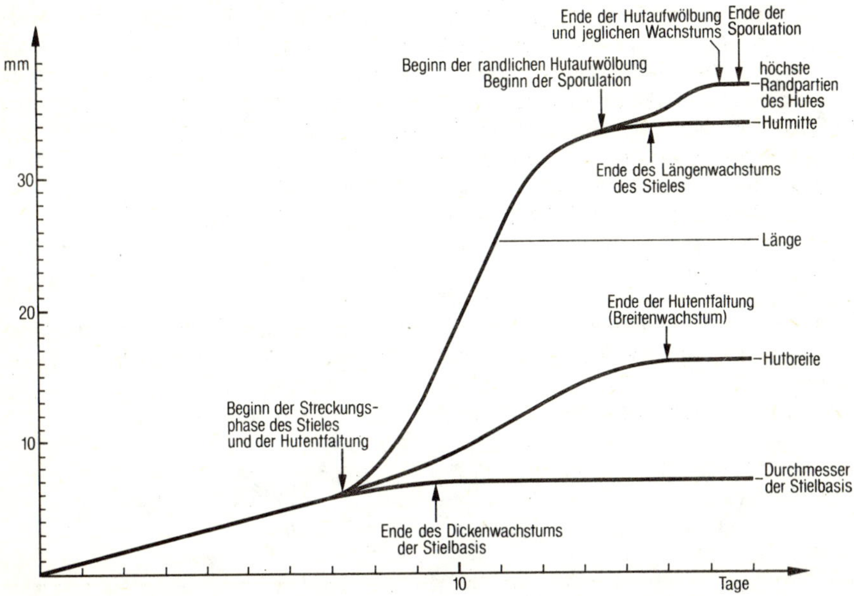

Wachstum 2: Wachstumskurve eines Pilotheciums (Xerula melanotricha) in Kultur unter konstanten Umweltbedingungen

bezeichnet. Der Ertrag pro eingesetzte Substratmenge wird im Ertragskoeffizienten $Y = \frac{E}{S_o}$ ausgedrückt (auch „ökonomischer Koeffizient" genannt). Schließlich folgt die Absterbephase, in der die Zellen absterben und sich meist durch Autolyse durch zelleigene Enzyme auflösen. Für myzelbildende Pilze, deren Hyphen an den Spitzen wachsen, erhält man meist keine ausgeprägte exponentielle Wachstumsphase, sondern – je nach Verzweigungsgrad – einen mehr oder weniger linearen Kurvenverlauf. Das Wachstum von ↑ Fruchtkörpern zeigt ebenfalls einen charakteristischen Verlauf. So haben die Wachstumskurven von Fruchtkörpern, die sich aus Primordien entwikkeln (viele boletoide und agaricoide stipitate Pilothecien), eine typische exponentielle Phase (Abb. 2); andere (z. B. viele Porlinge) zeigen einen linearen Anstieg. Str/D

Wachstumsfaktoren ↑ Nährstoffe

Waldfreund (Waldfreundrübling) ↑ *Collybia*

Wasserschimmel ↑ Schimmel, ↑ *Saprolegniales*

Wein: durch alkoholische ↑ Gärung aus dem Saft von frischen Weintrauben hergestelltes Getränk. Die Gärung erfolgt spontan durch die natürliche Flora der Traubenschalen oder durch Zusatz von Weinhefen. Weinhefen sind besonders geeignete Rassen von ↑ *Saccharomyces cerevisiae,* z. B. var. *ellipsoideus,* var. *pastorianus,* var. *vini* u. a. Kulturhefen. Es können bis zu 18 Volumenprozent ↑ Ethanol gebildet werden. In gärendem Most kommen häufig auch noch andere Hefen vor, die wegen ihrer zugespitzten Zellform als Apiculatus-Hefen bezeichnet werden (Arten der Gattungen *Kloeckera, Hanseniaspora, Saccharomycedes, Brettanomyces*). Die wichtigsten Schritte der Weinbereitung sind:

– Lese (Ernte)
– Gewinnung des Traubensaftes oder Mostes (Beeren von Stielen befreien, zerquetschen, keltern)
– Gärung im Holzfaß oder Stahltank
– Kellerbehandlung (Absetzen der Hefe, Absetzen von Weinsäure, Säureabbau durch Bakterien, Schwefelung, Klärung)
– Abfüllung. Str

Weiße Piedra: durch den Sproßpilz *Trichosporon cutaneum* verursachter Befall des Barthaares beim Menschen. Andere behaarte Körperregionen sind wesentlich seltener betroffen. Die Erreger befallen die Haarschäfte und bilden an ihnen weiß bis hellbraun gefärbte Knötchen von weicher Konsistenz. Die W. P. ist eine auf der ganzen Welt seltene ↑ Dermatomykose. V

Weißer Rost (Weißrost) ↑ *Albugo*

Weißfäule ↑ Holzzerstörung

Weißfleckenkrankheiten: phytopathologischer Begriff für Krankheiten, die sich durch weiße Blattflecken bemerkbar machen. Von wirtschaftlicher Bedeutung ist z. B. die W. der Erdbeeren, die von ↑ *Mycosphaerella fragariae* (Kl. ↑ *Ascomycetes*) verursacht wird. *Mycosphaerella pyri* erzeugt die W. der Birne. B

Weißhosigkeit ↑ Fußkrankheiten

Welkekrankheiten: phytopathologischer Begriff für Krankheiten, die zu Störungen der Wasserversorgung von Pflanzen führen. Häufig sind ↑ Gefäßmykosen die Ursache; z. B. können ↑ *Fusarium*- und ↑ *Verticillium*-Arten W. hervorrufen. W. können sich bei Gehölzen zu Zweigsterben, Wipfeldürre usw. entwickeln. B

Wettbewerbsflüchter: Pilze, die an stark gestörten Standorten mit geringem bzw. einseitigem Nahrungsangebot leben, z. B. mikroskopische Bodenpilze in Salzböden, thermophile Pilze, Großpilze in Wüsten, epiphylle Pilze. Es handelt sich hierbei um Arten, die unter günstigeren Bedingungen konkurrenzschwach sind, aber auf Extremstandorten infolge spezieller Anpassung überleben können. ↑ Lebensstrategie H

Wettbewerbsstarke Pilze: Arten, die an Standorten geringer Störung mit guter Nährstoffversorgung leben. Es sind Pilze, die sich im Wettbewerb um die Nährstoffquellen in Wäldern, Wiesen und Weiden durchsetzen und ein hohes Myzelalter erreichen können, z. B. die Holzzerstörer ↑ *Fomes fomentarius, Ganoderma-,* ↑ *Phellinus*-Arten. ↑ Lebensstrategie H

Wiesenchampignon ↑ *Agaricus*

Wildtyp: der ↑ Phänotyp und der dem zugrundeliegende ↑ Genotyp, durch den die Mehrheit der unter natürlichen Umweltbedingungen auftretenden Formen einer Art gekennzeichnet ist. Entsprechend der genetischen Nomenklatur wird ein ↑ Gen nach dem Phänotyp der Mutante bezeichnet (z.B. bei ↑ Neurospora crassa: *col* = begrenztes koloniеähnliches Myzelwachstum; der Wildtyp, der ein normales Koloniewachstum aufweist, wird mit col^{+} bezeichnet). ↑ Pilzgenetik Sch

Willdenow, Carl Ludwig: deutscher Botaniker (1765–1812). Nach einer Apothekerlehre studierte W. in Halle Medizin. 1789 wurde er zum Dr. med. promoviert und wirkte ab 1798 als ordentlicher Professor der Naturgeschichte in Berlin. 1801 ernannte man ihn zum öffentlichen Lehrer der Botanik, außerdem war er Direktor des Botanischen Gartens in Berlin. W. war in erster Linie Botaniker, hat aber auch für die Mykologie Bedeutung. In seinen Werken „Prodromus florae berolinensis" (1787), „Grundriß der Kräuterkunde" (1792), „Etwas über die Entstehung der Pilze" (1792), „Anleitung zum Selbststudium der Botanik" (1810) finden die Pilze Berücksichtigung. W. besorgte die deutsche Ausgabe des Pilzwerkes von J. ↑ Bolton und eine Neuauflage der „Species plantarum" von C. ↑ Linnaeus. H

Wintersporen: derbwandige Sporen, die meist gegen Ende der Vegetationsperiode gebildet werden und der Überwinterung dienen. Der Begriff wird in erster Linie für die ↑ Teleutosporen der Rostpilze (↑ *Uredinales*) benutzt und den Sommersporen (↑ Uredosporen) gegenübergestellt. B/D

Wirt: in der Parasitologie ein Begriff für einen Organismus, der einen Parasiten beherbergt. Der Parasit lebt auf Kosten seines W. und kann bei diesem eine Krankheit hervorrufen (pathogen wirken) oder nicht (↑ Parasitismus). In Verbindung mit dem Wirtsbegriff stehen verschiedene Bezeichnungen (Tab.), die spezielle Sachverhalte ausdrücken. Der Begriff W. wird auch für andere Beziehungen benutzt, besonders wenn kleinere Organismen mit größeren zusammenleben (↑ Kommensalismus), in der mykologischen Allgemeinsprache sogar für tote Substrate („Wirtsspektrum" von Holzzerstörern). Er sollte auf Parasitismus und Kommensalismus beschränkt bleiben. D/B

Wirtelschnallen ↑ Schnallen

Woronin, Michael: russischer Botaniker (1838–1903). Er studierte von 1854 bis 1858 an der Petersburger Universität Naturwissenschaften, ging 1858 nach Heidelberg, arbeitete dann unter Leitung von de ↑ Bary in Freiburg und 1860 unter Leitung von Thuret in Antibes (Südfrankreich). 1861 wurde er in Petersburg zum Magister der Botanik ernannt, und 1874 verlieh ihm die Universität Odessa den Ehrendoktortitel. W. beschäftigte sich vor allem mit Algen und Pilzen. Für die Mykologie sind

Bezeichnung	Bedeutung
Dikaryontenwirt	s. Haupwirt (2.)
Haplontenwirt	s. Zwischenwirt
Hauptwirt	1. die von den potentiellen Wirtsorganismen-Arten am häufigsten befallene Art (Gegensatz: Nebenwirt) 2. die im Rahmen des obligaten Wirtswechsels von dem wichtigeren (perfekten, geschlechtsreifen...) Entwicklungsstadium bzw. der wichtigeren Generation des Parasiten besiedelte Wirtsorganismen-Art; bei den Rostpilzen auch als Dikaryontenwirt bezeichnet (Gegensatz: Zwischenwirt)
Nebenwirt	s. Hauptwirt (1.), eine Wirtsorganismen-Art, die nur gelegentlich vom Parasiten besiedelt wird
Wirtsspektrum (Wirtskreis)	die verschiedenen Organismenarten, die einem Parasiten potentiell als Wirt dienen können
Wirtstreue (Autözie)	im Rahmen eines Entwicklungszyklus, der normalerweise mit Wirtswechsel verbunden ist, die Eigenschaft, keinen Wirtswechsel zu vollziehen, sondern alle Stadien auf einer einzigen Wirtsorganismen-Art auszubilden (Gegensatz: Wirtswechsel)
Wirtswahl	bei der Möglichkeit eines Parasiten, verschiedene Wirte zu befallen, die von verschiedenen Bedingungen abhängige konkrete Situation des Befalls
Wirtswechsel (Heterözie)	der gesetzmäßige, mit einem Generationswechsel des Parasiten verbundene Übergang auf eine andere Wirtsorganismen-Art (Gegensatz: Wirtstreue)
Zwischenwirt	s. Hauptwirt (2.) der vom unwesentlicheren Entwicklungsstadium des Parasiten besiedelte Wirt im Rahmen eines Wirtswechsels, bei Rostpilzen auch als Haplonten-Wirt bezeichnet

seine Arbeiten über die Entwicklungsgeschichte von Zygomyceten (Mucorineen), Sclerotien, Sclerotienbecherlingen und anderen Ascomyceten von Bedeutung; außerdem publizierte er über imperfekte Pilze, Brand- und Rostpilze. Die in Zusammenarbeit mit de Bary entstandenen Arbeiten erschienen 1866 innerhalb der „Beiträge zur Morphologie und Physiologie der Pilze" (1864–1881), die von de Bary herausgegeben wurden. H

Wulstlinge: volkstümliche Bezeichnung für einige Pilze der Blätterpilzgattung ↑ *Amanita*. Mit dem Namen W. wird mitunter die gesamte Gattung bezeichnet; außerdem führen einige Arten diesen Volksnamen, z. B. *Amanita spissa,* der Graue oder Gedrungene W. *A. porphyria,* der Porphyrbraune W. oder Porphyrbraune Knollenblätterpilz; *Amanita rubescens,* der Perlpilz oder Perlwulstling. ↑ Knollenblätterpilze, Taf. 30/5,6; 31/1–4 D

Wundparasiten ↑ Parasitismus

Wurzelschimmel: durch *Rosellinia necatrix* (Kl. ↑ *Ascomycetes,* Anamorphe: *Dermatophora necatrix*) hervorgerufene Pilzkrankheit verschiedener Kräuter und Gehölze, die zur allmählichen Zerstörung des Holzteiles (Xylemteiles) der Wurzeln führt. Die unterirdischen Pflanzenteile werden von spinnwebartigen Myzelüberzügen bedeckt; außerdem werden Rhizomorphen gebildet. Es kommt zu Fäuleerscheinungen. An toten Wurzelteilen bildet der Pilz ↑ Sclerotien, von denen ↑ Conidiophore hervorgebracht werden. Später werden an den abgestorbenen Pflanzenteilen ↑ Perithecien angelegt. B

Wurzelschwamm ↑ *Fomitopsis*

Wurzeltöterkrankheit: von dem polyphagen Bodenpilz *Thanatephorus cucumeris* (Kl. ↑ *Basidiomycetes,* Myzelform *Rhizoctonia solani*) hervorgerufene Erkrankung zahlreicher Wild- und Kulturpflanzen, die zum Absterben der Wurzeln führt. Die Symptome sind sehr vielfältig; es kommen Schwächung, Bräunung und Absterben von Keimpflanzen und jungen Trieben, Welkeerscheinungen an Blättern, Fußvermorschung, Wurzel-, Wurzelhals- und Stengelfäule, grauweiße Myzelüberzüge am Stengelgrund (Weißhosigkeit) vor. Infizierte Kartoffelpflanzen zeigen oft Knollenfäule oder schwarzbraune, massenhaft an den Knollen entstehende Sclerotien (↑ Pockenkrankheit). B

X/Y

Xanthomegnin: ↑ Mykotoxin, ein Binaphthochinonlacton, das in Arten der Gattungen ↑ *Aspergillus,* ↑ *Penicillium,* ↑ *Trichophyton* und ↑ *Microsporum* gebildet wird. X. verursacht beim Menschen Leberschäden. M

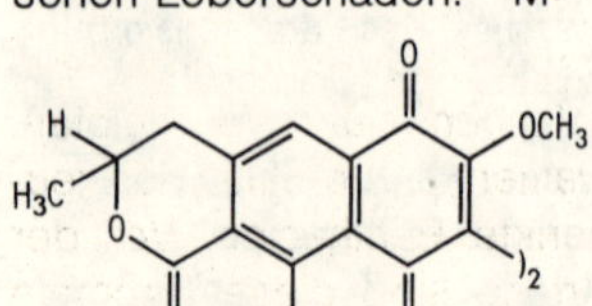

Xanthomegnin

Xanthone: Gruppe von ↑ Flechtenstoffen, die sich durch helle bis kräftig gelbe Farbe auszeichnen.

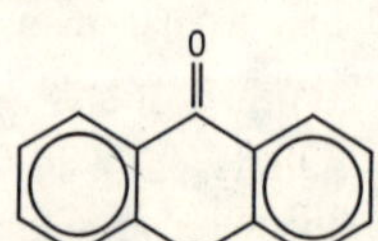

Grundskelett der Xanthone

Meist sind die Verbindungen chloriert und/oder hydroxyliert, wie z.B. die Thiophansäure, das gelbe Pigment vieler *Pertusaria*-Arten. X. mit freien Hydroxylgruppen zeigen nach Behandlung mit ↑ Dimroths Reagens im UV-Licht eine stark gelblich leuchtende Fluoreszenz. Verbreitet sind die X. in den Gattungen *Pertusaria, Ramalina, Parmelia, Lecanora, Lecidea* u. a. Sto

Xanthoria: Flechtengattung der Ordnung ↑ *Lecanorales* (↑ Lichenes), zu der ↑ Blattflechten mit kleinschuppigem bis kleinblättrigem oder nahezu strauchig aufsteigendem Thallus gehören. Meist sind die Thalli mit ↑ Rhizinen im Substrat verankert. Durch Einlagerung von ↑ Parietin und dessen Derivaten sind die *X.*-Arten lebhaft gelb bis orange gefärbt und ergeben mit KOH eine tiefrote Reaktion. Die stets heteromeren ↑ Loben sind beidseitig berindet. Als ↑ Phycobionten treten Grünalgen auf. In den lecanorinen ↑ Apothecien, die dem Thallus flächig aufsitzen oder kurz gestielt sind, werden zweizellige ↑ Ascosporen gebildet. Nahezu kugelige Pycnidien kommen meist in kleinen Lagerwarzen vor. Die Gattung *X.* umfaßt Gesteins- und Rindenbewohner. Die meisten Arten bevorzugen staubimprägnierte, relativ stickstoffreiche Substrate. *X. parietina,* eine der häufigsten europäischen Arten, ist oft an anthropogenen Standorten, z. B. auf Ziegel, Beton, Asbestzement, anzutreffen. Sto

Xerocomus (Filzröhrlinge): hauptsächlich in der temperaten Zone, aber auch mit einigen Arten in den Tropen verbreitete Gattung der Ordnung ↑ *Boletales* (Kl. ↑ *Basidiomycetes*). Sie steht der Gattung *Boletus* nahe, mit der sie von manchen Autoren vereinigt wird. Die Fruchtkörper sind zentral gestielte Röhrlinge mit basal dünnem oder nur unbedeutend verdicktem Stiel, relativ weiten Poren, trockenem, filzigem, naß mitunter etwas schmierigem Hut und bilateraler Hymenophoraltrama. Die Inhaltsstoffe (Variegatsäure, Xerocomsäure, Atromentin usw., ↑ Pulvinsäurederivate) stimmen mit anderen Gruppen der *Boletales* überein. Die Fruchtkörperentwicklung ist meist gymnocarp; an den reifen Fruchtkörpern ist kein Velum vorhanden. Die meisten *X.*-Arten sind Mykorrhizapilze. Eine parasitische Art, *X. parasiticus,* schmarotzt auf *Scleroderma citrinum,* dem Dickschaligen Kartoffelbovist. Unter den ca. 10 europäischen *X.*-Arten gibt es wertvolle Speisepilze, z. B. *X. badius,* den Maronenröhrling (Taf. 40/5), *X. fragilipes,* das Herbstrotfüßchen (Taf. 40/3), *X. subtomentosus,* die Ziegenlippe (Typusart, Taf. 40/4), und *X. chrysenteron,* das Rotfüßchen (Rotfußröhrling). In Auwäldern, wo es relativ wenige Mykorrhizapilze gibt, wächst *X. rubellus,* der Blutrote Röhrling (Taf. 40/6). Die *X.*-Arten sind nicht eng an bestimmte Mykorrhizapartner gebunden, sondern haben ein breites Partnerspektrum. ↑ Speisepilze, Tab. D

Xerula (Wurzelrüblinge): kleine Gattung der Ordnung ↑ *Agaricales* (Kl. ↑ *Basidiomycetes*) mit gymnocarpen, zentral gestielten Fruchtkörpern (Blätterpilzen). Die Myzelien leben saprophytisch in unterirdischem Holz. Die jungen Fruchtkörper durchwachsen das Erdreich und bilden dabei eine ↑ Pseudorhiza (Appendix rhizomorpha). Sporen und Basidien sind relativ groß, manche Arten (Subgen. *Xerula*) bilden auffallende Macrosetae (↑ Seta). Zu den häufigsten Arten gehört *X. radicata,* der Wurzelrübling. Taf. 10/3,4; 27/1,2 D

Xylaria: Gattung der Ordnung ↑ *Xylariales* (Kl. ↑ *Ascomycetes*), die rund 100 Arten umfaßt und weltweit verbreitet ist; besonders viele Arten kommen in den Tropen vor. Die ↑ Ascocarpien sind in artspezifisch geformten, aufrechten, einfachen oder verzweigten, außen schwarzen ↑ Stromata (Holzkeulen) eingesenkte Perithecien. Vor der Fruchtkörperreife sind diese Stromata oft mit ↑ Conidiophoren bedeckt. Die meisten Arten der Gattung *X.* sind Saprophyten auf Holz und anderen Pflanzenresten; wenige wachsen terrestrisch oder sind coprophil. Hi

Xylariales: Ordnung der Klasse ↑ *Ascomycetes* (Ukl. *Euascomycetidae*). Die *X.* sind saprophytisch lebende Pilze. Ihre dunklen (meist schwarzen) harten ↑ Perithecien sind bei vielen Arten in einem ↑ Stroma eingebettet (↑ *Hypoxylon*, ↑ *Xylaria*, ↑ *Poronia*, Taf. 12/1). Die Ascosporen sind dunkelbraun, besitzen Keimporen oder Keimspalten, manchmal auch Schleimhüllen oder ↑ Caudae (↑ Abb. Ascosporen). Die ↑ Asci sind unitunicat und haben deutliche Apikalringe (↑ Abb. Ascus 4, ↑ Apikalapparat). Ein ↑ Hamathecium fehlt oder ist in Form von Paraphysen ausgebildet. Die ↑ Anamorphen gehören meist zur Form-Familie *Moniliaceae* (↑ imperfekte Pilze). In manchen neuen Systemvorschlägen werden die Sippen des Verwandtschaftskreises von ↑ *Neurospora* und ↑ *Sordaria*, bei denen ↑ Stromata vorkommen, als Ordnung *Sordariales* abgetrennt. Hi

Yeniaceae ↑ *Ustilaginales*

Z

Zahlbruckner, Alexander: österreichischer Botaniker (1860–1938). Z. studierte in Wien, promovierte 1883 zum Dr. phil., war danach an der Botanischen Abteilung des Naturhistorischen Museums in Wien tätig, ab 1900 als deren Leiter, ab 1918 als erster Direktor des gesamten Museums. Z. war in erster Linie Lichenologe und arbeitete über die Biologie und Taxonomie der Flechten. Von besonderem Wert ist der „Catalogus lichenum" (1921–1940), der eine Zusammenstellung aller bis dahin bekannten Flechten-Taxa und Synonyme bringt. In dem von A. Engler und K. Prantl begründeten Werk „Die Natürlichen Pflanzenfamilien" bearbeitete Z. die Flechten (1926). H

Zählkammer: aus einem dicken Objektträger mit einer Vertiefung und Netzeinteilung bestehendes Gerät, das dem direkten mikroskopischen Auszählen (z. B. von Hefezellen, ↑ Sporen in Flüssigkeiten) dient. Nach Auflegen des plangeschliffenen Deckglases erhält man eine Kammer mit definiertem Volumen. Am bekanntesten ist die Thoma-Z. mit einem Zählnetz von 1 × 1 mm Kantenlänge und 0,1 mm Tiefe. Str

Zärtlinge ↑ *Psathyrella*

Zaunblättling ↑ *Gloeophyllum*

Zearalenon: ↑ Mykotoxin aus ↑ *Fusarium*-Arten. Z. besitzt estrogene Wirkung bei Säugetieren und verursacht Fruchtbarkeitsstörungen bei Schweinen und Rindern. M

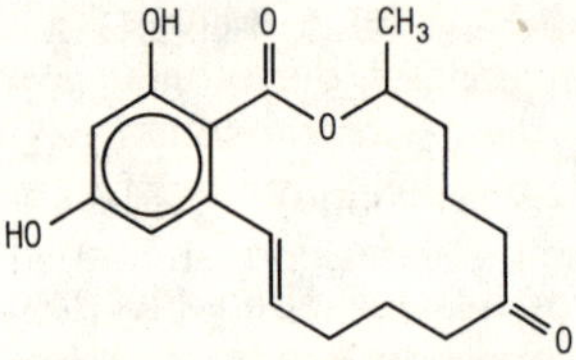

Zearalenon

Zelle: organismische Funktionseinheit, die durch eine klare Umgrenzung (durch Wände, Membranen) festgelegt ist. Besteht ein Organismus aus einer einzigen Z., so spricht man von Einzellern; mehrere Einzeller können zu Zellkolonien oder Coenobien vereinigt sein. Coenoblastische Organismen bestehen aus Einzelzellen oder aus mehreren Zellen, die jeweils große Funktionseinheiten darstellen, mehrere Zellkerne enthalten und mehreren Zellen von Vielzellern entsprechen (↑ Plasmodium). Vielzeller bestehen stets aus vielen primär zusammenhängenden Zellen. Die meisten Echten Pilze haben Myzelien, die aus septierten Hyphen aufgebaut sind. Die Abschnitte der Hyphen sind die Zellen dieser meist coenoblastischen Organismen. ↑ Taf. 1–3, ↑ Hyphe D

Zellkern (Nucleus): Bestandteil des ↑ Protoplasmas aller eukaryotischen Organismen, dem wesentliche Funktionen bei der Steuerung des Stoffwechsels zukommt. Bei allen Organismen, die zellulär gegliedert sind, kontrollieren die Z. den Stoffwechsel in den Zellen; bei nicht zellulär gegliederten Organismen (↑ Plasmodien) gehören die Z. zu bestimmten Portionen des Plasmas. Jeder Z. ist von einer doppelten Hüllmembran (Kernhülle) umgeben, die je nach physiologischer Aktivität des Z. eine unterschiedliche Anzahl von Kernporen enthält. Im Kernplasma (Karyoplasma) befinden sich das ↑ Chromatin sowie in artspezifischer Anzahl die Nucleoli (Kernkörperchen). Diese Struktur des Z. ist typisch für die Phase zwischen den ↑ Kernteilungen (Interphase). Während der ↑ Mitose bzw. ↑ Meiose ändert sich die Struktur des Chromatins, die ↑ Chromosomen werden jedoch bei vielen Pilzen nicht sichtbar.

Im Verlauf von Kernteilungen erfolgt die identische Verteilung des im Z. enthaltenen genetischen Materials auf die Tochterzellen (↑ Mitose). Sch/D

Zellteilung: Aufteilung der Zellbestandteile auf zwei oder mehrere Tochterzellen. Sie erfolgt bei Pilzen als Gonitogonie (↑ Gonite, ↑ Gonitocyste), Schizotomie (Teilung von Einzellern) oder als Cytotomie (Zellteilungen im Zellverband). Bei Cytotomie in Pilzhyphen gehen der Septierung gewöhnlich Kernteilungen voraus. Dabei wird zumeist im Bereich des Zelläquators ein neues ↑ Septum gebildet, dessen Wachstum zentripetal erfolgt, d. h. ähnlich dem Zuziehen einer Irisblende. Ein anderer Wandbildungsmechanismus tritt z. B. bei der ↑ Sprossung von Hefezellen auf. Sch/D

zelluläre Schleimpilze ↑ *Acrasiomycetes*

Zellulasen: zellulosespaltende ↑ Enzyme (↑ Zelluloseabbau). Sie werden industriell mit Hilfe von *Trichoderma viride, T. reesei, Aspergillus-* und *Penicillium-*Arten gewonnen. Gemeinsam mit ↑ Pektinasen werden sie zur Herstellung flüssiger Obst- und Gemüseerzeugnisse eingesetzt. Sie spielen außerdem eine Rolle als Verdauungshilfen und werden für die Verzuckerung zellulosehaltiger Substrate (Holz, Stroh), für die Produktion von ↑ Ethanol und ↑ Einzellerprotein benötigt. Str

Zelluloseabbau: Umwandlung der Zellulose in Spaltprodukte bzw. in ihre Ausgangsstoffe. Zellulose ist ein Grundbestandteil der pflanzlichen Biomasse. Pflanzliche Rückstände im Boden bestehen zu 40–70% aus Zellulose. Der Z. durch Mikroorganismen ist in der Natur von großer ökologischer Bedeutung im Rahmen des Mineralisierungsprozesses. Die Pilze haben unter aeroben Bedingungen (↑ Aerobiose) einen wesentlichen Anteil am Z., z. B. *Fusarium-* und *Chaetomium-*Arten. Auch in der Biotechnologie spielt der Z. durch Pilze bzw. durch deren Enzyme (↑ Zellulasen) eine wichtige Rolle, beispielsweise zur Verzuckerung zellulosehaltiger Rohstoffe (Holz, Stroh, Papier). Str

Zellzyklus: Lebenszyklus einer Zelle. Bei teilungsfähigen Zellen besteht der Z. aus 2 Phasen: der mitotischen Phase (↑ Mitose, ↑ Kernteilung) sowie der Interphase. Die Interphase kann in 3 Stadien unterteilt werden.

1. G1 (G = gap, engl. Lücke) ist das

Stadium zwischen der Mitose und der nächstfolgenden ↑ DNA-Replikation. Es dient primär der Vorbereitung der Synthese der DNA.
2. S (S = Synthese) ist das Stadium der DNA-Replikation. Das S-Stadium wird in eine frühe, mittlere und späte Phase unterteilt, in denen jeweils unterschiedliche Abschnitte der ↑ Chromosomen repliziert werden.
3. G2 ist das Stadium, welches der DNA-Replikation folgt und in dem die nächste Mitose vorbereitet wird. ↑ Pilzgenetik Sch

Zentralscheide ↑ Geißel

Zentralstrang: zentraler, dehnbarer Strang aus dickwandigen, dicht verklebten, parallel längsverlaufenden Hyphen in den fadenartigen Thalli von ↑ *Usnea* (↑ Lichenes). Er ist noch von einer lockeren Markschicht, der Phycobiontenschicht und der ↑ Rinde umgeben und dient der Festigung der von den Bäumen herabhängenden, in luftfeuchten Gebieten oft meterlangen Thalli (↑ Bartflechten). Bei Zugbelastung reißen Rinden- und Markschicht auseinander und verbleiben ringförmig auf dem Z. Sto

Zentrum: der von der Ascocarpwand umschlossene innere Teil eines ↑ Ascocarps. Zum Z. gehören die ↑ Asci, die Elemente des ↑ Hamatheciums, die ascogenen Hyphen, die Zellen des Subhymeniums usw. Oft wird der Begriff Z. jedoch nur im Zusammenhang mit der Entwicklung und Anordnung der Asci und des Hamatheciums (↑ Hymenium, ↑ Protothecium, ↑ Cleistothecium usw.) gebraucht. Hi

Zerstörung: Schädigung von Materialien und Nahrungsgütern bis zu deren Unbrauchbarkeit. Von den Mikroorganismen sind neben Bakterien auch viele Pilze an der Z. von Nahrungsvorräten, Arzneimitteln und Kosmetika, Treibstoffen, Ölen, Bitumina, Farben und Gemälden, Zellulosematerialien wie Holz (↑ Holzzerstörung), Papier und Textilien, Glas und Kunststoffen beteiligt. Oftmals führt der Pilzbefall dieser Materialien zu großen ökonomischen Schäden. Bei technischen Materialien betragen die Verluste durch mikrobielle Z. im Durchschnitt 2%. Viele synthetische Polymere widerstehen mikrobiellen Angriffen; es werden aber Zusatzstoffe, z. B. Weichmacher, abgebaut, so daß die Eigenschaften verändert werden. In elektrischen Anlagen kann es zu Kurzschlüssen durch auf Kabeln wachsende Pilzhyphen kommen. *Cladosporium resinae* kann Kerosen verwerten und führt z. B. zu Korrosionen in Tanks mit Flugzeug-Treibstoff. ↑ *Penicillium janthinellum* führt zu Farbstoffbildung auf Nylon. Pilze mit dunklen Sporen, wie *Pullularia-*, *Cladosporium-* oder ↑ *Phoma*-Arten, verursachen dunkle Flecke auf Gemälden und Farbüberzügen. Glas wird von Pilzen nicht als Nahrungsquelle genutzt, aber besonders in den Tropen und unter Feldbedingungen können auf Schmutzpartikeln auf oder nahe der Oberfläche von Linsen in optischen Instrumenten Pilze (z. B. ↑ *Aspergillus-*, ↑ *Penicillium-*, *Scopulariopsis*-Arten) wachsen, die durch ihre korrosiven Ausscheidungen die Linsen unbrauchbar machen. Die Reihe der Beispiele ließe sich fortsetzen. Durch Zusatz von Fungiziden und andere konservierende Maßnahmen versucht man, die Z. durch Pilze in Grenzen zu halten. Str

Ziegenlippe ↑ *Xerocomus*, Taf. 40/4

Zinnoberschwamm (Zinnoberroter Porling, Zinnobertramete) ↑ *Pycnoporus*, Taf. 21/3

Zitronensäure: wichtigste Tricarbonsäure im Stoffwechsel, Schlüsselsubstanz im Tricarbonsäurezyklus. Sie wird vor allem zur Herstellung alkoholfreier Getränke, zur Futtermittelaufbereitung (Dicksäuerung von Milch für die Jungtieraufzucht), zur Geschmackskorrektur

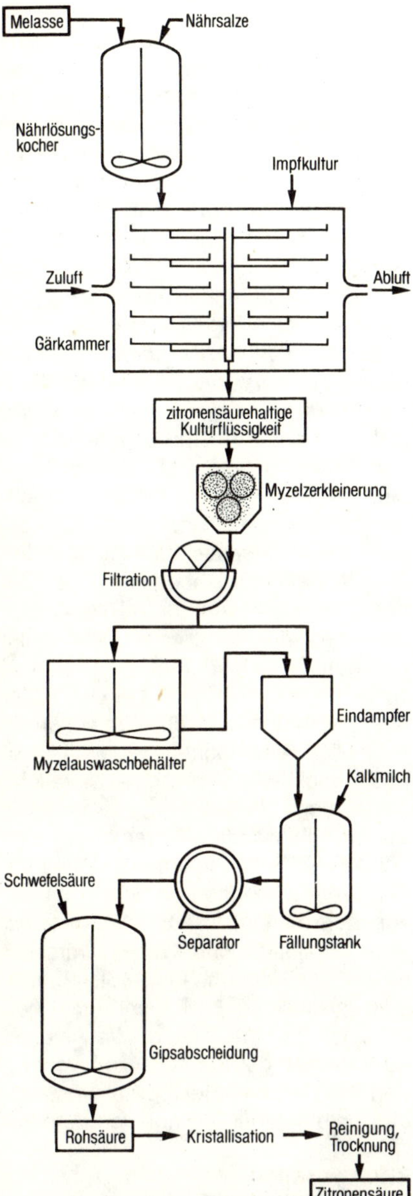

Zitronensäure: Herstellung im Oberflächenverfahren. Die Weltjahresproduktion liegt bei etwa 350000 t. Großtechnische Verfahren werden gegenwärtig fast ausschließlich mit dem Pilz Aspergillus niger durchgeführt

und als Puffersubstanz in der pharmazeutischen Industrie, zur Lösung von Kesselstein, für Weichmacher, Farben und Lacke benötigt.

Für die großtechnische Herstellung der Z. werden Pilze, besonders *Aspergillus niger*, benutzt. Die Kulturen werden z. T. noch im ↑ Emersverfahren auf ↑ Melasse bei *p*H 2,2 durchgeführt. Ein Beispiel für den Produktionsablauf ist in der Abb. gegeben. Zur Aufarbeitung wird die Fermentationslösung vom Myzel getrennt, und die Z. wird durch Zusatz von Kalkmilch bei 90 °C als Calciumcitrat gefällt. Nach Abtrennung der Nährlösung wird die Z. durch Zugabe von Schwefelsäure wieder in Lösung gebracht und das entstehende Calciumsulfat (Gips) abgetrennt. Danach folgen die Kristallisation, Reinigung und Trocknung. In zunehmendem Maße setzen sich ↑ Submersverfahren durch, in denen zunächst bei *p*H 4,0 für gute Myzelbildung (↑ Pellet-Bildung) gesorgt und dann durch *p*H-Absenkung verstärkte Z.-Bildung erreicht wird. Die ↑ Hefe *Yarrowia lipolytica* (früher: *Candida* bzw. *Saccharomycopsis lipolytica*) ist in der Lage, bei Wachstum auf Alkanen Z. zu bilden. Industrielle Verfahren mit *Yarrowia* sind in Vorbereitung. Str

Zitronensäure

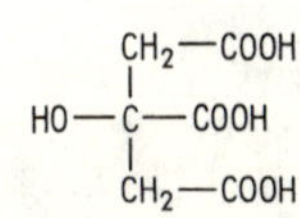

Zitterling ↑ *Tremella*, Taf. 16/6

Zitterzahn ↑ *Pseudohydnum*

Zoide: freibewegliche Einzeller oder einzellige Stadien von Vielzellern, z. B. Zoosporen, Planogameten, Myxamoeben, Myxoflagellaten usw. D

Zoidogonite ↑ Gonite

Zoochorie: Verbreitung von ↑ Diasporen durch Tiere. Bei Pilzen kommt Z. relativ selten vor. Sie kann endogen (im Inneren der Tiere) oder exogen (außen an den Tieren) erfolgen. Bei endogener

Z. von Pilzsporen spielen Geruchsstoffe (mitunter auch Farben) eine Rolle bei der Anlockung der Tiere. Die Pilzblumen (↑ Aasfliegenpilze, ↑ *Phallales*) locken z.B. Insekten an, die dann die sporenführende Gleba fressen; Trüffeln werden durch ihren Geruch von Schweinen gefunden, ausgewühlt und aufgefressen usw. Für manche Pilze ist eine Darmpassage der Sporen notwendig oder vorteilhaft, z.B. für viele coprophile Pilze. Hier ist die für Pilzsporen typische ↑ Anemochorie mit Zoochorie gekoppelt (Windverbreitung der Sporen auf der Tierweide). Exogene Z. kommt z. B. bei manchen Mehltaupilzen vor. Die ↑ Cleistothecien können als Diasporen fungieren, haben klebrige Anhängsel, mit denen sie an vorbeistreifenden Tieren haften bleiben. Manche pilzfressende Insekten verbreiten die Sporen der Pilze auch exogen. D/Hi

Zoopagales: Ordnung der Klasse ↑ *Zygomycetes* (Abt. ↑ *Eumycota*), die durch parasitische Lebensweise auf Kosten von Amoeben, Rhizopoden oder Nematoden charakterisiert ist. Die Pilze leben räuberisch (und dringen mittels Haustorien in die gefangenen Tiere ein), endoparasitisch oder ektoparasitisch; letztere bilden ebenfalls Haustorien. Aus den getöteten Tieren auswachsende Hyphen zerfallen in Conidien; auf sexuellem Wege entstehen durch Cystogamie (↑ Befruchtung) Hypnozygoten. D

Zoosporen ↑ Spore ↑ Gonite

Zunder: ein Produkt, das aus der ↑ Trama des Zunderschwamms (↑ *Fomes fomentarius,* Taf. 21/1) gewonnen wurde. Die in Scheiben geschnittene Trama wurde mit Salpeter getränkt, geklopft und getrocknet. Sie diente zum Auffangen von Funken, die man z.B. mit Feuersteinen schlug. Mit dem klimmenden Zunder wurde Feuer entfacht. Der Name Feuerschwamm geht ebenfalls auf die Benutzung von Pilzen zum Entfachen von Feuer zurück. D

Zunderschwamm (Zunderpilz) ↑ *Fomes*

Zweigsterben: Pflanzenkrankheiten, die durch Absterben und Vertrocknen einzelner Zweige von Gehölzen charakterisiert sind. Die Ursachen sind oft pilzliche Parasiten; mitunter sind ↑ Gefäßmykosen beteiligt. Meist sind die Symptome zunächst mangelnde Knospenentwicklung, dann Blattbräune, Schrumpfung und Verfärbung der Rinde, schließlich Absterben der Zweige. Das Z. der Alpenrosen wird z. B. durch ↑ *Phytophthora cactorum* (Kl. ↑ *Oomycetes*) hervorgerufen. B

Zwergrost: eine durch ↑ *Puccinia hordei* verursachte Rostpilzerkrankung der Gerste (↑ *Uredinales*). Zwischenwirt sind Milchstern-Arten; der Wirtswechsel ist jedoch fakultativ und für das gebietsweise epidemische Auftreten des Z. in Mitteleuropa bedeutungslos. Die sehr kleinen Uredo- und Teleutolager sind zerstreut angeordnet, die meist keuligen Teleutosporen haben apikal verdickte Wände. Der Anteil von ↑ Mesosporen kann über 80% erreichen. Z. hat in den Gerstenanbaugebieten Europas wachsende phytopathologische Bedeutung. B

Zwergsteinbrand: Erkrankung verschiedener Getreidearten und Wildgräser (Weizen, Roggen, Quecke u.a.), die von dem Brandpilz (Ord. ↑ *Ustilaginales*) ↑ *Tilletia controversa* verursacht wird. Die Brandbutten (↑ Steinbrand) sind relativ klein. Es kommt durch den Pilzbefall zu deutlichen Wachstumshemmungen der Wirtspflanzen, verbunden mit stärkerer Bestockung. Es werden bereits die Keimlinge von dem Parasiten infiziert. B

Zwischenwirt ↑ Wirt

Zygangiogamie: Bezeichnung für den Befruchtungsvorgang der ↑ Zygomycetes. Der Begriff Z. ist besser durch Cystogamie zu ersetzen. ↑ Befruchtung D

Zygangium: Bezeichnung für eine Befruchtungszelle der ↑ *Zygomycetes*. Der Begriff Z. ist besser durch ↑ Gamocyste zu ersetzen. ↑ Befruchtung D

Zygogamie: Befruchtungsvorgang, der durch Aneinanderlagerung der Befruchtungszellen und anschließende Zygotenbildung gekennzeichnet ist. Bei den Pilzen wird mitunter bei der Befruchtung der ↑ *Zygomycetes* von Z. gesprochen. Dieser Vorgang ist besser als Cystogamie zu bezeichnen. ↑ Befruchtung D

Zygomycetes (Jochpilze): Klasse der Echten Pilze (Abt. ↑ *Eumycota*), die durch coenocytisches, mitunter sekundär septiertes Myzel, chitinhaltige Wände und haplontischen Entwicklungszyklus mit zygotischem ↑ Kernphasenwechsel charakterisiert sind. Die Mitosporen werden in Sporocysten, als ↑ Cystoconidien, selten auch als ↑ Conidien (↑ *Zoopagales*) gebildet. Die ↑ Befruchtung geschieht durch Aniso- oder Isocystogamie, selten durch Somatogamie. Die Zygoten sind meist Hypnozygoten („Zygosporen") mit oft charakteristischer Ornamentierung. Sie keimen unter Meiose oder enthalten haploide Kerne, wenn die Meiose unmittelbar der Karyogamie folgte. Die Z. werden meist in 4 Ordnungen gegliedert (Tab.). D

Zygomykosen: Infektionskrankheiten, die durch verschiedene Arten der Klasse ↑ *Zygomycetes* (Abt. ↑ *Eumycota*) hervorgerufen werden. Man unterscheidet ↑ Mucormykosen, Entomophthorose und ↑ Basidiobolose. V

Zygospore: Dauerzygote der ↑ *Zygomycetes*, die sich nach Cystogamie (↑ Befruchtung) bildet und meist derbwandig und ornamentiert ist. Der Begriff Z. ist besser durch ↑ Hypnozygote zu ersetzen, um den Terminus ↑ Spore auf mitotisch oder meiotisch entstandene Vermehrungseinheiten zu beschränken und von ↑ Zygoten abzugrenzen. ↑ Abb. *Mucorales* 1, 2 D

Zygosporine: ↑ Mykotoxine, die zur Gruppe der ↑ Cytochalasine gehören

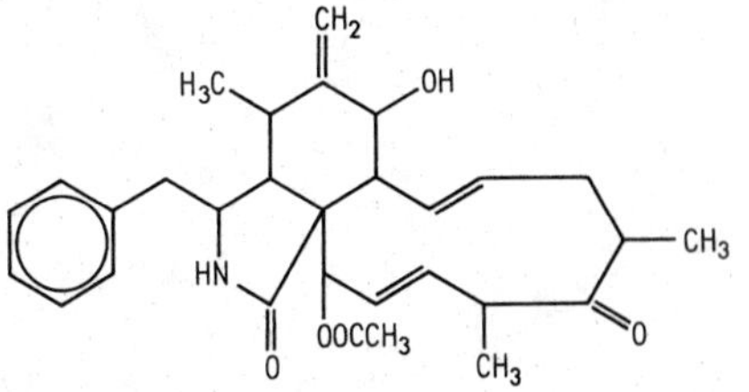

Zygosporin E

Gliederung der Klasse *Zygomycetes* (Abteilung ↑ *Eumycota*)

Ordnungen	Familien	wichtige Gattungen
↑ *Mucorales*	*Mucoraceae*	↑ *Absidia*, ↑ *Mucor*, ↑ *Phycomyces*, ↑ *Rhizopus*, ↑ *Saksenaea*, ↑ *Syzygites*
	Pilobolaceae	*Pilaira*, ↑ *Pilobolus*
	Mortierellaceae	*Haplosporangium*, ↑ *Mortierella*
	Thamnidiaceae	*Chaetocladium, Helicostylum, Thamnidium*
	Choanephoraceae	*Blakeslea, Choanephora*
	Piptocephalidiaceae	*Piptocephalis*, ↑ *Syncephalastrum*
	Kickxellaceae	*Dimargaris, Kickxella*
	Cunninghamellaceae	*Cunninghamella*
↑ *Endogonales*	*Endogonaceae*	↑ *Endogone*, ↑ *Glomus, Modicella*
↑ *Entomophthorales*	*Basidiobolaceae*	↑ *Basidiobolus*, ↑ *Conidiobolus*
	Entomophthoraceae	↑ *Entomophthora*
↑ *Zoopagales*	*Zoopagaceae*	*Acaulopage, Cystopage, Stylopage, Zoopage*

und von *Zygosporium masonii* gebildet werden. Z. besitzen cytotoxische Eigenschaften. M

Zygote: Zelle, die durch Verschmelzung von ↑ Gamocyten, ↑ Gamocysten, ↑ Gameten oder anderen Zellen im Rahmen einer ↑ Befruchtung entsteht. Die Z. wird durch Plasmogamie (Verschmelzung der Protoplasten) und anschließende Dikaryotisierung (Einstellung der Paarkernphase) oder Karyogamie (Kernverschmelzung) gebildet; sie ist also dikaryotisch oder diploid. ↑ Entwicklungszyklus, ↑ Kernphasenwechsel ↑ Hypnozygote, ↑ Abb. Mucorales 1,2 D

Literaturverzeichnis

Die folgende Übersicht beinhaltet eine Auswahl von Büchern und von Originalarbeiten in Fachzeitschriften, die zur weiteren Information empfohlen werden können. Die Auswahl begnügt sich mit Arbeiten, die aktuelle Probleme aufgreifen bzw. Übersichten zur weiteren Information enthalten. Die zahlreichen Monographien einzelner Gruppen, Einzeluntersuchungen usw. können nicht vorgestellt werden. Bücher sind durch Erscheinungsort und -jahr, Zeitschriftenartikel durch den Titel der Zeitschrift, Jahrgangsnummer, Seitenzahl und Erscheinungsjahr gekennzeichnet. In den Allgemeinen Übersichtsarbeiten sind oft Details enthalten, die Auskunft über eines der Sachgebiete geben können.

Allgemeine Übersichten und Grundlagen der Mykologie

Ainsworth, G. C. & Sussman, A. S. (eds.), The fungi. An advanced treatise. 4 Bd. New York, London 1965/73

Alexopoulos, C. J., Einführung in die Mykologie. Stuttgart 1966

Arx, J. A. von, Pilzkunde. Vaduz 1976

Arx, J. A. von, Fungal phyla. Sydowia 37, 1–5 (1984)

Benedix, E. H., Casper, J., Danert, S., Hübsch, P., Lindner, K. E., Schmelzer, K., Schmiedeknecht, M., Schubert, R., Senge, W., Siegel, M., Urania Pflanzenreich. Niedere Pflanzen. Leipzig, Jena, Berlin 1977

Buller, A. H. R., Researches on fungi. 7 Bde. London 1909/50

Casper, S. J., Grundzüge eines natürlichen Systems der Mikroorganismen. Jena 1974

Esser, K., Kryptogamen, Blaualgen, Algen, Pilze, Flechten. Praktikum und Lehrbuch. New York, Berlin, Heidelberg 1976

Federov, A., Žizn' rastenij. Tom 2. Griby. Moskva 1976

Gäumann, E., Die Pilze. Grundzüge ihrer Entwicklungsgeschichte und Morphologie. Basel, Stuttgart 1964

Kreisel, H., Grundzüge eines natürlichen Systems der Pilze. Jena 1969

Kreisel, H. (ed.), Handbuch für Pilzfreunde. Bd. 1–6 (Michael, E., Hennig, B., Kreisel, H.). Jena 1975–1986

Müller, E., & Loeffler, W., Mykologie. Grundriß für Naturwissenschaftler und Mediziner. Stuttgart, New York 1982

Ross, I. K., Biology of the fungi. Their development, regulation and associations. New York, St. Louis, San Francisco [und andere] 1979

Stafleu, F. A. (ed.), International Code of Botanical Nomenclature. Utrecht 1987

Strasburger, E., Noll, F., Schenck, H., Schimper, A. F. W. (Begründer); Denffer, D. v., Ziegler, H., Ehrendorfer, F., Bresinsky, A. (eds.), Lehrbuch der Botanik für Hochschulen. Jena 1983

Webster, J., Pilze. Eine Einführung. Berlin, Heidelberg, New York 1983

Wörterbücher, Bibliographien

Arnold, G. R. W., Internationale Bibliographie der Hypomycetaceae (Mycophyta, Ascomycotina). Jena 1976

Berger, K. (ed.), Mykologisches Wörterbuch, 3200 Begriffe in 8 Sprachen. Jena 1980

Borriss, H., & Libbert, E. (eds.), Pflanzenphysiologie. Wörterbücher der Biologie. Jena 1984

Dörfelt, H., Müller-Uri, Ch., Geastrales-Bibliographie. Halle 1986

Hawksworth, D.L., Sutton, B.C., & Ainsworth, G. C., Ainsworth' & Bisby's Dictionary of the Fungi. Kew, Surrey 1983

Kreisel, H., Bibliographie der Verbreitungskarten von Pilzen. I–VII. Feddes Repert. **82**, 589–616; **83**, 741–755; **84**, 619–639; **85**, 161–184; **86**, 329–337; **87**, 109–137; **91**, 445–491 (1971–1980)

Lazzari, G., Glossario micologico in cinque lingue. Trento 1980

Müller, G. (ed.), Mikrobiologie. Wörterbücher der Biologie. Jena 1980

Snell, E.H., & Dick, E.A., A glossary of mycology. Cambridge 1957

Geschichte der Mykologie

Ainsworth, G.C., Indroduction to the history of mycology. Cambridge 1976

Ballauff, Th., Die Wissenschaft vom Leben. München 1954

Dörfelt, H., & Berg, W., Historische Erdstern-Abbildungen (*Geastrum, Astraeus*). Leopoldina (R 3) **27**, 161–197 (1981)

Dörfler, J., Botaniker Porträts. Wien 1906

Grummann, V., Biographisch-bibliographisches Handbuch der Lichenologie. Hildesheim 1974

Jahn, I., Löther, R., & Senglaub, K., Geschichte der Biologie. Theorien, Methoden, Institutionen, Kurzbiographien. Jena 1983

Jessen, K.F.W., Botanik der Gegenwart und Vorzeit. Leipzig 1864

Kreisel, H., Wer prägte das Wort Mykologie? Boletus **5**, 49–53 (1981)

Lazzari, G., Storia della micologia Italiana. Trento 1973

Lütjeharms, W. J., Zur Geschichte der Mykologie / Das XVIII. Jahrhundert. Gouda 1936

Mägdefrau, K., Geschichte der Botanik. Stuttgart 1973

Pilz, H., Pasteur. Leipzig 1976

Raab, H., Aus der Geschichte der Mycologie. Schweizerische Zeitschr. f. Pilzk. **43**, 81–84 (1965), **44**, 149–154 (1966), **46**, 17–19, 105–110 (1968), **48**, 13–16 (1970), **49**, 153–158 (1971), **50**, 41–45 (1972), **51**, 53–59 (1973), **53**, 22–28, 50–53 (1975), **54**, 8–10 (1976)

Sachs, J., Geschichte der Botanik vom 16.Jhd. bis 1868. München 1875

Stafleu, F. A., & Cowan, R. S., Taxonomic literature. Bd. 1–6. Utrecht 1976–1987

Cytologie, Anatomie, Morphologie der Pilze

Erb, B., & Matheis, W., Pilzmikroskopie. Präparation und Untersuchung von Pilzen. Stuttgart 1982

Grolle, R., Die pflanzlichen Hüllorgane, in denen Sporen und Gameten entstehen. Zur Homologie und Terminologie. Flora **160**, 105–136 (1971)

Lohwag, H., Anatomie der Asco- und Basidiomyceten. Handbuch der Pflanzenanatomie. Bd. VI, Abt. II, Teilband 3 c. Berlin 1941

Moore, D., Casselton, L.A., Wood, D.A., Frankland, J.C. (eds). Developmental biology of higher fungi. Cambridge, London, New York u.a. 1985

Pegler, D.N., & Young, T.W.K., Basidiospore Morphology in the Agaricales. Beihefte Nova Hedwigia. **35**, 1–209 (1971)

Schussnig, B., Vergleichende Morphologie der niederen Pflanzen. Eine Einführung in deren Formbildung und Formwechsel auf entwicklungsgeschichtlicher Grundlage. Berlin 1938

Schussnig, B., Grundriss der Protophytologie. Jena 1954

Physiologie, Biochemie, Genetik der Pilze

Cook, A.H., The chemistry and biology of yeasts. New York 1958

Esser, K., & Kuenen, R., Genetik der Pilze. Berlin, Heidelberg 1967
Haupt, W., Bewegungsphysiologie der Pflanzen. Stuttgart 1977
Lamoure, D., Recherches cytologiques et experimentales sur l' amphithallie et la parthenogenèse chez les Agaricales. Lyon 1960
Meixner, A., Chemische Farbreaktionen von Pilzen. Lehre 1975
Raper, J. R., Genetics and sexuality in higher fungi. New York 1966
Steglich, W., Biologically active compounds from higher fungi. Pure Appl. Chem. **53**, 1233–1260 (1981)

Ökologie und Geographie der Pilze

Amano, K., Host range and geographical distribution of the powdery mildews. Tokyo 1985
Barren, G. L., The genera of Hyphomycetes from soil. Baltimore 1968
Darimont, F., Recherches mycosociologiques dans les ferêts de Haute Belgique. Mem. Inst. Royal Sci. Nat. Belgique, no. 170. 2 Bde. 1973
Domsch, K. H., Gams, W., & Anderson, T.-H., Compendium of soil fungi. London 1980
Eckblad, F.-E., Sopp geografi. Universitetsforlaget. Oslo, Bergen, Tromsø 1981
Eckblad, F.-E., Sopp økologie. Universitetsforlaget. Oslo, Bergen, Tromsø 1978
Harley, J. L., Fungi in ecosystems. Journ. Ecol. **59**, 653–668. (1971)
Jahn, H., Pilze, die an Holz wachsen. Herford 1979
Kreisel, H. (ed.), Pilzflora der Deutschen Demokratischen Republik. Jena 1987
Lobanow, H., Mykotrophie der Holzpflanzen. Jena 1960
Nuss, I., Zur Ökologie der Porlinge. Bibliotheca Mycologica **45**. Vaduz 1975
Pilát, A., Houby Československa ve svém životním prostředi. Praha 1969
Pugh, G. J. F., Strategies in fungal ecology. Trans. Brit. Myc. Soc. **75**, 1–14 (1980)
Rawald, W., & Lyr, H. (eds.), Mykorrhiza. Internationales Mykorrhizasymposium. Jena 1963

imperfekte Pilze, niedere Pilze

Arx, J. A. von, The genera of fungi sporulating in pure culture. Vaduz 1981
Barnett, I., Payne, R. W., Yarrow, D., Yeasts, Characteristics and identification. Cambridge 1983
Cole, G. T., & Kendrick, B., Biology of conidial fungi. London 1981
Cole, G. T., & Samson, R. A., Patterns of development in conidial fungi. New York 1979
Ellis, M. B., Dematiaceous Hyphomycetes. Kew 1971
Ellis, M. B., More dematiaceous Hyphomycetes. Kew 1976
Gams, H., Cephalosporium-artige Schimmelpilze (Hyphomycetes). Stuttgart 1971
Hughes, S. J., Conidiophores, conidia and classification. Canad. J. Bot. **31**, 577–659 (1953)
Kendrick, W. B., Taxonomy of fungi imperfecti. Toronto 1971
Minter, D. W., Sutton, B. C., & Brady, B. L., What are phialides anyway? Trans. Brit. Mycol. Soc. **81**, 109–120 (1986)
Reiß, J., Schimmelpilze/Lebensweise, Nutzen, Schaden, Bekämpfung. Berlin, Heidelberg, New York, Tokyo 1986
Sutton, B. C., The Coelomycetes. Kew, Surrey 1981

Ascomyceten

Arx, J. A. von, & Müller, E., Die Gattungen der amerosporen Pyrenom. Beitr. Krypt. Schweiz. **11**, 1–434 (1954)
Arx, J. A. von, & Müller, E., A re-evaluation of the bitunicate Ascomycetes with key of families and genera. Stud. Mycol. (Baarn) **9**, 1–159 (1975)

Barr, M.E., A classifation of Loculoascomycetes. Mycologia **71**, 935–957 (1979)

Barr, M.E., Perspectives in the Ascomycotina. Mem. New York. Bot. Garden **28**, 1–8 (1976)

Barr, M.E., The ascomycete connection. Mycologia **75**, 1–13 (1983)

Benny, G.L., & Kimbrough, J.W., A synopsis of the orders and families of Plectomycetes with key to genera. Mycotaxon **12**, 1–91 (1980)

Dennis, R. W. G., British Ascomycetes. Vaduz 1978

Eriksson, O., Outline of the Ascomycetes – 1984. Systema ascom. **3**, 1–72 (1984)

Eriksson, O., & Hawksworth, D. L., An alphabetical list of the generic names of Ascomycetes – 1986. Systema ascom. **5**, 3–111 (1986)

Hawksworth, D. L. & Eriksson, O., The names of accepted orders of Ascomycetes. Systema ascom. **5**, 175–184 (1986)

Reynolds, D. R., Ascomycete Systematics. The Luttrellian Concept. New York, Heidelberg, Berlin 1981

Basidiomyceten

Donk, M.A., Check List of European Polypores. Verh. Koninkl. Nederlandse Akademie van Wetenschappen, Afd. Natuurkunde. **62**. 1–469 (1974)

Horak, E., Synopsis generum Agaricalium. Beitr. Krypt.-Fl. Schweiz **13.** 1–741 (1968)

Jülich, W., Higher taxa of Basidiomycetes. Vaduz 1981

Oberwinkler, F., Anmerkungen zur Evolution und Systematik der Basidiomyceten. Bot. Jahrb. Syst. **107**, 541–580 (1985)

Petersen, R. H. (ed.), Evolution in the higher Basidiomycetes. Knoxville 1971

Singer, R., The Agaricales in modern taxonomy. Vaduz 1975

Lichenologie (Flechtenkunde)

Ahmadjian, V., & Hale, M. E., The lichens. New York, London 1973

Culberson, C. F., Chemical and botanical guide to lichen products. Chapel Hill 1969

Frey, E., Cladoniaceae ... Umbilicariaceae. Dr. L. Rabenhorsts Kryptogamenflora von Deutschland, Österreich und der Schweiz. Band 9, Die Flechten, Abt. 4, 1. Hälfte. Leipzig 1933

Fünfstück, M. & Zahlbruckner, A., Lichenes (Flechten). Engler, A., & Prantl, K., Die natürlichen Pflanzenfamilien nebst ihren Gattungen und wichtigeren Arten insbesondere der Nutzpflanzen. Teil 1, Abt. 1. Leipzig 1907

Hawksworth, D. L., & Hill, D. J., The lichen-forming fungi. Glasgow, London 1984

Henssen, A., & Jahns, H. M., Lichenes. Eine Einführung in die Flechtenkunde. Stuttgart 1974

Hillmann, J., Parmeliaceae. Dr. L. Rabenhorsts Kryptogamenflora von Deutschland, Österreich und der Schweiz. Band 9, Die Flechten, Abt. 5, Teil 3. Leipzig 1936

Hillmann, J., & Lynge, B.A., Teloschistaceae ... Physciaceae. Dr. L. Rabenhorsts Kryptogamenflora von Deutschland, Österreich und der Schweiz. Band 9, Die Flechten, Abt. 6. Leipzig 1935

Keissler, K. v., Die Flechtenparasiten. Dr. L. Rabenhorsts Kryptogamenflora von Deutschland, Österreich und der Schweiz. Band 8. Leipzig 1930

Keissler, K. v., Pyrenulaceae bis Mycoporaceae, Coniocarpinae. Dr. L. Rabenhorsts Kryptogamenflora von Deutschland, Österreich und der Schweiz. Band 9, Die Flechten, Abt. 1, Teil 2. Leipzig 1938

Keissler, K. v., Usneaceae. Dr. L. Rabenhorsts Kryptogamenflora von Deutschland, Österreich und der

Schweiz. Band 9, Die Flechten, Abt.5, Teil 4. Leipzig 1958–1960

Keissler, K. v., & Zschacke, H., Moriolaceae ... Epigloeaceae, Verrucariaceae und Dermatocarpaceae. Dr. L. Rabenhorsts Kryptogamenflora von Deutschland, Österreich und der Schweiz. Band 9, Die Flechten, Abt.1, Teil 1. Leipzig 1934

Köfaragó-Gyelnik, V., Cyanophili ... Lichinaceae, Heppiaceae, Pannariaceae. Dr. L. Rabenhorsts Kryptogamenflora von Deutschland, Österreich und der Schweiz. Band 9, Die Flechten, Abt.2, Teil 2. Leipzig 1940

Magnusson, A. H., & Erichsen, C. F. E., Acarosporaceae und Thelocarpaceae ... Pertusariaceae. Dr. L. Rabenhorsts Kryptogamenflora von Deutschland, Österreich und der Schweiz. Band 9, Die Flechten, Abt.5, Teil 1. Leipzig 1939

Migula, W., Kryptogamen-Flora von Deutschland, Deutsch-Österreich und der Schweiz im Anschluß an Thomé's Flora von Deutschland. Band 4, Flechten, Teil 1. Berlin-Lichterfelde 1925–1927. Teil 2. Berlin-Lichterfelde 1927–1931

Poelt, J., Bestimmungsschlüssel europäischer Flechten. Lehre 1969

Redinger, K. M., Arthoniaceae, Graphidaceae ... Coenogoniaceae. Dr. L. Rabenhorsts Kryptogamenflora von Deutschland, Österreich und der Schweiz. Band 9, Die Flechten, Abt.2, Teil 1 (unvollendet). Leipzig 1937 bis 1938

Sandstede, H., Die Gattung Cladonia. Dr. L. Rabenhorsts Kryptogamenflora von Deutschland, Österreich und der Schweiz. Band 9, Die Flechten, Abt.4, 2. Hälfte. Leipzig 1931

Phytopathologie, phytoparasitische Pilze

Arx, J. A. von, Plant pathogenic fungi. Berlin, Stuttgart 1987

Blumer, S., Echte Mehltaupilze (Erysiphaceae). Ein Bestimmungsbuch für die in Mitteleuropa vorkommenden Arten. Jena 1967

Blumer, S., Rost- und Brandpilze auf Kulturpflanzen. Jena 1963

Brandenburger, W., Parasitische Pilze an Gefäßpflanzen in Europa. Stuttgart, New York 1985

Braun, U., A monograph of the Powdery Mildews. Nova Hedwigia. Beih. **89**, 1–700 (1987)

Braun, U., Die Rostpilze (Uredinales) der Deutschen Demokratischen Republik. Feddes Repert. **93**, 213–331 (1982)

Buhr, H., Bestimmungstabellen der Gallen (Zoo- und Phytocecidien) an Pflanzen Mittel- und Nordeuropas. Jena 1964

Ellis, M. B., & Ellis, J. P., Microfungi on Land Plants. An Identification Handbook. London, Sydney 1985

Gäumann, E., Die Rostpilze Mitteleuropas mit besonderer Berücksichtigung der Schweiz. Beitr. Krypt.-Fl. Schweiz **12**, 1–1407 (1959)

Gäumann, E., Pflanzliche Infektionslehre. Basel 1951

Klinkowski, M., Mühle, E., Reinmuth, E., & Bochow, H., Phytopathologie und Pflanzenschutz. 3 Bde., Berlin 1974/76

Kreisel, H., Die phytopathogenen Großpilze Deutschlands. Jena 1961

Spencer, D. M. (ed.), The Powdery Mildews. London, New York, San Francisco 1978

Ul'janiščev, V., Opredelitel' ržavčinnych gribov SSSR. Leningrad 1978

Vánky, K., Illustrated Genera of Smut Fungi. Stuttgart, New York 1987

Technische und medizinische Mykologie

Ainsworth, G. C., & Austwick, P. K. C., Fungal diseases of animals. Rev. Ser, No.6, Bucks 1959

Dickscheit, R., & Janke, A., Handbuch der mikrobiologischen Laboratoriumstechnik. Dresden 1967

Gedek, B., Kompendium der medizinischen Mykologie. Berlin, Hamburg 1980

Luthardt, W., Holzbewohnende Pilze. Anzucht und Holzmykologie. Die Neue Brehm-Bücherei. Bd. 403. Wittenberg Lutherstadt 1969

Otten, H., Plempel, M., & Siegenthaler, W., Antibiotika-Fibel. Stuttgart 1975

Rieth, H., Hefe-Mykosen. Erreger – Diagnostik – Therapie. München, Wien, Baltimore 1979

Schlegel, H. G., Allgemeine Mikrobiologie. Stuttgart, New York 1981

Seeliger, H. P. R., & Heymer, T., Diagnostik pathogener Pilze des Menschen und seiner Umwelt. Stuttgart 1981

Wildführ, G., & Wildführ, W.: Medizinische Mikrobiologie, Immunologie und Epidemiologie. Bd. 3. Leipzig 1978

Bestimmungsbücher und Abbildungswerke für Großpilze

Bresadola, J., Iconographia Mycologica. 26 Bde. Mediolani 1927–1933. Ergänzungen Bd. 27–29. Mediolani, Tridenti 1941, 1960 und 1981

Breitenbach, J., & Kränzlin, F., Pilze der Schweiz. Bd. 1, Ascomyceten, Bd. 2 Aphyllophorales. Luzern 1981/86

Capelli, A., Agaricus L.: Fr. ss. Karsten (Psalliota Fr.). Saronno 1984

Cetto, B., Der große Pilzführer (Original: I funghi dal vero). 4 Bde. Trento (Orig.). München, Bern, Wien (deutsche Ausgabe) 1976–1984

Dähncke, R. M., & Dähncke, S. M., 700 Pilze in Farbfotos. Aarau, Stuttgart 1980

Dörfelt, H., Erdsterne. Geastraceae und Astraeaceae. Die neue Brehm-Bücherei 573. Wittenberg Lutherstadt 1985

Hilber, O., Die Gattung Pleurotus (Fr.) Kummer. Bibliotheca Mycologica. Vaduz 1982

Jülich, W., Die Nichtblätterpilze, Gallertpilze und Bauchpilze/Aphyllophorales, Heterobasidiomycetes, Gasteromycetes. Kleine Kryptogamenflora. Bd. IIb/1. Jena 1984

Konrad, P., & Maublanc, A., Icones selectae fungorum. 6 Bde. Paris 1924 bis 1937

Kreisel, H., Die Lycoperdaceae der Deutschen Demokratischen Republik. Feddes Repertorium **64**, 89–201 (1962), Reprint Bibliotheca Mycologica. Bd. 36 (mit Nachträgen). Lehre 1973

Kreisel, H., Taxonomisch-pflanzengeographische Monographie der Gattung Bovista. Beih. Nova Hedwigia **25**, 1–244 (1967)

Lange, J. E., Flora Agaricina Danica. 5 Bde. Copenhagen 1936–1940

Maas Geesteranus, R. A., Die terrestrischen Stachelpilze Europas. Amsterdam, London 1975

Marchand, A., Champignons du nord et du midi. 9 Bde., 1971–1986

Moser, M., Ascomyceten (Schlauchpilze). Kleine Kryptogamenflora, Bd. II a. Stuttgart 1963

Moser, M., Die Röhrlinge und Blätterpilze (Polyporales, Boletales, Agaricales, Russulales). Kleine Kryptogamenflora Bd. IIb/2. Stuttgart 1963

Moser, M., & Jülich, W., Farbatlas der Basidiomyceten. 1–3. Stuttgart 1985/86

Ricken, A., Vademecum für Pilzfreunde. Leipzig 1920

Schubert, R., Handke, H. H., Pankow, H., Exkursionsflora für die Gebiete der DDR und BRD Bd. 1 Niedere Pflanzen – Grundband. Berlin 1983

Szemere, L., Die unterirdischen Pilze des Karpatenbeckens. Budapest 1965

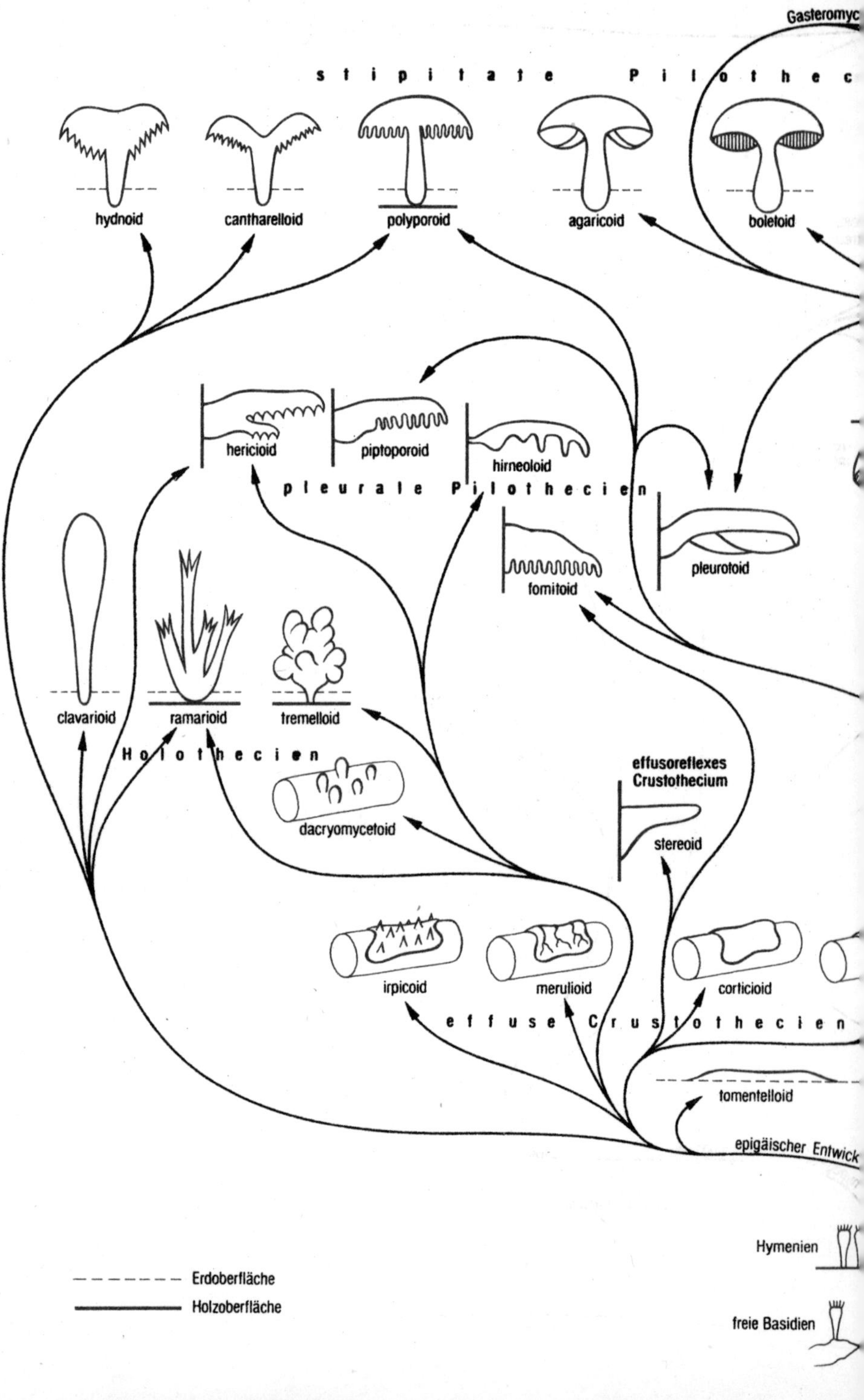

Morphogenese der Basidiocarpien

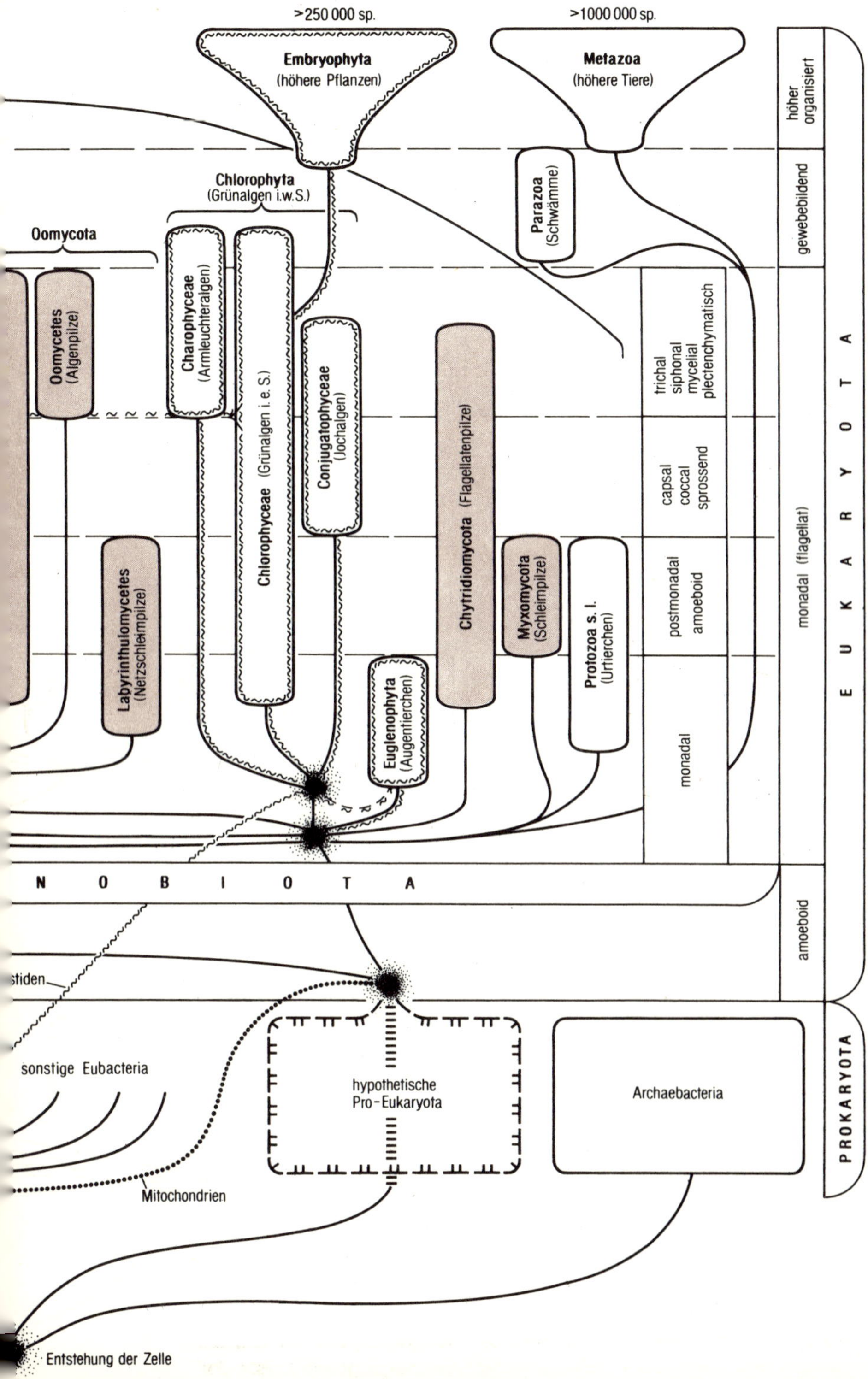

>250 000 sp.
>1000 000 sp.
Embryophyta
(höhere Pflanzen)
Metazoa
(höhere Tiere)
höher organisiert
Chlorophyta
(Grünalgen i.w.S.)
Parazoa
(Schwämme)
gewebebildend
Oomycota
Charophyceae
(Armleuchteralgen)
Oomycetes
(Algenpilze)
Conjugatophyceae
(Jochalgen)
Chlorophyceae (Grünalgen i. e. S.)
Chytridiomycota (Flagellatenpilze)
trichal
siphonal
mycelial
plectenchymatisch
capsal
coccal
sprossend
Labyrinthulomycetes
(Netzschleimpilze)
Myxomycota
(Schleimpilze)
Protozoa s. l.
(Urtierchen)
postmonadal
amoeboid
monadal (flagellat)
Euglenophyta
(Augentierchen)
monadal
E U K A R Y O T A
N O B I O T A
amoeboid
stiden
sonstige Eubacteria
hypothetische
Pro-Eukaryota
Archaebacteria
PROKARYOTA
Mitochondrien
Entstehung der Zelle